JN418818

기본적인 물리 상수

빛의 속도(진공)	C	$2.997\ 924\ 58 \times 10^{8}$	[m/s]
아보가드로 수	N_A	$6.022\ 141\ 99 \times 10^{23}$	[molecule/mol]
기체 상수	R	8.314 472	[J/(mol K)]
Boltzmann 상수(R/N_A)	k	$1.380\ 650\ 3 \times 10^{-23}$	(J/(molecule K)]
Faraday 상수	F	$9.648\ 534\ 15 \times 10^{4}$	[C/(mole)]
기초 전하	Q	$1.602\ 176\ 46 \times 10^{-19}$	[C]
		$4.803\ 204\ 19 \times 10^{-10}$	[esu]
양성자의 질량	m	$1.672\ 621\ 58 \times 10^{-27}$	[kg]
원자 질량 단위	AMU	$1.660\ 538\ 73 \times 10^{-27}$	[kg]
기압(해수면)	P	$1.013\ 25 \times 10^{5}$	[Pa]
중량 가속도(해수면)	g	9.806 55	[m/s^2]
파이	π	3.141 592 65	

단위 변환 인자

1 [m] = 10^2 [cm] = 10^{10} [Å] = 39.370 [in] = 3.2808 [ft]

1 [kg] = 10^3 [g] = 2.2046 [1bm] = 0.068522 [slug]

[K] = [°C] + 273.15 = (5/9) [°R]; [°R] = [°F] + 459.67

1 [m^3] = 10^3 [L] = 10^6 [cm^3] = 35.315 [ft^3] = 264.17 [gal] (U.S.)

1 [N] = 10^5 [dyne] = 0.22481 [lbf]

1 [atm] = 1.01325 [bar] = 1.01325 × 10^5 [Pa] = 14.696[psi] = 760 [torr]

1 [J] = 10^7 [erg] = 0.2.3885[cal] = 9.4781 × 10^{-4}[BTU] = 6.242 × 10^{18} [eV]

※ 전기와 전자 성질은 부록 D: 표 D.2 참조

기체 상수 *R*의 일반적인 값

8.314	[J/(mol K)]
0.08314	[(L bar)/(mol K)]
1.987	[cal/(mol K)]
1.987	[BTU/(lbmol °R)]
0.08206	[(L atm)/(mol K)]

특수 기호 표기

성질

대문자	크기 성질	$K : V, G, U, H, S, \ldots$
소문자	세기 성질(몰)	$k = \frac{K}{n} = v, g, u, h, s, \ldots$
꺽쇠, 소문자	세기 성질(질량)	$\hat{k} = \frac{K}{m} = \hat{v}, \hat{g}, \hat{u}, \hat{h}, \hat{s}, \ldots$

혼합물

아래첨자 *i*	순수 성분 성질	$K_i : V_i, G_i, U_i, H_i, S_i, \ldots$
		$k_i : v_i, g_i, u_i, h_i, s_i, \ldots$
상단 바, 아래첨자 *i*	부분 몰성질	$\overline{K}_i : \overline{V}_i, \overline{G}_i, \overline{U}_i, \overline{H}_i, \overline{S}_i, \ldots$
	총 용액 성질	$K : V, G, U, H, S, \ldots$
		$k : v, g, u, h, s, \ldots$
Δ(델타), 아래첨자 *mix*	혼합물의 성질 변화	$\Delta K_{mix} : \Delta V_{mix}, \Delta H_{mix}, \Delta S_{mix}, \ldots$
		$\Delta k_{mix} : \Delta v_{mix}, \Delta h_{mix}, \Delta s_{mix}, \ldots$

기타

상단 점	변화율	$\dot{Q}, \dot{W}, \dot{n}, \dot{V}, \ldots$
상단 바	평균	$\overline{\vec{V}^2}, \bar{c}_p, \ldots$

※ 전체 기호 표기는 이 책의 8페이지 참조

Engineering and Chemical Thermodynamics

Milo D. Koretsky | 2nd Edition

코레츠키의

제2판

화공열역학

| 최영선 외 8인 옮김 |

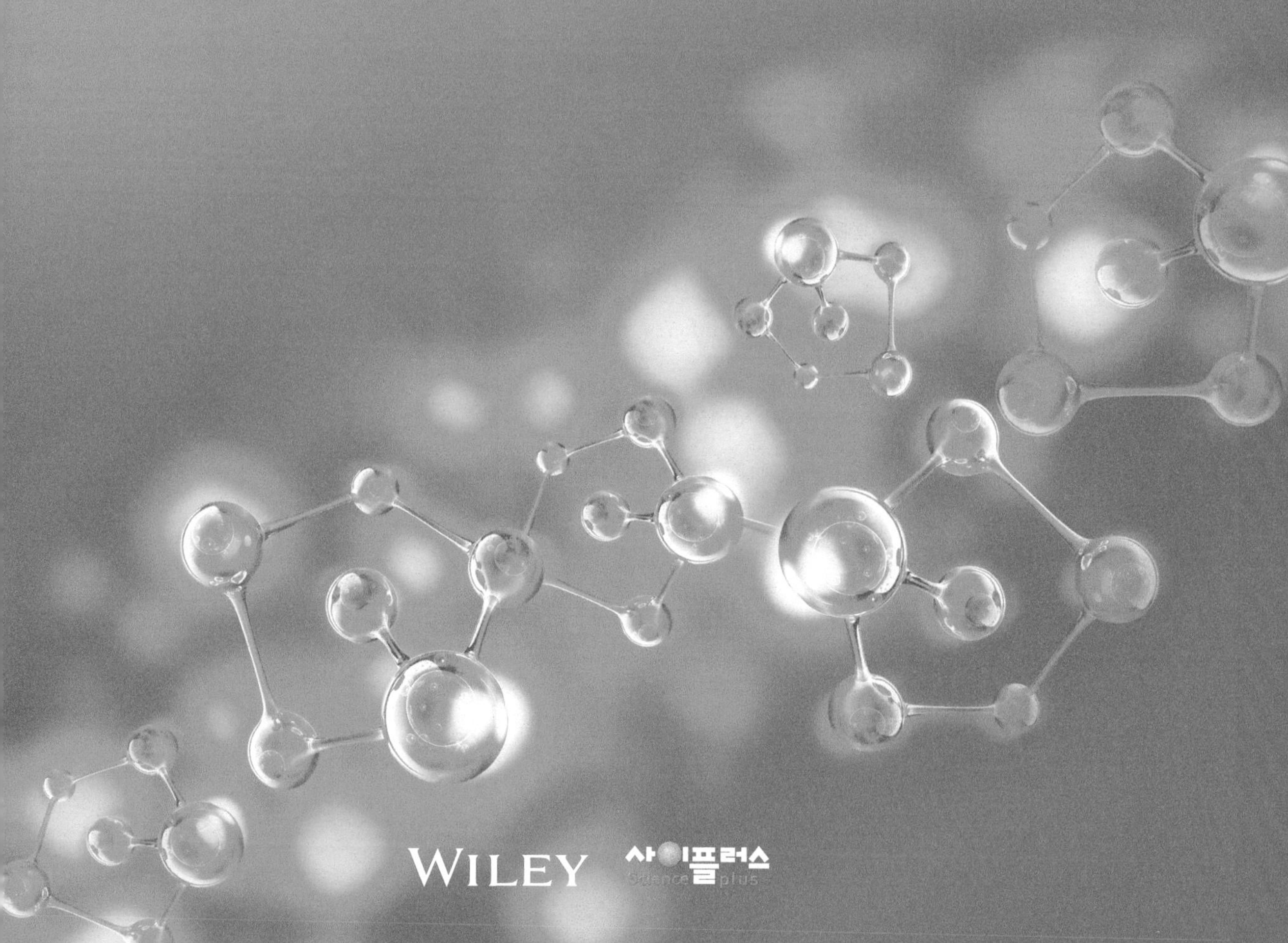

WILEY 사이플러스 Science plus

Engineering and Chemical Thermodynamics | **2nd edition**

AUTHORIZED TRANSLATION OF THE EDITION PUBLISHED BY JOHN WILEY & SONS. New York, Chichester, Brisbane, Singapore AND Toronto.

No part of this book may be reproduced in any form without the written permission of John Wiely & Sons, Inc.

Copyright © 2013 John Wiley & Sons, Inc.

Korean language edition published by John Wiley & Sons Singapore Pte. Ltd. and Sciplus Publishing Company., Copyright © 2017

이 책은 John Wiely & Sons Singapore Pte. Ltd.와 사이플러스 간의 한국어판 출판 · 판매권 독점 계약에 의해 발행되었으므로 본사의 허락 없이 어떠한 형태로든 일부 또는 전부를 무단복제 및 무단전사할 수 없습니다.

옮긴이 머리말

Perface

대학의 학부 학생들은 화학 기초과목인 일반화학을 통하여 열역학의 기초 개념에 해당하는 분자의 거동, 에너지, 열화학 등에 대한 내용을 접하게 된다. 또한, 물리화학 과목을 통하여 기체의 거동, 에너지, 열화학, 상평형 등에 대한 보다 깊은 이해 과정을 거치게 된다. 그런 후에 열역학을 필수 또는 선택과목으로 배우게 되는데, 열역학적 개념들이 어려워지면서 내용도 방대해진다. 학생들이 접하게 되는 어떤 개념들은 매우 직관적이어서 이해와 문제 해석이 명료할 수 있고, 어떤 것들은 매우 추상적이어서 문제 해결 방법을 찾는 데 어려움을 느낄 수 있다. 어떤 경우든 열역학은 학생들에게 늘 어려운 과목으로 인식되고 있다.

원론적으로 열역학은 직관적인 이해 과정이 필요하고, 열역학 문제 해결에도 직관적인 방향 제시와 풀이가 요구된다고 생각된다. 그래서 학생들이 열역학 개념에 대한 직관적인 이해 능력을 향상시킬 수 있도록 지도하는 것이 열역학 강의에서는 중요한 부분이다. 이번에 번역하는 Milo D. Koretsky의 *Engineering and Chemical Thermodynamics* 2판은 이러한 측면에서 명쾌한 답을 제시하고 있다고 생각한다. 책의 전체 범위에서 주요 열역학 개념과 현상들을 일관되게 분자적 관점으로 설명하여 직관적인 이해가 가능하도록 방향을 제시하고 있다. 또한, 동시에 거시적인 관점에서도 열역학 개념들을 잘 설명하고 있으며 다양한 예시를 통하여 문제 해결 능력을 향상시키고자 하였다. 필요한 경우에 적절한 수학적 접근 방법을 사용하여 복잡한 문제를 쉽게 해석할 수 있도록 이끌어주고 있다. 문제가 복합해지면서 Excel과 MATLAB 등과 같은 소프트웨어를 사용한 문제 풀이 방법도 소개되어 있어서 손으로 풀기 어려운 복잡한 문제를 수월하게 해결할 수 있도록 해준다. 열역학의 활용 범위가 넓어지고 있는 추세를 반영하여 생명화공, 반도체 소재, 고분자 용액 등의 주제도 열역학적 관점에서 해석하는 다양한 시도가 소개되고 있어서 화학, 화학공학, 생명공학, 재료공학 전공의 학부 학생에게도 교재로 유용하게 활용할 수 있을 것으로 생각된다. 이 책은 두 학기 수업에 맞는 내용과 분량으로 구성되어 있다. 한 학기 강의를 위해서는 적절하게 선별하여 학생에게 소개하는 것이 바람직하다고 생각된다. 예를 들어, 제9장의 화학 반응 속도에 관한 내용은 타 과목과 중첩될 수 있어서 한 학기 강의 내용에서는 생략해도 되겠다.

이 책의 번역을 위하여 여러 수고를 마다하지 않은 옮긴이들을 아래에 소개하고자 한다.

감 수 최영선(부산대학교 화공생명공학부)

제1장 임한권(대구가톨릭대학교 신소재화학공학과)

제2장 조영상(한국산업기술대학교 생명화학공학과)

제3장 홍연기(한국교통대학교 화공생물공학과)

제4장 홍인권(단국대학교 화학공학과)
제5장 신현재(조선대학교 생명화학고분자공학과)
제6장 조영상(한국산업기술대학교 생명화학공학과)
제7장 박현(부산대학교 조선해양플랜트 글로벌핵심연구센터)
제8장 차상호(경기대학교 화학공학과)
제9장 박소진(충남대학교 응용화학공학과)

이 책을 번역하는 과정에서 지은이의 의도를 그대로 반영하려고 많은 노력을 했지만 늘 결과는 만족스럽지 못함을 고백한다. 그래도 옮긴이들은 분명한 목적이 있어서 마지막 한 줄까지도 놓치지 않고 번역하려고 노력하였다. 옮긴이들이 이 책의 분량을 나누어서 번역하는 과정에서 각 내용 간에 연결이 부자연스러운 경우가 있을 것으로 생각되며, 용어를 포함하여 번역서의 모든 부족한 부분은 옮긴이들이 지속적으로 노력하여 바로 잡도록 하겠다. 이 책을 통하여 학생들이 보다 수월하게 열역학을 이해하고 직관적인 통찰력까지 갖추게 되길 바라는 마음이 간절하다.

끝으로 이 책의 완성도를 높이기 위하여 혼신의 노력을 기울인 사이플러스 임직원들과 저의 좁은 실험실에서 밤낮으로 원고 교정에 매달린 조연아, 이현지 대학원생과 허지윤 랩매니저에게 감사의 마음을 전한다.

2017년 1월 30일

옮긴이 대표 최영선 적음

지은이 머리말

Perface

지은이는 생물학에 많은 부분을 기여했다. 분자생물학이나 생물학, 영양학과 비타민학 관련 과정을 듣지 않았음에도 분자생물학의 선구자 중 한 명이다. 어떻게 이러한 일들이 가능했을까? 알다시피, 지은이는 대부분의 사람들이 배우기 어렵다고 하는 영역의 기초 학문에 대한 이해가 깊었기 때문이다.

Linus Pauling
On his ChE education

▶ 학습 학생 Audience

'Engineering and chemical thermodynamics'는 화학공학과 생물공학을 전공하는 1, 2학년 학생들을 위한 과정이다. 이들 학생들에게는 화공열역학, 상평형과 화학 반응 평형에 대해 집중된 부분이 커리큘럼에서 가장 중요하면서도 어려운 주제로 꼽을 수 있다. 사실, 처음에 숙달되기 어려운 이 주제에 대해서는 이미 많은 전문가들이 있다. 학문의 이해는 해당 주제에 대한 모든 논쟁들을 더 심도 있게 만든다. 이 책은 화학공학 엔지니어들이 해결해야 하는 다양한 문제들의 충분한 정보들에 대하여 평형 열역학적 문제를 풀어야 하는 1, 2학년 학생들을 목적으로 한다. 개념상 기초적인 교재이며, 단일 상호작용에서 다성분에 관한 것까지 학생들의 이해를 돕는 것으로, 자세하면서도 접근하기 쉽도록 하는 것이 목표이다. 이 접근성은 학생들이 처음으로 보게 되는 ASPEN, HYSIS, CHEMCAD와 같은 상업용 컴퓨터 시뮬레이션의 기초 형태와 많은 선진 논문들에 대한 이해의 기반을 갖도록 할 것이다.

▶ 목표와 접근 방법 Goals and methodology

이 책은 1994년부터 Oregon State University에서 화학 공학을 전공하는 학생들의 교재에서부터 전개되었으며, 이전 연구를 통해 얻어진 기본 뼈대의 맥락에서 논리적으로 일관성 있는 새로운 개념들을 소개하고 있다. 이 책은 특히 학습 스타일이 다른 학생들의 편의를 도모하기 위해 제작되었다. 개념 소개, 계산 문제, 그리고 각 장 마지막에 있는 많은 문제들은 깊은 학습을 증진시키고 학생들이 실제 공학적 문제에서 열역학적인 접근을 통해 해결할 수 있는 능력을 제공하는 것을 목표로 삼았다. 두 주요 가닥들은 교재를 통해 엮여 있다. (1) 일반적인 엔탈피(enthalpy) 또는 퓨가시티(fugacity) 관련 주제의 접근 방법과 (2) 분자 원리들의 기본적인 열역학적 이해 증진, 수학적 유도를 통한 직관적이고 질적인 토론이 언제든 가능하도록 한다.

교재를 체계화시키는 기본적인 전제는 학생들의 배움이 이전 지식과 경험을 통한 새로운 정보의 연결로 인하여 증진된다는 것이다. 이는 학생들이 이미 알고 있는 물질들의 구성에서 새로운 개념을 도입하게 한다. 예를 들어, 열역학 제2법칙은 제1법칙과 비슷한 원리로, 자연의 다양한 관찰(열역학적 사이클로 열을 통하여 관측되는 일들에 대해 특별한 입증을 이용한 접근으로 얻어진 여러 일반적인 상황들)로 얻어졌다. 그러므로 이미 다른 과정에서 열역학적 요소에 학습한 경험이 있는 학생들은 새로운 열역학적 요소인 엔트로피(entropy)의 소개를 더욱 잘 이해할 수 있다. 게다가 제2법칙의 토대들[가역, 비가역, Carnot 사이클(cycle)]이 제1법칙과 학생들의 많은 경험들의 관계가 접목되어 있다. 따라서 제2법칙은 마냥 새로운 개념이 아니다.

▸ 학습 방식 Learning styles

최근에 공학 교육에서 다양한 학습 방식의 학생들에 대한 교육 지침이 주목되었다. 예를 들어, 그들의 기준 논문 'Learnings and Teaching styles in Engineering Education'[1]에서 Richard Felder와 Linda Silverman은 학습 방식과 교육 방식의 연관성에 대한 특별한 관점을 밝혔다. 그들의 의견을 요약하자면, 지은이는 네 가지 학습의 특이한 점에 주목하고 있다. 시각 vs 구두 학습, 단계적 vs 포괄적 학습, 활동적 vs 반사적 학습, 감각적 vs 직관적 학습이다. 이 책은 각기 다른 학습 방식을 가진 학생들에게 방안을 제공하여 학생과 교재 내용 간의 부조화를 줄이고, 새로운 개념을 받아들이기 효율적으로 받아들이도록 하는 것이 목표이다. 예를 들어, 각 단원들은 처음과 요약 부분, 마지막에 학습 목표를 담고 있다. 각 부분은 본문의 흐름에서 같은 말을 반복하는 것이 아니라, 가장 중요한 내용 순으로 보여주어 배우고자 하는 모든 사람들(단원의 세부 내용에 들어가기 전 요약부터 읽어야 함)을 위해 효율적인 환경을 제공한다. 반대로, 이전에 학습한 경험이 있는 사람들에게는 알고 있는 내용을 바탕으로 개념들의 논리적인 사고를 향상토록 한다. 전부터 토론해오던 주요 내용에 대한 질문들은 본문에 주기적으로 포함되어 있으며 배운 내용을 활용할 수 있도록 한다. 예제들은 감각적 학습자들에게 강조하는 내용에 대해 구체적이면서 수치적인 문제를, 직관적 학습자들에게는 개념의 이해를 확장시키는 문제로 균형을 맞추었다.

인식 차원에서 우리는 학생들이 전공자에게 물어 볼 수 있을 지식들의 분류 체계를 만들 수 있다. 예를 들어, 수정된 Bloom의 분류학은 다음과 같다. 기억하고, 이해하고, 더하고, 분석하고, 평가하고 만들어라. 문제들은 정도가 낮은 쪽으로부터 높은 순으로 순서를 매길 수 있다. 낮은 수준의 문제를 해결하기 위해서는 표면적인 학습만으로도 충분하지만 높은 수준의 문제라면 해결하기 위해 *깊은 학습*이 필요하다. 여기서 말하는 깊은 학습이란 학생들이 원리의 흐름을 파악하고 원인과 결과를 도출하여 주의 깊게 중점을 놓치지 않는 논리와 토론을 연습하는 것이다. 또한 이 과정을 통해서 이 과정의 내용들에 흥미를 갖게 되는 것이다. 대조적으로, 표면적인 학습을 연습하는 학생들은 사실을 기억하는 경향이 있으며 알고리즘을 도출하고 새로운 생각을 만들기 어려우며, 열역학 과정에서 얻는 부분이 적다. 이 책을 배우는 동안 깊은 학습의 증진은 학생들이 하고자 기대하는 바에 가장 큰 영향력을 미칠 것이다. 각 장의 마무리 문제들은 물질에 대한 깊은 이해를 바탕으로 구축되어 있다. 이 책을 배우는 학생들은 단지 '기계적으로 접근'하여 정답만 찾는 대신에 해당 물질의 연결고리와 패턴을 발견

1. Felder, Richard M., and Linda K. Silverman, *Engr. Education*, **78**, 674 (1988).

하고, 질문의 물리적인 의미를 이해하게 되며, 창의적으로 새로운 문제에서 전체적인 원리를 접목하게 된다. 이 믿음은 깊은 학습이 학생들이 대학 수업에서 배우는 내용을 창조적으로 변형할 수 있게 하여 실제 현장에서 직면하는 새로운 문제에 적용할 수 있다는 것이다.

▶ 문제 풀이집 Solution manual

풀이 안내는 해당 과정에서 이 책을 사용하는 강의자가 Instroctor Companion 사이트(www.wiley.com/college/koretsky)에 방문하여 등록한 후 이용이 가능하다.

▶ 분자적 개념 Molecular concepts

고전 열역학 시대가 끝나가는 동안 분자 개념들의 정립은 여러 수준에서 유용했다. 일반적으로 열역학을 배우는 기간에 화학공학도는 많은 화학 관련 과정을 듣는데 어찌 이 경험에서 이득을 보지 않을 수 있겠는가! 열역학은 본질적으로 추상적인 학문이다. 분자적 개념들은 책의 설명으로 더 많은 것을 배우는 학생들에게 제공하며 그들 스스로 수학적 유도를 할 수 있게끔 한다.

분자적 접근은 나노기술 기반의 분자 수준의 엔지니어링과 더욱 더 향상되는 분자 수준의 모사(simulation)를 바탕으로 중요한 기술적 수준을 제공하고 있다. 게다가 분자의 이해는 열역학 방정식의 이해와 이동 현상과 같이 다른 기초 공학 과학을 학습하는 데 있어 이해력을 높인다.

마지막으로, 인지과학에서 문헌 조사는 학생들이 주요 공학과학 주제에서 꾸준히 오해해 온 것들을 보여주며 분자적 접근은 이러한 오해들의 요인에 효율적이다. 예를 들어 새로운 공정에서 거시적(macroscopic) 과정에 의해 직접적으로 야기되지 않는 걸로 보이는 현상들은 그 대신 수집되어 온 분자의 거동에 간접적으로 드러나 있다. 학생들이 학습하기 가장 어렵다는 개념들은 종종 그들이 직접적인 원인으로 실수한 새로운 과정들이다. 분자 수준에서의 설명을 추가함으로써 새롭고 직접적인 현상들 사이의 차이점은 명쾌히 다뤄질 수 있고, 근원적인 개념들 역시 설명이 가능하다.

▶ ThermoSolver 소프트웨어

동반되는 ThermoSolver software는 이 책을 보완하기 위해 만들어졌다. 통합적이며 메뉴에 따라 조작되는 이 프로그램은 사용하기 쉽고 학습의 기초가 된다. ThermoSolver는 학생들이 더 많은 복잡한 계산을 손쉽게 하고, 열역학에서 넓은 범위의 문제를 탐구하는 기회를 제공한다. 계산에 이용되는 방정식들은 프로그램 내에서 볼 수 있으며, 본문과 같은 명명법으로 이용할 수 있다. 분문의 방정식은 소프트웨어와 연결되어 있기 때문에 학생들은 개념과 소프트웨어 결과의 연결이 쉬워지며 학습의 증진이 가능하다. ThermoSolver software는 student companion 사이트(www.wiley.com/college/koretsky)에서 무료로 다운로드할 수 있다.

▶ 감사의 글

첫째로, 친절을 베푼 다음 사람들 개개인에게 감사함을 알리고 싶다. Stuart Adler, Connelly Barnes, Kenneth Benjamin, Bill Brooks, Hugo Caran, Chih-hung(Alex) Chang, Mladen Eic, John Falconer, Frank Foulkes, Jerome Garcia, Debbi Gilbuena, Enrique Gomez,

Dennis Hess, Ken Jolls, P. K. Lim, Uzi Mann, Ron Miller, Erik Muehlenkamp, Jeff Reimer, Skip Rochefort, Wyatt Tenhaeff, Darrah Thomas 그리고 David Wetzel. 두 번째로, John Wiley & Sons의 팀원들의 노력과 인내에 감사를 표한다. 특히 Wayne Anderson, Dan Sayre, Alex Spicehandler, Jenny Welter. 마지막으로 몇 년에 걸쳐 열역학 과정을 함께 해온 학생들에게 가장 큰 감사를 보낸다.

▸ 기호 표기 Notation

열역학 공부는 본질적으로 상세한 표기법을 가지고 있다. 이 책에서 사용하는 표기들이 아래 표에 요약되어 있다. 이 표는 다음을 포함한다. 특수 기호 표기(special notation), 기호(symbol), 그리스 문자(Greek symbol), 아래첨자(subscript), 위첨자(superscripts), 연산 부호(operator), 경험적인 변수(empirical parameter)이다. 많은 수의 기호들이 관습적으로 중복되기 때문에 때때로 같은 기호가 다른 뜻을 나타내기도 한다. 이런 경우 여러분은 사용되는 특정한 기호들의 전후 맥락을 파악해 적절한 기호를 추론할 필요가 있다.

특수 표기

성질

대문자	크기 성질	$K: V, G, U, H, S, \ldots$
소문자	세기 성질(몰)	$k = \dfrac{K}{n} = v, g, u, h, s, \ldots$
꺽쇠, 소문자	세기 성질(질량)	$\hat{k} = \dfrac{K}{m} = \hat{v}, \hat{g}, \hat{u}, \hat{h}, \hat{s}, \ldots$

혼합물

아래첨자 i	순물질 성질	$K_i: V_i, G_i, U_i, H_i, S_i, \ldots$ $k_i: v_i, g_i, u_i, h_i, s_i, \ldots$
상단 바, 아래첨자 i	부분 몰 성질	$\overline{K}_i: \overline{V}_i, \overline{G}_i, \overline{U}_i, \overline{H}_i, \overline{S}_i, \ldots$
첨자 없는 용어	총 용액 성질	$K: V, G, U, H, S, \ldots$ $k: v, g, u, h, s, \ldots$
Δ(델타), 아래첨자 mix	혼합물의 성질 변화	$\Delta K_{mix}: \Delta V_{mix}, \Delta H_{mix}, \Delta S_{mix}, \ldots$ $\Delta k_{mix}: \Delta v_{mix}, \Delta h_{mix}, \Delta s_{mix}, \ldots$

기타

상단 점	변화율	$\dot{Q}, \dot{W}, \dot{n}, \dot{V}, \ldots$
상단 바	평균	$\overline{\vec{V}^2}, \bar{c}_P, \ldots$

기호

$a, b \ldots, i, \ldots$	혼합물에서 일반적인 화학종(성분)	A_i	화학 반응에서 화학종 i
a, A	Helmholtz 에너지	b, B	엑서지
A, B	과정을 비교하기 위한 표시	b_f, B_f	엑스탈피
A	면적	b_j	단위 벡터
a_i	화학종(성분) i의 활동도	c_P	등압 열용량

c_v	등적 열용량
c_i	화학종 i의 몰랄 농도
C_i	화학종 i의 질량 농도
[i]	화학종 i의 몰농도
COP	성능 계수
$D_{i\text{-}j}$	i-j 결합 해리 에너지
e, E	에너지
e_k, E_K	운동에너지
e_p, E_P	퍼텐셜 에너지
$\vec{E}$	전기장
F	힘
F	유입부의 흐름 속도
F	Faraday 상수
$\mathfrak{F}$	자유도
f_i	순수 성분 i의 퓨가시티
$\hat{f}_i$	혼합물에서 성분 i의 퓨가시티
f	총 용액 퓨가시티
g, G	Gibbs 에너지
g	중력 가속도
h, H	엔탈피
$\Delta\tilde{h}_s$	용액 엔탈피
$\mathcal{H}_i$	용매 i의 Henry 상수
i	i번째 성분
I	이온화 에너지
I	이온 세기
k, K	P와 T를 제외한 일반적인 열역학적 성질 표시
k	Boltzmann 상수
k	열용량 비(c_P/c_v)
k	스프링 상수
K	평형상수
k_{ij}	화학종 i와 j의 상호작용 인자
K_i	K 값
L	액체의 흐름 속도
m	질량
m	화학종의 수
MW	분자량
n	몰수
n	반도체에서 전자 농도
n_i	성분 i의 몰수
N	주어진 상태 또는 계에서 분자 수
N_A	아보가드로(Avagadro) 수
OF	목적 함수
p	반도체에서 정공 농도
P	압력
p_i	이상기체 혼합물에서 성분 i의 부분압
P_i^{sat}	성분 i의 증기압
q, Q	열
Q	전기 전하
r	두 분자 간 거리
R	기체 상수
R	독립 화학 반응 개수
s	화학양론적 제약
s, S	엔트로피
t	시간
T	온도
T_b	끓는점(비등점) 온도
T_m	융점 온도
T_u	위 임계 용해 온도
u, U	내부 에너지
v, V	부피
V	증기의 흐름 속도
V	진공
$\vec{V}$	속도
w, W	일
w_{flow}, W_{flow}	흐름 일
w_s, W_S	축일
w^*, W^*	비-Pv 일
w_i	성분 i의 질량분율
x	질
x	x축에서의 위치
x_i	액체 성분 i의 몰분율
X_i	고체 성분 i의 몰분율
y_i	증기 성분 i의 몰분율
z	압축인자
z	z축에서의 위치
z	용액에서 이온의 원자가
1, 2. . .	계에서 특정 상태 표시
1, 2. . .	혼합물에서 일반적인 성분

그리스 기호

α_i	성분 i의 분극성
β	열팽창 계수
β_{ij}	계수 행렬
E	전기화학 퍼텐셜
φ_i	순수 성분 i의 퓨가시티 계수
$\hat{\varphi}_i$	혼합물에서 성분 i의 퓨가시티 계수
φ	총 용액 퓨가시티
γ_i	성분 i의 활동도 계수
$\gamma_{\text{Henry prime's}}$	Henry의 법칙 표준 상태를 이용한 활동도 계수
γ_i^m	몰 농도 기반 활동도 계수
$\gamma\pm$	용액에서 음이온과 양이온의 평균 활동도 계수
η	효율 인자
λ_i	Lagrangian의 곱수
Γ	분자 퍼텐셜 에너지
Γ_i	고체 성분 i의 활동도 계수
Γ_{ij}	성분 i와 j 사이의 분자 퍼텐셜 에너지
κ	등온 압축률
μ_i	성분 i의 쌍극 모멘트
μ_i	성분 i의 화학 퍼텐셜
μ_{JT}	Joule-Thomson 계수
π	상
Π	삼투압
ρ	밀도
ν_i	화학양론 계수
ω	Pitzer 이심인자
ξ	반응진척도

아래첨자

$a, b, \ldots, i, \ldots$	혼합물에서 일반적인 성분
atm	대기압
c	임계점
C	저온의 열원
calc	계산된
cycle	열역학적 사이클에서 성질 변화
exp	실험의
f	생성 성질값
fus	용융
E	외부
H	고온의 열원
high	높은 값
ideal gas	이상기체
in	계 안으로의 흐름
inerts	화학 반응에서 불활성 물질
irrev	비가역 공정
l	액체
low	낮은 값
mix	혼합물의 상태방정식 변수
net	순열 또는 순일
out	계 밖으로의 흐름
products	화학 반응에서 생성물
pc	가임계
r	압축비
reactants	화학 반응에서 반응물
real gas	실제 기체
rev	가역 공정
rxn	화학 반응
sub	승화
surr	주위
sys	계
univ	우주
v	증기
vap	증발
z	z 방향에서
0	환경
1, 2 . . .	계의 특정 상태 표시
1, 2 . . .	혼합물에서 일반적인 성분

위첨자

dep	출발 함수	sat	포화에서
E	과잉 성질	v	증기
ideal	이상용액	α, β	평형에서 일반적인 성분
ideal gas	이상기체	γ	폴리트로픽 공정의 부피 지수승
molecular	분자의		
l	액체	∞	무한희석에서
o	표준 상태에서의 값	(0)	간단한 유체 항목
real	분자 간 상호작용이 있는 실제 유체	(1)	수정 항목
s	고체		

연산자

d	전미분	δ	불완전 미분(경로 의존)
∂	편미분	ln	자연 대수
Δ	최종과 초기 상태 성질의 차이	log	10 대수
∇	기울기	Π	누적 생성물의 연산자
$\int$	적분	Σ	누적 합의 연산자

실험적 변수(상수)

a, b	Van der Waals, Redlich–Kwong 상태방정식의 인력과 크기 상수
$a, b, \alpha, \kappa \ldots$	다양한 3차 상태방정식의 실험 상수
A	two-suffix Margules 식의 활동도 계수 모델 상수
A_{ij}	three-suffix Margules 활동도 계수 모델 상수
A, B	three-suffix Margules 또는 van Laar 활동도 계수 모델 상수
A, B	Debye–Huckel의 상수
A, B, C	Antoine 식의 실험적 상수
A, B, C, D, E	열용량 식의 실험적 상수
B, C, D	2차, 3차, 4차 virial 상수
B', C', D'	압력항 전개에서 2차, 3차, 4차 virial 상수
C_6	Van der Waals 또는 Lennard–Jones 인력 상수
C_n	r^{-n}의 분자 사이 반발력 상수
ε	Lennard–Jones 에너지 상수
Λ_{ij}	Wilson 활동도 계수 모델 상수
σ	강구체, Lennard–Jones와 다른 퍼텐셜 함수의 거리 상수

차례

Contents

옮긴이 머리말 • 3

지은이 머리말 • 5

제1장 측정된 열역학적 성질들과 기본적인 개념들 • 17

1.1 열역학 • 18

1.2 예비적인 개념 – 열과 관련된 언어 • 19

1.3 측정된 열역학적 성질 • 23

1.4 평형 • 31

1.5 독립적인 열역학적 성질과 종속적인 열역학적 성질 • 33

1.6 순수한 물질들에 대한 PvT 표면과 투영 • 36

1.7 열역학적 성질표 • 42

1.8 요약 • 46

1.9 연습 문제 • 47

제2장 열역학 제1법칙 • 51

2.1 열역학 제1법칙 • 52

2.2 가상적인 경로의 구축 • 62

2.3 가역 과정과 비가역 과정 • 63

2.4 닫힌계에 대한 열역학 제1법칙 • 70

2.5 열린계에 대한 열역학 제1법칙 • 75

2.6 U와 H에 대한 열역학적 자료 • 82

2.7 닫힌계에서의 가역 과정 • 106

2.8 과정 장치에 대한 열린계의 에너지 수지식 • 110

2.9 열역학적 사이클과 Carnot 사이클 • 117

2.10 요약 • 123
2.11 연습 문제 • 124

제3장 엔트로피와 열역학 제2법칙 • 141

3.1 과정의 방향성과 자발성 • 142
3.2 가역과 비가역 과정 그리고 방향성과의 연관성 • 143
3.3 엔트로피, 열역학적 성질 • 145
3.4 열역학 제2법칙 • 153
3.5 열역학 제2법칙에 대한 다른 명제 • 156
3.6 닫힌계와 열린계에서의 열역학 제2법칙 • 157
3.7 이상기체에 대한 Δs의 계산 • 165
3.8 역학적 에너지 수지와 베르누이 방정식 • 174
3.9 기체 압축 동력과 냉동 사이클 • 177
3.10 엑서지(exergy) 해석 • 186
3.11 분자 관점에서의 엔트로피 • 195
3.12 요약 • 203
3.13 연습 문제 • 204

제4장 상태방정식과 분자 간 상호인력 • 221

4.1 개요 • 222
4.2 분자 간 힘의 종류 • 223
4.3 상태방정식 • 243
4.4 일반화된 압축인자 표 • 257
4.5 혼합물에 대한 상수의 결정 • 260
4.6 요약 • 264
4.7 연습 문제 • 266

제5장 열역학적 망 • 275

5.1 열역학적 성질의 종류 • 276
5.2 열역학적 성질 관계식 • 277
5.3 상태방정식과 측정 가능한 변수를 이용한 기본성질과 유도성질의 계산 • 285
5.4 출발함수 • 299

5.5 Joule-Thomson 팽창과 액화 • 307
5.6 요약 • 313
5.7 연습 문제 • 314

제6장 상평형 I: 문제의 수식화 • 325

6.1 개요 • 326
6.2 순수한 성분의 상평형 • 328
6.3 혼합물의 열역학 • 344
6.4 다성분계 상평형 • 376
6.5 요약 • 380
6.6 연습 문제 • 382

제7장 상평형 II: 퓨가시티 • 399

7.1 개요 • 400
7.2 퓨가시티 • 400
7.3 증기상에서의 퓨가시티 • 404
7.4 액체상에서의 퓨가시티 • 422
7.5 고체상에서의 퓨가시티 • 457
7.6 요약 • 458
7.7 연습 문제 • 460

제8장 상평형 III: 응용 • 475

8.1 증기-액체 평형(VLE) • 476
8.2 액체(α)-액체(β) 평형: LLE • 519
8.3 증기-액체(α)-액체(β) 평형: VLLE • 527
8.4 고체-액체 그리고 고체-고체 평형: SLE와 SSE • 531
8.5 총괄성 • 539
8.6 요약 • 545
8.7 연습 문제 • 548

제9장 화학 반응 평형 • 569

9.1 열역학과 반응속도론 • 570
9.2 화학 반응과 Gibbs 에너지 • 572
9.3 단일 반응 평형 • 575

9.4 열화학적 자료로부터 K 값의 계산 • 579
9.5 평형상수와 반응물질 농도와의 관계 • 585
9.6 전기화학 계의 평형 • 596
9.7 다중 반응 • 605
9.8 결정성 고체에서 점 결함의 반응 평형 • 618
9.9 요약 • 629
9.10 연습 문제 • 631

부록 • 645
부록 A 물리적 성질 자료 • 645
부록 B 수증기표 • 653
부록 C Lee-Kesler 일반 상관관계표 • 667
부록 D 단위계 • 683
부록 E ThermoSolver 프로그램 • 687
부록 F 참고 문헌 • 693

찾아보기 • 697

제 1 장

측정된 열역학적 성질들과 기본적인 개념들

Measured Thermodynamic Properties and Other Basic Concepts

부처님, 하느님은 산 위에서나 꽃잎에서와 마찬가지로, 아주 편안하게 디지털 컴퓨터의 회로 안에 혹은 모터사이클 변속기 안에 살고 있다. 그렇지 않다고 생각하는 것은 부처님의 품위를 손상시키는 것이고, 나아가서 자기 자신의 품위를 손상시키는 일이 될 것이다. 이것은 내가 Chautauqua에서 말하고자 하는 것이다.

–로버트 M. 피어시그의 *선(zen)과 모터사이클 관리술* 中

≫ 학습 목표

제1장에 있는 내용을 숙달하기 위해서는 다음 사항들을 할 수 있어야 한다.

- 아래의 용어들을 자신의 언어로 정의한다.
  - 우주, 계, 주위, 경계
  - 열린계, 닫힌계, 고립계
  - 열역학적 성질(또는 특성), 크기 성질, 세기 성질
  - 열역학적 상태, 상태, 경로함수
  - 열역학적 과정, 단열 과정, 등온 과정, 등압 과정, 등적 과정
  - 상과 상평형
  - 거시적 크기, 미시적 크기, 분자 길이의 크기
  - 평형 상태, 정상 상태

  궁극적으로 공학적인 문제들을 표현하고 해결하기 위해서 위에 언급된 개념들을 적용한다.
- 온도와 압력과 같은 측정된 열역학적 성질들을 분자 거동과 관련시킨다. 동력학적인 분자 거동을 이용하여 상과 화학 반응 평형을 서술한다.
- 상태 가정(평형 상태에서 열역학적 계에 주어지는 값을 정의하는 것)과 상 규칙을 순수한 물질을 포함하고 있는 계의 상태를 한정하면서 적절한 독립적인 성질을 결정하기 위하여 상 규칙을 적용한다.
- 두 성질이 주어졌을 때, 고체, 과냉 액체, 포화 액체, 포화 기체, 과열 증기 그리고 두 상의 영역을 포함하는 PT 혹은 Pv 상선도(선도)에서 상의 존재를 확인한다. 임계점과 삼중점을 확인한다. 그리고 포화 압력과 증기 압력 사이의 차이점을 확인한다.
- 물질의 상을 확인하고 두 개의 독립적인 성질을 포함하는 열역학적 성질 값들을 찾기 위하여 수증기표(steam table)를 사용한다.
- 주어진 측정된 성질을 사용하여 미지의 성질 값들을 찾기 위하여 이상기체 모델을 사용한다.

1.1 열역학

과학은 세계에 대한 우리의 인식을 변화시키고, 그 속에서 우리 위치에 대해 이해할 수 있게 한다. 공학은 인류의 이익을 위하여 독창적으로 과학을 과정 개발과 생산품에 적용시키는 직업이라 볼 수 있다. 아마도 어떤 다른 과목보다 더 열역학에 이 요소들이 섞여 있으며, 그 결과 열역학에 대한 추구는 충분한 보상뿐만 아니라 실용적인 보상을 가져다준다. 이것은 가장 순수한 형식에서 공학 과학을 상징한다. 열역학이라는 이름이 시사하듯이, 열역학은 원래 열의 움직임 전환을 다뤘다. 이것은 엔진의 효율을 증가시키기 위해 19세기에 처음 개발되었으며 특히, 석탄의 연소로 발생된 열을 유용한 일로 변환시키는 엔진에서 사용되었다. 이러한 목적을 위해 열역학의 두 가지 기본 법칙들이 상정되었다. 그러나 논리와 수학을 통해 이 법칙들을 확장시키는 데 있어, 열역학은 훨씬 큰 폭넓음을 구성하는 공학 과학으로 진화했다. 열 효과와 필요 동력의 계산 외에 열역학은 다양한 방법들로 사용될 수 있다. 예를 들어 열역학이 상대적으로 제한된 일련의 수집된 자료가 광범위한 계산들에 능률적으로 사용될 수 있는 틀을 형성한다는 것을 배울 것이다. 다른 성질들을 측정한 것으로부터 물질의 유용한 성질들을 결정할 수 있다는 것과 화학종들이 겪게 되는 상 변화와 화학 반응을 예측할 수 있다는 것을 알게 될 것이다. 이러한 주제의 넓은 적용 가능성을 입증하는 것은 열역학을 그들의 핵심적인 기초 지식의 부분으로 고려하는 많은 분야에 달려 있다. 그러한 분야는 생물학, 화학, 물리학, 지질학, 해양학, 재료과학은 물론 공학도 포함한다.

열역학은 우리가 **법칙**(law)이라고 부르는 약간의 기본적인 전제에 기초하면서, 자립적이고, 논리적으로 변함 없는 이론이다. 본질적으로 법칙은 수많은 경험과 지식을 하나의 일반적인 주장으로 압축한다. 우리는 실험을 통해 우리의 지식을 테스트하고, 우리의 지식을 확장시키기 위해 법칙을 사용하고 예측한다. 열역학의 법칙들은 자연의 관찰을 기본으로 하고 있고, 일상적인 경험의 기본에 근거한 사실로부터 얻어진다. 이러한 법칙으로부터 수학의 정확성을 사용하여 열역학의 전체를 얻을 수 있다. 이 기본 구조를 발전시키기 위해 이 학문 외에는 고려할 필요가 없다는 면에서 열역학은 자립적이다. 한편으로는, 이와 같은 일반성으로 인해 열역학의 원리는 무수히 많은 실생활의 공학적인 문제들을 해결하기 위한 영향력 있는 기본 뼈대로 여겨진다. 그러나 이 과목의 한계점을 깨닫는 것 또한 중요하다. 평형 열역학은 메커니즘이나 물리적, 화학적 과정의 속도에 대해 어떠한 것도 우리에게 알려주지 않는다. 따라서 화학 또는 생물학 반응의 최종 디자인이 화학 반응의 반응속도론과 수송 속도에 대한 연구를 필요로 하는 반면, 열역학은 반응에 대한 구동력을 정의하고 우리에게 공학적인 분석과 디자인에서 중요한 도구를 제공한다.

우리는 개념적이면서 응용된 관점으로부터 열역학에 대한 연구를 추구할 것이다. 개념적인 관점은 열역학이 포괄하는 수많은 주제를 처리하기 위한 능력을 제공하는 폭넓은 직감에 대한 토대를 구성할 수 있게 한다. 응용된 관점은 사실적으로 실리의 문제를 해결하기 위해 어떻게 이 개념들을 사용하는 지를 보여주고, 더 나아가 개념적인 이해를 높여준다. 상승작용에 의해 이 두 방향은 열역학의 *깊은 이해*를 전할 예정이다.[1] 깊은 이해를 보여주기 위해서 고립된 사실들을 반복하고, 공식에 대입하여 문제를 해결하기 위해 올바른 식을 찾는 것 이상으로 노력해야 한다. 대신에 물질에서의 연결과 패턴에 대해 연구하고, 사용하는 식이 물리적

1. 공학에서의 깊은 배움과 얕은 배움에 관한 보다 자세한 논의는 다음을 참조하라. Philip C. Wancat, "Engineering Education: Not Enough Education and Not Enough Engineering," 2nd International Conference on Teaching Science for Technology at the Tertiary Level, Stockholm, Sweden, June 14, 1997.

으로 의미하는 것을 이해하며, 전체적으로 새로운 문제에 다루어질 근본적인 원리들을 창의적으로 적용할 필요가 있을 것이다. 사실, 이러한 배움의 깊이를 통해 교실에서 배운 통합된 정보를 옮길 수 있을 것이고, 전문적인 화학공학자로서 산업 현장에서나 연구실에서 마주치게 될 새로운 문제들에 유용하고 창의적으로 적용할 수 있게 될 것이다.

1.2 예비적인 개념 – 열과 관련된 언어

우리는 공학과 과학에서 사용하는 언어를 가능하면 정확하게 하려고 노력한다. 이러한 정확성은 우리가 개발한 개념들을 정량적이고 수학적인 형태로 번역할 수 있게 해준다.[2] 그 때 더 발전된 관계들에 대해 수학 규칙을 사용할 수 있고 문제를 해결할 수 있다. 이 부분은 열역학적 법칙을 세우기 위한 기초와 수학을 가지고 그들을 수량화하기 위한 기초로써 사용할 몇몇 근본적인 개념들과 정의들을 소개한다.

열역학적 계

열역학에서 **우주**(universe)는 모든 측정 가능한 공간을 말한다. 그러나 계산을 할 필요가 있는 모든 경우에서 전체 우주를 고려하는 것은 편리하지 않다. 따라서 우주를 우리가 관심이 있는 부분인 **계**(system)와 우주의 나머지인 **주위**(surrounding)로 분리한다. 계는 보통 선택됨으로써 관심 있는 물질을 포함하고 있으나 그 자체의 물리적 장치는 없다. 부피가 고정되어 있을 수도 있고, 시간에 따라 부피가 변할 수도 있다. 비슷하게 조성이 고정되어 있을 수도 있고, 질량 유속이나 화학 반응 때문에 조성이 변할 수도 있다. 계는 **경계**(boundary)에 의해 주위로부터 분리된다. 경계는 실제로 있을 수도 있고 가상의 구조가 될 수도 있다. 계와 경계를 합리적으로 선택하면 계산상의 많은 노력을 절약할 수 있다.

열린계(open system)에서 질량과 에너지는 경계를 가로질러 흐를 수 있다. **닫힌계**(closed system)에서는 질량은 경계를 가로질러 흐를 수 없다. 만약 질량과 에너지 둘 다 경계를 가로질러 흐를 수 없다면, 이 계를 **고립계**(isolated system)라고 부른다. 우리는 열린계를 **대상 부피**(control volume)로, 이것의 경계를 **대상 표면**(control surface)으로 부르는 것을 종종 보게 된다.

예를 들어 그림 1.1에 있는 피스톤–실린더 기구를 연구한다고 하자. 보통은 계, 주위, 경계에 대한 일반적인 선택이 표시되어 있다. 경계는 피스톤 아래와 실린더 벽의 내부의 점선 기호로 된 선에 의해 그려진다. 계는 피스톤–실린더 안에 있는 기체를 포함하며 물리적인 공간은 포함하지 않는다. 주위는 경계에 대해 다른 쪽에 있고 우주의 나머지를 구성한다. 같은 방식으로 열린계의 계, 주위, 경계는 그림 1.2에 표시되어 있다. 이 경우에 유입과 유출 흐름은 각각 'in'과 'out'으로 표시되며, 경계를 가로질러 계로 물질이 들어가고 나가는 것을 허락한다.

성질(특성)

계에 포함되는 물질은 이들의 **성질**(property)로 표현될 수 있다. 이러한 성질들은 부피, 압력, 온도의 측정될 수 있는 성질을 포함한다. 그림 1.1에서 기체의 성질은 현재 온도인 T_1으로, 이것의 압력은 P_1으로, 몰부피는 v_1으로 표시된다. 그림 1.2에 그려진 열린계의 성질들은 T_{sys}와 P_{sys}로 표시된다. 이 경우에 계로 들어가고 나가는 유체의 성질을 표현할 수 있다. 열역학의 법

2. 과학과 공학의 종국적인 언어는 수학이라고 주장한다.

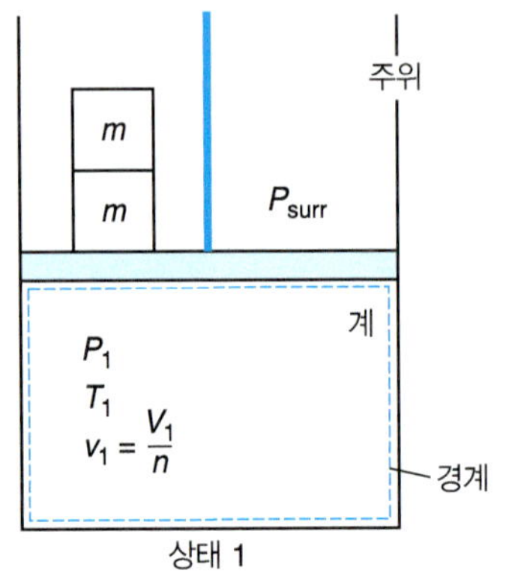

그림 1.1 피스톤-실린더 기구의 개략도. 계, 주위 및 경계가 표시되어 있다.

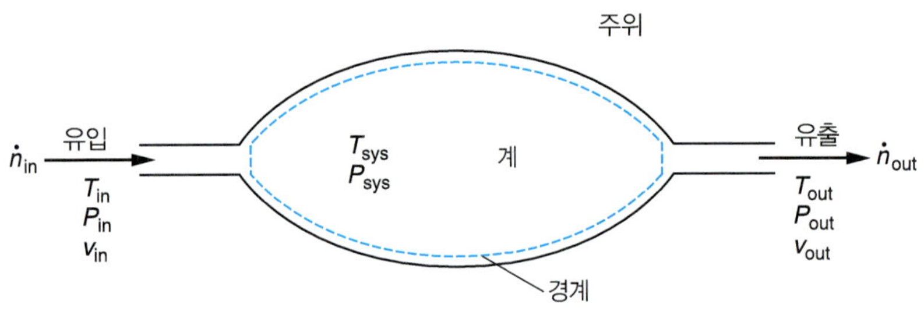

그림 1.2 물질이 유입되고 유출되는 열린계의 개략도. 계, 주위 및 경계가 표시되어 있다.

칙들을 발전시키고 적용시킬 때, 다른 성질들에 대해 배우게 되는데, 예를 들면 내부 에너지, 엔탈피, 엔트로피, Gibbs 에너지는 모두 유용한 열역학적 성질들이다.

열역학적 성질들은 **크기 성질**(extensive property) 혹은 **세기 성질**(intensive property)이 될 수 있다. 크기 성질은 계의 크기에 의존하는 반면에 세기 성질은 그렇지 않다. 바꿔 말하면 크기 성질은 부가적이고, 세기 성질은 부가적이지 않다. 성질이 세기 성질인지 크기 성질인지 테스트하는 쉬운 방법은 자신에게 '만약 내가 계를 반으로 나누었다면, 이 성질에 대한 값이 변하게 되는가?'라고 묻는 것이다. 만약 대답이 '아니오'라면, 그 성질은 세기 성질이다. 만약 대답이 '네'라면, 그 성질은 크기 성질이다. 예를 들어 그림 1.1에서 계를 반으로 나눈다면, 두 쪽의 온도는 같게 남아 있다. 따라서 온도의 값은 변하지 않으므로 온도는 세기 성질에 포함된다.

많은 성질들은 크기 성질이나 세기 성질의 형태로 표현될 수 있다. 이 성질들을 다른 형태에서 구별하기 위해 명명법에 주의해야 한다. 열역학적 성질의 크기 성질을 위해 대문자를 사용할 것이다. 예를 들어 크기 성질 부피는 [m^3]의 V가 될 것이다. 세기 성질 형태는 소문자가 될 것이다. 몰부피는 소문자 v [m^3/mol], 비부피는 $\hat{v}$ [m^3/kg]으로 나타낸다. 다시 말하면 압력과 온도는 항상 세기 성질이며, 이는 전통적으로 P와 T로 나타낸다.

과정

계의 열역학적 **상태**(state)는 주어진 때에 계를 발견하는 조건에 달려 있다. 상태는 물질의 세기 성질의 값을 고정시킨다. 따라서 세기 성질이 동일한 값을 가지는 동일한 물질로 구성된 두 계는 같은 상태로 존재한다. 그림 1.1에서 상태는 상태 1과 같다. 따라서 아래첨자 '1'과 함께 성질을 표시한다. 계는 하나의 열역학적 상태에서 또 다른 열역학적 상태로 갈 때 **과**

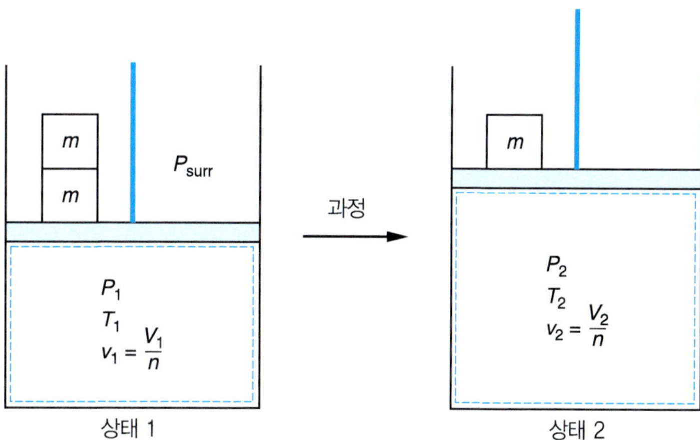

그림 1.3 상태 1에서 상태 2로 확장하는 과정을 거치는 피스톤-실린더 개략도. 이 과정은 질량이 m인 블록이 제거됨으로써 시작된다.

정(process)을 거친다고 말한다. 그림 1.3은 그림 1.1의 피스톤으로부터 질량 m의 블록을 제거함으로써 수반되는 변화를 나타낸다. 결과로 초래된 힘의 불균형은 기체를 확산시키고 피스톤이 위로 올라가도록 한다. 기체가 확산되면, 이것의 압력은 떨어질 것이다. 확산은 일단 그 힘이 다시 균형을 맞출 때까지 계속될 것이다. 일단 피스톤이 멈추면 계는 새로운 상태, 즉, 상태 2로 존재한다. 상태 2는 T_2, P_2, v_2에 의해 정의된다. 확산 과정은 계를 상태 1에서 상태 2로 변화시킨다. 그림 1.3에 보이는 점선이 말해주듯이, 계의 경계를 선택하고 과정이 진행되는 동안 피스톤과 함께 계의 경계는 확장된다. 따라서 경계를 가로지르는 물질의 흐름이 없는 닫힌계를 가지게 된다. 대신에 계의 부피를 일정하게 유지하는 경계를 선택할 수 있다. 이와 같은 경우에 물질은 피스톤이 확산할 때 계를 열린계로 만들면서 계의 경계를 가로질러 흐른다. 일반적으로 전자의 선택이 문제의 해결에 더 편리하다.

비슷한 방식으로 과정은 그림 1.2의 열린계에 대해서 표현된다. 그러나 우리는 이 과정을 약간 다르게 본다. 이 과정에서 유체는 T_{in}, P_{in}, v_{in}의 성질과 함께 주어진 상태 'in'에서 유입 흐름으로 계에 들어간다. 그리고 계에서 과정을 겪고, 상태를 변화시킨다. 따라서 T_{out}, P_{out}, v_{out}의 성질과 함께 다른 상태로 나온다.

이 과정이 진행되는 동안 계에 포함된 적어도 몇몇 물질의 성질들은 변하게 된다. **단열 과정**(adiabatic process)에서는 계의 경계를 가로지르는 열의 이동이 없다. **등온 과정**(isothermal process)에서는 계의 온도가 일정하게 유지된다. 비슷하게 **등압 과정**(isobaric process)과 **등적 과정**(isochoric process)은 각각 일정한 압력과 부피에서 발생한다.

가상 경로

열역학적 성질의 값은 계가 그 상태로 도착하는 과정에 의존하지 않는다. 그들은 *오직* 그 자체의 상태에 의존한다. 따라서 상태 1과 상태 2 사이에서 주어진 성질의 변화는 상태 1에서 시작하고 상태 2에서 끝나는 *어떤* 과정에 대해서도 같을 것이다. 이 열역학적 성질의 측면은 문제 해결에 매우 유용하다. 우리는 이를 종종 이용할 것이다. 열역학적 상태 사이에서 *가상*의 경로를 고안할 것이며, 따라서 계산을 더 쉽게 수행하기 위해 손쉽게 이용 가능한 자료(data)를 쓸 수 있다. 따라서 그림 1.3에 나타난 과정에서 어떤 성질에 대한 변화를 계산하기 위해 뒤 따라오는 가상의 경로를 선택할 것이다. 먼저 P_1, T_1에서 P_2, T_1로 등온 팽창을 고려한다. 그런 후에 P_2, T_1에서 P_2, T_2로의 등압 냉각을 수행한다. 가상의 경로는 실제 과정으로서 같은 상태를 얻도록 한다. 따라서 모든 성질은 동일해야 한다. 성질들은 오직 그 자체의 상태에 의존하기 때문에, 그들은 종종 **상태 함수**(state function)로 언급된다. 반면 열이나 일과 같이 경로에 의존하는 양들도 있다. 이들은 **경로 함수**(path function)로 언급된다. 이 양에 대한 값을 계산할 때, 과정이 진행되는 동안 계가 지나는 실제 경로를 사용해야 한다.

물질의 상

주어진 물질의 **상**(phase)은 균일한 물리적 구조와 화학 조성에 의해 특성화된다. 이는 고체나 액체, 기체가 될 수 있다. 고체에서 원자 사이의 결합은 고체의 다른 원자들에 비해 상대적으로 특정한 위치에 그들을 결합시킨다. 그러나 그들은 이 고정된 위치에 대하여 진동으로부터 자유롭다. 고체는 긴 범위에 걸쳐 주기적인 순서를 가질 때, 결정체라고 불린다. 원자가 결합된 공간 배열은 격자 구조라고 불린다. 각각의 다른 결정 구조는 물리적 구조가 다르기 때문에 다른 상으로 나타난다. 예를 들어 고체 탄소는 다이아몬드 형태로 나가거나 흑연의 형태로 나갈 수 있다. 긴 범위에 걸쳐 규칙성이 없는 고체는 비결정 형태라고 불린다. 고체와 같이 액체상에 존재하는 분자들은 분자 간 인력 때문에 다른 분자와 가깝게 근접해 있다. 그러나 액체상에서 분자들은 방향성 결합에 의해 공간적으로 고정되어 있지 않다. 또한 그들은 움직임에서도 다른 분자들에 대해 비교적 움직임이 자유롭다. 다양한 성분의 액체 혼합물은 화학종의 조성이 다른 부분에서 바뀐다면 다른 상을 형성할 수 있다. 예를 들어 기름과 물이 액체로서 동시에 존재하는 동안, 그들은 그들의 조성이 다르기 때문에 분리된 액체상으로 고려된다. 비슷하게 다른 조성의 고체들은 다른 상에서 공존할 수 있다. 기체 분자들은 비교적 약한 분자 간 인력을 보여준다. 그들은 그들이 보관되는 용기의 전체 부피를 채우는 것에 대해 움직인다. 이 움직임은 그들이 다른 분자와 충돌하고 용기의 표면에 부딪힘으로써 그들의 방향이 계속 변할 때 임의의 방식으로 발생한다.

한 개 이상의 상이 동시에 계 안에서 평형 상태로 존재할 수 있다. 이 현상이 발생할 때, **상경계**(phase boundary)는 상을 각각 다른 것으로부터 분리한다. 화학 열역학에서 중요한 주제 중 하나인 **상평형**(phase equilibrium)은 측정 온도와 압력에서 주어진 혼합물에서 동시에 존재하는 다른 상의 화학적 조성을 결정하는 데 사용된다.

길이 척도

책에서 우리는 거시적, 미시적, 분자 수준의 세 가지 길이 척도에 대해 언급할 것이다. **거시적**(macroscopic)인 척도는 가장 크다. 이는 일상생활에서 관찰할 수 있는 큰 계를 나타낸다. 종종 균일한 열역학적 상태에 있는 것에 대해 전체의 거시적인 계를 고려할 것이다. 이러한 경우에 이것의 성질(예를 들어, T, P, v)은 계 전체에 걸쳐 균일하다. **미시적**(microscopic)인 척도에 의해서 너무 작아 눈으로 볼 수 없는 **미소**(differential) 부피 요소에 대해 말한다. 그러나 각각의 부피 요소는 물질의 지속적인 분포를 가짐으로써 고려되는 충분한 분자들을 포함하고 있다. 이를 연속체라고 부른다. 따라서 미시적인 척도의 부피 요소는 온도와 압력과 몰부피에서 의미 있는 값을 가지기에 충분해야 한다. 미세 저울은 미세 요소의 차이를 반영한다. 따라서 이는 거시적인 세계에서 움직임을 나타내기 위해 통합될 수 있다. 종종 성질들이 계의 부피에 따라 변하거나 시간에 따라 변할 때 미세 저울을 이용한다. **분자**(molecular)[3] 수준의

3. 통계역학과 같은 학문에서는 우리가 사용하는 *분자적인*(molecular)이란 용어에 대해서 *미시적인*(microscopic)이라는 용어로 사용한다.

척도는 각각의 원자나 분자의 척도를 의미한다. 이 단계에서 연속체는 분리되고, 물질들은 각각의 요소들로서 보여질 수 있다. 온도나 압력, 몰부피에 관해서 각각의 분자들을 묘사할 수 없다. 엄격하게 말하자면 분자라는 단어는 고전 열역학의 외부에 있다. 사실 이 책에서 전개되는 모든 개념들은 전체적으로 거시적인 현상의 관찰에 기초되어 전개될 수 있다. 이 전개는 우리가 살아가는 세계의 분자의 성질에 대한 어떠한 지식도 필요로 하지 않는다. 그러나 우리는 화학공학자이고 우리의 화학적 직감을 사용할 수 있어야 한다. 분자적 개념들은 척도뿐만이 아니라 자료에서의 추세를 정성적으로 설명해준다. 따라서 이러한 개념들은 고전 열역학에서 마주치게 되는 많은 현상들을 이해하기 위한 수단을 제공한다. 결과적으로 우리는 종종 분자의 화학을 열역학적 현상들을 설명하기 위해 언급한다.[4] 그 목적은 우리가 배우는 것에 대한 개념들에 직관적인 뼈대를 제공하는 것이다.

단위

이즈음에 여러분은 아마도 단위를 다루는 경험을 하게 된다. 대부분의 과학 및 공학 교재는 이 주제를 가장 첫 장에서 다루고 있다. 이 책에서 주로 국제 표준 단위, 즉, **SI 단위**(SI unit) 체계를 사용할 것이다. SI 단위 체계는 주로 *기본적인* 차원 m, s, kg, mol, K을 사용한다. 다른 단위 체계의 세부 사항들은 부록 D에서 찾을 수 있다. 어떤 식이 잘못되었다는 것을 말하기 위한 가장 쉬운 방법들 중 하나는 한쪽 단위들이 다른 쪽의 단위와 서로 맞지 않는 경우이다. 아마도 문제 해결에서 가장 흔한 실수들은 차원적으로 일치하지 않음이 원인이 된다. 결론은 단위에 집중하라는 것이다. 적절한 단위 없이 숫자를 쓰려고 하지 마라. 여러 단위 간에 전환이 자유롭게 가능해야 한다.

길이에 대해 얼마나 많은 단위들을 생각할 수 있나? 압력에 대해서는? 에너지에 대해서는?

1.3 측정된 열역학적 성질

계에서 우리가 물질의 성질 값을 명시한다면, 이것의 열역학적 상태를 정의한다는 것을 알게 되었다. 이는 전형적으로 계의 특정한 상태를 규명하는 수단으로 사용되는 **측정된 열역학적 성질**(measured thermodynamic property) 값들이다. 측정된 열역학적 성질들은 실험실에서 직접적인 측정을 통해 얻는 것들이다. 이들은 부피나 온도, 압력을 포함한다.

부피(크기 혹은 세기와 연관)

부피는 계의 크기와 관련되어 있다. 직사각형 구조에 대해 부피는 측정된 길이와 넓이와 높이를 곱함으로써 얻어질 수 있다. 이 과정은 우리에게 [m^3] 혹은 [gal]의 단위로 부피의 크기 형태를 제공한다. 우리는 이러한 형태의 단위를 통해 부피로 우유나 가솔린을 구매한다.

부피는 또한 몰부피, v [m^3/mol] 혹은 비부피, $\hat{v}$ [m^3/kg] 형태로서 세기 성질로 나타낼 수 있다. 비부피는 밀도 ρ [kg/m^3]의 역수이다. 물질이 계에 걸쳐 계속적이고 균일하게 분포된다면, 부피의 세기 성질은 크기 성질을 전체 몰수나 전체 질량으로 각각 나눠줌으로써 얻어질 수 있다. 따라서

4. 이러한 목적이 통계역학과 양자역학을 통해 정량적으로 달성될 수 있지만, 우리는 화학과 관련된 교과목에 맞추어 보다 정성적으로 묘사하는 접근법을 채택한 것이다.

$$v = \frac{V}{n} \tag{1.1}$$

그리고

$$\hat{v} = \frac{V}{m} = \frac{1}{\rho} \tag{1.2}$$

만약 물질의 양이 계 전체에 걸쳐 변한다면, 우리는 미시적인 대상 부피의 몰부피나 비부피를 언급할 수 있다. 그러나 이것은 위치에 따라 변할 것이다. 이 경우에 어떤 미시적인 요소의 몰부피는 다음과 같이 정의될 수 있다.

$$v = \lim_{V \to V'} \left(\frac{V}{n} \right) \tag{1.3}$$

여기서 V'는 연속체 접근이 여전히 유용할 때의 가장 작은 부피이고, n은 몰수이다.

온도(세기와 연관)

온도, T는 특정계의 *뜨거운 정도*로서 대략적으로 정의된다. 틀림없이 여러분들은 온도가 무엇인지에 대해 훌륭한 직감을 가지고 있다. 여름에 온도가 90°F일 때, 이는 겨울에 40°F일 때보다 훨씬 *더 뜨겁다*. 비슷하게 오븐에서 감자를 400°F로 굽는다면, 300°F일 때보다 분명 오븐이 더 뜨겁기 때문에 더 빨리 조리될 것이다.

일반적으로 물체 A가 물체 B보다 *더 뜨겁다*고 말하는 것은 $T_A > T_B$라고 말하는 것이다. 이 경우에 자발적으로 A에서 B로 열[5]을 통해 에너지가 이동할 것이다. 비슷하게 B가 A보다 *더 뜨겁다*면 $T_B > T_A$이고, 에너지는 자발적으로 B에서 A로 이동할 것이다. 두 방향에서 열을 통해 에너지가 이동할 경향을 보이지 않는다면, A와 B는 반드시 동일한 뜨거운 정도, 즉, $T_A = T_B$이어야 한다.[6] 이 개념의 논리적인 확장은 만약 두 물체가 세 번째 물체에 대해 같은 *뜨거운 정도*로 있다면 그들은 반드시 같은 온도로 있어야 한다. 이 원리는 온도 측정에 대한 기초를 형성하며, 여기서 세 번째 물체에 대한 현명한 선택은 우리에게 온도 측정법을 가능하게 한다. 온도 변화에 따라 바뀌는 측정 가능한 성질을 지닌 물질들은 온도계의 역할을 한다. 예를 들어 보통 유리 온도계에 사용되는 수은에서 수은의 부피에 대한 변화는 온도와 연관되어 있다. 더 정확한 측정을 위해 기체에 의해 가해지는 압력이나 서로 다른 두 금속 사이 접합 지점의 전위차가 사용될 수 있다.

온도에 대한 분자적 관점

분자의 수준에서 온도는 계에 존재하는 각각의 원자들 혹은 분자들의 평균 운동에너지에 비례한다. 모든 물질은 움직이는 원자를 포함한다.[7] 예를 들어 기체상의 화학종은 유한한 속도를 가지고 공간을 통해 무질서하게 움직인다. (만약 이 분자들이 움직이지 않고 있다면, 방에 있는 공기에게 무슨 일이 일어날 것인가?) 그들은 또한 진동하거나 회전할 수 있다. 그림 1.4는 각각의 분자들의 속도를 나타내고 있다. 왼쪽에 그려진 피스톤-실린더 기구는 각각의 분

5. 제2장에서 열을 더 자세히 정의할 것이다.

6. 온도와 관련된 이러한 관계는 "열역학 제0법칙"으로 불린다. 그러나 Rudolph Clausius의 개념을 이용해 우리는 제1법칙과 제2법칙으로 표현되는 두 개의 근원적인 자연법칙을 통해 열역학을 보려고 한다.

7. 절대 0도에서 완벽한 고체의 이상적인 경우는 제외한다.

자들의 속도를 도식적으로 나타내고 있다. 각각의 화살표는 주어진 분자의 속도에 대해 비례하는 화살의 크기와 함께 속도 벡터를 나타내고 있다. 속도들은 매우 다양한 크기와 방향을 가지고 있다. 더 나아가 분자들이 탄력적으로 다른 분자들과 충돌할 때 그들 자체 내에서 그들의 속도를 계속적으로 다시 재분배한다. 탄력 있는 충돌에서 충돌하는 원자들의 총 운동에너지는 보존된다. 반면 특정 분자는 자신의 속도를 바꿀 것이다. 그러나 충돌을 통해 한 분자의 속도가 올라갈 때, 이것과 충돌하는 짝은 속도가 내려갈 것이다.

기체 내 분자들은 매우 빠른 속도로 움직이기 때문에 상온과 상압 조건에서 초당 수십억 번의 충돌을 하게 된다. 각각의 분자들은 이 탄력 있는 충돌을 겪기 때문에 빈번히 속도가 올라가거나 내려간다. 그러나 짧은 시간 안에 주어진 계에서 *모든* 분자의 속도 *분포*는 일정하게 되고 매우 명확하게 된다. 이는 Maxwell–Boltzmann 분포라고 불리며, 기체 운동 이론을 사용함으로써 얻을 수 있다.

그림 1.4의 우변은 300 K와 1000 K에서 O_2의 Maxwell–Boltzmann 분포를 보여주고 있다. y축은 x축에 주어진 속도에 대한 O_2 분자들의 비율을 나타내고 있다. 주어진 온도에서 어떤 속도에 대한 분자의 비율은 변하지 않는다.[8] 사실 기체의 온도는 오로지 엄격하게 이러한 특유의 분포를 얻는 기체 분자의 군립에 대해 정의된다. 비슷한 연속체로 고려되는 미시적인 관점의 부피 요소에 대해 이 기체들이 이 분포에 근접할 수 있을 정도의 충분한 분자들을 가지고 있어야 한다. 더 높은 온도에서의 분포는 더 높은 속도로 이동하고, 그 형태는 수렴형이 된다.

운동 이론은 온도가 분자 속도의 제곱 평균과 관련된 평균 병진 분자 운동에너지, $\overline{e_K^{\text{molecular}}}$에 비례함을 보여준다.

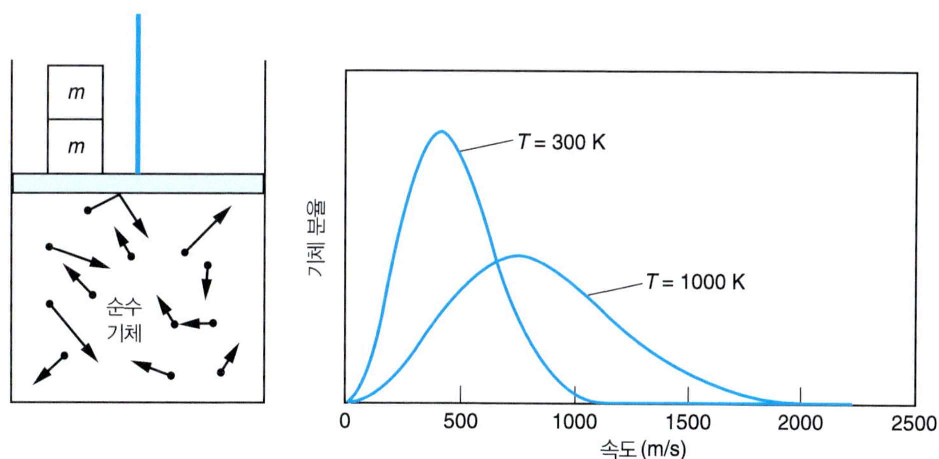

그림 1.4 기체 상태의 분자들이 가지는 다른 속도에 대한 도식도. 왼쪽 그림은 계에서 떠다니는 분자들을 보여주고 있고, 오른쪽 그림은 300 K 및 1000 K에서의 O_2 분자의 Maxwell–Boltzmann 분포를 보여주고 있다.

8. 거시적 및 미세적인 척도는 매우 흥미로운 비교를 보여준다. 잘 정의된 온도에서는 하나의 분자 속도 분포가 존재한다. 따라서 우리는 오직 하나의 거시 상태를 가지게 된다. 하지만 우리가 모든 각각의 분자들을 추적할 수 있다면, 이러한 거시 상태 안에서 수많은 방식이 있고, 임의의 분자들이 매우 다양한 속도를 가질 수 있다는 사실을 알 수 있다. 제3장에서는 엔트로피가 이러한 거시 상태들이 가질 수 있는 다양한 분자의 척도라는 것을 알 수 있다.

$$T \approx \frac{1}{2}m\overline{\vec{V}^2} = \overline{e_K^{\text{molecular}}} \tag{1.4}$$

개별의 분자들의 질량은 m이며, $\overline{\vec{V}^2}$는 속도의 평균 제곱이다. $\overline{e_K^{\text{molecular}}}$는 분자들의 '질량 중심' 운동의 평균 운동에너지를 나타낸다. 이원자 분자와 다원자 분자들은 진동과 회전에너지도 가질 수 있다. 온도가 높아짐에 따라 원자들은 더 빠르게 움직이며 더 높은 평균 운동에너지를 가진다. 온도는 계에서의 특정한 물질의 본성에서 독립적이다. 그러므로 우리가 같은 온도에서의 두 개의 다른 기체를 가지고 있을 때, 각각의 기체에서의 분자들의 평균 운동에너지는 같다.

이 원리는 확장되어 액체상뿐만 아니라 고체상에서도 응용이 가능하다. 또한 응집된 상에서의 온도 또한 분자들의 평균 운동에너지에 대한 척도이다. 그러나 액체상 또는 고체상으로 존재하는 분자들은 분자들 사이의 인력으로 인한 위치에너지가 운동에너지보다 더 크다. 따라서 분자들의 운동에너지가 낮고 인력으로 인한 위치에너지의 인력이 더 우세할 때 화학종들은 좀 더 낮은 온도에서 응집되고 얼게 된다.

여러분들이 인지하듯이, 만약 초기 온도가 다른 두 고체 물질을 접촉시킨 후 충분히 긴 시간을 기다린다면, 두 물체에서 온도는 같아질 것이다. 원자의 평균 운동에너지의 맥락에서 우리는 이 현상을 어떻게 이해할 수 있을까? 고체의 경우 분자 운동에너지의 주된 형태는 각 원자들의 진동의 형태이다. 그리고 뜨거운 물체의 원자들은 더 강한 운동에너지로 진동하기 때문에 차가운 물체의 원자들보다 더 빨리 움직인다. 경계에서 뜨거운 물체의 진동하는 빠른 원자들은 차가운 물체에서 느리게 움직이는 원자가 뜨거운 원자로 전달하는 에너지보다 더 많은 에너지를 차가운 물질로 전달한다. 그러므로 시간이 흐름에 따라 차가운 물질은 원자 운동에너지(더 힘차게 진동함)를 얻게 되며, 뜨거운 물체는 원자 운동에너지를 잃게 된다. 에너지의 이동은 평균 원자 운동에너지들이 같아질 때까지 발생한다. 현 시점에서 온도가 같아지게 되며, 서로 동일한 에너지로 전달하게 되므로 온도는 더 이상 변화하지 않는다. 이러한 예로, 온도와 분자 운동에너지가 밀접하게 연계되어 있음을 잘 설명해주고 있다. 제2장에서 에너지 보존에 관하여 논의할 때 이러한 에너지의 분자 형태에 대해 더 알아볼 것이다.

› 온도 척도

온도에 정량적인 값을 지정하기 위해서는 합의된 **온도 척도**(temperature scale)가 필요하게 된다. 척도의 각각의 단위는 **도**(degree)(°)라고 불린다. 온도는 계에서의 원자와 분자들의 평균 운동에너지에 선형적으로 비례하기 때문에, 우리는 온도 척도를 정의하기 위해서 비례 상수를 필요로 한다. 관례상 Boltzmann 상수가 사용된다. 따라서 우리는 특정 단위로서의 T를 다음과 같이 정의한다.[9]

$$\overline{e_K^{\text{molecular}}} \equiv (3/2)kT \tag{1.5}$$

온도가 *분자마다* 평균 운동에너지로서 정의되기 때문에, 그것은 계의 크기에 의존하지 않는다. 이런 이유로 온도는 항상 세기 성질이다.

식 (1.5)로부터의 척도는 분자 운동에너지가 없을 때 온도가 0이 되는 **절대 온도 척도**

9. 사실, 매우 낮은 온도에서 양자 효과는 몇 가지 기체에 대해 측정 가능하게 되며, 식 (1.5)는 분화되어야 한다. 하지만 이 책에서 이러한 효과는 어느 정도 무시될 수 있다.

(absolute temperature scale)를 정의한다. SI 단위 체계에서 켈빈(Kelvin) [K]는 온도의 척도로서 사용되며, $k = 1.38 \times 10^{-23}$ [J/(molecule K)]이다. 영국 단위 체계에서의 온도 척도는 랜킨(Rankine) [°R]로 사용된다.

SI와 영국 단위 체계 둘 사이의 전환은 SI보다 1.8배 더 높은 영국 단위 체계를 적응함으로써 가능하게 된다. 따라서

$$T[^\circ\mathrm{R}] = (9/5)T\,[\mathrm{K}]$$

절대 0도는 분자 운동이 없는 지점이기 때문에 어떠한 물질도 절대 0도 아래보다 낮은 온도를 가질 수 없다.

그러나 *절대* 0도라고 불리는 것은 매우 차가운 온도를 의미한다. 자연계에서 더 흔히 찾을 수 있는 온도 범위에서 온도 척도를 정의하는 것이 종종 더 편리하다. 섭씨 온도 척도는 켈빈 척도와 같은 척도로 사용하지만, 순수한 물의 어는점은 0°C이고, 순수한 물의 끓는점은 100°C이다. 이는 켈빈 척도를 273.15만큼 옮기며

$$T[\mathrm{K}] = T[^\circ\mathrm{C}] + 273.15$$

이 경우 분자 운동이 없는(절대 0도) 경우는 −273.15°C로 나타난다.

유사하게 화씨 [°F]는 랜킨과 같은 척도로 사용되며, 순수한 물의 어는점은 32°F이고, 순수한 물의 끓는점은 212°F이기 때문에 다음의 식이 성립된다.

$$T[^\circ\mathrm{R}] = T[^\circ\mathrm{F}] + 459.67$$

이 경우 절대 0도는 −459.67°F에서 발생한다. 섭씨와 화씨 척도 사이에서 전환을 아래와 같이 표현할 수 있다.

$$T[^\circ\mathrm{F}] = (9/5)T[^\circ\mathrm{C}] + 32$$

마지막으로, 온도 측정은 실제로 간접적이지만 측정된 변수로 분류할 수 있다는 느낌을 가지게 된다.

압력(세기와 연관)

압력은 경계에서의 물질로부터 적응되는 단위 면적당 수직력이다. 경계는 계를 정의하는 물리적 경계가 될 수 있다. 만약 압력이 공간에 따라 변화한다면, 계 내에 위치하고 있는 가상의 경계를 고려해야 될 것이다.

압력에 대한 분자적 관점

다시 피스톤–실린더 기구를 고려해 보자. 그림 1.5에서 묘사된 것처럼 피스톤–실린더 기구 내에서 피스톤에 작용하는 기체의 압력은 피스톤 내의 분자들이 피스톤을 밀어내려는 힘에 의해 개념화될 수 있다. 탄력 있는 피스톤에서 분자들의 충돌을 고려한다. 뉴턴 제2법칙에 따르면, 운동량의 변화 시간에 대한 변화량은 힘과 같다. z 방향에서의 분자들의 속도 $\vec{V}_z$는 그림 1.5에서 볼 수 있듯이 피스톤과의 충돌의 결과로 z 방향이 변화한다. 따라서 피스톤에 부딪히는 질량 m의 분자에 대한 운동량의 변화는 다음과 같다.

$$\left\{\frac{\text{운동량의 변화}}{\text{피스톤과 충돌하는 분자}}\right\} = m\vec{V}_z - (-m\vec{V}_z) = 2m\vec{V}_z \qquad (1.6)$$

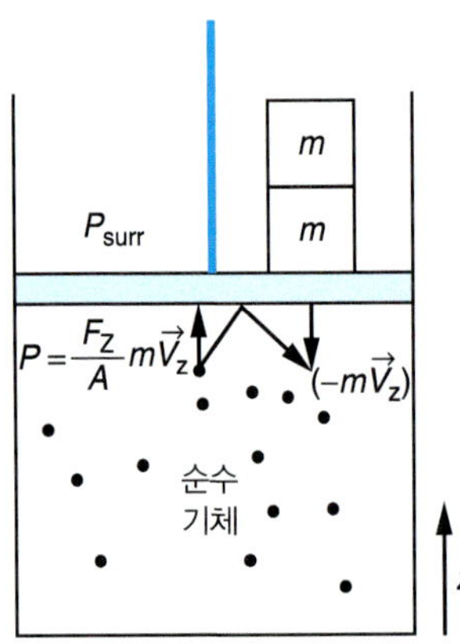

그림 1.5 고정된 피스톤-실린더 기구에서 z 방향의 운동량 전달에 의해 기체 분자가 피스톤에 전달한 압력에 대한 개략도.

이 운동량은 피스톤에 의해 흡수되어야 한다. 피스톤의 표면에서의 기체에 대한 총 압력은 피스톤에서 영향을 주는 개개인의 원자 또는 분자들의 개수인 N에 대한 z 방향의 운동량의 변화의 총 합계로 얻어진다.

$$P = \frac{1}{A}\sum_{i=1}^{N}\left[\frac{\mathrm{d}(m\vec{V}_z)}{\mathrm{d}t}\right]_i \tag{1.7}$$

다시 말해, 압력은 분자가 피스톤에 전달하는 단위 면적 당 단위 시간 당 운동량의 변화와 같다. 거시적 계에서 보다 큰 수의 분자들은 피스톤에 일정한 힘을 효율적으로 전달하게 된다. 우리는 식 (1.7)의 예시를 통해 특정 과정이 어떻게 기체의 압력에 영향을 주는지 조사해야 한다. 만약 계에서의 분자의 수 N을 증가시킨다면, 더 많은 분자들이 시간당 피스톤 표면에 영향을 줄 것이며, 압력은 증가할 것이다. 마찬가지로, 만약 온도의 증가를 통하여 분자의 속도 $\vec{V}_z$를 증가시킨다면, 압력은 증가할 것이다.

만약 피스톤이 고정되어 있다면, 힘의 균형은 기체의 압력이 주위로부터 다른 쪽에 작용하는 단위면적 당 힘과 같아야 함을 보여준다. 다시 말하면, $P = P_{\mathrm{surr}}$이며, 아래첨자 'surr'은 주위를 나타낸다. 반면에 만약 주위의 압력이 계보다 크다면, 그 힘은 균형이 맞지 않을 것이며, 피스톤은 압축 과정을 통해 내려갈 것이다. 피스톤에서의 압력은 힘이 다시 균형을 맞출 때까지 증가할 것이고, 그 후 압축은 멈출 것이다. 또한 압축 과정 동안 고려해야 할 또 다른 효과가 있다. 원자들은 움직이는 피스톤의 운동량 변화로부터 추가적인 속도를 얻게 된다. 즉, 피스톤은 배트가 야구공을 치는 것처럼 분자들을 칠 것이다. 분자들에 전달되는 추가적인 운동량은 들어오는 속도보다 더 큰 z 방향의 속도를 야기시킬 것이다. 그러므로 압축 과정은 계에서의 평균 분자 운동에너지로 증가를 초래하며, T는 증가하게 된다. 비슷한 원리로 팽창 과정 동안 온도가 감소하는 이유를 설명할 수 있다. 우리는 제2장에서 압축과 팽창 과정에서의 이러한 효과에 대해 논의할 것이다.

› 압력의 단위

압력의 크기 성질의 개념으로서 힘을 생각할 수 있다. 만약 그림 1.5에서의 피스톤의 면적을 두 배로 한다면, 힘도 두 배가 될 것이다. 다시 말해, 압력은 세기 성질이며 같은 값을 갖게 된다. 압력은 계 안에서 내용물 전체와 미시적인 부피에도 확장이 될 수 있기 때문에, 이 책에서는 일반적으로 힘보다는 압력에 대해 많이 논의하게 될 것이다. 압력은 계의 압력의 SI 단위는 Pa이다. 그것은 동등한 차원의 형태일 것이다.

$$1\,[\text{Pa}] = 1\,[\text{kg/ms}^2] = 1\,[\text{N/m}^2] = 1\,[\text{J/m}^3]$$

압력은 면적당 힘으로 나타내기 때문에 [N/m^2]의 단위는 매우 간단하다. 하지만 이 책에서는 에너지 수지의 관점에서 [J/m^3] 단위가 더 유용하게 사용된다.

이상기체

측정된 성질인 T, P, v를 연결시켜 주는 식은 **상태방정식**(equation of state)이라고 불린다. 가장 간단한 상태방정식은 이상기체 모델에 의해 주어진다.

$$P = \frac{RT}{v} \tag{1.8}$$

주어진 식 (1.1)을 적용하면, 이상기체 모델은 크기 부피 V, 몰수 n을 사용하며 다음과 같이 표현할 수 있다.

$$P = \frac{nRT}{V} \tag{1.9}$$

다양한 단위에서의 기체 상수 값 R은 표 1.1에서 볼 수 있다. 이상기체 모델은 화학자인 Boyle, Gay-Lussac 및 Charles의 연구를 통해 경험적으로 개발되었다. 이 모델은 낮은 압력과 높은 온도의 제한 조건에서 유효하다. 실제로 상압에서의 대부분의 기체 거동은 이상기체 모델로 매우 근접하게 설명될 수 있다.

분자의 관점에서 무시해도 될 정도의 부피를 차지하고 있고, 충돌을 통해서만 분자 간에 힘을 작용하는 *굉장히 작고, 딱딱하고, 둥근 구체로 이루어진 기체라는 가정을 통해 이상기체 관계식을 전개할 수 있다.* 따라서 분자들 사이의 위치에너지로 인한 상호작용이 없다. 기체가 그 계의 부피의 상당 부분을 차지하거나 다른 형태의 상태방정식이 사용되어야 한다. 이러한 식들은 제4장에서 설명될 것이다.

표 1.1 일반적인 기체상수, *R* 값

***R* 값**	**단위**
8.314	J/(mol K)
0.08314	(L bar)/(mol K)
1.987	cal/(mol K)
1.987	BTU/(lb-mol°R)
0.08206	(L atm)/(mol K)

예제 1.1 ***P*와 *T*의 정의로부터 이상기체 상태방정식의 결정**

이상기체 모델은 식 (1.7)의 압력의 분자적 정의로부터 유도될 수 있음을 보여라. 식 (1.5)의 온도와 운동에너지 사이의 분자적 관계식 또한 사용될 수 있다.

풀이 ▶ *압력*의 정의는 식 (1.7)에 의해 주어진다.

$$P = \frac{1}{A}\sum_{i=1}^{N}\left[\frac{d(m\vec{V}_z)}{dt}\right]_i \tag{1.7}$$

어느 특정 분자의 z 방향의 운동량 변화율은 다음의 두 부분으로 나뉠 수 있다.

$$\frac{d(m\vec{V}_z)}{dt} = \left\{\frac{\text{운동량의 변화}}{\text{피스톤과 분자의 충돌}}\right\}\left\{\frac{\text{충돌 수}}{\text{시간}}\right\} \tag{E1.1A}$$

식 (E1.1A)의 오른쪽 항에 관한 첫 번째 부분은 식 (1.6)에서 주어진다.

$$\left\{\frac{\text{운동량의 변화}}{\text{피스톤과 분자의 충돌}}\right\} = m\vec{V}_z - (-m\vec{V}_z) = 2m\vec{V}_z \tag{1.6}$$

만약 한 개의 분자가 피스톤과 충돌하는 길이 l을 이동해야만 한다는 것을 알아차린다면, 두 번째 부분을 얻을 수 있다.

$$\left\{\frac{\text{충돌 수}}{\text{시간}}\right\} = \frac{\vec{V}_z}{l} = \frac{A\vec{V}_z}{V} \tag{E1.1B}$$

식 (E1.1A)에 식 (E1.1B)와 식 (1.6)을 대입하고, 식 (1.7)에 식 (E1.1A)를 사용하면

$$P = \frac{1}{A}\sum_{i}\left[\frac{d(m\vec{V}_z)}{dt}\right]_i = \frac{1}{A}\sum_{i=1}^{N/2}\left[\frac{2mA\vec{V}_z^2}{V}\right]_i \tag{E1.1C}$$

여기서 $-\vec{V}_z$ 속도로 피스톤으로부터 멀어지는 분자들은 피스톤과 충돌할 수 없기 때문에 계에 존재하는 분자들의 총 개수를 2로 나누어준다. 따라서 우리는 압력 계산에서 이러한 분자들을 고려하지 않는다.

모든 개별적인 속도들에 대해 총합을 구하는 대신 평균 속도를 사용하여 식 (E1.1C)를 다시 쓸 수 있다. 평균 속도는 아래의 관계식에 의해 주어진다.

$$\sum_{i=1}^{N/2}(\vec{V}_z^2)_i = \frac{N}{2}\left(\overline{\vec{V}_z^2}\right)$$

이 관계식은 식 (E1.1C)에 대입하면

$$P = \frac{mN}{V}\left(\overline{\vec{V}_z^2}\right) \tag{E1.1D}$$

분자들은 동등하게 세 방향으로 움직일 것이기 때문에, 우리는 z 방향의 속도를 전체 속도 $\vec{V}$로 대체할 수 있다.

$$\overline{\vec{V}_z^2} = (1/3)\,\overline{\vec{V}^2} \tag{E1.1E}$$

인자 3은 운동의 세 가지 가능한 방향에 의해 발생한다. 식 (E1.1E)를 식 (E1.1D)에 대입하면

$$P = \frac{2N}{3V}\left(\frac{1}{2}m\overline{\vec{V}^2}\right) = \frac{2N}{3V}\left(\overline{e_K^{\text{molecular}}}\right)$$

여기서 식 (1.4)가 사용되었다.

마지막으로 식 (1.5)을 대입하면 이상기체 상태방정식이 얻어진다.

$$\boxed{P = \frac{NkT}{V} = \frac{nRT}{V}}$$

여기에서 $R = kN_A$이고 N_A는 아보가드로 수이다.

1.4 평형

열역학의 많은 부분은 계가 평형에 도달할 상태를 예측하는 것을 다룬다. **평형**(equilibrium)은 상태가 시간에 따라 변하지 않거나 자발적으로 변하려는 경향을 가지지 않는 조건을 말한다. 평형에서는 변화에 대한 알짜 *구동력*(driving force)이 없다. 다시 말해, 모든 대립하는 *구동력*이 상쇄된다. 계를 변화시키는 몇 가지 종류의 영향을 표현하는 총칭의 단어로서 알짜 *구동력*을 사용한다. 만약 평형 상태가 **안정**(stable)하다면, 계는 하나의 작은 방해요소가 그에게 해를 끼쳤을 때, 안정한 평형 상태로 돌아가려고 할 것이다. 물질이 공급되거나 제거되는 계는 알짜 구동력은 그 화학종을 움직이기 위해 존재해야 하기 때문에 평형 상태에 있을 수 없다. 따라서 평형 상태는 오직 *닫힌계*에서만 발생할 수 있다. 일반적으로 알짜 흐름이 존재하는 경우엔 어떠한 계도 평형 상태에 있을 수 없다.

우리는 평형 상태인 계와 정상 상태인 과정을 구분할 수 있다. 만약 과정이 진행될 때 *열린계*의 상태가 시간에 따른 변화가 없다면, 이는 **정상 상태**(steady-state)라고 말한다. 그러나 계의 안과 밖으로 물질이 오고 가기 위해 알짜 구동력이 있어야 하기 때문에 이는 평형 상태에 있지 않다. 예를 들어, 그림 1.2에 나타낸 열린계를 고려해 보자. 정상 상태에서 계 자체의 열역학적 상태는 일정하게 남아 있다. 즉, T_{sys}, P_{sys} 그리고 다른 성질들은 시간과 함께 변하지 않는다. 그러나 계의 성질은 아마 공간적으로 다양할지도 모른다. 반대로 유체가 들어가는 계는 변화를 겪고 다른 상태로 존재한다. 따라서 유체가 계로 들어갈 때, 이것의 성질(T_{in}, P_{in}, v_{in} 등)은 유체가 계를 떠날 때의 성질(T_{out}, P_{out}, v_{out})과 비교해 다른 값을 가진다. 계를 통해서 흐르는 유체의 상태가 변하기 때문에 우리는 그 계를 평형 상태에 있다고 말할 수 없다.

평형의 종류

만약 어떤 계가 주위와 평형 상태를 이루고 있다면, 이것의 성질들은 시간에 대해 일정하게 된다. 반대로 평형 상태에 있지 않는 계는 이것의 평형 상태로 진행하기 위해 자발적으로 변화할 것이다. 만약 계와 주위에 압력 차가 존재한다면, 계는 압력이 균형을 이룰 때까지 확장하거나 수축하는 경향을 보일 것이다. 압력 차이가 없고 그 결과 변화하려는 경향이 제거된다면 그 계는 **기계적 평형**(mechanical equilibrium) 상태에 있다고 말한다. 따라서 기계적 평형 상태에 있기 위해서는

$$P_{sys} = P_{surr} \tag{1.10}$$

가 되고, 여기서 아래첨자 'sys'는 계를 나타내며, 이는 종종 생략된다.

비슷하게 만약 계가 주위보다 더 뜨겁다면(또는 더 차갑다면), 이는 변화에 대한 열적 구동력이다. 에너지는 온도들이 균형을 이룰 때까지 열을 통해서 이동할 것이다. 그 계는 **열적 평형**(thermal equilibrium) 상태에 있으며 이때 계와 주위 사이에는 온도 차이가 없다.

$$T_{sys} = T_{surr} \tag{1.11}$$

화학적 평형(chemical equilibrium)에서 상이 변하거나 화학적으로 반응하려는 경향이 없다면 제6장에서 화학적 평형에 대한 식 (1.10)과 (1.11)에 대해 유사한 판단 기준을 전개할 것이다. 그 계는 화학적 평형 상태에 있다고 할 수 있다. 열역학적 평형 상태에 있기 위해서 계는 기계적, 열적, 화학적 평형 상태에 동시에 있어야 하며, 어떤 유형의 변화에 대한 알짜

구동력이 없다.[10]

또한 계 내에 다른 상 혹은 화학종 사이에서 평형 상태를 말할 수 있다. 만약 계가 변화하려는 경향이 없는 하나 이상의 상을 가진다면 그 계는 **상평형**(phase equilibrium) 상태에 있다고 할 수 있다. 예를 들어, 두 상인 액체-증기 계에서 액체가 끓거나 증기가 응축하려는 경향성이 없다면 이 계는 상평형 상태에 있다고 할 수 있다. 완벽하게 되기 위해서 우리는 또한 액체(l)상과 증기(v)상 사이에 기계적, 열적 평형 상태를 가지고 있어야 한다. 즉,

$$P^l = P^v$$

그리고

$$T^l = T^v$$

이다. 마찬가지로 액체상과 고체상 혹은 증기(vapor)상과 고체상이 평형 상태에 있을 때, 그들은 같은 온도와 같은 압력을 가질 것이다.

분명하게 P와 T는 열역학적 성질들 사이에서 독특하다. 즉, 그들은 오직 *세기* 성질 형태로 존재하거나 평형 상태에서 공존하는 다른 상에서도 같게 존재한다. 다른 열역학적 성질들(부피와 같은)은 크기 성질과 세기 성질 형태로 표현될 수 있고, 그 성질들의 대부분은 평형 상태에서 공존하는 두 상에서 다르다.

화학 반응들이 더 이상 반응할 경향이 없을 때만 화학 반응을 겪고 있는 계는 **화학 반응 평형**(chemical reaction equilibrium) 상태에 있다. 이 책의 후반부(제6~9장)는 상과 화학 반응 평형 상태를 중점적으로 다룬다.

평형 상태에 대한 분자적 관점

상평형은 분자 수준에서 동적인 과정으로 볼 수 있다. 우리는 증기-액체 평형 상태에서 순수한 화학종을 포함하는 계를 고려함으로써 이 관점을 논의하겠지만, 그 원리는 액체-고체, 증기-고체, 심지어 고체-고체 상평형에 적용될 것이다.

주어진 온도에서 만약 분자 간 인력의 위치에너지가 그들의 운동에너지보다 크다면 그 화학종은 액체 상태에서 존재한다. 온도는 계에 존재하는 화학종의 평균 분자 운동에너지를 나타낸다. 하지만 그 화학종은 에너지 분포를 가진다. 화학종의 특정 일부는 액체상에서 그들을 유지하는 인력을 극복하기 위한 충분한 운동에너지를 가질 것이다. 따라서 그들은 증기상으로 벗어날 것이다. 만약 닫힌 용기에 보관되어 있다면, 남아 있는 증기는 용기의 벽에 압력을 가할 것이다.

증기-액체 평형 상태는 액체 표면에 의해 표시되는 상경계에서 발생하는 두 대응 과정에 의존한다. 충분한 운동에너지를 가지고 있는 액체상 분자들은 자유롭게 되어 증기상으로 간다. 정반대로 증기상으로부터 분자들은 표면에 부딪히거나 다른 액체 분자들에 대한 인력에 의해 포함될 수 있다. 이러한 과정은 그들을 응축되게 한다. 증기의 압력이 증가하면서, 더 많은 분자들은 표면에 부딪히고 응축된다. 기화 속도와 응축 속도가 같을 때, 그 두 상은 공존한다. 분자 수준에서 우리는 표면으로부터 떠나는 분자의 수와 표면에 도착하는 수의 균형이 정확하게 맞아질 때, *동적*인 과정을 가진다. 그러나 우리가 단 하나의 분자를 유심히 지켜본다면, 이 분자는 액체와 증기 사이를 이동하게 된다.

10. 표면 장력 혹은 중력, 전기, 자기장과 같은 효과가 중요하다면, 그 계는 평형의 기준에 포함되어야 할 또 다른 형태의 *구동력*에 직면하게 된다.

온도가 너무 높거나 압력이 너무 낮을 때, 모든 분자들은 결국 증기 상태로 벗어날 것이고 오직 그 상은 평형 상태로 존재할 것이다. 반대로 온도가 너무 낮거나 압력이 너무 높으면, 오직 액체만이 존재할 것이다. 순수한 화학종에 대해 기화되는 분자의 속도가 그들이 응축될 때 속도와 같을 때인 동적인 과정은 주어진 온도에 대해 특정 압력에서 발생하고 이를 **포화 압력**(saturation pressure), P^{sat}라고 부른다. 온도가 증가함에 따라 더 많은 분자들이 증기상으로 가고 그리고 포화 압력은 증가한다. 특정 운동에너지를 가지는 화학종의 분율은 기하급수적으로 온도에 의존하기 때문에,[11] 포화 압력은 온도와 함께 기하급수적으로 증가한다.

또한 증발과 응축 과정의 에너지론을 고려할 수 있다. 한 분자는 액체 상태를 유지하는 인력의 위치에너지보다 운동에너지가 더 클 때, 액체 상태로 떠나게 된다. 이 에너지는 액체 상태에서의 모든 분자의 평균 운동에너지보다 더 크다. 따라서 더 높은 에너지의 분자들은 우선적으로 액체상에서 증기상을 향해 출발한다. 결과적으로 남아 있는 분자들의 평균 운동에너지는 낮아질 것이고 액체는 증발하는 동안 차가워질 것이다. 정반대로, 응축하는 동안에는 응축된 분자들의 액체상에서 분자들 간의 인력에 의해 안정화되며, 그 결과 액체가 뜨거워지게 된다.

비슷하게, 화학 반응 평형은 분자 규모에서 동적인 과정을 나타낸다. 거시적으로 반응은 반응물에서 생성물로 정반응 방향으로 진행하거나 생성물에서 반응물로 역반응 방향으로 진행할 수 있다. 어떠한 방향에서든지 알짜 반응이 없을 때 주어진 반응은 '화학 반응 평형'이라 부른다. 그러나 또 다시 분자 규모에서 동적인 과정이 있다. 반응물 분자들은 생성물 분자들이 반응물을 형성하는 속도와 같은 속도로 생성물을 형성하도록 반응할 것이다. 만약 우리가 각각의 분자들에 초점을 맞춘다면, 아마 정말로 반응할지도 모른다. 그러나 정반응으로 반응하는 각각의 분자들에 대해서 또 다른 분자는 역방향으로 반응하고 있을 것이다. 다시 말해 반응물들이 과잉 상태로 존재한다면, 더 많은 분자들이 역반응 방향보다 정반응 방향으로 반응할 것이기 때문에 *정반응* 방향으로 거시적인 알짜 반응이 있을 것이다. 반응은 평형에 도달될 때까지 그리고 거시적인 규모에서 더 이상 반응할 경향이 없을 때까지 발생할 것이다. 반대로, 생성물이 과잉으로 존재한다면, 거시적인 반응은 같은 평형 상태에 도달할 때까지 *역반응* 방향으로 진행할 것이다.

▸ 1.5 독립적인 열역학적 성질과 종속적인 열역학적 성질

상태 가정

열역학적 성질들은 계에 대해 배우거나 공학적인 계산을 수행할 경우 강력한 도구를 제공한다. 그들은 계산의 경로에서 독립적이기 때문에 현명한 공학자는 관심 있는 과정이나 평형 상태를 특징짓기 위해 문헌에서 사용 가능한 자료를 종종 사용한다. 일단 계에 존재하는 물질의 성질들의 값을 어느 정도 알고 있으면 다른 모든 성질은 제한될 수 있다. 이 원리는 상태 가정으로 알려져 있다. 여기서 하나의 순수한 물질(또는 일정한 구성을 가지는 계)을 생각한다. 혼합물은 제6장에서 논의할 것이다.

상태 가정(state postulate)은

만약 우리가 하나의 순수한 물질을 포함하는 ***계***(*system*)*를 가지고 있다면 이것의 모든 열역학적* ***세기 성질****은* ***두 개****의 독립적인 세기 성질로부터 결정될 수 있다고 말한다.*

---

11. Boltzmann 분포를 통해.

상태를 제한하기 위해 선택한 두 개의 세기 성질을 **독립 변수**(independent variable)라고 부른다. 모든 다른 세기 성질들은 **종속 변수**(dependent variable)가 된다. 선택한 독립 변수들이 서로 독립적인 경우엔 비슷하게 독립 변수를 선택할 수 있다. 예를 들어, 기체상에서 어떤 순수한 화학종의 몰부피[m^3/mol]는 일단 이것의 온도와 압력을 알 때 정확하게 설명된다. 즉,

$$v = v(T, P)$$

$v(T, P)$를 독립적인 T와 P 변수의 값에 의존하는 어떤 일반적인 수학적 함수를 표현하기 위해 쓴다.

반대로 우리가 계의 *크기* 성질의 값을 알길 원한다면, 우린 추가적으로 계의 크기를 명시해야 한다. 따라서 순수한 물질의 크기 성질의 값을 제한하기 위해서, 우리는 세 개의 양을 명시할 필요가 있다. 즉, 상태를 결정하는 두 개의 세기 성질과 계의 크기를 나타내는 세 번째 성질을 말한다. 예를 들어, 우리가 기체의 크기 부피[m^3]를 알고 싶다면, 우리는 추가적으로 계의 전체 몰수와 같은 것을 명시할 필요가 있다.

$$V = V(T, P, n)$$

Gibbs 상 규칙

상태 가정은 전체 계를 나타낸다. 이와 관련된 개념은 주어진 상에서 성질을 제한하기 위해 필요한 독립적인 세기 성질의 수를 결정하기 위해 사용되며, 이것은 자유도($\mathfrak{F}$)로써 나타낸다. 나중에 확인할 수 있듯이(예제 6.17 참조) **Gibbs 상 규칙**(Gibbs phase rule)에 의하면 $\mathfrak{F}$는 다음과 같이 표현될 수 있다.

$$\mathfrak{F} = m - \pi + 2 \tag{1.12}$$

여기서 m은 계에 있는 화학종 구성 성분들의 수이고, π는 상의 수이다.

순수한 물질을 포함하는 계에 대해, 즉, 하나의 구성 성분에 대해 식 (1.12)는 아래와 같이 요약된다.

$$\mathfrak{F} = 3 - \pi \tag{1.13}$$

상의 수는 독립적인 성질들에 영향을 끼친다. 상태 가정에 따라 그 계를 결정하기 위해 선택할 수 있는 두 가지 성질의 결정은 현재 존재하는 상의 수에 의존한다. 첫째, 오직 현재 하나의 상($\pi = 1$)을 가지고 있는 계를 고려해 보라. 이 경우에는 상태 가정과 Gibbs 상 규칙은 동등하다. 따라서 식 (1.13)은 상과 계를 결정하기 위해 두 개의 독립적인 성질들이 필요하다고 말하고 있다. 어떤 두 크기 성질의 명시(예를 들어, 압력 P와 온도 T)는 계에서 다른 성질들을 결정한다. 따라서 v, u, h와 같은 값들은 고정될 수 있고, 원칙적으로 그들을 찾을 수 있다. 오직 하나의 상이 존재할 때 어떤 임의의 두 가지 세기 성질을 제한시키는 그 계를 제한시키는 독립적인 변수로서 선택될 수 있다. 예를 들어, P와 내부 에너지(u)를 알고 있다면 그 계는 결정된다. 그 다음에 T와 다른 열역학적 성질들을 찾을 수 있어야 한다.

그 다음에 하나의 상보다 더 많은 상이 존재하는 계의 상태를 결정하는 방법을 분석하고자 한다. 만약 두 개의 상이 존재하는 하나의 순수한 물질을 가지고 있다면, 상 규칙은 그 상에 대해 다른 모든 성질들의 값을 제한시키기 위해 각각의 상에서 단 하나의 성질만이 필요하다고 말한다. 그러나 온도와 압력 성질은 두 상에서 같기 때문에 특별한 경우를 나타낸다. 대

부분의 다른 성질들은 두 상 사이에서 다르다.[12] 따라서 계의 T와 P 중 하나를 알고 있다면, 각각의 상에서 다른 성질들을 고정시키게 된다.

이 개념을 설명하기 위해 액체상과 증기상 모두를 가지고 있는 물이 끓는 순수한 계로 생각해 보라. 이 책에서 우리는 고체상, 액체상 또는 기체상에서의 화학종 H_2O를 표현하기 위해 **물**(water)을 사용한다.[13] 상 규칙은 물의 액체상에 대해 그 상의 상태를 결정하기 위해 오직 하나의 성질만을 필요로 한다고 말한다. 만약 그 계의 압력 P를 알고 있다면, 액체상의 다른 모든 성질(T, v_l, u_l, . . .)은 고정된다. 아래첨자 'l'은 액체상을 말한다. 액체상과 증기상 둘 모두에서 온도는 같기 때문에 T는 생략되었다. 예를 들어, 1 atm의 압력에 대해, 온도는 100 [°C]이다. 우리는 또한 액체의 부피는 1.04×10^{-3} [m^3/kg]이고, 내부 에너지는 418.94 [kJ/kg]이라고 결정할 수 있다. 1 atm의 계의 압력은 또한 증기상의 성질을 제한한다. 온도는 액체상과 같이 100 [°C]으로 남아 있다. 그러나 증기의 부피에 대한 값(1.63 [m^3/kg]), 내부 에너지 값(2,506.5 [kJ/kg]) 등은 액체의 값들과 다르다.

두 상이 존재하는 계에서 각각의 상에 대해 압력(그리고 온도)은 같다. 이런 이유로 만약 P (혹은 T)를 알고 있다면, 두 상에서 모든 세기 성질들의 값을 알 수 있다. 그러나 아직 그 계의 상태를 결정하지 못했다. 그렇게 하기 위해서 각 상에서 물질의 비율을 알 필요가 있다. 따라서 각각의 상에서 질량 분율과 관련된 두 번째 독립적인 세기 성질이 필요로 된다. 물이 끓고 있는 계가 1 atm에 있다는 것을 명시하는 것은 얼마나 더 많은 액체가, 얼마나 더 많은 증기(vapor)가 존재하고 있는지를 말해주지 않는다. 증기 방울 하나와 나머지 모두를 액체상으로 가질 수도 있고, 단 하나의 액체 방울과 나머지 모두를 증기상으로 가질 수도 있고 그 사이에 어떤 것이든지 가질 수 있다.

예를 들어, 계의 상태를 결정하기 위해 증기 상태의 물의 분율을 명시할 수 있다. 이 크기는 **질**(quality), x로 표시할 수 있다.

$$x = \frac{n_v}{n_l + n_v} \tag{1.14}$$

여기서 n_v과 n_l은 각각 증기상과 액체상에서의 몰수이다.

그런 후 임의의 세기 성질은 그 상이 차지해 있는 계의 비율만큼 각각의 상에서 이것의 값을 비율적으로 계산함으로써 얻어질 수 있다. 예를 들어, 만약 x를 알고 있다면, 액체-증기 계의 몰부피는 다음과 같이 계산될 수 있다.

$$v = (1 - x)v_l + xv_v \tag{1.15}$$

식 (1.15)으로부터 계산한 몰부피는 각 상으로부터 그것의 대표적인 값은 아니지만 오히려 계의 값으로서 언급하는 가중 평균값이라는 것을 알아 두어라. 다른 세기 성질(예, u, s, h, . . .)들도 일단 그 질들이 알려지면 비슷하게 발견될 수 있다.

정반대로 만약 압력 이외에 두 상의 혼합물의 몰부피(v)를 명시한다면, 두 개의 독립적인 성질을 가지고, 계를 완전히 한정시킬 수 있다. 주어진 압력에서 몰부피는 각각의 상에서 몰분율의 성질이다. 사실 그 부피를 알면, 식 (1.5)을 통해 질(quality)을 역으로 계산한 후 얻게

12. 제6장에서 Gibbs 에너지, g가 순수한 물질을 함유한 계에서의 다른 상들에 대해서도 같은 값을 가지는 성질값이라는 것을 알게 된다.

13. 물이라는 단어의 사용이 다른 경우도 있다. 어떤 책에서는 물은 액체상에만 사용한다.

하는데, 이는 각 상에서의 부피들(v_v와 v_l)이 압력에 의해 한정되기 때문이다. 그러나 두 상을 포함하는 계를 한정하기 위해 두 성질으로서 T와 P를 선택할 수 없는데, 왜냐하면 이 성질들은 독립적이지 않기 때문이다. 일단 T와 P가 할당된 것을 안다면 이들은 포화 압력이다. 그들은 각 상에서 같은 값을 가지기 때문에 어느 성질들도 각 상에 포함된 물질의 분율을 말해주지 않는다.

순수한 물질은 또한 세 개의 상이 존재할 수 있다. Gibbs 상 규칙에 따르면, 그러한 계에서 각각의 상은 자유도 0을 가진다. 그들은 어떠한 독립적인 성질들도 가지지 않는다. 따라서 세 개의 상 각각에서 모든 세기 성질들이 명시된다. 고체상, 액체상, 증기상에서 존재하는 순수한 물질의 계를 생각하라. 각각의 상의 성질들이 오직 하나의 값을 가질 수 있다. 모든 상에서 온도와 압력이 같기 때문에 그들은 전체 계에 대해 고정되어있다. 예를 들어 물에 대한 계에서 P와 T의 값이 고체상, 액체상, 증기상에서 각각 611.3 [Pa]과 0.01 [°C]로 고정되어 있다. 이 상태는 **삼중점**(triple point)[14]으로서 알려져 있다. 이 경우에 어떠한 성질들도 독립적이지 않기 때문에 T와 P 중 어떤 것도 명시할 수 없다. 다시 말해서 상태를 한정시키기 위해 명시하는 두 성질들은 존재하는 세 개의 상에서 물질의 분율과 관련되어 있어야 한다. 순수한 물질은 세 개의 상보다 더 많이 가질 수 없고 그러한 상태는 Gibbs 상 규칙을 위반하게 된다.

▶ 1.6 순수한 물질들에 대한 *PvT* 표면과 투영

이번 절에서는 측정된 변수들인 P, v, T 사이의 관계를 그래프로 설명한다. 그림 1.6은 전형적으로 순수한 물질에 대한 PvT 표면을 보여준다. 이 삼차원의 그래프는 x축에 몰부피, y축에 온도, z축에 압력을 표시하면서 구성할 수 있다. 상태 가정은 우리에게 이 세 개의 세기 성질들 모두는 전혀 독립적이진 않다고 말해주고 있다. 도식화된 '표면'은 주어진 순수한 물질의 세 가지 측정된 성질들이 동시에 가질 수 있는 값들을 나타낸다. 각각의 화학종들이 그들만의 특징적인 PvT 표면을 가지지만, 그림 1.6에서 보여지는 일반적인 성질들은 모든 화학종에 대해 공통이다.[15]

그림 1.6의 PvT 표면 아래에 Pv 평면과 PT 평면으로의 대한 이차원적인 투영도가 보여진다. 이 투영도들은 종종 Pv 상선도와 PT 상선도로 각각 불린다. PvT 표면을 Tv 평면 위에 투영한다. 그러나 이는 보이지 않는다. 열역학적 상태와 과정을 이차원의 투영을 사용하여 묘사하는 것이 더 편리하다. PvT 표면과 이것의 투영도가 그림 1.6에 실제 척도로 그려지지 않았지만, 오히려 가장 중요한 특징들을 표현하기 위해 과장되었다는 점을 알아야 한다.

그림 1.6에서 각각의 그림은 '증기', '액체', '고체'로 표시된 세 개의 단일상 영역을 보여준다.[16] 이 영역들에서 P와 T는 독립적이며, 따라서 우리는 그 계의 상태를 한정시키기 위해 독립적으로 이러한 성질들을 각각 명시 할 수 있다. 일단 P와 T가 확인되면 그 상태는 고정되고, 결과적으로 다른 성질들이 한정된다. 따라서 몰부피는 오직 하나의 값을 가진다.

하나의 상들을 합류하는 것은 평형 상태에서 두 상이 영존할 수 있는 두 상 영역이다. 액체–증기, 고체–증기, 그리고 고체–액체와 같은 두 상 영역이 확인된다. P와 T를 아는 것은

14. 실제로 삼중점 온도인 0.01°C는 절대온도 척도(Kelvin)와 같은 규모로 섭씨온도 척도(Celcius)와 동일하게 명시하도록 선택된 값이다.

15. 그림 1.6은 얼면서 수축하는 화학종(species)에 대한 거동을 나타낸다. 물과 실리콘, 금속과 같은 몇 가지 물질들은 얼면서 팽창하게 되고 PT 투영에서 음의 기울기를 가진 응고선(freezing line)을 가지게 된다.

16. 사실 많은 화학종은 몇몇 다른 고체상을 가진다.

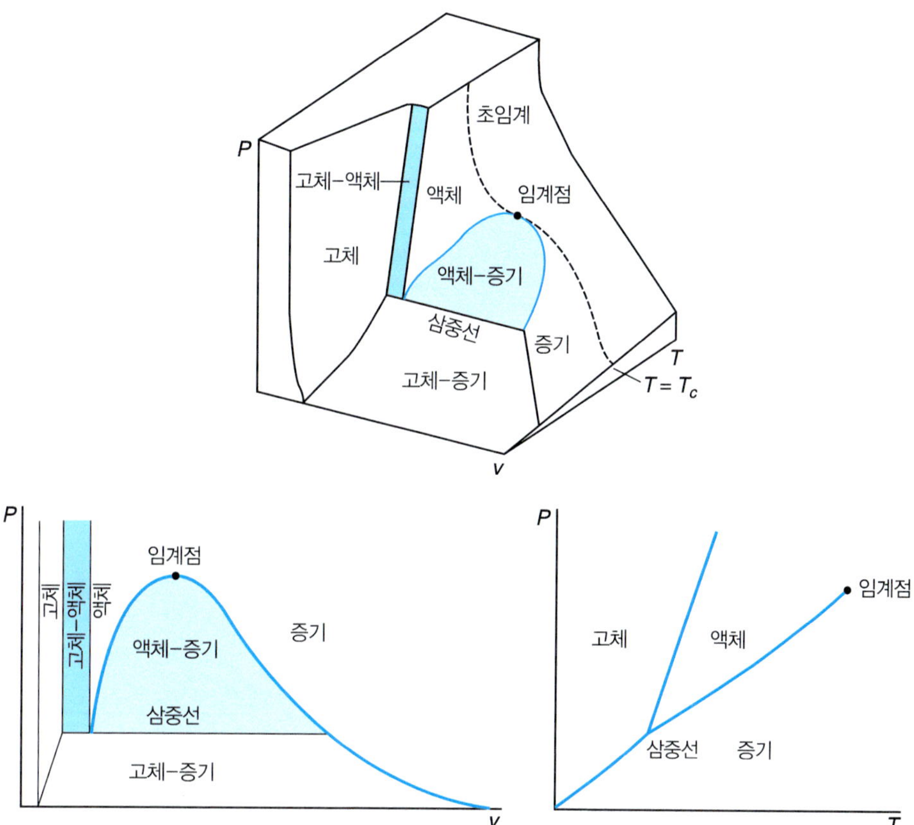

그림 1.6 순수한 물질의 PvT 표면과 Pv 평면과 PT 평면에 대한 이차원적인 투영도.

물질이 있는 상을 확인할 수 있도록 하며, 이러한 투영도들은 **상선도(또는 상평형도)**(phase diagram)라고 부른다. Gibbs 상 규칙과 공동으로 논의할 때, 압력과 온도는 다른 상에서 같은 값을 가지고 이 성질들 중 어느 하나는 다른 것을 한정시키기 때문에 두 상의 영역에서 T와 P 성질들은 더 이상 독립적이지 않다. 따라서 이 영역은 PT 상선도에서 선에 의해 표시된다. 반대로 v는 각각의 상에서 존재하는 물질의 분율의 성질이기 때문에, Pv 상선도에서 음영 영역의 주어진 v 값은 존재하는 각각의 상의 분율의 차이를 나타낸다. 한쪽은 단일 액체상, 다른 한쪽은 단일 증기상인 두 개의 영역으로 분리된 Pv 상선도는 **액체-증기 돔**(liquid-vapor dome)으로 분리되어 있다.

삼중점은 그림 1.6의 PT 상선도에 표시되어 있다. 이 상태에서 순수한 물질은 모두가 공존하는 증기, 액체, 고체상을 가질 수 있다. 상 규칙은 각각의 상이 자유도 0을 가진다고 말한다. 결과적으로 계의 온도와 압력이 PT 상선도 위의 점으로 고정되어 있다. Pv 투영에서 부피는 각각의 상 변화의 분율이 변화하면서 변하기 때문에 **삼중선**(triple line)이라고 불리는 세 개의 상 영역을 보여준다.

상의 변화

PvT 표면의 투영은 열역학적 상태를 확인하기 위해 유용하다. 이 점을 설명하기 위해 모두 동일한 압력에서 다섯 개의 다른 상태를 그림 1.7에서 보여준다. 그림의 왼쪽에서 각각의 상태는 피스톤 실린더 기구의 맥락에서 확인된다. 상태 1에 의해 나타나는 계에서 에너지가 그 계

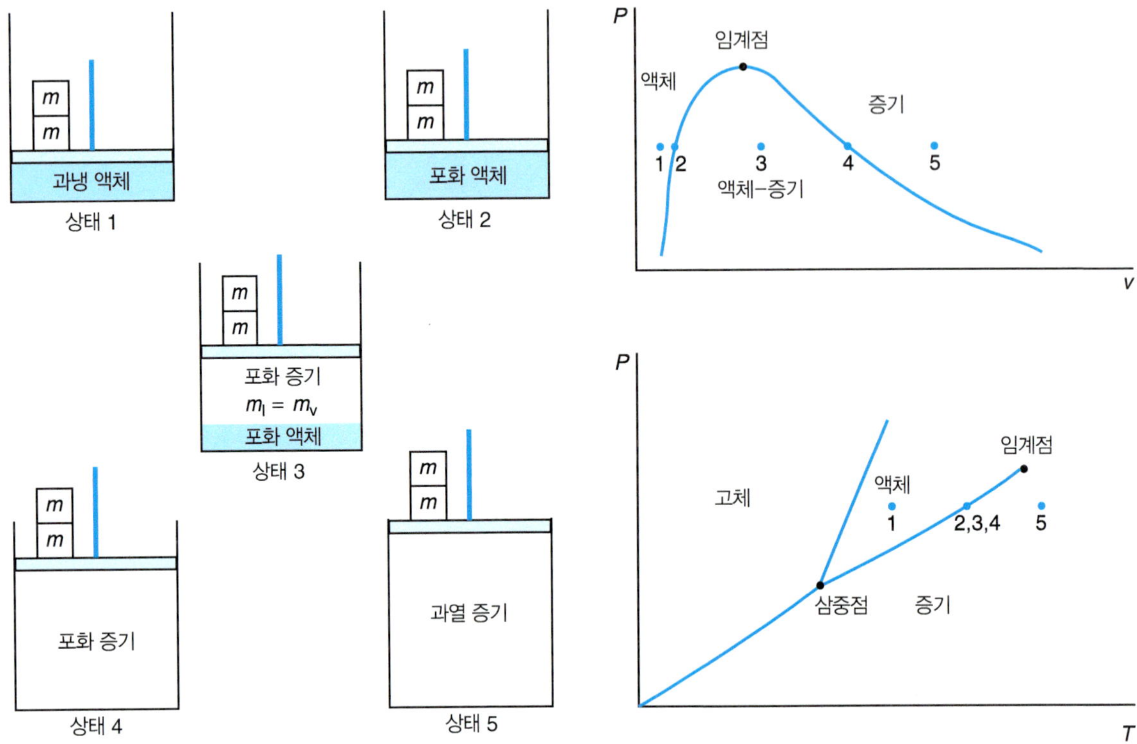

그림 1.7 순수한 물질의 다섯 가지 상태와 *Pv* 상선도와 *PT* 상선도에서 그들의 위치. 모든 상태는 같은 압력이다. 상태 1은 과냉 액체, 상태 2는 포화 액체, 상태 3는 포화 액체-증기 혼합물, 상태 4는 포화 증기, 상태 5는 과열 증기이다. 액체의 부피는 명확성을 위해 과장되었다.

로 들어갈 때 등압의 과정을 겪는다면, 이는 상태 1로부터 상태 2, 상태 3, 상태 4, 상태 5로 진행할 것이다. 이 상태들은 그림 오른쪽의 *Pv* 상선도와 *PT* 상선도 위의 숫자에 의해 확인된다. *Pv* 상선도의 아래 부분은 명확성을 위해 생략되었다.

상태 1은 압력과 온도가 독립적인 성질인 **과냉 액체**(subcooled liquid)를 나타낸다. *에너지가 계로 투입될 때*, *PT* 상선도에 묘사된 것처럼 온도는 액체가 포화될 때까지 올라갈 것이다. 부피도 또한 증가한다. 하지만 액체의 부피가 상대적으로 온도에 덜 민감하기 때문에 변화의 규모는 작다.

물질은 증기-액체 평형 상태에서 두 상 영역에 있을 때, **포화된**(saturated) 조건에 있다고 알려진다. **포화 액체**(saturated liquid)는 끓을 '준비'가 되어 있다. 즉, 더 많은 에너지 유입이 증기 방울로 이끌 것이다. *Pv* 상선도에서 액체-증기 돔의 왼쪽을 상태 2로 표시한다. 우리는 현재 두 상 영역에 있기 때문에, 온도는 더 이상 독립적이지 않다. 주어진 압력에서 순수한 물질이 끓은 온도는 **포화 온도**(saturation temperature)로 알려져 있다. 어떤 압력에서 포화 온도는 *PT* 상선도에서 상태 2로 표시된 선에 의해 주어진다. 1 atm에서 한 화학종이 끓을 때의 온도는 **정상 끓는점**(normal boiling point)으로 정의된다. 상태 3은 계에서 물질의 절반이 기화했을 때의 상태를 나타낸다. 따라서 이는 *Pv* 상선도에서 액체-증기 돔을 가로지르는 중간으로 확인된다. 상태 3에 의해 표시되는 몰부피는 계의 어떤 상에 의해 인식되지 않는다. 오히려 계에서 몰부피를 특징짓기 위해 사용하는 액체와 증기의 평균이다. 사실 상태 3의 액체 상태의 질량 분율은 상태 2에서와 같은 몰부피를 가진다. 비슷하게 상태 4는 **포화 증기**

(saturated vapor)이며, 에너지가 제거되면 액체가 응축하는 지점이다. 계의 상태를 한정하기 위해 P와 T를 사용할 수 없다는 사실을 보여주며, 두 상 영역에서 P와 T는 독립적일 수 없기 때문에 상태 2, 상태 3, 상태 4는 PT 상선도 위의 동일한 지점에 의해 표시된다는 것을 명심해라.

마지막으로 상태 5는 **과열 증기**(superheated vapor)이며, 이는 포화 증기보다 높은 온도에서 존재한다. 증기상에서 온도에 따른 부피의 증가는 액체에 대해서 보다 더 선명하다. 이 과정을 Tv 상선도 위에 어떻게 그릴 것인가?

포화 압력 대 증기압

포화 압력(saturation pressure)은 *순수한* 물질이 주어진 온도에서 끓을 때의 압력을 말한다. 관련된 양, 물질의 **증기압**(vapor pressure)은 주어진 온도에서 *혼합물*의 전체 압력에 기여하게 된다. 이 기여는 이상기체 혼합물에서 물질의 부분압과 같다.

그림 1.8은 이 각각의 양에 대한 도식적인 표현을 나타낸다. 왼쪽에 표시된 두 피스톤-실린더 기구는 포화 압력이 정의되는 것에 대한 경우를 나타낸다. 이러한 계에서 순수한 화학종 a는 각각 온도 T_1과 T_2에서 증기-액체 평형 상태에 있으며, 여기서 T_2는 T_1보다 더 높다. 각각의 경우에서 두 상태가 평형 상태에 있을 때 특정한 압력이 있다. 예를 들어 293 K (20°C)에서 포화 압력(P_a^{sat})으로 정의되며, *순수한* 물은 2.34 kPa의 포화 압력을 가진다. 다시 말하자면, 293 K에서 물이 끓기 위해 계의 압력은 2.34 kPa가 되어야 한다. 압력이 더 높다면 물은 오직 액체 상태로 존재할 것이다. 정반대로 압력이 낮다면 이는 단일상 증기로 존재할 것이다. 더 높은 온도에서 포화 압력은 그림 1.8에서 T_2로 표시된 것처럼 더 높을 것이다. 예를 들어 303 K (30°C)에서 물은 4.25 kPa의 포화 압력을 갖는다. 온도의 증가는 포화 압력을 거의 두 배가 되도록 한다.

우리가 증기압을 사용할 때를 보여주는 도식도는 그림 1.8의 오른쪽에 묘사된 두 계에 대해 보여지며, 여기서 증기상은 화학종 a와 b를 포함한다. 화학종 a의 증기압은 이것이 혼합물

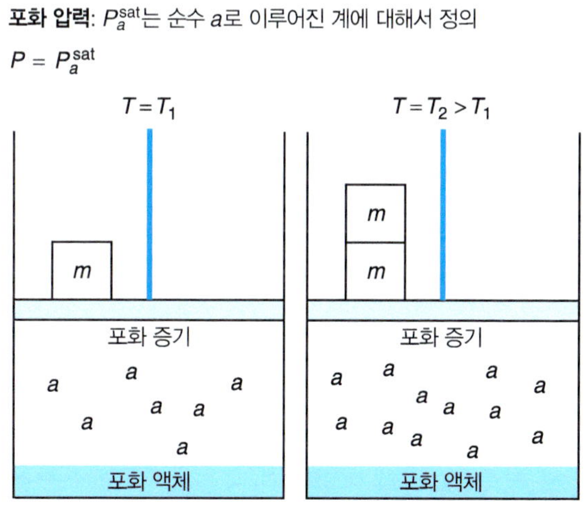

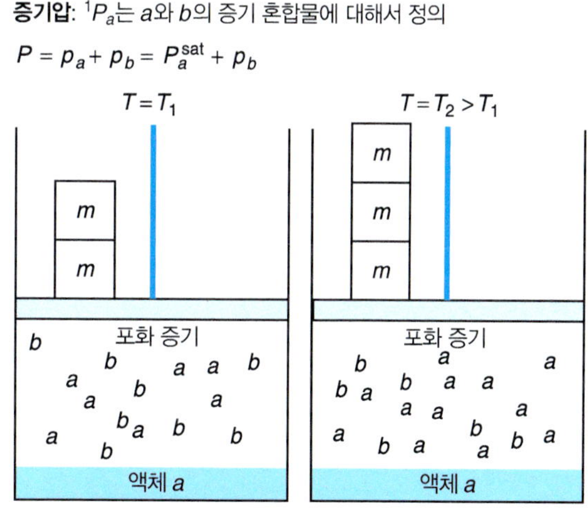

그림 1.8 순수한 물질 a의 포화 압력과 a와 b의 혼합물에서 증기압의 도식적인 표현. 두 온도 T_1과 T_2로 나타내었다.

의 전체 압력에 기여하는 바를 보여준다. T_1과 T_2로 나타낸 두 온도는 그림의 왼쪽에 있는 순수한 화학종 a에 대한 온도들과 동일하다. 편의를 위해 우리는 화학종 b가 액체로 크게 응축하지 않는다는 것과 증기는 이상기체의 거동을 보인다는 것을 가정한다.[17] 그런 경우에 화학종 a의 증기압은 같은 온도에서의 포화 압력과 동일하다.

예를 들어, 지금 293 K와 1 bar의 방에 놓인 열려 있는 물그릇을 생각해 보자. 물은 어느 정도 **증발**(evaporate)할 것이고 이는 공기 중으로 갈 것이다. 공기와 함께 평형 상태에서 물의 부분압은 아마 순수한 물질 a의 포화 압력 2.34 kPa와 같을 것이다. 물은 혼합물의 많은 구성 요소들 중 하나이기 때문에 물은 2.34 kPa의 증기압을 가진다고 말한다. 반대로 계의 전체 압력은 거의 1 atm이다. 그림 1.8에 나타난 증기압은 오직 물의 온도에 의존하며 그 계 전체 압력에는 의존하지 않는다. 다시 말해 a의 증기압은 얼마나 많은 b가 존재하는지에 대해 독립적이다. 주어진 혼합물에서 증기압을 결정하기 위해 포화 압력을 사용할 수 있지만 *포화 압력*이라는 용어는 순수한 화학종을 의미한다. 이 두 용어는 종종 혼란스럽기 때문에 포화 압력과 증기압 사이의 차이점을 알아야 한다.

임계점

Pv 상선도의 위쪽 부분을 확대하면 그림 1.9와 같으며, 네 개의 등온선을 보여준다. 모든 네 개의 등온선을 따라 그 부피는 압력이 감소함에 따라 증가한다. 가장 낮은 두 온도에 대해 등온선은 액체 상태에서 시작한다. 액체상에서 그 부피 변화는 상대적으로 압력 강하에 비해 작다. 주어진 등온선을 따라 압력은 포화 압력에 도달할 때까지 감소한다. 이 지점은 액체–증기 돔의 왼쪽 측면에 교차하게 된다. 이 지점에서 부피가 증가하면 두 상의 액체–증기 혼합물이 되며, 여기서 액체 부피의 값은 돔의 왼쪽 측면과 등온선의 교차 지점에 의해 주어지며 증기의 부피는 돔의 오른쪽 측면과 함께 등온선의 교차 지점에 의해 주어진다. P와 T는 더 이상

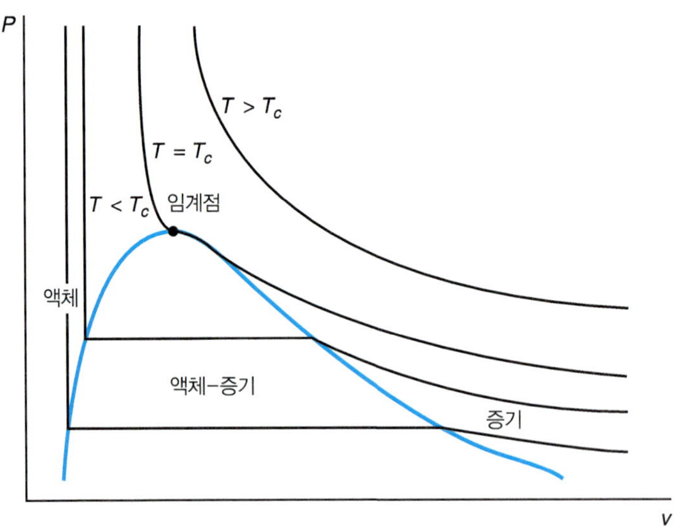

그림 1.9 Pv 상선도의 확대된 그림. 네 개의 등온선들이 보여진다. 임계 온도 아래에 두 개, 임계 온도에 한 개, 그리고 임계 온도 위(초임계 영역)에 한 개.

17. 제7장과 제8장에서 보다 일반적인 사례를 다룰 것이다.

독립적이지 않기 때문에, 완전한 기화 후에 압력은 다시 내려간다. 증기의 부피에서의 증가는 액체에서의 증가보다 확연히 크다.

등온선의 온도가 증가함에 따라 포화된 액체 부피는 더 커지고 포화된 기체의 부피는 더 작아진다. 마지막으로 액체-증기 돔의 윗부분에 위치된 **임계점**(critical point)에서 v_l와 v_v의 값은 동일하다. 임계점은 유일한 상태를 나타내고 이는 아래첨자 'c'로 표시된다. 따라서 임계 온도 T_c와 임계 압력 P_c에 의해 한정된다. 많은 순수한 물질의 이러한 임계 성질 값들은 부록 A에 주어져 있다. 임계점은 액체상과 기체상 영역이 더 이상 구별되지 않는 지점을 나타낸다. 임계점은 그림 1.6의 설명에 표시되어 있다.

임계 등온선은 임계점에서 변곡점을 통과한다. 수학적으로 나타내면,

$$\left(\frac{\partial P}{\partial v}\right)_{T_c} = 0 \tag{1.16}$$

그리고

$$\left(\frac{\partial^2 P}{\partial v^2}\right)_{T_c} = 0 \tag{1.17}$$

식 (1.16)과 (1.17)의 미분방정식은 임계점에서 임계 온도를 일정하게 유지시켜야 함을 설명한다.

임계점 위의 등온선은 **초임계 유체**(supercritical fluid)를 의미한다. 이 등온선은 부피가 증가함에 따라 압력이 계속해서 감소한다. 초임계 유체는 부분적으로 액체와 유사한 특징을 가지며(예, 높은 밀도), 부분적으로 증기와 유사한 특징(압축성, 높은 확산도)을 가진다. 당연히 이 상태에서 물질을 위한 많은 흥미로운 공학적 응용도 있다. 우리는 *기체*와 *증기*라는 용어에 대한 혼란을 갖게 된다. 용기 안에 가득 찬 어떤 물질의 형태를 기체라고 한다. 그것은 또한 임계치 이하이거나 임계치 이상일 수도 있다. 우리가 증기라고 말할 때, 그것의 등온선 상으로 압축된다면 액체로 응축되고 항상 임계치 아래에 존재하게 된다.

예제 1.2 **상선도에서 두 개의 상의 위치 결정하기**

특정 온도 T에서 질량 분율로 증기 20%와 액체 80%를 포함하고 있는 두 개의 상을 가지는 계를 고려하라. Tv 상선도에서의 상태를 확인하라. 상태와 관련하여 도표로 표현할 때, *지렛대* 법칙이라고 불리는 이유를 설명하라.

풀이 ▶ 증기에서의 물질의 분율로 정의되는 계의 질(quality)은 0.2이다. 몰부피는 식 (1.15)에 의해 질(quality)로 표현될 수 있다.

$$v = v_l + x(v_v - v_l) = v_l + 0.2(v_v - v_l) \tag{E1.2A}$$

증기의 분율은 식 (E1.2A)를 풀면 구할 수 있다.

$$0.2 = \frac{v - v_l}{v_v - v_l} \tag{E1.2B}$$

식 (E1.2B)는 다음과 같이 설명될 수 있다. 증기 분율은 계의 부피와 *다른* 상의 부피 차이와 증기 부피와 액체 부피의 차이의 비율이다. 유사하게, *액체* 분율은 다음과 같이 주어진다.

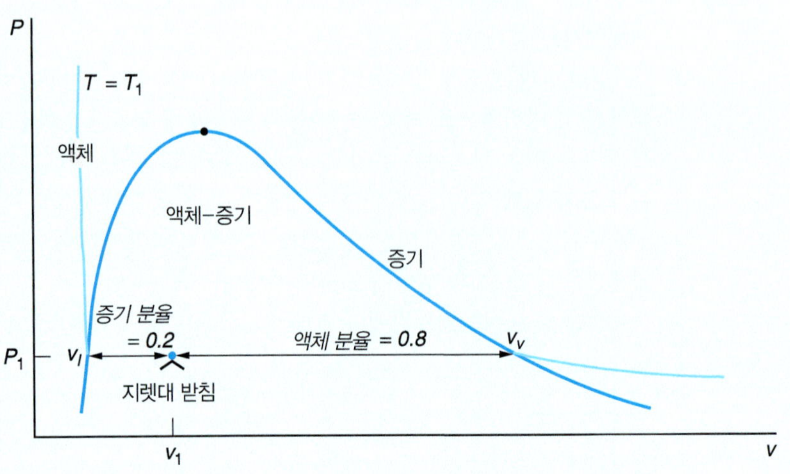

그림 E1.2 *Pv* 상선도에서의 예제 1.2의 계의 상태. 지렛대 법칙이 표시되어 있다.

$$0.8 = \frac{v_v - v}{v_v - v_l}$$

액체 분율은 *다른* 상의 부피와 계의 부피 차이와 증기 부피와 액체 부피의 차이의 비율이다.

이 결과는 그림 E1.2에서 도표로 나타내었다. 두 개의 상 영역에서 전체 조성들은 지점의 정상에서 보여진다. 수평선과 액체–증기 돔의 교차 지점은 액체와 증기상의 몰부피를 나타낸다. 수평선은 연결선(tie line)으로 불린다. 각 상의 분율은 *다른* 상의 선의 길이를 전체 길이로 나눈 값으로 구할 수 있다. 액체상에 해당하는 선분의 길이는 증기에 해당하는 길이보다 4배 더 길다.

▸ 1.7 열역학적 성질표

지금까지 설명해온 바와 같이, 만약 우리가 순수한 물질의 두 개의 독립적인 세기 성질을 명시한다면, 계의 상태는 한정된다. 따라서 다른 열역학적 성질은 오직 하나의 값으로 제한된다. 놀랄 것도 없이 물과 같은 일반적으로 사용되는 물질에 대해 일종의 유용한 성질들을 포함한 표가 만들어진다. 부록 B는 물의 여섯 가지 세기 성질을 표로 만든 '수증기표(steam table)'를 싣고 있다.[18] 우리는 여기서 *물*을 화학종인 H_2O가 고체, 액체 혹은 기체상인 상태로 정의한다.

표로 만들어진 열역학적 성질들은 제2장과 제3장에서 우리가 배울 세 가지 다른 성질인 비내부 에너지($\hat{u}$), 비엔탈피($\hat{h}$), 비엔트로피($\hat{s}$)에 대한 것뿐만 아니라 측정된 성질들 T, P 그리고 $\hat{v}$를 포함한다. 후자의 세 가지 성질에 대하여 알려진 값들은 절대값이 아닌 잘 정의된 기준 상태에 대한 그 성질의 변화로 알려져 있다. 수증기표에 대하여 사용되는 기준 상태는 물의 삼중점에 있는 액체이다. 이러한 상태에서 내부 에너지와 엔트로피 둘 다 0으로 정의된다.[19] Ar, N_2, O_2, CH_4, C_2H_4, C_2H_6, C_3H_8, C_4H_{10} 외 냉매들(NH_3, R-12, R-13, R-14, R-21,

18. J. H. Keenan, F. G. Keys, P. G. Hill, J. G. Moore, *Steam Tables* (New York: Wiley, 1969).

19. 실제로 열역학 '제3법칙'은 절대 0도에서 완전 결정체의 엔트로피는 0이라고 설명한다. 이 법칙은 절대 엔트로피로 정의하여 계산할 수 있도록 한다. 하지만 수증기표에 나와 있는 엔트로피는 이 법칙을 사용하지 않으며, 이곳에 표시된 값들은 상대적인 값이다.

R-22, R-23, R-113, R-114, R-123, R-134a⋯)을 포함한 다른 일반적인 화학종에 대한 유사한 성질표는 문헌 또는 미국표준기술연구소(NIST) 웹사이트에서 이용 가능하다.[20] 열역학적 계산을 할 때 기준 상태는 항상 일관성이 있어야 한다. 그들은 때때로 다른 기준 상태를 사용하기 때문에 다른 자료들로부터 물질에 대한 값을 구할 때 주의하도록 해야 한다.

수증기표는 관심 상태에서 물이 존재하는 상에 따라 구성된다. 그림 1.10은 열역학적 성질 자료가 있는 부록에 해당되는 *PT* 상선도를 보여준다. 부록 B.1과 B.2는 포화된 증기-액체 영역에 대한 자료를 나타낸다. 우리가 어느 속성을 지정한다면 압력과 온도는 두 개의 상 영역에서 이미 독립적이지 않기 때문에 우리는 다른 것을 고정해야 한다. 부록 B.1은 균등한 간격의 온도에 대한 포화된 증기와 액체 물에 대한 자료를 제시한다. 온도의 값을 알고 있을 때 이 부록을 사용한다. 부록 B.2는 또한 압력의 어림수에 대한 포화된 물에 대해 자료를 제시한다. 표에서 각각의 서로 다른 성질들($\hat{v}$, $\hat{u}$, $\hat{h}$, $\hat{s}$)에 대하여 액체(l), 증기(v) 그리고 증기와 액체 사이의 차이점 $\Delta = v - l$로 제시된다. 식 (1.15)에 대한 유추에 의해 임의의 계의 성질 값은 질(quality)에 의해 표현될 수 있다. 예를 들어 비내부 에너지는 다음과 같이 나타낼 수 있다.

$$\hat{u} = (1 - x)\hat{u}_l + x\hat{u}_v = \hat{u}_l + x\hat{u}_\Delta \tag{1.18}$$

과열 수증기와 과냉 액체 물에 대한 성질 값은 부록 B.4와 B.5에서 각각 나타나 있다. 이러한 영역에서 T와 P는 독립적이고 우리가 이 둘을 명시한다면 그 계를 한정하게 된다. 이 표들은 우선 압력에 따라 구성되며, 그 후 특정 압력에서의 온도에 따라 구성된다. T와 P에 대한 다른 성질 값들($\hat{v}$, $\hat{u}$, $\hat{h}$, $\hat{s}$)에 나타나 있다. 과열 수증기표에서의 자료는 포화된 상태로 시작되지만, 과냉각된 물은 포화된 상태에서 끝이 난다. 수증기표의 유용성은 물의 다른 두 가지 독립적인 성질들을 알고 있을 때, 우리가 공학 문제를 해결하기 위해 다른 성질들의 다른 값을 찾을 수 있다는 점이라 할 수 있다.

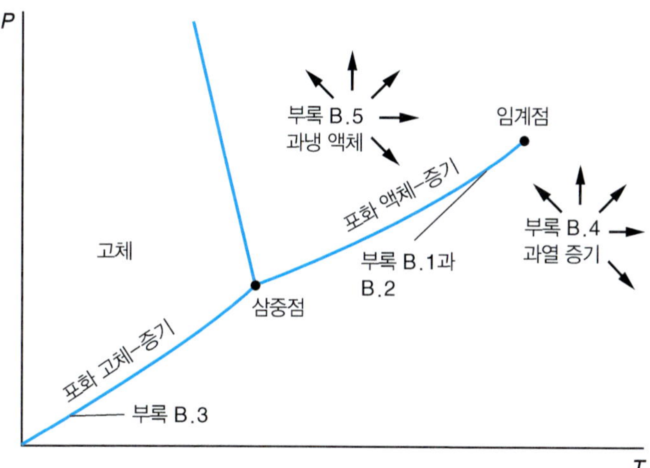

그림 1.10 다른 상의 H_2O에 대한 수증기표의 예.

20. P. J. Linstrom and W G. Mallard, Eels., **NIST Chemistry WebBook, NIST Standard Reference Database Number 69**, March 2003, National Institute of Standards and Technology, Gaithersburg MD, 20899 (http://webbook.nist.gov/chemistry/Fluid).

종종 계의 상태는 수증기표에서 보고된 값과 정확히 맞아 떨어지지 않을 수 있다. 이러한 경우에, 주어진 표에 두 개의 인접한 항목 사이에서 **선형 보간**(interpolate)할 필요가 있다. 만약 일차관계식으로 가정하면, 모르는 변수 y는 알고 있는 변수 x로 관계 지을 수 있다.

$$\frac{y - y_{\text{low}}}{y_{\text{high}} - y_{\text{low}}} = \frac{x - x_{\text{low}}}{x_{\text{high}} - x_{\text{low}}} \tag{1.19}$$

'high'와 'low'에 대한 값은 수증기표에서 읽어낼 수 있다. 주어진 y를 풀면

$$y = y_{\text{low}} + (y_{\text{high}} - y_{\text{low}})\left(\frac{x - x_{\text{low}}}{x_{\text{high}} - x_{\text{low}}}\right) \tag{1.20}$$

만약 계를 명시하는 데 사용되는 두 개의 독립된 성질이 모두 수증기표에서 값이 떨어지지 않는다면, 우선 하나의 성질에 대하여 선형 보간해야 한다. 그 다음에 우리는 이런 선형 보간된 값을 사용하여 다른 성질에 대하여 선형 보간해야 한다. 이러한 과정은 **이중 선형 보간**(double interpolation)이라 일컫는다. 이중 선형 보간을 사용한 부피의 측정은 예제 1.3에 설명되어 있다.

예제 1.3 **수증기표의 이중 선형 보간**

수증기표를 사용하여 $P = 1.4$ MPa , $T = 333$°C에서 물의 비부피를 추산함에 있어 선형 보간법을 사용하라.

풀이 ▶ 표 E.13은 1.4 MPa와 333°C을 포함하는 수증기표로부터 얻어진 비부피에 대한 적절한 값들을 보여주고 있다.

333°C에서 비부피 $\hat{v}_{T=333}$는 식 (1.20)에 의해서 다음과 같이 알아낼 수 있다.

$$\hat{v}_{T=333} = \hat{v}_{T=320} + (\hat{v}_{T=360} - \hat{v}_{T=320})\left(\frac{333 - 320}{360 - 320}\right) \tag{E1.3}$$

식 (E1.3)을 적용하면

$$\hat{v}_{T=333} = 0.27414\ [\text{m}^3/\text{kg}]$$

1.5 MPa에서 다음을 얻게 된다.

$$\hat{v}_{T=333} = 0.18086\ [\text{m}^3/\text{kg}]$$

1.4 MPa에서 비부피를 구하기 위해 우리는 이제 이러한 두 개의 값들 사이에서 선형 보간을 해야 한다.

$$\hat{v}_{P=1.4} = \hat{v}_{P=1} + (\hat{v}_{P=1.5} - \hat{v}_{P=1})\left(\frac{1.4 - 1}{1.5 - 1}\right) = 0.19951[\text{m}^3/\text{kg}]$$

표 E1.3 수증기표로부터 $\hat{v}$의 값

	$P = 1$ MPa	$P = 1.5$ MPa
$T = 320$°C	0.2678 m^3/kg	0.1765 m^3/kg
$T = 360$°C	0.2873 m^3/kg	0.1899 m^3/kg

예제 1.4 **예제 1.3의 선형 보간법의 개선**

이상기체 법칙에 근거하여 수증기표로부터의 자료를 사용하여 $P = 1.4$ MPa, $T = 333°C$에서 물의 비부피를 재추산하라.

풀이 ▶ 이상기체 모델을 적용하면, 다음과 같다.

$$v = \frac{RT}{P}$$

몰부피 v는 T에 비례한다. 예제 1.3의 첫 번째 선형 보간법은 이 결과와 일치하므로 다시 우리는 $\hat{v}_{T=333} = 0.18086$ [m³/kg]를 가진다. 그러나 이상기체 법칙에서 몰부피는 압력에 반비례하기 때문에 $(1/P)$로 선형 보간하는 것이 더 낫다. 따라서 두 번째 선형 보간법은

$$\hat{v}_{P=1.4} = \hat{v}_{P=1} + (\hat{v}_{P=1.5} - \hat{v}_{P-1})\left(\frac{\dfrac{1}{P} - \dfrac{1}{P_{low}}}{\dfrac{1}{P_{high}} - \dfrac{1}{P_{low}}}\right) = 0.19418[\text{m}^3/\text{kg}]$$

예제 1.2와 예제 1.4에서 얻어진 값들의 차이는

$$\%_{diff} = \frac{0.19951 - 0.19418}{0.19418} \times 100 = 2.7\%$$

이 예제는 물리적인 원칙이 수학적인 과정을 유도함으로써 더욱 발전된 공학적 추산을 할 수 있다는 사실을 보여준다.

예제 1.5 **수증기표를 사용하여 계의 상태 결정**

70°C의 순수한 물 2.5 g이 들어 있는 부피 1.0 L의 단단한 탱크가 주위로부터 닫혀 있다. 물은 가열되어 온도가 상승했다.

(a) 계의 초기 상태를 결정하라.

(b) 탱크 내의 물이 완전히 증발될 때 온도를 계산하라.

풀이 ▶ **(a)** 우리는 초기일 때 상태 1, 마지막 상태를 상태 2로 정의한다. 계의 상태를 한정하기 위해 우리는 두 개의 독립적인 세기 성질을 필요로 한다. 온도 이외에 탱크에서 물의 비부피를 구할 수 있다.

$$\hat{v}_1 = \frac{V_1}{m_1} = \frac{1\text{ L}}{2.5\text{ g}} \times \frac{1000\text{ g}}{\text{kg}} \times \frac{0.001\text{ m}^3}{\text{L}} = 0.4\,\frac{\text{m}^3}{\text{kg}}$$

여기서 비부피의 단위는 수증기표에서의 단위와 일치한다. 수증기표(부록 B, 표 B.1)로부터, 70°C의 온도에서 포화 증기의 비부피는 $\hat{v}_v = 5.042\left[\frac{\text{m}^3}{\text{kg}}\right]$이고 포화된 액체의 부피는 $\hat{v}_l = 0.001023\left[\frac{\text{m}^3}{\text{kg}}\right]$인 것을 알 수 있다. 계의 부피는 이러한 두 개의 값 사이에 있으므로, 70°C에서 포화 액체와 포화 증기의 혼합물을 가진다. 계를 한정하기 위해서 우리는 질(증기 비율)을 알아낼 필요가 있다.

식 (1.15)로부터

$$x_1 = \frac{\hat{v}_1 - \hat{v}_l}{\hat{v}_v - \hat{v}_l} = 0.079$$

물의 질량의 약 8%는 증기다.

(b) 닫힌계에서 이 과정이 발생하고 탱크는 단단하기 때문에 비부피는 계속 일정하게 된다(즉, $\hat{v}_2 = \hat{v}_1$). 따라서 포화 증기의 비부피 값이 0.4 m³/kg인 상태를 찾고자 한다.

수증기표로부터 포화 상태의 물에 대한 온도 표인 표 B.1로부터 우리는 145°C와 150°C의 온도 사이에서의 비부피 값을 알 수 있다.

T [°C]	$\hat{v}_v \left[\frac{m^3}{kg}\right]$
145	0.44632
150	0.39278

선형 보간법에 의해서 다음을 얻을 수 있다.

$$T_2 = T_{\hat{v}=0.4} = T_{\hat{v}=0.44632} + (T_{\hat{v}=0.39278} - T_{\hat{v}=0.44632})\left(\frac{0.4 - 0.44632}{0.39278 - 0.44632}\right) = 145.8\ [°C]$$

▶ 1.8 요약

제1장에서의 자료는 열역학에 대한 우리의 이해를 구축할 개념적 기초를 형성한다. **계**(system)가 존재하는 **상태**(state)를 확인하고, 계가 한 상태에서 다른 상태로 전환될 때의 **과정**(process)을 보면서 열역학을 정의할 수 있다. 우리는 열역학적 **평형**(equilibrium)에 이를 수 있는 **닫힌계**(closed system)뿐만 아니라 **열린계**(open system)에도 관심을 가진다. **상태 가정**(state postulate) 및 **상 규칙**(phase rule)은 우리가 계의 상태를 한정하도록 선택할 수 있는 독립적이며 **열역학적 세기성질**(intensive property)들을 식별하게 해준다. 우리가 존재하는 물질의 양을 안다면, 우리는 계의 **크기**(extensive) 성질을 결정할 수 있다. 열역학적 성질들은 또한 **상태 함수**(state function)라고 불린다. 그들은 경로에 의존하지 않기 때문에, 우리는 두 개의 상태 사이에서 변화하는 그들의 값을 산출할 수 있는 편리한 가상의 경로를 고안할 수도 있다. 정반대로 열 혹은 일과 같은 다른 성질들은 **경로 함수**(path function)이다.

측정된 성질들 $\boldsymbol{T}$, $\boldsymbol{P}$, $\boldsymbol{v}$는 우리가 실험으로 측정할 수 있기 때문에 열역학적 상태를 결정하는데 특히 유용하다. PvT 표면의 PT, Pv, Tv 상선도로의 투영은 계가 단일 **상**(phase)인지 또는 두 개 또는 세 개의 다른 상 사이에서 **상평형**(phase equilibrium)인지를 식별할 수 있게 한다. 평형에서 각 상의 온도와 압력은 동일하다. 게다가, 순수 화학종이 두 개의 상을 포함할 때, T와 P는 독립적이지 않다. 따라서 **포화 압력**(saturation pressure)은 임의의 주어진 온도에 대한 고유의 값을 가진다. 순수 화학종의 포화 압력은 혼합물의 **증기압**(vapor pressure)과 관련될 수 있다. **이상기체**(ideal gas) 모델은 낮은 압력 또는 높은 온도의 기체에 대한 P, v, T를 연관시켜 준다. 분자 단계에서 온도는 계에 존재하는 각각의 원자(또는 분자)의 평균 운동 에너지에 비례한다. 압력은 계의 경계면과 탄성 충돌로 분자에 의해 가해진 단위 면적당 수직력으로 볼 수 있다. 하나의 상의 표면을 떠나는 분자의 수가 도착하는 수와 정확히 균형을 이루는 상평형은 열역학적 과정의 동특성으로 묘사될 수 있다. 마찬가지로 화학 반응 평형은 정반응과 역반응의 동적 균형으로 묘사될 수 있다.

1.9 연습 문제

개념 문제

1.1 그림에서와 같이 물 한 잔과 와인 한 잔을 가지고 있다. 다음의 과정을 수행한다. (1) 물 1 티스푼을 와인 잔으로 옮긴 후, 잘 섞어라. (2) 이 오염된 와인 1 티스푼을 물로 옮겨라. 이제 물과 와인 둘 모두 오염되었다. 다음 중 사실은 어느 것인가? 설명하라. (*힌트*: 크기 성질의 관점에서 이 문제를 고려하는 것이 유용할 것이다.)

(a) 와인을 오염시킨 물의 부피는 물을 오염시킨 와인의 부피보다 크다.

(b) 와인을 오염시킨 물의 부피는 물을 오염시킨 와인의 부피와 같다.

(c) 물을 오염시킨 와인의 부피는 와인을 오염시킨 물의 부피보다 크다.

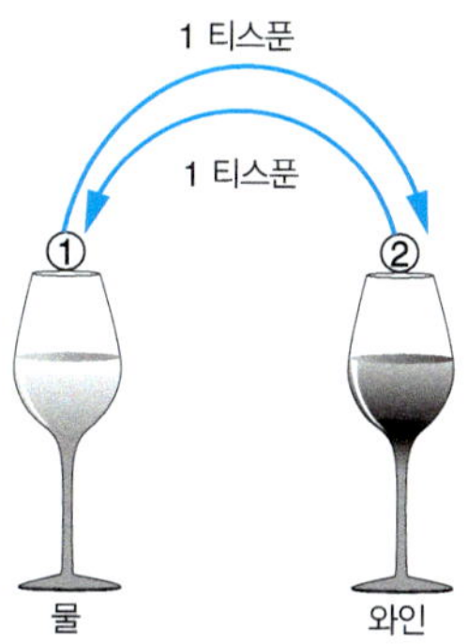

1.2 5센트 동전 90개를 포함한 병과 1센트 동전 90개를 포함한 병을 가지고 있다. 다음의 과정을 수행한다. (1) 5센트 동전 10개를 1센트 병으로 옮긴 후 잘 섞어라. (2) 오염된 1센트 병으로부터 10개의 동전을 5센트 병으로 다시 옮긴다. 다음에 제시되는 것들 중 사실은 어느 것인가? 설명하라.

(a) 대부분이 5센트인 병에서의 1센트의 양은 대부분 1센트인 병에 있는 5센트의 양보다 많다.

(b) 대부분이 5센트인 병에서의 1센트의 양은 대부분 1센트인 병에 있는 5센트의 양과 같다.

(c) 대부분이 1센트인 병에서의 5센트의 양은 대부분 5센트인 병에 있는 1센트의 양보다 많다

1.3 아래 그림에서 화학종 A는 등온으로 0.5 bar와 300 K에서 1 bar로 등온으로 압축된다. 같은 부피를 가진 각 상태의 삽화는 화학종 A의 '분자적 관점'을 포함하고 있다.

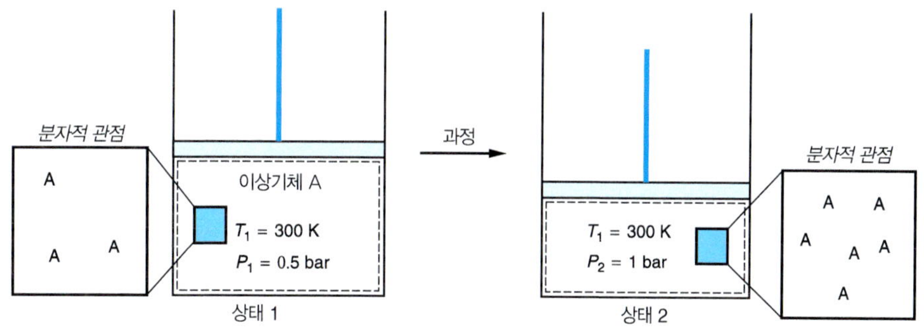

그 다음 아래 그림의 열린계를 생각하라. 화학종 A는 그 계를 거쳐서 일정하게 흐르며, 입구 상태인 5 bar와 300 K로부터 출구 상태인 1 bar로 밸브를 통해 팽창되고 있다. 화학종 A가 이상기체로 움직인다고 가정할 수 있다. 먼저 설명된 닫힌계와 유사하게 동일한 부피의 삽화가 그림에 나타나 있다. 화학종 A에 상응하는 '분자적 관점'을 채우고, 답에 대해 설명하라.

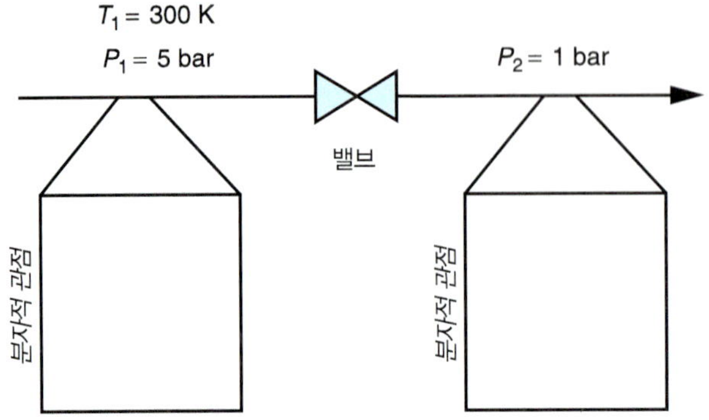

1.4 교수실 혹은 실험실로 가서 온도를 측정한 후, 온도를 측정할 수 있는 세 가지 방법과 압력을 측정할 수 있는 세 가지 방법을 알아보라.

1.5 온도 T에서 m_a의 질량을 가지는 가벼운 기체 a와 m_b의 질량을 가지는 무거운 기체 b의 두 성분 혼합물을 고려하라. 어떻게 두 화학종의 평균 제곱 속도를 비교하는가? 평균적으로 어느 화학종이 더 빠르게 움직이겠는가?

1.6 아래에 그려진 계를 생각하라.

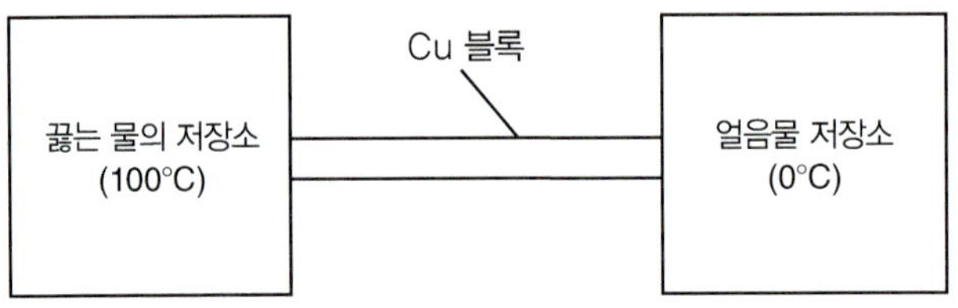

(a) 짧은 시간 후, 이 계는 평형 상태에 있는가?
(b) 긴 시간 후, 이 계는 평형 상태에 있는가?
(c) 아주 긴 시간 후, 이 계는 평형 상태에 있는가?

1.7 적은 양의 액체 물과 포화된 공기의 두 상을 포함하고, 단단하게 뚜껑이 덮인 물병을 생각하라. 만약 뜨거운 날에 그 병이 태양 아래에 남겨져서 온도가 올라간다면, 액체상에 있는 물의 양에 어떤 일이 일어날 것인가? 설명하라.

1.8 단단하고 봉인된 용기가 초기에 100°C에서 순수한 물을 담고 있다. 그 물 중 약간은 액체상으로 존재하고 있고, 약간은 증기상(스팀)으로 존재한다. 이후, 공기가 같은 부피에서 등온 과정으로 그 계에 주입된다. 무슨 일이 일어나겠는가?

1.9 고등학교에 재학 중인 학생들이 이해할 수 있도록 포화 압력과 증기압의 차이를 설명하라.

1.10 이번 질문은 포화 압력의 개념을 설명하는 그림 1.8의 왼쪽에 그려진 두 개의 피스톤–실린더 조립을 다룬다. 오른쪽의 피스톤은 왼쪽에 있는 계의 압력의 두 배이다. 하지만 만약 화학종 A의 분자 수를 센다면, 오른쪽에 있는 개수는 두 배보다 적다(즉, 수는 일정하게 온도에 비례하여 증가하지 않는다). 잘못된 점이 있는가? 설명하라.

1.11 때때로 요리를 위해 사용하는 냄비의 뚜껑은 '너무 잘' 맞으며, 냄비가 식은 후에 뚜껑을 여는 것은 어려울 수 있다. 이런 현상이 일어나는 이유는 무엇인가?

1.12 지난 여름 축구공 한 자루에 바람을 넣었다. 하지만 이번 겨울에 축구를 하기 위해 축구공들을 가지고 나갔을 때, 모두 바람이 빠져 있는 상태였다. 가능성이 있는 이유에 대해 논의하라.

1.13 상대 습도로 공기에서의 물의 질량을 포화 상태의 물의 질량으로 나눈 비율로 정의된다. 90%의 상대 습도와 10°C의 온도인 날의 공기에 존재하는 물의 양과 50%의 상대 습도와 30°C의 온도인 날의 공기에 존재하는 물의 양을 비교하라. 어느 날이 더 높은 물의 함유량을 가지고 있는가?

1.14 계가 물리적인 구조 또는 화학적 조성이 다른 영역을 포함하고 있을 때, 전체적인 부피 값이 이것의 성질에 할당될 수 있다. 아래에 보여지는 계 1을 생각해라. 이것은 상태 a에서 n_a 분자와 상태 b에서 n_b 분자를 포함하고 있다.

(a) n_a, n_b를 이용하여 크기 성질인 부피 V_1와 각각 동종의 영역 부피 V_a, V_b에 대한 수식을 유도하라.
(b) n_a, n_b를 이용하여 세기 성질인 몰부피 v_1와 각각 동종의 영역인 v_a, v_b의 몰부피 v_a, v_b에 대한 수식을 유도하라.
(c) n_a, n_b를 이용하여 크기 성질인 K_1과 크기 성질인 K_a, K_b에 대한 수식을 유도하기 위해 (a)의 결과를 일반화하라.
(d) n_a, n_b를 이용하여 (c)의 세기 성질인 k_1과 세기 성질 k_a, k_b에 대한 수식을 유도하기 위해 (b)의 결과를 일반화하라.

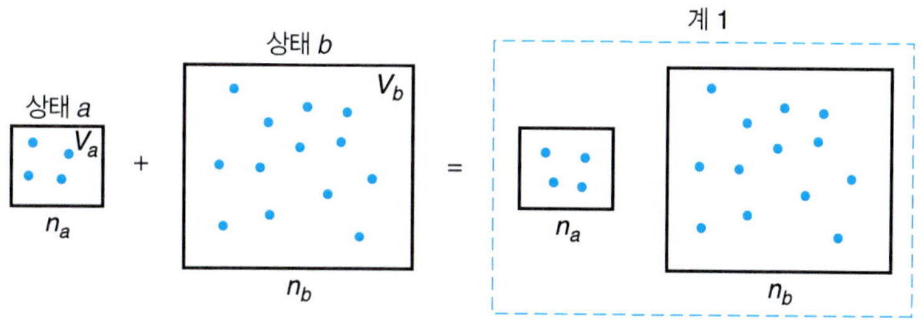

1.15 이상기체로 구성된 두 계를 생각하라. 계 I은 주어진 압력과 온도에서 순수한 기체 A로 구성되어 있다. 계 II는 같은 온도와 압력에서 기체 A와 B의 혼합물로 구성되어 있다. 만약 B의 분자량이 기체 A보다 크다면 계 I의 몰밀도(mol/cm^3)는 계 II와 어떻게 비교되는가?

1.16 이상기체로 구성된 두 계를 생각하라. 계 I은 주어진 압력과 온도에서 순수한 기체 A로 구성되어 있다. 계 II는 같은 온도와 압력에서 기체 A와 B의 혼합물로 구성되어 있다. 만약 기체 B의 분자량이 기체 A보다 크다면 계 I의 질량 밀도(g/cm^3)는 계 II와 어떻게 비교되는가?

1.17 사람은 폐로 약 2 L의 공기를 호흡할 수 있다. 사람이 호흡할 수 있는 헬륨의 부피는 얼마라고 생각하는가? 설명하라.

1.18 '압력솥'은 대기압보다 높은 압력에서 요리를 할 수 있도록 해주는 도구이다. 이 기구가 음식이 요리되는 방식에 어떤 변화를 준 것인지 설명하라.

1.19 이상기체 모델은 상태방정식의 한 예시이다. 왜 이것이 상태방정식의 하나로 언급되고 있다고 생각하는가?

1.20 아래와 같은 상태에서 존재하는 물을 포함하고 있는 계를 생각하라. 어떤 상이 존재하고 있는가?
(a) P = 10 [bar], T = 170 [°C]
(b) $\hat{v}$ = 3 [m^3/kg], T = 70 [°C]
(c) P = 60 [bar], $\hat{v}$ = 0.05 [m^3/kg]
(d) P = 5 [bar], s = 7.0592 [kJ/(kg K)]

계산 문제

1.21 여러분의 방에서 움직이고 있는 산소 분자들의 평균 산소 분자들의 속도를 추산하라.

1.22 Reamur 온도 척도는 물의 어는점과 끓는점을 각각 0°C와 80°C로 사용한다. Reamur 척도에서 상온(22°C)의 값은 얼마인가?

1.23 해발 고도 z = 8848 m인 에베레스트 산의 꼭대기에서 물은 몇 도에서 끓겠는가? 주어진 고도에 따른 압력의 의존성을 상기하라.

$$P = P_{atm} \exp\left(-\frac{MWgz}{RT}\right)$$

여기서 P_{atm}은 대기압이고, g는 중력가속도, MW는 기체의 분자량이다.

1.24 물이 단단히 닫힌 용기에서 임계점으로부터 10 bar로 냉각된다. 마지막 상태의 질을 결정하라.

1.25 선형 보간법을 사용하여 수증기표의 자료를 사용하여 아래의 조건 하에서의 물의 비부피를 추산하라.

(a) P = 1.9 [MPa], T = 250[°C]
(b) P = 1.9 [MPa], T = 300[°C]
(c) P = 1.9 [MPa], T = 270[°C]
웹사이트 http://webbook.nist.gov/chemistry/fluid/에서 (a), (b), (c) 조건에 상응하는 물의 비부피를 찾아보고 그들의 값을 보고하라. 두 자료가 일치하는지에 대해 논의하라.

1.26 25°C에서 포화된 액체상의 물 1 L의 질량을 구하라. 이 값과 25°C와 대기압에서 과냉각된 액체상의 물 1 L의 질량을 어떻게 비교할 수 있는가?

1.27 2 bar의 압력에서 1 m^{3}의 부피를 가진 단단한 용기에 있는 물 5 kg의 온도, 질 및 내부 에너지를 구하라.

1.28 1 m^{3}의 부피의 단단한 용기는 1 MPa 압력의 포화된 물을 담고 있다. 만약 질이 0.10이라면, 증기에 의해 채워진 부피는 얼마인가?

1.29 Pv 상선도에 증기-액체 돔을 나태내기 위해 수증기표에 있는 자료를 사용하라. v를 log로 나타내면 유용하다.

1.30 아래의 조건에 대해 이상기체 모델을 사용하여 물의 부피를 계산하라. 그런 후 수증기표에 보고된 값과 비교한 후 퍼센트 오차를 보고하라.
(a) P = 1.01 [bar], T = 100 [°C]
(b) P = 1 [bar], T = 500 [°C]
(c) P = 100 [bar], T = 500 [°C]
(d) P = 100 [bar], T = 1000 [°C]

1.31 당신이 앉아 있는 방에 얼마나 많은 공기의 몰수가 있겠는가? 그것의 질량은 얼마인가?

1.32 20°C와 1 bar에서 존재하는 기체를 생각하라. 분자들은 3 Å의 직경을 가진 단단한 구체로 간주될 수 있다. 그들이 채울 수 있는 가능한 부피의 퍼센트를 추산하라.

1.33 밤 시간 동안 벽 표면에 물이 응축되지 않도록 하기 위해서 집을 충분히 건조하게 유지하는 것을 원한다. 만약 밤에 온도가 40°F로 내려갔다면, 방이 70°F로 있던 낮 시간 동안 최대한으로 허용 가능한 물의 밀도는 얼마인가?

1.34 0.1 MPa에서 액체 상태와 증기 상태인 H_2O로 채워진 딱딱하고 두꺼운 관을 생각하라. 이 관을 밀봉한 후에 임계점을 지닐 때까지 가열하였다. 관에서 액체의 질량 분율은 얼마인가?

1.35 여러분들이 최대한 할 수 있는 대로 아래의 조건들에 대하여 물의 비부피를 추산하라. 여러분의 답을 정당화 시켜라.
(a) 2 bar, 200°C
(b) 2 bar, 100°C

1.36 단단한 용기가 90°C인 1 kg의 물을 담고 있다. 만약 물 200 g이 액체상으로 있고, 나머지가 증기라면, 용기에서의 압력과 부피를 구하라.

1.37 300°C에서 물 40 g이 10 L의 용기에 밀봉되어 있다. 최대한 정확하게 이 용기의 압력을 구하라.

1.38 100°C에서 100 L의 단단한 용기가 포화된 물을 포함하고 있다. 그 물은 가열되고 임계점에 도달하게 된다. 이 용기에서의 초기 물의 질량과 질을 구하라.

1.39 피스톤-실린더 조립은 50°C와 500 kPa의 조건에서 0.5 kg의 물을 포함하고 있다. 그 후, 일정한 압력에서 물이 모두 기화될 때까지 가열하면 최종 온도와 부피는 얼마인가?

제 2 장

열역학 제1법칙

The First Law of Thermodynamics

학습 목표

제2장에 있는 내용을 숙달하기 위해서는 다음 사항들을 할 수 있어야 한다.

- 에너지의 형태 전환 및 열, 일, 그리고 물질의 흐름에 의한 주위로부터 계로의 에너지 전달을 포함하여 열역학 제1법칙(물질과 에너지의 보존)과 그 기본 개념들을 규정하고 예를 들어 설명한다.
- 정상 상태(steady-state)와 비정상 상태(unsteady-state)의 조건 하에서 (1) 닫힌계와 (2) 열린계에 대한 제1법칙의 적분 및 미분 형태의 식을 적는다. 세기(intensive) 및 크기(extensive) 형태 간에 그리고 질량이나 몰수에 기반한 형태 사이에서 이 식들을 전환한다. 어떤 물리적인 문제가 주어졌을 때, 식에서 어떤 항들이 중요하고 어떤 항들이 무시될 수 있거나 0인지 알아내고, 그 문제를 풀기 위하여 이상기체 모델 또는 성질표(property table)가 사용되어야 할지를 결정한다.
- 다음과 같은 형태의 계에 열역학 제1법칙을 적용하여 단열 및 등온 과정에 대한 공학적 문제를 판별하고 수식화하여 푼다. 견고한 탱크, 피스톤/실린더 조합의 팽창/압축, 노즐, 확산기(diffuser), 터빈, 펌프, 열교환기, 조름 소자(throttling device), 탱크의 채움과 비움, Carnot(카르노) 동력 및 냉동 사이클(cycle).
- 가능한 자료를 활용하여 이러한 문제를 풀기 위한 적합한 가상적인 경로(hypothetical path)를 고안한다.
- 내부 에너지, 열 전달, 일, 열용량에 대한 분자적 기초를 서술한다.
- 가역 과정과 비가역 과정의 차이를 서술하며, 주어진 과정에 대하여 가역 또는 비가역 여부를 판별한다.
- 일정한 압력 하에서 (1) 열린계(open system)에 대하여 유입 또는 유출되는 흐름과 (2) 닫힌계(closed system)에 대하여 열역학적 성질인 엔탈피를 활용하는 것이 편리한 이유를 설명한다. 열린계에 대한 에너지 수지식에서 흐름 일(flow work)과 축일(shaft work)의 역할에 대해 설명한다.
- 거시적 수준과 분자적 수준에서 현열(sensible heat), 잠열(latent heat), 그리고 화학 반응에 관련된 에너지 변화에 대하여 서술한다. 열용량 및 기화 엔탈피, 용융 엔탈피, 승화 엔탈피, 그리고 생성 엔탈피(enthalpy of formation)와 같은 가능한 자료를 활용하여 엔탈피 변화를 계산한다.

2.1 열역학 제1법칙

에너지가 어떤 형태에서 다른 형태로 변할 수 있을 때, 열역학 제1법칙에 의하여 *우주에서의 에너지 총량 E는 일정하다고 규정된다.*[1] 이러한 표현은 다음과 같이 정량적으로 나타낼 수 있다.

$$\Delta E_{\text{univ}} = 0 \tag{2.1}$$

그렇지만, 계산을 할 때마다 전체 우주를 고려하는 것은 매우 불편한 일이다. 우리가 알고 있는 바와 같이 우주는 관심의 대상이 되는 영역(계, system)과 그 나머지 부분(주위, surroundings)으로 나누어질 수 있다. 계는 주위로부터 경계(boundary)에 의하여 구분된다. 이제 제1법칙은 계의 *에너지 변화는 주위로부터 경계를 통하여 전달된 에너지와 동일하다고* 다시 서술할 수 있다. 주위에너지는 열(Q), 일(W), 그리고 열린계(open system)의 경우 계의 안팎으로 흐르는 물질과 결합된 에너지에 의하여 전달될 수 있다. 핵심은 제1법칙에 의하여 주위로부터의 적립과 인출을 통해 계의 에너지에 관한 한 회계사와 같이 생각한다는 뜻이며, 통장 계좌에서 입출금을 계산하는 것과 비슷한 방식이라 볼 수 있다. 닫힌계와 열린계에 대한 제1법칙의 명확한 형태를 간단히 알아볼 것이다.

에너지의 형태

계의 에너지는 어떤 형태에서 다른 형태로 변할 수 있다.

연습 에너지가 분류될 수 있는 세 가지 일반적인 형태를 명명하라. 각 형태를 정의할 수 있는지 확인하라.

에너지는 세 가지 특수한 형태에 따라 분류된다. (1) 거시적인 **운동에너지**(kinetic energy) E_K는 계 전체의 거시적인(macroscopic) 운동에 결부된 에너지이다. 예를 들어, 속도 $\vec{V}$로 움직이는 질량 m의 물체의 운동에너지는 다음과 같다.

$$E_K = \frac{1}{2}m\vec{V}^2 \tag{2.2}$$

(2) 거시적인 **위치에너지**(potential enegery) E_P는 퍼텐셜 장(potential field)에서 계의 거시적인 위치와 결부된 에너지이다. 예를 들어, 지구의 중력장에서 어떤 물체의 위치에너지는 다음과 같이 주어진다.

$$E_P = mgz \tag{2.3}$$

여기서 z는 지표 위의 높이이며, g는 중력 상수이다.[2] (3) **내부 에너지**(internal energy) U는 계의 물질을 구성하는 개별 분자의 운동, 위치, 그리고 화학 결합의 배향에 관련된 에너지이다.

에너지는 절대량이 아니라 기준 상태(reference state)에 대한 상대적인 값으로만 정의되므로 사용하는 특정한 기준을 주의해서 구별하여야 한다. 여러분이 이 책을 읽을 때의 운동에너지는 얼마일까(버스를 타고 있지 않다고 가정)? 만약 0이라고 대답한다면 지구와 같이 잘

1. 핵 반응에서는 에너지와 질량이 결부된 흥미로운 사례가 나타난다. 그러나 이 책에서는 다루지 않는다.

2. 표면 장력이나 전기 또는 자기장에 의한 퍼텐셜 역시 포함될 수 있다.

정의된 기준 상태의 맥락에서는 정확하다고 할 수 있다. 그렇지만 만약 태양을 기준 상태로 고려한다면, 답은 꽤 달라질 수 있다. 지구는 태양 주위를 30,000 m/s의 속도로 공전하고 있으므로 여러분의 운동에너지는 10^6 J 정도가 된다. 일반적으로 운동에너지와 위치에너지의 경우, 지구에 대한 운동이 없을 때 E_K (즉, $\vec{V}$)는 0이 되며 지표에서 E_P (즉, z)는 0으로 삼는다. 사실상 이러한 기준 상태들은 너무나 명백하기 때문에 때로는 *암묵적으로* 가정되기도 한다. 이 책에서는 기준 상태들을 *명시적으로* 주의 깊게 구별할 것이다. 이러한 노력은 한 가지 이상의 기준 상태가 존재하는 내부 에너지 U에 대하여 유용할 것이다. 수증기표에서 U에 대하여 활용되는 기준 상태는 무엇일까?

물리학 개론 수업에서는 주로 에너지의 첫 두 가지 형태와 관련된 변화에 초점을 맞추고 있다. 열역학 제1법칙의 문제들을 풀기 위하여 다른 형태의 에너지들 사이의 관계를 파악하는데 숙달해야 하므로 물리학 개론에서 배운 역학(mechanics)에 관한 전형적인 예를 복습하는 것이 교육적이라 하겠다. 이 책에서는 문제에 접근한다는 맥락에서 예시하였다. 화학공학도로서 주로 초점을 맞추어야 하는 에너지의 형태는 다음 예에서 다루지 않고 있는 내부 에너지임에 유의해야 한다.

예제 2.1 역학에서의 전형적인 에너지 문제

만약 큰 돌이 10 m 높이의 절벽에서 떨어진다면, 지면에 얼마나 빠른 속도로 부딪힐 것인가?

풀이 ▶ 식 (2.1)로부터 다음이 얻어진다.

$$\Delta E = \Delta E_K + \Delta E_P = 0 \tag{E2.1A}$$

돌을 절벽에서 떨어뜨리는 것을 과정으로 정의할 수 있다. 전형적으로 과정이 일어나는 동안의 열역학적 상태들을 표시함으로써 문제를 수식화할 수 있다. 상태 1은 돌이 절벽 꼭대기에 있는 초기 상태로서, 상태 2는 돌이 지면에 부딪히는 때로 정의할 수 있다. 식 (2.2)와 식 (2.3)을 활용하면, 식 (E2.1A)는 다음과 같이 된다.

$$\left(\frac{1}{2}m\vec{V}_2^2 - \frac{1}{2}m\vec{V}_1^2\right) + (mgz_2 - mgz_1) = 0$$

관습적으로 어떤 성질의 변화량 Δ는 '최종 − 초기'로 정의한다. 이제 위에서 논의된 기준 상태를 활용하여 다음이 얻어진다.

$$\left(\frac{1}{2}m\vec{V}_2^2 - \cancelto{0}{\frac{1}{2}m\vec{V}_1^2}\right) + (\cancelto{0}{mgz_2} - mgz_1) = 0$$

또는

$$\frac{1}{2}m\vec{V}_2^2 - mgz_1 = 0$$

마지막으로 최종 속도에 대하여 풀면 다음이 얻어진다.

$$\vec{V}_2 = \sqrt{2gz_1} = \sqrt{2(9.8[\text{m/s}^2])(10[\text{m}])} = 14[\text{m/s}]$$

이 값은 31 mile/hr에 해당한다. 에너지에 대한 기준 상태는 임의적이며, 다른 기준 상태를 정의한다 해도 여전히 동일한 답을 얻게 됨에 주목하라.

*한 가지 철학적인 코멘트*를 하자면, 에너지는 본질적으로 매우 축약적인 양이다. 에너지가 무엇인지 정확히 이야기하는 것은 매우 어렵다. 그렇지만 (희망적으로!) 위 문제의 맥락에서 에너지의 개념을 사용하는 데 편함을 느낄 것이다. 공학적인 문제를 풀기 위하여 축약적인 성질인 에너지를 적용하는 능력은 에너지에 대한 여러분들의 경험에 달려 있다. 전형적으로 이러한 경험에 힘입어, 제1법칙의 문제들을 풀기 위하여 에너지 수지식에 내부 에너지를 포함시키는 것이 편함을 느끼게 된다. 엔트로피 S나 Gibbs 에너지 G와 같이 여러분들이 덜 익숙한 열역학적 함수들을 곧 소개할 것이다. 이러한 성질들이 기본적으로 에너지보다 더 다루기 힘든 것은 아니다. 그렇지만 초기 단계에 익숙해지는 데 불편함을 겪을 수 있다. 어떤 열역학적 성질을 충분히 잘 다루기 위해서는 그것에 익숙해져서 그 열역학적 성질이 유용하게 활용되는 유형의 문제를 풀어냄으로써 능숙해질 필요가 있다.

*U*의 변화를 관찰하는 방법들

언급한 바와 같이 내부 에너지 U는 화학공학적 응용에서 중요한 형태의 에너지이다. 본래 내부 에너지는 단순히 대량 운동과 위치에 결부되지 않는 모든 형태의 에너지들로 간주되었다. 그렇지만, 화학적 지식을 활용하여 내부 에너지의 분자적 양상을 고려하는 것이 도움이 될 것이다. 내부 에너지에는 분자 자체의 운동에너지와 위치에너지를 포함한 *모든* 형태의 **분자 에너지**(molecular energy)가 포함된다. 내부 에너지가 변하면 그 자체로 다양한 **거시적인**(macroscopic) 징후가 드러나게 된다. 즉, 분자 에너지는 현실계에서 다양한 방식으로 알아낼 수 있다. 내부 에너지의 변화는 다음과 같은 결과를 야기하게 된다.

1. 온도의 변화. 예) $T_{low} \rightarrow T_{high}$
2. 상의 변화. 예) 고체 → 기체
3. 화학 구조의 변화. 즉, 화학 반응 등($N_2 + 3H_2 \rightarrow 2NH_3$)

온도 변화를 야기하는 내부 에너지의 변화는 종종 *현열*(sensible heat)이라고 일컬어지기도 한다. 또한, 상전이를 유발하는 내부 에너지의 변화는 종종 *잠열*(latent heat)로 칭해진다.

분자와 화학적 에너지의 변화가 위에서 서술한 세 가지 거시적인 양상들과 어떻게 연관지을 수 있을지 검토하도록 하자. 내부 에너지에는 *분자의* 위치에너지와 *분자의* 운동에너지와 같은 두 일반적인 요소들이 존재한다. 분자의 위치에너지는 (서로 다른 분자 사이의) 분자간 에너지(intermolecular energy)와 (동일한 분자 안에서의) 분자 내 에너지(intramolecular energy)의 성질을 가질 수 있다. 원자의 척도에서 거동하는 화학종을 서술할 때에는 *분자적*(molecular)이라는 용어를 사용하며, 우리가 살아가는 세상에서 대량 물질의 몰 단위 수준의 거동을 서술하기 위하여 *거시적*(macroscopic)이라는 용어를 사용함을 기억해야 한다. 거시적인 운동에너지와 같이 분자의 운동에너지는 운동을 의미하는데, 계를 구성하는 개별 분자들의 운동을 뜻한다. 운동의 형태는 화학종이 분포하는 상(phase)에 의존하게 된다. 예를 들어, 기체상에서 분자들은 의미 있는 속도로 주변을 돌아다닌다. 대량의 기체 자체는 아닐 수 있지만 개별 분자들은 어딘가를 향해 이동하기 때문에, 즉, 병진(translating)하기 때문에 이러한 운동은 **병진 운동**(translational motion)이라 불린다. 모든 분자들이 같은 속도를 갖지는 않지만, 평형에서 분자들의 속도는 Maxwell–Boltzmann 분포에 따라 변하게 된다. 여러분이 지금 호흡하고 있는 산소 분자가 평균적으로 얼마나 빨리 이동하는지 알고 있는가? [*풀이*: 상온의 방에서 산소 분자는 평균적으로 제트 비행기와 같이 약 450 m/s의 속도로 이동한다.]

단원자 분자와는 달리 이원자(diatomic)와 다원자(polyatomic) 분자들은 진동하거나 회전할 수 있으며 분자의 운동에너지에 추가적인 양상인 **진동 운동**(vibrational motion)과 **회전 운동**(rotational motion)을 제공하게 된다. 제1장에서 살펴 본 바와 같이 측정된 거시적인 성질인 **온도**(temperature)는 계에서 기체 분자들이 얼마나 빨리 움직이는지를 나타내는 척도이다(보통 온도는 제곱근 평균 속도에 비례한다). 그렇지만 분자들의 속도는 직접적으로 분자의 운동에너지와 관련되어 있으며, 내부 에너지의 일부를 구성하게 된다. 따라서 기체의 온도가 증가할수록 분자들의 평균 속도는 늘어나게 되며(분자들이 빠르게 움직이게 된다), 내부 에너지는 더욱 커지게 된다(앞의 1번 항목 참조). 이와는 대조적으로 고체에는 병진 운동이 없으며 분자의 운동에너지에 대한 주요 양상은 진동의 형태를 띠게 된다. 고체에서 원자들의 진동을 **포논**(phonon)이라 한다. 한편, 포논은 내부 에너지의 일부를 이루게 되며, 반대로 고체의 온도와 직접적으로 관련되어 있다. 따라서 고체가 빠르게 진동할수록 온도는 높아지게 되며 내부 에너지도 커지게 된다.

고체가 증기로 승화(sublimation)하는 것과 같은 상전이를 고려하자. 여러분들이 경험했을 수 있는 사례로 상온과 대기압 하에서 CO_2(드라이아이스)를 들 수 있다. 고체는 분자들 사이의 결합에 의해 결속되어 있다. 종종 고체의 결합은 분자들 사이의 정전기적 인력의 결과로 나타나며, 분자의 위치에너지와 관련된다. 분자 간의 인력은 고체의 안정성을 높이게 되며 계를 구성하는 분자들의 에너지를 감소시키게 된다. 반면에 증기를 구성하는 분자들은 상호 간에 훨씬 멀리 떨어져 있으며 인력이 전혀 또는 거의 없다. 그러므로 증기상은 동일한 온도에서 고체에 비해 상대적으로 큰 내부 에너지를 갖게 된다. 승화를 위하여 분자 간 화학 결합을 유발하는 인력이 반드시 극복되어야만 한다. 즉, 에너지가 계에 가해져야만 하며, 더 높은 내부 에너지로 귀결되어야 한다. 유사한 논의가 고체의 용융(melting)과 액체의 증발(evaporation) 과정에 적용될 수 있다(앞의 2번 항목 참조).

최종적으로 화학 반응을 고려하자. 이 경우에 반응물 분자들을 구성하는 원자들 사이의 화학 결합이 끊어지고 생성물의 새로운 결합으로 대체되어야 한다. 예를 들어, 암모니아는 다음 반응으로 생성된다.

$$N_2 + 3H_2 \longrightarrow 2NH_3$$

N 원자 사이의 삼중 결합 한 개와 수소 원자 사이의 세 단일 결합이 여섯 개의 $N-H$ 결합으로 대체된다(두 분자에 대하여 각각 세 개의 결합이 생성된다). 화학 결합의 세기는 구성 원자들의 원자가 전자(valence electron)들의 중첩에 의해 결정된다. 따라서 원자가 재배열됨에 따라 에너지가 변화되며 열역학적 성질인 U의 변화도 야기된다. 위의 경우에 생성물의 에너지가 더 작으며(훨씬 안정하다), U는 감소한다(앞에 3번 항목 참조).[3]

이상기체의 내부 에너지

이번에는 이상기체의 내부 에너지에 대한 성질의 의존성에 대하여 공부한다. 앞서 1번의 논의로부터 학습한 바와 같이 내부 에너지는 분자의 운동에너지 및 분자의 위치에너지와 같은 두 요소로 구성되어 있으며, 온도는 이 중 분자의 운동에너지와 직접적으로 연관되어 있다. 이상기체는 분자 간 힘을 전혀 나타내지 않으므로(1.3절 참조), 이상기체 분자의 위치에너지는 (화학 반응이 존재하지 않는다는 가정 하에서) 일정하다. 따라서 화학 반응이 없다면, 이상기체의 내부 에너지 u는 오직 분자의 운동 또는 온도에만 의존한다. 그러므로 다음이 성립한다.

3. 제3장에서 열역학적 엔트로피로 반응이 얼마나 진행되었는지를 결정할 수 있다는 점을 배울 것이다.

$$u_{\text{ideal gas}} = f(T) \quad (2.4)$$

다른 방식으로 이야기하면 이상기체의 내부 에너지는 분자들의 위치에는 무관하게 된다. 제 4장에서 분자 간 힘의 효과를 충분히 겪게 되는 실제 기체의 열역학적 성질을 고려할 것이다. 이러한 경우에는 일정한 조성을 갖는 계의 상태를 기술하는 데 다음과 같이 두 독립적인 세기 성질들이 요구된다.

$$u_{\text{real gas}} = u(T, v)$$

또는

$$u_{\text{real gas}} = u(T, P)$$

예제 2.2 ***u*에 저장된 동등한 에너지**

예제 2.1에서 10 m 높이의 절벽 꼭대기에 있는 돌멩이의 위치에너지를 고려하였다. 돌멩이가 지면에 떨어질 때, 31 mile/hr의 속도를 갖게 된다. 이제 25°C에서 동일한 질량의 물을 고려하자. 물의 내부 에너지가 동일한 양만큼 늘어난다면 물은 얼마나 뜨거워질 것인가?

풀이 ▶ 단위 질량당 식 (2.2)를 적는다면, 다음이 얻어진다.

$$\Delta \hat{e}_K = \frac{1}{2}\vec{V}_2^2 = 98\ [\text{J/kg}] = 0.098\ [\text{kJ/kg}]$$

비에너지(specific energy)를 활용하여 수증기표에 부합되는 단위로 환산하였다. 이번에도 상태 1은 초기 상태, 상태 2는 최종 상태를 표시하는 데 활용할 것이다. 액체 물은 25°C와 1 atm에서 과냉각된다. 그렇지만 액체의 성질이 압력에 따라 유의할 만한 수준으로 변하지는 않을 것으로 기대한다. 그러므로 (기술적으로 0.03 atm의 압력에서 얻어진) 25°C에서 포화 액체 상태의 물에 대한 온도 표를 활용할 수 있다.[4] 부록 B.1으로부터 다음 식이 얻어진다.

$$\hat{u}_{l,1} = 104.86\ [\text{kJ/kg}]$$

문제에서 물의 내부 에너지는 돌의 에너지와 같은 양만큼 증가한다고 서술하였다. 즉, 다음 식이 성립한다.

$$\Delta \hat{u} = \hat{u}_{l,2} - \hat{u}_{l,1} = \Delta \hat{e}_K = 0.098\ [\text{kJ/kg}]$$

따라서 물의 최종 상태에 대하여 다음 식이 얻어진다.

$$\hat{u}_{l,2} = \Delta \hat{u} + \hat{u}_{l,1} = 104.96\ [\text{J/kg}]$$

이제 수증기표로 다시 돌아가서 포화 상태의 물이 이 에너지를 갖는 온도를 결정할 수 있다. 이

4. 이러한 활용 기법(trick)은 압력이 포화 압력과 눈에 띄게 다르지 않을 때 과냉각 물(또는 다른 물질)의 성질을 구하기 위하여 종종 활용된다. 향후에도 이러한 활용 기법에 대한 경험으로부터 문제를 풀기 위한 기준을 제공받는 데 도움이 될 것이다.

번에도 과냉각 상태와 포화 상태 사이의 압력 차이의 효과는 무시한다. 선형 보간에 의해 다음 식이 얻어진다.

$$\frac{\hat{u}_{l,2}\,(T_2\text{에서}) - \hat{u}_1\,(25[°\mathrm{C}]\text{에서})}{\hat{u}_l\,(30[°\mathrm{C}]\text{에서}) - \hat{u}_l\,(25[°\mathrm{C}]\text{에서})} = \frac{104.96 - 104.86}{125.77 - 104.86} = 0.005$$

마지막으로 최종 온도에 대하여 풀면 다음 식이 얻어진다.

$$T_2 = 25 + (0.005)5 = 25.02°\mathrm{C}$$

물의 온도는 거의 변하지 않는다! 따라서 10 m 절벽 위의 돌에 저장된 에너지는 무시할 수 있는 양의 내부 에너지에 해당된다. 이 예를 통하여 다른 형태의 에너지에 비하여 상대적으로 많은 양의 에너지가 u에 저장되며, 결과적으로 내부 에너지에 많은 관심을 갖는 이유를 알 수 있다. 공학도들은 내부 에너지로부터 획득할 수 있는 많은 양의 자원을 제공받는다.

일과 열: 계와 주위 사이의 에너지 전달

과학에서 언어를 사용하며 *일*(work)과 *열*(heat)과 같은 용어를 정의할 때에는 주의를 기울일 필요가 있다. 두 용어에는 주위와 계 사이의 **에너지 전달**(transfer of energy)이 관련되어 있다. 닫힌계에서 주위와 계 사이의 에너지 전달은 열과 일에 의해서만 가능하다. 열은 온도 구배(temperature gradient)에 의한 에너지의 전달이며, 닫힌계에서 다른 모든 형태의 에너지 전달은 일을 통하여 발생한다. 일반적으로 계에 의하여 (또는 계에 대하여) 행해진 유용한 어떤 것과 일을 결부시킨다. 이러한 용어들을 아래에서 좀 더 자세히 검토할 것이다.

일

예를 들어 기계적(팽창/압축, 회전축), 전기적인 그리고 자기적인 일과 같이 여러 형태의 일이 존재한다. 공학 열역학에서 가장 일반적인 일의 사례는 힘에 의하여 계의 경계에 변위(displacement)를 유발할 때 발생한다. 예를 들어, 팽창의 경우에는 경계를 늘리기 위하여 바깥으로 계의 경계를 잡아당길 필요가 있다. 이 과정에서 계는 에너지를 소모하게 된다. 따라서 계는 일의 형태로 주위와 에너지를 교환한다. 다음 식과 같이 외력 F_E를 변위의 방향 dx에 대하여 선적분(line integral)을 수행하여 일 W를 수학적으로 서술할 수 있다.

$$W = \int F_E \cdot dx \tag{2.5}$$

열역학적 성질들과는 대조적으로 계에 대한 일은 초기 상태 1과 최종 상태 2뿐만 아니라 일이 행해지는 특정 경로에도 의존하게 된다. 일을 계산할 때 마다 계에 취해지는 실제 **경로**(path)를 반드시 고려해야만 한다.

일은 계와 주위 사이의 에너지 전달과 관련되어 있으므로 줄(Joule), 에르그(erg), BTU 등 에너지와 동일한 단위를 갖는다. 완벽한 정의를 위하여 일에 대한 부호의 규정을 선택해야만 한다. 이 책에서는 에너지가 주위에서 계에 전달될 때에 양의 값을 가지며, 계에서 주위로 전달될 때에는 음의 값을 갖는다고 할 것이다. 식 (2.5)에서 주어진 정의는 이러한 부호의 규정과 일관성을 갖는다. 이러한 부호의 약속은 임의의 성격을 갖는다는 점을 알아야 한다. 이

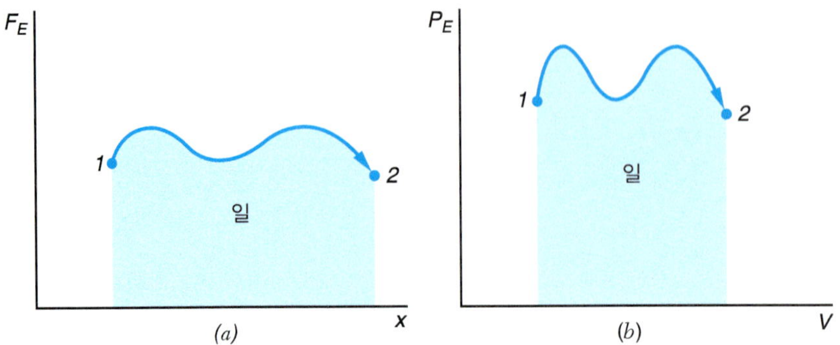

그림 2.1 상태 1과 2 사이에서 과정을 겪는 어떤 계에 대한 일의 값을 도식적으로 결정하는 방법. (a) F_E와 x, (b) P_E와 V를 적분함.

러한 부호의 약속은 오늘날의 관습과 부합되도록 선택되었다. 그렇지만, 증기 기관에 대하여 열역학의 제1법칙과 제2법칙이 최초로 확립되었을 무렵에는 반대의 부호 규정이 사용되었다. (공학적인 목적은 기차를 위하여 계로부터 동력을 얻어내는 것이었기 때문에) 계에서 주위로의 에너지 전달이 양으로 정의되었다. 다른 문헌을 볼 때에는 어떤 부호 규정이 일에 적용되었는지 주의할 필요가 있으며, 그렇지 않을 경우 실수할 수 있다.

일반적인 과정에 대한 F_E와 x의 그래프는 그림 2.1a에 도시되어 있다. 그림 2.1a와 관련된 과정에 대한 일은 [식 (2.5)를 도식적으로 적분한 것과 동일한] 곡선의 밑넓이로부터 얻어질 수 있다. 계의 경계가 움직이지 않는다면 아무리 힘이 가해지더라도 어떠한 일도 행해지지 않게 된다. 외력이 단면적 A의 표면에 가해진다면, 다음과 같이 식 (2.5)의 우변의 항을 나누고 곱할 수 있다.

$$W = \int \frac{F_E}{A} \cdot \mathrm{d}(Ax) = \int P_E \cdot \mathrm{d}V = \int P_E \mathrm{d}V \cos\theta = -\int P_E \mathrm{d}V \tag{2.6}$$

여기서 P_E는 면에 가해지는 외부 압력을 나타낸다. 식 (2.6)의 음의 부호는 외력과 변위 벡터가 반대 방향이기 때문에 나타나는 것이다. 일은 그림 2.1b에 나타낸 적당한 곡선의 밑면적으로부터 얻어질 수 있다. 식 (2.6)을 몰수를 기준으로(J/mol) 나타낸다면 다음 식이 얻어진다.

$$w = -\int P_E \mathrm{d}v \tag{2.7}$$

식 (2.7)은 종종 열역학에서 볼 수 있다. 이 식에 나타낸 일은 'Pv 일'이라 불릴 것이다. 1.3절에서 논한 바와 같이 분자적 수준에서 Pv 일에 의한 에너지의 전달은 계의 분자들이 경계에 부딪히면서 나타나는 운동량의 전달로 이해될 수 있다. 피스톤-실린더의 조합은 일을 얻기 위하여 사용되는 일반적인 계(예, 자동차)이다. 예제 2.3은 일이 이러한 계에 대하여 어떻게 계산되는지를 예시하고 있다.

예제 2.3 **피스톤-실린더 조합에서 Pv 일의 계산**

그림 E2.3에 나타낸 등압 팽창을 고려하자. 초기에 계에는 10 L의 부피로 2 bar의 압력에서 1

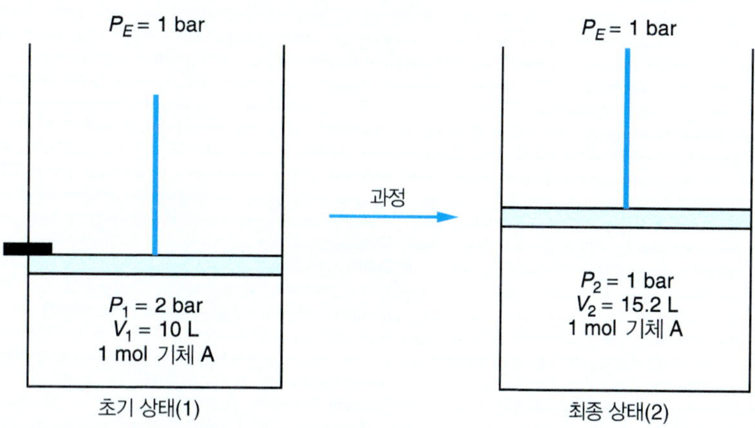

그림 E2.3 Pv 일에 의하여 계로부터 주위로 에너지가 전달되는 과정의 예. 피스톤-실린더 조합에서 기체의 팽창. 외부는 1 bar로 유지된다.

mol의 기체가 존재하였다. 팽창 과정은 걸쇠를 제거하여 시작된다. 실린더의 팽창은 기체의 압력이 주위와 같아질 때까지 진행된다. 최종 부피는 15.2 L이다. 이 과정에서 계에 의해 행해진 일을 계산하라.

풀이 ▶ 식 (2.6)을 적용하여 행해진 일을 계산할 수 있다.

$$W = -\int_{V_1}^{V_2} P_E dV \tag{2.6}$$

외부의 압력은 일정하므로 적분 기호 밖으로 내보낼 수 있다.

$$W = -P_E\int_{V_1}^{V_2} dV = -P_E(V_2 - V_1) = -1\ \text{bar}\left[\frac{10^5\ \text{Pa}}{\text{bar}}\right](15.2 - 10)\text{L}\left[\frac{10^{-3}\ \text{m}^3}{\text{L}}\right] = -520\ \text{J}$$

이 경우에 이 과정의 결과로서 계가 주위에 대하여 에너지를 잃게 되므로 일의 값은 음이 된다. 압력과 부피의 단위는 이 계산에 대하여 SI 단위계로 환산되었다[1 Pa m^3 = 1 J].

축일(shaft work), W_s는 공학적 응용에서 볼 수 있는 또 다른 형태의 중요한 일이다. 종종 회전축은 계와 주위 사이에서 에너지를 전달하는 데 사용된다. 예를 들어, 그림 2.2의 터빈을 고려하자. 터빈은 작동 유체(working fluid)의 내부 에너지를 축을 활용하여 유용한 일로 변환시키도록 설계되었다. 이 경우에 유체가 터빈을 지나감에 따라 팽창되고 냉각되면서 터빈의 끝부분에서 축의 회전을 유도한다. 터빈의 끝에 있는 자석 역시 회전하게 된다. 자기장의 변화는 전지를 충전하고 에너지를 저장할 수 있는 전류를 생성하는 전기장을 유도한다. 계의 경계를 어떻게 그리는가에 따라서 계로부터 주위로의 에너지 전달(축일)은 기계적, 자기적 또는 전기적일 수 있음에 주목하라. 그렇지만 모든 경우에 유체의 내부 에너지는 유용한 일로 변환된다. 사실상, 일반적으로 축일이라는 용어를 사용할 때에는 실제로 이러한 형태의 일들 중 어느 하나일 수 있다.

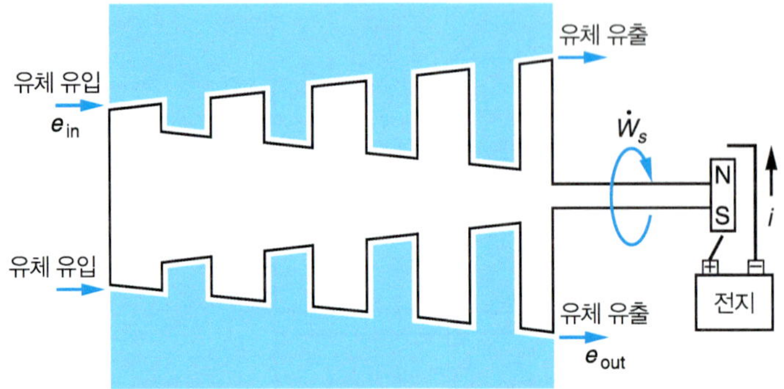

그림 2.2 흐르는 유체로부터 축일로 에너지를 변환하는 터빈의 개략도. 회전축은 끝에 부착된 자석에 의하여 전지와 결속된다.

› 열

열(heat), Q는 구동력(driving force)이 온도 구배(temperature gradient)에 의하여 제공될 때 주위와 계 사이의 에너지 전달과 관련된다. 에너지는 고온부에서 저온부로 자발적으로 전달될 것이다. 때때로 이러한 형태의 에너지 전달은 (추운 날에 집을 '난방하는' 등의) 공학적 설계의 일부가 된다. 그렇지만 종종 열을 통하여 원하지 않는 에너지의 소산(dissipation, 커피가 차가워지거나 소다수가 미지근해지는 등의 사례)에 대한 경로를 제공받기도 한다. 후자의 경우에 에너지의 원하지 않는 전달을 제거할 뿐 아니라 계를 단열시키도록 노력하는 것이 유용할 때가 있다. 이상적인 경우에 열에 의한 에너지의 전달은 0으로 감소되는 것이 좋다. 이러한 과정은 **단열적**(adiabatic)이라고 명명한다($Q = 0$). 일과는 다르게 열에 대한 부호 규약은 역사적으로 불변이다. 양의 값은 에너지가 주위로부터 계로 전달됨을 뜻하며, 또는 계가 '가열됨'이라 통칭한다. 그 대신에 Q에 대한 양의 값은 (일을 무시할 때) 계의 내부 에너지 증가(ΔU)에 대응된다고 생각할 수 있다. 2.1절에서 우리는 계에서 U의 변화에 대한 결과들을 살펴 보았다. 온도 변화로 명시되는 변화들은 *현열*(sensible heat)이라 칭하고, 상 변화와 관련된 열은 *잠열*(latent heat)이라 불린다. 이러한 명명법은 '열'이 아니라 계의 내부 에너지 변화(좀 더 정밀히 이야기하면 특별한 방식으로 계의 경계를 넘어선 에너지의 전달)를 논하고 있으므로 어딘가 오도하는 듯 싶기도 하다. 그렇지만 이러한 명명법은 문헌에서 그 뿌리가 매우 깊다.

온도 구배에 의해 열이 전달되는 3가지 방식이 존재한다. 전도(conduction), 대류(convection), 복사(radiation)이다. 열 전달(또는 이동 현상) 수업에서 이러한 과정들의 속도를 정량화하는 방법을 배울 것이다. 그렇지만 각 과정들의 기저를 이루는 메커니즘은 아래에 간략히 서술하고자 한다.

고체의 관점에서 전도를 생각하는 것이 가장 쉽다. 예를 들어, 석영 유리 한 덩어리의 앞면을 온도 T_{high}에 노출시키고, 뒷면을 T_{low}라면 에너지는 유리를 통하여 전달될 것이다. 분자적 수준에서, 뜨거운 면의 포논(phonon)은(고체에서 원자들의 진동과 관련되어 있음을 기억하라) 더 빠른 속도로 진동할 것이며, 즉, 더 큰 에너지를 가질 것이다. 그렇지만 이러한 원자들은 결정 격자(crystal lattice)의 인접부와 연결되어 있으며 고에너지 격자의 진동은 '퍼져 나갈' 것이다. 시간이 흐를수록 앞면의 포논들은 덜 격렬하게 진동할 것이며(따라서 온도가 감소) 뒷면의 포논들은 에너지가 늘어날 것이다. 최종적인 결과는 T_{high}로부터 T_{low}까지 에너지의 전달이다.

전도를 통한 에너지의 전달 속도, 즉 격자 진동이 퍼져 나가는 속도는 열전도도라 불리는 성질에 비례한다. 유리는 전도성이 좋지는 않다. 유리는 약 42 W/m°C의 열전도도를 갖는다. 반면에 금속은 매우 잘 전도되는 경향이 있다. 금속의 경우에는 에너지 전도의 추가적인 메커니즘(원자가 전자대의 자유전자들의 이동)이 존재한다. 구리와 같은 열전도성의 물질은 385 W/m°C의 열전도도를 갖으며 유리보다 한 차수 빨리 에너지를 전도한다. 반면에 나무는 0.1 W/m°C의 열전도도를 갖는 효과적인 단열재이다. 액체와 기체도 전도를 통하여 에너지를 전달할 수 있다. 액체의 열전도도는 고체에 비하여 낮은 경향이 있으며, 기체는 액체보다도 낮은 열전도도를 갖는다. 전형적인 범위는 대부분의 액체에 대하여 0.06~0.6 W/m°C이고 대부분의 기체에 대하여 0.01~0.07 W/m°C이다. 여러분은 기체가 고체에 비하여 훨씬 작은 열전도도를 갖는 이유를 분자적으로 설명할 수 있는가?

대류는 열의 형태로 계와 주위 사이에 에너지가 전달되는 또 다른 메커니즘이다. 대류는 유체의 흐름과 결합되어 열 전달을 향상시키는 경우와 관련된다. 예를 들어, 뜨거운 수프 한 사발을 식히는 사례를 고려하자. 에너지의 전달을 향상시키는(그리하여 빨리 먹을 수 있고 혀가 화상을 입지 않는) 한 가지 방법은 스푼 위의 수프를 입으로 부는 것이다. 이것이 대류의 예이다. 당신이 수프를 불 때 기체의 흐름에 의하여 (빠른 속도로 이동하는) 뜨거운 분자들이 멀리 이동하며 보다 차가운 유체로 대체된다. 따라서 수프와 이웃한 기체 사이의 온도차, 즉 에너지 전달에 대한 구동력은 더 커지며, 냉각은 전도만 존재하는 경우보다 빠르게 달성된다. 명백히 대류를 수학적으로 서술하는 것은 전도를 기술하는 것에 비하여 훨씬 어렵다. 대류는 수프와 공기 사이의 전도 성질 뿐 아니라 구축되는 흐름 패턴에도 의존한다.

전도는 빛에 의한 에너지의 전달과 관련된다. 빛이라 함은 모든 파장 영역의 전자기파를 의미하며 가시광선 부분만 의미하지는 않는다. 절대 온도 이상의 모든 물체는 빛을 발산한다. 분자적 척도에서 복사는 물체의 표면 부근에 존재하는 하전된 입자들(전자와 원자핵)의 진동에 의한 가속과 결부되어 있다. '붉게 달구어진' 금속 조각을 본 적이 있는가? 붉게 달구어진 것으로 보인다면, 실제로는 전자기파 스펙트럼의 붉은 부분에 해당하는 광자(photon)를 방출하면서 냉각되고 있는 것이다. 빠져나가는 각 광자들은 그 안에 에너지를 담고 있다. 복사에 의한 열 전달 속도는 전도나 대류에 비하여 훨씬 의존성이 강한 온도의 함수이다. 전도와 대류에서 열 전달 속도 $\dot{Q}$는 다음과 같이 온도에 비례한다.

$$\dot{Q} \propto T \qquad \text{(전도와 대류)}$$

그렇지만 복사의 경우에는 다음과 같다.

$$\dot{Q} \propto T^4 \qquad \text{(복사)}$$

따라서 고온에서는 복사가 우세하게 작용하는 방식이다.

이 책에서는 종종 열 전달의 세 가지 방식을 모두 묶어서 단순히 계에 대한 열 전달이라 정의할 것이다. 전달된 에너지의 양 Q[J]와 에너지의 전달 속도 $\dot{Q}$ [J/s 또는 W]가 둘 다 사용된다. 그렇지만 무엇이 중요한 방식으로 존재하는지는 알아야 한다.

연습 물항아리 하나를 고려하자. 계와 주위, 경계를 그려라. 이 계와 관련된 모든 열 전달 메커니즘들을 확인하라.

▶ 2.2 가상적인 경로의 구축

내부 에너지와 부피는 열역학적 성질의 예이다. 성질은 계의 초기 및 최종 상태에만 의존하기 때문에, **상태 함수**(state function)라고도 불린다. 상태 함수는 과정에 의존하지 않는다. 즉, 계가 취하는 경로에 의존하지 *않는다*. (반대로, 열과 일은 경로에 의존적이며, 이러한 양들에 대해서는 계가 취하는 실제 경로를 반드시 따라야만 한다.) 상당히 많은 부분들에 대하여 열역학은 성질이 경로에 독립적이라는 기반 위에 구축되었다. 따라서 우리는 고유의 경로들을 구축하여 이러한 성질이 갖는 장점을 취할 수 있다. 주어진 성질의 변화를 계산하는 데 있어서 편리한 경로를 자유롭게 선택할 수 있다. 만약 계산을 위하여 사용한 경로가 계가 실제로 겪은 경로와 다르다면, 이를 **가상적인 경로**(hypothetical path)라고 부른다. 어떤 계가 실제 과정과 동일한 상태로 시작되고 끝나는 한, 가상적인 경로에 대한 어떤 성질의 변화(예, Δu)는 동일하게 된다. 이러한 가상적인 경로의 구축이 갖는 효용은 매우 크며, 열역학에서 독특하게 발견된다. 가상적인 경로를 통하여 매우 많은 서로 다른 문제들을 풀기 위해 이 책의 부록에서 찾을 수 있는 열역학적 자료를 활용할 수 있는 것이다.

가상적인 경로는 계산을 더 쉽게 하기 위하여 구축된다(또는 몇몇 경우에 가능하다!). 사실상 어떤 상태들 사이에 가상적인 경로를 구축하는 능력에 힘입어 실험적인 자료의 효율적인 수집과 조직화가 가능한 것이다. 종종 어떤 경로는 물리적인 자료의 사용이 가능하도록 구축된다. 이 책의 많은 방법론들이 이론을 전개하거나 관심을 갖는 공학적인 문제의 해를 구하기 위하여 적합한 가상적인 경로를 선택하는 데 기초하고 있다. 유용할 수도 있는 가능한 모든 경로들을 경험하지는 않을 것이다. *우리의 목표는 가상적인 경로를 적절히 구축할 수 있을 때가 언제인지를 식별하고 어떤 계산에 대한 가상적인 경로를 개발하고 이를 실행하도록 하는 것이다.* 결론적으로 이론을 전개하고 예를 들어서 활용할 수 있는 가상적인 경로를 사용하도록 할 것이다. 그렇지만 의심할 나위 없이 가상적인 경로의 구축에 대해 배우기 위한 가장 유용한 방법은 이 장의 말미에 있는 문제들을 숙제로 푸는 것이다.

어떻게 가상적인 경로를 구축하는지에 대한 예로서, 어떤 기체가 상태 1에서 상태 2로 변할 때 내부 에너지의 변화를 계산하는 문제를 고려하자. 그림 2.3은 온도-부피 선도에서 초기와 최종 상태를 나타내고 있다. 그림 2.3에 나타낸 것과 같이 그리면 유용한 가상적인 경로를 식별할 수 있다. 계가 실제로 경험하는 과정은 실선으로 나타내었다. 그렇지만 이 문제를 풀기 위하여 초기 상태(상태 1)에서 시작되고 최종 상태(상태 2)에서 끝나는 한 원하는 임의의 경로를 사용할 수 있다. 예를 들어, 그림에서 점선으로 나타낸 두 가상적인 경로에 대하여 Δu의 계산을 고려하자. 먼저, 경로 a라고 불리는 두 단계의 가상적인 경로를 고려하자. 이 경로는 먼저 온도 T_1에서 T_2로 일정한 부피에서 기체를 가열하고(단계 1a로 명명) 부피 v_1에서 v_2로 기체를 등온 압축하는 것(단계 2로 명명)으로 구성된다. 오직 한 번에 한 가지 성질만 변하기 때문에 계산은 단순해진다.

그렇지만 이 경로는 Δu를 계산하기 위해서 충분하지 않을 수 있다. 종종 이상기체에 대하여(2.6절에서 공부할 이상기체의 열용량과 같은) 등온 가열(isothermal heating)의 자료가 이용될 수 있다. 이 경우에 경로 b로 나타낸 것처럼 가상적인 경로에 또 다른 단계를 추가할 필요가 있다. 이 경우에 먼저 기체가 이상기체로 거동하는 매우 큰 몰부피 v_{large}로 계를 팽창시킨다(단계 1b로 명명). 다음 두 단계는 일정한 부피에서 가열하고(단계 2b) 등온 압축시키는(단계 3b) 것처럼 경로 a와 유사하다. 이러한 경우에 처음 생각했던 선택으로부터 가상적인 경로를 다시 그릴 필요가 있다. 현명한 가상적인 경로를 계획하는 것은 꽤 창조적인 노력이 될 수 있으며 문제를 풀고 열역학을 이해하는 데 핵심이 될 것이다.

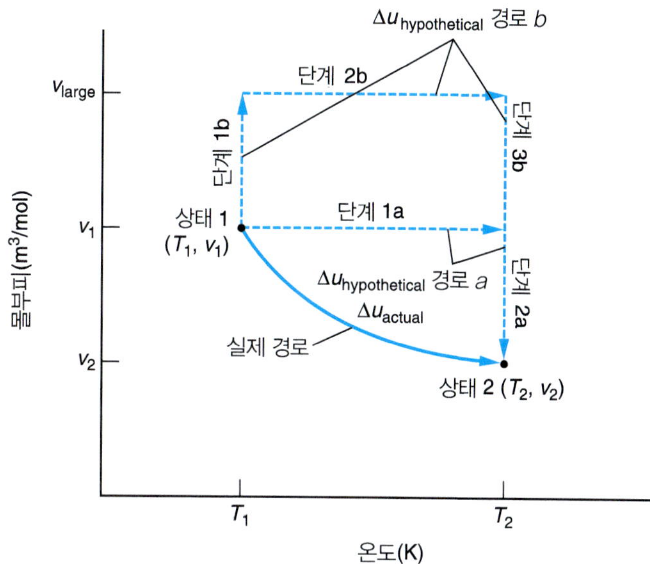

그림 2.3 *Tv* 공간에서 상태 1로부터 상태 2로 계에 일어나는 과정에 대한 그림. 세 가지 경로들이 그려져 있다(실제 경로와 두 가지 편리한 가상적인 경로들).

2.3 가역 과정과 비가역 과정

가역 과정

가역 과정(reversible process)에 대한 개념은 열역학을 이해하는 데 중요하다. 가역 과정에 대한 정의는 다음과 같다.

> *어떤 과정이, 만약 그 과정이 수행된 후에 계가 주위에 어떤 순효과(net effect)도 미치지 않고 본래 상태로 돌아갈 수 있다면,* ***가역적****이라 부른다. 이러한 결과는 구동력(driving force)이 무한소로 작을 때에만 일어난다.*

가역 과정을 달성하기 위해서 어느 순간에 과정의 방향을 반대로 돌리고 무한히 작은 양(infinitesimal amount)의 구동력을 반대 방향으로 가할 수 있어야만 한다. 어떤 과정이 가역적이기 위해서는 마찰(friction)이 없어야 한다. 계가 변할 수 있도록 영향을 미치는 총괄적인 용어로서 *구동력*(driving force)이라는 말을 사용한다. 어떤 기체가 팽창 과정을 겪는다면 임의의 순간에 그 과정을 거꾸로 돌리고 힘을 무한히 작은 양만큼 바꾸어 피스톤에 가함으로써 압축할 수 있어야 한다. 예를 들어, 그림 E2.3에 묘사된 과정을 검토한다면 이러한 요건이 달성될 수 없음을 실감할 것이다. 피스톤이 절반만큼 상승한다면, 무한소보다 큰 양의 힘을 가해야 움직임이 반전되고 내부의 기체가 압축되기 시작할 것이다. 따라서 그림 E2.3에 묘사된 과정은 *비가역적*이라고 칭한다. 이러한 경우에 *구동력*은 기계적인 일, 즉 운동량 전달이기 때문에 힘(force)을 고려한다. 마찬가지로 어떤 기체를 가열하는 경우에, 임의의 순간에 그 과정을 돌릴 수 있어야 하며 온도를 무한히 작은 양만큼 변화시켜서 냉각시킬 수 있어야 한다. 온도 차이는 에너지 전달에 대한 *구동력*이다.

*가역 과정*은 구동력을 무한히 작은 양만큼 변화시켜야만 달성될 수 있으므로 *실생활에서 결코 완벽하게 구현될 수 없다*(아마도 진자의 운동은 근사적으로 가역적이다). 이러한 과정은

이상화(idealization)를 나타낸다. 이는 극단적인 경우, 즉 과정이 완벽하게 수행됨을 나타낸다. 그렇지만 공학에서 이러한 형태의 이상화는 종종 유용하다. 예를 들어, 어떤 과정이 가역적으로 수행된다면 얼마나 많은 일이 계로부터 얻어질 수 있는지를 아는 것이 유용하다. 이러한 일의 값은 가능한 얻을 수 있는 최선이 된다. 이후, 실제로 얼마만큼의 일을 얻을 수 있는지 비교할 수 있으며, 과정을 개선하는 노력에 초점을 맞출 가치가 있는지 알 수 있다. 좋은 공학이란 실제 문제를 풀 때 자원을 어디에 집중시킬지를 결정하는 것과 같은 것이다.

비가역 과정

실제 과정은 가역적이지 않다. 실제 과정에는 마찰이 존재하며 유한한 양의 *구동력*에 의해 행해진다. 이러한 과정들은 **비가역 과정**(irreversible process)이라 불린다. 어떤 비가역 과정에서 계가 본래의 상태로 되돌아간다면, 주위의 상태는 바뀌어야만 한다. 비가역 과정에서 얻어진 일은 이상적인 가역 과정에서 얻어진 일에 비하여 항상 작은 양이다. 왜 그럴까?

이러한 축약된 생각을 공고히 하려면 확고한 예를 들어야 한다. 여기서는 여섯 가지 주위에 대한 일의 값을 비교할 것이다. 이러한 과정들(A, C, E)은 동일한 상태들(상태 1과 상태 2) 사이에서 피스톤-실린더 조합의 등온 팽창을 수반한다. 다른 세 가지(B, D, F)는 반대 과정인 상태 2와 상태 1 사이의 등온 압축으로 구성된다. 등온 과정은 주위와의 빠른 열교환의 한계를 유발한다. 계와 주위 사이의 열을 통한 에너지 전달이 존재하지 않는 단열 과정에 대해서도 유사한 분석을 수행할 수 있었다.

그림 2.4에 과정 A가 예시되었다. 계는 1 mol의 순수한 이상기체로 구성되어 있다. 1020 kg의 질량이 피스톤 위에 올려져 있다. 외부는 대기압 조건에 있다. 상태 1에서 몰부피는 피스톤의 단면적(0.1 m^2)과 높이(0.4 m)로부터 구할 수 있다.

$$v_1 = \left(\frac{Az}{n}\right)_1 = 0.04\left[\frac{\text{m}^3}{\text{mol}}\right]$$

피스톤은 원래 정지해 있었으므로 피스톤 내부의 압력은 힘 수지식(force balance)으로부터 구할 수 있다.

$$P_1 = \frac{mg}{A} + P_{\text{atm}} = 2\ [\text{bar}]$$

P_{atm}은 1 bar로 취해진다. 이 두 성질들 때문에 초기 상태가 완벽하게 제약된다. 그림 2.4의 Pv 선도에서 상태 1이 표시되어 있다.

과정 A는 1020 kg의 질량을 제거함으로써 시작된다. 이제 피스톤 내부의 압력은 외부에 의한 압력에 비하여 더 크며, 피스톤 내부의 기체는 팽창하게 된다. 팽창 과정은 압력이 다시 균형을 맞출 때까지 지속된다. 피스톤은 압력이 다음과 같이 주어지는 상태 2에서 멈추게 된다.

$$P_2 = P_{\text{atm}} = 1\ [\text{bar}]$$

이상기체 법칙은 등온 과정에 대해 다음과 같이 적용될 수 있다.

$$Pv = RT = \text{일정}$$

따라서 상태 2에서의 부피는 다음과 같이 주어진다.

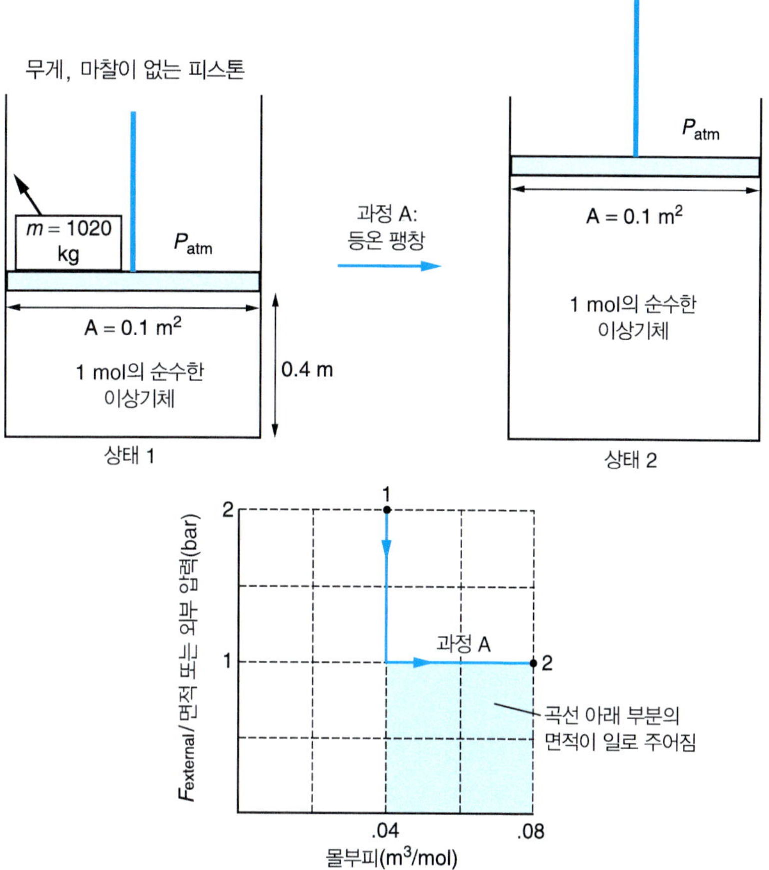

그림 2.4 등온 팽창 과정의 개략도(과정 A). Pv 선도에서 해당 과정에 대한 그림이 아래에 그려져 있다.

$$v_2 = \frac{P_1 v_1}{P_2} = 0.08 \left[\frac{\text{m}^3}{\text{mol}}\right]$$

이제 상태 2는 두 독립적인 세기 성질들에 의하여 제약되며 역시 그림 2.4에 표시되었다.

일을 계산하기 위해서 기체가 팽창할 때 겪는 '외부의' 압력을 계산해야 한다[식 (2.7) 및 관련된 논의 참조]. 피스톤은 1020 kg의 블록이 제거될 때에만 움직이기 시작한다. 따라서 0.04 m^3보다 큰 부피에서는 외부의 압력은 대기로부터만 가해져야 한다. 외부 압력과 부피의 경로는 그림 2.4에 예시되었다. 계의 압력에 대해서는 어떤 논의도 하지 않지만 기체의 팽창에 대항하는 외부 압력이 얼마인지는 도해적으로 나타내었음을 주목하라.

일을 계산하기 위하여 식 (2.7)을 적용한다.

$$w = -\int_{v_1}^{v_2} P_E dv = -P_{\text{atm}} \int_{v_1}^{v_2} dv = -4000 \text{ [J/mol]} \tag{2.8}$$

동일한 결과가 그림 2.4의 Pv 선도에서 곡선의 밑면적을 구함으로써 얻어질 수 있다. 음의 부호는 이 팽창 과정에서 계로부터 4 kJ의 일을 얻는다는 것을 나타낸다.

해석에 있어서 힘이 균형을 이루는 지점에서 팽창 과정이 정밀하게 멈추는 것으로 이상화시켰다. 현실에서는 피스톤이 상태 2의 최종 정지 위치를 향하는 경로에서 감쇄 진동을 할

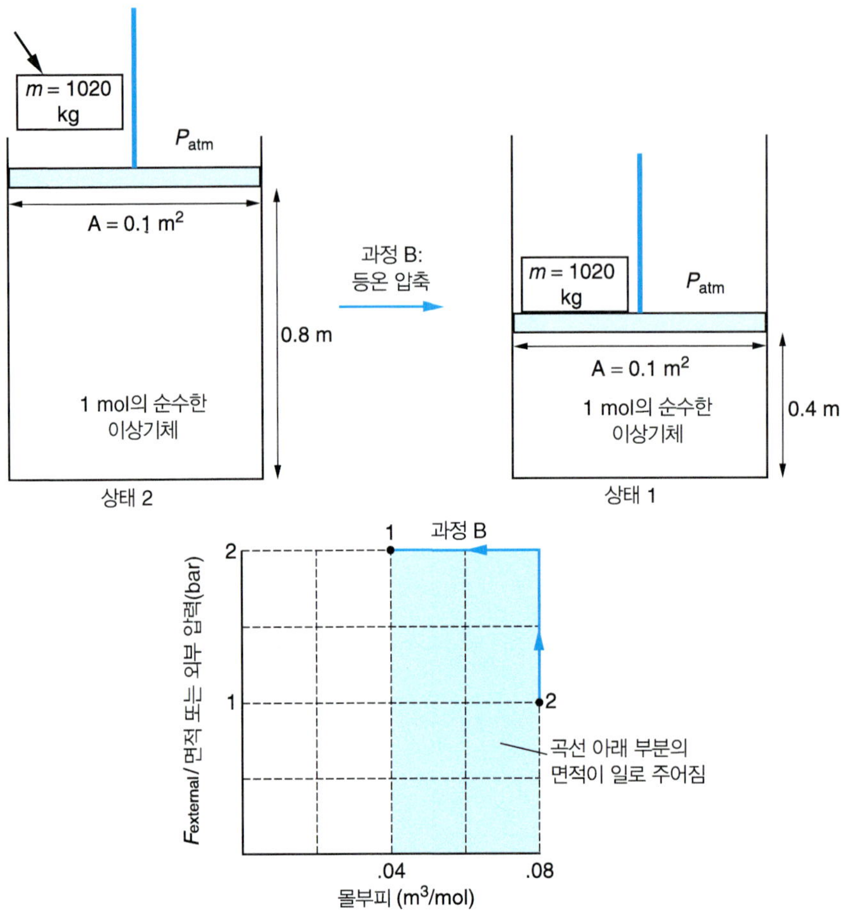

그림 2.5 등온 압축(과정 B)의 개략도. Pv 선도에서 해당 과정의 그래프는 아래에 나타내었다.

수 있다. 이 경우에 피스톤의 운동에너지 때문에 0.08 [m^3/mol]보다 큰 몰부피를 유발하면서 최종 평형 위치를 지나칠 수 있다. 이 부피를 넘어서게 되면 계의 압력은 외부의 압력보다 작아질 것이다. 어떤 위치에서 운동이 멈추고 피스톤이 방향을 바꾸어서 평형 위치로 되돌아가게 된다. 다시 몰부피가 0.08 [m^3/mol]보다 작아지면서 평형 위치를 넘어설 수 있으며, 다시 반전되어 팽창하는 과정이 반복될 수 있다. 외부의 압력은 진동하는 동안 동일하게 유지되므로, 일에 대한 진동 팽창과 압축에 의한 기여는 정확히 상쇄되면서 식 (2.8)에 의해 계산된 것과 동일한 부피가 유도될 수 있다.[5, 6] 이 책에서는 이러한 부류의 과정에 대한 진동 거동을 무시하고, 계가 최종적인 평형 위치를 넘어서지 않는다는 보다 단순한 맥락에서 근사화할 것이다. 실제 거동에 대한 근사일 뿐이지만, 이러한 단순화는 비가역 과정을 가역 과정과 비교하는 데 있어서 유용함이 판명되었다.

다음으로 상태 2에서 상태 1로 되돌아갈 때 필요한 일을 계산하고자 한다. 이 과정은 그림 2.5에 예시하였으며 과정 B로 표시하였다. 과정 B에서 1020 kg의 질량을 원래 상태 2에

5. 계 안에서 일어나는 모든 에너지 소산(energy dissipation)을 무시한다.

6. 반면에 소산 메커니즘이 존재하지 않는다면 피스톤은 영원히 진동할 것이다. 피스톤의 운동에너지는 계의 압력과 외부 압력 사이의 힘의 차이로 설명될 수 있다.

해당하는 피스톤 위에 다시 올려놓는다. 이제 외부 압력은 압축 과정이 시작되면서 기체의 압력을 초과하게 된다. 피스톤은 상태 1에서 압력이 평형에 도달할 때까지 하강하게 된다. 몰부피에 대한 외부 압력은 그림 2.5에 도시하였다. 이 경우에 외부 압력은 블록과 대기에 의한 기여항으로 구성된다. 이번에도 계의 압력은 그래프에 나타내지 않았으며, 피스톤에 작용하는 면적당 힘으로 표시하였다. 일은 식 (2.7)에 의하여 구할 수 있다.

$$w = -\int_{v_2}^{v_1} P_E \mathrm{d}v = -\left(P_{\mathrm{atm}} + \frac{mg}{A}\right)\int_{v_2}^{v_1} \mathrm{d}v = 8000\left[\frac{\mathrm{J}}{\mathrm{mol}}\right]$$

이 값은 곡선의 밑면적으로부터 구해질 수 있다. 과정 A와 과정 B를 비교하면 상태 2로 팽창시키는 것에 비하여 상태 1로 피스톤을 압축하는 데 더 많은 일이 소요됨을 알 수 있다. 상태 1에서 상태 2로의 팽창과 상태 1로의 압축에 대한 일의 차이 값(8000 − 4000 = 4000 [J])은 '외부에 대한 알짜 효과(net effect)'를 야기한다. 가역 과정의 정의를 검토해 보면, 과정 A와 B는 비가역적임을 알 수 있다.

다음으로 1020 kg의 큰 질량 대신 510 kg의 질량 2개를 사용하여, 상태 1에서 상태 2로의 팽창(과정 C)과 상태 2에서 상태 1로의 압축(과정 D)을 고려하자. 팽창은 다음과 같이 행해진다. 첫 510 kg짜리 질량이 제거될 때, 계는 상태 1에 있다. 이후 기체는 팽창하여 1.5 bar의 압력과 0.053 m^3/mol의 몰부피를 갖는 중간 상태(intermediate state)에 놓인다. 두 번째 510 kg 짜리 추가 제거되고 상태 2로의 팽창이 완료된다. 이 세 가지 상태들은 그림 2.6의 Pv 선도에 나타내었다. 팽창 과정은 과정 C로 표시되며 상태 1로부터 중간 상태로 그리고 상태 2로의 화살표로 나타내었다. 계가 주위로 전달하는 일은 다음과 같이 주어진다.

$$w = -\int_{v_1}^{v_2} P_E \mathrm{d}v = -\left[\left(P_{\mathrm{atm}} + \frac{\frac{m}{2}g}{A}\right)\int_{v_1}^{v_{int}} \mathrm{d}v + P_{\mathrm{atm}}\int_{v_{\mathrm{int}}}^{v_2} \mathrm{d}v\right] = -4667\left[\frac{\mathrm{J}}{\mathrm{mol}}\right]$$

이번에도 일은 곡선의 밑넓이로부터 도식적으로 구해질 수 있다. 과정 C는 계로부터 더 많은 일을 추출할 수 있다는 점에서 과정 A보다 더 '낫다'. 당연히 우리는 계로부터 가능한 최대의 일을 얻기를 원한다.

압축 과정은 팽창의 반대로 행해진다. 상태 2의 계에 대하여 중간 상태로 압축될 때까지 510 kg짜리 블록이 놓여지며, 두 번째 블록을 올려놓는다. 일은 다음과 같이 구해진다.

$$w = -\int_{v_2}^{v_1} P_E \mathrm{d}v = -\left[\left(P_{\mathrm{atm}} + \frac{\frac{m}{2}g}{A}\right)\int_{v_2}^{v_{int}} \mathrm{d}v + \left(P_{\mathrm{atm}} + \frac{mg}{A}\right)\int_{v_{\mathrm{int}}}^{v_1} \mathrm{d}v\right] = 6667\left[\frac{\mathrm{J}}{\mathrm{mol}}\right]$$

팽창 과정과 유사하게 과정 D는 상태 1로 계를 압축시킬 때 더 적은 일이 소요된다는 점에서 과정 B보다 '낫다'. 계로 일을 주입할 때, 가능한 더 적은 것이 좋다. 그렇지만 팽창에 비하여 상태 2로부터 상태 1로 압축할 때 여전히 더 많은 일이 소요되므로, 이러한 과정들은 여전히 비가역적이다.

1020 kg짜리 질량을 두 부위로 나눌 때, 팽창과 압축 모두 더 '개선'되었다. 아마도 질량을 네 부위로 나눌 때 더욱 나아질 것이며, 여덟 부위로 나누면 더더욱 개선될 것이다. 가능한 최선을 원한다면 1020 kg짜리 질량을 수많은 '미소(differential)' 단위로 나누고, 하나씩 제거하면서 팽창시키거나 압축을 위하여 하나씩 올려놓을 수 있다. 이 과정들은 각각 과정 E와 과

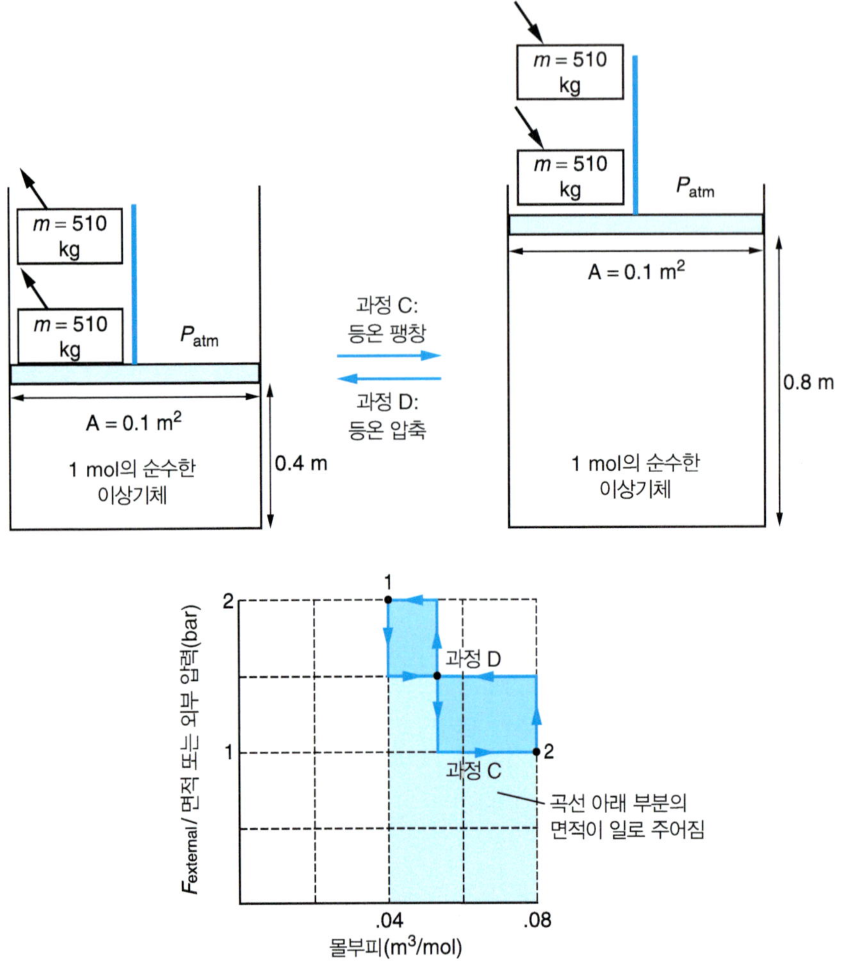

그림 2.6 이 단계 등온 팽창(과정 C)과 압축(과정 D)의 개략도. Pv 선도 상의 해당 과정에 대한 그래프는 아래에 나타내었다.

정 F로 명명되며, 그림 2.7에 나타내었다. 각 미소 단계에 대하여 계의 압력은 mg/A보다 더 크지 않으며, 외부 압력과 크게 다르지 않다. 그러므로 긴밀한 근사식은 다음과 같다.

$$P = P_E$$

과정의 경로는 그림 2.7의 Pv 선도에 나타내었다. 일을 계산하기 위하여 외부 압력에 대하여 적분해야 한다. 그렇지만 외부 압력은 계의 압력과 같으므로 다음이 얻어진다.

$$w = -\int_{v_1}^{v_2} P_E dv = -\int_{v_1}^{v_2} P dv = -\int_{v_1}^{v_2} \frac{P_1 v_1}{v} dv = -P_1 v_1 \ln\left(\frac{v_2}{v_1}\right) = -5545 \left[\frac{\text{J}}{\text{mol}}\right] \quad (2.9)$$

유사하게, 압축에 필요한 일은 다음과 같다.

$$w = -\int_{v_2}^{v_1} P_E dv = -\int_{v_2}^{v_1} P dv = -\int_{v_2}^{v_1} \frac{P_1 v_1}{v} dv = -P_1 v_1 \ln\left(\frac{v_1}{v_2}\right) = 5545 \left[\frac{\text{J}}{\text{mol}}\right]$$

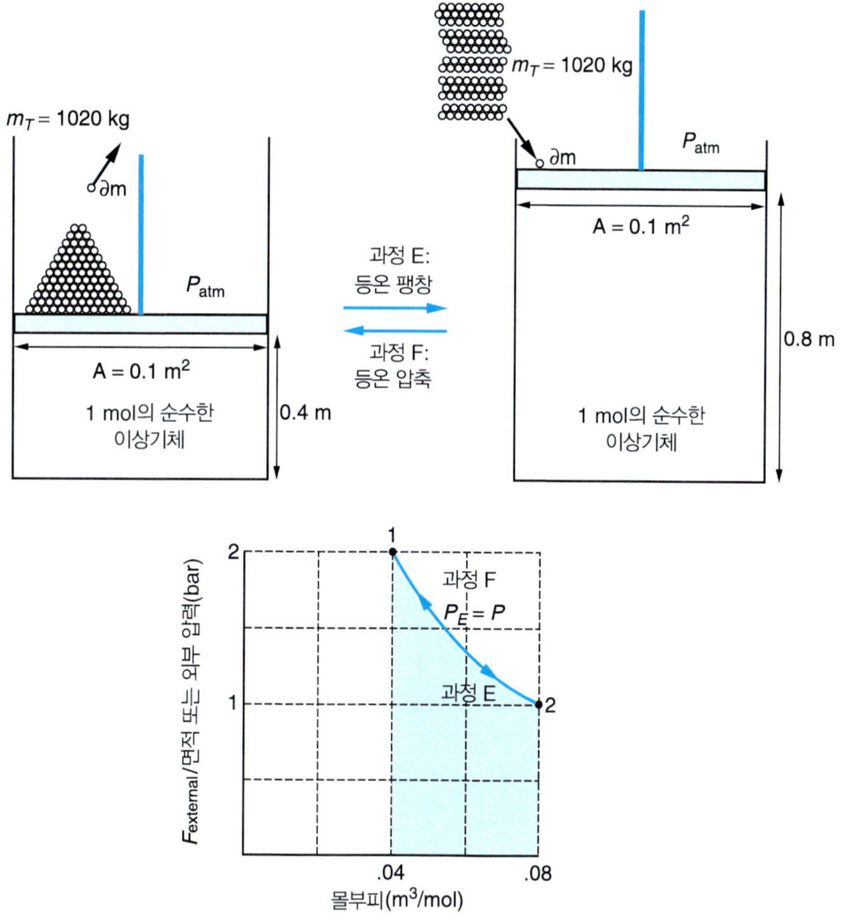

그림 2.7 무한소 단계의 가역 등온 팽창(과정 E)과 압축(과정 F)의 개략도. Pv 선도에서 해당 과정들은 아래에 나타내었다.

과정 E와 F에 대하여 팽창 과정에서 계로부터 얻은 것과 동일한 양의 일을 공급함으로써 상태 1로 복귀할 수 있다. 따라서 외부와의 알짜 효과 없이 상태 1로부터 2로 갈 수 있으며, 상태 1로 되돌아갈 수도 있다. 정의로부터 이러한 과정들은 **가역적**(reversible)임을 알 수 있다. 가역 과정에서는 평형으로부터 매우 근사적으로만 벗어나게 된다. 팽창의 임의 지점에서 과정을 반대로 돌릴 수 있으며 미소(미분) 질량을 제거하는 것 대신에 미소 질량을 피스톤 위에 올려놓음으로써 압축할 수 있다. 게다가 비가역 팽창에 비하여 가역 팽창에서 더 많은 일을 얻을 수 있다. 유사하게, 가역 팽창은 비가역 팽창에 비하여 더 적은 일이 소요된다. 가역적인 경우는 현실 세계에서 가능한 한계를 나타낸다. 이는 얻을 수 있는 최대의 일을 제공하거나 가해야 하는 최소의 일을 나타낸다! 게다가 *오직* 가역 과정에서만 외부의 압력을 계의 압력으로 대입해 줄 수 있다.

가역 팽창(과정 E)에 비하여 비가역 팽창(과정 A)으로부터 더 적은 일을 얻는 이유는 무엇일까? 일은 계와 주위(외부) 사이의 에너지 전달이다. 이 경우에 기체 분자들이 피스톤에 부딪힐 때, 충돌 전후의 z 방향 운동량의 변화는 피스톤의 이동에 의하여 결정된다. 시간에 따른 운동량의 변화는 계와 주위 사이에 전달된 알짜 에너지를 나타낸다. 즉, 이것은 일이다. 비가역 팽창인 과정 A에서는 피스톤 위에 질량이 존재하지 않는다. 따라서 기체 분자는 '더 작은' 피스톤 벽으로 충돌하게 되며, 많은 에너지를 전달하지는 않는다. 반면에 비가역 압축 과정에서 피스톤의 질량은 이에 해당되는 가역 과정에 비하여 커진다. 그러므로 기체 분자들에 더 많은 에너지를 부여하여 더 많은 일이 소요되는 것이다. 여러분들 중 야구팬들은 타자의 야구 방망이 크기에 대해 유사하게 생각할 수 있을 것이다. 분자가 피스톤에 부딪힐 때 피스톤이 기체 분자에 더 큰 힘을 발휘할수록 분자의 속력은 더 빨리질 것이며 운동에너지는 더 커질 것이다. 모든 분자들에 대하여 합산을 수행한다면, 알짜 에너지 전달(일)은 더 커질 것이다.

› 효율

효율 인자(efficiency factor) η를 정의함으로써 가역 과정에 필요한 일과 비가역 과정에 요구되는 일의 양을 비교할 수 있다. 팽창 과정에 대해서는 이상화된 가역 과정에 비하여 실제로 얼마나 많은 일이 얻어졌는지 비교한다. 그러므로 팽창의 효율 η_{exp}는 다음이 된다.

$$\eta_{\text{exp}} = \frac{w_{\text{irrev}}}{w_{\text{rev}}} \tag{2.10}$$

예를 들면, 과정 A의 효율은 다음과 같다.

$$\eta_{\text{exp}} = \frac{w_A}{w_E} = \frac{-4000}{-5545} = 0.72$$

여기서 w_i는 과정 i의 일을 나타낸다. 따라서 과정 A는 72%의 효율을 갖는다고 말한다. 비교하면, 두 개의 블록으로 얻은 과정 C는 84%의 효율을 갖는다. 개선이 된 것이다.

반면에 압축 과정의 효율 η_{comp}를 결정하기 위하여 실제로 가한 일에 비하여 가역적으로 수행한 일을 비교한다.

$$\eta_{\text{comp}} = \frac{w_{\text{rev}}}{w_{\text{irrev}}} \tag{2.11}$$

예를 들면, 과정 B의 효율은 다음과 같이 된다.

$$\eta_{\text{comp}} = \frac{w_F}{w_B} = \frac{5545}{8000} = 0.69$$

또는 69%의 효율을 갖는다. 두 경우 모두 실제 과정은 덜 효율적인데 비해, 100%의 효율을 갖는 가역적인 과정을 조업할 수 있도록 효율은 정의된다. 실질적인 비가역 과정에 대한 한 가지 전략은 이상화된 가역적인 과정에 대한 문제를 풀고 배정된 효율 인자를 활용하여 비가역성에 대해 보정하는 것이다.

▸ 2.4 닫힌계에 대한 열역학 제1법칙

)) 적분 수지

이 절에서는 닫힌계에 대한 에너지 수지에 대해 알아보겠다. 다음 절에서는 열린계에 대해 알아볼 것이다. 그림 2.8은 초기 상태 1부터 최종 상태 2까지 어떤 과정을 겪는 닫힌계에 대한 개략도를 나타낸다. 이 그림에서 계, 주위, 경계가 묘사되었다. 닫힌계에서 질량은 계의 경계를 넘어서 전달될 수 없다. 계에서 물질의 양을 규정하는 데 있어서 두 가지 방법(질량과 몰에 의한)이 있다. 각각의 방법은 편리할 수 있다. 순수한 화학종 또는 일정한 조성의 혼합물에 대하여 두 가지 형태는 동등하며 분자량에 의하여 상호 변환될 수 있다. 화학 반응을 겪는 계를 이야기할 때에는 주위해야만 한다. 총 질량은 보존되어야 하는 반면에, 특정 성분의 몰수나

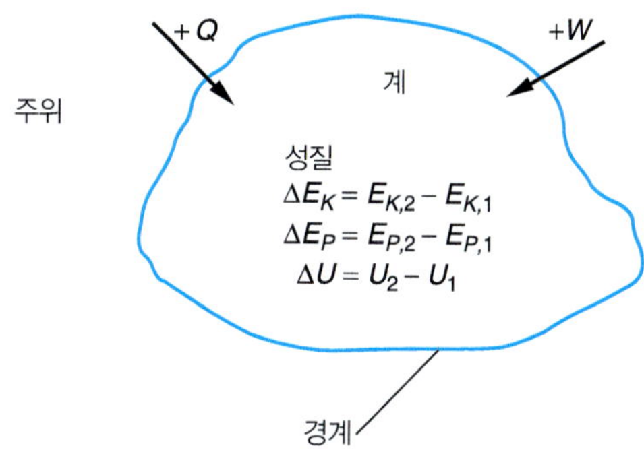

그림 2.8 닫힌계에 대한 일과 열의 부호. 모두 세 가지 형태의 에너지가 고려되었다.

질량은 변할 수 있다. 화학 반응이 부재하는 경우에는 몰수가 일정하게 유지되어야 한다.

$$n_1 = n_2$$

질량은 닫힌계로 유입되거나 유출될 수 없으므로 계안에서의 에너지 변화(Δ = 최종 − 초기)는 열 또는 일의 형태로 주위로부터 전달된 에너지와 같다. 그림 2.8에는 주위로부터 계로의 에너지 전달이 양의 값을 갖는 것으로 정의한 열과 일의 부호에 대한 약속이 예시되어 있다. 정량적인 항들로 제1법칙을 적는다면 다음과 같다.[7]

$$\begin{Bmatrix} \text{계에서의} \\ \text{에너지} \\ \text{변화량} \end{Bmatrix} = \begin{Bmatrix} \text{주위로부터 계에} \\ \text{전달된 에너지} \end{Bmatrix}$$

$$\underbrace{\Delta U + \Delta E_K + \Delta E_P}_{\substack{\text{상태 1과 2에만} \\ \text{의존하는 성질}}} = \underbrace{Q + W}_{\text{경로에 의존}} \tag{2.12a}$$

식 (2.12a)의 좌변에 있는 성질들은 오직 초기와 최종 상태에만 의존한다. 이는 실제 경로 또는 고안된 가상적인 경로를 활용하여 계산될 수 있다. 우변의 항들은 과정에 의존적이어서 계의 실제 경로가 사용되어야만 한다.

(화학 반응이 허용되지 않는다면) 닫힌계의 조성은 일정하게 유지되므로 총 몰수로 나눔으로써 세기 성질들을 활용하여 식 (2.12a)를 다음과 같이 다시 적을 수 있다.[8]

$$\Delta u + \Delta e_K + \Delta e_P = q + w \tag{2.12b}$$

종종 *거시적인 운동에너지와 위치에너지는 무시된다*. 이러한 경우에 닫힌계에 대한 에너지 수지식의 크기와 세기 성질들의 형태는 다음과 같이 된다.

---

7. 일과 열은 전달된 에너지 양과 관련된다. 그러므로, ΔQ 또는 ΔW로 표기하면 틀린다. Δ는 계의 표기와 최종 상태에 의존하는 상태함수에 대한 표기이다.

8. 종종 적절한 열역학적 세기 성질들을 활용하여 몰수를 기준으로 수지식을 적는다. 예를 들면, 내부 에너지는 u [J/mol]이 된다. 예를 들면, $\hat{u}$ [J/kg]과 같이 이에 대응하는 비성질(specific property)을 활용하여 질량을 기준으로 어떤 식을 변환할 수 있어야 한다.

$$\Delta U = Q + W \tag{2.13a}$$

그리고

$$\Delta u = q + w \tag{2.13b}$$

미분 수지식

어떤 과정이 일어나는 시간 동안 각 미소 단계에 대하여 미분 형태로 제1법칙을 다시 표현할 수 있다. 결과로 나타나는 미분 수지식을 적분하여 수치해가 얻어진다. 에너지 수지식에 대한 일반적인 형태는 지금까지 나타낸 식들과 유사하게 쓰여질 수 있다.

$$dU + dE_K + dE_P = \delta Q + \delta W \quad \text{(크기 성질의 형태, [J])}$$

$$du + de_K + de_P = \delta q + \delta w \quad \text{(세기 성질의 형태, [J/mol])}$$

또는 운동에너지와 위치에너지를 무시하면 다음과 같다.

$$dU = \delta Q + \delta W \quad \text{(세기 성질의 형태, [J])} \tag{2.14}$$

$$du = \delta q + \delta w \quad \text{(세기 성질의 형태, [J/mol])}$$

최종 상태와 초기 상태에만 의존함을 표시하기 위하여 에너지 항들에 대한 전미분(exact differential)의 기호인 d를 사용한다. 반면에, 열과 일의 적분을 위해 경로를 따라야 함을 상기시키기 위하여 이러한 양들에 대해 불완전 미분(inexact differential) 기호인 δ를 사용한다.

위의 에너지 수지식들은 흔히 시간에 대하여 다음과 같이 미분된다.

$$\frac{dU}{dt} + \frac{dE_K}{dt} + \frac{dE_P}{dt} = \dot{Q} + \dot{W} \quad \text{(크기 성질의 형태, 단위 [W])}$$

$$\frac{du}{dt} + \frac{de_K}{dt} + \frac{de_P}{dt} = \dot{q} + \dot{w} \quad \text{(세기 성질의 형태, 단위 [W/mol])}$$

위에서 열 전달 속도와 일의 속도[J/s 또는 W]는 해당하는 변수들 위에 점을 찍어서 표시하였다. 여기서도 흔히 운동에너지와 위치에너지를 무시하면 다음과 같이 된다.

$$\frac{dU}{dt} = \dot{Q} + \dot{W} \quad \text{(크기 성질의 형태, 단위 [W])} \tag{2.15}$$

$$\frac{du}{dt} = \dot{q} + \dot{w} \quad \text{(세기 성질의 형태, 단위 [W/mol])}$$

▶ **연습** 그림 2.4~2.7에 묘사된 여러 과정들을 고려하자. 각 경우에 전달된 열은 얼마인가? 효율 인자와 관련하여 차이를 설명할 수 있는가?

예제 2.4 **닫힌계에 대한 에너지 수지식**

10.0 kg의 물을 포함하는 피스톤-실린더 조합을 고려하자. 초기에 기체는 20.0 bar의 압력을 나타내며 1.0 m^3의 부피를 점유하였다. 계는 100 bar로 압축되는 *가역* 과정을 겪는다. 이 과정에서 압력과 부피의 관계는 다음으로 주어진다.

$$Pv^{1.5} = \text{일정}$$

(a) 초기 온도는 몇 도인가?
(b) 이 과정에서 행해진 일을 계산하라.
(c) 이 과정에서 전달된 열을 계산하라.
(d) 최종 온도는 몇 도인가?

풀이 ▶ **(a)** 계의 상태를 규정하기 위하여 두 독립적인 세기 변수들이 필요하다. 이 변수들이 결정되면 다른 변수들을 결정하기 위하여 수증기표를 활용할 수 있다. 초기 상태의 비부피는 다음과 같이 결정될 수 있다.

$$\hat{v} = \frac{V}{m} = \frac{1.0}{10.0} = 0.10\left[\frac{\text{m}^3}{\text{kg}}\right]$$

수증기표의 값들은 Pa의 단위를 가지므로 20 bar를 2 MPa로 환산한다. 표 B.4(부록 B)를 보면 세 개의 중요한 그림에 대해 P = 2 MPa에서 포화 온도에 대한 부피는 $0.100\left[\frac{\text{m}^3}{\text{kg}}\right]$임을 알 수 있다. 따라서 표 B.2를 보면 온도는 212.4°C(또는 약간 더 높은 온도)임을 알게 된다.

(b) 일을 계산하기 위하여 과정에 대한 개략도를 그리는 것이 유용하다. 그림 E2.4에 나타낸 바와 같이 초기 상태를 상태 1로 최종 상태를 상태 2로 정의한다.

이는 가역 과정이므로 다음과 같이 쓸 수 있다.

$$\hat{w} = -\int P_E d\hat{v} = -\int P d\hat{v}$$

적분의 상한을 구하기 위하여 최종 상태의 비부피 $\hat{v}_2$를 알 필요가 있다. $\hat{v}_2$는 문제에서 서술한 식으로부터 계산할 수 있다.

$$P\hat{v}^{1.5} = \text{일정} = P_1\hat{v}_1^{1.5} = P_2\hat{v}_2^{1.5}$$

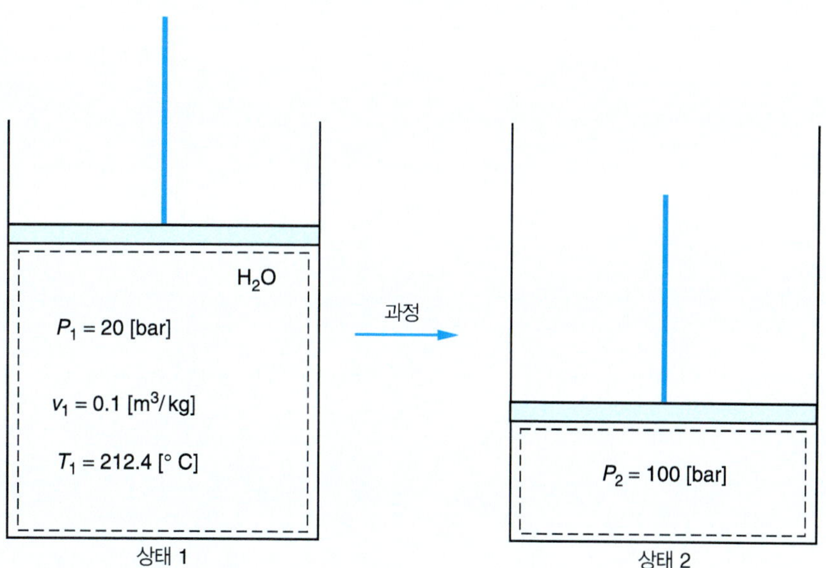

그림 E2.4 팽창 과정에 대한 초기와 최종 상태.

$\hat{v}_2$에 대해 풀면 다음과 같다.

$$\hat{v}_2 = \left(\frac{P_1\hat{v}_1^{1.5}}{P_2}\right)^{1/1.5} = (0.2 \times 0.1^{1.5})^{1/1.5} = 0.0342 \left[\frac{\text{m}^3}{\text{kg}}\right]$$

이제 일에 대하여 풀 수 있다.

$$\hat{w} = -\int_{0.1}^{0.0342} P d\hat{v} = -\int_{0.1}^{0.0342} \frac{P_1\hat{v}_1^{1.5}}{\hat{v}^{1.5}} d\hat{v} = 2P_1\hat{v}_1^{1.5}\left[\frac{1}{\hat{v}_2^{0.5}} - \frac{1}{\hat{v}_1^{0.5}}\right]_{0.1}^{0.0342} = 284 \left[\frac{\text{kJ}}{\text{kg}}\right]$$

압축 기간 동안에 계에 에너지를 가하므로 일의 부호는 양이 된다.

(c) 일을 구하기 위하여 제1법칙을 적용할 수 있다.

$$q = \Delta u - w$$

(b)에서 일에 대하여 풀었기 때문에 수증기표로부터 상태 2와 1에서의 내부 에너지만 결정하면 된다. (a)에서 상태 1은 20 bar에서 거의 포화된 증기임을 알 수 있었다. 표 B.2를 보면 다음을 알 수 있다.

$$u_1 = 2600.3 \left[\frac{\text{kJ}}{\text{kg}}\right]$$

u_2에 대하여 10 MPa (100 bar)에서 표 B.4를 살펴보면 된다. 이 경우에 다음과 같이 선형 보간을 할 필요가 있다.

$$\frac{u_2 - u(T = 500°\text{C})}{u(T = 550°\text{C}) - u(T = 500°\text{C})} = \frac{v_2 - v(T = 500°\text{C})}{v(T = 550°\text{C}) - v(T = 500°\text{C})}$$

u_2에 대해 풀면 다음과 같다.

$$u_2 = u(T = 500°\text{C}) + [u(T = 550°\text{C}) - u(T = 500°\text{C})]$$

$$\left[\frac{v_2 - v(T = 500°\text{C})}{v(T = 550°\text{C}) - v(T = 500°\text{C})}\right]$$

$$= 3045.8 + [3144.5 - 3045.8]\left[\frac{0.0342 - 0.03279}{0.03564 - 0.03279}\right]$$

$$= 3094.6 \left[\frac{\text{kJ}}{\text{kg}}\right]$$

따라서

$$q = \Delta u - w = u_2 - u_1 - w = 210 \left[\frac{\text{kJ}}{\text{kg}}\right]$$

q의 값이 양이므로, 열은 계로부터의 주위로 전달된다.

(d) T_2를 구하기 위하여 선형 보간을 할 필요가 있다. 표 B.4로부터 다음과 같이 얻어진다.

$$T_2 = 500°\text{C} + [550°\text{C} - 500°\text{C}]\left[\frac{v_2 - v(T = 500°\text{C})}{v(T = 550°\text{C}) - v(T = 500°\text{C})}\right]$$

$$= 500°\text{C} + [50°\text{C}]\left[\frac{0.0342 - 0.03279}{0.03564 - 0.03279}\right]$$

$$= 525°\text{C}$$

2.5 열린계에 대한 열역학 제1법칙

물질 수지

열린계에서 물질은 계의 안팎으로 흐를 수 있다. 두 유입 흐름과 두 유출 흐름을 갖는 일반적인 열린계를 그림 2.9에 나타내었다. 수지식을 세우는 데 있어서 질량 흐름 속도[kg/s]와 에너지 전달 속도[J/s 또는 W]와 같은 흐름을 논하는 것이 편리하다. 질량은 시간에 따라 변할 수 있기 때문에, 계의 질량에 대해 항상 기억하고 있어야 한다. 여러 *유입* 및 *유출* 흐름이 존재하는 경우에 모든 *유입* 및 *유출* 흐름들에 대한 합을 취해야 한다. 먼저, 반응하지 않는 계에 대하여 질량의 보존을 고려한다. 계에서 질량의 축적은 질량의 총 유입에서 총 유출의 차이를 구한 것과 같다. 따라서 물질 수지식(mass balance)은 다음과 같이 쓸 수 있다.

$$\left(\frac{dm}{dt}\right)_{sys} = \sum_{in} \dot{m}_{in} - \sum_{out} \dot{m}_{out} \tag{2.16}$$

여기서 $\dot{m}$는 [kg/s] 의 단위로 나타낸 질량 흐름 속도이다. 속도 $\vec{V}$에서 단면적이 A 인 단면을 통한 흐름에 대하여 질량 흐름 속도는 다음과 같이 쓸 수 있다.

$$\dot{m} = \frac{A\vec{V}}{\hat{v}} \tag{2.17}$$

많은 경우에 질량보다는 몰수를 기준으로 화학종의 양을 나타내는 것이 편리하다. 질량은 분자량을 활용하여 몰수로 환산될 수 있다.

흐름 일

열린계에 대한 에너지 수지식에는 닫힌계에 대한 에너지 보존과 결합된 모든 항들이 포함되지만, 계로 흘러 들어오거나 흘러 나가는 흐름들과 결합된 에너지 변화를 감안해야만 한다. 이를 달성하기 위하여 그림 2.9에 나타낸 일반적인 열린계에 대한 경우를 고려한다. 이 열린계는 두 유입 흐름 및 두 유출 흐름을 갖게 된 경우이다. 그렇지만 여기서 도출된 수지식은 임

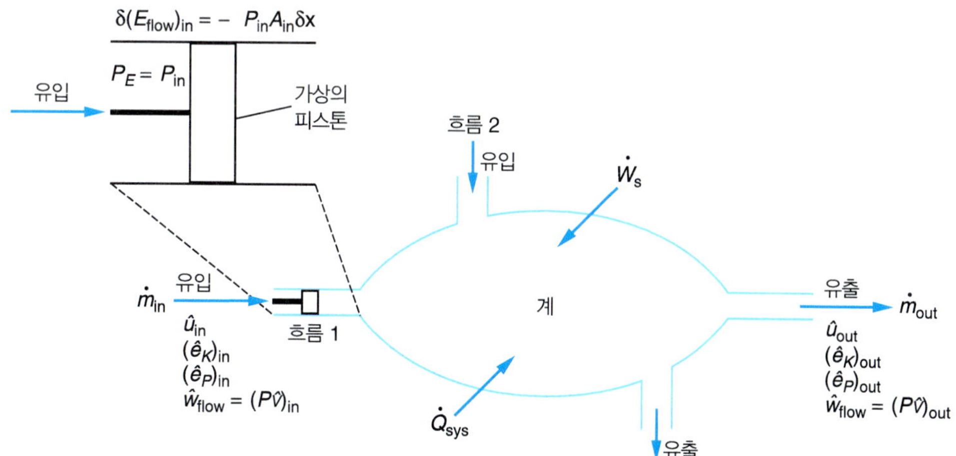

그림 2.9 두 유입 흐름과 두 유출 흐름을 갖는 일반적인 열린계의 개략도. 그림에 나타낸 피스톤은 가상적인 것이다. 이는 흐름 일이 항상 계로 흘러 들어오거나 흘러 나가는 유체와 결합되어 있다는 점을 나타낸다.

의의 개수의 유입 및 유출 흐름에 대하여 성립할 것이다.

흐름 1로 표시한 유입 흐름으로부터 에너지 수지식에 기여하는 바를 살펴보자. 2.4절에서 수행한 닫힌계에 대한 분석과 비교할 때, 주위로부터 에너지가 전달될 수 있는 두 개의 추가적인 방식이 존재한다. 첫 번째로, 계로 흘러들어가는 분자들은 고유의 에너지를 운반한다. 전형적으로 가장 중요한 형태의 에너지는 비내부 에너지(specific internal energy)이지만, 흐름에는 이와 결부된 (거시적인) 운동에너지 $(\hat{e}_K)_{in}$과 위치에너지 $(\hat{e}_P)_{in}$가 존재할 수 있다. 식 (2.2)와 (2.3)을 조사해 보면, 마지막 두 개의 항들이 각각 $\frac{1}{2}\vec{V}^2$과 gz로 쓰여질 수 있음을 알게 된다. 두 번째로 유입되는 흐름은 **흐름 일**(flow work)이라 불리는 일을 공급함으로써 계에 에너지를 추가한다. 흐름 일이란 유입되는 유체가 계 내부의 유체를 대체하기 위하여 계에 행해야만 하는 일이다. 그림 2.9에 묘사한 바와 같이 계로 유입되기 시작하는 물질의 앞에 놓인 가상적인 피스톤을 활용하여 흐름 일을 가시화할 수 있다. 가상적인 피스톤은 그림 2.5에 나타낸 실제의 피스톤과 같이 작용한다. 따라서 계로 들어가는 유체에 의해 일이 행해지는 속도는 다음과 같이 나타낼 수 있다.

$$(\dot{W}_{\text{flow}})_{\text{in}} = -P_{\text{E}}A_{\text{in}}\frac{\mathrm{d}x}{\mathrm{d}t} = P_{\text{in}}A_{\text{in}}\vec{V}_{\text{in}} = P_{\text{in}}\,\dot{m}_{\text{in}}\,\hat{v}_{\text{in}}$$

$P_E = P_{\text{in}}$으로 놓았으며, 속도의 방향은 피스톤으로부터의 법선 벡터에 대하여 음이므로 음의 부호를 제거하였다. 질량 흐름 속도로 나눈다면, 세기 성질들의 항으로 흐름 일을 다시 나타낼 수 있다.

$$(\hat{w}_{\text{flow}})_{\text{in}} = \frac{(\dot{W}_{\text{flow}})_{\text{in}}}{\dot{m}_{\text{in}}} = P_{\text{in}}\hat{v}_{\text{in}}$$

따라서 어떠한 유입 흐름에 대해서도 흐름 일은 $(P\hat{v})_{\text{in}}$으로 주어진다는 결론을 내리게 된다.

유사한 논의를 통하여 임의의 유출 흐름에 대한 흐름 일은 다음과 같이 주어짐을 보일 수 있다.

$$(\dot{W}_{\text{flow}})_{\text{out}} = -\dot{m}_{\text{out}}P_{\text{out}}\hat{v}_{\text{out}}$$

계에서 일에 의한 총 에너지 전달은 축일 W_s와 흐름 일을 통하여 다음과 같이 쓸 수 있다.

$$\dot{W} = \dot{W}_{\text{shaft}} + \dot{W}_{\text{flow}} = \left[\dot{W}_s + \sum_{\text{in}}\dot{m}_{\text{in}}(P\hat{v})_{\text{in}} + \sum_{\text{out}}\dot{m}_{\text{out}}(-P\hat{v})_{\text{out}}\right]$$

축일은 계로부터 얻어지는 유용한 일을 나타낸다. 앞에서 논의한 바와 같이 열린계로부터 일을 얻기 위하여 일반적으로 축이 사용되지만, $\dot{W}_s$는 일반적으로 유용한 일을 얻기 위한 가능한 어떤 방식을 나타낸다. 따라서 여기에는 흐름 일이 포함되지 않는다! 흐름 일은 동력의 원천을 제공하지는 않는다. 이는 단순히 열린계의 안팎으로 유체를 흐르게 하는데 소요되는 '비용'인 것이다.

이제 열린계에 대한 에너지 수지식에서 계와 주위 사이에 에너지가 교환될 수 있는 새로운 방식들을 포함시킬 수 있다. 많은 *유입*과 *유출* 흐름이 존재하는 일반적인 경우에, 모든 *유입*과 *유출* 흐름에 대하여 합산을 해야만 한다. 먼저 정상 상태의 계를 고려한다. 즉, 계에서 시간에 따라 에너지와 질량이 축적되지 않는다. 에너지 수지식은 [식 (2.15)와 유사하게 변화율을 기반으로] 다음과 같이 쓰여질 수 있다.

$$0 = \underbrace{\sum_{\text{in}} \dot{m}_{\text{in}}(\hat{u} + \frac{1}{2}\vec{V}^2 + gz)_{\text{in}}}_{\text{유입 흐름에 의하여 계로 흐르는 에너지}} - \underbrace{\sum_{\text{out}} \dot{m}_{\text{out}}(\hat{u} + \frac{1}{2}\vec{V}^2 + gz)_{\text{out}}}_{\text{유출 흐름에 의하여 계로부터 흘러 나오는 에너지}}$$

정상 상태

$$+\dot{Q} + \left[\dot{W}_s + \underbrace{\sum_{\text{in}} \dot{m}_{\text{in}}(P\hat{v})_{\text{in}}}_{\text{유입 흐름에 의한 흐름 일}} + \underbrace{\sum_{\text{out}} \dot{m}_{\text{out}}(-P\hat{v})_{\text{out}}}_{\text{유출 흐름에 의한 흐름 일}}\right]$$

재배열하면 다음과 같이 얻어진다.

$$0 = \sum_{\text{in}} \dot{m}_{\text{in}}\Big[(\hat{u} + P\hat{v}) + \frac{1}{2}\vec{V}^2 + gz\Big]_{\text{in}} - \sum_{\text{out}} \dot{m}_{\text{out}}\Big[(\hat{u} + P\hat{v}) + \frac{1}{2}\vec{V}^2 + gz\Big]_{\text{out}} + \dot{Q} + \dot{W}_s$$

엔탈피

열린계로 흘러들어오는 유입 흐름에는 내부 에너지 및 흐름 일과 결합된 항들이 항상 존재한다. 따라서 (어떤 항도 잊지 않기 위하여) 이 항들을 함께 묶는 것이 편리하다. 이를 **엔탈피**(enthalpy) h [J/mol]라고 이름 붙인다.

$$h \equiv u + Pv \tag{2.18}$$

u, P, v가 모두 성질이므로, 새로운 그룹인 엔탈피 또한 열역학적 성질이 된다. 따라서 $\frac{1}{2}\vec{V}^2$과 gz 뿐 아니라 흐르는 유입 흐름과 결합된 추가적인 에너지는 $\hat{h}_{\text{in}}$으로 주어진다. $\hat{h}_{\text{in}}$항은 흐름의 내부 에너지와 계로 유입되는 흐름 일을 둘 다 포함한다. 유사하게, 빠져나가는 흐름들의 결과로서 계로부터 유출되는 내부 에너지와 흐름 일이 결합되어 $\hat{h}_{\text{out}}$으로 주어진다.

엔탈피에 의하여 열린계에서 흐름이 에너지에 기여하는 두 가지 효과를 고려할 수 있는 편리한 방식을 제공받을 수 있다. 다음 절에서 배우겠지만, 엔탈피는 일정한 압력 하의 닫힌계에서 사용하기에 편리한 성질이다.

다음으로 이상기체에 대한 온도와 엔탈피 사이의 관계를 전개해 보자. 이상기체의 내부 에너지는 오직 온도 T에만 의존함을 상기한다. 엔탈피의 정의와 이상기체의 정의를 적용하면 이상기체에 대하여 $Pv = RT$이므로, 다음이 성립한다.

$$h_{\text{ideal gas}} = u + Pv = u + RT = f(\text{오직 } T)$$

그러므로 내부 에너지와 마찬가지로, 이상기체의 엔탈피는 온도 T에만 의존하게 된다.

정상 상태 에너지 수지

요약하면, **정상 상태**(steady-state)의 에너지 수지식은 다음과 같이 쓸 수 있다.

$$0 = \sum_{\text{in}} \dot{m}_{\text{in}}(\hat{h} + \frac{1}{2}\vec{V}^2 + gz)_{\text{in}} - \sum_{\text{out}} \dot{m}_{\text{out}}(\hat{h} + \frac{1}{2}\vec{V}^2 + gz)_{\text{out}} + \dot{Q} + \dot{W}_s \tag{2.19}$$

식 (2.19)를 살펴보기 바란다. 여러분은 각 항의 물리적 의미를 설명할 수 있는지 확인해 보라.

(거시적인) 운동에너지와 위치에너지를 무시할 수 있는 경우, 정상 상태에서 에너지 수지식의 적분꼴은 다음과 같이 된다.

$$0 = \sum_{\text{in}} \dot{m}_{\text{in}} \hat{h}_{\text{in}} - \sum_{\text{out}} \dot{m}_{\text{out}} \hat{h}_{\text{out}} + \dot{Q} + \dot{W}_s \qquad (2.20)$$

비정상 상태 에너지 수지

열린계에 대한 또 다른 유용한 형태의 에너지 수지식은 **비정상 상태**(unsteady-state)의 조건에 대한 것이다. 비정상 상태의 에너지 수지식은 예를 들면, 장비의 '예열'과 같은 운전 개시에서 중요하다. 유입과 유출 흐름이 시간에 따라 일정하게 유지되는 경우에 비정상 상태의 에너지 수지식은 다음과 같이 된다.

$$\left(\frac{\mathrm{d}U}{\mathrm{d}t} + \frac{\mathrm{d}E_K}{\mathrm{d}t} + \frac{\mathrm{d}E_P}{\mathrm{d}t}\right)_{\text{sys}} = \sum_{\text{in}} \dot{m}_{\text{in}} \left(\hat{h} + \frac{1}{2}\vec{V}^2 + gz\right)_{\text{in}} - \sum_{\text{out}} \dot{m}_{\text{out}} \left(\hat{h} + \frac{1}{2}\vec{V}^2 + gz\right)_{\text{out}} + \dot{Q} + \dot{W}_s \qquad (2.21)$$

(거시적인) 운동에너지와 위치에너지를 무시(neglect kinetic and potential energy)할 수 있는 경우, 정상 상태에서 에너지 수지식의 적분꼴은 다음과 같이 된다.

$$\left(\frac{\mathrm{d}U}{\mathrm{d}t}\right)_{\text{sys}} = \sum_{\text{in}} \dot{m}_{\text{in}} \hat{h}_{\text{in}} - \sum_{\text{out}} \dot{m}_{\text{out}} \hat{h}_{\text{out}} + \dot{Q} + \dot{W}_s \qquad (2.22)$$

식 (2.21)과 식 (2.22)에서 좌변은 계 내에서 에너지의 축적을 나타낸다. 이 항과 관련된 흐름 일은 전혀 존재하지 않는다. 따라서 적절한 열역학적 성질은 U가 된다. 반면에, 우변의 처음 두 항들은 각각 계로 유입 또는 계로부터 유출되는 에너지에 해당한다. 이 두 항들은 흐르는 물질들의 내부 에너지와 흐름 일에 기인한다. 이 경우에는 $\hat{h}$이 적절하다. 여러분은 잠시 시간을 내서 위의 U와 $\hat{h}$을 사용하는 경우를 구분해 볼 필요가 있다. 이는 여러분으로 하여금 많은 실수를 줄일 수 있도록 할 것이다.

▶ 연습

(a) 한 개의 유입 및 한 개의 유출 흐름을 갖는 경우에 식 (2.19)와 (2.21)을 간략히 하라.
(b) 계의 h를 구하는 방법들은 무엇이겠는가?
(c) 식 (2.21)에 나타낸 에너지 수지식에 대하여 어떤 항들이 축적항에 해당하겠는가? 에너지의 유입은? 에너지의 유출은?

예제 2.5 **제1법칙에 의한 일의 계산**

10 kg/s의 질량 흐름 속도로 수증기가 터빈에 유입된다. 유입 압력은 100 bar이며 유입 온도는 500°C이다. 유출 흐름에는 1 bar의 포화 수증기가 함유되어 있다. 정상 상태에서 터빈에 의해 생성된 동력을 (kW 단위로) 계산하라.

풀이 ▶ 식 (2.20)에 의하여 정상 상태 수지식이 주어진다.

$$0 = \sum_{\text{in}} \dot{m}_{\text{in}} \hat{h}_{\text{in}} - \sum_{\text{out}} \dot{m}_{\text{out}} \hat{h}_{\text{out}} + \dot{Q} + \dot{W}_s \quad \textbf{(E2.5A)}$$

터빈에 대하여 한 개의 유입 및 한 개의 유출 흐름이 존재한다. 게다가 $\dot{Q} << \dot{W}_s$이므로 열 소산이 무시될 수 있다. 유입 흐름을 '1', 유출 흐름을 '2'로 명명한다면, 식 (E2.5A)는 다음과 같이 된다.

$$0 = \dot{m}_1 \hat{h}_1 - \dot{m}_2 \hat{h}_2 + \dot{W}_s \quad \textbf{(E2.5B)}$$

정상 상태에서 물질 수지식은 다음과 같이 쓸 수 있다.

$$\dot{m}_1 = \dot{m}_2 = \dot{m} \quad \textbf{(E2.5C)}$$

식 (E2.5C)를 식 (E2.5B)에 결합하면, 다음과 같이 얻어진다.

$$\dot{W}_s = \dot{m}(\hat{h}_2 - \hat{h}_1) \quad \textbf{(E2.5D)}$$

수증기표로부터 비엔탈피에 대한 값들을 찾을 수 있다. 상태 2에 대하여 1 bar (= 100 kPa)에서 포화된 수증기를 활용한다.

$$\hat{h}_2 = 2675.5 [\text{kJ/kg}]$$

반면에 상태 1은 500°C와 100 bar(= 10 MPa)에서 과열된 수증기이다.

$$\hat{h}_1 = 3373.6 [\text{kJ/kg}]$$

식 (E2.5D)에 이 수치들을 대입하면 다음과 같이 얻어진다.

$$\dot{W}_s = 10 [\text{kg/s}](2675.5 - 3373.6)[\text{kJ/kg}] = -6981 [\text{kW}]$$

따라서, 이 터빈은 약 7 MW의 동력을 생산한다. 계로부터 유용한 일을 얻음을 나타내는 음의 부호에 주목하라. 이는 약 70대의 자동차에 동시에 전달되는 동력에 해당하는 값이다.

예제 2.6 **비정상 상태 과정에서 최종 온도의 계산**

10 MPa 및 450°C의 수증기가 그림 E2.6A에 나타낸 바와 같이 파이프에서 흐른다. 이 파이프와 밸브를 통하여 연결된 것은 비어 있는 탱크이다. 밸브가 열려서 압력이 10 MPa이 될 때까지 탱크가 채워지고 밸브는 닫힌다. 이 과정은 단열적으로 진행된다.

(a) 탱크에서 수증기의 최종 온도를 결정하라.

(b) 탱크의 최종 온도가 파이프를 흐르는 수증기의 온도와 같지 않은 이유를 설명하라.

풀이 ▶ **(a)** 이 문제는 여러 방식으로 풀 수 있다. 먼저 그림 E2.6A에 예시된 고정된 경계를 활용하여 풀어보자. 이후, 이동하는 경계를 활용한 대체 해법을 설명한다.

비정상 상태 분석

그림 E2.6A에 나타낸 계에 대하여 탱크 내부(계)의 질량과 에너지는 시간에 따라 변하므로 비정상 상태 에너지 수지식을 활용해야만 한다. (비어 있는) 탱크의 초기 상태를 상태 1로, (10 MPa로 채워진) 최종 상태는 상태 2로 정의하자. 유입 흐름은 '유입'으로 표시될 것이다.

질량의 보존은 식 (2.16)에 주어졌다. 한 개의 유입 흐름이 존재하고 유출 흐름은 없으므로 다음이 얻어진다.

$$\left(\frac{dm}{dt}\right)_{sys} = \dot{m}_{in}$$

변수 분리와 적분을 수행하면 다음과 같이 얻어진다.

$$\int_{m_1=0}^{m_2} dm = \int_0^t \dot{m}_{in} dt$$

상태 1은 m의 값이 0과 같으므로 다음과 같이 얻어진다.

$$m_2 = \int_0^t \dot{m}_{in} dt \tag{E2.6A}$$

질량을 기준으로 한 비정상 상태 에너지 수지식은 식 (2.22)로 주어진다.

$$\left(\frac{dU}{dt}\right)_{sys} = \dot{m}_{in}\hat{h}_{in} - \overset{0}{\cancel{\dot{m}_{out}}}\hat{h}_{out} + \overset{0}{\cancel{\dot{Q}}} + \overset{0}{\cancel{\dot{W}_s}}$$

여기서 유출 흐름과 열 및 일과 결부된 항들은 0이다. 변수 분리를 하고 초기에 비어 있는 상태로부터 10 MPa의 압력으로 탱크가 차 있는 최종 상태까지 시간에 따라 양변의 적분을 수행하면 다음과 같이 얻어진다.

$$\int_{U_1=0}^{U_2} dU = \int_0^t \dot{m}_{in}\hat{h}_{in} dt = \hat{h}_{in} \int_0^t \dot{m}_{in} dt \tag{E2.6B}$$

유입 흐름의 성질들은 과정 전체에 걸쳐서 일정하게 유지되므로, 비엔탈피는 적분 기호 바깥으로 옮겼다. 식 (E2.6A)를 적용하고 적분하면, 상태 1의 U는 0이므로, 식 (E2.6B)는 다음과 같이 된다.

$$m_2\hat{u}_2 = m_2\hat{h}_{in} \tag{E2.6C}$$

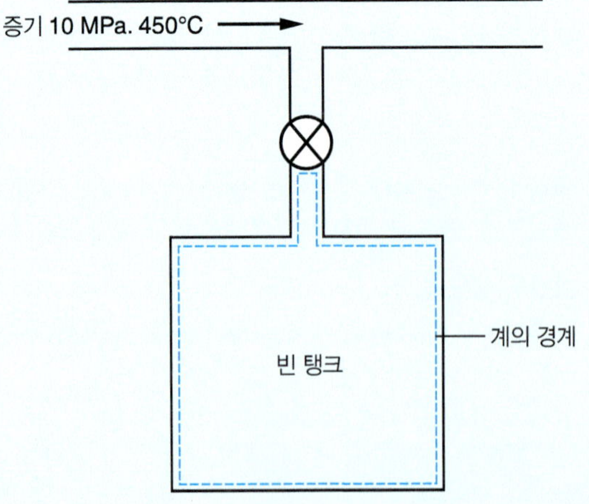

그림 E2.6A 빈 탱크를 채우기 위하여 공급되는 과열 수증기의 흐름. 계의 경계는 점선으로 표시하였다.

식 (E2.6C)는 다음과 같이 단순화된다.

$$\hat{u}_2 = \hat{h}_{\text{in}} \tag{E2.6D}$$

수증기표로부터 P = 10 MPa과 T = 450°C의 수증기는 다음의 비엔탈피를 갖는다.

$$\hat{h}_{\text{in}} = 3241 \text{ [kJ/kg]}$$

식 (E2.6D)에 따르면 유입되는 비엔탈피는 나중 상태에서 계의 비내부 에너지와 같아야 한다. 따라서 최종 상태는 두 개의 독립적인 세기 변수들로 규정된다. P = 10 MPa 및 $\hat{u}$ = 3241 [kJ/kg]. 수증기표로부터 P = 10 MPa과 $\hat{u}$ = 3241 [kJ/kg]의 수증기에 대하여 계의 최종 온도는 다음과 같다.

$$T_2 = 600°\text{C}$$

닫힌계 분석

다른 방법으로는, 이 문제를 풀기 위하여 계의 선정을 달리 할 수 있다. 파이프로 유입되면서 궁극적으로 탱크로 채워지는 질량을 계의 일부분으로 간주한다. 이 경우에 계의 경계는 그림 E2.6B에 예시하였다. 물질이 탱크로 채워짐에 따라 경계는 수축한다. 이러한 계에서는 질량이 경계를 가로지르지 못한다. 즉, 닫힌계를 다루는 것이다. 피스톤–실린더 조합으로 친숙한 동등한 닫힌계는 그림 E2.6B의 오른쪽에 나타내었다. 단열된 용기(container)는 원래의 계에서 밸브 역할을 하는 격막(diaphragm)으로 분리되어 있다. 격막 위에서, 실린더에는 유입되는 수증기와 동일한 10 MPa과 450°C의 수증기가 함유되어 있다. 격막의 아래는 진공이다. 과정은 격막을 제거함으로써 시작되며, 계는 '유입'으로부터 상태 2로 전개된다. 계의 경계 바깥의 파이프에 있는 수증기에 대하여 10 MPa의 외부 압력은 평형에 도달할 때까지 피스톤에 작용한다. 압축되는 동안에 주위는 계에 일의 형태로 에너지를 전달한다. 여러분은 그림 E2.6B에 묘사한 두 과정들이 동등함을 식별할 수 있는가?

그림 E2.6B에 묘사된 두 닫힌계에 대한 질량수지식은 다음과 같다.

$$m_{\text{in}} = m_2 \tag{E2.6E}$$

마찬가지로 에너지 수지식은 다음과 같다.

$$\Delta U = m_2\hat{u}_2 - m_{\text{in}}\hat{u}_{\text{in}} = Q + W \tag{E2.6F}$$

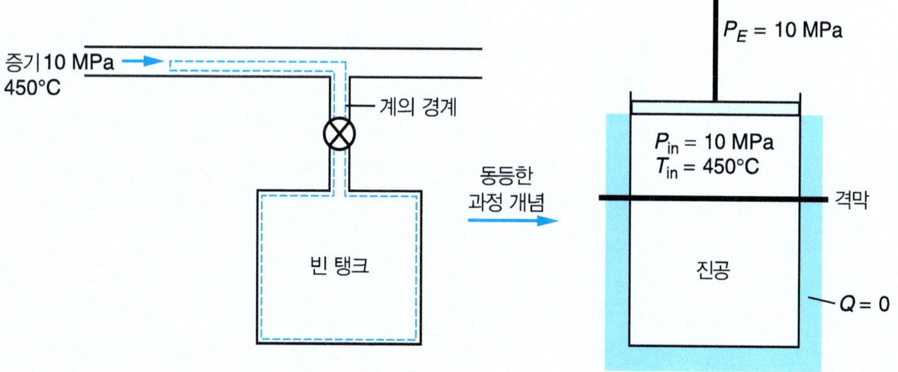

그림 E2.6B 예제 2.6을 풀기 위한 닫힌계의 접근 방법.

이 과정은 단열적이므로 $Q = 0$이 된다. 일은 다음과 같이 주어진다.

$$W = -\int_{V+m_{in}\hat{v}_{in}}^{V} P_E dv = m_{in}P_{in}\hat{v}_{in} \qquad \textbf{(E2.6G)}$$

식 (E2.6E)와 (E2.6G)를 식 (E2.6F)에 대입하고 재배열하면 다음이 얻어진다.

$$m_2\hat{u}_2 = m_{in}(\hat{u}_{in} + P_{in}\hat{v}_{in}) = m_{in}\hat{h}_{in} = m_2\hat{h}_{in}$$

위는 식 (E2.6D)로 주어진 그림 E2.6A의 비정상 상태의 열린계에 대하여 얻어진 결과와 동일하다.

(b) 계의 유체는 그 뒤에서 계로 유입되는 다른 유체로부터 **흐름 일**을 받는다. 이 일의 성분은 계로 유입되는 수증기로부터 에너지를 받게 되며, 온도 T를 450°C에서 600°C까지 상승시킨다. 그림 E2.6B의 왼쪽에 나타낸 계로 유입되는 수증기의 흐름 일은 오른쪽에 나타낸 피스톤에 가해지는 일정한 외부 압력에 의해 행해지는 일과 동등하다. 따라서 닫힌계의 해석으로부터 열린계의 에너지 수지식에서 흐름 일을 고려하는 것이 중요함을 알게 된다.

▶ 2.6 *U*와 *H*에 대한 열역학적 자료

》 열용량: c_V와 c_P

닫힌계와 열린계에 대하여 에너지 수지를 세우기 위해 과정을 거치는 동안 계에서 에너지 (또는 엔탈피)가 어떻게 변하는지를 결정할 수 있어야 한다. 1.3절에서 배운 바와 같이, 순수한 화학종에 대하여 내부 에너지 u, 엔탈피 h는 두 개의 독립적인 세기 성질들을 규정함으로써 제약을 받게 된다. 또한 u는 열역학적 성질이기 때문에 내부 에너지의 변화량 Δu를 계산하기 위하여 가상적인 경로를 기술할 수 있다. 이는 실제 과정의 경로일 필요는 없다. Δh에 대해서도 마찬가지이다. 열역학적 성질들이 사용될 수 있는 반면에, 독립적인 성질들로서 측정된 성질들(T, P 또는 v)을 선택하는 것이 종종 편리할 때가 있다. 온도는 실험실(또는 현장)에서 측정될 수 있으므로 거의 항상 독립적인 성질들 중 하나로 선정되며, T와 u 사이에 직접적인 연관성이 존재한다. 즉, 온도는 u의 한 구성 요소인 분자의 운동에너지에 대한 척도이다 (2.1절을 보라). 사실상, 이상기체에 대하여, 온도는 u에 기여하는 유일한 요소이다. 다른 독립적인 성질 또한 전형적으로 측정가능한 성질로서, P 또는 v가 편의에 따라 선택될 수 있다.

그림 2.3은 Δu를 계산하기 위한 일반적인 가상의 경로를 예시하고 있다. 이 경우에, T와 v는 독립적인 성질들로 선택된다. 단계 1에서, 일정한 부피 조건하에 T_1에서 T_2로 이동함에 따라 Δu를 계산하기 위하여 u의 온도 의존성을 알아야만 한다. 이러한 정보는 종종 열용량 (또는 비열)의 형태로 주어진다. 이와 유사하게 Δh를 계산하기 위한 h의 온도 의존성은 알려진 열용량 값들로부터 얻어질 수 있다. 따라서 열용량 자료는 이러한 문제 풀이 방법론에서 중요하다. 다음 절에서 열용량이 어떻게 실험적으로 결정되는지와 어떻게 보고되는지에 대하여 학습할 것이다.

› 일정 부피 열용량, c_v

일정 부피 열용량 c_v를 측정하기 위하여 그림 2.10*a*에 개념적으로 나타낸 실험 장치가 사용될 수 있다. 이 닫힌계는 견고한 용기 내에 순수한 화학종 A로 구성되어 있다. 용기는 열원(이 경우, 저항 가열기)과 연결되어 있으며, 다른 부분은 잘 단열되어 있다. 실험은 다음과 같이 수행된다. 알려진 양의 열 q가 저항 가열기를 통하여 제공될 때, 계의 온도 T가 측정된다. 열이 공급됨에 따라 A의 분자들이 빠르게 이동하면서 온도가 상승한다. 순수한 화학종 A에 대한 전형적인 자료 조합 역시 그림 2.10*a*에 나타내었다. 온도계로 열유입의 결과를 '감지'할 수 있기 때문에, 이러한 형태의 에너지 변화는 현열(sensible heat)이라고 부른다. 이러한 장치는 일정 부피 열량계로 알려져 있다. 이 과정에서 일이 행해지지 않으므로, 계에 제1법칙[식 (2.13b)]을 적용하여 다음을 얻을 수 있다.

$$\Delta u = q \qquad \text{(닫힌계, 일정한 } V\text{)} \tag{2.23}$$

그림 2.10*a*에서 공급된 열은 y축에, 온도는 x축에 나타내었음에 주목하라. 그렇지만 식 (2.23)은 열의 유입량이 Δu와 동일함을 보이고 있다.

일정 부피 열용량 c_v는 다음과 같이 정의한다.

$$c_v \equiv \left(\frac{\partial u}{\partial T}\right)_v \tag{2.24}$$

따라서 곡선의 접선 기울기를 통해 어떤 온도에서의 열용량을 알 수 있다. 이 자료에서 T_1에

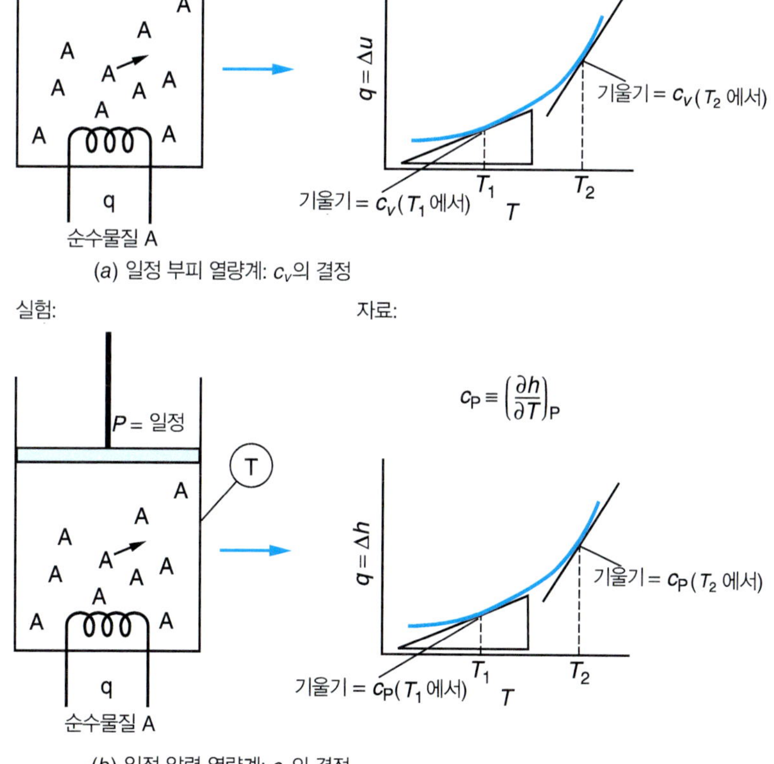

그림 2.10 열용량의 실험적 결정을 위한 개략도. (*a*) c_v를 얻기 위한 일정 부피 열량계, (*b*) c_p를 결정하기 위한 일정 압력 열량계.

서의 열용량은 T_2에서의 값보다 작다. 전형적으로 열용량은 T에 따라 변한다.

온도의 함수로서 이 곡선의 접선 기울기를 취하면, 다음이 얻어진다.

$$c_v = c_v(T)$$

흔히 다음과 같은 다항식의 형태로 자료를 맞출 수 있다.

$$c_v = a + BT + CT^2 + DT^{-2} + ET^3 \tag{2.25}$$

상수 a, B, C, D, E는 표에 수록되어 있으며 화학종 A의 내부 에너지가 일정 부피에서 온도에 따라 어떻게 변하는지 알기를 원할 때 언제든지 사용될 수 있다. 그러면 적분에 의하여 Δu를 다음과 같이 구할 수 있다.

$$\Delta u = \int_{T_1}^{T_2} c_v \, dT = \int_{T_1}^{T_2} [a + BT + CT^2 + DT^{-2}] dT \tag{2.26}$$

열용량은 동일한 상에서의 온도 변화에 대해서만 활용될 수 있다. 나중에 짧게 논의하겠지만, 상 변화가 발생할 때에는 잠열(latent heat)이 고려되어야만 한다.

이상기체를 고려해 보자. 식 (2.24)를 통해 T를 증가시키면 u도 증가함을 알 수 있다. 온도에 따른 내부 에너지의 증가량은 식 (2.26)을 따라 열용량에 의해 정량화된다. 에너지를 많이 획득할수록 c_v가 더 큰 것이다. 분자적 관점에서 이러한 에너지의 증가가 어떻게 나타나는지 알고 싶을 수 있다. 분자가 운동에너지를 얻을 수 있는 세 가지 방식으로 분자의 에너지 증가와 온도에 따른 u를 연관지을 수 있다. 첫 번째 방식은 공간에서 분자의 질량 중심의 운동과 관련되어 있다. 제1장에서 주어진 온도에 대한 분자의 속도를 특징지을 수 있는 Maxwell-Boltzmann 분포에 대해 학습하였다. 이러한 병진 에너지는 분자가 이동하는 각 방향에서 운동에너지에 대해 분자 한 개당 $kT/2$ (1 몰당 $RT/2$)만큼 기여하게 된다. 분자는 공간에서 세 개의 방향으로 병진 운동하므로, 병진 운동은 분자의 내부 에너지에 대하여 1 몰당 $3RT/2$만큼 기여하게 된다. c_v에 대한 병진 운동의 기여는 온도에 따른 내부 에너지의 미분으로 주어지며, $3R/2$가 된다. 사실상 단원자 기체의 열용량은 이 값으로 주어진다.[9]

이원자(diatomic)나 다원자 분자들(polyatomic molecule)은 회전과 진동의 방식으로도 운동에너지를 가질 수 있다. 매우 낮은 온도를 제외하면, 선형과 비선형 분자의 회전 운동에 기인한 추가적인 운동에너지는 1 몰당 각각 RT와 $3RT/2$가 된다. 진동에 의한 운동에너지는 더욱 흥미롭다. 이는 분자들의 특별한 양자화된 에너지와 관련되어 있다. 이러한 에너지 준위의 분포는 온도에 의존한다. 운동에너지의 진동하는 방식에 대해 설명하기 위하여 양자역학에 의존해야만 한다. 이 책에서 이 문제를 구체적으로 다루지는 않을 것이다. 그렇지만 식 (2.25)로 나타낸 열용량의 온도 의존성이 진동 방식 자체를 나타내기도 한다는 점을 실감하는 것이 유용하다. 저온에서 진동의 기여는 0에 가까워지며 열용량은 병진 운동과 회전 운동만으로 주어지게 된다. 진동 운동이 고도로 활성화되는 고온에서 열용량에 대한 기여는 1 몰당 R이 된다. 요약하면, c_v는 분자 구조와 병진, 회전, 진동 운동에너지를 나타내는 각각의 방식에 따라 변하게 된다. 기체, 액체 및 고체의 열용량은 유사한 방식으로 해석될 수 있다.

9. 매우 높은 온도에서 전자가 들뜬 상태를 점유하는 경우는 제외한다.

일정 압력 열용량, c_p

일정 압력 열용량 c_p는 기체 A가 견고한 용기 내에 갇혀 있지 않고, 일정한 압력으로 유지되면서 가열되어 팽창할 수 있는 계에서 측정된다는 점을 제외하면 일정 부피 열용량 c_v와 유사한 방식으로 구해진다. c_p를 측정하기 위한 실험적 장치를 그림 2.10*b*에 개념적으로 나타내었다. 실제 장치는 다르게 보이겠지만 그림 2.10*b*의 묘사는 앞에서 검토한 피스톤-실린더 조합과 유사한 것이다.

계는 지금 팽창함에 따라 Pv 일을 하는 중이므로 에너지 수지식은 다음과 같이 일과 관련된 항을 포함한다.

$$\Delta u = q + w = q - P\Delta v \tag{2.27}$$

따라서 식 (2.27)은 다음과 같이 다시 쓸 수 있다.

$$\Delta u + \Delta(Pv) = q$$

일정한 압력에서 $\Delta P = 0$이고

$$\Delta(Pv) = P\Delta v + v\Delta P = P\Delta v$$

이므로 [식 (2.18)]의 엔탈피에 대한 정의를 적용하면, 다음과 같이 얻을 수 있다.

$$\Delta h = q \quad (\text{닫힌계, 일정한 } P) \tag{2.28}$$

그러므로 에너지 수지식으로부터 일정한 압력 하에 공급된 열은 열역학적 성질인 엔탈피의 변화와 동일하다는 것을 알 수 있다. 따라서 일정한 압력에서의 열용량은 다음과 같이 정의한다.

$$c_P \equiv \left(\frac{\partial h}{\partial T}\right)_P \tag{2.29}$$

이번에도 화학종 A에 대한 전형적인 자료는 그림 2.10*b*에 나타내었으며 다음의 다항식 형태로 맞출 수 있다.

$$c_P = A + BT + CT^2 + DT^{-2} + ET^3 \tag{2.30}$$

상수 A, B, C, D, E는 부록 A.2에 몇몇 이상기체에 대하여 수록되었다. 일정한 압력에서 몇몇 액체와 고체의 열용량은 부록에 보고되어 있다.

엔탈피-두 번째 일반적인 활용

열린계에 대하여 유입 및 유출되는 흐름에 대한 내부 에너지와 흐름 일을 설명하기 위하여 열역학적 성질 엔탈피를 '구축하였다'는 점을 상기해 보자. 식 (2.28)을 조사하면 엔탈피의 두 번째 일반적인 용도를 제시할 수 있다. 이 식은 일반적으로 일정한 압력에서 닫힌계에 대해서도 성립한다. 이 경우에 내부 에너지의 변화와 압력을 일정하게 유지하기 위한 계의 경계 변화에 따른 Pv 일이 모두 고려된다. 두 경우에 성질 h는 내부 에너지와 일이 결합된 것이다. *따라서 일정한 압력의 닫힌계에서 편리하게 행해진 실험들은 열역학적 성질인 엔탈피를 활용하여 보고된 것이다.* 예를 들면, *반응 엔탈피*(enthalpy of reaction)라고 불리는 화학 반응의 에너지학에서는 성질 Δh_{rxn}으로 보고된다. 이러한 방식으로 실험적으로 측정된 열은 열역학적 성질과 직접적으로 연관될 수 있다.

› c_p와 c_v 사이의 관계들

그림 2.10*a*와 2.10*b*를 비교함으로써 물질의 다른 상들에 대한 c_v와 c_p의 차이를 추정할 수 있다. 만약 화학종 A가 액체 또는 고체상이라면 가열에 따른 부피 팽창은 상대적으로 작을 수밖에 없다. 즉, 액체와 고체의 몰부피는 온도에 따라 민감하게 변하지 않는다. 그러므로 그림 2.10*b*에 묘사된 피스톤은 심하게 움직이지는 않을 것이며 식 (2.27)의 일의 값은 q에 비하면 작을 것이다. 따라서 식 (2.29)와 식 (2.24)는 대략적으로 동일하게 되며, 결과적으로 다음이 성립한다.[10]

$$c_P \approx c_v \quad (\text{액체와 고체})$$

반면에 기체의 부피 팽창은 중요하다. 이상기체에 대하여 $Pv = RT$이므로, c_p와 c_v 사이의 관계는 c_p의 정의에 이상기체 법칙을 적용하여 다음과 같이 계산할 수 있다.

$$c_P \equiv \left(\frac{\partial h}{\partial T}\right)_P = \left[\frac{\partial(u + Pv)}{\partial T}\right]_P = \left(\frac{\partial u}{\partial T}\right)_P + \left(\frac{\partial RT}{\partial T}\right)_P = \left(\frac{\partial u}{\partial T}\right)_P + R \tag{2.31}$$

그렇지만 이상기체에 대하여 내부 에너지는 온도에만 의존한다. 즉, 분자의 에너지에서 유일한 변화는 분자의 운동에너지에서만 나타난다. 그러므로 다음이 성립한다.

$$\left(\frac{\partial u}{\partial T}\right)_P = \frac{\mathrm{d}u}{\mathrm{d}T} = \left(\frac{\partial u}{\partial T}\right)_v \tag{2.32}$$

식 (2.32)를 식 (2.31)에 결합하면 다음 식이 얻어진다.

$$c_P = c_v + R \quad (\text{이상기체에 대하여})$$

기체에 대한 열용량의 값은 대부분 항상 이상기체에 대하여 보고된다. 따라서 이러한 자료를 활용하여 계산을 수행할 때에는 기체가 이상적으로 거동할 때 온도 변화가 나타나는 가상적인 경로를 선정해야만 한다.

› 평균 열용량

많은 기체에 대하여 열용량 자료는 종종 평균 열용량(mean heat capacity) $\bar{c}_P$로 보고된다. $\bar{c}_P$의 활용을 통해 적분할 필요성이 없어지며 문제를 쉽게 풀 수 있게 된다. 명칭에서 예상되는 바와 같이 평균 열용량은 두 온도 사이에서 c_p의 평균이다. 평균 열용량은 보통 298 K과 주어진 온도 T 사이에서 보고된다. 따라서 엔탈피 변화는 다음과 같이 된다.

$$\Delta h = \bar{c}_P(T - 298)$$

$\bar{c}_P$에 대해서 풀면 다음이 얻어진다.

$$\bar{c}_P = \frac{\int_{298}^{T} c_P \mathrm{d}T}{T - 298} \tag{2.33}$$

정의에 의해 식 (2.33) 또한 298 K과 T 사이에서 온도의 연속 함수 c_P의 수학적 평균이 된다.

10. 제5장의 연습 문제 5.20과 5.21에서 액체의 c_P와 c_v 사이의 관계를 다시 논할 것이다.

예제 2.7 다른 자료들로부터 열 유입량의 계산

수증기를 200°C 및 1 MPa에서 500°C 및 1 MPa의 조건으로 가열한다. 다음의 자료를 활용하여 요구되는 열 유입량을 계산하라.

(a) 열용량

(b) 수증기표

풀이 ▶ **(a)** 이 과정은 일정한 압력에서 발생하므로 계는 T가 상승할수록 팽창할 것이다. 위의 논의에 따라 엔탈피는 유입되는 열을 계산하기 위하여 적절한 성질이다. 식 (2.28)을 확장시켜서 다음과 같이 쓸 수 있다.

$$Q = n\Delta h$$

물을 이상기체로 가정한다면, 부록 A.2에 나타낸 열용량의 값이 Δh의 계산에 활용될 수 있다.

$$\frac{c_P^{\text{ideal gas}}}{R} = A + BT + DT^{-2} = 3.470 + 1.450 \times 10^{-3}T + \frac{0.121 \times 10^5}{T^2}$$

열용량의 정의를 활용하면, 다음 적분 표현식을 얻는다.

$$\Delta h = \int_{T_1}^{T_2} c_P dT = R\int_{473}^{773} [A + BT + DT^{-2}]\, dT$$

적분하면 다음과 같다.

$$\Delta h = R\left[AT + \frac{B}{2}T^2 - \frac{D}{T}\right]_{473}^{773}$$

이 값들을 대입하면 다음과 같다.

$$\Delta h = 8.314[3.470(300) + 0.725 \times 10^{-3}(773^2 - 473^2)$$

$$-0.121 \times 10^5\left(\frac{1}{773} - \frac{1}{473}\right)\Bigg] = 10{,}991 \left[\frac{\text{J}}{\text{mol}}\right]$$

그리고 $$Q = n\Delta h = 21{,}981 \text{ [J]}$$

(b) 부록 B.2의 수증기표로부터 다음을 알 수 있다.

$$\hat{h}_1(\text{at 1 MPa, 200°C}) = 2827.9 \text{ [kJ/kg]}$$

$$\hat{h}_2(\text{at 1 MPa, 500°C}) = 3478.4 \text{ [kJ/kg]}$$

따라서 $$\Delta\hat{h} = \hat{h}_2 - \hat{h}_1 = 650.5 \text{ [kJ/kg]}$$

수증기표에서는 비엔탈피의 값을 제공하므로 질량을 곱해야만 한다. 따라서 물의 분자량 $MW_{H_2O} = 0.018$ [kg/mol]을 활용해야만 한다.

$$Q = m\Delta\hat{h} = (2\text{ [mol]})(0.018\text{ [kg/mol]})(650.5\text{ [kJ/kg]})(10^3\text{ [J/kJ]}) = 23{,}418\text{ [J]}$$

(b)의 해답은 (a)에 비하여 약 6% 정도 큰 값이다. 1 MPa에서 물은 이상기체가 아니므로 분자간 인력이 작용한다. (b)에서 요구되는 추가 에너지는 물 분자들을 멀리 떨어뜨리는 데 필요한 결과로 나타난다. 제4장에서 이에 대하여 더 자세히 배울 것이다.

예제 2.8 **공기에 대한 평균 열용량의 계산**

부록 A.2의 자료를 사용하여 100 K 간격으로 $T_1 = 298$ K과 $T_2 = 300$~1000 K 사이에서 평균 열용량 $\bar{c}_P$를 계산하라.

풀이 ▶ 식 (2.33)으로부터 $\bar{c}_P$의 정의를 활용하면 다음과 같다.

$$\bar{c}_P = \frac{\Delta h}{(T-298)} = \frac{\int_{298}^{T} c_P \mathrm{d}T}{T-298} \quad \textbf{(E2.8A)}$$

열용량은 부록 A.2의 상수들을 활용하여 온도로 적분될 수 있다.

$$\int_{T_1}^{T_2} c_P \mathrm{d}T = R\int_{298}^{T}[A + BT + DT^{-2}]\mathrm{d}T = R\left[AT + \frac{B}{2}T^2 - \frac{D}{T}\right]_{298}^{T} \quad \textbf{(E2.8B)}$$

공기에 대하여 다음과 같다.

$$A = 3.355, \qquad B = 0.575 \times 10^{-3}, \quad \text{그리고} \quad D = -0.016 \times 10^5 \quad \textbf{(E2.8C)}$$

식 (E2.8B)와 식 (E2.8C)를 사용하여 식 (E2.8A)의 해는 표 E2.8에 100 K의 간격으로 나타내었다.

표 E2.8 서로 다른 온도에서 계산된 공기의 평균 열용량 값들

T [K]	Δh [J/mol]	$T - 298$	$\bar{c}_P$ [J/mol K]
300	58.35	2	**29.17**
400	3003.93	102	**29.45**
500	6001.75	202	**29.71**
600	9049.59	302	**29.97**
700	12146.51	402	**30.22**
800	15292.02	502	**30.46**
900	18485.87	602	**30.71**
1000	21727.89	702	**30.95**

예제 2.9 **공기의 평균 열용량을 활용한 열의 계산**

600 K에서 900 K까지 10 mol/min의 정상 상태로 흐르는 공기를 예열할 필요가 있다. 예제 2.8로부터 계산된 평균 열용량 자료를 활용하여 예열에 필요한 열 전달 속도를 결정하라.

풀이 ▶ 이 과정은 정상 상태에서 한 개의 유입 및 한 개의 유출 흐름으로 구성된다. 그러므로 식 (2.19)는 다음과 같이 쓰여질 수 있다.

$$0 = \dot{n}_1\left(h + MW\frac{\vec{V}^2}{2} + MWgz\right)_1 - \dot{n}_2\left(h + MW\frac{\vec{V}^2}{2} + MWgz\right)_2 + \dot{Q} + \dot{W}_s$$

(운동 에너지 항, 위치 에너지 항, $\dot{W}_s$ 항은 각각 화살표로 0 표시됨)

여기서 운동에너지와 위치에너지 및 축일은 0으로 설정하였다. 몰 수지식은 다음과 같다.

$$\dot{n}_1 = \dot{n}_2 = \dot{n}_{air}$$

그러므로 제1법칙의 에너지 수지식은 다음과 같이 단순화된다.

$$\dot{Q} = \dot{n}_{air}(h_{900} - h_{600}) = \dot{n}_{air}[(h_{900} - h_{298}) - (h_{600} - h_{298})] \qquad \textbf{(E2.9A)}$$

여기서 h_{900}, h_{600}, h_{298}은 각각 900, 600, 298 K에서의 엔탈피를 의미한다. 식 (E2.9A)는 식 (2.33)으로 주어진 평균 열용량의 정의를 활용하기 위하여 다음과 같이 다시 쓸 수 있다.

$$(h_{900} - h_{298}) = \bar{c}_{P,900}(900 - 298) \qquad \textbf{(E2.9B)}$$

$$(h_{600} - h_{298}) = \bar{c}_{P,600}(600 - 298) \qquad \textbf{(E2.9C)}$$

식 (E2.9B)와 식 (E2.9C)를 식 (E2.9A)에 대입하고 표 E2.8의 값들을 활용하면, 다음이 얻어진다.

$$\dot{Q} = \dot{n}\Delta h = 10[30.71(900 - 298) - 29.97(600 - 298)] = 94.363 \text{ [J/min]}$$

예제 2.10 **용수철이 결합된 피스톤–실린더 조합**

그림 E2.10A에 나타낸 피스톤–실린더 조합에 공기가 포함되어 있다. 피스톤의 단면적은 0.01 m^{2}이다. 초기에 피스톤은 1 bar와 25°C에서 실린더 바닥으로부터 10 cm 위에 있었다. 이 상태에서 용수철은 피스톤에 힘을 발휘하지 못한다. 이후 계는 100°C까지 가역적으로 가열된다. 용수철이 압축됨에 따라 피스톤에 다음과 같은 힘을 발휘한다.

$$F = -kx$$

여기서 k = 50,000 [N/m]이고 x는 압축되지 않은 위치로부터의 변위를 나타낸다.

(a) 행해진 일을 결정하라.

(b) 전달된 열을 결정하라.

풀이 ▶ **(a)** 이 과정은 가역적이므로 계의 압력은 항상 외부 압력과 균형을 맞추고 있으며, 행해진 일은 다음과 같이 주어진다.

$$W = -\int_{v_1}^{v_2} P dV \qquad \textbf{(E2.10A)}$$

그림 E2.10A에 나타낸 바와 같이 피스톤 저울 위에 모든 힘들이 어떻게 작용하는지를 결정하기 위하여 그림 E2.10A와 같이 자유체 도면(free-body diagram)을 그릴 수 있다.

용수철의 변위 x는 다음과 같이 부피의 변화로 쓸 수 있다.

$$x = \frac{V - V_1}{A} = \frac{\Delta V}{A}$$

그림 E2.10A 피스톤에 용수철이 결합된 피스톤–실린더 조합을 나타내었다.

여기서 $\Delta V = V - V_1$이다. 피스톤의 각 면에 작용하는 단위 면적당 힘을 같게 놓을 수 있으며, 다음이 얻어진다.

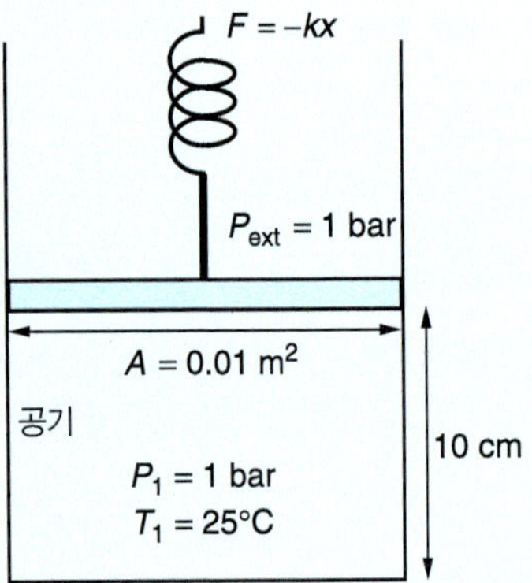

그림 E2.10A 피스톤에 용수철이 결합된 피스톤-실린더 조합. 예제 2.10에 대한 계의 초기 상태를 나타내었다.

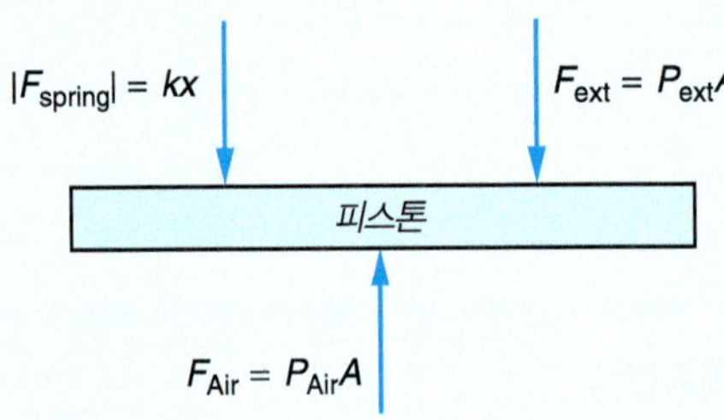

그림 E2.10B 기체가 팽창함에 따라 그림 E2.10A의 피스톤에 가해지는 힘을 나타낸 개략도.

$$P = P_{ext} + \frac{kx}{A} = P_{ext} + \frac{k\Delta V}{A^2} \quad \textbf{(E2.10B)}$$

식 (E2.10B)를 식 (E2.10A)에 결합하고 적분하면 다음이 얻어진다.

$$W = -\int_{V_1}^{V_2} P_{ext}dV - \int_{0}^{\Delta V=(V_2-V_1)} \frac{k\Delta V}{A^2}d(\Delta V) = -P_{ext}(V_2 - V_1) - \frac{k(V_2 - V_1)^2}{2A^2} \quad \textbf{(E2.10C)}$$

식 (E2.10C)를 풀기 위하여 V_2를 구해야만 한다. 이상기체 법칙을 적용하면 다음이 얻어진다.

$$\frac{P_1V_1}{T_1} = \frac{P_2V_2}{T_2} = \frac{V_2}{T_2}\left(P_{ext} + \frac{k(V_2 - V_1)}{A^2}\right)$$

이 2차 방정식을 V_2에 대하여 풀면 다음이 얻어진다.

$$V_2 = 0.00116\ [\text{m}^3]$$

이를 식 (E2.10C)에 대입하여 다음이 얻을 수 있다.

$$W = -166\ [\text{J}]$$

(b) 이 과정 중에 전달된 열을 구하기 위하여 닫힌계에 대한 제1법칙을 적용할 수 있다.

$$\Delta U = Q + W \quad \textbf{(E2.10D)}$$

내부 에너지의 변화는 다음과 같이 주어진다.

$$\Delta u = \int_{T_1}^{T_2} c_v dT = \int_{T_1}^{T_2} (c_P - R)dT = R\int_{T_1}^{T_2} [(A-1) + BT + DT^{-2}]dT$$

$$= R\left[(A-1)T + \frac{B}{2}T^2 - \frac{D}{T}\right]_{T_1}^{T_2}$$

공기에 대한 열용량의 상수는 부록 A.2에서 찾을 수 있다.

$$A = 3.355, \qquad B = 0.575 \times 10^{-3}, \quad \text{그리고} \quad D = -0.016 \times 10^5$$

따라서

$$\Delta u = 1{,}580 \text{ [J/mol]}$$

이 된다. 그리고

$$\Delta U = n\Delta u = \left(\frac{P_1V_1}{RT_1}\right)\Delta u = 638 \text{ [J]}$$

이제 식 (E2.10D)로부터 열 전달에 대하여 풀 수 있다.

$$Q = \Delta U - W = 803 \text{ [J]}$$

잠열

어떤 물체가 상 변화를 겪을 때, 이와 결합된 내부 에너지의 실질적인 변화가 존재한다(2.1절 참조). 상변화를 수반하는 과정에 열역학 제1법칙을 적용하기를 원한다면, 이러한 에너지 변화의 값을 결정할 필요가 있다. 열용량과 마찬가지로 주어진 상변화의 에너지 성질은 접근할 수 있는 측정 가능한 자료에 기반하여 보고되었다.

예를 들어, 어떤 액체의 기화를 고려하자. 액체는 분자 사이의 인력에 의하여 응집되어 있다. 액체를 기화시키기 위하여 인력을 극복할 정도로 충분한 에너지를 공급해야만 한다. 그림 2.11에 전형적인 실험 장치를 개략적으로 나타내었다. 주어진 양의 액체 물질 A가 일정한 압력에서 잘 단열된 닫힌계에 포함되어 있다. A가 모두 기화될 때까지 가해진 열이 측정된다. 그림 2.11에 묘사한 바와 같이 상이 변하는 동안 온도가 일정하게 유지되도록 일정한 압력의 계를 선정한다. 그림 2.11의 오른쪽에 이러한 실험에서 얻어진 자료에 대한 개략도를 나타내었다. 에너지가 열의 형태로 공급됨에 따라 냉각된 액체와 과열 증기의 온도는 증가하게 된다. 상전이 구간의 일정한 온도에서 가해지는 유일한 에너지인 열은 증발 엔탈피로 보고된다.

식 (2.28)을 검토해 보면, A의 상이 바뀔 때 흡수되는 열을 측정할 경우 증기의 엔탈피와 액체의 엔탈피의 차이값과 같다는 것을 알 수 있다. 이 차이값을 **증발 엔탈피**(enthalpy of vaporization)라고 부른다.

$$\Delta h_{\text{vap}} = h^v - h^l$$

증기가 액체로 응축되는 에너지를 계산하고 싶다면, 단순하게 Δh_{vap}의 음의 값을 사용하면 된다. 유사하게, 액상에서 고체상으로의 엔탈피 변화는 **용융 엔탈피**(enthalpy of fusion) Δh_{fus}으로 보고된다.

$$\Delta h_{\text{fus}} = h^s - h^l$$

고체상으로부터 증기상으로의 엔탈피 변화는 **승화 엔탈피**(enthalpy of sublimation) Δh_{sub}이라고 한다.

$$\Delta h_{sub} = h^v - h^s$$

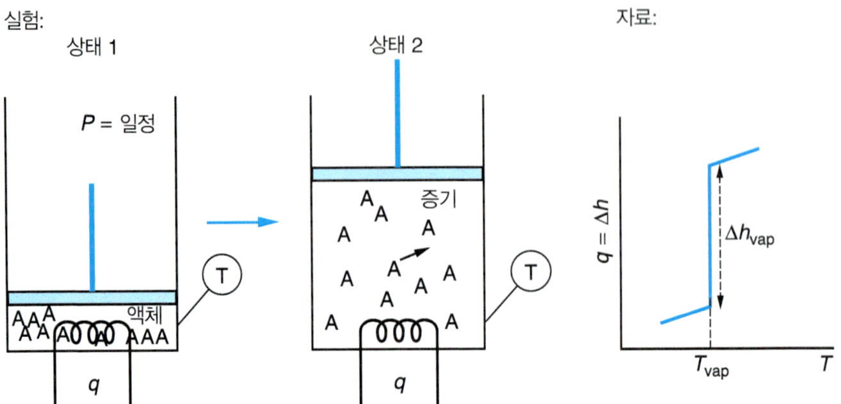

그림 2.11 증발 엔탈피의 실험적 결정에 대한 개략도.

Δh_{vap}이 주어졌을 때, 증발 과정의 내부 에너지 변화 Δu_{vap}은 어떻게 알아낼 수 있을 것인가?

일정한 압력에서 상전이가 일어날 때 엔탈피의 변화를 *잠열*(latent heat)이라 한다. '잠재적(latent)'이란 '감추어진(hidden)'이란 뜻이며, 앞에서 서술된 '현열(sensible heat)'의 경우처럼 온도 변화를 감지함으로써 유입된 열을 '감지(sense)'할 수 없기 때문에 '잠재적(latent)'이라 불린다.

잠열은 온도에 따라 변한다. 그렇지만 일반적으로 한 가지 상태의 값만 알고 있다. 예를 들면, 증발 엔탈피는 전형적으로 **정상 끓는점**(normal boiling point) T_b라 불리는 1 bar에서 보고된 값이다. 어떤 압력에서(그리고 어떤 온도에서) Δh_{vap}을 구하기 위해서 적당한 가상적 경로를 구축할 필요가 있다(2.2절 참조). 그림 2.12에는 T_b에서 접근한 측정값에 기인한 어떤 온도 T에서의 $\Delta h_{\text{vap}}, T$를 계산하기 위한 가상적인 경로를 예시하고 있다. 이 경로는 세 단계로 구성되어 있다. 단계 1에서, 열용량 자료를 활용하여 온도 T로부터 T_b까지 액체의 엔탈피 변화를 계산한다. 단계 2에서, Δh_{vap}을 알고 있으므로 정상 끓는점에서 액체를 기화시킨다. 단계 3에서, 정상 끓는점으로부터 T까지 증기의 엔탈피 변화를 계산한다. 이 세 단계를 더함으로써 다음이 얻어진다.

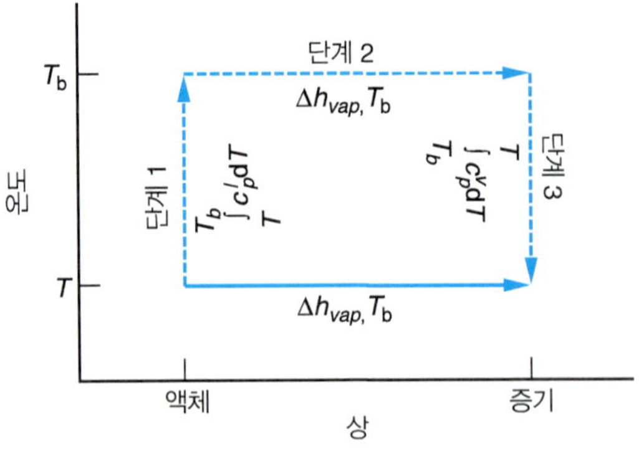

그림 2.12 T_b에서 활용할 수 있는 자료와 열용량 자료로부터 온도 T에서의 Δh_{vap}을 계산하기 위한 가상적인 경로.

$$\Delta h_{\text{vap},T} = \int_{T}^{T_b} c_P^l \mathrm{d}T + \Delta h_{\text{vap},T_b} + \int_{T_b}^{T} c_P^v \mathrm{d}T = \Delta h_{\text{vap},T_b} + \int_{T_b}^{T} \Delta c_P^{vl} \mathrm{d}T$$

여기서 다음의 정의가 활용되었다.

$$\Delta c_P^{vl} = c_P^v - c_P^l$$

이러한 절차는 잠열이 알려진 온도와 다른 온도에서의 Δh_{fus}와 Δh_{sub}를 결정하기 위하여 마찬가지로 적용될 수 있다.

예제 2.11 **Hexane(헥세인)을 증발시키기 위해 요구되는 열의 결정**

25°C에서 10 mol/s의 hexane이 정상 상태로 보일러에 공급된다. Hexane은 100°C에서 증기로 빠져나간다. 가열기로 공급되어야 하는 열은 얼마인가? 68.8°C에서 증발 엔탈피는 다음과 같다.

$$\Delta h_{\text{vap},68.8°\text{C}} = 28.88 \text{ [kJ/mol]}$$

풀이 ▸ 이 과정은 한 개의 유입 흐름과 한 개의 유출 흐름을 갖는 열린계에서 일어난다. 여러분들은 개략도를 그릴 수 있겠는가? 유입 상태는 '상태 1'로, 유출 상태는 '상태 2'로 명명한다. 이 경우에 식 (2.20)은 몰수를 기준으로 다음과 같이 쓸 수 있다.

$$0 = \dot{n}_1 h_1 - \dot{n}_2 h_2 + \dot{Q} + \overset{0}{\cancel{\dot{W}_s}} \tag{E2.11A}$$

여기서 거시적인 운동에너지와 위치에너지 및 축일은 0으로 두었다. 몰 수지식은 다음과 같다.

$$\dot{n}_1 = \dot{n}_2 = \dot{n} \tag{E2.11B}$$

식 (E2.11B)를 식 (E2.11A)에 결합하고 열 전달 속도에 대해 풀면, 다음이 얻어진다.

$$\dot{Q} = \dot{n}(h_2 - h_1) \tag{E2.11C}$$

엔탈피의 변화는 세 부분으로 나눌 수 있다. (1) 액체 hexane을 끓는점으로 가열하는 데 필요한 현열, (2) 증발 엔탈피, 즉 잠열, (3) 100°C에서 증기 상태의 hexane을 가열하는 데 필요한 현열이다. 그러므로 엔탈피 차이는 다음과 같이 된다.

$$h_2 - h_1 = \underset{l,25°\text{C}\to 68.8°\text{C}}{\Delta h} + \Delta h_{\text{vap},68.8°\text{C}} + \underset{v,68.8°\text{C}\to 100°\text{C}}{\Delta h} \tag{E2.11D}$$

처음과 세 번째 항은 적절한 열용량 자료로부터 얻을 수 있다.

$$\underset{l,25°\text{C}\to 68.8°\text{C}}{\Delta h} = \int_{298.2}^{342} 216.3 \mathrm{d}T = 9485 \text{ [J/mol]} = 9.49 \text{ [kJ/mol]}$$

그리고

$$\underset{v,68.8°\text{C}\to 100°\text{C}}{\Delta h} = \int_{342}^{373.2} R(A + BT + CT^2)\mathrm{d}T$$

$$= 8.314\left[3.025(373.2 - 342) + \frac{53.722 \times 10^{-3}}{2}(373.2^2 - 342^2) - \frac{16.791 \times 10^{-6}}{3}(373.2^3 - 342^3)\right]$$

$$= 5.20\ [\text{kJ/mol}]$$

식 (E2.11D)의 엔탈피 값들을 함께 더하고 식 (E2.11C)의 결과들과 결합하면 공급되어야 하는 열의 속도는 다음과 같이 주어진다.

$$\dot{Q} = \left(10[\text{mol/s}]\right)\left((9.49 + 28.85 + 5.20)[\text{kJ/mol}]\right) = 435\ [\text{kJ/s}]$$

예제 2.12 **H_2O를 증발시키기 위해 필요한 열의 결정**

견고한 용기에 50.0 kg의 포화 액체 상태의 물과 4.3 kg의 포화 수증기가 포함되어 있다. 계의 압력은 10 kPa이다. 모든 액체를 증발시키기 위하여 필요한 열의 최소량은 얼마인가?

풀이 ▸ 그림 E2.12에 이 과정의 개략도를 나타내었다. 초기 상태를 '상태 1'로, 나중 상태를 '상태 2'로 명명한다. 왼쪽 그림은 물리적 과정을 나타내는 데 비하여 오른쪽 그림은 이에 대한 Pv 선도를 나타낸다.

이 가열 과정은 일정한 부피의 닫힌계에서 일어난다. 물이 끓음에 따라 증기상의 압력은 증가할 것이다. 이러한 압력의 증가는 끓음이 지속되기 위한 계의 온도 증가를 요구할 것이다. (어떤 압력이 주어지면 이상 영역의 온도가 제약을 받음을 기억하라.) 그러므로 에너지는 물의 증발(잠열)과 온도의 증가(현열)에 모두 필요하다. 운동에너지와 위치에너지는 무시할 수 있으므로, 식 (2.13a)에 따라 제1법칙을 쓸 수 있다.

$$\Delta U = Q + W \tag{E2.12A}$$

계는 일정한 부피를 유지하므로, 행해진 일은 없으며 필요한 열은 내부 에너지의 변화와 동일하다. 이 결과는 Pv 일이 고려되는 *엔탈피*가 사용된 그림 2.11과는 배치되는 것이다. 물질 수지식은 다음과 같다.

$$m_2^v = m_1^l + m_1^v$$

상태 1의 내부 에너지는 포화 액체와 포화 증기를 모두 고려한 것이다. 따라서 식 (E2.12A)는 다음과 같이 쓸 수 있다.

$$U_2 - U_1 = (m_2^v \hat{u}_2^v) - (m_1^l \hat{u}_1^l + m_1^v \hat{u}_1^v) = Q \tag{E2.12B}$$

상태 1은 완벽하게 규정되었다. 포화 상태의 물에 대한 수증기표(부록 B.2)에서 내부 에너지의 값을 찾으면 다음이 얻어진다.

$$\hat{u}_1^l = 191.8\ [\text{kJ/kg}]$$

$$\hat{u}_1^v = 2437.9\ [\text{kJ/kg}]$$

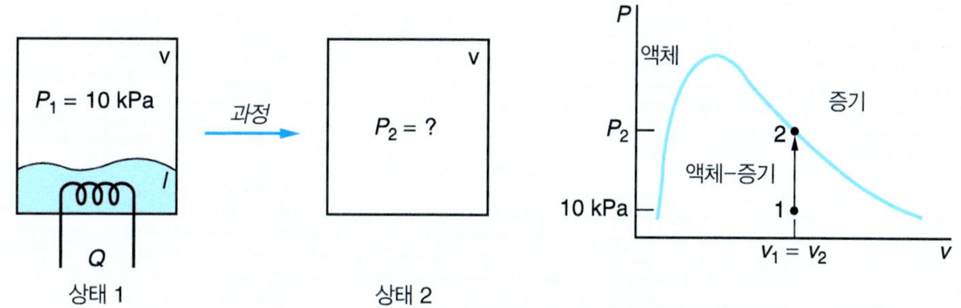

그림 E2.12 견고한 닫힌계에서 포화 액체 상태인 H_2O의 증발 과정 개략도.

이제 상태 2를 규정할 필요가 있다. 포화 증기라는 조건을 알고 있지만, 열역학적 성질들의 값을 알아낼 필요가 있다. 그림 E2.12의 Pv 선도에 예시한 바와 같이 용기(container)가 견고하므로, 이 과정은 일정한 부피에서 일어난다. 용기의 부피는 다음과 같이 구할 수 있다.

$$V_1 = V_2 = m_1^l \hat{v}_1^l + m_1^v \hat{v}_1^v = (50)(0.001) + (4.3)(14.67) = 63.1 \text{ m}^3$$

이제 상태 2의 비부피(specific volume)에 대하여 풀 수 있다.

$$\hat{v}_2^v = \frac{V_2}{m_2^v} = \frac{63.1 \text{ m}^3}{54.3 \text{ kg}} = 1.16 \left[\frac{\text{m}^3}{\text{kg}}\right]$$

위에서 구한 비부피의 값에 해당하는 압력을 찾으면 다음과 같다.

$$P_2 = 0.15 \text{ MPa}$$

이 값이 표에 나온 수치와 정확하게 일치하지 않는다면, 선형 보간을 하면 된다. 상태 2에 해당하는 내부 에너지를 구하면 다음과 같다.

$$\hat{u}_2^v = 2519.6 \text{ [kJ/kg]}$$

열에 대하여 식 (E2.12B)를 풀면 다음과 같이 얻어진다.

$$Q = (m_2^v \hat{u}_2^v) - (m_1^l \hat{u}_1^l + m_1^v \hat{u}_1^v) = (54.3)(2519.6) - [(50)(191.8) - (4.3)(2437.9)]$$

$$= 117 \times 10^6 \text{ J}$$

반응 엔탈피

많은 양의 에너지가 분자 내에 화학 결합의 형태로 '저장되어' 있다. 분자 내의 원자들이 화학 반응을 겪으면서 재배열될 때, 일반적으로 생성물의 화학 결합에 저장된 에너지는 반응물의 그것과는 다르다. 따라서 화학 반응을 겪는 동안 의미 있는 양의 에너지가 흡수되거나 방출된다. 반응을 겪는 동안의 에너지 변화는 반응계에 제1법칙을 적용하는 데 있어서 중요한 요소이며, 내부 에너지의 변화 Δu_{rxn}에 의하여 특징지을 수 있다. 그렇지만 실험이 보통 일정한 압력에서 더 편리하게 행해지므로, 보다 일반적으로 반응 엔탈피의 변화 Δh_{rxn}으로 보고된다.

예를 들면, 298 K과 1 bar의 조건에서 수증기를 형성하기 위한 수소 기체 분자 2개와 산소 분자 1개의 반응을 고려한다. 반응식은 다음과 같이 나타낼 수 있다.

$$2H_2(g) + O_2(g) \longrightarrow 2H_2O(g) \qquad (2.34)$$

표 2.1 H, O 결합에 대한 결합 해리 에너지

결합	에너지[eV/molecule]
H—H	4.50
O═O	5.13
O—H	4.41

출처: G. C. Pimentel과 R. D. Spratley의 *화학 열역학의 이해*(San Francisco: Holden-Day, 1969)에 보고된 평균 결합 엔탈피로부터 인용함.

반응물에는 반응하는 산소 원자 1개당 세 가지의 화학 결합이 포함되어 있다. 2개의 H_2 분자 각각에 존재하는 수소 원자 사이의 단일 결합들과 O_2에 존재하는 산소 원자 사이의 이중 결합이다. 두 개의 반응 생성물인 H_2O 분자들에는 4개의 산소-수소 단일 결합이 존재한다. 이 결합들은 공유 결합의 성격을 갖으며 원자가 전자들이 중첩되어 어떻게 상호작용하는가에 따라 에너지가 변하게 된다. 표 2.1에는 이 반응계에서 세 가지 종류의 결합에 대한 결합 에너지를 보고하고 있다.

다음 경로에 의해 이 반응의 에너지를 고려해 보자. 이러한 계산을 수행하는 한 가지 방법은 먼저 반응물 분자들을 구성 원자들로 떼어낸 뒤, 생성물 분자들을 얻기 위하여 원자들을 재결합하는 것이다. 이러한 경로를 통해 이 반응계에서 각 성분 원소들의 원자 형태로서 표준 상태를 정의하게 된다. 이 반응계의 에너지에 대한 개략도는 그림 2.13의 반응 경로에 나타내었다. 화살표로 묘사한 상태들 사이에 에너지 차이는 결합 에너지에 기초한 것이다. H_2 두 분자와 O_2 한 분자를 각각 4개의 H 원자와 2개의 O 원자로 분해하기 위하여 14.1 eV (1 eV = 1.6×10^{-19} J)의 에너지가 필요하다. 그렇지만 이 원자들이 2개의 물 분자로 재배열될 때, 17.1 eV의 에너지를 방출한다. 알짜 에너지 변화는 반응의 내부 에너지를 나타내며, 이 반응에 의해 생성되는 2개의 물 분자에 대하여 −3.5 eV임이 밝혀졌다. 음의 부호는 생성물이 반응물보다 더 안정함을 나타내며, 결과적으로 에너지는 방출된다. 에너지를 흡수하는 반응은 *흡열*(endothermic) 반응이라고 부르는 반면에, 에너지를 방출하는 반응은 *발열*(exothermic) 반응이라 칭한다.

임의의 반응에 대하여 일반화하기 위해서는 반응양론 계수 ν_i를 도입한다. 반응양론 계수는 화학 반응에서 다른 화학종에 비하여 주어진 화학종이 상대적으로 소모되거나 생성된 비율과 동일하다. 균형 잡힌 화학 반응(balanced chemical reaction)에서 해당하는 화학종 앞의 숫자로부터 구할 수 있다. 관례상, 반응양론 계수는 단위가 없으며 생성물에 대하여 양이고($\nu_{\text{products}} > 0$), 반응물에 대해 음이며($\nu_{\text{reactants}} < 0$), 비활성 물질들에 대해 0이 된다($\nu_{\text{inerts}} = 0$). 예들 들어, 반응 (2.34)에서는 다음과 같다.

$$\nu_{H_2} = -2, \quad \nu_{O_2} = -1, \quad \text{그리고 } \nu_{H_2O} = 2$$

앞의 논의에서 분자들의 에너지가 원자들의 재배열에 따라 어떻게 변하는지 직접적으로 알 수 있으므로, 원자들을 기준 상태로 사용하였다. 그렇지만 화학종들이 자연에서 298 K과 1 bar에서 존재하는 경우는 드물기 때문에, 이러한 기준 상태들은 실제로는 편리하지 않다. 어떤 기준 상태를 일관적으로 유지하는 한에는, 원하는 어떤 기준 상태를 선정하는 것은 자유로운 선택이다. 보다 편리한 기준 상태는 관심을 갖는 온도와 1 bar에 대하여 298 K과 1 bar에서 가장 안정한 형태의 순수한 원소로서 정의될 수 있다. 예를 들면, 298 K과 1 bar에서 산

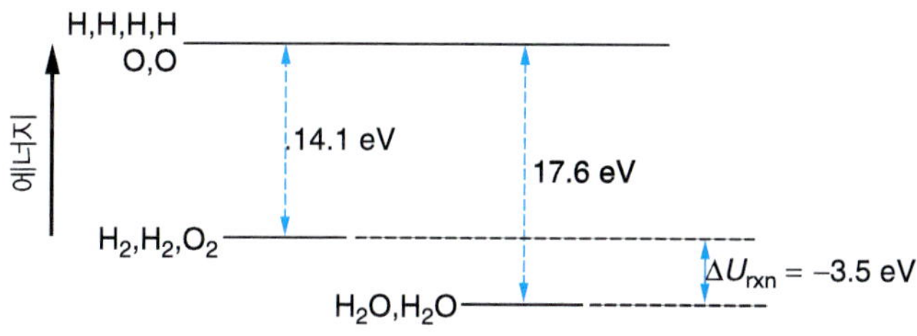

그림 2.13 화학 반응 (2.34)의 반응물과 생성물을 성분 원자들로 분해하는 데 필요한 에너지에 대한 개략도. 결과적인 에너지 차이는 반응의 내부 에너지 변화 ΔU_{rxn}을 특징짓는다.

소의 가장 안정한 형태는 O_2 기체이며, 탄소의 가장 안정한 형태는 고체 흑연이다. 주어진 분자와 그 기준 상태 사이에 엔탈피 차이는 **생성 엔탈피**(enthalpy of formation) Δh_f로 정의된다. 생성 엔탈피는 다음과 같이 나타낼 수 있다.

$$\text{원소들} \xrightarrow{\Delta h_f} \text{화학종 } i$$

오직 한 원소를 포함하는 화학종의 생성 엔탈피는 자연계에 존재하는 한 0이 된다.

Δh_f 유형의 엔탈피는 반응 엔탈피를 계산하기 위하여 가장 일반적으로 활용 가능한 열역학적 자료이다. 부록 A.3에는 25°C, 1 기압에 대한 몇몇 대표적인 값들을 나타내었다. 예를 들면, 액체 상태의 물의 생성 엔탈피는 물에서 발견되는 원소들이 25°C와 1 기압에서 수소와 산소 같은 이원자 기체이므로, 다음 반응으로 정의된다.

$$H_2(g) + \frac{1}{2}O_2(g) \rightarrow H_2O(l)$$

이 반응에 대한 생성 엔탈피의 값은 부록 A.3에서 $\Delta h^\circ_{f,298} = -285.83$ [kJ/mol]임을 알 수 있다. 부록 A.3에는 298 K 및 1 기압에서 기체 상태의 물의 반응 엔탈피 값을 보고하고 있다. 비록 물은 이 상태에서 물리적으로 존재할 수 없지만, 생성 엔탈피는 종종 활용되는 가상적인 (그렇지만 중요한!) 변화를 대변한다. 예를 들면, 물이 증기로 존재하는 높은 온도에서 반응하는 계에 관심을 가질 수 있다. 계의 온도 T에서 반응 엔탈피를 얻는 첫 단계는 298 K에서 찾아보는 것이다. 예제 2.14에는 이러한 계산을 예시하고 있다.

생성 엔탈피가 활용될 수 있다면, 반응 엔탈피는 직접적으로 계산된다. 298 K에서 반응 엔탈피의 계산을 위한 경로는 그림 2.14에 나타내었다. 점선으로 나타낸 경로에서 반응물들은 먼저 자연에서 발견되는 성분 원소들로 분해된다. 이러한 일부 경로는 Δh_1으로 표시한다. 이후, 성분 원소들은 반응하여 생성물을 생성하게 되며 Δh_2로 나타내었다. 반응물들의 화학양론 계수는 음이며 위에서 언급한 생성 엔탈피의 정의와 부합되는 Δh_1의 부호를 갖게 됨에 주목하라. 두 경로들을 활용하면 다음이 얻어진다.

$$\Delta h^\circ_{rxn,298} = \Delta h_1 + \Delta h_2 = \sum_{\text{reactants}} \nu_i \left(\Delta h^\circ_{f,298}\right)_i + \sum_{\text{products}} \nu_i \left(\Delta h^\circ_{f,298}\right)_i$$

$$= \sum \nu_i \left(\Delta h^\circ_{f,298}\right)_i$$

그러므로 관심을 갖는 화학 반응에서 모든 화학종들의 생성 엔탈피가 알려져 있다면, 반응 엔탈피는 화학 반응 계수를 각 화학종의 Δh_f에 곱함으로써 결정될 수 있다. 요약하면, 다음과 같다.

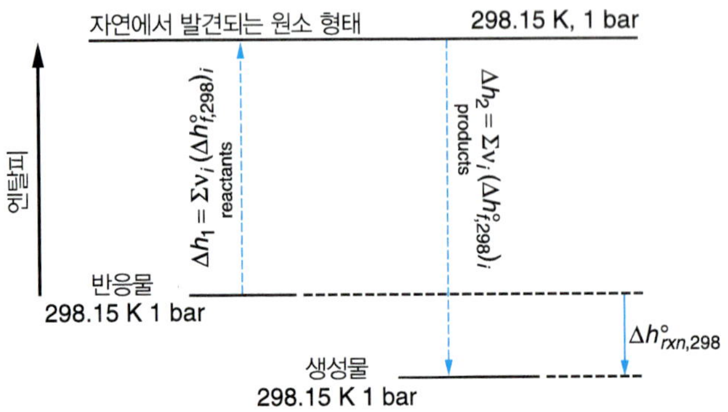

그림 2.14 표준 생성 엔탈피$(\Delta h^\circ_f)_i$로부터 Δh°_{rxn}의 경로 계산.

$$\Delta h^\circ_{rxn} = \sum \nu_i h^\circ_i = \sum \nu_i \left(\Delta h^\circ_f\right)_i \tag{2.35}$$

흔히 반응은 완료되지 않는다. 즉, 유출 흐름에 반응물들이 어느 정도 남아 있을 수 있다. 불완전하게 종료되는 반응에 대하여, 에너지 수지식에서 *정말*로 반응하는 화학종에 대한 반응 엔탈피만을 고려해야만 한다. 예제 2.16은 이러한 경우를 예시하고 있다. 제9장에서는 평형에서 화학 반응이 진행되는 정도를 어떻게 정량화하는지에 대하여 학습할 것이다.

예제 2.13 **반응 엔탈피의 결정**

다음 반응에 대하여 298 K에서의 반응 엔탈피를 계산하라.

$$H_2O(g) + CH_3OH(g) \rightarrow CO_2(g) + 3H_2(g)$$

풀이 ▸ 반응 엔탈피는 부록 A.3에 나타낸 생성 엔탈피에 대한 자료로부터 얻어질 수 있다. 이 경우에 식 (2.35)는 다음과 같이 쓸 수 있다.

$$\Delta h^\circ_{rxn} = \sum \nu_i (\Delta h^\circ_{f,298})_i = (\Delta h^\circ_{f,298})_{CO_2} + 3(\Delta h^\circ_{f,298})_{H_2} - (\Delta h^\circ_{f,298})_{H_2O} - (\Delta h^\circ_{f,298})_{CH_3OH}$$

H_2는 298 K과 1 bar에서 수소가 취하는 형태이므로 H_2의 생성 엔탈피는 정의상 0이 된다. 부록 A.3으로부터 다른 성분들에 대한 값들을 취하면 다음과 같다.

$$\Delta h^\circ_{298} = (-393.51) + 3(0) - (-241.82) - (-200.66) = 49.0\ [\text{kJ/mol}]$$

반응 엔탈피의 부호는 양이며, 이 반응이 흡열 반응임을 나타낸다.

예제 2.14 **대체 에너지원을 위한 토지의 면적**

재생 가능하고 온실 가스 배출을 줄일 수 있는 대체 에너지원이 활발하게 개발되고 있다. 이 예제에서 석유에 관한 2개의 대체 에너지원에 대한 가능성을 탐색하고자 한다. 미국의 석유 소비량은 하루에 약 3백만 m^3이다. 석유의 연료로서의 가치는 octane(옥테인)으로 나타낼 수 있다. octane의 밀도는 0.70 g/m^3이다. 24시간 동안 태양 복사의 평균적인 동력 밀도는 200 W/m^2로 주어진다.

(a) 태양전지의 효율을 10%로 가정할 때, 미국에서 사용되는 석유 에너지에 해당하는 면적은 얼마인가?

(b) 바이오에탄올(bioethanol)은 또 다른 대체 에너지원이다. 이는 옥수수의 발효를 통하여 생물학적으로 생성되는 생물연료(biofuel)이다. 동일 면적에 입사되는 태양 복사의 평균 에너지로 바이오매스의 에너지량을 나눈 것은 광합성의 에너지 효율이며, 옥수수 농장에 대하여 전형적으로 0.1~1% 사이의 값을 갖는다(생물 반응기에서 배양한 미세조류에 대해서는 약 3%이다). (a)에서 계산된 면적과 비교하여 필요한 옥수수 농장의 면적은 얼마인가?

풀이 ▶ **(a)** 먼저 octane으로 근사화되는 3백만 m^3의 석유 소비에 의해 생성되는 에너지의 양을 계산할 필요가 있다. 이 값은 반응 엔탈피로부터 구할 수 있다. 후에 다시 언급하겠지만, 엔탈피는 내부 에너지의 변화와 계의 경계를 움직이는 데 필요한 Pv 일의 변화를 모두 고려하기 때문에, 일정한 압력의 닫힌계에서 일어나는 과정의 에너지를 규정하는 데 유용한 '구축된' 성질이다.

완전 연소를 가정하면, 다음과 같이 균형을 맞춘 화학 반응식을 쓸 수 있다.

$$C_8H_{18}(l) + \frac{25}{2}O_2(g) \rightarrow 8CO_2(g) + 9H_2O(g)$$

식 (2.35)를 활용하고 부록 A.3의 근사값들을 찾으면 다음과 같이 얻어진다.

$$\Delta h^\circ_{rxn} = \sum v_i(\Delta h^\circ_{f,298})_i = 8(\Delta h^\circ_{f,298})_{CO_2} + 9(\Delta h^\circ_{f,298})_{H_2O} - (\Delta h^\circ_{f,298})_{C_8H_{18}} = -5{,}073\left[\frac{\text{kJ}}{\text{mol}}\right]$$

왜 부호가 음수일까? 에너지에 대한 크기 성질 값을 얻기 위하여 하루에 소모되는 octane의 수를 결정할 필요가 있다.

$$n = \frac{V\rho}{MW} = \frac{3\times 10^6[\text{m}^3]\times 0.7\left[\frac{\text{g}}{\text{cm}^3}\right]\times 10^6\left[\frac{\text{cm}^3}{\text{m}^3}\right]}{114.2\left[\frac{\text{g}}{\text{mol}}\right]} = 1.8\times 10^{10}\,[\text{mol}]$$

따라서 다음 식이 성립한다.

$$H = nh = -9.3\times 10^{13}\,[\text{kJ}] = -9.3\times 10^{16}\,[\text{J}]$$

태양의 에너지 밀도는 문제에서 제시한 정보를 활용하여 구할 수 있다.

$$E_\rho = 200\left[\frac{\text{J}}{\text{m}^2\text{s}}\right]\times 0.10\times 24\left[\frac{\text{h}}{\text{day}}\right]\times 3{,}600\left[\frac{\text{s}}{\text{h}}\right] = 1.7\times 10^6\left[\frac{\text{J}}{\text{m}^2}\right]$$

이제 면적을 다음과 같이 구할 수 있다.

$$A = \frac{H}{E_\rho} = \frac{9.3\times 10^{16}[\text{J}]}{1.7\times 10^6\left[\frac{\text{J}}{\text{m}^2}\right]} = 5.4\times 10^{10}[\text{m}^2]$$

이는 태양전지가 아리조나주의 대략 1/5에 해당하는 약 150 마일의 면을 갖는 정사각형 구역을 채움을 의미한다.

(b) 생물 연료에 대한 면적의 범위는 태양전지에 대한 효율의 비로부터 구할 수 있다. 1%의 효율에 대하여 이 계산을 통해 $A = 5.4 \times 10^{11}$ $[m^2]$가 되며, 0.1%의 효율에 대하여 $A = 5.4$ $10^{12}[m^2]$가 된다. 이는 약 500과 1500 마일의 면을 갖는 정사각형 구역을 각각 나타낸다. 후자는 미국 면적의 절반을 넘는다.

참조: 앞의 분석을 통하여 두 대체 에너지원에 대해 요구되는 면적을 검토하였다. 그렇지만 두 대체 연료의 비교는 좀 더 복잡하다. 물, 자본, 유지비를 포함하는 계의 총 비용을 평가해야만 한다. 또한 제조와 식량 공급 및 기후 변화와 같은 가능한 상호작용으로부터의 위험 요인을 고려해야 한다.

예제 2.15 단열 화염 온도 계산

Propane(프로페인)이 25°C의 단열, 일정 압력 연소 챔버에 있으며 다음과 같이 반응한다. 각 경우에 최종 온도는 얼마인가? 완전 연소를 가정하라.

(a) 산소와 화학양론적인 양만큼 섞여서 반응하여 H_2O와 CO_2를 형성한다.

(b) 공기와 화학양론적인 양만큼 섞여서 반응하여 H_2O와 CO_2를 형성한다.

(c) 공기와 화학양론적인 양만큼 섞여서 반응하여 생성물 흐름에서의 탄소 분포는 90%의 CO_2와 10% CO를 포함한다.

풀이 ▶ **(a)** (a)번에 대하여 균형을 맞춘 화학 반응식은 다음과 같이 표현할 수 있다.

$$C_3H_8 + 5O_2 \rightarrow 3CO_2 + 4H_2O \qquad \textbf{(E15.1)}$$

반응 (E15.1)이 완료된다고 가정하면, 이 과정에 대한 개략도는 그림 E2.15A와 같이 나타낼 수 있다. 일정 압력에서 닫힌계에 대한 에너지 수지식은 다음과 같이 주어진다[식 (2.28) 참조].

$$\Delta H = \sum (n_i h_i)_2 - \sum (n_i h_i)_1 = Q = 0 \qquad \textbf{(E15.2)}$$

이제 ΔH를 계산하기 위한 경로가 필요하다. 편리한 선택이 그림 E2.15B에 실선으로 예시되었다. 또한 이 그림에는 식 (E15.2)에 점선으로 표시한 총 에너지 수지식의 제약 조건이 표시되어 있다. 반응 엔탈피 자료가 298 K(부록 A.3)에서 이용 가능하므로, 먼저 298 K에서 propane을 완전히 연소시키기 위한 가상적인 경로를 선정한 뒤, 상태 1과 상태 2 사이의 엔탈피 변화가 0이 되도록 온도 T_2까지 생성물을 가열한다. 이 가상적인 경로를 활용하면, 식 (E15.2)는 다음과 같이 된다.

$$\Delta H_{rxn,298} + \int_{298}^{T_2} \sum (n_i)_2 (c_p)_i dT = 0$$

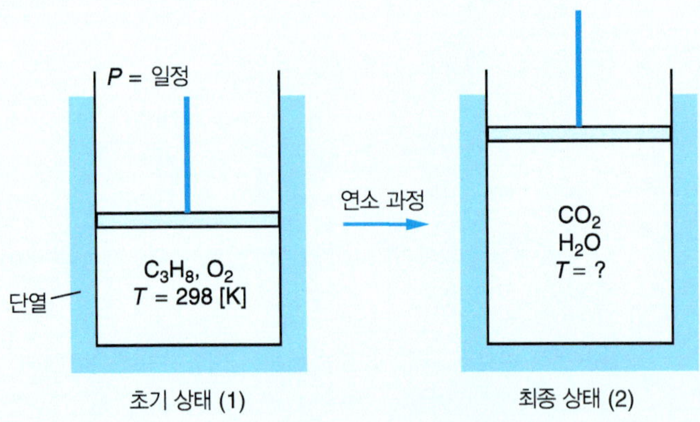

그림 E2.15A 일정한 압력에서 산소의 화학양론적인 혼합물과 반응하여 propane을 완전 연소시키는 과정 개략도.

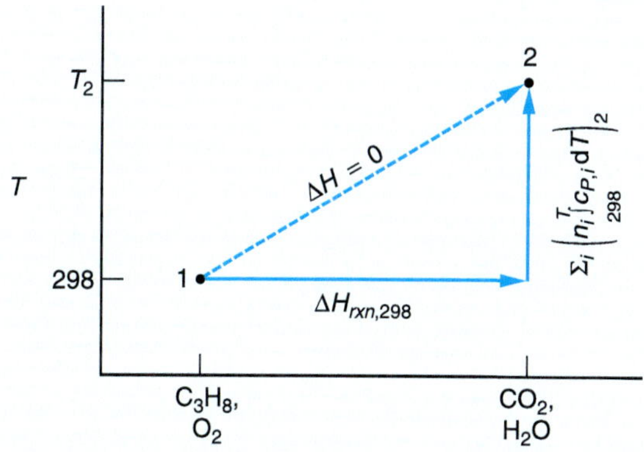

그림 E2.15B Propane의 완전 연소에서 엔탈피를 계산하기 위한 가상적인 경로.

반응 엔탈피는 반응 (E15.1)로 주어지는 반응양론 계수에 근거하여 다음과 같이 얻어질 수 있다.

$$\Delta h_{rxn,298} = \sum \nu_i (\Delta h_f^o)_i = \nu_{CO_2}(\Delta h_f^o)_{CO_2} + \nu_{H_2O}(\Delta h_f^o)_{H_2O} + \nu_{C_3H_8}(\Delta h_f^o)_{C_3H_8} + \nu_{O_2}(\Delta h_f^o)_{O_2}$$

부록 A.3의 값들을 활용하면, 다음과 같이 얻어진다.

$$\Delta h_{rxn,298} = 3(-393.51) + 4(-241.82) - 1(-103.85) - 0 = -2.044 \times 10^6 \left[\frac{\text{J}}{\text{mol}}\right]$$

1 mol의 C_3H_8을 계산의 기준으로 활용하면, 반응 엔탈피의 크기는 다음과 같다.

$$\Delta H_{rxn,298} = n_{C_3H_8} \Delta h_{rxn,298} = -2.044 \times 10^6 \,[\text{J}]$$

반응 엔탈피는 현열과 같지만 거꾸로 증가해서 반대로 작용해야만 한다. 이 효과 때문에 T_2를 계산할 수 있다. 현열은 다음과 같이 열용량을 더함으로써 구해질 수 있다.

$$\int_{298}^{T_2} \sum (n_i)_2 (c_p)_i \mathrm{d}T = \int_{298}^{T_2} n_{CO_2}(c_p)_{CO_2} \mathrm{d}T + \int_{298}^{T_2} n_{H_2O}(c_p)_{H_2O} \mathrm{d}T \qquad \textbf{(E15.3)}$$

열용량에 대한 상수 값들은 부록 A.3에서 찾을 수 있다. 이를 표 E15.1에 요약하였다.
식 (E15.3)의 우변의 각 항들을 적분하면 다음과 같다.

$$\int_{298}^{T_2} n_{CO_2}(c_p)_{CO_2} \mathrm{d}T = (3)R\left[A_{CO_2}(T_2 - 298) + \frac{B_{CO_2}}{2}(T_2^2 - (298)^2) - D_{CO_2}\left(\frac{1}{T_2} - \frac{1}{298}\right)\right] \qquad \textbf{(E15.4A)}$$

표 E2.15 상태 2에서 화학종에 대한 열용량의 상수 값

화학종	A	B	D
CO_2	5.457	1.045×10^3	-1.157×10^5
H_2O	3.470	1.45×10^{-3}	1.21×10^4
N_2	3.280	5.93×10^{-4}	4.00×10^3
CO	3.376	5.57×10^{-4}	-3.10×10^3

$$\int_{298}^{T_2} n_{H_2O}(c_p)_{H_2O}\,dT = (4)R\left[A_{H_2O}(T_2 - 298) + \frac{B_{H_2O}}{2}(T_2^2 - (298)^2) - D_{H_2O}\left(\frac{1}{T_2} - \frac{1}{298}\right)\right] \quad \textbf{(E15.4B)}$$

유일한 미지수인 T_2는 앞의 두 식의 합이 $-\Delta H_{rxn,298} = 2.044 \times 10^6$ [J]임을 활용하여 비명시적으로 구해질 수 있다. T_2는 다음과 같이 얻어진다.

$$T_2 = 4{,}910\,[\text{K}]$$

이 값은 **단열 화염 온도**(adiabatic flame temperature)로 알려져 있으며, 이 경우에는 매우 큰 값이다. *단열 화염 온도는 주어진 연료를 활용하여 어떤 반응기가 도달할 수 있는 최대 온도를 나타낸다*. 만약 계로부터의 열 전달이 존재한다면, 온도는 더 낮아질 것이다.

화학양론적인 양의 공기를 활용한다면, 단열 화염 온도는 더 높아지는가? 혹은 낮아지거나 같아지는가? 과잉 공기를 활용한다면 어떻게 될까? 일부 CO가 형성된다면 어떨까? 각 경우들에 대하여 다음과 같이 살펴 볼 것이다.

(b) 순수한 산소 대신 공기를 사용한다면, (a)에 나타낸 반응은 동일하게 유지될 것이다. 따라서 반응 엔탈피는 -2.044×10^6 [J]로 유지된다. 그렇지만 여기서는 비활성 N_2가 현열로서 반응에 참여하지 않는 것을 감안해야 한다. 이 화학종은 더 많은 '열질량(thermal mass)'을 제공하며, 결과적으로 단열 화염 온도는 더 낮아질 것으로 예상할 수 있다. 5 mol의 산소가 있으므로, 다음과 같이 계산된다.

$$n_{N_2} = \left(\frac{0.79}{0.21}\right)5 = 18.8\,[\text{mol}]$$

n_{N_2}의 값은 두 반응 생성물에 비하여 충분히 크므로, T_2는 현격히 낮아질 것으로 예상된다. 현열을 계산하기 위하여, N_2에 관한 항을 다음과 같이 더해야 한다.

$$\int_{298}^{T_2} \sum (n_i)_2(c_p)_i\,dT = \int_{298}^{T_2} n_{CO_2}(c_p)_{CO_2}\,dT + \int_{298}^{T_2} n_{H_2O}(c_p)_{H_2O}\,dT + \int_{298}^{T_2} n_{N_2}(c_p)_{N_2}\,dT$$

식 (E15.4A)와 (E15.4B)에 다음 식을 적용한다.

$$\int_{298}^{T_2} n_{N_2}(c_p)_{N_2}\,dT = (18.8)R\left[A_{N_2}(T_2 - 298) + \frac{B_{N_2}}{2}(T_2^2 - (298)^2) - D_{N_2}\left(\frac{1}{T_2} - \frac{1}{298}\right)\right] \quad \textbf{(E15.4C)}$$

이번에도 N_2에 대한 열용량의 상수 값들은 부록 A.3에서 찾을 수 있으며, 표 E15.1에 나타내었다. 유일한 미지수인 T_2는 앞의 세 식들의 합이 $-\Delta H_{rxn,\,298} = 2.044 \times 10^6$ [J]임을 활용하여 비명시적으로 구해질 수 있다. T_2는 다음과 같이 얻어진다.

$$T_2 = 2{,}370\,[\text{K}]$$

(a)에서 구한 값인 4,910 [K]에 비하여 T_2가 현격히 떨어졌음에 주목하라.

(c) 여기서는 CO의 생성 또한 고려해야 한다. 반응 (E15.1) 외에 다음 반응 역시 고려해야 한다.

$$C_3H_8 + \frac{7}{2}O_2 \rightarrow 3CO + 4H_2O \quad \textbf{(E15.5)}$$

위 반응의 반응 엔탈피는 다음과 같다.

$$\Delta h^{II}_{rxn,298} = \nu_{CO}(\Delta h^o_f)_{CO} + \nu_{H_2O}(\Delta h^o_f)_{H_2O} - \nu_{C_3H_8}(\Delta h^o_f)_{C_3H_8} - \nu_{O_2}(\Delta h^o_f)_{O_2}$$

$$= -1.195 \times 10^6 \left[\frac{J}{mol}\right]$$

생성물 흐름에는 탄소가 90%의 CO_2와 10%의 CO에 분포하므로, C_3H_8 1 mol을 기준으로 첫 반응 (E15.1)에 $n^I_{C_3H_8} = 0.9$를 곱하고, 두 번째 반응 (E15.5)에는 $n^{II}_{C_3H_8} = 0.1$을 곱해야 한다. 따라서 총 반응 엔탈피는 다음과 같다.

$$\Delta H_{rxn,298} = n^I_{C_3H_8}\Delta h^I_{rxn,298} + n^{II}_{C_3H_8}\Delta h^{II}_{rxn,298} = -1.96 \times 10^6\,[J]$$

그리고 다음과 같은 화학종의 농도가 얻어진다.

$$n_{H_2O} = 4\,[mol],\ \ n_{N_2} = \left(\frac{0.79}{0.21}\right)\left(0.9 \times 5 + 0.1 \times \frac{7}{2}\right) = 18.2\,[mol],$$
$$n_{CO_2} = 2.7\,[mol],\ \ n_{CO} = 0.3\,[mol].$$

현열을 계산하기 위하여 (b)에서 얻어진 표현식에 CO의 항을 더해야만 한다.

$$\int_{298}^{T_2} \sum (n_i)_2 (c_p)_i dT = \int_{298}^{T_2} n_{CO_2}(c_p)_{CO_2} dT + \int_{298}^{T_2} n_{CO}(c_p)_{CO} dT + \int_{298}^{T_2} n_{H_2O}(c_p)_{H_2O} dT + \int_{298}^{T_2} n_{N_2}(c_p)_{N_2} dT$$

T_2는 다음과 같이 구해진다.

$$T_2 = 2{,}350\,[K]$$

(b)에서 얻어진 2,370 [K]과 T_2가 유사한 값임에 주목하라.

예제 2.16 다중 불완전 반응들(multiple incomplete reactions)에 대한 에너지 수지식

다음의 두 화학 반응들이 일어나는 등압 화학 반응기를 고려한다.

$$CO + \frac{1}{2}O_2 \rightarrow CO_2 \qquad (1)$$

$$C + \frac{1}{2}O_2 \rightarrow CO \qquad (2)$$

초기 반응기에는 4 mol의 CO, 4 mol의 O_2, 2 mol의 C가 함유되어 있다. 반응 과정이 끝날 때, 반응기에는 2 mol의 CO와 2 mol의 O_2가 포함되어 있다. 초기 온도가 25°C이고 최종 온도가 225°C일 때, 이 과정 중에 전달된 열의 양을 결정하라.

풀이 ▶ 에너지 수지식은 다음과 같다.

$$Q = \Delta H = \Delta H_{rxn} + \int_{298}^{498} \sum (n_i)_2 (c_p)_i\, dT$$

여기서 계의 엔탈피 변화량의 크기 변수값은 그림 E2.15B에 나타낸 것과 유사하게 반응에 관한 요소와 현열에 대한 요소로 분할된다.

반응 엔탈피를 결정하기 위하여 위에 나타낸 두 반응 각각에 대한 열역학적 자료가 필요하다. 반응 1에 대해 다음과 같이 얻어진다.

$$\Delta h^1_{rxn,298} = \sum \nu_i(\Delta h^o_f)_i = (\Delta h^o_f)_{CO_2} - (\Delta h^o_f)_{CO} - \frac{1}{2}(\Delta h^o_f)_{O_2}$$

$$\Delta h^1_{rxn,298} = (-393.51) - 1(-110.53) - 0 = -2.83 \times 10^5 \left[\frac{\text{J}}{\text{mol}}\right] \quad \textbf{(E2.16A)}$$

유사하게, 반응 2에 대하여 다음과 같이 얻어진다.

$$\Delta h^2_{rxn,298} = \sum \nu_i(\Delta h^o_f)_i = (\Delta h^o_f)_{CO} - (\Delta h^o_f)_{C} - \frac{1}{2}(\Delta h^o_f)_{O_2}$$

$$\Delta h^1_{rxn,298} = 1(-110.53) - 0 - 0 = -1.11 \times 10^5 \left[\frac{\text{J}}{\text{mol}}\right] \quad \textbf{(E2.16B)}$$

식 (E2.16A)와 식 (E2.16B)의 분모에 나타낸 몰수는 각각 반응한 CO와 C의 몰수를 의미한다. 이 양을 반응이 진행된 정도로 정의할 수 있다. 제9장에서 화학 반응 평형을 다룰 때 *반응 진척도*(extent of reaction) ξ에 대해 더 자세히 학습할 것이다.

따라서 임의의 성분 i의 몰수는 임의의 k 반응에 대하여 반응의 화학양론 계수와 반응 진척도를 곱하여 연관지을 수 있다.

$$n_i = n_i^0 + \sum_k \nu_i \xi_k \quad \textbf{(E2.16C)}$$

여기서 n_i^0는 i의 초기 몰수이고 n_i는 반응 후의 최종 몰수이다. 식 (E2.16C)를 활용하여 CO의 몰수는 다음과 같이 쓸 수 있다.

$$n_{CO} = n^{\circ}_{CO} - \xi_1 + \xi_2$$

수치들을 대입하면 다음과 같이 얻어진다.

$$2 \text{ mol} = 4 \text{ mol} - \xi_1 + \xi_2$$

$$n_{O_2} = n^0_{O_2} - \tfrac{1}{2}\xi_1 - \tfrac{1}{2}\xi_2$$

그리고

$$2 \text{ mol} = 4 \text{ mol} - \tfrac{1}{2}\xi_1 - \tfrac{1}{2}\xi_2$$

연립 방정식을 풀면 다음과 같다.

$$\xi_1 = 3 \text{ mol}$$
$$\xi_2 = 1 \text{ mol}$$

반응 엔탈피의 크기 변수 값을 계산하기 위하여, 각 반응의 반응 엔탈피에 반응진척도를 곱할 수 있다.

$$\Delta H_{rxn} = \xi_1 \Delta h_{rxn,1} + \xi_2 \Delta h_{rxn,2} = -9.59 \times 10^5 \text{ [J]} \quad \textbf{(E2.16D)}$$

마지막으로 현열을 계산하기 위하여 화학종의 최종 농도를 결정할 필요가 있다. 식 (E2.16C)를 활용하면, 다음과 같이 얻어진다.

$$n_{CO,2} = 4 - \xi_1 + \xi_2 = 2 \text{ mol}$$
$$n_{O_2,2} = 4 - \tfrac{1}{2}\xi_1 - \tfrac{1}{2}\xi_2 = 2 \text{ mol}$$
$$n_{CO_2,2} = 0 + \xi_1 = 3 \text{ mol}$$
$$n_{C,2} = 2 - \xi_2 = 1 \text{ mol}$$

그러므로 다음과 같이 얻어진다.

$$\int_{298}^{498} \sum (n_i)_2 (c_p)_i \, dT = 52{,}000 \text{ [J]} \tag{E2.16E}$$

여기서는 예제 2.15와 유사하게 부록 A.3의 자료가 활용되었다. 열로 전달된 에너지의 양을 계산하면 다음과 같다.

$$Q = \Delta H = \Delta H_{rxn} + \int_{298}^{498} \sum (n_i)_2 (c_p)_i \, dT = -9.1 \times 10^5 \text{ [J]}$$

여기서는 식 (E2.16D)와 식 (E2.16E)에서 주어진 값들이 활용되었다. 음의 부호는 열이 반응기로부터 주위로 제거되어야 함을 나타낸다.

예제 2.17 **다른 T에서의 반응 엔탈피**

298 K에서의 생성 엔탈피에 대해 주어진 자료와 부록 A의 열용량 상수들을 활용하여 온도 T에서의 반응 엔탈피 Δh_{rxn}를 어떻게 결정할 수 있겠는가?

풀이 ▶ 엔탈피는 열역학적 함수이므로 자료를 활용할 수 있는 가상적인 경로를 구축할 수 있다. 이후, 그림 E2.17에 예시한 경로로부터 온도 T에서의 반응 엔탈피를 구할 수 있다. 처음에 반응물들의 온도는 298 K이다. 이후 반응물들은 원하는 생성물들을 얻기 위한 표준 조건 하에서 반응한다. 생성물들은 이후 계의 온도 T로 되돌려진다. 이 세 단계를 더하면 다음 적분식이 얻어진다.

$$\Delta h_{rxn,T} = \Delta h_{rxn,298} + \int_{298}^{T} \left(\sum_i \nu_i c_{P,i} \right) dT$$

식 (2.35)와 식 (2.30)에 대입하면, 다음이 얻어진다.

$$\Delta h_{rxn,T} = \sum \nu_i (\Delta h^o_{f,298})_i + \int_{298}^{T} \left(R \sum_i \nu_i \left(A_i + B_i T + C_i T^2 + \frac{D_i}{T^2} + E_i T^3 \right) \right) dT \tag{E2.17}$$

표준 생성 엔탈피와 열용량의 상수 값들이 주어지면 식 (E2.17)은 주어진 T에서 명시적으로 $\Delta h_{rxn,T}$에 대해 풀릴 수 있다. 그림 2.12와 그림 E2.17의 경로 사이의 유사성에 주목하라. 열역학에서는 흔히 한 가지 유형의 문제를 풀기 위하여 개발된 개념을 다른 여러 경우에도 적용할 수 있다.

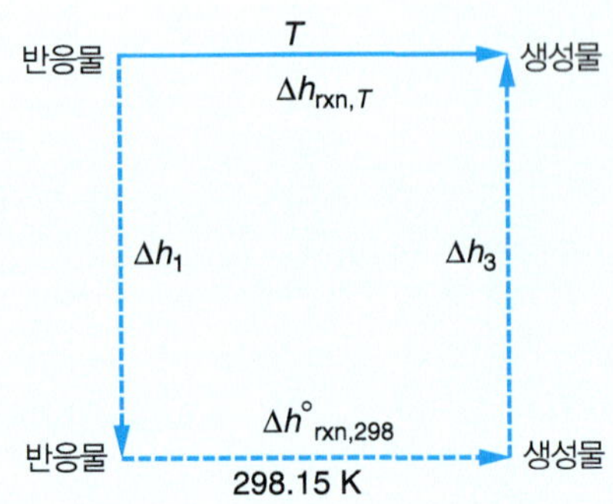

$$\Delta h_{rxn,T} = \Delta h_1 + \Delta h^\circ_{rxn.298} + \Delta h_3$$

$$\Delta h_1 = -\int_{T\ \text{reactants}}^{298} R\,\Sigma\nu_i (A_i + B_i T + C_i T^2 + D_i T^{-2} + E_i T^3)\,dT$$

$$\Delta h_3 = -\int_{298\ \text{products}}^{T} R\,\Sigma\nu_i (A_i + B_i T + C_i T^2 + D_i T^{-2} + E_i T^3)\,dT$$

그림 E2.17 열용량 자료와 298 K에서의 반응 엔탈피로부터 온도 T에서의 Δh°_T를 계산하는 경로.

▸ 2.7 닫힌계에서의 가역 과정

열역학의 유용한 응용 중 하나는 많은 다른 과정들에 대해 일과 열 효과를 계산하는 것이다. 이러한 정보들을 통해 공학자들은 비용과 자원을 절약하면서 에너지를 보다 효율적으로 사용할 수 있게 된다. 열과 일은 경로 의존적이므로 필요한 계산을 수행하기 위하여 특정 과정이 정의되어야만 한다. 이 절에서는 **이상기체**(ideal gas)가 **가역**(reversible) 과정을 겪을 때 사용되는 두 가지 유형의 계산들에 대해 학습할 것이다. 제5장에서 비이상기체(nonideal gas)를 살펴 볼 것이다. 이 절을 통해 Carnot 사이클(Carnot cycle)(2.9절)을 이해하는 데 유용한 표현들을 전개하는 것 뿐 아니라, 일과 열에 대한 값을 얻기 위하여 제1법칙을 적용하는 경험을 얻고자 한다.

가역적인 등온 팽창(압축)

이상기체의 **가역적인 등온**(reversible, isothermal) 팽창을 고려하자. 이러한 과정을 겪는 피스톤-실린더 조합에 대한 개략도를 그림 2.15에 나타내었다. 기체는 열 저장고와 접촉을 유지함으로써 일정한 온도로 유지된다. **열 저장고**(thermal reservoir)는 충분한 질량을 포함하므로 과정이 일어나는 동안 온도가 눈에 띄게 변하지는 않는다. 여러분은 ΔU, Q, W의 부호를 예측할 수 있는가?

이상기체의 내부 에너지는 오직 온도만의 함수이므로, 다음 식이 성립한다.

$$\Delta U = 0$$

가역 과정에 대하여 계의 압력을 다음과 같이 적분할 수 있다(2.3절 참조).

$$W = -\int P dV \tag{2.36}$$

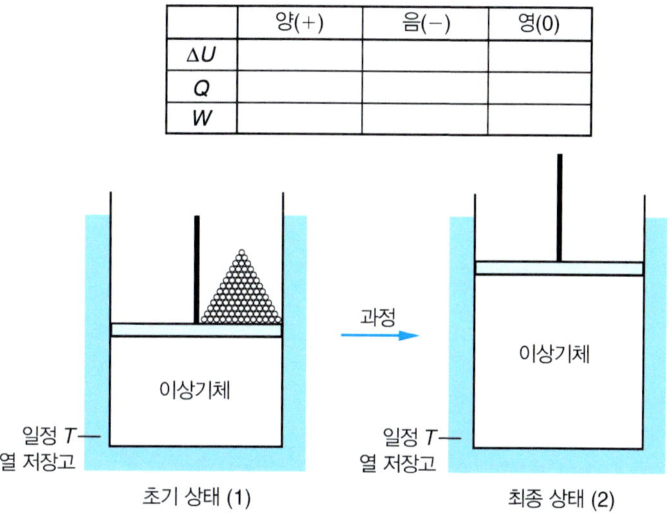

그림 2.15 가역적인 등온 팽창을 겪는 이상기체가 포함된 피스톤-실린더 조합. 표에서 이 과정에 대한 $\Delta U, Q, W$의 부호를 예상할 수 있는지 확인하라.

이상기체 관계식을 적용하면 다음과 같다.

$$V = \frac{nRT}{P}$$

(이 경우에 T가 상수임을 기억하면) 부피에 대한 미소 변화를 압력의 미소 변화로 변환할 수 있다.

$$dV = -\frac{nRT}{P^2}dP \tag{2.37}$$

식 (2.36)에 식 (2.37)을 대입하고 적분하면 다음과 같다.

$$W = \int_1^2 \frac{nRT}{P}dP = nRT\ln\frac{P_2}{P_1} \tag{2.38}$$

제1법칙을 적용하면, 다음 식을 얻는다.

$$Q = \Delta U - W = -nRT\ln\frac{P_2}{P_1} \tag{2.39}$$

$P_2 < P_1$이므로, W의 부호는 음이고 Q의 부호는 양이다. 여러분은 그림 2.15의 표에 있는 부호를 옳게 적었는가? 기체가 팽창 대신 압축을 경험한다면 식 (2.38)과 식 (2.39)는 어떻게 변하는가?

일정한 열용량에서의 단열 팽창(압축)

동일한 **이상기체**가 (등온 대신) **단열 가역**(adiabatic, reversible) 팽창을 겪을 때를 고려하자. 이 기체의 열용량이 온도에 따라 변하지 않는, 즉 **일정한 열용량**을 갖는다고 가정한다. 이 과정은 그림 2.16에 나타내었다. 여러분은 이번에도 ΔU, Q, W의 부호를 예측할 수 있는가?

거시적인 운동에너지와 위치에너지를 무시할 때, 닫힌계에 대한 제1법칙의 미분 형태로

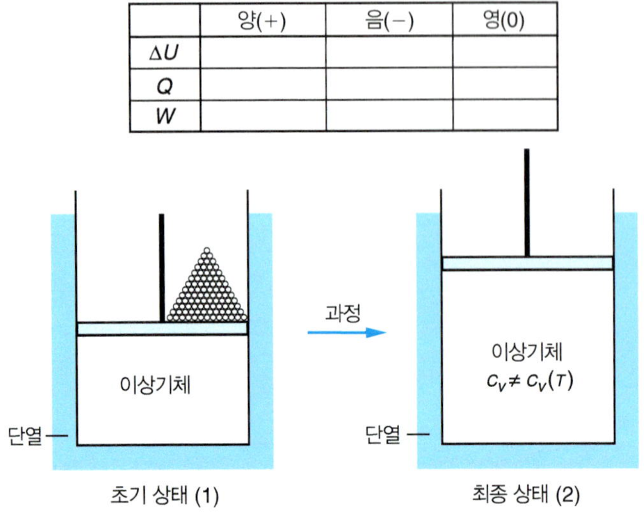

	양(+)	음(−)	영(0)
ΔU			
Q			
W			

그림 2.16 가역적인 단열 팽창을 겪는 이상기체가 포함된 피스톤-실린더 조합. 이 예에서 c_v는 일정하다. 표에서 이 과정에 대한 ΔU, Q, W의 부호를 예상할 수 있는지 확인하라.

부터 식 (2.14)는 식 (2.40)으로 표현된다.

$$dU = \cancelto{0}{\delta Q} + \delta W \tag{2.40}$$

이 과정은 단열 과정이므로 열 전달은 0으로 설정되었다. 식 (2.24)로부터 다음 식이 얻어진다.

$$dU = nc_v dT \tag{2.41}$$

그리고 가역 과정에 대하여 다음 식이 성립한다.

$$\delta W = -PdV \tag{2.42}$$

식 (2.41)과 식 (2.42)를 식 (2.40)에 대입하면 다음 식이 얻어진다.

$$nc_v dT = -PdV \tag{2.43}$$

측정된 성질 T, V, P를 연관 짓기 위하여 이상기체 법칙을 사용할 수 있다.

$$d(nRT) = d(PV) = PdV + VdP \tag{2.44}$$

여기서 곱의 규칙(product rule)이 적용되었다. 식 (2.44)를 dT에 대해 풀고, 식 (2.43)에 결합한 뒤 재배열하면, 다음과 같이 얻어진다.

$$c_v VdP = -(c_v + R)PdV = -c_P PdV \tag{2.45}$$

식 (2.45)에서 변수 분리를 하면 다음과 같다.

$$-\frac{c_P}{c_v}\frac{dV}{V} = \frac{dP}{P} \tag{2.46}$$

이제 초기 상태 1에서 최종 상태 2로 식 (2.46)을 적분한다.

$$-k\ln\left(\frac{V_2}{V_1}\right) = \ln\left(\frac{P_2}{P_1}\right) \quad (2.47)$$

여기서 $k = c_P/c_v$이다. 자연로그의 수학적 관계를 적용하면, 식 (2.47)의 좌변을 다음과 같이 다시 쓸 수 있다.

$$-k\ln\left(\frac{V_2}{V_1}\right) = \ln\left(\frac{V_2}{V_1}\right)^{-k} = \ln\left(\frac{V_1}{V_2}\right)^{k}$$

그러므로 다음 식이 성립한다.

$$\ln(P_1V_1^k) = \ln(P_2V_2^k)$$

또는

$$PV^k = \text{일정} \quad (2.48)$$

이제 일을 구하기 위하여 적분하면 다음과 같다.

$$W = -\int P\mathrm{d}V = -\int \text{상수}\ \ V^{-k}\mathrm{d}V = \frac{\text{상수}}{k-1}\left[\frac{1}{V_2^{k-1}} - \frac{1}{V_1^{k-1}}\right]$$
$$= \frac{1}{k-1}[P_2V_2 - P_1V_1] = \frac{nR}{k-1}[T_2 - T_1]$$

제1법칙으로부터 다음 식이 성립한다.

$$\Delta U = W = \frac{1}{k-1}[P_2V_2 - P_1V_1] = \frac{nR}{k-1}[T_2 - T_1]$$

▶ 요약

이 절에서 나타낸 두 경우에 대하여 표 2.2에 요약하였다. 두 경우 모두 피스톤의 팽창에 의해 일의 형태로 외부에 유용한 에너지가 제공된다. 그렇지만 각 경우는 한계를 보인다. 등온 과정에서 일로서 전달된 모든 에너지는 열의 형태로 주위에 제공된다. 반면에 단열 과정의 경우에는 일을 위한 에너지는 계에서 기체의 내부 에너지로서 제공된다. 계에 있는 기체의 일부 '냉각' 뿐 아니라 외부로부터 흡수된 일부의 열이 존재하는 중간의 경우도 존재한다.

표 2.2 이상기체가 가역적인 변화를 겪을 때 내부 에너지, 열, 일의 변화에 대한 수식들의 요약.

	등온	단열, $c_v \neq c_v(T)$
ΔU	0	$\frac{nR}{k-1}[T_2 - T_1]$
Q	$-nRT\ln\frac{P_2}{P_1}$	0
W	$nRT\ln\frac{P_2}{P_1}$	$\frac{nR}{k-1}[T_2 - T_1]$

어떤 과정이 다음 관계를 따른다면 **폴리트로픽**(또는 다방향성)(polytropic)이라고 정의한다.

$$PV^{\gamma} = \text{일정} \tag{2.49}$$

이 절의 두 과정들은 모두 폴리트로픽 과정으로 간주될 수 있다. 일정한 열용량의 이상기체의 가역적인 단열 팽창에 대해 $\gamma = k = c_P/c_v$인 반면에, 식 (2.49)를 만족하는 이상기체의 등온 팽창은 $\gamma = 1$을 따른다. 폴리트로픽 과정의 다른 예를 생각할 수 있는가?

▶ 2.8 과정 장치에 대한 열린계의 에너지 수지식

이 절에서는 일반적인 형태의 과정 설비에 제1법칙을 어떻게 응용하는지 사례를 검토할 것이다. 이러한 계들은 계의 어느 곳에서도 성질이 시간에 따라 변하지 않는 정상 상태로 분석될 것이다. 대부분의 경우는 각각 흐름 1과 흐름 2로 표시된 한 개의 유입 흐름 및 유출 흐름으로 구성된다. 이 경우에 물질 수지는 다음과 같이 된다.

$$\dot{m}_1 = \dot{m}_2$$

그리고 에너지 수지식, 식 (2.19)는 다음과 같이 된다.

$$0 = \dot{m}_1(\hat{h} + \tfrac{1}{2}\vec{V}^2 + gz)_1 + \dot{m}_2(\hat{h} + \tfrac{1}{2}\vec{V}^2 + gz)_2 \tag{2.50}$$

식 (2.50)은 몰의 항들로 다음과 같이 다시 쓸 수 있다.

$$0 = \dot{n}_1\left(h + MW\frac{\vec{V}^2}{2} + MWgz\right)_1 + \dot{n}_2\left(h + MW\frac{\vec{V}^2}{2} + MWgz\right)_2 \quad \text{(식 2.50 몰수로 표현)}$$

여기서 거시적인 운동에너지와 위치에너지의 항들을 질량에 기반한 식에서 몰수에 기초한 식으로 바꾸기 위하여 분자량(MW)을 활용하였다.

이 절에서의 예들은 정상 상태가 적용될 수 있는 경우들로 제한된다는 점을 기억하는 것이 중요하다. 이러한 과정들에 대해 시작과 종료 또는 공급이나 조업 조건에서의 요동이 존재한다면, 에너지 수지식의 비정상 상태의 형태를 활용해야 한다.

노즐과 확산기

이 과정 장치를 통해 유체가 흐르는 단면적을 변화시킴으로써 내부 에너지와 운동에너지를 변환한다. 흐름이 제약되는 노즐(nozzle)에서는 e_K가 증가한다. 확산기(diffuser)에서는 벌크 흐름의 속도를 감소시키기 위하여 단면적을 늘려야 한다. 확산기를 통한 과정 계산의 예는 다음과 같다.

예제 2.18 **확산기의 최종 온도 계산**

제트기의 엔진 유입부는 공기의 속도를 0으로 감소시켜서 압축기로 들어가도록 하는 *확산기*로 구성되어 있다. 온도가 10°C인 고도 10,000 m에서 350 m/s의 속도로 날아가는 제트기를 고려한다. 확산기를 빠져나가서 압축기로 들어가는 공기의 온도는 몇 도인가?

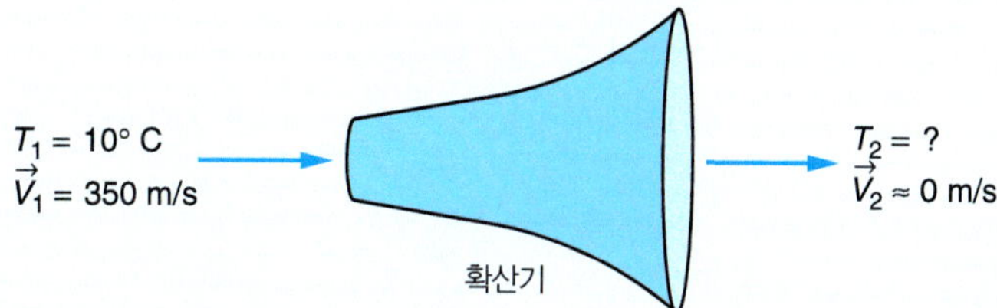

그림 E2.18 예제 2.18의 확산기의 개략도.

풀이 ▶ 우리가 알고 있는 정보를 포함하는 계의 개략도를 그림 E2.18에 나타내었다.

이 정상 상태 과정은 한 개의 유입 및 한 개의 유출 흐름을 갖는 열린계에서 발생한다. 이 경우에 식 (2.50)을 활용하여 제1법칙을 적을 수 있다.

$$0 = \dot{n}_1 \left(h + MW\frac{\vec{V}^2}{2} + \cancelto{0}{MWgz}\right)_1 - \dot{n}_2\left(h + \cancelto{0}{MW\frac{\vec{V}^2}{2}} + \cancelto{0}{MWgz}\right)_2 + \cancelto{0}{\dot{Q}} + \cancelto{0}{\dot{W}_s} \quad \textbf{(E2.18A)}$$

여기서 무시할 수 있는 항들은 0으로 설정되었다. 위치에너지에 대한 표준 상태는 10,000 m임에 주목하라. 몰 수지식은 다음과 같다.

$$\dot{n}_1 = \dot{n}_2$$

따라서 식 (E2.18A)는 다음과 같이 단순화될 수 있다.

$$e_K = \frac{1}{2}(MW)\vec{V}_1^2 = (h_2 - h_1) = \int_{T_1}^{T_2} c_{P,\text{air}}\,\mathrm{d}T \quad \textbf{(E2.18B)}$$

부록 A.3의 공기에 대한 열용량의 값을 찾으면, 다음 식이 얻어진다.

$$A = 3.355, \quad B = 0.575 \times 10^{-3}, \quad D = -0.016 \times 10^5$$

열용량의 정의를 활용하면, 다음 적분식이 얻어진다.

$$\int_{T_1}^{T_2} c_P \mathrm{d}T = R\int_{283}^{T_2} [A + BT + DT^{-2}]\mathrm{d}T = R\left[AT + \frac{B}{2}T^2 - \frac{D}{T}\right]_{283}^{T_2} \quad \textbf{(E2.18C)}$$

식 (E2.18C)를 활용하면, 식 (E2.18B)는 다음과 같이 된다.

$$\frac{1}{2}(MW)\vec{V}_1^2 = R\left[A(T_2 - 283) + \frac{B}{2}(T_2^2 - 283^2) - D\left(\frac{1}{T_2} - \frac{1}{283}\right)\right]$$

이제 비명시적으로 다음과 같이 풀리는 미지수 T_2에 대한 한 개의 식을 얻는다.

$$T_2 = 344\ [\mathrm{K}]$$

유입되는 흐름의 운동에너지가 내부 에너지로 전환되기 때문에 공기의 온도는 증가한다.

터빈과 펌프(또는 압축기)

이 과정들은 축일을 통한 에너지 전달을 수반한다. 터빈에서는 회전하는 일련의 날을 통과하는 유체에 의해 동력이 생성된다. 이는 발전소에서 일반적으로 발견되며 화학 공장의 일부에서 국부적으로 에너지를 생산하기 위하여 사용된다. 이 과정은 2.1절에 나타내었으며 예제

2.4에 예시하였다. 펌프와 압축기는 원하는 결과를 달성하기 위하여 축일을 사용한다. 전형적으로 이들은 유체의 *압력*을 높이기 위하여 사용된다. 그렇지만 이들은 또한 예제 2.19에 나타낸 바와 같이 위치에너지를 증가시키기 위하여 사용되기도 한다.

예제 2.19 **펌프 동력의 계산**

우물로부터 250 m 높이의 산에 있는 집으로 0.001 m^3/s의 물을 끌어올리기를 원한다. 흐르는 물과 파이프 사이의 마찰을 무시할 때, 펌프에 필요한 최소의 동력을 계산하라.

풀이 ▸ 이 과정에 대한 개략도를 그릴 수 있는가? 에너지 수지식을 쓸 필요가 있다. 이 계는 한 개의 유입 흐름과 한 개의 유출 흐름을 갖는 정상 상태에 있다. 거시적인 위치에너지를 다룰 때, 종종 (몰수 기준 보다는) 질량 기준으로 수지식을 쓰는 것이 편리하다. 유입과 유출부에서 물의 운동에너지와 파이프를 통과하는 물의 열손실은 무시할 것이다. 마찰 손실이 없기 때문에 출구 온도는 입구 온도와 같다. 따라서 엔탈피는 동일하다. 그러므로 제1법칙은 다음과 같이 단순화된다.

$$0 = \dot{m}_1\left(\overset{0}{\cancel{h}} + \overset{0}{\cancel{\frac{1}{2}\vec{V}^2}} + \overset{0}{\cancel{gz}}\right)_1 - \dot{m}_2\left(\overset{0}{\cancel{h}} + \overset{0}{\cancel{\frac{1}{2}\vec{V}^2}} + gz\right)_2 + \overset{0}{\cancel{\dot{Q}}} + \dot{W}_s$$

또는 재배열하면, 다음 식이 얻어진다.

$$\dot{W}_s = \dot{m}_2(gz)_2 = \frac{\dot{V}_2}{\hat{v}_2}gz_2$$

여기서 $\dot{V}$은 부피 유속이다. 축일에 대해 풀면 다음과 같다.

$$\dot{W}_s = \left[\frac{(0.001[\text{m}^3/\text{s}])}{(0.001[\text{m}^3/\text{kg}])}\right](9.8[\text{m/s}^2])(250\,[\text{m}]) = 2.5\,[\text{kW}]$$

일의 부호는 양수이다. 왜 그럴까? 실제 필요한 일은 마찰 손실 때문에 더 클 것이다.

열교환기

이 과정은 다른 온도의 유체와 열적 접촉을 통하여 유체를 '가열' 또는 '냉각'하기 위해 설계된다. 자동차의 라디에이터는 열교환기의 한 예이다. 이러한 응용에서는 연소에 의한 과열을 막기 위하여 에너지가 엔진 블록으로부터 제거된다. 가장 일반적인 설계는 에너지는 통과하지만 물질은 지나갈 수 없는 벽으로 두 흐름이 분리된 경우이다. 이러한 설계를 채용한 계산은 예제 2.20에 주어져 있다. 대체적으로 설계는 두 유체가 직접적으로 섞일 수 있도록 한다. 이러한 열린 급수 가열기의 예는 예제 2.21에 나타내었다.

예제 2.20 **열교환기의 흐름율 계산**

0°C의 포화 액체 CO_2 흐름을 10°C의 과열 상태가 되도록 열교환기를 사용할 계획이다. CO_2의 흐름율(flow rate)은 10 mol/min이다. 열교환기에 활용 가능한 뜨거운 흐름은 50°C의 공기이다. 공기는 20°C보다는 차갑지 않은 온도로 빠져나가야만 한다. 0°C에서 CO_2의 기화 엔탈피는 다음과 같이 주어진다.

$$\Delta\hat{h}_{vap,\,CO_2} = 236\,[\text{kJ/kg}]\ (0°\text{C에서})$$

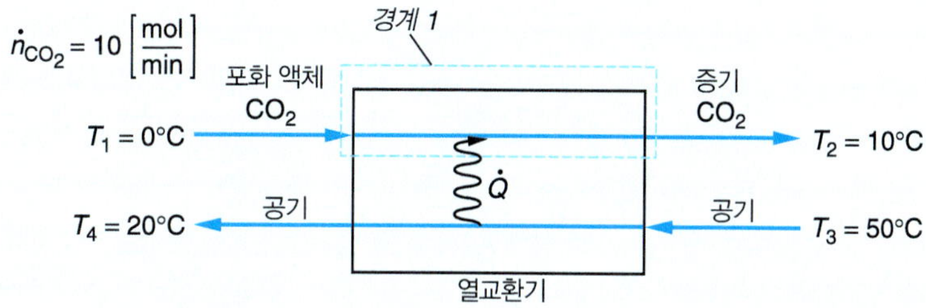

그림 E2.20A 경계 1이 묘사된 열교환기의 개략도.

공기의 흐름율은 얼마로 요구되는가?

풀이 ▶ 먼저, 그림 E2.20A와 같이 우리가 아는 정보를 포함하는 계의 그림을 그리도록 하자.

경계에 대해서는 여러 가지 선택이 가능하다. 그림 E2.20A의 '경계 1'로 표시한 것처럼 CO_2 흐름의 주변을 경계로 선정할 것이다. 이 경우에 CO_2를 가열하여 증발시키기 위한 공기 흐름으로부터 전달된 열은 $\dot{Q}$로 표시한다. 이후 경계 1 주위에 제1법칙에 따른 수지식을 적용할 필요가 있다. 한 개의 유입과 한 개의 유출을 갖는 정상 상태의 계에 적절한 에너지 수지식은 다음과 같다.

$$0 = \dot{n}_1 \left(h + MW\frac{\vec{V}^2}{2} + MWgz\right)_1 - \dot{n}_2\left(h + MW\frac{\vec{V}^2}{2} + MWgz\right)_2 + \dot{Q} + \dot{W}_s$$

여기서 운동에너지와 위치에너지 및 축일은 0으로 설정하였다. 몰 수지식은 다음과 같다.

$$\dot{n}_1 = \dot{n}_2 = \dot{n}_{CO_2}$$

따라서 경계 1에 대한 제1법칙의 수지식은 다음과 같이 단순화된다.

$$\dot{Q} = \dot{n}_{CO_2}(h_2 - h_1)$$

엔탈피의 변화를 결정하기 위하여 CO_2 흐름에 대한 잠열(증발)과 현열을 다음과 같이 감안해야만 한다.

$$(h_2 - h_1) = \Delta h_{vap,CO_2} + \int_{T_1}^{T_2} c_{P,CO_2} dT$$

잠열과 현열은 [J/mol] 단위로 구해질 수 있다. 잠열은 다음과 같이 주어진다.

$$\Delta h_{vap,CO_2} = \left(236\left[\frac{kJ}{kg}\right]\right)\left(44\left[\frac{kg}{kmol}\right]\right) = 10{,}400\left[\frac{J}{mol}\right]$$

현열은 다음과 같다.

$$\int_{T_1}^{T_2} c_{P,CO_2} dT = R\left[A(T_2 - T_1) + \frac{B}{2}(T_2^2 - T_1^2) - D\left(\frac{1}{T_2} - \frac{1}{T_1}\right)\right] = 353\left[\frac{J}{mol}\right]$$

열용량에 대한 상수 A, B, D는 부록 A.3에 주어진다. 따라서 경계 1로 열을 통해 전달된 에너지는 다음과 같다.

$$\dot{Q} = 100{,}753\ [J/min]$$

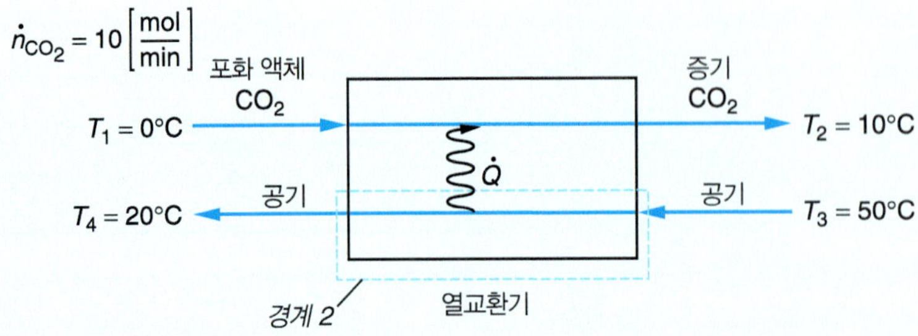

그림 E2.20B 경계 2가 묘사된 열교환기.

CO_2 흐름에 공급되어야만 하는 에너지의 흐름율을 알고 있으므로 요구되는 공기의 흐름율을 구할 수 있다. 이를 위하여 그림 E2.20B에서 경계 2로 표시한 것처럼 열교환기 계에서의 다른 경계를 선정한다.

위와 유사한 수지식은 다음과 같다.

$$-\dot{Q} = \dot{n}_{air}(h_4 - h_3) \tag{E2.20A}$$

부호에 주의해야 함에 주목하라! 열이 경계 1로 *들어가서* 경계 2로 *빠져나가야* 하므로, $\dot{Q}$에 음의 부호를 포함시켰다. 식 (E2.20A)를 재배열하면 다음 식이 얻어진다.

$$\dot{n}_{air} = -\frac{\dot{Q}}{(h_4 - h_3)} = -\frac{\dot{Q}}{\int_{T_3}^{T_4} c_{P,air}\,dT} = \frac{\dot{Q}}{R\left[A(T_4 - T_3) + \frac{B}{2}(T_4^2 - T_3^2) - D\left(\frac{1}{T_4} - \frac{1}{T_3}\right)\right]}$$

부록 A.3의 열용량에 대한 상수들을 찾으면, 다음이 얻어진다.

$$\dot{n}_{air} = \frac{(100{,}753\ [\text{J/min}])}{877\ [\text{J/mol}]} = 123\ [\text{mol/min}]$$

다른 방법으로 이 문제는 전체 열교환기 주위에 계의 경계를 잡고 풀 수 있다. 이 경우에 제1법칙의 수지식은 다음과 같다.

$$0 = \dot{n}_{CO_2}(h_2 - h_1) + \dot{n}_{air}(h_4 - h_3)$$

이는 $\dot{n}_{air}$에 대해 풀릴 수 있다.

예제 2.21 열린 급수 가열기 계산

200 bar의 압력과 500°C의 온도 및 10 kg/s의 흐름율을 갖는 과열 수증기가 100 bar의 포화 증기 상태로 열린 급수 가열기 계에 공급된다. 이 과정은 20°C와 100 bar의 압력을 갖는 액체 물의 흐름과 혼합되도록 수행된다. 액체 흐름에 대해 필요한 흐름 속도는 얼마인가?

풀이 ▶ 첫 단계는 그림 E2.21에 나타낸 바와 같이 알고 있는 정보들로 계의 그림을 그리는 것이다.

이 예제에는 두 유입 흐름들이 존재하므로 식 (2.50)이 적용되지 못한다. 흐름의 열 전달 속도와 운동에너지가 무시될 수 있고 위치에너지와 축일을 0으로 설정한다면, 에너지 수지식은 다음과 같이 축약된다.

$$0 = \dot{m}_1\hat{h}_1 + \dot{m}_2\hat{h}_2 - \dot{m}_3\hat{h}_3 \tag{E2.21A}$$

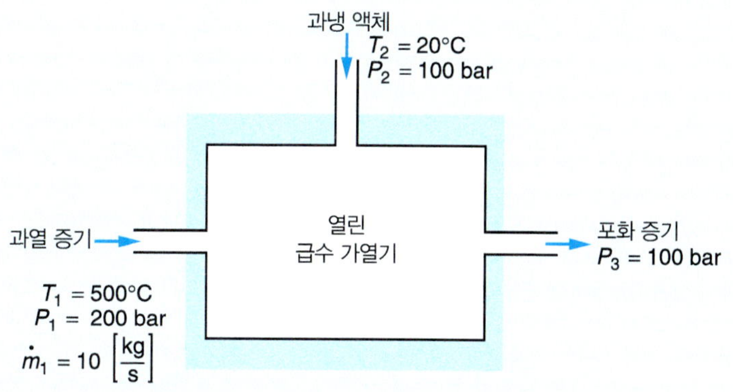

그림 E2.21 예제 2.21의 열린 급수 가열기에 대한 개략도.

유사한 방식으로 정상 상태에서의 질량 수지식은 다음과 같이 된다.

$$0 = \dot{m}_1 + \dot{m}_2 - \dot{m}_3 \quad \textbf{(E2.21B)}$$

식 (E2.21B)를 재배열하고 (E2.21A)에 대입하면 다음과 같이 얻어진다.

$$0 = \dot{m}_1\hat{h}_1 + \dot{m}_2\hat{h}_2 - (\dot{m}_1 + \dot{m}_2)\hat{h}_3 \quad \textbf{(E2.21C)}$$

수증기표(부록 B)로부터 엔탈피에 대한 값들을 찾을 수 있다. 상태 1에 대하여 과열 증기는 500°C와 200 bar에 있으므로, 다음 식이 성립한다.

$$\hat{h}_1 = 3238.2 \text{ [kJ/kg]}$$

상태 2에 대하여 20°C와 100 bar의 과냉 액체를 활용한다.

$$\hat{h}_2 = 93.3 \text{ [kJ/kg]}$$

그리고 상태 3에 대해 100 bar (10 MPa)에서 포화된 증기는 다음 엔탈피를 갖는다.

$$\hat{h}_3 = 2724.7 \text{ [kJ/kg]}$$

최종적으로 식 (E2.21C)를 재배열한 뒤 위의 수치들을 대입하면 다음이 얻어진다.

$$\dot{m}_2 = \frac{\dot{m}_1(\hat{h}_1 - \hat{h}_3)}{(\hat{h}_3 - \hat{h}_2)} = 1.95 \left[\frac{\text{kg}}{\text{s}}\right]$$

조름 소자

이러한 부품은 흐름의 압력을 낮추기 위하여 사용된다. 열린 밸브나 다공질 플러그와 같은 장애물을 흐름 라인에 설치함으로써 감압은 간단하게 달성된다. 이러한 소자는 상대적으로 작은 부피를 차지하기 때문에, 유체가 통과하는 체류 시간은 짧다. 따라서 열의 전달에 의한 에너지의 손실은 미미하게 존재한다. 결론적으로 열 전달을 무시할 수 있다. 축일이 존재하지 않기 때문에, 다음 예제에서 예시하는 바와 같이 에너지 수지는 매우 단순한 식으로 축약된다.

예제 2.22 **조름 소자에 대한 계산**

350°C의 물이 10 MPa의 라인으로부터 다공질 플러그로 흐른다. 물은 1 bar의 압력으로 빠져나

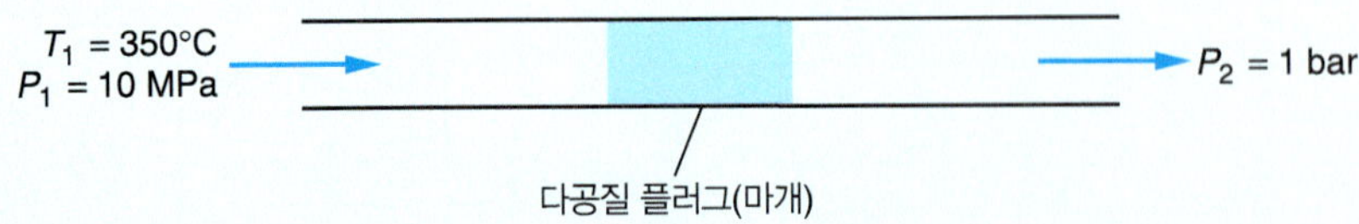

그림 E2.22 예제 2.22의 조름 소자에 대한 개략도.

간다. 출구 온도는 얼마인가?

풀이 ▶ 우선, 그림 E2.22에 나타낸 바와 같이 계의 그림을 그려 보자.

한 개의 유입 흐름과 한 개의 유출 흐름을 갖는 정상 상태 에너지 수지식이 이 계에 적합하다. 흐름의 운동에너지가 무시될 수 있으며, 다공질 플러그가 충분히 작아서 의미 있는 양의 열전달 속도가 허용되지 않는다고 가정한다. 질량을 기준으로 하여 식 (2.50)을 다시 적으면 다음을 얻게 된다.

$$0 = \dot{m}_1\left(\hat{h} + \cancelto{0}{\frac{\vec{V}^2}{2}} + \cancelto{0}{gz}\right)_1 - \dot{m}_2\left(\hat{h} + \cancelto{0}{\frac{\vec{V}^2}{2}} + \cancelto{0}{gz}\right)_2 + \cancelto{0}{\dot{Q}} + \cancelto{0}{\dot{W}_s}$$

그러므로 에너지 수지식을 통해 이 계에 *등엔탈피 과정*(isenthalpic process)이 적용됨을 알 수 있다.[11]

$$\hat{h}_1 = \hat{h}_2$$

부록 B.4로부터 유입 흐름에 대한 값을 찾으면, 다음 식이 얻어진다.

$$\hat{h}_1 = 2923.4\ [\text{kJ/kg}]$$

흐름 2의 엔탈피는 흐름 1과 같으므로 출구 상태를 규정하기 위하여 $\hat{h}_2$과 P_2와 같은 두 개의 세기 성질들이 필요하다. 흐름 2의 온도를 구하기 위하여 선형 보간법(linear interpolation)을 활용해야 한다. 수증기표를 조사하면 T_2는 200°C와 250°C 사이에 존재함을 알 수 있다. 다음은 100 kPa에서 과열 증기에 대한 수증기표로부터 얻어진 것이다.

P = 100 kPa

T[°C]	$\hat{h}$[kJ/kg]
200	2875.3
250	2974.3

선형 보간을 통해 다음과 같이 얻어진다.

$$T_2 = 200 + [\Delta T]\left[\frac{\hat{h}_2 - \hat{h}_{\text{at }200}}{\hat{h}_{\text{at }250} - \hat{h}_{\text{at }200}}\right] = 200 + [50]\left[\frac{2923.4 - 2875.3}{2974.3 - 2875.3}\right] = 224[°\text{C}]$$

11. 일반적으로 조름 과정의 에너지 수지식은 이러한 단순한 형태로 축약된다.

▸ 2.9 열역학적 사이클과 Carnot 사이클

열역학적 사이클(thermodynamic cycle)은 어떤 계가 초기와 같은 상태로 돌아오는 일련의 과정들로 서술된다. 전형적으로 열역학적 사이클을 통해 동력을 생산하거나 냉동을 제공받게 된다. 계는 사이클 이후에 초기 상태로 완벽하게 되돌아가기 때문에, 모든 성질들은 처음과 동일한 값을 갖게 된다. 열역학적 사이클을 수행하는 장점은 계를 초기 상태로 되돌림으로써 사이클 과정을 연속적으로 반복할 수 있다는 것이다. 열역학적 사이클에 대하여 수많은 다른 사례들이 존재한다. 이 절에서는 이 중 한 사이클[Carnot 사이클(Carnot cycle)]에 대해 검토한다.[11] 제3장에서 Carnot 사이클은 얻을 수 있는 가장 효율적인 형태의 사이클임을 배울 것이다.

그림 2.17은 Carnot 사이클을 겪는 피스톤–실린더 조합에서 이상기체를 나타내고 있다. 이 사이클에서 기체는 초기 상태로 되돌아오면서 네 개의 *가역적인* 과정들을 통과하게 된다. 두 과정들은 등온 상태로 발생하며, 두 단열 과정과 교대로 일어난다. 이 과정들은 2.7절에서 개별적으로 분석되었다. 그림 2.17의 꼭대기에 나타낸 바와 같이 초기에 압력 P_1과 온도 T_1의 상태 1로 존재하는 기체를 고려한다. Carnot 사이클의 초기 단계는 기체가 온도 T_H의 뜨거운 열 저장고에 노출되어 있는 가역 등온 팽창에 해당된다. 그림에 나타낸 바와 같이 열 Q_H를 통

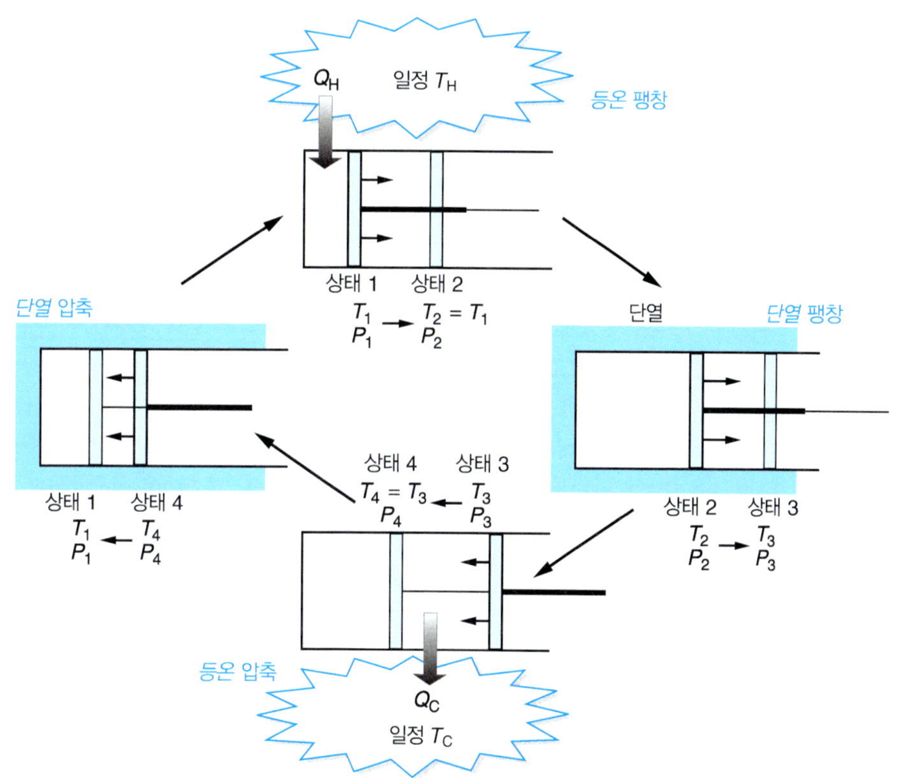

그림 2.17 Carnot 사이클을 겪는 이상기체. Carnot 사이클은 기체가 본래의 상태로 되돌아가는 4개의 가역 과정들로 구성된다.

12.이 사이클은 당시 증기기관에 의해 얻을 수 있는 최대로 가능한 효율을 탐색하기 위하여 프랑스의 공학자인 Sadi Carnot가 1824년에 고안하였다.

하여 에너지를 얻게 된다. 계를 상태 1에서 상태 2 (P_2, T_2)로 변화시키는 이 과정을 통해 온도가 동일하게 유지되는 동안 압력은 감소하게 된다. 피스톤–실린더 조합은 (잘 절연된) 단열 환경으로 전환되며 상태 3으로 더욱 팽창하게 된다. 이 단계에서 T와 P가 모두 감소한다. 이 두 팽창 과정에서 일은 계에 의하여 주위로 행해진다. 즉, 유용한 일을 바깥쪽으로 하게 된다. 이후 계는 두 가역 압축 과정을 겪게 된다. 먼저, 온도 T_C의 차가운 열 저장고와 접촉하여 등온 압축된다. 기체는 차가운 열 저장고로 열 Q_C를 통하여 에너지를 잃게 된다. 이 과정을 통하여 계는 상태 4 (P_4, T_4)로 옮겨지게 된다. 계는 단열 압축을 통하여 초기 상태(상태 1)로 되돌아간다.

Carnot 사이클을 통하여 얻어진 알짜 일은 4개의 과정들에 의해 얻어진 일의 합으로 주어진다.

$$-W_{net} = |W_{12}| + |W_{23}| - |W_{34}| - |W_{41}| \tag{2.51}$$

동력 사이클의 전체적인 효과는 계로부터 일을 주위로 전달하는 것이기 때문에 W_{net}의 부호는 음이 된다. 식 (2.51)의 일에 관한 항에서 아래첨자 'ij'는 상태 i로부터 j까지 변하면서 얻어진 일을 의미한다. 절대값들은 일을 얻어내는 단계와 일을 가해야만 하는 단계를 명확하게 구분하기 위하여 사용된 것이다.

Carnot 사이클로부터의 알짜 일은 전체 사이클에 제1법칙을 적용하여 계산될 수 있다. Carnot 사이클은 본래의 상태로 계를 되돌리기 때문에 내부 에너지는 사이클의 시작과 같은 값이어야만 한다. 따라서 다음 식이 성립한다.

$$\Delta U_{cycle} = 0 = W_{net} + Q_{net} \tag{2.52}$$

식 (2.51)과 식 (2.52)를 비교하면, 다음 식을 얻는다.

$$-W_{net} = Q_{net} = \cancelto{Q_H}{Q_{12}} + \cancelto{0}{Q_{23}} + \cancelto{Q_C}{Q_{34}} + \cancelto{0}{Q_{41}} = |Q_H| - |Q_C|$$

얻어진 알짜 일은 뜨거운 열 저장고에서 흡수한 열 Q_H와 차가운 열 저장고로 배출한 열 Q_C의 차이임을 알 수 있다. Carnot 사이클을 도해적으로 나타내는 또 다른 방식을 그림 2.18a에 나타내었다. 이 개략도는 Carnot 기관(Carnot engine)과 주위 사이에 전달된 에너지를 전체적으로 보여준다. 'Carnot 기관'이라 표시된 원 안에 그림 2.17에 묘사된 네 과정들이 포함되어 있다.

효율

사이클의 효율(efficiency) η는 뜨거운 열 저장고로부터 흡수된 열로 얻어진 알짜 일을 나눈 것으로 정의된다.

$$\eta \equiv \frac{\text{알짜 일}}{\text{뜨거운 열 저장고에서 흡수한 열}} = \frac{W_{net}}{Q_H} \tag{2.53}$$

뜨거운 열 저장고로부터 이용 가능한 에너지의 양이 Q_H로 주어졌을 때, 효율이 높아질수록

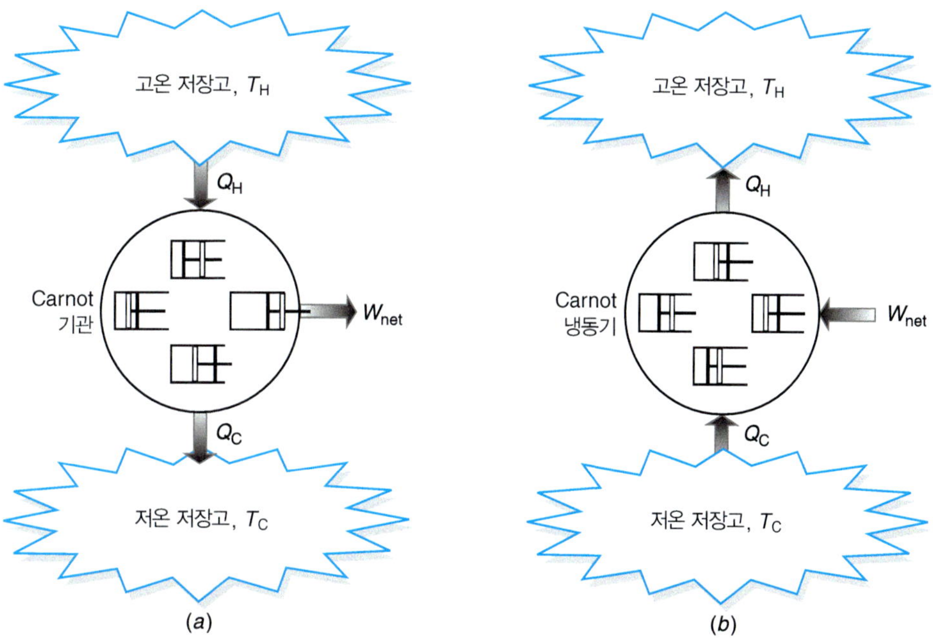

그림 2.18 Carnot 사이클을 나타낸 다른 그림들. (*a*) Carnot '기관', (*b*) Carnot 냉동기.

더 많은 일을 얻게 된다. 예를 들어, 석탄의 연소로부터 얻어지는 뜨거운 열 저장고의 높은 온도를 생각해 보자. 높은 효율이라 함은 주어진 양의 일을 얻기 위하여 연소해야 하는 석탄의 양을 줄일 수 있다는 것이다.[12]

냉동 사이클(refrigeration cycle)을 통하여 어떤 계를 냉각할 수 있으며 아이스크림이나 그 밖의 것을 저장할 수 있다. 이를 달성하기 위하여 주위로부터 일이 필요하다. 예를 들어, 가정의 냉장고는 아이스크림을 차갑게 유지하기 위하여 전기가 필요하다. 그림 2.18*b*는 냉동 사이클에서 전달되는 에너지를 나타내기 위한 도식적인 방법을 보여주고 있다. 차가운 열 저장고에서 열 Q_C 형태로 에너지를 흡수하기 위하여 사이클 과정에 일을 공급한다. 이후 열 Q_H 형태로 뜨거운 열 저장고로 에너지를 방출한다. 그러므로 열 전달의 방향은 그림 2.18*a*에 묘사한 동력 사이클과는 반대가 된다. 냉동 사이클의 효율성은 다음과 같이 정의된 성능 계수(coefficient of performance, COP)에 의해 측정된다.

$$\mathrm{COP} = \frac{Q_C}{W_{net}} \tag{2.54}$$

식 (2.54)로부터 COP가 높을수록 원하는 수준의 냉동을 산출하기 위하여 더 적은 일이 소요됨을 알 수 있다.

'Carnot 냉동기'라고 표시된 사이클에 대하여 그림 2.17과 유사한 사이클 과정을 그릴 수 있는가?

13. 1765년 James Watt는 증기 기관에 대한 특허를 획득했다. 이 최초의 증기 기관은 오직 약 1%의 효율을 보였다. 실제로 공학에서 할 일들이 많이 남아 있었음을 알 수 있다.

예제 2.23 **Carnot 사이클의 효율**

피스톤-실린더 조합에서 1 mol의 이상기체를 고려한다. 이 기체는 아래에서 서술하고 있는 Carnot 사이클을 겪는다. 열용량은 상수이며, $c_v = (3/2)R$이다.

(i) 10 bar에서 0.1 bar로 가역적인 등온 팽창
(ii) 0.1 bar와 1000 K에서 300 K으로 가역적인 단열 팽창
(iii) 300 K에서 가역적인 등온 압축
(iv) 300 K에서 1000 K과 10 bar로 가역적인 단열 압축

다음 분석을 수행하라.

(a) Carnot 사이클의 각 단계에 대한 Q, W, ΔU를 계산하라.
(b) Pv 선도에 사이클 과정을 그려라.
(c) 사이클의 효율을 계산하라.
(d) η와 $1 - T_C/T_H$를 비교하라.
(e) (d)에서 밝혀진 바가 사실이라면, 위 과정이 보다 효율적일 수 있는 두 가지 방법을 제시하라.

풀이 ▸ **(a)** 2.7절의 결과를 약간 활용하여 각 단계를 분리해서 분석할 것이다. 그림 2.17과 일관될 수 있도록 각 단계를 명명한다.

(i) 첫 단계는 10 bar의 상태 1로부터 0.1 bar의 상태 2로 1000 K의 가역적인 등온 팽창이다. 정의상 일정한 온도에서 이상기체의 내부 에너지 변화는 다음과 같다.

$$\Delta U = 0$$

2.7절의 결과를 활용하여 일을 계산할 수 있다.

$$W = \int \frac{nRT}{P} dP = nRT \ln \frac{P_2}{P_1} = -38{,}287 \text{ [J]}$$

음의 부호는 계가 주위에 일을 행한다는 것을 나타낸다(유용한 일을 주위로 얻어내는 것이다). 일을 구하기 위하여 제1법칙을 적용한다.

$$Q_{\mathrm{H}} = \Delta U - W = 38{,}287 \text{ [J]}$$

(ii) 두 번째 과정은 0.1 bar와 1000 K로부터 300 K의 상태 3으로의 가역적인 단열 팽창이다. 압력은 이 과정 중에 감소한다. 단열 과정의 정의에 의해 다음 식이 성립한다.

$$Q = 0$$

일정한 열용량의 조건에서 내부 에너지의 변화는 다음 식과 같다.

$$\Delta U = nc_v(T_3 - T_2) = -8730 \text{ [J]}$$

제1법칙을 적용하면 다음과 같다.

$$W = \Delta U = -8730 \text{ [J]}$$

(iii) 세 번째 과정은 300 K에서의 가역적인 등온 압축이다. 이번에도 다음 식이 성립한다.

$$\Delta U = 0$$

그리고 일은 다음과 같다.

$$W = -\int P dV = \int \frac{nRT}{P} dP = nRT \ln \frac{P_4}{P_3} \tag{E2.23A}$$

그렇지만 이번에는 P_3와 P_4를 구할 필요가 있다. 2.7절로부터 폴리트로픽, 단열 과정인 (ii)와 (iv)에 대해 PV^k = 일정함을 학습하였다. 먼저 k를 다음과 같이 구한다.

$$k = \frac{c_P}{c_v} = \frac{c_v + R}{c_v} = 1.67$$

상태 2와 상태 3에 대해 PV^k이 같다고 놓으면 다음 식이 얻어진다.

$$PV^k = P_2V_2^{1.67} = \frac{(nRT_2)^{1.67}}{P_2^{0.67}} = 7347 = \frac{(nRT_3)^{1.67}}{P_3^{0.67}}$$

P_3에 대해 풀면, 다음 식이 얻어진다.

$$P_3 = \left[\frac{(nRT_3)^{1.67}}{7347}\right]^{1.5} = 0.0049 \text{ bar}$$

유사한 방식으로 P_4에 대해 다음 식이 성립한다.

$$PV^k = P_1V_1^{1.67} = \frac{(nRT_1)^{1.67}}{P_1^{0.67}} = 341 = \frac{(nRT_4)^{1.67}}{P_4^{0.67}}$$

그리고

$$P_4 = \left[\frac{(nRT_4)^{1.67}}{341}\right]^{1.5} = 0.49 \text{ bar}$$

그러므로 식 (E2.23A)로부터 일은 다음과 같다.

$$W = nRT \ln \frac{0.49 \text{ bar}}{0.0049 \text{ bar}} = 11{,}486 \text{ [J]}$$

이 압축 과정에 대해 일은 양의 값을 갖는다. 제1법칙으로부터 다음 식이 성립한다.

$$Q_C = \Delta U - W = -11{,}486 \text{ [J]}$$

(iv) 네 번째 과정은 300 K과 0.52 bar의 상태 4로부터 1000 K과 10 bar의 상태 1로 되돌아가는 가역적인 단열 압축이다(과정 4 → 1). 이 과정 이후에 기체는 단계 (i), (ii)...를 반복할 수 있다. 이번에도 단열 압축에 대해 다음 식이 성립한다.

$$Q = 0$$

일정한 열용량에서 내부 에너지의 변화는 다음과 같이 된다.

$$\Delta U = nc_v(T_1 - T_4) = 8730 \text{ [J]}$$

제1법칙을 적용하면 다음과 같다.

$$W = \Delta U = 8730 \text{ [J]}$$

네 과정들에 대한 ΔU, W, Q 및 사이클에 대한 총합을 요약한 것은 표 E2.23A에 나타내었다. 한번의 사이클 이후에 알짜 일은 26.8 kJ로 얻어진다.

(b) Pv 선도에 이 과정을 그리기 위하여, 우선 이상기체 법칙을 활용하여 각 상태에서의 몰부피를 계산한다. Pv 선도에 그린 결과를 표 E2.23B에 나타내었다. 가역 과정에 대한 일은 Pv 곡선의 밑넓이로 주어진다. 그러므로 알짜 일은 그림 E2.23에서 음영으로 표시한 부분이다. 과정 (i)과 (iii)에 대한 등온선 T_H와 T_C 역시 표시하였다.

(c) 효율은 식 (2.53)으로 주어진다.

표 E2.23A 예제 2.23에서 Carnot 사이클의 결과

과정	ΔU [J]	W [J]	Q [J]
(i) 상태 1에서 2	0	−38,287	38,287
(ii) 상태 2에서 3	−8,730	−8,730	0
(iii) 상태 3에서 4	0	11,486	−11,486
(iv) 상태 4에서 1	8,730	8,730	0
전체	0	−26,800	26,800

표 E2.23B 예제 2.23의 Carnot 사이클에 대한 T, P, v의 값

상태	T [K]	P [bar]	v [m³/mol]
1	1000	10	0.0083
2	1000	0.1	0.8314
3	300	0.0049	5.10
4	300	0.49	0.051

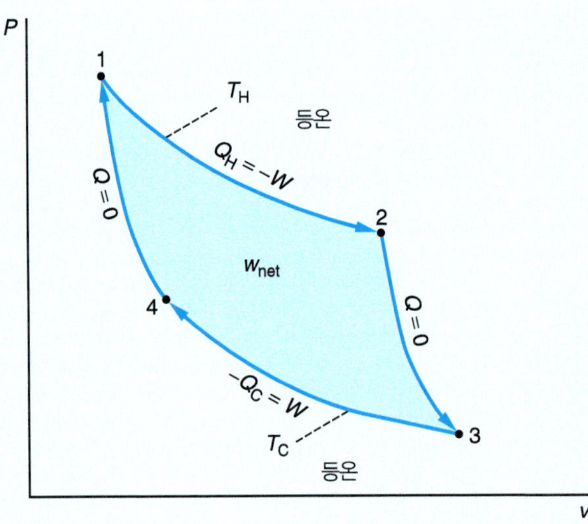

그림 E2.23 Carnot 사이클의 Pv 선도. 어두운 영역은 한 사이클로부터 얻는 알짜 일을 나타낸다.

$$\eta \equiv \frac{\text{알짜 힘}}{\text{열 저장고로부터 흡수한 열}} = \frac{26{,}800}{38{,}287} = 0.70 \quad \text{(E2.23B)}$$

실제로 전기 발전소의 효율은 대략 40%이다.

(d) 문제에서 서술한 관계를 적용하면, 다음 식이 얻어진다.

$$1 - \frac{T_C}{T_H} = 1 - \frac{300}{1000} = 0.7 \quad \text{(E2.23C)}$$

식 (E2.23B)와 식 (E2.23C)의 값들을 비교하면, 다음 식이 얻어진다.

$$\eta = 1 - \frac{T_C}{T_H} \quad \text{(E2.23D)}$$

(e) 식 (E2.23D)가 성립한다면, 이 과정은 T_H를 올리거나 T_C를 낮춤으로써 보다 효율적으로 만들 수 있다. 이러한 선택에 의해 그림 E2.23에 묘사된 등온선들이 위 아래로 밀려날 것임에 주목하라. 따라서 T_H를 높이거나 T_C를 낮추는 것은 알짜 일을 나타내는 어두운 부분을 더 넓게 할 것이다. 제3장에서 실제로 식 (E2.23D)가 일반적인 사실임을 배울 것이다. 그렇지만 그림 E2.23의 등온선들이 Pv 선도에 고정되었음을 파악함으로써 이러한 결론에 도달할 수 있다.

▶ 2.10 요약

열역학 제1법칙에서는 우주의 총 에너지가 일정하다고 서술한다. 에너지 수지식은 닫힌계와 열린계로 발전되었다. 예를 들면, **닫힌계**(closed system)에 대한 제1법칙의 적분 수지식은 크기 변수의 형태로 다음과 같다.

$$\Delta U + \Delta E_K + \Delta E_P = Q + W \tag{2.12a}$$

열린계(open system)에 대하여 제1법칙을 흐름율을 기준으로 적는 것이 편리하다. 크기 변수를 활용한 적분 수지식은 다음과 같다.

$$\left(\frac{\mathrm{d}U}{\mathrm{d}t}+\frac{\mathrm{d}E_K}{\mathrm{d}t}+\frac{\mathrm{d}E_P}{\mathrm{d}t}\right)_{\text{sys}} = \sum_{\text{in}}\dot{m}_{\text{in}}\left(\hat{h}+\frac{1}{2}\vec{V}^2+gz\right)_{\text{in}} - \sum_{\text{out}}\dot{m}_{\text{out}}\left(\hat{h}+\frac{1}{2}\vec{V}^2+gz\right)_{\text{out}} + \dot{Q}+\dot{W}_s \tag{2.21}$$

이 식들은 질량과 몰수를 기준으로 세기 변수의 형태 및 미분 수지식의 형태로도 전개되었다. 주어진 물리적인 문제에 대하여 에너지 수지식의 어떤 형태가 사용되어야 하며 어떤 항이 중요하고 0이 되는지를 결정해야만 한다. 또한, 문제를 풀기 위하여 이상기체 모델 또는 성질표가 필요한지를 식별해야만 한다. 어떤 과정들에 대해서는 가상적인 경로를 정의하여 문제를 풀기 위해 사용될 수 있는 자료를 적용하여야 한다.

제1법칙을 여러 공학적인 문제들에 적용하였다. 닫힌계의 예는 견고한 탱크와 피스톤–실린더 조합에서의 단열 또는 등온 팽창/압축이 포함된다. 정상 상태의 열린계는 노즐, 확산기, 터빈, 펌프, 열교환기, 조름 소자 등으로 예시되었다. 비정상 상태의 열린계 문제에는 탱크를 채우거나 비우는 경우가 포함되며, Carnot 동력 및 냉동 사이클을 통해 열역학적 사이클의 예를 제시할 수 있었다. 그렇지만 여러분들은 개념들을 잘 숙지하여 위에서 논의된 계에 국한되지 않고 임의의 계에 제1법칙을 적용할 수 있는 것이 중요하다.

어떤 과정이 일어난 후에 계가 주위에 대한 알짜 효과 없이 원래의 상태로 돌아갈 수 있다면, 어떤 과정은 **가역적**(reversible)이다. 이 결과는 구동력이 무한소로 작을 때에만 발생한다. 가역적인 경우는 현실 세계에서 가능한 것의 한계를 나타낸다. 이는 얻을 수 있는 최대의 일 또는 가해야 하는 최소의 일을 나타낸다. 또한, Pv 일을 계산할 때, *오직* 가역 과정에서만 외부 압력을 계의 압력으로 대체할 수 있다. 실제 과정들은 **비가역**(irreversible)이다. 이러한 과정들에는 마찰이 존재하며 *유한한 구동력*으로 수행된다. 비가역 과정에서 계가 본래의 상태로 돌아간다면 주위는 반드시 변해야만 한다. **효율 인자**(efficiency factor) η를 정의함으로써 가역 과정에서 필요한 일에 대한 비가역 과정에 요구되는 일의 양을 비교할 수 있다. 종종 실제의 비가역적인 과정에 대한 전략으로 이상적인 가역 과정에 대한 문제를 풀고, 배정된 효율 인자를 활용하여 비가역성을 보정해야 할 것이다.

열역학적 성질 **엔탈피**(enthalpy) h는 다음과 같이 정의된다.

$$h \equiv u + Pv \quad (2.18)$$

우선 열린계에 유입 및 유출되는 흐름을 묘사할 때, h의 효용성에 대하여 실감하였다. 이러한 경우에 흐름의 내부 에너지와 그 흐름이 계로 유입되거나 빠져나가는 것과 결부된 **흐름 일**(flow work)을 함께 고려해야만 한다. 엔탈피는 이러한 효과들을 모두 감안한 것이다. 또한 엔탈피를 활용하여 **일정한 *P***(constant P)에서 닫힌계에 대한 Pv 일과 내부 에너지가 결합된 효과를 서술할 수 있다. 그러므로 일정한 압력의 닫힌계에 대하여 편리하게 행해진 실험은 엔탈피를 활용하여 보고된 것이다. 예를 들면, 상 변화와 화학 반응과 관련된 에너지에 대한 실험적 자료는 엔탈피를 활용하여 보고된 것이다.

분자적(molecular) 수준에서 내부 에너지는 분자들의 운동에너지와 위치에너지를 아우르는 것이다. 내부 에너지의 변화는 온도 변화, 상 변화 및 화학적 구조의 변화를 포함하는 여러 **거시적인**(macroscopic) 효과들로 나타난다. 온도 변화로 발현되는 내부 에너지의 변화는 종종 **현열**(sensible heat)이라고 부른다. 병진, 진동, 회전 등 세 가지 가능한 방식에 의한 온도에 따른 분자 운동에너지의 증가와 온도에 따른 내부 에너지의 증가를 결부시킬 수 있다. 현열에 의한 에너지의 변화에 대한 자료는 **열용량**(heat capacity) 또는 성질표를 활용하여 얻어질 수 있다. 어떤 화학종에 대한 열용량은 종종 다음과 같이 온도에 대한 다항식 형태로 추정할 수 있다.

$$c_P = A + BT + CT^2 + DT^{-2} + ET^3 \quad (2.30)$$

상수 A, B, C, D, E는 부록 A.2에 몇몇 이상기체들에 대하여 보고되었다. 일부 액체 및 고체들에 대하여 일정 압력 열용량에 대한 상수들도 이 부록에 보고되었다. 이상기체는 특별한 경우를 나타낸다. 이상기체의 모든 내부 에너지는 분자의 운동에너지에 기인한다. 이는 오직 T의 함수이다.

에너지의 변화는 **잠열**(latent heat)과 같은 상 변환을 야기함을 언급하였다. 이 에너지는 서로 다른 상의 분자들 사이에 상이한 인력의 척도와 연관된 것이다. 잠열에 대한 자료는 기화, 용융, 승화 엔탈피로 보고된다. 이 값들은 전형적으로 1 bar에서 보고된다. 그렇지만 이 값들을 활용하여 임의의 압력에서 잠열을 구하기 위한 가상적인 경로들을 구축할 수 있다. 화학 반응과 관련된 내부 에너지의 변화는 반응물과 생성물의 화학 결합 간의 에너지 차이에 기인하는 것이다. 주어진 화학 반응의 엔탈피는 보고된 생성 엔탈피 값으로부터 결정될 수 있다.

▶ 2.11 연습 문제

개념 문제

2.1 다음 그림에 나타낸 두 과정에서 동일한 양의 열 q가 *동일한* 양의 (몰수를 갖는) 서로 다른 기체 A와 기체 B에 공급된다. 초기의 두 기체 모두 상온에 있었다. 기체 A의 열용량은 기체 B에 비하여 크다. 이 과정들은 일정한 부피에서 일어난다. 어떤 기체의 최종 온도가 더 높겠는가? 그 이유를 설명하라.

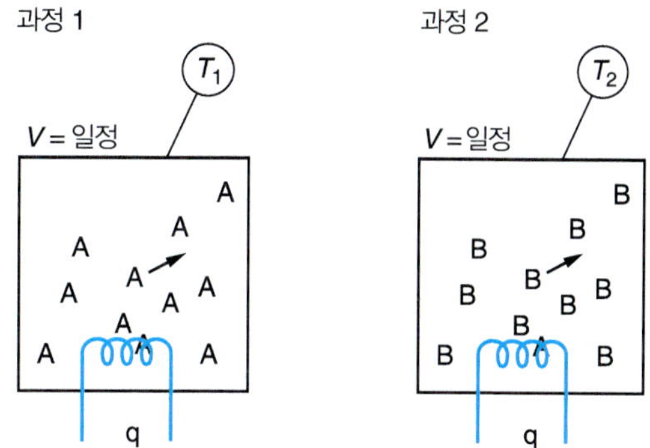

2.2 다음 그림에 나타낸 두 과정에서 *동일한* 양의 열 q가 *동일한* 기체 A에 공급된다. 두 과정에서 초기 온도와 초기 몰수는 같다. 과정 1은 일정한 부피에서 일어난다. 과정 2는 일정한 압력에서 일어난다.
(a) 어떤 기체의 최종 온도가 더 높은가? 그 이유를 설명하라.
(b) 필요하다면, 어떤 과정에 대하여 엔탈피를 활용하는 것이 편리할 것인가? 그 이유를 설명하라.

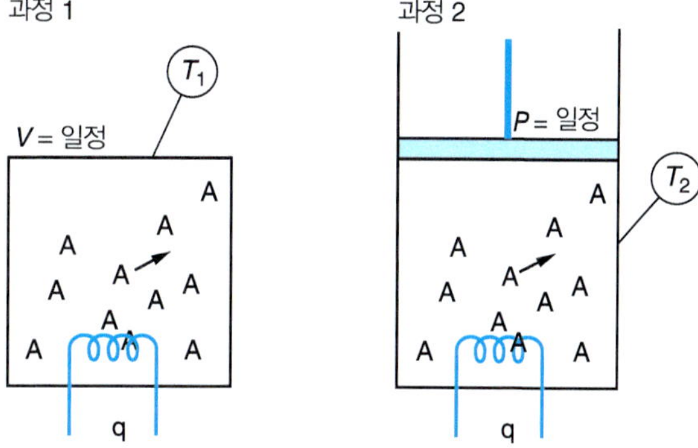

2.3 다음 그림에 나타낸 정상 상태 과정에서 유체가 다공질 플러그를 통해 흐르며 압력이 10 MPa에서 1 bar로 떨어진다. 온도가 증가, 동일하게 유지, 또는 감소하겠는가? 그 이유를 설명하라.

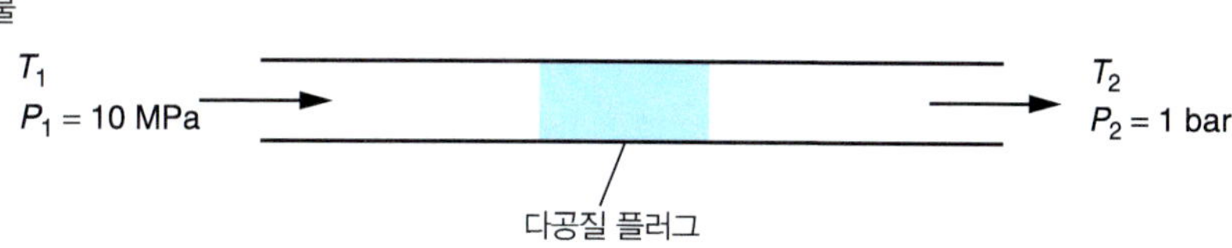

2.4 다음 그림에 나타낸 정상 상태 과정에서 이상기체가 다공질 플러그를 통해 흐르며 압력이 10 MPa에서 1 bar로 떨어진다. 온도가 증가, 동일하게 유지, 또는 감소하겠는가? 그 이유를 설명하라.

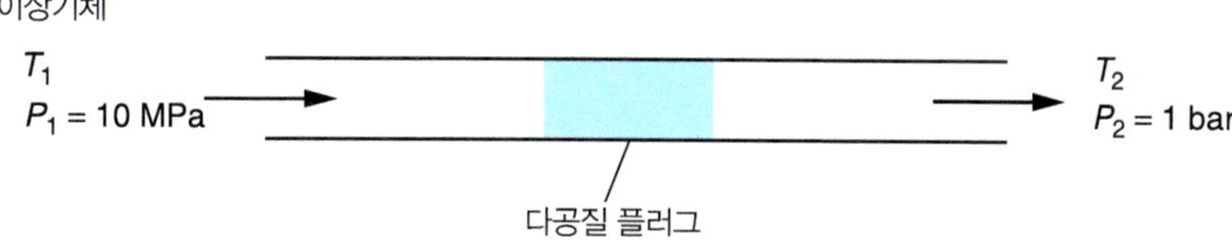

2.5 다음 그림에 나타낸 정상 상태 과정에서 공기가 터빈을 통하여 흐른다. 온도가 증가, 동일하게 유지, 또는 감소하겠는가? 그 이유를 설명하라.

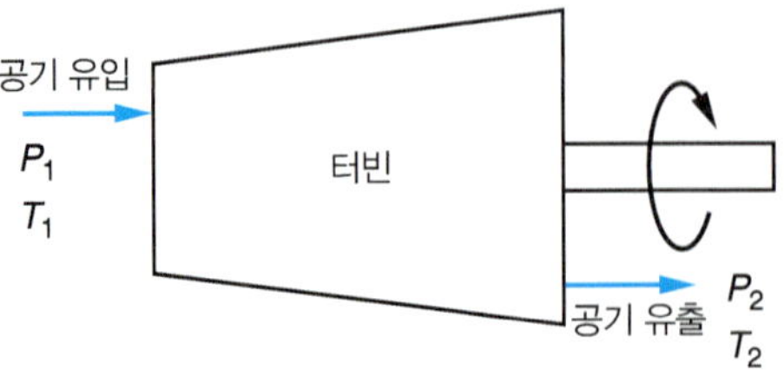

2.6 다음 그림과 같이 이상기체가 초기에 진공인 잘 절연된 탱크로 흐른다. T_{in}과 비교하여 T_2는 증가, 동일하게 유지, 또는 감소하겠는가? 그 이유를 설명하라.

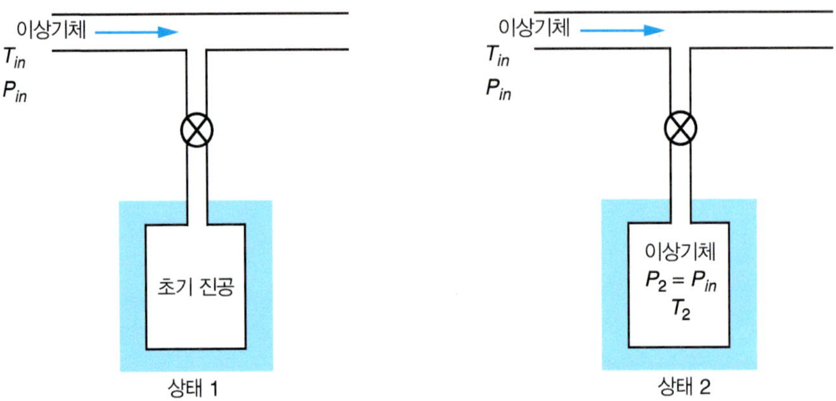

2.7 네 개의 과정들이 다음 그림에 도시되었다. 각 과정들은 잘 절연된 피스톤-실린더 조합에서 진행되며, **동일한 초기 상태인 상태 1로부터** 시작된다. 최종 온도가 높은 것에서 낮은 순으로 표시하라. 그 이유를 설명하라. **과정 A**에서는 큰 질량 블록 **M**이 피스톤으로부터 제거된다. **과정 B**에서는 동일한 질량 **M**이 분할되어 제거된다. **과정 C**에서는 큰 블록의 **질량 M**이 피스톤 위에 놓인다. **과정 D**에서는 동일한 질량 **M**이 분할되어 올려진다.

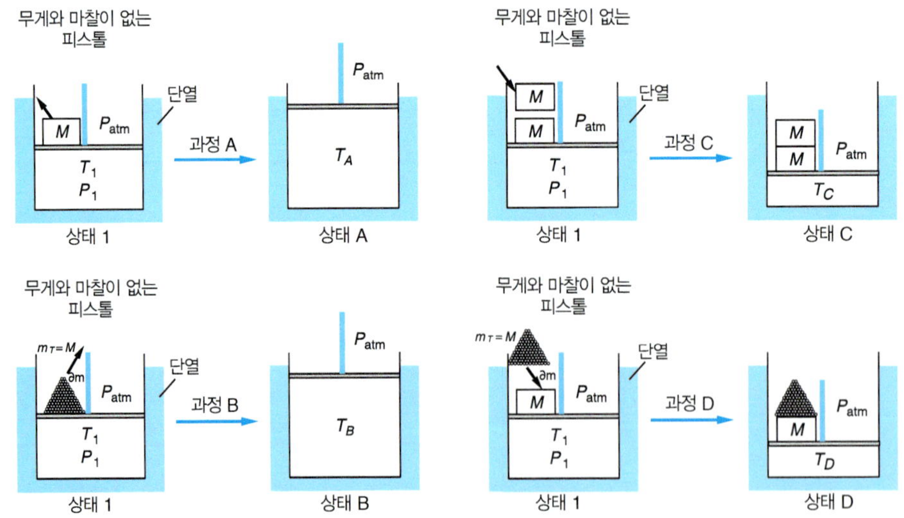

2.8 다음 식들이 적용되는 조건에 대해 서술하라(제한 조건에 대하여 가능한 상세히 서술하라).

(a) $0 = \dot{m}_1 h_1 + \dot{m}_2 h_2 - \dot{m}_3 h_3 + \dot{Q} - \dot{W}_s$

(b) $h_2 - h_1 = c_P(T_2 - T_1)$

(c) $u_2 - u_1 = c_P(T_2 - T_1)$

(d) $c_P = c_v + R$

(e) $h = u + Pv$
(f) $w = -\int Pdv$
(g) $\Delta u = q + w$
(h) $q = 0$

2.9 예제 2.4에서 피스톤-실린더 조합에 포함된 10.0 kg의 물이 20 bar의 압력과 1.0 m^{3}의 부피로부터 100 bar의 압력으로 가역적으로 압축되는 문제를 풀었다. 이 예제에서 일은 w = 285 [kJ/kg]으로, 열은 q = 210 [kJ/kg]으로, 최종 온도는 T_2 = 525°C로 계산되었다.
다음 질문들에 정성적으로 대답하라. 어떠한 계산을 할 필요는 없으나 올바른 해답을 제시하고 그 이유를 설명해야만 한다.
(a) 동일한 초기 상태(상태 1)로부터 동일한 최종 상태(상태 2)로 일어나는 *단열* 과정을 고려한다. 압축에 요구되는 일의 크기는 예제 2.4에서 계산된 값보다 크거나, 작거나, 동일하겠는가? 그 이유를 설명하라.
(b) 동일한 초기 상태(상태 1)로부터 동일한 최종 압력(P_2)로 일어나는 등온 *과정*을 고려한다. 열 전달은 예제 2.4에서 계산한 값보다 크거나, 작거나, 동일하겠는가? 이유를 설명하라.
(c) 동일한 초기 상태(상태 1)로부터 동일한 최종 상태(상태 2)로 일어나는 *비가역 과정*을 고려한다. 압축에 요구되는 일의 크기는 예제 2.4에서 계산한 값보다 크거나, 작거나, 동일하겠는가? 이유를 설명하라.
(d) 동일한 초기 상태(상태 1)로부터 동일한 최종 상태(상태 2)로 일어나는 *비가역 과정*을 고려한다. 열 전달은 예제 2.4에서 계산한 값보다 크거나, 작거나, 동일하겠는가? 이유를 설명하라.

2.10 한 잔의 찬물을 고려한다. 물의 온도를 올릴 수 있는 방법들을 가능한 많이 생각해 보고 그려 보라.

2.11 큰 질량(추)을 올려놓아 압축되는 용수철을 고려하자. 용수철이 압축되는 정도는 용수철 상수 k와 관련되었다. 용수철에 의해 질량에 가해지는 힘은 다음과 같이 주어진다.

$$F = -kx$$

여기서 x는 이완된 위치로부터 용수철이 압축된 거리를 나타낸다. 용수철의 압축은 위치에너지 또는 내부 에너지를 나타내는가?

2.12 두꺼운 고무 밴드를 가져다가 잡아 당겨서 늘린다. 이를 입술에 갖다 댄다면 좀 더 뜨거워진 것을 느끼게 될 것이다. 그렇지만 피스톤-실린더 조합에서는 팽창에 따라 기체의 온도가 냉각됨을 학습하였다. 에너지 수지의 관점에서 이러한 반대 결과를 설명하라.

2.13 매우 뜨거운 튀김 냄비에 물을 뿌린다면 증발할 것이다. 그렇지만 물방울이 증발하는 데 낮은 온도에 비하여 높은 온도에서 더 오랜 시간이 걸린다는 역설적인 결과를 얻는다. 이 결과에 대해 설명하라.

2.14 무더운 여름날에 룸메이트가 냉장고 문을 열어서 아파트를 시원하게 할 것을 제안하였다. 아파트 전체를 계로 잡아서 제1법칙에 따른 분석을 수행하고, 이 아이디어가 장점이 있을지를 결정하라.

2.15 겨울에 따뜻하게 지낼 계획을 세우는 중이다. 바쁜 일정 때문에 보통 집에서 하루 종일 멀리 떨어져 있다. 집을 따뜻하게 유지하는 데 전기 히터를 작동하는 것은 많은 돈이 든다는 것을 알고 있다. 그렇지만 집을 하루 종일 따뜻하게 유지하는 것이 낮 동안에 히터를 끄고 밤에 귀가하여 다시 트는 것보다 더 효율적이라고 이야기하는 사람이 있다. 여러분은 열역학이 이 문제를 해소할 수 있다고 생각한다. 계, 주위, 경계의 개략도를 그려라. 대체할 만한 과정들을 예시하라. 동력을 절감하기 위한 여러분의 선택은 무엇인가? 답변에 대한 정당성을 제시하라.

2.16 고압의 압축 공기가 담긴 탱크에서 밸브가 열려서 공기가 대기 중으로 빠져 나갈 때, 밸브에 얼음이 끼는 이유를 설명하라. H_2O는 어디서 유래된 것일까?

2.17 (a) 일정한 압력의 실린더 또는 일정한 부피의 용기에 포함된 기체의 온도를 올릴 때, 더 많은 열의 주입이 필요한 것은 무엇인가? 이유를 설명하라.
(b) 온도가 같음에도 불구하고 (상대) 습도가 더 높은 무더운 여름날에 더 불편함을 느끼는 이유를 설명하라.

2.18 샤워를 한 뒤 몸을 말리기 위하여 수건을 사용하는 상황을 고려한다. 닦은 후에 수건을 말려서 다시 사용할 필요가 있다. 몸을 닦은 후에 수건을 건조하는 데 얼마나 많은 에너지가 필요한지 산출하

라. 도입한 모든 가정들을 서술하라. 주택(또는 세탁소)에서 건조기를 고려하자. 유일하게 수건만 건조기에 넣는다면, 실제 수건을 말리는 데 얼마나 많은 에너지가 필요한지 예측하라. 이 과정의 효율은 얼마인가? 좀 더 효율적인 방법들을 제시할 수 있는가?

계산 문제

2.19 2 bar의 압력과 0.42의 질(quality)을 갖는 포화 상태의 물이 견고한 용기에 담겨 있다. 물은 가열되어서 최종 온도가 540°C인 과정을 겪는다. 용기의 최종 압력을 결정하고, 이 과정 중에 일과 열의 형태로 전달된 에너지를 결정하라.

2.20 정상인의 체온은 약 37°C이다. 정상적인 대사 과정을 위하여 이 온도에서 몸을 유지하는 것이 중요하다. 저체온증은 신체 온도가 35°C 이하로 떨어지는 증상이다. 몸이 60%의 물로 구성되었다고 가정할 수 있다.

(a) 70 kg의 성인을 고려하여 저체온증이 시작될 때 열에 의해 손실되는 에너지의 양을 결정하라. 도입한 가정들을 서술하라.

(b) 저체온증이 시작되기 전에 (a)에서 예상된 것보다 더 많은 열을 잃게 되는 메커니즘은 무엇인가?

2.21 다음 그림과 같이 0.20 kg의 물을 포함하는 피스톤–실린더 조합을 고려하자. 피스톤의 단면적은 0.50 m^2이고, 초기 높이는 실린더 위의 바닥으로부터 0.7172 m이었다. 초기 압력은 1.0 bar이다. 선형 용수철 상수가 $k = 1.62 \times 10^5$ [N/m]인 용수철이 피스톤에 결속되어 있다. 초기에 스프링은 매우 얇은 피스톤에 어떠한 힘도 미치지 않는다. 질량 $m = 20{,}408$ kg인 블록이 피스톤 위에 놓여서 힘의 균형이 다시 맞을 때까지 기체가 압축되도록 한다. 압축 과정 중에 6.17×10^5 [J/kg]의 일이 계에 행해진다.

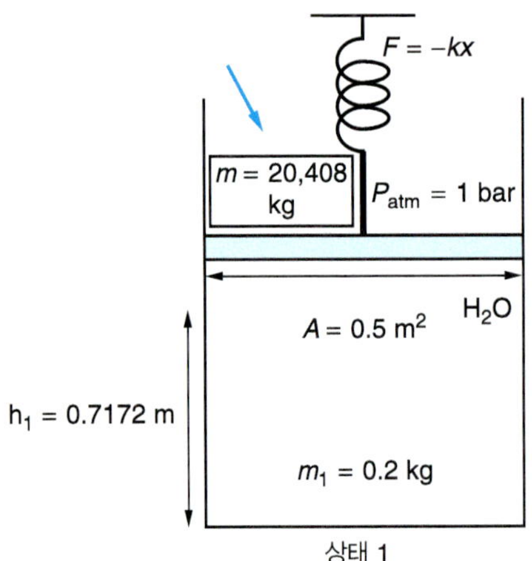

상태 1

(a) P_{ext}-v 선도에서 이 과정을 정밀하게 그려라. 일을 나타내는 면적을 그려라.

(b) 이 과정을 통하여 얼마나 많은 열(J/kg)이 전달되는가?

2.22 차 한 잔을 준비하기 위해 끓는 물을 고려하자. 1 L의 물이 25°C에서 끓는 데 걸리는 시간이 10분이라고 가정하자. 총 열유입 Q는 얼마인가? 열 유입 속도 $\dot{Q}$는 얼마인가?

2.23 수증기가 $P = 1$ bar와 $T = 400$°C의 초기 상태로부터 $P = 0.5$ bar와 $T = 200$°C의 최종 상태로 변하는 과정을 고려한다. 다음 자료로부터 이 과정에 대한 내부 에너지 변화를 계산하라.

(a) 수증기표, (b) 이상기체의 열용량.

2.24 30°C와 8 bar에서 *이상기체* 2.5 L를 포함하는 피스톤–실린더 조합을 고려한다. 기체는 5 bar로 가역적으로 팽창된다.

(a) 이 과정에 대한 에너지 수지식을 적어라(위치에너지와 운동에너지를 무시할 수 있다).

(b) 이 과정이 등온에서 일어난다고 가정하라. 이 과정에 대한 내부 에너지의 변화 ΔU는 얼마인가? 이 과정 중에 행해진 일 W는 얼마인가? 전달된 열 Q는 얼마인가?

(c) 이 과정이 (등온이 아닌) 단열적으로 진행될 때, 최종 온도는 30°C보다 높을지, 같을지, 낮을지 예측

하라. 그 이유를 설명하라.

2.25 5 mol의 질소가 3 bar와 88°C의 초기 상태로부터 팽창하여 1 bar와 88°C의 최종 상태로 변한다. N_2가 이상기체로 거동함을 고려할 수 있다. 다음 *가역* 과정들에 대한 질문에 대해 대답하라.

(a) 처음 과정은 등온 팽창이다. (i) Pv 선도에 경로를 그리고, 경로 A라 명하라. (ii) w, q, Δu, Δh를 계산하라.

(b) 두 번째 과정은 일정한 압력에서 가열한 뒤, 일정한 부피에서 냉각하는 것이다. (i) 동일한 Pv 선도에 경로를 그리고, 경로 B라 명명하라. w, q, Δu, Δh를 계산하라.

2.26 21°C의 실험실에 5 kg의 알루미늄 블록이 있다. 블록의 온도를 50°C로 높이고자 한다. 얼마나 많은 열[J]이 공급되어야 하는가?

2.27 100 bar의 압력과 400°C의 온도에 있는 3 kg의 수증기가 피스톤-실린더 조합에 포함되어 있다. 힘의 균형에 도달할 때까지 20 bar의 일정한 압력에서 팽창한다. 이 과정 중에 피스톤은 748,740 [J]의 일을 생성한다. 이 조건에서 물은 이상기체가 아니다. 이 과정의 최종 온도[K]와 전달된 열[J]을 결정하라.

2.28 1 mol의 이상기체 A를 포함하는 피스톤-실린더 조합을 고려한다. 계는 잘 단열되어 있다. 계의 초기 부피는 10 L이며 초기 압력은 2 bar이다. 기계적 평형에 도달할 때까지 기체는 1 bar의 외부 압력에 대하여 팽창한다. 이는 가역적인 과정인가? 계의 최종 온도는 얼마인가? 얼마나 많은 일이 얻어지는가? 기체 A에 대하여 $c_v = (5/2)R$이다.

2.29 연습 문제 2.28에 서술한 이상기체 1 mol을 함유하는 잘 단열된 피스톤-실린더 조합에 대하여 계로부터 최대의 일을 얻을 수 있는 과정을 묘사하라. 일의 값을 계산하라. 최종 온도는 얼마인가? 연습 문제 2.28에서 계산된 값보다 T가 낮은 이유는?

2.30 아래에 나타낸 단열 용기에는 막으로 분할된 두 구역이 존재한다. 한 쪽에는 400°C와 200 bar의 수증기 1 kg이 있다. 다른 한 쪽은 비어 있다. 막이 파열되어 전체 부피가 채워진다. 최종 입력은 100 bar이다. 수증기의 최종 온도와 용기의 부피를 결정하라.

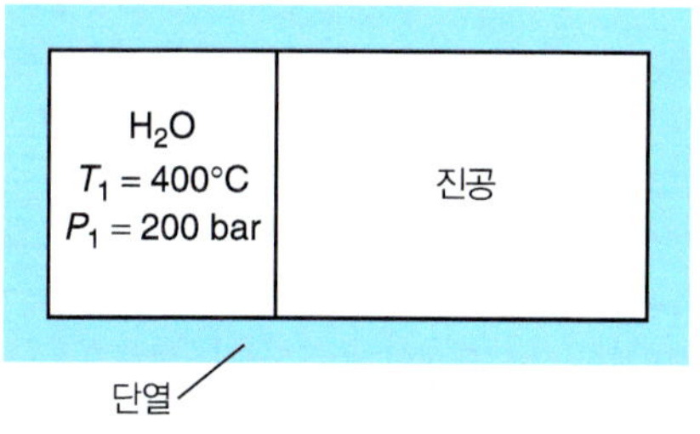

2.31 잘 단열된 2 m^3의 부피를 갖는 탱크가 막으로 분리되어 두 개의 동일한 부분으로 나뉜다. 왼쪽에는 10 bar와 300 K의 이상기체[c_P = 30 J/(mol K)]가 포함되어 있다. 오른쪽에는 아무 것도 존재하지 않는 진공이다. 막에 작은 구멍이 형성되고 기체가 왼쪽으로부터 서서히 누출되어 결국에는 탱크의 온도가 동일해진다. 최종 온도는 몇 도인가? 최종 압력은 얼마인가?

2.32 처음에 300 K에서 각각 10 L의 부피를 갖는 두 구획이 잘 단열된 견고한 용기가 존재한다. 두 구획은 핀에 의하여 고정되면서 잘 단열된 피스톤으로 분리되어 있다. 한 구획은 처음에 1 bar의 압력에 있으며, 다른 구획은 5 bar의 압력에 있다. 핀이 제거된 후에 피스톤이 움직이지만 피스톤을 통하여 열이 전달되지는 않는다. 각 구획의 최종 온도, 압력 및 부피를 결정하라. (이 문제에 대한 아이디어를 제공한 Frank Foulkes 교수에게 감사드린다.)

2.33 피스톤-실린더 조합에 기체 A가 0.4 mol 존재한다. 초기 압력은 20 bar이며 초기 온도는 675 K이다. 계는 힘의 균형이 이루어질 때까지 1 bar의 일정한 압력에서 피스톤이 팽창하는 단열 과정을 겪는다.

(a) 계의 최종 온도는 얼마인가?

(b) 이 과정을 통하여 얼마나 많은 일이 행해지는가?

이 과정 중에 기체 A는 이상기체로 거동함을 가정할 수 있다. 기체 A의 자료에 대한 실험 노트를 확인하면서, 순수한 기체 A가 견고한 용기에 포함된 닫힌계에 대해 다음 실험이 수행되었음을 발견했다. 용기는 열원(이 경우 저항 가열기)에 연결되어 있으며 다른 부분은 잘 단열되어 있다. 저항 가열기를 통해 알려진 양의 열 Q가 공급되며 계의 온도 T가 측정된다. 다음 자료가 1 mol의 기체 A에 대해 수집되었다.

T [K]	Q [J]
293	0
300	30.3
350	735.8
400	1240.4
450	1933.9
500	2505.5
550	3248.0
600	3915.6
650	4498.1
700	5155.7

2.34 100°C와 1 bar에서 50%의 과잉 공기를 포함하는 견고한 닫힌 용기에 1 kg의 액체 n-octane(옥테인)(C_8H_{18})이 존재한다. 이후 완전히 반응하여 $CO_2(g)$와 $H_2O(g)$로 연소되는 등온 과정을 겪는다. 이 문제를 풀기 위한 가정들을 서술하라. 액체 n-octane의 열용량 값은 다음과 같다.

$$c_P = 250\left[\frac{\text{J}}{\text{mol K}}\right]$$

(a) 계의 최종 압력은 얼마인가?

(b) 100°C를 유지하기 위하여 얼마나 많은 열을 가해야 하는가?

(c) 동일한 양의 C_8H_{18}이 화학양론적인 양의 O_2와 반응하여 동일한 생성물들을 얻는다고 가정할 때, (b)에서 계산된 값이 얼마나 바뀔 것으로 생각하는가? (더 많은 Q, 더 적은 Q, 동일한 Q) 개념적으로 답을 설명하라. 계산은 필요 없다.

2.35 연소 생성물에는 $CO_2(g)$와 $H_2O(g)$ 뿐 아니라 $CO(g)$도 함유되어 있으며, CO_2/CO의 비율이 4/1인 것을 고려하여 연습 문제 2.34를 다시 풀어라. 모든 다른 조건들은 연습 문제 2.34와 동일하게 유지된다.

2.36 인체의 건조 무게의 절반 정도는 단백질로 구성된다. 단백질의 뼈대는 긴 폴리펩타이드 사슬로 구성되어 있다. 천연의 또는 '본연의' 상태에서 단밸질은 스스로 접혀서(제4장에서 좀 더 논의됨) van der Waals 힘과 수소 결합력을 포함하는 많은 수의 분자 간 상호작용으로 유지된다. 단백질에 의해 형성되는 구조는 단백질의 기능성에 중요하다. 분자 내 상호작용이 극복되는 조건에서는 단백질이 펼쳐져서 '변성'된다.

그림 2.10b에 개략적으로 나타낸 것과 유사한 계를 사용하여 단백질 용액의 열용량을 측정할 수 있다. 온도에 대한 단백질의 열용량의 그래프는 다음 그림에 나타내었다.

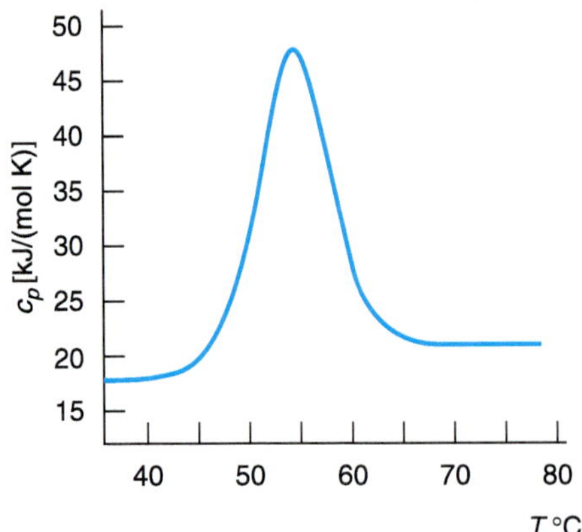

다음 질문에 답하라.

(a) 단백질의 본연의 상태와 변성된 상태에 대해 물리적으로 설명하라. '혹(hump)'이 형성되는 이유는 무엇인가?

(b) 변성 과정과 결합된 엔탈피 변화 Δh_d를 예측하라. 이 값이 나타내는 물리적 과정에 대해 설명하라.

(c) 이 단계 과정에 의해 변성이 일어난다면, T에 대한 c_P의 의존성은 어떻게 되겠는가?

2.37 연료 전지는 유망한 대체 에너지 기술이다. 연료 전지에서 다음 반응에 의해 에너지가 생성된다.

$$H_2(g) + \frac{1}{2}O_2(g) \rightarrow H_2O(g)$$

연료 전지 중에 고체 산화물 연료 전지는 고온에서 작동된다. 어떤 고체 산화물 연료 전지에 0.32 mol/s의 H_2와 0.16 mol/s의 O_2를 공급하여 반응이 종료된다. 열손실 속도(W)는 다음과 같이 주어진다.

$$\dot{Q} = -7.1(T - T_0) - 4.2 \times 10^{-8}(T^4 - T_0^4)$$

여기서 T는 K 단위이며 T_0는 293 K으로 취해지는 주위의 온도이다. (이 문제에 대한 정보를 제공한 Jason Keith 교수에게 감사드린다.)

(a) 앞의 열전달 식에서 우변의 첫 번째와 두 번째 항이 나타내는 물리적 의미를 설명하라.

(b) 열손실 속도가 열생성 속도와 같아지는 온도를 계산하라.

2.38 10 kg의 물이 포함된 피스톤–실린더 조합을 고려한다. 초기에 기체는 압력이 20 bar였으며 1.0 m^3의 부피를 차지하였다. 이 조건에서 물은 이상기체로 거동하지 않는다.

(a) 이제 계는 100 bar로 압축되는 **가역** 과정을 겪는다. 압력–부피의 관계는 다음과 같이 주어진다.

$$Pv^{1.5} = \text{일정}$$

계의 최종 압력과 내부 에너지는 얼마인가? Pv 선도에 이 과정을 그려라. 이 과정에 대한 일을 나타내는 면적을 그려라. 이 과정 중에 행해진 일을 계산하라. 얼마나 많은 열이 교환되었는가?

(b) *(a)와 동일한 최종 상태*에 도달하는 계에 대한 다른 과정을 고려한다. 이 경우에, 큰 블록이 피스톤 위에 놓여서 압축된다. 이 과정을 Pv 선도에 그려라. 이 과정에 대한 일을 나타내는 면적을 그려라. 이 과정 중 행해진 일을 계산하라. 얼마나 많은 열이 교환되는가?

(c) 주위와 알짜 열의 교환이 없이 계가 초기 상태에서 최종 상태까지 어떤 과정을 거칠 수 있다고 생각하는가? 이 과정에 대해 서술하고 가능한 값들을 계산한 뒤 Pv 선도에 그려라.

2.39 아래에 나타낸 순수한 기체를 포함하는 피스톤–실린더 조합을 고려하자. 기체의 초기 부피는 0.05 m^3이며, 초기 압력은 1 bar이고, 피스톤의 단면적은 0.1 m^2이다. 초기에 스프링은 매우 *얇은* 피스톤에 어떠한 힘도 발휘하지 않는다.

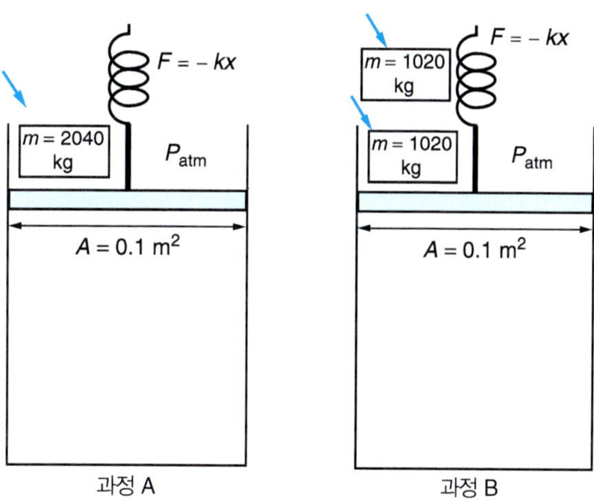

(a) 질량 $m = 2040$ kg의 블록이 피스톤 위에 놓인다. 최종 부피는 0.03 m^3이고, 최종 압력은 2×10^5 Pa이다. 피스톤 위의 스프링에 의한 힘은 x에 따라 선형적으로 변하며, 스프링이 매우 꽉 끼기 때문에 기체의 부피는 최종 부피보다 결코 더 작아지지 않는다고 가정할 수 있다. Pv 선도에 이 과정을 정밀하게 그리고 '과정 A'라 명명하라. 이 과정에 대한 일을 나타내는 면적을 그려라. 일의 값을 얼마인가?
[*힌트*: 먼저 스프링 상수 k를 구하라.]

(b) 질량 1020 kg의 블록이 *본래의 초기 상태*에서 피스톤 위에 놓이고, 내부의 기체가 팽창한 후에 또 다른 질량 1020 kg의 블록이 피스톤 위에 놓이는 과정을 고려하자. 동일한 Pv 선도에 이 과정을 그리고 '과정 B'로 명명하라. 이 과정에 대한 일을 나타내는 면적을 그려라. 이 일의 값은 얼마인가?

(c) 피스톤을 압축하기 위한 최소한의 일을 요하는 과정에 대해 서술하라. 동일한 Pv 선도에 이 과정을 그리고 '과정 C'로 명명하라. 이 과정에 대한 일을 나타내는 면적을 그려라. 일의 값은 얼마인가?

2.40 아래에 나타낸 바와 같이 0.5 m^3의 견고한 탱크가 피스톤-실린더 조합에 연결되었다. 두 용기에는 순수한 물이 포함되어 있다. 이 물은 200°C와 600 kPa의 열 저장고에 잠겨 있다. 탱크와 피스톤-실린더 조합을 계로, 열 저장고를 주위로 고려하라. *초기*에 밸브는 닫혀 있으며 두 용기는 외부(열 저장고)와 평형에 있다. 견고한 탱크에는 95%의 질(quality, 즉 95% 질량의 H_2O가 수증기)을 갖는 포화 상태의 물이 포함되어 있다. 피스톤-실린더 조합은 초기에 부피가 0.1 m^3였다.

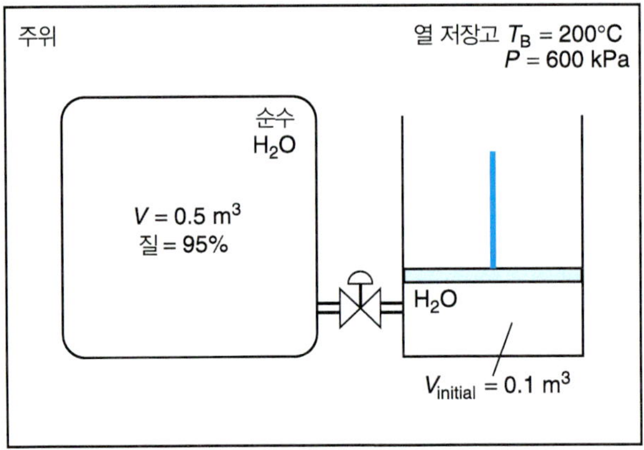

이후 밸브가 열린다. 평형에 도달할 때까지 물이 피스톤-실린더 조합에 흐른다. 이 과정에 대하여 피스톤에 의해 행해진 일 W, 계의 내부 에너지의 변화 ΔU, 전달된 열 Q를 결정하라.

2.41 아래에 나타낸 단열된 견고한 용기를 고려하자. 두 구획 A와 B에는 H_2O가 포함되어 있으며 얇은 금속 피스톤에 의해 분리되어 있다. A면은 10 cm, B면은 50 cm 길이이다. 단면적은 0.1 m^2이다. 좌측 구획은 초기에 20 bar와 250°C에 있다. 우측 구획은 초기에 10 bar와 700°C에 있다. 피스톤은 처음에 걸쇠에 의해 고정되어 있다. 걸쇠가 제거되며 두 구획의 압력과 온도가 동일해질 때까지 피스톤이 움직인다. 최종 온도, 압력 및 피스톤이 움직인 거리를 결정하라.

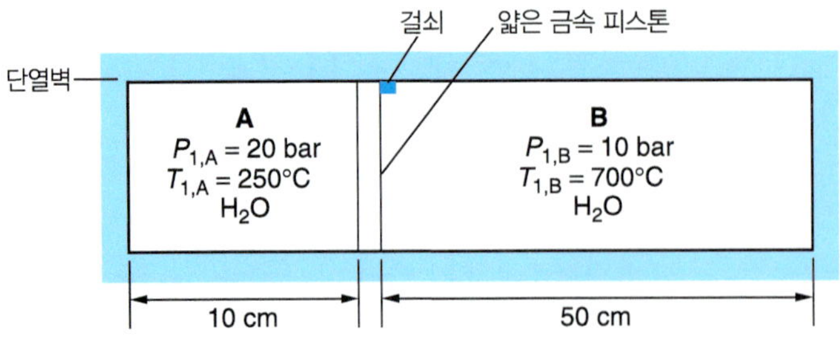

2.42 소다(또는 맥주) 캔을 열었을 때, 압축된 CO_2가 대기에 대해 비가역적으로 팽창하여 음료수를 통해 거품으로 올라온다. 이 과정은 단열적이며 CO_2는 초기에 3 bar의 압력을 갖는다고 가정하자. CO_2는 이상기체이며, 열용량은 $c_p = 37$ [J/(mol K)]으로 가정한다. CO_2가 대기압에 도달한 뒤, 최종 온도

는 얼마인가?

2.43 1 ft의 직경을 갖는 풍선을 부는 데 필요한 Pv 일을 구하라. 계산한 값은 필요한 모든 일을 감안한 값인가? 이에 대해 설명하라.

2.44 부피 0.01 m^3의 견고한 용기에 임계점의 물을 담고 싶다. 이 임무를 달성하기 위하여 1 bar에서 포화 상태의 순수한 물로 시작하여 가열하고자 한다.

(a) 얼마나 많은 물이 필요한가?

(b) 이 과정을 시작하는 데 필요한 물의 질(quality)은 얼마인가?

(c) 얼마나 많은 열이 [J] 단위로 필요하겠는가?

2.45 예산 삭감을 벌충하기 위하여 비용을 절약하는 노력으로서 화학공학 홀의 난방용 증기(steam)를 저녁 6시에 끊고 아침 6시에 다시 공급하는 것으로 결정되었으며, 다음 날까지의 매우 긴 컴퓨터 프로젝트가 있는 화학공학도들의 바쁜 수업에는 아주 유감스럽게 되었다. 그렇지만 순환 팬은 건물 전체가 거의 동일한 온도가 되도록 계속 가동한다. 컴퓨터 실험실은 바라던 만큼 빨리 끝나지 않아서 점점 추워지고 있다. 시계를 보니 밤 10시이며, 온도는 낮 동안에 유지되었던 편안함을 느끼는 온도인 22°C로부터 외부 온도인 2°C까지의 절반으로 떨어졌다(즉, 밤 10시의 온도는 12°C이다). 밤새도록 그곳에 있어야 하기 때문에, 아침 6시에 온도가 몇 도인지를 예측하기로 결정하였다. 바깥의 온도는 저녁 6시부터 아침 6시까지 2°C로 일정하게 유지되는 것으로 가정할 수 있다. 열전달은 다음 식으로 주어진다.

$$q = h(T - T_{\text{surr}})$$

여기서 h는 상수이다.

(a) 온도가 시간의 함수로 어떻게 변할 것으로 생각되는지 그려라. 그 이유를 설명하라.

(b) 아침 6시의 온도를 계산하라.

2.46 6 MPa, 400°C의 수증기가 파이프를 흐른다. 밸브를 통하여 이 파이프에 부피가 0.4 m^3인 탱크가 연결되어 있다. 이 탱크에는 처음에 1 MPa의 포화 수증기가 포함되어 있다. 밸브가 열려서 압력이 6 MPa이 될 때까지 탱크가 수증기로 채워지며 이후 밸브가 닫힌다. 이 과정은 단열적으로 일어난다. 밸브가 닫힌 바로 그 순간에 탱크의 온도를 결정하라.

2.47 아래의 그림에 나타낸 바와 같이 고압의 공급 라인으로부터 압축된 Ar을 실린더에 채우는 과정을 고려한다. 채우기 전에 실린더에는 상온에서 10 bar의 Ar이 포함되어 있다. 밸브가 열려서 실린더의 압력이 50 bar가 될 때까지 탱크는 상온에서 50 bar에 노출된다. Ar에 대하여 $c_P = (5/2)R$로, 분자량은 40 kg/mol로 취할 수 있다. 이상기체 모델을 활용할 수 있다.

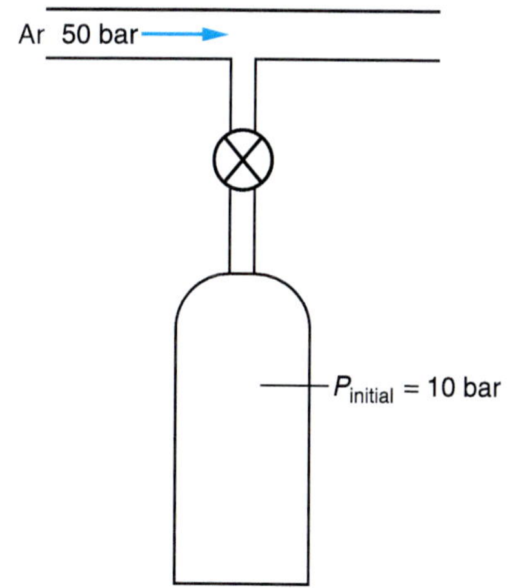

(a) 밸브가 닫힌 바로 그 때의 온도는 얼마인가?

(b) 실린더가 오래 동안 저장 상태로 놓인다면, 얼마나 많은 열이 전달되는가(kJ/kg 단위로)?

(c) (오랜 시간 동안 저장된 후에) 실린더가 운송될 때, 압력은 얼마인가?

2.48 아래에 나타낸 바와 같이 잘 단열된 피스톤-실린더 조합이 CO_2 공급 라인에 연결되어 있다. 처음에 피스톤-실린더 조합에 CO_2가 없었다. 이후 밸브가 열려서 CO_2가 흘러 들어간다. 피스톤-실린더 조합의 내부 부피가 0.1 m^3일 때 CO_2의 온도는 얼마인가? 얼마나 많은 CO_2가 탱크로 들어가는가? CO_2는 $c_p = 37$ [J/(mol K)]의 일정한 열용량을 갖는 이상기체로 간주하라.

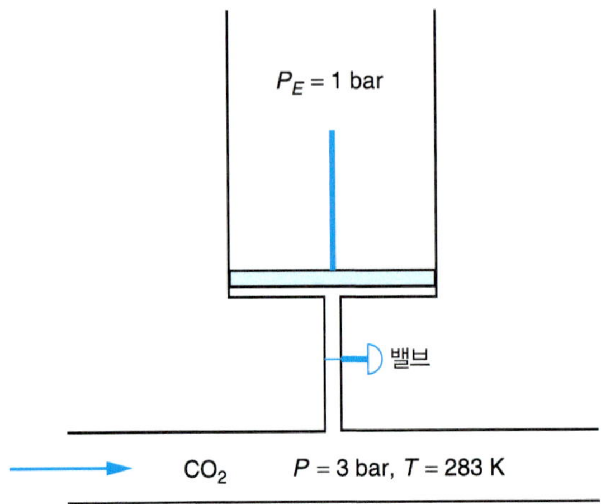

2.49 견고한 탱크의 부피가 0.01 m^3이다. 초기에 이 탱크에 200°C의 온도에서 0.4의 질(quality)을 갖는 포화 수증기가 포함되어 있다. 탱크의 상단에는 증기가 일정한 압력으로 유지되도록 하는 압력 조절 밸브가 있다. 이 계는 모든 액체가 기화될 때까지 가열되는 과정을 겪는다. 얼마나 많은 열([kJ] 단위)이 요구되는가? 출구 라인에 압력 강하가 존재하지 않는다고 가정할 수 있다.

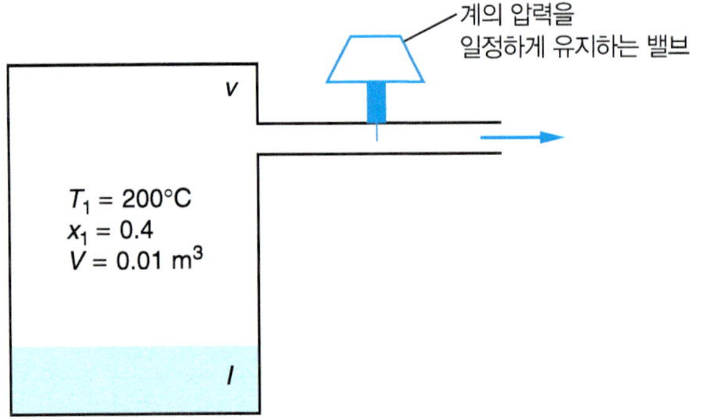

2.50 파이프에 흐르는 수증기의 온도와 압력을 측정하고자 한다. 이 임무를 달성하기 위하여, 이 파이프에 밸브를 통하여 0.4 m^3의 부피를 갖는 잘 단열된 탱크를 연결한다. 이 탱크는 초기에 진공 상태이다. 밸브가 열리고, 탱크는 압력이 9 MPa로 될 때까지 수증기로 채워진다. 이 순간에 파이프와 탱크의 압력은 동일해지며 밸브를 통하여 더 이상의 수증기가 흐르지 않는다. 이후 이 밸브는 닫힌다. 밸브가 닫힌 직후에 온도는 800°C로 측정된다. 이 과정은 단열적으로 일어난다. 파이프를 흐르는 수증기의 온도([K])를 결정하라. 파이프의 수증기는 이 과정 중에 동일한 온도와 압력으로 유지됨을 가정할 수 있다.

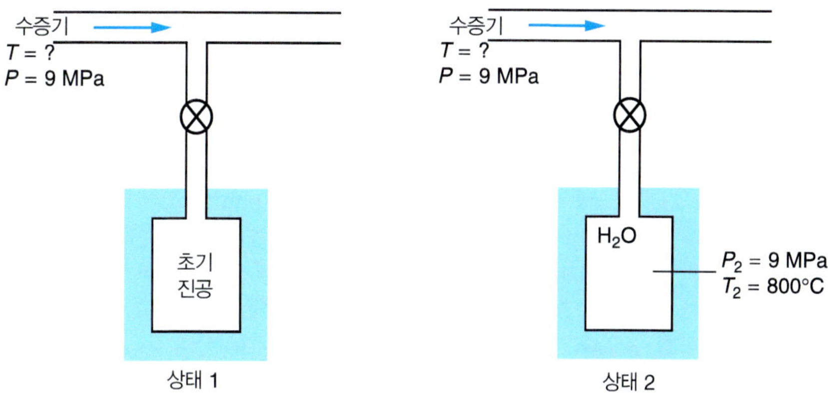

2.51 어떤 이상기체가 닫힌계에서 단열 가역 팽창 과정을 겪는다.
(a) c_p가 일정하다면, 다음을 보여라.

$$\frac{T_2}{T_1} = \left(\frac{P_2}{P_1}\right)^{\frac{k}{k-1}}$$

(b) 열용량이 다음과 같이 주어진다면, 이상기체에 대해 온도와 압력 사이의 관계를 구하라.

$$c_P = A + BT + CT^2$$

2.52 Methane(메테인) 증기는 3 bar와 25°C에서 밸브에 유입되어 1 bar로 빠져나간다. Methane이 조름 과정을 겪는다면, 출구 온도는 섭씨 몇 도인가? 이 조건에서 methane은 이상기체로 가정할 수 있다.

2.53 10 mol/s의 속도로 흐르는 1 bar의 CO_2 흐름을 150°C에서 300°C로 가열하고 싶다. 이를 달성하기 위하여 40 bar와 400°C에서 이용 가능한 고압 수증기 흐름을 사용할 것을 요구받았다. 각 흐름의 압력은 열교환기를 통과하면서 일정하게 유지된다고 가정할 수 있다(즉, 흐름들에 대한 압력 강하를 무시한다). 전체 계는 아래에 나타낸 바와 같이 잘 단열되어 있다. 열교환기 튜브에서 수증기가 응축되는 것은 바람직하지 않다. 유입되는 수증기가 출구에서 응축되도록 하려면 최소의 부피 유량은 m^3/s로 얼마인가?

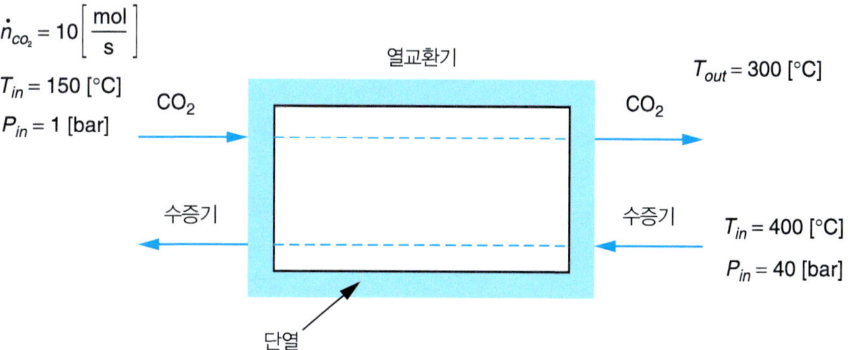

2.54 정상 상태에서 어떤 이상기체가 10.0 [mol/s]이 속도로 압축기에 유입된다. 유입 압력은 1.00 bar이며 유입 온도는 25.0°C이다. 기체는 25.0 bar와 65.0°C에서 빠져 나온다. 이상기체의 열용량은 다음과 같이 주어진다.

$$\frac{c_P}{R} = 3.60 + 0.500 \times 10^{-3} T$$

여기서 T는 [K] 단위의 온도이다.

(a) 압축기가 단열적으로 가동된다고 가정하면, 요구되는 동력(kW)을 구하라.

(b) 실제 과정에서는 유한한 양의 열전달이 존재한다. (a)와 동일한 초기 및 최종 상태에서 압축기가 가동된다면 실제 동력은 (a)에서 계산된 값보다 더 클지, 같을지, 또는 더 작을지 예측하라. 그 이유를 설명하라.

2.55 다음 질문들에 대답하라.

(a) Ar 기체가 100°C와 2 bar의 압력에서 4.0 [m^3/min]의 부피 유속으로 열교환기에 공급된다. 그리고 200°C와 1 bar에서 빠져나간다. 공급되는 열을 *W* 단위로 계산하라. 이상기체 거동을 가정할 수 있다.

(b) Isobutane(이소뷰테인)이 100°C와 1.5 bar의 압력에서 3.0 [m^3/min]의 속도로 열교환기에 공급된다. 그리고 200°C와 1 bar에서 빠져나간다. 공급되는 열을 *W* 단위로 계산하라. 이상기체 거동을 가정할 수 있다.

(c) 100°C와 2 bar에서 4.0 [m^3/min]으로 흐르는 Ar 기체가 100°C와 1.5 bar에서 3.0 [m^3/min]으로 흐르는 isobutane 기체를 포함하는 두 번째 흐름과 혼합된다. 기체 혼합물은 200°C와 1 bar에서 빠져나간다. 공급되는 열을 *W* 단위로 계산하라. 이상기체 거동을 가정할 수 있다.

2.56 40°C와 10 bar에서 10 mol/s의 속도로 흐르는 순수한 액체 benzene이 용기에 공급되어 플래시(flash) 과정이 적용된다. 정상 상태에서 6 mol/s의 benzene은 증기로 빠져나가며, 나머지는 액체로 빠져나간다. 용기는 5 bar의 압력에서 조업된다. 요구되는 열 유입량을 *W* 단위로 결정하라. 1기압에서 benzene은 80.1°C에서 끓으며, 30,765 J/mol의 증발 엔탈피를 갖는다.

2.57 생물학적 계에서 질소는 흔히 발효기에 기포로 공급되어 무산소 분위기를 유지한다. 질소가 발효기에 기포로 공급됨에 따라 기체에 의해 수분이 빠져나간다. 0.5 g/min의 수분이 증발하는 30°C의 등온 연속 발효 과정을 고려한다.

(a) 물의 증발을 벌충하기 위하여 열이 공급되어야 하는가 아니면 제거되어야 하는가?

(b) 발효기에 대한 열 부하는 결과적으로 얼마인가?

2.58 폭포와 결합된 전기 발전기에서 5 kW의 출력을 갖는 평균적인 전기 동력이 생성된다. 동력은 충전기를 충전하는 데 활용된다. 충전기로부터의 열전달은 1 kW의 일정한 속도로 나타난다.

(a) 10시간 조업했을 때 충전기에 저장된 총 에너지의 양을 ([kJ] 단위로) 결정하라.

(b) 물의 흐름 속도가 200 kg/s이며 운동에너지가 전기에너지로 전환되는 효율이 50%라면, 물의 평균 유속은 몇 m/s인가? 나머지 에너지는 어디로 갔는가?

2.59 4 MPa과 300°C의 공기가 무시할 만한 속도로 정상 상태로 조업되는 잘 단열된 터빈에 공급된다. 공기는 100 kPa의 출구 압력에서 팽창한다. 출구 유속과 온도는 각각 90 m/s와 100°C이다. 출구의 직경은 0.6 m이다. 터빈에 의한 동력을 kW 단위로 결정하라. 공기가 이 과정을 거치면서 이상기체로 거동한다고 가정할 수 있다.

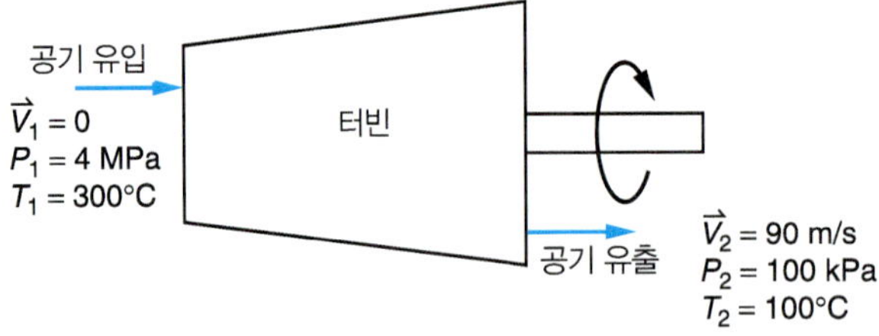

2.60 100°C의 ethylene(에틸렌)(C_2H_4)이 가열기를 거쳐 200°C에서 모인다. 가열기를 통과하는 1 mol의 ethylene에 공급되는 열을 계산하라. 이상기체 거동을 가정할 수 있다.

2.61 350°C의 propane(프로페인) 600 cm^3/mol이 터빈에서 팽창한다. 배기 온도는 308°C이며 배기 압력은 대기압이다. 얻어진 일은 얼마인가? 이상기체 거동을 가정할 수 있다.

2.62 100°C와 0.5 bar의 열교환기를 통과하는 20 mol/s의 CO를 고려한다.

(a) 수증기를 500°C까지 가열하는데 가해야 하는 열은 몇 kW인가?

(b) 동일한 흐름율의 *n*-hexane(*n*-헥세인)과 (a)에서 계산한 것과 동일한 열전달 속도를 고려한다. 어떤 계산을 수행하지 않고, *n*-hexane의 최종 온도가 500°C보다 높을지 낮을지를 예측하고 설명하라.

2.63 수증기가 10 bar와 200°C의 잘 단열된 노즐로 공급된다. 수증기는 100 kPa의 포화 증기로 빠져나간다. 질량 흐름율은 1 kg/s이다. 정상 상태 유출 속도는 얼마인가? 출구의 단면적은 얼마인가?

2.64 Propane (프로페인)이 5 bar와 200°C의 노즐에 공급된다. 그리고 500 m/s의 속도로 빠져나간다. 정상 상태에서 출구 온도는 얼마인가? 이상기체 조건을 가정하라.

2.65 출구 면적이 입구에 비해 2배 넓은 정상 상태로 조업되는 확산기를 고려한다. 공기가 300 m/s의 속도와 1 bar의 압력, 70°C의 온도로 흐른다. 출구는 1.5 bar이다. 출구 온도는 얼마인가? 출구 속도는?

2.66 공기의 흐름이 단열적으로 50 mol/s의 정상 상태 과정으로 압축된다. 입구는 300 K과 1 bar이다. 출구는 10 bar이다. 압축기가 사용될 때 최소의 동력을 예상하라. 공기가 이상기체로 거동함을 가정할 수 있다.

2.67 1 bar와 100°C에서 5000 cm^3/s의 부피 유속을 갖는 이산화황(SO_2)이 2 bar와 20°C에서 2500 cm^3/s로 흐르는 두 번째 SO_2 흐름과 혼합된다. 이 과정은 정상 상태로 일어난다. 이상기체 거동을 가정할 수 있다. SO_2에 대하여 일정한 압력에서의 열용량은 다음과 같이 취할 수 있다.

$$\frac{c_P}{R} = 3.267 + 5.324 \times 10^{-3}T$$

(a) 출구의 몰 흐름율은 얼마인가?

(b) 출구의 온도는 얼마인가?

2.68 질량 흐름 제어기(mass flow controller, MFC)는 계로 유입되는 기체의 흐름 속도를 정확하게 제어하는데 사용된다. MFC는 주관과 기체 흐름의 일정 부분을 발산시키는 감지관으로 구성된다. 감지관에서 일정한 양의 열이 가열관으로 제공된다. 다음에 나타낸 바와 같이 상류와 하류 온도 센서를 통하여 온도차가 측정된다. 제어 밸브가 원하는 흐름율을 위하여 열리거나 닫힐 수 있다.

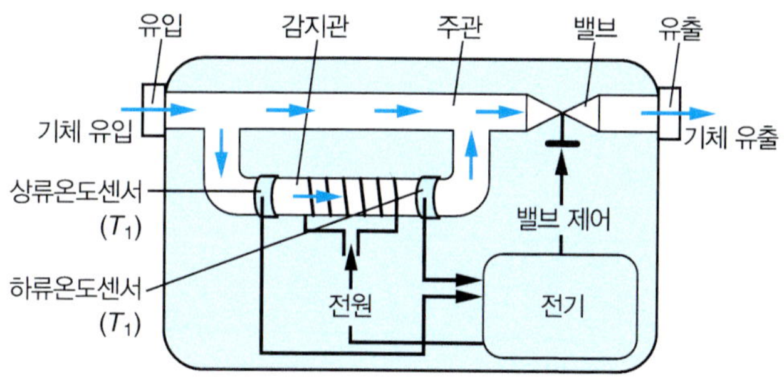

(a) 흐름율은 전형적으로 1.0135 bar의 '표준' 압력과 0°C의 '표준' 온도로 나타내는 분당 *표준 세제곱 센티미터*(standard cubic centimeter per minute, SCCM)로 보고된다. 몇 mol/s가 1 SCCM에 대응하는 값인가?

(b) N_2의 흐름 제어를 고려하라. SCCM에서 N_2의 몰 흐름율을 측정된 온도차, 가열 코일로에 의해 주입되는 열, 감지관으로 분산된 기체의 분율로 표현되는 식을 전개하라. 도입한 가정을 서술하라.

(c) 다른 기체가 사용될 때 MFC의 재검량 대신, 환산 인자를 활용하여 다른 기체에 대한 MFC 눈금을 보정할 수 있다. N_2 대신 SiH_4의 제어를 고려한다. 어떤 환산 인자가 사용되어야만 하는가?

2.69 수증기표의 자료를 활용하여 H_2O의 이상기체 열용량에 대한 표현식을 다음과 같은 형태로 얻어라.

$$c_v = A + BT$$

부록 A.2의 값과 해답을 비교하라.

2.70 8 MPa과 500°C의 수증기가 100 kPa로 빠져나간다. 출구 온도는 얼마인가?

2.71 피스톤–실린더 조합에서 단원자 이상기체가 500 kPa과 300 K에서부터 100 kPa로 가역 팽창된다. 이 과정이 (a) 등온, (b) 단열 과정일 때 일을 계산하라.

2.72 다음 두 과정들에 대하여 내부 에너지 변화를 비교하라.
(a) 물이 1 기압에서 어는점으로부터 끓는점으로 가열된다.
(b) 포화 상태의 액체 물이 1 기압에서 기화된다.

2.73 300 K에서 Ar, O_2, NH_3의 열용량 값을 계산하라. 이 분자들이 운동에너지를 나타낼 수 있는 세 가지 방식(병진, 회전, 진동)의 상대적인 크기를 고려하라.

2.74 초기에 10 kPa의 포화 액체 상태인 2 kg의 물이 일정한 압력에서 가열되어 포화 증기가 된다. 이 과정에 대하여 전달된 일과 열을 kJ 단위로 결정하라.

2.75 5 kg의 포화 액체 상태의 물과 0.5 kg의 포화 증기가 10 kPa에서 견고한 용기에 포함되어 있다. 모든 액체를 증발시키기 위하여 얼마나 많은 열이 계로 전달되어야 하는가?

2.76 얼음을 첨가하여 물 한 잔을 냉각시키는 것을 고려하자. 400 mL의 물이 상온에서 유리컵에 담겨 있으며, 100 g의 얼음이 첨가된다. 유리는 단열적이며 열평형에 도달한다고 가정한다. 냉장고에서 꺼낼 때 얼음은 처음에 −10°C였으며 유리컵에 첨가된다. 얼음에 대하여 $\Delta h_{\text{fus}} = -6.0$ [kJ/mol]이다.
(a) 최종 온도는 몇 도인가?
(b) (얼음이 녹는) 잠열에 의하여 몇 %의 냉각이 달성되는가?

2.77 1 mol의 포화 액체 propane(프로페인)과 1 mol의 포화 증기가 0°C와 4.68 bar에서 견고한 용기에 담겨 있다. 모든 propane을 증발시키기 위하여 얼마나 많은 열이 공급되어야 하는가? 0°C에서 $\Delta h_{\text{vap}} = 16.66$ [kJ/mol]이다. Propane을 이상기체로 취급할 수 있다.

2.78 다음 반응에 대하여 298 K에서 반응 엔탈피를 계산하라.

(a) $CH_4(g) + 2O_2(g) \rightarrow CO_2(g) + 2H_2O(g)$
(b) $CH_4(g) + 2O_2(g) \rightarrow CO_2(g) + 2H_2O(l)$
(c) $CH_4(g) + H_2O(g) \rightarrow CO(g) + 3H_2(g)$
(d) $CO(g) + H_2O(g) \rightarrow CO_2(g) + H_2(g)$
(e) $4NH_3(g) + 5O_2(g) \rightarrow 4NO(g) + 6H_2O(g)$

2.79 다음 조건에서 1 bar의 압력에 있는 acethylene(아세틸렌) 기체의 단열 화염 온도를 계산하라. 반응물은 초기에 298 K에 있다. Acethylene이 완전히 반응하여 CO_2와 H_2O를 형성함을 가정하라.
(a) 화학양론적인 양의 O_2로 연소됨
(b) 화학양론적인 양의 공기로 연소됨
(c) 화학양론적인 양보다 2배 많은 공기로 연소됨

2.80 1 bar의 압력에서 화학양론적인 공기와의 혼합물 중 다음 화학종의 단열 화염 온도를 계산하라. 반응물은 초기에 298 K이었다. 완전히 반응하여 CO_2와 H_2O를 생성한다고 가정한다. 답을 비교하고 설명하라.
(a) propane(프로페인)
(b) butane(뷰테인)
(c) pentane(펜테인)

2.81 어떤 실험에서 methane(메테인)이 완전 연소를 위하여 이론적으로 요구되는 양의 산소에 의해 불탄다. 단열 연소기의 잘못된 조작으로 인하여 반응이 완전하게 진행되지 않았다. 반응하는 모든 양의 methane이 H_2O와 CO_2를 형성한다고 가정할 수 있다. 반응물들이 25°C와 1 bar에서 반응기에 공급되며 빠져나가는 기체는 1000°C와 1 bar일 때, 연소되지 않고 반응기를 통과하는 methane의 퍼센트를 결정하라.

2.82 다음 자료는 세 상태 중 열역학적 사이클을 겪는 계로부터 언어진 것이다. ΔU, Q, W에 대한 누락된 값들을 채우라. 이는 동력 사이클인가 냉동 사이클인가?

과정	ΔU [kJ]	W [kJ]	Q [kJ]
상태 1에서 2			350
상태 2에서 3	800	800	
상태 3에서 1	−750		−500

2.83 1 mol의 공기가 Carnot 사이클을 겪는다. 뜨거운 열 저장고는 800°C이며 차가운 열 저장고는 25°C이다. 압력 범위는 0.2 bar와 60 bar 사이이다. 생산된 알짜 일과 사이클 과정의 효율을 결정하라.

2.84 1 mol의 공기가 Carnot 냉동 사이클을 겪는다. 뜨거운 열 저장고는 25°C이며, 차가운 열 저장고는 −15°C이다. 압력 범위는 0.2 bar와 0.1 bar이다. COP를 결정하라.

2.85 어떤 Rankine 사이클을 아래에 나타내었다. 이 사이클은 작동 유체로 물을 사용하여 동력을 생성하는데 활용된다. 이 열역학적 사이클은 터빈, 응축기, 압축기, 보일러의 네 단계로 구성된다. 각 흐름의 상태는 그림에 표시하였으며 아래의 표에 나타내었다. 물의 질량 흐름 속도는 100 kg/s이다. 운동에너지와 위치에너지의 효과는 무시할 수 있다. 다음 질문에 답하라.

상태	1	2	3	4
T[°C]	520			80
P [bar]	100	0.075	0.075	100
질		90% 포화 증기	포화 액체	

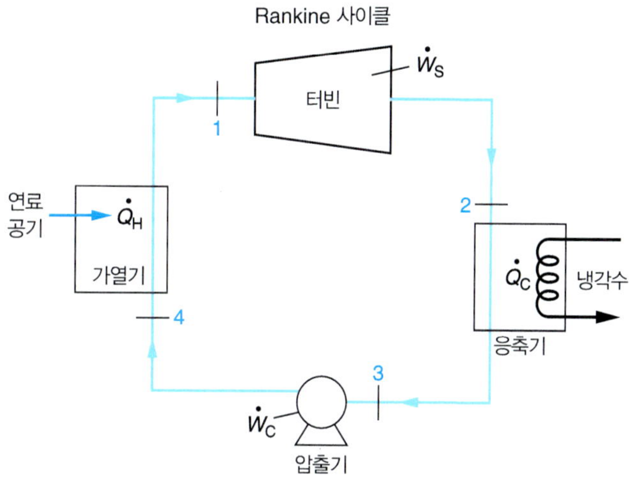

(a) Pv 선도에 네 과정들을 모두 그려라. 증기−액체 돔(dome)을 포함시켜라.
(b) 위의 그래프에서 알짜 동력이 음인 이유를 설명하라.
(c) 보일러(가열기)와 응축기에서의 열 전달 속도 $\dot{Q}_H$와 $\dot{Q}_C$를 계산하라.
(d) 사이클에 의한 알짜 동력을 결정하라.
(e) 사이클의 열적 효율 η는 얼마인가?

$$\eta \equiv \frac{\text{플랜트로부터 전달된 알짜 동력}}{\text{보일러에서의 열전달 속도}}$$

제3장

엔트로피와 열역학 제2법칙

Entropy and the Second Law of Thermodynamics

학습 목표

제3장에 있는 내용을 숙달하기 위해서는 다음 사항들을 할 수 있어야 한다.

- 예시를 통해 열역학 제2법칙을 설명할 수 있어야 한다. 여기에 엔트로피 해석과 그것과 관련한 변화의 방향성, 가역과 비가역 여부, 효율을 포함한 기본 개념에 대한 설명을 포함한다.
- (1) 닫힌계와 (2) 정상 상태와 전이(균일 상태) 조건 하에서 열린계를 열역학 제2법칙의 적분 형태 또는 미분 형태로 서술한다. 이들 방정식을 세기(intensive) 성질과 크기(extensive) 성질 그리고 질량 기반 성질과 몰 기반 성질로 서로 전환한다.
- 열역학 제2법칙을 아래의 계와 같은 등온 그리고 단열 과정에 있는 공학적 문제를 규정하고 수식화하여 풀이하는 데 적용한다. 이들 계의 예로서는 견고한 용기(탱크), 피스톤-실린더에서의 팽창과 압축, 확산기(diffuser), 터빈, 펌프, 열교환기, 조름 장치, 탱크를 채우거나 비우는 것, 증기 압축력과 냉동 사이클을 들 수 있다.
- 베르누이 방정식을 전개하는 데 필요한 가정을 제시하고 공학 문제를 풀이하기 위해 이 식을 적용한다.
- 가상적인 가역 경로를 설정하여 임의의 두 상태 사이에서의 엔트로피 변화를 계산한다. 열용량을 알고 있을 경우 이상기체, 액체, 고체의 엔트로피 변화를 구한다.
- 만일 열용량 자료 또는 성질 표가 주어져 있을 경우 두 상태 사이의 엔트로피 차이를 계산한다. 상변화나 화학 반응을 겪는 화학종에 대해서도 엔트로피 변화를 계산한다.
- 증기 압축 동력 사이클이 동력을 발생시키는 원리와 냉동 사이클의 작동 원리를 설명한다. 작동 유체를 선택하는 데 있어 핵심이 되는 이슈를 말할 수 있다. 가역 동력 사이클에서 얻을 수 있는 동력과 효율 그리고 가역 냉동 사이클의 성능 계수(coefficient of performance)를 계산한다. 등엔트로피(isentropic) 효율을 사용하여 실제 계에 대한 효율과 성능 계수를 계산한다.
- 엑서지(exergy) 해석이 사용되는 상황을 서술한다. 만일 열용량 자료나 성질 표가 주어져 있을 경우 흐름에 대한 흐름 엑서지 또는 어떤 계 내의 화학종에 대한 엑서지를 계산한다. 어떤 과정에 대한 이상적인 일, 유효한 일, 손실된 일을 계산한다.
- 분자의 공간적, 에너지적인 배열과 엔트로피와의 관계를 분자 수준에서 서술한다. 거시적인 방향성을 가진 과정을 분자 혼합과 관련지어 설명한다.

3.1 과정의 방향성과 자발성

열역학은 자연계에 대해 관찰된 것들을 두 가지의 기본적인 가정 또는 법칙을 통해 설명한다. 제2장에서는 에너지 보존 법칙인 열역학 제1법칙에 대해 설명하였다. 열역학 제1법칙을 *증명*할 수 없음에도 불구하고 오랜 세월 동안 관찰한 경험을 갖고 이를 받아들이고 있다. 열역학 제1법칙을 이용하여 어떤 계(시스템)를 수치적으로 정량하기 위해서는 열역학적인 성질인 내부 에너지, u를 이용한다. 마찬가지로 열역학 제2법칙은 자연계에 대한 또 다른 일련의 관찰 결과를 나타낸다. 열역학 제2법칙을 정량적으로 나타내기 위해서는 또 다른 열역학적 성질인 엔트로피, s를 사용해야 한다. 내부 에너지와 마찬가지로 엔트로피는 개념적인 성질로서 우리로 하여금 자연에 대한 법칙을 정량화하여 공학적인 문제를 풀 수 있도록 한다. 이 장에서는 열역학 제2법칙에 기초하여 관찰된 결과를 엔트로피 s를 이용하여 정량화하는 방법을 살펴보고 열역학 제2법칙을 이용하여 닫힌계, 열린계 그리고 열역학적 사이클은 수치적으로 예측하며, 마지막으로 엔트로피를 분자적인 수준에서 논의할 것이다.

우선 열역학 제2법칙을 근거로 하여 과정이 어떤 방향으로 전행될지를 살펴보자. 지금 예시로 드는 것들은 아마도 여러분에게 낯설지 않을 것이다. 첫 번째로 그림 3.1a에 나타난 압축 기체가 포함된 용기를 생각해 보자. 처음에는 상태 1에 있다. 주위는 실온 실압에 있다고 하자. 밸브가 열리게 되면 기체는 용기의 압력이 1 atm이 될 때까지 계에서 주위로 자발적으로 흘러나갈 것이다. 시간이 지남에 따라 계는 상태 2에 도달할 것이며 여기에서 실린더 내부의 압력은 외부의 압력과 같아진다. 이 과정 동안 에너지는 보존된다. 따라서 우리가 열역학 제1법칙만 고려한다면 상태 1과 상태 2의 전체 에너지는 동일하다. 그러나 이러한 과정이 자발적으로 일어나는 데는 **방향성**(direction)이 있다. 기체가 대기(상태 2)로부터 실린더(상태 1)로 자발적으로 유입되는 경우는 있을 수 없다. 상태 1에서 상태 2로 계를 움직이게 하는 구동력이 압력이기 때문에 우리는 이를 역학적 방향성의 예로서 간주할 수 있다.

마찬가지로 그림 3.1b에서 보듯이 고온의 블록을 25°C의 방에 두었을 경우 변화의 방향성은 명확하다. 시간이 지남에 따라 블록은 실온으로 냉각된다(상태 2). 계는 자발적으로 상태 1에서 상태 2로 변화하지만 상태 2에서 상태 1로는 자발적으로 변화하지 않는다. 물론 이 경우에도 에너지는 보존된다. 이 과정에 대한 구동력은 온도 구배(온도 차이)이기 때문에 우리는 이를 '열적 방향성'이라고 한다. 그림 3.1c에서는 두 가지의 서로 다른 기체 A와 기체 B가 초기에 격막에 의해 분리되어 있는 계를 보여주고 있다. 이를 상태 1이라고 하자. 이 상태에서 격막을 제거하게 되면 기체가 완전히 혼합되어 상태 2가 된다. 물론 혼합된 기체가 자발적으로 순수한 각각의 기체로 분리되지는 않을 것이다. 이를 화학적 방향성이라고 한다.

열역학 제1법칙으로는 이들 세 가지 계에서 변화에 대한 방향성을 설명할 수 없다. 그러나 각각의 과정과 관련한 명백한 방향성은 있다. 우리는 경험에 근거하여 이들 변화의 방향성을 결정하는 것은 쉽다. 어떤 경우에 대해서는 과정이 진행되는 방향성이 명확하지 않을 수 있다. 예를 들어 다음과 같은 상황을 생각해 보자. 예전에 금속 도금 공장이 있었던 지역의 지하수에서 과량의 아연이 발견되었다. 여러분은 이 지하수를 정제하기 위한 과정 개발 업무를 맡게 되었다고 하자. 석회 $Ca(OH)_2$와 반응을 통해 아연을 침전시키는 방법이 제안되었다. 이것이 합리적인 접근법일까? 얼마나 많은 아연이 제거될 수 있을 것으로 기대하는가? 이들 질문을 다르게 표현하면 '자연의 방향성에 대한 우리의 경험에 위배되지 않는 아연과 석회의 반응 정도는?'이 될 수 있다. 곧 알게 되겠지만 열역학 제2법칙은 자연계 변화의 방향성에 대한 정량적인 설명을 제공해 주어 우리로 하여금 어떤 과정이 자발적으로 진행될 것인지를 예측

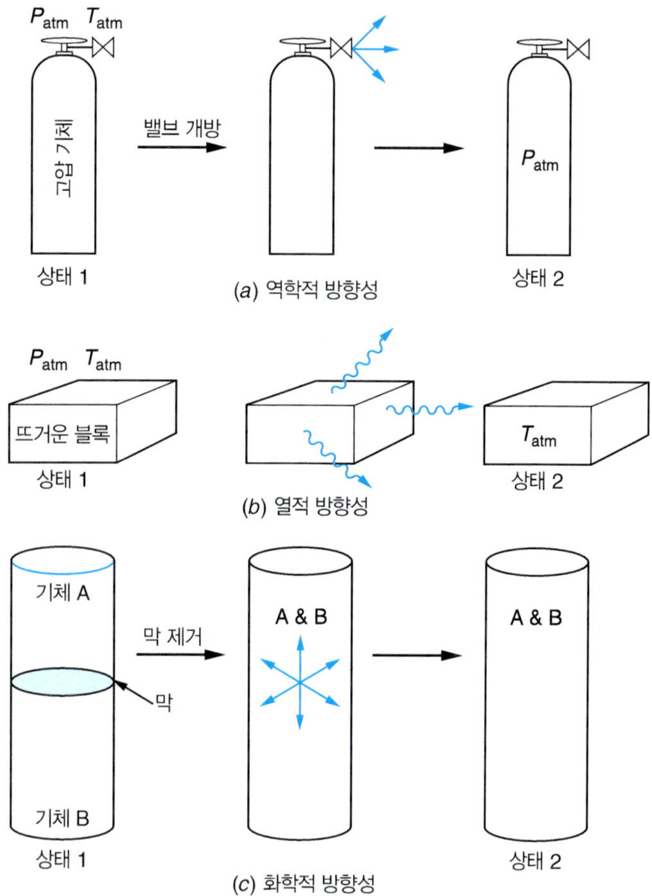

그림 3.1 공학에서 관찰되는 일반적인 과정에서 방향성에 대한 예시. (*a*) 압축 기체의 팽창은 역학적 방향성을 나타낸다. (*b*) 뜨거운 블록의 냉각은 열적 방향성을 나타낸다. (*c*) 기체 A와 기체 B의 혼합은 화학적 방향성을 나타낸다.

할 수 있게 한다. 따라서 열역학 제2법칙에 대한 지식을 갖고 있으면 지하수를 정제하기 위해 제안된 해법이 가능한지의 여부를 평가할 수 있게 된다.

▶ 연습 5분 내로 자연계 변화의 방향성에 대한 예시를 제안해 보라.

▶ 3.2 가역과 비가역 과정 그리고 방향성과의 연관성

열역학 제2법칙은 방향성을 설명한다. 또 다른 측면에서 열역학 제2법칙은 과정의 가역성과 비가역성을 설명한다. 이 절에서는 역학적, 열적으로 구동된 과정이 가역적인 경우와 비가역적인 경우에 대한 예시를 살펴보기로 한다.

› 과정 I: 역학적 과정

우리가 이미 가역성과 비가역성에 대해 알고 있는 것으로부터 역학적 과정을 살펴보자. 2.3절에서 우리는 그림 3.2*a*에서 보는 것과 같은 등온 팽창과 압축을 겪는 피스톤-실린더 장치를 생각해 보았다. 왼쪽 그림에서 보는 것과 같은 1020 kg의 블록을 제거하게 되면 피스톤은 비가역적으로 팽창한다. 마찬가지로 피스톤에 블록을 올려두면 피스톤은 비가역적으로 압축된다. 이 경우 변화에 대한 구동력은 압력 차이이다. 아래에 있는 Pv 곡선에는 이 과정이 나타나 있다. 주목해야 할 것은 비가역 과정은 명백한 방향성이 있다는 것이다. 팽창 과정을 나타내는 화살표는 압축 과정을 나타내는 화살표와 겹쳐지지 않는다. 우리가 본 것처럼 장치를 압축시키는 데 필요한 일은 피스톤을 팽창시켜 얻게 되는 일보다 크며, 이는 매우 다른 방향성을 가지는 과정(서로 다른 화살표 방향을 가지며 Pv 곡선상의 서로 다른 음영 면적)으로 나타난다. 비가역적인 팽창과 압축 과정은 구분된다.

가역적인 과정은 오른쪽 그림과 같이 아주 미량의 질량 변화를 통해 피스톤에 작용하는 힘을 변화시킴으로써 만들어낼 수 있다. 이 경우 Pv 선도 상에서 팽창과 압축을 나타내는 곡선이 일치하게 된다. 가역적인 과정은 과정상의 어떤 지점에서도 가역적이므로 3.1절에서 설명한 실제 과정에서 갖는 방향성이 없다. 가역적인 과정은 이성적이며 제한된 경우를 나타낸다고 할 수 있다. 일의 측면에서 보면 가역적인 과정은 팽창에 대해서 계를 빠져나가는 일의 상한을 나타내며 압축을 통하여 계에 유입되는 일의 하한을 나타낸다. 가역 과정은 우리가 할 수 있는 최상을 나타내며 실제 비가역 과정과 비교하기 위한 유용한 기준이 된다. 또한 가역 과정에 대해서 팽창을 통해 얻는 일은 압축에 필요한 일과 정확히 같다. 요약하면 가역 팽창과 압축 과정은 동일한 경로를 따른다고 할 수 있다.

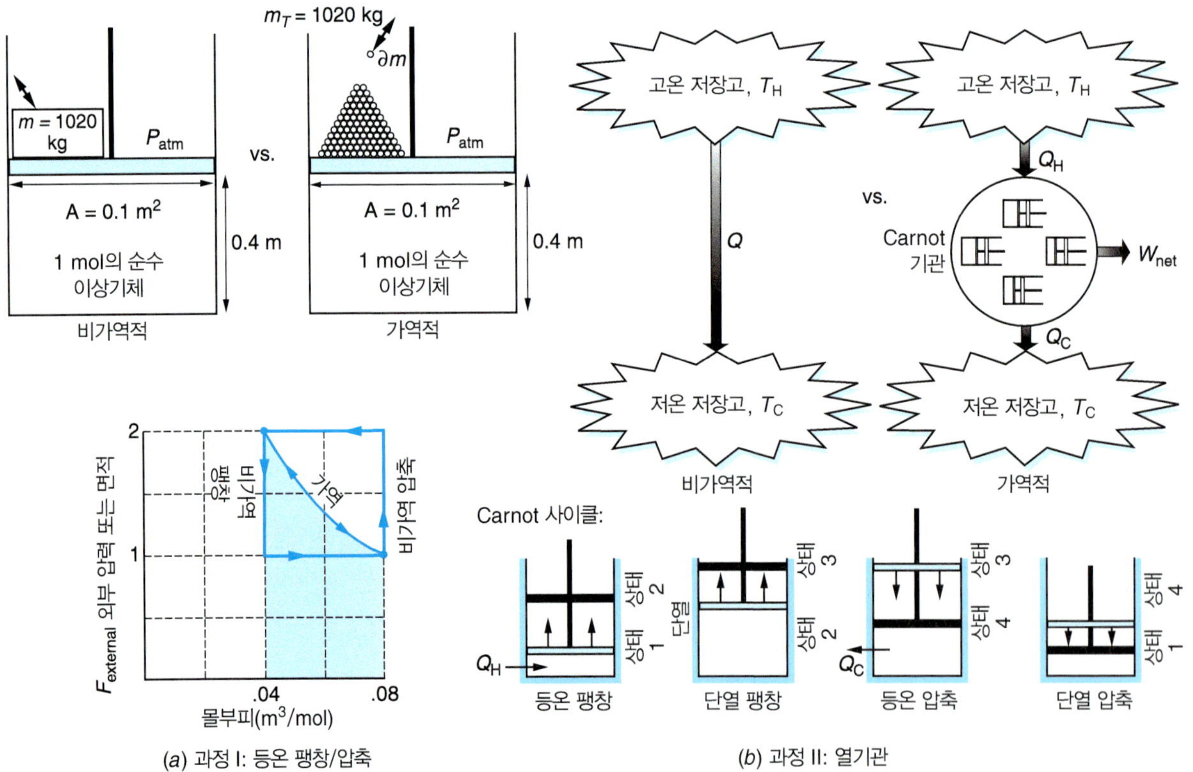

그림 3.2 비가역과 가역 과정 설명. (*a*) 등온 팽창/압축의 역학적 과정. (*b*) Carnot 기관으로부터 얻는 일의 열적 과정.

› 과정 II: 열기관

2.9절에서 우리는 Carnot(카르노) 사이클이 어떻게 작동하는지를 배웠다. 이는 앞서 서술한 역학적 과정과 유사하다. 이 경우 변화에 대한 구동력은 온도 차이이다. 그림 3.2b와 같은 두 개의 열 저장고를 생각해보자. 에너지는 온도가 높은 곳에서 낮은 곳으로 열의 형태로 자발적으로 전달된다. 왼쪽 그림처럼 비가역적인 과정에서는 열의 양, Q가 뜨거운 열 저장고에서 차가운 열 저장고로 자발적으로 흐르게 되나 이 과정에서 일이 방출되지 않는다. 이 과정은 에너지가 차가운 열 저장고에서 뜨거운 열 저장고로 자발적으로 흐르지 않는 방향성을 갖고 있다. 만일 이들 열 저장고 사이에 Carnot 사이클을 집어넣게 되면 열을 통한 에너지의 가역적인 이동을 통해 일을 얻을 수 있다. 가역적인 과정(Carnot 열기관)은 계에서 뽑아낼 수 있는 최대 일을 나타낸다. 이 과정은 역으로도 진행될 수 있다. 반대로, 만일 일을 Carnot 사이클에 집어넣게 되면 Carnot 냉동기의 형태를 통해 차가운 열 저장고에서 뜨거운 열 저장고로 열을 전달할 수 있다.

위에서 논의한 예시의 중간적인 경우는 두 개의 열 저장고 사이에 비가역적 (실제) 열기관을 집어넣는 것이다. 이 경우 얻어진 일은 가역적인 Carnot 사이클에 의한 일보다 적다. 마찬가지로 실제 냉동 사이클은 실제 열기관의 역을 의미하지는 않지만 Carnot 냉동기와 비교했을 때 원하는 수준의 냉동 성능을 얻기 위해서는 더 많은 일이 요구된다.

이상의 논의를 요약하면 다음과 같다.

- 비가역적인 과정은 분명히 구분되며 방향성을 보인다.
- 가역적인 과정의 경우 방향성을 보이지 않으며 우리가 할 수 있는 가장 이상적인 경우 (얻을 수 있는 최대 일 또는 우리가 집어넣어야 하는 최소 일)를 나타낸다.

이 절의 예시를 통해 비가역 과정에 대한 *구동력*과 각 과정이 진행되기를 원하는 *방향*을 알 수 있다. 또한 최대의 일을 생산하거나 최소의 일을 소비하기 위해 과정을 가역적으로 만드는 방법을 알 수 있다. 더욱더 복잡한 계에서 이들 영향이 명확하지는 않다. 그와 같은 경우 열역학 제2법칙과 엔트로피를 사용하여 답을 구해야 한다.

▸ 3.3 엔트로피, 열역학적 성질

우리는 자연계의 방향성(그리고 가역성의 한계)에 대한 경험을 정량적인 서술로 일반화하여 그러한 변화가 가능한지의 여부 그리고 가역적인 과정에 의해 표현되는 이상적인 것과의 차이를 알고자 한다. 사실 내부 에너지 u가 에너지 보존 즉, 열역학 제1법칙을 정량화하는 것처럼 방향성을 정량화하는데 도움을 주는 열역학적 성질(즉, 상태 함수)이 있어야 한다. 그것이 바로 엔트로피 s이다.

세 차례의 역사적인 이정표를 통해서 엔트로피에 대한 패러다임을 정립해 왔다. 가장 먼저 1865년 루돌프 클라우지우스(Rudolph Clausius)가 엔트로피 개념을 고안했는데, 이는 사이클 과정의 효율을 최대로 하는 것에 대한 Carnot의 업적에 크게 기초하고 있다. 그는 *엔트로피*(entropy)란 단어를 처음으로 사용했다. 엔트로피란 그리스어에서 유래한 것으로 그 의미는 '변화(transformation)'이다. 그 개념의 중요성을 강조하기 위해 에너지와 발음이 유사한 엔트로피란 단어를 선택한 것이다. 클라우지우스는 엔트로피를 가역적인 열전달과 온도와 관련지었다. 이러한 정의는 고전 열역학에서의 엔트로피에 대한 기초가 되며 아래에 제시되어 있다.

1877년에 볼츠만(Ludwig Boltzmann)은 엔트로피를 분자의 거동을 이용하여 개념화하였다. 이러한 수식화는 통계 역학에 기초한다. 여기에서 엔트로피는 *분자 확률*과 통계[1]와 관련된다. 많은 수의 서로 다른 분자 배열을 보인다는 것은 더욱 더 확률이 높다는 것과 더 큰 엔트로피를 가진다는 것을 의미한다. 거시적 계는 많은 수의 원자를 갖기 때문에 계에서 분자의 있을 법한 거동에 대한 지식을 통해 계가 전체적으로 어떻게 거동할지를 알 수 있다. 이러한 관점에 근거해서 엔트로피는 계의 무질서의 정도 또는 Gibbs (J. Willard Gibbs)가 말한 혼합성[2]으로 종종 해석될 수 있다. 3.10절에서 엔트로피의 분자적 기초에 대해서 더 많이 배우게 된다.

분자 수준에서 엔트로피를 살펴보면 계가 낮은 엔트로피를 가지고 질서 있게 있는 것보다 높은 엔트로피를 가지고 무질서해졌을 때 취할 수 있는 분자 배열의 수가 더 많음을 뜻한다. 우리는 정보의 관점에서 이러한 공리를 바라볼 수 있다. 무질서한 상태에서는 가능한 분자 배열의 수가 매우 많기 때문에 더욱더 질서 있는 상황에 비해서 무질서한 상태에서는 정확한 분자 배열을 추론하기가 어렵다. 유사하게도 1948년 클라우드 셰넌(Claude Shannon)은 '엔트로피'를 잃어버린 정보와 관련지어 인식하여 정보장 이론(field of information theory)을 만들었다. 정보장 이론에서 '엔트로피'는 메시지의 진실성에 대한 불확실성의 척도로 봤다. 사실 클라우드 셰넌은 볼츠만이 분자 배열에 적용한 방정식과 동일한 식을 사용하여 약간의 정보 '엔트로피'를 수학적으로 정의하였다. 마찬가지로 '엔트로피' 개념을 이용한 논증은 경제학, 신학, 예술, 철학과 같은 다양한 분야로 확대되어 왔다.

엔트로피는 무질서한 정도라는 볼츠만의 분자적 관점을 차용함으로써 고전 열역학에서 거시적 계에 대해 엔트로피를 정의하는 방법에 대한 실마리를 주었다. 에너지 이동이 일 또는 열에 의해 발생하는 닫힌계를 고려해 보자. 일에 의한 에너지 전달은 방향성이 분명하다. 예를 들어 축의 회전이나 피스톤의 운동에서 계와 주변의 상호작용은 특정한 그리고 명백히 정의된 방향으로 움직이는 경계를 통해 발생한다. 즉, 축이나 피스톤 내의 모든 분자는 동일한 속도(각속도)를 가지며 같은 방향으로 움직인다. 마찬가지로 전기적인 일은 도선 내에서 특정한 방향으로 전자가 흐름으로써 발생한다. 반면 열에 의한 에너지 전달은 온도에 의해 유발되며 이는 분자의 무질서한 운동과 관련되어 있으므로 결국 일에 의한 에너지 전달은 무질서하게 된다. 볼츠만의 서술에 따르면 일에 의한 에너지 전달의 영향은 방향성이 있고 질서가 있어 엔트로피에 영향을 줄 수 없다. 반대로 열에 의한 무질서한 에너지 전달은 엔트로피와 관련된다.

열역학적 성질 s는 *가역* 과정 동안 흡수된 열을 이용하여 *정의*된다. 미분 형태에서 가역 과정을 겪는 성분의 엔트로피 변화는 흡수된 열의 증분을 온도로 나눈 다음 식과 같다.

$$ds \equiv \frac{\delta q_{\text{rev}}}{T} \tag{3.1}$$

식 (3.1)을 초기 상태와 최종 상태 사이에서 적분하게 되면 다음과 같다.

$$\Delta s = \int_{\text{initial}}^{\text{final}} \frac{\delta q_{\text{rev}}}{T} \tag{3.2}$$

1. 그가 통계 역학을 기초로 만든 엔트로피 식 $S = k \log \Omega$는 볼츠만의 묘비에 새겨져 있다. 위의 식에서 Ω는 구별되는 거시적인 상태와 연관된 분자의 배열 방법의 수를 의미한다.

2. 무질서화 되었다(disordered)란 단어는 더 크게 퍼져 있다거나 분산됨에 따라 더 객관적으로 보여짐을 나타낸다.

초기 상태에서 최종 상태에 걸친 엔트로피의 변화는 경로와 무관하게 같은 값을 가진다. 식 (3.2)의 정의가 경로와 관련 있는 성질인 q_{rev}의 항으로 나타나있기 때문에 s의 경로 의존성은 명확하지 않다. 그러나 엔트로피가 경로와 무관하다는 것과 그것이 식 (3.1)로 정의됨을 논리적으로 보여줄 수 있다. 그러므로 초기 상태와 최종 상태를 겪는 임의의 과정에 대해서 그것이 가역적이든 비가역적이든 간에 엔트로피 변화는 식 (3.2)에 의해 정의된다. 임의의 작은 Carnot 사이클[3]을 이용하거나 더욱 더 공식적으로는 카라테오도리(Caratheodory, 그리스의 수학자–역자 주)의 원리를 이용하여 가역적이고 단열적인 표면에 대한 일반적인 검토를 통해 증명할 수 있다.[4] 이들에 대해서는 인용된 문헌에 언급되어 있다.

열역학적 성질 s는 자연계의 방향성과 가역성과 비가역성 그리고 우리가 과정에서 얻을 수 있는 최대 일 또는 가해야 하는 최소 일을 알려준다. 물론 우리가 식 (3.1)로부터 이러한 가설을 직접적으로 추론할 수 없지만 앞으로 이들 가설은 추론하는 방법을 배울 것이다. 특별히 관심을 가지는 특정한 과정에 대해서는 **전체 엔트로피의 변화**(entropy change of the universe)를 결정해야 할 수도 있다. 전체 또는 우주(universe)라 함은 계와 주위(surrounding)으로 구성되어 있다.

이 절에서는 두 가지 경우 즉, 단열 팽창과 압축(경우 I)과 열역학적 사이클(경우 II)를 통해 전체 엔트로피의 변화가 방향성과 가역성과 어떻게 연관되는지를 볼 것이다. 각각의 경우에 대해서 우리가 할 수 있는 최상을 나타내는 가역적인 과정 및 그에 따른 비가역 과정 모두를 살펴볼 것이다. 이들은 흥미 있는 일련의 경우이다. 경우 I에서는 주위의 엔트로피 변화가 0이므로 전체 엔트로피의 변화가 오로지 계의 엔트로피 변화를 통해 결정된다. 반면 경우 II에서는 계의 엔트로피 변화가 0이며, 이는 주위의 엔트로피 변화를 통해 전체 엔트로피 변화를 결정해야 한다. 이들 두 경우에서 얻어지는 결론은 3.4절에서 열역학 제2법칙으로 일반화될 것이다. 예제 3.1에서는 계의 엔트로피와 주위의 엔트로피가 설명되어야 하는 단열 팽창과 압축에 대한 것으로 이를 통해 열역학 제2법칙을 확인할 수 있다.

› 경우 I: 단열 팽창과 압축

엔트로피와 자연계의 방향성과의 관련성을 설명하기 위해서 그림 3.2*a*에 서술된 것과 유사한 다음의 4가지 역학적 과정 (1) 가역 팽창, (2) 비가역 팽창, (3) 가역 압축, (4) 비가역 압축을 우선적으로 생각해 보자. 이 경우에서 등온 과정보다는 *단열* 과정을 선택한다. 단열 과정은 계와 주위 사이에서 열전달이 없음을 의미한다. 식 (3.1)을 살펴보게 되면 첫 번째 경우에 대해서 단열 과정이 선택된 이유를 유추할 수 있다. 예제 3.1에서도 등온 팽창과 압축 과정에 대해 동일한 결론이 성립함을 알 수 있다. 그림 3.2에서 논의한 바와 같이 가역 팽창은 계에서 얻을 수 있는 *최대* 일을 나타내는 반면 비가역 팽창은 정해진 방향성을 갖게 됨을 알 수 있다. 마찬가지로 압축에 대해서도 가역적인 과정은 우리가 계에 주입할 수 있는 *최소*의 일을 정의하게 되는 반면 비가역적인 압축 과정은 정해진 방향성을 가짐을 알 수 있다.

각각의 과정에 대해 세 가지 형태의 엔트로피 즉, 계의 엔트로피 변화 Δs_{sys}(아래첨자 'sys'를 생략하고, Δs로 쓸 것이다), 주위의 엔트로피 변화 Δs_{surr}, 전체 엔트로피의 변화 Δs_{univ}를 계산할 것이다. 이들 세 가지 형태의 엔트로피는 다음과 같은 관계를 가진다.

---

3. Kenneth Denbigh, *The Principle of Chemical Equilibrium*, 3rd ed. (New York: Cambridge University Press, 1971)

4. Adrian Bejan, *Advanced Engineering Thermodynamics*, 2nd ed. (New York: Wiley, 1997)

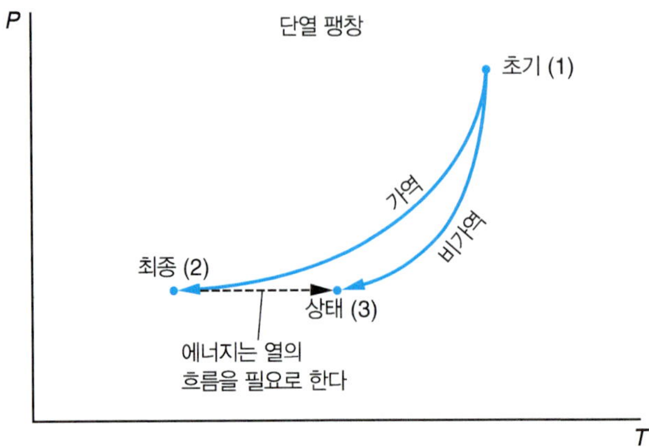

그림 3.3 단열 가역과 비가역 팽창의 PT 선도. 비가역 팽창 후에 가역 팽창 후의 계의 상태로 이동하려면 반드시 열이 제거되어야 함을 주목하라(그림에서 점선 표시).

$$\Delta s_{\text{univ}} = \Delta s_{\text{sys}} + \Delta s_{\text{surr}} \tag{3.3}$$

우선 계가 상태 1에서 상태 2로 팽창하는 피스톤–실린더 장치의 가역 단열 팽창을 생각해보자. 이 과정은 그림 3.3에서의 PT 선도 상에서 '가역'으로 표시되며, 단열 과정에서는 계 내외부로의 열전달이 없기 때문에 엔트로피의 변화를 다음과 같이 나타낼 수 있다.

$$\Delta s = s_2 - s_1 = \int_{\text{initial}}^{\text{final}} \frac{\delta q_{\text{rev}}}{T} = 0$$

이와 같이 엔트로피가 없는 과정을 **등엔트로피**(isentropic)라 한다. *가역 단열 과정에 대해서 계의 엔트로피는 일정하다.* 주위의 엔트로피 변화는 0인데 이는 주위로의 열전달이 없기 때문이다. (닫힌계에 대해서는 모든 단열 과정이 가역적이든 비가역적이든 간에 $q_{\text{surr}} = 0$이므로 $\Delta s_{\text{surr}} = 0$가 된다.) 식 (3.3)에서 우리가 알 수 있는 것은 전체 엔트로피 변화 역시 0이라는 것이다. 가역 단열 팽창에 대한 엔트로피 변화는 표 3.1의 왼쪽 열에 요약되어 있다.

에너지 수지는 다음과 같다.

$$\Delta u = u_2 - u_1 = w_{\text{rev}}$$

계로부터의 에너지가 팽창을 수행하기 위한 Pv 형태의 일로 필요하기 때문에 w_{rev}는 음의 값이 되며 상태 2는 더 낮은 내부 에너지를 가지므로 온도 역시 더 낮게 된다.

비가역 과정은 어떠한가? 비가역 과정은 계를 PT 선도 상에 "3"으로 표시된 새로운 상태로 놓이게 한다. 이 때 계의 엔트로피는 어떻게 될 것인가? 비가역 과정에 대한 에너지 수지는

표 3.1 경우 I에서 피스톤–실린더 조합의 가역과 비가역 팽창 (또는 압축)에 대한 엔트로피 변화 요약

가역 과정	비가역 과정
$s_2 = s_1$	$s_3 > s_1$
$q = 0$	$q = 0$
$\Delta s = 0$	$\Delta s > 0$
$\Delta s_{\text{surr}} = 0$	$\Delta s_{\text{surr}} = 0$
$\boldsymbol{\Delta s_{\text{univ}} = 0}$	$\boldsymbol{\Delta s_{\text{univ}} > 0}$

다음과 같다.

$$\Delta u = u_3 - u_1 = w_{\text{irrev}}$$

가역 과정은 팽창으로부터 발생하는 최대 가능 일이기 때문에 $|w_{\text{irrev}}| < |w_{\text{rev}}|$임을 알고 있다. 만일 앞의 두 식을 비교하면 다음과 같은 관계가 성립함을 알 수 있다.

$$u_3 > u_2$$

따라서 이상기체에 대해서는 다음 식과 같이 된다.

$$T_3 > T_2$$

그렇다면 엔트로피 변화는 어떻게 될 것인가? 엔트로피를 정의할 때 가역 과정을 염두에 두었다. 따라서 엔트로피를 계산하기 위해서는 상태 1에서 상태 3으로 진행되는 *가역적인* 과정을 구성해야만 한다[5]. 이 경우 우선 상태 1에서 상태 2로의 가역, 단열 과정을 고려하고 그 다음에 일정한 압력에서 가역적으로 열을 계에 전달하여 기체를 상태 2에서 상태 3으로 변화시킨다. 상태 2에서 상태 3으로 변할 때 q_{rev}는 양의 값을 가지며 다음과 같이 나타낼 수 있다.

$$\Delta s = s_3 - s_2 = \int_{\text{initial}}^{\text{final}} \frac{\delta q_{\text{rev}}}{T} = \int_{T_2}^{T_3} \frac{c_P}{T} \mathrm{d}T > 0$$

앞의 수식으로부터 $s_3 > s_2 = s_1$임을 알 수 있다. 그러므로 비가역 팽창에 대해서는 다음과 같은 관계가 성립한다.

$$\Delta s = s_3 - s_1 > 0$$

따라서 비가역적 단열 팽창에 대해서 계의 엔트로피는 증가하게 된다. $q_{\text{surr}} = 0$이므로 주위의 엔트로피 변화는 0이다. 계와 주위의 엔트로피 변화를 합하게 되면 비가역 과정에 대한 전체 엔트로피의 변화량이 증가함을 알 수 있다. 비가역적인 경우에 대한 엔트로피의 변화를 표 3.1의 오른쪽 열에 요약하여 나타내었다.

이제 동일한 해석을 단열 압축에 적용해보자. 이 과정에 대한 *PT* 선도가 그림 3.4에 나타나 있다. 가역적인 압축을 통해 계는 상태 1에서 상태 2로 변화하게 된다. 계에 대한 엔트로피 변화는 다음과 같이 주어진다.

$$\Delta s = s_2 - s_1 = \int_{\text{initial}}^{\text{final}} \frac{\delta q_{\text{rev}}}{T} = 0$$

가역적 단열 과정에서 계의 엔트로피는 일정하다. 마찬가지로 주위와 전체 엔트로피의 변화는 0이다. 우리가 알 수 있는 것은 가역적 단일 압축에 대한 결과가 표 3.1에서 나타낸 가역적 단열 팽창의 결과와 같다는 것이다. 에너지 수지는 다음과 같다.

$$\Delta u = u_2 - u_1 = w_{\text{rev}}$$

5. 우리는 종종 초기 상태와 최종 상태 사이의 또 다른 가역 과정을 구성함으로써 비가역 과정에 대한 엔트로피 변화를 계산하는 경우가 있다.

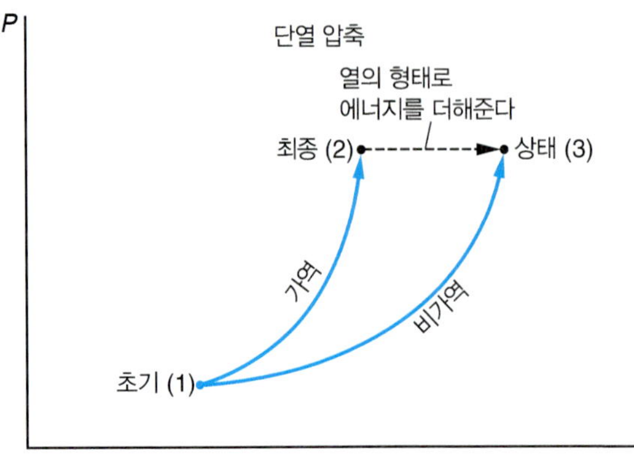

그림 3.4 단열 가역과 비가역 압축의 *PT* 선도. 비가역 압축 후에, 비가역 압축 후의 상태로 이동하려면 반드시 열이 더해져야 함을 주목하라(그림에서 점선 표시).

이 경우 일을 통해서 기체를 압축하므로 상태 2의 온도가 더 높다.

비가역 과정은 어떻게 될 것인가? 비가역 압축에 대한 에너지 수지는 다음과 같다.

$$\Delta u = u_3 - u_1 = w_{\text{irrev}} > w_{\text{rev}}$$

여기에서 부등식이 발생하는 이유는 가역 과정이 압축을 위한 최소의 일을 의미하기 때문이다. 만일 앞의 두 식을 비교하게 되면 다음과 같은 관계가 성립함을 알 수 있다.

$$u_3 > u_2$$

따라서 아래의 관계가 성립된다.

$$T_3 > T_2$$

그러므로 그림 3.4에서 보듯 상태 3이 상태 2보다 더 높은 온도를 나타낸다.

계의 엔트로피 변화를 알아내기 위해서는 *가역* 과정을 통해 상태 1에서 3으로의 변화를 진행해야 한다. 팽창과 마찬가지로 우선 상태 1에서 상태 2로 단열적으로 변화를 진행시킨다. 그 다음 일정한 압력 하에서 계로 열을 전달시켜 기체를 상태 2에서 상태 3으로 변화시켜야 한다. 상태 2에서 상태 3으로의 변화에 대해 q_{rev}는 양의 값을 가지며 아래의 식이 성립된다.

$$\Delta s = s_3 - s_2 = \int_{\text{initial}}^{\text{final}} \frac{\delta q_{\text{rev}}}{T} > 0$$

그 결과 비가역 압축에 대해서 다음의 관계를 얻을 수 있다.

$$s_3 > s_2 = s_1$$

그러므로 비가역 단열 압축의 경우 계의 엔트로피 역시 감소하게 된다! 전체의 엔트로피 변화가 증가함에 따라 주위의 엔트로피 변화는 0이 된다. 요약하면 비가역 단열 압축에 대한 결과는 표 3.1에 제시된 비가역 팽창의 결과와 동일하게 된다.

이들을 다음과 같이 일반화 시킬 수 있다.

단열 가역 과정(압축 또는 팽창)에서 계의 엔트로피는 일정한 반면 비가역 과정(압축 또는 팽창)에서는 계의 엔트로피가 증가한다. 두 경우 모두에 대해서 주위의 엔트로피 변화는 0이다. 그러므로 전체 엔트로피의 변화는 가역 과정에 대해서는 변화가 없으며 비가역 과정에 대해서는 증가하게

된다.

앞서 서술한 역학적 팽창과 압축 과정은 단열 과정이기 때문에 *주위의* 엔트로피 변화가 정의에 의해 0이다. 식 (3.3)에서 *전체* 엔트로피의 변화는 *계*와 *주위*의 엔트로피 변화의 합이라는 것을 알고 있으므로 주위의 엔트로피 변화가 0이 아닐 경우는 어떻게 될 것인가?"를 질문할 수 있다. 다음 경우에서 우리는 주위의 엔트로피 변화만 있는 사이클 과정을 살펴보고 이들에 대해서도 위에서 일반화한 것과 동일한 결론을 얻을 것이다.

〉경우 II: Carnot 사이클

그림 2.17과 나타난 것처럼 가역적인 과정을 통해 열을 일로 변화시킬 수 있는 Carnot 사이클에서 엔트로피 변화를 계산해보자. 다음으로 정해진 방향성을 가지는 비가역 사이클 과정을 해석한다. 사이클 과정에서 계는 처음 상태로 다시 돌아오기 때문에 *모든 성질은 처음 값으로 돌아가게 된다*. 즉, 계에 대해서 $\Delta u_{\text{cycle}} = 0$이고 마찬가지로 $\Delta s_{\text{cycle}} = 0$가 된다. 전체 사이클에 걸친 *주위*로의 엔트로피 변화는 4단계 각각에 대한 엔트로피 변화의 합과 같다.

$$\text{Carnot 사이클의 주위 엔트로피 변화} = \underbrace{\int_{\text{initial}}^{\text{final}} \frac{\delta q_{\text{rev}}}{T}}_{-\frac{q_{\text{H}}}{T_{\text{H}}}} + \underbrace{\int_{\text{initial}}^{\text{final}} \frac{\delta q_{\text{rev}}}{T}}_{0} + \underbrace{\int_{\text{initial}}^{\text{final}} \frac{\delta q_{\text{rev}}}{T}}_{-\frac{q_{\text{C}}}{T_{\text{C}}}} + \underbrace{\int_{\text{initial}}^{\text{final}} \frac{\delta q_{\text{rev}}}{T}}_{0}$$

과정 1 → 2 등온 팽창 | *과정 2 → 3* 단열 팽창 | *과정 3 → 4* 등온 압축 | *과정 4 → 1* 단열 압축

여기에서 음의 부호는 q에 사용되는데 이는 주위로의 열전달이 계로의 열전달에 대한 음의 값으로 간주하기 때문이다. 즉, 계로 에너지가 *유입된다*는 것은 주위로부터 *떠난다*는 것을 의미하기 때문이다. 앞의 식은 다음과 같이 정리된다.

$$\Delta s_{\text{surr}} = \Delta s_{\text{surr, H}} + \Delta s_{\text{surr, C}} = -\frac{q_{\text{H}}}{T_{\text{H}}} - \frac{q_{\text{C}}}{T_{\text{C}}} \tag{3.4}$$

2.7절에 제시된 가역 과정에 대한 열역학 제1법칙 해석에 기초하여 식 (3.4)의 우변에 대한 다른 표현을 생각해보자.

식 (2.39)는 다음과 같이 다시 쓸 수 있다.

$$q_{\text{H}} = -RT_{\text{H}} \ln \frac{P_2}{P_1} \tag{3.5}$$

그리고

$$q_{\text{C}} = -RT_{\text{C}} \ln \frac{P_4}{P_3} \tag{3.6}$$

두 개의 단열 과정($2 \rightarrow 3$ 그리고 $4 \rightarrow 1$)에 대해서 식 (2.48)은 다음과 같이 적용될 수 있다.

$$PV^k = \text{일정}$$

따라서 단열 과정 $2 \rightarrow 3$에 대해서 아래의 식이 성립된다.

$$\frac{P_2}{P_3} = \left(\frac{V_3}{V_2}\right)^k = \left(\frac{nRT_C}{nRT_H}\right)^k \left(\frac{P_2}{P_3}\right)^k$$

이 식을 다시 정리하면

$$\frac{P_2}{P_3} = \left(\frac{T_C}{T_H}\right)^{k/1-k}$$

마찬가지로 상태 1과 4의 압력은 다음과 같은 관계를 가진다.

$$\frac{P_1}{P_4} = \left(\frac{T_C}{T_H}\right)^{k/1-k}$$

$$\frac{P_2}{P_3} = \frac{P_1}{P_4}$$

또는 아래 식과 같이 나타낼 수 있다.

$$\frac{P_2}{P_3} = \frac{P_3}{P_4}$$

식 (3.5)를 식 (3.6)으로 나누고 앞의 식을 사용하게 되면 아래의 식을 얻을 수 있다.

$$\frac{q_H}{q_C} = -\frac{T_H}{T_C}\left[\frac{\ln\frac{P_2}{P_1}}{\ln\frac{P_3}{P_4}}\right] = -\frac{T_H}{T_C}$$

또는

$$-\frac{q_H}{T_H} - \frac{q_C}{T_C} = 0 \qquad (3.7)$$

식 (3.7)과 식 (3.4)가 성립한다면 Carnot 사이클을 구성하는 4개의 *가역* 과정에 대해서 *주위*로의 전체 엔트로피 변화는 0이 된다.

$$\Delta s_{H,\,surr} + \Delta s_{C,\,surr} = 0$$

그 밖에도 Carnot 동력 사이클의 효율(2.9절)을 살펴보면 아래의 식을 얻을 수 있다.

$$\eta \equiv \frac{\text{알짜 일}}{\text{고온 저장고로부터 흡수한 열}} = \frac{|w_{net}|}{|q_H|} = \frac{|q_H| - |q_C|}{|q_H|} = 1 - \frac{|q_C|}{|q_H|} \qquad (3.8)$$

식 (3.7)에 의해 전달되는 열과 온도와의 관계를 다음과 같이 얻을 수 있다.

$$\eta = 1 - \frac{T_C}{T_H} \qquad (3.9)$$

우리는 이 관계식을 예제 2.23에서 처음으로 만나게 된다. 식 (3.9)는 온도가 T_H인 뜨거운 열 저장고와 T_C에 있는 차가운 열 저장고 사이에서 조업할 경우 우리가 얻을 수 있는 최대 효율을 나타낸다. 효율을 높이기 위해서는 뜨거운 열 저장고를 더 뜨겁게 하거나 차가운 열 저장

표 3.2 경우 II에서 가역 및 비가역 Carnot 사이클에 대한 엔트로피 변화 요약

가역 사이클	비가역 사이클
$\Delta s_{\text{cycle}} = 0$	$\Delta s_{\text{cycle}} = 0$
$\Delta s_{\text{surr}} = 0$	$\Delta s_{\text{surr}} > 0$
$\boldsymbol{\Delta s_{\text{univ}} = 0}$	$\boldsymbol{\Delta s_{\text{univ}} > 0}$

고를 더 냉각시켜야 한다. 마찬가지로 식 (3.7)을 사용하여 Carnot 냉동 사이클의 성능 계수를 다음과 같이 쓸 수 있다.

$$COP = \frac{|q_C|}{w_{net}} = \frac{|q_C|}{|q_H| - |q_C|} = \frac{T_C}{T_H - T_C}$$

이제 비가역적인 사이클을 생각해보자. 비가역 과정은 가역 과정에 비해 더 적은 양의 일을 만들어 낸다는 사실을 알고 있다. 만일 뜨거운 열 저장고로부터 흡수된 열이 동일하다면 더 적은 알짜 일(net work)은 더욱더 많은 열이 차가운 열 저장고로 버려짐을 의미한다(왜냐하면 $w_{\text{net}} = q_{\text{H}} + q_{\text{C}}$).

$$(q_{\text{C}})_{\text{irrev, surr}} > (q_{\text{C}})_{\text{rev, surr}}$$

그러므로 비가역 사이클에 대해 $(\Delta s_{\text{C}})_{\text{surr}} = \dfrac{(q_{\text{C}})_{\text{irrev, surr}}}{T_{\text{C}}}$가 Carnot 사이클에 비해 더 크므로 아래의 관계식이 성립된다.

$$\Delta s_{\text{surr}} = (\Delta s_{\text{H}})_{\text{surr}} + (\Delta s_{\text{C}})_{\text{surr}} > 0$$

따라서 *비가역* 사이클에서 *주위*로의 엔트로피 변화는 0보다 큼을 알 수 있다. 가역 Carnot 사이클과 비가역 동력 사이클에 대한 엔트로피 변화는 표 3.2에 주어져 있다.

우리는 이와 같은 해석을 다음과 같이 정리할 수 있다.

Carnot 사이클에서 서술된 4단계 과정에 대해서 주위의 엔트로피는 변하지 않는 반면 같은 가역 사이클에 대해서 주위의 엔트로피는 증가하게 된다. 두 경우 모두 계의 엔트로비 변화는 0이다. 그러므로 가역 과정에서는 전체 엔트로피의 변화가 없으며 비가역 과정에 대해서는 전체 엔트로피가 증가하게 된다.

표 3.1과 3.2를 비교하면 보편적인 사실을 알 수 있다. 가역 과정에 대한 전체 엔트로피 변화는 0이고 비가역 과정에 대한 전체 엔트로피 변화는 0보다 크다.

3.4 열역학 제2법칙

3.3절의 경우 I에서 우리는 피스톤–실린더 장치의 단열 팽창과 압축을 보았다. 이들 과정에서 주위로의 엔트로피 변화는 0이다. 또한 가역 과정에서 계의 엔트로피 변화는 0이고 비가역 과정에서 계의 엔트로피 변화는 0보다 크다는 것을 알았다. 경우 II에서 열역학적 사이클에 따른 엔트로피 변화를 살펴보았는데 계의 엔트로피 변화는 정의에 의해 0이었다. 주위의 엔트로피 변화는 가역 과정에 대해서는 0이었고 비가역 과정에 대해서는 0보다 크다는 것을 알았다. 전체 엔트로피 변화를 고려함으로써 모든 과정에 대한 우리의 관찰들을 일반화할 수 있다.

식 (3.3)이 의미하는 것은 전체(또는 우주의) 엔트로피의 변화는 계의 엔트로피 변화와 주위의 엔트로피 변화의 합이라는 것이다. 이를 열역학 제2법칙이라고 한다.

임의의 가역 과정에서 전체(또는 우주) 엔트로피는 변화하지 않지만 임의의 비가역 과정에서는 전체 엔트로피가 증가한다.

또는 아래와 같이 다르게는 표현할 수 있다.

엔트로피는 시간의 화살이다. – 전체 엔트로피가 커질수록 그 사건은 최근이 된다.

열역학 제1법칙과 마찬가지로 우리가 관찰한 모든 것들이 이들 명제와 일치한다고 믿는다(위의 특정한 두 경우에서처럼). 만일 위의 명제를 정량화하려면(앞서 언급했던 석회를 가지고 아연을 제거할 수 있을지 없을지의 여부를 결정하는 것과 같은 문제를 풀기 위해서) 열역학 제2법칙을 다음과 같이 쓸 수 있다.

$$\boxed{\Delta s_{\text{univ}} \geq 0} \tag{3.10}$$

가역 과정에 대해서는

$$\Delta s_{\text{univ}} = 0 \tag{3.10r}$$

그리고 비가역 과정에 대해서는

$$\Delta s_{\text{univ}} > 0 \tag{3.10i}$$

이 성립한다.

식 (3.10r)은 가역성의 한계를 정한다. 이 경우는 우리가 주어진 설계를 통해 달성할 수 있는 상한을 나타낸다. 식 (3.10i)는 방향성을 나타낸다. 만일 두 상태에 대한 전체 엔트로피를 결정하고자 한다면 더 높은 엔트로피를 가진 것이 더 최근에 벌어졌을 것이라 생각할 수 있다. 만일 전체 엔트로피가 동일하다면 그 과정은 가역적이며 어떤 방향으로든 변화가 발생한다

예제 3.1 **Δs_{sys}와 Δs_{surr}로부터 과정에 대한 Δs_{univ}계산**

2.3절에서 우리는 등온 팽창과 압축 과정을 거치는 피스톤–실린더에 대한 가역 및 비가역 과정에 관해 배웠다. 이들 4개의 과정은 그림 3.2에 요약 되어 있다.

(i) 비가역 팽창, 과정 A
(ii) 비가역 압축, 과정 B
(iii) 가역 팽창, 과정 E
(iv) 가역 압축, 과정 F

이들 각각의 등온 과정에 대한 Δs_{univ}를 계산하고 그 결과가 열역학 제2법칙에 부합함을 보여라.

풀이 ▸ 이 예제에서는 계의 엔트로피 변화와 주위의 엔트로피 변화 모두를 고려해야만 한다. 2 bar와 0.04 m^3/mol에 있는 상태 1에서 1 bar와 0.08 m^3/mol에 있는 상태 2로 등온 비가역 팽창하는 과정 A에 대한 풀이 방법을 생각해보자. 등온 과정에서는 주위의 온도와 계의 온도가 동일하다고 가정한다. 이들 값은 이상기체 법칙을 통해 계산할 수 있다.

$$T = T_{\text{surr}} = \frac{Pv}{R} = 962\ [\text{K}]$$

계의 엔트로피 변화를 계산하기 위해 같은 상태 1에서 2 사이의 가역 과정을 고안하여 식 (3.2)를 적용할 수 있다. 그와 같은 과정이 그림 2.7에 과정 E로 묘사되어 있다. 엔트로피가 경로와 무관하기 때문에 과정 E와 과정 A에 대한 계의 엔트로피 변화는 동일해야 한다. 식 (3.2)에 의한 정의를 등온 과정에 적용하면 아래의 식을 얻을 수 있다.

$$\Delta s_{sys} = \int \frac{\delta q_{rev}}{T} = \frac{q_{rev}}{T} \tag{E3.1A}$$

비가역 과정에 열역학 제1법칙을 적용하여 전달된 열 에너지를 계산할 수 있다.

$$\Delta u = q_{rev} + w_{rev}$$

등온 과정을 겪는 이상기체에 대한 내부 에너지 변화는 0이므로

$$q_{rev} = -w_{rev} = 5545\ [\text{J/mol}] \tag{E3.1B}$$

여기에서 제2장에서의 해석에서 보고된 값을 사용했었다. 식 (E3.1B)를 식 (E3.1A)에 대입하면

$$\Delta s_{sys} = \frac{5545}{962} = 5.76[\text{J/mol K}] \tag{E3.1C}$$

이 값은 표 E3.1에서 과정 A와 과정 E에 대한 Δs_{sys}값이다.

다음으로 주위에 대한 엔트로피 변화를 계산한다. 이 값을 계산하기 위해서 다음과 같은 개념적인 논거가 유용하다. *주위의 엔트로피 변화는 q의 크기가 같은 한 가역 열전달과 비가역 열전달에 대해서 동일하다.* 거시적으로는 주어진 양의 열전달에 대해서 주위에 같은 영향을 상상할 수 있다. 열은 온도 구배에 의한 에너지 전달을 나타낸다. 분자적인 측면에서 봤을 때 온도는 분자의 자유로운 운동을 뜻한다. 따라서 열을 통한 에너지 전달은 최대로 가능한 무질서도의 증가를 뜻한다. 즉, 가역적 또는 비가역적 여부와 상관없이 엔트로피의 증가를 뜻한다. 반대로 에너지가 일을 통해 전달될 경우 분자는 특정한 방향으로 배향하며 엔트로피는 증가하지 않는다. 그러므로 이 예제에 대한 계산에서는 과정 A에 대한 실제 크기의 q를 사용한다. 주위로의 열전달이 계로의 열전달 즉, 주위를 떠나 계로 주입되는 열과 반대 부호를 가지므로 다음의 식을 얻을 수 있다.

$$\Delta s_{surr} = \frac{-q_A}{T_{surr}} = \frac{w_A}{T_{surr}} = -\frac{4000}{962} = -4.14[\text{J/mol K}] \tag{E3.1D}$$

여기에서 과정 A에 대한 일의 값은 제2장에서의 해석으로부터 얻을 수 있다. 주위의 엔트로피 변화는 표 E3.1에 정리했다.

표 E3.1 2.3절에 서술된 등온 팽창과 압축 과정에 대한 엔트로피 변화 요약

	비가역 과정		가역 과정	
	팽창 (과정 A)	압축 (과정 B)	팽창 (과정 E)	압축 (과정 F)
Δs_{sys}[J/(mol K)]	5.76	−5.76	5.76	−5.76
Δs_{surr}[J/(mol K)]	−4.14	8.32	−5.76	5.76
Δs_{univ}[J/(mol K)]	**1.61**	**2.56**	**0**	**0**

마지막으로 전체 엔트로피 변화는 식 (E3.1C)와 (E3.1D)의 값을 더해서 얻을 수 있다.

$$\Delta s_{\text{univ}} = \Delta s_{\text{sys}} + \Delta s_{\text{surr}} = 1.61[\text{J/(mol K)}]$$

열역학 제2법칙에 따라 비가역 과정에 대한 전체 엔트로피 변화는 0보다 크다는 것을 알 수 있다. 과정 B, E, F에 대한 Δs_{sys}, Δs_{surr}, Δs_{univ}의 값도 같은 방식으로 찾을 수 있다. 이렇게 얻은 값을 표 E3.1에 정리해 두었다. *두 개의 비가역 과정에 대해서 전체 엔트로피 변화는 0보다 크다. 반면에 가역 과정에 대한 전체 엔트로피 변화는 0이다.*

압축 과정에서 계의 엔트로피 변화는 음의 값을 가진다. 이 결과는 주위의 엔트로피 변화가 적절한 양의 값을 가질 경우 가능하다.

3.5 열역학 제2법칙에 대한 다른 명제

역사적으로 열역학 제2법칙은 열이 뜨거운 열 저장고로부터 흡수되고 차가운 열 저장고에서 거부되는 사이클 과정으로부터 동력(일)을 생산하는 상황에서 해석된다. 따라서 열역학 제2법칙은 종종 발생하는 일과 거부되는 열의 관점에서 서술된다. 예를 들어 열역학 제2법칙은 다음과 같이 정의되기도 한다.

열은 어떤 다른 영향이 없는 상태에서는 더 차가운 물체에서 더 뜨거운 물체로 이동될 수 없다.

Clausius (클라우시우스)

Clausius의 명제가 3.4절에 제시된 일반적인 정의와 부합함을 알 수 있다. 만일 양의 값을 가지는 열 q가 다른 효과 없이 온도가 T_C인 차가운 물체로부터 온도가 T_H인 뜨거운 물체로 가역적으로 이동한다면 그에 따른 엔트로피 변화는 아래와 같다.

$$\Delta s_{\text{univ}} = \Delta s_{\text{surr}} = -\frac{q}{T_C} + \frac{q}{T_H} < 0$$

T_C, T_H이므로 우변의 크기는 0보다 작다. Δs_{univ}가 음의 값을 가지므로 만일 열을 통해 이러한 에너지 전달을 상쇄할 정도로 충분히 큰 양수 값의 Δs_{univ}를 갖는 '어떤 다른 효과'가 없다면 이는 열역학 제2법칙에 위배된다.

열역학 제2법칙에 대한 다른 서술은 다음과 같다.

모든 열을 일로 전환할 수 있는 사이클을 조업할 수 있는 기관은 불가능하다.

Kelvin과 Planck (켈빈과 플랑크)

이 명제 역시 3.4절에서 제시한 일반적인 정의와 부합함을 알 수 있다. 가장 효율적인 기관인 Carnot 기관을 생각해보자. 만일 $q_C = 0$라면 식 (3.4)는 아래와 같이 된다.

$$\Delta s_{\text{univ}} = \Delta s_{\text{surr}} = -\frac{q_H}{T_H} < 0$$

이 수식 또한 열역학 제2법칙에 위배된다. 이 외에도 열역학 제2법칙에 대해서는 다수의 다른 특별한 형태가 있다. 명백한 것은 위의 명제를 3.4절에서 제시된 일반화를 이용하여 볼 수 있으나 그 역은 명확하지 않다.

3.6 닫힌계와 열린계에서의 열역학 제2법칙

일반적으로 열역학 제2법칙을 적용하는 데는 두 가지 방법이 있다.

$$\Delta S_{univ} \geq 0 \tag{3.11}$$

1. 과정이 가능할지의 여부(그리고 그것이 얼마나 효율적인지)를 결정할 수 있다. 이는 전체 엔트로피의 변화가 0보다 큰 실제 비가역 과정에 적용된다.

$$\Delta S_{univ} > 0 \tag{3.11i}$$

2. 열역학 제2법칙은 문제를 풀이하는 데 있어 추가적인 제약 조건을 제공하는 데 사용될 수 있다. 즉, 우리가 사용할 수 있는 다른 식을 제공할 수 있다. 이런 방식으로 열역학 제2법칙을 적용하기 위해서는 가역 과정을 가정해야만 한다. 이 경우 우리는 아래의 식을 적용할 수 있다.

$$\Delta S_{univ} = 0 \tag{3.11r}$$

닫힌계에 대한 Δs의 계산

닫힌계에서 질량은 계의 경계를 통해 이동될 수 없다. 식 (3.11)을 다음과 같이 쓸 수 있다.

$$\Delta S_{sys} + \Delta S_{surr} \geq 0 \tag{3.12}$$

주위의 엔트로피 변화는 Q의 크기가 동일하다면 가역 열전달과 비가역 열전달에 대해서 모두 같다(예제 3.1에서 논의된 것을 참조하라). 만일 주위가 **일정한 온도**(constant temperature) T_{surr}에 있다면 주위의 엔트로피 변화는 다음과 같다.

$$\Delta S_{surr} = \int_{initial}^{final} \frac{\delta Q_{surr}}{T_{surr}} = \frac{1}{T_{surr}} \int_{initial}^{final} \delta Q_{surr} = \frac{Q_{surr}}{T_{surr}}$$

여기에서는 부호를 쓰는 관습에 주의해야 한다. 만일 열이 계로 유입되면 그 열 주위 밖으로 흘러 나와야 한다. 즉,

$$Q_{surr} = -Q$$

앞의 두 식을 식 (3.11)에 대입하면 아래의 식과 같아진다.

$$\begin{aligned}\Delta S_{sys} + \frac{Q_{surr}}{T_{surr}} &= n(s_{final} - s_{initial}) + \frac{Q_{surr}}{T_{surr}} \geq 0 \\ &= n(s_{final} - s_{initial}) - \frac{Q}{T_{surr}} \geq 0\end{aligned} \tag{3.13}$$

열역학 제1법칙을 이용하게 되면 열역학 제2법칙은 다음과 같은 미분 형태로 쓸 수 있다.

$$nds + \frac{\delta Q_{surr}}{T_{surr}} \geq 0 \tag{3.14}$$

어디에서 s값을 얻을 것인가?

예제 3.2 **가상의 가역 과정 설정에 의한 Δs_{univ}를 계산**

보온 처리된 용기(V = 1.6628 L)가 얇은 격막에 의해 같은 크기를 가지는 두 부분으로 나누어져 있다. 왼쪽은 100 kPa, 500 K의 이상기체로 되어 있고 오른쪽은 진공이다. 시끄러운 소리와 함께 격막이 찢어졌다.

(a) 용기의 최종 온도는?

(b) 과정에 대한 Δs_{univ}는?

풀이 ▸ 그림 E3.2의 왼쪽에 이 예제에서 다루고자 하는 계를 나타내었다.

(a) 최종 온도를 알기 위해서 우선 열역학 제1법칙을 적용할 수 있다. 만일 계로서 용기 전체를 선택한다면 이 과정 동안 계의 경계를 통한 일과 열의 전달은 없다. 따라서

$$\Delta U = Q + W = 0 \qquad \textbf{(E3.2)}$$

최종 상태에서 내부 에너지는 처음 상태의 내부 에너지와 같다. 이상기체에 대한 내부 에너지는 온도만의 함수이므로 식 (E3.2)를 따를 경우 온도는 일정하다.

$$T_2 = 500 \text{ K}$$

(b) 우리는 열역학 제2법칙을 적용해야 한다. s가 계의 성질이므로 이는 경로에 의존하지 않고 오로지 최종, 초기 상태와 관계한다. Δs_{sys}를 계산하기 위해서 실제 계와 동일한 초기 상태와 최종 상태 사이에서 변화하는 계에 대한 가역 경로를 선택한다. 엔트로피 정의에는 가역 과정 $\left(\int_{\text{initial}}^{\text{final}} \frac{\delta q_{rev}}{T} \equiv \Delta s\right)$이 포함되어 있기 때문에 이를 사용할 수 있다. 그와 같은 가상적 경로는 그림 E.3.2의 오른쪽에 나타나 있다. 이러한 가상적 가역 과정에 대해서 아래와 같이 기술할 수 있다.

$$\Delta U = Q_{rev} + W_{rev} = 0$$

또는

$$Q_{rev} = -W_{rev} = \int_{0.8314 \text{ L}}^{1.6628 \text{ L}} P dV = \int \frac{nRT}{V} dV$$

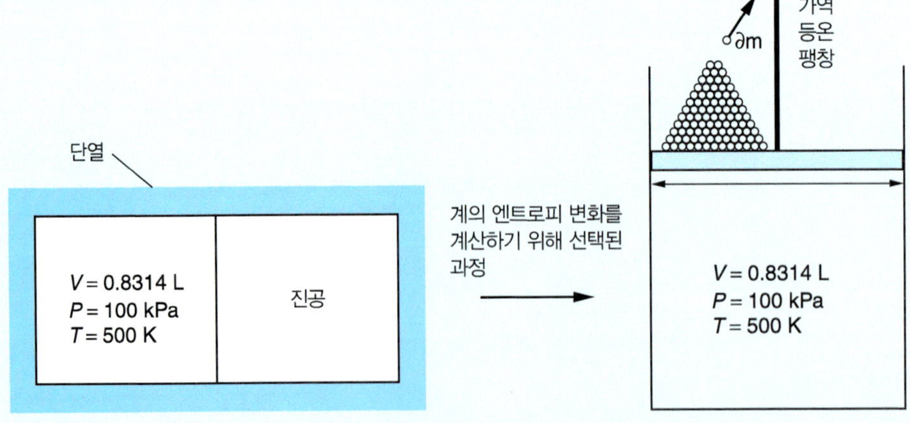

그림 E3.2 문제에서 기술된 비가역 과정이 왼쪽 그림에 있다. 동일한 초기 및 최종 상태 사이의 가상적인 가역 경로가 오른쪽 그림에 나타나 있으며 이를 이용하여 계의 엔트로피 변화를 계산할 수 있다.

수치를 대입하여 이 식을 풀면 아래의 결과를 얻게 된다.

$$q_{rev} = \frac{Q_{rev}}{n} = RT\ln\left(\frac{V_2}{V_1}\right) = \left(8.314\left[\frac{\text{J}}{\text{mol K}}\right]\right)(500\ [\text{K}])\ln 2 = 2881\left[\frac{\text{J}}{\text{mol}}\right]$$

Δs에 대한 정의에 대한 위의 식에서 얻은 값을 대입하면

$$\Delta s_{sys} = \int\frac{\delta q_{rev}}{T} = \frac{q_{rev}}{T} = \frac{2881\ [\text{J/mol}]}{500\ [\text{K}]} = 5.76\left[\frac{\text{J}}{\text{mol K}}\right]$$

이 되는데 가상적인 과정이 등온 조건이므로 적분기호 밖으로 온도 T를 끄집어낼 수 있다. 실제 비가역 과정에서는 주위로의 열전달이 없으므로 아래의 식이 성립한다.

$$\Delta s_{surr} = 0$$

마지막으로 전체 엔트로피 변화는 계의 엔트로피와 주위의 엔트로피 변화를 합한 것과 같다는 식(3.3)을 이용하여 전체 엔트로피 변화를 구할 수 있다.

$$\Delta s_{univ} = \Delta s_{sys} + \Delta s_{surr} = 5.76\ \text{J/(mol k)}$$

위의 식에서 구한 값이 0보다 크다는 사실에 주목하라. 이 예제에서의 과정이 매우 자발적인 과정이라는 예상대로 0보다 큰 전체 엔트로피 값은 이 과정이 비가역적임을 뜻한다.

$$\Delta s_{univ} > 0$$

예제 3.3 **열적 평형을 얻는 데 있어서의 엔트로피 변화**

같은 질량을 갖는 두 개의 구리 블록을 포함한 고립된 계를 생각해보자. 한 블록은 초기 온도가 0°C이고 다른 블록은 100°C이다. 이들은 서로 접촉하여 열적인 평형에 도달하게 된다. 이 과정에서 계의 엔트로피 변화는? 단, 구리의 열용량은 다음과 같다.

$$c_P = 24.5\ [\text{J/(mol K)}]$$

풀이 ▶ 그림 E.3.3에서 보듯이 차가운 블록을 '블록 I'이라고 하고 뜨거운 블록을 '블록 II'라고 하자. 이들 블록은 서로 다른 온도에 있는 상태 1에서 서로 같은 온도를 가지는 상태 2로 변화한다. 이 과정 중 압력은 일정하다고 하자.

우선 최종 온도 T_2를 구해보자. 일정 압력에서 고립계에 대해 열역학 제1법칙을 적용하면

$$\Delta H = n_{\text{I}}\Delta \text{h}_{\text{I}} + \text{n}_{\text{II}}\Delta h_{\text{II}} = 0 \qquad \textbf{(E.3.3A)}$$

여기에서 하첨자 'I', 'II'는 블록을 뜻한다. 일정한 열용량을 가질 경우 식 (E.3.3A)를 다음과 같이 쓸 수 있다.

$$n_{\text{I}}c_{\text{P}}(T_2 - T_{1,\text{I}}) + n_{\text{II}}c_{\text{P}}(T_2 - T_{1,\text{II}}) = 0 \qquad \textbf{(E.3.3.B)}$$

두 블록의 질량이 같으므로

$$n_{\text{I}} = \text{n}_{\text{II}} = n \qquad \textbf{(E3.3C)}$$

이 된다. 식 (E3.3C)를 식 (E3.3B)에 대입하여 풀면

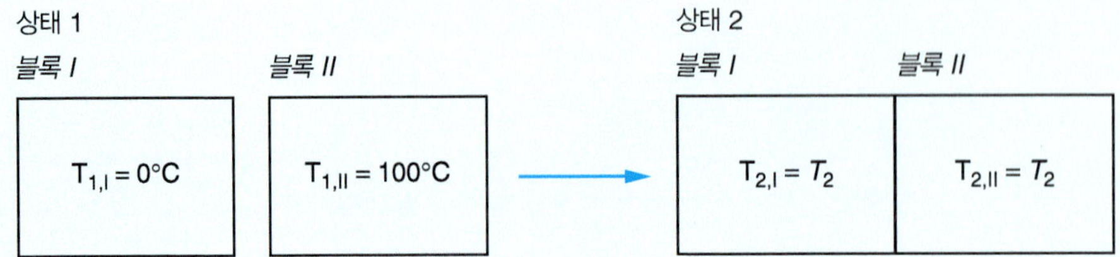

그림 E3.3 열적 평형에 도달하는 두 개의 구리 블록의 초기(상태 1) 상태와 최종(상태 2) 상태.

$$T_2 = \frac{T_{1,\mathrm{I}} + T_{1,\mathrm{II}}}{2} = 323\,[\mathrm{K}]$$

이 된다.

계에 대한 전체 엔트로피 변화를 구하기 위해 각 블록별 엔트로피를 더하면 된다.

$$\Delta S = n_{\mathrm{I}}\Delta s_{\mathrm{I}} + n_{\mathrm{II}}\Delta s_{\mathrm{II}} \tag{E3.3D}$$

식 (3.1)을 적용하여 Δs_{I}과 Δs_{II}를 풀면 된다. 우선 δq_{rev}를 구해야 한다. 이는 압력이 일정한 조건에서 T_1에서 T_2로 바뀌는 가역 경로를 구성함으로써 가능하다. 그와 같은 과정은 블록보다 아주 약간 더 뜨거운(혹은 더 차가운) 일련의 열 저장고를 갖고 열적으로 접촉하고 있는 각각의 블록을 생각하면 된다. 그러면 q_{rev}는 다음과 같이 주어진다.

$$q_{\mathrm{rev}} = \Delta h = \int_{T_1}^{T_2} c_P \mathrm{d}T$$

또는

$$\delta q_{\mathrm{rev}} = c_P \mathrm{d}T$$

따라서 엔트로피의 변화는 다음과 같아진다.

$$\Delta s = \int \frac{\delta q_{\mathrm{rev}}}{T} = \int_{T_1}^{T_2} \frac{c_P \mathrm{d}T}{T} \tag{E.3.3E}$$

일정한 열용량을 갖는 두 개의 블록으로 구성된 계에 식 (E3.3E)를 적용시키게 되면

$$\Delta S = n_{\mathrm{I}} c_P \ln\left(\frac{T_2}{T_{1,\mathrm{I}}}\right) + n_{\mathrm{II}} c_P \ln\left(\frac{T_2}{T_{1,\mathrm{II}}}\right)$$

을 얻게 되고 이를 정리하여 수치 값을 대입하게 되면 아래 식과 같다.

$$\Delta s = \frac{\Delta S}{2n} = \frac{c_P}{2}\left[\ln\left(\frac{T_2}{T_{1,\mathrm{I}}}\right) + \ln\left(\frac{T_2}{T_{1,\mathrm{II}}}\right)\right] = \frac{c_P}{2}\ln\left(\frac{T_2^2}{T_{1,\mathrm{I}} \times T_{1,\mathrm{II}}}\right)$$

$$= \left(\frac{24.5}{2}\left[\frac{\mathrm{J}}{\mathrm{mol\ K}}\right]\right)\ln\frac{323^2}{(273)(373)} = 0.30\left[\frac{\mathrm{J}}{\mathrm{mol\ K}}\right]$$

고립계이기 때문에 주위로의 엔트로피 변화는 0이다. 우리가 얻은 양의 값은 에너지가 뜨거운 블록에서 차가운 블록으로 자발적으로 흐르고 있음을 뜻한다.

예제 3.4 **상변화에 대한 엔트로피 계산**

포화 ethanol 증기 1 mol이 끓는점에서 응축될 때 엔트로피 변화를 계산하라.

풀이 ▶ Ethanol에 대한 기화 엔탈피와 끓는점은 다음과 같다.

$$\Delta h_{\text{vap,C}_2\text{H}_6\text{O}} = 38.56\ [\text{kJ/mol}],\ T_b = 78.2\ [°\text{C}]$$

정의에 의하면 끓는점에서 상변화는 가역적으로 일어난다. 따라서 이를 엔트로피 정의인 식 (3.2)에 직접 적용할 수 있다. 일정 압력 P에서 에너지 수지식은 다음과 같다.

$$\Delta h = h_l - h_v = q_{\text{rev}} = -\Delta h_{\text{vap C}_2\text{H}_2\text{O}} \quad \textbf{(E3.4)}$$

식 (E3.4)를 엔트로피 정의 식에 대입하자. 이 과정이 일정 온도 T_b에서 일어나는 것을 생각하면 아래의 식을 얻을 수 있다.

$$\Delta s = \int_{\text{vapor}}^{\text{liquid}} \frac{\delta q_{\text{rev}}}{T} = \frac{-\Delta h_{\text{vap,C}_2\text{H}_6\text{O}}}{T_b}$$

여기에 값들을 대입하면

$$\Delta s = \frac{-38.56\ [\text{kJ/mol}]}{351.4\ \text{K}} = -0.1098\left[\frac{\text{kJ}}{\text{mol K}}\right]$$

과 같다.

계에 대한 엔트로피 변화가 음의 값의 가지는데, 이는 액체를 구성하는 분자가 기체에 구성 분자 기체에 비해 더 정돈되어 있기 때문이다. 그러나 이 과정이 열역학 제2법칙에 위배되지는 않는데 그것은 *전체* 엔트로피 변화가 0보다 크기 때문이다. 그러므로 이 과정이 발생하기 위해서는 주위의 엔트로피 변화가 적어도 0.1098 [kJ/(mol K)]이 되어야 한다.

열린계에 대한 Δs 계산

열린(open)계에서는 질량이 계의 안과 밖을 출입할 수 있다. 따라서 흐름에 의해 주위로부터 계로 엔트로피가 전달될 수 있다. 그림 3.5에는 계로 두 개의 흐름이 들어오고 나가는 열린계에 대한 예가 제시되어 있다. 열역학 제1법칙에 따르면 몰 유속 [mol/sec]과 에너지 전달 속도[J/s] (또는 [W])를 논하는 것이 편리하다.

식 (3.12)를 Δt로 나누고 시간을 0으로 보내면 열역학 제1법칙은 다음과 같이 된다.

$$\left(\frac{dS}{dt}\right)_{\text{univ}} = \left(\frac{dS}{dt}\right)_{\text{sys}} + \left(\frac{dS}{dt}\right)_{\text{surr}} \geq 0 \quad (3.15)$$

정상 상태(steady-state)에서 계의 엔트로피 변화는 0이 된다.

$$\left(\frac{dS}{dt}\right)_{\text{sys}} = 0 \quad (3.16)$$

주위와의 열교환에 덧붙여 주위에서의 엔트로피 변화는 계를 출입하는 질량 흐름에 영향을 받는다. 유출 흐름 1 몰당 s_{out}의 엔트로피를 포함하고 있으며 이는 주위에 더해진다. 반면 각각의 유입 흐름은 s_{in}의 엔트로피를 갖고 있으며 이는 주위로부터 없어지게 된다. 그러므로 일정 온도 T_{surr}에서 주위에서의 엔트로피 변화는 아래와 같이 쓸 수 있다.

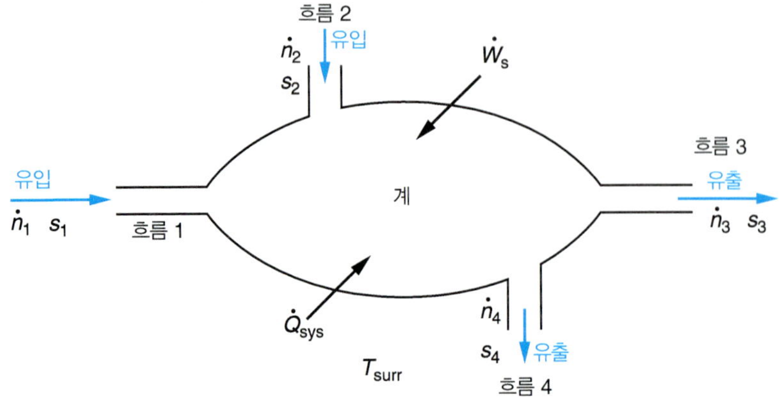

그림 3.5 두 개의 유입 흐름과 유출 흐름이 있는 열린계의 개략도.

$$\left(\frac{dS}{dt}\right)_{surr} = \sum_{out} \dot{n}_{out} s_{out} - \sum_{in} \dot{n}_{in} s_{in} + \frac{\dot{Q}_{surr}}{T_{surr}}$$

$$= \sum_{out} \dot{n}_{out} s_{out} - \sum_{in} \dot{n}_{in} s_{in} - \frac{\dot{Q}}{T_{surr}} \tag{3.17}$$

식 (3.16)과 (3.17)을 적용하게 되면 정상 상태에서의 식 (3.15)는 다음과 같이 된다.

$$\sum_{out} \dot{n}_{out} s_{out} - \sum_{in} \dot{n}_{in} s_{in} - \frac{\dot{Q}}{T_{surr}} \geq 0 \tag{3.18}$$

유입과 유출 흐름이 각각 하나인 경우에 대해서 식 (3.18)은 아래와 같이 된다.

$$\dot{n}(s_{out} - s_{in}) - \frac{\dot{Q}}{T_{surr}} \geq 0 \tag{3.19}$$

여기에서 유출 몰 흐름과 유입 몰 흐름은 똑같이 $\dot{n}$이다. 정상 상태에서의 엔트로피 수지를 다음과 같은 *미분* 형태로 쓸 수 있다.

$$\dot{n} ds - \frac{\delta Q}{T_{surr}} \geq 0 \tag{3.20}$$

비정상 상태 문제에 대해서는 계의 엔트로피 변화 $(dS/dt)_{sys}$가 반드시 포함되어야 한다. 이 항을 식 (3.18)에 추가하면 아래의 식을 얻을 수 있다.

$$\frac{dS}{dt} + \sum_{out} \dot{n}_{out} s_{out} - \sum_{in} \dot{n}_{in} s_{in} - \frac{\dot{Q}}{T_{surr}} \geq 0 \tag{3.21}$$

예제 3.5 **노즐로부터 유출되는 속도를 계산하기 위해 엔트로피를 사용**

20 m/s의 속도를 가진 증기가 300 kPa, 700°C에서 노즐로 들어간다. 노즐 출구의 압력은 200 kPa이다. 이 과정을 가역 단열 과정으로 가정할 경우 (a) 출구 온도, (b) 출구 속도를 구하라.

풀이 ▶ 우선 우리가 알고 있는 모든 정보를 포함한 과정에 대한 개략도를 그려보자. 그림 E3.5에서 보듯이 입구 상태를 '1', 출구 상태를 '2'로 한다.

정상 상태에서 열린계에 대한 에너지 수지는 다음과 같다.

$$0 = \dot{m}_1\left(\hat{h} + \frac{\vec{V}^2}{2} + \overset{0}{gz}\right)_1 - \dot{m}_2\left(\hat{h} + \frac{\vec{V}^2}{2} + \overset{0}{gz}\right)_2 + \overset{0}{\dot{Q}} + \overset{0}{\dot{W}_s}$$

열역학 성질 자료를 구하기 위해 수증기표 사용을 염두에 두고 위 식을 질량을 기준으로 썼다. 물질 수지 $\dot{m}_1 = \dot{m}_2$와 운동에너지 정의를 사용하게 되면 아래의 식을 얻을 수 있다.

$$\hat{h}_1 + \frac{\vec{V}_1^2}{2} = \hat{h}_2 + \frac{\vec{V}_2^2}{2} \qquad \textbf{(E3.5A)}$$

식 (E3.5A)는 2개의 미지수 $\hat{h}_2$와 $\vec{V}_2$를 가지므로 추가적인 식이 필요하다. 가역 단열 과정에 대해서 열역학 제2법칙에 따르면 $\Delta s = 0$가 되거나

$$\hat{s}_1 = \hat{s}_2 \qquad \textbf{(E3.5B)}$$

가 된다. 이는 전체적인 풀이 방법에 반영된다는 점에서 가치가 있다. T_1과 P_2를 알고 있기 때문에 상태 1은 열역학적으로 결정될 수 있다. 따라서 우리는 $\hat{s}_1$을 포함한 다른 성질을 찾을 수 있다. 상태 1의 비엔트로피(specific entropy)가 정해지면 $\hat{s}_2$는 식 (E3.5B)를 통해서 알 수 있다. 이 값은 P_2에 따라 상태 2를 결정하게 되므로 온도와 엔탈피를 포함한 다른 성질을 찾을 수 있다.

수증기표로부터 상태 1에 대해서는 아래의 값을 얻을 수 있다.

$$\hat{h}_1 = 3927.1\ [\text{kJ/kg}]$$

그리고

$$\hat{s}_1 = 8.8319\ [\text{kJ/(kg K)}] = \hat{s}_2$$

수증기표에서 $P = 200$ kPa에 대응하는 값을 찾게 되면 (외삽에 의해서) 엔트로피는 $\hat{s}_2 = 8.8319$ [kJ/(kg K)]이 된다.

$$T_2 = 623[°\text{C}]$$

그리고

$$\hat{h}_2 = 3754.7\ [\text{kJ/kg}]$$

유출 속도를 구하기 위해 식 (E3.5A)를 풀수 있다.

$$\vec{V}_2 = \sqrt{2(\hat{h}_1 - \hat{h}_2) + \vec{V}_1^2} = \sqrt{2(172.4 \times 10^3)\ [\text{J/kg}] + 400[\text{m}^2/\text{s}^2]} = 587.5\ [\text{m/s}]$$

증기는 700°C에서 623°C로 냉각되기 위한 충분한 내부 에너지를 잃게 되고 매우 빠른 출구 속도(587.5 m/s)로 나타난다. 이 예제는 많은 양의 에너지가 u로 나타남을 보여준다.

그림 E3.5 예제 3.5에서 유입, 유출되는 증기 각각에 대해 알고 있는 성질과 미지의 성질이 표시된 노즐.

예제 3.6 열린 급수 가열기에 의해 생성되는 엔트로피

예제 2.21에서 열린 급수 가열기를 해석한 바 있다. 10 kg/s의 유속을 가지는 200 bar, 500°C의 과열 수증기가 20°C, 100 bar의 물과 혼합되어 100 bar의 포화 증기 상태가 된다. 액체 흐름의 유속은 1.95 kg/s이다. 이 과정 동안 생성되는 엔트로피는 얼마인가?

풀이 ▸ 우선 그림 E3.6처럼 계에 대한 개략도를 그려보자. 만일 열전달 속도를 무시할 수 있다면 엔트로피의 변화는 출구 흐름과 유입 흐름에서의 엔트로피의 차이가 된다.

$$\left(\frac{dS}{dt}\right)_{univ} = \dot{m}_3\hat{s}_3 - (\dot{m}_1\hat{s}_1 + \dot{m}_2\hat{s}_2) \quad \textbf{(E3.6A)}$$

정상 상태에서 물질 수지식은 다음과 같다.

$$\dot{m}_3 = \dot{m}_1 + \dot{m}_2 = 11.95\ [\text{kg/s}] \quad \textbf{(E3.6B)}$$

수증기표(부록 B)로부터 엔트로피 값을 찾을 수 있을 것이다. 상태 1 [500°C, 200 bar (= 20 MPa)]에 대해서는

$$\hat{s}_1 = 6.1400\left[\frac{\text{kJ}}{\text{kg K}}\right]$$

상태 2에 대해서는 20°C, 100 bar에 있는 과냉각 액체를 사용해서

$$\hat{s}_2 = 0.2945\left[\frac{\text{kJ}}{\text{kg K}}\right]$$

을 얻을 수 있고 100 bar(10 MPa)의 포화 수증기인 상태 3에 대해서는

$$\hat{s}_3 = 5.6140\left[\frac{\text{kJ}}{\text{kg K}}\right]$$

을 얻을 수 있다.

마지막으로 식 (E3.6A)를 정리하여 값을 대입하게 되면

$$\left(\frac{dS}{dt}\right)_{univ} = \left\{\left(11.95\left[\frac{\text{kg}}{s}\right]\right)\left(5.6140\left[\frac{\text{kJ}}{\text{kg K}}\right]\right)\right\}$$

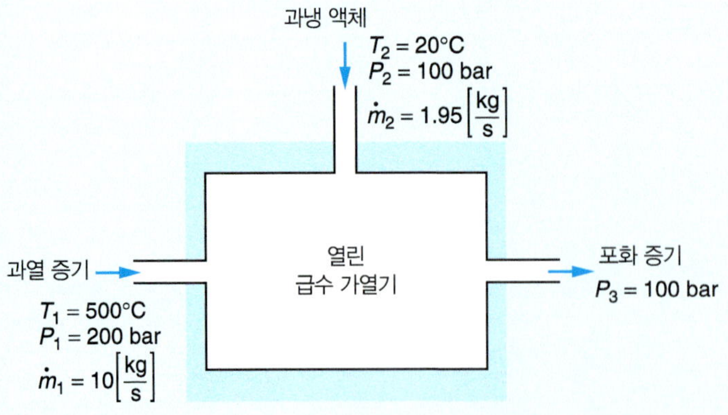

그림 E3.6 열린 급수 가열기의 개략도.

$$-\left\{\left(10.0\left[\frac{\text{kg}}{s}\right]\right)\left(6.1400\left[\frac{\text{kJ}}{\text{kg K}}\right]\right)\right.$$

$$\left.+\left(1.95\left[\frac{\text{kg}}{s}\right]\right)\left(0.2945\left[\frac{\text{kJ}}{\text{kg K}}\right]\right)\right\} = 5.11\left[\frac{\text{kW}}{\text{K}}\right]$$

이 된다. 이 예제에서의 과정이 자발적이라고 기대했던 대로 엔트로피는 증가한다.

3.7 이상기체에 대한 Δs의 계산

이 절에서는 P와 T 값이 주어진 두 상태 사이에서 이상기체의 엔트로피 변화를 어떻게 계산하는지를 설명할 것이다. 압력과 온도가 각각 P_1과 T_1인 상태 1을 초기 상태로 두고 압력과 온도가 각각 P_2와 T_2인 상태 2를 최종 상태로 둔다. 엔트로피가 상태 함수이기 때문에 상태 1과 2 사이에서 다루기 편리한 임의의 경로를 만들어서 Δs를 계산할 수 있다. 그림 3.6은 그와 같은 가상적인 경로를 보여준다. 가상적인 경로를 가역적 과정이라 하면 엔트로피의 정의를 적용할 수 있다. 첫 번째 단계는 등온 팽창인 반면 두 번째 단계는 등압 가열이다. Δs를 계산하기 위해서는 각 단계별 엔트로피 변화를 계산하여 이를 합하면 된다. 각 단계별로 구체적인 해석은 아래와 같다.

- **단계 1**: 가역 등온 팽창

  이상기체에 대한 내부 에너지 계산은 정의에 의해 0이다. 따라서 미분 형태의 에너지 수지는 다음과 같아진다.

$$du = \delta q_{\text{rev}} + \delta w_{\text{rev}} = 0$$

위 식을 정리하면

$$\delta q_{\text{rev}} = -\delta w_{\text{rev}} = P dv$$

이 된다.

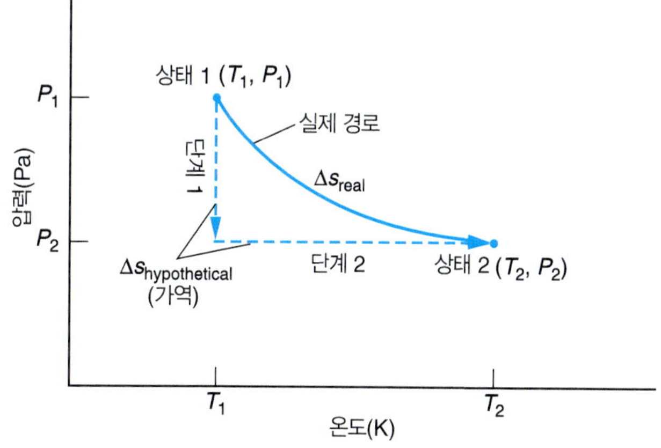

그림 3.6 *TP* 공간에서 상태 1에서 상태 2로 바뀌는 과정. 엔트로피의 변화는 가역적 가상 경로를 따라 계산된다.

δq_{rev}에 대한 위의 식을 엔트로피 정의에 적용하게 되면 식 (3.2)는 다음과 같다.

$$\Delta s_{\text{step1}} = \int \frac{\delta q_{\text{rev}}}{T} = \int \left(\frac{P}{T}\right) \mathrm{d}v$$

이상기체 법칙($P/T = R/v$)를 적용하고 단계 1의 마지막에서의 부피가 RT_1/P_2이므로 다음의 식을 얻을 수 있다.

$$\Delta s_{\text{step1}} = \int_{v_1}^{RT_1/P_2} \left(\frac{R}{v}\right) \mathrm{d}v = R \ln\left[\frac{RT_1/P_2}{v_1}\right] = R \ln\left(\frac{P_1}{P_2}\right) = -R \ln\left(\frac{P_2}{P_1}\right)$$

- **단계 2**: 가역 등압 가열

  우리가 원하는 것은 가역 열전달 q_{rev}에 대한 풀이와 이것을 엔트로피 정의 식에 사용하는 것이다. 열역학 제1법칙을 적용하면

$$\mathrm{d}u = \delta q_{\text{rev}} + \delta w_{\text{rev}} = \delta q_{\text{rev}} - P\mathrm{d}v$$

  이를 δq_{rev}에 대해 풀면

$$\delta q_{\text{rev}} = \mathrm{d}u + P\mathrm{d}u + v\mathrm{d}P = \mathrm{d}(u + Pv) = \mathrm{d}h$$

  과 같이 된다. 여기에서 등압 과정에 대해서는 $\mathrm{d}P = 0$이기 때문에 좌변에 $v\mathrm{d}P$항을 더해 주었다. 따라서 엔트로피 변화는 다음과 같아진다.

$$\Delta s_{\text{step2}} = \int \frac{\delta q_{\text{rev}}}{T} = \int \frac{\mathrm{d}h}{T} = \int_{T_1}^{T_2} \frac{c_P}{T} \mathrm{d}T$$

  여기에서는 열용량에 대한 정의인 식 (2.29)를 사용하였다.

  가상적인 가역 경로의 두 단계를 합하게 되면

$$\Delta s = \Delta s_{\text{step2}} + \Delta s_{\text{step1}} = \int_{T_1}^{T_2} \frac{c_P}{T} \mathrm{d}T - R \ln\left(\frac{P_2}{P_1}\right) \tag{3.22}$$

가 되는데, 이는 상태 1에서 상태 2로의 변화를 겪는 이상기체에 대한 엔트로피 변화와 같다. 이 식에서 **성질**(property) Δs는 다른 성질인 c_P, T, P에 따라 바뀌므로 경로와는 무관하게 된다. 그러므로 식 (3.22)는 가역, 비가역 여부와 상관없이 *임의의 과정*에 적용할 수 있게 된다. 이는 가역 과정으로만 국한되지 않음을 뜻한다.

만일 c_P가 일정하다면 식 (3.22)는 아래와 같아진다.

$$\Delta s = c_P \ln\left(\frac{T_2}{T_1}\right) - R \ln\left(\frac{P_2}{P_1}\right) \quad (c_P \text{ 일정}) \tag{3.23}$$

마찬가지 방법으로 이상기체에 대해서 (T_1, v_1)과 (T_2, v_2) 사이에서의 엔트로피 변화는 다음과 같다(연습 문제 3.17 참조).

$$\Delta s = \int_{T_1}^{T_2} \frac{c_v}{T} dT + R \ln\left(\frac{v_2}{v_1}\right) \tag{3.24}$$

c_v가 일정할 경우 식 (3.24)는 아래 식과 같이 된다.

$$\Delta s = c_v \ln\left(\frac{T_2}{T_1}\right) + R \ln\left(\frac{v_2}{v_1}\right) (c_v \text{ 일정}) \tag{3.25}$$

예제 3.7 **비가역 등온 압축에 따른 엔트로피 변화 계산**

피스톤-실린더가 초기에 150 kPa, 20°C의 이상기체 0.50 m^{3}을 포함하고 있다. 기체가 400 kPa의 일정한 외부 압력에 놓여 있으며 등온 과정으로 압축된다. 주위의 온도가 20°C라고 가정하자. $c_P = 25R$이라고 하고 이상기체 모델이 성립한다고 하자.

(a) 과정 동안 열전달(kJ)을 결정하라.

(b) 계, 주위, 그리고 전체 엔트로피 변화는?

(c) 이 과정은 가역적인가 아니면 비가역적인가? 또는 불가능한가?

풀이 ▶ **(a)** 과정 중의 열전달을 결정하기 위해 열역학 제1법칙을 적용할 수 있다. 등온 과정을 겪는 이상기체의 내부 에너지 변화는 0이다.

$$\Delta U = Q + W = 0$$

이를 Q에 대해 풀면

$$Q = -W = P_{\text{ext}}(V_2 - V_1) = P_2\left(\frac{P_1 V_1}{P_2} - V_1\right) = V_1(P_1 - P_2)$$

이 되고 여기에 수치를 대입하면

$$Q = (0.50\,[\text{m}^3])(-250\,[\text{kPa}]) = -125\,[\text{kJ}]$$

이 된다.

(b) 계의 엔트로피 변화를 얻기 위해 식 (3.23)을 적용할 수 있다.

$$\Delta s_{\text{sys}} = c_P \ln\frac{T_2}{T_1} - R \ln\frac{P_2}{P_1}$$

등온 과정이므로 위의 식에서 첫 번째 항은 0이 된다. 따라서

$$\Delta S_{\text{sys}} = n\Delta s_{\text{sys}} = \left(\frac{PV}{T}\right)_1 \left(-\ln\frac{P_2}{P_1}\right)$$

이 되고 여기에 수치를 대입하면

$$\Delta S_{\text{sys}} = \left(\frac{150\,[\text{kPa}]0.5\,[\text{m}^3]}{293[\text{K}]}\right)\left(-\ln\frac{400}{150}\right) = -0.25\left[\frac{\text{kJ}}{\text{K}}\right]$$

이 된다. 주변의 엔트로피 변화를 계산하면 다음과 같다.

$$\Delta S_{\text{surr}} = \frac{Q_{\text{surr}}}{T} = \frac{-Q}{T} = \frac{125[\text{kJ}]}{293[\text{K}]} = 0.43\left[\frac{\text{kJ}}{\text{K}}\right]$$

전체 엔트로피 변화는 계의 엔트로피와 주변의 엔트로피 변화의 합이므로

$$\Delta S_{univ} = \Delta S_{sys} + \Delta S_{surr} = 0.18[\text{kJ/K}]$$

과 같아진다.

(c) 전체 엔트로피가 증가하므로 이 과정은 비가역적이다. 비가역성은 정해진 압력차로부터 발생한다.

예제 3.8 **두 상태 사이의 엔트로피 변화 계산**

25°C, 1 bar에 있는 1 mol의 공기가 가열되어 100°C, 0.5bar가 되었을 때 엔트로피의 변화를 계산하라.

풀이 ▶ 이와 같은 낮은 압력에서는 공기를 이상기체로 간주할 수 있다. 초기 상태(1)에서 최종 상태(2) 사이에서의 엔트로피 변화는 식 (3.22)에 의해 주어진다.

$$\Delta s = \int_{T_1}^{T_2} \frac{c_P}{T} dT - R \ln\left(\frac{P_2}{P_1}\right) \quad \textbf{(E3.8A)}$$

우변의 첫 번째 항을 적분하면 다음과 같다.

$$\int_{T_1}^{T_2} \frac{c_P}{T} dT = R \int_{298}^{373} [AT^{-1} + B + DT^{-3}] dT = R\left[A \ln T + BT - \frac{D}{2T^2}\right]_{298}^{373} = 0.793R \quad \textbf{(E3.8B)}$$

여기에서 공기에 대한 매개변수 값은 다음과 같다.

$$A = 3.355, B = 0.575 \times 10^{-3}, \ D = -0.016 \times 10^5$$

식 (E3.8B)를 식 (E3.8A)에 대입하면 엔트로피 값을 구할 수 있다.

$$\Delta s = R(0.793 - \ln 2) = 0.83[\text{J/(mol K)}]$$

또 다른 풀이 방법으로서 예제 2.8과 같이 평균 열용량을 사용할 수 있다.

$$\Delta s = \bar{c}_P \ln\left(\frac{T_2}{T_1}\right) - R \ln\left(\frac{P_2}{P_1}\right) = 29.37 \ln\left(\frac{373}{298}\right) - 8.314 \ln\left(\frac{1}{0.5}\right) = 0.83\left[\frac{\text{J}}{\text{mol K}}\right]$$

300 K에서 400 K 사이를 선형 보간하여 $\bar{c}_P = 29.37$ [J/(mol K)]을 얻을 수 있다. 이 경우에서 이와 같은 두 가지 해법 모두 동일한 결과를 나타낸다. 이것이 항상 참이라고 생각하는가?

예제 3.9 **혼합에 따른 엔트로피 변화 계산**

순수한 질소 1 mol과 순수한 산소 1 mol이 1 bar 298 K에 있는 견고한 용기 속에 별도의 구획 내에 나누어져 있다고 하자. 이들 기체가 혼합된다고 할 때 혼합 과정에 따른 엔트로피 변화를 계산하라.

풀이 ▶ ΔS_{mix}로 나타나는 혼합 과정에 대한 개략도가 그림 E3.9A에 나타나 있다. 혼합 과정에서의 엔트로피 변화를 계산하기 위해 임의의 경로를 설정할 수 있다. 이 중 가능한 해법 중 하나가 그림 3.9B에 제시되어 있다. 첫 번째 단계(단계 I)에서는 순수한 질소와 산소가 가역 등온 팽창하는

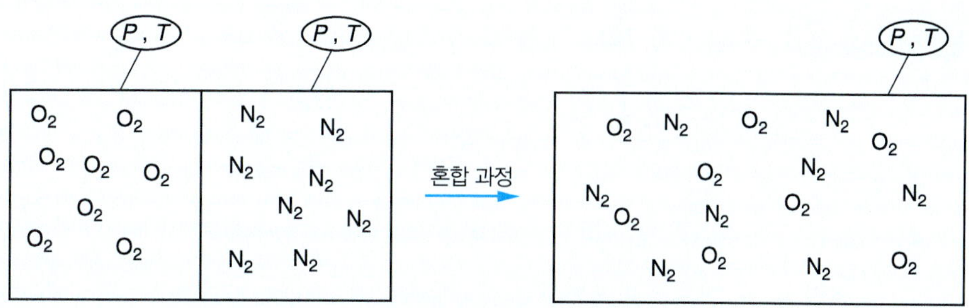

그림 E3.9A 일정한 P와 T에 있는 견고한 용기 내에서의 질소와 산소의 혼합.

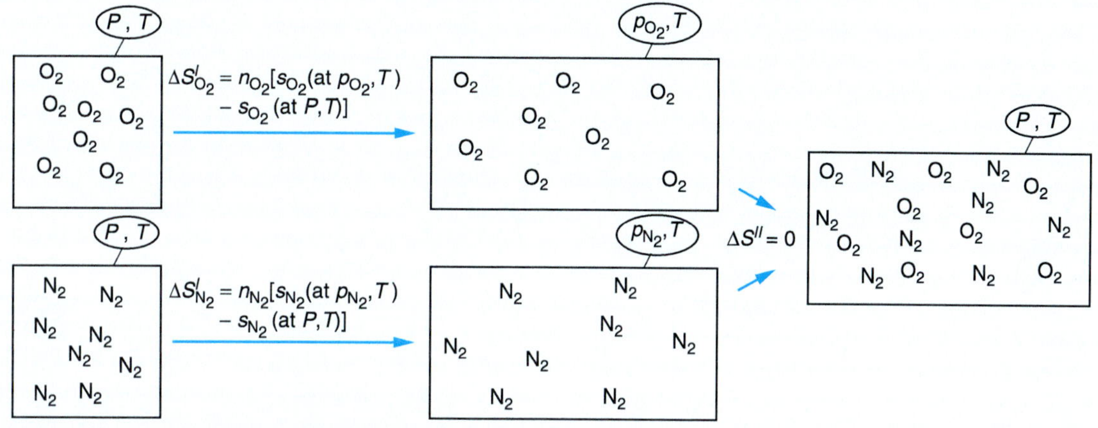

그림 E3.9B 혼합 과정에서 ΔS 계산을 위한 가상적 풀이 경로.

것이다. 이 과정에서 압력은 p_{O_2}와 p_{N_2}로 떨어진다.

각 단계에 대한 엔트로피 변화는 식 (3.22)를 이용하여 계산할 수 있다.

$$\Delta S^{\mathrm{I}}_{\mathrm{O}_2} = n_{\mathrm{O}_2}(s_{\mathrm{O}_2}(p_{\mathrm{O}_2}, T\text{에서}) - s_{\mathrm{O}_2}(P, T\text{에서})) = -n_{\mathrm{O}_2}R\left(\ln\frac{p_{\mathrm{O}_2}}{P}\right)$$

그리고

$$\Delta S^{\mathrm{I}}_{\mathrm{N}_2} = n_{\mathrm{N}_2}(s_{\mathrm{N}_2}(p_{\mathrm{N}_2}, T\text{에서}) - s_{\mathrm{N}_2}(P, T\text{에서})) = -n_{\mathrm{N}_2}R\left(\ln\frac{p_{\mathrm{N}_2}}{P}\right)$$

여기에서 부분 압력 p_{O_2}와 p_{N_2}는 0.5 bar로 서로 같다. 다음 단계(단계 II)는 이들 두 개의 팽창된 계를 합치는 것이다. 산소가 이상기체처럼 거동하기 때문에 질소가 거기에 있는지는 모르며 반대의 경우도 성립하게 되므로 기체 각각의 성질은 변화하지 않는다. 그러므로

$$\Delta S^{\mathrm{II}} = n_{\mathrm{O}_2}\Delta s^{\mathrm{II}}_{\mathrm{O}_2} + n_{\mathrm{N}_2}\Delta s^{\mathrm{II}}_{\mathrm{N}_2} = 0$$

그래서

$$\Delta S = \Delta S^{\mathrm{I}}_{\mathrm{O}_2} + \Delta S^{\mathrm{I}}_{\mathrm{N}_2} + \Delta S^{\mathrm{II}} = -n_{\mathrm{O}_2}R\left(\ln\frac{p_{\mathrm{O}_2}}{P}\right) - n_{\mathrm{N}_2}R\left(\ln\frac{p_{\mathrm{N}_2}}{P}\right) = 11.53\left[\frac{\mathrm{J}}{\mathrm{K}}\right]$$

그림 E3.9B에 나타난 경로는 각각의 기체에 대한 엔트로피 증가라는 분자적인 관점에 의해 중요한 의미를 가진다. 질소가 산소에 혼합되기 때문에 엔트로피가 증가한다고 직접적으로 결론지을 수 없지만 산소가 주변에서 움직일 여지가 더 많으므로 더욱더 많은 불확실성이 존재하게 된다. 그러므로 정보는 없어지고 엔트로피는 더 증가하게 된다.

예제 3.10 **엔트로피의 항으로 등엔트로피 과정에 대한 재수식화**

2.7절에서는 일정한 열용량을 갖는 이상기체의 가역 단열 과정을 열역학 제1법칙에 따른 해석에 기초하여 아래와 같이 나타내었다.

$$PV^k = \text{일정}$$

식 (3.23)에서 시작하여 열역학 제2법칙에 따른 해석에 기초하여 위와 동일한 식을 도출하라.

풀이 ▶ 식 (3.23)은 가역 단열 과정에 대해서는 0으로 둘 수 있다.

$$\Delta s = c_P \ln\left(\frac{T_2}{T_1}\right) - R\ln\left(\frac{P_2}{P_1}\right) = 0$$

이를 정리하면 다음과 같다.

$$\ln\left(\frac{T_2}{T_1}\right)^{c_P} = \ln\left(\frac{P_2}{P_1}\right)^{R} \tag{E3.10}$$

이상기체 법칙과 $R = c_p - c_v$의 관계식을 적용하면 식 (E3.10)은 아래와 같이 된다.

$$\left(\frac{T_2}{T_1}\right)^{c_P} = \left(\frac{\left(\frac{PV}{nR}\right)_2}{\left(\frac{PV}{nR}\right)_1}\right)^{c_P} = \left(\frac{P_2}{P_1}\right)^{c_P - c_v}$$

그러나 $n_1 = n_2$이므로

$$\left(\frac{P_2}{P_1}\right)^{c_v} = \left(\frac{V_1}{V_2}\right)^{c_P}$$

또는

$$PV^k = \text{일정}$$

여기에서

$$k = \frac{c_P}{c_v}$$

이다.

우리가 엔트로피에 대해 배웠던 것을 사용하는 것이 더 쉽다.

예제 3.11 **압축된 실린더로부터 Ar (아르곤) 팽창에 따른 엔트로피 변화**

4 mol의 압축 Ar을 포함한 10 bar, 298 K에 있는 실린더를 생각해보자. 실린더는 1 bar, 298 K을 유지하고 있는 커다란 연구실에 있다. 밸브를 열어서 온도와 압력에 평형에 도달할 때까지 대기 중으로 Ar 기체를 유출시킨다. 충분한 시간이 흐른 후 연구실 내부의 Ar 몰분율은 0.01이 된다. 가능한 근접하게 전체 엔트로피 변화를 계산하라. Ar은 이상기체처럼 거동한다고 한다. 이러한 팽창 과정이 가역적이라고 생각할 수 있는가?

풀이 ▶ 그림 E3.11A에는 과정에 대한 개략도를 보여주고 있다. 초기 상태를 '상태 1'이라 하고 최종 상태를 '상태 4'라고 하자. 실린더 벽이 계의 경계인 열린계로서 이 문제를 풀이하고자 한다. 그러나 대신에 실린더 내부의 모든 기체를 포함하는 계를 선택할 것이다. 이후 일부 기체가 주위와 혼합되는 닫힌계에서 정해진 양의 기체 팽창에 관한 문제로 줄여나간다. 문제 풀이를 위한 경로는 그림 E3.11B에 나타나 있다. 단계 I에서는 기체를 1 bar로 등온 팽창시킨다. 이 부분에서 계산은 예제 3.7에서의 접근법과 유사하다.[6] 단계 II에서는 두 부분 즉, 실린더에 남아 있는 기체와

6. 대안으로 단계 1로의 열린계 접근법을 이 예제의 말미에 제시할 것이다.

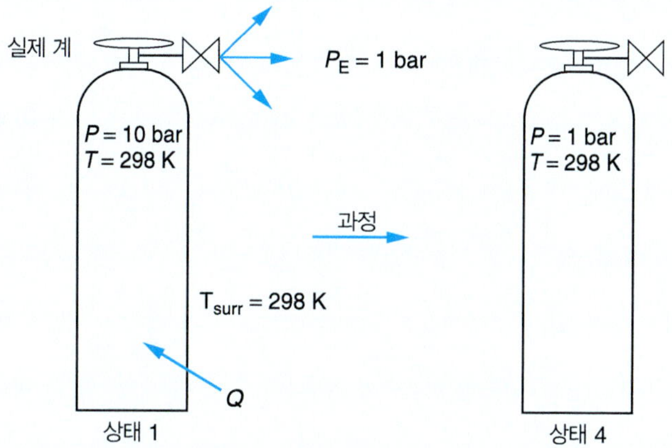

그림 E3.11A 실린더로부터 팽창을 겪는 기체에 대한 실제 계.

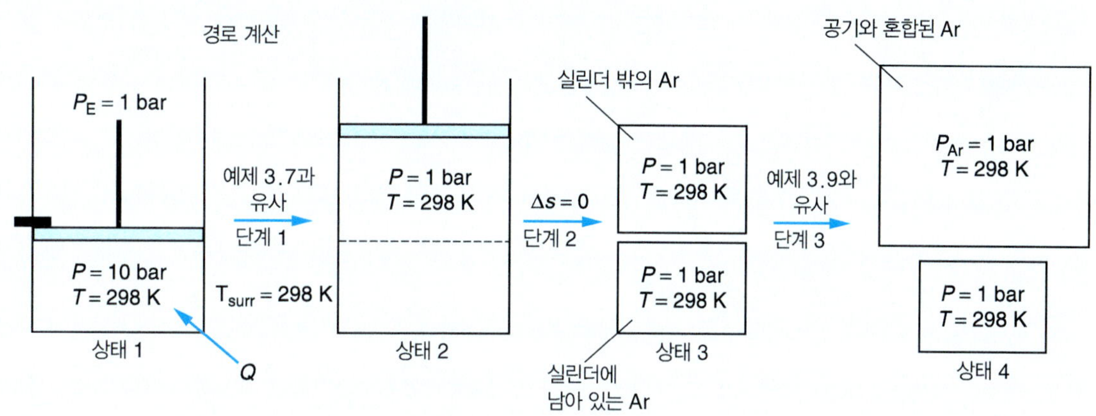

그림 E3.11B 상태 1에서 상태 4로 진행되는 경로 계산.

공기로 가득한 방에 있는 기체로 나눈다. 이 단계에 대한 엔트로피 변화는 0이다. 단계 3는 대기 중의 다른 기체와 Ar의 혼합에 따른 엔트로피 계산을 포함한다(예제 3.9에서의 계산과 같다). Ar은 공기에서의 조성(약 1%)에 도달할 때까지 혼합된다고 가정한다. 또한 공기는 실린더로 역으로 확산되지 않으므로 실린더는 순수한 Ar만 남아 있다고 가정한다.

단계 I: 상태 1에서 상태 2

단계 I에서 전체 엔트로피 변화를 풀이하기 위해서는 주위의 엔트로피 변화 뿐 아니라 계의 엔트로피 변화를 결정해야 한다. 초기와 최종 상태가 제약되어 있기 때문에 계의 엔트로피 변화는 식 (3.23)을 통해 계산할 수 있다.

$$\Delta s_{sys} = c_P \ln\left(\frac{T_2}{T_1}\right)^{0} - R\ln\left(\frac{P_2}{P_1}\right)$$

따라서 계의 엔트로피 변화 값은 다음과 같이 주어진다.

$$\Delta s_{sys} = -R\ln\left(\frac{P_2}{P_1}\right) = -\left(8.314\left[\frac{J}{mol\ K}\right]\right)\ln\left(\frac{1}{10}\right) = 17.1\left[\frac{J}{mol\ K}\right]$$

팽창 과정 동안 Ar이 주위에 대해 일을 하게 됨에 따라 에너지는 감소할 것이다. 같은 양의 에너지가 열을 통해 전달되어야만 온도를 298 K으로 일정하게 유지할 수 있다. 주위로의 엔트로피 변화를 구하기 위해서는 전달된 열의 양을 결정해야 한다. 열역학 제1법칙에 대한 수식은 다음과 같다.

$$\Delta u = q - P_{ext}(v_2 - v_1) = q - P_2(v_2 - v_1) = 0$$

여기에서 내부 에너지 변화는 0으로 한다. 이는 Ar을 일정한 온도에 있는 이상기체로 간주하기 때문이다. q에 대해 풀이하면 주위의 엔트로피 변화는 다음과 같이 계산된다.

$$\Delta s_{surr} = \frac{q_{surr}}{T_{surr}} = -\frac{q}{T_2} = \frac{-P_2(v_2 - v_1)}{T_2} = -R\left[1 - \frac{P_2}{P_1}\right]$$

$$= -(8.314)(0.9) = -7.5\left[\frac{J}{mol\ K}\right]$$

따라서 전체 엔트로피의 변화는 다음과 같다.

$$\Delta s^{I}_{univ} = \Delta s_{sys} + \Delta s_{surr} = 17.1 - 7.5 = 9.6\ [J/(mol\ K)]$$

또는 크기 성질 값(extensive value)으로 표현하면

$$\Delta S^{I}_{univ} = n(\Delta s_{univ}) = 38.4\ [J/K] \quad \textbf{(E3.11A)}$$

단계 II: 상태 2에서 상태 3

단계 II에 대한 엔트로피 변화는 0이다.

$$\Delta S^{II}_{univ} = 0$$

실린더에 남아 있는 몰수는 이상기체 법칙을 이용(T와 V가 일정)하여 계산된다.

$$(n_{cyl})_3 = (n_{cyl})_1\frac{P_3}{P_1} = 0.4[mol]$$

단계 III: 상태 3에서 상태 4

상태 3에서 상태 4로의 계에 대한 엔트로피 변화는 예제 3.9에서의 기체에 대한 엔트로피 변화와 같다. 실린더 밖에 있는 Ar의 혼합 엔트로피는 다음과 같다.

$$\Delta S^{III}_{sys} = n_{outside}(s(p_{Ar}, T\text{에서}) - s(P, T\text{에서})) = -n_{outside}R\left(\ln\frac{p_{Ar}}{P}\right)$$

여기에 수치를 대입하면

$$\Delta S^{III}_{sys} = -(3.6)(8.314)(\ln(0.01)) = 137.8[J/K]$$

방에서 공기의 조성이 아주 미량의 Ar이 첨가된다고 해서 변화하지 않는다고 가정하면 주위로의 엔트로피 변화는 0이 되고 따라서 전체 엔트로피 변화는 다음과 같다.[7]

$$\Delta S^{III}_{univ} = 137.8[J/K]$$

7. 이 문제는 무한한 양의 공기와 Ar이 혼합된다고 풀이하여도 동일한 결과를 얻을 수 있다.

이상과 같은 경로상의 단계별 엔트로피를 모두 합하게 되면 아래와 같아진다.

$$\Delta S_{\text{univ}} = \Delta S_{\text{univ}}^{\text{I}} + \Delta S_{\text{univ}}^{\text{II}} + \Delta S_{\text{univ}}^{\text{III}} = 176.2[\text{J/K}]$$

이 과정이 매우 비가역적이라고 추측했던 대로 계산된 결과 값은 0보다 크다. 주목해야 할 것은 이런 종류의 문제에 대한 해가 기체의 유출이 충분히 느리다고 가정할 수 있는 가역성이 존재하는 곳에서 나타난다는 것이다. 그러나 이러한 접근은 잘못된 것이다. 기체의 유출이 얼마나 느린가에 상관없이 팽창에 대한 구동력은 유한하므로 이 과정은 가역적이지 않다. 매우 작은 구멍을 통해 두 구획에서 기체의 혼합이 발생하기 때문에 매우 느리다고 말함으로써 예제 3.9에서의 가역성을 주장하는 것은 맞지 않다.

[단계 I] 대안: 열린계 해석

비정상 상태 열린계에 대한 엔트로피 식인 식 (3.21)에서 유입이 없고 단지 하나의 유출 흐름만을 가정하자.

$$\left(\frac{dS}{dt}\right)_{\text{univ}} = \left(\frac{dS}{dt}\right)_{\text{sys}} + \dot{n}_e s_e + \frac{\dot{Q}_{\text{surr}}}{T_{\text{surr}}} = \left(\frac{dS}{dt}\right)_{\text{sys}} + \dot{n}_e s_e - \frac{\dot{Q}}{T_{\text{surr}}} \qquad \textbf{(E3.11B)}$$

만일 유출 상태가 균일하다고 하면 식 (E3.11B)를 적분하여 아래의 식을 얻을 수 있다.

$$\Delta S_{\text{univ}} = n_2 s_2 - n_1 s_1 + s_e \int_0^t \dot{n}_e dt - \frac{Q}{T_{\text{surr}}} \qquad \textbf{(E3.11C)}$$

그러나 유출 상태와 상태 2는 동일하므로

$$s_e = s_2 \qquad \textbf{(E3.11D)}$$

가 되고 몰 수지식에 의해

$$\int_0^1 \dot{n}_e dt = n_1 - n_2 \qquad \textbf{(E3.11E)}$$

가 된다.

식 (E3.11D)와 식 (E3.11E)를 식 (E3.11C)에 대입하면

$$\Delta S_{\text{univ}} = n_1(s_2 - s_1) = \frac{Q}{T_{\text{surr}}} \qquad \textbf{(E3.11F)}$$

가 된다. 식 (3.23)을 사용하여 상태 1과 2 사이의 엔트로피 차이를 알 수 있다.

$$s_2 - s_1 = \int_{T_1}^{T_2} \frac{c_P}{T} dT - R \ln\left(\frac{P_2}{P_1}\right) = 0 - \left(8.314\left[\frac{\text{J}}{\text{mol K}}\right]\right) \ln\left(\frac{1}{10}\right)$$

$$= 17.1 \left[\frac{\text{J}}{\text{mol K}}\right] \qquad \textbf{(E3.11G)}$$

에너지 수지식을 통해 열전달 Q에 대해 풀어야만 한다. 식 (2.22)를 적분하게 되면

$$n_2 u_2 - n_1 u_1 = -\left[\int_0^t \dot{n}_e dt\right] h_e + Q = -\left[\int_0^t \dot{n}_e dt\right](u_e + P_e v_e) + Q \qquad \textbf{(E3.11H)}$$

가 된다. 식 (E3.11E)를 적용하여 위의 식을 Q에 대해 풀면

$$Q = \left[\int_0^1 \dot{n}_e \mathrm{d}t\right] Pv_e = (n_1 - n_2)P_e v_e = n_1\left(1 - \frac{n_2}{n_1}\right)P_e v_e = n_1\left(1 - \frac{P_2}{P_1}\right)RT_2$$

이 되므로

$$\frac{Q}{T_{\text{surr}}} = n_1 R\left[1 - \frac{P_2}{P_1}\right] = 4(8.314)(0.9) = 29.93\left[\frac{\text{J}}{\text{K}}\right] \tag{E3.11I}$$

가 된다. 식 (E3.11G)와 식 (E.3.11I)에서 얻을 결과를 식 (E3.11F)에 대입하면

$$\Delta S_{\text{univ}} = 4(17.1) - 29.9 = 38.5[\text{J/K}] \tag{E3.11J}$$

가 된다. 닫힌계에 대한 해석과 열린계에 대한 해석 결과인 식 (E.3.11A)와 식 (E3.11J)은 오차 범위 내에서 동일하다.

▶ 3.8 역학적 에너지 수지와 베르누이 방정식

하나의 유입 흐름과 하나의 유출 흐름이 있는 **정상 상태**(steady-state)에서의 **가역적**(reversible) 흐름계를 생각해보자. 우리가 원하는 것은 그와 같은 계에서 일을 계산하기 위한 수식을 만드는 것이다. 열역학 제1법칙에 따른 미분 형태의 수지식은 다음과 같다.

$$0 = -\dot{n}\left[\mathrm{d}\left(h + MW\frac{\vec{V}^2}{2} + MWgz\right)\right] + \delta\dot{Q}_{\text{sys}} + \delta\dot{W}_s \tag{3.26}$$

여기에서 MW는 분자량이다. 열역학 제2법칙은 다음과 같다.

$$\dot{n}\mathrm{d}s + \frac{\delta\dot{Q}_{\text{surr}}}{T} = 0$$

그러나

$$\delta\dot{Q}_{\text{surr}} = -\delta\dot{Q}_{\text{sys}}$$

이므로 식 (3.26)을 식 (3.27)에 대입하면 아래와 같이 된다.

$$0 = -\dot{n}\left[\mathrm{d}\left(\mathrm{h} + MW\frac{\vec{V}^2}{2} + MWgz\right)\right] + \dot{n}T\mathrm{d}s + \delta\dot{W}_s$$

이를 일에 대해서 정리하면 다음과 같다.

$$\frac{\delta\dot{W}_s}{\dot{n}} = \left[\mathrm{d}h - T\mathrm{d}s + MW\mathrm{d}\left(\frac{\vec{V}^2}{2}\right) + MWg\mathrm{d}z\right] \tag{3.28}$$

위의 식을 더 간단한 형태로 만들 수 있다. 가역 과정에 대해서는

$$\mathrm{d}u = \delta q_{\text{rev}} + \delta w_{\text{rev}} = T\mathrm{d}s - P\mathrm{d}v$$

과 같으며, 만일 양변에 $\mathrm{d}(Pv)$를 더하면

$$dh = d(u + Pv) = Tds + vdP$$

이 된다. 이 식을 ($dh - Tds$)에 대해 풀어서 이를 식 (3.28)에 대입하면 아래와 같이 된다.

$$\frac{\delta \dot{W}_s}{\dot{n}} = \left[vdp + MWd\left(\frac{\vec{V}^2}{2}\right) + MWgdz\right] \quad (3.29)$$

식 (3.29)를 미분 형태의 역학적 에너지 수지라고 한다. 이 수지식에서는 일이 측정할 수 있는 변수인 P와 v 그리고 벌크 위치에너지 및 운동에너지의 항으로 나타나기 때문에 유용하게 사용될 수 있다. 이는 하나의 유입 흐름과 하나의 유출 흐름을 갖는 가역 정상 상태 과정에 적용할 수 있다.

식 (3.29)를 적분하게 되면 아래와 같다.

$$\dot{W}_s/\dot{n} = \int_1^2 vdP + MW\left[(\vec{V}_2^2 - \vec{V}_1^2)/2\right] + MWg(z_2 - z_1) \quad (3.30)$$

식 (3.30)이 적용되는 두 가지 경우가 있다.

› 경우 1: 일이 없는 경우(노즐, 확산기)

$$0 = \int_1^2 vdP + MW\left(\frac{\vec{V}_2^2 - \vec{V}_2^1}{2}\right) + MWg(z_2 - z_1) \quad (3.31)$$

식 (3.31)은 기념비적이라 할 수 있는 베르누이 방정식(Bernoulli equation)이다.

› 경우 2: e_K, e_P가 없는 경우(터빈, 펌프)

$$\frac{\dot{W}_s}{\dot{n}} = \int_1^2 vdP \quad (3.32)$$

예제 3.12 **터빈에 의해 발생되는 동력**

125 bar의 압력과 비체적이 500 cm^3/mol인 이상기체가 250 mol/s의 유속으로 터빈에 유입된다. 기체는 8 bar로 유출된다. 터빈은 정상 상태로 조업된다. 터빈에서의 과정이 가역적이고 아래의 관계식이 성립하는 다방향성(polytropic)을 갖는다고 하자.

$$Pv^{1.5} = \text{일정}$$

터빈에 의해 발생하는 동력을 계산하라.

풀이 ▸ 터빈에서의 과정이 정상 상태에서 가역적으로 일어나므로 식 (3.32)를 사용할 수 있다.

$$\frac{\dot{W}_s}{\dot{n}} = \int_{P_1}^{P_2} vdP \quad \text{(E3.12A)}$$

과정 중에 v와 P가 변하므로 식 (E3.12A)를 적분하기 위해서는 v를 P의 항으로 나타내야 한다. 다방향성 과정(폴리트로픽 과정)이라고 했으므로

$$Pv^{1.5} = \text{일정} = P_1 v_1^{1.5}$$

이 된다. 여기에서 상수를 상태 1의 항으로 쓸 수 있는데, 이는 v와 P를 알고 있기 때문이다. v에 대해 식을 풀면

$$v = \left(\frac{P_1 v_1^{1.5}}{P}\right)^{2/3} \tag{E3.12B}$$

가 된다. 식 (E3.12B)를 식 (E3.12A)에 대입하고 적분하면

$$\frac{\dot{W}_s}{\dot{n}} = (P_1)^{0.6667} v_1 \int_{P_1}^{P_2} P^{-(2/3)} dP = 3(P_1)^{0.6667} v_1 [P^{0.3333}]_{P_1}^{P_2}$$

이 되고 여기에 값을 대입하면

$$\frac{\dot{W}s}{\dot{n}} = 3(1.25 \times 10^7[\text{Pa}])^{0.6667}\left(5 \times 10^{-4}[\text{m}^3/\text{mol}]\right)\left(\sqrt[3]{8 \times 10^5[\text{Pa}]} - \sqrt[3]{1.25 \times 10^7[\text{Pa}]}\right)$$

$$= -11{,}250\ [\text{J/mol}]$$

이 된다. 마지막으로 동력을 계산하면

$$\dot{W}_s = (250\ [\text{mol/s}])\ (-11{,}250\ [\text{J/mol}]) = -2.8\ [\text{MW}]$$

이 된다. 동력이 음의 부호를 가지는데, 이는 우리가 터빈을 통해 유용한 일을 얻는다는 것을 뜻한다. 비교를 위해서 석탄 화력발전을 예로 들면 석탄 화력발전소의 경우 1000 MW 정도의 동력을 생산할 수 있는 것으로 알려져 있다.

예제 3.13 **실제 터빈에서의 효율에 대한 보정**

예제 3.12에서 사용된 터빈을 통한 실제 팽창에서 2.1 [MW]의 동력을 얻었다. 이 때 과정에 대한 등엔트로피 효율 η_{turbine}을 계산하라. 등엔트로피 효율에 대한 관계식은 다음과 같다.

$$\eta_{\text{turbine}} = \frac{(\dot{W}_s)_{\text{real}}}{(\dot{W}_s)_{\text{rev}}}$$

여기에서 $(\dot{W}_s)_{\text{rev}}$는 같은 유입 상태와 유출 압력에서 가역 과정에서 얻을 수 있는 동력을 말하며 $(\dot{W}_s)_{\text{real}}$는 실제 과정에서 얻어지는 동력을 말한다.

풀이 ▶ 상황에 따라 효율에 대한 정의를 다양하게 할 수 있다. **등엔트로피 효율**(isentropic efficiency)은 가역적으로 조업이 이루어질 경우 얻을 수 있는 성능과 실제 조업 성능을 비교한 것이다. 즉, 주어진 과정을 그것이 가질 수 있는 최상의 경우와 비교하는 것이다. 터빈에 대해서는 동일한 유입, 유출 압력이 계산에 사용된다. 그림 E3.13은 실선으로 표시된 실제 과정과 점선으로 표시된 이상적인 가역 과정을 Ts 선도를 통해 보여주고 있다. 두 과정 모두 같은 상태에서 시작해서 같은 압력에서 끝난다. 실제 과정에서의 최종 온도는 가역과정에서의 최종 온도보다 높은데, 이는

실제 과정에서 일을 통해 빠져나가는 에너지가 이상적인 경우보다 적기 때문이다.

등엔트로피 효율은 다음과 같이 계산된다.

$$\eta_{\text{turbine}} = \frac{-2.1[\text{MW}]}{-2.8[\text{MW}]} = 0.75$$

위의 식을 통해 75%의 등엔트로피 효율을 얻게 된다.

펌프와 노즐과 같은 다른 단위 과정에 대한 등엔트로피 효율을 결정함에 있어서도 동일한 접근법을 사용할 수 있다. 펌프에 대한 등엔트로피 효율은 동일한 유입 상태와 동일한 유출 압력에 필요한 최소 일을 실제 일과 비교하여 얻을 수 있다.

$$\eta_{\text{pump}} = \frac{(\dot{W}_s)_{\text{rev}}}{(\dot{W}_s)_{\text{real}}}$$

펌프에 대해 그림 E3.13과 유사한 그림을 그릴 수 있는가? 노즐에 대한 등엔트로피 효율은 실제 유출 운동에너지를 유체가 가역 과정을 통해 얻는 운동에너지와 비교한 것이다. 터빈과 펌프에 대한 전형적인 등엔트로피 값은 70%에서 90%의 범위를 가지는 반면 노즐의 경우 전형적으로 95% 또는 그 이상이 된다.

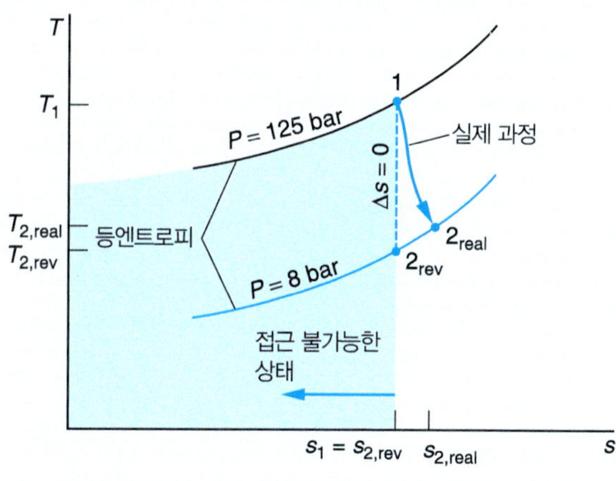

그림 E3.13 *Ts* 선도가 등엔트로피 효율이 계산되는 상태를 보여준다. 실제 과정은 상태 1과 2_{real} 사이의 실선으로 나타나 있고 이상적인 가역 과정은 상태 1과 2_{rev} 사이의 점선으로 표시되어 있다.

3.9 기체 압축 동력과 냉동 사이클

이 절에서는 보편적인 산업적 동력 시스템 및 냉각 시스템의 기본적인 요소를 살펴볼 것이다. 이들 시스템은 작동 유체가 4가지의 일련의 과정을 통해 흐르면서 기화와 응축을 반복하는 열역학적 사이클을 사용하고 있다. 사이클을 완수한 이후 작동 유체가 처음과 동일한 상태로 돌아가서 다시 사이클이 반복된다는 2.9절의 설명을 생각해보자. 동력 및 냉동 사이클의 성능을 해석하기 위해 에너지 보존 및 엔트로피의 원리를 사용할 것이다. 우선 연료가 전기적 동력을 변환되는 Rankine(랜킨) 사이클을 살펴본다. 이후 차가운 열 저장고로부터 열을 발생시켜 냉동을 유발하는 증기-응축 사이클을 살펴볼 것이다.

Rankine(랜킨) 사이클

우리는 화석 연료, 핵, 태양 에너지원을 전기적 동력으로 변환하기를 원한다. 이러한 일을 수행하기 위해서는 Rankine 사이클을 사용할 수 있다. Rankine 사이클은 이상화된 증기 동력 시스템으로서 더욱더 자세한 실제적 증기 동력발전기에서 발견되는 주요한 요소를 포함하고 있다. 수력 그리고 풍력 역시 대체 수단이 될 수 있지만 현재까지 증기 동력 발전기는 전기적 동력을 생산하는 데 가장 보편적이라 할 수 있다.

Rankine 사이클에 대한 개략도를 그림 3.7에 나타내었다. 왼쪽 그림은 터빈, 응축기, 압축기, 그리고 보일러 순으로 4개의 단위 과정을 보여주고 있으며, 각각에는 상태 1, 2, 3, 4가 붙여져 있다. 오른쪽 그림은 *Ts* 선도 상에서 이들 상태가 표시되어 있다. 각각의 과정은 2.8절에서 모델링된 대로 정상 상태에서 열린계로 조업되고 있다. 또한 이들 과정은 가역적이어서 우리가 계산하는 효율은 주어진 설계 시나리오에서 최상이 될 것이다.

이들 각각의 과정을 통해 흐르는 작동 유체는 물이다. 열역학적 자료로서 수증기표를 사용하여 질량에 기초한 해석을 수식화해 보자. 전력은 터빈에 의해 생산되지만 연료의 연소로부터 얻어지는 에너지는 보일러에서 열전달을 통해 주입된다. 주변과 계 사이의 에너지 전달은 계가 사이클을 완수하여 초기 상태로 돌아오는 데 필요하다. 응축기에서의 열 배출과 압축기로의 일의 입력을 통해 에너지가 전달된다. Rankine 사이클에서 이들 4가지 과정에 대한 보다 자세한 해석은 다음과 같다.

그림 3.7상의 도표에서 상태 1로부터 시작해 보자. 여기에서 작동 유체는 과열 증기의 형태로 터빈에 유입된다. 작동 유체가 터빈으로 들어가게 되면 작동 유체는 일을 발생시키면서 팽창하고 냉각된다. 이 유체는 상태 2에서 터빈 밖으로 유출된다. 일을 생산하는 속도는 열역학 제1법칙[식 (2.50)]에 의해 결정된다. 벌크상의 운동 및 위치에너지, 그리고 열전달은 무시할 수 있다고 가정하면 터빈을 통해 생성되는 동력은 아래와 같아진다.

$$\dot{W}_s = \dot{m}(\hat{h}_2 - \hat{h}_1)$$

여기에서 $\dot{m}$은 작동 유체의 유속이다.

이 과정은 무시할 만한 열전달을 가진 가역 과정이므로 엔트로피는 일정하며, 이는 *Ts* 선도에서 수직선으로 표시되어 있다.

$$\hat{s}_1 = \hat{s}_2$$

스팀(증기)은 과열 증기상으로 들어가지만 터빈에서 상당하게 응축되지는 않는다. 만일 증기가 터빈으로 들어갈 때 포화되어 있다면 온도가 등엔트로피적으로 떨어져 상당량의 액체가

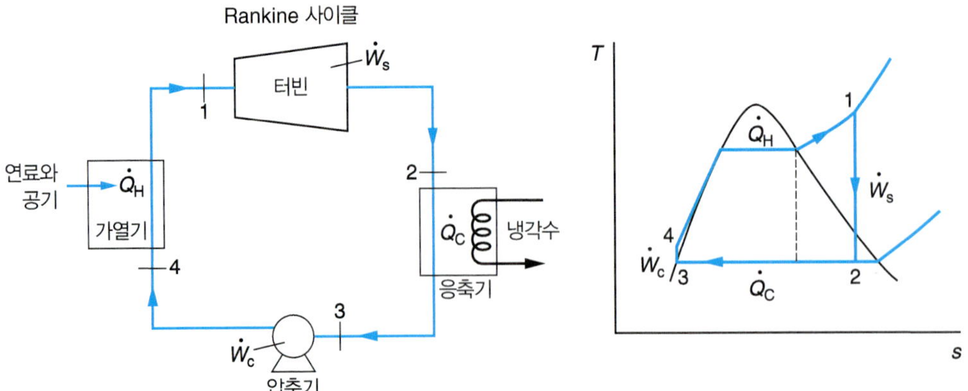

그림 3.7 연료를 전력으로 전환하는 데 사용되는 이상적인 Rankine 사이클. 4개의 단위 과정이 왼쪽에 나타나 있고 오른쪽에는 이에 대한 *Ts* 선도 상에서의 경로가 표시되어 있다. 작동 유체는 보통 물이다.

형성될 것이다. Ts 선도 상의 점선이 이러한 상황을 보여준다. 이러한 옵션은 실제적이지 않은데, 그 이유는 너무 많은 액체로 인해 부식이 유발되고 이들이 터빈의 날개에 부착되기 때문이다.

다음으로 증기는 응축기로 들어가게 된다. 이는 상태 3에서 포화 액체 형태의 물로 유출된다. 상변화는 일정 압력에서 발생하며 흐르는 증기로부터 열을 통해 에너지가 제거되기 위해 필요하다. 따라서 낮은 온도에 있는 열 저장고가 필요하다. 응축기 주위의 에너지 수지식은 다음과 같다.

$$\dot{Q}_{\mathrm{C}} = \dot{m}(\hat{h}_3 - \hat{h}_2)$$

다음으로 유체의 압력이 증가해야 하며 이는 응축기를 통해 달성할 수 있다. 고압의 물이 상태 4에서 응축기를 통해 유출된다. 액체를 응축하기 위해 필요한 일은 아래와 같다.

$$\dot{W}_c = \dot{m}(\hat{h}_4 - \hat{h}_3) = \dot{m}\hat{v}_3(P_4 - P_3) \tag{3.33}$$

여기에서 식 (3.32)는 $\hat{v}_l$가 일정하다는 가정 하에서 적분되었다. 액체의 몰부피가 증기의 몰부피에 비해 매우 작으므로 응축기에 의해 요구되는 일은 터빈에 의해 생성되는 일에 비해 매우 작다. 보통 터빈에 의해 생산되는 동력의 일부분이 액체를 압축하는 데 사용되며 나머지 동력은 사이클에 의해 얻어지는 실제 동력이 된다. 압축기로 유입되는 액체는 설계상으로는 포화되어 있는데 이는 대부분의 압축기가 이상(two-phase) 혼합물을 다룰 수 없기 때문이다.

마지막으로 고압의 액체는 보일러(가열기)에서 과열 증기 상태로 돌아가게 된다. 이 단계에서는 연료의 연소로부터 발생하는 에너지가 작동 유체로 전달된다. 연료는 고온 열 저장고에서 보일러로 제공된다. 보일러는 등압에서 액체를 가열하여 포화시키고 이를 증발시킨 후 증기로 과열되게 한다. 보일러에서 열전달 속도는 다음과 같다.

$$\dot{Q}_{\mathrm{H}} = \dot{m}(\hat{h}_1 - \hat{h}_4)$$

증기는 상태 1로 보일러로부터 유출되고 사이클이 반복된다.

사이클의 효율은 사이클에서 얻는 실제 일을 보일러로부터 흡수되는 열로 나눔으로써 얻을 수 있다.

$$\eta_{\mathrm{Rankine}} = \frac{|\dot{W}_s| - \dot{W}_c}{\dot{Q}_{\mathrm{H}}} = \frac{|(\hat{h}_2 - \hat{h}_1)| - (\hat{h}_4 - \hat{h}_3)}{(\hat{h}_1 - \hat{h}_4)} \tag{3.34}$$

이 정의에서 흡수된 열은 소비된 연료의 양과 비례한다고 가정하고 있다.

Ts 선도는 Rankine 사이클을 그래프를 이용하여 해석하는 데 유용하다. 엔트로피의 정의로부터 아래의 식을 얻을 수 있다.

$$q_{\mathrm{rev}} = \int T\mathrm{d}s$$

사이클이 가역적이라고 가정했기 때문에 보일러에서 물에 의해 흡수된 열, q_{H}와 응축기에서 방출되는 열, q_{C}는 각각의 Ts 곡선의 아래 면적과 같아진다. 그래프를 이용한 이와 같은 서술은 그림 3.8의 처음 두 도표에 나타나 있다. 사이클을 통해 생산되는 알짜 일은 이들 두 양의 차이와 같다.

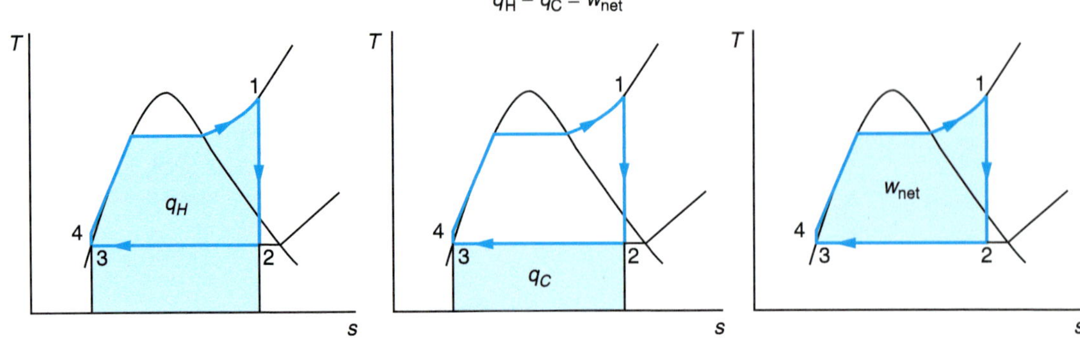

그림 3.8 이상적인 Rankine 사이클에서, 증발기에서 흡수된 열 q_H과 응축기에서 방출된 열 q_C, 알짜 일 w_{net}에 대한 도식.

$$q_H - |q_C| = |w_s| - w_c = w_{net}$$

따라서 실제 일은 세 번째 도표상의 사각형 모양의 면적과 동일하다. 만일 이 사각형 모양을 q_H에 비해 크게 만들 수 있다면 효율이 증가된다. 이렇게 할 수 있는 방법은 무엇인가?

예제 3.14 **Rankine 동력 사이클의 동력과 효율 계산**

발전소에 있는 터빈으로 600°C, 10 MPa의 증기가 유입되며 이들은 100 kPa에서 응축된다. 발전소가 이상적인 Rankine 사이클로 구성되어 있다고 하자. 이 때 증기 1 kg당 생산되는 동력과 사이클의 효율을 계산하라. 동일한 온도 사이에서 조업되는 Carnot 기관과 비교했을 때 효율은 어떠한가?

풀이 ▶ 사이클을 통해 움직이는 물의 상태를 밝히기 위해 그림 3.7을 이용해보자. 문제 풀이를 위해 이 그림은 유용하다. 식 (3.34)를 살펴보면 효율을 계산하기 위해서는 4개의 상태에 대한 엔탈피를 결정해야 함을 알 수 있다. 증기는 600°C, 10 MPa로 유입된다. 수증기표(부록 B)를 이용하면 다음의 값을 얻을 수 있다.

$$\hat{h}_1 = 3625.3 \text{ [kJ/kg]}$$

그리고 $$\hat{s}_1 = 6.9028 \text{ [kJ/(kg K)]} = \hat{s}_2$$

상태 1에서의 엔트로피가 상태 2에서의 엔트로피와 동일하므로 상태 2에서의 압력이 $P_2 = 100$ kPa임을 알 수 있다. 따라서 상태 2는 완전히 정해지게 되며 이에 따른 수증기표 상에서의 엔탈피를 결정할 수 있다. 상태 2에서는 기-액 혼합물로 분재하기 때문에 다음과 같이 증기에 대한 x 값을 결정해야 한다.

$$\hat{s}_2 = 6.9028\text{[kJ/(kg K)]} = (1-x)\hat{s}_l + x\hat{s}_v = (1-x)(1.3025\text{[kJ/kg K]}) + x(7.3593\text{[kJ/kg K]})$$

x에 대해 풀면 다음과 같다.

$$x = 0.925$$

그러므로 상태 2에서의 엔탈피는 아래와 같다.

$$\hat{h}_2 = (1 - x)\hat{h}_l + x\hat{h}_v = (0.075)(417.44[\text{kJ/kg}]) + 0.925(2675.5[\text{kJ/kg}]) = 2505.3[\text{kJ/kg}]$$

터빈에 의해 만들어지는 동력은 상태 2와 상태 1의 엔탈피 차이와 같다.

$$\hat{w}_s = \hat{h}_2 - \hat{h}_1 = 2505.3 - 3625.3 = -1120.0\ [\text{kJ/kg}]$$

상태 3에 대한 엔탈피는 100 kPa에서의 포화 액체에 대한 값이 된다.

$$\hat{h}_3 = \hat{h}_1 = 417.44\ [\text{kJ/kg}]$$

상태 4에 대한 엔탈피는 식 (3.33)으로부터 얻어진다.

$$\hat{h}_4 = \hat{h}_3 + \hat{v}_l(P_4 - P_3) = 427.34[\text{kJ/kg}]$$

액체 상태에 있는 물의 압력을 증가시키기 때문에 필요한 일은 단지 9.9 kJ/kg이 된다. 이 값은 터빈을 통한 증기의 팽창에 의해 생산되는 일(1120 kJ/kg)의 1%보다도 작다. 알짜 일은 아래와 같다.

$$\boxed{\hat{w}_{\text{net}} = \hat{w}_s + \hat{w}_c = -1120.0 + 9.9 = -1110.1\ [\text{kJ/kg}]}$$

식 (3.34)를 이용하여 다음과 같이 효율을 계산할 수 있다.

$$\boxed{\eta_{\text{Rankine}} = (|\dot{W}_s| - \dot{W}_c)/\dot{Q}_{\text{H}} = [|(\hat{h}_2 - \hat{h}_1)| - (\hat{h}_4 - \hat{h}_3)]/(\hat{h}_1 - \hat{h}_4) = 0.347}$$

34.7%의 효율은 이 사이클에 대한 최상의 시나리오 즉, 가역적인 과정을 가정함에 따라 얻을 수 있는 최상의 값이 된다. 실제로는 이 값을 달성할 수 없다!

Carnot 효율은 식 (3.9)에 의해 주어진다.

$$\eta_{\text{Carnot}} = 1 - \frac{T_{\text{C}}}{T_{\text{H}}} = 1 - \frac{373}{873} = 0.573$$

Rankine 효율은 Carnot 효율보다 낮다. 그림 3.8의 알짜 일 표시 부분을 비교하면 된다. 그림 E3.14에도 박스 표시로 각 사이클의 알짜 일을 표시하였다. Rankine 사이클의 경우 터빈으로 들어가는 수증기가 과열이 되는데 이것은 터빈 날개의 마모와 부식을 막기 위함을 상기하자. 이러한 사이클의 변경 과정에서 Carnot 사이클이 보여주는 직사각형 형태의 도식이 한쪽이 잘린 형태로 보이게 된다.

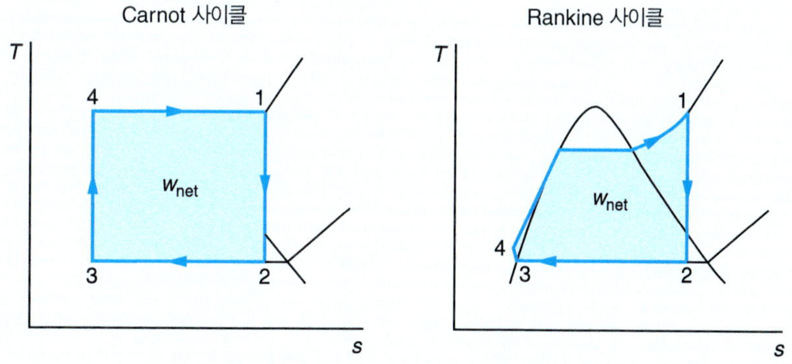

그림 E3.14 Carnot 사이클과 Rankine 사이클에서 알짜 일에 대한 도식.

예제 3.15 **등엔트로피가 아닌 단계에 대한 수정된 Rankine 해석**

펌프와 터빈에서 85%의 등엔트로피 효율을 포함시켜 예제 3.14에서의 Rankine 사이클에 대한 해석을 다시 하라. 동력 사이클에 대한 알짜 동력과 전체 효율을 결정하라.

풀이 ▶ 예제 3.13으로부터 등엔트로피 효율에 대한 논의를 생각해보자. 터빈에 대한 등엔트로피 효율은 아래와 같다.

$$\eta_{\text{turbine}} = \frac{(\dot{W}_s)_{\text{actual}}}{(\dot{W}_s)_{\text{rev}}} = \frac{(\hat{w}_s)_{\text{actual}}}{(\hat{w}_s)_{\text{rev}}}$$

가역적인 일은 예제 3.14에서 찾을 수 있다. 실제 일에 대해 풀면 다음과 같다.

$$(\hat{w}_s)_{\text{actual}} = \eta_{\text{turbine}}(\hat{w}_s)_{\text{rev}} = 0.85(-1120.0) = -952.0\ [\text{kJ/kg}]$$

우리가 생각한 대로 실제 비가역 과정에서의 터빈을 통해 얻을 수 있는 일은 가역적인 과정에서의 값보다 작다.

터빈 주위에 대한 에너지 수지를 풀게 되면 상태 2에서의 엔탈피를 다음과 같이 얻을 수 있다.

$$(\hat{h}_2)_{\text{actual}} = (\hat{w}_s)_{\text{actual}} + \hat{h}_1 = -952.0 + 3625.3 = 2673.3\ [\text{kJ/kg}]$$

이 값은 예제 3.14에서의 값보다 크며, 이는 실제 과정에 대해서 응축기로 유입되는 온도나 다른 양들이 가역적인 경우에 비해 크다는 것을 뜻한다. 상태 3은 상태 1과 동일하다.

$$\hat{h}_3 = \hat{h}_1 = 417.44\ [\text{kJ/kg}]$$

가역적인 일이 우리가 할 수 있는 최대의 값을 의미하기 때문에 압축기에서 필요한 실제 일은 가역적인 값보다 커야 한다. 따라서 압축기에 대한 등엔트로피 효율은 다음과 같아진다.

$$(\hat{w}_c)_{\text{actual}} = \frac{(\hat{w}_c)_{\text{rev}}}{\eta_{\text{compressor}}} = \frac{9.9}{0.85} = 11.6\ [\text{kJ/kg}]$$

압축기의 출구에서의 엔탈피는 다음과 같다.

$$(\hat{h}_4)_{\text{actual}} = (\hat{w}_c)_{\text{actual}} + \hat{h}_3 = 11.6 + 417.44 = 429.1\ [\text{kJ/kg}]$$

알짜 일은 터빈에 의해 발생되는 실제 일에 압축기에서 소비되는 일을 더한 것과 같다.

$$\boxed{\hat{w}_{\text{net}} = \hat{w}_s + \hat{w}_c = -952.0 + 11.6 = -940.4[\text{kJ/kg}]}$$

마찬가지로, 실제 효율은 이들 값을 사용하여 계산되어야 한다.

$$\boxed{\eta_{\text{Rankine}} = (|\dot{W}_s| - \dot{W}_c)/\dot{Q}_{\text{H}} = [|(\hat{h}_2 - \hat{h}_1)| - (\hat{h}_4 - \hat{h}_3)]/(\hat{h}_1 - \hat{h}_4) = 0.294}$$

터빈과 펌프에 비가역성을 도입하게 되면 효율은 34.7%에서 29.4%로 줄어든다.

증기-압축 냉동 사이클

주변 환경보다 낮은 온도가 필요한 경우에 대해서 냉동 시스템은 산업 현장이나 가정 모두에서 중요하다. 몇몇 냉동 시스템 중에서 가장 널리 사용되는 것이 바로 증기-압축 냉동 사이클이다. 여기에서는 열이 차가운 열 저장고에 흡수되고 뜨거운 열 저장고에서 열이 배제되는 즉,

역으로 운전되는 Rankine 사이클이다. 열역학 제2법칙의 제약으로 인해 이 과정은 부수적인 동력 소비를 통해 달성될 수 있다.

이상적인 증기-압축 사이클에 대한 개략도를 그림 3.9에 나타내었다. 왼쪽에 있는 그림은 증발기, 압축기, 응축기, 그리고 밸브의 순으로 단위 과정을 보여주고 있다. 4개의 개별 과정은 정상 상태에서 열린계로 조업되고 있으며, 각각을 상태 1, 2, 3, 4로 표시하였다. 오른쪽 그림은 Ts 선도 상에서 이들 상태를 표시해 두었다. Rankine 사이클과는 달리 냉동에 필요한 일은 Ts 선도 상에서의 면적으로 표현되지 않는데, 밸브를 통한 팽창이 비가역적이기 때문이다.

작동 유체를 *냉매*(refrigerant)라고 한다. 냉매를 선택함에 있어서 명심해야 할 것은 증발과 응축 과정이 상전이를 포함하고 있다는 것이다. 따라서 이들 과정 각각에서 T와 P는 독립적이지 않다. 이들 과정이 발생하는 온도가 정해지면 그에 따라 냉동에 대한 압력이 정해진다. 예를 들어 기화 온도는 냉동 시스템에서 요구하는 온도 T_C에 의해 결정된다. 주어진 작동 유체에 대해 T_C에 대한 제약은 증발기 압력 P를 제약하게 된다. 일반적으로 냉매는 물보다 낮은 끓는점을 가져야 한다. 이상적으로는 대기압보다 다소 높은 압력에서 원하는 냉동 온도를 제공할 수 있는 화학종이면 좋다. 또한 환경에 해가 없어야 한다. 보통은 CCl_2F_2(냉매 12), CCl_3F(냉매 11), CH_2FCF_3(냉매 134a) 그리고 NH_3가 일반적이다. 첫 번째 두 화학종인 불염화탄소계 화학물은 대기 중으로 방출될 시에 매우 안정하다. 이들은 사용 후 단계적인 변화를 거치게 된다. 즉, 오존층을 사라지게 함과 동시에 지구적인 기후 변화를 유발하는 온실효과에도 영향을 미치게 된다.

증기-압축 냉동 사이클에서의 4 단계 과정에 대한 해석은 다음과 같다. 그림 3.9의 도표에서 상태 1에서는 작동 유체가 증발기로 유입된다. 증발기에서 열은 냉동 단위로부터 작동 유체로 전달된다. 이는 온도 T_C에서 발생한다. 여기에서 상이 바뀜에 따라 작동 유체는 $\dot{Q}_C$를 흡수한다.

이들은 기체 상인 상태 2가 된다. 전달된 열은 다음과 같이 주어진다.

$$\dot{Q}_C = \dot{n}(h_2 - h_1) \tag{3.35}$$

여기에서 $\dot{n}$은 냉매의 몰 유속이다.

냉매가 가능한 뜨거운 열 저장고 온도에서 응축될 수 있도록 상태 3에서 충분한 압력으로

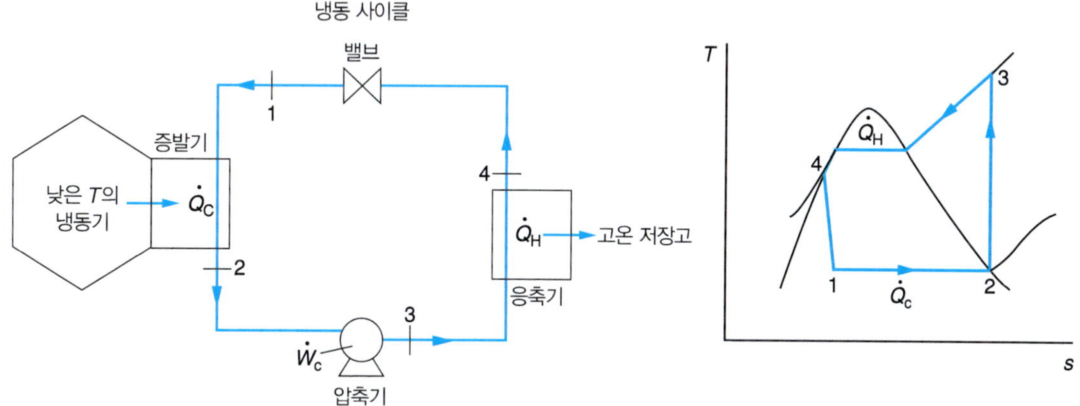

그림 3.9 이상적인 증기-압축 냉동 사이클. 4개의 단위 과정이 왼쪽에 나타나 있고 오른쪽에는 T_S 선도에서 경로가 표시되어 있다.

압축되어야 한다. 냉매의 선택은 상태 3에 필요한 압축기의 유출 압력을 결정한다. 몰부피가 큰 기체상에서의 압축을 수행하기 때문에 상당량의 일이 필요하다. 압축 압력이 높을수록 주어진 냉동 효과를 거두기 위한 일도 커진다. 압축 동력은 다음과 같다.

$$\dot{W}_c = \dot{n}(h_3 - h_2)$$

압축이 가역적일 경우 다음과 같다.

$$s_3 = s_2$$

높은 압력의 증기는 T_H에서 응축되고 뜨거운 열 저장고로 $\dot{Q}_H$의 열이 배출된다. 이 과정은 유체가 상태 4로 존재하는 응축기에서 일어난다.

$$\dot{Q}_H = \dot{n}(h_4 - h_3)$$

사이클이 반복될 수 있도록 높은 압력의 액체는 밸브에서 팽창되어 상태 1로 돌아간다. 밸브는 Rankine 사이클에서의 터빈 대신에 사용된다. 터빈에 의해 생산되는 일의 양이 작기 때문에 복잡함을 줄이기 위해서는 그것을 밸브로 대체할 수 있다. 이 단계는 조름(throttling) 과정에 의해 표현된다.

$$h_4 = h_1 \tag{3.36}$$

냉매가 밸브를 지남에 따라 압력이 감소하므로 냉매의 엔트로피는 그림 3.9에서 보듯이 증가한다. 집에 있는 냉장고에서 증발기와 응축기를 어디에 설치해야 할까?

냉동 사이클의 성능 계수(coefficient of performance, COP)는 냉동고의 성능에 대한 척도이다. COP는 차가운 열 저장고로부터 흡수된 열(냉동 효과)과 요구되는 일의 비율로 정의된다.

$$\mathrm{COP} = \frac{\dot{Q}_C}{\dot{W}_c} = \frac{h_2 - h_1}{h_3 - h_2} \tag{3.37}$$

실제 냉동 시스템에서는 증발기와 응축기에서 실제적인 열전달 속도를 얻기 위해 정해진 온도 차이가 필요하다. 따라서 증발기는 원하는 냉동 온도보다 낮은 온도로 조업되어야 한다. 반면 응축기는 주위의 열 저장고보다 높은 온도로 조업되어야 한다. 따라서 주어진 냉동 효과를 얻기 위해서는 더 많은 일이 필요하다. 추가적인 일과 COP의 추가적인 감소를 고려하여 압축기에서의 비가역성을 반드시 고려하여야 한다. 잘 설계된 냉동 시스템의 COP의 값은 2와 5 사이에 있다.

예제 3.16 **증기-압축 냉동 사이클에서의 COP 계산**

증기-압축 냉동 사이클로부터 10 kW의 냉동 동력을 생산하고자 한다. 작동 유체는 냉매 134a이다. 사이클은 120 kPa과 900 kPa 사이에서 작동한다. 이상적인 사이클을 가정했을 때 *COP*, 냉매의 질량 유속을 결정하라. 냉매 134a의 성질은 http://webbook.nist.gov/chemistry/fluid/에서 찾아볼 수 있으며, 자료는 HTML 테이블에서 볼 수 있다.

풀이 ▸ 그림 E3.16에서는 Ts 선도 상에 과정들을 나타내었다. 냉매 134a에 대한 아래와 같은 포화 자료를 NIST사이트에서 얻을 수 있다(43쪽의 각주 참조).

P [MPa]	T [K]	h_l [kJ/mol]	h_v [kJ/mol]	s_l [J/(mol K)]	s_v [J/(mol K)]
0.12	250.84	17.412	$39.295 = h_2$	90.649	$177.89 = s_2$
0.90	308.68	$25.486 = h_4$	42.591	$119.32 = s_4$	174.74

냉동에 대한 열을 구하기 위해서는 식 (3.35)와 식 (3.36)을 연립하면 된다.

$$q_C = (h_2 - h_1) = (h_2 - h_4) = 39.295 - 25.486 = 13.809\ [\text{kJ/mol}]$$

등엔트로피 압축기의 유출구에서의 상태를 알아내기 위해 우리는 아래의 사실을 알고 있다.

$$s_3 = s_2$$

NIST 웹사이트에 따르면 0.90 MPa의 압력에서 상태 3에 맞는 엔트로피를 얻을 수 있다.

P [MPa]	T [K]	h_v [kJ/mol]	s_v [J/(mol K)]
0.90	317.62	43,578	177.89

압축기에 의해 요구되는 일은 다음과 같다.

$$w_c = (h_3 - h_2) = 43.578 - 39.295 = 4.283\ [\text{kJ/mol}]$$

COP는 다음과 같다.

$$\text{COP} = \frac{\dot{Q}_C}{\dot{W}_c} = \frac{h_2 - h_1}{h_3 - h_2} = 3.22$$

냉동에 필요한 10 kW용량을 얻기 위해서는 아래와 같은 몰 유속이 필요하다.

$$\dot{n} = \frac{\dot{Q}_C}{q_C} = \frac{10\ [\text{kW}]}{13.809\ [\text{kJ/mol}]} = 0.73\ [\text{mol/s}]$$

증발기의 온도는 약 250 K이 되며 이는 물의 어는점보다 낮다. 반면 응축기는 308 K과 317 K 사이에서 조업된다. 이 온도는 주변으로 열이 방출될 정도로 충분히 높다.

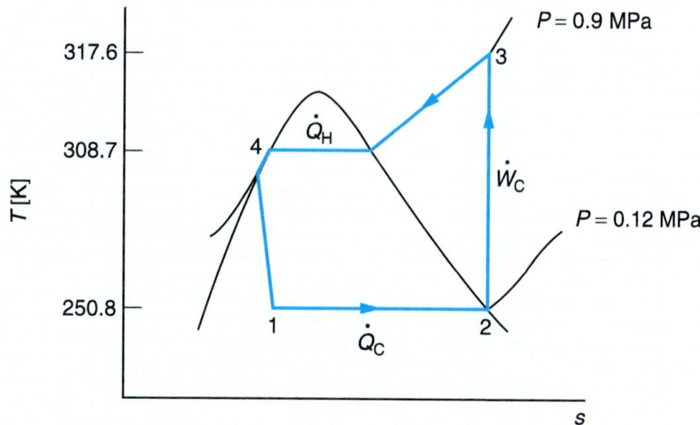

그림 E3.16 예제 3.16의 이상적인 증기-압축 냉동 사이클에 대한 Ts 선도.

3.10 엑서지(exergy) 해석

공학자로서 우리의 목표는 가용한 자원을 가장 효율적으로 사용할 수 있는 과정을 설계하는 것이다. 에너지원의 관점에서 과정에서 얻을 수 있는 일은 최대로 하고, 공급해야 하는 일을 최소화하는 것이 목표이다. 우리는 이미 가역 과정 즉, 전체 엔트로피의 변화가 0인 경우가 우리가 할 수 있는 최상의 경우임을 알고 있다. 그러나 대안적인 시각이 때로는 유용한데 특히, 많은 단위 과정을 포함한 복잡한 계를 해석하고자 할 때는 더 그러하다. 이 절에는 엑서지 해석(가용성 해석이라고 부르기도 한다)을 소개한다. 이러한 해석에서는 *환경*이 즉각적으로 주변에 인접하는 것을 고려하여 과정에서 획득할 수 있는 최대 일을 구할 수 있게 한다. 또한 이러한 접근법은 복잡한 과정을 해석하는 데 유용하다. 특별히 엑서지(가용성) 해석은 우리로 하여금 다단계 과정을 구성하는 각 단계를 살펴볼 수 있게 하며, 비가역성의 상대적인 크기나 손실 일을 결정할 수 있게 하여 우리로 하여금 설계에 집중할 수 있게 한다. 여기에서는 여러분이 배우고 있는 열역학의 맥락 안에서 엑서지 해석을 간단히 소개하고자 한다. 이 주제는 많은 단위 과정을 가지는 화학 또는 생물학적 플랜트를 살펴볼 수 있는 설계 강의에서 더 심화될 수 있다.

*환경*이란 말은 계와 즉각적으로 인접한 주위의 부분으로 정의한다. 환경은 상태 '0'에서 존재하며 여기에서의 성질은 P_0, T_0 등으로 나타낸다. 환경은 안정하며 환경의 온도, 압력, 조성은 균일하고 변하지 않는다고 가정한다(즉, 환경은 우리가 해석하고자 하는 과정의 결과에 따라 변화하지 않는다). 계가 환경의 상태(P_0, T_0 등)에 도달하게 되면 역학적, 열적 또는 화학적 변화를 일으킬 수 있는 구동력이 더 이상 존재하지 않는다. 이러한 관점에서 볼 때 계로부터 더 이상의 일을 얻을 수 없게 된다. 따라서 이 지점에서는 계가 사멸 상태에 있다고 말할 수 있다. *이상적인 일* w_{id}는 계가 초기 상태에서 사멸 상태로 과정을 겪을 때 얻을 수 있는 최대 일을 말한다.

엑서지(exergy)

3.3절의 경우 I에서 논의한 피스톤-실린더에서의 단열 팽창을 생각해보자. 그림 3.10에서 보듯이 가역 과정이 상태 1에서 상태 2로 진행되는 기체가 있다고 하자. 이 그림에서 환경의 온도와 압력은 T_0와 P_0로 표시한다. 과정이 역학적 평형에 도달하기 때문에 상태 2의 압력 P_2는 P_0와 같아진다. 그러나 계의 온도는 환경과 평형에 도달하지 못하게 되는데 이는 실린더가 잘 절연되어 있기 때문이다. 열역학 제1법칙을 이용하여 피스톤-실린더 장치 주위에 대한 에너지 수지식을 세우면 다음과 같다.

$$\Delta u = \overset{0}{\cancel{q}} + w = [w_{id,Pv} - P_o(v_2 - v_1)]$$

여기에서 $w_{id,Pv}$는 평창 과정에 대한 이상적인 일을 나타낸다. 이 값은 이 과정에서 얻을 수 있는 최대 유용 일이다. 이상적인 일의 부분으로서 일정 압력에서 환경에 대한 팽창에 요구되는 일[$= P_0\ (v_2 - v_1)$]을 계산할 수 없는데, 이는 우리가 그것을 사용할 수 없기 때문이다. 따라서 $w_{id,Pv}$는 Δu보다 작은 크기를 갖는다.

그림 3.10에서 나타난 가역 과정은 기체가 상태 1에서 상태 2로 팽창하는 과정에서 우리가 할 수 있는 최상을 의미한다. 그러나 잘 생각해보면 더 많은 일을 얻을 수 있다. 계의 온도가 주변의 온도에 아직 도달하지 못했기 때문에 절연체를 제거할 경우 에너지가 계에서 주변으로 자발적으로 흐를 것이다. 만일 계 내의 기체를 뜨거운 열 저장고로 생각하고 환경을 차

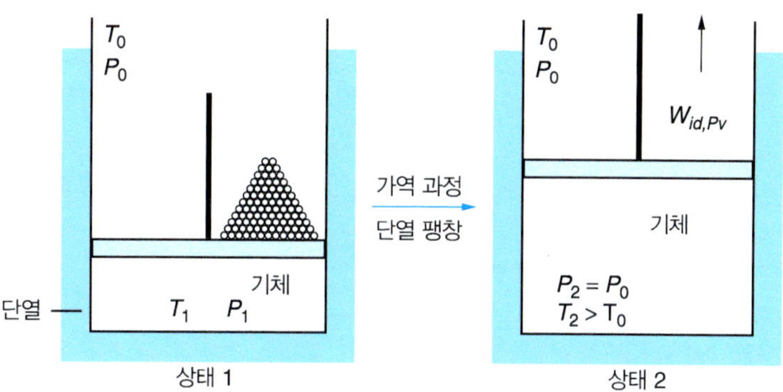

그림 3.10 이상적인 일에서 Pv 성분 계산을 위한 과정.

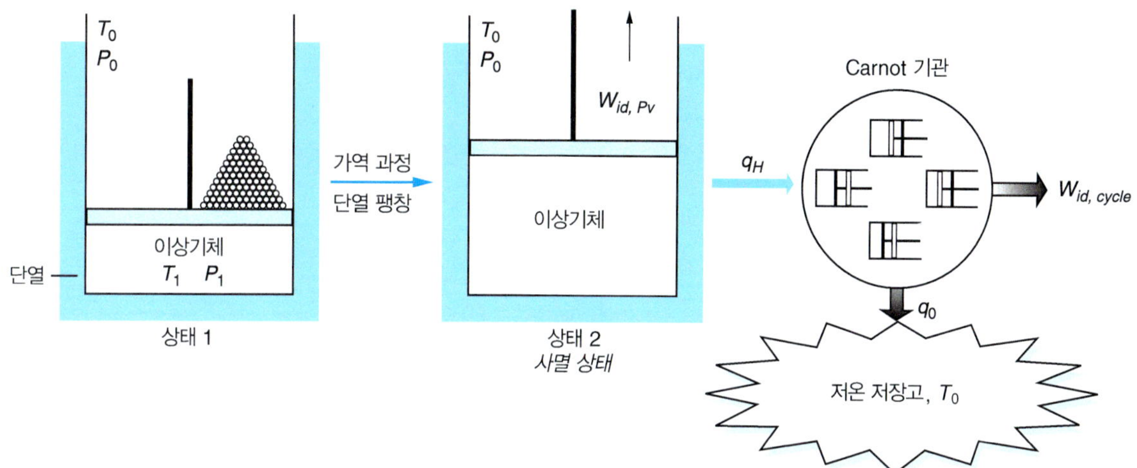

그림 3.11 이상적인 일을 계산하기 위한 과정인 Carnot 기관에서 열과 일에 대한 표시를 엑서지 해석에서의 기호로 대응시키기 위해 수정하였다.

가운 열 저장고로 생각한다면 그들 사이에 Carnot 기관을 놓을 수 있고 더욱더 많은 일을 얻을 수 있다! 그와 같은 과정이 그림 3.11에 제시되어 있다.

다음으로 그림 3.11에서 제시된 계에 대한 이상적인 일 w_{id}를 계산할 수 있다. 그림의 피스톤-실린더 장치에서 기체가 단열 가역적으로 팽창하여 피스톤-실린더 장치로부터 열이 Carnot 기관으로 배출되어 더 많은 일을 얻게 된다. 이전과 마찬가지로 팽창하는 실린더로부터 유래되는 이상적인 일을 $w_{\text{id},Pv}$로 정하고 Carnot 기관으로부터 유래되는 이상적인 일을 $w_{id,cycle}$라고 한다.

두 개의 단계에 대한 피스톤-실린더 장치 주변에서의 열역학 제1법칙에 따른 에너지 수지식은 다음과 같다.

$$\Delta u = q + w = -q_H + [w_{id,Pv} - P_o(v_0 - v_1)] \tag{3.38}$$

여기에서 q는 Carnot 기관으로 배출되는 열이다. Carnot 기관 주위로 열역학 제1법칙에 따른 에너지 수지식을 세울 때 부호에 주의해야 한다. 그림 3.11에서 보듯이 사이클로 유입되는 열의 값 (q_{H})은 피스톤 실린더를 떠나는 열 (q)에 음의 부호를 붙인 것이다.

Carnot 기관에 대해서

$$\Delta u = 0 = q_H + q_0 + w_{id,cycle}$$

이 성립하는데, 여기에서 기호는 그림 3.11에서 사용된 것과 같다. q_H와 q_0의 부호는 열역학 제1법칙에서 정의한 것과 같다. 즉, 계에서 주변으로 전달되는 열을 음의 값으로 한다는 것이다. 우리가 앞으로 보게 될 것처럼 부호는 유의해야 한다.

앞의 식들을 다시 쓰게 되면

$$w_{id,cycle} = -(q_H + q_0) = -\left(1 + \frac{q_0}{q_H}\right)q_H = -\left(1 - \frac{T_0}{T}\right)q_H$$

이 되고 여기에서는 열을 온도로 바꾼 Carnot 사이클에 대한 식 (3.7)을 사용하였다.

과정이 실행됨에 따라 뜨거운 열 저장고의 온도가 변하기 때문에 앞 식을 증분의 형태로 다음과 같이 쓸 수 있다.

$$\delta w_{id,cycle} = -\left(\delta q_H + T_0\delta\left(\frac{q_H}{T}\right)\right) = -\delta q_H - T_0 ds$$

여기에서 엔트로피의 정의가 사용되었다. 이상적인 상태(1)에서 사멸 상태(0)까지 적분하게 되면

$$\int_1^0 \delta w_{id,cycle} = -\int_1^0 \delta q_H - \int_{s_1}^{s_0} T_0 ds$$

또는

$$w_{id,cycle} = -q_H - T_0(s_0 - s_1)$$

이 된다. 주목할 것은 두 번째 항으로 주어진 q_0의 값이 반대 부호로 나타났다는 것인데, 이는 최종(더 차가운) 상태(s_0)가 초기(뜨거운) 상태(s_1)보다 더 낮은 엔트로피를 갖기 때문이다.

다음으로 앞의 식을 q에 대해 풀어 보자.

$$-q_H = q = w_{id,cycle} + T_0(s_0 - s_1)$$

q에 대한 이 식을 식 (3.38)에 대입하면 다음과 같이 된다.

$$\Delta u = (u_0 - u_1) = w_{id,cycle} + T_0(s_0 - s_1) + [w_{id,Pv} - P_o(v_0 - v_1)]$$

음의 이상적인 일 $-w_{id}$에 대해 풀면(만일 계로부터 일을 얻게 되면 양의 값이 된다) 상태 1에서 시작하여 사멸 상태에서 종결되는 과정에 대해 가능한 한 최대 유용 일의 크기를 얻을 수 있다. 우리가 얻을 수 있는 최대 일의 항으로 전개함에도 불구하고 사멸 상태에서 상태 1로 변화시키는 과정에 투입해야만 하는 최소의 일로서 w_{id}를 살펴볼 수 있었다.

상태 1의 엑서지 b_1을 상태 1로부터 사멸 상태로 진행됨에 따른 이상적인 일 $-w_{id}$ 또는 $-(w_{id,cycle} + w_{id,Pv})$의 크기로서 정의한다.

$$b_1 \equiv (u_1 - u_0) + P_o(v_1 - v_0) - T_0(s_1 - s_0) \tag{3.39}$$

거시적인 운동에너지 및 위치에너지가 중요한 계에 대해서는 다음과 같이 일반화할 수 있는데

$$b_1 = (u_1 - u_0) + MW\left(\frac{\vec{V}_1^2}{2} - \frac{\vec{V}_0^2}{2}\right) + MWg(z_1 - z_0) + P_o(v_1 - v_0) - T_0(s_1 - s_0)$$

$$= (u_1 - u_0) + MW\frac{\vec{V}_1^2}{2} + MWgz_1 + P_o(v_1 - v_0) - T_0(s_1 - s_0) \quad (3.40)$$

이는 사멸 상태에서 운동에너지 $e_{K,0}$와 위치에너지 $e_{P,0}$가 정의에 의해 0이므로 가능하다.

엑서지는 주어진 상태에서의 계로부터 우리가 얻을 수 있는 최대 유용 일을 제공한다. 또한 두 가지 또 다른 형태의 일 즉, 유용 일과 손실 일 역시 유용하다. 유용 일 w_u는 무언가를 하는 데 실제로 사용될 수 있는 계로부터 얻을 수 있는 일의 양을 말한다. 유용 일을 알기 위해서는 주변에 반해서 팽창하거나 계로 유입되는 데 요구되는 일을 포함시킬 필요는 없다. *손실 일* w_l은 이상적인 일(즉, 최대 유용 일)과 실제로 얻을 수 있는 유용 일 간의 차이이다.

$$w_l = w_{id} - w_u$$

예제 3.17에서 우리는 특정 과정에 대해 이들 형태의 일을 계산할 것이다.

예제 3.17 **닫힌계의 엑서지 해석**

초기에 20.0 bar, 1000 K인 이상기체를 포함하는 피스톤-실린더 장치를 생각해보자. 초기 부피는 1.6 L이다. 계는 1 bar로 팽창되는 가역 과정을 겪고 있다. 환경을 1 bar, 20°C로 잡자. $c_P = (7/2)R$이다. 이 과정 동안의 압력-부피 관계는 다음과 같이 주어진다.

$$Pv^{1.5} = \text{일정}$$

(a) 이 과정 동안 얻는 일을 계산하라.

(b) 주변 압력으로 되돌아가는 데 필요한 에너지를 제외함으로써 얻을 수 있는 유용 일을 계산하라.

(c) 엑서지와 이상적인 일을 계산하라.

(d) 손실 일을 계산하라.

풀이 ▸ **(a)** 이 과정에 대한 개략도를 그림 E3.17에 나타내었다. 여기에서 초기 상태는 상태 1, 최종 상태는 상태 2로 정의하였다.

이 과정이 가역적이므로 일은 다음과 같이 계산할 수 있다.

$$w = -\int P_E dv = -\int P dv$$

적분 상의 한계로 인해 초기 상태와 최종 상태에 대한 몰부피를 알아야 한다. 상태 1에 대해서 이상기체 법칙을 적용하면 다음과 같다.

$$v_1 = \frac{RT_1}{P_1} = \frac{8.314 \times 1000 \left[\frac{\text{J}}{\text{mol}}\right]}{2 \times 10^6 \left[\frac{\text{J}}{\text{m}^3}\right]} = 0.0042 \left[\frac{\text{m}^3}{\text{mol}}\right]$$

문제에서 주어진 압력-부피 관계를 통해 v_2를 계산할 수 있다.

$$Pv^{1.5} = \text{일정} = P_1 v_1^{1.5} = P_2 v_2^{1.5}$$

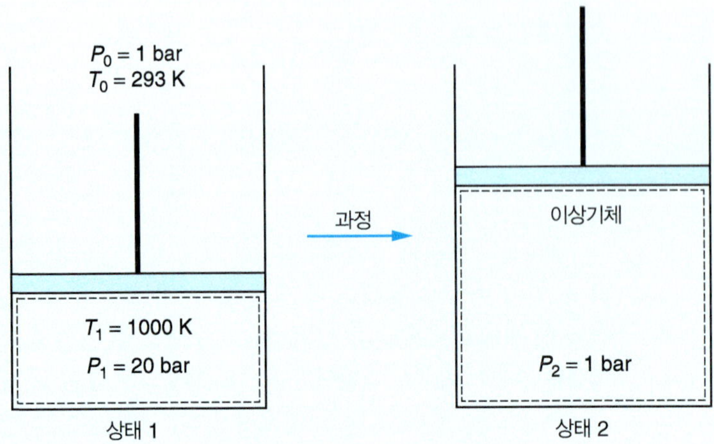

그림 E3.17 팽창 과정에 대한 초기 및 최종 상태.

v_2에 대해 풀면 다음과 같다.

$$v_2 = \left(\frac{P_1 v_1^{1.5}}{P_2}\right)^{1/1.5} = \left(20 \times 0.0042^{1.5}\right)^{1/1.5} = 0.031 \left[\frac{\mathrm{m}^3}{\mathrm{kg}}\right]$$

일에 대해서 풀이하면

$$w = -\int_{0.0042}^{0.031} P d\hat{v} = -\int_{0.0042}^{0.031} \frac{P_1 v_1^{1.5}}{v^{1.5}} dv = 2P_1 v_1^{1.5}\left[\frac{1}{v_2^{0.5}} - \frac{1}{v_1^{0.5}}\right]_{0.0042}^{0.031} = -10.6 \left[\frac{\mathrm{kJ}}{\mathrm{mol}}\right]$$

과 같이 되며, 이 때 일의 부호는 음이 된다. 그 이유는 계로부터 주변으로 에너지가 전달되어 일을 행하기 때문이다.

(b) 유용 일을 계산하기 위해서는 사멸 상태에서의 몰부피 v_0가 필요하다.

$$v_0 = \frac{RT_0}{P_0} = \frac{8.314 \times 293 \left[\frac{\mathrm{J}}{\mathrm{mol}}\right]}{1 \times 10^5 \left[\frac{\mathrm{J}}{\mathrm{m}^3}\right]} = 0.024 \left[\frac{\mathrm{m}^3}{\mathrm{mol}}\right]$$

식 (3.38)에서처럼 주변으로 돌아가기 위해 필요한 일은 아래와 같이 주어진다.

$$P_o(\nu_1 - \nu_0) = 2.0 \left[\frac{\mathrm{kJ}}{\mathrm{mol}}\right]$$

따라서 유용 일의 양은 다음과 같다.

$$w_u = w + P_o(v_1 - v_0) = -10.6 + 2.0 = -8.6 \left[\frac{\mathrm{kJ}}{\mathrm{mol}}\right]$$

(c) 상태 1의 엑서지를 계산하기 위해 식 (3.39)를 사용하자.

$$b_1 = (u_1 - u_0) + P_o(v_1 - v_0) - T_0(s_1 - s_0)$$
$$= c_v(T_1 - T_0) + P_o(v_1 - v_0) - T_0\left[c_v \ln\left(\frac{T_1}{T_0}\right) + R \ln\left(\frac{v_1}{v_0}\right)\right]$$

$$b_1 = \frac{5}{2}R(1000 - 293) + 1 \times 10^5(0.0042 - 0.024) - 293R\left[2.5\ln\left(\frac{1000}{293}\right) + \ln\left(\frac{0.0042}{0.024}\right)\right]$$

$$= 9.5\left[\frac{\text{kJ}}{\text{mol}}\right]$$

이상적인 일은 엑서지의 음의 값이므로 다음과 같이 된다.

$$w_{id} = -9.5\left[\frac{\text{kJ}}{\text{mol}}\right]$$

(d) 만일 (c)의 결과와 (b)의 결과를 비교하게 되면 손실 일 w_l을 계산할 수 있다.

$$w_l = w_{id} - w_u = -9.5 + 8.6 = -0.9\left[\frac{\text{kJ}}{\text{mol}}\right]$$

손실 일의 크기는 유용 일의 약 10%이다. 이와 같은 결과는 공학적 설계나 개선 노력에 대한 우선 순위를 제공해준다. 또한 (c)에서 계산된 최대 유용 일인 엑서지 값이 (a)에서 계산된 일보다 실제로 낮음을 알 수 있다. 그 이유를 설명할 수 있는가?

이전 논의에서 우리는 초기 상태, 상태 1에서 사멸 상태인 상태 0를 겪는 계에서 최대 가용한 일(즉, 엑서지)과 손실 일을 어떻게 계산하는지를 배웠다. 그러나 상태 1에서 아직 사멸 상태에 도달하지 못한 어떤 최종 상태인 상태 2를 겪는 과정을 가진 계에 주목할 필요가 있다. 그와 같은 경우 손실 일의 크기는 상태 사이의 엑서지 차이로 주어진다.

$$w_l = \Delta b = b_2 - b_1$$

또한 손실 일은 과정의 비가역성에 따른 전체 엔트로피의 증가로 표현될 수 있다.

$$-w_l = T_0 \Delta s_{univ} \tag{3.41}$$

예제 3.18은 식 (3.41)을 사용한 손실 일의 계산 결과가 최종 상태와 처음 상태의 엑서지 차이를 이용하여 계산된 결과와 같음을 보여 준다.

엑스탈피(exthalpy)—열린계에서의 흐름 엑서지

제2장에서 배운 것처럼 열린계에 대해서 계를 출입하는 흐름에 대한 질량과 흐름 일을 계산해야 했다. 흐름 1에 대해 계로 주입하는 데 필요한 흐름 일은 P_1v_1이다. 그러나 주위는 주위의 압력으로부터 이 일에 대한 일부인 P_0v_1을 제공한다. 따라서 그것은 우리에게 어떤 것도 지불하지 않는다. 그러므로 이들 두 항의 차이인 $(P_1 - P_0)v_1$을 엑서지에 더하여 흐름 일을 설명할 수 있다.

이러한 해석은 상태 1의 엑스탈피(흐름 엑서지라고도 함)에 대한 다음과 같은 정의를 이끌어낸다.

$$b_{f,1} = b_1 + (P_1 - P_0)\nu_1 = (u_1 - u_0) + P_o(v_1 - v_0) - T_0(s_1 - s_0) + (P_1 - P_0)v_1$$

비슷한 항들을 모아서 엔탈피의 정의를 사용하게 되면 다음과 같아진다.

$$b_{f,1} = (u_1 + P_1v_1) - (u_0 + P_0v_0) - T_0(s_1 - s_0) = (h_1 - h_0) - T_0(s_1 - s_0) \tag{3.42}$$

엔탈피와 마찬가지로 계를 출입하는 임의의 흐름에 대해 엑스탈피, b_f를 사용한다.

예제 3.18 **열교환기에서 내부 엑서지 손실의 계산**

다른 편에 있는 튜브를 통해 지나가는 흐름을 응축시켜 주위로 부터 공기를 데우기 위해 다중관 열교환기를 설계하였다. 최대 공기 유속은 30 kg/min이고 유입 공기의 온도와 압력은 각각 285 K과 1 bar이다. 계를 통한 수증기의 유속과 압력은 각각 3 kg/min과 10 bar이다. 유입 부분에서 수증기의 양은 0.9이고 유출 부분에서는 0.2이다.

(a) 초기와 최종 상태 사이에서의 엑스탈피의 차이를 계산하는 '엑서지 방법'을 사용하여 이 과정 동안의 손실 일을 계산하라.

(b) 전체 엔트로피 변화 즉, 식 (3.41)를 이용하여 이 과정 동안의 손실 일을 계산하라.

풀이 ▸ **에너지 보존**

그림 E3.18에는 과정에 대한 개략도가 나와 있다.

우선 공기의 유출부 온도를 찾아야 한다. 이를 위해 에너지 수지식을 세우면 다음과 같다.

$$0 = \dot{n}_{air}(h_2 - h_1) + \dot{m}_{water}(\hat{h}_4 - \hat{h}_3) \quad \textbf{(E3.18A)}$$

여기에서

$$\dot{n}_{air} = \frac{\dot{m}_{air}}{MW_{air}} = \frac{30\left[\frac{\text{kg}}{\text{min}}\right]}{0.029\left[\frac{\text{kg}}{\text{mol}}\right]} = 1034\left[\frac{\text{mol}}{\text{min}}\right] \quad \textbf{(E3.18B)}$$

공기에 대한 엔탈피 변화는 아래와 같다.

$$h_2 - h_1 = \int_{T_1}^{T_2} c_{P,air}\,\mathrm{d}T = R\int_{T_1}^{T_2}[A + BT + DT^{-2}]\mathrm{d}T$$
$$= R\left[A(T_2 - T_1) + \frac{B}{2}(T_2^2 - T_1^2) - D\left(\frac{1}{T_2} - \frac{1}{T_1}\right)\right] \quad \textbf{(E3.18C)}$$

여기에서 공기에 대한 각 상수 값은 부록 A.2에서 찾을 수 있다.

$$A = 3.355,\quad B = 0.575 \times 10^{-3},\quad D = -0.016 \times 10^5$$

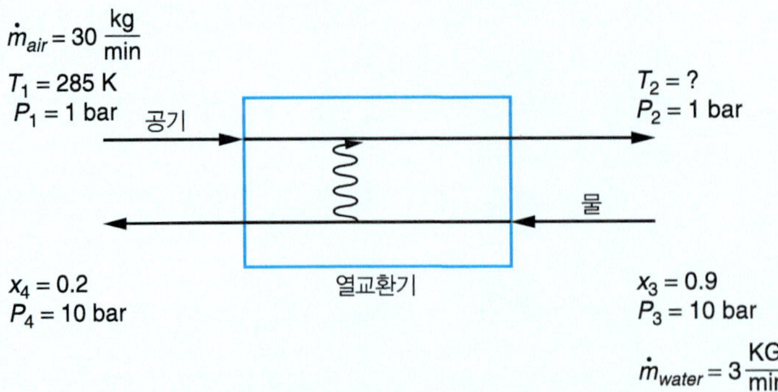

그림 E3.18 유입과 유출 조건이 표시된 이 예제에서의 열교환기.

물에 대해서는 수증기표(부록 B.2)에 있는 10 bar(1 MPa)에서의 포화 수증기에 대한 엔탈피 값을 찾으면 된다.

$$\hat{h}_v = 2778.1 \left[\frac{\text{kJ}}{\text{kg}}\right] \quad \text{그리고} \quad \hat{h}_l = 762.79 \left[\frac{\text{kJ}}{\text{kg}}\right]$$

분율을 이용하면

$$\hat{h}_3 = x\hat{h}_v + (1-x)\hat{h}_l = 0.9 \times 2778.1 + 0.1 \times 762.79 = 2576.6 \left[\frac{\text{kJ}}{\text{kg}}\right]$$

마찬가지로

$$\hat{h}_4 = x\hat{h}_v + (1-x)\hat{h}_l = 0.2 \times 2778.1 + 0.8 \times 762.79 = 1165.9 \left[\frac{\text{kJ}}{\text{kg}}\right]$$

이 된다. 비엔탈피 값들을 대입하면

$$\dot{m}_{water}(\hat{h}_4 - \hat{h}_3) = -42{,}300 \left[\frac{\text{kJ}}{\text{min}}\right] \qquad \textbf{(E3.18D)}$$

식 (E3.18B), (E3.18C), (E3.18D)를 식 (E3.18A)에 대입하고 이를 T_2에 대해서 풀면

$$T_2 = 423.8 \text{ K}$$

이 된다.

(a) 엑서지 방법에 의한 계산

우선 공기 흐름에서 엑스탈피 변화를 살펴보자. 엑스탈피의 크기 성질 형태(extensive form)를 사용하여 이를 속도 형태로 쓰게 되면

$$\dot{B}_{f,2} - \dot{B}_{f,1} = \dot{n}_{air}[(h_2 - h_1) - T_0(s_2 - s_1)]$$

$$s_2 - s_1 = \int_{T_1}^{T_2} \frac{c_{P,air}}{T} dT - \ln\frac{P_2}{P_1} = R\int_{T_1}^{T_2} \left[\frac{A}{T} + B + DT^{-3}\right] dT$$

$$= R\left[A \ln\frac{T_2}{T_1} + B(T_2 - T_1) - \frac{1}{2}\left(\frac{1}{T_2^2} - \frac{1}{T_1^2}\right)\right]_{285\text{K}}^{423.8\text{K}} = 11.7 \left[\frac{\text{J}}{\text{mol K}}\right]$$

따라서

$$\dot{B}_{f,2} - \dot{B}_{f,1} = 1034 \left[\frac{\text{mol}}{\text{min}}\right]\left[4090\left[\frac{\text{J}}{\text{mol}}\right] - 285[K] \times 11.7\left[\frac{\text{J}}{\text{mol K}}\right]\right] = 787 \left[\frac{\text{kJ}}{\text{min}}\right]$$

이 된다. 증기의 엑스탈피 변화에 대해서는

$$\hat{b}_{f,4} - \hat{b}_{f,3} \equiv (\hat{h}_4 - \hat{h}_3) - T_0(\hat{s}_4 - \hat{s}_3)$$

이 되고 수증기표로부터

$$\hat{s}_v = 6.5864 \left[\frac{\text{kJ}}{\text{kg K}}\right] \text{and } \hat{s}_l = 2.1386 \left[\frac{\text{kJ}}{\text{kg K}}\right]$$

을 얻게 되므로

$$\hat{s}_3 = x\hat{s}_v + (1-x)\hat{s}_l = 0.9 \times 6.5864 + 0.1 \times 2.1386 = 6.142\left[\frac{\text{kJ}}{\text{kg K}}\right]$$

이고

$$\hat{s}_4 = x\hat{s}_v + (1-x)\hat{s}_l = 0.2 \times 6.5864 + 0.8 \times 2.1386 = 3.028\left[\frac{\text{kJ}}{\text{kg K}}\right]$$

따라서

$$\hat{b}_{f,4} - \hat{b}_{f,3} = (1165.9 - 2576.6) - T_0(3.028 - 6.142) = -523.4\left[\frac{\text{kJ}}{\text{kg}}\right]$$

이 된다. 그리고

$$\dot{B}_{f,4} - \dot{B}_{f,3} = \dot{m}_{water}(\hat{b}_4 - \hat{b}_3) = -1570\left[\frac{\text{kJ}}{\text{min}}\right]$$

이 된다.

마지막으로 전체 열교환기에 대해서 전체 엑스탈피 변화를 합하게 되면 다음과 같다.

$$\dot{W}_l = \Delta\dot{B}_f = (\dot{B}_{f,2} - \dot{B}_{f,1}) + (\dot{B}_{f,4} - \dot{B}_{f,3}) = -783\left[\frac{\text{kJ}}{\text{min}}\right]$$

따라서 열교환기 조업 중에 유용 일 중 분당 783 kJ이 손실된다! 이 값은 이 과정에서 *내부 엑서지 손실*을 나타낸다. 달리 말하면 783 kJ의 일이 손실되는 것인데, 이는 열이 온도차로 인해 비가역적으로 전달되기 때문이다. 만일 증기와 공기 사이에 Carnot 기관을 둔다면 783 kJ/min의 동력을 생산할 수 있을 것이다.

(b) 전체 엔트로피 변화를 사용한 계산

주위로의 열전달이 없기 때문에 과정 중의 각 흐름에서 세기 성질의 엔트로피 차이에 의해 전체 엔트로피 변화를 계산할 수 있다.

$$\Delta\dot{S}_{univ} = \dot{n}_{air}(s_2 - s_1) + \dot{m}_{water}(\hat{s}_4 - \hat{s}_3)$$

위의 식에 값들을 대입하면

$$\begin{aligned}\Delta\dot{S}_{univ} &= 1034\left[\frac{\text{mol}}{\text{min}}\right] \times 11.7\left[\frac{\text{J}}{\text{mol K}}\right] + 3\left[\frac{\text{kg}}{\text{min}}\right] \times (3.028 - 6.142)\left[\frac{\text{J}}{\text{mol K}}\right] \\ &= 2749\left[\frac{\text{J}}{\text{min K}}\right]\end{aligned}$$

이 된다. 식 (3.41)에 근거하여 손실 일을 계산할 수 있다.

$$\dot{W}_l = -T_0\Delta\dot{S}_{univ} = -285\,[\text{K}] \times 2749\left[\frac{\text{J}}{\text{min K}}\right] = -783\left[\frac{\text{kJ}}{\text{min}}\right]$$

이 값은 (a)에서 계산된 값과 동일하다.

예제 3.18은 *내부 엑서지* 손실을 계산하는 과정을 보여준다. 이러한 접근법은 화학 또는 생물학적 플랜트와 같은 복잡한 과정을 평가하는 데 유용하다. 엑서지 해석은 각 단위 과정을 평가할 수 있게 하며 가장 큰 비효율적인 요인을 줄일 수 있도록 한다. 따라서 엑서지 해석은

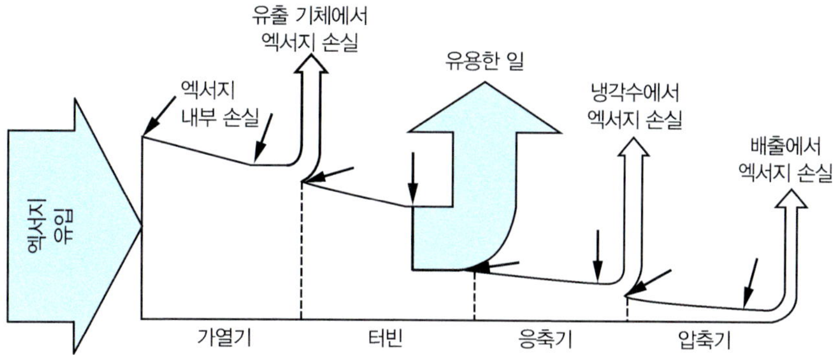

그림 3.12 증기-압축 동력 사이클에 대한 엑서지 해석의 시각적 표현.

과정의 효율 향상과 지속가능한 엔지니어링에 적용할 수 있는 유용한 도구가 된다. 다음의 간단한 사례를 통해 살펴보자.

그림 3.12는 그림 3.7에서 보여준 것과 동일한 증기 압축 동력 사이클에 대한 엑서지 해석 결과를 보여주고 있다. 수직으로의 크기는 과정별 엑서지 손실과 유용 일의 크기를 나타낸다. 공학도는 이와 같은 도표를 사용하여 동력 사이클의 단위 과정별 손실 일과 터빈에서 얻을 수 있는 유용 일을 비교할 수 있다. 그와 같은 선도 상에서 열역학적 해석의 결과(그림상에 나타나지 않음)를 크기로 나타내며 선의 두께는 엑서지 손실(흰색) 또는 유용 일(음영)을 나타낸다. 그림 3.12를 살펴보면 설계 개선 효과가 보일러와 터빈에 맞추어져야 함을 알 수 있다. 가능한 설계 수정 사항을 생각할 수 있는가?

이런 형태의 도표는 설계가 복합하고 단위 과정의 수가 늘어날수록 꽤 유용하며 효율 증가를 위해 필요한 핵심적인 단위가 무엇인지를 알게 해준다. 과정의 수가 더욱더 증가할 경우 자료들은 편의를 위해 표 형태로 보고될 수 있다.

▶ 3.11 분자 관점에서의 엔트로피

내부 에너지 u를 논의할 때 분자 수준에서의 이해는 내부 에너지를 더 잘 알 수 있게 한다. 이러한 목적에서 원자나 분자가 갖고 있는 운동에너지와 위치에너지를 논의했었다. 마찬가지로 엔트로피 s에 대한 분자적인 기초는 무엇일까? 분자 관점에서 엔트로피는 대개의 경우와 마찬가지로 분자 확률과 관련 있다. 어떤 상태가 더 많은 수의 서로 다른 *분자 배열*(molecular configuration)을 나타낼수록 그 상태가 존재할 가능성은 높으며 엔트로피는 증가할 것이다.

분자 확률과 배열을 살펴봄에 있어 원자 A와 원자 B로 불리는 두 개의 서로 다른 이상기체 종을 가진 계를 생각해보자. 엔트로피는 이들 기체 종들이 서로 다른 방식으로 배열할 수 있는 경우의 수를 나타내는 척도이다. 이러한 개념을 설명하기 위해 가운데가 다공성 막으로 나누어진 계를 생각해보자. 핵심적인 생각은 유지하면서도 문제를 단순화하기 위해 계 내의 각각의 원자들은 동일한 부피 요소를 갖는다고 하자. 만일 원한다면 이러한 제약들을 나중에 제거할 것이다. 거기에는 두 개의 A 원자와 두 개의 B 원자로 구성된 4개의 원자가 있다고 조심스럽게 시작할 것이다. 그러나 반드시 알아야 할 것은 실제 물리적인 세계에서 마주하게 될 거시적인 계에 대한 이해를 위해서 이 개념이 10^{23}개의 원자로 확장되어야 한다는 것이다.

우선 그림 3.13a처럼 막의 왼쪽에는 순수한 기체 A가 있고 막의 오른쪽에는 순수한 기체 B가 있는 계를 생각해보자. 이 경우에서 모든 A 원자의 위치(그리고 모든 B 원자의 위치)를 정확하게 알 수 있다. 다음으로 원자들을 임의적으로 분산시켜 보자. 그림 3.13b는 6가지의 가

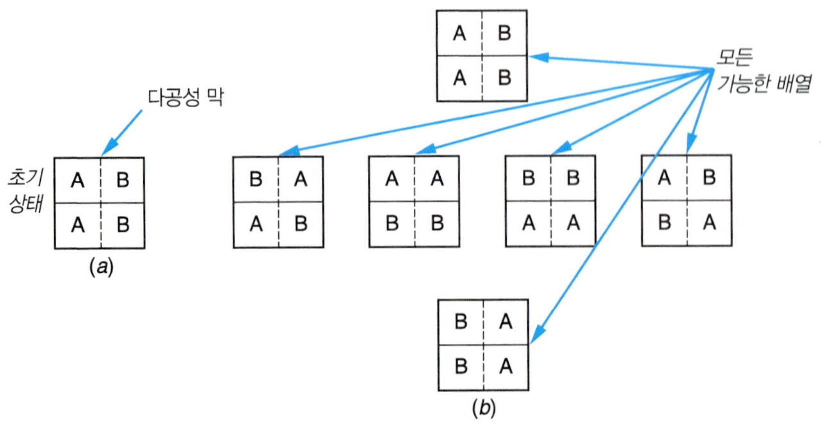

그림 3.13 이상기체 A와 B를 가진 다공성 막으로 분리된 계. (*a*) 왼쪽에는 오직 A 원자만, 오른쪽에는 오직 B 원자만 있는 계의 초기 상태. (*b*) 원자들이 임의로 재분배될 경우의 가능한 배열.

능성 있는 구분 가능한 *분자 배열*을 보여주고 있다. 모든 배열은 동일한 가능성[8]이 있다고 가정하는 것이 논리적일 것이다. 따라서 A 원자들이 막의 왼쪽에서 두 개의 원자를 가진 초기 상태에서 발견될 확률은 1/6이고 막의 왼쪽에서 1 A로 존재할 확률은 4/6이며 A가 없을 확률은 1/6이다. 계에서 가장 확률이 높은 상태는 양쪽에 하나의 A와 하나의 B가 있는 경우 즉, 다시 말해서 A와 B가 *혼합*되어 있는 경우이다. 더욱이 이와 같은 혼합 상태에서는 A 원자가 어디에 있는지를 정확하게 확신할 수 없기 때문에 계에 대한 일부 정보를 잃어버리게 된다.

혼합 효과는 계의 크기가 커질수록 더욱 높아진다. 지금 우리는 계의 크기를 거시적인 양으로 확장하기를 원한다. 그림 3.14에서는 위에서 보여준 것과 같은 이상기체 A와 B로 구성된 계에 대하여 다공성 막의 왼쪽에 있는 A 원자 수에 대한 확률을 막대 도표로 나타내었다. 이 그림의 왼쪽 상단은 그림 3.13에서 묘사한 경우 즉, 2개의 A 원자와 2개의 B 원자로 구성된 계를 보여준다. 왼쪽에서 1 A를 가진 경우 0 A 원자나 2 A 원자의 경우에 비해 막대의 길이가 4배가 됨을 보여주는데 이는 확률이 4배이기 때문이다.

계를 4개의 A 원자와 4개의 B 원자를 가진 2배의 크기로 확대해 보자. 왼쪽에서 A에 대해서는 0, 1, 2, 3, 4와 같은 5개의 확률이 있다. 이 계에 대한 확률은 그림 3.14의 상단 가운데에 있다. 만일 각각의 배열이 동일하게 발생할 수 있다면 왼쪽에서 2 A 원자를 가진 *배열*의 수는 70개의 가능한 배열 중 36개를 나타낸다. 물론 완전 혼합의 경우가 확률이 가장 높음을 알 수 있다. 또한 가장 확률이 높은 상태에서는 A 원자의 정확한 위치를 확신할 수 없다. 한편 70개 중 하나의 *배열*만이 왼쪽에서의 순수한 기체 A를 의미하는데, 여기에서는 모든 A 원자가 있는 곳을 확실하게 알 수 있다.

동일한 방식의 도표가 8 A 원자와 8 B 원자, 16 A 원자와 16 B 원자, 32 A 원자와 32 B 원자, 그리고 128 A 원자와 128 B 원자로 구성된 계에 대해 제시되어 있다. 종의 수가 증가하게 되면 혼합이 더욱 뚜렷해지는데, 이는 막의 양쪽에서 대략 비슷한 수의 A 원자와 B 원자를 가질 기회가 커서 한쪽에서만 모든 A 원자가 발견될 확률이 희박함을 의미한다. 예를 들어 128 A 원자와 128 B 원자가 있는 경우 5.8×10^{75}가지의 배열 중 단 하나만이 왼쪽에서 순

8. 이 가정은 통계 열역학이 구성될 수 있는 원천적인 가정에 대한 기초를 형성한다.

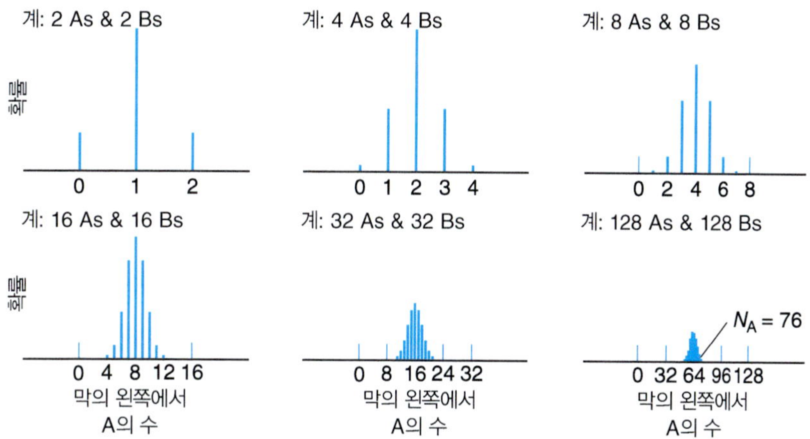

그림 3.14 이상기체 A와 B를 가진 다공성 막으로 분리된 계의 왼쪽에 A 분자 수에 대한 조건부 확률. 각각에서 제시된 경우는 2 A 원자와 2 B 원자(그림 3.13과 동일), 4 A 원자와 4 B 원자, 8 A 원자와 8 B 원자, 16 A 원자와 16 B 원자, 32 A 원자와 32 B 원자, 128 A 원자와 128 B 원자이다. 종의 수가 증가할수록 혼합은 더욱 두드러진다.

수한 A를 나타낸다. 따라서 모든 *분자 배열*이 동일한 가능성을 갖고 있을 경우 우연하게 순수한 A를 발견한다는 것은 불가능하다. 반면 막의 왼쪽에서 52와 76A 원자 사이의 배열은 해당 시점에서의 99.8%에 해당한다.

그렇다면 10^{23} A 원자와 10^{23} B 원자를 갖는 거시적인 계에 대하여 분자 확률에 관한 지금의 논의를 어떻게 할 것인가? 초기 상태와는 무관하게 만일 이 계에서 *분자 배열*이 동일한 확률로 발생한다고 가정하면 계는 모든 실제적인 목적을 위해 대략 같은 수의 A 원자와 B 원자가 막의 양쪽에 존재하게 된다. 만일 계가 가질 수 있는 *분자 배열*의 수가 계의 엔트로피와 비례한다고 가정하면 우리는 분자 확률에 대한 지식을 열역학 제2법칙에 대한 우리의 거시적인 관찰과 연결지을 수 있다[9]. 따라서, 만일 다공성 막의 왼쪽에 순수한 A가 있고 오른쪽에 순수한 B만 있는 거시적인 계로 출발한다면 이 계는 단지 하나의 *분자 배열*만 가능하므로 계의 엔트로피는 낮다. 반면, 계에서 복잡한 혼합이 발생한다면 많은 수의 *분자 배열*을 가질 것이고 엔트로피는 높아진다. 따라서 순수한 기체들의 자발적인 혼합은 분자 수준에서는 분자 확률과 관련되고 거시적 수준에서는 엔트로피와 관련된다. 요약하면 거시적 과정의 비가역성은 분자 수준에서의 *혼합*과 관련지을 수 있는데, 여기에서는 계가 많은 수의 동등한 분자 배열로 존재할 수 있으므로 계의 정확한 분자 상태를 확신할 수는 없다.

이상의 논의를 무질서도와 관련된 엔트로피라는 보편적인 관점과 연결지을 수 있다. 엔트로피가 증가함에 따라 계의 정확한 분자 상태를 확신할 수 없다. 즉, 거기에는 존재할 수 있는 더 많은 수의 동등한 분자 배열이 있다는 것이다. 그러므로 대략 생각해봤을 때 우리는 그것을 더 무질서해진 것으로 보게 된다. 따라서 무질서도와 계가 가지는 배열의 수를 연결시키려 할 경우 더 높은 엔트로피가 더 무질서함을 의미한다.

방향성 있는 과정에 대한 몇 가지 예시들이 3.1절에 제시되었었다. 우리가 아는 것은 비가역 과정의 방향성이 엔트로피의 증가와 관련되어 있다는 것이다. 분자 배열의 증가 즉, 혼합과 어떻게 관련되었는지에 대한 몇 가지 예시들을 생각해보자.

9. 이는 실제로 e^S에 비례한다.

공간상에서 분자 배열의 최대화

예시 1: 화학적 방향성

앞서 논의 한 예시는 분자 A와 B의 혼합에서의 화학적 방향성에 대한 것이다. 그림 3.14에서 보여준 것처럼 두 종이 더욱더 완전하게 혼합될수록 동등한 공간적 배열의 수는 더 커지며, 결론적으로 확률이 높아질수록 계는 그 상태에서 발견될 것이다. 이러한 혼합은 그림 3.15에서 보듯이 공간상에서 벌어진다.

예시 2: 역학적 방향성

공간적 배열의 증가에 대한 다른 예시는 압축 실린더로부터의 기체 팽창이다. 이 경우 분자들은 엔트로피를 증가시키게 되는데, 그 이유는 기체가 팽창한 후 더 큰 부피에서 가능한 배열의 수가 더 많아진다는 것이다. 즉, 특정 분자의 위치를 정확하게 확신할 수 없다는 것이다. 이런 형태의 퍼짐 또는 '공간상의 혼합'은 그림 3.16에 제시되어 있다. 이 그림에서 박스 삽입 모형은 실린더 내부의 일부와 실린더 밖 일부를 포함한 영역으로 확장된 분자를 보여준다. 우리는 상태 2보다는 상태 1에서 분자종이 어디에 있는지를 더 잘 알 수 있다. 따라서 상태 1이 더 낮은 엔트로피 값을 가진다고 할 수 있다. 사실 그림 3.16에 나타난 공간적 혼합은 그림 3.15의 분자종 혼합과 매우 유사하다. 만일 예제 3.9(그림 E3.9B)에서 사용된 가상적인 풀이 경로를 살펴본다면 이상기체가 혼합됨에 따른 분자종의 엔트로피 증가는 다른 분자종이 거기에 있건 없건 간에 움직일 수 있는 공간이 더 많기 때문으로 해석할 수 있다. 달리 말하면 예시 1에서의 분자종 B를 빈 공간으로 바꾼다면 분자종 A가 관계되는 한 예시 1과 2의 상황은 동일하다. 그러므로 이러한 공간적 혼합을 종종 '퍼짐(spreading)'이라 부른다.

에너지에 대한 분자 배열의 최대화

일련의 분자들의 가능한 배열 수를 결정함에 있어서 우리가 반드시 고려해야 하는 것은 분자들이 공간상의 어디에 있는지 뿐 아니라 그들의 에너지가 어떻게 분포되어 있는가이다. 이러한 요소는 분자 스케일에서 에너지의 양자화 본성에 따른 것이다. 주어진 계에서의 에너지는 계 내의 질량이 특성 공간에 지정되어야 하는 것과 마찬가지의 방식으로 양자화된 에너지 준위로 지정되어야 한다. 에너지 준위를 채우는 것은 계의 전체 에너지에 의해 제약된다. 그림 3.15와 3.16의 논의에서 공간적 배열과 확률을 관련지은 것과 똑같은 방식으로 에너지에 대해 분자들이 어떻게 분포되었는지를 이해할 수 있다. 일련의 분자들이 그들의 에너지를 분포

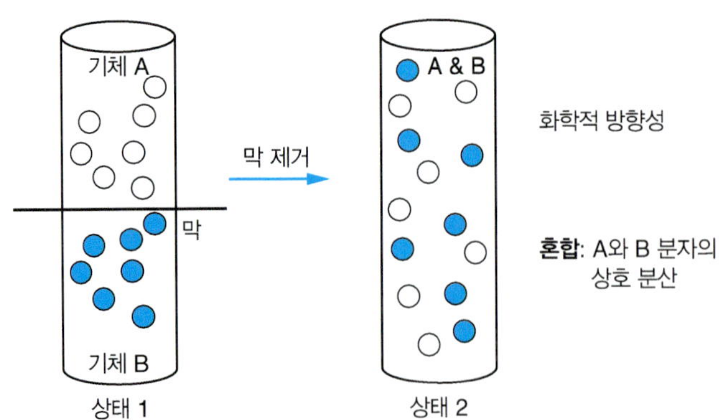

그림 3.15 공간상에서 분자 A와 B의 혼합에 따른 화학적 방향성의 예시.

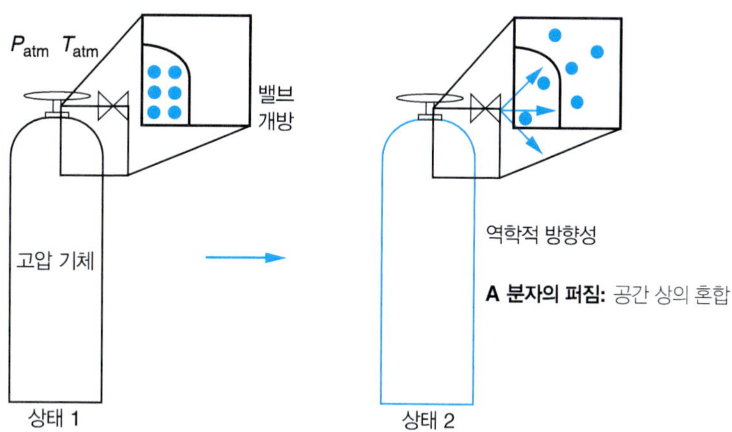

그림 3.16 기체 팽창으로 인한 공간상에서 분자 A의 혼합에 따른 역학적 방향성의 예시. 이 그림에서 분자 투영은 실린더 안쪽과 실린더 바깥 영역으로 구성되어 있다.

시킬 수 있는 배열의 수가 커질수록 상태의 엔트로피는 더 커진다. 따라서 엔트로피의 증가는 공간상의 '혼합(mixing)' 또는 에너지 상의 '혼합'로 특징지어진다. 에너지 상의 혼합은 계의 에너지가 어디에 있는지를 알기 어렵게 한다.[10]

› 예시 3: 열적 방향성

공간적으로 혼합되는 것에 덧붙여 비가역적 과정은 종종 서로 다른 에너지 준위에 있는 상태의 혼합으로 발생한다. 예를 들어 초기에 $T_{1,H}$에 있는 뜨거운 고체가 초기 온도 $T_{1,L}$에 있는 차가운 고체와 접촉하고 있는 초기 온도 $T_{1,H}$인 뜨거운 고체를 포함한 고립된 계를 나타내는 그림 3.17을 생각해보자. 시간이 경과한 후 온도는 중간 온도인 T_2에서 평형을 이룰 것이다. 이 과정에 있어서 열적 방향성은 에너지 혼합이라고 불리는(공간적 배열에서처럼 에너지 퍼짐으로 근사적인 생각을 할 수 있는) 서로 다른 에너지 준위를 가지는 상태의 '혼합'으로 생각할 수 있다. 그림 아래에 있는 에너지 준위 도표는 전자의 에너지가 서로 다른 온도에 있는 고체상에 어떻게 분포되어 있는지를 개략적으로 나타내고 있다.[11] 공간적 혼합에서 논의했던 것처럼 우리가 알 수 있는 것은 고체의 온도가 평형에 도달할수록 에너지 상태에 대한 더욱더 많은 배열이 존재한다는 것이다. 즉, 상태 1보다 상태 2에서 전자의 배열 방법이 더 많다는 것이다. 그러므로 계가 해당 상태에 있을 확률은 상태 1보다 크다. 따라서 상태 2는 높은 엔트로피를 가지며 시간이 지남에 따라 발생한다.

› 예시 4: 운동에너지가 마찰로 전환

다른 엔트로피 과정은 에너지 혼합이란 단어를 이용하여 살펴볼 수 있다. 표면에서 미끄러지는 블록을 생각해보자. 거시적인 운동에너지(E_k)가 마찰에 의해 내부 에너지로 전환됨에 따라 블록은 속도가 느려질 것이다. 이러한 비가역 과정은 방향성 있는 형태가 모든 방향으로 소산되는 에너지 혼합으로 생각할 수 있다. 그림 3.18이 이러한 개념을 보여준다. 블록의 운동 에

10. 다른 주장으로는 공간적 배열의 증가는 에너지적인 배열 증가의 필연적인 징후라는 것과 엔트로피에 대한 분자적인 해석은 단지 이후의 고려에 의해 이해될 수 있다는 것이다. 더 자세한 정보는 F.L. Lambert, *J. Chem. Ed.*, **84**(9), 1548 (2007)을 참조하기 바란다.

11. 이러한 표현은 개략적인 것을 의미한다. 실제로 고체의 에너지 준위는 가능한 상태의 무리를 형성하며 개별 원자의 경우처럼 불연속적이지 않다.

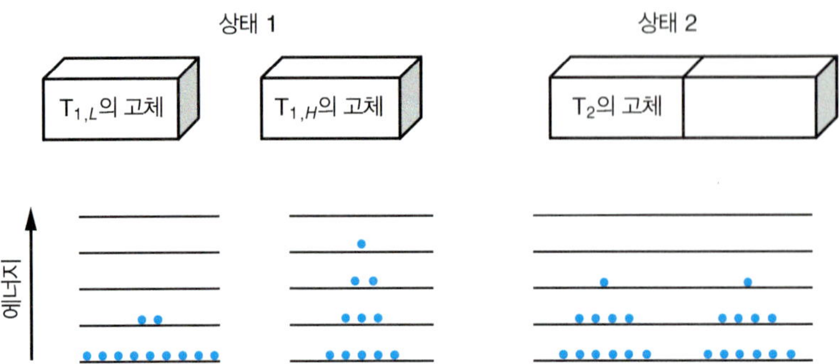

그림 3.17 초기 온도 $T_{1,L}$인 차가운 고체와 초기 온도 $T_{1,H}$인 뜨거운 고체 사이의 에너지 배열 혼합에 따른 열적 방향성에 대한 개략적 표현.

너지에는 앞으로 향하는 움직임에 따른 단 하나의 배열만 있다. 블록의 속도가 느려지면 온도의 증가로 인해 에너지가 많은 배열로 분산될 수 있는 더 큰 격자 진동을 유발한다. 따라서 운동에너지가 마찰에 의해 내부 에너지로 전환된다는 것은 엔트로피 증가에 따른 비가역 과정을 의미한다.

› 예시 5: 화학 반응

우리가 2.6절에서 반응 에너지에 관해 배웠을 때 사용한 반응을 살펴보자. 수소 기체 두 분자는 한 분자의 산소와 자발적으로 반응하여 두 분자의 물을 생성한다. 화학적 결합의 재배열은 3.5 eV의 에너지를 발생시킨다. 이 반응이 단열적으로 발생한다고 가정하면 주위의 엔트로피에는 변화가 없다. 생성물은 온도 증가에 따라 발생되는 결합에너지를 증명할 것이다. 이 과정이 자발적이고 비가역적이기 때문에 열역학 제2법칙이 우리에게 말하는 것은 생성물이 반응물보다 더 큰 엔트로피를 가져야만 한다는 것이다. 우리는 이를 에너지 배열을 이용하여 이해할 수 있다.

두 가지 형태의 분자 에너지인 위치에너지와 운동에너지를 생각해보자. 위치에너지는 화학 결합에 저장되어 있고 운동에너지는 병진, 진동, 회전 운동을 포함한다. 이 논의에서는 진동과 회전운동은 생각하지 않기로 한다. 그러나 이들 운동을 포함한다고 해도 논의의 핵심은 변하지 않는다. 반응 전 반응물에 저장되어 있는 3.5 eV의 에너지는 단지 하나의 배열 즉, H_2와 O_2 분자 내의 원자 사이에 결합 에너지로서 존재한다. 달리 말해서 각각의 결합은 특정되었고 그 크기를 알 수 있다는 것이다. 이들이 반응을 하면 두 개의 물 분자가 정확한 양의 에너지로 이를 나누어야 한다. 그러나 물 분자들이 이를 똑같이 나눌 필요는 없다. 사실 이들 두 분자가 전체 3.5 eV의 에너지로 합쳐져서 증가된 속도를 갖는 많은 조합이 존재한다. 우리가

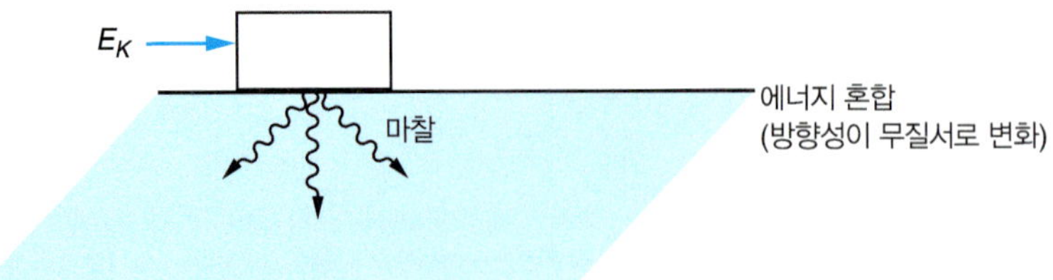

그림 3.18 에너지 혼합에 따라 에너지적으로 방향성이 있는 과정이 무질서해지는 것에 대한 예시. 여기에서 블록의 운동에너지는 마찰로 소산된다.

하나의 물 분자를 집어냈을 경우 우리는 그것의 정확한 속도를 알 수 없다. 즉, 우리는 정보를 잃어버렸고 거기에는 더 많은 수의 에너지 배열이 있으며 더 높은 엔트로피가 있다. 만일 4분자의 H_2와 두 분자의 O_2를 생각하면 상황은 더욱더 복잡해진다. 다시 말해 우리는 반응물의 에너지 배열을 완벽하게 특정지을 수 있다. 그러한 목표를 달성할 수 있는 분자 운동에너지 조합은 많다. 이러한 개념을 거시적인 크기로 확장하면 1 mol의 물을 생산하는 데 분배되는 에너지의 크기는 10^5 J 정도가 된다. 10^{23}개의 분자는 반응 에너지를 분배할 수 있는 다양한 속도 배열(분자 운동에너지)을 갖는다. 이 명제는 반응물의 에너지 배열이 이 에너지를 특정한 방식으로 분배하는 것 즉, 결합 에너지의 형태로 분배하는 것 보다 훨씬 더 가능성이 높다. 그래서 반응 엔트로피는 양의 값을 가지며 반응은 자발적으로 진행된다.

위의 논의는 화학 반응의 에너지 성분에 초점을 맞추고 있다. 그러나 거기에는 공간적인 성분도 있는데 이는 에너지 성분을 상쇄한다. 만일 계가 완전히 반응할 경우 순수한 물만 포함된다. 반면 일부 반응물이 여전히 남아 있다면 3가지 성분의 혼합물이 발생한다. 이들 화학종은 순수한 물보다 더 많은 공간적 배열을 가진다. 따라서 완전한 반응으로 근접함에 따라 온도 증가에 따른 에너지 배열 증가에 의해 얻는 엔트로피와 순수한 물로 진행됨에 따른 "섞이지 않은(unmixing)" 것으로 인한 손실되는 공간적 배열 사이의 절충이 이루어진다.[10] 일반적으로 이들 두 성분 간의 절충은 반응이 얼마나 많이 진척되었는지를 결정할 것이다. 우리는 제9장에서 화학종들이 화학적으로 얼마나 반응하였는지의 정도를 정량하는 방법을 배울 것이다.

요약하면 계가 그것의 분자 상태 (더욱더 가능성이 높은)에 대한 더욱더 가능한 배열을 가진 상태로 진행됨에 따라 계의 엔트로피는 증가한다는 것이다.

예제 3.19 **단열 자기제거(demagnetization)에 의한 냉각**

자기 냉각 사이클은 과냉각 온도를 얻는 데 사용될 수 있다. 이 사이클은 전형적으로 액체 헬륨 온도(4.4K)에 있는 "뜨거운" 열 저장고와 매우 낮은 온도(0.0065 K)에 있는 차가운 열 저장고 사이에서 조업된다. 장치는 고리 형태를 가진 가돌리늄 갈륨 가넷(gadolinium gallium garnet, GGG) 또는 암모늄 철백반(ferric ammonium alum, FAU)와 같은 상자성(paramagnetic) 작동 물질로 구성되어 있다. 고리는 높은 온도의(4.4 K!) 열 저장고와 낮은 온도의 열 저장소 사이에서 회전한다. 높은 온도의 열 저장고에서 작동 물질은 강한 전기장(7 테슬라)에 노출될 때 열을 내놓는다. 작동 유체가 낮은 온도의 열 저장고로 회전됨에 따라 자기장은 서서히 약해지고 결국에는 0이 된다. 이러한 *자기제거* 과정은 단열 가역 과정으로 가정할 수 있다. 작동 물질이 자기장을 제거함에 따라 작동 유체는 냉각된다. 작동 유체가 낮은 열 저장고에 노출되었을 때 열을 흡수한다. 분자적 기초로부터 단열 자기 소거가 어떻게 작동 물체를 냉각시키는지를 설명하라.

풀이 ▸ 자기제거 물질은 많은 수의 쌍을 이루지 않은 전자로 구성되어 있으며 이들 각각은 정해진 스핀 상태(스핀-업 또는 스핀-다운)를 갖고 있다. 자기장이 없을 경우 전자 상태 각각의 에너지는 동일하다. 따라서 같은 수의 전자가 각 상태를 점유할 것이다. 자기장이 물질에 가해지면 스핀-업과 스핀-다운 상태의 에너지는 더 이상 같지 않다. 결론적으로 더 많은 전자가 더 낮은 에너지

10. 3개의 분자가 반응할 때마다 두 개의 분자가 생성되며 이러한 효과는 엔트로피의 공간적 성분의 감소에 기여하게 된다.

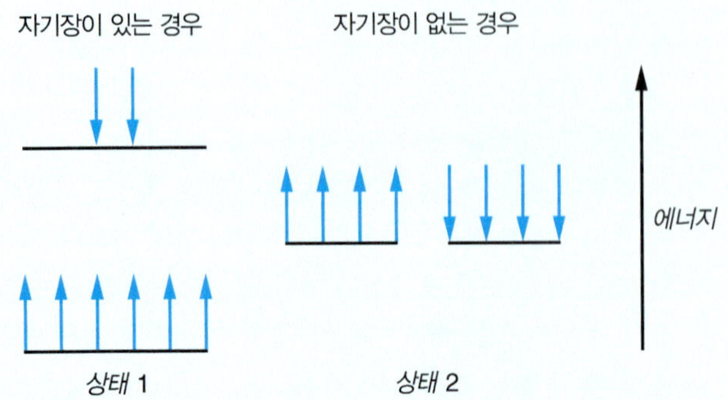

그림 E3.19 자기장이 있는 경우(상태 1)와 없는 경우(상태 2)에 대한 자기제거 물질의 전기적 스핀 상태.

상태를 채우고 이후 더 높은 에너지 상태를 채우게 된다. 자기장을 가진 스핀 상태(상태 1)와 자기장이 없는 스핀 상태(상태 2)를 그림 E3.19에 나타내었다.

이 계의 엔트로피는 두 가지 성분 즉, 자화에 의한 $s_{\text{magnetization}}$과 온도로 인한 $s_{\text{temperature}}$을 가지는 것으로 생각할 수 있다. 우선 $s_{\text{magnetization}}$를 생각해보자. 그림 E3.19를 살펴보면 자기장을 가했을 때 상태 2보다 상태 1에서 더 적은 수의 가능한 배열(덜 무질서함)이 있음을 알 수 있다. 따라서 작동 물질이 상태 1에서 2로 진행됨에 따라 자기제거 과정 동안 자화에 따른 엔트로피가 증가한다.

$$\Delta s_{\text{magnetization}} > 0$$

그러나 전체 과정이 가역, 단열이므로 엔트로피 변화는 0이다.

$$\Delta s = 0 = \Delta s_{\text{magnetization}} + \Delta s_{\text{temperature}}$$

따라서,

$$\Delta s_{\text{temperature}} < 0$$

이 된다. 온도 성분의 엔트로피는 온도가 내려감에 따라 감소한다.

$$T_2 < T_1$$

3.9절에서 서술한 전통적인 증기-압축 냉동 사이클에서의 두 상태와 단열 자기제거 사이클(그림 E3.19)에서의 두 상태를 비교하는 것은 흥미롭다. 두 사이클 모두 더욱더 정돈된 상태에서 덜 정돈된 상태로 진행됨에 따라 차가운 열 저장고로부터 열을 흡수하는 작동 유체와 관련이 있다. 이 예제에서는 전통적 냉동에서 벌어지는 액체에서 기체로의 전이가 자기제거 물질의 자기제거로 대체된다는 것이다. 마찬가지로 두 사이클에서는 작동 성분이 더욱더 정돈된 상태(액체 또는 자화)로 전이됨에 따라 뜨거운 열 저장고에서 열이 배제된다는 것이다. 이 예제는 공학적 공정을 창조적으로 개발하는 접근법을 보여주고 있다. 즉, 동일한 원리를 새로운 방식으로 적용하였다. 명백하게도 단열 자기제거 냉동 시스템에 의해 얻어진 초저온은 전통적인 액체-기체 전이에 의해서는 얻어질 수 없는데 그 이유는 기체가 이와 같은 온도에서는 존재할 수 없기 때문이다. 그러나 이 과정을 개발함에 있어 같은 근본적 형태의 과정(즉, 질서-무질서 전이)이 개발되었다. 그것은 질서-무질서 전이가 고체 내에서 발생하는 응용사례에 적합한 방식으로 달성된다. 다수의 훌륭한 과정들이 이러한 방식의 유사한 근본적인 메커니즘을 적용하여 만들어져 왔다.

3.12 요약

열역학 제2법칙은 **전체(우주) 엔트로피**(entropy of the universe)가 증가하거나 최소한 같은 상태라는 것을 말해준다. 우주의 전체 엔트로피는 절대 감소하지 않는다. 우주의 엔트로피는 **가역적인**(reversible) 과정에 대해서는 변화가 없지만 **비가역적인**(irreversible) 과정에 대해서는 증가한다.

엔트로피 수지식을 닫힌계와 열린계에 대해 적용하였다. 각각의 경우에 대해서 계에 대한 엔트로피 변화나 주위에 대한 엔트로피 변화를 더함으로써 우주의 엔트로피 변화를 설명하였다. 예를 들어 **닫힌계**(closed system)에 대한 열역학 제2법칙의 적분식은 다음과 같은 크기성질의 형태로 쓸 수 있다.

$$\Delta S_{\text{univ}} = n(s_{\text{final}} - s_{\text{initial}}) - \frac{Q}{T_{\text{surr}}} \geq 0 \qquad (3.13)$$

식 (3.13)에서 주위는 일정한 온도 T_{surr}이다. **열린계**(open system)에 대해서는 열역학 제2법칙을 속도에 기초하여 쓰는 것이 편하다. 세기 성질의 형태로 적분식을 쓰면 다음과 같다.

$$\frac{dS}{dt} + \sum_{\text{out}} \dot{n}_{\text{out}} s_{\text{out}} - \sum_{\text{in}} \dot{n}_{\text{in}} s_{\text{in}} - \frac{\dot{Q}}{T_{\text{surr}}} \geq 0 \qquad (3.21)$$

식 (3.21)에서 첫 번째 항은 계의 엔트로피 변화 속도를 설명하는 반면 나머지 3개의 항은 계 밖으로 유출되거나 유입되는 질량 흐름과 열전달로 인해 주위의 엔트로피가 바뀌는 것을 설명하고 있다. 열역학 제1법칙과 제2법칙을 결합하여 하나의 유입 흐름과 하나의 유출 흐름을 갖는 **정상 상태**(steady-state)와 **가역**(reversible) 과정을 나타낼 수 있는 베르누이 방정식을 만들게 된다.

$$\frac{\dot{W}_s}{\dot{n}} = \int_1^2 v\,dP + MW\left(\frac{\vec{V}_2^2 - \vec{V}_1^2}{2}\right) + MWg(z_2 - z_1) \qquad (3.30)$$

이 식을 질량과 몰에 기초한 크기 성질 형태로 변형한 미분 형태로 쓸 수도 있다.

열역학 제2법칙은 많은 공학적 시스템에 응용되었다. 주어진 물리적인 문제에 대해서 이들 식에서 어떤 항들이 중요한지, 어떤 항들이 무시할만하거나 0이 되는지를 결정해야만 한다. 닫힌계에 대한 예시로는 견고한 탱크 또는 피스톤-실린더 장치에서 등온 팽창과 압축이 있다. 정상 상태 열린계로는 노즐, 확산기, 터빈, 펌프, 열교환기와 조름 장치가 있다. 과도기적 열린계 문제는 용기를 채우고 비우는 것을 수반한다. 마지막으로 증기-압축 동력 사이클과 냉동 사이클은 열역학적 사이클에 대한 유용한 예시가 된다. 이 경우, 사이클의 성능은 **효율**(efficiency)과 **성능 계수**(coefficient of performance)로 각각 정량화된다. 여러분은 앞서 논의한 계로 한정되지 않고 관심을 두고 있는 어떤 계에 대해서도 열역학 제2법칙을 적용할 수 있도록 충분하게 개념을 이해해야 한다.

가역 과정에 대한 계산을 수행함에 있어 열역학 제2법칙은 우리로 하여금 열이나 일과 같은 양을 계산하거나 미지의 상태를 결정할 수 있는 추가적인 제약을 제공해준다. 우리는 이들 값들을 이용하여 실제 과정에 따른 값을 추산할 수 있어야 한다. **등엔트로피 효율**(isentropic efficiency)은 단위 과정을 가역적으로 조업될 때 얻는 성능과 실제 성능을 비교한다.

상태 1과 상태 2 사이에서 엔트로피 변화는 다음과 같이 정의된다.

$$\Delta s = \int_1^2 = \frac{\delta q_{rev}}{T} \tag{3.2}$$

엔트로피가 *가역* 과정에서 흡수된 열의 항으로 *정의*되기 때문에 우리는 상태 1에서 상태 2로의 가역 과정을 따르는 경로를 구성하여 임의의 두 상태 사이에서의 엔트로피 변화를 계산할 수 있다. 이러한 방식으로 우리는 **이상기체**(ideal gas)에 대한 엔트로피 변화가 다음과 같이 주어짐을 알 수 있다.

$$\Delta s = \int_{T_1}^{T_2} \frac{c_P}{T} \mathrm{d}T - R\ln\left(\frac{P_2}{P_1}\right) \tag{3.22}$$

일반적으로 식 (3.22)는 상태 1과 상태 2 사이의 이상기체에 따른 엔트로피 변화이다. 이 식은 가역적인 과정에만 국한되지 않는다. 이상기체에 대해서 (T_1, v_1)과 (T_2, v_2) 사이에의 엔트로피 변화는 식 (3.24)에 의해 주어진 것과 같다. 또한 두 상 사이의 엔트로피 변화는 우리가 구할 수 있다면 특성 표로부터 직접 얻을 수 있다.

엑서지(exergy)는 복잡한 과정에 대한 방법론적 해석을 위해 사용된다. 엑서지는 이상적인 일과 관련되어 있으며 이는 계가 그것의 현재 상태에서 사멸 상태(dead state)를 겪으면서 발생하는 과정으로부터 얻는 최상의 일이다. 사멸 상태는 환경이 즉각적으로 주변과 인접할 때 같은 특성을 가진다. (달리 말하면 우리는 사멸 상태로부터 관심을 두는 상태를 겪어야 할 때 투입해야만 하는 최소 일로서 이상적인 일을 인식할 수 있다.) 마찬가지로 **엑스탈피**(exthalpy) 또는 흐름 엑서지는 유입과 유출 흐름의 흐름 일을 설명해준다. 엑서지 해석은 우리로 하여금 계를 구성하는 단위 과정 중에 손실되는 유용 일의 양을 정량화 할 수 있게 한다. 이를 통해 우리는 과정 설계와 개선을 위해 어디에 초점을 맞추어야 하는지에 대한 우선 순위를 얻을 수 있다.

분자적 관점에서의 엔트로피는 분자 확률과 관계가 있다. 어떤 상태가 더욱더 다른 **분자 배열**(molecular configuration)을 가질수록 해당 상태가 존재할 가능성이 높으며 그것의 엔트로피도 높아진다. 일련의 분자에 대한 가능한 배열의 수를 결정함에 있어 우리는 그들이 공간상에 어디에 있는지 뿐 아니라 그들의 에너지가 어떻게 분포되어 있는지를 고려해야만 한다. 이러한 요소들은 분자 규모에서의 에너지는 양자화되어 있다는 사실에서 비롯된다. 일련의 분자가 분포하거나 그들의 에너지가 퍼지는 데 상응하는 배열의 수가 증가할수록 상태에 대한 엔트로피는 증가한다. 따라서 엔트로피의 증가는 공간상에 '혼합'되거나 에너지에 대해 '혼합'되는지에 의해 특징지을 수 있다. 이들 분자에 기반한 개념은 많은 다른 영역으로 전파되어 왔다. 정보 이론은 볼츠만이 분자 배열에 적용한 공식과 동일한 식을 사용하여 정보의 '비트(bits)'에 대한 정보 엔트로피를 정의한다. 마찬가지로 '엔트로피'를 기반으로 하는 논의는 경제학, 신학, 사회학, 예술, 철학에 이르는 다양한 영역으로 확대되어 왔다.

3.13 연습 문제

개념 문제

3.1 일련의 혼합 과정이 아래의 그림에 나타나있다. 부피는 박스의 크기로 표시되었다. 각각의 과정에 대해서 Δs가 0보다 큰지 작은지, 0과 같은지를 결정하라. 또한 답을 설명하라. O_2와 N_2는 이상기체처럼 거동한다고 가정한다.

그림의 (a)에서 (d)에 이르는 결론을 반영하고 엔트로피가 계의 '무질서 정도'임을 나타내는 보편적 명제에 대해 언급하라.

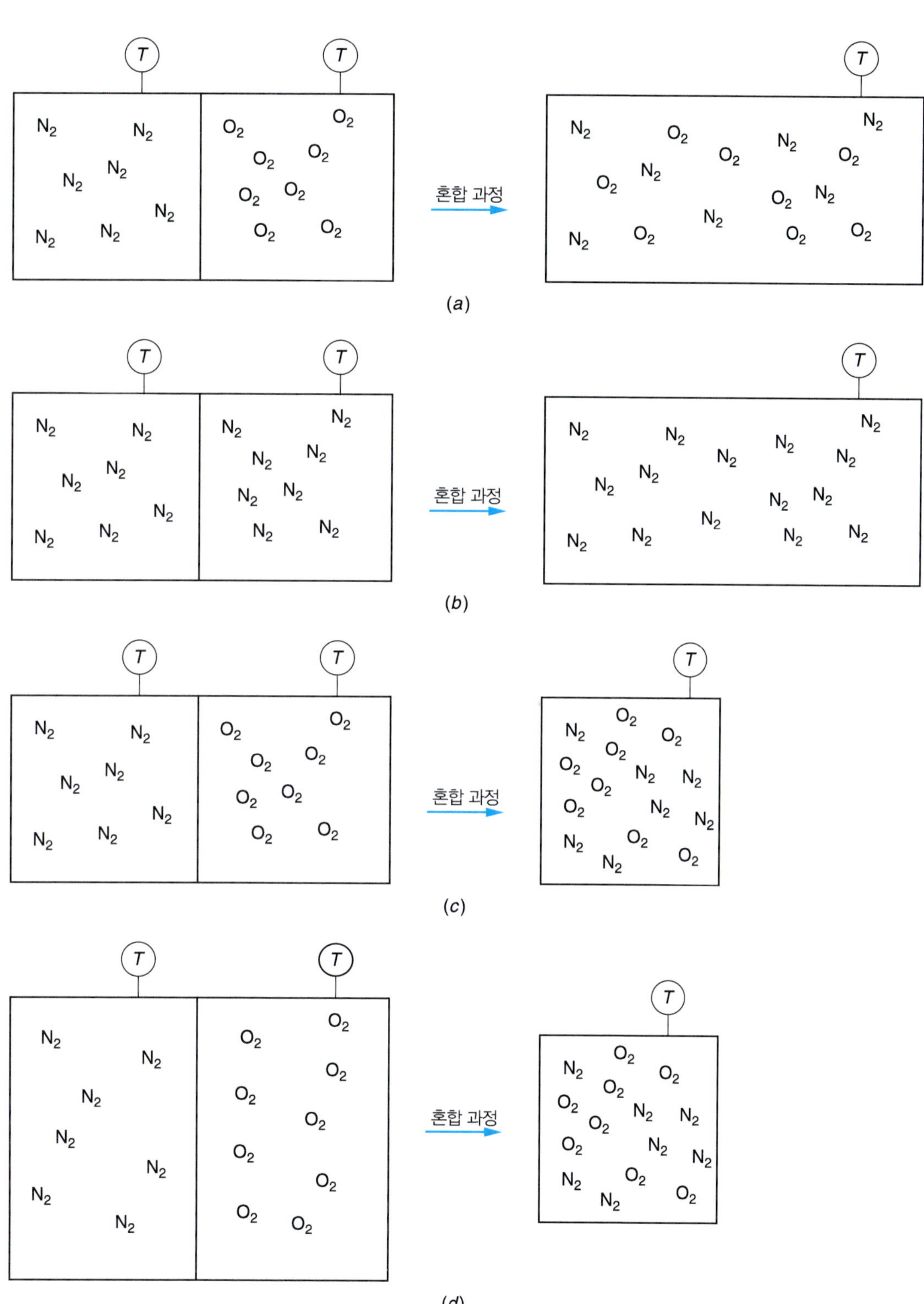

3.2 다음의 식이 적용되는 조건을 설명하라. 제약조건을 가능하면 자세하게 설명하라.

(a) $q = \int T ds$

(b) $h_2 - h_1 = c_p(T_2 - T_1)$

(c) $\Delta s_{univ} > 0$

(d) $\Delta S_{surr} = \dfrac{Q_{surr}}{T_{surr}}$

(e) $\Delta S_{univ} = \dfrac{Q_H}{T_H} - \dfrac{Q_C}{T_C}$

(f) $0 = \int_1^2 v dP + \left(\dfrac{V_2^2 - V_1^2}{2}\right) + g(z_2 - z_1)$

3.3 두 종류의 이상기체 A와 B가 초기에 분리되어 있다고 생각해보자. 다음의 과정 각각에 대해서 기체는 혼합된다. 계의 엔트로피 변화가 양인지 음인지 0인지를 결정하고 그 이유를 설명하라.

(a) 과정이 일정 압력에서 등온으로 발생

(b) 과정이 일정 압력에서 단열적으로 발생

(c) 과정이 일정 부피에서 등온으로 발생

(d) 과정이 일정 부피에서 단열적으로 발생

3.4 이상기체를 생각해보자. 다음의 과정에 대해서 계의 엔트로피 변화가 양인지 음인지 0인지를 결정하고 그 이유를 설명하라.

(a) 등온 압축

(b) 단열 압축

(c) 등압 가열

(d) 등적 가열

3.5 아래의 과정을 생각해 보고 계의 엔트로피 변화가 양인지 음인지 0인지 혹은 말할 수 없는지를 결정하고 그 이유를 설명하라.

(a) 액체상의 물이 얼음으로 언다.

(b) 1 mol의 산소와 2 mol의 수소가 등온적으로 완전하게 반응하여 1 mol의 수증기를 형성한다.

(c) 1 mol의 산소와 2 mol의 수소가 단열적으로 완전하게 반응하여 1 mol의 수증기를 형성한다.

3.6 상태 1에서 상태 2로의 변화는 두 가지의 과정을 겪는 이상기체를 생각해보자. 첫 번째 과정에 대한 경로(경로 1)는 가역적이며 두 번째 과정에 대한 경로(경로 2)는 비가역적이다. 아래의 질문에 답하라.

(a) 계의 엔트로피 변화를 비교할 때 경로 1의 엔트로피 변화가 경로 2의 엔트로피 변화보다 (크다, 같다, 작다). 그 이유를 설명하라.

(b) 주위의 엔트로피 변화를 비교할 때 경로 1의 엔트로피 변화가 경로 2의 엔트로피 변화보다 (크다, 같다, 작다). 그 이유를 설명하라.

3.7 아래의 그림과 같이 검은색 상자가 케이블을 가진 빔에 붙어 있다. 상자를 계로 생각하자. 과정 동안 알 수 없는 메커니즘에 의해 상자로 케이블이 들어가면서 상자의 높이가 높아졌다. 이 과정에 따른 어떤 마찰이 존재한다고 가정한다.

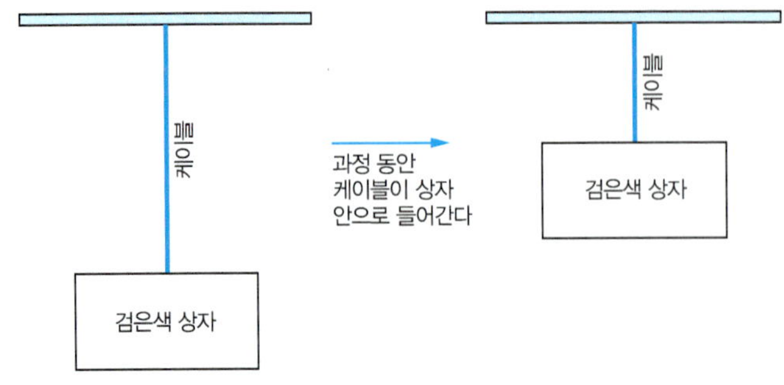

(a) 과정 동안 상자의 전체 에너지 변화는 (0보다 크다, 0과 같다, 0보다 작다, 말할 수 없다). 그 이유를 설명하라.

(b) 과정 동안 우주의 엔트로피 변화는 (0보다 크다, 0과 같다, 0보다 작다, 말할 수 없다). 그 이유를 설명하라.

(이 문제에 대한 아이디어를 제공한 Octave Lvenspiel 교수님께 감사드린다.)

3.8 연습 문제 2.12에서 두꺼운 고무 밴드가 늘어날 때 열이 발생하는 이유를 설명했다. 엔트로피를 이용하여 다른 설명을 제시하라. 등엔트로피 과정으로 가정한다.

3.9 예제 3.15에서 주어진 실제 Rankine 사이클에 따른 *Ts* 선도를 정성적으로 도시하라.

3.10 아래의 그림에는 두 개의 가역적인 열역학적 동력 사이클에 대한 *Ts* 선도를 보여주고 있다. 두 개의 사이클은 500 K에 있는 고온 열 저장고와 300 K에 있는 저온 열 저장고 사이에서 조업되고 있다. 왼쪽의 과정이 2.9절에서 서술한 Carnot 사이클이며 오른쪽의 과정은 Carnot 사이클과 2개의 단계(상태 4에서 상태 1, 상태 2에서 상태 3)가 등적 과정으로서 다른 Stirling(스털링) 사이클이다. 만일 더 큰 효율을 얻기 위해서는 어느 사이클이 적합한가? 그 이유를 설명하라.

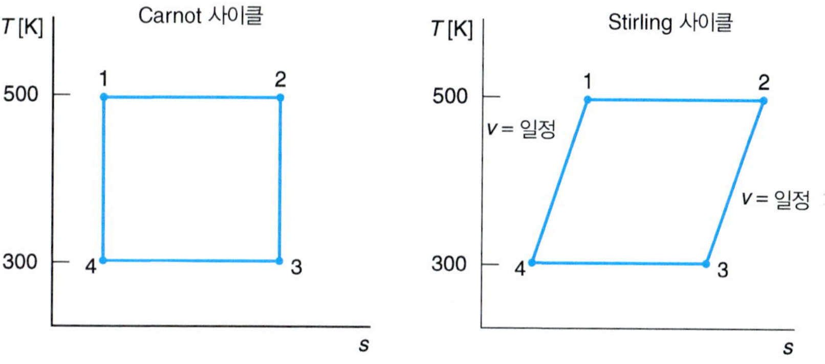

3.11 아래의 그림에는 두 개의 가역적인 열역학적 동력 사이클에 대한 *Ts* 선도를 보여주고 있다. 두 개의 사이클은 500 K에 있는 고온 열 저장고와 300 K에 있는 저온 열 저장고 사이에서 조업되고 있다. 왼쪽의 과정이 2.9절에서 서술한 Carnot 사이클이며 오른쪽의 과정은 Carnot 사이클과 2개의 단계 (상태 1에서 상태 2, 상태 3에서 상태 4)가 등압 과정으로서 다른 Brayton(브래이튼) 사이클이다. 만일 더 큰 효율을 얻기 위해서는 어느 사이클이 적합한가? 그 이유를 설명하라.

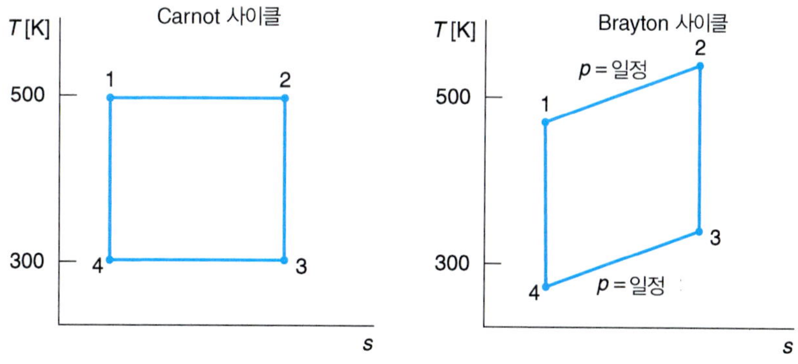

3.12 CdTe는 II−IV 복합 반도체이다. 이 고체는 Cd 원자와 Te 원자가 결정격자에 서로 인접한 별개의 사이트에 놓여 있는 잘 정돈된 단일 결정을 형성한다. 일정한 온도와 압력 조건에서 1 mol의 순수한 고체 Cd와 1 mol의 순수한 고체 Te로 구성된 초기 상태에서 1 mol의 CdTe의 최종 상태로 혼합될 때 혼합 엔트로피를 계산하라.

3.13 1959년 리드 강연 시리즈 중 '두 문화(two cultures)'라는 주제 강연에서 C.P. Snow는 다음과 같이 주장하였다.

전통적인 문화의 기준에서 높은 수준의 교육을 받았으면서 과학자의 무지에 대해 불신을 표현하는 상당한 기품을 가진 사람들이 모인 자리에 여러 번 참석한 적이 있다. 나는 그들 중 얼마나 많은 사람들이 열역학 제2법칙을 설명할 수 있는가를 회사에 요청한 적이 있다. 대답은 싸늘했다. 물론 부정적이었다. 그러나 나는 동일한 것을 묻고 있었다. 셰익스피어의 작품을 읽은 적이 있냐고?

열역학 제2법칙과 셰익스피어 사이의 유사성이 적절하다고 생각하는가? 여러분의 입장을 대변할 수 있는 글을 작성하라.

3.14 헨리 모리스는 그의 책 '혼란(The Trouble Waters)'에서 다음과 같이 주장했다.

엔트로피 증가의 법칙은 여태까지 제시되었던 어떠한 진화 메카니즘이 극복하지 못했던 넘을 수 없는 장벽이다. 진화와 엔트로피는 반대가 되며 상호 배제하는 개념이다. 만일 엔트로피의 원리가 진정 보편 타당한 법칙이라면 진화는 불가능하다.

이 주장이 과학적으로 맞다고 보는가? 그 이유를 설명하라.

3.15 포커 게임에서 당신이 가질 수 있는 최상의 패는 '포커'이다. 이 명제를 엔트로피의 개념과 관련지을 수 있는가? 이 손이 높은 s 값을 가졌다고 말할 수 있나?

3.16 엔트로피 개념은 Carnot, Clausius, Kelvin 경의 업적에 따른 증기기관의 효율을 연구하기 위해 19세기에 발전되었다. 그러나 이는 19세기 유럽의 사상, 철학, 신학과 같이 공학을 넘어선 영역에 큰 충격을 주었다. 도서관이나 웹에서 엔트로피가 중요한 역할을 한 비공학 주제를 찾아보라. 그 주제에 대해 100단어 정도로 서술하고 인용 출처를 밝혀라.

계산 문제

3.17 아래의 경로에 기초하여 (v_1, T_1)에서 (v_2, T_2)로 변하는 이상기체의 Δs_{sys}에 대한 일반적인 표현을 도출하라.

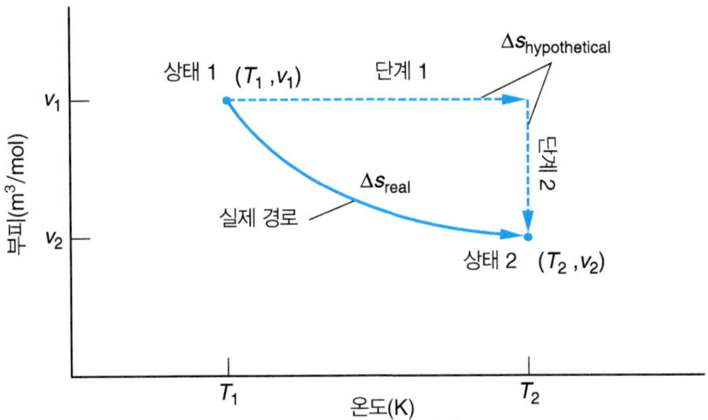

3.18 아래의 식과 같이 열용량이 주어질 때 (P_1, T_1)에서 (P_2, T_2)로 변하는 이상기체의 Δs_{sys}에 대한 일반적인 표현을 도출하라.

$$c_P = A + BT + CT^2$$

3.19 견고한 용기 안에 10 kg의 증기가 있다. 증기는 초기에 10 bar, 300°C 조건에 있다. 시간이 흐른 후에 주위로의 열전달로 인해 용기 안의 압력이 1 bar로 줄어들었다. 주위는 20°C의 일정한 온도로 유지된다. 이 과정 중의 계, 주위, 그리고 우주의 엔트로피 변화를 결정하라.

3.20 10 kg의 구리 덩어리가 초기에 100°C에 있다. 이것을 280 K의 온도를 갖는 매우 큰 호수에 던졌다. 구리 덩어리의 엔트로피 변화는 얼마인가? 우주의 엔트로피 변화는 얼마인가?

3.21 아래의 사례별로 계의 엔트로피 변화를 계산하라. 물리적인 논거에 의해 얻을 수 있는 부호를 설명하라.

(a) 초기에 500 K, 1 MPa, 8.314 L의 조건에 있는 기체가 가역 단열 팽창을 거쳐 최종 부피가 16.628 L가 되는 경우

(b) Methane 증기 1 mol이 methane의 끓는점 111 K에서 응축되는 경우. $\Delta h_{vap} = 8.2$ [kJ/mol].

(c) 1 mol의 액체 물이 100°C에서 0°C로 냉각되는 경우. 물의 평균 열용량은 4.2 J $K^{-1}g^{-1}$이다.

(d) 서로 다른 온도 200°C와 100°C에 있는 같은 질량을 가진 2개의 동일한 금속 블록이 있다. 이들 블록을 함께 붙여서 같은 온도가 되는 경우 이들 블록은 주위와 고립되어 있다. 금속의 평균 열용량은 24 J $K^{-1}g^{-1}$이다.

3.22 연습 문제 2.28에 기술된 과정에 대한 우주 엔탈피 변화를 계산하라. 연습 문제 2.29에 대해서도 동일한 계산을 하라.

3.23 다음의 상태 사이에서 변화하는 이상기체의 엔트로피 변화를 계산하라. 단, 열용량은 $c_p = (7/2)R$로 주어진다.

(a) $P_1 = 1$ bar, $T_1 = 300$ K; $P_2 = 0.5$ bar, $T_2 = 500$ K

(b) $v_1 = 0.05$ m^3/mol, $T_1 = 300$ K; $v_2 = 0.025$ m^3/mol, $T_2 = 500$ K

(c) $P_1 = 1$ bar, $T_1 = 300$ K; $v_2 = 0.025$ m^3/mol, $T_2 = 500$ K

3.24 다음의 경우에 대한 엔트로피 변화를 비교하라. (a) 1 atm에서 물이 어는점에서 끓는점으로 가열될 경우와 (b) 포화 액체 물이 1 atm에서 기화되는 경우.

3.25 당신이 갖고 있는 20°C의 수돗물 한잔에 얼음을 넣어 −10°C로 냉각시켰다고 하자. 유리잔에는 원래 400 mL의 수돗물이 들어 있으며 여기에 100 g의 얼음을 집어넣은 것이다. 유리잔이 단열이라고 가정하자. 열적 평형에 도달한 후 우주의 엔트로피 변화를 계산하라. 얼음에 대해서 $\Delta h_{fus} = -6.0$[kJ/mol]이다.

3.26 초기에 400°C, 100 bar에 있는 0.5 kg의 증기가 포함된 피스톤-실린더 장치를 생각해보자. 이 계에 있는 증기가 단열 팽창하여 최종 압력이 1 bar가 되었을 경우 아래의 값을 계산하라.

(a) 이 과정 동안 얻을 수 있는 최대 가능 일([kJ])과 주위의 엔트로피 변화([kJ/K]는 얼마인가?

(b) 수증기에 대해 이상기체 모델을 적용하여 (a)를 반복하라. 그리고 답을 비교하라.

3.27 다음 그림과 같은 피스톤-실린더 장치를 생각해보자. 장치는 잘 단열되어 있고 초기에 0.05 m^{2}의 정지된 피스톤에 두 개의 5000 kg 짜리 블록이 포함되어 있다. 초기 온도는 500 K이다. 주위의 압력은 5 bar이다. 1 mol의 이상기체가 실린더에 포함되어 있다. 또 다른 5000 kg의 블록을 더하여 이 기체를 압축한다. 일정 부피에서 기체의 열용량은 (5/2)R로 일정하며 이 때 R은 기체 상수이다.

(a) 계 내부 기체의 초기 압력과 최종 압력은 얼마인가?

(b) 온도가 높아질 것인가 아니면 낮아질 것인가? 그 이유를 설명하라.

(c) 최종 온도는? (이것은 꼭 다방향성 과정일 필요는 *없다*!)

(d) Δs_{sys}와 Δs_{surr}을 계산하라. [*힌트*: 가능한 일련의 가역 과정에 대한 아이디어를 얻기 위해 Carnot 사이클을 이용할 수 있다.]

(e) 이 과정은 열역학 제2법칙에 위배되는가? 그 이유를 설명하라.

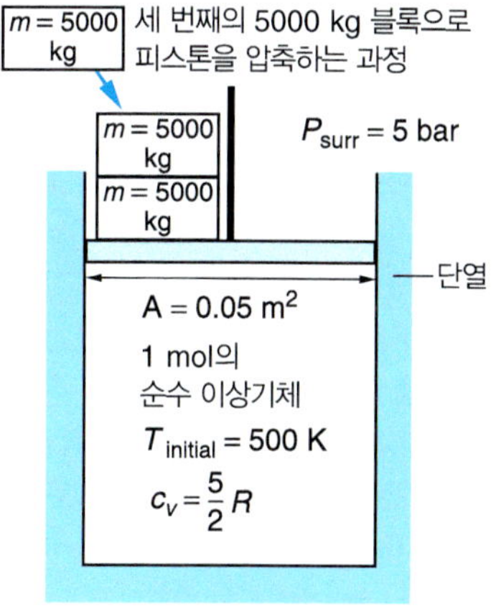

3.28 연습 문제 3.27은 일정한 열용량은 가진 이상기체가 피스톤-실린더 장치에서 압축되는 비가역 과정으로 구성되어 있다. 이 문제의 일부로서 이 과정에 대한 Δs_{sys}를 계산하도록 요구 받았다. 가역 과정에 대한 엔트로피 변화는 다음과 같이 정의된다.

$$\Delta s = \int_{\text{initial}}^{\text{final}} \frac{\delta q_{rev}}{T}$$

엔트로피의 변화는 계의 초기와 최종 상태에 따라 달라지면 계가 특정 과정을 거치는 경로와는 무관하다. 그러므로 *초기 상태와 최종 상태만 맞으면 우리가 원하는 임의의 경로를 설정할 수 있다.* 연습 문제 3.27에서 제시된 과정에 대한 Δs_{sys}를 다음의 경로를 따라 계산하라.

(a) 가역, 등온 팽창에 이어 가역 단열 압축(Carnot 사이클 4단계 중에서 2단계)

(b) 가역, 등온 압축에 이어 가역 등압 가열

(c) 가역, 등온 압축에 이어 가역 등적 가열

3.29 잘 절연된 피스톤-실린더 장치를 생각해보자. O_2는 초기에 250 K, 1 bar에 있으며 12.06 bar로 *가역* 압축되는 과정을 겪는다. 산소를 이상기체로 가정하자. 아래의 질문에 답하라.

(a) 이 과정에 대한 엔트로피의 변화는?

(b) 산소의 최종 온도는?

(c) 이 과정에 대한 일은?

(d) 만일 계 내의 산소가 *비가역적*으로 압축되어 12.06 bar에 이를 경우 최종 온도는 (b)에서 계산한 값보다 높은가 아니면 낮은가? 그 이유를 설명하라.

3.30 아래와 같이 절연된 용기가 막에 의해 두 부분으로 나뉘어져 있다. 한쪽에는 400°C, 200 bar에 있는 1 kg의 증기가 있다. 다른 쪽은 아무것도 없다. 막이 파괴되어 전체 부피가 된다고 하자. 최종 압력은 100 bar이다. 이 과정에서의 엔트로피 변화를 계산하라.

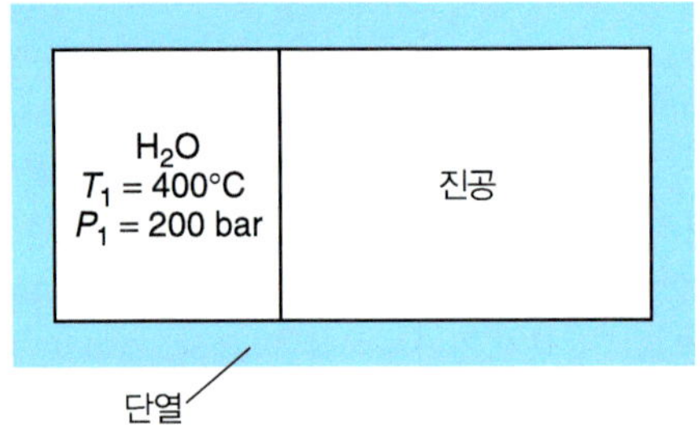

3.31 견고하고 잘 절연된 1 m^3의 용기를 동일한 격막을 이용하여 두 부분으로 나누었다. 왼쪽은 10 bar, 300 K의 이상기체[$c_p = (5/2)R$]가 들어 있다. 오른쪽은 아무것도 없으며 진공이다. 격막에 작은 구멍을 만들어 기체가 서서히 왼쪽으로부터 새어나오게 하였고 최종적으로는 용기의 온도가 같아진다. 엔트로피 변화를 계산하라.

3.32 절연된 탱크가 얇은 격막으로 나뉘어져 있다.

(a) 왼쪽은 1 bar, 298 K에 있는 0.79 mol의 N_2가 들어 있고, 오른쪽에는 1 bar, 298 K에 있는 0.21 mol의 O_2가 들어 있다. 격막이 찢어졌다. 이 과정 동안의 Δs_{univ}를 계산하라.

(b) 왼쪽은 2 bar, 298 K에 있는 0.79 mol의 N_2가 들어 있고, 오른쪽에는 1 bar, 298 K에 있는 0.21 mol의 O_2가 들어 있다. 격막이 찢어졌다. 이 과정 동안의 Δs_{univ}를 계산하라.

[*힌트*: 각각의 기체에 대한 엔트로피 변화를 별도로 계산하여 합하라. 이를 위해서는 부분압에 대한 개념이 필요할 것이다.]

3.33 아래의 그림과 같이 잘 절연된 견고한 용기를 생각해보자. 두 개의 부분 A와 B에는 물이 포함되어 있으며 이들은 얇은 금속 피스톤에 의해 분리되어 있다. A쪽은 길이가 50 cm이다. B쪽은 길이가 10 cm이다. 단면적은 0.1 m^2이다.

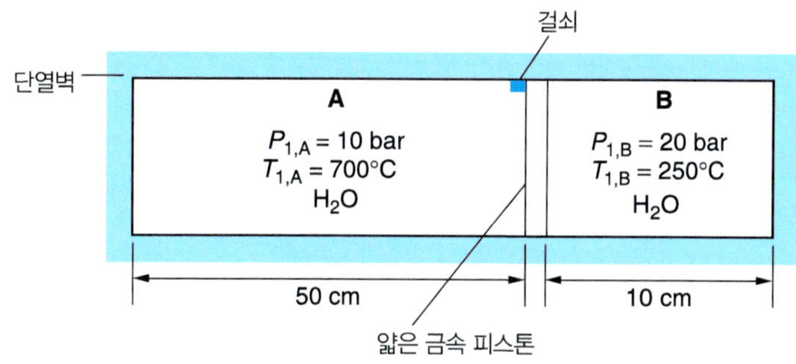

왼쪽의 초기 압력과 온도는 각각 10 bar와 700°C이며, 오른쪽의 초기 압력과 온도는 20 bar와 250°C이다. 피스톤은 초기에 걸쇠로 고정되어 있다. 걸쇠가 제거되면 피스톤은 두 부분의 압력과 온도가 같아질 때 까지 움직인다. 이 과정에 대한 우주의 엔트로피를 구하라.

3.34 아래와 같이 잘 절연된 용기가 있다. 두 기체 A와 B가 금속 피스톤에 의해 분리되어 있다. 초기에 피스톤은 용기의 왼쪽으로 10 cm되는 지점에 걸쇠로 고정되어 있다.

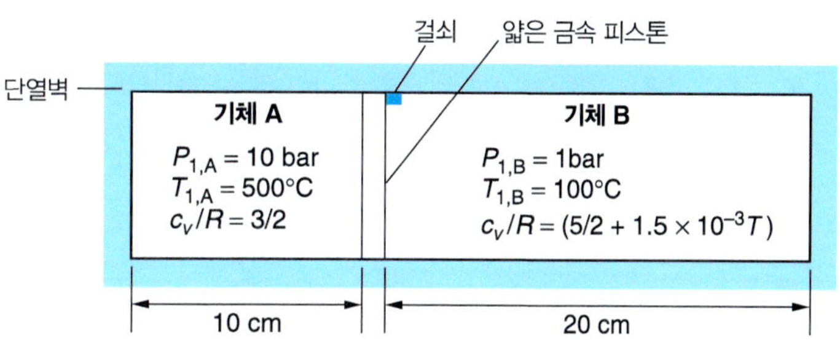

왼쪽에 있는 기체 A의 초기 압력과 온도는 각각 10 bar와 500°C이다. 기체 A의 열용량은 $(c_{v,A}/R)$ = 3/2로 일정하다. 기체 B는 오른쪽에 있으며 초기의 온도와 압력은 1 bar와 100°C이다. 기체 B의 열용량은 $(c_{v,B}/R) = 5/2 - 1.5 \times 10^{-3}\ T$로 주어지며, 여기에서 T는 Kelvine이다. 두 기체 모두에 대해 이상기체 모델을 사용할 수 있다.

(a) 걸쇠가 제거되고 두 부분의 압력과 온도가 같아질 때까지 피스톤이 움직인다. 최종 압력과 온도를 계산하라. 여러분이 수립한 가정을 서술하라.

(b) 우주의 엔트로피 변화를 계산하라. 이 과정이 가능한가?

3.35 8 MPa, 500°C에 있는 증기가 조름 장치를 통해 흐르고 있으며 유출 압력은 100 kPa이다. 이 과정에 대한 엔트로피 변화를 계산하라.

3.36 말이 빠른 영업사원이 당신의 현관에 와서 그녀의 형편이 좋지 못하다고 말하고는 당신에게 그녀의 가장 우아한 발명에 대한 특허권을 팔려고 한다. 그녀는 수상한 검은색 상자를 들고 와서는 상자로 유입되는 이상기체의 유속과 압력이 각각 2 kg/s과 4 bar이며 그것의 일부는 50°C에서 10°C로 냉각된다고 한다. 그림은 아래와 같다.

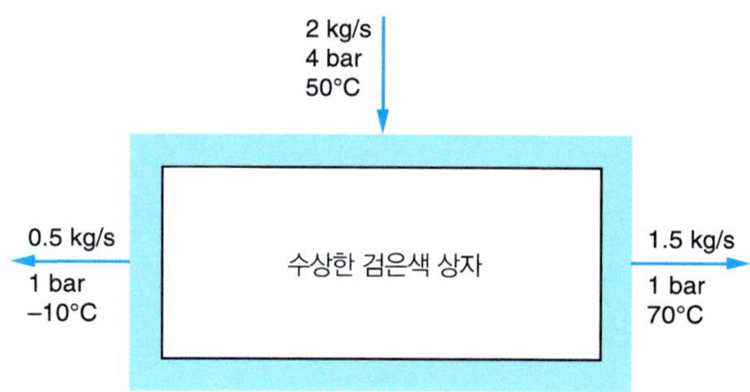

당신은 약간의 모험심을 느끼고 있으며 이러한 제의에 넘어가고 있지만 근본적인 질문을 해야만 한다. "그것이 작동될 수 있는가?"그 이유를 설명하라.

3.37 수증기가 노즐로 4 MPa, 640°C, 20 m/s의 속도로 유입된다. 이 과정은 **가역**(reversible), **단열**(adiabatic)로 간주할 수 있다. 노즐의 유출 압력은 0.1 MPa이다.

(a) 알고 있는 모든 정보를 포함하여 이 과정을 도시하라.

(b) 수증기의 엔트로피 변화는?

(c) 유출 온도는?

(d) 유출 속도는?

3.38 350°C, 600 cm^3/mol인 propane(프로페인)이 터빈에서 팽창하고 있다. 배기 압력은 대기압이다. 가능한 가장 낮은 배기 온도는? 얼마나 많은 일을 얻었나? 이상기체 거동을 가정하고 주위로의 열전달은 무시할 수 있다고 가정한다.

3.39 20°C, 1 bar에서 흐르는 공기의 유입 흐름이 20°C, 1 bar의 순수한 산소와 질소의 유출 흐름으로 나누는 데 필요한 최소 일을 구하라.

3.40 단열 터빈이 10 bar, 500°C에서의 유입부로부터 1 bar인 유출부로 10 kg/s의 증기의 흐름을 갖도록 설계되었다. 정상 상태에서 이 터빈이 7,619 kW의 동력을 이송할 수 있다고 한다. 이것인 가능한가? 그 이유를 설명하라.

3.41 10.0 m^3/min의 유속을 가진 이상기체가 25°C, 1 bar에 있는 압축기로 유입된다. 기체는 1 MPa로 떠난다. 이 과정 동안 열은 주위로 2100 W의 속도로 소산된다. 주위는 25°C의 온도로 일정하게 유지된다. 이상기체의 열용량은 아래와 같이 주어진다.

$$\frac{c_P}{R} = 2.00 + 0.0400T$$

여기에서 T는 Kelvin이다. 아래의 질문에 답하라.

(a) 이 과정이 가역적일 경우 압축기 출구에서의 온도를 계산하라.

(b) 기체를 압축하는 데 필요한 최소 동력을 계산하라.

(c) 만일 압축기 효율이 70%라면 실제 필요한 동력을 계산하라.

(d) 실제 최종 온도를 계산하라.

3.42 727°C의 뜨거운 열 저장고와 27°C의 차가운 열 저장고 사이에서 조업되는 Carnot(가역) 동력 사이클을 생각해보자. 만일 700 W의 동력이 생산된다면 우주의 전체 엔트로피 변화, 뜨거운 열 저장고의 엔트로피 변화, 그리고 차가운 열 저장고의 엔트로피 변화를 계산하라.

3.43 이상기체가 10 [mol/s]의 몰 유속을 가지고 단열 터빈에 유입된다. 유입 압력은 100 bar이며 유입부의 온도는 500°C이다. 기체는 1 bar로 유출된다. 이상기체의 열용량은 다음과 같이 주어진다.

$$\frac{c_P}{R} = 3.6 + 0.5 \times 10^{-3}T$$

여기에서 T는 Kelvin이다.

(a) 정상 상태에서 터빈에 의해 발생되는 최대 동력(kW)을 계산하라.

(b) 등엔트로피 효율이 80%일 때 이송되는 실제 동력을 계산하라.

3.44 아래의 그림과 같이 0.1 m^3의 용적을 갖는 견고한 용기로 공급 라인을 통해 127°C, 2 bar에서 이상기체가 공급된다. 용기의 내부의 초기 상태는 진공이다. 밸브가 열리면 평형 압력에 도달할 때까지 용기가 채워진다. 이후 밸브를 닫는다. 이 과정에서 6,000[J]의 열이 주위로 전달된다. 용기의 최종 온도는 227°C이다. 주위의 온도는 27°C이다. 이 과정에서 우주의 엔트로피 변화는 얼마인가? 열용량은 $c_p = \left(\frac{7}{2}\right)R$로 일정하다.

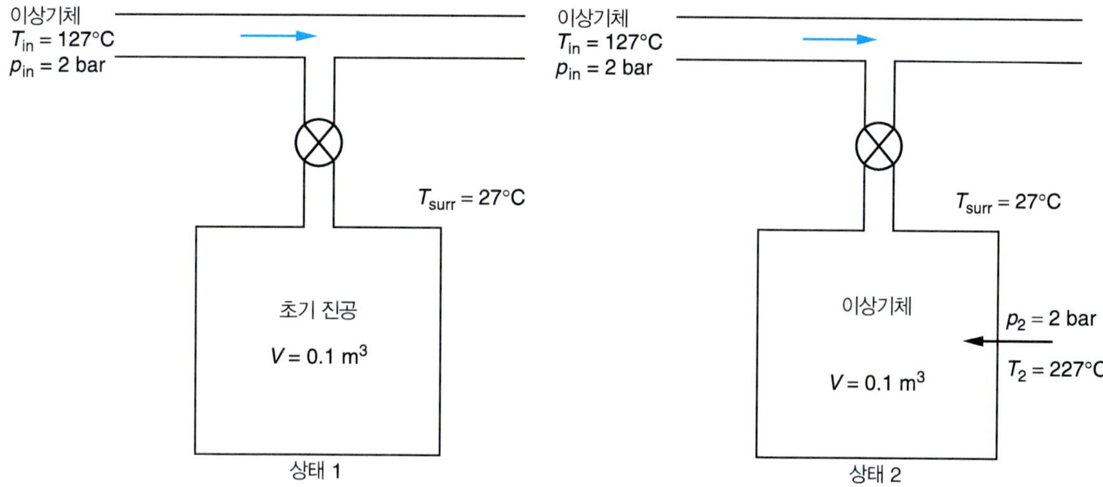

3.45 아래 그림에서 보듯이 0.5 m^3의 용적을 갖는 견고한 탱크가 피스톤–실린더 장치와 밸브를 통해 연결되어 있다. 두 용기 모두 순수한 물을 포함하고 있다. 이들은 200°C, 600 kPa의 열 저장고에 담겨져 있다. 계로서 탱크와 피스톤–실린더 장치를 생각하고 열 저장고를 주변으로 생각하자. 처음에 밸브는 닫혀 있고 두 개의 단위는 주변(열 저장고)과 평형을 이루고 있다. 견고한 탱크는 물의 질량 중 95%가 증기인 포화된 물을 포함한다. 피스톤–실린더 장치의 처음 부피는 0.1 m^3이다. 이 후 밸브가 열린다. 평형이 될 때 까지 물이 피스톤–실린더 장치로 흘러간다. 이 과정에 대해서 계의 엔트로피 변화, 주위의 엔트로피 변화, 그리고 우주의 엔트로피 변화를 계산하라.

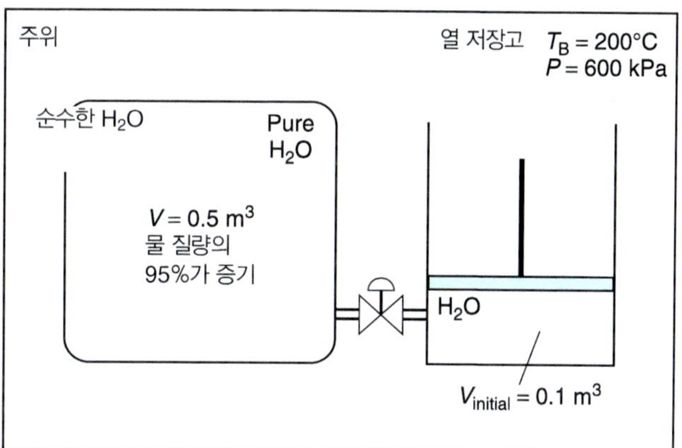

3.46 견고하고 잘 절연된 용기가 초기에 세 부분으로 나누어져 있다. 맨 윗부분은 진공이다. 맨 윗부분은 중간 부분 A와 마찰이 없는 질량 1000 kg, 면적 0.098 m^2의 물질에 의해 분리되어 있다. A 부분은 300 K의 이상기체 2 mol을 포함하며 단단한 격막에 의해 용기의 바닥 위의 B 부분과 분리되어 있다. B 부분은 초기에 300 K의 동일한 이상기체 2 mol을 포함하고 있으며 0.1 m^3의 부피를 점유하고 있다. 격막을 제거함으로써 과정은 시작된다. 이 후 용기 내에서 물질은 재평형에 도달한다. 엔트로피의 변화를 계산하라. $c_p = (5/2)R$이다.

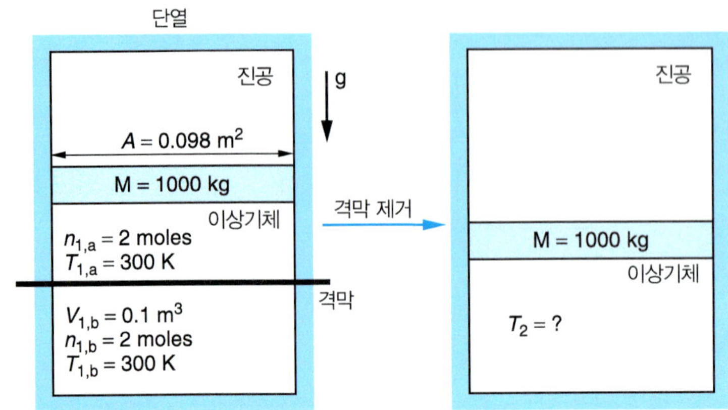

3.47 아래의 그림과 같은 계를 생각하자. 용기 A의 부피는 0.3 m^3이며 초기에 700 kPa, 40°C의 이상적인 이원자 기체를 포함하고 있다. 실린더 B는 바닥에 고정된 피스톤을 갖고 있으며 그 지점에서 스프링은 피스톤에 힘을 가할 수 없다. 피스톤–실린더의 단면적은 0.065 m^2이며 피스톤의 질량은 40 kg, 스프링의 탄성 계수는 3500 N/m이다. 대기의 압력은 100 kPa이다. 용기 A와 B는 잘 절연되어 있으며 서로 간에 열전달은 없다. 밸브가 열리고 A와 B에서의 압력이 같아질 때까지 실린더로 기체가 유입되고 이 후 밸브가 닫힌다. 일정 열용량을 가정하자. 계의 최종 압력을 계산하라. A에서의 기체가 **가역**(reversible), **단열**(adiabatic) 팽창을 겪는다고 하면 실린더 A의 최종 온도는 얼마인가? 용기 A와 B에서의 온도가 같을 필요는 없다.

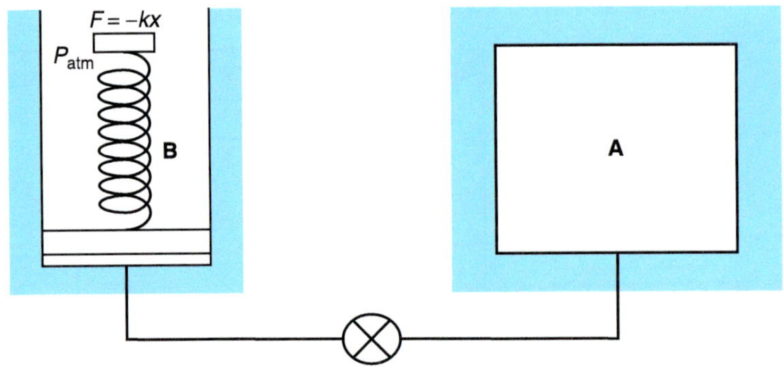

3.48 소규모 발전소에 있는 *증기* 터빈이 60 bar, 500°C의 증기를 4500 kg/hr로 받아들이도록 설계되어 있다. 주변(T_{surr} = 300 K)으로 열은 69.86 kW의 속도로 전달된다. 아래의 질문에 답하라.

(a) 터빈이 발생시키는 *최대* 동력($\dot{W}_{max}$)를 계산하라.

(b) 이 경우 증기의 출구 온도는 얼마인가?

(c) 터빈의 등엔트로피 효율이 66.5%라면 실제로 생산되는 동력은 얼마인가?

(d) 출구 온도는 (a)에서 계산된 값보다 더 클 것으로 기대하는가 아니면 더 작을 것으로 기대하는가? 그 이유를 설명하라. (열전달은 변하지 않는 것으로 가정한다.)

(e) 실제 출구 온도는 얼마인가?

3.49 1 m^3/s의 유속으로 공기가 20°C, 1 bar에 있는 압축기로 흘러 들어간다. 출구의 온도는 200°C이다. 압축기의 등엔트로피 효율이 80%이다. 출구 압력과 요구되는 동력을 계산하라.

3.50 증기가 10 Mpa, 500°C로 있는 터빈으로 들어가서 100 kPa로 유출된다. 터빈의 등엔트로피 효율은 85%이다. 출구 온도와 증기를 통해 발생되는 증기 1 kg당 발생하는 일을 계산하라.

3.51 27°C에 있는 질소 기체가 정상 상태로 조업되고 있는 잘 절연된 장치로 흘러 들어간다고 하자. 여기에는 어떠한 축 일도 없다. 장치는 두 개의 출구 흐름을 갖는다. 질량 기준으로 질소의 2/3는 127°C, 1 bar로 유출된다. 나머지는 1 bar로 유출되나 온도를 모른다. 세 번째 흐름의 유출 온도를 구하

라. 유입 흐름에서 가능한 최소 압력을 계산하라. 이상기체 거동을 가정한다.

3.52 초기 온도가 540°C이고 압력이 60 bar인 5 kg의 수증기를 포함하고 있는 *잘 절연된* 피스톤-실린더 장치를 생각해보자. 수증기는 20 bar까지 *가역적*으로 팽창한다. 주변은 1 bar, 25°C이다. 아래의 질문에 답하라.

(a) 이 과정 중의 엔트로피의 변화(Δs_{univ}, Δs_{surr}, Δs_{sys})를 계산하라.

(b) 물의 최종 온도를 계산하라.

(c) 이 과정 중의 일을 계산하라.

(d) 계의 최종 부피를 계산하라.

3.53 연습 문제 3.52과 같은 초기 상태에 있는 5 kg의 수증기를 포함한 잘 절연된 견고한 용기를 생각해보자. 아래의 그림에서 보듯이 주변은 1 bar, 25°C이다. 미세한 구멍이 발생하고 여기를 통해서 물이 천천히 방출되어 20 bar에 도달한다.

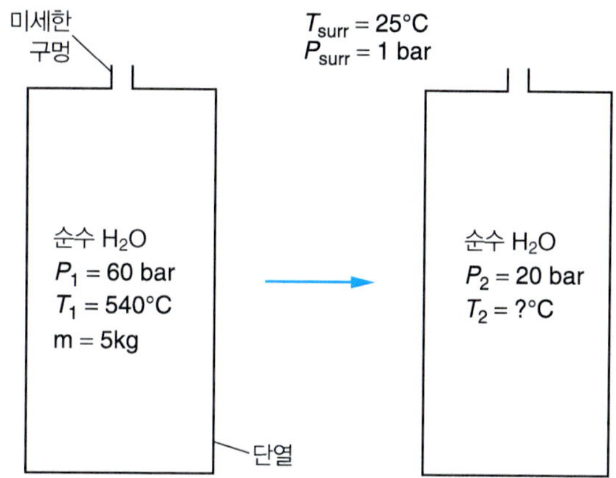

최종 온도가 연습 문제 3.52의 (b)에서 계산된 값보다 (크다, 작다, 같다). 답에 대한 이유를 설명하라.

3.54 다음 그림에서 보듯이 고압의 공급관으로부터 공급되는 물로 '유형 A' 기체 실린더를 채운다고 하자. 채우기 전에 실린더는 비어 있다(진공). 밸브가 열리면 실린더의 압력이 3 Mpa에 도달할 때까지 773 K에서 3 MPa 관으로 용기가 노출된다. 이후 밸브는 닫힌다. '유형 A' 실린더의 부피는 50 L이다.

(a) 밸브가 닫힌 직후 우주의 엔트로피 변화를 계산하라.

(b) 만일 실린더가 오랫동안 293 K에서 창고에 놓여 있다면 우주의 엔트로피 변화는 얼마인가?

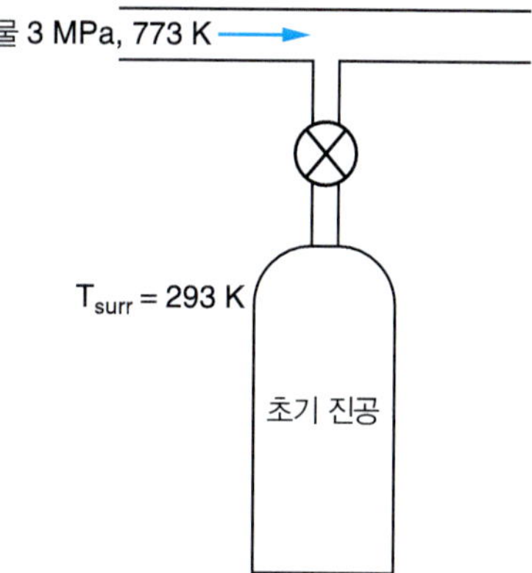

3.55 0.01 m^3의 부피를 갖는 견고한 용기가 있다. 초기에 용기 안에는 200°C, 질이 0.4인 포화 물이 들어 있다. 용기의 맨 위에는 증기의 압력을 일정하게 유지시켜 줄 수 있는 압력 조절 밸브가 달려 있다. 이 계는 모든 액체가 증발할 때까지 가열되는 과정을 겪는다. 출구관에서의 압력 강하나 열전달은 없다고 가정한다. 주위의 온도는 200°C이다. 우주의 엔트로피 변화를 계산하라.

3.56 터빈이 두 개의 견고한 용기 사이에 위치한 계가 아래에 나타나 있다. 용기 1은 초기에 10 bar, 1000K의 이상기체를 포함하고 있으며 부피는 1 m^3이다 용기 2의 부피는 9 m^3이고 초기에 진공이다. 주위로의 열전달은 무시할 수 있다. 터빈에서 얻을 수 있는 최대 일([J])을 구하시오. 기체의 열용량은 $c_p = (5/2)R$로 주어져 있다. 터빈에서의 부피는 무시할 수 있으며 두 용기의 최종 온도는 동일하다고 가정한다.

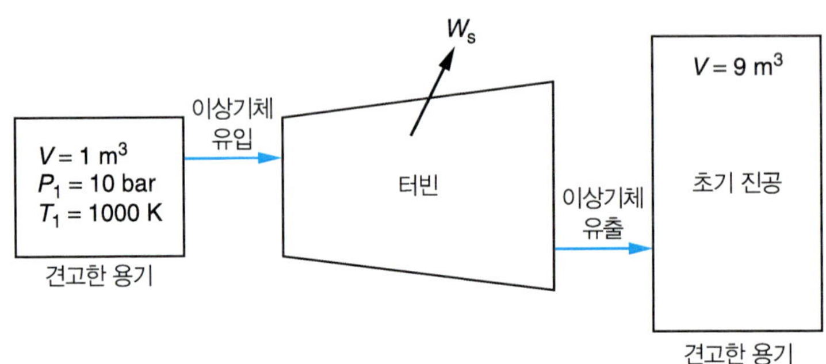

3.57 뜨거운 열 저장고의 온도는 500°C이며 차가운 열 저장고의 온도는 25°C이다. 이들 두 열 저장고 사이에서 조업되는 동력 사이클의 가능한 최대 효율을 계산하라.

3.58 이상적인 Rankine 사이클을 다음과 같이 설계하여 운전한다. 100 kg/s의 증기가 30 bar, 500°C에 있는 터빈으로 유입이 되고 0.1 bar에서 응축한다. 생산되는 동력과 사이클의 효율을 계산하라.

3.59 연습문제 3.58에서의 동력 사이클을 더욱더 효율적으로 만들기 위한 4가지 방법을 제시해 보아라. 그림 3.8처럼 여러분의 아이디어가 어떻게 효율을 증가시킬 수 있는지를 도시하라.

3.60 100 MW의 동력을 생산하는 이상적인 Rankine 사이클이 있다. 증기가 100 bar, 500°C에서 터빈으로 유입되어 1 bar에서 응축될 때 증기의 질량 유속을 계산하라. 터빈과 압축기의 등엔트로피 효율이 80%라고 할 때 질량 유속을 다시 계산하라.

3.61 작동 유체로 CCl_2F_2를 사용한 태양 발전기를 설치하고 있다. 작동 유체는 1.7 MPa에서 포화 증기로 터빈에 유입되고 0.7 Mpa에서 터빈을 떠난다. 이상적인 Rankine 사이클에 근거하여 효율을 계산하라. CCl_2F_2에 대한 성질은 http://webbook.nist.gov/chemistry/fluid/에서 찾을 수 있다.

3.62 냉매로서 R-134a를 사용하는 이상적인 증기-압축 사이클에 근거한 냉동 시스템을 생각해보자. 시스템은 0.5 mol/s의 유속을 갖고 0.7 MPa과 0.12 MPa 사이에서 조업된다. 다음을 계산하라.

(a) 냉동 유닛으로부터 열이 제거되는 속도

(b) 압축기에 필요한 입력 동력

(c) COP

R-134에 대한 성질은 http://webbook.nist.gov/chemistry/fluid/에서 찾을 수 있다.

3.63 연습 문제 3.62에서의 조름 밸브를 등엔트로피 터빈으로 바꿀 경우 COP를 계산하라. 이러한 개선이 효과적인가? 그 이유를 설명하라.

3.64 2단계 직렬 냉동시스템이 아래에 나타나 있다. 냉매는 *R*134a이다. 계는 더 낮은 온도 사이클을 가진 응축기와 더 높은 온도 사이클을 갖는 증발기 사이에 열교환기를 가진 두 개의 이상적인 증기-압축 사이클로 구성되어 있다. 더 뜨거운 사이클이 0.7 MPa과 0.35 MPa 사이에서 조업되고 있는 반면 더 차가운 사이클은 0.35 MPa과 0.12 MPa 사이에서 조업되고 있다. 만일 더 뜨거운 사이클에서의 유속이 0.5 mol/s일 경우에 다음을 계산하라.

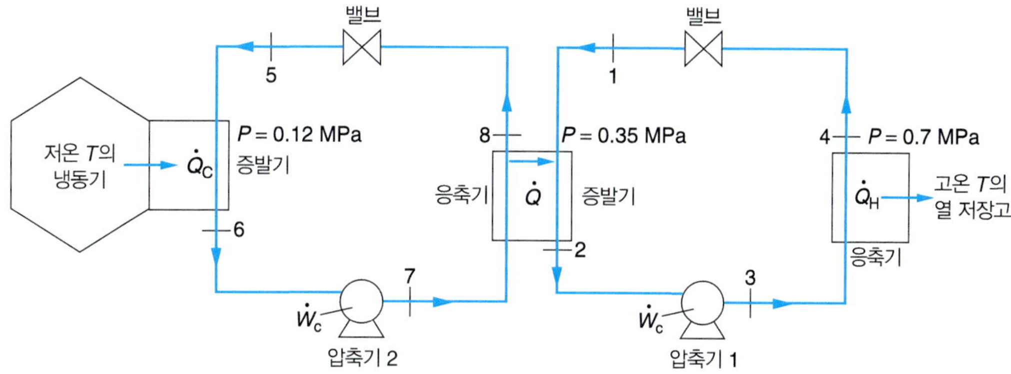

(a) 더 차가운 사이클에서 유속은?

(b) 냉동 유닛으로부터 열이 제거되는 속도는?

(c) 응축기에 필요한 입력 동력은?

(d) COP 값은?

(e) 연습 문제 3.62에서의 사이클과 성능을 비교하라.

3.65 20 kW의 냉각 용량을 가지고 −5°C로 시스템을 냉각하는 증기-압축 냉동 시스템을 설계하라. 열을 배제할 수 있는 20°C에 있는 열 저장고가 있다. 냉매와 냉매의 성질들은 http://webbook.nist.gov/chemistry/fluid/에 나와 있다.

3.66 가정용으로 냉장고를 적용하기 위해 3.9절에 나와 있는 증기-압축 냉동 시스템을 개선하라. 이 시스템은 두 개의 유닛에 냉각을 제공하는데, 그것은 −15°C에 있는 냉동고와 5°C에 있는 주요 부분이다. 각 부분의 냉각 용량 Q_C는 서로 같다. 제약조건은 단지 하나의 압축기와 하나의 응축기만 주어진다는 것이다. 과정에 대한 개략도 및 그에 따른 *Ts* 선도를 도시하라. 적절한 냉매를 선정하고 시스템의 상태를 정의하라. 냉매와 냉매의 성질들은 http://webbook.nist.gov/chemistry/fluid/에 나와 있다.

3.67 다음 그림과 같은 이상적인 가역 자성 냉동 사이클을 생각해보자. 자기제거를 위한 작동물질은 고리 형태를 하고 있으며 높은 온도의 열 저장고와 낮은 온도의 열 저장고 사이에서 회전한다. 높은 온도의 열 저장고에서는 작동 물질이 높은 자기장에 노출될 때 열을 열 저장고로 방출한다. 작동물질이 낮은 온도의 열 저장고로 이동하면 자기장의 세기가 작아지며 결국은 0이 된다. 자기제거 과정은 작동유체로 하여금 낮은 온도의 열 저장고로부터 열을 흡수하게 한다. 작동물질은 가돌리늄 설페이트 옥타하이드레이트(gadolinium sulphate octahydrate)이다. 그림의 왼쪽 상단을 보면 헬륨이 1.1 K, 0.9 테슬라의 자기장을 갖는 다공성 휠로 들어가고 이는 다시 움직이는 휠과 열교환한다. 휠은 자성이 없어지면서 헬륨으로부터 열을 흡수한다. 이 과정 동안 헬륨의 온도는 0.2 K으로 떨어진다. 이후 헬륨은 열 Q_C를 부하부분에서 흡수하여 1.1 K에 있는 열교환기로 다시 들어간다. 마찬가지로 그림의 오른쪽 하단에는 헬륨이 8 K, 1.6 테슬라에 있는 다공성 휠로 들어간다. 휠은 물질이 자화됨에 따라 열을 헬륨으로 전달시키며 이 때 온도는 6.4 테슬라에서 9.5 K으로 상승한다.

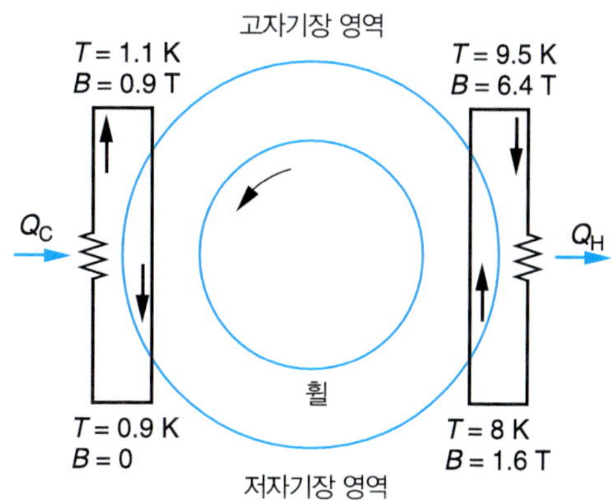

대략 얼마나 많은 열이 차가운 열 저장고로부터 방출되는가? 얼마나 많은 열이 뜨거운 열 저장고에 의해 흡수되는가? 이 과정에 대한 COP를 계산하라. 이 값을 전통적인 냉동 사이클과 어떻게 비교할 것인가? 냉동 과정을 수행하는데 공급되어야 하는 일은 어떻게 되는가? $Gd_2\ (SO_4)_3\ 8H_2O$에 대한 *Ts* 선도는 아래와 같이 주어져 있다.

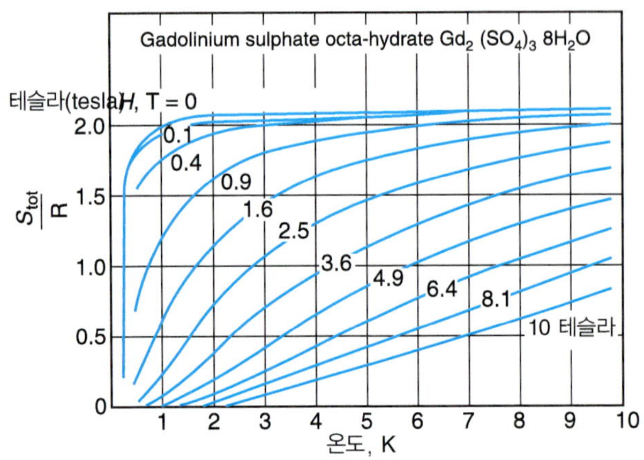

3.68 아산화구리는 아래의 반응에 따라 산화하여 산화 제II구리를 형성한다.

$$2Cu_2O(s) + O_2(g) \leftrightarrow 4CuO(s)$$

Δs_{rxn}을 계산하라. 이 풀이는 Δh_{rxn}에 대해서 2.6절에서 서술된 것과 동일한 경로에서 행해진다. 아래의 관계식을 적용하여 부록 A.3에 있는 자료로부터 생성 엔트로피의 값을 계산할 수 있다.

$$\Delta s_f^o = \frac{\Delta h_f^o - \Delta g_f^o}{T}$$

Δs_{rxn}의 부호를 물리적으로 설명하라. CuO의 형성이 열역학 제2법칙에 위배되는가? 그 이유를 설명하라.

3.69 다음의 상태에 대한 엑서지를 계산하라. 환경은 25°C, 1bar에 있다.

(a) 500 K, 2 bar의 Ar

(b) 500 K, 2 bar의 propane

(c) 500 K, 2 bar의 물

3.70 −20°C에서 수증기 10 g과 얼음 1 kg을 포함하는 순수한 물로 구성된 계에 대한 엑서지를 계산하라. 환경은 10°C, 1 bar이다.

3.71 600°C, 1 bar에 있는 1 kg의 구리가 잘 절연된 용기 안에 20°C, 1 bar에 있는 20 kg의 물에 담겨져 있다. 계를 구리와 물로 생각하자. 과정 중의 계에 대한 내부 에너지, 엔트로피, 엑서지의 변화를 계산하라. 환경은 25°C, 1 bar에 있다.

3.72 이상기체가 피스톤–실린더 장치에 있다. 초기 기체의 압력은 두 개의 2000 kg짜리 블록에 대기압이 더해진 것과 균형을 맞추고 있다. 피스톤의 단면적은 0.098 [m²]이고 실린더의 바닥으로부터 0.2 [m] 떨어진 곳에 있다. 기체는 아래의 그림과 같이 2단계 등온 팽창 과정을 거친다. 우선 2000 kg짜리 블록 하나를 제거한다. 기체는 압력이 같아질 때까지 팽창한다. 그 다음 두 번째 블록을 제거하게 되면 기체는 1 bar에 이를 때까지 팽창한다. 계 내의 온도는 전체 과정에 걸쳐 여전히 300 K을 유지한다. 주위의 온도와 압력은 각각 300 [K]과 1 [bar]이다. 열용량은 다음과 같이 주어진다.

$$\frac{c_P}{R} = 3.6 + 0.5 \times 10^{-3} T$$

여기에서 *T*는 [K]이다. 다음의 양을 계산하라.

(a) 이 과정 동안 얻는 일

(b) 얻게 되는 유용 일
(c) 엑서지와 이상적인 일
(d) 손실 일

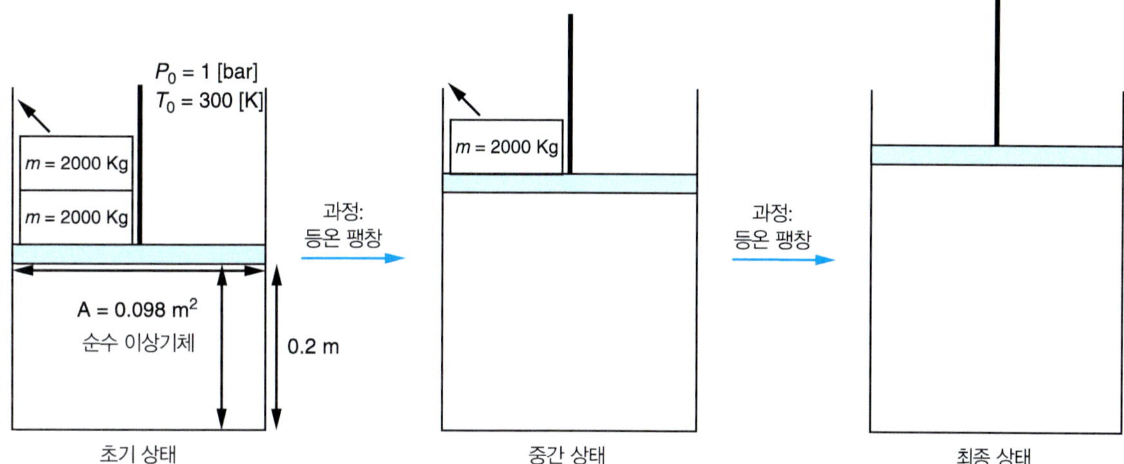

3.73 수증기가 5 [kg/s]의 질량 유속으로 터빈에 들어간다. 유입 압력은 60 bar이며 유입 온도는 500°C이다. 출구는 1 bar에 있는 포화 수증기를 포함한다. 주변의 온도는 20°C이다. 정상 상태에서 다음을 계산하라.
(a) 터빈에 의해 발생되는 동력
(b) 터빈의 등엔트로피 효율
(c) 과정 동안 엑스탈피의 변화

3.74 1 mol의 수증기가 초기에 10 bar, 200°C에 있다. 주변의 온도와 압력은 20°C, 1 bar이다.
(a) 계의 엑서지를 계산하라.
(b) 수증기의 부피가 두 배로 될 때까지 수증기가 일정한 압력에서 가열되는 과정에서의 엑서지의 변화를 계산하라.
(c) 수증기의 부피가 두 배가 될 때까지 수증기가 등온 팽창하는 과정에서의 엑서지의 변화를 계산하라.

3.75 100°C, 1 bar에 있는 ethylene이 가열기를 통과하여 200°C가 된다. 통과하는 ethylene 1 몰당 엑스탈피의 변화를 계산하라. 이상기체 거동을 가정하면 환경은 20°C에 있다.

3.76 초기에 70°C인 100 kg의 물을 포함하는 용기를 생각하자. 열전달로 인해 용기 내 물의 온도는 50°C로 떨어진다. 주위의 온도는 10°C이다. 손실 일을 계산하라.

3.77 열린 급수 가열기가 5 bar, 200°C에서 유입되는 수증기를 5 bar에서의 포화 액체로 떠나보낸다고 한다. 이는 5 bar, 20°C에 있는 적정한 양의 두 번째 유입 흐름과의 혼합을 통해 달성된다고 한다. 손실 일을 계산하라.

3.78 맞교환 흐름 열교환기를 이용하여 1 bar, 10 mol/s로 흐르는 CO_2 흐름을 가열하여 이를 150°C에서 300°C로 만들고자 한다. 이를 위해서 아래의 그림과 같이 40 bar, 400°C에 있는 고압 수증기 흐름을 사용한다. 열교환기로부터 유출되는 수증기는 포화 증기이다. 각 흐름의 압력은 그것이 열교환기를 흐르는 동안 일정하다고 가정한다. (즉, 흐름에 따른 압력 강하를 무시한다.) 전체 계는 잘 절연되어 있다. 각 흐름에 대한 엑스탈피와 이 과정에서의 손실 일을 계산하라.

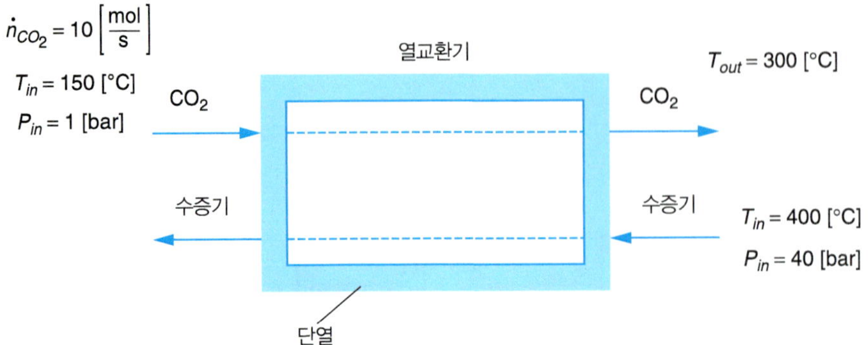

3.79 아래 그림과 같이 6 MPa, 200°C에 있는 이상기체가 파이프를 통해 흐른다고 하자. 이 파이프는 밸브를 통해 부피 0.4 m^3인 용기와 연결되어 있다. 이 용기는 초기에 진공이다. 벨브를 열면 용기에는 압력이 6 MPa이 될 때까지 이상기체가 채워지며 이 후 밸브를 닫는다. 용기로 흐르는 기체 1몰당 3.9325 kJ의 열이 용기로부터 주위로 전달된다고 한다. 주위의 온도는 25°C이며 열용량은 다음과 같이 주어진다.

$$\frac{c_P}{R} = 3.6 + 0.5 \times 10^{-3}T$$

여기에서 T는 K이다.

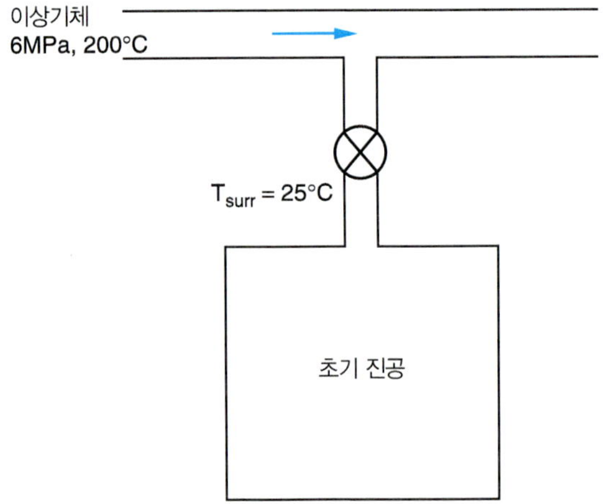

(a) 밸브가 닫힌 후 용기 내 기체의 최종 온도를 구하라.

(b) 이 과정에서의 우주의 엔트로피를 구하라.

3.80 6 MPa, 400°C의 증기가 파이프를 통해 흐른다. 밸브를 통해 이 파이프와 연결된 용기의 부피는 0.4 m^3이다. 이 용기는 초기에 진공이다. 밸브가 열리면 압력이 6 MPa이 될 때까지 용기에 수증기가 채워지며 이후 밸브를 닫는다. 용기로 유입되는 기체 1 kg당 95 kJ의 열이 용기에서 환경으로 전달된다. 환경은 25°C이다.

(a) 밸브가 닫힌 후 용기 내 수증기의 최종 온도를 구하라.

(b) 이 과정에서의 우주의 엔트로피를 구하라.

(c) 이 과정 동안 손실된 일을 구하라.

제 4 장

상태방정식과 분자 간 상호인력

Equations of State and Intermolecular Forces

≫ 학습 목표

제4장에 있는 내용을 숙달하기 위해서는 다음 사항들을 할 수 있어야 한다.

- 주어진 화학 성분들에 대하여 어느 성분의 분자 간 상호 인력이 중요한지 파악한다. 다른 성분들이 주어지면, 성분들의 쌍극 모멘트, 분극성, 분자 간 상호인력, Lennard Jones 상수 ε와 σ, 그리고 van der Waals 상수 a와 b의 정량적 크기를 비교한다.
- 측정된 성질들 P, v와 T 중에서 두 가지가 주어지면, 다음을 이용하여 세 번째 값을 계산한다. 3차 상태방정식(즉, van der Waals, Redlich-Kwong, Peng-Robinson), virial (비리얼) 상태방정식, 일반화된 압축인자 표, 그리고 ThermoSolver 소프트웨어를 활용한다. 액체와 고체의 몰부피를 계산하기 위해서는 열팽창 계수와 등온 압축 인자를 사용한다.
- 내부 에너지에 기여하는 분자 성분들을 기술한다. 다음의 분자 간 상호 인력을 예를 들어 설명한다. 점전하, 쌍극자, 유도 쌍극자, 분산(London) 상호 인력, 척력, 화학적 효과. Van der Waals 힘을 정의하고, 이를 분자의 분극성과 쌍극자 모멘트와 연관시킨다. 궁극적으로, 거시적 열역학 거동들을 분자 자체와 상관시킬 수 있어야 한다.
- 퍼텐셜 함수를 정의한다. 이상기체, 강체구, Sutherland와 Lennard Jones 퍼텐셜에 대한 식을 쓰고 이 항들을 분자 상호 인력들과 상관시킨다.
- 이상기체에 대한 분자 차원의 가정을 설명한다. Van der Waals 상태방정식에 이 가정들이 어떻게 적용되는지 설명한다. 3차 형태 상태방정식에서 인력과 척력을 어떻게 설명하는지 확인한다.
- 분자와 거시적 수준에서 대응상태 원리(principle of corresponding states)를 설명한다. 이 원리를 주어진 성분들의 임계 성질 자료로부터 상태방정식에서 상수를 구하기 위한 수식을 유도하기 위해 적용한다. 이심인자(acentric factor)가 도입된 이유와 일반화된 압축인자(compressibility factor) 표를 만드는 데 어떤 역할을 하는지 설명한다.
- 상수 a와 b에 대한 van der Waals 혼합규칙(mixing rule)을 전개한다. 분자 간 인력 차원에서 혼합규칙의 기능성을 설명한다. Virial 계수와 Kay의 규칙(Kay's rule)을 사용하여 유사임계 성질에 대하여 혼합규칙을 기술한다. 상태방정식(equation of state) 혹은 일반화된 압축인자 표를 이용하여 혼합물의 P, v 또는 T를 구하기 위하여 혼합규칙을 적용한다.

4.1 개요

동기 부여

실험적으로 측정 가능한 열역학의 세기 성질들은 압력, 온도, 몰부피 그리고 조성이다. 어떤 *순수한* 성분에 대하여 오직 두 개의 세기 성질들만이 독립적이다. 그래서 좌표로 P, v와 T를 사용하여 실험 자료로부터 '표면(surface)'을 그래프로 그려내고 1.6절에서 했던 것처럼 도시할 수 있다. 대안으로, 수증기표에서 물에 대한 것처럼 자료를 표로 만들 수 있다(1.7절). 그러나 문제를 풀 때 수치 값(적분에 대하여 면적이나 미분에 대하여 기울기처럼)에 대하여 그래프나 표로 다시 분류하는 것은 종종 불편하다. 실험 자료에 일치시키고 이들 측정된 변수 값들을 가장 근접하게 상관시키는 식을 찾는다.

수학적으로 표현하여 식을 쓴다.

$$f(P, v, T) = 0$$

이와 같은 식은 실험 자료에 일치시키고 상태를 제한하는 두 개의 성질값을 활용하여 알려지지 않은 측정된 성질을 계산하여 찾을 수 있기 때문에 **상태방정식**(equation of state, EOS)으로 알려져 있다. 상태방정식은 압력에 대해 정리하면,

$$P = f(T, v) \tag{4.1}$$

부피에 대하여

$$v = f(T, P) \tag{4.2}$$

또는 무차원의 압축인자, z에 대하여

$$z = \frac{Pv}{RT} = f(T, v)$$

또는

$$z = \frac{Pv}{RT} = f(T, P)$$

상태방정식을 유도함에 있어서 목표는 가능한 정확하게 실험 자료에 일치시키는 수식을 찾는 것이다. 수식의 형태는 물리적 기초가 있을 수도 있고, 없을 수도 있을 것이다. 이 형태의 식이 (제1법칙과 같은 *기본* 식에 배치되는) *구성*식이라 불린다. 화공엔지니어로서 고려하는 다른 구성 식은 무엇이 있는가?

실제로 문헌에서 선택하는 것으로부터 이 형태의 수백 개의 해석적 수식이 있다! 특별한 형태를 사용하기 위해 결정할 때 모두를 검토하는 것은 매우 (비실용적이고) 번거로울 것이다. 결과적으로 우리는 다른 방법을 취할 것이다. '가장 친근한' 상태방정식, 이상기체 모델로 시작할 것이다. 이것의 한계를 검토한 후에 이상기체 거동으로부터 차이를 어떻게 설명할 수 있는지를 탐구할 것이다. 어떤 식을 사용하고, 그들을 언제 사용하는지 직관을 개발하는 시도처럼 다른 형태들의 일반성을 조사할 것이다. 이를 위해서 거시적 열역학 성질 거동의 분자적 근원을 시험할 것이다. 실로 모험적 해협의 여행이 풍부한 보상을 해줄 것이다!

이상기체

잘 알고 있듯이 가장 평범한 상태방정식이 이상기체 모델이다. 그것은 세기 성질 v와 T의 차원에서 압력에 대하여 명시적으로 다음과 같이 쓰인다.

$$P = \frac{RT}{v} \tag{4.3}$$

이상기체 모델은 식 (4.1)에서 표현된 형태의 일환으로 측정된 변수들 P, T와 v를 상관시킨다. 이상기체 상태방정식은 분자를 구성하는 기체에 대하여 기체들의 운동이론으로부터 직접 유도될 수 있다. 그 분자는 *무한히 작고, 차지하는 부피를 무시할 만한 둥근 강체이며, 오로지 충돌에 의해서만 서로 힘을 미친다*. 좀 더 간단히 설명하면, 이상기체 모델의 가정은 분자가

1. 차지하는 부피가 *없고*

2. 분자 간 작용하는 힘이 *없다*(그들이 서로 또는 용기의 벽면에 충돌하는 경우는 제외)

4.2절에서 보이겠지만, 분자 상호 간 힘이 존재하지 않으면 압력에 독립적인 내부 에너지는 존재하지 않는다. 내부 에너지는 온도에만 의존한다. 즉, 분자들의 분자 운동에너지에 의존한다.

$$u_{\text{ideal gas}} = f\,(\text{오직 } T)$$

그래서 압력이 0에 가까워질수록 모든 기체는 이상기체 거동에 가까워진다.

4.2 분자 간 힘의 종류

내부(분자) 에너지

분자에너지, 혹은 내부 에너지, u는 두 부분으로 나뉠 수 있다. *분자 운동에너지와 분자 위치에너지이다*. 운동에너지는 분자의 병진, 회전 그리고 진동운동으로부터 초래된다. 그래서 운동에너지는 분자들의 **속도**(velocity)에 의해 나타나고 Maxwell–Boltzmann(맥스웰–볼츠만) 통계를 통해 측정된 변수 온도와 직접 상관된다. 위치에너지는 계 내에서 다른 분자나 원자의 상대적 **위치**(position)로부터 초래된다. 2.6절에서 보았듯이 분자 위치에너지의 주요 성분은 *똑같은* 분자의 원자들 사이 공유결합과 관련된다. 이와 같은 위치에너지의 형태를 *분자내* 위치에너지로 나타낸다. 화학 반응에서 이들 결합들이 재배열될 때, 분자 위치에너지에 큰 변화가 수반된다.

이 절에서 분자의 위치에너지 중 다른 성분이 검토될 것이다. 그것은 *다른* 분자들(혹은 공유결합을 하지 않는 원자들) 사이 상호작용과 관련되는 것이다. 여러분이 곧 배울 분자들 간 상호 위치에너지는 분자들이 다른 한 분자와 상대적으로 얼마나 가까운가에 의존한다. 왜냐하면 분자 간 상호 위치에너지가 분자의 위치에 의존하기 때문에, 이것을 측정된 변수인 압력과 직접 상관시킨다. 일정한 온도에서 압력이 증가됨에 따라 분자들 사이 평균거리는 감소되고, 그들의 다른 분자와의 상대적 위치는 더 가까워진다. 그래서 압력이 증가함에 따라 분자 간 상호 인력은 더 중요해지고, 열역학적 성질에 이들 효과가 고려되어야 한다. 다른 한편, 이상기체는 분자 상호 간 인력을 갖지 않기 때문에 다른 분자와 상대적인 분자의 위치가 문제되지 않는다. 결과적으로 이상기체의 내부 에너지는 압력에 독립적이고 온도에만 의존된다.

이상기체의 가정을 완화하면 더 일반적인 상태방정식을 개발할 수 있다. 이 과정을 위해

분자들 사이 거리와 그들의 방향의 함수로서 특정 계의 내부 에너지에 대한 관계를 확립할 필요가 있다. 우리는 구체적으로 내부 에너지 중 분자 상호 간 위치에너지 성분에 관심이 있다.

원자와 분자의 전기적 성질

성분들 사이의 분자 상호 인력은 원자의 전기적 그리고 양자 성질로부터 일어난다. 하나의 원자가 상대적으로 움직이는, 음으로 충전된 전자구름에 의해 둘러싸여진 고정된 양으로 충전된 분자들을 포함하는 것처럼 관찰될 수 있다. 하나의 분자가 다른 분자와 충분히 가깝게 근접할 때, 그 원자들의 전기적 충전 구조가 인력과 척력을 유발시킬 수 있다. 인력은 점전하, 영구 쌍극자, 유도 힘, 그리고 분산력들 사이 정전기적 힘을 포함한다.

분자 상호 간 인력이 원자의 전기적 성질으로부터 유발되기 때문에, 계에서 주어진 성분의 효과를 토론할 때 전기장의 개념을 적용하는 것이 종종 유용하다. 전기장의 세기, $\vec{E}$는 전기장에서 시험 전하(Q)에 작용하는 단위 전하 당 힘으로 정의됨을 상기한다. 이것은 분자의 위치에너지(T)의 음의 기울기와 상관된다.

$$\vec{E} = \frac{F}{Q} = \frac{-\nabla\Gamma}{Q} \tag{4.4}$$

주어진 분자로부터 전기장의 세기는 분자가 상호작용하는 성분과 관계없이 똑같다. 중첩 원리에 따르면 계에서 총 전기장은 계 내 모든 성분의 개별 전기장의 벡터 합으로 주어진다. 그래서 개별 분자의 거동을 이해하면, 전체에 거시적 계의 에너지에 공헌하는 정도를 정량화할 수 있다. 식 (4.4)는 분자 상호 간 힘 F와 분자 상호 간 위치에너지 Γ와 전기장 $\vec{E}$를 상관시킨다. 다음 사항들을 논의할 때, 이상기체 거동으로부터 편차를 유발시키는 분자 간 상호작용을 특성화 시키는 데 이들 양을 적당히 나타낼 것이다.[1]

단순한 계를 제외하고는 분자물리학과 고전열역학 사이에서 직접적인 정량적 관계가 없다는 것을 파악하는 것이 중요하다. 이것이 분자물리학을 공부하는 이유이다. 이 주제는 다음 네 가지 이유를 보증한다.

1. 비이상거동에 관한 우리의 직관과 어떤 상태방정식을 사용해야 하는지 판단을 강화한다.
2. 다른 것보다 왜 $f(P, v, T)$에 대한 어떤 수학적 관계가 작용하는지를 이해한다.
3. 분자물리학과 고전열역학 사이에 정량적 관계가 없음에도 현대 컴퓨터의 증대된 계산력, 밀도 함수 이론, Monte Carlo 전산 모사와 같은 기술 개발을 이용해 이와 같은 정량적 관계를 보일 수 있다.
4. 혼합물의 열역학 성질이 어떻게 조성에 의존하는지 대한 '혼합규칙'의 개발이다. 이 가능성이 순수한 계의 자료를 혼합물에 확장하도록 한다. 순수 성분에 대한 열역학적 자료가 쉽게 유용한 반면, 관심을 갖는 특별한 혼합물에 대한 자료의 유용성은 쉽게 떨어짐을 명심한다. 이것은 혼합물의 무한수의 순열이 있기 때문이다.

---

1. 전기적 정량에 관계되는 단위 체계는 혼돈을 줄 수 있다. 단위 체계에 따라 수식의 형태가 다르다. 아래의 수식은 CGS (Gaussian) 단위로 쓰여졌으며 SI 단위와는 다르다. 수식에서 "CGS 단위"로 표기되어 있을 경우는 반드시 그 단위를 사용해야 한다. 부록 D를 참조하라.

인력

정전기 힘

분자들 사이 정전기적 상호인력은 이온들의 순 전하와 중성 성분들의 영구 전하 분리로부터 초래될 수 있다. 이 절에서 이들 상호 인력의 성질을 검토할 수 있다.

점전하(point charge). 가장 간단한 정전기적 상호인력으로 영이 아닌 전하를 갖는 두 성분들 사이 인력의 힘으로부터 초래된다. 정전기적 전하는 양과 음의 두 가지 형태가 있다. 만일 두 종류 성분이 똑같은 형태의 전하를 가지면, 다른 전하의 성분들이 끌어당기면서 또한 그들은 서로 밀어낼 것이다. 양의 전하 Q_i와 Q_j를 각각 갖는 성분 i와 j가 거리 r만큼 떨어져 있다고 생각해 본다. 발생되는 척력은 그림 4.1에서 설명된다. 만약 거리 r이 i 혹은 j의 반경보다 더 크면, 이들 전하들은 *점전하*로 취급될 수 있다.

점전하 사이의 힘이 전하들 사이 거리의 제곱에 역비례하는 기본적인 물리학을 상기해본다.

$$F_{ij} = \frac{Q_i Q_j}{r^2} \text{CGS 단위}$$

이 식은 CGS 단위로 쓰며, Coulomb(쿨롱)의 법칙으로 알려져 있다. Coulomb의 법칙과 대등한 SI 단위는 부록 D를 참고하라. 성분 i와 j 사이 위치에너지 식 (4.4)를 다시 정리해서 찾고, Coulomb의 법칙에 의해서 주어진 힘에 대한 식을 사용한다.

$$\Gamma_{ij} = -\int F_{ij}\, dr = \frac{Q_i Q_j}{r} \text{CGS 단위} \tag{4.5}$$

식 (4.5)에서 위치에너지는 서로 다른 전하들 사이에서 음이라는 것을 알 수 있다. 더 낮은(음의) 에너지는 더 안정한 계를 나타내고, 그것이 즉, 인력이다. 같은 전하들에 대하여 위치에너지는 양의 값이고, 척력을 나타낸다. 거리가 크면($r \to \infty$), 위치에너지는 0으로 간다. 즉, 점전하가 상호작용하지 않음을 나타낸다.

이웃에 주어진 점전하 효과는 전기장 차원에서 가시화될 수 있다. 양과 음의 점전하들에 대한 전기장 선들은 그림 4.2에서 보인다. 선들은 '힘의 선'을 나타내고 그 방향으로 점은 양의 *시험* 전하를 나타내는데, 그것은 그 전기장 안에 놓일 때 이동할 것이다. 전기장 선들의 밀도는 그들의 힘에 비례하고 선이 더 가까이 위치할수록 그 점에서 전기장이 더 강함을 나타낸다. 그림 4.2에서 왼쪽의 양의 *시험* 전하는 양의 점전하로부터 멀리 이동하고 오른쪽은 음의 점전하를 향해 이동하며 그 장에 의해 나타난 힘은 점전하로부터 거리가 증가할수록 감소한다. 이들 정성적인 관측이 식 (4.5)에 의해 주어지는 해석적 관계와 일치된다. 만일 전기장에 의해 주어진 '힘의 선'이 그 계의 전체 거동에 충분히 영향을 미치는 계의 성분들에 의해 형성된다면, 분자 간 힘들이 중요하고 우리는 더 이상 계를 이상기체 모델을 사용해 처리하지 않는다.

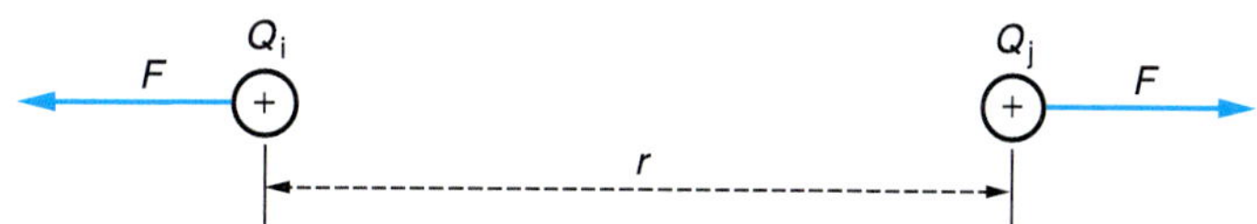

그림 4.1 거리 r만큼 떨어진 두 개의 같은 점전하들 사이 Coulomb 반발.

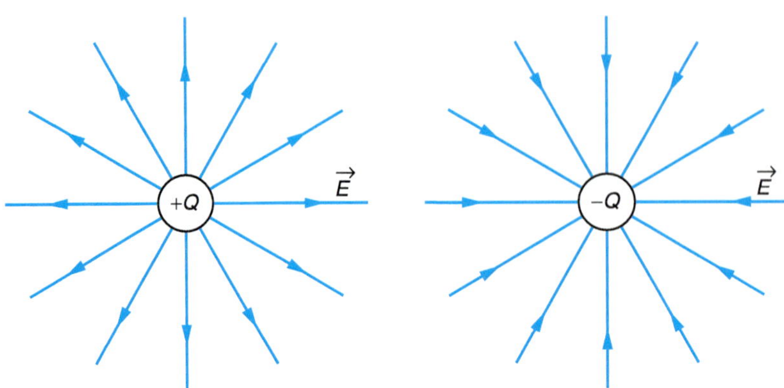

그림 4.2 양과 음의 점전하로부터 나오는 전기장 선.

점전하들은 강한 힘을 나타내고 거리에 따라 상대적으로 천천히 감소한다. 그것은 점전하들이 일반적으로 반대로 충전된 종을 찾고 결합하기 때문에 자연에서 존재하는 순 전하에 대해서는 특별한 경우이다. 그러나 몇몇 분자의 예들이 존재하고 다음을 포함한다.

1. *이온 고체*(ionic solid, 예, NaCl*결정*). 이온 고체들은 결정 격자 안에서 양으로 충전된 그리고 음으로 충전된 이온들로 구성된다. 그 고체의 결합에너지는 식 (4.5)에서 주어진 것처럼 양으로 충전된 이온들의 인력으로부터 얻어진다. 예를 들면, 표에서 소금, NaCl은 양으로 충전된 Na(소듐) 이온, Na^+가 정전기적으로 음으로 충전된 염소 이온, Cl^- 이온에 끌리고 그것에 둘러싸인다. 연습 문제 4.19에서 이 이온 고체의 결합세기를 계산하게 될 것이다.
2. *전해질*(electrolyte, 예, 18M H_2SO_4). 순 전하들은 전해질 용액과 용해된 염 내 액상에 존재한다. 예를 들면, H_2SO_4 산 용기 내에서 H^+와 SO_4^{2-}는 액상에서 존재하고 Coulomb 힘을 나타낸다. 물의 극성 구조가 충전 구조를 안정되게 한다. 물이 정전기 구름을 형성하고 이 구름이 다른 것으로부터 이온들을 둘러싼다. 전해질 용액 내에서 충전된 성분들의 정전기적 상호작용이 전기화학적 계의 거동에서 주요 성분을 형성한다.[2]
3. *이온화된 기체*(ionized gas) *혹은 플라즈마*(plasma). 점전하들은 플라즈마 형태로 기체상에서 존재한다. 플라즈마는 다양한 형태로 존재하며, 지구의 전리층으로부터 집적 회로 제조에서 박막의 침적에 대한 식각에 사용되는 플라즈마까지 다양하다.

점전하의 열역학적 성질들은 이들 강한 전기적 힘에 특별한 관심이 요구되며 이 책에서는 더 이상 다루지 않을 것이다.

전기 쌍극자(electric dipole). 순 중성 전하를 갖는 반면, 어떤 분자들이 배열되어 전하의 전체 분리가 존재한다. 이들 분자들은 전기적 쌍극자(두개의 극)로 다루어진다. 쌍극자에서 음전하($-Q$)의 영역 옆에 양전하($+Q$)의 영역이 존재한다. 양과 음전하의 크기는 동일하다.

쌍극자는 그림 4.3의 왼쪽에 나타내었다. 쌍극자와 관련된 전기장 선들은 오른쪽에 보인

2. 전기화학 용액에서 이온 거동에 대한 취급은 다음을 참조하라. J. O. M. Bockris and A. K. N. Reddy, *Modern Electrochemistry* (New York: Plenum Press, 1970).

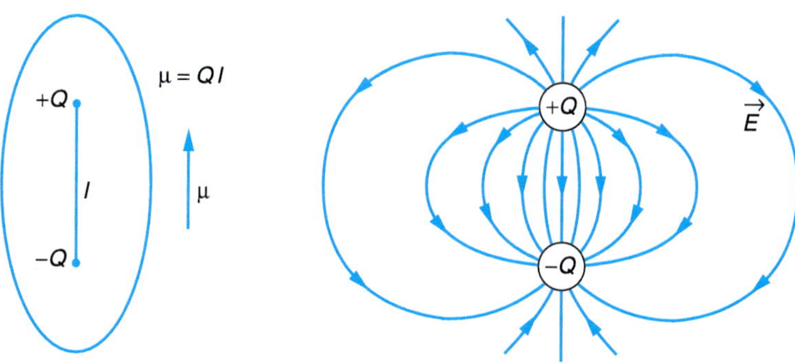

그림 4.3 전기 쌍극자를 유도하는 전하분리의 도식적 표현. 전기장 선들이 오른쪽에 그림으로 표현되어 있다.

다. 쌍극자 주위에 다른 성분들에게 힘을 나타낼 수 있는 전기장 선들을 볼 수 있다. 쌍극자의 세기는 쌍극자 모멘트 μ로 특성화되는데, 이는 음전하로부터 양전하까지를 나타내는 벡터이다. 쌍극자 모멘트의 크기는 전하, Q와 양전하와 음전하가 분리되는 거리, l의 곱과 같다. 쌍극자 모멘트의 일반 단위는 debye [D]이다.

$$\left[1\text{D} = 10^{-18}\,(\text{erg cm}^3)^{1/2}\right]$$

쌍극자 모멘트는 보통 분자 수준에서 자연적으로 발견된다. 분자들은 원자의 전자들 사이에 존재하는 공유결합에 의해 형성된다. 공유결합에서 전자를 나누는 것이 동일하지 않을 때 한 원자가 그것이 결합되어 있는 원자의 희생으로 전자밀도를 얻을 수 있다. 예를 들어, HCl 분자를 고려해본다. Lewis의 점 구조는 그림 4.4의 왼쪽에 묘사되었다. 염소 원자의 원자가 전자들은 점들로 나타났고, 수소의 원자가 전자는 "x"이다. 이 분자에서 결합이 염소로부터 하나와 수소로부터 하나의 전자를 나눔으로써 형성된다. 그러나 Cl은 외곽 궤도를 완성하기 위해 전자를 필요로 하기 때문에 전기음성도가 높다. 그것은 수소가 Cl로부터 전자를 끌어들이는 것보다 더 강하게 H로부터 전자를 끌어당긴다. 그래서 전자들이 동등하게 나누어지지 않는다. 오히려 수소에 인접하여 나누어진 Cl 전자가 소비한 곳보다 Cl 원자에 가까이에서 단 하나의 수소 원자가 더 많은 시간을 소비한다. 그림 4.4의 오른쪽에 묘사된 것처럼 결과는 순 음전하를 얻는 Cl과 순 양전하를 얻는 H의 순 전하분리이다. 이 전하분리가 영구 쌍극자 모멘트로 이끈다. HCl의 경우에 쌍극자 모멘트의 크기가 약 1.1 D이다. 전기 음성(F, Cl)과 전기 양성(Li, Na)들을 갖는 이원자 분자들은 큰 쌍극자 모멘트를 갖는다.

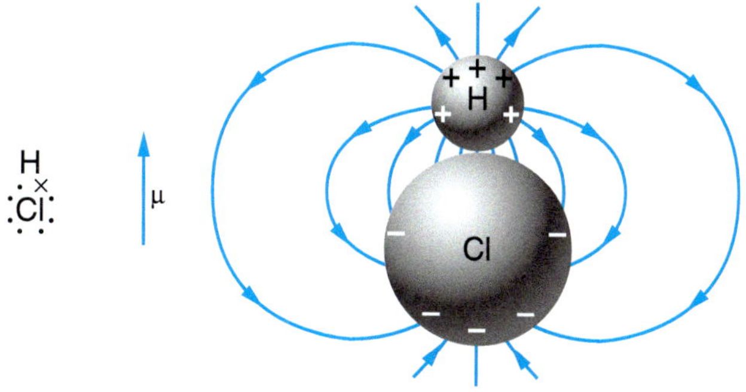

그림 4.4 HCl 분자의 Lewis의 점 구조와 그것의 쌍극자로부터 방사되는 전자장 선.

HCl과 같이 서로 다른 원자들을 갖는 이원자 분자들은 어느 정도의 전하분리를 지속적으로 나타낼 것이지만, 매우 작을 것이다. 그래서 이들 분자들은 영구 쌍극자를 가질 것이다. 한편, 두 개 이상의 원자를 갖는 다원자 분자들에 대하여 쌍극자가 존재하는지를 보기 위해 분자 구조를 관찰한다. 이들 분자에서 쌍극자 모멘트가 분자 내 전자구름의 비대칭 분포에 의해 유발된다. 대칭형 분자들은 쌍극자 모멘트를 갖지 않는다. 분자의 비대칭성이 클수록 쌍극자 모멘트가 더 커진다. 예로, CH_3Cl에서 전자구름이 전기 음성인 Cl에 강하게 당겨지고 1.87 D의 쌍극을 나타낸다. 한편, CH_4는 대칭적이고 영구 쌍극자 모멘트를 갖지 않는다. 쌍극자를 갖는 많은 다른 분자들의 예가 있다. H_2O, HF 등이다. 여러분은 어떤 것을 생각할 수

표 4.1 쌍극자 모멘트, 분극성, 그리고 이온화 에너지

분자	μ [D]	α [$cm^3 \times 10^{25}$]	I [eV]
H_2	0	8.19	15.42
He	0	2.06	24.59
N_2	0	17.7	15.58
O_2	0	16	12.07
Ne	0	3.97	21.56
Cl_2	0	46.1	11.5
Ar	0	16.6	15.76
Kr	0	25.3	14
Xe	0	41.1	12.13
HF	1.91	5.1	16.03
HCl	1.08	26.3	12.74
HBr	0.8	36.1	11.68
HI	0.42	54.5	10.39
H_2O	1.85	14.8	12.62
H_2S	0.9	37.8	10.46
CH_3OH	1.7	32.3	10.84
NH_3	1.47	22.2	10.07
NO	0.2	17.4	9.26
N_2O	0.2	30	12.89
SF_6	0	44.7	15.32
SO_2	1.63	38.9	12.35
CH_4	0	26	12.61
CH_3F	1.85	26.1	12.5
CH_3Cl	1.87	45.3	11.26
CH_3Br	1.81	55.5	10.54
CH_2F_2	1.97	27.3	12.71
CH_2Cl_2	1.8	64.8	11.33
CHF_3	1.65	28	13.86
$CHCl_3$	1.1	85	11.37
CF_4	0	28.5	16
$CHCl_3$	0.45	82.4	11.68
CCl_4	0	105	11.47
CO	0.12	19.8	14.01
CO_2	0	26.3	13.78
CS_2	0	87.4	10.07

(계속)

표 4.1 쌍극자 모멘트, 분극성, 그리고 이온화 에너지 (계속)

분자	μ [D]	α [$cm^3 \times 10^{25}$]	I [eV]
C_2H_6	0	44.7	11.52
C_2H_4	0	42.2	10.51
C_2H_2	0	34.9	11.4
C_3H_8	0	62.9	10.94
HCN	3	25.9	13.6
$(CN)_2$	0.2	50.1	13.37
CH_3OCH_3	1.7	51.6	10.02
$(CH_2)_3$	0.4	56.4	9.86
$CH_3(CO)CH_3$	2.9	63.3	9.7
C_6H_6	0	104	9.24
C_6H_5Cl	1.69	122.5	9.07
$C_6H_5NO_2$	4	129.2	9.94
o-$C_6H_4Cl_2$	2.5	141.7	9.06
m-$C_6H_4Cl_2$	1.72	142.3	9.1

있는가? CO_2는 쌍극자를 나타내는가? 몇몇 대표적인 분자들의 쌍극자 모멘트가 표 4.1에 수록되어 있다.

이웃 쌍극자와 한 쌍극자의 상호작용은 쌍극자–쌍극자 상호작용으로 불린다. 그런 상호작용이 이상기체 거동으로부터 편차를 유도한다. 쌍극자–쌍극자 상호작용은 분자들의 상대적인 방향에 의존한다. 그러나 거시적 거동에 이 형태의 정전기적 힘을 상관시키기 위해서 모든 방향에 대해 평균을 취해야 한다. 예를 들면, 서로 가까이 존재하는 두 개의 HCl 분자들의 경우를 고려해본다. 그림 4.4에서 묘사된 쌍극자로부터 전기장이 보이는 것처럼 각 HCl은 자신의 이웃에 전기적 힘을 나타낸다. 그림 4.5의 아래 그림은 방향에 대한 두 개의 극한에서 쌍극자를 설명한다. 가장 낮은 에너지 배위에서 한 쌍극자의 음성 쪽은 다른 쌍극자의 양성 쪽 옆에 정렬된다. 그림 4.5에서 묘사된 것처럼 이것은 정전기적 상호작용을 유발한다. 반대로, 쌍극자 배열의 같은 전하 쪽의 높은 에너지 배위에서 정전기적 반발을 나타낸다. 쌍극자들은 이들 두 극한들 사이에서 어떤 방향을 취할 수도 있다.

만일 두 개의 쌍극자의 방향이 완전히 무작위라면 평균적인 힘은 0이다. 이것은 인력과 척력 방향들이 동일하게 나타나기 때문이다. 그러나 그림 4.5의 위의 그림처럼 기체와 액체의 분자 쌍극자들은 회전에 자유롭다. 이 움직임이 쌍극자들이 회전하여 배열하려는 경향을 갖

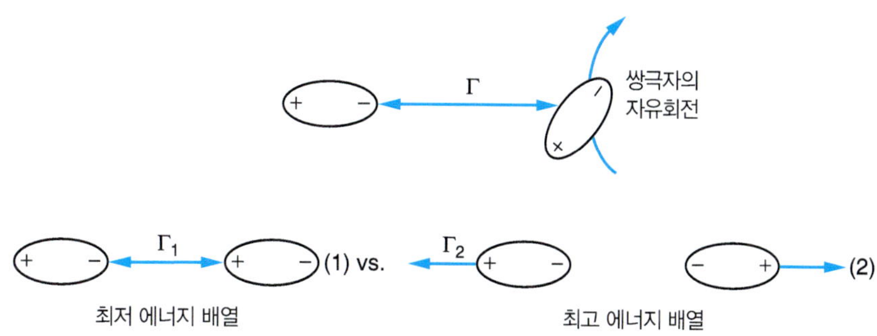

그림 4.5 자유로이 회전하는 전기 쌍극자–쌍극자 쌍의 다른 가능한 회전.

는 것처럼 에너지 차원에서 낮은 에너지를 선호하는 인력의 상호작용이 더 쉽게 발생하도록 허용한다. 한편, 열적 에너지는 회전을 무작위 선택으로 이끈다.

이들 두 효과들 사이 거래는 Boltzmann 인자, $e^{-\Gamma/(kT)}$에 따라 정량화될 수 있다. 그래서 임의 두 상태들에서 쌍극자들의 수의 비는 그들의 위치에너지 차와 온도에 상관되고 다음 식을 따른다.

$$\frac{N_1}{N_2} = e^{-\left[(\Gamma_1 - \Gamma_2)/(kT)\right]}$$

이 식은 낮은 에너지 방향으로 더 많은 쌍극자가 배열할 것이라고 암시한다. 모든 가능한 방향에 대해서 성분 i와 j 사이에 쌍극자–쌍극자 상호작용의 위치에너지 평균은 다음 식과 같다.

$$\overline{\Gamma}_{ij} = -\frac{2}{3}\frac{\mu_i^2\mu_j^2}{r^6 kT}\ \text{CGS 단위} \tag{4.6}$$

여기서 $\overline{\Gamma}$는 쌍극자–쌍극자 상호작용의 평균 위치에너지이다. 쌍극자들 사이 위치에너지는 위치에 대한 $1/r^6$ 의존성을 갖는다. 이것은 Coulomb 상호작용보다 더 많이 떨어진다. 또한, 각 성분들의 쌍극자 모멘트의 제곱에 비례한다. 분모의 (kT) 항은 평균으로부터 초래된다. 온도가 높을수록 방향이 더 무작위로 분포되고 인력이 감소한다.

영구 쌍극자에 더해 성분들이 네 개의 극, 여덟 개의 극 또는 그 이상의 다극처럼 다극의 팽창에서 고차 항들을 나타낼 수 있다. 그러나 이들 고차 항들은 거시적 성질 거동에 측정할 만한 영향을 미치지 못한다.

❯ 유도력

유도는 쌍극자로부터 전기장이 이웃의 전기적 구조에 영향을 미칠 때 일어난다. 음으로 충전된 전자들이 원자 주위를 자유로이 움직이기 때문에, 분자 i에서 전자들은 이웃하는 분자 j의 쌍극자로 대체될 수 있다. 이 대체가 '유도(induce)'이며, 분자 i에서 전하의 분리로 쌍극자를 형성하도록 한다. 결과적으로 i와 j는 서로 끌리게 된다. 이 현상이 **유도**(induction)이다.

쌍극자들은 극성과 비극성 성분으로 유도될 수 있다. 예를 들어, Ar 원자 가까이에 있는 극성 HCl로부터 전기장의 효과를 알아본다. 어떤 외부의 영향력도 없이 Ar은 전하 분리를 갖지 않는다. 그러나 그림 4.6에서처럼 Ar에서 전자들이 HCl의 쌍극자 장에 반응할 것이다. 전기장 선들이 양의 시험 전하가 가려는 방향을 보임을 상기한다. 따라서 음으로 충전된 전자들은 그림 4.6에서 Ar 원자의 꼭대기로 끌릴 것이며, 유도 쌍극자를 발생시킨다. 이때 Ar에서 유도 쌍극자는 영구 HCl 쌍극자에 끌릴 것이다.

유도의 성질이 쌍극자–쌍극자 인력과 같기 때문에 우리는 역시 $1/r^6$의 의존성을 기대한

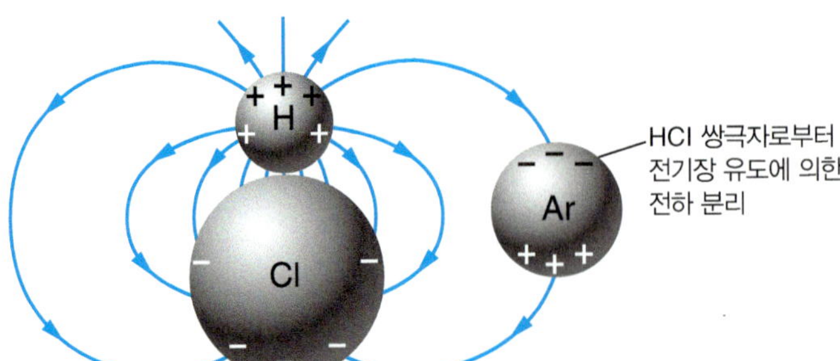

그림 4.6 HCl 쌍극자로 인한 전기장으로부터 Ar에서 쌍극자의 유도.

다. 유전 쌍극자 i와 영구 쌍극자 j 사이 위치에너지의 모든 방향에 대한 평균은 다음 식으로 주어진다.

$$\overline{\Gamma}_{ij} = -\frac{\alpha_i \mu_j^2}{r^6} \text{CGS 단위} \tag{4.7}$$

여기서 α는 분자 i의 분극성이다.

분극성(polarizability)은 분자의 전자구름이 전기장의 존재로 얼마나 쉽게 대체될 수 있는가를 특성화하는 인자이다. 더 큰 변위가 더 큰 쌍극자를 유도한다. 전자들은 그 자신들을 원자의 양으로 충전된 분자들 주위에 위치시킨다. 더 큰 원자의 원자가 전자가 핵으로부터 멀리 있기 때문에 그들은 덜 단단하게 붙잡고 원자는 더 분극성이다. 그래서 일반적으로 원자가 클수록 α 값이 더 크다. 분극성은 대략적으로 더해질 수 있다. 즉, 원자들의 수에 따라 분극성의 값이 정해진다. 예를 들어 오존, O_3의 분극성은 산소 원자의 비율 3:2에 따라 대략 산소 O_2 분극성의 1.5배이다. 분자의 분극성의 대략적 추산은 분자 내 모든 원자들의 분극성을 함께 더함으로써 얻어질 수 있다.[3] 그래서 더 많은 원자를 갖는 분자들이 더 큰 분극성을 갖는다. 몇 가지 대표적 분자들의 분극성이 표 4.1에 수록되었다.

› 분산력

N_2와 O_2같은 비극성 분자들은 인력을 나타낸다. 반면 그들은 낮은 온도에서 응축되거나 얼지 않는다. 아직은 그들이 쌍극자 모멘트를 갖지 않고, 순수한 성분들은 쌍극자–쌍극자 상호인력과 유도에 따르지 않는다. 비극성 분자들 사이 인력 상호작용은 상호작용 세 번째 형태로부터 온다. 이것이 분산력(dispersion/London forces)이다.

분산은 본래 양자역학적 현상이다. 분산의 정밀한 모델 개발을 위해 양자 전기역학을 이해할 필요가 있다. 그러나 그것은 다음과 같이 '고전적으로' 보일 수 있다. 전자구름이 시간에 대해 평균될 때 비극성 분자들은 실제로 오로지 비극성이다. 주어진 시간의 스냅 사진에서 분자는 임시의 쌍극자 모멘트를 갖는다. 분산력은 핵을 둘러싸는 전자구름의 순간적인 비대칭으로부터 유발된다. 순간적인 쌍극자 모멘트는 이웃하는 분자에서 쌍극자를 유도하여 인력을 유발시킨다.

양자역학과 섭동이론을 이용하여 London은 대칭분자 i와 j의 인력에너지에 대한 다음 표현을 제시하였다.

$$\Gamma_{ij} \approx -\frac{3}{2}\frac{\alpha_i \alpha_j}{r^6}\left(\frac{I_i I_j}{I_i + I_j}\right) \text{CGS 단위} \tag{4.8}$$

여기서 I는 1차 이온화 퍼텐셜이며, 즉, 그 에너지는 다음 반응을 필요로 한다. $M \rightarrow M^+ + e$. 일반 성분들의 이온화 퍼텐셜이 표 4.1에 수록되었다. 이들 '임시 쌍극자' 상호작용은 역시 위치에 $1/r^6$ 의존성을 갖는다. 역시 관련된 각 성분의 분극성에 의존된다. 이것은 순간적인 쌍극자의 범위가 원자가 전자의 핵의 지배가 얼마나 느슨한가와 상관되기 때문이다. 비슷하게, 이웃하는 분자들에서 유도는 분극성에 의존한다. 식 (4.8)이 비극성 성분들에 대하여 유도된 반면, 극성 분자들은 분산 상호작용도 따른다.

3. 분자 분극성의 더 정확한 접근은 분자 안에서 공유결합의 수와 유형을 반영하여 가능하다. 결합의 유형(예, C−C, C=C, C−H, N−H, C−Cl 등)과 분자 그룹(예, C−O−H, C=O, C−O−C 등)에 대한 기여 값들이 다음 문헌에 주어져 있다. J. O. Hirshfelder, C. F. Curtiss, and R. B. Bird, *Molecular Theory of Gases and Liquids*, (New York: Wiley, 1954).

분산에 대한 고전적 설명은 분산이 상대적으로 작은 힘을 갖는 것으로 믿게 한다. 그러나 종종 이 경우처럼 우리의 고전적 직감이 양자역학에 의해 정의된다. *분산력이 놀랍게 크다*는 것을 예제 4.1과 4.2에서 볼 수 있다.

› Van der Waals 힘

쌍극자–쌍극자, 유도, 분산력은 공동으로 van der Waals 힘으로 나타내진다. 이들 상호인력의 각자에 대한 분자 간 위치에너지는 거리의 6승으로 떨어진다. 그래서 세 가지 van der Waals 상호작용들은 모두 다음 형태이다.

$$\Gamma_{ij} = -\frac{C_6}{r^6} \tag{4.9}$$

상수 C_6의 크기는 인력의 세기에 비례한다. 첨자 '6'은 퍼텐셜이 거리의 6승으로 떨어지는 것을 나타낸다.

예제 4.1 **순수한 성분에 대한 van der Waals 힘**

298 K에서 다음의 순수한 성분들의 각자에 대하여 쌍극자–쌍극자, 유도, 그리고 분산 상호작용의 세기를 최선으로 비교하라. H_2O, NH_3, CH_4, CH_3Cl, CCl_4. 그 결과에 대해 토론하라.

풀이 ▸ 쌍극자 모멘트 μ, 분극성 α, 그리고 이온화 에너지 I는 표 4.1로부터 얻을 수 있으며, 표 E4.1에 요약되어 있다. 이들 분자들의 상수들을 갖고, 쌍극자–쌍극자, 유도, 분산 퍼텐셜에 대한 근사치를 결정할 수 있다. 식 (4.6), (4.7), (4.8)을 식 (4.9)에 대입하여 특정 순수한 성분 i에 적용하여 다음을 얻을 수 있다.

$$\text{쌍극자–쌍극자: } (C_6)^{\text{쌍극자–쌍극자}} = \frac{2}{3}\frac{\mu_i^4}{kT} \text{ CGS 단위} \tag{E4.1A}$$

$$\text{유도: } (C_6)_{\text{유도}} = 2\alpha_i\mu_i^2 \text{ GCS 단위} \tag{E4.1B}$$

$$\text{분산: } (C_6)_{\text{분산}} \approx \frac{3}{4}\alpha_i^2 I_i \text{ CGS 단위} \tag{E4.1C}$$

식 (E4.1B)에 2를 곱한다. 이는 2체(two-body)의 상호작용에서 각 성분들이 이웃에서 쌍극자를 유도할 수 있기 때문이다. 식 (E4.1C)은 엄밀하게 대칭 성분들 CH_4, CCl_4에 대해서만 유효하다. 그러나 다른 세 가지 성분들에 대해서도 유효한 계산으로 가정한다. 총 van der Waals 상호작용은 다음으로 주어진다.

$$C_6 = (C_6)_{\text{쌍극자–쌍극자}} + (C_6)_{\text{유도}} + (C_6)_{\text{분산}} \tag{E4.1D}$$

다섯 가지 성분의 각각에 대하여 식 (E4.1D), 식 (E4.1A), 식 (E4.1B), 식 (E4.1C)로부터 계산된 C_6에 대한 값을 표 E4.1에 나타냈다.

표 E4.1 **예제 4.1의 성분들에 대한 van der Waals 상호인력의 상대 값**

분자	μ [D]	α [$cm^3 \times 10^{25}$]	I [eV]	$C_6 \times 10^{60}$ [erg cm^6]	$(C_6)_{\text{쌍극자–쌍극자}}$	$(C_6)_{\text{유도}}$	$(C_6)_{\text{분산}}$
H_2O	1.85	14.8	12.62	233	190	10	33
NH_3	1.47	22.2	10.07	145	76	10	60
CH_4	0	26	12.61	102	0	0	102
CH_3Cl	1.87	45.3	11.26	507	198	32	277
CCl_4	0	105	11.47	1517	0	0	1517

비록 비극성일지라도 CCl_4는 가장 큰 분자 상호작용의 힘을 나타내고, 근사적으로 강한 극성보다 다섯 배가 크다. 크기는 CCl_4에서 4개의 Cl 원자와 관련된 큰 분극성으로부터 온다. *분산력이 얼마나 큰지 아는 것은 흥미 있는 일이다!* 비록 대충이더라도 암모니아 혹은 methane, 물과 같은 동일한 크기가 더 극성인 구조와 수반하는 쌍극자–쌍극자 상호작용들로 인하여 쉽게 비이상적이게 된다. 그러나 CH_3Cl은 물과 비슷한 쌍극자 모멘트를 갖고, 이 큰 분자가 더 쉽게 극성화되고, 결과적으로 더 큰 분산 상호인력을 갖기 때문에 더 큰 van der Waals 상호작용(C_6 값의 두 배 이상)을 갖는다.

예제 4.2 혼합물에서 van der Waals 퍼텐셜의 크기

Ar과 HCl의 혼합물을 고려한다. 혼합물에서 '다른 2체'의 van der Waals 상호작용의 상대적인 중요성을 예측하라. 동종 간 상호작용의 기하평균을 이용하여 예측한 값으로부터 얻어진 값과 다른 종간 상호작용을 비교하라.

풀이 ▶ 이원 혼합물에서 세 가지 가능한 상호작용이 있다. Ar–Ar, HCl–HCl, Ar–HCl이다. 혼합물에서 같은 종간 상호작용, Ar–Ar과 HCl–HCl은 예제 4.1의 방법과 동일하게 찾을 수 있다. 따라서 식 (E4.1A)에서 식 (E4.1D)가 사용된다. Ar–HCl에 대한 상호작용은 식 (4.6), (4.7), (4.8)이 사용되어 다음을 얻는다.

$$(C_6)_{\text{쌍극자–쌍극자}} = \frac{2}{3}\frac{\mu_{Ar}^2\mu_{HCl}^2}{kT} \quad \text{CGS 단위}$$

$$(C_6)_{\text{유도}} = \alpha_{Ar}\mu_{HCl}^2 + \alpha_{HCl}\underbrace{\mu_{Ar}^2}_{\to\,0} \quad \text{CGS 단위}$$

그리고

$$(C_6)_{\text{분산}} = \frac{3}{2}\alpha_{Ar}\alpha_{HCl}\left(\frac{I_{Ar}I_{HCl}}{I_{Ar}+I_{HCl}}\right) \quad \text{CGS 단위}$$

다시, 총 van der Waals 상호인력이 주어진다.

$$C_6 = (C_6)_{\text{쌍극자–쌍극자}} + (C_6)_{\text{유도}} + (C_6)_{\text{분산}}$$

이들 식들로부터 얻은 C_6의 값을 표 E4.2에 나타내었다. 모든 경우에 분산 상호작용이 가장 크다. 다른 종간 상호인력, Ar–HCl은 각 동일한 종간 상호작용 사이에 있다. 종종 우리는 동일 종간 상호작용의 기하평균으로써 다른 종간 상호작용의 크기를 추산한다. 이 경우 다음 식을 얻는다.

$$(C_6)_{Ar-HCl} = \sqrt{(C_6)_{Ar-Ar}(C_6)_{HCl-HCl}} = 83 \times 10^{60}[\text{erg/cm}^6]$$

이 값은 표 E4.2에 보고된 값과 9%의 차이가 있다.

표 E4.2 다른 분자들 사이 인력의 상대적 크기

분자–분자	$C_6 \times 10^{60}$ [erg cm^6]	$(C_6)_{\text{쌍극자–쌍극자}}$	$(C_6)_{\text{유도}}$	$(C_6)_{\text{분산}}$
Ar–Ar	52	0	0	52
HCl–HCl	134	22	6	106
Ar–HCl	76	0	2	74

예제 4.3 **분자구조에 기초한 van der Waals 힘의 상대적 크기 예측**

다음 분자들을 검토하라. CCl_4, CF_4, $SiCl_4$. 이 성분들의 총 van der Waals 인력, C_6의 값이 큰 순서로 목록을 만들어라. 분자 차원의 논의 기준을 설명하라.

풀이 ▸ $SiCl_4$에 대한 분자 상수들은 표 4.1에 수록되지 않았다. 그러나 이 문제를 풀기 위해 정성적인 인자를 이용할 수 있다. 일반적으로 인력적인 상호인력은 분산, 쌍극자–쌍극자, 유도력을 포함한다. 세 성분(CCl_4, CF_4, $SiCl_4$) 모두 비극성으로, 오로지 분산력만 나타낸다. 이들 힘의 크기는 분극성, α와 상관된다. CF_4에서 각 원자는 주기율표의 두 번째 열에 있다. $SiCl_4$에서 각 원자는 세 번째 열에 있다. 그래서 CF_4에서 원자가 전자는 핵을 향해 가장 밀접하게(최소로 묶게) 유지되어, 이 분자는 가장 작은 분산력을 갖는다. 반대로, $SiCl_4$에서 전자들은 가장 멀리 있어 가장 쉽게 분극화된다. 그래서 이들 성분들에 대해 다음과 같이 예측된다.

$$(C_6)_{SiCl_4} > (C_6)_{CCl_4} > (C_6)_{CF_4}$$

분자 간 퍼텐셜 함수와 척력

비이상기체 거동을 설명하기 위해 분자 간 위치에너지가 분자들 사이 위치에 어떻게 의존하는지를 설명하고자 한다. 위치에너지 vs. 분자 간 거리에 대한 함수나 그림을 *퍼텐셜 함수*(potential function)라 한다. 결국, 퍼텐셜 함수는 기체의 내부 에너지가 어떻게 압력에 의존하는지를 결정하는 것이다. 분자 간 에너지와 위치 사이에 관계를 근사하기 위해 사용되는 퍼텐셜 함수의 많은 모델들이 있다. 이들 모델들은 인력과 척력 모두를 포함한다. 순 중성 성분들에 대하여 인력은 앞에서 논의된 van der Waals 힘에 의해 설명될 수 있다. 여기서 다음으로 두 가지 측면, 즉 척력이 어떻게 근사되고 퍼텐셜 함수가 어떻게 주어지는지를 보여준다.

강체구 모델과 Sutherland 퍼텐셜

분자들 사이에서 척력은 그들의 제한된 크기로부터 초래된다. 가장 단순한 모델에서 강체구 모델, 지름 σ의 한정된 강체를 고려해본다. 분자들은 당구공과 같다. 분자들이 물리적으로 서로 가까워질 때, 서로 근접하면서 반발한다. 그래서 두 개의 분자의 지름이 만날 때까지 한 쌍의 분자들 사이의 퍼텐셜은 0이다. 여기서 무한대로 증가한다. 수학적으로 위치에너지는 다음 식과 같이 설명된다.

$$\Gamma = \begin{cases} 0 & r > \sigma \text{인 경우} \\ \infty & r \le \sigma \text{인 경우} \end{cases}$$

강체구에 대한 위치에너지의 도시는 그림 4.7*a*에 표현되었다.

Sutherland 모델은 강체구 모델에 r^{-6}에 비례하는 van der Waals 인력 항을 더한다. 그래서 퍼텐셜 함수는 수학적으로 다음과 같이 설명된다.

$$\Gamma = \begin{cases} \dfrac{-(C_6)}{r^6} & r > \sigma \text{인 경우} \\ \infty & r \le \sigma \text{인 경우} \end{cases}$$

Sutherland 모델을 그림 4.7*b*에 나타내었다. Sutherland 퍼텐셜은 인력과 척력 모두를 설명하지만, $r = \sigma$ 오른쪽에 불연속이 존재한다.

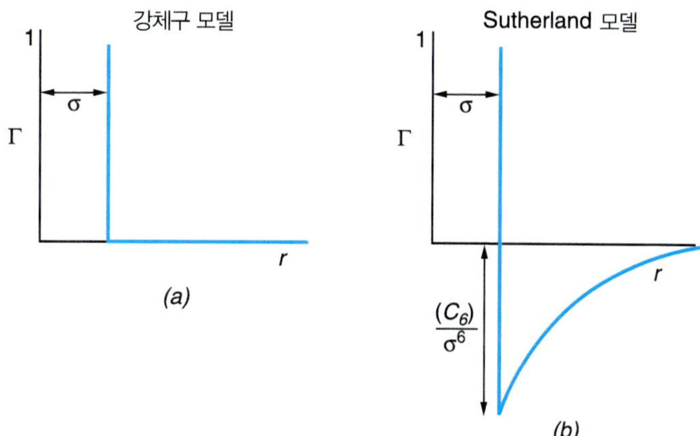

그림 4.7 퍼텐셜함수. (*a*) 강체구 모델, (*b*) Sutherland 모델.

그림 4.7의 도시에서 무엇이 이상기체 모델과 같이 보이는가?

› Lennard-Jones 퍼텐셜

실제로 분자들은 단단하지 않고 오히려 확산 전자구름에 의해 접해 있다. 분자들이 더욱 가까워져서 그들의 전자구름들이 겹칠 때 척력이 발생되고, Pauli의 배타원리의 가능한 위반과 같은 Coulomb 척력을 유발시킨다. 이 효과가 두 개의 분자의 격렬한 척력을 유발시킨다.

양자역학에서 설명하기를 척력은 위치에 지수의존성을 갖는다. 이는 원자 파동함수가 큰 거리에서 지수함수로 떨어지기 때문이다. 그러나 척력의 퍼텐셜을 경험적으로 멱수법칙 표현의 역으로 표현하는 것이 편리하며 다음 식과 같다.

$$\Gamma_{ij} = \frac{(C_n)}{r^n} \qquad \text{여기서 } 8 < n < 16$$

여기서 C_n은 n의 거리에 대한 멱승의 역으로 떨어지는 척력의 크기에 비례하는 상수이다. 만일 van der Waals 인력과 양자(척력) 효과를 모두 고려하면, 다음 형태의 분자 위치에너지에 대한 표현을 얻을 것이다.

$$\Gamma_{ij} = \frac{(C_n)}{r^n} - \frac{(C_6)}{r^6}$$

인력 부분은 음으로 에너지를 낮추는 반면, 척력 부분은 양으로 에너지를 증가시키는 경향을 보여준다.

Lennard-Jones는 이들 식이 $n = 12$ 정도에서 수학적으로 편리한 형태로 강조하였으며, Lennard-Jones 퍼텐셜 함수는 다음 식으로 정리된다.

$$\Gamma = 4\varepsilon\left[\left(\frac{\sigma}{r}\right)^{12} - \left(\frac{\sigma}{r}\right)^{6}\right] \tag{4.10}$$

여기서 $\qquad C_{12} = 4\varepsilon\sigma^{12}$ 그리고 $C_6 = 4\varepsilon\sigma^6$

Lennard-Jones 퍼텐셜 함수의 도시는 그림 4.8과 같다. 상수들과 σ가 물리적으로 각각 에너지 상수와 거리 상수로서 해석될 수 있다. 그림 4.8에서 설명된 것처럼 에너지 상수, ε는 퍼

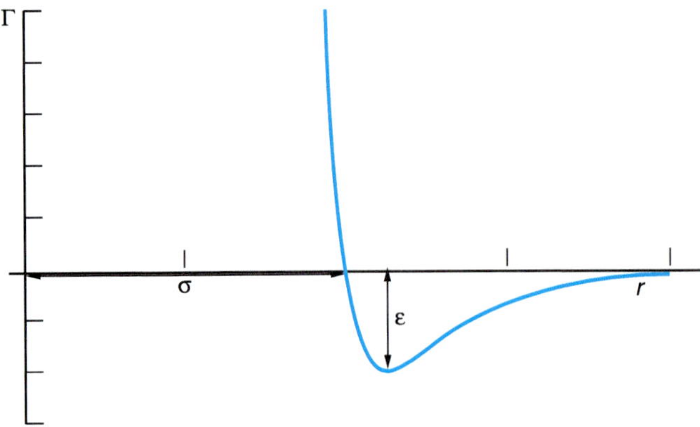

그림 4.8 분자들 사이 거리의 함수로서 Lennard-Jones 퍼텐셜의 도시.

텐셜 우물의 깊이에 의해 주어지고, 반면 거리 상수, σ는 인력과 척력 퍼텐셜이 동일한 거리에 의해 주어는 분자 크기의 성질이다. Lennard-Jones 상수의 대표적인 몇 개가 표 4.2에 수록되었다.[4] 크기 상수, σ는 분자 크기에 따라 증가되고, 에너지 상수, ε는 van der Waals 상호인력의 크기에 비례한다.

그림 4.9*a*는 O_2, Cl_2, C_6H_6에 대한 Lennard-Jones 퍼텐셜 함수를 도시한다. 이 성분들은 모두 비극성이다. 인력의 유일한 van der Waals 힘은 분산으로부터 유발된다. 그래서 이들의 퍼텐셜 상호작용은 그들의 상대적 방향이 아니라 오직 두 개의 분자들 사이 떨어진 거리에만 의존한다. 이들 세 성분에서 인력과 척력의 상호작용의 상대적 공헌은 크기에 근사적으로 비례하고, 이들 성분들이 더 가까워질수록 그들의 인력은 대체로 더 커진다. 이들 성분들을 *단순 분자*라 명한다. 비교해 보면 CH_3OH와 SO_2에 대한 Lennard-Jones 퍼텐셜 함수는 그림 4.9*b*의 세 가지 단순 분자에 포함된다. CH_3OH는 크기에 비례하는 더 큰 인력을 갖는다(이것은 그것의 극성 구조 때문인 것으로 추측된다). 더구나 이 극성 구조가 다른 성분에 상

표 4.2 몇 가지 성분들의 Lennard-Jones 상수 값.

기체	ε/k(K)	σ(Å)
He	10.2	2.58
H_2	35.7	2.94
C_2H_4	205	4.23
C_6H_6	440	5.27
F_2	112	3.65
Cl_2	307	4.62
O_2	101	3.5
N_2	86	3.7
CCl_4	327	5.88
CH_4	148.2	3.82
Ne	31.6	2.8
Ar	120	3.4
Ke	190	3.6
Xe	229	4.1
CH_3OH	507	3.6
SO_2	252	4.3

4. From Hirshfelder et al., *Molecular Theory of Gases and Liquids*.

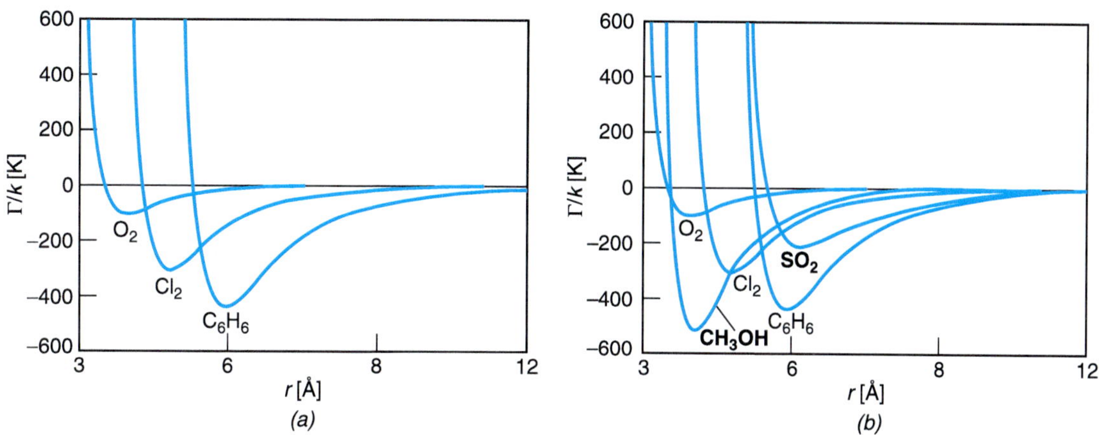

그림 4.9 Lennard-Jones 퍼텐셜의 비교. (*a*) 세 가지 다른 분자와 (*b*) 다섯 가지 다른 분자들.

대적인 한 개의 CH_3OH의 방향 의존성을 유발시킨다. 그래서 이 성분과의 상호작용이 본래 더 '복잡'하다. 더 정확한 퍼텐셜 함수는 변수로서 방향성을 포함할 수 있다. 그림 4.9*b*에 묘사된 퍼텐셜 함수는 하나의 methanol 분자가 다른 분자에 상대적으로 갖는 모든 방향성의 평균 근사치이다. 우리는 그래서 CH_3OH가 다른 분류에 속한다고 한다. SO_2는 더 큰 척력을 갖지만 상대적으로 약한 인력을 갖는다.

대응상태 원리

우리는 비이상기체 거동을 유발하는 분자 상호 간 상호작용에 대한 처리를 일반화시키고자 한다. 우선 비극성 분자를 검토한다. 그림 4.9*a*는 분자 간 퍼텐셜을 적절하게 가늠하면, 모든 비극성 분자들에 적용하는 보편적인 표현을 마련할 수 있다는 것을 제시한다. 이 방법으로 분자 간 상호인력을 가늠하는 능력이 대응상태 원리를 유도한다.

무차원 위치에너지는 모든 성분에 대하여 동일하다.

정량적인 형태에서 에너지 상수에 대해 위치에너지와 크기 상수에 대해 분자 사이 거리를 가늠하면 모든 성분들에 대해 적용하는 일반 함수가 존재하게 된다. 그래서 다음 식으로 쓸 수 있다.

$$\mathbf{F}\left(\frac{\Gamma_{ii}}{\epsilon_i}, \frac{r}{\sigma_i}\right) = 0 \tag{4.11}$$

식 (4.11)은 Lennard-Jones 퍼텐셜 함수에 제한되지 않고 오히려 무차원 위치에너지가 무차원 거리의 어떤 일반 함수라는 것을 설명한다.

대응상태 원리는 거시적 열역학 성질들에 확장될 수 있다. 이 형태에서 측정된 성질값들, P, v, T를 대략적으로 알면 모든 성분들에 적용하는 일반 상태방정식을 쓸 수 있다. Van der Waals가 강조한 바로는 주어진 성분들에 대해 그 성분의 임계점에서 성질값들에 대한 값들을 측정하는 것이 특별히 적당하다. 임계점은 주어진 성분들의 분자 간 상호작용 성질들에 의해 결정되는 상태로, 유일한 상태를 나타낸다. 그래서 다음의 세 가지 무차원 그룹을 설정하여

'환산' 좌표계를 만들 수 있다.[5]

$$T_r = \frac{T}{T_c}, \qquad P_r = \frac{P}{P_c}, \quad \text{그리고} \quad v_r = \frac{v}{v_c}$$

대응상태 원리는 모든 물질들에 대해 똑같은(같은 형태와 같은 계수의) 일반함수가 있다는 것을 설명한다.

$$\mathbf{F}\left(\frac{T}{T_c}, \frac{P}{P_c}, \frac{v}{v_c}\right) = 0 \tag{4.12a}$$

또한 다른 방법으로 무차원 그룹 방법의 하나는 압축인자, z가 될 수도 있다. 그래서

$$z = \frac{Pv}{RT} = \mathbf{F}\left(\frac{T}{T_c}, \frac{P}{P_c}\right) \tag{4.12b}$$

식 (4.12b)는 대응상태 원리의 거시적 개념을 설명한다.

똑같은 환산온도와 환산압력에서 모든 유체들은 똑같은 압축인자를 갖는다.

위의 논의는 비극성 성분들에 기초한다. 그림 4.9*b*가 관련된 분자 간 상호인력의 특별한 성질에 기초하는 분자들의 다른 분류가 있다는 것을 설명한다. 예를 들면, 강한 쌍극자 모멘트를 갖는 CH_3OH는 그림 4.9*a*에서 설명된 비극성 성분들과 다르게 거동한다. 어떤 한 분류 내에서 분자 간 상호인력이 비슷하게 계산되는 분류와 주장에 따라 대응상태 원리는 개선될 수 있다.

이와 같은 목적을 이루기 위해 분자들을 분류하는 세 번째 상수 성질을 소개한다. 분자들을 분류하는 상수를 소개하는 데 많은 방법들이 있다. 우리는 그 중에서 하나를 탐구하기로 한다(Pitzer 이심인자, ω). 이것은 한 분류에 대해 분자를 할당하고, 분자가 얼마나 '비구형성'인지를 특성화한다. ω의 정의는 다소 임의적이다.

$$\omega \equiv -1 - \log_{10}[P^{sat}(T_r = 0.7)/P_c],$$

여기서 $P^{sat}(T_r = 0.7)$는 환산 온도 0.7에서 포화 압력이다. 단순유체 Ar, Kr, Xe에 대해 0의 값을 갖기 때문에 세 번째 상수에 대한 이 정의는 편리하다. 더구나, 다른 유체들은 1보다 작은 양의 값을 갖는다. ω에 대한 표의 자료가 보통 유용하기 때문에 가끔은 ω를 계산할 필요가 있다(때로는 찾으려는 ω를 바로 안다). 부록 A.1은 보통의 몇 가지 성분들에 대한 이심인자가 수록되어 있다.

분자들을 분류별로 나누기 위해 이심인자의 소개로, 일반적인 거시적 식의 형태는 다음과 같다.

$$\mathbf{F}\left(\frac{T}{T_c}, \frac{P}{P_c}, \frac{v}{v_c}, \omega\right) = 0 \tag{4.13}$$

식 (4.13)은 다음 형태로 쓰인다.

---

5. P_c, T_c, v_c는 모두 독립적이지 않다. 단지 두 개의 성질이 임계점 상태를 한정짓는다. 그리하여 대응상태 원리의 분자와 거시적 표현에서 2개의 독립변수를 가지고 있다.

$$z = \mathbf{F}^0(T_r, P_r) + \omega \mathbf{F}^1(T_r, P_r) \quad (4.14)$$

식에서 $\mathbf{F^0}$와 $\mathbf{F^1}$은 오로지 환산압력과 환산온도에만 의존하고 이심인자는 $\mathbf{F^1}$항의 효과를 조정하기 위해 사용된다. 그래서 완전히 '구형'의 분자(Ar와 같은)는 $\mathbf{F^0}$에만 의존한다.

화학적 힘

위에서 설명된 물리적 힘들은 기체상에서 대부분 분자의 상호작용에 대하여 적절하게 설명한다. 여기서 우리는 논의를 응축상으로 돌린다. 고체와 액체는 순 인력의 분자 상호작용이 계안에서 열적 에너지보다 클 때 형성되고, 결과적으로 분자들을 서로 붙잡는다. 인력의 힘이 가끔은 위에서 설명한 정전기와 van der Waals 상호인력에 돌릴 수 있는 반면, **화학적**(chemical) 힘은 역시 쉽게 응축상에서 역할을 한다.[6] 화학적 힘은 공유결합 전자들의 성질, 화학결합의 개념과 새로운 화학종들의 형성에 기반을 둔다. 화학적 힘과 물리적 힘의 주요 차이는 화학적 힘은 **포화**(saturate)가 되는 반면 물리적 힘은 그렇지 않다는 것이다. 이것은 화학적 상호작용이 관련된 화학 성분들의 전자 파동함수에 고유하기 때문이다. 정말로 화학적 상호작용의 완전한 정량적 설명은 관련된 분자의 궤도에 대한 중첩을 설명하기 위한 Schrö-dinger 방정식의 해를 포함한다. 우리는 화학적 상호작용을 오로지 정량적으로만 고려할 수 있다. 이 논의의 목표는 고체와 액체의 거동을 지배하는 다른 중요한 힘이 있을 것이라는 것을 깨닫고 이들 힘이 존재할 수도 있다는 가능성을 얻는 것이다.

가장 넓은 범위의 화학적 효과는 수소결합과 산-염기 복합체이다. 양쪽 경우에 다른 분자들 사이 원자가 전자들을 공유하는 경향이 있다. 수소결합은 전기음성 원자(보통 F, O 혹은 N같은)와 두 번째 분자에서 다른 전기음성 원자에 결합된 수소 원자 사이에서 초래하는 '화학결합'이다.

그림 4.10은 물 분자 1에서 전기음성 산소와 물 분자 2에서 인접한 수소 사이에 형성하는 수소결합을 설명한다. 물 분자 2에서 전기 음성 산소 원자가 수소 원자의 전자를 핵으로부터 끌어당기기 때문에 부분 전하 분리가 일어난다. 수소 원자에서 초래되는 양전하는 물 분자 1에서 인력을 유발하는 인접한 산소 원자에서 전기음성 원자의 부분 음전하에 끌릴 수 있다. 그래서 이것이 우리가 바로 설명한 van der Waals 상호인력과 같이 생각되고, 수소결합이 쌍극자-쌍극자 상호작용에 의해 일어난다고 말하기 쉬울 수 있다. 그러나 인력의 원리는 *순수하게 정전기적이 아니고* 오히려 공유결합의 이온 쌍 전자 성질이 중요한 몫이다. 이것이 수소결합과 쌍극자-쌍극자 힘 사이의 근본적인 차이로 이끈다. 수소결합은 상대적으로 강하고, 성질적인 포화에 따른 높은 방향성의 상호인력을 형성한다. 일반적으로 이 힘은 위에서 설명한 van der Waals 힘($1/r^6$)보다 더 큰 2차의 크기이지만 공유결합보다 더 약한 1차의 크기이다. 바꾸어 말해, 만약 수치를 식 (4.6)에 넣고 수소결합의 세기를 설명하려고 시도하면, 실험적으로 관측된 세기보다 훨씬 더 낮은 세기의 수치를 얻을 것이다. 더구나, 수소결합된 원자

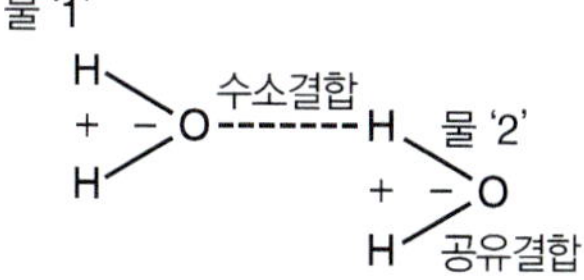

그림 4.10 물에서 수소결합.

6. 어떤 특별한 기체에서 화학적 힘이 확인된다.

들 사이의 거리는 강체구 모델에 기반하는 예측보다 실제로 상당히 더 작다. 그래서 수소결합은 실제로 다른 분자들에서 전기 음성 원자의 전자구름 속으로 침투하는 것이다. 수소결합이 관심 있는 열역학 현상을 유발한다. 예를 들면, 수소결합의 강한 네트워크가 얼음의 열린 구조로 이끈다. 그래서 다른 종류와 다르게 물은 얼 때 팽창한다.[7]

화학적 상호작용이 열역학 성질에 어떻게 영향을 미치는지 설명하기 위해 화학적 거동 두 가지 형태를 고려한다. 회합과 용매화이다. 용매화는 다른 분자들 간에 화학적 복합체를 형성하려는 경향이다. 이것은 일반적으로 다음 반응으로 나타낸다.

$$A + B \longrightarrow AB$$

회합은 같은 분자들이 착물(고분자화)을 형성하는 경향으로 다음과 같이 표현된다.

$$A + A \longrightarrow A_2$$

당연히 분자가 용매화하고 회합하는 능력은 그것의 전자 구조와 긴밀하게 연결된다. 수소결합은 이들 거동 중의 하나로 귀결될 수 있다. 용매화의 예는 클로로폼과 아세톤의 혼합물에 의해 주어진다. 수소결합이 다른 분자 간 착물을 만들도록 한다.

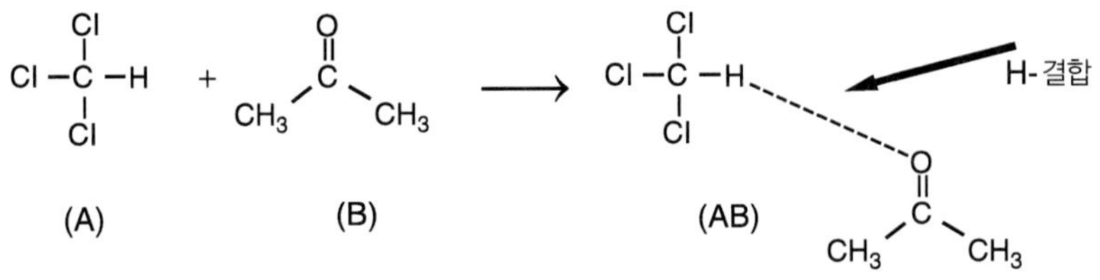

Cl–C(Cl)(Cl)–H + CH_3–C(=O)–CH_3 ⟶ Cl–C(Cl)(Cl)–H ···· O=C(CH_3)–CH_3 ← H-결합

(A) (B) (AB)

산-염기 쌍도 역시 용매화한다. 아세트산의 이합체화는 회합을 설명한다.

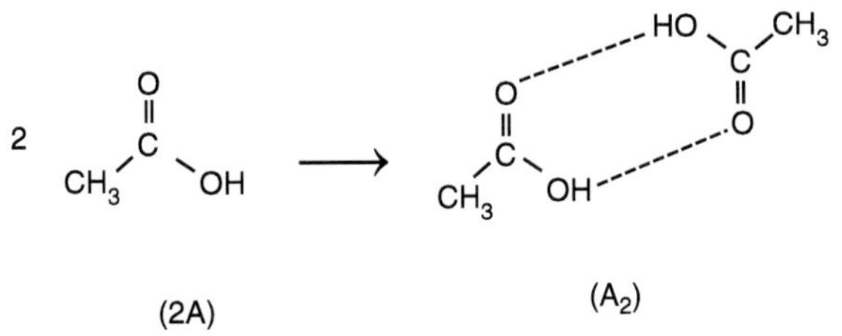

2 CH_3–C(=O)–OH ⟶ CH_3–C(=O)–OH ···· O=C(CH_3)–HO ···· (이합체)

(2A) (A_2)

다른 가능한 용매화(solvation)와 회합(association) 반응을 생각할 수 있는가?

화학적 효과들이 계의 평형거동을 어떻게 변화시킬 수 있는지 보이기 위해 그림 4.11을 검토한다. 이것은 액체-기체 평형에서 성분 A와 B를 묘사한다. 우리는 증기상에서 이상기체 거동을 가정할 것이다. 우리는 액상에서 일어나는 세 가지 시나리오에 대해 증기상의 조성을 비교하려고 한다.

(i) A와 B만이 계 내에 존재하는 성분이고 Raoult(라울)의 법칙이 적용된다.

(ii) 성분 A와 B는 액상에서 용매화하지만, 우리는 이 화학을 알지 못한다.

(iii) 성분 A는 액체상에서 회합하지만, 우리는 이 화학을 알지 못한다.

---

7. 만약에 얼음이 물보다 비중이 크다면 어떤 일이 일어날지 상상해 보라. 바다에서 모든 얼음은 바닥으로 가라앉을 것이며, 결과적으로 태양으로부터 에너지 유입이 단절되어 대부분의 바다가 영원히 얼게 될 것이다.

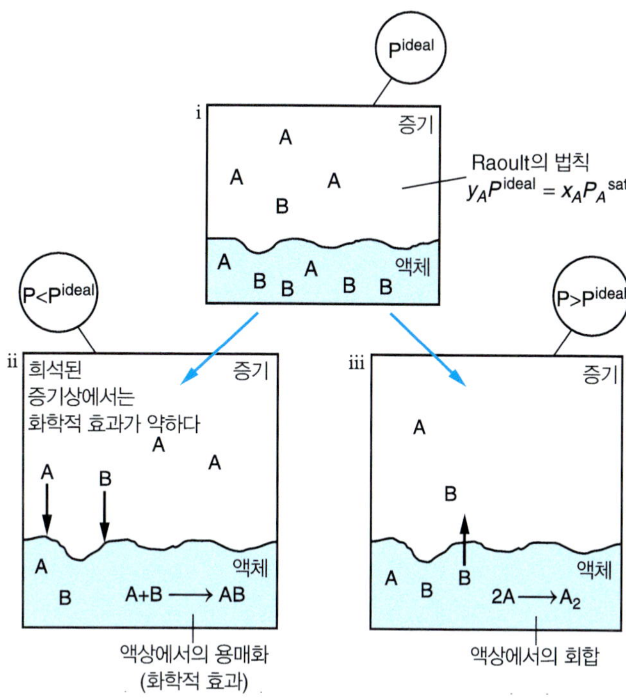

그림 4.11 이원계 (i) 계가 이상 거동을 나타낸다. (ii) 성분 A와 B는 액상에서 용매화한다. (iii) 성분 A는 액상에서 회합한다.

우리는 용매화[시나리오 (ii)] 혹은 회합[시나리오 (iii)]이 계에 대한 우리의 인식을 어떻게 변화시키는지 검토하고자 한다. 시나리오 (ii)에서 성분 A와 B는 액상에서 용매화한다. 이 반응은 성분 A와 B의 액체를 고갈시킨다. 이것은 착물 AB가 형성되기 때문이다. AB가 A나 B와는 다른 성분이기 때문에, 증기상에서 어떤 A와 B는 그때 보상을 위해 응축할 것이다. 이것이 이상적인 경우에서보다 계의 총 압력을 낮추게 된다[시나리오 (i)]. 이 용매화 효과가 Raoult의 법칙으로부터 '음'의 편차를 유발시킨다.

다음으로 시나리오 (iii)에서 무엇이 발생하는지 검토하기를 원한다. 여기서 성분 A가 액상에서 회합한다. 이합체(dimer)는 다른 화학성분이고 비휘발성을 가정한다. 분자 B 관점에서 고려해보자. 회합은 A가 회합하지 않는 경우보다 액체상에서 B의 몰분율을 더 높게 한다. 그래서 B가 증발하여 보상할 것이다. 이것은 이상기체 경우보다 더 높은 계의 압력을 유발시킨다. 회합은 Raoult의 법칙으로부터 '양'의 편차를 유발한다.

위 논의들은 교재 전개의 큰 비율을 소비하는 것에 대한 정성적이고 직관적인 느낌을 제공하였다. 이것은 화학 계에서 이상성으로부터 평형 거동과 편차를 예측하는 방법들이다.

예제 4.4 H_2O와 CH_3OH에 대한 P^{sat}의 비교

100°C, 50°C, 25°C에서 물과 methanol의 포화 압력, P^{sat}을 [Pa]로 결정하라. 분자 상호 간 힘에 기초하여 다음을 설명하라. (i) 주어진 온도에서 methanol의 증기압이 왜 물보다 큰가? (ii) 온도가 증가하면 왜 증기압도 증가하는가?

풀이 ▶ 수증기표(부록B.1)로부터 물의 포화 압력을 얻을 수 있다. Methanol의 포화 압력은 Antoine 식에 의해 계산된다.

$$\ln(P^{sat}[\text{bar}]) = A - \frac{B}{T[\text{K}] + C} = 11.9673 - \frac{3626.55}{T - 34.29}$$

여기서 상수들은 부록 A.1에서 찾아진다. P^{sat}의 결과 값이 표 E4.4에 보고되었다.

(i) 증기압은 분자가 얼마나 수월하게 액체상으로부터 '달아날' 수 있는지를 표현하는 함수이다. 이것은 주어진 어떤 열적 에너지를 포함한 성분들의 분자 간 상호작용의 세기에 의해 구술된다. 분자 상호 간 힘들이 약할수록 더 큰 P^{sat}를 나타낸다.

Methanol과 물 모두 액체상에서 수소결합을 형성한다. 수소결합은 van der Waals 상호인력보다 더 강하다. 그래서 그들은 이들 두 성분들에 대한 증기압의 거동을 지배할 것이다. 그림 E4.1과 같이 물은 두 개의 수소결합/분자를 형성할 수 있고, CH_3OH는 오직 한 개만을 형성한다. 그래서 주어진 온도에서 물이 액상에서 더 강한 인력을 가지며, 낮은 증기압을 갖는다.

(ii) 설명 #1: 온도는 분자의 운동에너지에 대한 척도이다(내부 에너지, u의 일부). 반면 그것은 평균 분자 운동에너지를 대표하고, 열적 평형에서 성분들은 에너지 분포를 갖는다. 이 분포는 Maxwell–Boltzmann 식에 의해 주어진다. 성분들(이 경우에 물 혹은 methanol)의 몰분율 액상에서 그들을 유지하는 인력(H-결합)을 극복하기에 충분한 운동에너지를 갖는다. 이 몰분율이 증가함에 따라 분자들이 더 많이 증기상으로 들어가고 P^{sat}는 증가한다. Maxwell–Boltzmann 분포가 온도에 지수 의존성을 가지며, P^{sat} 역시 온도에 따라 기하급수적으로 증가된다.

설명 #2: P^{sat}의 온도 의존성에 대한 다음 설명을 사용하려고 할 것이다. T가 증가할수록 더 많은 분자들이 용기의 벽에 부딪칠 것이다. 예로, 이것은 이상기체 식 $P = RT/v$에서 보일 수 있다. 그러므로 P^{sat}는 T에 따라 증가한다. 이 설명이 틀리지는 않지만 완전하지는 않다! 이것은 실험적으로 관측하는 지수관계가 아니라 P^{sat}와 T 사이의 선형관계를 예측하는 것이다.

다른 방법으로 검토해 보면 우리는 이렇게 질문할 수 있다. 증기상에서 분자의 수는 T가 증가함에 따라 증가하는가? 설명 #1은 그렇다고 답한다. 설명 #2에 따르면 증기에 어떤 더 이상 성분들을 더하지 않고 더 높은 P^{sat}를 얻을 수 있다. 후자의 방법으로 검토하는 것은 옳지 않다.

표 E4.4 물과 methanol에 대한 P^{sat} 값

	P^{sat} [Pa]	
T[°C]	물	Methanol
25	3.169×10^3	1.69×10^4
50	1.235×10^4	5.56×10^4
100	1.014×10^5	3.54×10^5

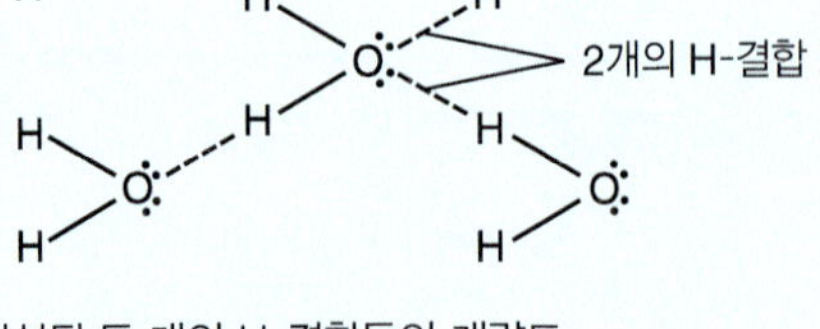

그림 E4.1 H_2O 분자 당 형성된 두 개의 H-결합들의 개략도.

4.3 상태방정식

Van der Waals 상태방정식

분자 상호인력과 관계

우리는 분자 간 상호인력에 대한 우리의 지식을 성분들 사이 퍼텐셜 상호인력이 중요한 상황에 대한 이상기체 모델을 변형하기 위해 사용할 것이다. 이 절에서 분자 간 상호인력을 설명하기 위해 Sutherland 퍼텐셜 함수를 이용할 것이다. 즉, 척력을 설명하기 위해 강체구 모델을 이용하고, 인력을 설명하기 위해 van der Waals 상호인력을 이용한다. 이 식이 4.2절에서 배운 분자의 개념이 어떻게 거시적 성질 자료와 관련될 수 있는지를 설명하기에 특별히 적절하다. 그러나 이것은 상태의 더 정확한 식을 요구하게 되고 다음에 다뤄질 것이다.

우선, 강체구 모델에 기초한 분자들의 '크기'를 고려해보자. 계의 전체 부피는 분자들에 대해 더 이상 유효하지 않을 것이다. 이 효과를 이상기체 모델에서 부피 항을 유효부피에 대한 것으로 대체함으로써 설명할 수 있다. 강체구 모델에서 분자들이 지름, σ를 가짐을 상기한다. 그래서 한 분자의 중심이 거리 σ보다 더 가까운 다른 분자에 접근할 수 없다. 이때 두 개의 분자의 제외 부피(excluded volume)는 $(4/3)\pi\sigma^3$이다. 2로 나누고 아보가드로 수, N_A를 곱하면, 부피 $b = (2/3)\pi\sigma^3 N_A$를 차지하는 분자들의 1 mol을 얻을 수 있다. 크기를 바로잡기 위해 점유되지 않은 몰부피 $(v - b)$만을 포함하는 이상기체 모델을 수정한다. 다음 식을 얻게 된다.

$$P = \frac{RT}{v - b}$$

다른 분자들이 이미 자리를 차지하고 있는 공간에 한 분자는 그 공간을 차지할 수 없기 때문이다.

우리는 아직 분자 간 힘을 설명할 필요가 있다. 순전하가 없을 때 기체에서 인력은 분산, 쌍극자–쌍극자, 그리고 유도를 포함할 수 있고, 이들 모두가 r^{-6}의 의존성을 갖는다. 그러나 식들에서 상수로서 '거리'를 갖지 않지만, 부피를 갖고, 그것은 거리의 3승에 비례한다($v \approx r^3$). 그래서 이들 모든 항들이 v^{-2}에 비례하는 것으로 말할 수 있다.

그러나 이것을 어떻게 상태방정식에 상관시킬 수 있는가? 4.2절에서 보았듯이 위치에너지에 잘 관계되는 변수는 압력이다. 따라서 인력에 대해 설명하는 항을 포함시킴으로써 압력을 수정한다. 인력은 압력을 감소시킬 것이다. 이것은 분자들이 쉽게 용기에 부딪히지 않을 것이기 때문이다. 그래서 다음과 같이 보정 항을 빼낼 것이다.

$$P = \frac{RT}{v - b} - \frac{a}{v^2} \tag{4.15}$$

이 식은 네덜란드 물리학자 van der Waals에 의해 1873년에 처음으로 제안되었다. 그것은 모든 인력에 대해 $1/r^6$ 의존성을 가정하기 때문에, 이들 상관성을 갖는 어떤 힘(분산, 쌍극자–쌍극자, 혹은 유도)도 'van der Waals 힘'으로 일컬어진다. 식 (4.15)에서 상수 a는 Sutherland 퍼텐셜 함수를 적분함으로써 분자 상수들과 상관될 수 있다. 이 계산이 $a = (2\pi N_A^2 C_6)/(3\sigma^3)$을 준다. 실제로 a와 b는 인력과 척력의 크기를 설명하는 경험 상수들이다. 상수 a와 b의 값들을 어떻게 찾을 수 있는지 생각할 수 있는가?

식 (4.15)를 다음과 같이 다시 쓸 수 있다.

$$Pv^3 - (RT + Pb)v^2 + av - ab = 0$$

› 3차 상태방정식으로서 van der Waals 상태방정식

상수 a와 b의 값이 주어지고 T와 P의 고정된 값에서 부피에 대한 3개의 근을 갖기 때문에 이 식은 3차 상태방정식이라 불린다. 우리는 간단히 다른 3차 상태방정식을 검토할 것이다. 그림 4.12는 여러 가지 등온선에 대하여 이 식의 일반적인 성질을 설명한다. 3개의 근들은 임계점 이하에서보다 그 이상에서 다른 성질들을 보인다. 임계점 위에서는 하나의 양의 실근과 음 혹은 허수를 포함하는 2개의 근이 존재한다. 오로지 양의 실근만이 물리적 값을 나타낸다(초임계유체의 부피). 다른 근들은 물리적 기초가 없는 수학적 값들이다. 그러나 임계점 이하에서 3개의 양의 실근들이 존재할 수 있다. 우리는 가장 작은 근을 액체 상태에 그리고 가장 높은 값의 근을 증기 상태의 부피에 배정할 수 있다. 물리적 기초에 $dP/dv > 0$인 중간 근은 버린다. 일정한 온도에서 이 관계가 가능하지 않은 물리적 이유를 생각할 수 있는가? 실제로, 등온선들이 증기와 액체가 공존하는 2-상의 포락선에서 수평이다. 이 불연속이 3차 상태방정식에 의한 설명을 빠져나간다.

2-상 영역의 하나의 특징이 3차식에 의해 결정될 수 있다. Maxwell의 '등면적 규칙(equal-area rule)'(제6장에서 증명 예정)은 주어진 T에 대하여 P^{sat}을 결정하기 위한 그래픽 방법이다. 그것은 포화 압력이 수평선이 3차식에 의해 주어진 해와 실제 등압선 사이 면적을 똑같이 나누는 것을 설명한다. 그림 4.12에서 설명된 구성처럼 등압선 위와 아래 동일한 면적들이 P^{sat}을 고정한다. 이 순서는 시행오차에 의해 얻어질 수 있다. 만일 더 높은 포화 압력이 예측되었다면, 위의 면적이 너무 작을 것이다. 반대로, P^{sat}이 너무 낮은 값을 가지면 위의 면적이 너무 클 것이다.

› 대응상태에 의한 van der Waals 상수

Van der Waals 식을 사용하기 위해, 관심 있는 성분들에 대하여 상수 a와 b가 결정되어야 한다. 실험적인 PvT 자료를 맞춤으로써 가장 정확한 값이 결정된다. 그러나 이들 자료가 유용하지 않을 때, 우리는 대응상태 원리를 이용할 수 있다(4.2절 참조).

대응상태 원리가 임계점에서 성질 자료를 정한다는 것을 상기하라. 우리는 그림 4.12에서 보인 것처럼 임계 등온선 위에 변곡점이 존재함을 인지함으로써 van der Waals 상수를 임계점의 온도와 압력과 상관시킨다. 수학적으로 다음과 같이 쓸 수 있다.

$$\left(\frac{\partial P}{\partial v}\right)_{T_c} = \left(\frac{\partial^2 P}{\partial v^2}\right)_{T_c} = 0 \tag{4.16}$$

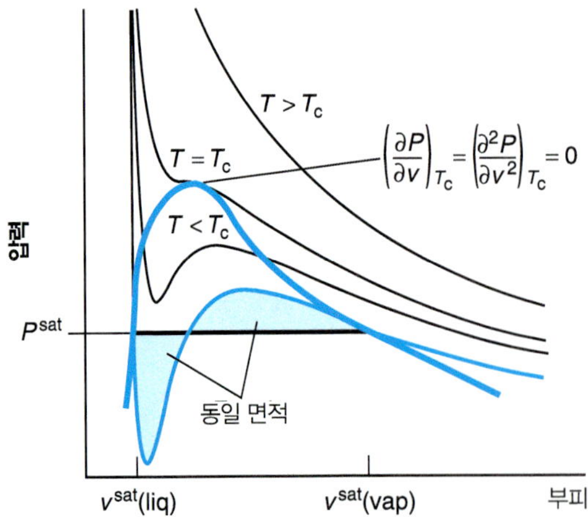

그림 4.12 Van der Waals 상태방정식의 Pv 거동. 이 거동이 다른 3차 상태방정식을 대표한다.

그래서 임계점에서

$$P_c = \frac{RT_c}{v_c - b} - \frac{a}{v_c^2} \tag{4.17}$$

$$\left(\frac{\partial P}{\partial v}\right)_{T_c} = 0 = \frac{-RT_c}{(v_c - b)^2} - \frac{2a}{v_c^3} \tag{4.18}$$

그리고

$$\left(\frac{\partial^2 P}{\partial v^2}\right)_{T_c} = 0 = \frac{2RT_c}{(v_c - b)^3} - \frac{6a}{v_c^4} \tag{4.19}$$

만약 식 (4.18)에 2를 곱하고 식 (4.19)를 $(v - b)$로 나누고 두 식을 더하면

$$0 = \frac{4a}{v_c^3} - \frac{6a(v_c - b)}{v_c^4}$$

v_c에 대해서 풀면

$$v_c = 3b \tag{4.20}$$

식 (4.20)을 식 (4.18)에 다시 대입하고 a에 대해서 풀면

$$a = \frac{9}{8}v_c RT_c$$

마지막으로, 이 식을 식 (4.17)에 대입하면 임계온도와 임계압력의 차원으로 van der Waals 상수들에 대해 풀 수 있다.

$$\boxed{a = \frac{27}{64}\frac{(RT_c)^2}{P_c}} \tag{4.21}$$

그리고

$$\boxed{b = \frac{(RT_c)}{8P_c}} \tag{4.22}$$

예제 4.7은 임계점에서 성질 치들로부터 van der Waals 상수들을 얻는 다른 방법을 보여준다. 우리는 지금 상수들에 대해 풀기 위해 오로지 필요로 하는 임계 성질들에 대한 상태방정식을 갖는다. 이 방법은 상수 a와 b를 얻기 위해 PvT 자료를 맞추는 것만큼 정확하지 않지만 실험에 대한 부담을 줄여준다. 이것은 임계값들이 보통 알려져 있고 이미 유효하기 때문이다.

위 결과들을 환산 변수인 T_r, P_r, v_r 차원으로 van der Waals 상태방정식에 사용한다. 식 (4.15)를 가지고 출발한다.

$$P = \frac{RT}{v - b} - \frac{a}{v^2} \tag{4.15}$$

a와 b를 대체하고 식 (4.20), (4.21), (4.22)를 이용해 다시 정리하면

$$\left(\frac{P}{P_c}\right) = \frac{8\left(\frac{T}{T_c}\right)}{3\left(\frac{v}{v_c}\right) - 1} - \frac{3}{\left(\frac{v}{v_c}\right)^2}$$

이 식은 환산 형태로 쓰일 수 있다.

$$P_r = \frac{8T_r}{3v_r - 1} - \frac{3}{v_r^2} \tag{4.23}$$

만일 식 (4.23)을 식 (4.12a)와 비교하면, 환산 온도와 환산 부피 측면에서 환산 압력에 대해 일반함수를 정의했다는 것을 안다. 그래서 성분들 사이 대응상태를 나타내기 위해 특정한 표현을 하게 된다.

식 (4.20)과 (4.22)로부터 임계점에서 압축인자를 계산할 수 있다.

$$z_c = \frac{P_c v_c}{RT_c} = \frac{3}{8}$$

그래서 van der Waals 상태방정식에 대응상태를 적용하면 모든 성분들에 대해 임계점에서 0.375의 압축인자 값을 얻는다. 임계점에서 압축인자의 실험값은 단순 성분들에 대해 대략 0.29이며 보통은 복잡한 성분들에 대해 이보다 더 작다. 그래서 van der Waals 상태방정식에 의해 예측된 값이 상당히 높다. 이것은 PvT 거동을 예측함에 한계를 나타낸다.

예제 4.5 **분자구조에 기초하는 van der Waals 힘의 상대적 크기의 예측**

다음 분자들을 검토하라. CCl_4, CF_4, $SiCl_4$, $SiCl_3H$

(a) 이들 성분들을 van der Waals 상수 a의 순서대로 나열하라. 가장 큰 값으로부터 가장 작은 값 순으로 분자의 논의에 기초하여 결과를 설명하라.

(b) Van der Waals 상수 b에 대하여 반복하라. 결과를 분자의 논의에 기초하여 설명하라.

풀이 ▸ **(a)** Van der Waals 상수 a는 분산, 쌍극자–쌍극자, 유도력에 의한 인력 상호작용의 표현이다. 수록된 처음 세 성분들(CCl_4, CF_4, $SiCl_4$)는 모두 비극성이고 오직 분산력만을 나타낸다. 이들 힘의 크기는 이 성분들의 분극성 α와 상관된다. CF_4에서 원자가 전자는 핵 쪽으로 가장 단단하게(최소로 '약하게') 붙잡힌다. 그래서 이것이 가장 작은 분산력을 갖는다. 반대로 $SiCl_4$에서 전자들은 더 멀리 달아나고 가장 쉽게 분극이 된다. 그래서 우리는 이 세 성분들에 대해 다음을 예상한다.

$$a_{SiCl_4} > a_{CCl_4} > a_{CF_4}$$

네 번째 성분 $SiCl_3H$은 두 가지 힘, 분산과 쌍극자–쌍극자를 함께 갖는다. 그래서 이 식은 위 계층들을 우리가 어디에 놓는가가 문제가 된다. 이것은 강인한 요구이다. 우리는 다음과 같이 강한 쌍극자(> 1 D)를 기대한다.

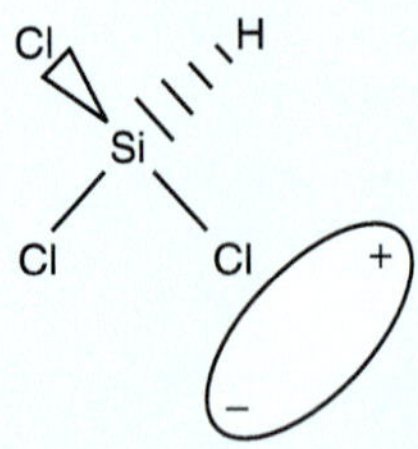

그러나 분극성은 분자의 구성 원자들 사이에 더해지고, 이 성분들은 분극성이 매우 큰 원자(Cl)를 거의 비분극성인 원자(H)로 대체한다. 쌍극자가 승리한다고 할 수 있다.

$$a_{SiCl_3H} > a_{SiCl_4} > a_{CCl_4} > a_{CF_4}$$

그러나

$$a_{SiCl_4} > a_{SiCl_3H} > a_{CCl_4} > a_{CF_4} \quad \text{그리고} \quad a_{SiCl_4} > a_{CCl_4} > a_{SiCl_3H} > a_{CF_4}$$

이 가능하다.

(b) Van der Waals 상수 b는 하나의 분자가 차지하는 부피를 나타낸다. $SiCl_4$가 확실히 가장 크고 CF_4는 가장 작다. 그러나 $SiCl_3H$ vs. CCl_4는 어떠한가? Si는 C보다 더 크지만 Cl이 H보다 더 크다. 만일 당신이 원자들이 공격을 한다고 상상하면(Cl의 삼각형으로 시작하고 꼭대기에 H와 중간에 Si나 꼭대기에 Cl과 중간에 C 중 하나로) CCl_4가 더 크다고 볼 것이다. 그래서 b에 대해서

$$b_{SiCl_4} > b_{CCl_4} > b_{SiCl_3H} > b_{CF_4}$$

예제 4.6 **임계성질으로부터 van der Waals 상수의 계산**

다음 기체들에 대한 임계점 자료로부터 van der Waals 상수를 계산하라. Benzene(벤젠), toluene(톨루엔), cyclohexane(사이클로헥세인). 물리적 기초로부터 a와 b의 상대적 크기를 설명하라.

풀이 ▶ Van der Waals 상수는 임계압력과 임계온도로부터 다음과 같이 계산된다.

	P_c [bar]	T_c [K]	$a = \frac{27}{64}\frac{(RT_c)^2}{P_c}\left[\frac{\text{Jm}^3}{\text{mol}^2}\right]$	$b = \frac{(RT_c)}{8P_c}\left[\frac{\text{m}^3}{\text{mol}}\right]$
Benzene	49.1	562	1.88	1.19×10^{-4}
Toluene	42.0	594	2.45	1.47×10^{-4}
Cyclohexane	40.4	553	2.21	1.42×10^{-4}

세 성분 모두의 인력 상호작용이 분산 상호작용(상수 a)에 의해 지배를 받는 반면, 크기는 상수 b에 영향을 준다. Toluene이 가장 높은 a와 b 값을 갖는다. Toluene은 일곱 개의 탄소 원자를 가지며, 다른 분자들은 단지 여섯 개만 갖는다. 이것이 가장 큰 크기뿐만이 아니라 가장 큰 분극성을 초래한다. Cyclohexane의 전자들이 benzene에 의해 나타내는 단단한 공진 구조보다 더 자유롭게 이동한다. 이것은 benzene보다 더 큰 분극성을 유발시킨다. 사실 분산력의 크기는 benzene보다는 toluene에 더 가깝다. 마지막으로, cyclohexane은 3차원 구조를 갖는데, 다른 두 개는 평면이고 납작하다. 그렇기 때문에 상수 b 크기를 나타내는, benzene과 cyclohexane에 대하여 거의 같은 크기이다.

예제 4.7 **대응상태로부터 van der Waals 상수의 대체적 결정**

임계점에서 3차 상태방정식에 대한 부피의 세 개 근들에 수렴해야 된다. 그래서

$$(v - v_c)^3 = 0 \quad \textbf{(E4.7A)}$$

임계압력과 임계온도의 측면에서 van der Waals 상수 a와 b를 쓰기 위해 식 (E4.7A)를 이용하라.

풀이 ▸ 식 (4.15)를 다음과 같이 다시 쓸 수 있다.

$$v^3 - \left[\frac{RT}{P} + b\right]v^2 + \frac{a}{P}v - \frac{ab}{P} = 0$$

또는 임계점에서

$$v^3 - \left[\frac{RT_c}{P_c} + b\right]v^2 + \frac{a}{P_c}v - \frac{ab}{P_c} = 0 \qquad \textbf{(E4.7B)}$$

식 (E4.7A)를 전개하면

$$v^3 - 3v^2v_c + 3vv_c^2 - v_c^3 \qquad \textbf{(E4.7C)}$$

부피 관점에서 식 (E4.7B)의 부피가 식 (E4.7C)에서 부피와 같다고 놓을 수 있다. v^0의 근에 대해 다음 식을 갖는다.

$$\frac{ab}{P_c} = v_c^3 \qquad \textbf{(E4.7D)}$$

v^1의 근에 대해 다음 식을 갖는다.

$$3v_c^2 = \frac{a}{P_c} \qquad \textbf{(E4.7E)}$$

v^2의 근에 대해 다음 식을 갖는다.

$$3v_c = \left[\frac{RT_c}{P_c} + b\right] \qquad \textbf{(E4.7F)}$$

상수 a에 대해 식 (E4.7E)를 풀 수 있다.

$$a = 3v_c^2P_c \qquad \textbf{(E4.7G)}$$

그리고 b에 대해 식 (E4.7D)를 풀 수 있다.

$$b = \frac{P_cv_c^3}{a} = \frac{v_c}{3} \qquad \textbf{(E4.7H)}$$

마지막으로 b에 대하여 식 (E4.7F)를 풀고, 식 (E4.7H)의 결과를 대입하면

$$v_c = \frac{3RT_c}{8P_c} \qquad \textbf{(E4.7I)}$$

식 (E4.7I)를 식 (E4.7G)와 식 (E4.7H)에 각각 대입하여 상수 a와 b에 대하여 풀 수 있다.

$$a = \frac{27(RT_c)^2}{64P_c}$$

그리고

$$b = \frac{RT_c}{8P_c}$$

이 예제에서 상수 a와 b에 대하여 우리가 얻은 표현은 식 (4.21)과 식 (4.22)에 의해 주어진 것과 연결된다는 것을 안다.

3차 상태방정식(일반)

앞서 보았듯이 van der Waals 상태방정식은 이 식에서 가장 고차 항이 부피의 3승까지이므로 3차 상태방정식이다. Van der Waals 상태방정식은 우리가 논의한 인력과 척력의 상호작용들을 상관시키는 분명한 방법 때문에 기체 분자의 거동을 표현할 수 있다. 우리가 보기로 현대의 3차식은 van der Waals 상태방정식과 같이 기본적 형태를 갖지만 상당히 더 정확하다. 다른 말로, 만일 여러분이 정확한 답을 필요로 하면 van der Waals 상태방정식보다 좀 더 좋은 식들이 있다.

사실, 수백 개의 다른 3차 상태방정식들이 존재한다. 이들 식 모두는 비슷하다. 그들은 단지 실험 자료를 수식에 일치시킨다. 아직도 일반적으로, 탄화수소물들의 증기상과 액체 영역과 많은 다른 성분들의 증기 영역에서 합리적 값을 제공할 수 있다. 이 절에서 우리는 모든 유용한 상태방정식에 대한 비평을 시도하지 않을 것이다. 오히려, 몇 개의 일반적으로 사용되는 3차식을 통해 과학적 개념과 공학적 응용을 설명할 것이다. 제안된 다른 주요 식들은 우리가 연구한 형태들과 유사하다.

3차식의 일반적 형태는

$$v^3 + f_1(T, P)v^2 + f_2(T, P)v + f_3(T, P) = 0$$

여기서 $f_i(T, P)$는 성질값들 T와 P와 마찬가지로 조절 상수를 포함할 수 있는 함수이다. 부피에 대한 세 개의 성질 근들은 그림 4.12와 관련하여 van der Waals 상태방정식을 갖고 논의하는 것과 똑같은 경향을 따른다. 표 4.3이 그 형태의 몇몇 예들이다.

$$P = \frac{RT}{v - b} - \text{Attr}$$

이 식들 모두가 van der Waals 상태방정식처럼 똑같은 척력 항을 사용한다. 식에서 'Attr'로 나타낸 항은 인력의 상호작용을 정량화한다. 일반적으로 이 항들은 실험 자료를 최적으로 수식에 일치시키기 위해 경험적으로 확립된다.

Redlich–Kwong 상태방정식, Soave–Redlich–Kwong 상태방정식[8], 그리고 Peng–Robinson 상태방정식은 모두 일반적으로 사용된다. **Redlich-Kwong 상태방정식**(the redlich–kwong equation of state)이 다음 식에 주어진다.

표 4.3 $P = RT/(v - b)$ − Attr 형태의 몇몇 일반적인 상태방정식들에 대한 상수

상태방정식	연도	Attr
van der Waals	1873	$\frac{a}{v^2}$
Redlich–Kwong	1949	$\frac{a/\sqrt{T}}{v(v+b)}$
Soave–Redlich–Kwong	1972	$\frac{a\alpha(T)}{v(v+b)}$
Peng–Robinson	1976	$\frac{a\alpha T}{v(v+b)+b(v-b)}$

8. 이 식은 또한 Redlich – Kwong – Soave 상태방정식으로 알려져 있다.

$$P = \frac{RT}{v - b} - \frac{a}{T^{1/2}v(v + b)} \tag{4.24}$$

상수 a와 b에 대한 관계는 van der Waals 상태방정식에 적용되는 똑같은 방법을 사용하는 임계온도와 임계압력의 관점에서 쓰일 수 있다. 이 경우에 예제 4.7에서 설명된 대체방법을 구현하기에 편리하다(연습 문제 4.35). 수학을 이용하면

$$a = \left(\frac{1}{9(\sqrt[3]{2} - 1)}\right)\frac{R^2T_c^{2.5}}{P_c} = \frac{0.42748R^2T_c^{2.5}}{P_c} \tag{4.24a}$$

그리고,

$$b = \left(\frac{\sqrt[3]{2} - 1}{3}\right)\frac{RT_c}{P_c} = \frac{0.08664RT_c}{P_c} \tag{4.24b}$$

Redlich-Kwong 상태방정식에서 상수 a와 b는 van der Waals 상수에 대한 것들과 다르기 때문에 서로 교환될 수 없음에 주의한다. Redlich-Kwong 상태방정식은 넓은 조건 범위에 잘 작용되지만 임계점 부근에서 측정된 값과는 매우 차이가 있다. 환산 형태로 Redlich-Kwong 상태방정식은 다음과 같다.

$$P_r = \frac{3T_r}{v_r - 0.2599} - \frac{1}{0.2599\sqrt{T_r}v_r(v_r + 0.2599)}$$

그리고 임계점에서 압축인자는 다음과 같다.

$$z_c = \frac{1}{3}$$

이 값이 van der Waals 상태방정식보다 실험값에 가까운 반면, 그 값은 여전히 너무 높다.

Peng-Robinson 상태방정식(Peng-Robinson equation of state)은 다음으로 주어진다.

$$P = \frac{RT}{v - b} - \frac{a\alpha(T)}{v(v + b) + b(v - b)} \tag{4.25}$$

$$a = 0.45724\frac{R^2T_c^2}{P_c}$$

$$b = 0.07780\frac{RT_c}{P_c}$$

$$\alpha(T) = [1 + \kappa(1 - \sqrt{T_r})]^2$$

$$\kappa = 0.37464 + 1.54226\omega - 0.26992\omega^2$$

임계점에서 압축인자는 $z_c = 0.307$로 찾아진다. Peng-Robinson 상태방정식은 이 책에서 제공하는 ThermoSolver 소프트웨어의 상태방정식 메뉴에서 한 선택이다.

임계상수 추정으로 상수를 구하는 Redlich-Kwong 상태방정식은 일반적으로 식 (4.12a)에 의해 표현된 '2-상수' 대응상태 표현을 사용한다. 다른 한편으로 Peng-Robinson 상태방정식은 세 번째 상수, ω를 사용한다. 그래서 우리는 분자들의 다른 분류에 대하여 좀 더 잘 연

구될 것을 기대한다. Soave-Redlich-Kwong 상태방정식은 Peng-Robinson 상태방정식과 비슷한 형태의 식이며, 역시 일반적으로 사용된다.

Virial (비리얼) 상태방정식

Virial 상태방정식은 바람직한 이론적 배경을 갖는다. 그것은 통계역학을 사용하는 초기 원리들로부터 유도되었다. 이 식은 압축인자를 $1/v = 0$에 관하여 농도(또는 몰부피의 역)에 대한 멱급수에 의해 주어진다.

$$z = \frac{Pv}{RT} = 1 + \frac{B}{v} + \frac{C}{v^2} + \frac{D}{v^3} + \cdots \tag{4.26}$$

여기서 B, C, . . . 는 2차, 3차 virial 계수로 불리고, 이 상수들은 오직 온도에만 의존한다(혼합물에 대해서는 조성도 포함). Virial 상태방정식의 다른 표현은 압력의 멱급수전개이다.

$$z = \frac{Pv}{RT} = 1 + B'P + C'P^2 + D'P^3 + \ \ldots \tag{4.27}$$

식 (4.26)을 P에 대해 풀고 식 (4.27)에 대입하면, 계수들은 다음과 같이 상관된다.

$$B' = \frac{B}{RT}$$

$$C' = \frac{C - B^2}{(RT)^2} \text{ 등등} \tag{4.28}$$

일반적인 질문: 어떤 멱급수 전개를 사용할 것인가? 식 (4.26)은 압력에 대한 식이고, 식 (4.27)은 부피에 대한 식이다. 그래서 만약 이들 변수들 중 하나로 표현되는 전개를 필요로 하면(미분을 취할 수 있고), 적당한 형태를 사용한다. 다음은 정확도의 문제이다. 2차 virial 계수만을 취할 때 압력을 조절하면(약 15 bar까지), 멱급수 전개는 더 좋아지게 된다.

$$z = \frac{Pv}{RT} = 1 + B'P = 1 + \frac{BP}{RT}$$

15~50 bar까지 virial 상태방정식은 세 개의 항을 포함해야 되고 농도로 전개되는 계산 결과는 더 정확하다.

$$z = 1 + \frac{B}{v} + \frac{C}{v^2}$$

통계역학을 이용하면 virial 계수들을 분자 간 퍼텐셜과 상관시킬 수 있다. 우리는 물리화학 책에서 유도를 할 것이고 단지 결과만을 표현할 것이다. 2차 virial 계수 B는 모두 계의 '2-체(two-body)' 상호작용으로부터 초래되고, 즉, 모두 두 개의 분자 사이 상호작용이다. 3차 virial 계수 C는 모두 '3-체(three-body)'로부터 초래된다. 이 관점으로부터 압력이 증가할수록 더 많은 항을 필요로 하는 이유를 알 수 있는가? 추가로, 만일 압력이 낮아서 계의 성질에 2-체 상호작용마저 영향을 미치지 못하면 우리는 이상기체를 갖게 된다. 예를 들어, 구형 대칭 분자들을 고려해보자. 통계역학에 따라 2차 virial 계수는 다음 표현에 의해 주어진다.

$$B = 2\pi N_A \int_0^\infty (1 - e^{-\Gamma(r)/(kT)}) r^2 \, dr \tag{4.29}$$

대응상태 원리가 종종 단순해진 virial 상태방정식에 적용된다. 그것은 식 (4.14)에 주어진 형태이다.

$$B_r = B^{(0)} + \omega B^{(1)}$$

여기서
$$B_r = \frac{BP_c}{RT_c}$$

환산온도에 의한 상수 $B^{(0)}$와 $B^{(1)}$의 몇 가지 상관이 제안되었다.[9] 예를 들면, Abbott는 그들이 계산할 수 있는 것을 찾았다.

$$B^{(0)} = 0.083 - \frac{0.422}{T_r^{1.6}}$$

그리고

$$B^{(1)} = 0.139 - \frac{0.172}{T_r^{4.2}}$$

Beattie–Bridgeman 상태방정식(Beattie–Bridgeman equation of state)은 virial 상태방정식의 특수한 형태이다.

$$z = \frac{Pv}{RT} = 1 + \frac{B}{v} + \frac{C}{v^2} + \frac{D}{v^3} \tag{4.30}$$

여기서
$$B = B_0 - \frac{A_0}{RT} - \frac{c}{T^3}$$

,
$$C = -B_0 b + \frac{A_0 a}{RT} - \frac{cB_0}{T^3}$$

$$D = \frac{bcB_0}{T^3}$$

여기서 A_0, B_0, a, b, c는 조절 상수이다.

Benedict–Webb–Rubin 상태방정식(Benedict–Webb–Rubin equation of state)은 지수 항을 더함으로써 virial 상태방정식을 변형시킨다.

$$z = 1 + \left(B_0 - \frac{A_0}{RT} - \frac{C_0}{RT^3}\right)v^{-1} + \left(b - \frac{a}{RT}\right)v^{-2} + \frac{a\alpha}{RT}v^{-5}$$

$$+ \frac{\beta}{RT^3 v^2}\left(1 + \frac{\gamma}{v^2}\right)\exp\left(-\frac{\gamma}{v^2}\right) \tag{4.31}$$

이것은 임계점 부근에서도 액체와 증기의 PvT 거동을 잘 수식화하는 것으로 보였고, 여기서 PvT 거동을 정확히 수식화하는 데 가장 적극적이다. 그러나 모든 여덟 가지 계수의 값을 알아야 하고, 계산할 수 있어야 한다. Lee와 Kessler에 의한 Benedict–Webb–Rubin 상태방정식의 확장은 부록 E에 나타냈고, 4.4절에서 논의된 일반화된 압축인자 표에 대한 기초를 만든다.

9. S. M. Walas, *Phase Equilibria in Chemical Engineering* (Boston: Butterworth, 1985).

예제 4.8 **농도로 전개한 virial 상태방정식의 표현**

온도 T와 농도 $c = 1/v$에 관한 압축인자 z의 Taylor 급수 전개가 식 (4.26)에서 보인 virial 상태방정식의 형태를 나타냄을 보여라.

풀이 ▶ 식의 형태를 찾는다.

$$z = f(T, c)$$

이 함수가 연속적이기 때문에 Taylor 급수 전개를 점 $c = 0$에 대하여 쓸 수 있다.

$$z = f(T, c = 0) + \left(\frac{\partial f(T, c)}{\partial c}\right)_{c=0} c + \left(\frac{\partial^2 f(T, c)}{\partial c^2}\right)_{c=0} \frac{c^2}{2!} + \left(\frac{\partial^3 f(T, c)}{\partial c^3}\right)_{c=0} \frac{c^3}{3!} + \ \ldots$$

모든 기체들이 낮은 농도(c_0)에서 이상기체가 되기 때문에

$$f(T, c = 0) = z(T, c = 0) = \frac{RT}{Pv} = 1$$

$$z = 1 + \left(\frac{\partial f(T, c)}{\partial c}\right)_{c=0} c + \left(\frac{\partial^2 f(T, c)}{\partial c^2}\right)_{c=0} \frac{c^2}{2!} + \left(\frac{\partial^3 f(T, c)}{\partial c^3}\right)_{c=0} \frac{c^3}{3!} + \ \ldots$$

이 표현을 다시 쓸 수 있다.

$$z = \frac{P}{cRT} = 1 + Bc + Cc^2 + Dc^3 + \ \ldots$$

여기서

$$B = \left(\frac{\partial f(T, c)}{\partial c}\right)_{c=c_0}$$

그리고

$$C = \frac{\left(\frac{\partial^2 f(T, c)}{\partial c^2}\right)_{c=c_0}}{2!} \quad \ldots$$

마침내 이것은 $c = 1/v$로 대체하여 식 (4.26)을 준다.

$$z = \frac{Pv}{RT} = 1 + \frac{B}{v} + \frac{C}{v^2} + \frac{D}{v^3} + \ \ldots$$

이 과정으로부터 virial 계수들 $B, C, D, \ldots$가 T에 의존함을 알 수 있으나, v에 의존하지는 않는다. 이것은 그들이 v의 특별한 값(즉, $c = 1/v = 0$)에서 계산되기 때문이다.

예제 4.9 **강체구 퍼텐셜로부터 2차 virial 계수의 계산**

강체구 퍼텐셜 모델에 대하여 2차 virial 계수 B에 대한 표현을 계산하라.

풀이 ▶ 식 (4.29) 분자 간 퍼텐셜 관점에서 2차 virial 계수에 대한 표현을 갖고 시작한다.

$$B = 2\pi N_A \int_0^\infty (1 - e^{-\Gamma(r)/kT}) r^2 dr$$

강체구 모델(그림 4.7a)을 이용하기 위해 우리는 적분을 두 개 부분으로 나누었다. 0에서 σ까지 거리에 대해 퍼텐셜은 무한대(∞)이므로 $e^{-\Gamma(r)/kT}=0$이다. σ에서 ∞까지 퍼텐셜은 0이다. 그래서 다음을 얻는다.

$$B = 2\pi N_A\left[\int_0^\sigma r^2 dr + \int_\sigma^\infty (1 - e^{-0/kT})r^2 dr\right]$$

적분을 계산하면

$$B = 2\pi N_A \frac{r^3}{3}\bigg|_0^\sigma$$

마지막으로

$$B = \frac{2}{3}\pi N_A \sigma^3 \qquad \textbf{(E4.9A)}$$

예제 4.10 **Lennard-Jones 상수들로부터 2차 virial 계수의 계산**

Lennard-Jones 상수들로부터 온도범위 100~900 K에 걸쳐 CH_4에 대한 2차 virial 계수 B를 계산하라.

T [K]	110	120	130	140	150	160	180	200
B [cm³/mol]	−330	−273	−235	−207	−182	−161	−129	−105

T [K]	225	250	275	300	350	400	500	600
B [cm³/mol]	−83	−66	−53	−42	−26	−15	−0.5	8.5

풀이 ▶ 이 문제를 Lennard-Jones 퍼텐셜[식 (4.10)]을 2차 virial 계수에 대한 분자 공식인 식 (4.29)에 대입함으로써 다음과 같이 쓸 수 있다.

$$B = 2\pi N_A\int_0^\infty (1 - e^{-\Gamma(r)/kT})r^2 dr = 2\pi N_A\int_0^\infty \left[1 - exp\left(\frac{-4\varepsilon\left[\left(\frac{\sigma}{r}\right)^{12} - \left(\frac{\sigma}{r}\right)^6\right]}{kT}\right)\right]r^2 dr \qquad \textbf{(E4.10)}$$

식 (E4.10A)에서 적분은 해석적으로 풀릴 수 없다. 그래서 우리는 이것을 수치적으로 다뤄야 한다. 길이 척도의 변화가 적분 안에 있다. 그래서 수치의 정확도에 대하여 무차원 형태로 변수들을 놓는 것이 편리하다. 이 방법에서 각 변수의 척도는 거의 1이며, 수치적 오차의 가능성이 줄어든다. 예제 4.9(식 E4.9A)로부터 강체구 퍼텐셜에 대한 결과에 따라 종속변수 B를 비교할 수 있다. 그러므로 무차원 변수는 다음과 같이 된다.

$$B^* = \frac{B}{\frac{2}{3}\pi\sigma^3 N_A};\ T^* = \frac{kT}{\varepsilon};\ r^* = \frac{\mathrm{r}}{\sigma}$$

여기서 온도 T, 거리 r은 Lennard-Jones 상수들 (ε/k)과 σ와 각각 비례 관계에 있다. 이들 표현을 식 (E4.10A)에 대입하면

$$B^* = \frac{B}{\frac{2}{3}\pi\sigma^3 N_A} = 3\int_0^\infty \left[1 - \exp\left(\frac{-4[(r^*)^{12} - (r^*)^6]}{T^*}\right)\right](r^*)^2 dr^* \qquad \textbf{(E4.10B)}$$

식 (E4.10B)는 수치적으로 적분될 수 있다. 예로, MATLAB에서 명령들은 다음과 같다.

```
f = @(rstar)(1.-(exp(-4./Tstar*(rstar.^-12-rstar.^- ...
6))).*rstar.^2);
Bstar = 3 * quad(f,jstart,jend)
```

이때 무차원 온도의 다른 값에서 식 (E4.10B)를 수치 적분하고, 표 4.2의 Lennard–Jones 상수들을 이용해 T와 B로 전환한다. 결과는 그림 E4.10A에 실선으로 도시되었다. 앞서 주어진 실험 자료가 같이 비교된다. Lennard–Jones 퍼텐셜로부터 얻어진 2차 virial 계수는 실험 자료를 합리적으로 나타낸다.

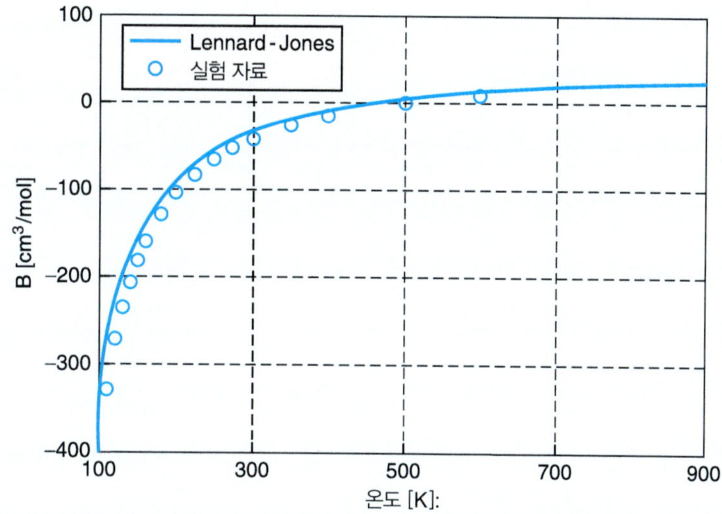

그림 E4.10A 다른 온도에서 실험 자료와 Lennard–Jones 퍼텐셜 함수를 이용하여 얻어진 CH_4에 대한 2차 virial 계수에 대한 값들의 비교.

액체와 고체에 대한 상태방정식

액체와 고체의 몰부피는 실험실에서 바로 측정된다. 예를 들어 실온 또는 물질의 정상 끓는점에서 많은 액체들의 몰부피에 대해 유용한 자료가 있다. 표 4.4는 20°C와 1 bar에서 액체와 고체들의 부피가 보고되고 있다.

응축상의 부피들은 역시 기체보다 온도와 압력에 훨씬 덜 민감하다. 측정된 값이 밀도에 대한 Taylor 급수 전개를 이용해 온도와 압력 변화만큼 조정될 수 있다. 액체와 고체에 대해서 임계온도보다 훨씬 낮아 Taylor 급수의 첫 번째 항(선형)을 제외하고 모든 항들이 무시될 수 있다. 이 방법은 열팽창 계수[10] β와 등온압축률 κ 각각을 갖고 부피에 대한 온도와 압력 의존성을 정량화할 수 있다.

이 정량화 방법은 다음과 같다.

$$\beta \equiv \frac{1}{v}\left(\frac{\partial v}{\partial T}\right)_P \tag{4.32}$$

그리고

10. 이것은 또한 부피 팽창률로 언급된다.

표 4.4 **20°C와 1 bar에서 몇 가지 액체와 고체 성분들에 대한 몰부피, 열팽창 계수, 등온압축률**

	v[cm^3/mol]	β[K^{-1}] × 10^3	κ[Pa^{-1}] × 10^{10}
액체			
Acetone	73.33	1.49	12.7
Benzene	86.89	1.24	9.4
Methanol	39.56	1.12	12.1
Ethanol	58.24	1.12	11.1
n-Hexane	130.77		15.5
Mercury	14.75	0.181	0.40
고체			
Aluminum	9.96	0.0672	0.145
Copper	7.11	0.0486	0.091
Iron	7.10	0.035	0.048
Diamond	3.42	0.0036	0.010

출처: R. H. Perry, D. W. Green, and J. O. *Maloney (eds.), Perry's Chemical Engineers' Handbook*, 7th ed. (New York: McGraw-Hill, 1997); D. R. Lide, *CRC Handbook of Chemistry and Physics, 83rd ed.* (Boca Raton, FL: CRC Press, 2002–2003).

$$\kappa \equiv -\frac{1}{v}\left(\frac{\partial v}{\partial P}\right)_T \tag{4.33}$$

식 (4.32)와 식 (4.33)을 조사해 보면 β는 SI 단위인 [K^{-1}]과 κ는 SI 단위인 [Pa^{-1}]를 갖는다는 것을 안다. β와 κ의 대표적인 값들이 표 4.4에 보고되었다. 많은 자료는 엔지니어링과 물질 핸드북에서 찾을 수 있다.

앞서 논의된 몇 가지 상태방정식은 기체처럼 액체에 잘 적용할 수 있다. 예로, Benedict-Webb-Rubin 상태방정식은 대부분 탄화수소 물질에 대해 합리적 계산을 제공한다. 다음 절에서 다룰 일반화된 압축인자 표는 이 상태방정식의 연장에 기초하고 기체와 액체상 양쪽 모두에 사용될 수 있다. 대안으로 상관 관계가 액상에 대해 명시적으로 전개되었다. 예를 들면, 포화 상태에서 액체 부피는 Rackett 상태방정식으로 주어진다.

$$v^{l,\text{sat}} = \frac{RT_c}{P_c}(0.29056 - 0.08775\omega)^{[1+(1-T_r)^{2/7}]} \tag{4.34}$$

예제 4.11 **고체 Cu의 몰부피에 대한 온도의 상관 관계**

표 4.4의 자료로부터 500°C에서 구리의 몰부피를 결정하라.

풀이 ▸ 식 (4.32)를 다음과 같이 쓸 수 있다.

$$\left(\frac{\partial v}{\partial T}\right)_P = \beta v$$

변수분리를 하면

$$\frac{dv}{v} = \beta dT \tag{e4.11a}$$

식 (E4.11A)를 20°C의 상태 1에서 500°C의 상태 2까지 적분하면

$$\ln\frac{v_2}{v_1} = \beta(T_2 - T_1)$$

상태 2에서 고체의 몰부피에 대해 풀고 표 4.4로부터 값을 대입하면 다음을 얻는다.

$$v_2 = v_1\exp[\beta(T_2 - T_1)] = 7.28\ [\text{cm}^3/\text{mol}] \qquad \textbf{(E4.11B)}$$

보통 열팽창 계수에 대한 값이 작기 때문에, 식 (E4.11B)은 종종 지수에 대한 급수전개를 이용해 다시 쓰여진다.

$$v_2 \approx v_1[1 + \beta(T_2 - T_1)] \qquad \textbf{(E4.11C)}$$

이 예에서 식 (E4.11C)에 의해 주어진 근사법의 사용은 식 (E4.11B)와 비교하여 단지 0.03%의 오차가 초래된다.

4.4 일반화된 압축인자 표

대응상태 원리가 분자들의 주어진 부류에 대하여 압축인자, 환산 온도와 압력 사이에 고유의 일반화된 관계를 불러오게 된다. 이 관계를 정량화하는 그래프나 표를 갖는 것이 편리하다. 이 절에서는 T_r, P_r, ω 차원에서 압축인자 z에 대한 표와 자료를 나타낸다. 분자들의 다른 부류를 설명하기 위해서 다음 식을 사용한다.

$$z = z^{(0)} + \omega z^{(1)} \qquad \textbf{(4.35)}$$

식 (4.35)의 오른쪽 첫 번째 항 $z^{(0)}$은 단순 분자들을 설명하고, 두 번째 항 $z^{(1)}$은 성분들의 비구형성에 대한 보정인자를 설명한다. $z^{(0)}$과 $z^{(1)}$ 모두 오직 T_r과 P_r에만 의존한다.

T_r의 다른 값에서 $z^{(0)}$과 $z^{(1)}$ vs. P_r에 대한 값들이 각각 그림 4.13과 4.14에 보인다. 이들 표들은 Lee-Kesler 상태방정식에 기초하여 개발되었다.[11] 똑같은 자료가 부록 C(표 C.1과 C.2)에 표 형태로 보고되었다.[12]

만일 특정 온도와 압력에서 부피를 찾기를 원하면, 이들 그래프 혹은 표를 직접 이용한다. 우선, 환산온도(T/T_c)와 환산압력(P/P_c)을 결정하고 이심인자를 찾는다. 그때 그림 4.13과 4.14 혹은 표 C.1과 C.2로 가고, 식 (4.35)에 의해 압축인자를 결정하라. 그때 z로부터 부피를 계산할 수 있다. P 또는 T가 알려지지 않았을 때 시행오차법이 사용되어야 한다.

Lee-Kesler 상태방정식을 사용하는 일반화된 압축인자는 이 책에서 제공하는 ThermoSolver의 상태방정식 메뉴에서 선택 사항이다.

11. 계산 과정은 부록 E를 참조하라.

12. 임계 압축인자(P_r=1, T_r=1)에 대한 Lee와 Kesler의 값은 임계 등온선의 변곡점에 위치한다. 반면, 표 C.1과 표 C.2의 값들은 그들의 상태방정식의 해로부터 직접 구했다.

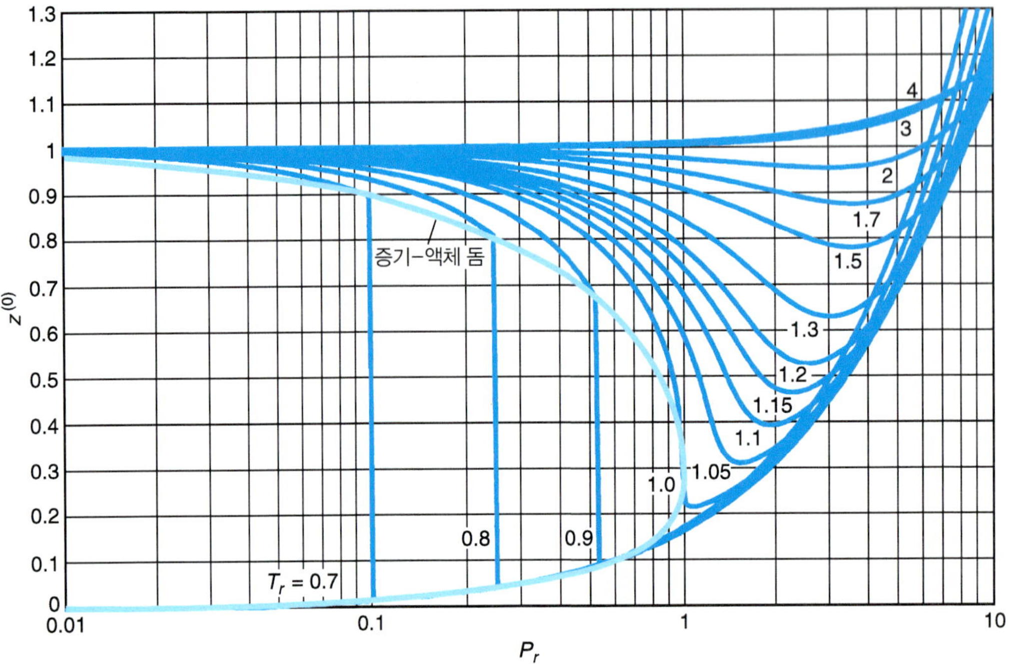

그림 4.13 일반화된 압축인자-단순 유체 항. Lee-Kesler 상태방정식에 기초한다.

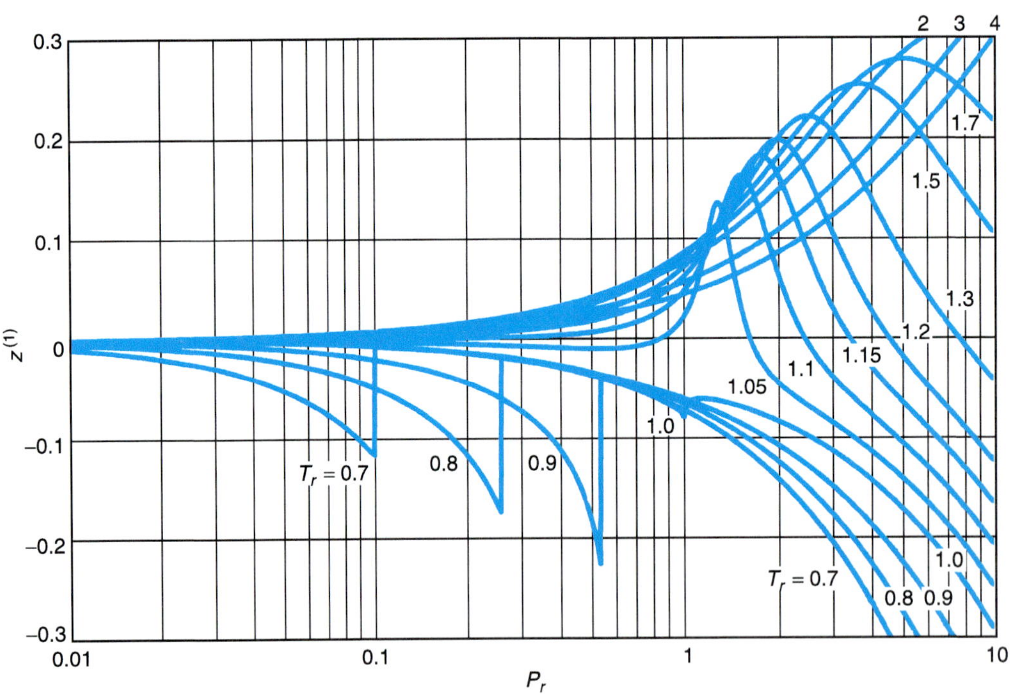

그림 4.14 일반화된 압축인자-Lee-Kesler 상태방정식에 기초한 보정 항.

예제 4.12 Redlich–Kwong 상태방정식과 일반화된 압축인자 표에 의한 v의 계산

Redlich–Kwong 상태방정식과 일반화된 압축인자 표를 이용하여 50 bar와 60°C에서 10 kg butane(뷰테인)에 의해 차지되는 부피를 계산하라.

풀이 ▶ *Redlich-Kwong 상태방정식의 이용*

임계 성질을 이용해 Redlich–Kwong 상수들 a와 b를 먼저 찾는다.

$$a = \frac{0.42748R^2T_c^{2.5}}{P_c} = 29.08\left[\frac{\text{JK}^{1/2}\text{m}^3}{\text{mol}^2}\right],\ b = \frac{0.08664RT_c}{P_c} = 8.09 \times 10^{-5}\left[\frac{\text{m}^3}{\text{mol}}\right]$$

우리는 이들을 Redlich–Kwong 상태방정식과 같이 쓸 수 있다.

$$P = \frac{RT}{v - b} - \frac{a}{T^{1/2}v(v + b)}$$

식을 시행오차 법으로 풀면

$$v = 1.2 \times 10^{-4}\ [\text{m}^3/\text{mol}]$$

그리고

$$V = \frac{m}{MW} \times v = \frac{10}{.05812} \times 1.20 \times 10^{-4} = 0.021\ [\text{m}^3]$$

압축인자 표를 이용하여 먼저 P_r, T_r, ω를 찾는다.

$$P_r = \frac{P}{P_c} = \frac{50\text{ bar}}{37.9\text{ bar}} = 1.32, \qquad T_r = \frac{T}{T_c} = \frac{333.2K}{425.2K} = 0.78, \qquad \omega = 0.193$$

표 C.1과 C.2로부터

z^0			z^1		
	P_r			P_r	
T_r	1.3	1.4	T_r	1.3	1.4
0.75	0.2142	0.2303	0.75	−0.0871	−0.0934
0.78 (보간에 의해)	**0.2116**	**0.2274**		**−0.0843**	**−0.0903**
0.80	0.2099	0.2255	0.80	−0.0825	−0.0883

이중 선형 보간법에 의해 표에서 1차 보간이 수행되어 다음을 얻는다.

$$z^{(0)} = 0.2116 + \frac{0.02}{0.1}(0.2274 - 0.2116) = 0.2148$$

$$z^{(1)} = -0.0843 + \frac{0.02}{0.1}(-0.0903 - (-0.0843)) = -0.0855$$

그래서

$$z = z^{(0)} + \omega z^{(1)} = 0.198$$

낮은 값의 압축인자 값은 butane이 액체임을 의미한다.
부피는

$$v = \frac{zRT}{P} = \frac{0.198 \times 8.314 \times 333.15}{50 \times 10^5} = 1.1 \times 10^{-4}\left[\frac{\text{m}^3}{\text{mol}}\right]$$

그리고

$$V = \frac{m}{MW} \times v = \frac{10}{.05812} \times 1.1 \times 10^{-4} = 0.019\ [\mathrm{m}^3]$$

압축인자 표와 Redlich–Kwong 상태방정식이 50 bar와 60°C에 있는 액체에 대하여 비슷한 값을 준다.

4.5 혼합물에 대한 상수의 결정

대부분 화학과 생물공학 과정은 작동유체가 두 가지 이상 성분의 혼합물 계이다. 제6장에서 우리는 혼합물의 열역학 성질을 어떻게 주의 깊게 접근하는지 배울 것이다. 그러나 분자 상호간 상호작용을 고려하여 혼합물에 대하여 상태방정식을 접근하는 방법을 소개하는 것이 유용하다.

혼합물에 접근할 때, 혼합물에서 분자들 사이 상호작용의 가능한 모든 형태를 고려하는 것이 유용하다. 이들은 똑같은 성분들의 두 분자 간에 '같은(like)' 상호인력을 그리고 다른 성분들의 분자 간 '다른(unlike)' 상호작용을 포함한다. 예로, 성분 1과 2의 이원 혼합물은 세 가지 형태의 상호작용을 가진다. 1과 1 사이의 같은 상호작용, 2와 2 사이의 같은 상호작용, 그리고 1과 2 사이의 다른 상호작용이다. 비슷하게, 3성분 혼합물은 여섯 개 형태의 상호작용, 4성분 혼합물은 10개 형태 등의 상호작용을 가질 수 있다. 우리가 인식하듯이 사실상 혼합물의 무한 조합이 가능하다. 혼합물은 성분들의 선택에 의해서만이 아니라 존재하는 각 성분의 양에서도 역시 변화될 수 있다. 그래서 상태방정식을 사용할 때 대부분의 실제 접근은 **혼합규칙**(mixing rule)을 구성하는 것이며, 이에 순수한 성분 자료에 기초한 혼합물의 성질들에 대한 식을 만들어 그들을 실제 상호작용들의 형태에 적용한다.

Virial 상태방정식만이 혼합 규칙에 대한 완전한 이론적 기초를 제공한다. 어떤 혼합 규칙들은 *임시적*이고 견고한 이론에 의해서 수학적 편의성에 의해서 생성되었다. 그러나 상태방정식에 대한 다른 혼합 규칙은 관련 항들의 물리적 기원과 상관될 수 있다. 이 절에서 virial 및 다른 상태방정식에도 적용할 수 있는 van der Waals에 의해 제안된 혼합 규칙을 다룬다. 이때 우리는 virial 상태방정식에 대한 혼합 규칙을 공부하고, 마침내 일반화된 압축인자 표를 갖고 우리가 사용할 수 있는 임계성질에 대한 혼합 규칙을 공부한다.

3차 상태방정식

원래 van der Waals 상태방정식을 위해 제안된 혼합 규칙이 어떻게 개발됐는지 살펴보자. 우리가 보아온 것처럼 van der Waals a항은 2개의 분자들 사이의 인력을 상관시키고, 반면 van der Waals b 항을 성분들이 차지하는 부피와 상관되도록 고려할 수 있다. 성분 1과 2의 2성분 혼합물에 대한 개략도가 그림 4.15에 보인다.

Van der Waals 항 a_1은 그림에서 보인 것처럼 성분 1의 두 개의 분자들 사이 인력의 상호작용을 나타낸다. 이들 상호작용은 소위 몸체 상호작용, 즉 '1' 하나의 분자는 다른 '1'을 찾아야 한다. 그것은 처음 '1'의 몰분율에 다른 '1'의 몰분율을 곱해서 비례적으로 일어날 것이다. 즉, y_1^2이다. 비슷하게 2-2 상호작용은 y_2^2에 비례해서 일어날 것이다. 서로 다른 1-2 상호작용 1 분자가 2 분자를 만나야 하기 때문에 y_1y_2에 비례해서 일어날 것이고, 반면 2-1 상호작용은

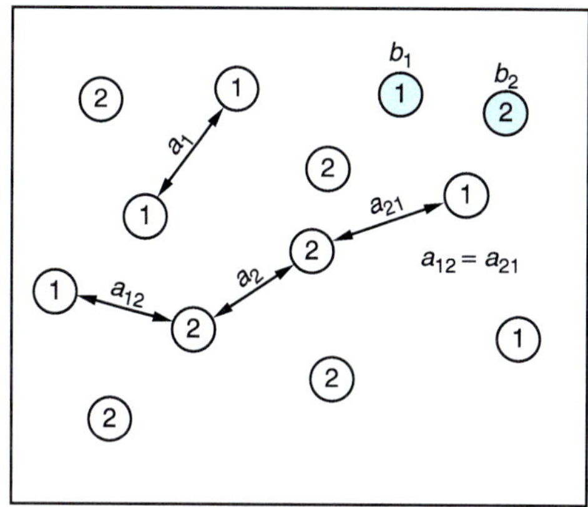

그림 4.15 성분 1과 2의 이원혼합물에서 van der Waals 상호인력.

y_2y_1에 비례한다. 이들 인력 상호작용을 함께 더하면 그들의 상대적 비율을 다음과 같이 설명한다.

$$a_{mix} = y_1^2a_1 + y_1y_2a_{12} + y_2y_1a_{21} + y_2^2a_2$$

그러나 1-2와 2-1 상호작용은 동일하다. 그래서

$$a_{12} = a_{21}$$

그래서 혼합규칙이 단순화된다.

$$a_{mix} = y_1^2a_1 + 2y_1y_2a_{12} + y_2^2a_2 \tag{4.36}$$

교차 계수는 종종 다음에 따라 순수 성분 자료로부터 찾아진다.

$$a_{12} = \sqrt{a_1a_2} \tag{4.37}$$

혹은 자료가 이원 상호작용 상수 k_{12}의 형태로 이중 짝에 대하여 유용하다면, 교차 계수는 다음으로 쓰일 수 있다.

$$a_{12} = \sqrt{a_1a_2}(1 - k_{12}) \tag{4.38}$$

Van der Waals 상수 b는 제외 부피를 나타내고, 그래서 평균으로 다음 식과 같다.

$$b_{mix} = y_1b_1 + y_2b_2 \tag{4.39}$$

다성분 혼합물에 대한 위 혼합규칙의 확장은 다음과 같다.

$$a_{mix} = \sum_i \sum_j y_iy_ja_{ij} \tag{4.40}$$

여기서 $a_{ii} = a_i$이고,

$$b_{mix} = \sum_i y_ib_i \tag{4.41}$$

식 (4.38), (4.40), (4.41)에 의해 정의된 혼합규칙들은 Redlich-Kwong, Soave-Redlich-Kwong, 또는 Peng-Robinson 상태방정식과 같은 어떤 van der Waals 형태의 3차 상태방정식에도 적용될 수 있다. 후자의 경우에 식 (4.40)은 다음으로 다시 쓰인다.

$$a_{\text{mix}} = \sum_i \sum_j y_i y_j [a\alpha(T)]_{ij} \tag{4.42}$$

Virial 상태방정식

Virial 상태방정식에 대한 혼합 규칙의 적용을 고려해보자. 분자 상호 간 상호작용의 관점에서 virial 계수에 대한 건전한 이론적 기초가 있기 때문에 우리는 임의적 가정 없이 식 (4.29)를 경유하여 분자 상호 간 퍼텐셜 관점에서 혼합물에 대한 virial 계수를 상관시킬 수 있다. 즉, 이들 혼합 규칙들은 통계역학으로부터 엄밀한 결과이다.

먼저 1과 2의 이원 혼합물을 고려한다. 다시, 2차 virial 계수의 '2체' 상호작용 성질의 세 가지 다른 형태들이 있다. Γ_{11}에 의해 묘사되는 1-1 상호작용이고 B_{11}이며 Γ_{22}에 의해 묘사되는 2-2 상호작용으로 B_{22} 그리고 Γ_{12}와 B_{12}에 의해 성질지어지는 1-2 상호작용이다. 이들 상호작용의 세 가지 2차 virial 계수들 성질은 *오로지* 분자 간 퍼텐셜에만 의존한다. 그들은 농도와 조성에는 독립적이다. 그래서 이원 혼합물에 대한 2차 virial 계수는 존재하는 성분의 양에 의해 가중되는 다른 가능한 2성분 상호인력들의 수에 비례한다. 그것은 다음 식으로 주어진다.

$$B_{\text{mix}} = y_1^2 B_{11} + 2y_1 y_2 B_{12} + y_2^2 B_{22} \tag{4.43}$$

여기서 $B_{12} = B_{21}$이다. B_{mix}는 전체 혼합물에 대한 상수를 나타내고, 특정한 2성분 상호인력을 나타내는 B_{12}와 다르다는 것을 명심한다. 일반적으로 n 성분의 혼합물에 대하여 2차 virial 계수는 다음과 같이 주어진다.

$$B_{\text{mix}} = \sum_{i=1}^{n} \sum_{j=1}^{n} y_i y_j B_{ij} \tag{4.44}$$

비슷하게, 3차 virial 계수, 그것은 3-체 상호작용으로 다음 식으로 쓰여진다.

$$C_{mix} = \sum_{i=1}^{n} \sum_{j=1}^{n} \sum_{k=1}^{n} y_i y_j y_k C_{ijk} \tag{4.45}$$

그래서 이원 혼합물 계에 대해, 예를 들어

$$C_{\text{mix}} = y_1^3 C_{111} + 3y_1^2 y_2 C_{112} + 3y_1 y_2^2 C_{122} + y_2^3 C_{222}$$

여기서 $C_{112} = C_{121} = C_{211}$이다. 이것은 통계역학으로 혼합물까지 확장이 가능한 virial 식의 이론적 기반이며, 혼합물에 적용하기 쉽다. 사실은 virial 방정식이 혼합 규칙이 잘 적용된 유일한 상태방정식이다.

대응상태

혼합물에 대응상태와 일반화된 상관관계를 적용하기 위해 우리는 순수한 성분의 임계성질들에 대하여 의사임계성질, 혼합물의 임계성질의 관계를 필요로 한다. 많은 혼합 관계들이 제안되었다. 가장 단순하면서 일반적으로 사용되는 접근법은 Kay의 규칙이다. 의사임계온도, T_{pc}, 는 혼합물에 존재하는 성분들의 양에 비례하여 각 성분들의 임계온도를 평균하여 주어진다.

$$T_{pc} = \sum y_i T_{c,i} \tag{4.46}$$

비슷하게 의사임계압력 P_{pc}와 이심인자 ω_{pc}는 각각 다음과 같다.

$$P_{pc} = \sum y_i P_{c,i} \tag{4.47}$$

그리고

$$\omega_{pc} = \sum y_i, \omega_{c,i} \tag{4.48}$$

편리하다는 것 이외에 이 규칙에 대한 근거는 없다. 대안으로 임계온도에 대한 기하평균 결합 규칙이 사용된다.

$$T_{pc,ij} = \sqrt{T_{c,i}T_{c,j}}$$

이것은 실험 자료가 수식에 잘 일치되도록 이원상호작용 상수 k'_{ij}를 추가적으로 포함하도록 확장되었다.

$$T_{pc,ij} = \sqrt{T_{c,i}T_{c,j}}(1 - k'_{ij})$$

혼합물의 혼합 규칙과 열역학적 성질 사이 관계를 이해하는 것은 아직 미완성이며 연구를 해야 한다.

예제 4.13 순수성분과 혼합물에 대하여 *PvT* 계산

다음을 계산하라.

(a) 100°C와 70 bar에서 propane(프로페인) 20 kg이 차지하는 부피

(b) 실온에서 propane 50 mol을 저장하기 위해 0.1 m^3에 채울 때 압력

(c) 실온에서 20 mol의 propane과 30 mol의 ethane(에테인)의 혼합물을 저장하기 위해 0.1 m^3 용기에 채울 때 압력

풀이 ▶ 일반적인 전략으로서 이상기체 거동의 조건을 나타내는지 먼저 확인한다. 만일 그렇다면, $Pv = RT$를 사용하라. 만일 그들이 그렇지 않다면 우리는 비이상성을 도입하는 방법을 사용해야 된다. 만일 P와 T가 주어지면 우리는 직접 압축인자 표를 이용할 수 있다.

만일 T와 v가 주어지면, $P = f(T, v)$ 형태의 상태방정식이 더 쉽다. 이것은 우리가 P를 직접 계산할 수 있기 때문이다. 정확한 상태방정식이 Redlich–Kwong 식이다.

$$P = \frac{RT}{v - b} - \frac{a}{T^{1/2}v(v + b)}$$

여기서 상수 a와 b에 대한 관계가 대응상태 원리를 이용해 찾아질 수 있다.

$$a = \frac{0.42748R^2T_c^{2.5}}{P_c} \quad \text{과} \quad b = \frac{0.08664RT_c}{P_c}$$

왜 우리는 van der Waals 상태방정식 대신에 이 식을 선택했는가?

(a) 70 bar에서 propane은 이상기체가 아니다. T와 P가 주어졌기 때문에 우리는 압축인자 표를 직접 사용할 수 있다. 먼저, 부록 A에서 유용한 임계 자료를 이용해 환산압력과 환산온도를 찾을 필요가 있다.

$$P_r = \frac{P}{P_c} = \frac{70 \text{ bar}}{42.4 \text{ bar}} = 1.65 \quad \text{그리고} \quad T_r = \frac{T}{T_c} = \frac{373K}{370K} = 1.01$$

우리는 역시 이심인자의 값을 찾아야 한다.

$$\omega = 0.153$$

표 C.1과 C.2로부터 보간에 의해

$$z = z^{(0)} + \omega z^{(1)} = 0.2822 + 0.153 \times (-0.0670) = 0.272$$

그래서

$$V = nv = \frac{m}{MW}\left(\frac{zRT}{P}\right) = \frac{20 \times 10^3}{44}\left(\frac{0.272 \times 8.314 \times 373}{70 \times 10^5}\right) = 0.0548 \text{ m}^3$$

(b) 여기서 T와 v가 주어지면 우리는 Redlich-Kwong 상태방정식을 사용할 수 있다. 상수들(P_c = 42.24 bar, T_c = 370 K)을 대입하면

$$a = \frac{0.42748R^2T_c^{2.5}}{P_c} = 18.35\,\frac{\text{JK}^{1/2}\text{m}^3}{\text{mol}^2} \quad \text{그리고} \quad b = \frac{0.08664RT_c}{P_c} = 6.29 \times 10^{-5}\,\frac{\text{m}^3}{\text{mol}}$$

이들 상수들은(실온 = 295 K에서) 다음을 준다.

$$P = \frac{RT}{v-b} - \frac{a}{T^{1/2}v(v+b)} = 1.01 \text{ MPa}$$

(c) 우리는 propane(1)과 ethane(2)의 혼합물을 갖는다. 그래서 혼합규칙을 사용해야 된다. 위에서처럼 propane에 대해 a_1과 b_1을 사용할 수 있다. Ethane(P_c = 48.7 bar과 T_c = 305.5 K).

$$a_2 = \frac{0.42748R^2T_c^{2.5}}{P_c} = 9.90\,\frac{\text{JK}^{1/2}\text{m}^3}{\text{mol}^2} \quad \text{그리고} \quad b_2 = \frac{0.08664RT_c}{P_c} = 4.52 \times 10^{-5}\,\frac{\text{m}^3}{\text{mol}}$$

우리는 $y_1 = 0.4$와 $y_2 = 0.6$을 갖고 van der Waals 혼합 규칙을 사용할 수 있다.

$$a_{\text{mix}} = y_1^2a_1 + 2y_1y_2\sqrt{a_1a_2} + y_2^2a_2 \qquad b_{\text{mix}} = y_1b_1 + y_2b_2$$

이것은 다음 식이 얻어진다.

$$a_{\text{mix}} = 9.73\,\frac{\text{JK}^{1/2}m^3}{\text{mol}^2} \quad \text{그리고} \quad b_{\text{mix}} = 5.23 \times 10^{-5}\,\frac{\text{m}^3}{\text{mol}}$$

Redlich-Kwong 상태방정식에 대입하면

$$P = \frac{RT}{v - b_{\text{mix}}} - \frac{a_{\text{mix}}}{T^{1/2}v(v + b_{\text{mix}})} = 1.12 \text{ MPa}$$

(b)와 (c)에 보고된 압력이 정확하기에는 이상기체 법칙에 너무 크다.

▸ 4.6 요약

제4장에서 우리는 **상태방정식**(equation of state)을 공부했는데, 이것은 측정되는 값 P, v, T를 상관시킨다. 예로 든 **3차 상태방정식**(cubic equation of state)과(즉, van der Waals, Redlich-Kwong, Peng-Robinson) **virial 상태방정식**(virial equation), 그리고 **일반화된 압축인자표**(generalized compressibility chart)를 포함한다. Rackett 상태방정식은 포화 상태의 액체 몰부피를 계산하도록 하고, 온도와 압력 각각을 갖고 **열팽창 계수**(thermal expansion coefficient)와 **등온압축률**(isothermal compressibility)은 액체와 고체의 부피를 어떻게 조정할지를 결정하도록 한다.

화학 성분들의 분자거동을 관찰함으로써 이들 상태방정식의 형태의 배경을 이해했다. '분자' 에너지, 혹은 내부 에너지 u는 두 부분으로 나눌 수 있다. *분자 운동에너지*와 *분자 위치에너지*이다. 제1장에서 우리는 분자 운동에너지가 거시적 성질온도에 비례하는 것을 보았다. 이 장에서 우리는 분자들 사이 위치에너지에 대한 기초를 확인했다. 특별히 우리는 분자 간 상호작용을 다음과 상관시킨다. **점전하**(point charge), **쌍극자**(dipole), **유도쌍극자**(induced dipole), **분산 상호작용**[dispersion(London) interaction], **척력**(repulsive force), 그리고 **화학적 효과들**(chemical effect)과 쌍극자-쌍극자, 유도쌍극자, 그리고 분산 상호작용 모두는 분자들 사이 거리의존성인 r^{-6}을 설명하고 집합적으로 **van der Waals 힘**(van der waals force)으로써 나타내진다. 분자 상수, **쌍극자모멘트**(dipole moment)와 **분극성**(polarizability)은 이들 상호작용의 크기를 결정한다.

이상기체 모델의 분자적 가정은 인력 항 r^{-6}와 강체구 척력 항을 포함함으로써 van der Waals 상태방정식과 비교해 취약해진다. 이 식은 경험적으로 분자 개념을 어떻게 상태방정식 개발에 적용되는지를 설명한다. 사실, van der Waals 시대 이후 개발된 좀 더 정확한 3차 상태방정식들은 똑같은 형태를 갖는 것으로 밝혀졌다. 대신, virial 상태방정식은 농도($1/v$)나 압력으로 압축인자의 멱급수 전개로부터 온다.

주어진 상태방정식에서 상수들의 값은 상태방정식이 적용되기 전에 결정되어야 한다. 가장 좋은 방법은 측정된 실험 자료를 갖고 이들 상수를 조정하는 것이다. 측정된 자료가 유용하지 않을 때, 우리는 **대응상태 원리**(principles of corresponding state)를 사용할 수 있다. 분자 수준에서 대응상태 원리는 무차원 위치에너지가 모든 성분들에 대해 똑같다는 것을 나타낸다. 거시적 규모에서 그것은 똑같은 환산온도와 환산압력에서 모든 유체는 똑같은 압축인자를 갖는다는 것을 나타낸다. 우리는 임계점에서 임계등온선 위에 변곡점이 있다는 것을 알기 때문에 대응상태 원리를 이용하여 이들 임계점을 상태방정식의 상수와 상관시켰다. 상관 관계들은 다음 3차식들에 대해 주어진다. Van der Waals[식 (4.21)과 (4.22)], Redlich-Kwong[식 (4.24a)와 (4.24b)], 그리고 Peng-Robinson이다.

우리는 대응상태 원리를 관련된 분자 간 상호작용의 특별한 성질에 기초하는 분자들의 다른 분류를 설명하는데까지 확장할 수 있다. 이 목적을 달성하는 한 방법은 세 번째 상수인 **Pitzer 이심인자**(pitzer acentric factor) ω를 소개하는 것이다. 그때 우리는 압축인자를 단순 분자들을 설명하는 $z^{(0)}$와 '비구형성'에 대한 보정인자인 $z^{(1)}$의 관점에서 쓴다.

$$z = z^{(0)} + \omega z^{(1)} \tag{4.35}$$

$z^{(0)}$와 $z^{(1)}$ 모두 오로지 P_r과 T_r에만 의존한다. T_r의 다른 값에서 $z^{(0)}$와 $z^{(1)}$ vs. P_r의 값이 **일반화된 압축인자표**(generalized compressibility chart)로 각각 그림 4.13과 4.14에 보인다. 이것들은 부록 C에서 표 C.1과 C.2에 보고되었다. 이들 표은 Lee-Kesler 상태방정식(부록 E)에 기초한다.

우리는 상태방정식을 혼합물까지 확장하기 위해 **혼합규칙**(mixing rule)을 사용한다. 혼합 규칙은 대부분 순수한 성분 자료로부터 이들 식들을 혼합물에 추정하도록 한다. Van der Waals 형태 상수들 a와 b에 대한 혼합 규칙은 각각 2체 인력 상호작용과 강체구 척력에 기초해서 개발되었다. 이원 상호작용 상수들은 교차 계수, a_{12}를 더 잘 설명하도록 하지만, 혼합물로부터 자료를 필요로 한다. Virial 계수에 대한 혼합 규칙은 이론적 기초를 갖는다. 2차 virial 계수, B에 대한 혼합 규칙은 2체 상호작용에 기초하고, 3차 virial 계수, C는 3체 상호작용에 기초한다. 마지막으로 **Kay의 규칙**(kay's rule)이 나타나는데, 이로부터 순수한 성분의 성질으로부터 혼합물의 의사임계 성질을 찾을 수 있다. 이들 값으로 우리는 혼합물에 일반화된 압축인자 표를 적용할 수 있다.

▸ 4.7 연습 문제

개념 문제

4.1 $BClH_2$를 고려한다. 다음의 각 경우에 압축인자가 1에 가까울 때가 언제인지 설명하라.
(a) 300 K, 10 bar 또는 300 K, 20 bar
(b) 300 K, 20 bar 또는 1000 K, 20 bar
(c) 300 K, 10 bar에서 $BClH_2$와 H_2의 혼합물을 고려한다. 압축인자 vs. $BClH_2$ 몰분율을 정성적으로 도시하라. 어떤 중요한 성질이 있는가?

4.2 Lennard-Jones 퍼텐셜 함수는 종종 두 성분들 간 분자 위치에너지를 설명하기 위해 사용된다. 다음 성분들을 Lennard-Jones 상수 σ와 ε 관점에서 가장 큰 것부터 작은 것 순으로 나열하라. 만일 눈에 띄는 차이가 없다면, 그들을 유사한 크기를 가지고 있다고 써라. 분자적 토론을 통한 여러분의 선택을 설명하라.
(a) O_2, S_2, I_2
(b) $H_3C-CH_2-CH_2-CH_2-OH$, $H_3C-CH_2-O-CH_2-CH_3$, $H_3C-CH_2-C(=O)-CH_3$

n-butanol　　diethylether　　methyl ethyl ketone

4.3 분자 간 힘에 대한 지식을 이용하여 다음 관찰을 설명하라.
(a) 300°C와 30 bar에서 물의 내부 에너지는 300°C와 20 bar에서보다 작다.
(b) 300 K와 30 bar에서 물의 내부 에너지는 isopropanol ($H_3CCOHCH_3$)의 압축인자는 n-pentane (C_5H_{12})의 압축인자보다 작다. 그러나 500 K와 30 bar에서 isopropanol의 압축인자는 n-pentane의 압축인자보다 크다.

$H_3C-CH(OH)-CH_3$

isopropanol

4.4 실제 기체(분자 간 상호작용을 고려하는)로 거동하는 10 bar와 500 K에 있는 NH_3 1 mol과 이상 기체(가상적으로 분자 간 상호작용을 '제거하는')로 거동하는 10 bar와 500 K에 있는 NH_3 1 mol을 비교한다. *분자적* 관점에서 토론을 통해 다음 질문에 답하라. 관련된 그림과 상호작용을 포함하여 여러분의 선택을 설명하라.
(a) 어느 경우가 압축인자 z가 더 높은가?
(b) 어느 경우가 내부 에너지 u가 더 높은가?
(c) 어느 경우가 엔트로피 s가 더 높은가? 오로지 '공간적' 기여 엔트로피만을 고려한다.

4.5 10 bar, 500 K에 있는 NH_3 1 mol과 10 bar, 500 K에 있는 Ne 1 mol을 비교한다. *분자적* 관점에서 답하라. 관련된 그림과 상호작용을 포함하여 설명하라.
(a) 어느 경우가 압축인자 z가 더 높은가?
(b) 어느 경우가 엔트로피 s가 더 높은가? 오로지 '공간적' 기여 엔트로피만을 고려한다.

4.6 몇 가지 할로겐화 실레인(silane)의 정상 끓는점이 보고되었다. 분자 간 힘의 관점에서 순서를 설명하라.

화학종	$SiClF_3$	$SiBrF_3$	$SiCl_3F$	$SiBr_3F$	$SiCl_3$
끓는점(°C)	−70.0	−41.7	12.2	83.8	114

4.7 $C_3H_6O_2$의 세 가지 이성질체가 다음과 같은 정상 끓는점을 갖는다. Propanoic acid (CH_3CH_2COOH) 141°C, methyl acetate (CH_3COOCH_3) 58°C, 그리고 ethyl formate ($HCOOCH_2CH_3$) 53°C이다. 분자 간 상호인력에 대한 이해를 통해 다음에 대한 이유를 설명하라. (i) Propanoic acid는 다른 두 물질보다 훨씬 더 높은 온도에서 끓는다. 그리고 (ii) Methyl acetate와 ethyl formate의 끓는점이 비교적 비슷하다.

4.8 몇 가지 성분들의 정상 끓는점이 다음 표에 있다. 분자 간 상호인력에 기준하여 순서를 설명하라.

(a) 알킬 할로겐류

화학종	CH_3CH_3	CH_3CH_2Cl	CH_3CH_2Br	CH_3CH_2I
끓는점(°C)	−88	12	38	71

(b) 알케인류

화학종	CH_4	CH_3CH_3	$CH_3CH_2CH_3$	$CH_3CH_2CH_2CH_3$
끓는점(°C)	−161	−88	−42	−0.4

4.9 연습 문제 3.47의 이원자 기체가 문제의 압력에서 비이상적이고 인력이 지배적이라면, 그 문제에서 얻은 답으로부터 탱크 A의 온도가 어떻게 변할지 정성적으로 설명하라.

4.10 실온에 있는 고압의 탱크를 고려한다. 그것은 밸브가 열리고 기체가 압력이 1 bar가 될 때까지 열어 놓는 과정을 거친다.

(a) 계 A와 같이 과정이 이상기체로 일어난다. 최종 온도 T_{2A}가 298 K보다 더 높은지, 같은지 설명하라.

(b) A*의 탱크와 같은 초기 압력*에서 propane, 실제 기체로 보고, 탱크를 고려한다. 이 탱크가 열리고 1 bar의 압력이 될 때까지 똑같은 과정이 진행된다. 최종 온도는 T_{2B}가 된다. 이것은 계 B에서 보여준다. 최종온도 T_{2B}가 T_{2A}보다 큰지 더 작은지? 설명하라.

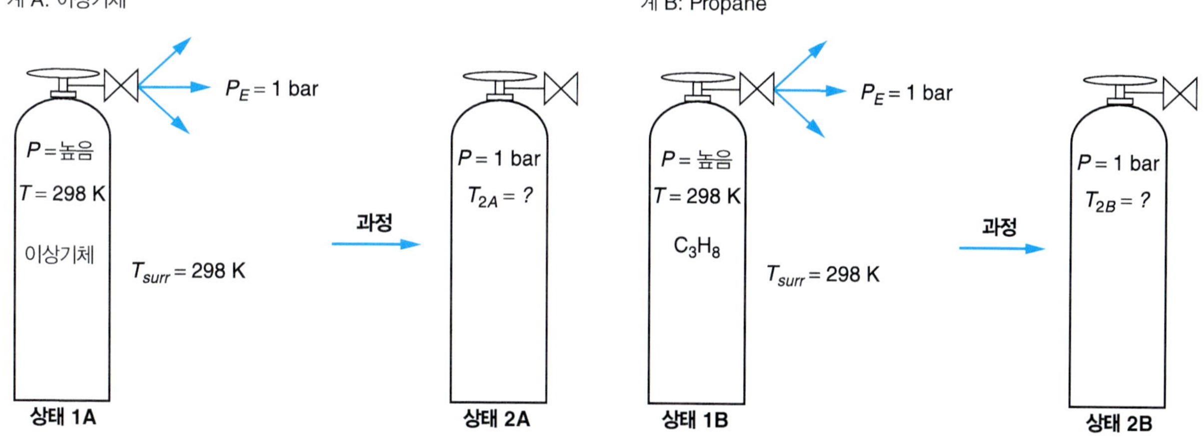

4.11 Ar에 대한 2차 virial 계수는 다음의 표에 온도에 대해 보고되었다. 지배적 분자 간 상호인력 관점에서 온도에 따른 경향성을 설명하라. 약 410 K 근처에서 무슨 일이 발생하는지 설명할 수 있는가?

T [K]	100	200	300	400	500	600	700	800
B [cm^3/mol]	−183.5	−47.4	−15.5	−1	7	12	15	17.7

4.12 표 4.3은 비슷한 형태의 van der Waals (1873), Redlich–Kwong (1949), Peng–Robinson (1976) 상태방정식들을 비교한다. 분자 간 상호작용에 기초하여 식들의 진보가 어떻게 더 정확한 결과를 주었는지를 정성적으로 분석하라.

계산 문제

4.13 매우 높은 온도에서 기체가 이온화될 수 있고 열역학적 평형에 이른다. *오로지* A^+ 이온들만 포함하는 경우를 검토한다. 지도 교수는 여러분이 이 기체에 대한 단순한(1-상수의) 형태의 상태방정식을 제시하길 요구한다. 조교가 남긴 메모에는 PvT 자료를 다음 형태의 상태방정식에 맞췄다고 적혀 있다.

$$\left(P_{A^+} + \frac{a}{v_{A^+}^n}\right)v_{A^+} = RT$$

조교가 말하기를 자료는 이 식을 잘 맞추지만 불행히도 여러분에게 어떤 숫자도 남기지 않았다. 지도교수와 미팅이 10분 안에 있다. 그리고 조교는 나타나지 않는다. 미팅을 준비하기 위해서 여러분은 다음 질문을 대답할 필요가 있다.

(a) 이 식의 형태가 합리적인지? 설명하라.

(b) 상수 a에 대해 어떤 부호를 기대하는가? 이것은 작은 수인가 혹은 큰 수인가? 설명하라.

(c) n (몰분율일 수 있음)에 대해 어떤 수를 사용하는가? a의 단위는 무엇인가? 여러분의 성과를 보여라.

4.14 $O_2(a)$와 $C_3H_8(b)$의 혼합물을 검토하라.

(a) 분자 간 거리 r의 함수로써 인력 Γ_{aa}, Γ_{bb}, Γ_{ab}에 대한 표현을 써라.

(b) Γ_{ab}는 $\sqrt{\Gamma_{aa}\Gamma_{bb}}$에 어떻게 비교되는가?

(c) 각각 y_a와 y_b로 표현된 O_2와 C_3H_8의 몰분율의 함수로써 혼합물에서 평균 인력의 분자 간 상호작용에 대한 일반적 표현을 써라.

4.15 지난 밤 뜨거운 커피 한 잔을 갖고 기숙사에 돌아오는 동안에 너무 뜨거워서 종이컵을 떨어뜨리고 내용물을 쏟아버렸다. 이것은 무척 화나는 일이었는데, 특히 여러분은 공부해야 할 열역학 숙제가 많이 있었는데 유일하게 남은 깨끗한 바지를 커피로 적신 것이다.

여러분은 polystyrene (Styrofoam) 컵을 사용하던 옛날을 회상했다. 그 컵은 결코 뜨거워지지 않았다. 여러분은 polystyrene (Styrofoam)을 재활용하기 위한 과정을 마련하기로 결정한다. 그래서 환경적 관심이 커피숍에서 매우 좋은 단열재를 더 이상 사용하지 않도록 할 것이다.

몇 시간 뒤 매우 합리적인 과정을 마련하였다. 그리고 바로 해결해야 될 최종 문제를 가졌다. 정화 과정에서 polystyrene을 단량체인 styrene으로 다음 그림과 같이 줄였다.

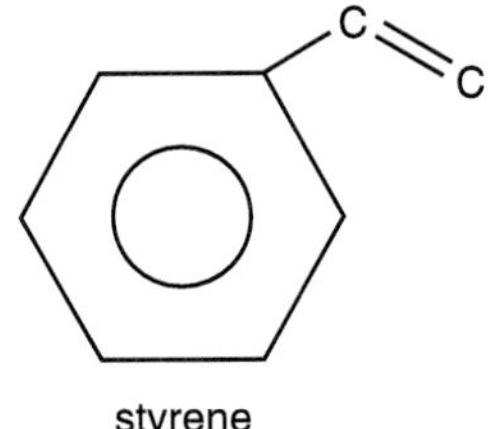

styrene

이 경우에 반응기는 10 bar의 압력에서 30 L의 부피에 styrene 100 mol로 채워져 있다. 여러분이 관심을 갖는 289°C는 styrene 분해의 한계를 넘는다.

열역학 시험공부를 하면서 van der Waals 상태방정식을 알았으니, 이것이 좋은 상태방정식인지를 결정하기를 원한다.

(a) 이 반응 조건에서 이상성으로부터 얼마나 벗어난다고 예측하는가? 비이상성에 기여하는 분자 간 힘들의 유형을 짐작하여 적어라. Van der Waals 식은 적당한지 설명하라.

(b) Van der Waals 상수 a와 b에 대한 실험 값에 대한 여러분의 조사가 쓸 데 없다. 그렇지만 styrene에 대한 임계상수들을 찾아라.

$$P_c = 39 \text{ bar}$$

$$T_c = 374°\text{C}$$

*Van der Waals 상태방정식*을 이용하여 반응기의 온도를 계산하라. Styrene이 분해될 것인가?

(c) 고분자 반을 선택한 친구가 말하기를 polystyrene은 아마도 단량체로 환원되지 않을 것 이지만 계속 하면 다섯 개의 긴 단량체로 존재할 것이라고 하였다.

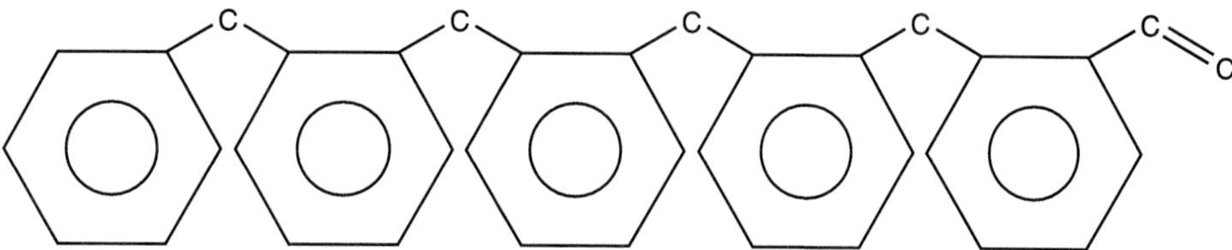

위 정보만을 이용해 이 환원된 고분자 고리의 van der Waals 상수 a와 b에 대한 합리적인 값을 설명하라.

(d) 똑같은 반응기 부피와 압력에서 반응기 내 온도, 그리고 (b)에서와 같이 초기의 Styrofoam 질량을 계산하라. (온도를 289°C로 가정하고) 분해가 일어날 것인가?

4.16 London 힘은 대응하는 분자들의 유전율에 직접 상관된다. 분자의 유전율 α의 다음 표를 고려하라.

화학종	$\alpha(10^{25}\ cm^3)$
CH_4	26
C_2H_6	44.7
C_3H_8	62.9
CH_3Cl	45.6
CH_2Cl_2	64.8
$CHCl_3$	82.3
CCl_4	105

이들 자료로부터 분자의 유전율에 대한 원자의 기여도를 설명하는 모델을 준비하라. C_4H_{10}과 C_2H_5Cl의 유전율을 예측하라.

4.17 25 bar와 300 K에서 순수한 Ar 계에서 2개의 이웃하는 원자들을 검토하라.

(a) 그들 사이 평균 거리(Å)는 얼마인가?

(b) (두 개의 원자들 사이) 중력에 의한 위치에너지를 계산하라.

(c) London 상호작용에 의한 위치에너지를 계산하라.

(d) (b)와 (c)에서 얻은 값을 비교하라.

4.18 이 책에서 논의되듯이 Lennard–Jones 퍼텐셜에서 척력 항은 r^{-12}보다는 오히려 지수 의존성을 갖는다. 척력 항이 다음과 같이 주어지는 똑같은 인력 항을 갖는 것과 Lenard–Jones 퍼텐셜의 모형을 그래프로 비교하라.

$$C_1 e^{C_2/r}$$

C_1과 C_2는 위 항을 선택하는 데 필요한 상수들로 최대한 Lennard–Jones 퍼텐셜(그림 4.8)에 가깝게 위 항을 맞춘다. 이들 퍼텐셜 함수들의 차이에 대해 검토하라.

4.19 NaCl 결정에서 Na 이온의 결합 세기[eV]를 계산하라.

(a) 오로지 여섯 개의 가장 인접 Cl^- 이온들만을 고려한다. Cl^- 이온은 Na^+ 이온으로부터 거리 r = 2.76 Å에 있다.

(b) 여섯 개의 가장 인접한 Cl^- 이온들에 추가하여, 열두 개의 다음-가장 가까운 이웃 Na^+ 이온들을 거리 $\sqrt{2}r$에 포함한다.

(c) 여덟 개의 다음-다음 가까운 이웃 Cl^- 이온은 거리 $\sqrt{3}r$에 포함된다.

(d) 마지막으로 여섯 개의 다음 Na^+ 이온들은 $2r$의 거리에 포함된다.

4.20 표 4.2의 자료를 이용하여 Xe_2 분자에 존재하는 평형 결합 길이를 추산하라.

4.21 다음 기체들에 대한 임계점으로부터 van der Waals 상수들을 계산하라. He, CH_4, NH_3, H_2O. 물리적 기초로부터 a와 b의 상대적 크기를 설명하라.

4.22 CH_4, C_6H_6, CH_3OH에 대한 van der Waals 상수 b를 계산하라. 이들 값에 기초하여 각 성분들의 분자 지름을 계산하라. 얻은 값을 표 4.2의 값과 비교하라.
4.23 CH_4, C_6H_6, CH_3OH에 대한 van der Waals 상수 a를 계산하라. 이들 값에 기초하여 각 성분들의 C_6 값을 계산하라. 얻은 값을 식 (4.8)에 의해 계산된 값과 비교하라.
4.24 1000 K에서 2 mol의 H_2O가 용기 내에 있고 피스톤으로 조절된다. 다음의 각 경우에 이 기체를 10 L로부터 1 L로 등온, 가역으로 압축하기 위해 필요한 일을 계산하라.
(a) 물에 대해 이상기체 모델 적용
(b) P, v, T를 상관하기 위해 Redlich–Kwong 상태방정식을 적용

$$P = \frac{RT}{v - b} - \frac{a}{T^{1/2}v(v + b)}$$

여기서 $a = 14.24[(JK^{1/2}m^3)/mol^2]$, $b = 2.11 \times 10^{-5}[m^3/mol]$
(c) 수증기표를 이용하라.
이들 세 방법을 비교하라.
4.25 Van der Waals 상태방정식을 이용하여 2차와 3차 virial 계수를 결정하라. *힌트*: van der Waals 상태방정식을 압축인자로 시작하고 멱급수 전개를 수행한다. 다음의 수학적 관계가 유용하다.

$$\frac{1}{1 - x} = 1 + x + x^2 + x^3 + \ \ldots$$

4.26 Redlich–Kwong 상태방정식을 이용하여 2차와 3차 virial 계수를 결정하라. *힌트*: Redlich–Kwong 상태방정식을 압축인자 형태로 시작하고 멱급수 전개를 수행한다. 다음의 수학적 관계가 유용하다.

$$\frac{1}{1 - x} = 1 + x + x^2 + x^3 + \ \ldots$$

4.27 Dieterici 상태방정식이 다음과 같이 주어진다.

$$P = \frac{RT \exp\left(-\dfrac{a}{RTv}\right)}{v - b}$$

(a) 임계 성질들 T_c와 P_c 관점으로 상수들 a와 b에 대한 표현을 쓰라.
(b) Dieterici 기체에 대하여 임계점 z_c에서 압축인자를 찾아라.
(c) 몰부피에 대한 virial 형태로 Dieterici 상태방정식을 다시 써라. 2차 virial 계수 B, 3차 virial 계수 C에 대한 표현은 무엇인가? 다음의 수학적 관계가 유용하다.

$$\frac{1}{1 - x} = 1 + x + x^2 + x^3 + \ \ldots$$

그리고

$$e^x = 1 + x + \frac{x^2}{2!} + \frac{x^3}{3!} + \ \ldots$$

4.28 몰부피의 역수로 virial 형태로 전개한[식 (4.26)]을 압력에 대한 virial 상태방정식[식 (4.27)]을 다시 써서 식 (4.28)을 입증하라.
4.29 다음과 같이 주어지는 Berthelot 상태방정식을 검토한다. 오직 임계점 자료를 이용해 a와 b를 계산하는 방법을 보여라.

$$P = \frac{RT}{v - b} - \frac{a}{Tv^2}$$

4.30 Berthelot 상태방정식의 환산 형태를 보여라. 연습 문제 4.29를 참조하라.

4.31 (a) 수증기의 2차 virial 계수를 제공하기 위해 수증기표의 자료를 이용하라.

(b) 대응상태 원리를 이용해 B_{H_2O}의 값을 계산하라. (a)에서 얻은 값과 비교하라. 물에 대한 임계부피 값이 도움이 된다.

$$v_c = 56\ [\text{cm}^3/\text{mol}]$$

4.32 다음 식에 '등면적' 규칙을 적용하여 90°C에서 n-pentane의 증기압을 계산하라.

(a) Redlich–Kwong 상태방정식

(b) Peng–Robinson 상태방정식. 이들 결과를 5.7 bar에서 측정된 값과 비교하라.

4.33 −30°C에서 ethane(에테인)의 포화 압력은 10.6 bar이다. Peng–Robinson 상태방정식을 이용해 액상과 기상의 밀도를 계산하라. 액체와 기체 밀도의 보고된 값인 0.468 g/cm^{3}과 0.0193 g/cm^{3}과 비교하라.

4.34 'Beaver 가스회사에서 환영합니다!' 여러분의 과제는 이 가스회사의 초 순수 질소와 산소 가스의 연간 총 판매액을 계산하는 것이다.

(a) N_2의 총 판매는 30,000 단위이다. 실린더의 부피는 43 L로 취하고, 압력은 12,400 kPa, 그리고 가격은 \$6.1/kg이다. 이상기체 모델을 이용해 계산한 값과 결과를 비교하라.

(b) 15,000 kPa과 \$9/kg에서 O_2의 30,000 단위로 다시 계산하라.

4.35 Redlich–Kwong 상태방정식에 대하여 예제 4.7과 비슷한 방법으로 상수 a와 b, 환산 형태의 식, 압축인자의 값에 대한 표현을 표기하라.

4.36 온도 범위 100~900 K에 대하여 표 4.2에 보고된 Lennard–Jones 상수들의 값들로부터 직접 C_6H_6에 대한 2차 virial 계수 B를 계산하라. 이 값들을 다음 문헌 자료와 비교하라.

T [K]	290	320	340	360	380	400	440	480	520	560	600
B [cm^3/mol]	−1590	−1230	−1050	−920	−810	−710	−570	−470	−390	−340	−290

4.37 정방형-우물 퍼텐셜 함수가 다음과 같이 주어진다.

$$\Gamma = \begin{cases} \infty & \text{for } r \le \sigma_1 \\ -\varepsilon & \text{for } \sigma_1 < r < \sigma_2 \\ 0 & \text{for } r \ge \sigma_2 \end{cases}$$

다음 질문에 답하라.

(a) 정방형 우물 퍼텐셜 대 거리 관계를 도시하라.

(b) 이 함수를 이용하여 2차 virial 계수 표현을 유도하라.

(c) CH_4에 대하여 상수들은 $\sigma_1 = 2.856$, $\sigma_2 = 4.678$, $\varepsilon/\kappa = 132.2$이다. 200 K와 400 K에서 methane(메테인)의 B 값을 계산하라. 결과를 예제 4.10에 보고된 실험 값들과 비교하라.

4.38 이 문제에서 위치에너지에 대한 Sutherland 모델을 이용하여 분자들의 상수 관점에서 van der Waals 상수 a와 b에 대한 표현을 유도하려고 한다.

(a) Virial 형태로 van der Waals 모델을 쓰는 것은 2차 virial 계수에 대한 표현을 다음과 같이 주는 것이다. $B = b - \frac{a}{RT}$. 다음의 수학적 관계가 유용하다.

$$\frac{1}{1-x} = 1 + x + x^2 + x^3 + \ \ldots$$

(b) Sutherland 모델로부터 2차 virial 계수에 대한 표현을 유도하라. 이를 수행함에 지수에 대한 급수전개가 유용하다.

$$e^x = 1 + x + \frac{x^2}{2!} + \frac{x^3}{3!} + \ \ldots$$

그리고 첫 번째 두 항만을 남긴다.

(c) Van der Waals 상수들 a와 b에 대한 표현을 유도하기 위해 (a)와 (b)로부터 결과를 상관시켜라.

4.39 NH_3에 대한 2차 virial 계수에 대한 실험값 대 온도가 다음 표에 보고되었다. Lennard-Jones 상수들 (ε/κ)와 σ에 대한 최선의 계산을 위해 이들 자료를 이용하라.

T [°C]	0	25	50	100	150	200	250	300
B [cm³/mol]	−345	−261	−209	−142	−101	−75	−58	−44

4.40 이상기체에 대한 열팽창 계수 β와 등온 압축률 κ에 대한 표현을 결정하라.

4.41 수증기표를 이용해 20°C와 100°C에서 액체 물의 열팽창 계수 β와 등온 압축률 κ에 대한 값을 계산하라.

40.42 보고된 측정값과 동일 온도에서 다음 각 성분들의 액상 몰부피를 Rackett 상태방정식을 이용해 계산하라. 절대 오차율이 가장 큰 것은 어느 것인가? 가장 작은 것은? 분자 개념에서 경향성이 설명될 수 있는가?

(a) methane (CH_4), 111 K에서 $v_{exp} = 37.7$ cm³/mol

(b) ethane (C_2H_6), 183 K에서 $v_{exp} = 54.8$ cm³/mol

(c) n-octane (C_8H_{18}), 293 K에서 $v_{exp} = 162.5$ cm³/mol

(d) 물(H_2O), 293 K에서 $v_{exp} = 18.0$ cm³/mol

(e) acetic acid ($C_2H_4O_2$), 293 K에서 $v_{exp} = 57.2$ cm³/mol

4.43 다음을 계산하라.

(a) 70°C와 30 bar에서 ethane 20 kg이 차지하는 부피

(b) 실온에서 ethane 40 kg을 0.1 m³ 용기에 저장하기 위해 필요한 압력

4.44 다음을 이용해 35 bar와 50°C에서 propane 50 kg이 차지하는 부피를 계산하라.

(a) 이상기체 모델

(b) Redlich-Kwong 상태방정식

(b) Peng-Robinson 상태방정식

(d) 압축인자표

(e) 이 책의 소프트웨어 ThermoSolver

4.45 강의 시연 실험에서 순수한 물질을 포함하는 밀폐된 유리병(vial)을 손으로 들고 가열해 임계점을 지나칠 수 있는 순수한 물질을 보여주고자 한다. 그래서 실온에서 유리병은 액체와 증기를 포함해야 한다.

(a) 임계성질 목록으로부터 유리병 내에 밀봉될 적당한 물질을 선택하라.

(b) 유리병이 버텨야 하는 압력은 얼마인가?

(c) 100 cm³의 유리병에 대해 유리병 내에 얼마나 많은 물질을 넣을 수 있는가?

(d) 만일 (c)에서 계산된 것보다 적은 양의 물질이 포함하면 가열될 때 유리병 내에서 변화를 설명하라.

4.46 Peng-Robinson 상태방정식과 압축인자표를 이용해 $T_r = 1.1$과 $P_r = 1.2$에서 methane의 압축인자를 비교하라. Methanol에 대한 계산을 반복하라.

4.47 일반화된 압축인자표를 이용해 92°C와 306.5 bar에서 암모니아의 몰부피를 계산하라. 이때 암모니아 상은 무엇인가?

4.48 30 bar와 450 K에서 acethylene 30 kg이 n-butane 50 kg과 혼합될 때 필요한 용기의 크기를 Redlich-Kwong 상태방정식을 이용해 계산하라. 이원상호작용 계수는 $k_{12} = 0.092$이다.

4.49 이산화탄소(1)와 toluene(2)의 혼합물을 설명하기 위해 Redlich-Kwong 상태방정식을 이용하길 바란다. 가능한 한 정확한 혼합규칙을 갖기 위해 이원상호작용 계수 k_{12}를 포함시키길 원한다. 문헌에서 다음 조건의 실험을 찾을 것이다.

n_1	2.0 mol
n_2	3.0 mol
V	10.0 L
T	400.0 K
P	1.353 MPa

이 자료와 임계성질 자료를 이용해 k_{12}를 추산하라.

4.50 여러분이 디자인하는 과정은 benzene과 propane의 증기 혼합물이 480 K와 2 MPa의 체류탱크로 들어가도록 되며, benzene 몰분율이 0.6이다. 디자인은 증기 100 kg이 탱크 내에 있도록 요구된다. 탱크의 부피가 얼마이어야 하는가?

(a) 이상기체 모델을 이용하여 계산하라.

(b) Redlich–Kwong 상태방정식을 이용하여 계산하라.

(c) 이상기체로 가정하면 오차가 몇 퍼센트인가?

4.51 239.8 K에서 순수한 Ar에 대하여 B_{11}, 순수한 CH_4에 대하여 B_{22}, 그리고 혼합물에서 다른 쌍의 상호작용에 대한 virial 계수 B_{12}이다. 표 4.2에 보고된 Lennard–Jones 상수들의 값으로부터 2차 virial 계수를 계산하라. 이 값들을 문헌에 보고된 다음 자료들과 비교하라. $B_{11} = -31.4$ cm³/mol, $B_{22} = -73$ cm³/mol, $B_{12} = -48.1$ cm³ /mol이다. Lennard–Jones 상수들에 대해 다음 '혼합 규칙'을 사용하라.

$$\sigma_{12} = \frac{1}{2}(\sigma_1 + \sigma_2) \text{와 } \varepsilon_{12} = \sqrt{\varepsilon_1 \varepsilon_2}$$

4.52 5 mol의 수소(H_2), 4 mol의 물(H_2O), 1 mol의 ethane (C_2H_6)의 혼합물을 갖는 실험을 계획한다. 이들 기체를 담는 용기 제작에 사용할 재료를 결정하기 위해 이 혼합물의 압력을 계산하기 원한다. 이 용기는 12.5 L(0.0125 m³)를 담을 수 있어야 하고 실험실에서 최고 온도는 27°C이다. 이때 도서관에 가서 van der Waals 상태방정식 상수들, a와 b에 대한 순수 성분 상수 값들을 찾는다. 그러나 실험실에 돌아왔을 때 그들에 라벨링하는 것을 잊었다는 것을 깨달았다.

(a) ***분자적 토론만을 이용해*** 각 성분과 적절한 상수 값을 연결하라. 당신의 논리를 설명하라.

a[Jm³/mol]	b(m³/mol)	화학종
0.564	6.38×10^{-5}	
0.025	2.66×10^{-5}	
0.561	3.05×10^{-5}	

(b) 혼합물에 대하여 van der Waals 상수, a와 b를 계산하라.

(c) 이 혼합물의 압력을 계산하라.

4.53 다음의 2차 virial 계수는 313.2 K에서 n-butane(1)과 이산화탄소(2)의 혼합물에 대해 보고되었다.

$$B_{11} = -625\ [\text{cm}^3/\text{mol}]$$

$$B_{22} = -110\ [\text{cm}^3/\text{mol}]$$

$$B_{12} = -153\ [\text{cm}^3/\text{mol}]$$

이들 자료로부터 다음을 수행하라.

(a) 313.2 K와 10 bar에서 이산화탄소 내 25 mol%의 butane의 혼합물의 몰부피를 계산하라.

(b) 313.2 K에서 이원상호작용 계수 k_{12}의 값을 추정하라.

4.54 이 책의 소프트웨어 ThermoSolver를 사용해 예제 4.9를 다시 풀어라. 얻은 답을 예제에서 주어진 답과 비교하라.

4.55 ThermoSolver를 이용하여 다음을 풀어라.

(a) ***성분들의 데이터 베이스***에서 ethane을 선택한다. 임계 온도와 압력과 $\Delta h^{o}_{f,298}$를 보고하라.

(b) ***포화 압력 계산기***에서 40 bar에서 ethane의 포화 온도를 찾아라.

(c) **Thermo Solver**에서 Lee–Kesler 상태방정식(일반화된 상관)과 Peng–Robinson 상태방정식을 이용해 다음 상태들에서 ethane의 부피와 압축인자를 찾아라. 각 값과 두 가지 방법의 차이(퍼센트)를 보고하라. (i) P = 40 bar, T = 290 K, (ii) P = 40 bar, T = 302 K.

제 5 장

열역학적 망

The Thermodynamic Web

≫ 학습 목표

제5장에 있는 내용을 숙달하기 위해서는 다음 사항들을 할 수 있어야 한다.

- *열역학적 망*(thermodynamic web)을 측정되는 기본적인 열역학적 성질 및 유도된 열역학적 성질과 연관지어 적용한다. 이를 위하여 기본 성질 관계식(fundamental property relation), 맥스웰 관계식(Maxwell relation), 연쇄규칙(chain rule), 미분역수(derivative inversion), 순환관계(cyclic relation), 식 (5.22), (5.23), (5.24)를 응용한다. 그림 5.3을 이용하여 T, P, s, v와 관련된 편미분식을 보다 편리한 형태로 다시 작성한다.
- 가상의 경로를 만들어서 두 상태 간의 열역학적 성질 변화를 적절한 특성자료를 이용하여 계산한다. 적절한 특성자료란 비열, 압력과 부피에 대한 명시적 상태방정식(explicit equations of state), 열팽창 계수와 등온 압축도 등을 포함한다.
- 세기 열역학적 성질(intensive thermodynamic property)에 대하여 특정한 독립 세기 성질의 편미분의 형태로 완전미분방정식(exact differential equation)을 표현한다. 예를 들어, 주어진 $h = h(T, P)$에 대하여 dh를 표현한다. 독립성질과 종속성질이 무엇을 의미하는지 정의한다.
- ΔS, Δu, Δh를 독립성질인 T, P 혹은 독립성질인 T, v로 표현한다. 이 방정식을 이용하여 열역학 제1법칙과 제2법칙의 문제를 푼다.
- 출발함수(departure function)를 정의한다. 일반화된 엔탈피와 엔트로피 출발함수를 이용하여 비이상적 거동을 보이는 계에 대한 제1법칙과 제2법칙 문제를 푼다.
- Joule–Thomson (주울–톰슨) 팽창과 Joule–Thomson 계수를 정의한다. Joule–Thomson 팽창이 액화에 어떻게 사용되는지 설명한다.

5.1 열역학적 성질의 종류

계의 열역학적 상태는 계의 성질에 의해서 알 수 있다. 이 장의 목적은 수학적 표현을 만들어 한 계의 성질을 다른 계의 성질과 연결하고 일반적으로 보고되는 형태의 자료로 만드는 것이다. 우선 명확히 구분되는 세 가지 열역학적 성질을 정의하자. 측정성질(measured properties), 기본성질(fundamental properties), 유도성질(derived properties).

측정성질

제1장에서 알아보았듯이, 측정성질은 다음과 같다.

$$\boldsymbol{P}, \boldsymbol{v}, \boldsymbol{T}, \text{조성}$$

측정성질은 실험실에서 직접 측정이 가능한 성질이다. 위에 언급한 성질을 어떻게 측정이 가능할지 생각해 보라.

기본성질

자연을 관찰하여 두 가지 열역학 법칙(제1법칙은 2장, 제2법칙은 3장에서 소개)을 알아내었다. 이 두 법칙을 만드는 데 있어서 다음 두 가지 성질을 도입했다.

$\boldsymbol{u}$ (에너지보존으로부터)

$\mathbf{s}$ (자연의 방향성으로부터)

내부 에너지와 엔트로피는 열역학의 *기본적인* 사유로부터 도입되어서, 이 두 성질을 기본성질이라고 한다. 에너지는 보존되며(제1법칙) 우주의 엔트로피는 항상 증가한다(제2법칙). 이 두 성질은 직접적으로 측정할 수 없다. 사실상 이 두 성질은 측정할 수 없다는 측면에서 실재하는 것이 아니고 오히려 실험적 관찰을 일반화한 지성의 건축물이라 할 수 있다.

유도성질

끝으로, 직접적인 경험으로부터 가장 먼 성질은 열역학적 양으로부터 유도된다. 이 성질은 실험실에서 측정할 수 없을 뿐만 아니라 열역학의 기본적인 법칙과 직접 연결되지 않는다. 이 성질은 위에서 언급한 측정성질과 기본성질의 특정한 조합으로 편리하게 만들어진 것이다. 예를 들어 엔탈피를 생각해보자.

$$h = u + Pv \tag{5.1}$$

열린계(open system)에서 물질은 계와 주위 사이의 경계를 통과하며 에너지수지에 두 가지 영향을 준다. 내부 에너지(u)와 흐름 일(flow work, Pv)이 그것이다. 이 두 가지 영향은 항상 같이 존재하므로 이 두 항을 모두 포함하는 성질을 *정의하는* 것이 편리하다. 이런 식으로 흐름일을 식에 포함시키지 않아도 성질을 설명할 수 있다. 이처럼 엔탈피는 일정 압력 하에서 이루어지는 과정을 수행하는 닫힌계에 무척 유용한 성질이다. 위 경우는 내부 에너지와 흐름일의 변화를 모두 고려해야 한다.

또 다른 편리한 성질이 두 개 있는데, Helmholz 에너지(a)와 Gibbs 에너지(g)이다.

$$a \equiv u - Ts \tag{5.2}$$

$$g \equiv h - Ts \tag{5.3}$$

당분간 우리는 왜 a와 g가 편리하게 유도된 열역학적 성질인지에 대해서 증명하지 않을 것이다.[1] 그러나 알아야 할 사항은 유도성질은 상태함수(state function)의 조합이므로 유도성질도 경로에 무관한 성질이라는 것이다.

5.2 열역학적 성질 관계식

종속성질과 독립성질

이 절에서는 열역학적 성질 관계식의 *망*(web)을 개발하여 실험실에서 측정할 수 있는 성질과 우리가 알려고 하는 열역학적 성질과의 관계를 알아낼 것이다. 다양한 기본성질과 유도성질(u, s, h, a, g)과의 관계식을 유도할 것이며, 실험실에서 측정 가능한 성질(P, v, T) 그리고 일반적으로 보고되는 측정 자료들(c_v, c_P, β, κ)과도 관련된 식으로 확장할 것이다. 수학의 힘을 빌려 이 복잡한 관계 망들의 관계식을 유도할 것이다. 인터넷 검색을 통하여 자료를 찾으면, 같은 결과를 얻는 다른 방법이 있을 것이다. 어떤 것은 좀 더 빠르고 어떤 것은 좀 더 느리다.

이 장에서의 논의는 *일정 조성계*(constant composition system)에 한정할 것이다. 조성이 변하는 혼합물에 대해서는 제6장에서 다룰 것이다. 이러한 상태가정(state postulate)은 조성이 일정한 계에서 두 개의 독립적인 세기성질의 값이 이 계의 상태를 완전히 결정한다. 수학적으로는 관심을 갖는 열역학적 세기성질 z에 대하여 다음과 같이 두 개의 독립변수 x와 y에 대하여 편미분 방정식으로 표시할 수 있다.

$$dz = \left(\frac{\partial z}{\partial x}\right)_y dx + \left(\frac{\partial z}{\partial y}\right)_x dy \tag{5.4}$$

전미분 dz는 완전하다. 즉 dz의 적분은 경로에 무관하다. 한편 편미분 기호 ∂는 경로에 가하는 제한을 규정한다. 예를 들어, 그림 5.1에 나타낸 바와 같이 x와 y의 함수로 나타내는 표면 z를 고려하자. 점선의 기울기는 식 (5.4)에 나타난 두 개의 편미분을 표현한다. 편미분을 취할 때 $(\partial z/\partial x)_y$는 종속변수 z가 독립변수 y가 일정한 상태의 경로 위에서 독립변수 x에 따라 변하는 양을 의미한다. 그러나 그림을 잘 살펴보면 편미분의 값은 y 값이 일정한 정도에 따라 변한다. 비슷하게 편미분을 취할 때 $(\partial z/\partial y)_x$는 종속변수 z가 독립변수 x가 일정한 상태의 경로 위에서 독립변수 y에 따라 변하는 양을 의미한다. 편미분을 이용하여 한 독립변수를 고정시키고 다른 독립변수를 변화시킴으로써 그 효과를 구분하여 관찰할 수 있다.

식 (5.4)의 형태는 일반적이며 앞으로 5.1절에서 살펴볼 여러 성질을 두 개의 독립성질을 이용하여 표현하는 데 사용한다. 예를 들어 닫힌계의 제1법칙 해석을 위해 내부 에너지의 변화를 계산한다고 가정하자. 내부 에너지의 변화 du가 측정변수인 온도 T와 몰부피 v의 변화에 따라 변한다고 가정하고 관련지을 수 있다. 식 (5.4) 형태를 빌어 다음과 같이 표기한다.

$$du = \left(\frac{\partial u}{\partial T}\right)_v dT + \left(\frac{\partial u}{\partial v}\right)_T dv \tag{5.5}$$

식 (5.5)에서 세기성질 T와 v는 이 계의 상태를 규정한다. 온도와 몰부피를 *독립성질*(independent properties)라고 부른다. 줄여서, 다음의 표기법을 사용할 것이다.

1. 제6장에서 왜 Gibbs 에너지 g가 유용한지에 대해서 학습할 것이다.

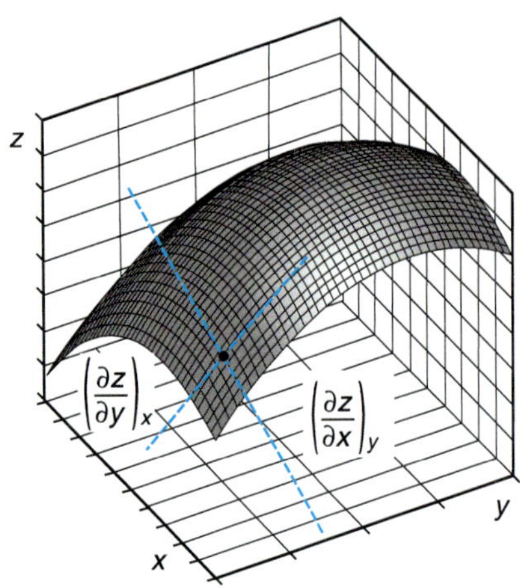

그림 5.1 표면은 주어진 독립성질 x, y에서 종속성질 z의 값을 나타낸다. 두 개의 점선의 기울기는 주어진 한 점에서의 편미분 값을 나타낸다.

$$u = u(T, v)$$

즉, 식 (5.5)와 동일한 형태로서 내부 에너지 u를 조절하는 독립변수로서 T, v가 선택된 것임을 가리킨다. 계 안에 존재하는 다른 성질은 모두 위에서 언급한 두 가지 독립성질에 의해 좌우되는 종속성질이다. 식 (5.5)에서 내부 에너지의 변화는 전미분 du로 표현된다. 전미분은 온도와 몰부피 양쪽이 모두 변할 경우에만 사용된다. 내부 에너지 u는 상태가정에 의해서 좌우되며 오직 한 방향으로만 변한다. 내부 에너지의 전미분 du를 제한하기 위하여 독립변수를 자유자재로 정할 수 있다. 예를 들어, 다음 형태 중에 어떤 것도 사용할 수 있다. $u = u(T, v)$, $u = u(T, s)$, $u = u(h, s)$. 그러나 측정성질인 T, v는 특히 내부 에너지 u의 변화를 살펴볼 수 있는 편리한 독립성질이다.

가상의 경로(재논의)

이제 종속성질과 독립성질을 조직화하여 열역학적 문제를 어떻게 풀지를 고려해보자. 이른바 두 상태 사이에 존재하는 기체의 내부 에너지 변화를 계산하기 위하여 제1법칙 문제를 푸는 것이다. 이 경우에 문제를 풀기 위하여 식 (5.5)의 형태로 수식화할 수 있다. 즉, 독립성질 T, v에 의해 영향 받는 내부 에너지 u는 종속성질이며, $u = u(T, v)$이다. 다르게 표현하면, 문제를 구조화하여 계 내에 존재하는 기체가 상태 1(T_1, v_1)에서 상태 2(T_2, v_2)로 변한다고 가정한다.

그림 5.2는 Tv 선도 위에서 문제를 도식적으로 표현하였다. 이와 같은 선도는 문제에 대한 해답을 만드는 데 무척 유용하다. 우리는 흔히 이러한 선도를 그려서 우리가 관심을 가지는 과정을 우리가 선택한 독립성질을 이용하여 상세히 설명할 수 있다. 만일 u가 상태함수임을 안다면, 주어진 과정의 변화에 대해 어떠한 경로든지 택할 수 있다는 것을 알 수 있다. 상태 1에서 상태 2로의 한 가지 가능한 경로는 실제 과정에서처럼 T와 v가 동시에 변해야 한다. 이 경로는 그림 5.2에서 실선으로 표시되어 있다.

또 다른 가능성은 **가상의 경로**(hypothetical path)를 만들어 한 번에 한 가지 성질만을 변경하는 것이다(2.2절 참조). 그림 5.2에 표시된 가상의 경로를 보면, 우선 계 내의 기체가 이상기체처럼 행동하기에 충분한 부피만큼 등온팽창(isothermal expansion)한다. 두 번째로

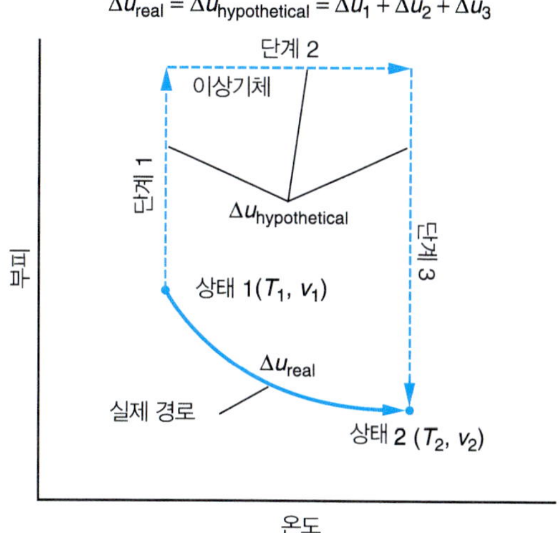

그림 5.2 상태 1에서 상태 2로의 내부 에너지 변화의 계산을 위한 가상의 경로.

일정한 부피에서 온도를 가하여 최종 온도가 T_2가 된다. 마지막으로 세 번째 단계는 등온압축으로 부피를 v_2로 만든다. 내부 에너지는 상태함수이므로 경로에 무관하다. 그러므로 실제 공정의 경로와 가상의 경로는 동일한 Δu 값을 갖는다. 실제로, 가상 과정의 계산이 쉽다. 위의 경우, 확보가 가능한 이상기체의 열용량 자료를 이용하여 두 번째 단계(등적 가열)에서 Δu 값을 계산할 수 있다. 실제 기체의 열용량은 알기 어렵다. 그러므로 여러 문헌에서 확보 가능한 자료를 이용할 수 있도록 그림 5.2처럼 가상의 경로를 구축하였다. 이 주제는 열역학 문제를 풀 경우에 자주 재등장한다. 그림 5.2에 표현된 가상의 경로를 이용하여 문제를 풀기 위해서는 단계 1(등온 팽창)과 단계 3(등온 압축)의 변화도 계산해야 한다. 이 문제는 이 장에서 앞으로 다루게 될 열역학적 관계의 망을 이용하여 풀 수 있다.

앞선 예제는 열역학 문제를 풀기 위한 중요한 전략을 나타낸다. 우리는 상태의 변화를 계산하기 위하여 무한한 수의 경로를 구축할 수 있다. 문제를 푼다는 것은 적절한 경로를 선택하는 일이다. 어떤 경로를 선택할지를 결정할 때는 두 가지를 고려해야 한다. (1) 어떤 성질 자료(property data)가 이용 가능한가? (2) 앞선 조건하에서 어떤 경로가 가장 계산이 쉬운가? 다양한 자료의 형태에 익숙해짐에 따라서 어떤 경로를 선택할지에 대해 점점 익숙해질 것이다. 만일 여러분이 선택한 첫 번째 경로가 잘 풀리지 않는다면 다른 경로를 선택하면 된다. 때로는 다른 종류의 독립성질을 선택해야만 할 경우도 있다.

우리는 식 (5.5)를 $(\partial u/\partial T)_v$로 표현했다. $(\partial u/\partial T)_v$와 $(\partial u/\partial T)_P$의 차이가 있는가?

기본성질 관계식

내부 에너지 계산에 대하여 다시 생각해보자. 이번에는 열역학의 기본적인 가정(postulate)으로부터 시작한다. 오직 Pv 일만이 있는 가역 과정을 수행하는 닫힌계에서, 앞의 2.3절과 3.3절에서 유도된 관계식은 식 (2.14)의 미분 에너지수지에 응용할 수 있다. 따라서 제1법칙과 제2법칙을 결합하면 다음과 같이 된다.

$$\begin{aligned} du &= \delta q_{rev} + \delta w_{rev} \\ &= Tds - Pdv \end{aligned} \tag{5.6}$$

그리고 식 (5.1)에서 주어진 열역학적 성질인 h도 정의에 의해 다음과 같이 된다.

$$\begin{aligned} dh &= du + d(Pv) \\ &= Tds + vdP \end{aligned} \tag{5.7}$$

유사하게 식 (5.2)와 (5.3)에서 주어진 열역학적 성질인 a와 g도 정의에 의해 다음과 같이 적용할 수 있다.

$$\begin{aligned} da &= du - d(Ts) \\ &= -sdT - Pdv \end{aligned} \tag{5.8}$$

그리고

$$\begin{aligned} dg &= dh - d(Ts) \\ &= -sdT + vdP \end{aligned} \tag{5.9}$$

식 (5.6)에서 (5.9)까지를 **기본성질 관계식**(fundamental property relation)이라고 한다. 식 (5.6)은 오직 가역 과정인 경우에 한해 유도되었지만, 궁극적으로 기본성질 관계식은 오직 두 성질 사이의 기본 관계를 정의한다. 따라서 이 방정식은 어떤 가역 혹은 비가역 과정에도 적용할 수 있다. 이것은 열역학적 성질이 경로에 무관하기 때문에 가능한 것이며, 따라서 어떤 과정이든 상관이 없다. 따라서 이들 식이 아주 특별한 가역 과정에 한해 유도되었지만, 물리적으로 한 상태에서 다른 상태로 비가역적으로 이동한 과정에도 적용이 가능하다! 그러나 비가역성(irreversibility)인 경우, Tds는 경계를 통과하는 미분의 열과 같지 않게 되므로 $-Pdv$도 더 이상 δw와 같지 않다.

만약 앞 절에서 사용된 방법을 적용하면, 내부 에너지의 변화를 독립변수인 s와 v의 항으로 쓸 수 있다. 즉,

$$du = \left(\frac{\partial u}{\partial s}\right)_v ds + \left(\frac{\partial u}{\partial v}\right)_s dv \tag{5.10}$$

만약 식 (5.10)이 식 (5.6)과 같다면, 반드시 다음이 성립해야 한다.

$$\left(\frac{\partial u}{\partial s}\right)_v = T \quad \text{그리고} \quad \left(\frac{\partial u}{\partial v}\right)_s = -P \tag{5.11}$$

$u = u(s, v)$에 의해서 표현되는 함수는 식 (5.10)의 편미분으로 표현이 가능하며, 결국 식 (5.11)에 언급된 열역학적 성질에 해당한다. 내부 에너지를 표현하기 위해서는 어떠한 두 가지 성질도 사용이 가능하지만, 열역학적 성질을 독립변수로 표현하는 것은 오직 식 (5.11)만이 가능하다. 따라서 $\{u, s, v\}$가 **기본그룹**(fundamental grouping)을 이룬다고 말할 수 있다.

식 (5.7)로부터 $\{h, s, P\}$가 기본그룹을 이룬다는 것을 알 수 있다. 즉,

$$\left(\frac{\partial h}{\partial s}\right)_P = T \quad \text{그리고} \quad \left(\frac{\partial h}{\partial P}\right)_s = v \tag{5.12}$$

유사하게, 기본그룹 $\{a, T, v\}$는 다음과 같은 관계를 갖는다.

$$\left(\frac{\partial a}{\partial T}\right)_v = -s \quad \text{그리고} \quad \left(\frac{\partial a}{\partial v}\right)_T = -P \tag{5.13}$$

그리고 {g, T, P}는 다음과 같다.

$$\left(\frac{\partial g}{\partial T}\right)_P = -s \quad , \quad \left(\frac{\partial g}{\partial P}\right)_T = v \tag{5.14}$$

뒤의 두 식 (5.13)과 (5.14)는 g와 a의 유용성에 대한 착안을 제시해 준다. 이 식들은 **측정된 성질**인 T, P, v로 그룹이 이루어져 있다. 즉, 종속성질인 g와 a를 측정이 가능한 변수를 변화시킴으로써 실험실에서 측정이 가능하다. 특히 상평형을 공부할 때 Gibbs 에너지가 유용하게 사용될 수 있다. 제1장에서 살펴본 바와 같이 온도와 압력이 열적 그리고 기계적 평형의 표준을 이루는 것처럼 {g, T, P}의 기본그룹은 무척 중요하다. 이에 관해서는 제6장에서 다루게 될 것이다.

Maxwell 관계식

열열학적 성질과 그 유도식 사이의 추가적인 관계식은 기본성질 관계식의 2차 미분으로 얻어질 수 있다. 이 관계식을 *Maxwell 관계식*(Maxwell relation)이라고 하며 완전미분방정식을 다시 편미분하여 얻을 수 있다(미분하는 순서에는 관계가 없다). 예를 들어 다음 방정식을 보면 알 수 있다. du를 미분하기 위하여 기본 관계 그룹인 {u, s, v}를 이용하였다.

$$\left[\frac{\partial}{\partial v}\left(\frac{\partial u}{\partial s}\right)_v\right]_s = \left[\frac{\partial}{\partial s}\left(\frac{\partial u}{\partial v}\right)_s\right]_v \tag{5.15}$$

식 (5.11)을 식 (5.15)에 대입하면

$$\left(\frac{\partial T}{\partial v}\right)_s = -\left(\frac{\partial P}{\partial s}\right)_v \tag{5.16}$$

유사하게, 다른 세 개의 기본성질 관계식으로부터 다음 식을 얻을 수 있다.

$$\left(\frac{\partial T}{\partial P}\right)_s = \left(\frac{\partial v}{\partial s}\right)_P \tag{5.17}$$

$$\left(\frac{\partial s}{\partial v}\right)_T = \left(\frac{\partial P}{\partial T}\right)_v \tag{5.18}$$

$$-\left(\frac{\partial s}{\partial P}\right)_T = \left(\frac{\partial v}{\partial T}\right)_P \tag{5.19}$$

여러분은 이 세 개의 식을 증명할 수 있는가? 식 (5.18)과 (5.19)로 주어진 Maxwell 관계식에서 오른쪽 항은 모두 측정 가능한 성질이다! 따라서 측정된 자료로부터 엔트로피를 계산할 수 있다. 식 (5.6), (5.7), (5.9)에서 유도된 관계식으로부터 u, h, g를 계산할 수 있다.

다른 유용한 수학적 관계식

이 절에서는 세 가지의 다른 수학적 관계식을 이용하여 열역학 공부에 도움을 얻도록 할 것이다. 첫 번째 관계식은 *연쇄규칙*(chain rule)이다. 이것은 일반적으로 다음과 같다.

$$\left(\frac{\partial z}{\partial x}\right)_a = \left(\frac{\partial z}{\partial y}\right)_a \left(\frac{\partial y}{\partial x}\right)_a \tag{5.20}$$

미분에 역수를 취하면 다음과 같다.

$$\left(\frac{\partial x}{\partial z}\right)_y = \frac{1}{\left(\frac{\partial z}{\partial x}\right)_y} \tag{5.21}$$

식을 좀 더 변형하며 또 다른 상태함수와의 관계를 얻을 수 있다. 식 (5.4)에서 시작하면,

$$dz = \left(\frac{\partial z}{\partial x}\right)_y dx + \left(\frac{\partial z}{\partial y}\right)_x dy \tag{5.4}$$

이 식에서 각각의 항을 일정한 z에서 x에 대하여 미분하면 다음을 얻는다.[2]

$$\left(\frac{\partial z}{\partial x}\right)_z = \left(\frac{\partial z}{\partial x}\right)_y \left(\frac{\partial x}{\partial x}\right)_z + \left(\frac{\partial z}{\partial y}\right)_x \left(\frac{\partial y}{\partial x}\right)_z \tag{5.22}$$

변수 z를 고정하면서 변화시킬 수 없기 때문에

$$\left(\frac{\partial z}{\partial x}\right)_z = 0 \tag{5.23}$$

식 (5.23)은 본질적으로 유용하다. 따라서 다음도 성립한다.

$$\left(\frac{\partial x}{\partial x}\right)_z = 1 \tag{5.24}$$

식 (5.21), (5.23), (5.24), (5.22)를 재배치하며 *순환관계식*(cyclic relation)을 얻을 수 있다.[3]

$$-1 = \left(\frac{\partial x}{\partial z}\right)_y \left(\frac{\partial y}{\partial x}\right)_z \left(\frac{\partial z}{\partial y}\right)_x \tag{5.25}$$

예제 5.1 **순환규칙의 대체 유도**

$z = z(x, y)$이고 $y = y(x, z)$일 때 순환관계식의 표현을 만들어라.

풀이 ▸ 우리는 종속변수 z를 독립변수 x, y의 항으로 하여 식 (5.4)의 형태로 쓸 수 있다.

$$dz = \left(\frac{\partial z}{\partial x}\right)_y dx + \left(\frac{\partial z}{\partial y}\right)_x dy \tag{E5.1A}$$

또 다르게, 종속변수 y를 독립변수 x, z의 항으로 하여 다음과 같이 식을 만들 수 있다.

$$dy = \left(\frac{\partial y}{\partial x}\right)_z dx + \left(\frac{\partial y}{\partial z}\right)_x dz \tag{E5.1B}$$

2. 식 (5.4)에서 식 (5.22)까지의 수학적 전개는 이러한 경험적 설명(heuristic explanation)보다 훨씬 복잡하다. 그러나 일반적으로 이렇게 간단히 검토하는 것이 편리하다. 여기에 이것을 쓴 이유는 다른 곳에서 사용하기 위해서이다. 식 (5.25)의 또 다른 전개 방법은 예제 5.1을 참고하라.

3. 이 관계식은 삼중곱법칙(triple product rule)이라고도 한다.

식 (E5.1A)를 dy에 대하여 풀면 다음과 같다.

$$dy = -\left(\frac{\partial y}{\partial z}\right)_x\left(\frac{\partial z}{\partial x}\right)_y dx + \left(\frac{\partial y}{\partial z}\right)_x dz \qquad \textbf{(E5.1C)}$$

식 (E5.1B)와 (E5.1C)의 우항을 비교하여 같은 항을 정리하면,

$$\left(\frac{\partial y}{\partial x}\right)_z = -\left(\frac{\partial y}{\partial z}\right)_x\left(\frac{\partial z}{\partial x}\right)_y \qquad \textbf{(E5.1D)}$$

식 (E5.1D)를 재배열하고 미분식의 역수를 취하면, 순환규칙을 얻을 수 있다.

$$-1 = \left(\frac{\partial x}{\partial z}\right)_y\left(\frac{\partial y}{\partial x}\right)_z\left(\frac{\partial z}{\partial y}\right)_x \qquad \textbf{(5.25)}$$

이 순환규칙의 유도는 발견적 수학논의에 근거하여 유도된 것이 아님에도 동일한 결과를 나타냄을 보여준다.

이 표현은 암기하기 쉽다. 각각의 성질은 분수의 분자에 한번, 분모에 한번 나타나고 다시 고정된다. 따라서 식 (5.25)를 순환관계식이라고 한다.

열역학적 망을 이용하여 알려진 자료에 접근

지금까지 열역학적 문제를 풀기 위해서는 가상적인 경로를 가정하여 주어진 성질의 두 상태 간의 변화를 계산하였다. 이 과정을 적용하기 위해서는 또 다른 변수를 고정하고 다른 변수의 변화에 따른 한 성질의 편미분을 이용하였다. 이 절에서는 열역학 망을 이용하여 편미분 방정식을 다른 형태로 바꾸어 다양한 실험 결과(예, c_v, c_P, β, κ)와 상태방정식의 미분형을 이용할 수 있게 할 것이다.

그림 5.3은 T, P, s, v로 이루어진 편미분방정식을 보았을 때 열역학 망을 이용하여 문제를 해결하는 방법을 보여준다. 즉, 이 네 가지 성질 사이에 편미분방정식의 12수열을 나타낸다. 미분방정식의 역수 또한 가능하며 또 다른 12순열 관계식이 가능하다. 그림 5.3의 각각의 항은 또 다른 항과, 순환규칙과 Maxwell 관계식으로 연결되어 있으며 이 연결은 그림의 오른쪽 상단에 아이콘으로 표시하였다. 순환규칙이 사용된 경우에는 원형 아이콘 상단의 최초 위치에 있는 항이 좌우항의 곱으로 표현된다. 예를 들면 그림의 맨 위에 $-(\partial P/\partial v)_s$ 항은 다음 두 항의 곱인 $(\partial P/\partial s)_v(\partial s/\partial v)_P$로 대체될 수 있다. Maxwell 관계식을 나타내는 이중 화살표는 어느 한쪽이 다른 한쪽으로 대체될 수 있다. 즉 $-(\partial T/\partial v)_s$는 $(\partial P/\partial s)_v$로 사용할 수 있다.

그림 5.3에 표시된 어떤 유도식도 그림에 표시된 경로를 따라 측정 가능한 변수의 항으로 쉽게 전환할 수 있다. 이 유용한 정보의 세 가지 원천 자료는 (1) 상태방정식의 유도식, (2) 열팽창 계수 β, 등온압축인자 κ, (3) 등압 열용량 c_P, 정적열용량 c_v이다.

우선, 첫 번째로 압력에 대한 명시적(explicit) 상태방정식 $P = f(T, v)$를 생각하자. 이 방정식의 편미분인 $(\partial P/\partial T)_v$를 풀 수 있다. 부피에 대한 명시적인 상태방정식 $v = f(T, P)$ 역시 $(\partial v/\partial T)_P$를 풀 수 있다. 두 번째로, 열팽창 계수 β, 등온압축인자 κ를 이용하여 대체 상태방정식인 $(\partial P/\partial T)_v$, $(\partial v/\partial T)_P$를 표시할 수 있다. 이 대체식이 그림 5.3에 표시되어 있다. 이 성질은 이미 제4장의 4.3절에서 다음과 같이 정의하였다.

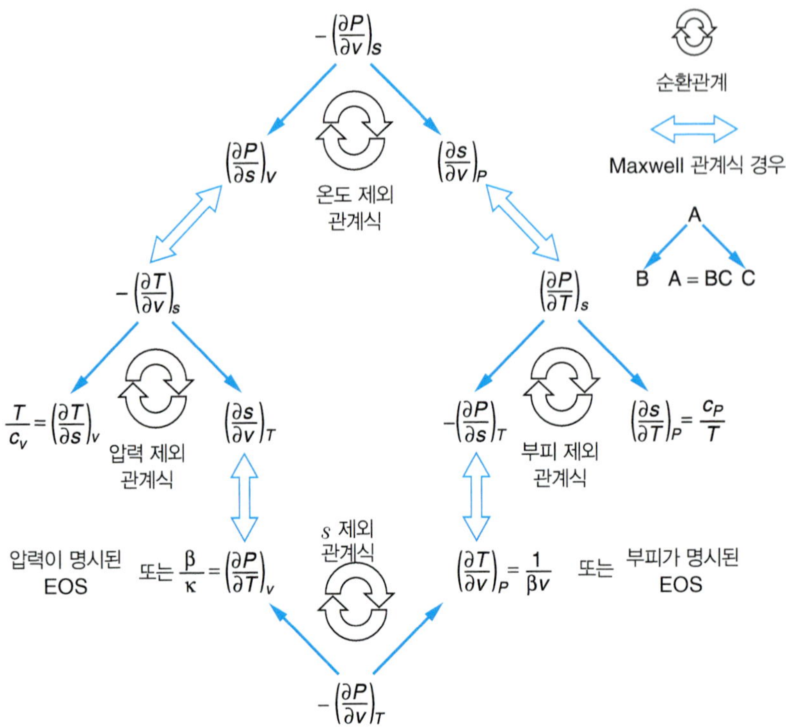

그림 5.3 열역학적 망을 이용한 지침. T, P, s, v의 편미분식이 상호 연관되어 있으며, 알려진 열역학적 성질인 c_v, c_P, β, κ와 관련되어 있다.

$$\beta \equiv \frac{1}{v}\left(\frac{\partial v}{\partial T}\right)_P \tag{4.32}$$

그리고

$$\kappa \equiv -\frac{1}{v}\left(\frac{\partial v}{\partial P}\right)_T \tag{4.33}$$

순환규칙을 이용하면(연습 문제 5.20 참조),

$$\left(\frac{\partial P}{\partial T}\right)_v = \frac{\beta}{\kappa} \tag{5.26}$$

여기서 열팽창 계수의 정의를 적용하면

$$\left(\frac{\partial v}{\partial T}\right)_P = \beta v \tag{5.27}$$

세 번째로 s를 T에 대하여 편미분하면 열용량과 연결되고, 여기에 기본성질 관계식과 열용량의 정의를 결합한다. 식 (5.6)을 정적 열용량 정의와 연결시키면 다음 식을 얻을 수 있다.

$$c_v = \left(\frac{\partial u}{\partial T}\right)_v = T\left(\frac{\partial s}{\partial T}\right)_v - P\left(\frac{\partial v}{\partial T}\right)_v = T\left(\frac{\partial s}{\partial T}\right)_v$$

그래서

$$\left(\frac{\partial s}{\partial T}\right)_v = \frac{c_v}{T} \tag{5.28}$$

유사하게 h에 대한 기본성질 관계식을 적용하면 식 (5.7)과 등압 열용량과 결합되어 다음 식으로 표시되고,

$$c_P = \left(\frac{\partial h}{\partial T}\right)_P = T\left(\frac{\partial s}{\partial T}\right)_P + v\left(\frac{\partial P}{\partial T}\right)_P = T\left(\frac{\partial s}{\partial T}\right)_P$$

혹은

$$\left(\frac{\partial s}{\partial T}\right)_P = \frac{c_P}{T} \tag{5.29}$$

식 (5.28)과 식 (5.29)는 그림 5.3에서 적절한 위치에 사용된다.

선도의 경로를 이용하면 그림 5.3의 어떤 유도식도 다시 쓸 수 있다. 예를 들어 $-(\partial P/\partial v)_s$를 $-c_P/v\kappa c_v$로 다시 쓸 수 있다. 이 관계식이 옳은지 확인해 보라(그리고 그림 5.3에 표현된 다른 것도 확인해 보라). 이런 연습은 나중에 열역학적 망을 가지고 다양한 문제를 풀 때 무척 유용하다는 것을 알게 될 것이다.

5.3 상태방정식과 측정 가능한 변수를 이용한 기본성질과 유도성질의 계산

ds를 독립변수인 T, v와 T, P의 관계식으로 표현

그림 5.3에 표현된 관계식은 종속변수인 s를 측정 가능한 변수로 표현할 수 있게 한다. 이제 s를 독립변수인 T와 v로 표시하여 식 (5.4)의 형태로 나타내자.

$$ds = \left(\frac{\partial s}{\partial T}\right)_v dT + \left(\frac{\partial s}{\partial v}\right)_T dv$$

식 (5.28)을 치환하고 이 식에 Maxwell 관계식 (5.18)을 적용하면,

$$ds = \frac{c_v}{T}dT + \left(\frac{\partial P}{\partial T}\right)_v dv \tag{5.30}$$

식 (5.30)은 일반적으로 일정 조성을 가진 계에 적용이 가능하다. 이 식을 적분하면,

$$\Delta s = \int \frac{c_v}{T}dT + \int\left(\frac{\partial P}{\partial T}\right)_v dv \tag{5.31}$$

만일 독립변수를 T, P로 선택한다면,

$$ds = \left(\frac{\partial s}{\partial T}\right)_P dT + \left(\frac{\partial s}{\partial P}\right)_T dP$$

식 (5.29)와 Maxwell 관계식 (5.19)를 이 식에 치환하면,

$$ds = \frac{c_P}{T}dT - \left(\frac{\partial v}{\partial T}\right)_P dP \tag{5.32}$$

식 (5.32)를 적분하면,

$$\Delta s = \int \frac{c_P}{T} \mathrm{d}T - \int \left(\frac{\partial v}{\partial T} \right)_P \mathrm{d}P \tag{5.33}$$

만일 우리가 이상기체 모델을 사용한다면, 식 (5.33)은 식 (3.22)로 간단히 된다.

식 (5.31)과 식 (5.33)을 비교해 보는 것은 유익하다. 식 (5.31)은 독립된 성질로서 T, v를 이용하여 전개된 식이고, 식 (5.33)은 T, P를 이용하여 전개된 식이다. 앞의 식은 압력의 편미분 형태로서 압력이 명시된 상태방정식(pressure-explicit equation of state)이고, 뒤의 식인 식 (5.33)은 부피의 편미분 형태로서 부피가 명시된 상태방정식(volume-explicit equation of state)이다. 이러한 관찰은 다음 사실을 가리킨다. *일반적으로 T, v가 독립적인 성질인 경우는 압력이 명시적인 상태방정식을 얻을 수 있고, T, P가 독립적인 성질인 경우는 부피가 명시적인 상태방정식을 얻을 수 있다.* 이 경험 규칙은 예제 5.4에서 더욱 보강될 것이다. 독립변수로서 (T, v) 혹은 (T, P) 중에 어떤 것을 사용할 것인가에 따라 압력이 명시된 Redlich–Kwong 상태방정식 계산을 비교할 것이다.

d*u*를 독립변수인 *T*, *v*로 표현

이제 다시 그림 5.2에서 그려진 가상의 경로를 따라 Δu의 계산으로 돌아가 보자. 내부 에너지의 미소한 변화를 식 (5.5)처럼 독립적인 성질인 T와 v를 이용하여 관련지을 수 있다는 사실을 기억하자.

$$\mathrm{d}u = \left(\frac{\partial u}{\partial T} \right)_v \mathrm{d}T + \left(\frac{\partial u}{\partial v} \right)_T \mathrm{d}v \tag{5.5}$$

식 (5.5) 우변의 첫 번째 항은 정적 열용량의 정의를 이용하여 다음과 같이 쓸 수 있다.

$$\left(\frac{\partial u}{\partial T} \right)_v = c_v$$

이 열용량은 흔히 이상기체 조건에서 계산하는데, 그 이유는 대부분의 기체의 경우에 이상기체 열용량 자료가 존재하기 때문이다. 예제 5.3에서는 조금 다른 접근 방법을 사용할 것이다. 우변의 두 번째 항은 식 (5.6)인 기본성질 관계식을 이용하여 간단히 표현할 수 있다.

$$\left(\frac{\partial u}{\partial v} \right)_T = \left(\frac{T \partial s - P \partial v}{\partial v} \right)_T = \left[T \left(\frac{\partial s}{\partial v} \right)_T - P \right]$$

그리고 이 식은 다시 식 (5.13)의 Maxwell 관계식을 이용하여 다음 식을 얻는다.

$$\left(\frac{\partial u}{\partial v} \right)_T = \left[T \left(\frac{\partial P}{\partial T} \right)_v - P \right] \tag{5.34}$$

일반적으로 독립적인 성질의 효과는 단순히 더할 수 있으므로 다음 식을 얻는다.

$$\mathrm{d}u(T, v) = c_v \mathrm{d}T + \left[T \left(\frac{\partial P}{\partial T} \right)_v - P \right] \mathrm{d}v \tag{5.35}$$

식 (5.35)를 적분하면,

$$\Delta u(T, v) = \int c_v \mathrm{d}T + \int \left[T\left(\frac{\partial P}{\partial T}\right)_v - P \right] \mathrm{d}v \tag{5.36}$$

식 (5.36)의 우변의 두 번째 항을 적분하기 위해서는 PvT 자료를 이용하는 방법, 열팽창 계수 자료를 이용하는 방법, 등온압축률(isothermal compressibility)를 이용하는 방법이 있다. 예를 들어, 상태방정식이 $P = f(T, v)$의 형태로 이용 가능하다면, 이 함수를 일정한 v 조건에서 T에 대하여 편미분한 후 T를 곱하고, P를 뺀 후 적분하면 된다. 만일 이용할 수 있는 식이 없다면, 도표를 이용하여 풀어야 한다.

그림 5.2에 표현된 가상적인 경로는 식 (5.36)의 각 항을 한 단계로 언급한다고 할 수 있다. 첫 번째와 세 번째 단계는 등온 과정이고, 따라서 우변의 첫 번째 항은 0이 되며 오직 두 번째 항만 고려하면 된다. 역으로 두 번째 단계는 등적(isochoric, constant-volume) 과정이므로 첫 번째 항만 사용하면 된다. 더욱이 이 경로를 이용하여 이상기체 가정으로 2단계를 수행할 경우 열용량 자료를 이용하기 쉽다. 이상기체의 열용량은 화학종 간의 상호작용이 아니라 화학종의 오직 개별적인 분자구조에 의존한다.[4] 한편 두 번째 항은 β나 κ 혹은 상태방정식과 그 미분형과 관련이 있으며, 분자들 간에 상호작용이 얼마나 있는지에 대한 것에 의존한다.

내부 에너지 u, 엔트로피 s, 엔탈피 h를 비롯한 다양한 상태함수의 계산을 위해 가상적인 열역학적 경로를 만듦에 있어, 독립성질로 우선 온도 T를 선정하고 다음으로 압력 P 혹은 부피 v를 선택한다. 이렇게 함으로써 c_p와 c_v를 T와 연결시킬 수 있으며, 이것은 계에 존재하는 개별 분자구조의 영향으로 논의를 줄이게 된다. 그 다음으로 P 혹은 v는 서로 다른 화학종 간의 상호작용을 설명한다.

예제 5.2 **제1법칙–닫힌계–열역학적 망을 이용한 계산**

1 mol의 propane 기체가 0.001 m^3에서 0.040 m^3으로 팽창했다. 이때 열탱크와 접촉하여 온도는 100°C로 일정하게 유지되었다. 이 팽창은 가역적이 아니다. 열탱크로부터 추출된 열은 10.4 kJ이다. Van der Waals 상태방정식을 이용하여 팽창에 관련된 일을 계산하라.

풀이 ▶ 일을 계산하기 위해서는 제1법칙을 적용해야 한다.

$$\Delta u = q + w \tag{E5.2A}$$

q = 10,400 J/mol임을 이미 알고 있으므로, Δu만 구하면 된다.

그림 E5.2A에 경로의 도식이 표현되어 있다. 이 경우에는 실제 경로를 이용하여 문제를 풀 수 있다. $\mathrm{d}u$를 독립변수인 T와 v의 함수로 쓰면,

$$\mathrm{d}u = \left(\frac{\partial u}{\partial T}\right)_v \mathrm{d}T + \left(\frac{\partial u}{\partial v}\right)_T \mathrm{d}v = c_v \mathrm{d}T + \left[T\left(\frac{\partial P}{\partial T}\right)_v - P \right] \mathrm{d}v \tag{E5.2B}$$

여기에 식 (5.35)를 적용한다. 이 과정은 일정한 온도 T에서 진행되므로, 위 식을 적분하면 다음과 같다.

$$\Delta u = \int \left[T\left(\frac{\partial P}{\partial T}\right)_v - P \right] \mathrm{d}u \tag{E.5.2C}$$

4. 식 (2.25) 뒤에 언급된 논의를 상기하라.

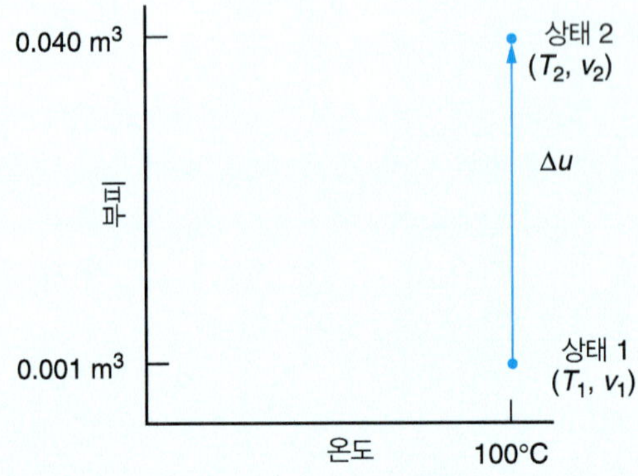

그림 E5.2A 예제 5.2를 풀기 위한 계산 경로.

Van der Waals 상태방정식을 정리하여 다음과 같이 표시하고,

$$P = \frac{RT}{v-b} - \frac{a}{v^2} \tag{E5.2D}$$

이 식을 미분하여 다음을 얻는다.

$$\left(\frac{\partial P}{\partial T}\right)_v = \frac{R}{v-b} \tag{E5.2E}$$

식 (E5.2D)와 식 (E5.2E)를 식 (E5.2C)에 대입하면 다음을 얻는다.

$$\Delta u = \int\left[\frac{a}{v^2}\right]\mathrm{d}u$$

혹은,

$$\Delta u = \frac{-a}{v}\Bigg|_{0.001\ \mathrm{m}^3}^{0.040\ \mathrm{m}^3} = -\frac{27(RT_c)^2}{64P_c}\left(\frac{1}{v_2} - \frac{1}{v_1}\right)$$

$$= -\left(0.96\left[\frac{\mathrm{Jm}^3}{\mathrm{mol}^2}\right]\right)\left(\frac{1}{0.04} - \frac{1}{0.001}\right)\left[\frac{\mathrm{mol}}{\mathrm{m}^3}\right] = 936\frac{\mathrm{J}}{\mathrm{mol}}$$

식 (E5.2A)에서 Δu 값을 구하면 다음과 같다.

$$\boxed{w = \Delta u - q = -\ 9{,}460\ [\mathrm{J/mol}]}$$

일의 값이 (−)라는 것은 이 기체가 계에서 주위로 일을 한다는 것을 의미한다.

예제 5.3 또 다른 계산 경로를 이용하여 Δu 구하기

그림 E5.3A에 표시된 경로에 따라 Δu를 계산하기 위한 방법을 제시하라. 이때 온도 T가 변화하며 분자 간의 상호작용이 중요하다.

풀이 ▶ 열역학적 망을 이용하면 한 상태에서 다른 상태로 변하는 열역학적 상태를 다양한 방법으로 계산할 수 있다. 이번에는 그림 E5.3A에 나타낸 경로를 이용하여 예제 5.2에서 주어진 Δu를 계

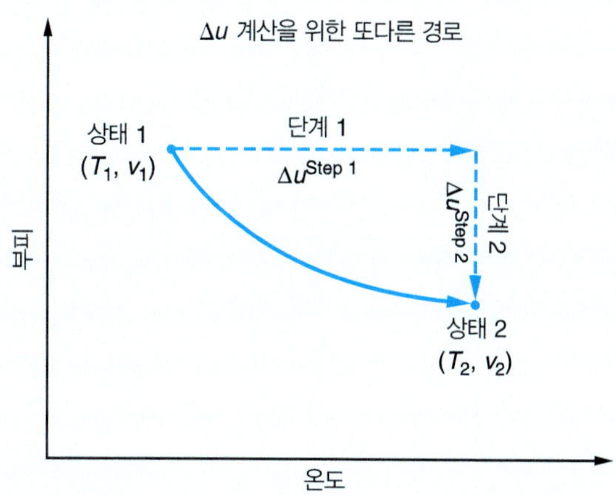

그림 E5.3A 상태 1에서 상태 2까지 내부 에너지 변화를 계산하기 위한 그림 5.2와는 다른 계산 경로.

산하기 위한 다른 경로를 살펴볼 것이다. 이 경우에 가상적인 경로가 두 단계로 이루어져 있다. 등적가열(단계 1)에 이어 등온압축(단계 2)이 이어진다. 그러나 단계 1에서는 온도 변화 때문에 이 기체는 더 이상 이상기체처럼 행동하지 않는다.

다시 내부 에너지의 변화를 온도와 부피의 함수로 표시하면,

$$du = \left(\frac{\partial u}{\partial T}\right)_v dT + \left(\frac{\partial u}{\partial v}\right)_T dv = c_v^{\text{real}} dT + \left[T\left(\frac{\partial P}{\partial T}\right)_v - P\right]dv \qquad \textbf{(E5.3A)}$$

여기서는 식 (5.35)에 언급한 결과를 사용했다. 단계 1에서 내부 에너지 변화를 계산하려면, 열용량이 더 이상 이상기체 조건에 있지 않으며 분자 간 상호작용이 중요하게 된다. 즉, c_v는 온도와 부피에 의존하게 된다. 즉,

$$c_v^{\text{real}} = c_v(T, v_1)$$

그러나 일반적으로 열용량 자료는 이상기체에서만 이용 가능하다. 따라서 단계 1을 따라서 주어진 온도에서 실제 열용량은 이상기체 열용량과 관련지어야 한다. 또다시 이 작업을 완수하기 위해서는 열역학적 망을 이용해야 한다. 그림 E5.3B에 표시한 것처럼 $(\partial c_v/\partial v)_T$를 계산하고, 이상기체의 부피로부터 실제 기체의 부피 v_1까지 적분해야 한다. 이 관계식은 열용량의 정의식과 미분의 순서를 변화시킴으로써(Maxwell 관계식을 만들 때처럼) 만들 수 있다.[5]

$$\left(\frac{\partial c_v}{\partial v}\right)_T = \left[\frac{\partial}{\partial v}\left(\frac{\partial u}{\partial T}\right)_v\right]_T = \left[\frac{\partial}{\partial T}\left(\frac{\partial u}{\partial v}\right)_T\right]_v \qquad \textbf{(E5.3B)}$$

식 (5.34)에서 얻은 $(\partial u/\partial v)_T$를 이용하여 식을 확장하면 다음을 얻는다.

$$\left(\frac{\partial c_v}{\partial v}\right)_T = \left[\frac{\partial}{\partial T}\left(\left[T\left(\frac{\partial P}{\partial T}\right)_v - P\right]\right)\right]_v = \left(\frac{\partial P}{\partial T}\right)_v + T\left(\frac{\partial^2 P}{\partial T^2}\right)_v - \left(\frac{\partial P}{\partial T}\right)_v = T\left(\frac{\partial^2 P}{\partial T^2}\right)_v$$

여기서는 곱의 규칙(product rule)을 사용하였다.

따라서 주어진 온도에서 열용량의 미소변화는 다음 식으로 나타낸다.

5. 창조적인 문제해결을 위한 공통된 주제이다. 한 곳에서 배운 것을 다른 곳에 적용하는 능력을 말한다.

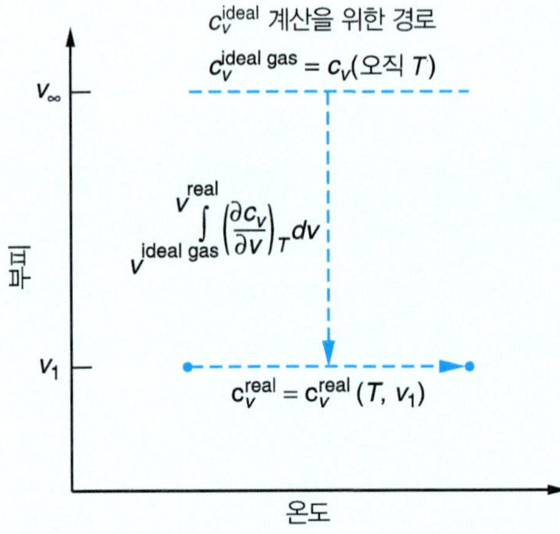

그림 E5.3B $c_v^{ideal\ gas}$로 부터 c_v^{real}을 계산하기 위한 경로.

$$dc_v = \left[T\left(\frac{\partial^2 P}{\partial T^2}\right)_v\right]dv \tag{E5.3C}$$

식 (E5.3C)의 양변을 적분하면,

$$\int_{ideal\ gas}^{real} dc_v = \int_{v_{ideal\ gas}}^{v_{real}} \left[T\left(\frac{\partial^2 P}{\partial T^2}\right)_v\right]dv$$

c_v^{real}에 대하여 풀면 다음을 얻는다.

$$c_v^{real} = c_v(T, v_1) = c_v^{ideal\ gas} + \int_{v_{ideal\ gas}}^{v_1} \left[T\left(\frac{\partial^2 P}{\partial T^2}\right)_v\right]dv \tag{E5.3D}$$

식 (E5.3D)를 살펴보면, 이상기체에 대한 열용량 자료와 적절한 상태방정식만 있다면 실제 기체의 열용량 문제를 풀 수 있다는 것을 알 수 있다. 이 식을 최초 식인(E5.3A)에 적용하면 내부 에너지 변화식을 유도할 수 있다.

$$du = \left\{c_v^{ideal\ gas} + \int_{v_{ideal\ gas}}^{v_1} \left[T\left(\frac{\partial^2 P}{\partial T^2}\right)_v\right]dv\right\}dT + \left[T\left(\frac{\partial P}{\partial T}\right)_v - P\right]dv$$

dh와 독립성질인 T와 P의 관계

엔트로피와 내부 에너지를 계산하는 것과 동일한 방법으로, 열역학적 망을 적용하면 온도와 압력에 따른 엔탈피 변화를 계산하는 식을 만들 수 있다. 일단 식 (5.4)의 형태로 엔탈피의 미분식을 표현할 수 있다.

$$dh = \left(\frac{\partial h}{\partial T}\right)_P dT + \left(\frac{\partial h}{\partial P}\right)_T dP$$

열용량의 정의식을 적용하면,

$$\left(\frac{\partial h}{\partial T}\right)_P = c_P$$

엔탈피에 대한 기본성질 관계식, 식 (5.7), Maxwell 관계식을 이용하면,

$$\left(\frac{\partial h}{\partial P}\right)_T = \left(\frac{T\partial s + v\partial P}{\partial P}\right)_T = T\left(\frac{\partial s}{\partial P}\right)_T + v = -T\left(\frac{\partial v}{\partial T}\right)_P + v$$

각 항에 관계식을 대입하면,

$$dh = c_P dT + \left[-T\left(\frac{\partial v}{\partial T}\right)_P + v\right]dP \tag{5.37}$$

이 식을 적분하면 다음 식을 얻는다.

$$\Delta h = \int c_P dT + \int\left[-T\left(\frac{\partial v}{\partial T}\right)_P + v\right]dP \tag{5.38}$$

내부 에너지에 대한 토의와 동일한 방법으로, 어떤 경로를 만들어 계로 하여금 충분히 낮은 압력 하에서 이상기체의 열용량을 적용할 수 있다. 또한 예제 5.3에서 c_v^{real}을 계산한 것과 동일한 방법으로 등압 열용량을 계산할 수 있다. 연습 문제 5.25에서 다음 식을 증명할 것이다.

$$c_P^{\text{real}} = c_P(T, P) = c_P^{\text{ideal gas}} - \int_{P_{\text{ideal gas}}}^{P_{\text{real}}} \left[T\left(\frac{\partial^2 v}{\partial T^2}\right)_P\right]dP \tag{5.39}$$

예제 5.4 **제1법칙–열린계–열역학적 망을 이용한 계산**

n-Butane의 이성질체화 반응으로 isobutene을 생산하기 위한 첫 번째 단계는 n-butane의 유입 흐름을 압축하는 것이다. 유입 흐름은 9.47 bar, 80°C로 압축기로 들어가고 18.9 bar, 120°C로 빠져나온다. 그 다음 이성질체화 반응기로 들어간다. 이 압축기에 가해진 일은 2100 J/mol이다. 이 때 이 장치에 공급되는 열을(n-butane 몰 기준) 구하라.

풀이 ▶ 우선, 이 과정은 그림 E5.4A에 간단히 표현되었다. 공급되는 열을 계산하기 위하여 제1법칙을 (에너지 수지식) 사용한다. 정상 상태를 가정하면, 하나의 흐름이 들어왔다 나가는 열린계의 에너지 수지식은 다음과 같다.

$$0 = \dot{n}_1\left(h + MW\frac{\vec{V}^2}{2} + MWgz\right)_1 - \dot{n}_2\left(h + MW\frac{\vec{V}^2}{2} + MWgz\right)_2 + \dot{Q} + \dot{W}_s$$

혹은,

$$q = \frac{\dot{Q}}{\dot{n}} = h_2 - h_1 - \frac{\dot{W}_s}{\dot{n}}$$

압축기에 가해진 일의 양은 알고 있다. 따라서 이 문제는 유입구와 유출구 사이의 엔탈피를 구하는 문제로 바뀔 수 있다. 이미 유입구와 유출구에서 두 개의 세기성질(intensive property)을 알고 있다. 따라서 엔탈피 등의 다른 성질은 이미 그 값이 구속되어(constrained) 있다.

10 bar 내외의 압력이 사용되었으므로 이상기체로 간주하기는 어렵다. 그러나 엔탈피는 경로에 무관한 변수이므로 경로는 자유롭게 선택할 수 있어서 편리하다.

먼저 n-butane에 대한 자료를 찾는 것이 좋다. 부록 A.2를 보면, 이상기체 열용량에 대한

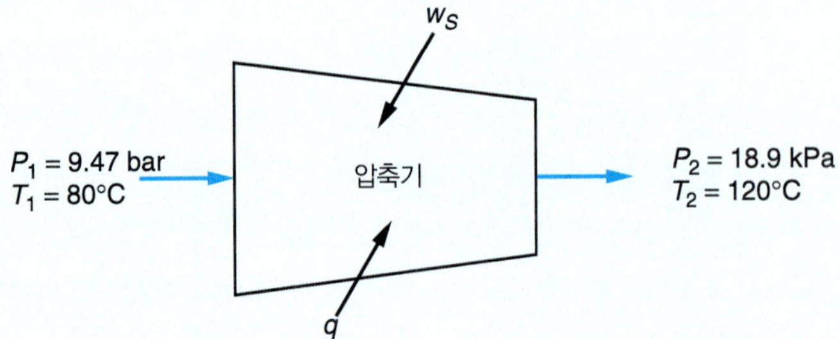

그림 E5.4A 예제 5.4에 언급된 압축기의 모식도.

식을 찾을 수 있다.

$$\frac{c_P}{R} = 1.935 + 36.915 \times 10^{-3}T - 11.402 \times 10^{-6}T^2$$

여기서 온도는 Kelvin이다. 이 식은 이상기체에 한정되어 있으므로, 온도의 변화는 이상기체의 경우에 한정한다.

상태방정식 또한 유용하다. 많은 식이 가능하지만 좀 더 정확한 식은 Redlich-Kwong 상태방정식이다.

$$P = \frac{RT}{v - b} - \frac{a}{T^{1/2}v(v + b)}$$

이 식에서 상수 값인 a, b는 주어진 상태를 이용하여 알 수 있다. 이 계산을 위하여 부록 A.1에서 임계값을 구할 수 있다(T_c = 425.2 K, P_c = 37.9 bar). 식 (4.24a)와 식 (4.24b)를 적용하면

$$a = \frac{0.42748R^2T_c^{2.5}}{P_c} = 29.08\left[\frac{\text{JK}^{1/2}\text{m}^3}{\text{mol}^2}\right],\ b = \frac{0.08664RT_c}{P_c} = 8.09 \times 10^{-5}\left[\frac{\text{m}^3}{\text{mol}}\right]$$

다음으로 이 문제를 풀기 위한 경로를 택한다. Butane을 이상기체로 간주하는 경우에 한해서 온도 변화가 가능하다는 제한이 있다. 이 문제는 우선 T, v를 독립성질로 하여 문제를 풀고, T, P에 대해서는 그 다음에 증명한다.

T, v에 대한 풀이

이 문제를 풀기 위한 경로가 그림 E5.4B의 Tv 평면에 나타나 있다.

이 경로를 수행하기 위해서는 상태 1과 상태 2의 몰부피를 알아야 한다. Redlich-Kwon 상태방정식은 부피가 내포되어 있어서 부피의 삼중근을 풀어 가장 큰 값을 취하면

$$v_1 = 2.59 \times 10^{-3}[\text{m}^3/\text{mol}]$$

혹은

$$v_2 = 1.27 \times 10^{-3}[\text{m}^3/\text{mol}]$$

이제 엔탈피를 온도와 부피의 함수로 표현할 수 있다.

$$\text{d}h = \left(\frac{\partial h}{\partial T}\right)_v \text{d}T + \left(\frac{\partial h}{\partial v}\right)_T \text{d}v$$

단계 1과 단계 3에서 온도는 상수이다.

$$\Delta h_{1\text{ or }3} = \int \left(\frac{\partial h}{\partial v}\right)_T \text{d}v \qquad \textbf{(E5.4A)}$$

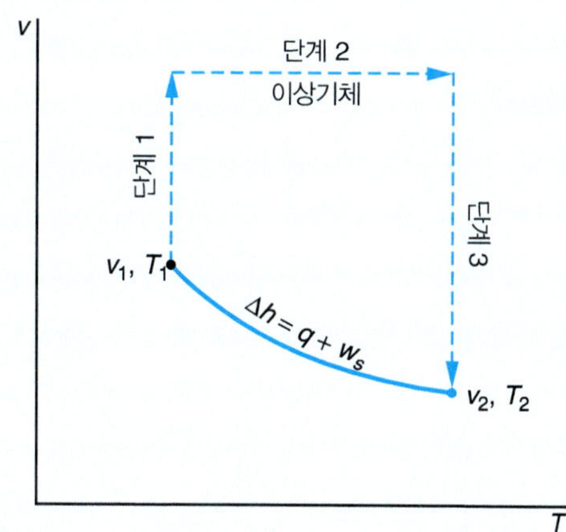

그림 E5.4B 예제 5.4의 압축기 문제를 풀기 위한 Tv 평면상에서 경로.

기본성질 관계식인 식 (5.7)을 이용하면, 식 (E5.4A)는 다음과 같이 된다.

$$\Delta h = \int\left(\frac{T\partial s + v\partial P}{\partial v}\right)_T \mathrm{d}v = \int\left[T\left(\frac{\partial s}{\partial v}\right)_T + v\left(\frac{\partial P}{\partial v}\right)_T\right]\mathrm{d}v$$

만일 우리가 Maxwell 관계식인 식 (5.18)을 사용한다면,

$$\Delta h = \int\left[T\left(\frac{\partial P}{\partial T}\right)_v + v\left(\frac{\partial P}{\partial v}\right)_T\right]\mathrm{d}v \tag{E5.4B}$$

이제 Redlich-Kwong 상태방정식을 이용하면, 이 식은 압력에 대해 명시적이고,

$$P = \frac{RT}{v-b} - \frac{a}{T^{1/2}v(v+b)} \tag{E5.4C}$$

위 상태방정식을 미분하면

$$\left(\frac{\partial P}{\partial T}\right)_v = \frac{R}{v-b} + \frac{a}{2T^{3/2}v(v+b)} \tag{E5.4D}$$

그리고

$$\left(\frac{\partial P}{\partial v}\right)_T = -\frac{RT}{(v-b)^2} + \frac{a(2v+b)}{T^{1/2}(v^2+bv)^2} \tag{E5.4E}$$

식 (E5.4D)와 식 (E5.4E)를 앞의 식 (E5.4B)에 대입하면,

$$\Delta h = \int\left[T\left[\frac{R}{v-b} + \frac{a}{2T^{3/2}v(v+b)}\right] + v\left[-\frac{RT}{(v-b)^2} + \frac{a(2v+b)}{T^{1/2}(v^2+bv)^2}\right]\right]\mathrm{d}v$$

이 식을 간단히 하면,

$$\Delta h = \int\left[-\frac{bRT}{(v-b)^2} + \frac{a}{T^{1/2}}\left(\frac{1}{2v(v+b)} + \frac{v(2v+b)}{[v(v+b)]^2}\right)\right]\mathrm{d}v \tag{E5.4F}$$

그리고 적분하면,

$$\Delta h_{1\,or\,3} = \frac{bRT}{(v-b)} + \frac{a}{T^{1/2}}\left(\frac{3}{2b}\ln\left(\frac{v}{v+b}\right) - \frac{1}{(v+b)}\right)\Bigg|_{v_i}^{v_f}$$

이제 수치를 대입할 차례이다. v_{large}에 무엇을 사용해야 할까? 단계 1에서 $T = 353.15$ K를 대입하면,

$$\boxed{\Delta h_1 = 1368[\text{J/mol}]}$$

단계 3에서 $T = 393.15$ K를 대입하면,

$$\boxed{\Delta h_3 = -2542\,[\text{J/mol}]}$$

단계 2에서는 이상기체가 정적 과정을 수행하므로,

$$\Delta h_2 = \int\left(\frac{\partial h}{\partial T}\right)_v \mathrm{d}T = \int\left(\frac{\partial(u + Pv)}{\partial T}\right)_v \mathrm{d}T$$

혹은,

$$\Delta h_2 = \int\left[\left(\frac{\partial u}{\partial T}\right)_v + \left(\frac{\partial Pu}{\partial T}\right)_v\right]\mathrm{d}T = \int[c_v + R]\mathrm{d}T = \int c_P\mathrm{d}T$$

여기서 식을 간단히 만들기 위해 이상기체 상태방정식을 사용했다. 수치를 대입하면,

$$\Delta h_2 = R\int_{353}^{393}[1.935 + 36.915 \times 10^{-3}T - 11.402 \times 10^{-6}T^2]\mathrm{d}T$$

그리고 적분하면,

$$\Delta h_2 = 8.314[1.935(393-353) + 18.458 \times 10^{-3}(393^2-353^2) - 3.801 \times 10^{-6}(393^3-353^3)]$$

$$\boxed{\Delta h_2 = 4696[\text{J/mol}]}$$

마지막으로 구한 값들을 합치면 투입된 열은 다음과 같다.

$$\boxed{\Delta h = \Delta h_1 + \Delta h_2 + \Delta h_3 = q + w_s = 3522\,[\text{J/mol}]}$$

$$\boxed{q = \Delta h - w_s = 1422\,[\text{J/mol}]}$$

T, P에 대한 풀이

문제를 풀기 위한 TP 평면이 그림 E5.4C에 나타나 있다. 이 경우에는 저압이므로 이상기체 거동으로 볼 수 있다. 엔탈피의 변화를 온도와 압력의 항으로 표시하면,

$$\mathrm{d}h = \left(\frac{\partial h}{\partial T}\right)_P \mathrm{d}T + \left(\frac{\partial h}{\partial P}\right)_T \mathrm{d}P = c_P\mathrm{d}T + \left[-T\left(\frac{\partial u}{\partial T}\right)_P + v\right]\mathrm{d}P \qquad \textbf{(E5.4G)}$$

여기서는 식 (5.37)이 사용되었다. 일정한 압력부분인 단계 2는 위에서 언급한 Δh_2에 해당한다. 따라서 결과는 동일하다. 단계 1과 단계 2에서는 식 (E5.4G) 우변의 두 번째 항을 계산해야 한다. Redlich–Kwong 상태방정식을 v에 관한 식으로 풀 수는 없다. 그러나 식 (E5.4C)를 미분하여 다음을 얻고,

$$\mathrm{d}P = \left[-\frac{RT}{(v-b)^2} + \frac{a(2v+b)}{T^{1/2}v^2(v+b)^2}\right]\mathrm{d}v \qquad \textbf{(E5.4H)}$$

일정한 온도 T에서 식 (E5.4H)를 식 (E5.4G)에 대입하여 풀면 다음을 얻는다.

$$\mathrm{d}h = \left[-T\left(\frac{\partial v}{\partial T}\right)_P + v\right]\left[-\frac{RT}{(v-b)^2} + \frac{a(2v+b)}{T^{1/2}v^2(v+b)^2}\right]\mathrm{d}v \qquad \textbf{(E5.4I)}$$

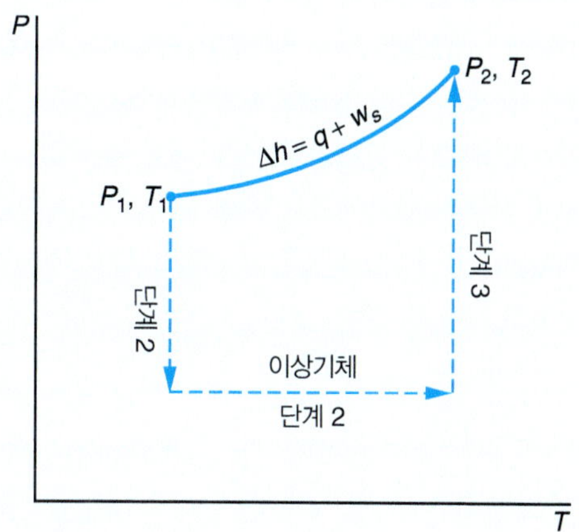

그림 E5.4C 예제 5.4의 압축기 문제를 풀기 위한 TP 평면상의 풀이 경로.

온도의 변화에 따른 부피의 변화를 직접 구할 수는 없지만, 순환관계식을 적용하면 다음을 알 수 있다.

$$-1 = \left(\frac{\partial v}{\partial T}\right)_P \left(\frac{\partial P}{\partial v}\right)_T \left(\frac{\partial T}{\partial P}\right)_v \tag{E5.4J}$$

식 (E5.4J)를 다시 배열하면 Redlich–Kwong 상태방정식을 압력에 대하여 쓸 수 있으며, 수학적 조작을 통해 미분하면 다음을 얻는다.

$$\left(\frac{\partial v}{\partial T}\right)_P = -\frac{\left(\frac{\partial P}{\partial T}\right)_v}{\left(\frac{\partial P}{\partial v}\right)_T} = \frac{-\frac{R}{v-b} - \frac{a}{2T^{3/2}v(v+b)}}{\left[-\frac{RT}{(v-b)^2} + \frac{a(2v+b)}{T^{1/2}v^2(v+b)^2}\right]} \tag{E5.4K}$$

식 (E5.4K)를 식 (E5.4I)에 대입하고 간단히 하면,

$$\mathrm{d}h = \left[-\frac{bRT}{(v-b)^2} + \frac{a}{T^{1/2}}\left(\frac{1}{2v(v+b)} + \frac{v(2v+b)}{[v(v+b)]^2}\right)\right]\mathrm{d}v \tag{E5.4L}$$

식 (E5.4L)을 적분하면, 식 (E5.4F)와 동일한 결과를 얻는다. 따라서 나머지 문제는 독립성질로서 T와 v를 이용하여 풀면 된다. 각각의 열역학적 경로에 열역학 망을 이용하면 동일한 결과를 얻게 되며 $h = h(T, v)$의 형태가 $h = h(T, P)$의 결과와 동일하다. 그러나 첫 번째 선택한 독립적 성질이 수학적으로 풀기 쉽다. 이 결과는 식 (5.33)의 논의에서 살펴본 바와 같이 그리 놀랍지 않다. 즉 T, v는 상태방정식이 압력에 대한 양함수(pressure-explicit)일 때 편리한 독립성질이다.

Δu를 이용한 풀이

엔탈피 변화를 계산하는 세 번째 다른 방법은 h에 대한 정의를 이용하는 것이다.

$$\Delta h = \Delta u + \Delta(Pv)$$

이미 상태 1에서와 상태 2에서의 부피를 계산했기 때문에 $\Delta(Pv)$는 쉽게 계산할 수 있다. 그림 E.5.4B에서 언급한 경로와 더불어 식 (5.36)을 이용하여 Δu를 계산할 수 있다. 계산 결과는 위와 같다.

T와 P를 독립성질로 이용하여 열역학적 망 구성

열역학적 망(thermodynamic web)이라는 이름이 의미하는 바와 같이 측정 가능한 성질과 기본성질 및 유도성질 사이의 관계를 알아내고 이를 통하여 많은 문제를 풀 수 있다. 제1장에서 살펴본 바와 같이 압력과 온도는 계로 하여금 각각 기계적 그리고 열적 평형에 이르게 한다. 이 책의 나머지 부분에서는 평형계에 대한 내용만 다루기 때문에 열역학적 망에 대하여 다시 살펴보는 것이 좋다. 특히 독립성질인 T와 P에 대한 열역학적 망이 중요하다.

이 목적을 달성하기 위하여 부피와 엔트로피를 T와 P의 함수로 쓴다. 즉, $v = v(T, P)$, $s = s(T, P)$이다. 그 다음 기본성질 관계식을 이용하여 다양한 에너지 성질들(u, h, a, g)을 T, P의 함수로 살펴볼 것이다. 전개된 식은 측정이 가능한 양인 c_P, β, κ 등으로 표시될 것이다. 뒤의 두 가지 양(β, κ)은 필요할 경우 상태함수의 미분형으로 나타낼 것이다.

세기성질인 부피를 온도와 압력의 항으로 나타내면 다음과 같다.

$$dv = \left(\frac{\partial v}{\partial T}\right)_P dT + \left(\frac{\partial v}{\partial P}\right)_T dP$$

식 (5.26), (5.27)과 순환규칙을 이용하면 다음을 얻는다.

$$dv = \beta v dT - \kappa v dP \tag{5.40}$$

비슷하게 엔트로피의 경우도 다음과 같다.

$$ds = \left(\frac{\partial s}{\partial T}\right)_P dT + \left(\frac{\partial s}{\partial P}\right)_T dP$$

식 (5.29)와 Maxwell 상관식인 식 (5.19)를 이용하면 다음과 같다.

$$ds = \frac{c_P}{T} dT - \left(\frac{\partial v}{\partial T}\right)_P dP$$

다시 식 (5.26), (5.27)과 순환규칙을 이용하면 다음을 얻는다.

$$ds = \frac{c_P}{T} dT - \beta v dP \tag{5.41}$$

기본성질 관계식인 식 (5.40)과 식(5.41)을 이용하면 에너지 상수(energy parameter) 값을 알 수 있다. 내부 에너지의 경우 식 (5.6)을 치환하면, 다음을 얻는다.

$$du = Tds - Pdv = T\left[\frac{c_P}{T} dT - \beta v dP\right] - P[\beta v dT - \kappa v dP]$$

유사한 항끼리 묶으면,

$$du = (c_P - \beta P v) dT + (\kappa P v - \beta v T) dP \tag{5.42}$$

유사하게 식 (5.7), (5.8), (5.9)를 이용하면,

$$dh = (c_P - \beta P v) dT + v dP \tag{5.43}$$

$$da = -s dT + (\kappa P v - \beta v T) dP \tag{5.44}$$

$$dg = -s dT + v dP \tag{5.45}$$

예제 5.5 **다른 독립변수를 이용한 식 유도**

식 (5.40), (5.41)을 이용하여 $s = s(T, v)$ 함수를 표현하는 식을 c_P, β, κ, v 항으로 유도하여라. 유도된 관계식으로부터 $c_P - c_v$의 일반 관계식을 구하라.

풀이 ▶ s에 관한 함수를 $s = s(T, v)$로 쓴다.

$$ds = \left(\frac{\partial s}{\partial T}\right)_v dT + \left(\frac{\partial s}{\partial v}\right)_T dv \tag{E5.5A}$$

식 (5.40)에 치환하면 다음과 같다.

$$ds = \left(\frac{\partial s}{\partial T}\right)_v dT + \left(\frac{\partial s}{\partial v}\right)_T (\beta v dT - \kappa v dP) = \left[\left(\frac{\partial s}{\partial T}\right)_v + \left(\frac{\partial s}{\partial v}\right)_T \beta v\right] dT - \left(\frac{\partial s}{\partial v}\right)_T \kappa v dP \tag{E5.5B}$$

그러나 식 (5.41)로부터 다음을 얻는다.

$$ds = \frac{c_P}{T} dT - \beta v dP$$

위 두 식에서 우변의 두 번째 항은 서로 같아야 한다.

$$\left(\frac{\partial s}{\partial v}\right)_T \kappa v = \beta v$$

혹은,

$$\left(\frac{\partial s}{\partial v}\right)_T = \frac{\beta}{\kappa} \tag{E5.5C}$$

유사하게 식 (E5.5C), (E5.5B)의 우변의 첫 번째 항은 같다.

$$\left(\frac{\partial s}{\partial T}\right)_v + \left(\frac{\partial s}{\partial v}\right)_T \beta v = \frac{c_P}{T}$$

그러므로,

$$\left(\frac{\partial s}{\partial T}\right)_v = \frac{c_P}{T} - \frac{\beta^2 v}{\kappa}$$

여기서는 식 (E5.5C)가 사용되었다. 식 (E5.5A)에 역으로 치환하면 다음을 얻는다.

$$ds = \left(\frac{c_P}{T} - \frac{\beta^2 v}{\kappa}\right) dT + \frac{\beta}{\kappa} dv$$

식 (5.28)을 잘 살펴보면 우변의 첫 번째 항은 $\frac{c_v}{T}$이다. 그러므로 일반적으로

$$c_P - c_v = \frac{\beta^2 T v}{\kappa}$$

이다.

표 5.1 독립성질인 온도 T와 압력 P로 나타낸 성질관계식. 일반적인 경우와 이상기체의 경우 모두 나타내었다.

종속성질	일반적인 경우 $= f(T, P)$	이상기체 $\left(\beta = \frac{1}{T}; \kappa = \frac{1}{P}\right)$
$ds =$	$\frac{c_P}{T}dT - \beta v dP$	$\frac{c_P}{T}dT - \frac{R}{P}dP$
$dv =$	$\beta v dT - \kappa v dP$	$\frac{v}{T}dT - \frac{v}{P}dP$
$du =$	$(c_P - \beta P v)dT + (\kappa P v - \beta v T)dP$	$(c_P - R)dT$
$dh =$	$(c_P - \beta P v)dT + v dP$	$c_P dT$
$da =$	$-s dT + (\kappa P v - \beta v T)dP$	$-s dT$
$dg =$	$-s dT + v dP$	$-s dT + v dP$

만일 상태방정식이 사용 가능하다면 식의 표현을 이용하여 식 (5.40)과 (5.45)에 β, κ를 계산할 수 있다. 이상기체의 경우 그 예를 살펴보면,

$$v = \frac{RT}{P}$$

여기에 β, κ의 정의식을 적용하면,

$$\beta \equiv \frac{1}{v}\left(\frac{\partial v}{\partial T}\right)_P = \frac{R}{Pv} = \frac{1}{T} \qquad \text{(이상기체)}$$

그리고

$$\kappa \equiv -\frac{1}{v}\left(\frac{\partial v}{\partial P}\right)_T = \frac{RT}{P^2 v} = \frac{1}{P} \qquad \text{(이상기체)}$$

이다. 식 (5.40)과 (5.45)에 치환하여 식을 간단히 하면 위의 표 5.1에 표시된 이상기체 경우의 식 표현을 얻을 수 있다. 이 결과는 이상기체의 경우 에너지 상수인 u, h, a가 오직 온도에만 의존함을 알 수 있다(이 경우는 이미 제2장에서 살펴보았다). 한편, Gibbs 에너지 g는 온도와 압력 모두에 의존한다. 이와 관련된 심도있는 토의는 제6장에서 계속된다.

예제 5.6 **철을 압축할 경우 온도 변화**

1 mol의 철(iron)이 1,000 K, 1 bar에 놓여 있다. 철이 잘 절연 처리된 계 내에서 가역 압축되어 10,000 bar에 이르렀다. 최종 온도는 얼마인가?

풀이 ▸ 이 과정은 가역이고 단열이므로 이 계의 엔트로피는 변하지 않는다. 따라서 이 문제는 $s = s(T, P)$라고 놓고 $ds = 0$이라 할 수 있다. 표 5.1로부터

$$ds = \frac{c_P}{T}dT - \beta v dP = 0$$

재배열하고 치환하여 표 A.2의 열용량의 형태로 표현하면,

$$\frac{c_P}{T}\mathrm{d}T = \frac{(AR + BRT)}{T}\mathrm{d}T = \beta v \mathrm{d}P$$

철이 비압축성이라고 가정하면, 적분하여 다음 식을 얻는다.

$$AR\ln\left(\frac{T_2}{T_1}\right) + BR(T_2 - T_1) = \beta v(P_2 - P_1) \qquad \textbf{(E5.6A)}$$

표 4.4와 부록 A의 값으로부터

$$A = 2.104$$

$$B = 2.98 \times 10^{-3}$$

$$\beta = 3.5 \times 10^{-5}\,[\mathrm{K}^{-1}]$$

$$v = 7.10\,[\mathrm{cm^3/mol}] = 7.1 \times 10^{-6}\,[\mathrm{m^3/mol}]$$

이 값을 식 (E5.6A)에 집어넣으면,

$$2.104 \times 8.314\left[\frac{\mathrm{J}}{\mathrm{mol\ K}}\right] \times \ln\left(\frac{T_2}{1000\,[\mathrm{K}]}\right) + 2.98 \times 10^{-3}\left[\frac{1}{\mathrm{K}}\right] \times 8.314\left[\frac{\mathrm{J}}{\mathrm{mol\ K}}\right] \times (T_2 - 1000)\,[\mathrm{K}]$$

$$= 3.5 \times 10^{-5}\left[\frac{1}{\mathrm{K}}\right] \times 7.10 \times 10^{-6}\left[\frac{\mathrm{m^3}}{\mathrm{mol}}\right] \times (10{,}000 \times 10^5 - 1)\left[\frac{\mathrm{J}}{\mathrm{m^3}}\right]$$

마지막으로 T_2에 대하여 풀면 다음과 같다.

$$T_2 = 1006\,[\mathrm{K}]$$

온도는 그리 많이 오르지 않는다!

5.4 출발함수

엔탈피 출발함수

출발함수(departure function)는 실제 기체 혹은 액체의 비이상적 성질의 변화를 계산하는 편리한 경로를 제공해준다. 어떤 열역학적 성질의 출발함수는 실제로 존재하는 물리적 상태와 이와 동일한 T, P에 존재하는 이상기체 상태와의 차이를 나타낸다. 예를 들어, 엔탈피 출발은 다음과 같이 정의된다.

$$\Delta h^{\mathrm{dep}}_{T,P} = h_{T,P} - h^{\mathrm{ideal\ gas}}_{T,P} \qquad \textbf{(5.46)}$$

분자 수준에서 출발함수의 의미는 실제 유체에 존재하는 엔탈피에 미치는 분자 간의 상호작용 부분에 대한 변화를 가리킨다. 이 절에서는 특히 엔탈피와 엔트로피의 변화를 출발함수를 이용하여 계산할 것이다. 그러나 이 방법은 어떤 다른 성질에도 적용할 수 있다.[6]

엔탈피 출발함수를 이용하여 어떤 화학종(species)이 상태 1(T_1, P_1)에서 상태 2(T_2, P_2)로 변화할 때 엔탈피의 변화를 살펴본다. 그림 5.4는 출발함수를 이용한 계산 경로를 나타낸

6. 예를 들어, 연습 문제 5.43에서 내부 에너지에 대한 출발함수 문제를 풀게 될 것이다.

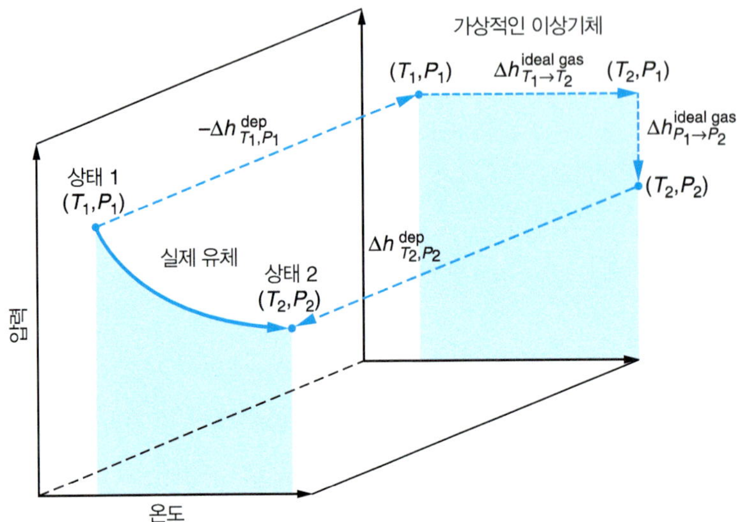

그림 5.4 출발함수를 이용하여 상태 1에서 상태 2로 변화하는 경우 엔탈피 차이를 계산하기 위한 가상의 경로. 좌측의 PT 선도는 실제 유체에 대한 것이고 우측의 PT 선도는 분자 간 상호작용을 제외한 가상적인 이상기체의 것을 나타낸 것이다.

다. 좌측의 PT선도는 실제 유체에 대한 것이고 우측의 PT선도는 분자 간 상호작용을 제외한 가상적인 이상기체의 것을 나타낸다. 우선 분자 간 상호작용을 제외한 상태 1을 가정하자. 이 때 온도와 압력은 각각 T_1, P_1이다. 그러므로 이 화학종은 실제 유체가 아닌 가상적인 이상기체로 변화시켜야 한다. 이 이상기체는 등압 상태에서 온도가 T_2로 변화한 다음 등온 상태에서 압력이 P_2로 변화한다. 마지막으로 분자 간 상호작용을 고려하여 물리적 상태 2로 변화한다. 그림 5.4에서 이 4단계를 모두 더하면 다음과 같다.

$$h_2 - h_1 = -\Delta h^{\text{dep}}_{T_1,P_1} + [\Delta h^{\text{ideal gas}}_{T_1\longrightarrow T_2} + \Delta h^{\text{ideal gas}}_{P_1\longrightarrow P_2}] + \Delta h^{\text{dep}}_{T_2,P_2}$$

이상기체의 열용량 자료의 온도 의존성을 이용하면 이상기체의 엔탈피는 압력에 무관하므로 다음 식으로 간단히 할 수 있다.

$$h_2 - h_1 = -\Delta h^{\text{dep}}_{T_1,P_1} + \left[\int_{T_1}^{T_2} c_P \mathrm{d}T + 0\right] + \Delta h^{\text{dep}}_{T_2,P_2} \tag{5.47}$$

이제 엔탈피 출발함수의 표현을 이용하여 식 (5.47)을 풀 수 있다. 주어진 상태에서 엔탈피 출발은 관련된 분자 간의 힘에 관계되어 있으므로, 제4장에서 유도한 PvT 관계식을 이용하고 그 후 열역학 망 관계식을 적용하여 엔탈피 출발함수 표현을 만들 것이다. 다음에 이어지는 식의 전개에 있어서, 앞서 살펴본 제4장의 4.4절에서 논의된 일반화된 압축률 도표(generalized compressibility chart)와 표를 이용하여 주어진 상태에서 일반화된 엔탈피 출발함수의 값을 알아낼 것이다. 만일 다른 성질자료를 이용하여 출발함수를 풀려고 한다면, 지금의 접근법을 변형하여 사용하여야 한다.

우선, 식 (5.46)에서 $h^{\text{ideal gas}}_{T,P=0}$를 더하고 뺀다.

$$\Delta h^{\text{dep}}_{T,P} = h_{T,P} - h^{\text{ideal gas}}_{T,P} = (h_{T,P} - h^{\text{ideal gas}}_{T,P=0}) - (h^{\text{ideal gas}}_{T,P} - h^{\text{ideal gas}}_{T,P=0}) = h_{T,P} - h^{\text{ideal gas}}_{T,P=0} \tag{5.48}$$

이상기체의 엔탈피는 압력과 무관하므로 이 식을 간단히 하면

$$h_{T,P}^{\text{ideal gas}} - h_{T,P=0}^{\text{ideal gas}} = 0$$

이다.

일정한 T에서 식 (5.37)은 다음이 된다.

$$\mathrm{d}h_T = \left[-T\left(\frac{\partial v}{\partial T}\right)_P + v\right]\mathrm{d}P$$

PvT 자료를 압축인자의 항으로 표현한다면 일반화된 압축률 도표를 사용할 수 있다. 따라서 위 식을 z의 항으로 표현한다. 압축인자(compressibility factor)의 정의에 따라 몰부피는 다음과 같다.

$$v = \frac{zRT}{P}$$

곱셈의 법칙을 적용하면 온도에 대한 편미분방정식은 다음과 같다.

$$\left(\frac{\partial v}{\partial T}\right)_P = \left[\frac{RT}{P}\left(\frac{\partial z}{\partial T}\right)_P + \frac{zR}{P}\right]$$

치환하면 다음과 같다.

$$\mathrm{d}h_T = \left[-\frac{RT^2}{P}\left(\frac{\partial z}{\partial T}\right)_P - \frac{zRT}{P} + \frac{zRT}{P}\right]\mathrm{d}P = \left[-\frac{RT^2}{P}\left(\frac{\partial z}{\partial T}\right)_P\right]\mathrm{d}P$$

이것에 해당되는 상태방정식을 환산좌표(reduced coordinate)로 표현하면 다음과 같다.

$$\frac{\mathrm{d}h_{T_r}}{RT_c} = \left[-\frac{T_r^2}{P_r}\left(\frac{\partial z}{\partial T_r}\right)_P\right]\mathrm{d}P_r$$

압력 0에서 P까지 적분하고 식 (5.48)에 대입하면 다음과 같다.

$$\frac{\Delta h_{T_r,P_r}^{\text{dep}}}{RT_c} = \frac{h_{T_r,P_r} - h_{T_r,P_r}^{\text{ideal gas}}}{RT_c} = \frac{h_{T_r,P_r} - h_{T_r,P_r=0}^{\text{ideal gas}}}{RT_c} = T_r^2\int_0^P \left[-\frac{1}{P_r}\left(\frac{\partial z}{\partial T_r}\right)_P\right]\mathrm{d}P_r \quad \textbf{(5.49)}$$

만일 z가 0에서 P_r까지 움직일 때 관계식을 알고 있다면, 식 (5.49)를 적분하여 엔탈피 출발을 알아낼 수 있다. 예를 들어 4.4절에서 얻은 일반화된 압축률 결과를 사용하여 간단한 유체의 엔탈피 출발을 계산할 수 있다.

그러므로 일반화된 엔탈피 출발은 다음 식으로 표현된다.

$$\frac{h_{T_r,P_r} - h_{T_r,P_r}^{\text{ideal gas}}}{RT_c} = \left[\frac{h_{T_r,P_r} - h_{T_r,P_r}^{\text{ideal gas}}}{RT_c}\right]^{(0)} + \omega\left[\frac{h_{T_r,P_r} - h_{T_r,P_r}^{\text{ideal gas}}}{RT_c}\right]^{(1)} \quad \textbf{(5.50)}$$

사실 4.4절에서 제시된 자료는 수치 해석적으로(컴퓨터의 반복 계산으로) 적분이 가능하지만, 실제로는 Lee와 Kesler의 상태방정식에서 만들어진 값이다. 이 식은 해석적으로 적분하여(손으로 풀어서) 엔탈피 출발 값을 알아낼 수 있으며, 식 (5.50)에 사용 가능하다. 결과는 부록 E

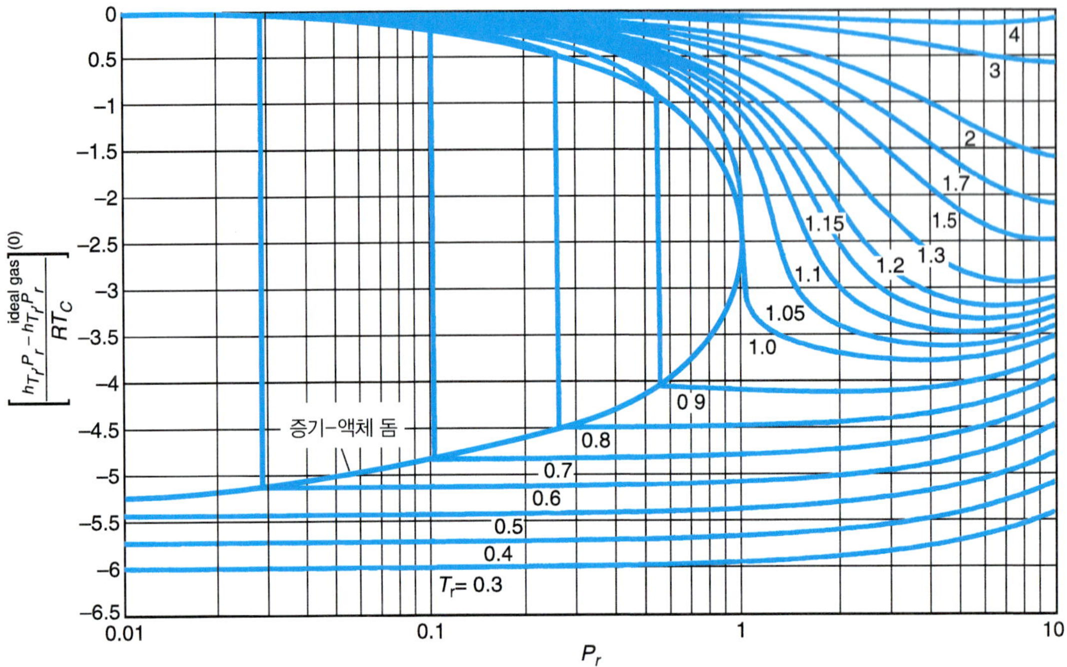

그림 5.5 일반화된 엔탈피 출발–간단한 유체 항. Lee–Kesler 상태방정식을 기초로 하였다.

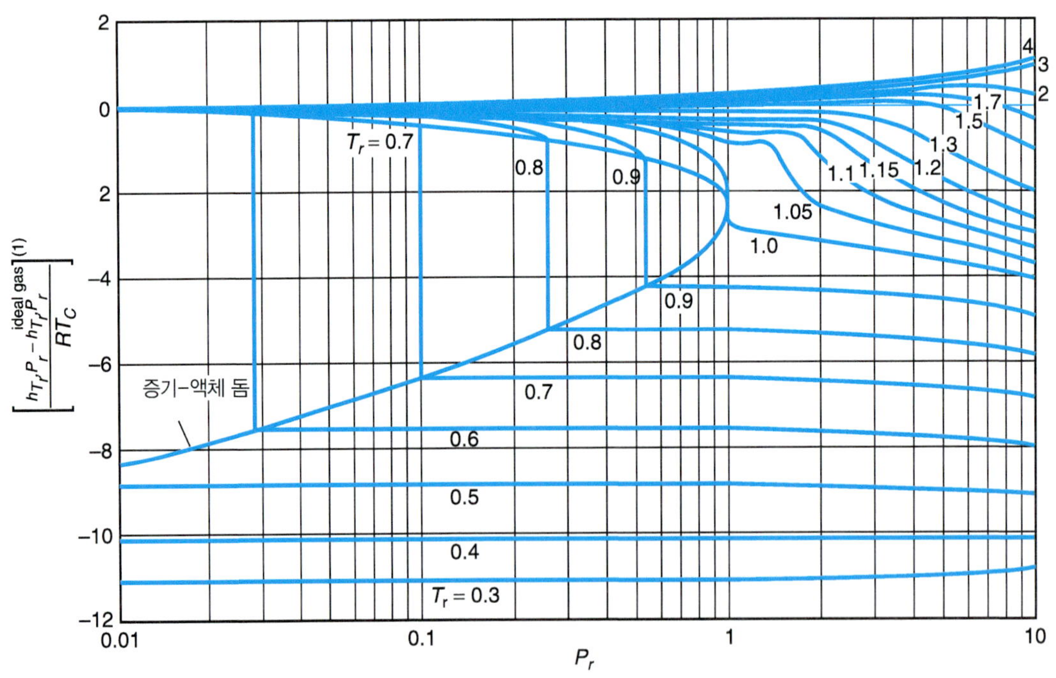

그림 5.6 일반화된 엔탈피 출발–보정 항. Lee–Kesler 상태방정식을 기초로 하였다.

에 첨부되어 있다. 간단한 유체에 대한 도면과 보정항은 각각 그림 5.5와 그림 5.6에 나타나 있다. 수치는 부록 C(표 C.3과 C.4)에 첨부되어 있다.

엔트로피 출발함수

엔탈피 출발함수와 마찬가지로 엔트로피 출발함수 역시 실제 유체의 엔트로피 변화를 알아내는 데 사용한다. 정의는 실제 물리적 상태의 성질 값에서 동일한 T, P에서 가상적인 이상기체 상태의 성질 값의 차이이다.

$$\Delta s_{T,P}^{\text{dep}} = s_{T,P} - s_{T,P}^{\text{ideal gas}} \tag{5.51}$$

상태 1에서 상태 2로의 엔트로피 변화는 그림 5.4와 유사하게 다음과 같이 표현할 수 있다.

$$s_2 - s_1 = -\Delta s_{T_1,P_1}^{\text{dep}} + \left[\Delta s_{T_1\longrightarrow T_2}^{\text{ideal gas}} + \Delta s_{P_1\longrightarrow P_2}^{\text{ideal gas}}\right] + \Delta s_{T_2,P_2}^{\text{dep}}$$

두 개의 이상기체 항을 식 (3.23)에 대입하면 다음과 같다.

$$s_2 - s_1 = \Delta s_{T_2,P_2}^{\text{dep}} + \left[\int_{T_1}^{T_2} \frac{c_P}{T}\mathrm{d}T - R\ln\frac{P_2}{P_1}\right] - \Delta s_{T_1,P_1}^{\text{dep}} \tag{5.52}$$

엔탈피와 달리 이상기체에서 압력에 따른 엔트로피 변화는 0이 아니다.

엔트로피 출발함수를 계산하기 위해서 식 (5.45)에 $s_{T,P}^{\text{ideal gas}}$ 항을 더하고 뺀다.

$$\Delta s_{T,P}^{\text{dep}} = s_{T,P} - s_{T,P}^{\text{ideal gas}} = \left(s_{T,P} - s_{T,P=0}^{\text{ideal gas}}\right) - \left(s_{T,P}^{\text{ideal gas}} - s_{T,P=0}^{\text{ideal gas}}\right) \tag{5.53}$$

열역학적 망을 이용하면 식 (5.53)의 우변의 각 항의 차이를 계산할 수 있다. 일정 온도에서 엔트로피는 독립성질인 P의 항으로 쓸 수 있다. 식 (5.32)에 따르면

$$\mathrm{d}s_T = -\left(\frac{\partial v}{\partial T}\right)_P \mathrm{d}P$$

이다.

이상기체의 경우에 이상기체 식을 미분하면 다음과 같다.

$$\mathrm{d}s_T^{\text{ideal gas}} = -R\frac{\mathrm{d}P}{P}$$

이 식을 적분하면,

$$s_{T,P}^{\text{ideal gas}} - s_{T,P=0}^{\text{ideal gas}} = -\int_0^P R\frac{\mathrm{d}P}{P}$$

실제 유체의 경우엔 다음을 얻는다.

$$\mathrm{d}s_T = -\left(\frac{\partial v}{\partial T}\right)_P \mathrm{d}P = -\left[\frac{zR}{P} + \frac{RT}{P}\left(\frac{\partial z}{\partial T}\right)_P\right]\mathrm{d}P$$

압력이 0에서 P까지 변한다면 적분하여 다음 식을 얻는다.

$$s_{T,P} - s_{T,P=0}^{\text{ideal gas}} = \int_0^P -\left[\frac{zR}{P} + \frac{RT}{P}\left(\frac{\partial z}{\partial T}\right)_P\right]dP$$

마지막으로, 엔트로피 출발은 이 결과를 식 (5.47)에 넣으면 완성된다.

$$\Delta s_{T,P}^{\text{dep}} = s_{T,P} - s_{T,P}^{\text{ideal gas}} = R\int_0^P -\left[\frac{z-1}{P} + \frac{T}{P}\left(\frac{\partial z}{\partial T}\right)_P\right]dP$$

일반화된 압축률을 사용하려면 이 식을 환산좌표로 다시 써야 한다.

$$\frac{\Delta s_{T_r,P_r}^{\text{dep}}}{R} = \frac{s_{T_r,P_r} - s_{T_r,P_r}^{\text{ideal gas}}}{R} = \int_0^P -\left[\frac{z-1}{P_r} + \frac{T_r}{P_r}\left(\frac{\partial z}{\partial T_r}\right)_P\right]dP_r \tag{5.54}$$

다시 식 (5.54)는 적절한 자료 값으로 적분할 수도 있고 z에 대한 상태방정식으로 적분할 수도 있다. Lee–Kesler 상태방정식을 이용하면 간단한 유체의 경우와 보정항 값으로 줄 수 있다. 이 상태방정식을 이용한 엔트로피 출발의 형태는 부록 E에 첨부되어 있다.

다음으로 엔트로피 출발은 다음으로 계산할 수 있다.

$$\frac{s_{T_r,P_r} - s_{T_r,P_r}^{\text{ideal gas}}}{R} = \left[\frac{s_{T_r,P_r} - s_{T_r,P_r}^{\text{ideal gas}}}{R}\right]^{(0)} + \omega\left[\frac{s_{T_r,P_r} - s_{T_r,P_r}^{\text{ideal gas}}}{R}\right]^{(1)} \tag{5.55}$$

간단한 유체의 엔트로피 출발과 이의 보정항에 대한 도표는 각각 그림 5.7과 5.8에 주어져 있다. 동일한 방법으로 계산된 값은 부록 C(부록 C.5, C.6)에 나타내었다.

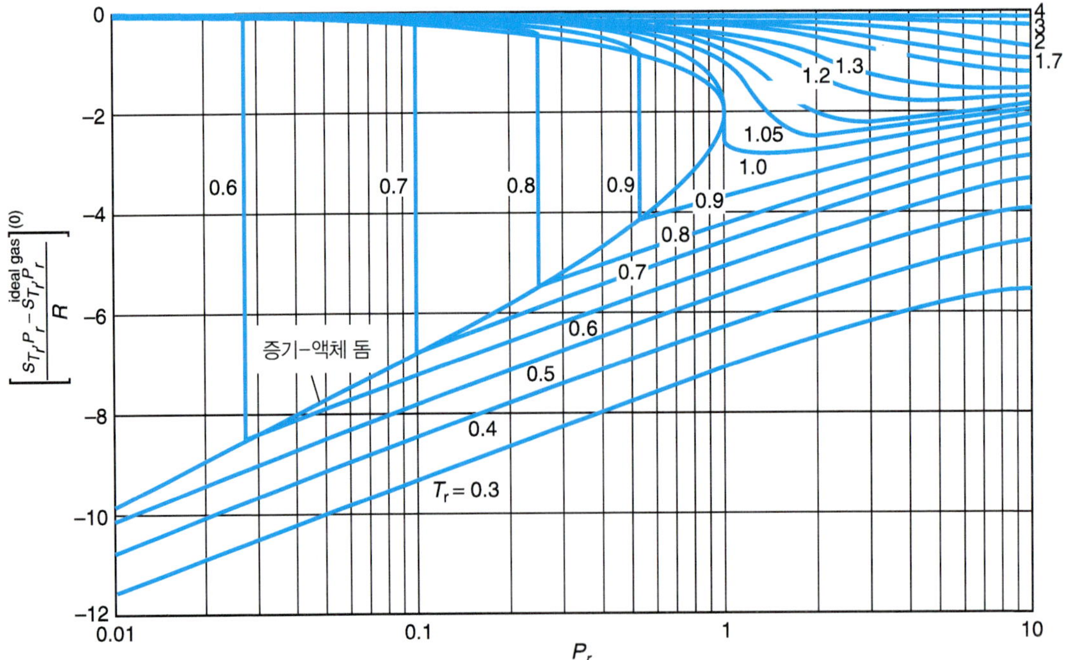

그림 5.7 일반화된 엔트로피 출발–간단한 유체 항. Lee–Kesler 상태방정식을 기초로 하였다.

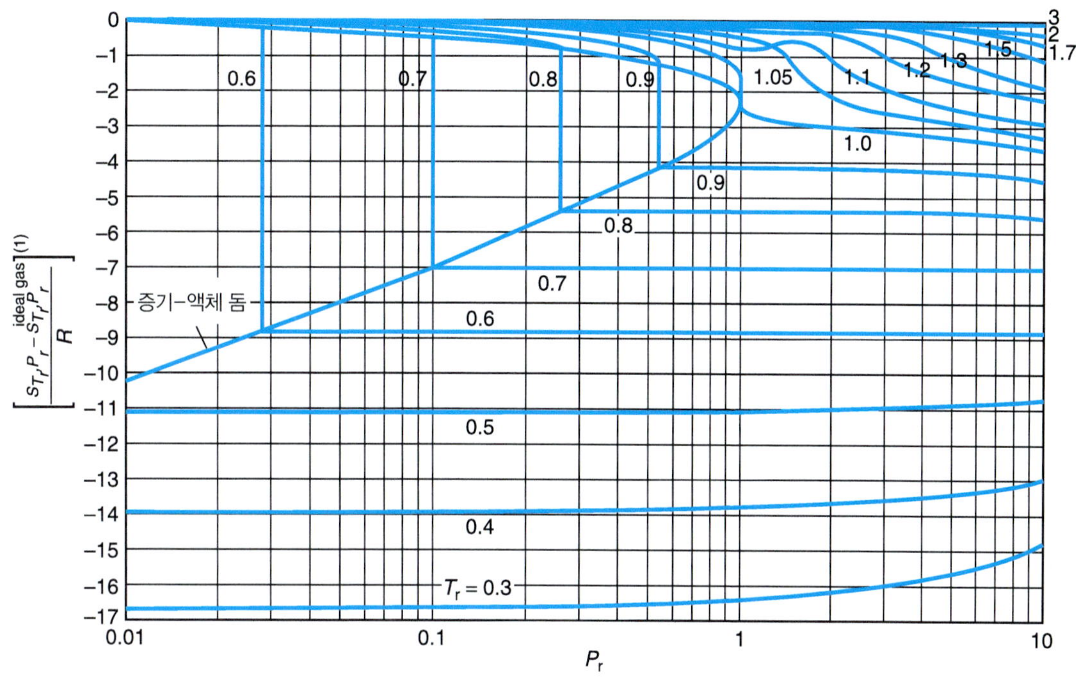

그림 5.8 일반화된 엔트로피 출발–보정 항. Lee–Kesler 상태방정식을 기초로 하였다.

예제 5.7 **출발함수를 이용하여 예제 5.4를 다시 풀기**

예제 5.4의 문제를 엔탈피 출발에서 사용된 Lee–Kesler 일반화된 상관자료를 이용하여 다시 풀어 비이상기체의 거동을 설명하라.

풀이 ▸ 이 과정의 도식을 그림 E5.4A에 나타내었다. 열을 알아내기 위해서 입구(상태 1)와 출구(상태 2) 사이의 엔탈피 차이를 계산하여야 한다. 식 (5.47)로부터 다음을 얻는다.

$$q + w_s = h_2 - h_1 = -\Delta h^{\text{dep}}_{T_1,P_1} + \left[\int_{T_1}^{T_2} c_P dT + 0\right] + \Delta h^{\text{dep}}_{T_2,P_2} \qquad \textbf{(E5.7A)}$$

엔탈피 출발 값을 알기 위하여 Lee–Kesler 표를 이용한다. 우리가 알고 있는 식은 다음과 같다.

$$\frac{\Delta h^{\text{dep}}_{T_r,P_r}}{RT_c} = \frac{h_{T_r,P_r} - h^{\text{ideal gas}}_{T_r,P_r}}{RT_c} = \left[\frac{h_{T_r,P_r} - h^{\text{ideal gas}}_{T_r,P_r}}{RT_c}\right]^{(0)} + \omega\left[\frac{h_{T_r,P_r} - h^{\text{ideal gas}}_{T_r,P_r}}{RT_c}\right]^{(1)}$$

부록 A.1에서 *n*-butane의 임계성질과 이심인자(acentric factor) 값을 알 수 있다.

$$T_c = 425.2\,[\text{K}]$$

$$P_c = 37.9\,[\text{bar}]$$

$$\omega = 0.199$$

따라서, 상태 1과 상태 2의 환산 좌표는 다음과 같다.

$$T_{1,r} = \frac{T_1}{T_c} = \frac{353.15\,[\mathrm{K}]}{425.2\,[\mathrm{K}]} = 0.83\,, \quad P_{1,r} = \frac{P_1}{P_c} = \frac{9.47\,[\mathrm{bar}]}{38.0\,[\mathrm{bar}]} = 0.20$$

$$T_{2,r} = \frac{T_2}{T_c} = \frac{393.15\,[\mathrm{K}]}{425.2\,[\mathrm{K}]} = 0.925\,, \quad P_{2,r} = \frac{P_2}{P_c} = \frac{18.9\,[\mathrm{bar}]}{37.9\,[\mathrm{bar}]} = 0.50$$

부록 C의 표 C.3과 C.4에서 엔탈피 출발항의 값을 계산할 수 있다. 상태 1의 경우는 보간하여 다음 값을 얻는다.

$$\left[\frac{h_{T_1,r,P_1,r} - h^{\text{ideal gas}}_{T_1,r,P_1,r}}{RT_c}\right]^{(0)} = -0.413 \quad \left[\frac{h_{T_1,r,P_1,r} - h^{\text{ideal gas}}_{T_1,r,P_1,r}}{RT_c}\right]^{(1)} = -0.622$$

그래서

$$\frac{h_{T_1,r,P_1,r} - h^{\text{ideal gas}}_{T_1,r,P_1,r}}{RT_c} = \left[\frac{h_{T_1,r,P_1,r} - h^{\text{ideal gas}}_{T_1,r,P_1,r}}{RT_c}\right]^{(0)} + \omega\left[\frac{h_{T_1,r,P_1,r} - h^{\text{ideal gas}}_{T_1,r,P_1,r}}{RT_c}\right]^{(1)} = -0.536 \quad \textbf{(E5.7B)}$$

그리고 상태 2의 경우에는

$$\left[\frac{h_{T_2,r,P_2,r} - h^{\text{ideal gas}}_{T_2,r,P_2,r}}{RT_c}\right]^{(0)} = -0.771 \quad \text{그리고} \quad \left[\frac{h_{T_2,r,P_2,r} - h^{\text{ideal gas}}_{T_2,r,P_2,r}}{RT_c}\right]^{(1)} = -0.994$$

그래서

$$\frac{h_{T_2,r,P_2,r} - h^{\text{ideal gas}}_{T_2,r,P_2,r}}{RT_c} = \left[\frac{h_{T_2,r,P_2,r} - h^{\text{ideal gas}}_{T_2,r,P_2,r}}{RT_c}\right]^{(0)} + \omega\left[\frac{h_{T_2,r,P_2,r} - h^{\text{ideal gas}}_{T_2,r,P_2,r}}{RT_c}\right]^{(1)} = -0.969 \quad \textbf{(E5.7C)}$$

열용량의 적분 값은 예제 5.4와 같다.

$$\Delta h^{\text{ideal gas}}_{T_1 \longrightarrow T_2} = \int_{T_1}^{T_2} c_P dT = R\int_{353}^{393} [1.935 + 36.915\times10^{-3}T - 11.402\times10^{-6}T^2]dT = 4{,}696\,[\mathrm{J/mol}] \quad \textbf{(E5.7D)}$$

식 (E5.7B), (E5.7C), (E5.7D)의 값을 식 (E5.7A)에 대입하면 다음을 얻는다.

$$h_2 - h_1 = 0.536RT_c + 4{,}696 - 0.969RT_c = 3{,}167[\mathrm{J/mol}]$$

이 방법으로 얻는 값과 Redlich-Kwong 상태방정식으로 얻은 값의 차이는 11.0%이다. 어떤 값이 정확한 값일까? 열에 대하여 풀면 다음과 같다.

$$\boxed{q = \Delta h - w_s = 1067[\mathrm{J/mol}]}$$

예제 5.8 **Van der Waals 기체의 경우에 엔탈피 출발**

Van der Waals 상태방정식을 따르는 기체의 경우에 적용이 가능한 엔탈피 출발함수식을 유도하라. 환산 좌표 값으로 항을 표시하라.

풀이 ▶ Van der Waals 상태방정식은 압력에 대해 양함수이므로, T, v를 독립성질로 선택하는 것이 편리하다.[7] 결론적으로, 이상기체에 대한 극한으로 무한 부피를 이용한다. 식 (5.42)와 유사하게 다음과 같이 쓸 수 있다.

$$\Delta h_{T,v}^{\text{dep}} = h_{T,v} - h_{T,P}^{\text{ideal gas}} = \left(h_{T,v} - h_{T,v=\infty}^{\text{ideal gas}}\right) - \left(h_{T,v}^{\text{ideal gas}} - h_{T,v=\infty}^{\text{ideal gas}}\right) = h_{T,v} - h_{T,v=\infty}^{\text{ideal gas}}$$

따라서 관심을 갖는 상태의 특정 부피에서의 엔탈피와 일정 온도 하에 있는 무한한 부피에서의 엔탈피의 차이를 알아야 한다. 종속성질인 h의 변화는 다음과 같이 쓸 수 있다.

$$dh = \left(\frac{\partial h}{\partial T}\right)_v dT + \left(\frac{\partial h}{\partial v}\right)_T dv$$

일정한 온도에서 이 식은 다음과 같이 변형된다.

$$dh_T = \left(\frac{T\partial s + v\partial P}{\partial v}\right)_T dv = \left[T\left(\frac{\partial s}{\partial v}\right)_T + v\left(\frac{\partial P}{\partial v}\right)_T\right]dv = \left[T\left(\frac{\partial P}{\partial T}\right)_v + v\left(\frac{\partial P}{\partial v}\right)_T\right]dv$$

여기서 우리는 h에 대한 기본성질 관계식[식 (5.7)]과 Maxwell 관계식[식 (5.18)]을 이용하였다. Van der Waals 상태방정식을 미분하면 다음의 도함수를 얻는다.

$$dh_T = \left[T\frac{R}{v-b} + v\left(-\frac{RT}{(v-b)^2} + \frac{2a}{v^3}\right)\right]dv = \left[-\frac{RTb}{(v-b)^2} + \frac{2a}{v^2}\right]dv \qquad \textbf{(E5.8)}$$

식 (E5.8)을 무한한 부피에서 특정부피 v까지 적분하면 다음과 같다.

$$\Delta h^{\text{dep}} = \int_{v=\infty}^{v}\left[-\frac{RTb}{(v-b)^2} + \frac{2a}{v^2}\right]dv = \frac{RTb}{(v-b)} - \frac{2a}{v}$$

Van der Waals 상태방정식의 상수인 a, b를 식 (4.21), (4.22)로 치환한다면 엔탈피 출발을 환산좌표식의 항으로 표현할 수 있다.

$$\frac{\Delta h^{\text{dep}}}{RT_c} = \frac{T_r}{3v_r - 1} - \frac{9}{4v_r}$$

7. 식 (5.33)에 관련된 토의를 읽어보라. 추가적으로 그림 5.3을 관찰해보면 엔트로피를 부피로 미분한 도함수는 압력에 대한 양의 상태함수로 표시된다.

5.5 Joule–Thomson 팽창과 액화

Joule–Thomson 팽창

열역학적 성질인 엔탈피의 압력 의존성은 실제 기체(혹은 가스)의 제한되지 않은 자유팽창 현상과 관련이 있다. 그림 5.9는 다공성 마개를 통과하는 기체를 도식적으로 보여주고 있다. 기체가 P_1, T_1의 상태 1로 계 내로 들어가서 아주 낮은 압력인 P_2로 계를 빠져나간다. 이러한 Joule–Thomson 팽창(주울–톰슨 팽창, Joule-Thomson expansion)에 대해 출구 온도 T_2에서 기체에 미치는 영향을 검토하고자 한다. 기체가 마개에서 머무르는 시간은 무척 짧으므로, 열전달이 일어날 가능성은 없다. 따라서 이 과정은 단열(adiabatic)이다. 또한 축일(shaft work)은 0이다. 만약 운동에너지에 의한 영향도 없다면, 정상상태, 단열 조름(throttling) 과정의 식은 다음과 같이 간단해진다.

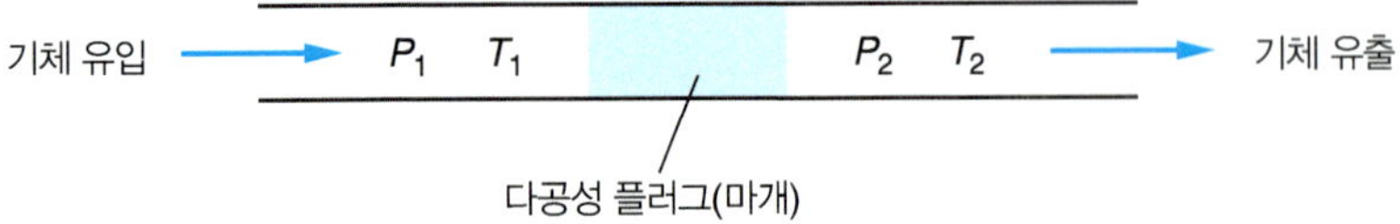

그림 5.9 다공성 마개를 통과하는 Joule–Thomson 팽창의 도식도.

$$h_2 - h_1 = \Delta h = 0$$

이렇듯 일정한 엔탈피에서 이루어지는 과정을 **등엔탈피**(isenthalpic) **과정**이라고 한다.

등엔탈피 조름 과정에서 압력의 하강에 따른 온도의 변화를 예측하기 위해서는 $(\partial T/\partial P)_h$를 알아야 한다. 이 도함수의 관계식을 **Joule–Thomson 계수**(주울–톰슨 계수, Joule–Thomson coefficient, μ_{JT})라고 한다.

$$\mu_{JT} \equiv \left(\frac{\partial T}{\partial P}\right)_h \tag{5.56}$$

그림 5.10은 *TP* 선도 상에서 일정한 엔탈피를 나타내는 특성선을 나타낸다. 음영으로 표현된 영역에서의 곡선의 기울기는 양이다. 즉, 식 (5.56)에 의하면 $\mu_{JT} > 0$ 이다. 이 영역에서는 조름 과정 중에 압력이 내려감에 따라 온도가 내려간다. 온도가 내려간다는 것은 분자 운동에너지의 감소를 의미하므로, 분자 위치에너지가 증가해야 한다. 그렇지 않으면 에너지보존 법칙에 위배된다. 분자들은 높은 압력 하에서 서로 근접해 있을 경우 좀 더 안정하다고 볼 수 있으므로, 이 경우는 인력(attractive force)이 주로 작용한다. 반대로 밝은 영역에서는 등엔탈피선의 기울기가 음수이므로 $\mu_{JT} < 0$이다. 압력이 내려감에 따라 온도는 올라가고, 따라서 분자 간에는 척력(repulsive force)이 주로 작용한다. 이 두 영역은 **역전선**(inversion line)에 의해 구분된다. 역전선에서 *T*와 *P* 간의 기울기는 0이고, 인력과 척력은 정확히 평형을 유지하고 있다. 어떤 주어진 압력에서 이러한 균형 잡힌 온도를 **Boyle 온도**(Boyle temperature)라고 한다.

열역학적 망을 이용하여 μ_{JT}의 계산식을 *PvT* 성질 관계식과 열용량을 이용하여 유도한다. 우선 식 (5.37)로부터 시작한다.

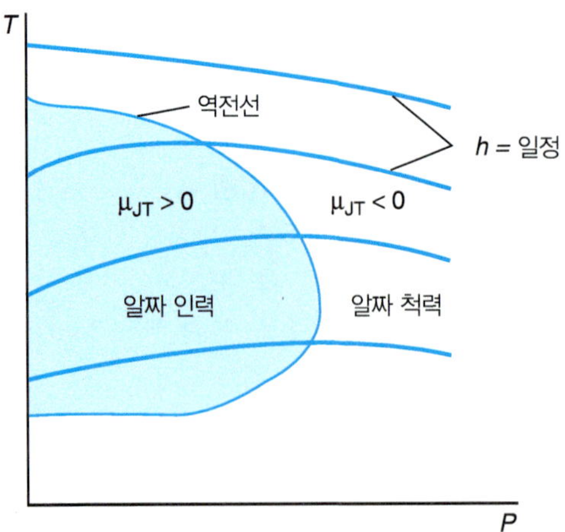

그림 5.10 *PT* 선도에서 등엔탈피의 전형적인 선들. 역전선은 Joule–Thomson 계수의 영역을 양과 음으로 나눈다.

$$dh = c_p dT + \left[-T\left(\frac{\partial v}{\partial T}\right)_P + v\right]dP$$

이 경우 실제 열용량은 식 (5.39)를 이용해야 한다. Joule-Thomson 팽창 중에 $dh = 0$이다. 따라서 앞 식은 다음과 같이 바뀔 수 있다.

$$\mu_{JT} = \left(\frac{\partial T}{\partial P}\right)_h = \frac{\left[T\left(\frac{\partial v}{\partial T}\right)_P - v\right]}{c_p} = \frac{\left[T\left(\frac{\partial v}{\partial T}\right)_P - v\right]}{c_P^{\text{ideal gas}} - \int_{P_{\text{ideal gas}}}^{P_{\text{real}}} \left[T\left(\frac{\partial^2 v}{\partial T^2}\right)_P\right]dP} \quad (5.57)$$

여기서 실제 분자 간의 상호작용을 고려한 열용량 계산을 위해 식 (5.39)를 치환하였다. 만약 우리가 어떠한 유체의 상태방정식을 알고 있거나, 이 유체에 관한 적당한 PvT 자료 혹은 열용량 값을 알고 있다면 식 (5.57)을 이용하여 μ_{JT}를 계산할 수 있다. 혹은 그림 5.9처럼 다공성 마개를 이용하여 직접 실험을 통해 μ_{JT}를 구해서 실제 유체의 열용량 c_p를 구할 수 있다.

예제 5.9 Virial 상태방정식으로부터 Joule-Thomson 계수 구하기

Virial 상태방정식에서 두 번째 virial 계수항까지만을 고려한 유체의 팽창에서 Joule-Thomson 계수 표현식을 유도하라. 해당 상태방정식은 제4장에서 언급한 virial 계수 B의 온도의존성을 이용하여 μ_{JT}에 대한 일반화된 상관식을 유도하라.

풀이 ▶ 식 (5.57)을 이용하기 위해서는 virial 상태방정식을 부피에 대한 양함수로 표현하여야 한다. 이 식은 식 (4.27)을 재배열하면 된다.

$$v = \frac{RT}{P}(1 + B'P) = \frac{RT}{P} + B'RT \quad \textbf{(E5.9A)}$$

일차 도함수와 이차 도함수를 구하면 다음과 같다.

$$\left(\frac{\partial v}{\partial T}\right)_P = \frac{R}{P} + RB' + RT\left(\frac{dB'}{dT}\right) \quad \textbf{(E5.9B)}$$

그리고,

$$\left(\frac{\partial^2 v}{\partial T^2}\right)_P = R\left(\frac{dB'}{dT}\right) + RT\left(\frac{d^2B'}{dT^2}\right) \quad \textbf{(E5.9C)}$$

식 (E5.9A), (E5.9B), (E5.9C)를 식 (5.57)에 대입하면 다음을 얻는다.

$$\mu_{JT} = \left(\frac{\partial T}{\partial P}\right)_h = \frac{\left[T\left(\frac{\partial v}{\partial T}\right)_P - v\right]}{c_p} = \frac{\left[T\left(\frac{\partial v}{\partial T}\right)_P - v\right]}{c_P^{\text{ideal gas}} - \int_{P_{\text{ideal gas}}}^{P_{\text{real}}} \left[T\left(\frac{\partial^2 v}{\partial T^2}\right)_P\right]dP}$$

$$= \frac{RT^2\left(\frac{dB'}{dT}\right)}{c_P^{\text{ideal gas}} - \int_{P_{\text{ideal gas}}}^{P_{\text{real}}} \left\{T\left[R\left(\frac{dB'}{dT}\right) + RT\left(\frac{d^2B'}{dT^2}\right)\right]\right\}dP} \quad \textbf{(E5.9D)}$$

이 식을 이용하여 μ_{JT}의 실제 값을 구하기 위해 제4장에서 언급된 해당 상태방정식을 이용한다. 식 (4.28)과 (4.29)를 이용하면 다음을 얻는다.

$$B' = \frac{B}{RT} = \frac{B_r T_c}{P_c T} = \frac{B_r}{P_c T_r} = \frac{B^{(0)} + \omega B^{(1)}}{P_c T_r} \quad \textbf{(E5.9E)}$$

제4장에서 언급된[식 (4.29)와 식 (4.30) 사이의 내용] 일반화된 관계식을 식 (E5.9E)에 대입하여 다음을 얻는다.

$$B' = \frac{1}{P_c}\left[\left(\frac{0.083}{T_r} - \frac{0.422}{T_r^{2.6}}\right) + \omega\left(\frac{0.139}{T_r} - \frac{0.172}{T_r^{5.2}}\right)\right] \quad \textbf{(E5.9F)}$$

이 식을 한 번 그리고 두 번 미분하면,

$$\left(\frac{dB'}{dT}\right) = \frac{1}{P_c}\left[\left(-\frac{0.083}{TT_r} + \frac{1.097}{TT_r^{2.6}}\right) + \omega\left(-\frac{0.139}{TT_r} + \frac{0.894}{TT_r^{5.2}}\right)\right] \quad \textbf{(E5.9G)}$$

그리고,

$$\left(\frac{d^2B'}{dT^2}\right) = \frac{1}{P_c}\left[\left(\frac{0.166}{T^2T_r} - \frac{3.950}{T^2T_r^{2.6}}\right) + \omega\left(\frac{0.278}{T^2T_r} - \frac{5.545}{T^2T_r^{5.2}}\right)\right] \quad \textbf{(E5.9H)}$$

식 (E5.9G), (E5.9H)를 식 (E5.9D)에 대입하고 간단히 하면 다음을 얻는다.

$$\mu_{JT} = \frac{-\frac{RT}{P_c}\left[\left(-\frac{0.083}{T_r} + \frac{1.097}{T_r^{2.6}}\right) + \omega\left(-\frac{0.139}{T_r} + \frac{0.994}{T_r^{5.2}}\right)\right]}{c_P^{\text{ideal gas}} - \int_0^P \left[\frac{R}{P_c}\left[\left(\frac{0.083}{T_r} - \frac{2.853}{T_r^{2.6}}\right) + \omega\left(\frac{0.139}{T_r} - \frac{4.651}{T_r^{5.2}}\right)\right]\right]dP} \quad \textbf{(E5.9I)}$$

여기서 $P_{\text{ideal}} = 0$으로 놓는다. 마지막으로 적분하고 $T = T_rT_c$를 대입하면 다음을 얻는다.

$$\mu_{JT} = \frac{-\frac{T_c}{P_c}\left[\left(-0.083 + \frac{1.097}{T_r^{1.6}}\right) + \omega\left(-0.139 + \frac{0.994}{T_r^{4.2}}\right)\right]}{\frac{c_P^{\text{ideal gas}}}{R} - P_r\left[\left(\frac{0.083}{T_r} - \frac{2.853}{T_r^{2.6}}\right) + \omega\left(\frac{0.139}{T_r} - \frac{4.651}{T_r^{5.2}}\right)\right]} \quad \textbf{(E5.9J)}$$

식 (E5.9J)는 μ_{JT}에 대한 일반화된 관계식이다. 만일 어떤 물질의 임계성질과 이심인자가 알려져 있다면, 이 식을 이용하여 주어진 T, P에서 Joule–Thomson 계수를 구할 수 있다.

액화

Joule–Thomson 팽창을 이용하여 기체를 액화시킬 수 있다. 이 조작은 그림 5.10에 나타낸 역전선의 왼쪽인 $\mu_{JT} > 0$ 영역에서 수행될 수 있다. 많은 기체를 액화할 필요성이 있기 때문에, 액화는 산업적으로도 무척 중요하다. 예를 들어, 액화질소, 헬륨, 수소 등이 에너지 제거를 위한 극저온 시스템(cryogenic system)에 이용이 가능하다. 또한 공기로부터 질소와 산소를 분리하는 것도 액화 과정을 이용하여 수행할 수 있다. 그러나 기체가 응축하기 위한 온도는 매우 낮다. 예를 들어 헬륨은 4.4 K, 질소는 77 K이다. 이러한 기체의 액화는 상당한 양의 냉동(혹은 냉장)을 필요로 한다.

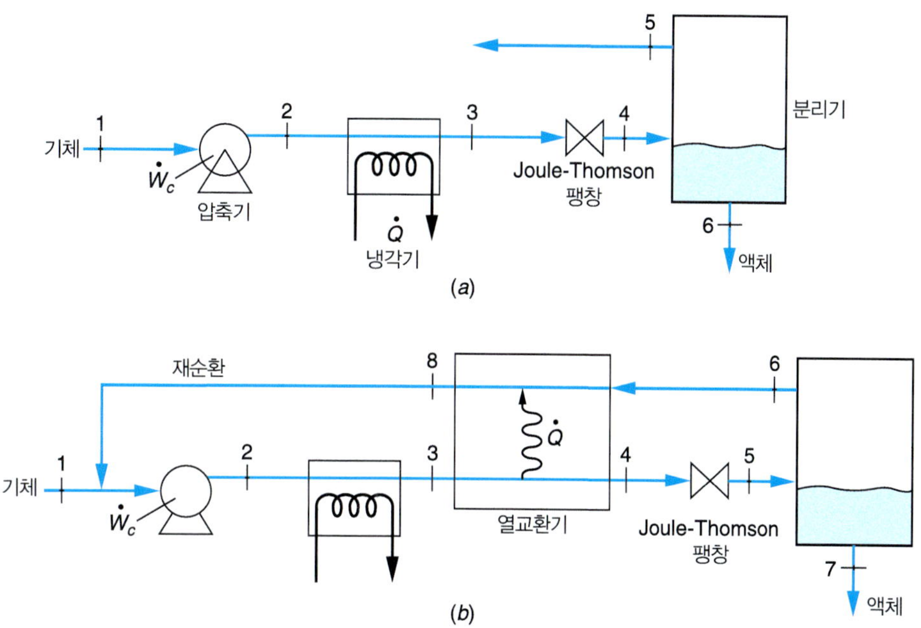

그림 5.11 Joule–Thomson 팽창을 이용한 기체의 액화. (*a*) 기본 액화 과정, (*b*) 린데 과정(Linde process).

이러한 액화 과정의 도식도가 그림 5.11*a*에 나타나 있다. 기체는 일단 상태 1에서 상태 2로 압축되어 압력을 증가시킨다. 그러나 이 압축 중에 기체의 온도도 증가한다. 이 기체는 다시 상태 2에서 상태 3으로 냉각된다. 이 두 과정은 그림 5.10에서 음영으로 표현된 영역에 해당된다. 그 다음 조름 과정을 적용하면 기체가 이성분계로 바뀌게 된다. 이제 등엔탈피 Joule–Thomson 과정을 통하여 상태 3에서 상태 4로 진행하면, 온도가 충분히 내려가서 응축이 일어나게 된다. 상태 5는 기체이고 상태 6은 액체이며, 이 둘은 분리된다. 이 기본 과정을 개량한 것이 그림 5.11*b*에 나타나 있다. 이 과정에서는 추가적인 열교환기를 도입하여 응축되지 않은 기체로부터 추가적인 에너지가 순환된다. 이 과정을 Linde(린데) 과정(Linde process)이라고 한다.

예제 5.10 **Joule–Thomson 조름(Joule–Thomson throttling)에 의한 질소의 액화**

질소(N_2) 기체가 Joule–Thomson 조름 과정에 의해 액화된다. 팽창 밸브로 들어가는 입구에서의 조건이 $T_1 = -122°C$, $P_1 = 100$ bar이고 출구 조건이 1 bar이다. 질소의 몇 %가 액화되는지 결정하라.

풀이 ▶ 이 문제를 풀기 위해서는 엔탈피 출발의 일반 도표가 필요하다. 부록 A.1에서 질소에 대한 기본 성질을 확인하면 다음과 같다.

$$T_c = 126.2\,[\text{K}]$$
$$P_c = 33.8\text{ bar}$$
$$\omega = 0.039$$

이심인자 값이 작기 때문에 일반적인 상관 관계식에서 간단한 유체항만 사용한다. 상태 1에서 환산좌표 값은 다음과 같다.

$$T_{1,r} = \frac{T_1}{T_c} = \frac{151\,[\text{K}]}{126.2\,[\text{K}]} = 1.20\,, \qquad P_{1,r} = \frac{P_1}{P_c} = \frac{100\,[\text{bar}]}{33.8\,[\text{bar}]} = 3.0$$

다음으로 부록 C에서 표 C.1의 엔탈피 출발 항의 값을 찾을 수 있다.

$$\left[\frac{h_{T_{1,r},P_{1,r}} - h^{\text{ideal gas}}_{T_{1,r},P_{1,r}}}{RT_c}\right] = -2.81 \qquad \textbf{(E5.10A)}$$

상태 2에서는 다음과 같다.

$$P_{2,r} = \frac{P_2}{P_c} = \frac{1\,[\text{bar}]}{33.8\,[\text{bar}]} = 0.03$$

그림 5.5를 보면 2상 영역에서 다음 값을 알 수 있다.

$$T_{2,r} = 0.61$$

그러므로

$$T_2 = T_{2,r}T_c = 0.61 \times 126.2\,[\text{K}] = 77\,[\text{K}]$$

식 (5.47)을 등엔탈피 과정에 적용하면 다음과 같다.

$$\frac{h_2 - h_1}{RT_c} = 0 = \frac{-\Delta h^{\text{dep}}_{T_1,P_1}}{RT_c} + \frac{\Delta h^{\text{ideal gas}}_{T_1\longrightarrow T_2}}{RT_c} + \frac{\Delta h^{\text{dep}}_{T_2,P_2}}{RT_c} \qquad \textbf{(E5.10B)}$$

이상기체의 엔탈피 변화를 계산하려면 부록 A.2에서 열용량 값을 찾아야 한다.

$$\frac{c_P}{R} = 3.28 + 0.593 \times 10^{-3}T$$

그러므로,

$$\frac{\Delta h^{\text{ideal gas}}_{T_1\longrightarrow T_2}}{RT_c} = \frac{1}{T_c}\int_{T_1}^{T_2}\frac{c_P}{R}\mathrm{d}T = \frac{1}{126.2}\int_{151}^{77}[3.28 + 0.593 \times 10^{-3}T]\mathrm{d}T = -1.28 \qquad \textbf{(E5.10C)}$$

식 (E5.10B)를 재배열하고, 식 (E5.10A), (E5.10C) 값을 이 식에 대입하면 다음과 같다.

$$\frac{\Delta h^{\text{dep}}_{T_2,P_2}}{RT_c} = \frac{\Delta h^{\text{dep}}_{T_1,P_1}}{RT_c} - \frac{\Delta h^{\text{ideal gas}}_{T_1\longrightarrow T_2}}{RT_c} = -1.53$$

이 과정을 일반화된 hP 선도 상(그림 E5.10)에서 확인하면 이해가 쉽다. 이 그림은 지렛대 법칙과 같다. 기체의 질(quality)은 다음 식으로 계산된다.

$$\Delta h^{\text{dep}} = (1 - x)\Delta h_l^{\text{dep}} + x\Delta h_v^{\text{dep}}$$

x에 대하여 풀면,

$$x = \frac{\Delta h^{\text{dep}} - \Delta h_l^{\text{dep}}}{\Delta h_v^{\text{dep}} - \Delta h_l^{\text{dep}}} = \frac{-1.5 + 5.1}{-0.1 + 5.1} = 0.72$$

질은 기체의 분율을 표현하므로, 초기 유입 흐름의 25%가 액화되었다고 판단할 수 있다.

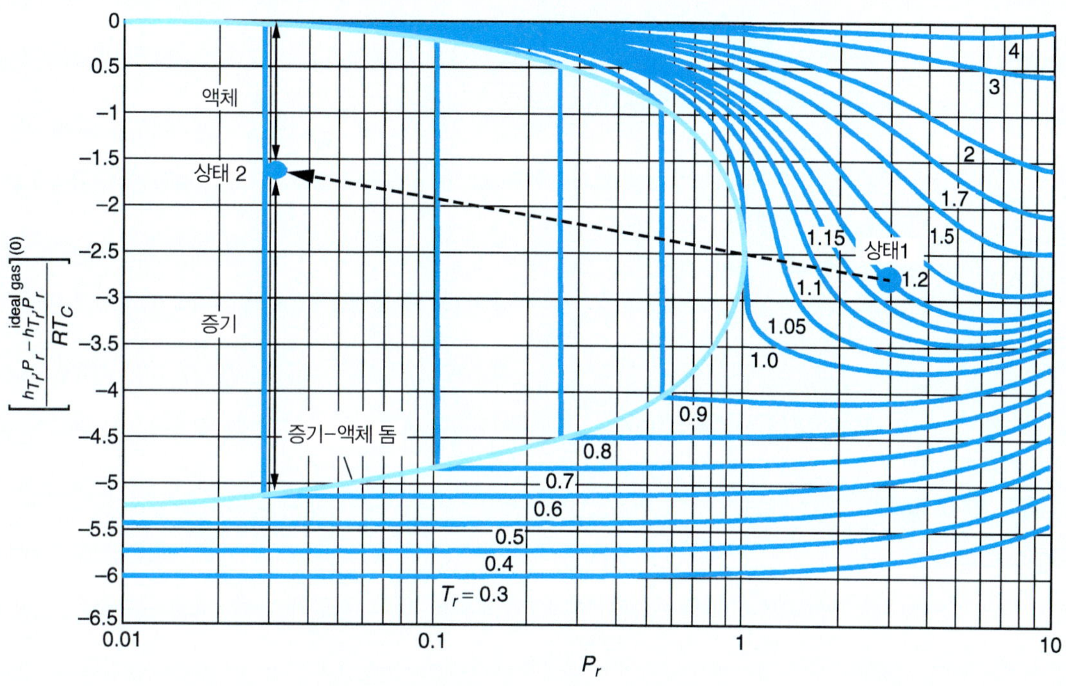

그림 E5.10 질소 기체의 상태 1에서 상태 2로의 액화 과정.

5.6 요약

이 장에서는 **열역학적 망**(thermodynamic web)을 만들었으며, 이를 이용하여 측정치와 기본성질 그리고 유도성질 간의 관계를 알아보았다. 이 망은 가용한 열역학성질 자료를 이용하여 비이상적인 거동을 보이는 기체와 관련된 열역학 제1법칙과 제2법칙 문제를 풀 수 있게 도와준다. 흔히, 기본성질과 유도성질(u, s, h)과의 관계를 알 수 있으며 측정성질(P, v, T)과 흔히 알려진 실험 자료(c_v, c_P, β, κ) 간의 관계도 알 수 있다.

이런 문제들을 풀기 위해서는 **가상적인 경로**(hypothetical path)를 만들 필요가 있으며, 이를 이용하여 두 상태 사이의 성질의 변화를 계산할 수 있다. 유사한 방법으로 상평형 문제와 화학 반응의 문제도 접근할 수 있으며, 적절한 측정값과 여러 성질과의 관계를 연결시키는 능력이 요구된다.

일정한 화학조성을 가지는 계에서 이 계의 상태를 규정하는 두 성질을 **독립성질**(independent property)이라고 하고, 이를 이용하여 다른 성질[**종속성질**(dependent property)]의 변화를 식 (5.4)에서처럼 표현할 수 있다. 제1법칙과 제2법칙의 결합된 형태로부터 기본성질 관계식을 유도하였다. 다음으로 다양한 수학적 방법을 동원하여 복잡한 열역학 관계식 망을 만들어낼 수 있었다. 이 열역학적 망에 포함된 것으로는 Maxwell 관계식, 연쇄법칙, 도함수의 역수, 순환관계식 등으로 식 (5.22)~(5.24)에 나타나 있다. T, P, s, v를 이용한 편미분 관계식이 그림 5.3에 정리되었다. 이 관계식을 이용하여 제2장과 제3장에서 언급된 것과 유사한 제1법칙과 제2법칙의 문제를 풀 수 있다. 그러나 실제 유체에 대한 문제는 아니다.

출발함수(departure function)는 편리한 경로를 제공하여 실제 기체 혹은 실제 액체와 관련된 성질 변화를 계산할 수 있는 추가 항을 제공한다. 어떤 열역학적 성질의 출발함수는 물리적으로 존재하는 실제 상태와 동일한 T, P에서 이상적인 상태와의 차이를 나타낸다. 분자 수준에서 고려하면 출발함수라는 것은 실제 유체에서 분자 간의 상호작용을 제거한 내용을 의미한다. 간단한 유체에 대한 도표와 이의 엔탈피 출발함수의 보정 항이 그림 5.5와 그림 5.6에 나타나 있다. 이 값들의 표가 부록 C의 표 C.3과 표 C.4에 나타나 있다. 엔트로피 출발함수에 대한 유사한 자료가 그림 5.7과 5.8 그리고 표 C.5와 C.6에 나타나 있다. 이 값은 Lee-Kesler 상태방정식으로부터 얻어진 것이다.

Joule-Thomson 팽창은 실제 기체가 제한되지 않은 자유 팽창을 하는 경우를 일컫는다. 이러한 과정은 일정한 엔탈피에서 일어나므로 **등엔탈피**(isenthalpic) **과정**이라고 한다. 압력의 급격한 하강에 의한 온도 변화는 등엔탈피 조름 과정에서 **Joule-Thomson 계수**($\mu_{JT} = (\partial T/\partial P)_h$)를 알면 풀 수 있다. Joule-Thomson 팽창은 **액화 과정**(liquefaction)의 근간으로서 그림 5.11에 나타나 있다.

▸ 5.7 연습 문제

개념 문제

5.1 다음의 편미분이 있다. 이상기체의 경우에 그 값이 양인지, 음인지, 0인지, 0에 근접한지, 말할 수 없는지를 적고, 그 이유를 설명하라.

$$\left(\frac{\partial u}{\partial T}\right)_v, \left(\frac{\partial s}{\partial T}\right)_v, \left(\frac{\partial u}{\partial v}\right)_T, \left(\frac{\partial s}{\partial v}\right)_T$$

5.2 다음의 편미분이 있다. 이상기체의 경우에 그 값이 양인지, 음인지, 0인지, 0에 근접한지, 말할 수 없는지를 적고, 그 이유를 설명하라.

$$\left(\frac{\partial h}{\partial T}\right)_P, \left(\frac{\partial s}{\partial T}\right)_P, \left(\frac{\partial h}{\partial P}\right)_T, \left(\frac{\partial s}{\partial P}\right)_T, \left(\frac{\partial P}{\partial T}\right)_h$$

5.3 다음의 편미분이 있다. 상호작용하는 인력이 있는 실제 기체의 경우에 그 값이 양인지, 음인지, 0인지, 0에 근접한지, 말할 수 없는지를 적고, 그 이유를 설명하라.

$$\left(\frac{\partial u}{\partial T}\right)_v, \left(\frac{\partial s}{\partial T}\right)_v, \left(\frac{\partial u}{\partial v}\right)_T, \left(\frac{\partial s}{\partial v}\right)_T$$

5.4 다음의 편미분이 있다. 상호작용하는 인력이 있는 실제 기체의 경우에 그 값이 양인지, 음인지, 0인지, 0에 근접한지, 말할 수 없는지를 적고, 그 이유를 설명하라.

$$\left(\frac{\partial h}{\partial T}\right)_P, \left(\frac{\partial s}{\partial T}\right)_P, \left(\frac{\partial h}{\partial P}\right)_T, \left(\frac{\partial s}{\partial P}\right)_T, \left(\frac{\partial P}{\partial T}\right)_h$$

5.5 다음의 편미분이 있다. 액체의 경우에 그 값이 양인지, 음인지, 0인지, 0에 근접한지, 말할 수 없는지를 적고, 그 이유를 설명하라.

$$\left(\frac{\partial h}{\partial T}\right)_P, \left(\frac{\partial s}{\partial T}\right)_P, \left(\frac{\partial h}{\partial P}\right)_T, \left(\frac{\partial s}{\partial P}\right)_T, \beta, \kappa$$

5.6 다음의 편미분이 있다. 이상기체의 경우에 그 값이 양인지, 음인지, 0인지, 0에 근접한지, 말할 수 없는지를 적고, 그 이유를 설명하라.

$$\left(\frac{\partial g}{\partial T}\right)_P, \left(\frac{\partial g}{\partial P}\right)_T, \left(\frac{\partial g}{\partial P}\right)_P, \left(\frac{\partial v}{\partial P}\right)_s$$

5.7 다음 질문은 계산을 하지 않고도 답할 수 있다. 다음의 경우에 엔탈피 출발함수를 고려하자. 그 값이 가장 작은 경우에서 가장 큰 경우까지 순서대로 배열하고, 그 이유를 설명하라.
(a) 180°C, 1 bar의 methane
(b) 240°C, 1 bar의 methane
(c) 180°C, 1 bar의 methane
(d) 180°C, 1 bar의 물
(e) 240°C, 1 bar의 물
(f) 180°C, 1 bar의 물

5.8 다음 혼합물의 경우에서 어떤 것이 엔트로피 출발함수의 값이 가장 큰가?
(a) 50 mol% methane과 50 mol% ethane
(b) 50 mol% acetone 50 mol% chloroform(클로로폼). 그 이유를 설명하라.

5.9 이상기체의 엔트로피 변화를 결정하기 위하여 Peng–Robinson 상태방정식을 사용하고 있다.

$$P = \frac{RT}{v - b} - \frac{a\alpha(T)}{v(v + b) + b(v - b)}$$

여기서 $s = s(T, v)$를 사용하는 것이 좋은가? $s = s(T, P)$를 사용하는 것이 좋은가? 설명하라.

5.10 어떤 기체가 상태 1에서 상태 2로 진행하고 있다. 이상기체의 열용량과 상태방정식을 알고 있다고 가정한다. 어떤 가상적인 경로를 이용하는 것이 Δu 계산에 적당한가? 설명하라.

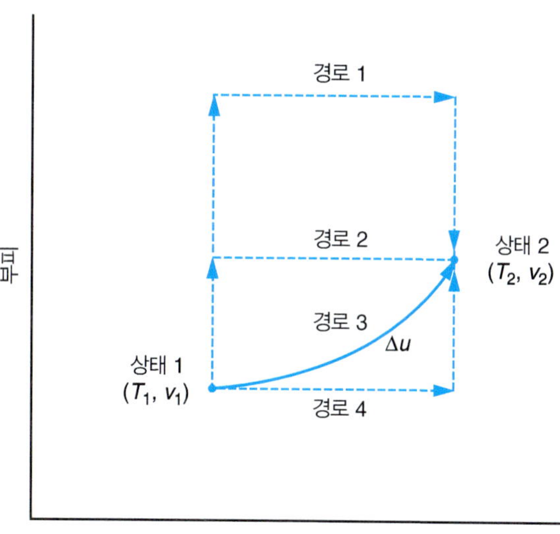

5.11 어떤 기체가 상태 1에서 상태 2로 진행하고 있다. 이상기체의 열용량과 상태방정식을 알고 있다고 가정한다. 어떤 가상적인 경로를 이용하는 것이 Δh 계산에 적당한가? 설명하라.

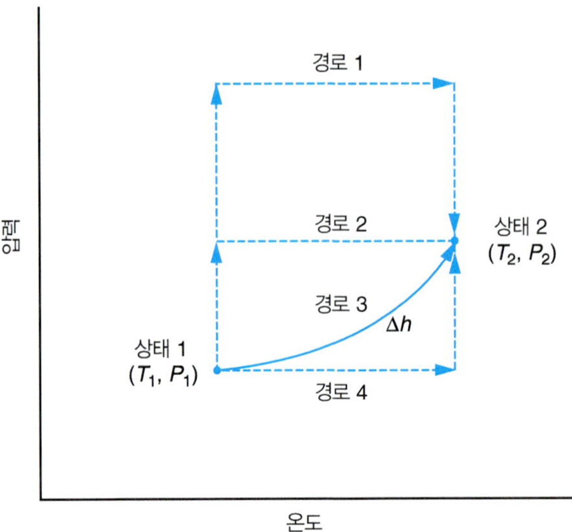

5.12 다음의 성질 관계식이 있다.

$$\left(\frac{\partial u}{\partial P}\right)_s$$

(a) 이 관계식으로 표현될 수 있는 물리적 과정을 제시하라. 이 관계식이 유효하기 위한 과정을 가능한 자세히 설명하라.
(b) 질문 (a)에서 고른 과정에 대하여 어떤 경우에 이 관계식의 값이 양인지, 음인지 0이 되는지, 생각해 보고, 그 답이 나온 이유를 설명하라.

계산 문제

5.13 식 (5.5)와 유사한 형태로 내부 에너지의 미분항에 대한 완전미분방정식을 다음의 독립성질에 대하여 적어라.
(a) $u = u\,(T, P)$
(b) $u = u\,(T, s)$
(c) $u = u\,(h, s)$

5.14 열역학 망을 이용하여 이상기체의 경우에 다음이 성립함을 증명하라.

$$u = u(T \text{ only})$$

5.15 이상기체의 경우 다음을 증명하라.

$$c_P = c_v + R$$

5.16 이상기체의 경우에 P, v, T 사이에 순환규칙이 성립함을 증명하라.

5.17 Peng–Robinson 상태방정식을 따르는 순수한 화학종의 경우 다음 도함수를 계산하라. 이때 아래첨자 T, P는 온도와 압력이 일정하다는 의미이다.

$$\left(\frac{\partial h}{\partial v}\right)_{T,P}$$

5.18 Van der Waals 상태방정식을 이용하여 다음 도함수를 a, b, c_P, R, v, T의 항으로 표시하라.

$$\left(\frac{\partial h}{\partial T}\right)_s$$

5.19 다음 상태방정식을 고려하자.

$$\frac{Pv}{RT} = 1 + B'P + C'P^2$$

여기서 B', C'은 일정한 상수로 온도에 의존하지 않는다. B', C', R, P, T, c_P의 항으로 다음을 계산하라.

$$\left(\frac{\partial h}{\partial P}\right)_T, \left(\frac{\partial h}{\partial P}\right)_s, \left(\frac{\partial h}{\partial T}\right)_P, \left(\frac{\partial h}{\partial T}\right)_s$$

5.20 다음을 증명하라.

(a) $\left(\dfrac{\partial P}{\partial T}\right)_v = \dfrac{\beta}{\kappa}$

(b) $c_P - c_v = \dfrac{vT\beta^2}{\kappa}$

5.21 연습 문제 5.20(b)의 결과를 이용하여 액체 acetone(아세톤)의 경우 20°C에서 $c_P - c_v$를 계산하라. 관련 자료는 표 4.4에 나와 있다. 같은 계산을 benzene(벤젠)과 구리에 대해서 수행하라. 얻어진 c_v와 c_P의 값은 얼마나 다른가? 설명하라.

5.22 다음을 증명하라.

$$\left(\frac{\partial s}{\partial v}\right)_T = \frac{\beta}{\kappa}$$

그리고

$$\left(\frac{\partial s}{\partial P}\right)_T = -\beta v$$

5.23 개인용 컴퓨터가 널리 퍼지기 전에는 열역학적 성질 자료를 그래픽 도표의 형태로 정리하는 것이 흔히 사용되었다. 몰리어 선도(Mollier diagram)는 x축에 s, y축에 h를 표현한다. 몰리어 선도에서 정적선의 기울기를 나타내는 식을 구하라. (a) 이상기체의 경우 T, v, c_v, c_P, R의 항으로 (b) van der Waals 상태방정식을 따르는 기체의 경우 T, v, c_v, c_P, a, b, R의 항으로 나타내어라.

5.24 다음의 경우에 일정 엔트로피에서 압력에 따른 온도 의존성을 구하라.

$$\left(\frac{\partial T}{\partial P}\right)_s$$

(a) 이상기체의 경우에 이 식의 값을 구하라.

(b) 위 (a)의 결과를 이용하여, 일정한 열용량 c_P를 갖는 이상기체의 경우에 등엔트로피 팽창을 하여 상태 1에서 상태 2로 변한 경우 최종 식이 식 (2.49)와 같음을 보여라.

(c) Van der Waals 상태방정식을 따르는 기체의 경우에 이 식의 값을 구하라.

5.25 식 (5.39)를 유도하라.

5.26 당신 회사가 방금 새로운 냉각 과정을 개발했다고 가정하자. 이 과정은 기체 A라고 하는 비밀 기체를 사용한다. 당신은 이 기체에 대한 열역학적 자료를 제시해야 한다는 임무를 부여받았다. 다음의 자료는 과열 증기에 대하여 이미 알려져 있다.

	P = 10 bar		P = 12 bar	
T [°C]	v[m³/kg]	s [kJ/(kg K)]	v[m³/kg]	s [kJ/(kg K)]
80	0.16270	5.4960	0.13387	?
100	0.17389		0.14347	

가능한 *정확하게* 이 표에서 물음표로 표시된 s 값을 제시하라. 당신이 푼 방법을 명확히 적고 당신이 가정한 내용도 언급하라. 단, 이상기체 가정은 사용하지 말라.

5.27 물이 250°C, 800 kP인 조건에 있다. 아래 3가지 방법으로 $\left(\frac{\partial s}{\partial v}\right)_T$ 를 계산하라.

(a) Redlich–Kwong 상태방정식 이용

(b) 수증기표를 직접 이용

(c) 수증기표와 식 (5.18)의 Maxwell 관계식을 이용

답을 비교하여 어떤 것이 가장 정확한지 그 이유를 설명하라.

5.28 어떤 기체가 다음의 상태방정식으로 표현될 수 있다.

$$P = \frac{RT}{v - b}$$

여기서 $b = 5 \times 10^{-4}$ m³/mol 이고, $c_P^{\text{ideal gas}} = 35$ J/(mol K)이다.

(a) 이 기체의 경우에 c_P^{real}에 대한 식을 유도하라

(b) 이 기체 1 mol이 단열 상태에서 다공성 마개 속을 흐른다. 입구 조건이 10 bar, 300°C이고 출구 압력이 1 bar이다. 출구 온도는?

(c) Joule–Thomson 계수($\mu_{TP} = \left(\frac{\partial T}{\partial P}\right)_h$)가 (+), 0, (−)인지 결정하라. 이 결과가 위 (b)의 결과와 일치하는가?

(d) 우주의 엔트로피 변화는 얼마인가? 이 과정은 가역 과정인가?

5.29 1 mol의 methane이 피스톤–실린더 실험장치 내에서 단열압축되고 있다. 초기 조건은 $P_1 = 0.5$ bar, $v_1 = 0.05$ m³/mol이고 최종 조건은 $P_2 = 10$ bar, $v_2 = 3 \times 10^{-3}$ m³/mol이다. 비이상기체 거동을 설명하는 van der Waals 상태방정식을 이용하라.

(a) 이 계에 가해진 일의 양은?

(b) 만일 methane이 이상기체로 거동한다면 이 때 계에 가해진 일은 (a)보다 큰가 작은가? 분자 위치에너지에 근거해서 예측하고 설명하라.

5.30 1 mol의 n-butane이 피스톤–실린더 실험장치 내에서 비가역 등온팽창하여 일정한 외부 압력과 균형을 맞추고 있다. 초기 조건은 $P_1 = 10$ bar, $v_1 = 3 \times 10^{-3}$ m³/mol이고, 최종 부피는 $v_2 = 0.05$ m³/mol이다. 주변의 온도는 298 K이다. Van der Waals 상태방정식을 이용하여 다음 질문에 답하라.

(a) 초기 온도는 얼마인가?

(b) 최종 압력은 얼마인가?

(c) 이 과정 중에 얼마의 일이 행해졌는가?

(d) 이 과정 중에 얼마의 열이 전달되었는가?

(e) 이 과정에 있어서 우주의 엔트로피 변화는 얼마인가?

5.31 2 mol의 ethane이 피스톤–실린더 실험장치 내에서 가역 단열압축되고 있다. 초기 조건은 $P_1 = 0.5$ bar, $v_1 = 0.1$ m³이고 최종 부피는 $v_2 = 0.002$ m³이다. 분자 간의 상호작용을 설명하기 위하여 van der Waals 상태방정식을 이용하였다. 다음 질문에 답하라.

(a) 초기 온도는 얼마인가?

(b) 이 과정에 있어서 계의 엔트로피 변화는 얼마인가?

(c) 최종 압력은 얼마인가? 최종 온도는 얼마인가?

(d) 이 과정 중에 얼마의 일[J]이 행해졌는가?

(e) 이 과정 중에 얼마의 열이 전달되었는가?

(f) 만일 ethane이 이상기체로 거동한다면 이 때 계에 가해진 일은 (d)보다 큰가 작은가? 분자 위치에너지에 근거해서 예측하고 설명하라.

5.32 Propane이 350°C, 600 cm^3/mol 조건으로 터빈 내에서 등엔트로피 팽창을 한다. 배출 압력은 대기압이다. 배출 온도는 얼마인가? PvT 거동은 van der Waals 상태방정식에 부합하며 다음의 상수 값을 갖는다.

$$a = 92 \times 10^5 \, [(\text{atm cm}^6)/\text{mol}^2]$$

$$b = 91 \, [\text{cm}^3/\text{mol}]$$

(a) 이 식을 독립성질 T, v에 대하여 풀어라. 즉, $s = s(T, v)$로 나타내라.

(b) 이 문제를 독립성질 T, P를 이용하여 풀어라.

5.33 당신은 히터를 설계하여 화학반응기로 들어가는 기체를 예열해야 한다. 초기 유입온도는 27°C, 유입압력은 50 bar이다. 당신은 기체의 온도를 227°C (50 bar)까지 올려야 한다. 이 기체의 상태방정식은 다음과 같다.

$$z = 1 + \frac{aP}{\sqrt{T}}, \quad a = -0.070[\text{K}^{1/2}/\text{bar}]$$

그리고 이상기체의 열용량 자료는 다음과 같다.

$$\frac{c_P}{R} = 3.58 + 3.02 \times 10^{-3} T \quad \text{여기서 } T\text{는 온도[K]}$$

(a) 이 조건하에서 이 기체의 거동을 지배하는 힘은 인력인가? 척력인가? 설명하라.

(b) 이 과정에서 필요한 열(J/mol)의 양을 가능한 한 자세하게 계산하라.

5.34 다음 그림에 나타낸 피스톤–실린더 실험장치를 고려하자. 그림에서 나타낸 10,000 kg의 벽돌을 제거하자 250 mol의 기체가 등온팽창한다.

(a) 이 팽창 과정에서 내부 에너지 변화는 얼마인가?

(b) 이 과정에서 우주의 엔트로피 변화는 얼마인가?

이 기체의 PvT 거동은 van der Waals 상태방정식으로 표현되고, $a = 0.5$ [Jm^3/mol^2], $b = 4 \times 10^{-5}$ [m^3/mol]이다. 이상기체의 열용량은 $c_P^{\text{ideal gas}} = 35$ J/(mol K)이다.

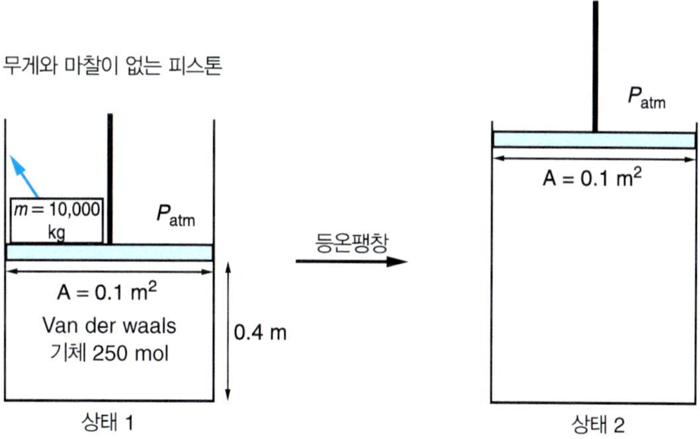

5.35 다음 그림에 나타낸 피스톤–실린더 실험장치를 고려하자. 이 장치는 잘 보온되어 있으며 초기에 두 개의 10,000 kg 벽돌이 0.05 m^2 피스톤 위에 올려져 있다. 초기 온도는 500 K이고 외부 압력은 10 bar이다. 2 mol의 기체 A가 실린더 안에 들어 있다. 이 기체는 압축되고 이 과정 중에 10,000 kg의 벽돌이 추가된다. 기체 A에 관련된 자료는 다음과 같다.

(i) 기체 A의 이상기체 등압 열용량은 다음과 같다.

$$c_P = 20 + 0.05T$$

여기서 c_P는 [J/(mol K)] 이고 T는 [K]이다.
(ii) 기체 A는 다음 상태방정식으로 표현된다.

$$P = \frac{RT}{v - b} - \frac{aP}{T}$$

여기서 $a = 25$ K, $b = 3.2 \times 10^{-5}$ m^3/mol이다.
이 과정 이후에 기체 A의 온도를 구하라. *주의*: 이 압축 과정은 등엔트로피가 아니다. 이 과정에 있어서 우주의 엔트로피 변화는 얼마인가?

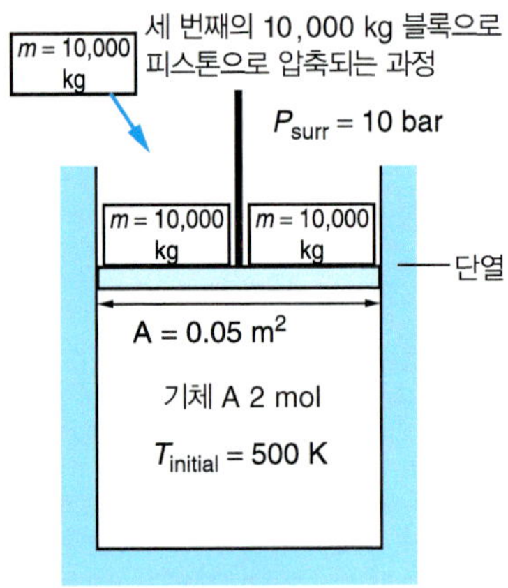

5.36 1 mol의 일산화탄소가 잘 단열된 단단한 탱크의 1/2만큼 채워져 있다. 이 탱크의 온도는 500 K이다. 이 탱크의 또 다른 반은 진공이었다. 격막(diaphragm)이 이 두 구획을 나누고 있다. 각각의 구획의 부피는 1 L이다. 갑자기 이 격막이 파괴되었다. 비이상기체를 표현하는 van der Waals 상태방정식을 이용하여 다음 질문에 답하라.
(a) 초기 상태에서 c_v는 얼마인가?
(b) 온도가 올라가는가, 내려가는가, 아니면 변화가 없는가 예측하라. 답변을 분자적 측면에서 논리적으로 서술하라. 특히 이때 관여하는 힘의 성질에 대해 주의하라.
(c) 최종 상태의 온도는 얼마인가?
(d) 이 과정에 있어서 우주의 엔트로피 변화는 얼마인가?
5.37 잘 단열된 단단한 용기가 칸막이로 두 개의 구획으로 나뉘어 있다. 각각 구획의 부피는 0.1 m^3이다. 한쪽 구획은 초기에 300 K에서 기체 A가 400 mol이 들어 있고, 또 다른 구획은 초기에 진공 처리되었다. 칸막이가 제거되고 기체가 평형 상태로 진행된다. 이 조건에서 기체 A는 이상기체가 아니고 다음 식으로 표시된다.

$$P = \frac{RT}{v - b} - \frac{a}{Tv^2}$$

이 때 $a = 42$ [(J K m^3/mol^2)], $b = 3.2 \times 10^{-5}$ [m^3/mol]이다.
기체 A의 이상기체 열용량은 $c_v = (3/2)R$이다.
최종 온도를 계산하라.
5.38 어떤 기체 실린더에 고압 공급선을 이용하여 ethane을 채운다. 채우기 전에 실린더의 상태는 진공이다. 밸브가 열리고 이 탱크는 500 K에서 3 MPa의 고압 공급선으로 실린더의 압력이 3 MPa이 될 때까지 채워진다. 그 다음 밸브를 닫는다. 실린더의 부피는 50 L이다. ethane의 경우에 압력 항으로 표시된 생략된 virial 상태방정식(truncated virial equation)이 사용된다.

$$z = \frac{Pv}{RT} = 1 + B'P$$

여기서 $B' = -2.8 \times 10^{-8}$ [m³/J] 이다.

(a) 밸브를 닫자마자의 온도는 얼마인가?

(b) 만약 실린더가 그 이후에 293 K에 오랫동안 놓여 있었다면, 우주의 엔트로피 변화는 얼마인가(초기 진공 상태에서 시작할 경우)?

5.39 어떤 기체가 10 bar, 500°C 상태에서 초당 1 mol의 양으로 등엔트로피, 단열 터빈으로 들어가서 1 bar의 압력으로 나온다. 이 기체는 다음의 상태방정식으로 표현된다. $P = \dfrac{RT}{v - b}$. 여기서 $b = 5 \times 10^{-4}$ [m³/mol]이다. 이상기체 열용량은 $c_v = 3/2\ R$이다. 다음 질문에 답하라.

(a) 출구 온도는 얼마인가?

(b) 다음 계수 $\mu = \left(\dfrac{\partial T}{\partial P}\right)_s$는 그 값이 (+), 0, (−) 중에 어떤 것인가? 이 결과는 (a)의 결과와 일치하는가?

(c) 터빈에 의해서 얻은 일[J/mol]은 얼마인가?

5.40 예제 5.5에서 언급된 과정의 경우에 엔트로피를 압력과 부피의 항으로 즉, $s = s(P, v)$로 식을 유도하라. 답을 c_P, β, κ, v의 항으로 표시하라.

5.41 예제 5.5에서 언급된 과정의 경우에 엔탈피를 온도와 부피의 항으로 즉, $h = h(T, v)$로 식을 유도하라. 답을 c_P, β, κ, v의 항으로 표시하라.

5.42 예제 5.5에서 언급된 과정의 경우에 엔탈피를 온도와 엔트로피의 항으로 즉, $h = h(T, s)$로 식을 유도하라. 답을 c_P, β, κ, v의 항으로 표시하라. 등엔트로피 팽창 과정을 고려하라. h가 T에 따라 어떻게 변하는지 결정하라.

5.43 식 (5.43)과 유사하게 내부 에너지 출발함수를 무차원 좌표로 유도하라.

$$\frac{\Delta u^{\text{dep}}_{T_r, v_r}}{RT_c} = \frac{u_{T_r, v_r} - u^{\text{ideal gas}}_{T_r, v_r}}{RT_c} = ?$$

5.44 Redlich–Kwong 상태방정식을 따르는 어떤 기체의 경우 엔탈피 출발함수와 엔트로피 출발함수 식을 유도하라.

5.45 물이 400°C, 30 MPa 조건에서 일반화된 상관관계식을 이용하여 엔탈피와 엔트로피 출발을 계산하라. 이 값을 수증기표(steam table)에 있는 값과 비교하라. 증기의 경우 이상기체 열용량을 이용하는 것이 좋다.

5.46 Ethane 300 K, 30 bar 상태에서 400 K, 50 bar 상태로 변화할 때 출발함수를 이용하여 엔탈피와 엔트로피 변화를 계산하라.

5.47 연습 문제 5.32를 엔트로피 출발함수를 이용하여 다시 풀어라.

5.48 분당 2 mol로 흐르는 methane이 300 K, 1 bar에서 단열압축되어 10 bar가 되었다. 필요한 최소의 일은 얼마인가?

5.49 Joule–Thomson 계수에 있어서 관계를 열팽창 계수, 등압 열용량, 측정된 열역학 성질을 이용하여 유도하라.

5.50 이상기체의 경우 μ_{JT}는 무엇인가?

5.51 Van der Waals 상태방정식을 따르는 기체의 경우에 열팽창 계수, 등온압축률, Joule–Thomson 계수 식을 T, v, c_v, a, b, R의 항으로 유도하라.

5.52 수증기표를 이용하여 1 MPa, 300°C에서 증기의 μ_{JT}를 구하라.

5.53 Van der Waals 상태방정식을 이용하여 질소의 경우에 PT 선도에서 역전선을 그려라. 그림 5.10을 참고하라.

5.54 Ethylene은 Joule–Thomson 팽창에 의해 액화된다. Ethylene은 조름 과정으로 50 bar, 0°C에서 들어가서 10 bar로 나온다. 유입 흐름의 몇 %가 액화되는가?

5.55 음속 (V_{sound}, m/s)은 공식적으로 일정한 엔트로피 하에서 압력의 밀도에 대한 편미분으로 나타

낸다. 즉,

$$V_{\text{sound}}^2 = \left(\frac{\partial P}{\partial \rho}\right)_s$$

이다. 분자량을 MW로 표시할 때 다음을 증명하여라.

$$\left(\frac{\partial P}{\partial \rho}\right)_s = -\left(\frac{\partial P}{\partial v}\right)_s\left(\frac{v^2}{MW}\right)$$

5.56 연습 문제 5.55의 정의에 근거해서 열역학적 망을 이용하여 공기 중에서 음속(V_{sound} in air)을 어떻게 표현할 수 있는지 제시하라. 공기를 이상기체로 가정하고 이때 $c_P = (7/2)R$이다. 이 결과를 바탕으로, 번개를 본 4초 후 천둥소리를 들었다면 번개가 친 곳은 얼마나 멀리 떨어져 있는지를 예측하라.

5.57 연습 문제 5.55의 정의에 근거해서 열역학적 망을 이용하여 20°C 물속에서 음속(V_{sound} in water)을 어떻게 표현할 수 있는지 제시하라. 액체 물의 열역학적 성질 자료는 수증기표를 이용하라.

5.58 고무줄이 당겨졌을 때 변하는 열역학적 성질에 관심이 있다고 가정하자(아래 그림 참조). n mol의 *순수한* ethylene propylene rubber(EPR) 줄의 초기 길이는 z_0이다. 여기에 힘 F가 가해져 길이가 z로 늘어났다. 즉, $F = kT(z - z_0)$이고, 이 때 k는 양의 상수이다.

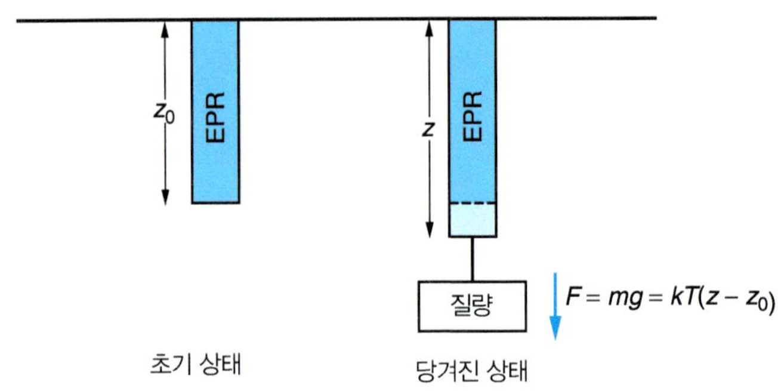

당겨지지 않은 초기 EPR의 열용량은 다음 식으로 주어진다.

$$c_z = \left(\frac{\partial u}{\partial T}\right)_z = a + bT \qquad \text{여기서 } a\text{와 } b\text{는 상수}$$

(a) 이 계에서 dU와 dA에 대한 기본성질 관계식을 제시하라. 여기서 A는 Helmholtz 에너지, $A = U - TS$)이다. 물리 역학에서 가역적인 탄성 신장(reversible elastic extension) 식은 $\delta W_{\text{rev}} = F\text{d}z$으로 주어진다.

(b) 엔트로피 변화와 온도 및 길이 사이의 관계식을 유도하라. 즉 독립성질이 z, T이고 상수는 a, b, k, n, z_0 이다. 다르게 표현하면, $S = S(T, z)$일 때, dS를 구하라. *힌트*: $(\partial S/\partial z)_T$를 계산하기 위해서는 Maxwell 관계식을 이용하라.

(c) 내부 에너지 변화와 온도 및 길이의 관계식을 유도하라. $U = U(T, z)$일 때, dU를 구하라.

(d) EPR이 등온 신장될 때 상대적인 물리적인 힘의 기여도와 엔트로피 힘에 의한 기여도를 고려하자. 물리적인 힘이란 힘의 성분 중에서 고무를 신장시킬 때 고무의 내부 에너지를 증가시키는 힘을 말한다. 즉, $F_U = \left(\frac{\partial U}{\partial z}\right)_T$ 이다.

한편 엔트로피 힘은 $F_S = -T\left(\frac{\partial S}{\partial z}\right)_T$로 주어진다.

EPR에 대해 F_U와 F_s에 대한 식을 제시하라.

(e) 만약 EPR 고무줄이 초기 상태에서 신장된 상태로 단열적으로 당겨진다면, 이 고무의 온도는 올라

가는가, 내려가는가, 아니면 변화가 없는가? 설명하라.

5.59 예제 5.2에서 언급된 팽창 과정은 계로 일이 가해져야 한다. 열역학적으로 이 결과가 가능한지 결정하라. 만약 가능하다면 이 결과를 물리적으로 설명하라.

5.60 기체 A가 *단열* 터빈을 통하여 팽창한다. 입구로 들어가는 흐름은 100 bar, 600 K이고 출구에서는 20 bar, 445 K이다. 이 터빈이 생산하는 일을 계산하라. 기체 A에 대한 자료는 다음과 같다. *이상*기체 열용량은 $c_P = 30.0 + 0.02\,T$이고,
이 때 c_P는 [J/(mol K)], T는 [K]이다. PvT 자료는 다음 식으로 주어진다.

$$P(v - b) = RT + \frac{aP^2}{T}$$

여기서 $a = 0.001$ [(m^3 K)/(bar mol)], $b = 8 \times 10^{-5}$ [m^3/mol]이다.

5.61 총 부피가 0.1 m^{3}인 용기가 어떤 막에 의해서 두 구획으로 나누어져 있다. 구획 A는 부피가 0.005 m^{3}이고 1 mol의 ethane이 들어 있다. 구획 B는 부피가 0.095 m^{3}이고 진공 상태이다. 이 용기는 100°C의 열 저장고에 놓여 있다. 막이 찢어져서 용기 내부는 모두 ethane으로 채워졌다. Ethane이 van der Waals 상태방정식으로 표현되는 기체라고 가정하고 다음에 답하라.

(a) ΔU의 부호는 어떻게 되는가? 분자 간 상호작용이라는 면에서 설명하라.

(b) ΔU, Q, W 값을 구하라.

(c) 계, 주위, 그리고 우주의 엔트로피 변화를 계산하라.

(d) Ethane이 n-hexane으로 대체된다면, Q 값의 크기는 어떻게 변하는가? 설명하라.

제 6 장

상평형 I: 문제의 수식화

Phase Equilibria I: Problem Formulation

학습 목표

제6장에 있는 내용을 숙달하기 위해서는 다음 사항들을 할 수 있어야 한다.

- 순수한 성분의 상평형(phase equilibrium)을 결정하기 위하여 열역학적 성질인 Gibbs 에너지를 사용하는 것이 편리한 이유를 설명한다. 평형에서 에너지와 엔트로피 효과 사이의 균형에 대해 논의한다.
- 상평형에 있는 순수한 화학종의 압력이 온도에 따라 어떻게 변하는지와 다른 성질들이 상호관계에 따라 어떻게 변하는지 예측하기 위하여 Gibbs 에너지와 열역학적 망(thermodynamic web)의 다른 수식 도구들에 기본적인 성질 관계를 적용한다. Clapeyron 식을 적고 상평형에 있는 순수한 화학종의 T와 P를 관련짓기 위하여 이 식을 활용한다.
- 혼합물에 대하여 열역학적 수식을 적용한다. m이 혼합물에서 화학종의 수를 나타낼 때, $m + 2$로 임의의 크기 성질에 대한 미분변화량 dK를 적는다. 순수한 화학종의 성질들, 총 용액의 성질들, 부분 몰 성질들 및 혼합과정의 성질 변화를 정의하고 그 값을 구한다.
- 부분 몰 성질을 정의하고 혼합물의 성질을 결정하는데 이것의 역할을 설명한다. 혼합물에서 화학종에 대한 부분 몰 값을 해석적 및 도식적 방법으로 계산한다. Gibbs-Duhem 식을 다른 화학종의 부분 몰 성질과 관련시킨다.
- 동종 분자 (i-i)와 이종 분자 (i-j)에 대한 상대적인 분자 간 상호작용과 혼합과정의 부피, 엔탈피, 엔트로피 변화의 관계를 구한다. 용액의 엔탈피를 정의한다. 용액의 엔탈피로부터 혼합과정의 엔탈피를 구하거나 그 반대를 계산한다.
- 평형에 대한 화학적 판단 기준으로서 화학 퍼텐셜(chemical potential) 즉, 부분 몰 Gibbs 에너지(partial molar Gibbs energy)의 역할을 구분한다.

6.1 개요

지금까지 어떤 변화를 겪는 계의 상태 사이의 관계를 구하기 위하여 열역학을 사용한 바 있다. (1) 얼마나 많은 동력이 필요한지 또는 얻어지는지, (2) 얼마나 많은 열이 흡수되는지 또는 소산되는지, (3) 최종 (또는 초기) 상태의 미지의 성질(예, 온도)의 값에 대한 정보를 얻기 위하여 제1법칙과 제2법칙을 가역 과정과 비가역 과정 모두에 적용할 수 있다. 이후의 장에서는 공존하는 상 사이에서 또는 화학 반응이 존재할 때 혼합물이 평형에 도달하여 얻어지는 조성을 구하기 위하여 열역학을 활용하는 다른 형태의 문제를 검토할 것이다.

화학 및 생물공학자들은 원하는 생성물을 얻기 위하여 **화학적으로 반응하는** 화학종이 존재하는 과정들을 다룬다. 이러한 생성물은 남아 있는 반응물 뿐 아니라 다른 부산물들로부터 분리되어야만 한다. 전형적인 분리 방식에는 선택적으로 분리되는 혼합물의 한 성분과 다른 상 사이의 접촉이나 상의 형성이 수반된다. 또한, 분리 기술에서는 오염된 환경을 청정하게 하는 데 주요 관심사를 갖는다. 그러므로 과정 조건의 함수로서 어떤 성분이 반응하는 정도와 주어진 성분이 다른 상으로 전달되는 정도를 가늠할 수 있는 것이 바람직하다.

이러한 문제들은 지금 수식화하고자 하는 열역학의 두 번째 주요 분야로 이어진다. 여기에는 오직 평형계만이 다루어진다. 이 분야에서도 이미 학습하였던(에너지의 보존과 방향성과 같은) 자연에 대한 동일한 관찰 결과들이 활용된다. 그렇지만, 이러한 문제들에서는 한 개 이상의 상들이 존재할 때 상들 사이에 화학종이 어떻게 분배되는지[**상평형**(phase equilibrium)] 또는 어떤 형태의 화학종이 형성되고 분자들이 화학적으로 반응할 때 계가 평형에 가까워지면서 얼마나 많은 성분 물질들이 생성되는지를[**화학 평형**(chemical equilibrium)] 계산해야 한다. 여기서는 먼저 상평형을 고려해 볼 것이다. 이러한 계산들은 평형계에 국한된다. 그러므로 이러한 계산을 통해 주어진 계에 대한 구동력(driving force)의 방향에 관한 정보를 제공받을 수 있지만(즉, 계는 평형 상태로 자발적으로 이동할 것이다), 계가 평형에 도달하는 속도에 대한 정보는 전혀 얻을 수 없다.

상평형 문제

그림 6.1에 상평형 문제에 대한 일반화된 표현을 예시하였다. 그림에서 α와 β는 고체, 액체, 또는 기체(증기)와 같은 임의의 상을 나타내는 기호이다. 상평형에서는 기체–액체, 액체–액체, 액체–고체, 기체–고체, 또는 고체–고체 평형 중 어떤 하나에 관심을 갖게 된다. 독자들은 각각에 대한 예를 생각해 볼 수 있는가? 엄밀하게 이야기하면 오직 닫힌계(closed system)

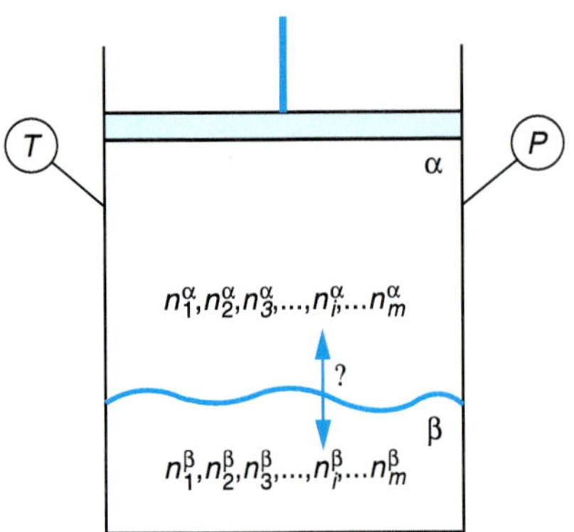

그림 6.1 일반적인 상평형 문제.

에서만 열역학적 평형이 가능하므로, 여기서는 닫힌계를 고려한다. 열린계(open system)에서는 물질이 경계를 통해 유입 및 유출된다. 물질의 흐름을 위하여 압력 구배와 같은 어떤 형태의 구동력이 필요하다. 그렇지만 압력 구배(pressure gradient)와 기계적 평형(동일한 압력)은 동시에 얻을 수 없다. 따라서 닫힌계에 대하여 수식화를 전개할 것이다. 어떤 상에서 다른 상으로 화학종이 전달되기 위한 구동력을 알 수 있으므로, 평형 분석은 열린계에 대해서도 여전히 중요한 요소가 된다.

제1장에서 학습한 바와 같이 열적 평형(thermal equilibrium)에 있는 계에 대하여 온도 구배는 존재하지 않는다. 유사하게 기계적 평형(mechanical equilibrium)에서 압력 구배는 존재하지 않는다. 그러므로 다음과 같이 쓸 수 있다.

$$T^{\alpha} = T^{\beta} \qquad \text{(열적 평형)} \tag{6.1}$$

그리고

$$P^{\alpha} = P^{\beta} \qquad \text{(기계적 평형)} \tag{6.2}$$

평형에 대한 위와 같은 두 기준은 명백하며 직접적으로 수식화된다. 여기에는 측정 가능한 성질들이 다루어진다. 이러한 조건들이 평형에 대한 기준을 나타내는지 살펴보기 위하여 예를 들면 독자들은 "$T^{\alpha} > T^{\beta}$일 경우 어떤 일이 발생할까?"라고 질문할 수 있다. 에너지는 뜨거운 곳에서 차가운 곳으로 흐르므로, 온도가 평형에 도달할 때까지 상 α에서 β로 흐름이 발생할 것이다. 유사한 논의가 압력과 기계적 평형에 대해 가능하다.[1]

다음 논의에서 열적 평형과 기계적 평형을 당연한 것으로 간주할 것이다. 따라서 상평형 문제를 수식화함에 있어서 한 상의 온도와 압력만 측정할 필요가 있으며, 이 값들은 전체 계에 적용되어야만 한다. 이러한 개념에 따라 상 α에만 수행된 온도와 압력 측정이 전체 계에 적용되며 그림 6.1에 도식적으로 나타내었다. 피스톤-실린더 조합을 통해 계가 열적 평형과 기계적 평형에 맞추어지기 위하여 부피 변화가 가능해야만 함을 상기할 수 있다.

화학종의 전달에 대한 구동력은 그다지 명확하지는 않다. 이 장에서는 다음 질문들에 대해 초점을 맞출 것이다.

- 어떤 성분 i의 화학 평형에 대한 기준은 무엇인가?

$$\text{화학 평형에 대하여} \quad ?_i^{\alpha} = ?_i^{\beta}$$

- (T와 P가 알려졌을 때) 상평형 문제들을 풀기 위하여 이러한 기준들을 어떻게 활용할 것인가?

(온도 차이가 상 사이의 에너지 전달에 대한 구동력을 나타내듯이) 측정 가능한 양들인 몰분율과 농도는 상 사이에서 화학종이 전달되기 위한 구동력으로 작용하지 않는다는 점에 주목해야 한다. 예를 들어, 증기와 액상 간의 상평형에 있는 공기-물의 계를 고려한다. 산소가 공기로부터 물로 0.21의 몰분율이 될 때까지 이동하거나, 반대로 증기가 거의 수분으로 이루어질 때까지 물이 공기로 이동한다고 생각하는 것은 말이 안 되는 일이다! 불행하게도 열적 평형과 기계적 평형과 달리 계를 화학적 평형으로 몰아가는 열역학적 성질은 측정 가능한 양이 아니다.

---

1. 이러한 기준들은 엔트로피의 극대화를 통하여 형식적으로 나타낼 수 있다.

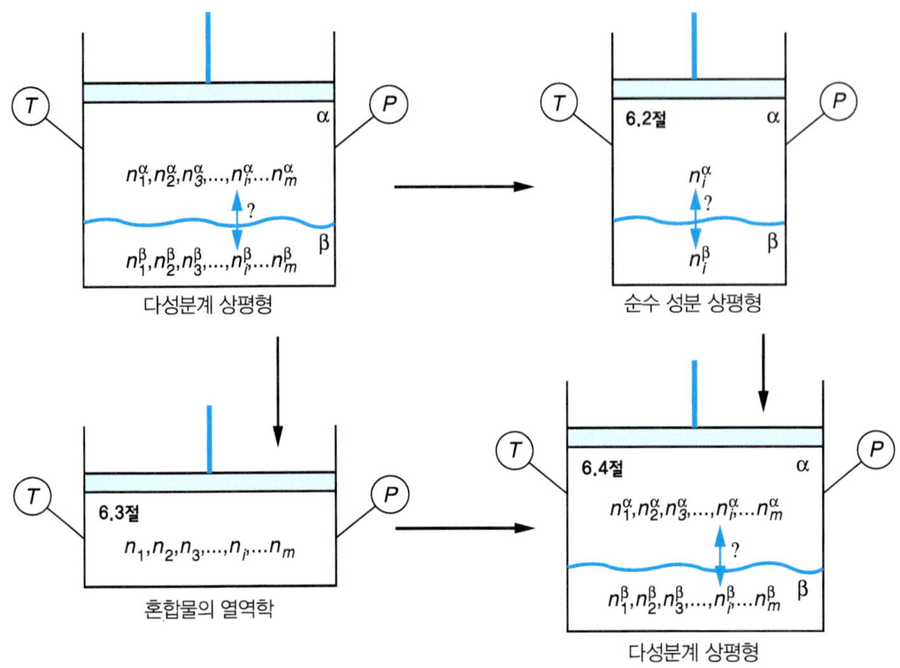

그림 6.2 다성분계 상평형 문제의 축약(reduction).

위에서 서술된 문제에는 두 가지 다른 이슈들이 내포되어 있다. (1) 순수한 성분과 혼합물에 대하여 서로 다른 상들이 공존하는 이유를 학습해야만 한다. (2) 혼합물과 변화하는 조성을 설명하기 위하여 수식화를 전개해야 한다. 지금까지는 일정한 조성의 계만을 다루어 왔다. 이러한 사항들을 동시에 다루기보다는 각 문제를 따로 떼어서 풀고 전체 상평형 문제를 풀기 위하여 이들을 조합하는 접근을 취했다. 그림 6.2에는 풀이 전략을 예시하였다. 6.2절에서는 왜 두 상이 공존하는지를 학습할 것이다. 먼저 가장 간단한 경우인 순수한 화학종에 대하여 다룰 것이다. 6.3절에서는 혼합물의 열역학을 서술하기 위한 조심스러운(그리고 정식의) 방법에 대하여 배울 것이다. 이러한 두 개의 개념들에 대해 학습한 후에 6.4절에서 조합시키고, 그림 6.1에 제기한 문제에 대한 해법을 수식화할 것이다.

▸ 6.2 순수한 성분의 상평형

화학적 평형에 대한 판단 기준으로서의 Gibbs 에너지

이 절에서는 (그림 6.2의 오른쪽 위에 나타낸 바와 같이) 순수한 성분의 상평형을 고려함으로써 평형계에 대한 논의를 시작할 것이다. 그림 6.3에는 1.6절에 소개된 PvT 면의 PT 투영(projection)을 나타내었다. 여기에는 세 개의 *공존하는 선*을 나타내었다. 이 선들에는 한 개 이상의 상들이 평형에서 존재하는 P와 T의 값들을 나타내었다. 다른 P와 T에 대해서는 단일 상이 가장 안정하며 상평형이 얻어지지 않는다.

이 절의 목적은 둘 또는 그 이상의 상들이 평형에서 공존할 수 있거나 또는 반대로 오직 한 상만이 안정적일 때의 판단 기준을 수립하는 것이다. 열역학 제2법칙을 활용하여 이 질문에 대답하기 위한 통찰력을 제공받을 수 있다. 제3장에서 엔트로피와 과정의 방향성이 관련되어 있음을 학습하였다. 평형은 계가 변화의 경향이 전혀 없는(즉, 방향성이 전혀 없는) 상태를 나타낸다. 평형 상태는 우주의 엔트로피가 최대화될 때 나타난다. 따라서 우주의 엔트로피가

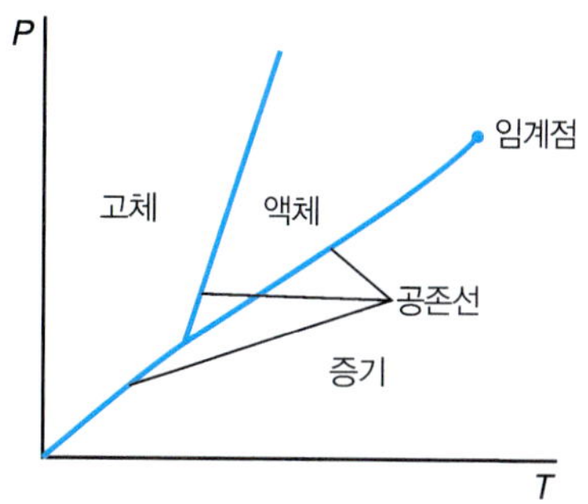

그림 6.3 PvT 면의 PT 사영에서 공존하는 선의 식별. 이 선들 위를 지나가면서 두 상들이 상평형에서 공존할 수 있다.

더욱 큰 경우를 계산함으로써 온도 T와 압력 P에서 순수한 화학종이 단일상에 존재할 것인지 또는 평형에 있는 두 (또는 세 개의) 상들이 존재할지를 결정할 수 있다. 그렇지만 전체 우주의 엔트로피를 계산할 필요가 있으므로(즉, 계 뿐 아니라 주위의 엔트로피 변화를 계산할 필요가 있으므로) 이러한 접근 방식은 불편한 것이다.

오직 계의 성질들을 고려함으로써 상평형을 논할 수 있는 방법이 있다면 더욱 선호될 수 있을 것이다. 이 절에서는 새로운 성질 Gibbs 에너지(Gibbs energy) G를 발전시키기 위하여 제1법칙과 제2법칙을 결합할 것이다. *계*에 있는 각 상의 Gibbs 에너지를 살펴봄으로써 상이 좀 더 안정적인지 또는 두 상이 평형에서 공존할 수 있는지를 결정할 수 있으므로, 이 성질은 유용한 것이다. 이제부터 Gibbs 에너지로부터 어떻게 이런 정보를 제공받을지를 살펴 볼 것이다.

일정한 T와 P에서 기계적 평형과 열적 평형에 있는 순수한 화학종 i로 구성된 닫힌계를 고려한다. 대부분의 상평형 문제에서 유일한 일은 Pv 일이다. 오직 Pv 일만 가정한다면 미분 형태의 제1법칙은 다음과 같이 쓸 수 있다.

$$dU_i = \delta Q + \delta W = \delta Q - PdV_i$$

순수한 성분 i에 해당하는 수식임을 표시하기 위하여 아래첨자 i를 도입하였다. 이 표기를 사용하는 근본적 이유는 6.3절에서 혼합물이 다루어질 때 논의될 것이다.

기계적 평형을 위하여 일정한 압력이 필요하며, $dP = 0$이 된다. 그러므로 앞 식의 좌변에서 $V_i dP$를 뺄 수 있으며, 다음 식을 얻을 수 있다.

$$dU_i = \delta Q - PdV_i - V_i dP = \delta Q - d(PV_i)$$

$d(PV_i)$항을 좌변으로 가져오고 엔탈피의 정의를 적용하면 다음 식이 얻어진다.

$$dH_i = \delta Q$$

제2법칙은 다음과 같이 적을 수 있다.

$$dS_i \geq \frac{\delta Q}{T}$$

여기서 등식은 가역 과정에 대해 성립하는 반면, 부등호는 비가역적인(방향성 있는) 과정에 대해 성립한다. 앞의 두 식을 각각 δQ에 대해 풀고 재배열하면 다음 식이 얻어진다.

$$0 \geq dH_i - TdS_i$$

열적 평형에서 온도는 일정하다($dT = 0$). 따라서, $S_i dT$는 우변에서 뺄 수 있으며 다음 식이 얻어진다.

$$0 \geq dH_i - TdS_i - S_i dT = d(H_i - TS_i)$$

우변에 있는 변수 항은 제5장으로부터 도출된 열역학적 성질인 Gibbs 에너지 G_i임을 알 수 있다.

$$G_i \equiv H_i - TS_i \qquad (5.3)$$

따라서 제1법칙과 제2법칙을 결합하여 닫힌계에 대한 다음의 식을 도출하게 된다.

$$\boxed{0 \geq (dG_i)_{T,P}} \qquad (6.3)$$

아래첨자 'T'와 'P'로부터 각각 열적 평형과 기계적 평형에 대한 판단 기준인 일정한 온도와 압력에 대해서만 위 식이 성립한다는 점을 상기하게 된다. 식 (6.3)으로부터 *자발적인* 과정에 대하여 일정한 온도와 압력에서 계의 **Gibbs 에너지**는 항상 작아진다는 점을 알 수 있다. Gibbs 에너지는 결코 증가하지 않는다.[2] 계는 Gibbs 에너지를 최소화하는 경향이 있다. 평형은 계의 성질이 더 이상 바뀌지 않으려는 상태이다. 그러므로 평형은 최소의 Gibbs 에너지에서 나타난다.

두 상 α와 β가 있다면 순수한 화학종 i의 총 Gibbs 에너지는 다음과 같이 쓸 수 있다.

$$G_i = n_i^\alpha g_i^\alpha + n_i^\beta g_i^\beta \qquad (6.4)$$

여기서 n_i^α와 n_i^β는 각각 상 α와 β에서 i의 몰수를 나타낸다. 위 식에 미소 변화를 취하여 식 (6.3)에 나타낸 부등식을 적용하면 다음 식이 얻어진다.

$$dG_i = d(n_i^\alpha g_i^\alpha + n_i^\beta g_i^\beta) = n_i^\alpha \overset{0}{dg_i^\alpha} + g_i^\alpha dn_i^\alpha + n_i^\beta \overset{0}{dg_i^\beta} + g_i^\beta dn_i^\beta \leq 0$$

두 독립적인 성질들에 의해 순수한 물질 i의 각 상에서의 상태가 제약을 받게 된다. 그러므로 주어진 T와 P에서 g_i^α와 g_i^β는 일정하다. 반대로 첫 번째와 세 번째 항은 0이 된다.

닫힌계를 다루고 있기 때문에 한 상을 빠져 나간 화학종은 다른 상에 더해져야만 하므로, 다음 식이 성립한다.

$$dn_i^\alpha = -dn_i^\beta$$

---

2. 다른 방식으로는, 보다 일반적인 비-Pv 일(non-Pv work), W^*를 포함하여 Gibbs 에너지를 전개할 수 있다. 식 (6.3)과 유사한 방식으로 다음 식이 성립한다.

$$\delta W^* \geq (dG_i)_{T,P} \qquad (6.3^*)$$

식 (6.3*)을 적분하면 Gibbs 에너지를 감소시키는 과정이 가능하지만, 자발적으로는 일어나지 않는다. 오히려 적당한 양의 일 W^*를 수행하여 적어도 같은 양의 Gibbs 에너지를 증가시킴으로써 구현될 것이다. 예를 들면, 이 관계식으로부터 자발적으로 섞여 있는 두 기체를 분리하기 위하여 요구되는 최소량의 일을 알 수 있다. 반대로, 식 (6.3*)으로부터 일정한 T와 P에서의 자발적인 과정으로부터 얻을 수 있는 유용한 일의 최대값을 제공받게 된다. 9.6절에서는 비-Pv 일이 중요한 경우를 다룬다.

앞의 식에 대입하면 다음이 얻어진다.

$$(g_i^\beta - g_i^\alpha)\mathrm{d}n_i^\beta \le 0$$

이 식으로부터 계에서 화학종이 평형에 도달하기 위하여 어떻게 응답하는지 추측할 수 있다. 초기에 α와 β상에 화학종이 존재하는 계를 고려하자. g_i^β가 g_i^α보다 크다면, $\mathrm{d}n_i^\beta$는 부등식을 만족하기 위하여 0보다 작아야만 한다. 물리적으로 성분 i는 상 β로부터 상 α로 전달되어 계의 Gibbs 에너지 G_i를 낮출 것이다. 성분 물질은 오직 상 α만 존재할 때까지 전달될 것이며, 상평형은 얻어질 수 없을 것이다. 반대로 g_i^α가 g_i^β보다 크다면 오직 상 β만이 평형에서 존재할 것이다. 그렇지만 두 상의 Gibbs 에너지가 같다면, 이 식은 등식이 되며 계는 구동력의 변화가 없다. 이 조건은 평형을 나타낸다.

그러므로 **화학적 평형에 대한 판단 기준**은 Gibbs 에너지가 최소일 때이다.

$$g_i^\alpha = g_i^\beta \tag{6.5}$$

식 (6.5)와 식 (6.1)과 (6.2) 사이의 유사성에 주목하라. *온도가 열적 평형, 압력이 기계적 평형에 대한 정보를 제공하는 것과 마찬가지로, 비록 직접적으로 측정될 수 없지만, 이 절에서 유도된 변수인 Gibbs 에너지는 화학적 평형에 대하여 동일한 정보를 제공한다!*

상평형에서 에너지와 엔트로피의 역할

위에서 논의된 판단 기준에 내포된 의미를 파악하기 위하여 그림 6.4에 나타낸 간단한 계를 살펴 볼 것이다. 구체적으로 Gibbs 에너지를 결정하는 데 있어서 에너지의 효과와 엔트로피 효과 사이의 상호 작용을 검토할 것이다. 그림 6.4에는 온도 T와 압력 P에서 공존하는 이상 기체와 완전 결정체로 구성된 계를 나타내고 있다. 기체가 a와 b로 이루어져 있는 데 비하여, 고체는 순수한 a로 구성되어 있다. 화학종 b는 응축될 수 없으며 고체 격자에 결합되어 있지 않다.

이 계의 Gibbs 에너지가 증발된 a의 분율에 어떻게 의존하는지 검토할 것이다. 지금 막 학습한 바와 같이 계는 Gibbs 에너지가 최소인 상태에서 평형에 도달한다. 그렇지만 Gibbs 에너지는 h를 낮추거나 s를 증가시킴으로써 감소시킬 수 있다. 그림 6.4의 오른쪽에는 증기에

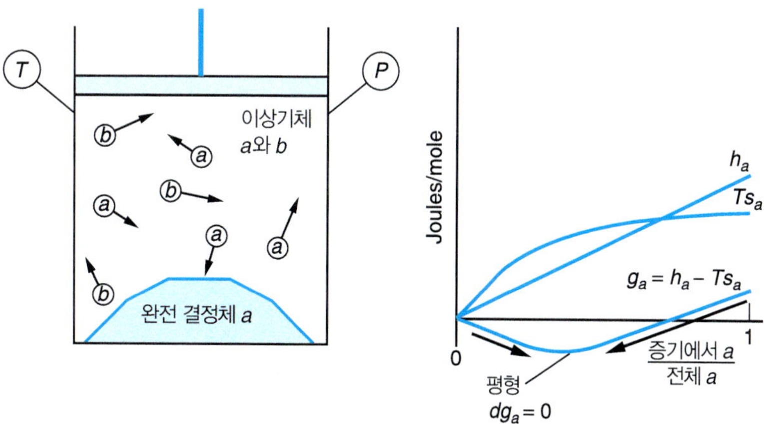

그림 6.4 간단한 상평형 문제의 개략도 및 고체와 증기가 평형에서 공존하는 온도에서 몇몇 열역학적 성질들에 대한 그래프.

존재하는 성분 a의 분율의 함수로써 이 계에 대한 a의 다양한 성질들을 그래프로 나타내었다. 이 그래프에서 엔탈피는 계의 에너지와 관련이 있다. 엔탈피는 내부 에너지와 Pv 일을 결합한 것이기 때문에, 일정한 압력의 닫힌계에서 에너지를 정량화하기 위한 성질임을 2.6절에서 배운 바 있다. 엔트로피에 T가 곱해져서 *에너지의 단위*를 갖게 되므로, 동일한 도표에 나타낼 수 있다. Gibbs 에너지는 h로부터 Ts를 뺌으로써 구해진다.

먼저, 계의 엔탈피를 고려하자. 이상기체를 다루고 있으므로 기체상에서 분자 간 퍼텐셜 에너지는 존재하지 않으며, 온도의 함수인 분자의 운동에너지만 존재한다. 반면에, 고체는 기체에 비하여 더 안정적이며 결합된 a 원자들 사이의 인력 때문에 더 낮은 엔탈피를 갖는다. 기화 과정을 고려해 보자. 증기에서 a의 분율을 높이기 위하여 고체의 결합이 끊어짐에 따라 결합 엔탈피에 비례하는 양만큼 계의 분자 간 퍼텐셜 에너지는 증가하게 된다. 고체를 빠져나가는 각 원자는 같은 양만큼 계의 엔탈피를 증가시키게 된다. 그림 6.4에 나타낸 것처럼 이러한 비례하는 증가 때문에 엔탈피와 증기에서 a의 몰분율이 선형 관계를 보이게 된다.

이제 계의 엔트로피를 고려해 보자. 엔트로피는 엔탈피처럼 선형적으로 증가하지는 않는다. 고체는 모두 a로, 기체는 모두 b로 구성되어 있는 경우, 가능한 한 가장 질서도가 높은 계가 얻어진다. 고체에서 증발하는 첫 번째 원자는 '무질서도'를 심하게 높이게 되며, 보다 정밀하게 설명하면 기체는 훨씬 많은 다른 배향을 보이게 될 것이다. 더욱 많은 원자들이 증발함에 따라 더욱 많은 a가 증기상에 유입된다. 따라서 첨가되는 각 원자들에 대하여 엔트로피의 추가적인 증가는 점점 완화된다. 직관적으로 증기상에 이미 많은 a 원자들이 존재할 때에 비하여 순수한 고체를 빠져나가는 첫 원자가 증기상으로 유입되어 더욱 많은 *무질서도*가 도입될 것임을 알 수 있다.[3] 이러한 관계는 제3장에 서술하였으며 통계 역학을 활용하여 식으로 전개할 수 있다. 이 또한 그림 6.4에 도시하였다.

이 계에는 서로 반대되는 두 경향이 존재한다. 증기상에서 a의 분율이 존재하지 않는 완전 결정체는 최소의 에너지 (또는 엔탈피)를 갖는 계에 해당되지만, 모든 a가 기화된 기체의 경우 엔트로피가 최대인 경우에 해당된다. 평형에서 계의 상태를 알기 위하여 각 효과의 우세한 정도를 결정할 필요가 있다. 이를 위하여 오직 계에 대한 Gibbs 에너지($g_a = h_a - Ts_a$)를 고려할 필요가 있다. 최소 엔탈피와 최대 엔트로피 사이의 최적의 타협점은 부분적인 고체와 부분적인 증기에서 나타난다. 낮은 증기 함량에서는 a를 증기상으로 도입함으로써 야기된 엔트로피 증가에 의해 고체에서 결합이 깨짐으로써 유발된 엔탈피의 증가가 상쇄된다. 그러므로 Gibbs 에너지는 감소하게 되며, 이 과정은 자발적으로 일어나고 계는 승화하는 경향이 있다. 반대로, 높은 증기 함량에서는 고체를 형성함으로써 야기된 안정도의 증가에 의해 증기로부터 원자를 상실하여 유발된 엔트로피의 감소가 적절히 상쇄된다. 그러므로 기체는 결정화되는 경향이 있다. 이 두 효과는 그림 6.4에 화살표로 표시되었다. 이 두 극단 사이에서 예시한 바와 같이 $g_a^s = g_a^v$인 조건의 계는 평형에 있는 두 개의 상으로 존재하게 된다.[4]

이제 훨씬 낮은 온도를 고려하자. 엔트로피에는 T가 곱해져야 하므로 무질서도(엔트로피)

3. 그 대신에 화학종 a가 화학종 b와 무관하고 기체로 빠져나갈 때 엔트로피의 증가를 예상할 수 있다. 기체는 이상적이므로 화학종 a는 b가 존재함을 인식할 수 없다. 그렇지만 a가 증기상으로 많이 빠져나갈수록 a의 부분압력은 늘어나게 된다. 예제 6.11에서는 엔트로피가 실제로 선형적이지 않은 $y_a \ln y_a$의 형태로 증가함을 정량적으로 보일 것이다.

4. 직감적으로 이 평형 문제는 기체상이 이상적이고 a는 b가 존재함을 인식하지 못하므로, 순수한 화학종의 문제로 간주될 수 있다. 일반적으로 혼합물을 다룬 후에 이러한 특별한 경우에 이 관계가 성립함을 알게 될 것이다. 이러한 내용은 독자들로 하여금 Gibbs 에너지 g에 대한 개념적인 틀을 갖추기 위하여 여기에 수록되었다.

의 효과는 엔탈피의 극소화와 결합하기 어렵게 된다. 이 경우에는, 평형 상태(최소의 g)는 계가 증기상에 a가 없는 순수한 고체로 존재할 때 나타나게 된다. 따라서 모든 증기가 결정화된다. 반대로, 매우 높은 온도에서는 엔트로피의 효과가 지배적이 되며 오직 기체상만 존재하게 된다. 이러한 거동은 우리의 경험에 부합된다. 고체는 저온에서 존재하며 온도가 높아짐에 따라 승화한다(또는 녹는다).

제2법칙에서는 엔트로피가 최대로 증가한다고 서술한다. 하지만 계가 최대의 엔트로피를 가지고 있을 때, 고체상은 존재하지 않을 것이다. 여러분들은 이러한 역설을 어떻게 해결할 것인가? [*힌트*: 온도가 일정하게 유지되면 어떻게 될까?]

예제 6.1 **생물학적 계에서 Gibbs 에너지의 역할–정성적 내용**

Gibbs 에너지를 활용하여 어떤 과정이 자발적으로 일어날지 여부를 결정할 수 있다는 것을 배웠다. 이러한 개념은 생물학적 계의 양상을 이해하는 데 적용될 수 있다. Gibbs 에너지를 활용하여 복잡한 생물체를 조절하는 단백질이 높은 주변 온도에서 안정하지 않은 이유를 보여라.

풀이 ▶ 단백질의 구조는 다른 차원(dimension)들의 조직으로 고려될 수 있다. 단백질은 아미노산이 펩티드 결합(아미노산의 카르복실기의 탄소 원자와 이웃한 아미노산의 아미노기의 질소 원자 사이의 결합)에 의해 연결된 긴 사슬의 고분자이다. 이러한 사슬은 단백질의 일차 구조(primary structure)를 형성한다. 단백질 분자는 그 자체로 구부러져서 사슬에 있는 다른 아미노산과 정전기적 힘, 수소결합력, van der Waals 힘에 의한 분자내 결합(intramolecular bond)을 이룬다. 첫 번째 접힌 구조는 단백질의 이차 구조(secondary structure)를 형성한다. 일반적인 이차 구조에는 α-나선(α-helix)과 β-주름 평면(β-pleated sheet)이 포함된다. 세 번째와 네 번째 접힌 구조에 의해 단백질의 3차 및 4차 구조(tertiary and quaternary structures)가 형성된다. 결과적으로 나타나는 잘 정의된 구조에 의해 단백질이 특정한 기능을 수행할 수 있는 정밀한 화학적 성질들이 야기된다.

온전한 구조를 갖는 본래의 단백질(n)과 잘 정의된 구조를 더 이상 갖지 않고 특정한 기능을 수행할 수 없는 변성된 단백질(d)를 고려한다. 본연의 단백질은 상온보다 높은 온도에서는 오직 제한된 온도 범위에서만 온전한 상태로 유지된다. 이러한 결과는 단백질의 Gibbs 에너지로 이해할 수 있다. 단백질의 구조를 정의하는 분자 내 결합은 높은 차원의 조직이 붕괴되어 나타나는 변성된 구조를 야기하는 화학 결합에 비하여 상대적으로 더 선호되는 에너지를 갖는다. 따라서 다음 식이 성립한다.

$$h_d > h_n \quad \textbf{(E6.1A)}$$

반면에 변성된 단백질은 더 이상 특별히 제약된 3차원 구조에 국한되지 않고 더 많은 가능한 배향들을 취할 수 있다. 따라서 변성된 단백질의 엔트로피는 더 커진다. 즉, 다음 식이 성립한다.

$$s_d > s_n \quad \textbf{(E6.1B)}$$

단백질이 자발적으로 변성되는지를 판별하기 위하여 본연의 상태와 변성된 단백질 사이의 Gibbs 에너지 차이를 고려한다. Gibbs 에너지의 정의를 적용하면 다음 식과 같다.

$$\Delta g = g_d - g_n = (h_d - h_n) - T(s_d - s_n) \quad \textbf{(E6.1C)}$$

식 (E6.1C)에서 Gibbs 에너지의 변화량은 계의 온도에 따라 부호가 변한다. 주위 온도에서 식 (E6.1C)의 첫 항이 우세해지며, 식 (E6.1A)로부터 $\Delta g > 0$임을 보일 수 있다. 따라서, 단백질은 자발적으로 변성되지 않을 것이다. 온도가 점점 높아질수록 두 번째 항이 더욱 중요해지면서 변성된 단백질의 엔트로피가 더 높으므로 $\Delta g < 0$이 된다. 따라서 더 높은 온도에서는 단백질이 자발적으로 변성된다. 에너지 측면에서 우세한 수소결합, 정전기적 상호작용 및 van der Waals 상호작용과 변성된 상태의 엔트로피 측면에서 우세한 무작위성 사이의 적절한 영역에서 단백질이 더 이상 안정적이지 않은 온도가 결정된다. 생물학적 계에서는 일반적으로 이러한 균형은 50°C와 70°C 사이에서 일어난다. 예제 6.2에서는 단백질 라이소자임에 대하여 이 온도를 계산할 것이다.

단백질이 존재하는 용액과의 상호작용을 고려하지 않았기 때문에, 위의 분석은 단순화된 것이다. 하지만 이러한 분석은 여전히 확실성을 보인다. 그렇지만, 많은 경우에 용매-단백질 상호작용에 의해 이러한 계의 거동을 이해하기 위한 중요한 요소가 형성된다. 이러한 복잡한 경우들을 해결하기 위하여 혼합물의 열역학에 대해 배울 때까지는 기다려야 한다.

예제 6.2 **단백질이 펼쳐지는 온도에 대한 열역학적 예측**

상평형의 원리를 활용하여 생물학적 계에서 단백질의 안정도에 대해 배울 수 있었다. 이 예제에서는 본래의 상 n과 펼침이 일어나는 변성된 상 d 사이에 단백질 라이소자임(l)의 상평형을 고려한다.

다음의 열화학적 자료가 활용될 수 있다. 각 상태의 열용량은 온도에 무관하며 다음과 같이 주어진다.

$$\text{변성된 단백질:} c_{P,d} = 15.1\left[\frac{\text{kJ}}{\text{mol K}}\right] \qquad \text{본래의 단백질:} c_{P,n} = 6.0\left[\frac{\text{kJ}}{\text{mol K}}\right]$$

25°C에서 본래의 상태와 변성된 상태 사이의 엔탈피와 엔트로피의 차이는 다음 식과 같이 주어진다.

$$h_d - h_n = 242\left[\frac{\text{kJ}}{\text{mol}}\right] \quad \text{그리고} \quad s_d - s_n = 618\left[\frac{\text{J}}{\text{mol K}}\right]$$

다음 질문에 답하라.

A. 25°C에서 어떤 상이 안정한가? 답변의 근거를 제시하라.

B. 본래의 상태로부터 변성된 상태로의 Gibbs 에너지 차이($g_d - g_n$)를 온도 T의 함수로 그려라. 그래프에 다음을 표시하라.

i. 본래의 단백질이 더 이상 열역학적으로 안정하지 않는 조건보다 높은 온도로 주어지는 *열변성 온도*(heat-denaturation temperature).

ii. 본래의 단백질이 열역학적으로 더 이상 안정하지 않는 조건보다 낮은 온도로 주어지는 *냉변성 온도*(cold-denaturation temperature).

iii. 본래의 상태가 가장 안정한 온도.

풀이 ▸ 평형에 있는 두 상들의 개략도는 그림 E6.2A에 나타내었다. 본연의 상에서 단백질 고분자는 왼쪽에 삽입된 그림처럼 스스로 접혀져서 이차 결합들(secondary bonds)을 형성한다. 변성되었을 때 오른쪽 위의 그림과 같이 고분자 사슬이 펼쳐지게 된다. 예제 6.1에서 논의된 바와 같이 본래의 상태에서 나타나는 부가적인 화학결합들 때문에 변성된 상태에 비하여 엔탈피가 상대적으로 낮아지게 된다. 그렇지만 본연의 상태는 움직임에 좀 더 제약을 받으면서 더 낮은 엔트로피를 갖게 된다.

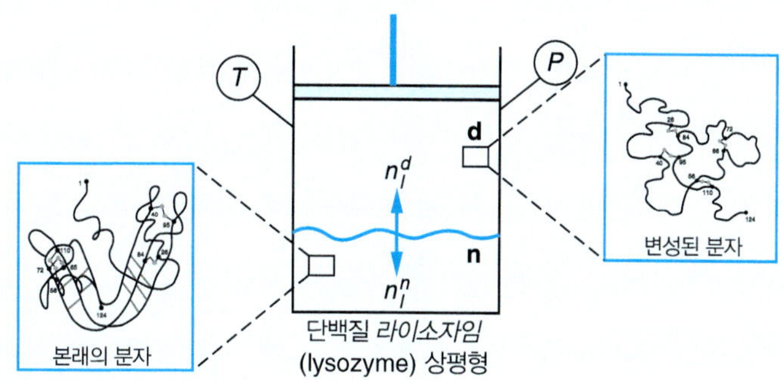

그림 E6.2A 단백질 라이소자임의 본래의 상 n과 변성된 상 d 사이의 평형에 대한 개략도. 박스 안의 그림은 변성된 상에서 펴짐이 나타나는 단백질 분자를 나타내고 있다.

A. 방금 학습한 바와 같이 열역학적 성질인 Gibbs 에너지 g에 의해 엔탈피와 엔트로피 사이의 균형(trade-off)에 대한 특징을 설명할 수 있으며, 어느 상이 더 안정할지를 이야기할 수 있다. 따라서 단백질의 변성된 상태와 본래의 상태 사이에 Gibbs 에너지 차이를 계산할 필요가 있다. 앞에서 제시된 엔탈피와 엔트로피의 차이 값들을 활용하면, 다음 식이 얻어진다.

$$g_d - g_n = (h_d - h_n) - T(s_d - s_n)$$

$$= 24{,}200 - 298 \times 618 = 57{,}800 \left[\frac{\text{J}}{\text{mol}}\right]$$

Gibbs 에너지의 변화가 양이기 때문에 본래의 상태에서 Gibbs 에너지는 변성된 상태에 비하여 낮은 값을 갖는다. 그러므로 본래의 상태가 좀 더 안정하며, 단백질 분자는 자발적으로 펼쳐지지 않을 것이다.

B. 온도의 함수로 Gibbs 에너지의 차이를 계산하기 위하여 먼저 가상적인 경로를 고려할 필요가 있다. 가상적인 경로를 구축할 때 종종 있었던 것처럼 많은 접근법들을 취할 수 있다. 이 예제에서는 한 가지 방법을 먼저 예시하고 있으나, 두 가지 다른 가능한 방법들이 연습 문제 6.40에 소개될 것이다.

임의의 온도에서 Gibbs 에너지의 변화량을 계산하기 위하여 엔탈피와 엔트로피의 차이를 따로 계산한 후에 정의식 $g = h - Ts$를 활용한다. 그림 E6.2B에는 엔탈피(좌)

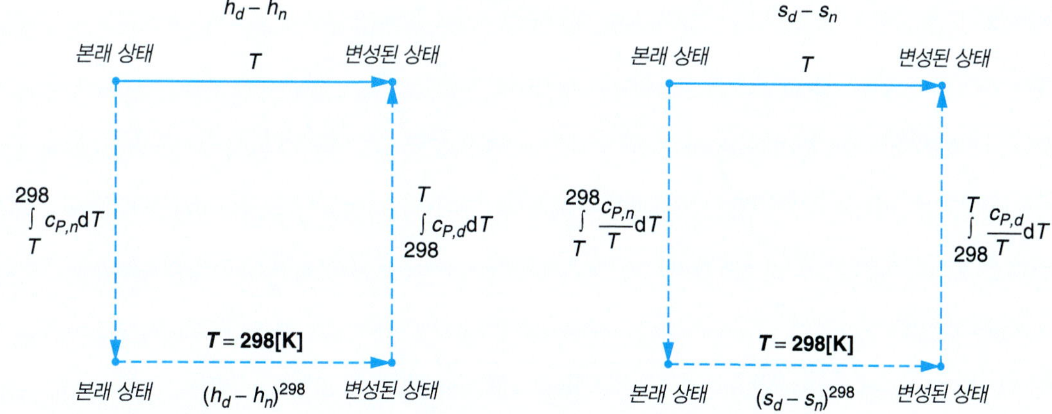

그림 E6.2B 임의의 온도에서 변성된 상태와 본래의 상태 사이의 엔탈피(좌)와 엔트로피(우)의 차이를 계산하기 위한 열역학적 경로.

와 엔트로피(우)에 대한 3단계의 과정들을 나타내고 있다. 각 경로는 온도 T에서 본래의 상태로부터 시작된다. 첫 단계는 본래의 상에서 온도를 298 K로 변화시키는 것이다. 이는 2.6절과 3.6절에서 보인 '현열' 계산이다. 각 경우에 첫 경로는 다음 단계에서의 자료가 제공된 298 K의 온도로 변하게 된다. 세 번째 단계에서 변성된 단백질의 온도를 다시 T로 변화시킨다. 따라서 단계 3에서의 적분 구간은 단계 1과 반대가 된다.

그림 E6.2B에 나타낸 경로를 적용하면, 다음 식이 얻어진다.

$$h_d - h_n = \int_T^{298} c_{P,n}\,\mathrm{d}T + (h_d - h_n)^{298} + \int_{298}^{T} c_{P,d}\,\mathrm{d}T$$

$$= (h_d - h_n)^{298} + (c_{P,d} - c_{P,n})(T - 298) \qquad \textbf{(E6.2A)}$$

$$s_d - s_n = \int_T^{298} \frac{c_{P,n}}{T}\mathrm{d}T + (s_d - s_n)^{298} + \int_{298}^{T} \frac{c_{P,d}}{T}\mathrm{d}T = (s_d - s_n)^{298}$$

$$+ (c_{P,d} - c_{P,n})\ln\left(\frac{T}{298}\right) \qquad \textbf{(E6.2B)}$$

여기서 열용량은 상수이므로 적분 기호 밖으로 빼냈다. 식 (6.2A)와 (6.2B)를 Gibbs 에너지에 대한 정의에 대입하면, 다음 식이 얻어진다.

$$g_d - g_s = (h_d - h_n) - T(s_d - s_n)$$

$$= (h_d - h_n)^{298} + (c_{P,d} - c_{P,n})(T - 298) - T\left[(s_d - s_n)^{298} + (c_{P,d} - c_{P,n})\ln\left(\frac{T}{298}\right)\right]$$

앞에서 나타낸 열화학적 자료를 활용하여 다음 식을 얻을 수 있다.

$$g_d - g_s = 242 + 9.1(T - 298) - T\left[0.618 + 9.1\ln\left(\frac{T}{298}\right)\right] \qquad \textbf{(E6.2C)}$$

여기서 수치들은 kJ, mol 및 K 단위이다. 식 (E6.2C)는 그림 E6.2C에 나타낸 것처럼 T에 따른

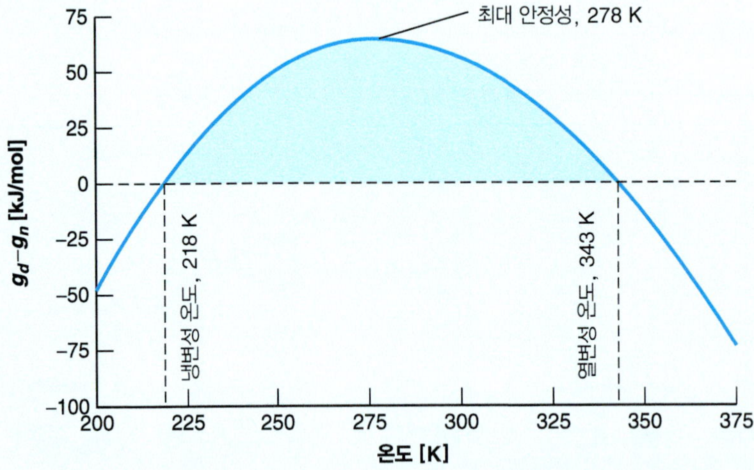

그림 E6.2C 단백질 라이소자임의 본래의 상 n과 변성된 상 d 사이의 Gibbs 에너지 차이. 음영으로 표현된 영역은 본래의 단백질이 더 낮은 Gibbs 에너지를 갖고 보다 안정한 영역을 나타낸다.

$g_d - g_n$을 도시하기 위하여 활용될 수 있다. Gibbs 에너지의 차이 값은 증가하면서 최대값을 보이다가 감소하게 된다. 이 그래프로부터 단백질의 본래의 상태는 변성된 상태보다 낮은 Gibbs 에너지를 보이면서 안정한 '창(window)'이 존재함을 알 수 있다. 이 영역은 그림에서 음영으로 표시하였다. 곡선이 0을 지나는 점들은 냉변성 온도 및 열변성 온도로 경계를 정하게 된다.

냉변성 온도와 열변성 온도는 식 (E6.2C)를 0으로 놓고 구할 수 있다. 이 값들은 각각 218 K과 343 K로 얻어진다. 이 온도 사이에서 본래의 단백질이 안정하다. 이 영역 바깥에서는 단백질이 펼쳐지면서 변성되게 된다. $g_d - g_n$의 최대값은 278 K에서 나타난다. 이 값은 식 (E6.2C)의 도함수를 0으로 놓고 T에 대해 풀거나, 함수가 최대값에 도달하는 온도를 수치적으로 구함으로써(Excel의 solver 기능은 이 방식에 유용할 수 있다) 찾을 수 있다.

포화 압력과 온도 사이의 관계: Clapeyron(클라페이론) 식

1.5절에서 평형에 있는 두 상에 존재하는 순수한 화학종에 대하여 P와 T가 독립적이지 않다는 점을 배웠다. 이제는 두 상이 계의 온도에서 공존하는 압력과 관련된 표현을 수립하고자 한다. 예를 들면, 이러한 표현을 통해 포화 압력이 온도에 따라 어떻게 변하는지를 계산할 수 있다. 포화 압력 P_i^{sat}은 주어진 온도에서 순수한 성분이 끓게 되는 독특한 압력으로 정의되었다는 점을 상기하라.

본격적으로 시작하기 전에 위에서 논의된 맥락에서 이 문제를 정성적으로 살펴볼 것이다. 두 상 사이의 평형에 대한 다음과 같은 판단 기준에서부터 시작한다.

$$g_i^\alpha = g_i^\beta \tag{6.5}$$

여기서도 α와 β는 증기, 액체, 또는 고체상을 나타낸다. 두 세기 변수들은 계의 상태를 완전히 규정하기 때문에, 각 상에 대한 g의 값은 주어진 T와 P에 의해 제약을 받게 된다. 따라서 그림 6.5의 왼쪽에 예시한 바와 같이 각 상에 대한 Gibbs 에너지의 면을 도시할 수 있다. 공존선(coexistence line)이라 불리는 두 면의 교차선은 식 (6.5)가 만족되고 두 상이 평형에 있는 조건들을 나타낸다. 공존선은 그림 6.3의 PvT 면에 대한 PT 사영에서 보았던 선과 동일하다. 공존선의 왼쪽에는 상 β가 더 낮은 Gibbs 에너지를 갖으며 Gibbs 에너지가 최소인 상을 나타

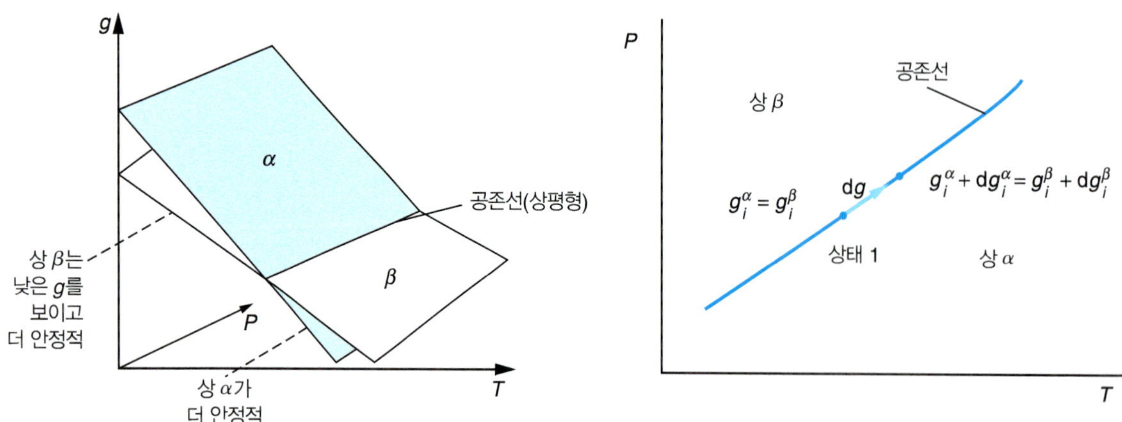

그림 6.5 (좌) 공존선을 형성하기 위한 상 α와 β에 대한 두 개의 Gibbs 면(Gibbs surface), (우) 평형 압력이 공존선을 따라 온도의 함수로 어떻게 변하는지를 결정하는 계산 전략.

낼 것이다. 반대로, 공존선의 오른쪽에서는 오직 상 α만이 존재할 것이다. 그렇지만 공존선의 P와 T에 대한 일련의 주어진 조건에서 두 상은 동일한 Gibbs 에너지를 나타낼 것이다. 따라서 상 α와 β는 상평형에서 공존한다.

어떤 상이 보다 더 무질서할 것인가? 어느 상이 더 강한 분자 간 인력을 보일 것인가?

그림 6.5의 오른쪽에 나타낸 PT 상선도에 보인 상태 1과 같이 이상계의 평형 온도와 압력이 알려져 있다고 간주하자. 계의 상평형이 유지되면서 주어진 어떤 온도 변화에 대해 압력이 얼마만큼 변해야 하는지를 계산하고자 한다. 우리가 취할 접근 방식은 그림 6.5에 나타내었다. 식 (6.5)는 공존선 위의 두 점 모두에 대해 성립하기 때문에, 평형 온도의 미소 변화량 $\mathrm{d}T$에 대해 평형 압력의 미소 변화량 $\mathrm{d}P$가 계산될 수 있는 것이다. 그러므로 $g_i^\alpha + \mathrm{d}g_i^\alpha = g_i^\beta + \mathrm{d}g_i^\beta$와 $g_i^\alpha = g_i^\beta$이 모두 성립한다. 이 두 식을 서로 빼면 다음과 같다.

$$\mathrm{d}g_i^\alpha = \mathrm{d}g_i^\beta \tag{6.6}$$

제5장에서 본 바와 같이 열역학적 망(thermodynamic web) 구조는 유도된 열역학적 성질들을 측정된 성질들과 연관시키는 데 유리한 수단이다. 각 상에 g에 대한 기본적인 성질 관계를 적용하면[식 (5.9)], 다음 식이 얻어진다.

$$v_i^\alpha \mathrm{d}P - s_i^\alpha \mathrm{d}T = v_i^\beta \mathrm{d}P - s_i^\beta \mathrm{d}T$$

각 상에서 T와 P에 대해서는 빠져 있다. 그 이유는 무엇인가? 위 식을 재배열하면 다음과 같다.

$$\frac{\mathrm{d}P}{\mathrm{d}T} = \frac{s_i^\alpha - s_i^\beta}{v_i^\alpha - v_i^\beta} \tag{6.7}$$

이제 식 (6.5)를 적용할 수 있다.

$$g_i^\alpha = g_i^\beta$$

또는 Gibbs 에너지의 정의인 식 (5.3)을 활용하면 다음 식이 얻어진다.

$$h_i^\alpha - Ts_i^\alpha = h_i^\beta - Ts_i^\beta$$

엔트로피의 차이 값을 구하면 다음과 같다.

$$s_i^\alpha - s_i^\beta = \frac{h_i^\alpha - h_i^\beta}{T}$$

식 (6.7)을 대입하면 Clapeyron 식이 얻어진다.

$$\frac{\mathrm{d}P}{\mathrm{d}T} = \frac{h_i^\alpha - h_i^\beta}{(v_i^\alpha - v_i^\beta)T} \tag{6.8}$$

Clapeyron 식을 통해 공존면의 기울기를 실험적으로 접근 가능한 성질들인 엔탈피와 상전이의 부피 변화와 연관시킬 수 있게 된다! 이러한 값들을 어떻게 측정하는지 생각할 수 있는가? 다시 이야기하면, Clapeyron 식을 통해 온도가 $\mathrm{d}T$만큼 변할 때 물질의 상평형을 유지하는 데 필요한 압력 변화 $\mathrm{d}P$를 알 수 있다.

순수한 성분의 기–액 평형: Clausius–Clapeyron 식

다음으로 기–액 평형의 특별한 경우를 고려한다. 이 경우에 액체의 몰부피는 종종 증기의 부피와 비교하여 무시할 수 있다.

$$v_i^l \ll v_i^v \quad \text{또는} \quad v^l \approx 0 \qquad \textbf{(가정 I)}$$

이 가정에는 임계점에서 멀리 떨어진 그림 1.6의 액체–기체 돔의 밑에 있다는 점을 함축하고 있다. 추가적으로 증기가 이상기체 모델을 따른다고 가정한다면,

$$v_i^v = \frac{RT}{P} \qquad \textbf{(가정 II)}$$

기–액 평형에 대한 공존 식[식 (6.8)]은 다음 식과 같이 된다.

$$\frac{\mathrm{d}P_i^{\mathrm{sat}}}{\mathrm{d}T} = \frac{P_i^{\mathrm{sat}}\Delta h_{\mathrm{vap},i}}{RT^2}$$

여기서 $\Delta h_{\mathrm{vap},i} = h_i^v - h_i^l$와 P_i^{sat}는 각각 온도 T에서 화학종 i의 증발 엔탈피와 포화 압력을 나타낸다.

변수 분리를 하면 다음과 같다.

$$\frac{\mathrm{d}P_i^{\mathrm{sat}}}{P_i^{\mathrm{sat}}} = \frac{\Delta h_{\mathrm{vap},i}\mathrm{d}T}{RT^2} \qquad \textbf{(6.9a)}$$

식 (6.9a)는 Clausius–Clapeyron(클라우시우스–클라페이론) 식으로 불린다. 이는 다음과 같은 형태로 다시 쓸 수 있다.

$$\mathrm{d}\ln P_i^{\mathrm{sat}} = -\frac{\Delta h_{\mathrm{vap},i}}{R}\mathrm{d}\left(\frac{1}{T}\right) \qquad \textbf{(6.9b)}$$

증발 엔탈피가 온도에 무관하다고 가정하자. 즉 다음이 성립한다면,

$$\Delta h_{\mathrm{vap},i} \neq \Delta h_{\mathrm{vap},i}(T) \qquad \textbf{(가정 III)}$$

상태 1과 상태 2 사이에 식 (6.9b)를 정적분할 수 있으며 다음 식이 얻어진다.

$$\ln\frac{P_2^{\mathrm{sat}}}{P_1^{\mathrm{sat}}} = -\frac{\Delta h_{\mathrm{vap},i}}{R}\left[\frac{1}{T_2} - \frac{1}{T_1}\right] \qquad \textbf{(6.10)}$$

또는 식 (6.9b)를 부정적분하여 다음 식을 얻을 수 있다.

$$\ln P_i^{\mathrm{sat}} = \text{상수} - \frac{\Delta h_{\mathrm{vap},i}}{RT} \qquad \textbf{(6.11)}$$

사실상 가정 III은 큰 온도 범위에서는 확실하지 않다. 증발 엔탈피는 온도가 높아질수록 감소하므로, 식 (6.10)과 (6.11)은 오직 제한된 온도 범위에서만 사용될 수 있다. 그렇지만 놀랍게도 많은 경우들에 대해서 가정 III에 의해 도입된 오차는 가정 I과 가정 II의 오차들에 의해 상쇄되며, 본래 예측했던 것보다 넓은 구간에 걸쳐 $\ln P_i^{\mathrm{sat}}$과 $1/T$의 선형 거동이 도출된다.

포화 압력 상관관계는 일반적으로 Antoine(안토인) 식의 형태로 보고된다.

$$\ln P_i^{sat} = A - \frac{A}{C + T} \tag{6.12}$$

여기서 A, B, C는 여러 유체들에 대해 결정된 경험적인 상수이다. Antoine 상수들에 대한 값들은 부록 A.1에서 찾을 수 있다. 경험적인 식인 Antoine 식은 식 (6.11)과 놀라울 정도로 유사하다. Antoine 식은 상태방정식에서 논의된 것과 유사한 주제로 거슬러 올라간다 (제4장). 경험적인 식의 형태에 서술하고자 하는 기본적인 물리학이 반영되어 있다면, 훨씬 더 잘 적용되는 경향이 있다. 포화 압력을 상관하는 데 있어서 Clausius–Clapeyron 식보다 Antoine 식이 더 잘 적용되는 이유는 무엇이라고 생각하는가? T의 함수로서 P^{sat}에 대해 문헌으로 보고된 더욱 복잡한 상관식들이 여러 가지 존재한다. 이러한 형태들은 이 책에서 다루어지지는 않을 것이다.

예제 6.3 측정 자료로부터 증발 엔탈피의 예측

Trimethyl gallium [$Ga(CH_3)_3$]은 GaAs 박막의 성장에 사용되는 공급 기체이다. 표 E6.3[5]에 나타낸 온도에 대한 포화 압력의 자료로부터 trimethyl gallium의 증발 엔탈피를 추정하라.[5]

풀이 ▸ 식 (6.11)의 검토를 통해 $\ln P_i^{sat}$과 $1/T$를 도시하면, 기울기는 $-(\Delta h_{vap,Ga(CH_3)_3}/R)$임을 알 수 있다. 이를 토대로 표 E6.3의 자료를 그림 E6.3A에 나타내었다. 높은 상관 계수 값이 얻어졌다는 것은 $\Delta h_{vap,Ga(CH_3)_3}$이 이 온도 범위에서 일정하다는 점을 의미한다.
증발 엔탈피를 구하기 위하여 직선의 기울기를 취하면, 다음 식이 얻어진다.

$$-\frac{\Delta h_{vap,Ga(CH_3)_3}}{R} = -4222.1[K]$$

$$\Delta h_{vap,Ga(CH_3)_3} = 35.1\ [kJ/mol]$$

비교를 위해서 등적 봄베열량계(static bomb combustion calorimetry)를 활용하여 측정된 값은 33.1 kJ/mol이며, 약 6%의 오차를 보인다.

표 E6.3 $Ga(CH_3)_3$에 대한 포화 압력 자료

T [K]	P_i^{sat} [kPa]
250	2.04
260	3.3
270	7.15
280	12.37
290	20.45
300	32.48
310	49.75

5. J. F. Sackman and L. H. Long, *Trans. Faraday Soc.*, **54**, 1797 (1958).

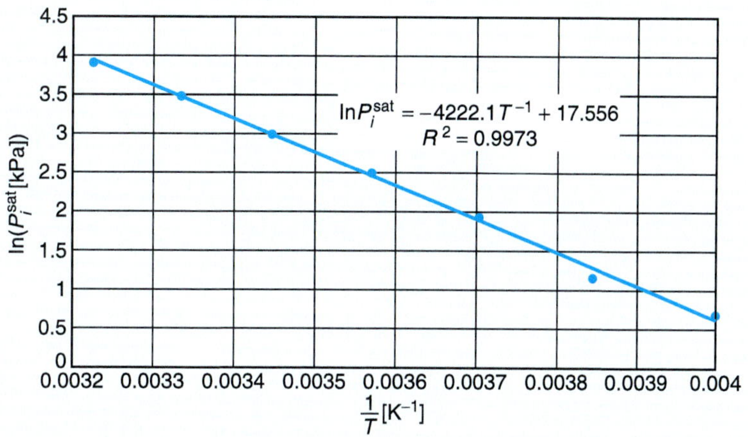

그림 E6.3 표 E6.2에 나타낸 그래프 자료와 최소 자승 선형 맞춤 자료.

예제 6.4

4.3절의 '등면적' 규칙의 확인

3차 상태방정식에 대한 논의에서(4.3절) 상태방정식에 의해 형성된 아임계 등온선(subcritical isotherm)으로부터 기-액 돔(vapor-liquid dome)이 형성될 수 있음을 서술하였다. 포화 압력은 그림 E6.4와 같이 등온선을 동일한 면적으로 나누는 선으로 나타낼 수 있다. 이러한 서술이 위에서 설명된 평형의 기준과 일관성이 있음을 확인하라.

풀이 ▶ 이 절에서 발전시킨 기-액 평형의 기준을 통해 포화 증기와 포화 액체는 동일한 Gibbs 에너지를 갖는다고 서술할 수 있다. 즉,

$$g_i^v = g_i^l$$

또는

$$g_i^v - g_i^l = 0 \tag{E6.4}$$

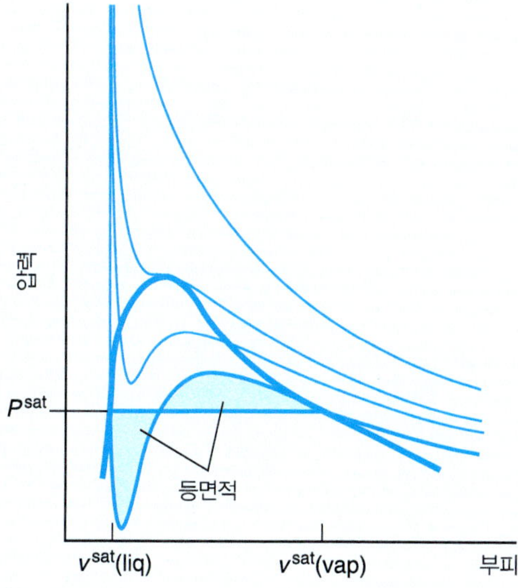

그림 E6.4 3차의 상태방정식에 의해 등면적으로 나누어진 아임계 등온선.

식 (E6.4)를 표현하는 또 다른 방식은 포화 액체로부터 포화 증기로 Gibbs 에너지의 미소량을 적분하면 0이 된다는 것이다.

$$\int_{g_i^l}^{g_i^v} \mathrm{d}g = 0$$

dg에 대한 기본적인 성질인 식 (5.9)를 적용할 수 있다.

$$\int_{\text{sat. liq.}}^{\text{sat. vap.}} [v_i \mathrm{d}P - s_i \underbrace{\mathrm{d}T}_{0}] = 0$$

등온선을 따라 적분값을 구하므로 두 번째 항은 0이 된다. 따라서 $\mathrm{d}T = 0$이 된다. 곱의 규칙을 적용하면, 다음 식이 얻어진다.

$$\int_{\text{sat. liq.}}^{\text{sat. vap.}} v_i \mathrm{d}P = P_i^{\text{sat}} v_i \Big|_{v_i^l}^{v_i^v} - \int_{v_i^l}^{v_i^v} P \mathrm{d}v_i = 0$$

또는

$$P_i^{\text{sat}}(v_i^v - v_i^l) - \int_{v_i^l}^{v_i^v} P \mathrm{d}v_i = 0$$

결과 식은 그림 E6.4의 그래프와 관련하여 해석될 수 있다. Pv 상선도에서 v_i^l로부터 v_i^v까지 적분한 것은 $P_i^{\text{sat}}(v_i^v - v_i^l)$와 동일하다. 그러므로 포화 압력은 등온선을 동일한 면적으로 나누는 직선이 되며, 포화선의 아래 면적과 윗 면적이 같아지게 된다.

예제 6.5 **고체 나노 입자의 녹는점 변화**

나노기술의 분야는 화학과 생물공학도들에게 새롭게 부상하는 영역이다. 탄소 나노튜브를 성장시키기 위한 촉매로서 활용되는 니켈 나노 입자를 고려하자. 니켈의 정상 녹는점 T_m은 1728 K이다. 나노 입자에서는 굽은 표면 때문에 입자의 표면에 접하는 방향으로 작용하는 힘의 영향으로 고체의 Gibbs 에너지가 변화하게 된다. 이 효과의 크기는 표면 장력 σ에 의해 결정된다. Gibbs 에너지의 미분 변화량은 곡면 또는 반지름의 역수$(1/R)$로 나타낸 항으로 표면 장력을 고려함으로써 표현될 수 있다. 이러한 경우에 식 (5.9)에 의해 주어지는 기본적인 성질의 관계식은 다음과 같이 변형될 수 있다.

$$\mathrm{d}g_i = -s_i \mathrm{d}T + v_i \mathrm{d}P + 2v_i\sigma_i \mathrm{d}\left(\frac{1}{R}\right)$$

다음 성질들이 Ni에 대해 활용 가능하다.

고체 Ni의 표면 장력: $\sigma_{\text{Ni}}^s = 1.75 \left[\dfrac{\text{J}}{\text{m}^2}\right]$

고체 Ni의 밀도: $\rho_{\text{Ni}}^s = 8{,}900 \left[\dfrac{\text{kg}}{\text{m}^3}\right]$

용융 엔탈피: $\Delta h_{fus,Ni} = -17.48 \left[\frac{\text{kJ}}{\text{mol}}\right]$

약 2 nm (2×10^{-9} m)의 반경을 갖는 Ni 나노 입자를 고려하자. 750°C와 1 atm의 조건에서 니켈 나노 입자가 가공될 때 녹을지 여부에 관심을 갖고 있다. 단순화를 위하여 계에는 *오직 순수한 니켈 나노 입자만*이 포함되었다고 가정한다. 750°C와 1 atm에서 순수한 2 nm의 Ni 나노 입자가 평형에서 어떤 상을 갖는가? 도입한 가정들을 서술하라.

풀이 ▶ 그림 E6.5A는 고체 상태의 니켈과 액체 니켈 사이의 상평형에 대한 개략도를 나타내고 있다. 상선도의 왼쪽에는 벌크(거시적인) 니켈을 나타내었으며, 우리가 관심을 갖고 있는 니켈 나노 입자는 오른쪽에 나타내었다. 여기서는 나노 입자가 녹는 온도를 계산하고자 한다. 이 계산을 위하여 Clapeyron 식에 대해 P와 T 사이의 관계를 전개한 것과 유사하게, 공존선(coexistence line)을 따라서 $(1/R)$과 T 사이의 관계를 전개할 수 있다. 이러한 계산을 위한 개략적인 경로는 그림 E6.5B에 나타내었다.

공존선을 따른 고체의 Gibbs 에너지의 미분 변화는 액체와 동일해야 한다.

$$dg^s = dg^l$$

식 (5.9)의 변형된 형태를 적용하면 다음 식이 얻어진다.

$$-s^s_{Ni}dT + \overset{0}{v^s_{Ni}dP} + 2v^s_{Ni}\sigma^s_{Ni}d\left(\frac{1}{R}\right) = -s^l_{Ni}dT + \overset{0}{v^l_{Ni}dP} + 2v^l_{Ni}\sigma^l_{Ni}d\left(\frac{1}{R}\right)$$

고체–액체 평형

반경 R인 나노 입자의 고체–액체 평형

T_m 액체 n^l_{Ni} 고체 n^s_{Ni}

T = ? 액체 R 고체

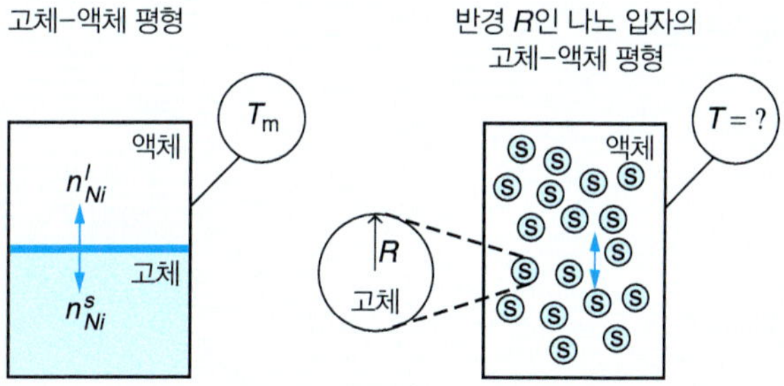

그림 E6.5A 고체와 액체 니켈 사이의 평형에 대한 개략도. 왼쪽의 개략도에는 T_m에서 녹는 벌크 니켈(bulk nickel)로 이루어진 계를 나타내었다. 오른쪽의 경우 반경 R인 니켈 나노 입자를 나타내었다.

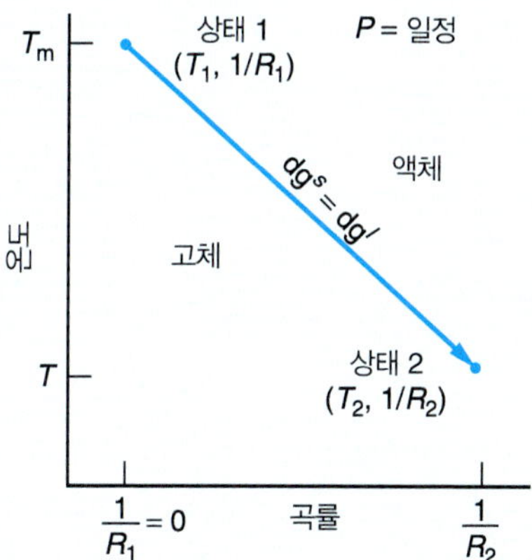

그림 E6.5B 벌크 상태(1)로부터 나노결정 상태(2)로의 공존선.

여기서 압력의 미분 변화량은 계가 일정한 압력에 있으므로 0이 되며, 액체의 곡률에 대한 미분 변화량 역시 0으로 설정된다. 유사한 항들끼리 모으면, 다음 식이 얻어진다.

$$(s^s_{Ni} - s^l_{Ni})\mathrm{d}T = 2v^s_{Ni}\sigma^s_{Ni}\mathrm{d}\left(\frac{1}{R}\right) \tag{E6.5A}$$

액체로부터 고체로의 엔트로피 변화에 대한 자료는 가지고 있지 않지만, *벌크 Ni*에 대한 엔탈피 변화의 자료는 가지고 있다. 이 양들은 (Clapeyron 식을 전개할 때와 마찬가지로) Gibbs 에너지를 같게 놓음으로써 연관시킬 수 있다.

$$(s^s_{Ni} - s^l_{Ni}) = \frac{(h^s_{Ni} - h^l_{Ni})}{T} = \frac{\Delta h_{fus,Ni}}{T_m}$$

이 결과를 식 (E6.5A)에 대입하고 dT에 대해 풀면 다음 식이 얻어진다.

$$\mathrm{d}T = \frac{2v^s_{Ni}\sigma^s_{Ni}T_m}{\Delta h_{fus,Ni}}\mathrm{d}\left(\frac{1}{R}\right) \tag{E6.5B}$$

최종적으로, 식 (E6.5B)를 벌크 상태(bulk state)에서부터 2 nm의 고체 나노 입자와 연관된 상태까지 적분할 수 있다.

$$\int_{T_m}^{T}\mathrm{d}T = \frac{2v^s_{Ni}\sigma^s_{Ni}T_m}{\Delta h_{fus,Ni}}\int_{1/R=0}^{1/R}\mathrm{d}\left(\frac{1}{R}\right) \tag{E6.5C}$$

앞에서 주어진 고체 니켈의 밀도와 Ni의 분자량 58.69[g/mol]을 활용하여 고체의 몰밀도(molar density)를 계산할 수 있다.

$$v^s_{Ni} = \frac{MW_{Ni}}{\rho^s_{Ni}} = \frac{58.69\left[\frac{\mathrm{g}}{\mathrm{mol}}\right]}{8{,}900\left[\frac{\mathrm{kg}}{\mathrm{m}^3}\right] \times 1{,}000\left[\frac{\mathrm{g}}{\mathrm{kg}}\right]} = 6.6 \times 10^{-6}\left[\frac{\mathrm{m}^3}{\mathrm{mol}}\right]$$

식 (E6.5C)를 적분하고 니켈 나노 입자가 녹는 온도에 대해 풀면, 다음 식이 얻어진다.

$$T = T_m + \frac{2v^s_{Ni}\sigma^s_{Ni}T_m}{\Delta h_{fus,Ni}}\left(\frac{1}{R}\right) = T_m\left[1 + \frac{2v^s_{Ni}\sigma^s_{Ni}}{\Delta h_{fus,Ni}}\left(\frac{1}{R}\right)\right] = 587\ \mathrm{K}$$

열역학적으로 니켈 나노 입자는 750°C의 과정 온도에서 녹을 것이다. 이 예에서 예시된 것과 유사한 분석을 통해 연구자들은 탄소 나노튜브를 가공할 때 변칙적으로 보이는 자료를 이해할 수 있게 되었다. 이 예제 역시 성질 거동이 나노 수준의 척도에서 의미있게 변할 수 있음을 예증하고 있다.

▶ 6.3 혼합물의 열역학

)) 개요

이 절에서는 혼합물의 성분들의 열역학적 성질을 어떻게 다루는지를 학습하고자 한다. 분자 간 상호작용에 대한 가능한 조합의 관점에서 혼합물은 본질적으로 순수한 화학종보다 복잡하다. 순수한 화학종 i에 대해 모든 분자 간 상호작용은 동일하다. 결과적으로 열역학적 성질들 (V_i, U_i, S_i, H_i, G_i)은 이러한 상호작용으로 나타나는 것이다. 혼합물에는 한 가지 이상의 화학

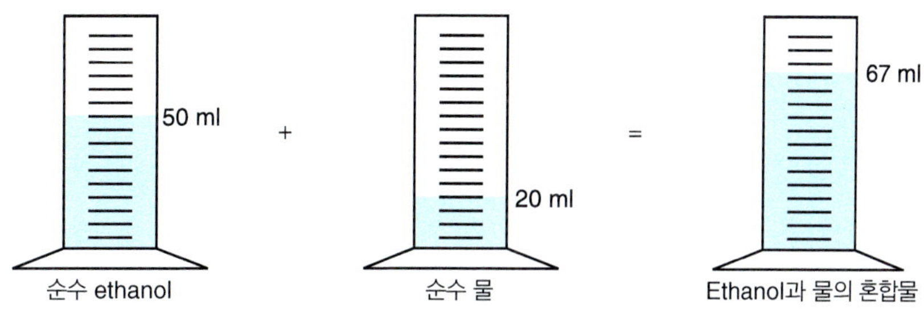

그림 6.6 Ethanol과 물의 혼합.

종이 포함되어 있으므로, 그 성질은 오직 각 순수한 성분들 간의 (i-i) 상호작용에 의해서는 부분적으로만 결정된다. 이제 혼합물에서는 각 화학종들이 다른 화학종들과 어떻게 상호작용하는지, 즉 서로 다른 (i-j) 상호작용을 반드시 고려해야만 한다. 그러므로 혼합물의 성질은 혼합물에서 각 화학종의 성질과 양에 의존하게 된다. 혼합물의 성질은 각 화학종들이 어떻게 거동하는지 뿐 아니라 서로 간에 어떻게 상호작용 하는지에도 영향을 받게 된다.

예를 들어, 그림 6.6에 묘사된 실험을 고려하자. 50 ml의 ethanol을 20 ml의 물과 25℃에서 혼합하고, 최대한 조심스럽게 용액의 부피를 측정한다면, 67 ml를 얻게 된다! (스스로 시도해 보라.) 나머지 3 ml는 어디로 갔을까? 각 성분 액체들이 각각 섞이는 것에 비하여 ethanol과 물의 혼합 용액은 보다 더 심하게 모이므로 용액은 '수축하게' 된다. 이는 액체의 구조에 내포된 수소결합의 성질에 기인한다. 질량은 보존되는 양이므로, 여전히 전체 질량은 동일하다. 그렇지만 혼합물의 부피는 순수한 화학종들의 부피의 합과는 다르다. 혼합물에서의 차이는 서로 다른 ethanol–물의 상호작용의 성격이 물–물 및 ethanol–ethanol의 순수한 성분의 상호작용과는 다르다는 사실에 기인한다. 이러한 사례로부터 다성분계 혼합물을 다룰 때, 용액에서 이웃한 분자들의 화학적 성질에 따라 각 화학종들이 다르게 거동한다는 점을 실감할 수 있다는 점은 중요하다. 이러한 거동에 의해 용액의 모든 열역학적 성질들이 영향을 받을 것이다.

어떤 화학종이 혼합물의 일부가 되었을 때, 정체성을 잃어버리게 된다. 하지만 혼합물에서 전체 용액의 성질은 존재하는 각 화학종의 양과 이들 간의 상호 작용에 의존하므로, 각 성분 물질들은 여전히 혼합물의 성질에 기여하게 된다. 이제 우리는 용액의 성질(V, H, U, S, G)이 각 화학종에 얼마나 많이 할당되었는지를 설명할 수 있는 방법을 발전시키고자 한다. 이는 새로운 형식인 *부분 몰 성질*(partial molar property)에 의해 달성될 수 있다.

부분 몰 성질

만약 어떤 **순수한** 화학종에 대한 두 개의 세기 성질들을 명기한다면, 단일상으로 이루어진 계의 상태를 규정할 수 있음을 상태 가정(state postulate)으로부터 알 수 있다. 크기 성질들에 대해서는 총 몰수를 추가적으로 설정해야 한다.[6] 제5장에서 임의의 세기 열역학적 성질들을 두 개의 독립적인 세기 성질들에 대한 부분 몰 성질로 묘사할지에 대하여 학습하였다. 여기서는 열적 평형 및 기계적 평형에 관심을 갖고 있으므로, T와 P를 독립적인 세기 성질로 선정하는 것이 타당하다. 우리는 수식화를 조성이 변하는 **혼합물**로 확장하고자 한다. 두 독립적인 성질들을 상술하는 것 외에 혼합물에서 각 화학종의 몰수 역시 고려되어야 한다.

이제 혼합물 *전체*에 대한 열역학적 *크기* 성질 K를 상술하고자 하는데, K는 임의의 가능한 열역학적 크기 성질, 즉 $K = V, H, U, S, G$ 등을 나타내는 기호이다. 핵심적으로는 K를

6. 또는 계의 크기를 규정하는 유사한 양.

사용함으로써 일반적인 문제를 다룰 때 반복적인 유도를 피할 수 있다. 계의 총 몰수로 K를 나누고자 한다면, 열역학적 세기 성질 $k = v, h, u, s, g$ 등을 얻게 된다. 여기서 K (또는 k)는 종 용액의 성질을 나타낸다.

수학적으로 용액의 총 성질 K는 T, P와 m 개의 다른 화학종의 몰수로 나타낼 수 있다.

$$K = K(T, P, n_1, n_2, \ldots, n_i, \ldots, n_m) \tag{6.13}$$

예를 들면 다음과 같다.

$$\begin{bmatrix} V = V(T, P, n_1, n_2, \ldots, n_i, \ldots, n_m) \\ H = H(T, P, n_1, n_2, \ldots, n_i, \ldots, n_m) \\ \vdots \end{bmatrix}$$

식 (6.13)은 m개의 화학종을 서술하기 위하여 일반화한 것임에 주목하라. K를 완벽하게 상술하기 위하여 $m + 2$개의 독립적인 양들을 완벽하게 알 필요가 있다. 이런 측정된 성질들이 상술된다면 계의 상태는 한정되며 모든 크기 성질들 K는 특정한 값을 갖게 된다.

K의 미소변화량은 이러한 독립적인 변수들 각각에 대한 편미분의 합으로 다음 식과 같이 나타낼 수 있다.

$$dK = \left(\frac{\partial K}{\partial T}\right)_{P,n_i} dT + \left(\frac{\partial K}{\partial P}\right)_{T,n_i} dP + \sum_{i=1}^{m}\left(\frac{\partial K}{\partial n_i}\right)_{T,P,n_{j\neq 1}} dn_i \tag{6.14}$$

예를 들면 다음 식과 같다.

$$\begin{bmatrix} dV = \left(\frac{\partial V}{\partial T}\right)_{P,n_i} dT + \left(\frac{\partial V}{\partial P}\right)_{T,n_i} dP + \sum_{i=1}^{m}\left(\frac{\partial V}{\partial n_i}\right)_{T,P,n_{j\neq 1}} dn_i \\ dH = \left(\frac{\partial H}{\partial T}\right)_{P,n_i} dT + \left(\frac{\partial H}{\partial P}\right)_{T,n_i} dP + \sum_{i=1}^{m}\left(\frac{\partial H}{\partial n_i}\right)_{T,P,n_{j\neq 1}} dn_i \\ \vdots \end{bmatrix}$$

$n_{j \neq i}$의 기호는 n_i로 편미분을 할 때 화학종 i를 제외한 모든 $(m - 1)$개의 화학종의 몰수가 일정하게 유지됨을 나타내기 위하여 사용되었다.

이제 새로운 열역학적 함수인 **부분 몰 성질 $\overline{K}_i$**를 정의하는 것이 편리하다.

$$\overline{K}_i \equiv \left(\frac{\partial K}{\partial n_i}\right)_{T,P,n_{j\neq 1}} \tag{6.15}$$

항상 x_i가 아닌 n_i로 / 항상 세기 성질 P와 T를 일정하게 / i를 제외한 모든 화학종의 몰수를 일정하게

예를 들면 다음과 같다.

$$\begin{bmatrix} \overline{V}_i = \left(\frac{\partial V}{\partial n_i}\right)_{T,P,n_{j\neq 1}} \\ \overline{H}_i = \left(\frac{\partial H}{\partial n_i}\right)_{T,P,n_{j\neq 1}} \\ \vdots \end{bmatrix}$$

부분 몰 성질은 *항상* 상평형에 대한 두 가지 기준인 일정한 온도와 압력에서 정의된다. 또한, 부분 몰 성질은 몰수에 관하여 정의된다. 혼합물에서 다른 모든 j 성분의 몰수는 일정하게 유지 된다. 변하는 것은 화학종 i의 몰수가 유일하다. 부분 몰 성질을 활용하는 경우 흔한 실수로는 몰수를 몰분율로 잘못되게 대체하는 것이다. 그렇지만 식 (6.15)는 다음과 같이 몰분율로 단순하게 변환되지는 않는다.

$$\overline{K}_i \neq \frac{1}{n_T}\left(\frac{\partial K}{\partial x_i}\right)_{T,P,x_{j\neq i}}$$

화학종 i의 몰수를 변화시킬 때 몰분율의 합은 1이므로, 혼합물에서 다른 화학종의 몰분율 역시 바뀌게 된다.

식 (6.15)를 식 (6.14)에 대입하면 변수 K의 전미분은 다음 식과 같이 된다.

$$\mathrm{d}K = \left(\frac{\partial K}{\partial T}\right)_{P,n_i}\mathrm{d}T + \left(\frac{\partial K}{\partial P}\right)_{T,n_i}\mathrm{d}P + \sum_{i=1}^{m}\overline{K}_i\mathrm{d}n_i$$

예를 들면 다음과 같다.

$$\begin{bmatrix} \mathrm{d}V = \left(\frac{\partial V}{\partial T}\right)_{P,n_i}\mathrm{d}T + \left(\frac{\partial V}{\partial P}\right)_{T,n_i}\mathrm{d}P + \sum_{i=1}^{m}\overline{V}_i\mathrm{d}n_i \\ \mathrm{d}H = \left(\frac{\partial H}{\partial T}\right)_{P,n_i}\mathrm{d}T + \left(\frac{\partial H}{\partial P}\right)_{T,n_i}\mathrm{d}P + \sum_{i=1}^{m}\overline{H}_i\mathrm{d}n_i \\ \vdots \end{bmatrix}$$

일정한 온도와 압력에서 이 식은 다음과 같이 축약된다.

$$\mathrm{d}K = \sum\overline{K}_i\mathrm{d}n_i \tag{6.16}$$

T와 P가 일정하게 유지되는 조건 외에 혼합물의 조성 역시 일정하게 유지한다면(즉, 모든 m개의 화학종의 몰분율이 일정하다면), 부분 몰 성질은 일정하게 된다. 이 경우에 식 (6.16)을 적분하여 다음을 얻을 수 있다.

$$K = \sum\overline{K}_i n_i + C$$

여기서 C는 적분 상수이다. C를 결정하기 위하여 물리적인 논의 또는 균일 함수에 대한 Euler(오일러)의 정리를 활용할 수 있다. 물리적인 논의는 이후 설명한다. 수학적인 논의는 예제 6.6에 나타내었다.

세기 성질 k는 오직 온도, 압력, 그리고 m개의 화학종의 조성에만 의존한다. 그러므로 k는 오직 계에 있는 각 화학종의 상대적인 양에만 의존한다. 반면에, *크기* 성질 K는 존재하는 성분의 총량에 선형적으로 비례한다. 예를 들어, $k = v$의 세기 성질 형태 또는 $K = V$의 크기 성질 형태로 존재할 수 있는 성질인 부피를 고려해보자. 계에 있는 모든 화학종의 몰수가 2배로 늘어난다면(즉, $n_1 \to 2n_1, n_2 \to 2n_2, \ldots, n_m \to 2n_m$), 몰부피 v는 동일하게 유지된다. 그렇지만 크기 성질인 V는 두 배로 늘어날 것이다. 유사하게, m개의 모든 화학종의 몰수가 반으로 줄어든다면, v는 동일하게 유지되겠지만 V는 반으로 줄어들 것이다. 화학종의 몰수는 임의의 배율로 줄어들 수 있지만 v는 변하지 않고 남아 있을 것이다. 그렇지만, 무한소로 작은 몰수의 화학종에 대하여 크기 성질 V는 0이 될 것이다. 일반적으로 $\sum n_i$가 0에 가까워짐에 따라 크기 성질 K는 0이 된다. 그러므로 적분 상수는 0이 되며, 다음 식이 얻어진다.

$$K = \sum n_i \overline{K}_i \tag{6.17}$$

예를 들면 다음과 같다.

$$\begin{bmatrix} V = \sum n_i \overline{V}_i \\ H = \sum n_i \overline{H}_i \\ \vdots \end{bmatrix}$$

또는 총 몰수로 나누어서 다음 식과 같이 나타낼 수 있다.

$$k = \frac{K}{n_{\text{total}}} = \sum x_i \overline{K}_i \tag{6.18}$$

예를 들면 다음과 같다.

$$\begin{bmatrix} v = \sum x_i \overline{V}_i \\ h = \sum x_i \overline{H}_i \\ \vdots \end{bmatrix}$$

여기서 k는 K에 대응되는 세기 성질이며 x_i는 화학종 i의 몰분율이다. 식 (6.17)과 (6.18) 모두 위에서의 물리적 논의와 부합된다.

› $\overline{K}_i$에 대한 물리적 해석

식 (6.17)은 총 용액의 크기 성질 K가 성분 물질들의 부분 몰 성질을 존재하는 성분의 양에 비례하도록 조절한 뒤 모두 더한 것과 같음을 나타낸다. 유사하게, 식 (6.18)은 용액의 세기 성질 k가 단순히 존재하는 성분들의 부분 몰 성질에 대한 무게 평균임을 보이고 있다. 부분 몰 성질 $\overline{K}_i$는 *용액의 총 성질 K에 대한 화학종 i의 기여*로 간주될 수 있다.

개별 화학종들이 용액에 존재할 때 나타내는 세기 성질의 값으로 이러한 생각을 논리적으로 확장할 수 있다. 이와는 대조적으로, 순수한 성분의 성질 k_i는 개별 성질들만 존재할 때 어떻게 거동하는지를 나타낸다. 두 값의 차이 $\overline{K}_i - k_i$은 어떤 화학종이 순수하게 존재하는 경우에 대하여 혼합물에 섞여 있을 때 어떻게 거동하는지를 비교하는 양이다. 만약 이 값이 0이라면 이 성분은 혼합물로 존재할 때 순수한 화학종으로 존재하는 경우와 동일하게 거동하게 된다. 반대로 이 차이가 크다면 혼합물에서 성분 물질의 상호작용은 순수하게 존재하는 경우와는 매우 다르게 된다.

그림 6.7에는 그림 6.6의 오른쪽에 나타낸 혼합물에 대한 물(w)의 부분 몰 성질을 측정하기 위한 과정을 도식적으로 나타내고 있다. 온도 T와 압력 P에서 n_w(물의 몰수)와 n_e(ethanol의 몰수)로 정의된 조성에 대해 물의 부분 몰 성질을 결정하기 위하여, ethanol의 몰수와 온도 및 압력을 일정하게 유지하면서 물의 몰수 증가량 Δn_w에 대하여 부피 변화 ΔV를 측정한다. 부분 몰부피는 물의 몰수 변화로 용액의 부피 변화를 나눈 것으로 주어진다. 그림 6.6에 주어진 조성에 대하여 순수한 물의 몰부피 $v_w = 18$[ml/mol]보다 작은 값인 $\overline{V}_w = 16.9$[ml/mol]

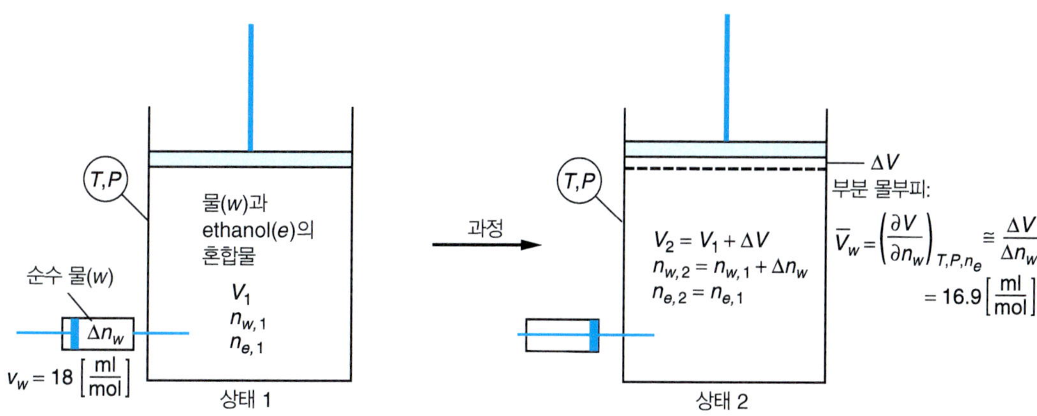

그림 6.7 Ethanol(e)와 물(w)의 혼합물에서 물의 부분 몰부피를 결정하기 위한 실험적 결정 방법의 개략도.

로 얻어진다. 그러므로 이 혼합물의 부피에 대한 물의 기여는 순수한 화학종으로 존재할 때의 부피에 대한 기여보다 작게 된다. 이 결과는 물−ethanol 상호작용이 포함되면 물−물 상호작용보다 더 분자들이 긴밀하게 쌓이게 됨을 나타낸다.

혼합물의 조성을 바꿈에 따라 물−ethanol과 물−물 상호작용의 상대적인 양이 변하게 되므로 부분 몰부피의 값도 다르게 된다. 그림 6.7에는 특별히 부분 몰부피를 예시하고 있으나 어떠한 부분 몰 성질들에 대해서도 유사한 서술이 가능하다.

예제 6.6 식 (6.16)의 적분

식 (6.16)을 적분하면 식 (6.18) 또는 식 (6.17)이 얻어짐을 수학적으로 확인하라.

(a) dK에 대한 표현에서부터 시작하라.

(b) 식 (6.13)에 나타낸 오일러의 정리를 적용하여 확인하라.

풀이 ▶ **(a)** dK에 대한 표현식으로 시작한다.

$$\mathrm{d}K = \left(\frac{\partial K}{\partial T}\right)_{P,n_i}\mathrm{d}T + \left(\frac{\partial K}{\partial P}\right)_{T,n_i}\mathrm{d}P + \sum_{i=1}^{m}\overline{K}_i\mathrm{d}n_i \tag{E6.6A}$$

$K = n_T k$이고 $n_i = n_T x_i$임을 알고 있으므로, 식 (E6.6A)를 다음과 같이 다시 적을 수 있다.

$$\begin{aligned} n_T\mathrm{d}k + k\mathrm{d}n_T = {} & n_T\left(\frac{\partial k}{\partial T}\right)_{P,n_i}\mathrm{d}T + n_T\left(\frac{\partial k}{\partial P}\right)_{T,n_i}\mathrm{d}P \\ & + \sum_{i=1}^{m}\overline{K}_i x_i\mathrm{d}n_T + \sum_{i=1}^{m}\overline{K}_i n_T\mathrm{d}x_i \end{aligned} \tag{E6.6B}$$

식 (E6.6B)의 항들을 n_T와 dn_T로 묶어 주면, 다음 식이 얻어진다.

$$\begin{aligned} & \left[\mathrm{d}k - \left(\frac{\partial k}{\partial T}\right)_{P,n_i}\mathrm{d}T - \left(\frac{\partial k}{\partial P}\right)_{T,n_i}\mathrm{d}P - \sum_{i=1}^{m}\overline{K}_i\mathrm{d}x_i\right]n_T \\ & + \left[k - \sum_{i=1}^{m}\overline{K}_i x_i\right]\mathrm{d}n_T = 0 \end{aligned} \tag{E6.6C}$$

이제 위에서 주어진 물리적 논의와 유사한 논의를 진행할 수 있다. 계의 총 크기는 계가 조성의 변화에 어떻게 영향을 받는지에 따라 변하면 안된다. 따라서 n_T와 dn_T는 서로 독립적이다. 일반적으로 식 (E6.6C)가 성립하기 위하여 괄호로 묶인 각 항들이 0이 되어야만 한다. 따라서 다음 식이 성립한다.

$$k = \sum_{i=1}^{m} \bar{K}_i x_i \tag{E6.6D}$$

그리고

$$dk = \left(\frac{\partial k}{\partial T}\right)_{P,n_i} dT + \left(\frac{\partial k}{\partial P}\right)_{T,n_i} dP + \sum_{i=1}^{m} \bar{K} dx_i \tag{E6.6E}$$

식 (E6.6D)는 식 (6.18)과 동일하다.

(b) 계의 몰수에 임의의 양 α를 곱함으로써 시작한다. 주어진 T와 P에서 크기 성질 K는 그 양에 비례하여 증가해야 한다.

$$\alpha K = K(T, P, \alpha n_1, \alpha n_2, \ \ldots, \alpha n_i, \ \ldots, \alpha n_m) \tag{E6.6F}$$

오일러의 정리에 의하면 식 (E6.6F)의 열역학적 크기 성질 K는 n_i에 대해 **일차**(first-order)이고, 동차(homogeneous) 함수가 된다. 식 (E6.6F)를 α로 미분하면 다음 식이 얻어진다.

$$\left[\frac{\partial(\alpha K)}{\partial \alpha}\right]_{T,P} = K = n_1\left[\frac{\partial K}{\partial(\alpha n_1)}\right]_{T,P,n_i} + n_2\left[\frac{\partial K}{\partial(\alpha n_2)}\right]_{T,P,n_i} + \cdots$$

$$+ n_i\left[\frac{\partial K}{\partial(\alpha n_i)}\right]_{T,P,n_{j\neq i}} + \cdots + n_m\left[\frac{\partial K}{\partial(\alpha n_m)}\right]_{T,P,n_{j\neq i}} \tag{E6.6G}$$

여기서 식 (E6.6G)의 우변에 대한 표현식을 얻기 위하여 연쇄규칙을 적용하였다. 식 (E6.6G)는 임의의 α에 대해 성립해야 하므로 $\alpha = 1$에서도 성립하며, 다음 식이 얻어진다.

$$K = \sum n_i\left[\frac{\partial K}{\partial n_i}\right]_{T,P,n_{j\neq i}} = \sum n_i \bar{K}_i$$

위 식은 식 (6.17)과 동일하다.

Gibbs–Duhem 식

Gibbs–Duhem 식으로부터 혼합물의 서로 다른 성분 물질들의 부분 몰 성질 사이에 매우 유용한 관계식을 제공받을 수 있다. Gibbs–Duhem 식은 열역학적 성질에 대한 관계식을 수학적으로 처리하여 얻어진다. 이러한 접근 방식은 성질들 사이의 관계식들을 전개하기 위하여 제5장에서 사용된 것과 유사하다. Gibbs–Duhem 식이 매우 유용한 이유는 혼합물에서 서로 다른 화학종들의 부분 몰 성질 사이에 제약 조건을 제공받을 수 있기 때문이다. 예를 들면 이성분 혼합물에서 한 성분 물질의 부분 몰 성질의 값을 알면, 다른 성분 물질의 부분 몰 성질의 값을 계산하기 위하여 Gibbs–Duhem 식을 적용할 수 있다. Gibbs–Duhem 식의 수식화는 다음과 같다.

부분 몰 성질의 정의인 식 (6.17)로부터 시작한다.

$$K = \sum n_i \bar{K}_i \tag{6.17}$$

일정한 T와 P에서 식 (6.17)을 적분한다.

$$dK_{PT} = \sum[n_i d\bar{K}_i + \bar{K}_i dn_i]$$

여기서 아래첨자 '*PT*'는 이러한 성질들이 일정하게 유지된다는 것을 나타낸다. 하지만 식 (6.16)으로부터 다음 식이 성립함을 알고 있다.

$$dK_{PT} = \sum\bar{K}_i dn_i \tag{6.16}$$

모두 참인 앞의 두 식으로부터 일반적으로 다음 식이 성립한다.

$$0 = \sum n_i d\bar{K}_i \qquad (\text{일정한 } T\text{와 } P\text{에서}) \tag{6.19}$$

예를 들면 다음과 같다.

$$\begin{bmatrix} 0 = \sum n_i d\bar{V}_i \\ 0 = \sum n_i d\bar{H}_i \\ \vdots \end{bmatrix}$$

식 (6.19)는 Gibbs–Duhem 식이라 부른다. 이에 대한 직접적인 유도 과정보다는 Gibbs–Duhem 식의 수많은 유용성이 보다 중요하다고 할 수 있다.

Gibbs–Duhem 식의 유용성을 확인하기 위하여 조성의 함수로 성분 a의 부분 몰부피 $\bar{V}_a$를 알고 있을 때, 이성분 용액에서 성분 b의 부분 몰부피를 구하고자 하는 시나리오를 검토하자. 식 (6.19)를 부피 성질에 적용하면, 다음 식이 얻어진다.

$$0 = \sum n_i d\bar{V}_i \qquad (\text{일정한 } T\text{와 } P\text{에서})$$

이성분 혼합물에 대하여 x_a로 미분하여 다음을 얻을 수 있다.

$$0 = n_a\frac{d\bar{V}_a}{dx_a} + n_b\frac{d\bar{V}_b}{dx_a}$$

n_T로 나누고 재배열한 뒤 적분하면 다음과 같다.

$$\bar{V}_b = -\int\frac{x_a}{1 - x_a}\left(\frac{d\bar{V}_a}{dx_a}\right)dx_a$$

따라서 성분 a의 조성에 대한 부분 몰부피의 표현식(또는 그래프)을 알고 있다면, 위 식을 적용하여 성분 b에 대응하는 표현을 얻을 수 있다. 부분 몰 성질들에 대한 표현식들은 독립적이지 않고 Gibbs–Duhem 식에 의해 제한되어 있다. 이러한 상호 관계는 분자적 관점에서도 합당하다. 부분 몰 성질들은 어떤 성분이 혼합물에서 어떻게 거동하는지에 의존한다. 각 성분들이 순수한 상태로 존재할 때와 비교하여 혼합물에서 어떻게 거동하는지의 차이를 결정하는 성분 a와 b의 상호관계와 부분 몰 성질은 본질적으로 동일하므로, a와 b의 부분 몰 성질들은 서로 연관되어 있을 것이다.

서로 다른 형태의 열역학적 성질의 요약

혼합물에서 기억해야 할 여러 가지 다른 형태의 성질들이 존재한다. 이 절에서는 명명법에 대하여 복습하여 다른 형태의 성질들에 대하여 어떻게 염두에 둘지 알게 될 것이다. 총 용액의 성질 및 순수한 화학종의 성질과 부분 몰 성질에 대해 고려한다.

❯ 총 용액의 성질

총 용액의 성질은 **전체** 용액의 성질이다. 이는 다음과 같이 표현된다.

$$\text{크기 성질} \quad K\text{: } V, G, U, H, S, \ \ldots$$

$$\text{세기 성질} \quad k = K/n_{\text{total}} = v, g, u, h, s, \ \ldots$$

그림 6.6의 실험에서 V는 무엇인가?

❯ 순수한 성분의 성질들

순수한 성분의 성질들은 **주어진 온도**, **압력 및 혼합물과 같은 상**을 갖는 **순수한** 성분으로 존재하는 혼합물의 한 화학종의 성질을 일컫는다. 아래첨자 'i'로 순수한 성분의 성질을 표시한다. 일반적으로 성분 i에 대하여 다음과 같다.

$$\text{크기 성질} \quad K_i\text{: } V_i, G_i, U_i, H_i, S_i, \ldots$$

$$\text{세기 성질} \quad k_i = \frac{K_i}{n_i} = v_i, g_i, u_i, h_i, s_i, \ldots$$

그림 6.6의 실험에 대한 V_{water}는 무엇인가?

❯ 부분 몰 성질들

앞에서 논의된 바와 같이 부분 몰 성질들은 총 용액의 성질에 대한 성분 i의 특정한 기여로 간주될 수 있다. 이는 다음과 같이 표현된다.

$$\overline{K}_i\text{: } \overline{V}_i, \overline{G}_i, \overline{U}_i, \overline{H}_i, \overline{S}_i, \ldots$$

식 (6.17)과 (6.18)을 검토하면 이러한 성질들은 세기 성질이며, 일반적으로는 다음을 만족함을 알 수 있다.

$$\overline{K}_i \neq k_i$$

다음의 두 극단적인 경우들을 상상할 수 있다. 첫째, 화학종 i의 몰분율이 1에 가까워질 때를 고려하자. 이 경우에 i의 어떤 분자는 오직 i의 다른 분자들과 상호작용할 것이다. 그러므로 용액의 성질은 순수한 화학종과 일치할 것이며, 다음과 같이 쓸 수 있다.

$$\overline{K}_i = k_i \qquad \lim x_i \longrightarrow 1$$

두 번째, 화학종 i가 점점 더 희박해지는 경우를 상상할 수 있다. 이러한 경우에 성분 i의 분자는 동일한 화학종과는 상호작용하지 않을 것이다. 오히려, 오직 다른 화학종과 상호작용할 것이다. 이러한 경우는 *무한 희석*(infinite dilution)이라 불리며, 부분 몰 성질은 다음과 같이 쓸 수 있다.

$$\overline{K}_i = \overline{K}_i^{\infty} \qquad \lim x_i \longrightarrow 0$$

예제 6.7 **그림 6.6에서 열역학적 성질들의 유형**

이 절에 서술된 열역학적 성질들의 서로 다른 유형에 따라 그림 6.6에 나타낸 부피들을 표시해 보라.

풀이 ▶ 그림 6.6에 묘사한 실험은 위에서 정의한 성질들의 몇 가지 유형에 따라 그림 E6.7에 표시하였다. 구별된 성질들에는 몰부피(v_e, v_w)와 순수한 성분들의 부피(V_e, V_w)뿐 아니라 부분 몰부피($\overline{V}_e$, $\overline{V}_w$)와 혼합물 용액의 총 부피(V)도 포함된다.

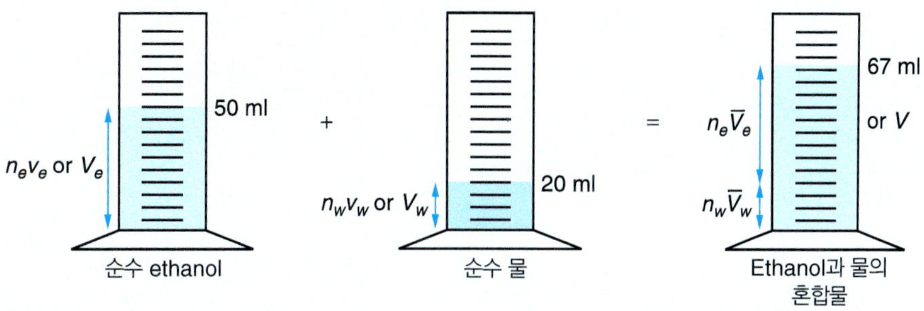

그림 E6.7 Ethanol(e)과 물(w)의 혼합에서 서로 다른 유형의 부피에 대한 명명.

혼합에 따른 성질 변화

혼합에 따른 열역학적 성질 변화 ΔK_{mix}는 얼마나 많은 주어진 성질들이 혼합 과정의 결과로써 변화되는지를 나타낸다. 이는 혼합물의 총 용액 성질과 혼합물에 존재하는 각 성분 물질들의 양에 비례하는 순수한 화학종에 대한 성질들의 합의 차이로 정의된다. 수학적으로 혼합에 따른 성질 변화는 다음과 같이 주어진다.

$$\Delta K_{\text{mix}} = K - \sum n_i k_i \tag{6.20}$$

예를 들면, 다음 식과 같다.

$$\begin{bmatrix} \Delta V_{\text{mix}} = V - \sum n_i v_i \\ \Delta H_{\text{mix}} = H - \sum n_i h_i \\ \vdots \end{bmatrix}$$

순수한 화학종의 성질들 k_i는 혼합물과 같은 온도와 압력에서 정의된다. 그림 6.6의 실험에서 ΔV_{mix}는 얼마인가?

식 (6.17)을 식 (6.20)에 대입하면 다음 식이 얻어진다.

$$\Delta K_{\text{mix}} = \sum n_i \overline{K}_i - \sum n_i k_i = \sum n_i (\overline{K}_i - k_i) \tag{6.21}$$

예를 들면, 다음과 같다.

$$\begin{bmatrix} \Delta V_{\text{mix}} = \sum n_i (\overline{V}_i - v_i) \\ \Delta H_{\text{mix}} = \sum n_i (\overline{H}_i - h_i) \\ \vdots \end{bmatrix}$$

식 (6.21)로부터 혼합에 따른 성질 변화는 부분 몰 성질과 혼합물에 존재하는 각 성분들의 순수한 성질 사이의 차에 비례하는 합임을 알 수 있다. 주어진 화학종의 부분 몰 성질은 혼합물에 대한 각 성분의 기여로 해석되며, 순수한 화학종의 성질은 성분 물질이 그 자체로 어떻게 거동하는지를 나타내므로, 위의 결과는 놀라운 일이 아니다. 모든 부분 몰 성질이 순수한 화학종의 성질과 같은 경우(즉, $\overline{K}_i = k_i$) 혼합에 따른 성질의 변화는 0이 된다.

세기 성질에 대해서도 유사하게 다음을 얻을 수 있다.

$$\Delta k_{\text{mix}} = k - \sum x_i k_i \tag{6.22}$$

예를 들면 다음과 같다.

$$\begin{bmatrix} \Delta v_{\text{mix}} = v - \sum x_i v_i \\ \Delta h_{\text{mix}} = h - \sum x_i h_i \\ \vdots \end{bmatrix}$$

그리고

$$\Delta k_{\text{mix}} = \sum x_i(\overline{K}_i - k_i) \tag{6.23}$$

예를 들면 다음과 같다.

$$\begin{bmatrix} \Delta v_{\text{mix}} = \sum x_i(\overline{V}_i - v_i) \\ \Delta h_{\text{mix}} = \sum x_i(\overline{H}_i - h_i) \\ \vdots \end{bmatrix}$$

혼합에 따른 성질의 변화는 어떤 순수한 화학종이 등온, 등압의 혼합 과정을 겪는 가상적인 과정을 고려함으로써 해석할 수 있다. 분자적 수준에서 혼합에 따른 성질의 변화에는 순수한 화학종의 동일한 상호작용에 비하여 혼합물에서 서로 다른 화학종 사이의 상호작용이 어떻게 다른지가 반영되는 것이다. 예를 들면, 순수한 화학종의 분자들이 밀집되는 것에 비하여 혼합물에서 화학종들이 얼마나 긴밀하게 모이는지의 차이에 의해 혼합에 따른 부피 변화가 야기된다. 양의 Δv_{mix} 값은 성분 물질들이 섞일 때 서로 다른 분자 간의 상호작용에 의해 '서로 멀어짐'으로써 나타나는 반면에, 음의 Δv_{mix} 값은 혼합물에서 화학종들이 긴밀하게 '잡아당겨지기' 때문에 야기될 것이다. 양의 부피 변화는 이종 분자 간 상호작용이 동종 분자 간 상호작용에 비하여 인력이 강하지 않기 때문에 나타나는데 비하여, 음의 부피 변화는 이종 분자 간 상호 작용이 동종 분자 간 상호작용에 비하여 더 인력이 강함을 내포한다. 혼합물에서 화학종들이 순수한 상태와 동일하게 거동한다면 Δv_{mix} 값은 0이 된다. 그림 6.7과 E6.7에 묘사된 ethanol-물의 혼합물에서 음의 Δv_{mix} 값은 순수하게 존재할 때에 비하여 혼합물의 두 구성 물질들이 더 조밀하게 모이기 때문임을 알 수 있다.

❯ 혼합 엔탈피

유사하게, 일정한 T와 P에서 가상적인 혼합 과정으로써 혼합에 따른 엔탈피 변화를 이해할 수 있다. 이번에도 일정한 압력에서 엔탈피는 에너지 상호 작용의 성질을 규명하기 위해 적절한 열역학적 성질임을 활용한다.[7] 따라서 Δh_{mix}를 통해 순수한 화학종에 대한 혼합물에서 성분 물질들의 에너지 상호작용의 차이를 정량화할 수 있다. 일반적으로 혼합물에서의 성분 물질이 순수한 상태에 비하여 안정할 경우 혼합 엔탈피는 음이다. 반대로 양의 혼합 엔탈피는 성분 물질이 순수한 상태에 비하여 덜 안정한 경우 나타난다. 혼합물의 에너지 상호작용이 순수한 상태와 같을 때, Δh_{mix}는 0이 된다.

예를 들면, 물(H_2O)과 황산(H_2SO_4)의 액체 혼합물을 고려하자. 황산은 물에서 분해되어 양으로 하전된 수소 이온과 1가 및 2가의 음전하로 하전된 sulfate 이온을 형성할 것이다. 그림 6.8에는 혼합물에서의 물과 비교하여 순수한 화학종으로서 물의 에너지 상호작용을 도식적으로 비교한 것이다. 그림의 왼쪽 상단에는 혼합물의 T와 P에서 다른 물 분자들과 순수한 물 분자의 수소결합을 나타내고 있다. 이 상호작용의 성질 에너지는 순수한 액체 성분의 엔탈피 h_{H_2O}로 나타내었으며, 그림 6.8 아래쪽의 에너지 준위에 대한 도표의 오른쪽에 나타내었다. 그림의 오른쪽 위에는 혼합물에서 음으로 하전된 bisulfate 이온 주위에 배향된 물 분자들을 나타내었다. 혼합물에서 물의 성질 엔탈피는 부분 몰부피인 $\overline{H}_{H_2O}$로 주어진다. 이 때 형성되는 정전기적 상호작용은 그림 왼쪽의 순수한 성분에 대하여 나타낸 수소결합에 비하여 에너지 측면에서 더 안정하다. 그러므로 그림 아래쪽의 에너지 준위 도표에는 순수한 화학종에 비하여 $\overline{H}_{H_2O}$를 더 낮은(더 안정된) 값으로 나타내었다. 황산이 혼합물에서 해리될 때 황산의 엔탈피 감소에 대해서도 유사한 논의가 가능하다.[8] $\overline{H}_{H_2O} < h_{H_2O}$이고, $\overline{H}_{H_2SO_4} < h_{H_2SO_4}$이므로 식 (6.23)을 살펴보면 $\Delta h_{mix} < 0$이 된다. 사실상, 이러한 이성분 혼합계의 에너지는 잘 연구되었으며, 혼합 과정은 매우 발열성이 크다. 예를 들면, 21°C에서 황산과 물의 혼합 엔탈피는 다음 식으로 표현될 수 있다.[9]

$$\Delta h_{mix} = -74.40 x_{H_2SO_4} x_{H_2O}(1 - 0.561 x_{H_2SO_4})[\text{kJ/mol}] \tag{6.24}$$

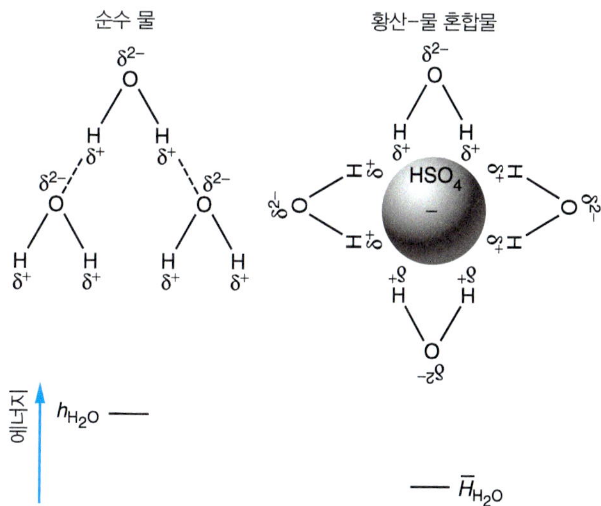

그림 6.8 황산–물 혼합물에서 HSO_4^-와 상호작용하는 물 분자들의 에너지 상호작용.

7. 일정한 P에서 닫힌계의 에너지 변화가 엔탈피와 관련되어 있음을 2.6절에서 설명하였다.

8. 혼합 엔탈피에는 이온화 에너지 또한 포함된다.

9. 자료에 맞는 식은 W. D. Ross, *Chem. Eng. Progr.*, **43**, 314 (1952)에 의해 보고되었다.

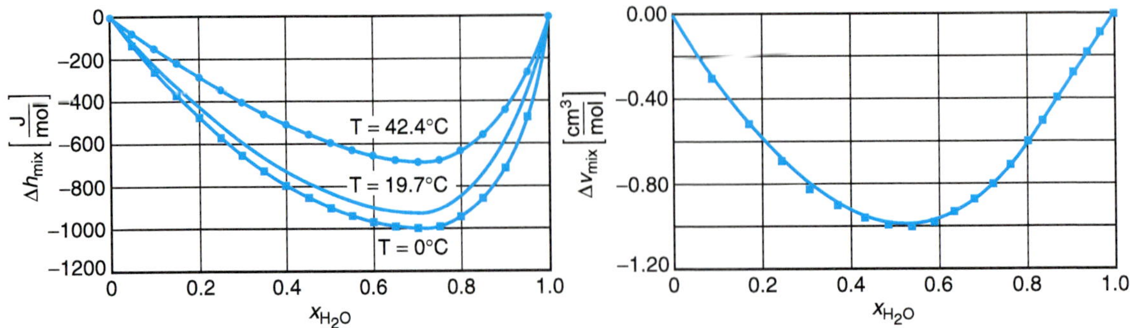

그림 6.9 0, 19.7, 42°C에서 물과 methanol의 이성분 혼합물에 대한 엔탈피와 부피 변화.

그림 6.9에는 0, 19.7, 42.4°C에서 물과 methanol의 혼합에 따른 엔탈피와 부피 변화를 나타내고 있다. 혼합 엔탈피는 음이며, 혼합물에서의 화학종이 순수한 화학종에 비하여 에너지 측면에서 더 안정하다는 것을 나타낸다. 마찬가지로 이러한 화학종과 결합된 혼합에 따른 부피 변화는 음이며, 혼합물에서의 성분 물질들이 더 조밀하게 쌓임을 나타낸다.[10] 이번에도 이 계의 혼합 거동은 분자 간 상호작용으로써 이해할 수 있다. 가장 강한 에너지 상호작용은 수소결합이다. 그렇지만 위의 화학종들은 van der Waals 힘 역시 보여 준다. 물과 methanol 모두 혼합물에서 뿐 아니라 순수한 상태에서도 수소결합을 형성할 수 있다. 명백히, 이 수소결합 네트워크에 의해 순수한 화학종으로 분리되어 있을 때에 비해 두 성분 물질들이 모두 혼합물로 존재함으로써 보다 효율적으로 쌓일 수 있다. 성분 분자들이 좀 더 가깝게 모여 있으므로, van der Waals 상호작용이 가장 강해지며 에너지는 더욱 낮아진다. 이러한 효과의 크기 차수는 10^2[J/mol]로서, 용액에서 이온들의 점전하의 존재에 기인하는 황산-물 계의 혼합 효과에 비해 훨씬 작은 값이다. 혼합 엔탈피는 온도가 높아짐에 따라 감소하게 된다. 그렇지만 몰분율에 따른 Δh_{mix}의 의존성은 세 가지 온도에 대하여 모두 유사하다. 이와는 대조적으로 혼합에 따른 부피 변화는 세 가지 온도에 대하여 실질적으로 동일하다.

그림 6.10은 18°C에서 cyclohexane(C_6H_{12})과 toluene의 혼합 엔탈피를 나타내고 있다. 이 경우에 혼합 엔탈피는 양의 값을 갖는다. 혼합 엔탈피의 크기 차수는 10^2[J/mol]이며, methanol-물의 계와 비슷한 수준이다. 이 비극성계에서 지배적인 에너지 상호작용은 분산력이다. 종종 이종 분자 간의 분산력의 크기는 동종 분자 간의 분산력들의 기하 평균으로 잘 근사화된다. 이러한 관계에서 혼합물은 순수한 성분들의 무게 평균에 비하여 항상 덜 안정적일 것이며,[11] 따라서 비극성 혼합물은 일반적으로 양의 혼합 엔탈피를 보인다.

그림 6.11에는 25°C에서 chloroform과 methanol의 혼합 엔탈피를 나타내고 있다. 이 그림에는 chloroform의 몰분율 변화에 따른 혼합 엔탈피의 부호가 변하는 이례적인 거동이 나타나 있다. 낮은 chloroform의 몰분율에서는 혼합 엔탈피가 음인 반면, 높은 몰분율에서는 양의 값을 갖는다. 이러한 거동은 두 경합하는 효과의 중첩으로 설명될 수 있다. 이종 분자 간 상호작용의 평균이 이종 분자 간 상호작용에 비해 더욱 선호되는 cyclohexane-toluene 계에 대해 서술된 것과 유사한 거동이 모든 조성 범위에서 존재한다. 이러한 효과에 의해 Δh_{mix}에 대한 양의 기여를 얻을 수 있다. 그렇지만, 수소결합의 특별한 방향성이 이 계의 에너지에

10. 혼합에 따른 부피 변화의 경우에 모든 세 곡선들이 중첩된다.

11. 이 점은 제7장에서 좀 더 논의될 것이다. 예제 7.9 참조.

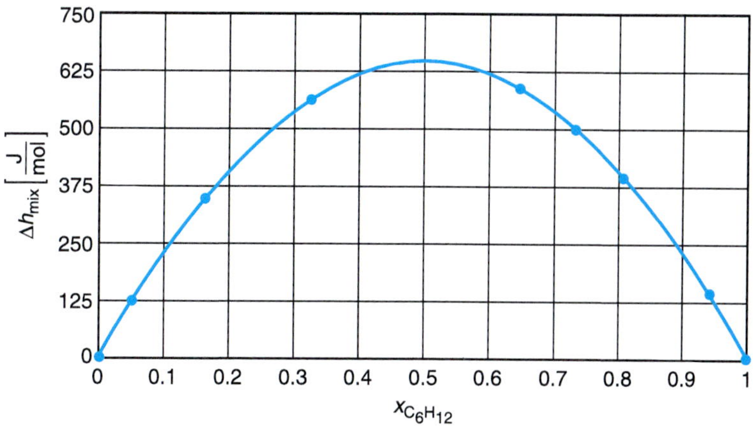

그림 6.10 18°C에서 cyclohexane(C_6H_{12})과 toluene의 이성분 혼합액의 혼합 엔탈피.

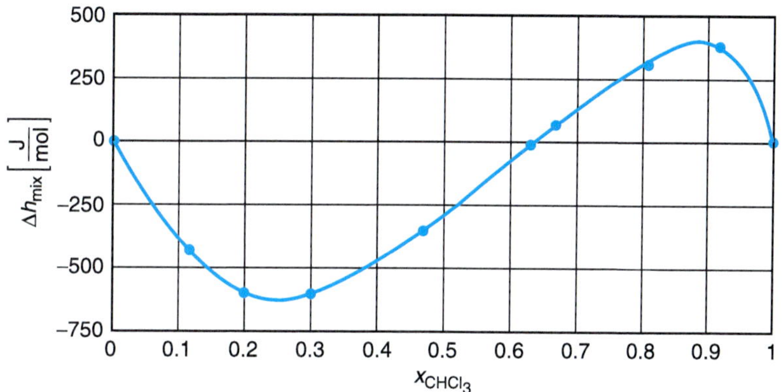

그림 6.11 25°C에서 chloroform($CHCl_3$)과 methanol의 이성분 혼합액의 혼합 엔탈피.

서 중요한 역할을 하게 된다. Methanol에는 수소결합에 기여하는 한 개의 수소 원자 뿐 아니라 두 홀전자쌍을 갖는 전기음성도가 강한 산소 원자가 존재하는데 비하여, CCl_3H에는 오직 수소 원자에 의한 기여만 존재한다. 그러므로 대략 1/3의 CCl_3H 몰분율에서는 수소와 산소의 홀전자가 서로 부합되며, 계는 가능한 수소결합을 최대로 형성하고, 따라서 가장 안정적이다. 이러한 조성은 그림 6.11에서 혼합 엔탈피의 최소값으로 나타난다.

예제 6.8 **실험 자료로부터 Δh_{mix}의 계산**

Chloroform($CHCl_3$)와 acetone(C_3H_6O)의 혼합 엔탈피를 측정하기 위하여 실험을 수행한다. 이 실험에서 순수한 화학종들이 서로 다른 비율로 유입되고 정상 상태에서 단열된 혼합기에서 혼합된다. 이 혼합 과정은 발열 과정이며, 계의 온도가 14°C로 일정하게 측정될 수 있도록 열을 제거한다. 측정된 자료는 표 E6.8A에 나타내었다. 이 자료에 근거하여 몰분율의 함수로 혼합 엔탈피를 계산하고 그 결과를 도시하라.

풀이 ▶ 이 계의 개략도는 그림 E6.8A에 나타내었다. Chloroform은 화학종 1로, acetone은 화학종 2로 표시하였다. 유입 흐름의 무게 분율 w_i와 모든 흐름의 엔탈피가 표시되었다. 몰분율은 무게 분율로부터 다음과 같이 계산될 수 있다.

표 E6.8A Chloroform의 무게 분율에 따른 혼합에 수반된 열

무게 % $CHCl_3$	수반된 열 [J/g], $(-\hat{q})$
10	4.77
20	9.83
30	14.31
40	19.38
50	23.27
60	25.53
70	25.07
80	21.55
90	13.56

출처: E. W. Washburn (ed). *International Critical Tables* (Vol. V) (New York: McGraw-Hill, 1929).

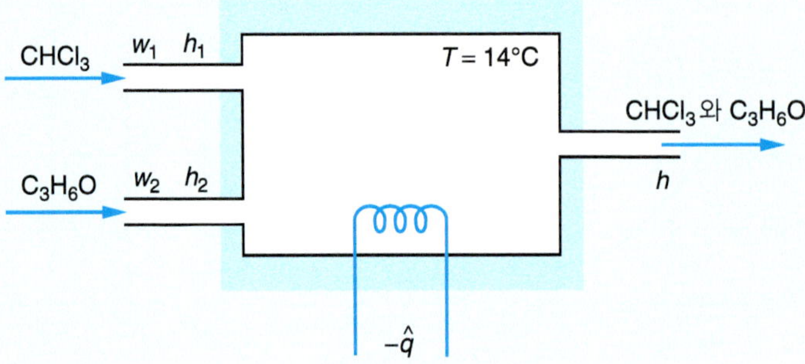

그림 E6.8A 혼합 엔탈피를 측정하기 위한 실험의 개략도.

$$x_1 = \frac{\dfrac{w_1}{MW_1}}{\dfrac{w_1}{MW_1} + \dfrac{w_2}{MW_2}} \qquad \textbf{(E6.8A)}$$

여기서 MW_i는 화학종 i의 분자량이다. 제1법칙의 에너지 수지식을 통해 다음 식이 얻어진다.

$$0 = (\dot{n}_1 h_1 + \dot{n}_2 h_2) - (\dot{n}_1 + \dot{n}_2)h + \dot{Q} \qquad \textbf{(E6.8B)}$$

식 (E6.8B)를 구하고자 하는 Δh_{mix}와 측정되는 값인 $-\hat{q}$으로 나타낼 필요가 있다.

$$\Delta h_{\text{mix}} = h - (x_1 h_1 + x_2 h_2) = \frac{\dot{Q}}{(\dot{n}_1 + \dot{n}_2)} = q = -(-\hat{q})\overline{MW} \qquad \textbf{(E6.8C)}$$

여기서 평균 분자량은 $\overline{MW} = x_1 MW_1 + x_2 MW_2$로 주어진다. 표 E6.8B에는 표 E6.8A의 자료를 활용하여 식 (E6.8A)~(E6.8C)로부터 계산된 몰분율에 따른 혼합 엔탈피를 나타내었다. 이 자료는 그림 E6.8B에 도시하였다.

Chloroform과 acetone을 혼합할 때, 매우 큰 음의 값을 갖는 혼합 엔탈피가 얻어진다. 이 결과는 계에서의 에너지 효과와 부합된다. 우세한 이종 분자 간 상호작용은 chloroform의 H와 acetone의 O 사이의 수소결합에 기인한다(4.2절 참조). 화학종들이 순수한 상태에서는 수소결합을 형성하지 않는다. 따라서 이종 분자 간 상호작용이 동종 분자 간 상호작용에 비하여 더 안정하며, 큰 음의 값을 갖는 혼합 엔탈피가 야기된다.

표 E6.8B 표 E6.8A의 자료로부터 얻어진 chloroform의 몰분율에 따른 혼합 엔탈피.

x_1	Δh_{mix} [J/mol]
0	0
0.050	−291.9
0.107	−636.6
0.170	−984.1
0.242	−1,420.7
0.323	−1,826.4
0.418	−2,156.1
0.527	−2,291.4
0.657	−2,146.2
0.811	−1,483.5
1.000	0

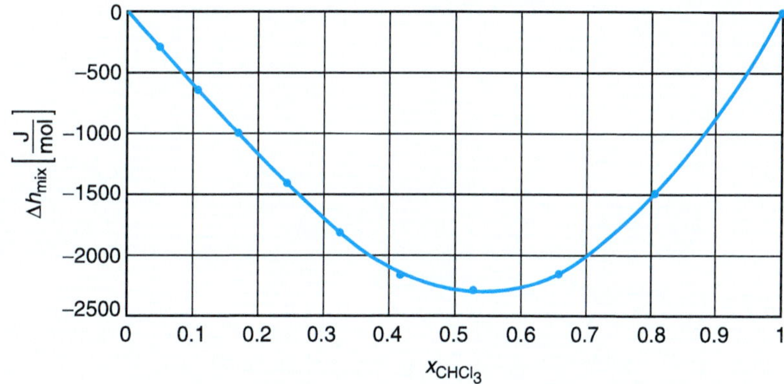

그림 E6.8B 14°C에서 chloroform($CHCl_3$)과 acetone의 이성분 혼합액의 혼합 엔탈피.

예제 6.9

혼합 과정에서 최종 온도의 계산

단열된 피스톤-실린더 조합이 칸막이로 나뉜 두 칸으로 구성되어 있다. 그림 E6.9A에 나타낸 바와 같이 위쪽 칸은 2 mol의 순수한 액체 1이 포함되어 있으며, 아래쪽 칸은 4 mol의 액체 2와 4 mol의 액체 3의 혼합액이 포함되어 있다. 초기에 온도는 4°C였으며, 압력은 1 bar이다. 피스톤-실린더 조합은 잘 단열되어 있다. 구획이 제거되어 성분 물질들이 혼합되도록 하여 평형에 도달할 경우, 최종 온도를 결정하라.

다음 자료가 활용될 수 있다. 세 성분의 열용량은 각각 다음과 같다.

$$c_{p,1} = 27.5\left[\frac{\text{J}}{\text{mol}\cdot\text{K}}\right], c_{p,2} = 25\left[\frac{\text{J}}{\text{mol}\cdot\text{K}}\right], c_{p,3} = 20.0\left[\frac{\text{J}}{\text{mol}\cdot\text{K}}\right]$$

3성분 혼합물에서 1, 2, 3의 혼합 엔탈피는 다음과 같이 주어진다.

$$\Delta h_{mix} = 400x_1x_2 + 800x_1x_3 + 80x_2x_3 + 37.5x_1x_2x_3\left[\frac{\text{J}}{\text{mol}}\right]$$

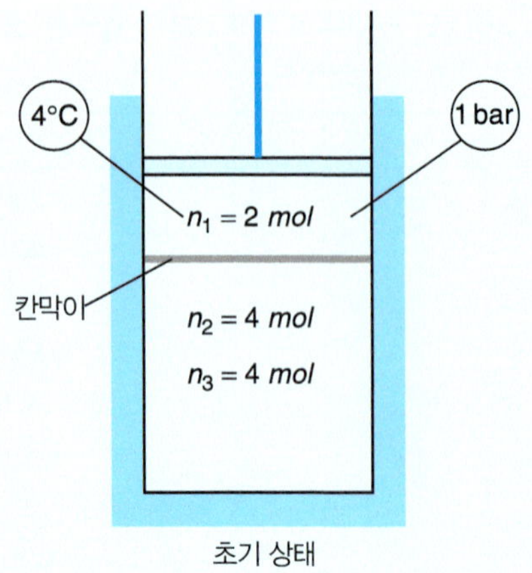

그림 E6.9A 혼합 과정의 개략도.

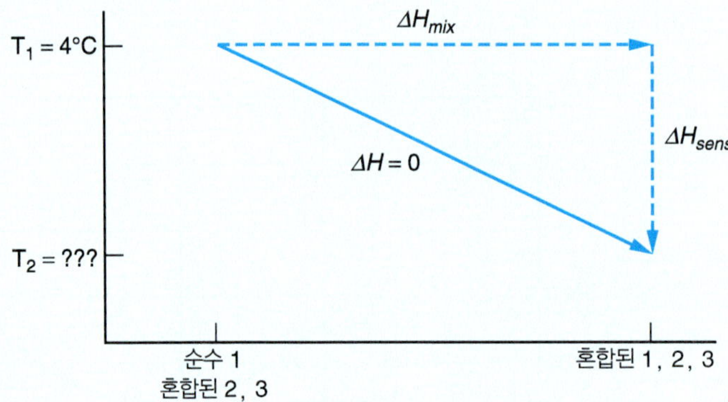

그림 E6.9B 문제를 풀기 위한 2단계의 열역학적 경로. 이 과정에 대한 엔탈피 변화는 혼합 엔탈피 ΔH_{mix}와 액상의 온도 변화에 따른 엔탈피(현열) ΔH_{sens}로 나누어진다.

풀이 ▶ 이 단열계에 대하여 제1법칙을 적용하면 다음 식이 얻어진다.

$$\Delta H = 0$$

엔탈피는 오직 초기와 최종 상태에만 의존하는 성질이므로 편리한 가상적인 경로를 자유롭게 택할 수 있다. 이러한 경로 한 가지는 순수한 1을 2와 3의 혼합물에 일정한 온도에서 섞고 혼합물의 온도를 변화시키는 것으로 그림 E6.9B에 나타내었다. 이 경로를 그릴 때 앞서 제공된 혼합 엔탈피의 흡열 관계에 의해 온도가 감소할 것으로 생각할 수 있다. 이 경로를 따라서 제1 법칙을 다음과 같이 확장할 수 있다.

$$\Delta H = 0 = \Delta H_{mix} + \Delta H_{sens}$$

여기서 ΔH_{mix}는 혼합에 의한 엔탈피 변화를 나타내며 ΔH_{sens}는 온도 감소에 따른 엔탈피 변화(현열)를 나타낸다.

혼합 엔탈피를 계산하기 위하여 또 다른 가상적인 경로를 고려하는 것이 유용하다. 이 경우에 열화학적 자료는 순수한 화학종(혼합되지 않은 상태)과 Δh_{mix}에 관하여 주어진 식의 형태인 혼합물 사이의 차이 값으로 주어짐을 인식할 필요가 있다. 그렇지만 초기와 최종 상태에는 모두 한 가지 이상의 화학종이 포함되어 있다. 그러므로 그림 E6.9C에 나타낸 바와 같이 처음에 순수한 성분들로 '혼합되지 않은' 초기 상태와 최종 상태에 도달하면서 세 성분들을 모두 합치는 가

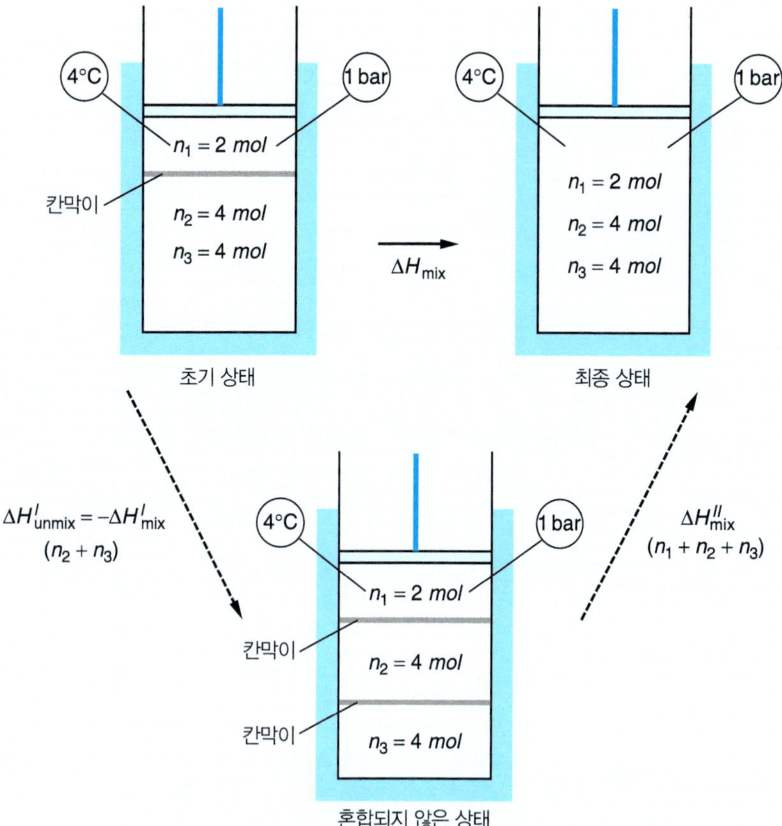

그림 E6.9C 혼합 엔탈피를 결정하기 위한 열역학적 경로. 엔탈피 변화는 먼저 성분 2와 3을 '혼합되지 않은 상태로(unmixing)'설정하고 모든 화학종을 다시 혼합하는 단계로 구성된다.

상적인 경로를 선정한다. 절차에서 주목할 점으로, 이 경우에 '혼합되지 않은 상태로(unmixing)' 설정하는 과정과 혼합 과정에는 서로 다른 몰수들(8 대 10 mol)이 포함되어 있으므로, 문제를 세기 성질들(즉, Δh_{mix})보다는 크기 성질들(즉, ΔH_{mix})로 나타내는 것이 유용하다.

이제 다음과 같이 계산할 수 있다.

$$\Delta H_{mix} = \Delta H^{I}_{unmix} + \Delta H^{II}_{mix} \tag{E6.9A}$$

먼저, 화학종 2와 3을 초기 상태로 설정할 때의 엔탈피 변화 ΔH^{I}_{unmix}를 구해야 하며, 이 값은 화학종 2와 3을 혼합할 때의 엔탈피 변화와 크기는 같지만 부호는 반대이다.

$$\Delta H^{I}_{unmix} = -\Delta H^{I}_{mix} = -(n_2 + n_3)\Delta h_{mix}$$

Δh_{mix}에 대해서는 문제에서 주어진 형태를 활용한다.

$$\Delta h_{mix} = 400x_1x_2 + 800x_1x_3 + 80x_2x_3 + 37.5x_1x_2x_3 \left[\frac{\text{J}}{\text{mol}}\right]$$

이 경우에 오직 화학종 2와 3만 이 과정에 관여되므로 다음 식과 같이 쓸 수 있다.

$$n_1 = 0\,[\text{mol}],\ n_2 = 4\,[\text{mol}],\ n_3 = 4\,[\text{mol}],\ x_1 = 0,\ x_2 = 0.5,\ x_3 = 0.5$$

그리고

$$\Delta H^{I}_{unmix} = -160\,[\text{J}]$$

이후에는 $\Delta H^{II}_{\text{mix}}$를 다음과 같이 결정한다.

$$\Delta H^{II}_{mix} = (n_1 + n_2 + n_3)\Delta h_{mix}$$

여기서 몰수와 몰분율은 다음 식과 같다.

$$n_1 = 2\,[\text{mol}],\ n_2 = 4\,[\text{mol}],\ n_3 = 4\,[\text{mol}],\ x_1 = 0.2,\ x_2 = 0.4,\ x_3 = 0.4$$

그러므로 다음 식이 얻어진다.

$$\Delta H^{II}_{mix} = 1100\,[\text{J}]$$

혼합에 따른 엔탈피의 총괄 값을 구하기 위하여 두 기여항을 더한다.

$$\Delta H_{mix} = \Delta H^{I}_{unmix} + \Delta H^{II}_{mix} = -160 + 1100 = 940\,[\text{J}] \tag{E6.9B}$$

최종 온도를 결정하기 위하여 문제에서 주어진 열용량 값들과 ΔH_{sens}를 연관지을 수 있다.

$$\Delta H_{sens} = \int_{T_1}^{T_2} (n_1 c_{p,1} + n_2 c_{p,2} + n_3 c_{p,3})\,\text{d}T \tag{E6.9C}$$

수치 값들을 대입하면 다음 식이 얻어진다.

$$\Delta H_{sens} = 235(T_2 - 277)[\text{J}]$$

최종적으로 식 (E6.9B)와 (E6.9C)를 식 (E6.9A)에 대입하면 다음 식이 얻어진다.

$$\Delta H = 0 = \Delta H_{mix} + \Delta H_{sens} = 940 + 235(T_2 - 277)$$

온도에 대하여 풀면, $T_2 = 273$ K가 얻어진다.

› 용액 엔탈피

혼합 과정에서 에너지 상호작용의 성질은 종종 혼합 엔탈피 대신 용액 엔탈피 $\Delta\tilde{h}_s$로 보고된다. 용액 엔탈피는 n mol의 순수한 용매에 1 mol의 용질이 혼합될 때의 엔탈피 변화에 해당된다. 용액의 총 몰수 당 값으로 적는 혼합 엔탈피와는 반대로, 용액 엔탈피는 용질 1 mol 당 값으로 정의된다. $\Delta\tilde{h}_s$의 값은 열량계를 활용하여 정의될 수 있으며, $\Delta\tilde{h}_s$는 실험실에서 측정하기 편리하므로 보고되는 값은 종종 이러한 형태를 갖는다.

표 6.1에는 25°C에서 물에 대한 여러 용질들의 $\Delta\tilde{h}_s$를 수록하였다. 예제 6.10에는 용액 엔탈피 자료가 활용될 수 있을 때 혼합 엔탈피에 대한 값을 계산하는 방법을 예시하였다. 용액 엔탈피는 용질이 고체 또는 기체상의 순수한 화학종으로 존재할 때 일반적으로 활용된다. 이 경우 상변화에 수반되는 엔탈피 차이 역시 $\Delta\tilde{h}_s$에 반영된다. 예를 들면, 이온 결합으로 결속된 고체[NaCl과 같은 염(salt)의 사례]는 양의 용액 엔탈피 값을 보인다. 이 경우에 순수한 고체 화학종의 이온들은 서로 가깝게 존재한다. 이러한 이온들이 혼합물로 용해될 때, 이온들이 서로 간에 매우 멀리 떨어짐에 따라 에너지는 증가하게 된다. 여러분들은 매우 큰 양의 용액 엔탈피를 갖는 계에 대한 실용적인 응용을 생각해볼 수 있는가? 반면에 기체는 혼합물에서 이웃 분자들과 가까워지면서 강한 인력을 보임에 따라 음의 용액 엔탈피 값을 갖는 경향이 있다.

표 6.1에 나타낸 처음 6개의 화학종은 산(acid)이다. 이들의 용액 엔탈피는 서로 다른 해리도에 따라서 현격한 차이를 보인다. 강한 산일수록 이온으로 해리되는 정도가 크며 그 결과로

표 6.1 25°C에서 여러 화학종들의 용액 엔탈피

n [mol H_2O]	$\Delta\tilde{h}_s$ $\left[\frac{J}{\text{mol solute}}\right]$										
	HNO_3	H_2SO_4	HCl	HF	H_3PO_4	$C_2H_4O_2$	NH_3	$NaOH$	C_2H_5OH	$ZnCl_2$	$NaCl$
1	−13,113	−31,087	−26,225		2,510	628	−29,539		−812		
2	−20,083	−44,936	−48,819	−45,886	−837	669	−32,049		−1,799		
3	−24,301	−52,007	−56,852	−46,798	−4,184	586	−32,761	−28,886	−2,787		
4	−26,978	−57,070	−61,204	−47,187	−6,276		−33,263	−34,430	−3,757	−28,870	
5	−28,727	−61,045	−64,049	−47,384	−7,531	377	−33,598	−37,761	−4,694	−32,677	
10	−31,840	−70,040	−69,488	−47,719	−9,874	−209	−34,267	−42,501	−7,364	−40,083	1,941
20	−32,669	−74,517	−71,777	−47,840	−10,962	−628	−34,434	−42,865	−8,866	−46,191	2,671
50	−32,744	−76,358	−73,729	−47,949	−11,966	−1,130	−34,518	−42,526	−9,975	−55,020	3,732
100	−32,748	−76,986	−73,848	−48,057	−12,468	−1,276	−34,560	−42,334	−10,268	−61,086	4,109
∞	−33,338	−99,203	−75,189	−60,501		−1,435	−34,644	−42,869		−71,463	3,891

출처: F. D. Rossini et al., *Selected Values of Physical and Thermodynamic Properties of Hydrocarbons and Related Compounds* (Pittsburgh: Carnegu Press, 1953).

나타나는 정전기적 상호작용도 커진다. 예를 들면, acetic acid(아세트산) $C_2H_4O_2$는 약산이며 용질의 농도가 높을 때 양의 용액 엔탈피를 보인다. 반면에 황산에 대한 $\Delta\tilde{h}_s$는 앞에서 언급된 에너지 상호작용 때문에 항상 매우 큰 음의 값을 갖는다. 표 6.1에 수록된 다른 화학종들은 서로 다른 형태의 용질들의 활동적인 혼합 효과를 나타낸다. 기체 NH_3와 고체 NaOH는 염기 용액을 형성한다. Alcohol(C_2H_5OH)과 염($ZnCl_2$와 NaCl)의 자료 역시 표에 수록되었다.

예제 6.10 **$\Delta\tilde{h}_s$로부터 Δh_{mix}의 계산**

표 6.1에는 18°C의 물에서 질산에 대한 용액 엔탈피 $\Delta\tilde{h}_s$의 자료를 나타나고 있다. 용질의 몰분율의 함수로 혼합 엔탈피의 값을 구하라.

풀이 ▸ 용질 HNO_3를 화학종 1로 용매 H_2O를 화학종 2로 나타내자. 용액 엔탈피는 용질의 몰분율로 혼합 엔탈피를 나누어서 다음 식과 같이 쓸 수 있다.

$$\Delta\tilde{h}_s = \frac{\Delta h_{mix}}{x_1} \tag{E6.10A}$$

용질의 몰분율은 다음과 같이 용질의 몰수 1을 계의 총 몰수 $n + 1$로 나눈 것으로 정의한다:

$$x_1 = \frac{1}{1+n} \tag{E6.10B}$$

식 (E6.10B)를 식 (E6.10A)에 대입하고 재배열하면 다음 식이 얻어진다.

$$\Delta h_{mix} = \frac{\Delta\tilde{h}_s}{(1+n)} \tag{E6.10C}$$

표 E6.10은 표 6.1에 나타낸 자료를 활용하여 식 (E6.10B)로부터 계산된 몰분율에 따른 식 (E6.10C)로부터 계산된 Δh_{mix}의 값들을 나타내고 있다. 표에 나타낸 몰분율의 숫자는 거꾸로 배치하였으며, 몰분율의 값이 늘어나는 순서로 나타내기 위함이다.

표 E6.10 표 6.1의 자료로부터 얻어진 HNO_3의 몰분율에 따른 혼합 엔탈피

x_1	Δh_{mix} [J/mol]
0.048	−1,556
0.091	−2,895
0.167	−4,788
0.200	−5,396
0.250	−6,075
0.333	−6,694
0.500	−6,556

› 혼합 엔트로피

혼합 엔탈피가 혼합 과정 중 에너지 상호작용이 얼마나 변하는지를 나타내는 반면, 혼합 엔트로피 Δs_{mix}는 혼합 과정에 의해 배향의 개수(number of configuration)가 증가하는 양상을 성질화하는 열역학적 변수이다. 이번에도 순수한 화학종이 등온, 등압의 혼합 과정을 겪는 가상적인 경로를 고려하여 Δs_{mix}를 해석할 수 있다. 엔트로피는 어떤 상태가 나타내는 가능한

분자 배향(molecular configuration)의 개수에 비례한다. 혼합물의 어떤 성분이 배향하는 방법은 항상 순수한 상태와 비교하여 더 많으므로 Δs_{mix}는 언제나 양이 된다. 예제 6.11에서 이성분 혼합계에 대한 혼합 엔트로피는 이상기체 모델을 활용하여 계산한다. 예제 6.11의 결과는 m 개의 화학종의 *이상기체* 혼합물에 대하여 다음과 같이 일반화될 수 있다.

$$\Delta s_{\text{mix}} = -R\sum_{i=1}^{m} y_i, \ln y_i \tag{6.25}$$

반대로, *이상기체*는 분자 간 상호작용을 나타내지 않으며 분자의 크기가 무시될 수 있으므로, 이상기체의 혼합에 의한 엔탈피와 부피 변화는 모두 0이 된다.

간혹 액체 용액은 완전히 임의적으로 섞인다고 가정되며, 따라서 혼합의 엔트로피 변화는 식 (6.25)에 나타낸 이상기체의 관계식을 따르게 된다. 이러한 액체는 **정규 용액**(regular solution)을 형성한다고 한다. Van der Waals 힘으로 상호작용하는 성분들은 정규 용액을 형성한다. 그렇지만, 크기가 현격하게 차이를 보이는 혼합물들은 정규 용액으로부터 편차를 보이게 된다. 예를 들면, chloroform과 acetone 사이의 회합 반응은 구조화된 혼합물을 형성하며, 혼합의 엔트로피는 정규 용액으로 예측된 것에 비하여 훨씬 작아진다.

예제 6.11 이상기체 혼합물에 대한 Δs_{mix}

이성분계 이상기체 혼합물에 대한 혼합의 엔트로피 변화를 나타내는 식을 유도하라.

풀이 ▶ 이 예제는 예제 3.9의 일반화에 해당된다. ΔS_{mix}로 나타낸 과정에 대한 개략도는 그림 E6.11A에서 볼 수 있다. 정의에 의하면 순수한 화학종의 온도와 압력은 혼합물과 같아야 한다. 그러므로, 혼합물의 부피의 크기 성질 값은 순수한 화학종 각각에 비하여 더 클 것이다.

식 (E6.11A)에서 엔트로피를 계산하기 위한 경로를 자유롭게 선정할 수 있다. 한 가지 가능한 경로를 그림 6.11B에 나타내었다. 첫 단계(단계 I)에서 순수한 화학종 a와 b는 혼합물이 담긴 용기의 크기까지 등온 팽창된다. 이 과정을 겪는 동안 압력은 혼합물에서 화학종 a와 b의 부분압력인 p_a와 p_b로 떨어진다. 다음 단계(단계 II)는 두 팽창하는 계들을 덧붙이는 것이다. 이 과정에 대하여 다음 식이 성립한다.

$$\Delta S_{mix} = \Delta S_a^I + \Delta S_b^I + \Delta S^{II} \tag{E6.11A}$$

일정한 온도에서 식 (3.22)를 화학종 a에 적용하여 시작할 수 있다.

$$\Delta s_a^I = -R\ln\frac{p_a}{P} = -R\ln\frac{y_a P}{P} = -R\ln y_a$$

엔트로피의 크기 성질 값을 구하기 위하여 몰수 a를 곱하여 다음 식이 얻어진다.

$$\Delta S_a^I = n_a \Delta s_a^I = -Rn_a \ln y_a \tag{E6.11B}$$

유사하게 b에 대하여 다음 식이 성립한다.

$$\Delta s_b = -R\ln y_b$$

그리고

$$\Delta S^{II} = n_a \Delta s_a^{II} + n_b \Delta s_b^{II} = 0 \tag{E6.11C}$$

단계 II에서 이상기체 a와 이상기체 b는 상호 간의 존재를 인지하지 못할 것임을 알 수 있다. 따라서 개별 화학종의 성질들은 변하지 않으며 다음 식이 성립한다.

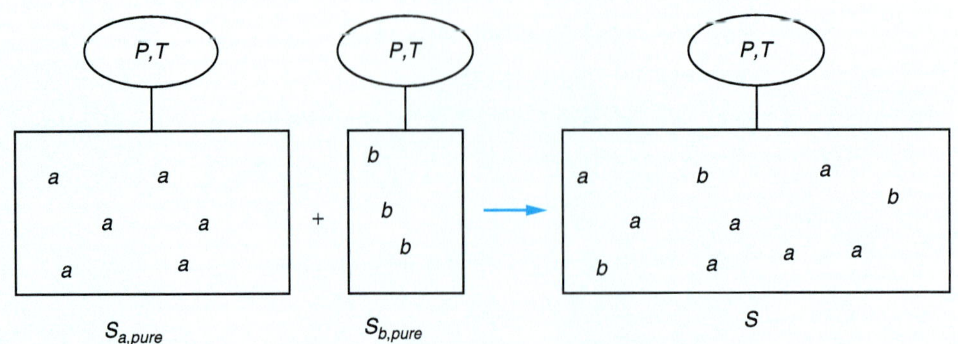

그림 E6.11A 화학종 a와 b의 이성분계에서 Δs_{mix}를 나타내는 과정.

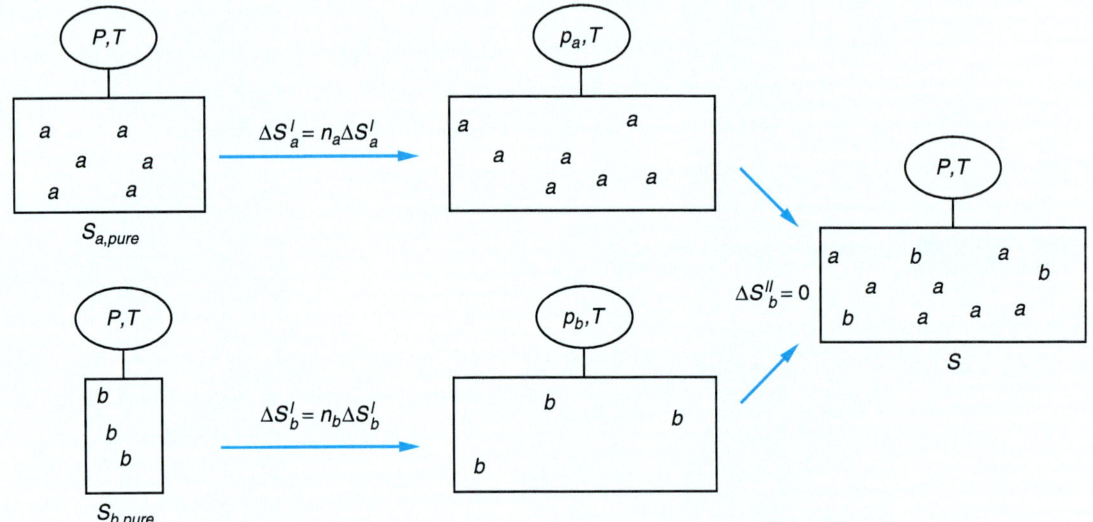

그림 E6.11B 화학종 a와 b의 이성분계에서 Δs_{mix}를 계산하기 위한 용액의 경로.

$$\Delta S^{II} = n_a \Delta s_a^{II} + n_b \Delta s_b^{II} = 0 \tag{E6.11D}$$

그림 E6.11B에 나타낸 경로는 화학종 a의 엔트로피 증가에 대하여 분자적 관점에서 흥미로운 의미를 갖는다. 증가된 엔트로피는 a와 혼합되는 b에 기인하는 것이 아니라 화학종 a가 움직일 수 있는 공간이 늘어나서 어느 곳에 존재할지 불확실성이 더 커지기 때문이다. 그러므로 정보가 손실되었으며, 엔트로피는 더 커진다.

식 (E6.11B), (E6.11C) 및 (E6.11D)를 (E6.11A)에 대입하면 다음 식이 얻어진다.

$$\Delta S_{mix} = -R(n_a \ln y_a + n_b \ln y_b)$$

혼합에 따른 엔트로피의 세기 성질 값을 구하기 위하여 총 몰수로 나눈다.

$$\Delta s_{mix} = \frac{\Delta S_{mix}}{n_a + n_b} = -R(y_a \ln y_a + y_b \ln y_b)$$

일반적으로 m개의 화학종들이 존재할 때, 각 화학종으로부터의 유사한 기여를 함께 더하여 다음 식을 얻을 수 있다.

$$\Delta s_{mix} = -R \sum y_i \ln y_i \tag{E6.11E}$$

식 (E6.11E)는 식 (6.25)로써 본문에 나타내었다.

부분 몰 성질의 결정

지금까지 새로운 형태의 성질인 부분 몰 성질에 대하여 소개하였다. 이 성질을 통해 혼합물의 성질에 대한 주어진 성분의 기여 정도를 판단할 수 있다. 우리의 다음 질문은 부분 몰 성질의 값들을 어떻게 얻을 수 있는가이다. 이를 달성하기 위한 여러 방법들이 존재한다. 이 절에서는 총 용액의 성질을 설명할 수 있는 식이 존재할 때 해석적인 방법 또는 총 용액의 자료 도표로부터 도식적인 수단에 의한 방법으로 부분 몰 성질을 계산하는 방법에 관한 두 예를 고려한다.

엔탈피나 내부 에너지와 같은 에너지와 관련된 성질들은 기준값에 대하여 정의되어야 한다. 이 경우에 다음 식과 같은 혼합에 의한 부분 몰 성질의 변화를 고려하는 것이 종종 편리하다.

$$\overline{\Delta K}_{\text{mix},i} = \left(\frac{\partial \Delta K_{\text{mix}}}{\partial n_i}\right)_{T,P,n_{j\neq i}} = \left(\frac{\partial K}{\partial n_i}\right)_{T,P,n_{j\neq i}} - \left[\frac{\partial \sum (n_i k_i)}{\partial n_i}\right]_{T,P,n_{j\neq i}}$$

여기서는 식 (6.20)이 사용되었다. 주어진 온도와 압력에서 순수한 성분의 성질은 일정하므로, n_i와 관련된 항을 제외하면 합의 모든 항들은 0이 된다. 그러므로 혼합에 의한 부분 몰 성질은 다음 식과 같이 된다.

$$\overline{\Delta K}_{\text{mix},i} = \overline{K}_i - k_i \tag{6.26}$$

예를 들면 다음과 같다.

$$\begin{bmatrix} \overline{\Delta H}_{\text{mix},i} = \overline{H}_i - h_i \\ \overline{\Delta G}_{\text{mix},i} = \overline{G}_i - g_i \\ \vdots \end{bmatrix}$$

식 (6.26)을 조사하면 $\overline{\Delta K}_{\text{mix},i}$는 어떤 성분 i가 순수한 상태로 거동하는 것에 비하여 혼합물에서 어떻게 거동하는지에 대한 상대적인 값을 나타냄을 알 수 있다. 이러한 상황에서 순수한 성분의 성질은 특정한 부분 몰 성질에 대해 기준 상태를 제시한다.

부분 몰 성질의 해석적인 결정

일반적으로 용액의 총 성질 k에 대한 해석적인 표현(analytical expression)은 조성의 함수로 주어진다. 이 경우에 식 (6.15)에서 규정한 바와 같이 T, P와 다른 성분 j의 몰수를 일정하게 유지하면서 크기 성질 K를 n_i로 미분하여 $\overline{K}_i$를 얻을 수 있다.

Virial 상태방정식(virial equation of state)으로 화학종 1과 2의 이성분 혼합물에 대한 부분 몰부피를 어떻게 계산하는지 보임으로써 이 방법을 예시하고자 한다. Virial 상태방정식은 식 (4.27)과 (4.43)을 활용하여 용액의 총 부피에 대하여 다음과 같이 적을 수 있다.

$$v = \frac{RT}{P}\left[1 + \frac{B_{\text{mix}}P}{RT}\right] = \frac{RT}{P} + y_1^2 B_{11} + 2y_1 y_2 B_{12} + y_2^2 B_{22}$$

Virial 계수 B_{11} 및 B_{22}와 교체 virial 계수 B_{12}를 알고 있다면, 혼합물에서 각 성분의 부분 몰부피에 대하여 풀 수 있다.

먼저 다음과 같이 크기 부피와 몰수 등의 항으로 virial 상태방정식을 적는다.

$$V = (n_1 + n_2)v = (n_1 + n_2)\frac{RT}{P} + \frac{n_1^2B_{11} + 2n_1n_2B_{12} + n_2^2B_{22}}{(n_1 + n_2)}$$

여기서 $y_1 = n_1/(n_1 + n_2)$이고 $y_2 = n_2/(n_1 + n_2)$이다. 미분하면 다음 식이 얻어진다.

$$\overline{V}_1 = \left(\frac{\partial V}{\partial n_1}\right)_{T,P,n_2} = \frac{RT}{P} + \frac{2n_1B_{11} + 2n_2B_{12}}{(n_1 + n_2)} - \frac{n_1^2B_{11} + 2n_1n_2B_{12} + n_2^2B_{22}}{(n_1 + n_2)^2}$$

이 식을 단순화하여 다음 식을 얻을 수 있다.

$$\overline{V}_1 = \frac{RT}{P} + (y_1^2 + 2y_1y_2)B_{11} + 2y_2^2B_{12} - y_2^2B_{22}$$

유사하게, 성분 2의 부분 몰부피는 다음 식과 같이 쓸 수 있다.

$$\overline{V}_2 = \frac{RT}{P} - y_1^2B_{11} + 2y_1^2B_{12} + (y_2^2 + 2y_1y_2)B_{22}$$

순수한 화학종의 몰부피에 대한 값을 얻기 위하여 virial 상태식에서 $y_2 = 0$으로 놓고 다음 식을 얻을 수 있다.

$$v_1 = \frac{RT}{P} + B_{11}$$

이 식은 $x_1 \longrightarrow 1$의 극한에서 $\overline{V}_1 = v_1$이므로, 위의 $\overline{V}_1$에 대한 표현식을 통해서도 얻을 수 있다.

혼합에 따른 부피 변화는 다음 식과 같이 주어진다.

$$\Delta v_{\text{mix}} = \left[\frac{RT}{P} + y_1^2B_{11} + 2y_1y_2B_{12} + y_2^2B_{22}\right] - \left[y_1\left(\frac{RT}{P} + B_{11}\right) + y_2\left(\frac{RT}{P} + B_{22}\right)\right]$$

또는 다음 식과 같이 단순화된다.

$$\Delta v_{\text{mix}} = 2y_1y_2\left[B_{12} - \frac{B_{11} + B_{22}}{2}\right] \tag{6.27}$$

식 (6.27)의 우변에 괄호 안의 항들을 조사해보면, Δv_{mix}의 크기와 부호는 B_{11}과 B_{22}의 평균으로 주어지는 동종 분자 간 상호작용에 대하여 B_{12}로 주어지는 이종 분자 간 상호작용의 강도를 비교함으로써 결정됨을 알 수 있다. 이종 분자 간 항이 더 강하다면(즉, 큰 값의 음수) 혼합에 따른 부피 변화는 음수인 반면에, 동종 분자 간 상호작용이 더 클 때 결과는 양의 변화로 나타난다.

예제 6.12 **Virial 상태방정식을 사용한 혼합물의 성질 변화**

333 K과 10 bar에서 acetone(2)과 10 mol%의 chloroform(1)의 이성분 혼합물을 고려한다. 이 계에 대한 제 2 virial 계수는 $B_{11} = -910$, $B_{22} = -1330$, 및 $B_{12} = -2005$ cm^3/mol이다. v_1, $\overline{V}_1$, Δv_{mix}를 결정하라.

풀이 ▶ 위에서 논의한 순수한 성분과 부분 몰부피에 대한 식들을 적용하면, 다음이 얻어진다.

$$v_1 = \frac{RT}{P} + B_{11} = 1860\ [\text{cm}^3/\text{mol}] \qquad \textbf{(E6.12A)}$$

그리고

$$\overline{V}_1 = \frac{RT}{P} + (x_1^2 + 2x_1x_2)B_{11} + 2x_2^2B_{12} - x_2^2B_{22} = 425\ [\text{cm}^3/\text{mol}] \qquad \textbf{(E6.12B)}$$

여기서 액체의 몰부피는 y_i 대신 x_i로 나타내었다. 식 (6.27)을 활용하면 다음이 얻어진다.

$$\Delta v_{\text{mix}} = x_1x_2(2B_{12} - B_{11} - B_{22}) = -159\ [\text{cm}^3/\text{mol}] \qquad \textbf{(E6.12C)}$$

식 (E6.12A)와 (E6.12B)를 비교하면, $\overline{V}_1$로 나타낸 바와 같이 순수한 chloroform의 몰부피 v_1은 10%의 chloroform을 포함하는 혼합물의 몰부피에 약 두 배의 기여를 하게 된다. 이 결과는 chloroform의 H(수소)와 acetone의 카보닐기 사이에 수소결합으로 설명될 수 있다. 이러한 결합 반응은 혼합물에서 화학종들을 서로 더 가깝게 '당기게 된다'(4.2절과 예제 6.8을 보라). Chloroform과 acetone 사이의 이러한 조합의 결과는 용액 부피의 감소로 나타난다. 그러므로, Δv_{mix}는 음의 값을 갖게 된다. Chloroform과 acetone 사이의 상호작용은 순수한 화학종 사이의 상호작용에 비하여 비정상적으로 강하며 대부분의 혼합물에서 전형적인 것은 아님에 주목해야 한다.

예제 6.13 **$\overline{H}_{H_2SO_4}$와 $\overline{H}_{H_2O}$의 계산**

21°C에서 황산과 물의 이성분 혼합액의 부분 몰 엔탈피에 대한 표현식을 구하라. 순수한 성분 물질의 엔탈피는 각각 1,596 [kJ/mol]과 1,591 [kJ/mol]이며 혼합 엔탈피는 식 (6.24)로 주어진다. 황산과 물의 등몰 혼합물에 대한 부분 몰 엔탈피를 계산하라. $x_{H_2SO_4}$의 함수로 $\overline{H}_{H_2SO_4}$와 $\overline{H}_{H_2O}$를 도시하라.

풀이 ▶ 총 용액의 엔탈피는 다음과 같이 적을 수 있다

$$h = h_{H_2SO_4}x_{H_2SO_4} + h_{H_2O}x_{H_2O} + \Delta h_{\text{mix}}$$

또는 수치를 대입하면 다음 식과 같다.

$$h = 1.596x_{H_2SO_4} + 1.591x_{H_2O} - 74.40x_{H_2SO_4}x_{H_2O}\,(1 - 0.561x_{H_2SO_4})[\text{kJ/mol}]$$

부분 몰 성질의 정의인 식 (E6.15)에 적용하기 위하여 식 (E6.13A)를 크기 성질인 엔탈피와 황산 및 물의 몰수로 적을 필요가 있다.

$$H = n_Th = 1.596n_{H_2SO_4} + 1.591n_{H_2O} - 74.40\frac{n_{H_2SO_4}n_{H_2O}}{n_{H_2SO_4} + n_{H_2O}}$$

$$+ 41.74\frac{n_{H_2SO_4}^2n_{H_2O}}{(n_{H_2SO_4} + n_{H_2O})^2} \qquad \textbf{(E6.13B)}$$

식 (E6.13B)를 $n_{H_2SO_4}$로 미분하면, 황산의 부분 몰 엔탈피를 얻을 수 있다.

$$\overline{H}_{H_2SO_4} = \left(\frac{\partial H}{\partial n_{H_2SO_4}}\right)_{T,P,n_{H_2O}} = 1.596 - 74.40\frac{n_{H_2O}^2}{(n_{H_2SO_4} + n_{H_2O})^2} + 83.48\frac{n_{H_2SO_4}n_{H_2O}^2}{+\ (n_{H_2SO_4} + n_{H_2O})^3}$$

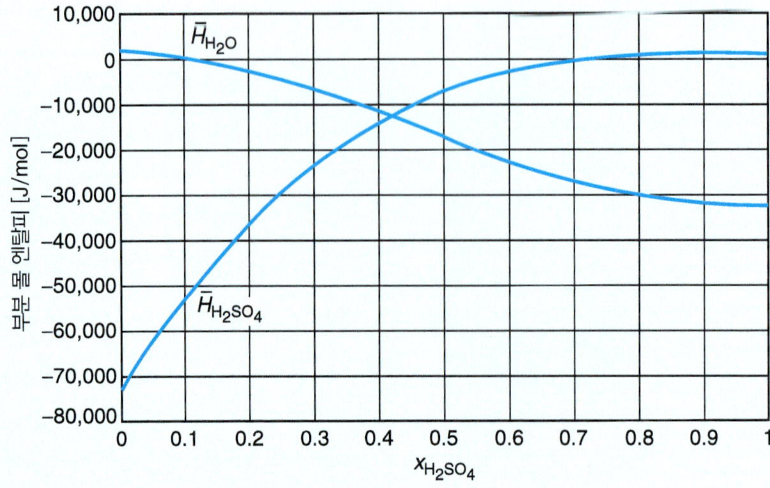

그림 E6.13 21°C에서 물과 황산의 부분 몰 엔탈피.

그리고 간략히 나타내면 다음 식과 같다.

$$\overline{H}_{H_2SO_4} = 1.596 - 74.40x_{H_2O}^2 + 83.48x_{H_2SO_4}x_{H_2O}^2 \text{ [kJ/mol]} \quad \textbf{(E6.13C)}$$

유사하게, 물에 대하여 다음 식이 얻어진다.

$$\overline{H}_{H_2O} = 1.591 - 74.40x_{H_2SO_4}^2 + 41.74x_{H_2SO_4}^2(1 - 2x_{H_2O}) \text{ [kJ/mol]} \quad \textbf{(E6.13D)}$$

이러한 식들로부터 계산된 부분 몰 엔탈피의 그래프는 그림 E6.13에 나타내었다. 등몰 혼합물에 대하여($x_{H_2SO_4} = x_{H_2O} = 0.5$) 식 (E6.13C)와 (E6.13D)를 활용하여 다음 식을 얻을 수 있다.

$$\overline{H}_{H_2SO_4} = -6.6 \text{ [kJ/mol]} \text{ 그리고 } \overline{H}_{H_2O} = -17.0 \text{ [kJ/mol]}$$

예제 6.14 부분 몰 엔탈피 사이의 관계식을 얻기 위한 Gibbs–Duhem 식의 활용

21°C에서 황산과 물의 이성분 혼합액에 대한 부분 몰 엔탈피에 대하여 예제 6.12에서 유도된 표현식들이 Gibbs–Duhem 식을 만족함을 확인하라.

풀이 ▸ 이 계에서 부분 몰 엔탈피에 대한 Gibbs–Duhem 식은 다음과 같이 적을 수 있다.

$$0 = n_{H_2SO_4}d\overline{H}_{H_2SO_4} + n_{H_2O}d\overline{H}_{H_2O} \quad \textbf{(E6.14A)}$$

식 (E6.14A)를 황산의 몰분율로 미분하고 총 몰수로 나누면 다음 식이 얻어진다.

$$0 = x_{H_2SO_4}\frac{d\overline{H}_{H_2SO_4}}{dx_{H_2SO_4}} + x_{H_2O}\frac{d\overline{H}_{H_2O}}{dx_{H_2SO_4}} \quad \textbf{(E6.14B)}$$

이제 식 (E6.14B)에서 두 도함수들을 식 (E6.13C)와 (E6.13D)을 활용하여 나타낸다. 우선 황산의 부분 몰 엔탈피의 도함수는 다음 식과 같이 주어진다.

$$\frac{d\overline{H}_{H_2SO_4}}{dx_{H_2SO_4}} = -148.80x_{H_2O}\frac{dx_{H_2O}}{dx_{H_2SO_4}} + 166.96x_{H_2O}x_{H_2SO_4}\frac{dx_{H_2O}}{dx_{H_2SO_4}} + 83.48x_{H_2O}^2 \quad \textbf{(E6.14C)}$$

그렇지만 황산의 몰수에 따른 물의 몰수 변화는 다음 식과 같다.

$$\frac{dx_{H_2O}}{dx_{H_2SO_4}} = -1$$

따라서 식 (E6.14C)는 다음 식과 같이 된다.

$$\frac{d\overline{H}_{H_2SO_4}}{dx_{H_2SO_4}} = 148.80x_{H_2O} - 166.96x_{H_2O}x_{H_2SO_4} + 83.48x_{H_2O}^2$$

$$= -18.16x_{H_2O} + 250.44x_{H_2O}^2 \qquad \textbf{(E6.14D)}$$

여기서 $x_{H_2SO_4} = 1 - x_{H_2O}$가 적용되었다. 마지막으로 식 (E6.14D)를 황산의 몰분율로 곱하면 다음 식과 같다.

$$x_{H_2SO_4}\frac{d\overline{H}_{H_2SO_4}}{dx_{H_2SO_4}} = -18.16x_{H_2O}x_{H_2SO_4} + 250.44x_{H_2O}^2x_{H_2SO_4} \qquad \textbf{(E6.14E)}$$

마찬가지로 물의 부분 몰 엔탈피의 도함수에 대하여 다음 식이 얻어진다.

$$\frac{d\overline{H}_{H_2O}}{dx_{H_2SO_4}} = -148.80x_{H_2SO_4} + 83.48[x_{H_2SO_4}(1 - 2x_{H_2O}) + x_{H_2SO_4}^2] = x_{H_2SO_4}(18.16 - 250.44x_{H_2O})$$

그리고

$$x_{H_2O}\frac{d\overline{H}_{H_2O}}{dx_{H_2SO_4}} = 18.16x_{H_2O}x_{H_2SO_4} - 250.44x_{H_2O}^2x_{H_2SO_4} \qquad \textbf{(E6.14F)}$$

식 (E6.14E)와 (E6.14F)를 조사하면 식 (E6.14B)가 만족됨을 알 수 있다.

› 부분 몰 성질의 도식적 결정

그림 6.12에 나타낸 한 성분의 몰분율에 따른 몰부피(또는 임의의 몰 성질)의 그래프가 알려져 있을 때, 이성분 혼합물에 대한 부분 몰부피(또는 임의의 다른 부분 몰 성질)을 계산하고 싶다고 가정하자. 이 그림의 값들은 예제 6.12에서 논의한 chloroform(1)-acetone(2)의 이성분 혼합액으로부터 취하였다. 이 경우에 이종 분자 간의 상호작용이 비정상적으로 증가하였음을 상기하라.[12]

이 경우에 식 (6.18)을 적용하면 다음 식과 같다.

$$v = x_1\overline{V}_1 + x_2\overline{V}_2 \qquad (6.28)$$

$x_1 = 1 - x_2$를 대입하면 다음 식이 얻어진다.

$$v = (1 - x_2)\overline{V}_1 + x_2\overline{V}_2$$

x_2로 미분하고 양변에 x_2를 곱한 뒤, Gibbs-Duhem 식을 적용하면 다음 식이 얻어진다.

$$x_2\frac{dv}{dx_2} = -x_2\overline{V}_1 + x_2\overline{V}_2$$

12. 사실상 이 계는 두드러진 상호작용에 의해 도식적인 접근을 잘 묘사할 수 있으므로 예로 선정되었다.

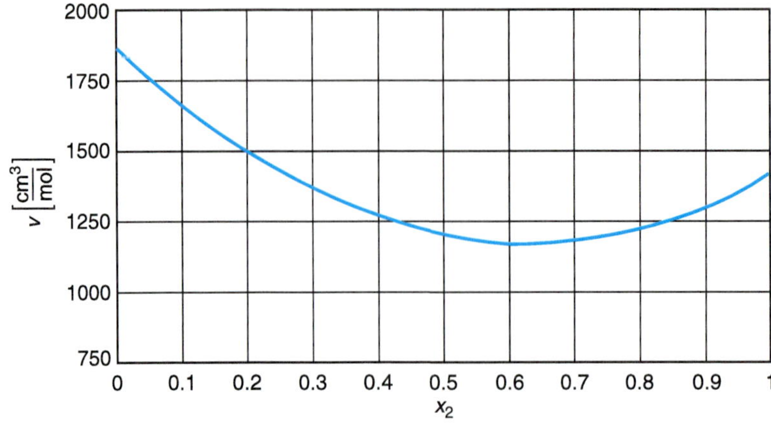

그림 6.12 성분 1과 2의 이성분 혼합계에 대한 몰부피의 실험적 자료.

또는
$$x_2 \frac{dv}{dx_2} = -\overline{V}_1 + (x_1\overline{V}_1 + x_2\overline{V}_2)$$

식 (6.28)에서 v에 대한 정의식을 활용하여 재배열하면, 다음 식이 얻어진다.

$$v = \overline{V}_1 + x_2 \frac{dv}{dx_2} \tag{6.29}$$

y절편 (→ $\overline{V}_1$), 기울기 (→ $x_2 \frac{dv}{dx_2}$)

v가 x_2에 대하여 도시되었다면 식 (6.29)는 기울기 dv/dx_2와 y 절편 $\overline{V}_1$를 갖는 직선을 나타낸다. 그러므로 임의의 어떤 조성 x_2에 대한 부분 몰부피는 그림 6.13에서 $x_2 = 0.7$에 대하여 나타낸 바와 같이 곡선에 접선을 그려서 y 절편의 값을 취하여 얻을 수 있다. 유사하게, $\overline{V}_2$는 $x_2 = 1$에서 접선의 값을 취하여 찾을 수 있다. 이 방법은 기술적으로는 **접선-절편 방법**(tangent-intercept method)으로 불린다.[13]

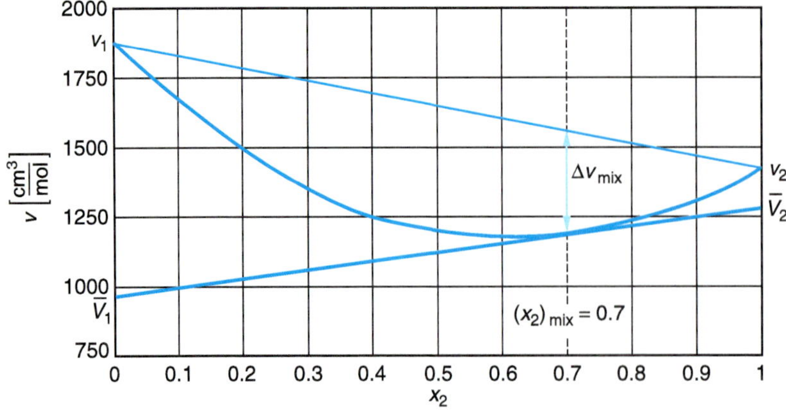

그림 6.13 이성분 혼합액에 대한 도식적 자료로부터 부분 몰부피의 결정.

13. 접선-절편 방법은 혼합에 따른 부분 몰 성질의 변화에도 적용될 수 있다. 만약 Δv_{mix}가 x_2에 대하여 도시된다면, y 절편은 $(\overline{\Delta V}_{mix})_1 = \overline{V}_1 - v_1$을 나타낸다.

식 (6.29)를 일반화하여 다음 식을 얻을 수 있다.

$$\bar{K}_1 = k - x_2 \frac{dk}{dx_2} \tag{6.30}$$

예를 들면 다음과 같다.

$$\begin{bmatrix} \bar{V}_1 = v - x_2 \dfrac{dv}{dx_2} \\ \bar{H}_1 = h - x_2 \dfrac{dh}{dx_2} \\ \vdots \end{bmatrix}$$

식 (6.30)은 오직 이성분 혼합물에만 적용된다. 두 개 이상의 성분을 갖는 혼합물에 대한 일반화에 대해서는 연습 문제 6.71을 참조하라.

화학종 1의 조성으로 성분 1의 부분 몰부피의 극한을 고려하는 것은 흥미로운 일이다. x_1이 1에 가까워지는 극한에서는, 혼합물에는 모두 1번 성분이 존재하고 2는 없다. 이 경우에 특별한 몰부피는 순수한 화학종의 몰부피와 같다.

$$\bar{V}_1 = v_1 \lim x_1 \longrightarrow 1$$

이는 부분 몰 성질의 해석에 대한 논리적 결과이다. 오직 화학종 1만 존재한다면, 용액의 성질에 전적으로 기여해야만 한다. 그러므로 부분 몰 성질은 순수한 물질의 성질과 같아야만 한다.

다른 극단적인 사례로 화학종 1의 분자 한 개가 화학종 2의 용액에 첨가된 경우를 고려하자. 이 경우에 1번 성분의 분자는 오직 2번 성분 분자와 상호작용할 것이며, 1-2 상호작용의 성질이 1-1 상호작용과 다르다면, 앞서 논의한 경우와 매우 다른 부분 몰부피를 갖을 것이다. 이 무한 희석의 극한은 $\bar{V}_1^{\infty}$로 표기한다.

$$\bar{V}_1 = \bar{V}_1^{\infty} \lim x_1 \longrightarrow 0$$

두 극한의 경우를 그림 6.14에 나타내었다. *주의*: $\bar{V}_1^{\infty} \neq v_1$.

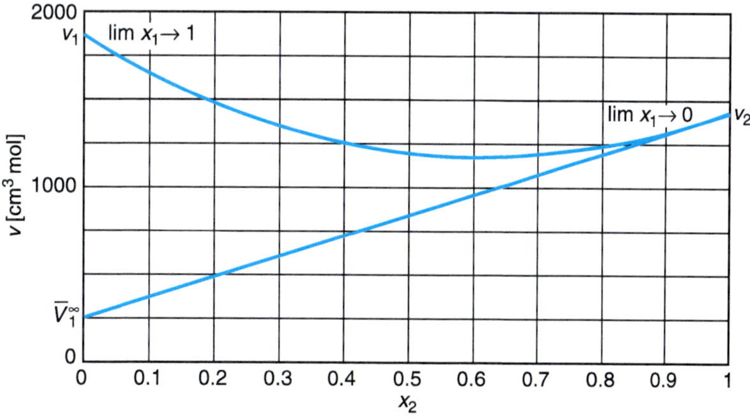

그림 6.14 부분 몰부피의 극한 사례(*y*축의 눈금이 그림 6.12 및 6.13과 다름에 유의하라).

예제 6.15 $\bar{H}_{H_2SO_4}$와 $\bar{H}_{H_2O}$의 계산을 위한 대체 방법

식 (6.30)을 활용하여 21°C의 물에서 황산의 부분 몰 엔탈피에 대한 표현식을 구하라.

풀이 ▸ 이 계에 식 (6.30)을 적용하면, 다음 식이 얻어진다.

$$\bar{H}_{H_2SO_4} = h - x_{H_2O}\frac{dh}{dx_{H_2O}} \qquad \textbf{(E6.15A)}$$

따라서 식 (E6.13A)로 주어지는 몰당 엔탈피에 대한 표현식을 도입할 수 있다.

$$h = 1.596x_{H_2SO_4} + 1.591x_{H_2O} - 74.40x_{H_2SO_4}x_{H_2O}(1 - 0.561x_{H_2SO_4})[\text{kJ/mol}] \qquad \textbf{(E6.15B)}$$

식 (E6.15B)를 미분하면, 다음 식이 얻어진다.

$$\frac{dh}{dx_{H_2O}} = -1.596 + 1.591 - 74.40[(x_{H_2SO_4} - x_{H_2O})(1 - 0.561x_{H_2SO_4}) + 0.561x_{H_2SO_4}x_{H_2O}] \qquad \textbf{(E6.15C)}$$

식 (E6.15B)와 (E6.15C)를 (E6.15A)에 대입하면 다음 식이 얻어진다.

$$\bar{H}_{H_2SO_4} = 1.596(x_{H_2SO_4} + x_{H_2O}) - 74.40x^2_{H_2O}(1 - 0.561x_{H_2SO_4}) + 41.74x_{H_2SO_4}x^2_{H_2O}$$

$$\bar{H}_{H_2SO_4} = 1.596 - 74.40x^2_{H_2O} + 83.48x_{H_2SO_4}x^2_{H_2O}[\text{kJ/mol}] \qquad \textbf{(E6.15D)}$$

식 (E6.15D)와 (E6.13C)는 동일하다.

예제 6.16 $\bar{H}_{H_2SO_4}$와 $\bar{H}_{H_2O}$의 도식적 결정

식 (E6.13A)를 도시하여 21°C에서 황산과 물의 등몰 혼합물에 대한 부분 몰 엔탈피의 값을 도식적으로 구하라.

풀이 ▸ 식 (E6.13A)는 그림 E6.16에 나타내었다. 또한, 그림에는 0.5의 몰분율에서 접선을 예시하였다. 접선의 절편 값들은 다음 식과 같이 주어진다.

$$\bar{H}_{H_2SO_4} = -6700\ [\text{J/mol}] \quad 그리고 \quad \bar{H}_{H_2O} = -17{,}100\ [\text{J/mol}]$$

이 값들은 예제 6.13에서 해석적으로 얻어진 숫자들과 일치한다.

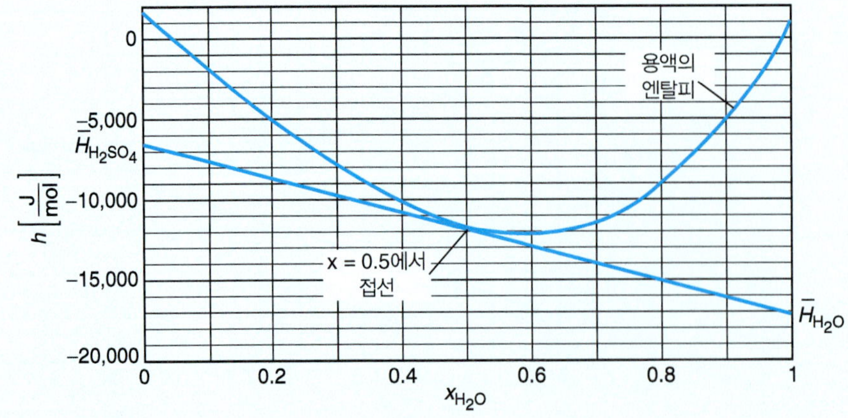

그림 E6.16 황산과 물의 부분 몰 엔탈피 값의 도식적 결정.

부분 몰 성질들 사이의 관계

열역학적 망구조를 좀 더 확장하여 부분 몰 성질들 상호 간의 관계를 구할 수 있다. 예를 들면, 용액의 총 성질을 고려하자.

$$H = U + PV$$

일정한 T, P, n_j에서 위 식의 양변을 n_i로 미분하면, 다음 식이 얻어진다.

$$\left(\frac{\partial H}{\partial n_i}\right)_{T,P,n_{j\neq i}} = \left(\frac{\partial U}{\partial n_i}\right)_{T,P,n_{j\neq i}} + \left(\frac{\partial PV}{\partial n_i}\right)_{T,P,n_{j\neq i}}$$

압력이 일정하므로 다음 식이 성립한다.

$$\left(\frac{\partial H}{\partial n_i}\right)_{T,P,n_{j\neq i}} = \left(\frac{\partial U}{\partial n_i}\right)_{T,P,n_{j\neq i}} + P\left(\frac{\partial V}{\partial n_i}\right)_{T,P,n_{j\neq i}}$$

부분 몰 성질의 정의를 적용하면, 다음 식이 얻어진다.

$$\overline{H}_i = \overline{U}_i - P\overline{V}_i \tag{6.31}$$

부분 몰 엔탈피와 용액의 총 엔탈피에 적용되는 식 (6.31)의 유사성에 주목하라.

제5장에서 서술된 다음의 유사한 관계식들이 유도됨을 직접적으로 확인할 수 있다.

$$\overline{G}_i = \overline{H}_i - T\overline{S}_i$$

$$\overline{A}_i = \overline{U}_i - T\overline{S}_i$$

제5장에서 논의된 Maxwell 관계식과 유사하게, 부분 몰 Gibbs 에너지에 대한 관계식 또한 얻어진다. 식의 유도는 혼합물에서 Gibbs 에너지의 미분 변화량에 대한 표현식을 적용함으로서 시작된다.

$$\mathrm{d}G = \left(\frac{\partial G}{\partial T}\right)_{P,n_i}\mathrm{d}T + \left(\frac{\partial G}{\partial P}\right)_{T,n_i}\mathrm{d}P + \sum_{i=1}^{m}\overline{G}_i\mathrm{d}n_i \tag{6.32}$$

조성의 변화가 없을 때 $\mathrm{d}n_i = 0$이며, 위의 관계식은 식 (5.9)로 환원된다. 그러므로 식 (6.32)는 다음과 같이 쓸 수 있다.

$$\mathrm{d}G = -S\mathrm{d}T + V\mathrm{d}P + \sum_{i=1}^{m}\overline{G}_i\mathrm{d}n_i \tag{6.33}$$

(Maxwell 관계식의 유도 과정에서 적용했던 것처럼) 첫 번째와 세 번째 항의 이계 도함수가 서로 같다고 놓음으로써 다음 식이 얻어진다.

$$\left(\frac{\partial \overline{G}_i}{\partial T}\right)_{P,n_i} = -\overline{S}_i \tag{6.34}$$

부분 몰 Gibbs 에너지의 온도 의존성에 대한 편리한 형태는 일정한 P에서 $\overline{G}_i/T$를 T로 편미분하여 얻을 수 있다.

$$\left(\frac{\partial\left(\frac{\overline{G}_i}{T}\right)}{\partial T}\right)_{P,n_i} = \frac{1}{T}\left(\frac{\partial \overline{G}_i}{\partial T}\right)_{P,n_i} - \frac{\overline{G}_i}{T^2} = \frac{-T\overline{S}_i - \overline{G}_i}{T^2} = -\frac{\overline{H}_i}{T^2} \tag{6.35}$$

처음에 연쇄규칙이 적용되고 식 (6.34)가 활용되었다. 식 (6.33)의 두 번째와 세 번째 항에 곱의 미분(cross-differentiation)을 적용하면 다음 식이 얻어진다.

$$\left(\frac{\partial \overline{G}_i}{\partial P}\right)_{T,n_i} = \overline{V}_i \tag{6.36}$$

상평형에서 부분 몰 Gibbs 에너지의 효용은 다음 절에서 논의될 것이다. 지금으로서는 위의 두 식들이 이 성질에 대한 압력과 온도 의존성을 결정하는 데 유용하게 쓰일 수 있음을 알 수 있다.

6.4 다성분계 상평형

화학 퍼텐셜–화학적 평형에 대한 판단 기준

완전한 상평형 문제를 구축하기 위하여 6.2절에서 논의한 상평형의 판단 기준과 6.3절의 혼합물에 대한 서술을 결합시키기 위한 준비가 이제 마무리되었다. 식 (6.3)의 화학 평형에 대한 판단 기준으로부터 시작할 수 있다. 각 상에서의 미분 변화량를 더하여 총 Gibbs 에너지의 미분 변화량을 적으면 다음 식과 같다.

$$dG = 0 = dG^\alpha + dG^\beta$$

식 (6.33)으로 주어지는 기본적인 관계식을 각 상에 적용하면 다음 식을 얻을 수 있다.

$$0 = \left[-SdT + VdP + \sum_{i=1}^{m}\overline{G}_i dn_i\right]^\alpha + \left[-SdT + VdP + \sum_{i=1}^{m}\overline{G}_i dn_i\right]^\beta \tag{6.37}$$

이제 열적 평형과 기계적 평형에 대한 기준을 적용할 수 있다. 열적 평형에 대해 다음 기준이 성립한다.

$$T^\alpha = T^\beta$$

따라서 상 α에서 온도가 미소량 만큼 변한다면, 이에 대응하는 상 β에서 온도의 미소 변화량과 부합되어야만 한다.

$$dT^\alpha = dT^\beta$$

유사하게 기계적 평형에 대한 기준은 압력의 미소 변화량에 대해서도 적용될 수 있으며, 다음 식이 얻어진다.

$$dP^\alpha = dP^\beta$$

식 (6.32)에 열적 평형과 기계적 평형에 대한 기준을 적용하면 다음 식이 얻어진다.

$$0 = \left[\sum_{i=1}^{m}\overline{G}_i dn_i\right]^\alpha + \left[\sum_{i=1}^{m}\overline{G}_i dn_i\right]^\beta$$

부분 몰 Gibbs 에너지는 화학 평형에서 중요한 양이며, **화학 퍼텐셜**(chemical potential) μ_i라는 특별한 명칭이 부여된다.

$$\mu_i \equiv \left(\frac{\partial G}{\partial n_i}\right)_{T,P,n_{j \neq i}} \tag{6.38}$$

이에 대한 이유는 간략히 살펴볼 것이다. 화학 퍼텐셜과 부분 몰 Gibbs 에너지는 동의어임에 주목하라. 화학 퍼텐셜을 활용하면 다음 식이 얻어진다.

$$0 = \sum_m \mu_i^\alpha \mathrm{d}n_i^\alpha + \sum_m \mu_i^\beta \mathrm{d}n_i^\beta$$

그렇지만 닫힌계를 다루고 있으므로 상 α를 빠져나가는 어떤 화학종은 상 β로 들어갈 것이다. 그러므로 다음 식이 성립한다.

$$\mathrm{d}n_i^\alpha = -\mathrm{d}n_i^\beta$$

따라서 다음 식을 얻을 수 있다.

$$0 = \sum_m (\mu_i^\alpha - \mu_i^\beta)\mathrm{d}n_i^\alpha$$

이제, 일반적으로 참인 식은 다음과 같다.

$$\boxed{\mu_i^\alpha = \mu_i^\beta} \tag{6.39}$$

식 (6.39)는 계에서 모든 m개의 화학종에 대해 적용된다. 즉, m개의 다른 식들이 존재한다. 식 (6.39)를 식 (6.5)와 비교해 보면, 혼합물에서 화학적 평형에 대한 기준은 순수한 화학종의 성질인 몰당 Gibbs 에너지 g_i를 혼합물의 Gibbs 에너지에 대한 화학종 i의 기여인 부분 몰 Gibbs 에너지 $\overline{G}_i = \mu_i$로 대체함으로써 얻어짐이 명백하다. 이는 6.3절의 부분 몰 Gibbs 에너지에 대한 해석으로부터 직관적으로 알 수 있다.

화학 퍼텐셜은 축약적인 개념(abstract concept)이다. 이는 직접적으로 측정될 수 없다. 그렇지만 화학 퍼텐셜과 물질 전달 사이의 관계는 온도와 에너지 전달 또는 압력과 운동량 전달 사이의 관계와 동일하다. 이러한 개념은 그림 6.15에 예시하였다. 그림 6.15a에서 서로 다른 온도의 두 계를 볼 수 있다. 이들이 서로 접촉되어지면, 열평형에 도달하여 온도가 동일해질 때까지 고온에서 저온으로 열의 형태로 에너지가 전달될 것이다. 열적 평형에 대한 구동력을 제공하므로 온도는 '열적 퍼텐셜(thermal potential)'이라고 부를 수 있을 것이다. 그렇지만, 온도에 대한 물리적 경험으로부터 이러한 성질을 이미 알고 있으므로, 온도라는 명칭을 고집하게 된다.

그림 6.15b에는 화학 퍼텐셜과 확산 사이의 유사한 관계를 나타내고 있다. 여기서 화학종 i에 대한 서로 다른 두 개의 화학 퍼텐셜을 볼 수 있다. 이 경우에 화학종 i는 화학 퍼텐셜이 동일해져서 화학 평형에 도달할 때까지 높은 화학 퍼텐셜로부터 낮은 곳으로 전달될 것이다. 각 상에 대한 μ_i를 알고 있다면, 화학종 i가 어느 방향으로 이동하는 경향을 보일지 알게 된다. T와 P가 직접적인 경험으로 알려진 성질인데 반해, 화학 퍼텐셜은 축약적인 성질이라는 점을 이해하는 것이 가장 어려운 일이다. 그렇지만 에너지 전달에 온도를 적용하는 것과 동일한 방식으로 화학종의 전달을 위한 구동력으로써 화학 퍼텐셜의 개념을 적용할 수 있다.

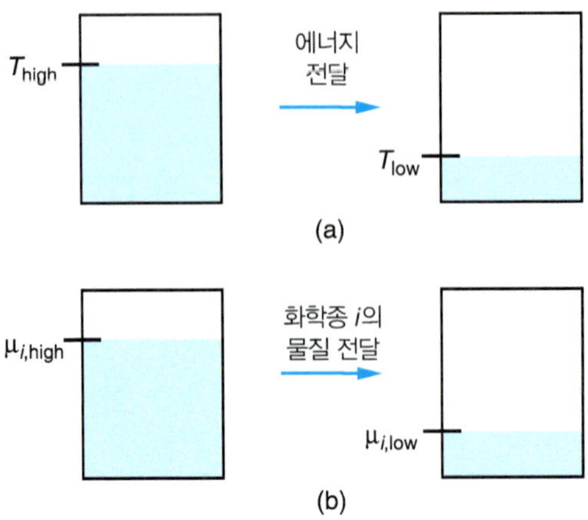

그림 6.15 (*a*) 에너지 전달에 대한 구동력으로서 온도와 (*b*) 물질 전달에 대한 구동력으로서 화학 퍼텐셜 사이의 유사성에 대한 개념적 예시.

예제 6.17 **비반응 계에 대한 Gibbs 상 규칙의 결정**

π개의 상에서 m개의 화학종들이 온도 T와 압력 P에서 존재하는 계를 고려한다. 전체 계의 상태를 규정하기 위하여 얼마나 많은 측정 가능한 성질들(예, T, P, x_i)이 결정될 필요가 있는가?

풀이 ▸ 식 (6.1), (6.2)와 (6.39)로부터 m개의 화학종과 π개의 상들에 대하여 다음 일련의 식들을 구축할 수 있다.

$$\begin{aligned} T^{\alpha} &= T^{\beta} = \ \dots \ = T^{\pi} \\ P^{\alpha} &= P^{\beta} = \ \dots \ = P^{\pi} \\ \mu_1^{\alpha} &= \mu_1^{\beta} = \ \dots \ = \mu_1^{\pi} \\ \mu_2^{\alpha} &= \mu_2^{\beta} = \ \dots \ = \mu_2^{\pi} \\ &\vdots \\ \mu_m^{\alpha} &= \mu_m^{\beta} = \ \dots \ = \mu_m^{\pi} \end{aligned} \qquad \textbf{(E6.17A)}$$

위의 각 열에는 $(\pi - 1)$개의 식들이 존재한다. 따라서 위에는 총 $(\pi - 1)(m + 2)$개의 식들이 존재한다. 주어진 상에서의 화학 퍼텐셜은 온도, 압력과 각 상에 존재하는 성분들의 몰분율에 의존한다. 몰분율의 합은 1이므로 어떤 상의 온도와 압력에 따라 $(m - 1)$개의 몰분율들을 알아야 그 상의 상태를 규정할 수 있다. 따라서 계의 상태를 결정하기 위하여 $(m + 1)\pi$개의 변수들을 상술해야 한다. 독립적으로 선정해야 하는 변수의 개수인 자유도 $\mathfrak{F}$는 상술할 필요가 있는 총 $(m + 1)\pi$개의 변수에서 (E6.17A)에 있는 식의 개수 $(\pi - 1)(m + 2)$을 빼서 얻어진다. 그러므로 독립적으로 자유도의 개수를 다음과 같이 상술해야 한다.

$$\mathfrak{F} = (m + 1)\pi - (\pi - 1)(m + 2) = m - \pi + 2 \qquad \textbf{(E6.17B)}$$

식 (E6.17B)는 식 (1.12)와 동일하다. 이 예는 화학 반응을 고려하지는 않는다. 반응이 존재한다면 반응양론 계수 때문에 추가적인 제약을 가해야 한다. 이 경우는 제9장에서 설명할 것이다.

μ_i에 대한 온도와 압력 의존성

6.2절에서 학습한 순수한 화학종에 대한 경우와 유사하게 평형 상태의 혼합물이 측정된 변수들의 변화에 어떻게 응답하는지를 결정할 수 있다. 화학 퍼텐셜의 변화와 압력, 온도 및 몰분율이 변하는 상들 사이의 화학 평형에 대한 판단 기준을 연관짓기 위하여 열역학적 상호관계 구조를 활용할 수 있다.

식 (6.39)를 T로 나누는 것부터 시작하는 것이 편리하다.

$$\frac{\mu_i^\alpha}{T} = \frac{\mu_i^\beta}{T} \tag{6.40}$$

화학종 i에 대한 온도, 압력 및 몰분율을 독립변수로 선정한다면, 화학 퍼텐셜의 변화를 온도로 나눈 것은 다음 편미분식들에 의해 관련지을 수 있다.

$$\left[\frac{\partial(\mu_i^\alpha/T)}{\partial T}\right]_{P,x_m^\alpha}\mathrm{d}T + \left[\frac{\partial(\mu_i^\alpha/T)}{\partial P}\right]_{T,x_m^\alpha}\mathrm{d}P + \left[\frac{\partial(\mu_i^\alpha/T)}{\partial x_i}\right]_{T,P}\mathrm{d}x_i^\alpha$$

$$= \left[\frac{\partial(\mu_i^\beta/T)}{\partial T}\right]_{P,x_m^\beta}\mathrm{d}T + \left[\frac{\partial(\mu_i^\beta/T)}{\partial P}\right]_{T,x_m^\beta}\mathrm{d}P + \left[\frac{\partial(\mu_i^\beta/T)}{\partial x_i}\right]_{T,P}\mathrm{d}x_i^\beta$$

(1/T)를 각 항의 두 번째와 세 번째 항의 편미분 기호 바깥으로 빼 내면 다음 식이 얻어진다.

$$\left[\frac{\partial(\mu_i^\alpha/T)}{\partial T}\right]_{P,x_m^\alpha}\mathrm{d}T + \frac{1}{T}\left[\frac{\partial\mu_i^\alpha}{\partial P}\right]_{T,x_m^\alpha}\mathrm{d}P + \frac{1}{T}\left[\frac{\partial\mu_i^\alpha}{\partial x_i}\right]_{T,P}\mathrm{d}x_i^\alpha$$

$$= \left[\frac{\partial(\mu_i^\beta/T)}{\partial T}\right]_{P,x_m^\beta}\mathrm{d}T + \frac{1}{T}\left[\frac{\partial\mu_i^\beta}{\partial P}\right]_{T,x_m^\beta}\mathrm{d}P + \frac{1}{T}\left[\frac{\partial\mu_i^\beta}{\partial x_i}\right]_{T,P}\mathrm{d}x_i^\beta$$

식 (6.35)와 (6.36)을 적용하면 다음 식과 같다.

$$-\frac{\overline{H}_i^\alpha}{T^2}\mathrm{d}T - \frac{\overline{V}_i^\alpha}{T}\mathrm{d}P + \frac{1}{T}\left[\frac{\partial\mu_i^\alpha}{\partial x_i^\alpha}\right]_{T,P}\mathrm{d}x_i^\alpha = -\frac{\overline{H}_i^\beta}{T^2}\mathrm{d}T + \frac{\overline{V}_i^\beta}{T}\mathrm{d}P + \frac{1}{T}\left[\frac{\partial\mu_i^\beta}{\partial x_i^\beta}\right]_{T,P}\mathrm{d}x_i^\beta \tag{6.41}$$

식 (6.41)은 임의의 두 상 α와 β에 대해 일반적으로 성립한다. 이제 증기–액체 평형(vapor–liquid equilibrium)의 특별한 경우에 대해 고려한다. 증기상의 몰분율을 y_i, 액체상의 몰분율을 x_i라고 표시하면, 식 (6.41)은 다음과 같이 된다.

$$-\frac{\overline{H}_i^v}{T^2}\mathrm{d}T + \frac{\overline{V}_i^v}{T}\mathrm{d}P + \frac{1}{T}\left[\frac{\partial\mu_i^v}{\partial y_i}\right]_{T,P}\mathrm{d}y_i = -\frac{\overline{H}_i^l}{T^2}\mathrm{d}T + \frac{\overline{V}_i^l}{T}\mathrm{d}P + \frac{1}{T}\left[\frac{\partial\mu_i^l}{\partial x_i}\right]_{T,P}\mathrm{d}x_i \tag{6.42}$$

이상기체에 대해서는 좀 더 단순화가 가능하다. 이상기체 혼합물에서 성분 i의 상호작용은 순수한 화학종인 경우와 같으므로 부분 몰 엔탈피와 부분 몰부피는 순수한 화학종의 몰당 엔탈피 및 몰부피와 각각 동일하다.

$$\overline{H}_i^v = h_i^v \tag{6.43}$$

$$\overline{V}_i^v = v_i^v = \frac{RT}{P} \tag{6.44}$$

유사하게, 몰분율에 따른 화학 퍼텐셜의 변화는 몰분율에 따른 순수한 성분의 Gibbs 에너지 변화로 주어진다.

$$\left(\frac{\partial g_i}{\partial y_i}\right)_{T,P} = \left(\frac{\partial h_i}{\partial y_i}\right)_{T,P} - T\left(\frac{\partial s_i}{\partial y_i}\right)_{T,P}$$

이상기체에 대하여 엔탈피는 몰분율과 무관하다. 엔트로피의 의존성을 구하기 위하여 식 (E6.11B)의 유사성을 적용한다. 따라서 일정한 압력에서 다음 식이 성립한다.

$$ds_i|_{T,P} = -R\mathrm{d}\ln(y_i) = -\frac{R}{y_i}\mathrm{d}y_i$$

그러므로 다음 식이 성립한다.

$$\left[\frac{\partial \mu_i^v}{\partial y_i}\right]_{T,P} = \left[\frac{\partial g_i^v}{\partial y_i}\right]_{T,P} = \frac{RT}{y_i} \tag{6.45}$$

식 (6.42)에 식 (6.43), (6.44), (6.45)를 대입하면 다음 식이 얻어진다.

$$-\frac{h_i^v}{T^2}\mathrm{d}T + R\frac{\mathrm{d}P}{P} + R\frac{\mathrm{d}y_i}{y_i} = -\frac{\overline{H}_i^l}{T^2}\mathrm{d}T + \frac{\overline{V}_i^l}{T}\mathrm{d}P + \frac{1}{T}\left[\frac{\partial \mu_i^l}{\partial x_i}\right]_{T,P}\mathrm{d}x_i \tag{6.46}$$

식 (6.46)은 액체-이상기체 혼합물에 대하여 상전이 온도와 압력이 조성 변화와 어떻게 연관되어 있는지를 나타낸다. 제8장에서 끓는점 오름 현상(boiling point elevation)을 이러한 관점에서 논의할 것이다.

▶ 6.5 요약

이 장에서는 두 상 사이의 평형에 대한 판단 기준을 수식화하였다. 증기, 액체 또는 고체를 나타낼 수 있도록 일반적으로 상을 α와 β로 나타내었다. 이 문제는 두 부분으로 환원시켰다. 먼저, 순수한 성분의 상평형에 대해 다루었다. 유도된 성질인 **Gibbs 에너지**(Gibbs energy)가 평형에서 최소임을 결정하였으며, 따라서 Gibbs 에너지가 동일한 값을 갖는 두 상만이 공존할 수 있음을 보였다. 두 번째로, 혼합물의 열역학을 다루었다. **부분 몰 성질**(partial molar property) $\overline{K}_i$는 혼합물에서 화학종 i의 기여를 나타냄을 발견하였다. 순수한 화학종의 경우와 유사하게 화학종 i에 대해 두 상 사이의 화학 평형의 기준은 부분 몰 Gibbs 에너지 $\overline{G}_i$가 두 상에서 같다는 것이다. 화학 평형에 대한 판단 기준을 설정하게 되므로, 부분 몰 Gibbs 에너지는 종종 **화학 퍼텐셜**(chemical potential) μ_i로도 불린다. 요약하면 상 α와 β 사이에 평형에 대한 판단 기준은 다음과 같이 적을 수 있다.

$$T^\alpha = T^\beta \quad \text{(열적 평형)} \tag{6.1}$$

$$P^\alpha = P^\beta \quad \text{(기계적 평형)} \tag{6.2}$$

$$\mu_i^\alpha = \mu_i^\beta \quad \text{(화학적 평형)} \tag{6.39}$$

Gibbs 에너지를 통해 계에서 에너지를 최소화하려는 경향과 엔트로피를 최대화하려는 경향 사이에 균형을 고려함으로써 순수한 성분의 상평형에 대한 기준을 구축할 수 있다. 저온에서는 에너지 효과가 중요한 데 비하여 고온에서는 엔트로피 효과가 좀 더 우세하다. 상평형에서 계의 압력이 온도에 따라 어떻게 변하는지 연관짓기 위하여 열역학적 상호관계 구조를 적용할 수 있다. 이러한 분석을 통하여 **Clapeyron 식**(Clapeyron equation)을 도출할 수 있다. 무시할 정도로 작은 액체 부피를 가정하고, 증기-액체 평형에 Clapeyron 식을 적용하면 **Clausius-Clapeyron 식**(Clausius-Clapeyron equation)이 유도된다. Clausius-Clapeyron 식의 적분 형태는 온도에 따른 순수한 성분의 포화 증기압에 대해 일반적으로 활용되는 경험적인 상관식인 **Antoine 식**(Antoine equation)과 기능적으로 유사하다.

혼합물(mixture)의 열역학적 성질은 동종 간 (i-i) 상호작용과 이종 간 (i-j) 상호작용 모두에 영향을 받게 된다. 즉, 혼합물에서 각 화학종들이 조우하는 모든 다른 화학종과 어떻게 상호작용하는지에 영향을 받는다는 것이다. **총 용액의 성질**(total solution property) K ($= V, H, U, S, G, \ldots$)는 전체 혼합물에서 주어진 성질을 나타낸다. 이는 얼마나 많이 존재하는지에 비례하는 것으로 각각 조절된 값인 구성 성분들의 부분 몰 성질들의 합으로 나타낼 수 있다.

$$K = \sum_{n_i} n_i \overline{K}_i \qquad \textbf{(6.17)}$$

여기서 부분 몰 성질은 다음 식과 같이 정의된다.

$$\overline{K}_i = \left(\frac{\partial K}{\partial n_i}\right)_{T,P,n_{j\neq i}} \qquad \textbf{(6.15)}$$

추가적으로 **순수한 화학종의 성질**(pure species property) k_i는 순수한 화학종이 *동일한 T와 P의 혼합물*에 존재할 때 성분 i의 성질의 값으로 정의된다. 혼합물의 어떤 성분에 대한 부분 몰 성질의 값은 식 (6.15)를 적용하는 해석적인 표현식과 그림 6.13에 예시한 것과 같은 도식적인 방법으로 계산될 수 있다. **무한 희석**(infinite dilution)의 경우에 화학종 i는 너무나 희박하게 존재하므로, 성분 i의 분자는 동일한 화학종과 상호작용하지 않을 것이다. 오히려 성분 i의 분자는 다른 화학종과 상호작용할 것이다. 부가적으로 혼합물에서 서로 다른 성분들의 부분 몰 성질은 **Gibbs-Duhem 식**(Gibbs-Duhem equation)에 의하여 서로 연관되어 있다.

$$0 = \sum n_i d\overline{K}_i \quad \text{일정한 } T, P \qquad \textbf{(6.19)}$$

혼합의 성질 변화(property change of mixing) ΔK_{mix}는 순수한 화학종들이 서로 섞이는 과정의 결과로 주어진 열역학적 성질이 얼마나 변하는지를 기술하는 데 사용된다. 이는 다음 식과 같이 적을 수 있다.

$$\begin{aligned}\Delta K_{\text{mix}} &= K - \sum n_i k_i \\ &= \sum n_i(\overline{K}_i - k_i)\end{aligned} \qquad \textbf{(6.21)}$$

혼합에 따른 부피와 엔탈피의 변화는 동종과 이종 분자 간의 상호작용이 서로 같을 때 0의 값을 갖는다. 이종 분자 간에 좀 더 인력이 많이 작용할 때에는 이러한 값들이 음인데 비하여 이종 분자 간에 서로 덜 선호 할 경우 이 값들은 양이 된다. 반대로 순수한 성분들에 비하여 혼합물에서 분자들이 배향할 수 있는 방법은 더 많으므로, 혼합에 따른 엔트로피는 모든 경우에 양이 된다. 혼합 과정에서 에너지 상호작용의 특징은 종종 **용액 엔탈피** $\Delta \tilde{h}_s$로 불린다. 용액 엔탈피는 1 mol의 용질이 n mol의 용매와 혼합될 때 엔탈피의 변화에 대응된다.

6.6 연습 문제

개념 문제

6.1 항아리 안에 끓는 물을 시간이 0인 순간 대기 중으로 개방하고, 항아리는 뚜껑으로 견고하게 봉하여 기체가 빠져나가지 못하도록 한다. 연속적인 가열을 통하여 물이 계속 끓게 된다. 시간에 따라 온도가 어떻게 변할지 최대한 예상해 보고, 이를 다음 그래프에 그려라. 증발하는 물의 양(증발 속도)은 시간에 따라 일정하게 유지된다고 가정한다. 해답에 대해 설명하라.

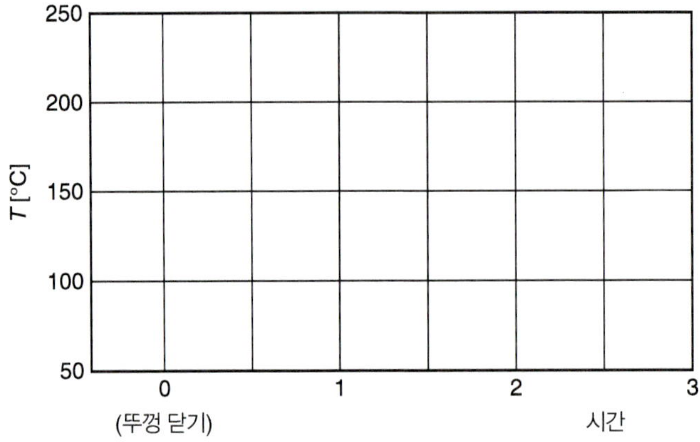

6.2 1 bar에서 화학종 A에 대한 끓는점은 250 K으로 보고되었으며, 10 bar에서 끓는점을 알아내고자 한다. 증발 엔탈피를 알고 있을 때 Clausius–Clapeyron 식을 적용하여 온도 300 K로 계산하였다. 그러나 이 압력에서 화학종 A는 이상기체가 아니고 분자 간 상호작용에서 인력이 중요함을 알고 있다고 가정하자. 인력의 상호작용을 고려하여 화학종 A가 300 K보다 낮거나, 300 K에서 끓거나, 300 K보다 높은 온도에서 끓을 것인지, 또는 결정할 방법이 없을지를 알아보라. 해답에 대해 설명하라.

6.3 1 bar에서 화학종 A의 끓는점은 250 K으로 보고되었으며, 300 K에서의 포화 압력을 알아내고자 한다. 증발 엔탈피를 알고 있을 때, Clausius–Clapeyron 식을 적용하여 10 bar에서의 압력을 계산하라. 그렇지만 이 압력에서 화학종 A는 이상기체가 아니고 분자 간 상호작용에서 인력이 중요함을 알고 있다고 가정하자. 인력의 상호작용을 고려하여 화학종 A의 포화증기압이 10 bar보다 낮거나 10 bar와 같거나 10 bar보다 높은 압력이 될지, 또는 결정할 방법이 없을지를 알아보라. 해답에 대해 설명하라.

6.4 상단에 밸브가 있는 잘 단열된 탱크에 5 MPa의 포화 상태의 물이 포함되어 있다. 물의 질(quality)은 0.1이다.

(a) 증기의 부피에 대한 액체의 부피의 비는 얼마인가?

(b) 물이 끓고 있는 동안 밸브가 열려서 증기가 대기로 빠져나가도록 허용된다. 압력에 따라 온도가 어떻게 변할 것으로 생각하는지 그려 보라. 이에 대한 이유를 설명하라.

6.5 당신의 공동 연구자가 고체(승화)와 액체(증발)로부터 순수한 화학종에 대한 포화 압력을 다음과 같이 휘갈겨 적었다.

$$\ln P^{sat} = -\frac{15800}{T} - 0.76 \ln T + 19.25$$

그리고

$$\ln P^{sat} = -\frac{15300}{T} - 1.26 \ln T + 21.79$$

그렇지만 성급했기 때문에 어떤 식이 승화에 대한 것인지, 증발에 대한 것인지 적어 놓는 것을 잊고 말았다. 정확한 짝을 결정해서 공동연구자를 돕기 바란다. 답변에 대한 이유를 설명하라.

6.6 (a) 어떤 순수한 유체는 다음과 같이 T에 대한 s의 거동을 보인다. 화학 퍼텐셜이 온도에 따라 어떻게 변하는지 개략적으로 그려라.

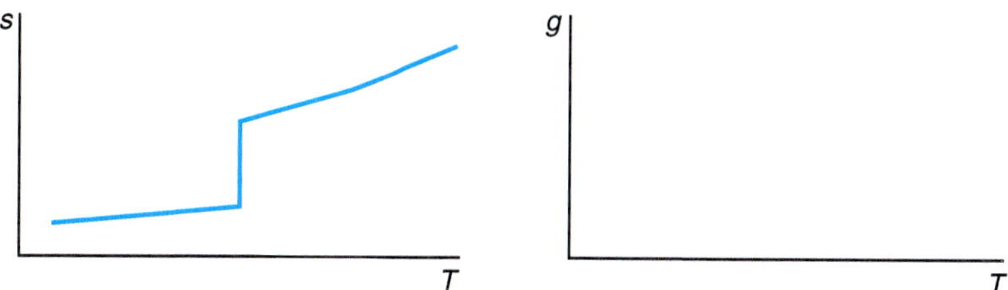

(b) 어떤 순수한 물체가 일정한 온도에서 다음과 같은 P에 대한 v의 거동을 보인다. 몰당 Gibbs 에너지가 압력에 따라 어떻게 변하는지 개략적으로 그려라. 해답에 대한 이유를 설명하고 그림에서 중요한 특징에 대해 서술하라.

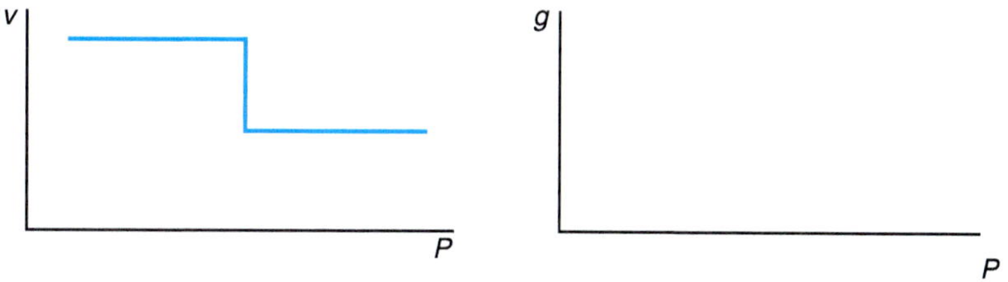

6.7 상온에서 철은 아철산염(ferrite, α-Fe)의 상으로 존재한다. 912°C에서 아철산염은 상전이를 거쳐 오스테나이트(austenite, γ-Fe) 상이 된다. 철의 어떤 상이 더 강한 결합을 보이는가? 이유를 설명하라.

6.8 화학종 a의 결정화를 고려한다. 1 bar의 압력에서 온도에 따른 순수한 화학종 a의 몰당 Gibbs 에너지는 다음과 같이 나타난다. 액상의 화학종 a의 몰부피는 고체의 몰부피보다 20% 더 크다고 가정한다.

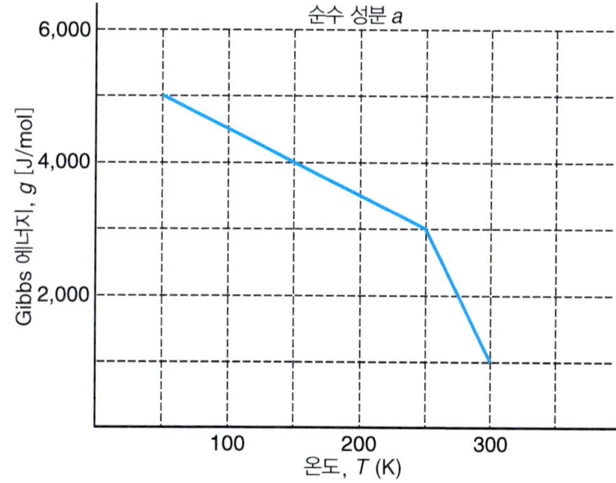

다음 질문에 답하라.

(a) 위의 그림에서 어는점의 위치를 식별하라. 어느 부분이 액체에 해당되며 어느 부분이 고체에 해당되는지 식별하라. 액체가 결정화되는 온도는 몇 도인가? 이 온도에서 Gibbs 에너지는 얼마인가?

(b) 고체상과 액체상의 엔트로피 값을 제시하라.

(c) 이 과정이 훨씬 높은 압력에서 일어난다고 하자. 위의 그래프가 어떻게 변할지 그려 보라. 어는점이 더 높아지겠는가 낮아지겠는가? 그래프의 특징이 가능한 정확하게 표현될 수 있도록 하라. 이를 위해 도입된 모든 가정들을 적어라.

6.9 그림 6.3에 나타낸 고체와 액체 사이의 공존선의 기울기는 양이다. 대부분의 순수한 화학종들은 이러한 거동을 보인다. 그렇지만 (액체 상태의 물이 얼음이 되는 것처럼) 얼면서 팽창하는 화학종들은 음의 기울기를 나타낸다. 이 장에서 설명한 열역학적 원리들을 활용하여 기울기가 반드시 음이 되어야

함을 보이라.

6.10 두 화학종 A와 B에 대하여 혼합에 따른 엔탈피가 양의 값을 갖는다.

(a) 이종 분자 간 또는 동종 분자 간 상호작용 중 더 큰 것은 무엇인가? 이유를 설명하라.

(b) 순수한 화학종 A와 B가 단열적으로 혼합될 때 온도는 증가할지, 동일하게 유지될지, 감소할지, 또는 이야기할 수 없을지 설명하라. 이유는 무엇인가?

(c) 순수한 화학종 A와 B가 등온 조건에서 혼합될 때, Q의 부호는 어떻게 될까? 이유를 설명하라.

(d) 화학종 A와 B의 등몰 혼합물이 순수한 A와 단열적으로 혼합될 때 온도는 증가할지, 동일하게 유지될지, 또는 감소할지 설명하라. 이유는 무엇인가?

6.11 다음 그림은 순수한 고체 1이 T_m에서 정상 녹는점(normal melting point)을 가짐을 나타내고 있다. 오른쪽 그림에 나타낸 바와 같이 순수한 고체 1에 네 화학종 1, 2, 3 및 4의 액체 혼합물이 도입된다고 가정한다. 고체 1이 액체와 평형에 있는 온도 T는 T_m보다 낮을지, 같을지, 높을지 설명하라. 이유는 무엇인가?

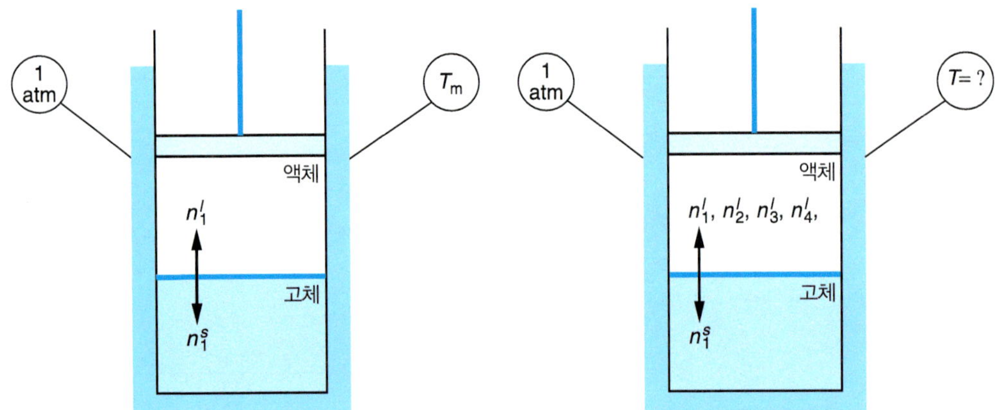

6.12 순수한 액체 1의 정상 끓는점은 T_b이다. 동일한 순수 액체 1이 지금 액체 1과 다른 화학종의 증기 혼합물에 도입된다고 가정한다. 액체 1과 증기가 평형에 있을 온도 T는 T_b 보다 낮을지, 같을지, 높을지 설명하라. 그 이유는 무엇인가?

6.13 순수한 고체 1의 정상 녹는점은 T_m이다. 고체 1이 초기에 순수한 물질 2를 포함했던 액체에 녹아들어간다고 가정한다. 1이 액체로 녹아들어가는 온도 T는 T_m과 비교하여 어떻겠는가? 액체 1과 액체 2의 혼합에 따른 엔탈피는 0으로 가정할 수 있다.

6.14 예제 6.5에서 계에 순수한 Ni 액체가 포함되어 있다고 가정할 때 2 nm 반경을 갖는 Ni 나노입자는 587 K에서 녹을 것임을 알게 되었다. 이번에는 액체 혼합물과 평형에 있는 2 nm의 Ni 나노입자를 고려하자. 예제 6.5의 가정들을 적용한 수치와 비교할 때 실제 녹는 온도는 어떻게 변하겠는가? 이유를 설명하라.

6.15 이 문제에서는 다음 그림에 나타낸 바와 같이 1 기압과 300 K의 순수한 액체 상태의 화학종 1(계 I)의 성질을 동일한 압력과 온도에 있는 화학종 2, 3 및 4의 혼합물에 있는 화학종 2(계 II)와 비교한다. 각 경우에 정확한 답을 고르고, 그 이유를 설명하라.

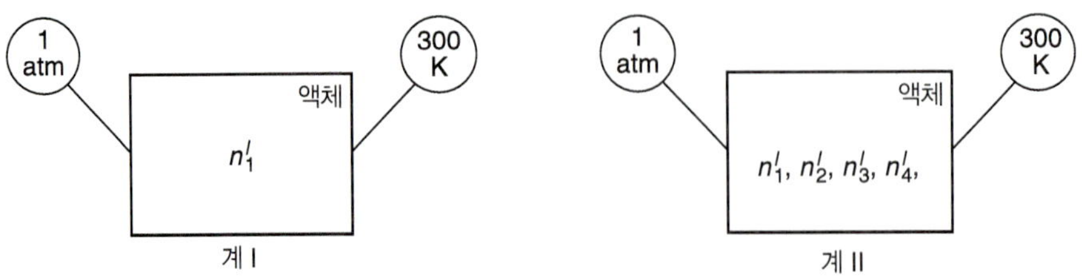

(a) 계 I에서 화학종 1의 부분 몰 엔탈피는 계 II의 부분 몰 엔탈피와 비교할 때 더 작을지, 같을지, 더 클

지, 또는 다른 정보가 더 필요한지 설명하라. 그 이유는 무엇인가? 혼합물에서의 모든 분자 간 상호작용은 동일하다고 가정하라.
(b) 계 I에서 화학종 1의 부분 몰 엔트로피는 계 II의 부분 몰 엔트로피와 비교할 때 더 작을지, 같을지, 더 클지, 또는 다른 정보가 더 필요한지 설명하라. 그 이유는 무엇인가? 혼합물에서의 모든 분자 간 상호작용은 동일하다고 가정하라.
(c) 계 I에서 화학종 1의 부분 몰 Gibbs 에너지는 계 II의 부분 몰 Gibbs 에너지와 비교할 때 더 작을지, 같을지, 더 클지, 또는 다른 정보가 더 필요한지 설명하라. 그 이유는 무엇인가? 혼합물에서의 모든 분자 간 상호작용은 동일하다고 가정하라.
(d) 계 I에서 화학종 1이 순수하게 존재할 때의 Gibbs 에너지는 계 II에서 순수한 성분의 Gibbs 에너지와 비교할 때 더 작을지, 같을지, 더 클지, 또는 다른 정보가 더 필요한지 설명하라. 그 이유는 무엇인가? 혼합물에서의 모든 분자 간 상호작용은 동일하다고 가정하라.
(e) 계 I에서 화학종 1의 부분 몰 엔탈피는 계 II의 부분 몰 엔탈피와 비교할 때 더 작을지, 같을지, 더 클지, 또는 다른 정보가 더 필요한지 설명하라. 그 이유는 무엇인가? 화학종 1의 분자 간 상호작용은 혼합물에서의 다른 화학종과의 분자 간 상호작용에 비하여 크다고 가정하라.

6.16 이성분 혼합물이 주어졌을 때 화학종 1의 부분 몰부피는 일정하다. 화학종 2에 대해서는 무엇을 이야기할 수 있는가?

계산 문제

6.17 (a) 100°C에서 물에 대한 Clausius–Clapeyron 식과 자료를 활용하여 온도의 함수로 물의 증기압을 얻는 표현식을 구하라.
(b) 0.01°C에서 100°C까지 온도에 대한 *PT* 상선도를 그릴 수 있도록 위 식을 그래프로 나타내어라.
(c) (b)에서 그린 그래프에 수증기표의 자료를 포함시키고, Clausius–Clapeyron 식의 정확도에 대해 논하라.
(d) 100°C에서 200°C까지의 온도에 대하여 (b)와 (c)를 반복하라.
(e) 부록 A.2로부터의 열용량 자료를 활용하여 (a)부터 (c)까지 반복하고, Δh_{vap}의 온도 의존성에 대해 보정하라.

6.18 초기에 −5°C 및 1 bar에 있던 얼음을 등온 압축하여 상전이를 유도하는 데 필요한 압력은 얼마인가?

6.19 1 mol의 순수한 화학종이 $V = 1$ L의 견고한 용기에 300 K과 1 bar 압력의 기–액 상평형 계에 존재한다. 증발 엔탈피와 압력을 활용한 표현식에서 제2virial 계수는 다음과 같이 주어진다.

$$\Delta h_{vap} = 16{,}628\ [\text{J/mol}] \quad \text{그리고} \quad B' = -1 \times 10^{-7}\ [\text{m}^3/\text{J}]$$

증발 엔탈피는 온도에 따라 변하지 않는다고 가정한다. 증기에 대한 *액체의 상대적인 몰부피는 무시할 수 있다.*
(a) 몇 mole의 증기가 존재하는가?
(b) 이 용기는 압력이 21 bar에 도달할 때까지 가열되며 평형에 도달하게 된다. 증기와 액체상이 모두 존재한다. 이 계의 최종 온도를 구하라.
(c) 이제 몇 mole의 증기가 존재하는가?

6.20 열역학을 공부하는 데 지쳐서, 흑연으로부터 다이아몬드를 생산하여 부자가 되는 아이디어를 떠올렸다. 이 과정을 위하여 25°C에서 흑연과 다이아몬드가 평형에 도달할 때까지 압력을 증가시킬 필요가 있다. 다음 자료는 25°C에서 활용될 수 있다.

$$\Delta g(25°\text{C}, 1\ \text{atm}) = g_{\text{diamond}} - g_{\text{graphite}} = 2866\ [\text{J/mol}]$$

$$\rho_{\text{diamond}} = 3.51\ [\text{g/cm}^3]$$

$$\rho_{\text{graphite}} = 2.26\ [\text{g/cm}^3]$$

이 두 형태의 탄소가 25°C에서 평형에 있을 압력을 예측하라.

6.21 100 bar에서 알루미늄의 녹는 온도가 궁금하다고 하자. 대기압에서 Al은 933.45 K에서 녹으며 용융 엔탈피는 다음과 같음을 알게 되었다.

$$\Delta h_{\text{fus}} = -10{,}711 \text{ [J/mol]}$$

열용량 자료는 다음과 같이 주어진다.

$$c_P^l = 31.748 \text{ [J/(mol K)]}, c_P^s = 20.068 + 0.0138T \text{ [J/(mol K)]}$$

고체 알루미늄의 밀도를 2700 [kg/m^3]로, 액체 알루미늄은 2300 [kg/m^3]로 취한다. Al이 100 bar에서 녹는 온도는 몇 도인가?

6.22 은의 증기압은 (1234 K과 2485 K 사이에서) 다음 식으로 주어진다.

$$\ln P = -\frac{14{,}260}{T} - 0.458 \ln T + 12.23$$

여기서 P는 torr 단위이며 T는 K 단위이다. 1500 K에서의 증발 엔탈피를 추정하라. 도입한 가정들을 명시하라.

6.23 60.6°C에서 benzene은 400 torr의 포화 증기압을 보인다. 80.1°C에서 benzene의 포화 압력은 760 torr이다. 오직 이 자료만을 활용하여 benzene의 증발 엔탈피를 구하라. 보고된 값인 $\Delta h_{\text{vap}} = 35$ [kJ/mol]과 비교하라.

6.24 순수한 ethanol은 63.5°C와 400 torr에서 끓는다. 또한 ethanol은 78.4°C와 760 torr에서도 끓는다. 오직 이 자료만을 활용하여 100°C에서 ethanol에 대한 포화 압력을 구하라.

6.25 순수한 화학종 i의 두 상 사이에서 화학 평형에 대한 또 다른 기준은 다음과 같이 적을 수 있다.

$$\left(\frac{g_i}{T}\right)^{\alpha} = \left(\frac{g_i}{T}\right)^{\beta}$$

일정한 압력에서 온도에 따른 이 함수의 편도함수가 다음과 같이 주어짐을 보이라.

$$\left[\frac{\partial\left(\frac{g_i}{T}\right)}{\partial T}\right]_P = -\frac{h_i}{T^2}$$

6.26 922 K에서 액체 Mg의 엔탈피는 26.780 [kJ/mol]이며 엔트로피는 73.888 [J/(mol K)]이다. 1300 K에서 Gibbs 에너지를 결정하라. 액체의 열용량은 이 온도 범위에서 일정하며 32.635 [J/(mol K)]의 값을 갖는다.

6.27 고체 황은 368.3 K의 온도와 1 bar의 압력에서 단사정계(monoclinic)와 사방정계(orthorhombic) 사이의 상전이를 겪는다. 298 K과 1 bar에서 단사정계와 사방정계 황의 Gibbs 에너지 차이를 계산하라. 어느 상이 298 K에서 더 안정한가? 각 상에서의 엔트로피는 다음 식과 같이 주어진다.

$$\text{단사정계 상: } s_m = 13.8 + 0.066T \text{ [J/(mol K)]}$$

$$\text{사방정계 상: } s_o = 11.0 + 0.071T \text{ [/(mol K)]}$$

6.28 900 K에서 고체 Sr은 20.285 [kJ/mol]과 91.222 [J/mol K)]의 엔탈피와 엔트로피 값을 갖는다. 1500 K에서는 액체 Sr은 49.179 [kJ/mol]과 116.64 [J/mol K)]의 엔탈피와 엔트로피 값을 갖는다. 고체와 액체상에 대한 열용량은 다음과 같이 각각 주어진다.

$$(c_P)_{\text{Sr}}^s = 37.656 \text{ [J/(mol K)]} \text{ 그리고 } (c_P)_{\text{Sr}}^l = 35.146 \text{ [J/(mol K)]}$$

오직 이 자료만을 활용하여 고체와 액체 사이의 상전이 온도를 결정하라. 용융 엔탈피는 얼마인가? 연습문제 6.25의 결과가 유용할 수 있다.

6.29 1100 K에서 고체 실리카는 −856.84 [kJ/mol]과 124.51 [J/mol K)]의 엔탈피와 엔트로피 값을 갖는다. 2500 K에서 액체 실리카는 −738.44 [kJ/mol]과 191.94 [J/mol K)]의 엔탈피와 엔트로피 값을 갖는다. 고체와 액체에 대한 열용량은 각각 다음과 같이 주어진다.

$$(c_P)^s_{SiO_2} = 53.466 + 0.02706T - 1.27 \times 10^{-5}T^2 + 2.19 \times 10^{-9}T^3 \,[\text{J/(mol K)}]$$

$$(c_P)^l_{SiO_2} = 85.772 \,[\text{J/(mol K)}]$$

오직 이 자료만을 활용하여 고체와 액체 사이의 상전이 온도를 결정하라. 용융 엔탈피 값은 얼마인가?

6.30 다음 자료로부터 100°C에서 CS_2의 제 2 virial 계수 B를 결정하라. 이황화탄소(CS_2)의 포화 압력은 다음 식으로 얻어질 수 있다.

$$\ln P^{sat}_{CS_2} = 62.7839 - \frac{4.7063 \times 10^3}{T} - 6.7794 \ln T + 8.0194 \times 10^{-3}T$$

여기서 T는 [K] 단위이며 $\ln P^{sat}_{CS_2}$은 [Pa] 단위이다. 100°C에서 CS_2의 증발 엔탈피는 다음과 같이 보고되었다.

$$\Delta h_{vap,\,CS_2} = 24.050 \,[\text{KJ/mol}]$$

다음과 같이 보고된 수치와 계산한 값을 비교해 보라.

$$B_{CS_2} = -492 \,[\text{cm}^3\text{/mol}]$$

6.31 다음 조건들에 대하여 물의 액체상과 기체상의 Gibbs 에너지를 계산하라.
(a) 100°C에서의 포화 상태의 물
(b) 100°C와 50 kPa
이 결과들이 식 (6.3) 및 Gibbs 에너지에 대한 해석과 부합되는가?

6.32 순수한 고체 화학종 A의 포화 압력은 다음으로 주어진다.

$$\ln P^{sat}_A = 12.0 - \frac{3000.}{T}$$

여기서 P^{sat}_A은 [bar] 단위이며 T는 [K] 단위이다. 삼중점의 온도는 225 K이다. 액체의 증기 압력을 다음의 형태로 나타내기를 희망한다.

$$\ln P^{sat}_A = A - \frac{B}{T}$$

용융 엔탈피는 −10.94 kJ/mol임을 알고 있다고 가정한다. 가능한 최선을 다하여 A와 B를 결정하라. 이 문제에 대하여 상변화에 대한 엔탈피의 차이는 T에 따라 변하지 않는다고 가정할 수 있다.

6.33 1 bar에서 은(silver)은 1,233.95 K에서 녹는다. 액체와 고체의 밀도는 다음과 같다.

$$\rho^l = 9{,}300 \left[\frac{\text{kg}}{\text{m}^3}\right] \quad \text{그리고} \quad \rho^s = 10{,}500 \left[\frac{\text{kg}}{\text{m}^3}\right]$$

본 문제에서는 이 값들이 일정하다고 가정해도 좋다. 정상 녹는점에서의 엔트로피는 다음과 같다.

$$s^l = 90.885 \left[\frac{\text{J}}{\text{mol K}}\right] \quad \text{그리고} \quad s^s = 81.730 \left[\frac{\text{J}}{\text{mol K}}\right]$$

은의 분자량은 107.9 [g/mol]이다.

(a) 각 상의 엔트로피가 일정하다고 가정하고, 5,000 bar와 1400 K에서 은에 대한 용융 과정의 Gibbs 에너지를 계산하라.
(b) 5000 bar와 1400 K에서 어느 상이 더 안정한가? 이유를 설명하라.
(c) (a)의 계산에서 엔트로피의 온도 의존성을 고려한다. 다음의 열용량 자료가 활용될 수 있다.

$$c_P^l = 33.472\left[\frac{\text{J}}{\text{mol K}}\right] \quad \text{그리고}$$

$$c_P^s = 22.963 + 6.904 \times 10^{-3}\text{T}\left[\frac{\text{J}}{\text{mol K}}\right]$$

여기서 T는 [K] 단위이다.
(d) 1 bar에서 은의 녹는점은 얼마인가? 3000 bar에서는 얼마인가?

6.34 순수한 화학종 A의 삼중점을 구할 필요가 있는데, 어떤 참고 서적에서도 관련 자료를 찾을 수 없다고 가정한다. A에 대한 다음 자료를 찾을 수는 있었다. 이 물질은 200 K과 0.1 bar에서 승화되며, 250 K과 1 bar에서 끓는다.
(a) 삼중점에서의 온도와 압력을 계산하라. 승화와 증발 엔탈피는 일정하다고 가정할 수 있다. 그 값들은 다음과 같다.

$$\Delta h_{sub,i} = 13.921\left[\frac{\text{kJ}}{\text{mol}}\right] \quad \text{그리고} \quad \Delta h_{vap,i} = 28.937\left[\frac{\text{kJ}}{\text{mol}}\right]$$

(b) 엔탈피 변화는 다음과 같은 형태로 더 잘 표현할 수 있음이 밝혀졌다.

$$\Delta h_{sub,i} = A + BT \quad \text{그리고} \quad \Delta h_{vap,i} = C + DT$$

여기서 A, B, C, D는 상수들이다. 삼중점에서의 T와 P를 이러한 형태로 나타낼 수 있는 식을 구하라.

6.35 300 K에서 고체 A의 승화 엔탈피를 구할 필요가 있다. 순수한 A에 대하여 다음의 평형 증기압 측정이 수행되었다. (1) 250 K에서 압력은 0.258 bar이며 (2) 350 K에서 압력은 2 bar이다. 다음의 열용량 자료가 알려져 있다.

$$c_P^s = 40\left[\frac{\text{J}}{\text{mol K}}\right] \quad \text{그리고} \quad c_P^v = 40 + 0.1T\left[\frac{\text{J}}{\text{mol K}}\right]$$

(a) Δh_{sub}이 일정하다고 가정할 때 승화 엔탈피를 계산하라.
(b) Δh_{sub}의 온도에 따른 변화를 가정할 때 승화 엔탈피를 계산하라.
(c) 일정한 T를 가정하는 경우 오차를 구하라.

6.36 탄소의 TP 상선도를 다음 그림에 나타내었다. 다음 자료는 25°C에서 활용될 수 있다.

$$\rho_{diamond} = 3.51\left[\frac{\text{g}}{\text{cm}^3}\right] \quad \text{그리고} \quad \rho_{graphite} = 2.26\left[\frac{\text{g}}{\text{cm}^3}\right]$$

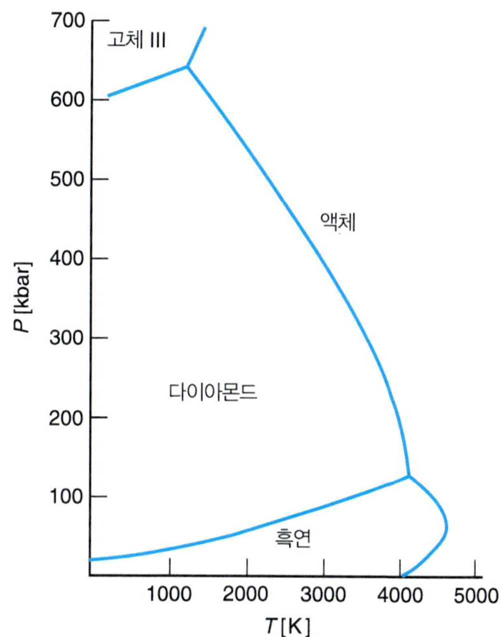

다음 질문에 답하라.

(a) 탄소의 열역학적으로 안정한 상으로 다이아몬드가 존재하는 영역을 판별하라. 이 영역에서 탄소의 다른 상에 대한 상대적인 Gibbs 에너지 값은 얼마인가?

(b) 액체 탄소가 존재할 수 있는 가장 낮은 온도는 몇 도인가? 이 온도에서의 압력은? *TP* 상선도에서의 위치를 식별하라.

(c) 앞의 상선도(phase diagram)를 활용하여, 300 K에서 다이아몬드(d)와 흑연(g) 사이의 엔탈피 차이 $\Delta h = h_d - h_g$를 계산하라. Δh는 일정하다고 가정할 수 있다.

(d) (c)의 Δh의 값으로부터 어떤 상이 더 강한 결합을 갖는가? 이유를 설명하라. 이는 물리적으로 타당한 것인가?

(e) 다이아몬드와 흑연에 대한 열용량의 값들을 활용하여 300 K에서 Δh를 좀 더 정확하게 구하라.

$$c_{P,d} = 6.1\left[\frac{\text{J}}{\text{mol K}}\right] \quad \text{그리고} \quad c_{P,g} = 8.5\left[\frac{\text{J}}{\text{mol K}}\right]$$

6.37 에어로졸 스프레이캔(aerosol spray can)에 대한 분산제로서 CF_2Cl_2의 활용을 고려한다. 40°C에서 캔이 닫혀 있기 위한 압력을 구하시오. 정상 끓는점(244 K)에서 증발 엔탈피는 $\Delta h_{vap} = 20.25\left[\frac{\text{kJ}}{\text{mol}}\right]$이다. 계산에 도입한 가정들을 서술하라.

6.38 1 기압에서 티타늄은 1941 K에서 녹고 3560 K에서 끓는다. 티타늄의 삼중점 압력은 5.3 Pa이다. 오직 이 자료만을 활용하여 티타늄의 증발 엔탈피를 예측하라. 이 문제를 풀기 위한 타당한 가정들에 대해 생각할 필요가 있다.

6.39 화학종 A의 증발 엔탈피를 결정할 필요가 있다. 다음 자료를 찾을 수 있다. 화학종 A는 207.3 K에서 정상 끓는점을 갖으며, 20 기압에서는 301.5 K이 끓는점이다. 다음 상태방정식이 보고되었다.

$$P = \frac{RT}{v} - \frac{aP}{T}$$

여기서 a = 25 K이다. 가능한 최선을 다해서 Δh_{vap}을 예측하라. 도입한 가정들에 대해 서술하라.

6.40 예제 6.2에서 본래의 상 n과 단백질 사슬이 펼쳐지는 변성된 상 d 사이에 단백질 라이소자임(l)의 T에 따른 $g_d - g_n$의 식을 구하였다. 다음이 다른 접근 방식들로부터 동일한 표현식을 유도하라.
(a) 식 (5.14)로 주어지는 성질들 사이의 관계식을 활용하라.
(b) 연습 문제 6.25의 결과를 활용하라.

6.41 83.14 Pa과 500 K에서 이상기체 혼합물을 고려한다. 여기에는 2 mol의 화학종 A와 3 mol의 화학종 B가 포함되어 있다. 다음을 계산하라. $\overline{V}_A$, $\overline{V}_B$, v_A, v_B, V_A, V_B, v, ΔV_{mix}, Δv_{mix}.

6.42 일정한 T와 P에서 주어진 이성분계에 대해 (cm^3/mol의 단위로) 몰부피는 다음과 같이 주어진다.

$$v = 100y_a + 80y_b + 2.5y_a y_b$$

(a) 순수한 화학종 a의 몰부피에 대한 v_a는 무엇인가?
(b) y_b로 부분 몰부피 $\overline{V}_a$를 구하라. 무한희석에서의 부분 몰부피 $\overline{V}_a^{\infty}$는 무엇인가?
(c) 혼합에 따른 부피 변화 Δv_{mix}는 0보다 큰지, 같은지, 또는 작을 것인지 설명하라. 그 이유는 무엇인가?

6.43 화학종 1, 2, 3의 혼합물을 고려한다. 증기상에 대하여 다음 상태방정식이 활용될 수 있다.

$$Pv = RT + P^2[A(y_1 - y_2) + B]$$

여기서 A와 B는 다음과 같다.

$$\frac{A}{RT} = -9.0 \times 10^{-5}\left[\frac{1}{\text{atm}^2}\right], \frac{B}{RT} = 3.0 \times 10^{-5}\left[\frac{1}{\text{atm}^2}\right]$$

여기서 y_1, y_2, y_3는 각각 화학종 1, 2, 3의 몰분율이다. 50 기압과 500 K에서 1 mol의 화학종 1과 2 mol의 화학종 2 및 2 mol의 화학종 3을 고려한다. 다음 양들을 계산하라. v, V, v_1, v_2, v_3, $\overline{V}_1$.

6.44 화학종 a, b, c의 몰당 엔탈피는 다음 식으로 나타낼 수 있다.

$$h = -5000x_a - 3000x_b - 2200x_c - 500x_a x_b x_c \text{ [J/mol]}$$

(a) $\overline{H}_a$에 대한 표현식을 구하라.
(b) 1 mol의 a와 1 mol의 b 및 1 mol의 c로 구성된 용액에 대한 $\overline{H}_a$를 계산하라.
(c) 1 mol의 a가 존재하지만 b 또는 c가 존재하지 않는 용액에 대한 $\overline{H}_a$를 계산하라.
(d) 1 mol의 b가 존재하지만 a 또는 c가 존재하지 않는 용액에 대한 $\overline{H}_b$를 계산하라.

6.45 100°C와 20 bar에서 van der Waals 상태방정식을 활용하여 CO_2의 몰분율의 함수로써 CO_2와 C_3H_8의 부분 몰부피를 그려라.

6.46 300 K과 10 bar에서 화학종 a와 b의 이성분 혼합물의 Gibbs 에너지는 다음과 같이 주어진다.

$$g = -40x_a - 60x_b + RT(x_a \ln x_a + x_b \ln x_b) + 5x_a x_b \text{ [kJ/mol]}$$

(a) 1 mol의 화학종 a와 4 mol의 화학종 b를 포함하는 계에 대하여 다음을 구하라.

$$g_a, \overline{G}_a, \overline{G}_a^{\infty}, \Delta G_{mix}.$$

(b) 순수한 화학종이 단열적으로 혼합된다면 계의 온도가 증가할지, 동일하게 유지될지, 또는 감소할지 설명하라. 도입한 가정으로 시작하여 그 이유를 설명하라.

6.47 화학종 1과 화학종 2의 이성분 혼합물을 고려한다. [cm^3/mol] 단위로 화학종 1과 2의 부분 몰부피 $\overline{V}_1$와 $\overline{V}_2$를 *화학종* 1의 몰분율의 함수로 다음과 같이 도시하였다. 1 mol의 화학종 1과 4 mol의 화학종 2의 혼합물에 대하여 다음 양들을 결정하라. $\overline{V}_1$, $\overline{V}_2$, v_1, v_2, V_1, V_2, V, v, ΔV_{mix}.

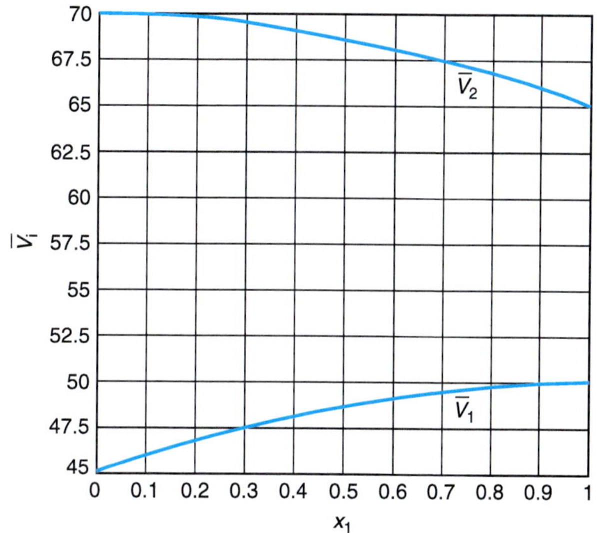

6.48 카드뮴(Cd)과 주석(Sn)의 이성분 혼합물에 대한 혼합 엔탈피는 500°C에서 다음 식으로 얻어진다.

$$\Delta h_{mix} = 13{,}000 X_{Cd} X_{Sn} \; [\text{J/mol}]$$

여기서 X_{Cd}와 X_{Sn}은 각각 카드뮴과 주석의 몰분율이다. 3 mol의 Cd과 2 mol의 Sn의 혼합물을 고려한다.

(a) 다음을 보여라.

$$(\overline{\Delta H}_{mix})_{Cd} = \overline{H}_{Cd} - h_{Cd}$$

(b) *위의 식들에 기초하여* 500°C에서 $\overline{H}_{Cd} - h_{Cd}$ 및 $\overline{H}_{Sn} - h_{Sn}$의 값들을 계산하라.

(c) 위의 결과들이 Gibbs–Duhem 식과 부합됨을 보여라.

(d) 위의 식으로부터 유도된 자료를 아래에 나타내었다. 500°C에서 $\overline{H}_{Cd} - h_{Cd}$ 및 $\overline{H}_{Sn} - h_{Sn}$의 값들을 *도식적으로* 결정하라. 해답을 (b)의 결과와 비교하라. 풀이 과정을 보여라.

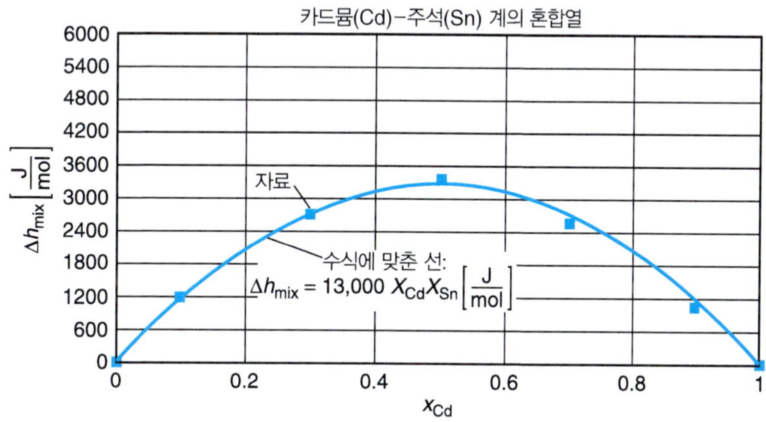

6.49 1 bar의 일정한 압력에서 3 mol의 순수한 물이 1 mol의 순수한 ethanol과 단열적으로 혼합된다. 순수한 성분 물질들의 초기 온도는 동일하다. 최종 온도가 311.5 K로 측정되었다면, 초기 온도를 결정하라. 물(1)과 ethanol(2) 사이의 혼합 엔탈피는 다음과 같이 보고되었다.

$$\frac{\Delta h_{mix}}{R} = x_1x_2[-190.0 + 214.7(x_2 - x_1) - 419.4(x_2 - x_1)^2 + 383.3(x_2 - x_1)^3 - 235.4(x_2 - x_1)^4]\,[\text{K}]$$

6.50 1 mol/s의 속도로 흐르는 순수한 물의 흐름이 역시 1 mol/s의 속도로 흐르는 물과 ethanol의 등몰 혼합물(equimolar mixture)을 포함하는 흐름과 단열적으로 섞인다. 유입 흐름들의 온도는 298K이다. 유출 흐름의 온도를 결정하라. 물(1)과 ethanol(2) 사이의 혼합 엔탈피는 연습 문제 6.49에서 주어졌다.

6.51 이성분 혼합물의 Gibbs 에너지는 다음 식으로 주어진다.

$$\Delta g_{mix} = RT[x_a \ln x_a + x_b \ln x_b] + 1000x_ax_b \left[\frac{\text{J}}{\text{mol}}\right]$$

R은 이상기체 상수이며 T는 [K] 단위이다. 298 K에서 다음과 같은 a의 몰분율을 갖는 혼합물에 대하여 $\overline{G}_a - g_a$를 계산하라.

(a) $x_a = 1$

(b) $x_a = 0.4$

(c) $x_a = 0$ (성분 a의 무한 희석)

6.52 화학종 1과 2의 이성분 흡합물의 몰당 엔탈피는 다음과 같이 주어진다.

$$h = x_1(275 + 75T) + x_2(125 + 50T) + 750x_1x_2 \left[\frac{\text{J}}{\text{mol}}\right]$$

여기서 T는 [K] 단위의 온도이다.

(a) 20°C에서 2 mol의 1과 3 mol의 2가 혼합될 때 혼합 엔탈피 ΔH_{mix}는 얼마인가?

(b) 2 mol/s로 흐르는 순수한 1의 흐름과 3 mol/s로 흐르는 순수한 2의 흐름을 단열적으로 혼합하는 것을 고려한다. 두 유입 흐름 모두 20°C이다. 혼합물의 출구 온도는 얼마인가?

6.53 Ethanol(1)과 ethylene glycol(2)의 이성분 혼합물의 몰부피는 [cm^3/mol]로 다음 표와 같이 주어진다.

x_1	v [cm^3/mol]
0	55.828
0.1092	55.902
0.2244	56.06
0.3321	56.245
0.4393	56.513
0.5499	56.866
0.6529	57.178
0.7818	57.621
0.8686	58.004
1	58.591

화학종 1의 몰분율이 다음과 같을 때, 도식적인 방법을 활용하여 25°C에서 ethanol의 부분 몰부피를 결정하라.

(a) $x_1 = 0.8$

(b) $x_1 = 0.4$

(c) $x_1 = 0$ (화학종 1을 무한 희석함)

6.54 연습 문제 6.53의 자료를 다음의 형태로 맞추라.

$$v = ax_1 + bx_2 + cx_1x_2$$

(a) ethanol의 부분 몰부피를 나타내는 식을 구하기 위하여 해석적인 방법을 활용하라.
(b) $x_1 = 0.8$, $x_1 = 0.4$ 및 $x_1 = 0$(성분 1의 무한 희석)에서의 값들을 결정하라.

6.55 20°C에서 H_2SO_4(1)과 물(2)의 이성분 액체 혼합물에 대하여 혼합의 부피 변화는 [cm³/mol] 단위로 다음과 같이 주어진다.

$$\Delta v_{mix} = -13.1x_1x_2 - 2.25x_1^2x_2$$

순수한 H_2SO_4의 밀도는 1.8255 [g/cm³]이다.
(a) H_2SO_4의 몰분율에 따른 H_2SO_4와 H_2O의 부분 몰부피를 그려라.
(b) 무한 희석에서 물의 부분 몰부피에 대한 값 $\overline{V}_2^{\infty}$는 얼마인가?
(c) (b)에서의 수치적 결과를 논하고 이 계에서 물리적으로 일어나는 것으로 생각되는 것과 관련지어 보라.

6.56 화학종 1과 2의 이성분 액체 혼합물의 몰당 엔탈피는 다음과 같이 주어진다.

$$h = 1500x_1 + 800x_2 + (25.0x_1 + 35.0x_2 - 11.86x_1x_2)T \left[\frac{\text{J}}{\text{mol}}\right]$$

여기서 T는 [K] 단위이다. 이 식은 280 K부터 360 K까지 확정적이다. 다음 질문들에 답하라.
(a) 50 mol%의 화학종 1과 50 mol%의 화학종 2를 포함하는 과정 흐름을 희석하고 냉각하고자 한다. 75°C와 1 bar에서 2 mol/s의 몰 흐름율을 갖는 (50 mol%의 화학종 1과 50 mol%의 화학종 2를 포함하는) 흐름 *a*와 20°C와 1 bar에서 3 mol/s의 속도로 흐르는 순수한 화학종 1의 흐름 *b*를 *단열적으로* 혼합하는 것을 고려한다. 유출 흐름의 출구 온도는 얼마인가? 정상 상태를 가정할 수 있다.
(b) 흐름 *a*에서 화학종 1의 부분 몰 엔탈피 $\overline{H}_1$는 무엇인가?
(c) 75°C에서 무한 희석되는 화학종 1의 부분 몰 엔탈피 $\overline{H}_1^{\infty}$는 무엇인가?
(d) 이종 분자 간 상호작용의 '혼합' 효과를 포함시키지 않는다면, 당신이 계산한 최종 온도는 (c)에서 계산된 값보다 높을지, 낮을지 설명하라.

6.57 1과 2의 이성분 혼합물에 대해 화학종 1의 몰분율이 0.4인 어떤 제조 과정을 5 mol/s의 흐름율과 300 K의 온도로 조업하고자 한다. 이는 다음 그림과 같이 1과 2의 순수한 흐름을 혼합하여 달성된다. 순수한 2의 흐름은 300 K의 온도에서 혼합기로 유입된다. 화학종 1과 2의 몰당 엔탈피는 다음과 같이 주어진다.

$$\Delta h_{mix} = 833x_1x_2 \left[\frac{\text{J}}{\text{mol}}\right]$$

열용량 자료는 다음과 같다.

$$c_{P,1} = 50 \left[\frac{\text{J}}{\text{mol K}}\right]$$

그리고

$$c_{P,2} = 70 \left[\frac{\text{J}}{\text{mol K}}\right]$$

단열 혼합 과정을 가정할 때 원하는 출구 흐름 온도에 도달하기 위하여 흐름 1에 요구되는 유입 온도는 얼마인가?

6.58 화학종 1과 2의 이성분 액체 혼합물에서 화학종 1의 부분 몰 Gibbs 에너지는 다음과 같이 주어진다.

$$\overline{G}_1 = -500 + 2{,}500 \ln x_1 + 833x_2^2 \left[\frac{\text{J}}{\text{mol}}\right]$$

순수한 화학종 2의 Gibbs 에너지는 -800[J/mol]이다.
(a) 다음 양들에 대한 값 또는 표현식을 결정하라. g_1, $\overline{G}_2$, g.
(b) 순수한 1과 2가 단열적으로 혼합된다면, 온도가 어떻게 변할 것으로 기대되는가 (상승, 저하, 또는 동일하게 유지)? 도입한 가정들을 서술하라.
6.59 다음 수식은 화학종 1과 2의 이성분 액체 혼합물의 몰부피를 나타내고 있다.

$$v = 20x_1 + 50x_2 + 6x_1x_2^2 \left[\frac{\text{cm}^3}{\text{mol}}\right]$$

2 mol의 화학종 1과 4 mol의 화학종 2를 포함하는 혼합물을 고려한다. 다음 질문들에 답하라.
(a) V_1과 v_1의 값은 얼마인가?
(b) x_1과 x_2로 화학종 1의 부분 몰부피에 대한 표현식을 전개하라.
(c) 화학종 1의 부분 몰부피 값은 얼마인가?
6.60 구리(Cu)와 은(Ag)의 용융 액체 용액이 필요한 과정을 설계하고자 한다. 과정은 298 K과 1 기압에서 순수한 Cu 1,000 kg과 순수한 Ag 2,000 kg으로 시작된다. 재료들을 잘 단열된 개방 용기에 놓고 1356 K까지 가열하여 액체 혼합물을 형성하도록 한다. 가열기는 114.2 kW의 동력을 제공한다. 액체 Ag와 액체 Cu의 혼합 엔탈피는 다음과 같이 주어진다.

$$\Delta h_{mix} = -20{,}600 X_{Cu} X_{Ag} \left[\frac{\text{J}}{\text{mol}}\right]$$

다음의 열역학적 성질들에 대한 자료가 활용될 수 있다.

성질	Cu	Ag	
열용량, 액체	31.0	30.1	J / (mol K)
열용량, 고체	$22.3 + 0.0062\,T$	$21.0 + 0.0084\,T$	J / (mol K)
용융 엔탈피	−12,800	−11,100	J/mol
정상 녹는점	1,356	1,234	K
분자량	63.5	107.8	g/mol

(a) 액체 혼합물을 얻기 위하여 얼마나 오래 걸리는지 (시간 단위로) 예측하라. 도입한 가정들을 서술하라.
(b) 일부 고체가 여전히 1,356 K에 남아 있는 것이 가능한가? 이유를 설명하라.
6.61 Ethanol, EtOH(CH_3CH_2OH)과 물(H_2O)의 이성분 혼합물을 고려한다. EtOH의 몰분율 (x_{EtOH})에 따른 EtOH와 H_2O의 부분 몰부피의 그래프가 다음 그림에서 제공된다. 부분 몰부피의 단위는 질량 기준이므로, 두 그래프를 동일한 축적으로 나타낼 수 있음에 주목하라. 다음 질문들에 답하라.

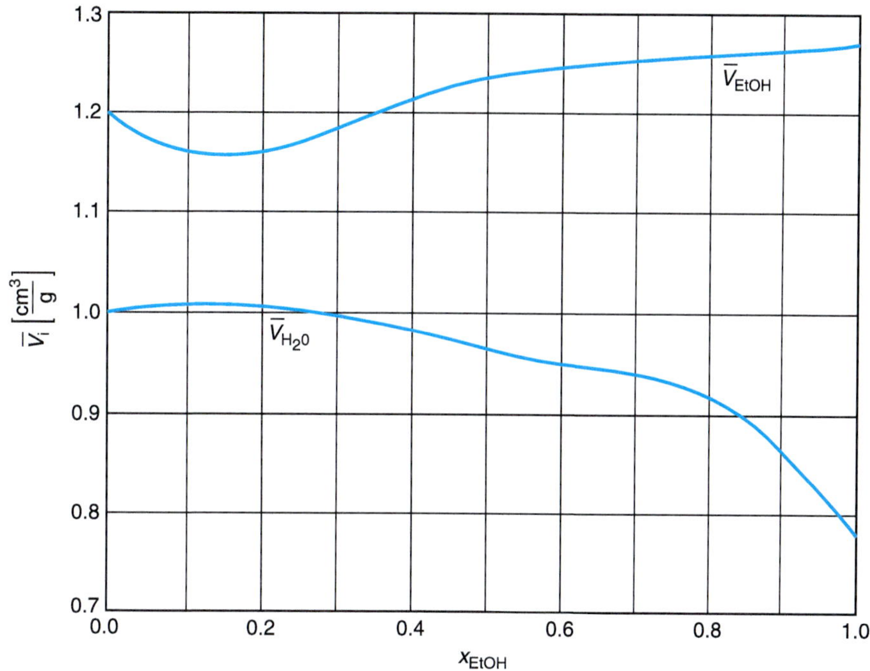

(a) 3 mol의 EtOH와 2 mol의 H_2O를 고려한다. v_{EtOH}, v, $\bar{V}^{\infty}_{EtOH}$과 $\bar{V}^{\infty}_{H_2O}$, ΔV_{mix}를 결정하라. 이유를 설명하고 얻은 값들이 그래프에서 어디에 위치하는지 설명하라.

(b) 대략 $x_{EtOH} = 0.14$에서, $\bar{V}_{H_2O}$에 대한 곡선은 최대가 되며 동일한 지점에서 $\bar{V}_{EtOH}$에 대한 곡선은 극소가 된다. 이 극값들이 동일한 몰분율에서 나타나도록 하는 열역학적 관계는 무엇인가? 이유를 설명하라.

6.62 어떤 학생 그룹이 96 무게%의 ethanol(EtOH)과 4 무게%의 물(H_2O)를 포함하는 실험용 알코올을 뜻하지 않게 공급받았다. 학생들은 실험적으로 56 무게%의 ethanol 조성을 갖는 정확히 2 L의 보드카를 만들 수 있는지 확인하고 싶어 한다. 여기에 필요한 실험용 알코올과 물의 부피를 결정하라. EtOH와 H_2O의 부분 몰부피는 연습 문제 6.61에 나타내었다.

6.63 물(1)과 1-propanol(2)의 이성분 액체 혼합물에 대한 혼합에 따른 Gibbs 에너지 Δg_{mix}는 물의 몰

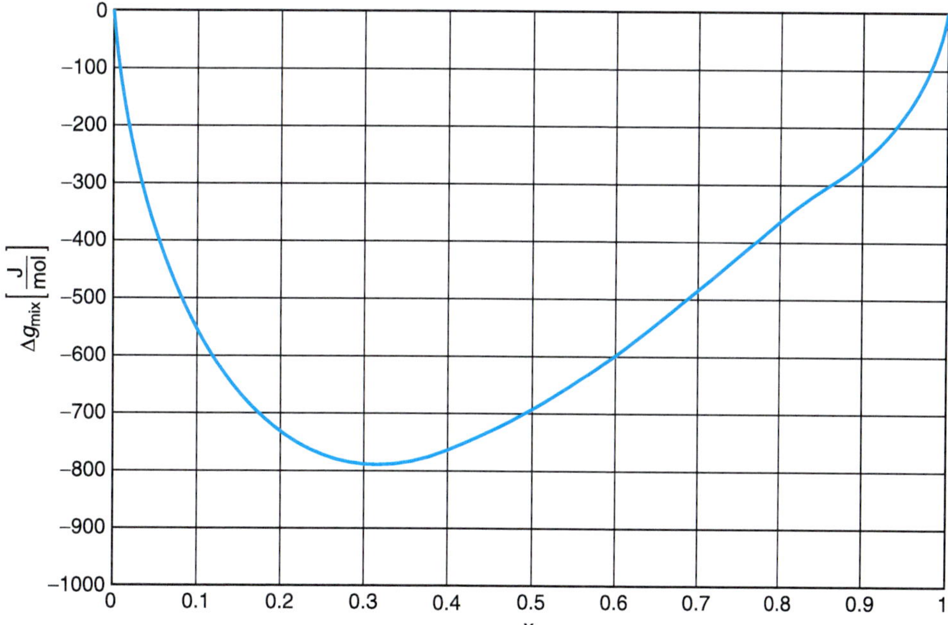

분율(x_1)에 따라 [J/mol] 단위로 다음과 같이 주어진다. 이 자료는 40℃에서의 온도에서 얻어진 것이다.
(a) 40°C에서 2 mol의 물과 3 mol이 1 propanol로 구성된 혼합물에 내해 액제에서 물의 부분 몰 Gibbs 에너지 $\overline{G}_1^l$를 결정하라.
(b) 이 혼합물이 40℃에서 증기와 평형에 있을 때, 증기에서 물의 부분 몰 Gibbs 에너지 $\overline{G}_1^v$는 얼마인가?

6.64 화학종 a와 b의 이성분 혼합물은 300 K과 1 bar에서 이상기체로 거동한다. 다음 조성에서 화학종 a의 부분 몰 Gibbs 에너지 $\overline{G}_a$와 용액의 총 Gibbs 에너지 g를 계산하라. 화학종 a에 대한 순수한 성분의 Gibbs 에너지는 −25 kJ/mol이고 화학종 b에 대해서는 −40 kJ/mol이다.
(a) $y_a = 1$에서
(b) $y_a = 0.5$에서
(c) '무한 희석'에서

6.65 25°C에서 ethanol(1)과 ethylene glycol(2)의 이성분 혼합물의 부분 몰부피를 다음 표에 나타내었다. 다음 질문들에 답하라.

x_1	$\overline{V}_1$	$\overline{V}_2$
	[cm^3/mol]	[cm^3/mol]
0	56.519	55.807
0.05	56.722	55.802
0.15	57.097	55.760
0.25	57.430	55.677
0.35	57.721	55.552
0.45	57.971	55.386
0.55	58.179	55.178
0.65	58.345	54.928
0.75	58.470	54.637
0.85	58.553	54.304
0.95	58.595	53.929
1	58.600	53.726

(a) 50 cm^{3}의 순수한 ethanol과 50 cm^{3}의 순수한 ethylene glycol을 혼합하는 것을 고려한다. 앞의 표에 있는 자료를 기초로 하여 혼합에 따른 부피 변화를 계산하라. 순수한 성분들이 혼합된 직후에 혼합물이 따뜻하게 또는 차갑게 느껴질지 설명하라. 분자 간 상호작용의 원리를 활용하여 그 이유를 설명하라.
(b) 25°C에서 3 mol의 ethanol과 1 mol의 ethylene glycol을 고려할 때, 다음 양들에 대한 수치적 값들을 결정하라. $\overline{V}_1$, v_1, V, v, ΔV_{mix}, Δv_{mix}, $\overline{V}_1^{\infty}$. 이 혼합물에 대하여 Gibbs–Duhem 식이 성립하는지 확인하라. 적절한 분석을 통해 이를 정당화하라.

6.66 25°C에서 n mol의 H_2O에 희석된 1 mol의 HCl에 대한 용액 엔탈피 $\Delta\tilde{h}_s$는 표 6.1에 보고되었다.
(a) 8 mol의 H_2O와 2 mol의 HCl의 혼합물을 고려한다. 표의 자료로부터 가능한 최선을 다하여 $\overline{H}_{H_2O} - h_{H_2O}$와 $\overline{H}_{HCl} - h_{HCl}$을 계산하라.
(b) 80 mol의 H_2O와 2 mol의 HCl 혼합물에 대하여 $\overline{H}_{H_2O} - h_{H_2O}$를 계산하라.

6.67 HCl 수용액은 HCl(g)를 형성하기 위한 H_2와 Cl_2의 기상 반응 및 HCl(g)를 물에 흡수시켜 제조될 수 있다. HCl(g)와 순수한 물이 30 무게%의 HCl 수용액을 형성하기 위하여 공급되는 25°C의 정상 상태 과정을 고려한다. 생성물의 1 몰당 공급되어야만 하는 냉각의 양은 얼마인가? (반응 생성물을 냉각시키기 위하여 제거해야 하는 열을 생성물 1 몰당 구하라.)

6.68 표 6.1의 용액 엔탈피 자료와 비교할 때, 식 (6.24)로 주어지는 H_2SO_4에 대한 혼합 엔탈피의 자

료는 어떠한가? 합치되는 것이 타당한가? 두 경우가 차이를 보인다면 그 이유는 무엇일까?

6.69 표 6.1에서 보고된 용액 엔탈피의 자료로부터 HCl에 대한 혼합 엔탈피를 계산하라.

6.70 50%의 NaOH 수용액의 유입 흐름을 10 무게%의 최종 농도로 희석하기 위하여 요구되는 열은 얼마인가?

6.71 식 (6.30)과 유사한 3성분계 혼합물에 대한 식을 전개하라. 그리고 m개의 성분들을 갖는 혼합물에 대하여 일반화시켜라.

6.72 30°C에서 benzene(1)과 cyclohexane(2)의 부분 몰부피는 다음 식으로 주어진다.

$$\overline{V}_1 = 92.6 - 5.28x_1 + 2.64x_1^2 \ [\text{cm}^3/\text{mol}]$$

Cyclohexane의 부분 몰부피에 대한 표현식을 구하라. 30°C에서 cyclohexane의 밀도는 0.768 [g/cm^3]이다.

6.73 표 6.1의 자료를 활용하여 25°C에서 $x_1 = 0.33$일 때 ethanol(1)과 물(2)의 혼합물에 대한 부분 몰 엔탈피를 구하라. 수증기표에서 활용되었던 것과 동일한 기준 상태를 활용하라.

6.74 25°C에서 20 무게%의 용질 1과 80 %의 물을 등온 혼합하는 것을 고려한다. 다음 혼합물에 전달된 열은 얼마인가?

(a) 순수한 H_2SO_4(1)과 물(2)

(b) 18 M의 H_2SO_4(1)과 H_2O(2). (18 M의 H_2SO_4의 밀도는 1.84 g/cm^{3}로 보고되었다)

(c) 고체 NaOH(1)과 H_2O(2)

(d) NH_3 기체(1)과 H_2O(2)

6.75 다음 자료는 20°C에서 ethanol과 물의 이성분 혼합물에 대하여 활용될 수 있다.

Wt % EtOH	ρ [g/ml]
0	0.99823
10	0.98187
20	0.96864
30	0.95382
40	0.93518
50	0.91384
60	0.89113
70	0.86766
80	0.84344
90	0.81797
100	0.78934

E. W. Washburn (ed.), *International Critical Tables* (Vol. V) (New York: McGraw-Hill, 1929).

(a) Ethanol의 몰분율에 따른 ethanol과 물의 부분 몰부피를 그려라.

(b) 등몰 혼합물에 대한 Δv_{mix}는 얼마인가?

6.76 다음 자료는 25°C와 1 bar에서 ethanol(1)과 formamide(폼아미드)(2)의 이성분 혼합물에 대하여 ethanol의 몰분율에 따른 밀도 ρ를 나타낸 것이다.

x_1	ρ, [g/cm^3]
0	1.1314
0.1000	1.0846
0.1892	1.0457
0.2976	1.0042
0.3907	0.9678
0.5009	0.9335
0.5929	0.9022
0.6986	0.8701
0.8009	0.8401
0.8995	0.8126
1	0.7857

E. W. Washburn (ed.), *International Critical Tables* (Vol. V) (New York: McGraw-Hill, 1929).

25°C 및 1 bar에서 3 mol의 ethanol과 1 mol의 formamide로 구성된 혼합물을 고려한다. 가능한 최선을 다하여 다음 양들을 결정하라. v_1, V_1, v_2, V_2, v, V, Δv_{mix}, ΔV_{mix}, $\overline{V}_1$, $\overline{V}_2$. 분자량은 $MW_1 = 46$ [g/mol], $MW_2 = 45$ [g/mol]이다.

6.77 온도 T와 압력 P에서 이상기체 a와 b의 혼합물을 고려한다. T, P와 y_a로 $(\overline{\Delta G}_{mix})_a$를 나타내는 표현식을 구하라. $(\overline{\Delta G}_{mix})_a^{\infty}$의 값은 얼마인가?

6.78 25°C 및 1 bar에서 습한 공기와 상평형에 있는 액체 물을 포함하는 계를 고려한다. 증기상에서 물의 부분 몰 Gibbs 에너지는 얼마인가? 액체는 순수한 물이며 증기는 이상기체로 거동함을 가정할 수 있다.

제 7 장

상평형 II: 퓨가시티

Phase Equilibria II: Fugacity

학습 목표

제7장에 있는 내용을 숙달하기 위해서는 다음 사항들을 할 수 있어야 한다.

- 표, 상태방정식(equations of state), 일반 상관관계식(general correlations)을 이용하여 순수 화합물 및 혼합물에서 기체 성분 i의 퓨가시티(fugacity)와 퓨가시티 계수(fugacity coefficient)를 알아낸다. 적합한 기준 상태(reference state)를 식별한다. Lewis 퓨가시티 규칙을 쓰고, 근거가 된 근사법을 기술하고, 유효하다고 보여지는 조건을 식별한다.
- 액체와 고체들에 대하여 two-suffix Margules 식, three-suffix Margules 식, van Laar 식 및 Wilson 식과 같은 활동도 계수(activity coefficient) 모델을 이용하여 이성분 및 다성분 혼합물에 대한 활동도 계수를 구한다. 대칭 활동도 계수 모델이 적합한 경우와 비대칭 모델이 적합한 경우를 구별한다.
- 액체 또는 고체가 이상용액을 형성할 때, 분자적 조건을 기술한다. 이상용액에 관한 Lewis/Randall 및 Henry의 법칙 기준 상태를 식별한다. 그리고 각각의 기준 상태에 기초를 둔 분자 간 상호작용을 식별한다.
- Poynting 보정을 이용하여 고압에서 액체 또는 고체의 순수 성분 퓨가시티를 계산한다. 다른 압력 또는 온도에서 Henry의 법칙 값을 보정하는 방법을 식별한다.
- *퓨가시티, 퓨가시티 계수, 활동도, 활동도 계수* 및 *과잉 Gibbs 에너지*를 정의한다. 퓨가시티의 관점에서 화학 평형에 대한 판단 기준을 기술한다. 과잉 Gibbs 에너지가 활동도 계수의 경험적 모델에서 유용한 이유를 기술한다.
- 혼합물에서 다른 성분들의 활동도 계수를 관련짓는 데 Gibbs–Duhem 식을 적용한다. 활동도 계수 자료 조합이 열역학적으로 일관성이 있는지 조사한다. 순수 성분 퓨가시티와 Henry 상수가 주어질 때, Lewis/Randall 규칙 γ_i와 Henry의 법칙 $\gamma_i^{\text{Henry's}}$에 기초한 활동도 계수들 사이를 변환한다.

7.1 개요

화학 퍼텐셜이 다성분계에서 상 α와 β 사이에서 성분 i의 화학 평형에 대한 기준을 제공한다는 것을 이제 배웠다.

$$\mu_i^\alpha = \mu_i^\beta \tag{7.1}$$

이것은 측정된 열역학적 성질인 온도와 압력이 각각 열평형과 역학적 평형에 대한 판단 기준을 제공하는 것과는 달리 유도된 열역학적 성질이다. 비록 화학 퍼텐셜이 추상적인 개념이기는 하지만 성분 i의 화학 평형에 대한 간단한 판단 기준을 제공하기 때문에 유용하다.

불행하게도 응용할 때 화학 퍼텐셜은 불편한 수학적인 거동을 갖는다는 것이 드러났다(곧 살펴 볼 것이다). 결과적으로, 수학적으로 더 나은 거동을 보이지만, 평형에 대한 간편한 판단 기준을 제공하는 새로운 유도된 열역학적 성질[퓨가시티(fugacity)]을 정의하는 것이 편리하다.

앞으로 배우겠지만 퓨가시티는 수학적으로 더 나은 거동을 보이는 형태이면서 화학 퍼텐셜이 제공하는 모든 정보를 포함하기 때문에 대단히 유용한 성질이다. 퓨가시티의 수식화에 대한 한 가지 측면은 우리가 열역학에서 지금까지 보아 온 것과는 다르며, 이러한 측면을 명확하게 인지하는 것은 유용하다. 지금까지 언뜻 보기에 이해하기 어려운 엔탈피와 Gibbs 에너지와 같은 많은 유도된 성질들을 정의해 왔다. 그러나 이들 성질들은 우리에게 화학적, 물리적 과정들에 대해 유용한 정보를 제공한다. 게다가 이들 성질들을 더 많이 다룰수록(즉, 보다 많은 상황에서 이들을 보고, 이들과 관련된 더 많은 문제를 풀어 보면) 친숙해지고 이들을 더 잘 이해하게 된다. 이러한 과정 역시 퓨가시티에 해당된다. 그러나 발생 측면에서는 다르다. 지금까지 발전된 모든 성질들은 *연역적인* 방식으로 이루어졌다. 예를 들면, 엔탈피는 내부 에너지와 흐름 일(또는 Pv 일)를 결합하여 연역적으로 유도되었다. 유사하게 Gibbs 에너지를 전개하기 위하여 일정한 P와 T에서 열역학 제1법칙과 제2법칙을 결합하였다. 이후에 배울 것처럼 퓨가시티는 다르다. 우리는 퓨가시티를 *귀납적으로* 전개한다. 퓨가시티에서는 이상기체의 성질에서 출발하여 모든 기체, 액체, 고체로 일반화한다. 그러므로 새로운 성질을 배울 때의 초기 불편함에 더하여 다른 방식으로 유도되기 때문에 추가적인 불편함이 있을 수 있다. 그러나 열심히 익히자. 왜냐하면 퓨가시티는 배워야 할 매우 유용한 구성체이기 때문이다.

7.2 퓨가시티

퓨가시티의 정의

퓨가시티(fugacity)는 열역학의 거장 G.N.Lewis의 의해 정의되었다. 지금까지 이 책에서 보아왔던 다른 개념들과 달리, 퓨가시티는 연역적인 방식보다는 귀납적인 방식으로 유도되었다. 사실 퓨가시티는 화학 퍼텐셜의 수학적 변칙들을 해결하기 위한 많은 방법들 중 하나인 것은 의심할 바 없다. 그러나 이것은 실질적으로 사용되는 방법이며, 이후에 배울 것이다.

퓨가시티를 도입하기 위하여 식 (6.36)에서 출발하자.

$$\left(\frac{\partial \mu_i}{\partial P}\right)_{T,n_i} = \overline{V}_i$$

이 식은 일정한 온도에서만 유효하다. 이상기체로 제한한 상태에서 시작할 것이다. 퓨가시티를 도입할 때에는 이러한 제한을 제거하고 실제 계를 포함할 것이다. 다음에 퓨가시티를 전개할 때에는 항상 **일정한 온도**에서이다. 이러한 제한에 따라 다음과 같이 쓸 수 있다.

$$d\mu_i = \bar{V}_i dP \quad \text{일정한 온도에서}$$

여기에서 명백히 온도가 일정하게 유지되고 있기 때문에 편미분을 전미분으로 대체하였다. 부분 몰부피의 정의를 적용하면 이상기체 관계식은 다음과 같이 된다.

$$d\mu_i = \left(\frac{\partial V}{\partial n_i}\right)_{T,P,n_{j\neq i}} dP = \frac{RT}{P} dP \quad \text{(이상기체)}$$

에너지는 절대 값을 갖지 않기 때문에, 부분 몰 Gibbs 에너지에 대한 기준 상태가 필요하다. 기준 상태는 첨자 'o'로 나타낸다. 기준 상태를 선택할 경우에는 상태 가정(state postulate)으로 규정한 것과 같이 적합한 수의 열열학적 성질들을 특정해야 한다. 따라서 기준 상태의 나머지 성질이 결정된다. 기준 화학 퍼텐셜 μ_i^o는 기준 압력 P^o와 **관심 있는 화학 퍼텐셜로서 동일한 온도**, T에서의 화학 퍼텐셜이다. 후자의 제약은 일정한 온도라는 규정에 따라 발생한다. 기준 상태에서 계의 상태까지를 적분하면, 다음과 같이 된다.

$$\mu_i - \mu_i^o = RT \ln\left[\frac{P}{P^o}\right]$$

6.3절에서 본 것처럼 화학 퍼텐셜은 혼합물의 Gibbs 에너지에 대한 성분 i의 기여도를 나타낸다. 따라서 로그 항의 분자와 분모에 성분 i의 몰분율, y_i를 곱하는 것이 편리하다.

$$\mu_i - \mu_i^o = RT \ln\left[\frac{p_i}{p_i^o}\right] \quad \text{(이상기체)} \tag{7.2}$$

여기에서 $p_i = y_i P$는 기체의 분압이다. 이상기체를 고려하고 있기 때문에 분압의 사용은 유효하다. 식 (7.2)를 살펴보면, 일정한 온도에서 기준 상태에서 계의 상태로 진행할 때에 추상적인 양 μ_i의 변화는 성분 i의 분압 p_i의 단순 로그값에 비례한다는 것을 알 수 있다. 사실 식 (7.2)의 오른쪽에 있는 모든 성질은 측정되는 성질이다. 그러므로 추상적인 양인 화학 퍼텐셜의 차를 측정 가능한 양(T, P, y_i)으로 표현하였다.

식 (7.2)는 화학 퍼텐셜과 관련된 수학적인 문제에 두 가지 매우 중요한 제한사항을 부여한다. (1) 성분 i의 몰분율이 0이 될 때, 즉 무한 묽음 상태, 그리고 (2) 압력이 0이 될 때, 즉 이상기체의 극한 조건이다. 이 두 경우들에서 μ_i 값은 음의 무한대가 된다.

지금까지의 이러한 분석은 상대적으로 간단하다. G. N. Lewis는 엄청난 통찰력을 가졌으며 새로운 열역학적 성질인 퓨가시티 $\hat{f}_i$를 식 (7.2)와 유사하게 귀납적으로 정의하였다. 퓨가시티는 다음과 같이 *정의*한다.

$$\mu_i - \mu_i^o \equiv RT \ln\left[\frac{\hat{f}_i}{\hat{f}_i^o}\right] \tag{7.3}$$

따라서 퓨가시티는 압력의 단위를 갖는다. 식 (7.2)와 (7.3)을 비교하면 분압이 이상기체에서 하는 역할과 같이 퓨가시티가 실제 기체에서도 동일한 역할을 한다는 것을 보여준다. 이러한 맥락에서 퓨가시티는 '보정 압력(corrected pressure)'으로 생각할 수 있다. 사실 퓨가시티는 대략 라틴어로 '벗어나려는 경향(the tendency to escape)'으로 번역할 수 있다. 그러나 퓨가시티의 개념은 기체를 넘어선다. 이 정의 식은 기준 상태 화학 퍼텐셜에서 모든 실제 성분에 대한 계의 화학 퍼텐셜에 이르기까지 등온 변화에 대해 타당하다. Lewis는 퓨가시티를 기체 상으로 제한하지 않았다! 퓨가시티는 액체 또는 고체에도 잘 적용된다.

위의 정의는 완전하지 않다. 기준 상태는 임의의 상태이다. 우리는 자유롭게 가장 편리한 기준 상태를 상상으로 선택할 수 있다. 그러나 μ_i^o와 $\hat{f}_i^o$는 기준 상태의 단순한 선택에 따라 결정되며, 독립적으로 선택할 수 없다. 앞의 정의를 완성하기 위하여 제한 조건을 고려하자. 압력이 0으로 됨에 따라 모든 기체들은 이상적으로 행동한다. 결과적으로 우리는 다음과 같이 정의한다.

$$\lim_{P\to 0}\left(\frac{\hat{f}_i}{p_i}\right) \equiv 1 \quad \text{(이상기체)} \tag{7.4}$$

식 (7.3)과 (7.4)는 모두 추상적인 형태이지만 퓨가시티에 대해서는 매우 유용하다.

$\hat{f}_i/p_i$ 항은 종종 퓨가시티와 함께 나타난다. 이것을 퓨가시티 계수(fugacity coefficient) $\hat{\varphi}_i$라고 부른다.

$$\hat{\varphi}_i \equiv \frac{\hat{f}_i}{p_{i,\text{sys}}} = \frac{\hat{f}_i}{y_i P_{\text{sys}}} \tag{7.5}$$

퓨가시티 계수는 성분 i의 퓨가시티를 성분 i가 계에서 이상기체일 경우에 갖는 분압으로 나눈 무차원인 양을 표현한다. 한 가지 성분의 퓨가시티 계수는 인력과 척력이 균형을 맞추고 있어서 보통 직설적으로 이상기체인 경우를 나타낸다. 만약 $\hat{\varphi}_i < 1$라면, 보정 압력 또는 "벗어나려는 경향"은 이상기체에 대한 것보다 작다. 이 경우에는 인력이 계의 거동을 지배한다. 역으로 $\hat{\varphi}_i > 1$라면, 척력이 더 세다. *주의*: 우리는 퓨가시티 계수를 계의 분압과 연결하여 정의하였지 기준 상태의 분압과 연결하여 정의하지 않았다. 일반적인 실수는 여기에서 잘못된 압력을 사용하는 것이다.

앞서 정의들은 부분 몰 성질인 μ_i에 근거하였다. 그러므로 그들은 성분 i의 용액에 대한 기여도를 기술한다. 퓨가시티와 퓨가시티 계수는 그들이 용액에서 성분 i의 기여도를 표현하는 것이지, 부분 몰 성질의 수학적 정의를 표현하는 것이 아니라는 것을 우리에게 상기시키기 위해 선(bar, 바) 대신에 ^ (hat, 꺽쇠 또는 모자)가 씌워져 있다. 즉,

$$\hat{f}_i \neq \left(\frac{\partial(nf)}{\partial n_i}\right)_{T,P,n_{j\neq i}} \quad \text{또는} \quad f \neq \sum_i x_i \hat{f}_i$$

우리는 또한 순수한 성분의 퓨가시티 f_i를 6.3절에서의 논의 내용과 유사하게 정의할 수 있다.

순수한 성분의 퓨가시티:

$$g_i - g_i^o \equiv RT \ln\left[\frac{f_i}{f_i^o}\right] \tag{7.3p}$$

$$\lim_{P\to 0}\left(\frac{f_i}{P}\right) \equiv 1 \tag{7.4p}$$

$$\varphi_i \equiv \frac{f_i}{P_{\text{sys}}} \tag{7.5p}$$

퓨가시티 관점에서 화학 평형의 판단 기준

화학 평형에 대한 판단 기준은 화학 퍼텐셜을 사용하는 것만큼이나 단순하기 때문에 퓨가시티의 개념은 매우 잘 작동한다. 퓨가시티에 대한 이러한 관계를 유도하기 위하여 우리는 상 α와 β의 화학 퍼텐셜을 동일시하는 것부터 시작한다.

$$\mu_i^\alpha = \mu_i^\beta$$

식 (7.3)을 치환하면 다음과 같은 식이 된다.

$$\mu_i^{\alpha,o} + RT\ln\left[\frac{\hat{f}_i^\alpha}{\hat{f}_i^{\alpha,o}}\right] = \mu_i^{\beta,o} + RT\ln\left[\frac{\hat{f}_i^\beta}{\hat{f}_i^{\beta,o}}\right]$$

로그함수에서 비 값에 대한 수학적인 관계를 적용하고 다시 쓰면 다음과 같은 식이 된다.

$$\boxed{\mu_i^{\alpha,o} - \mu_i^{\beta,o} = RT\ln\left[\frac{\hat{f}_i^{\alpha,o}}{\hat{f}_i^{\beta,o}}\right]} + RT\ln\left[\frac{\hat{f}_i^\beta}{\hat{f}_i^\alpha}\right]$$

정의

앞쪽의 세 항은 단지 식 (7.3)을 다시 기술한 것이다. 그러므로 나머지 항은 0과 동일해야 한다. 즉,

$$0 = RT\ln\left[\frac{\hat{f}_i^\beta}{\hat{f}_i^\alpha}\right]$$

또는,

$$\boxed{\hat{f}_i^\alpha = \hat{f}_i^\beta} \tag{7.6}$$

식 (7.6)은 화학 평형에 대한 기준을 퓨가시티의 항으로 표현한다. 이것은 화학 퍼텐셜에 대한 기준과 꼭 같다. 퓨가시티는 또한 수학적으로 훨씬 더 잘 거동한다.

그러므로 실제로 우리는 평형에 대한 우리의 판단 기준을 정의할 때 식 (7.1)을 식 (7.6)으로 대체할 수 있다.

$$T^\alpha = T^\beta \qquad \text{열적 평형}$$

$$P^\alpha = P^\beta \qquad \text{역학적 평형}$$

$$\cancel{\mu_i^\alpha = \mu_i^\beta} \quad \hat{f}_i^\alpha = \hat{f}_i^\beta \qquad \text{화학 평형}$$

화학 평형에 대한 우리의 식들을 다른 상들에서의 퓨가시티로 수식화되기 때문에 우리는 이제 (1) 증기상에 대하여(7.3절), (2) 액체상에 대하여(7.4절), 그리고 마지막으로 (3) 고체상에 대하여(7.5절) 퓨가시티를 계산하는 방법을 탐구할 것이다. 그리하여 우리는 공존하는 모든 상들의 퓨가시티를 수식화할 수 있다(제8장). 예를 들면, 증기-액체 평형에 대해서 우리는 다음과 같은 식을 갖는다.

$$\hat{f}_i^v = \hat{f}_i^l$$

우리는 증기상과 액체상에 대한 퓨가시티를 독립적으로 계산하는 방법을 조사하였기 때문에, 우리는 단순히 두 개의 표현으로 수식화할 수 있으며, 각 상에서 성분 i의 조성을 계산할 수 있다.

▶ 7.3 증기상에서의 퓨가시티

증기와 응축상 사이의 퓨가시티에 대한 표현 차이는 보통 기준 상태의 선택에 있다. 이상성에서 벗어나게 하는 기체의 분자 간 힘에 대해 폭넓게 배워 왔기 때문에 증기상은 논리적인 출발점이다. 우리는 증기상에서 순수 성분의 퓨가시티, f_i^v를 고려하는 데에서 시작할 것이며, 증기 혼합물에서 성분 i의 퓨가시티, $\hat{f}_i^v$를 탐구할 것이다.

》 순수한 기체의 퓨가시티와 퓨가시티 계수

퓨가시티를 실제로 이용하기 위한 첫 번째 단계는 유사 기준 상태를 식별하는 것이다. 기체에 대해서는 기준 상태에 관한 분명한 선택권이 있다. 기체가 이상기체처럼 거동하는 충분히 낮은 압력이다. 이러한 선택에 따라 $f_i^o \rightarrow P$ 그리고 $\varphi_i^o \rightarrow 1$이 된다. 퓨가시티에 대한 우리의 정의에 따른 결과에 따라 기준 상태는 관심 계와 같은 온도($T^o = T_{sys}$)이어야 한다는 것을 기억하라.

우리는 이상기체의 기준 상태를 사용하여 순수한 성분 i의 퓨가시티에 대한 표현을 쓸 수 있다. 이러할 때, 식 (7.3p)는 다음과 같이 된다.

$$g_i - g_i^o \equiv RT \ln\left[\frac{f_i^v}{P_{low}}\right] \tag{7.7}$$

여기에서 우리는 다음과 같은 기준 상태를 선택하였다.

$$P^o = P_{low}$$

$$T^o = T_{sys}$$

여기에서 P_{low}는 이상기체가 되는 충분히 낮은 압력을 표현하고, T_{sys}는 계의 온도를 나타낸다. 유사하게 식 (7.5p)는 다음과 같이 된다,

$$\varphi_i^v \equiv \frac{f_i^v}{P_{sys}} \tag{7.5p}$$

식 (7.7)과 (7.5p)에서 압력은 다른 값을 갖는다. 화학 퍼텐셜은 순수한 성분들에 대해서는 동등하기 때문에 몰 Gibbs 에너지로 대체되었다.

실제 기체의 퓨가시티를 구하기 위해서 적용할 수 있는 적합한 열역학적 성질 자료가 있어야 한다. 순수 기체들에 대한 세 가지 가능한 자료를 살펴볼 것이다.

1. 열역학적 성질표
2. 상태방정식
3. 일반 상관관계식

》 열역학적 성질표를 이용한 순수 기체의 퓨가시티 계수에 대한 식

열역학적 성질표들은 전형적으로 h, s, T, P 값을 갖는다. 앞의 세 가지 성질들로부터 g를 계산

할 수 있다. 식 (7.7)에서 퓨가시티를 제외하고 모든 양들에 대한 값을 얻는다. 그러므로 우리는 이들 성질 값을 사용하여 f_i를 구한다. 예제 7.1은 이러한 방법론에 대해 설명한다.

예제 7.1 **수증기(steam) 표를 이용한 퓨가시티 계산**

1 기압의 포화 증기(saturated vapor)에 대하여 퓨가시티와 퓨가시티 계수를 구하라.

풀이 ▶ 수증기표는 이 문제를 풀기 위한 적합한 자료를 제공해준다. 1 기압에서 포화 증기에 대한 g_{H_2O}를 찾는 것은 간단하다. 예를 들면, 부록 B에서

$$\hat{g}_{H_2O} = \hat{h}_{H_2O} - T\hat{s}_{H_2O}$$

$$\hat{h}_{H_2O} = 2676.0 \text{ kJ/kg} \quad \hat{s}_{H_2O} = 7.3548 \text{ kJ/(kg K)} \quad T = 373.15 \text{ K}$$

따라서

$$\boxed{\hat{g}_{H_2O} = -68.44 \text{ kJ/kg}}$$

퓨가시티를 알기 위해서 이제 기준 상태를 선택해야 한다. 관심 계와 *동일한* 온도(100°C)에서 가능한 낮은 압력을 원한다. 과열 증기의 열역학적 성질표에서 이 상태를 알 수 있다(부록 B.4). 증기의 열역학적 성질에서 적용 가능한 가장 낮은 압력은 10 kPa이다. 따라서 기준 상태로 우리는 10 kPa, 100°C 를 선택한다.

$$\hat{g}^o_{H_2O} = \hat{h}^o_{H_2O} - T\hat{s}^o_{H_2O}$$

값들을 찾아보면

$$\hat{h}^o_{H_2O} = 2687.5 \text{ kJ/kg} \quad \hat{s}^o_{H_2O} = 8.4479 \text{ kJ/(kg K)} \quad T = 373.15 \text{ K}$$

$$\boxed{\hat{g}^o_{H_2O} = -464.83 \text{ kJ/kg}}$$

이제 식 (7.7)을 다시 정렬하면

$$f^v_{H_2O} = P^o_{H_2O} \exp\left[\frac{\hat{g}_{H_2O} - \hat{g}^o_{H_2O}}{RT}\right]$$

R을 질량 단위로 변환하고 값을 대입하면

$$f^v_{H_2O} = 10 \text{ kPa} \exp\left[\frac{-68.44 \text{ kJ/kg} - (-464.83 \text{ kJ/kg})}{8.314\text{kJ/(kmol K)}\frac{1}{18}\text{kmol/kg } 373.15 \text{ K}}\right]$$

$$\boxed{f^v_{H_2O} = 99.73 \text{ kPa}}$$

퓨가시티 계수를 풀 때에는 계의 압력을 사용해야 한다.

$$\varphi^v_{H_2O} = \frac{f^v_{H_2O}}{P_{sys}} = \frac{99.73 \text{ kP}}{101.35 \text{ kPa}} = 0.984$$

참고: 강한 쌍극자 모멘트(dipole moment)(그리고 관련된 인력)가 있을 때에도 물의 퓨가시티 계수는 1 기압에서 이상 상태에서 2% 미만으로 벗어난다.

상태방정식을 이용한 순수한 기체의 퓨가시티 계수에 대한 표현

우리는 또한 식 (7.7)의 좌변을 상태방정식을 이용하여 풀면 열역학적 성질 자료를 얻을 수 있다. 일정한 온도에서(퓨가시티의 정의에서 부여된), 우리는 순수한 성분 i의 Gibbs 에너지에 대한 기본 성질 관계를 다음과 같이 쓸 수 있다.

$$dg_i = v_i dP \quad \text{일정 온도에서}$$

따라서 식 (7.7)은 다음과 같이 된다.

$$g_i - g_i^o = \int_{P_{low}}^{P} v_i dP = RT \ln\left[\frac{f_i^v}{P_{low}}\right] \tag{7.8}$$

여기에서 우리는 식 (7.8)을 기준 상태에서 계의 압력 범위까지 적분하였다. 우리는 이제 일정한 온도 T에서 v_i를 P와 연관시키고, f_i를 풀기 위하여 상태방정식을 이용한다. 예제 7.2는 이러한 방법론에 대해 설명한다.

예제 7.2 **Van der Waals 식을 이용한 퓨가시티 계산**

Van der Waals 상태방정식으로부터 순수 기체의 퓨가시티에 대한 표현을 구하라.

풀이 ▶ Van der Waals 상태방정식에서 출발한다.

$$P = \frac{RT}{v_i - b} - \frac{a}{v_i^2} \tag{E7.2A}$$

일정한 온도에서 식 (E7.2A)를 미분하면 다음 식을 얻는다.

$$dP = \left[\frac{-RT}{(v_i - b)^2} + \frac{2a}{v_i^3}\right] dv_i \tag{E7.2B}$$

식 (E7.2B)를 식 (7.8)에 대입하면 다음과 같이 된다.

$$\int_{\frac{RT}{P_{low}}}^{v_i} \left[\frac{-v_i RT}{(v_i - b)^2} + \frac{2a}{v_i^2}\right] dv_i = RT \ln\left[\frac{f_i^v}{P_{low}}\right] \tag{E7.2C}$$

첫 번째 항을 적분하기 위해서 부분 분수를 사용하여 항을 분해하는 것이 편리하다.

$$\frac{v_i}{(v_i - b)^2} = \frac{1}{(v_i - b)} + \frac{b}{(v_i - b)^2}$$

이 표현을 식 (E7.2C)에 대입하고 적분한 후 RT로 나누면, 다음과 같은 식이 된다.

$$\ln\left[\frac{f_i^v}{P_{low}}\right] = -\ln\left[\frac{(v_i - b)}{\frac{RT}{P_{low}} - b}\right] + b\left[\frac{1}{(v_i - b)} - \frac{1}{\frac{RT}{P_{low}} - b}\right] - \frac{2a}{RT}\left[\frac{1}{v_i} - \frac{1}{\frac{RT}{P_{low}}}\right]$$

그러나 $RT/P_{low} >> b$이기 때문에 위의 두 항에서 분모를 간략화할 수 있다.

$$\ln\left[\frac{f_i^v}{P_{low}}\right] = -\ln\left[\frac{(v_i - b)P_{low}}{RT}\right] + b\left[\frac{1}{(v_i - b)} - \frac{P_{low}}{RT}\right] - \frac{2a}{RT}\left[\frac{1}{v_i} - \frac{P_{low}}{RT}\right]$$

$\ln(P_{low})$를 각 변에 더하고 $P_{low} \to 0$이 된다고 할 때, 다음과 같은 식을 얻는다.

$$\ln[f_i^v] = -\ln\left[\frac{(v_i - b)}{RT}\right] + \frac{b}{(v_i - b)} - \frac{2a}{RTv_i}$$

마지막으로, 양변에서 $\ln(P)$를 빼면 다음과 같은 식이 된다.

$$\boxed{\ln\left[\frac{f_i^v}{P}\right] = \ln[\varphi_i^v] = -\ln\left[\frac{(v_i - b)P}{RT}\right] + \frac{b}{(v_i - b)} - \frac{2a}{RTv_i}}$$

퓨가시티 계수에 대한 이러한 결과는 van der Waals 상수 a와 b에 대한 물리적인 의미를 통해 설명할 수 있다. 만약 a와 b가 무시할 수 있는 정도라면, $\varphi_i^v = 1$ ($\ln \varphi_i^v = 0$)이 되며, 이는 정의에 따라 이상기체에 대해 참이다. 만약 인력 작용이 크면, 인자 a가 계의 거동에 주로 영향을 줄 것이다. 우변의 세 번 째 항은 $\varphi_i^v < 1$ ($\ln \varphi_i^v < 0$)이 되도록 할 것이다. 역으로, 만약 크기가 더 중요하게 된다면(척력 작용이 주가 된다면), 인자 b가 계의 거동을 결정하게 되고, $\varphi_i^v > 1$ ($\ln \varphi_i^v > 0$)이 된다.

대체 방법 ▶ 만약 두 번째 항까지 단순화된 van der Waals 상태방정식의 virial 형태를 이용한다면, 수학적으로 더 쉬워진다. 연습 문제 4.25에서 본 것처럼, virial 형태로 표현된 van der Waals 상태방정식은 다음과 같이 된다.

$$PV = n_T\left[RT + \left(b - \frac{a}{RT}\right)P + P^2, P^3 \text{ 항}\ldots\right]$$

적정 압력에 대하여 압력 P에서 위 식의 표현을 단순화할 수 있다는 것을 기억하라. $v_i = (V/n_T)$이고 식 (7.8)에 대입하면 다음과 같이 된다.

$$\int_{P_{low}}^{P}\left[\frac{RT}{P} + \left(b - \frac{a}{RT}\right)\right]dP = RT\ln\left[\frac{f_i^v}{P_{low}}\right]$$

적분하여 정리한 후 $P_{low} \to 0$이 된다고 하면, 다음과 같이 된다.

$$\left(b - \frac{a}{RT}\right)P = RT\ln\left[\frac{f_i^v}{P}\right] = RT\ln\varphi_i$$

따라서 순수한 성분 i에 대해 다음과 같은 식이 된다.

$$\boxed{\varphi_i^v = \frac{f_i^v}{P} = \exp\left\{\left(b - \frac{a}{RT}\right)\frac{P}{RT}\right\}} \qquad \textbf{(E7.2D)}$$

Van der Waals 상태방정식은 현대의 3차 상태방정식만큼 정확하지 않다. 그러나 식 (E7.2D)에 대해 살펴보면, 퓨가시티 계수와 분자 계수 사이의 단순한 관계를 제공한다. 이상기체에 대하여 $a = b = 0$이므로 기대하는 것처럼 퓨가시티 계수는 1이다. 반복해서 만약 인력이 척력보다 더 크다면 $b < a/RT$이며 $\varphi_i^v < 1$, 반면에 척력이 더 크면 $b > a/RT$이며 $\varphi_i^v > 1$이다. 온도가 증가하게 되면, 인력은 척력보다 상대적으로 작아지게 된다.

)) 일반 상관관계식(general correlations)을 이용한 순수한 기체의 퓨가시티 계수 표현

제4장에서 본 것처럼 압축인자(z)를 환산 온도(reduced temperature), 환산 압력(reduced pressure) 그리고 Pitzer 이심 인자(acentric factor)와의 관계를 나타내는 일반 상관관계식을 이용할 수 있다. 제5장에서 일반 상관관계식을 확장하여 출발 함수(departure function)를 사용하여 엔탈피와 엔트로피에서의 비이상적인 거동을 설명하였다. 이 절에서 환산 온도, 환산 압력의 항으로 퓨가시티 계수를 구하는 데 일반 상관관계식을 사용하고자 한다. 이 작업을 위해서 먼저 순수한 성분 i의 압축인자 z_i와 퓨가시키 계수 φ_i 사이의 관계식을 전개할 것이다. 이미 z_i와 T_r 및 P_r과의 관계를 전개하였기 때문에, 퓨가시티 계수를 일반 상관관계식으로 표현하는 것은 개념적으로 단순하다. 제4장과 5장에서와 같이 단순한 유체항과 Lee-Kesler 상태방정식에 기반한 보정항으로 결과를 나타낼 것이다.

이상기체의 기준 상태를 사용하면, 순수 성분의 퓨가시티 정의는 다음 식과 같다.

$$g_i - g_i^o = \int_{P_{\text{low}}}^{P} v_i \mathrm{d}P = RT \ln\left[\frac{f_i^v}{P_{\text{low}}}\right] \tag{7.8}$$

식 (7.8)은 양변을 RT로 나누고 $\int_{P_{\text{low}}}^{P} (1/P)\mathrm{d}P$를 빼면, 다음 식과 같이 된다.

$$\int_{P_{\text{low}}}^{P} \frac{v_i}{RT}\mathrm{d}P - \int_{P_{\text{low}}}^{P} \frac{1}{P}\mathrm{d}P = \ln\left[\frac{f_i^v}{P_{\text{low}}}\right] - \int_{P_{\text{low}}}^{P} \frac{1}{P}\mathrm{d}P$$

좌변의 적분항을 통합하고 우변에서 로그항을 적분하고 다시 쓰면, 다음 식과 같이 된다.

$$\int_{P_{\text{low}}}^{P} \left[\frac{v_i}{RT} - \frac{1}{P}\right]\mathrm{d}P = \ln\left[\frac{f_i^v}{P}\right] = \ln \varphi_i^v$$

이 식을 압축인자의 항으로 표현하면, 다음 식을 얻는다.

$$\ln \varphi_i^v = \int_{P_{\text{ideal}}}^{P} [z_i - 1]\frac{\mathrm{d}P}{P} \tag{7.9}$$

또는, 환산 변수들(reduced variables)의 항으로 표현하면

$$\ln \varphi_i^v = \int_{P_{r,\,\text{ideal}}}^{P_r} [z_i - 1]\frac{\mathrm{d}P_r}{P_r} \tag{7.10}$$

제4장에서 본 것처럼 환산 변수 T_r 및 P_r의 함수로 압축인자에 적용할 수 있는 도표들이 있다. 원칙적으로 식 (7.10)의 우변을 적분하여 환산 좌표(reduced coordinate)로 퓨가시티 계수에 대한 도표를 그래프로 나타내는 것은 쉽다. 한편으로는 식 (7.10)을 적절한 상태 방정식으로 적분하여 분석할 수 있다. 그림 7.1과 7.2는 Lee-Kesler 상태방정식에 기반한 단순

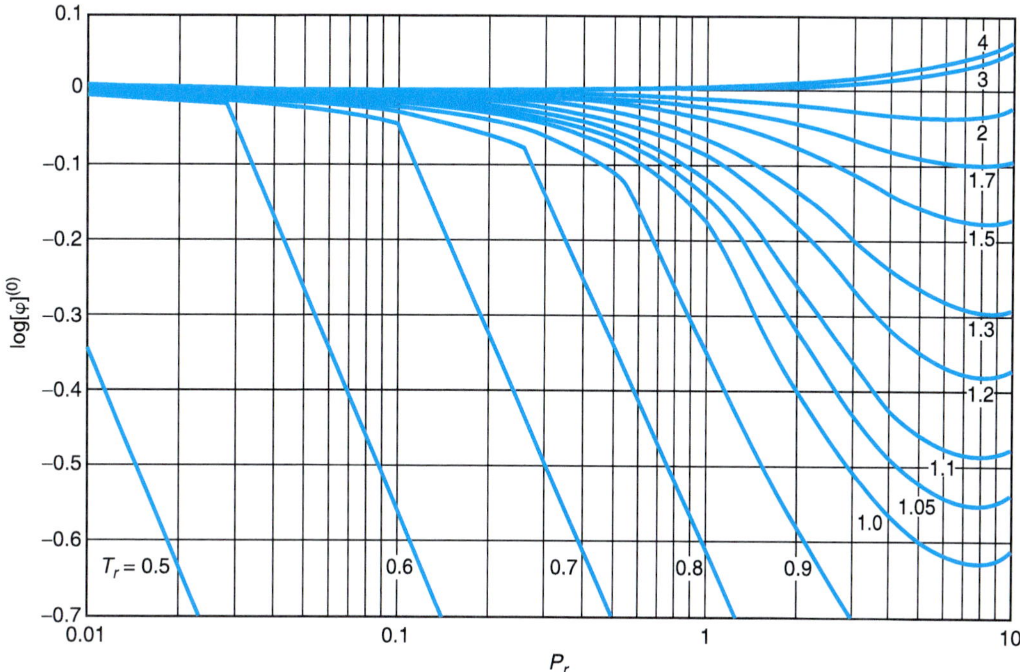

그림 7.1 환산 좌표에서 퓨가시티 계수에 대한 상태 상관 관계도 – 단순 유체항. Lee-Kesler 상태방정식에 근거.

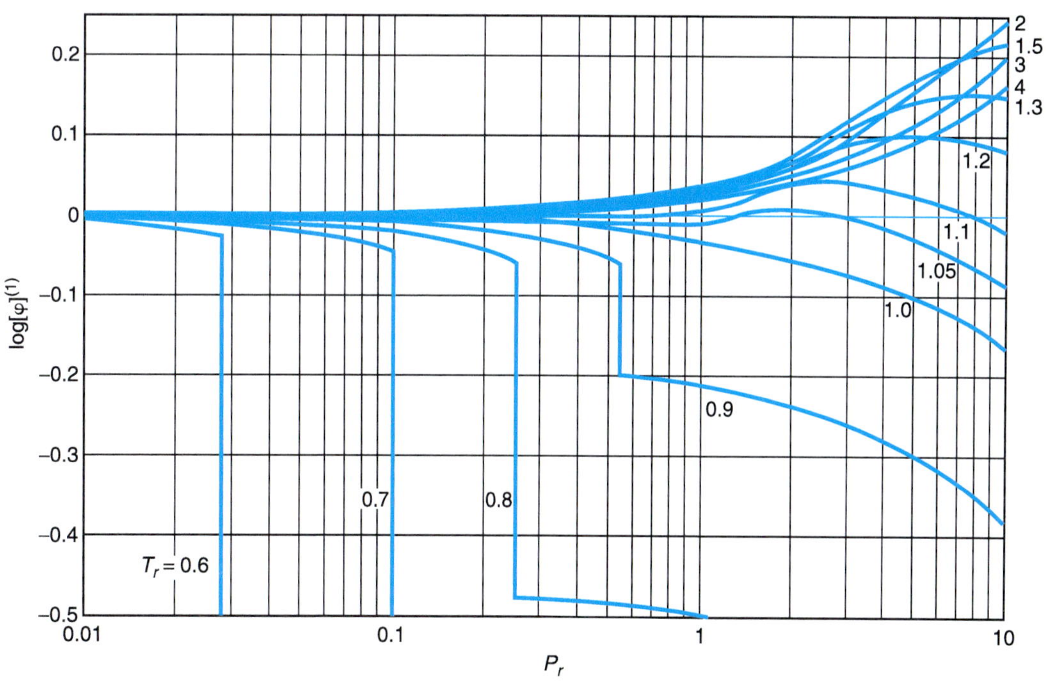

그림 7.2 환산 좌표에서 퓨가시티 계수에 대한 상태 상관 관계도 – 보정항. Lee-Kesler 상태방정식에 근거.

예제 7.3 **일반 상관관계식을 이용한 퓨가시티 계산**

일반 상관관계식을 이용하여 압력 50 bar와 온도 25°C에서 ethane의 퓨가시티와 퓨가시티 계수를 구하라.

풀이 ▶ P_r, T_r 및 ω를 찾는 데에서 시작한다.

$$P_r = \frac{P}{P_c} = \frac{50 \text{ bar}}{48.7 \text{ bar}} = 1.03 \quad \text{그리고} \quad T_r = \frac{T}{T_c} = \frac{298.2\text{K}}{305.5\text{K}} = 0.98 \quad \omega = 0.099$$

여기에서 임계 성질 및 이심 인자(acentric factor)는 부록 A.1에서 구하였다. 표 C.7 및 C.8에서

	$\log \varphi^{(0)}$		$\log \varphi^{(1)}$	
	P_r		P_r	
T_r	1	1.1	1	1.1
0.98	−0.206	−0.240	−0.059	−0.062

선형 보간(내삽)법을 쓰면

$$\log \varphi^{(0)} = -0.206 + \frac{0.03}{0.1}(-0.240 + 0.206) = -0.216$$

그리고

$$\log \varphi^{(1)} = -0.059 + \frac{0.03}{0.1}(-0.062 + 0.059) = -0.060$$

그러므로

$$\log \varphi_{\text{eth}} = \log \varphi^{(0)} + \omega \log \varphi^{(1)} = -0.222$$

따라서

$$\varphi_{\text{eth}} = 0.60$$

그리고

$$f_{\text{eth}} = \varphi_{\text{eth}} P = 0.60 \times 50 = 30[\text{bar}]$$

이 경우에는 이상적인 성질(ideality)에서 상당히 벗어나 있다. $\varphi_{\text{eth}} < 1$이기 때문에 인력이 지배한다고 추측한다. 이 계는 ethane의 임계점 부근에 있기 때문에(임계점에서는 분자 간 상호작용이 커진다) 이러한 결과를 예상한다.

유체항 $\varphi^{(0)}$와 보정항 $\log \varphi^{(1)}$ 각각에 대한 값을 보여준다. 주어진 계에 대한 환산 온도와 환산 압력을 결정하게 되면 φ_i를 풀기 위해 다음과 같은 식을 이용할 수 있다.

$$\log \varphi_i = \log \varphi^{(0)} + \omega \log \varphi^{(1)} \tag{7.11}$$

이들과 같은 자료들이 부록 C(표 C.7 및 C.8)에 표로 기록되어 있다. 이들 값들을 생성하는 데 사용된 식이 부록 E에 기술되어 있다. 이 자료들은 자연로그(ln)가 아닌 상용로그(log)로 기록되어 있음에 주의하라.

혼합 기체에서 성분 i의 퓨가시티와 퓨가시티 계수

이제 기체상에서의 퓨가시티에 대한 논의를 확장하여 혼합물을 포함시키자. 온도와 압력에 더하여 성분 i의 퓨가시티는 혼합물에 존재하는 다른 성분들의 영향을 받는다. 혼합물에서는 성분 i와 혼합물 내의 다른 모든 성분과의 상호작용에 따른 화학적 성질을 고려해야 한다. 다시 말하면 혼합물에서 퓨가시티와 퓨가시티 계수는 혼합물 조성의 함수이다. 식 (7.5)를 다시 쓰면 이러한 의존성을 다음과 같이 나타낸다.

$$\hat{f}_i^v(T, P, n_1, n_2, \ldots n_m) = y_i \hat{\varphi}_i^v(T, P, n_1, n_2, \ldots n_m)P$$

혼합물 내의 성분 i를 표시하기 위해 퓨가시티와 퓨가시티 계수에 꺽쇠(^)가 씌워져 있다는 것을 기억해라.

계산할 때 혼합물 내의 다른 성분들 사이의 상호작용의 영향을 설명하기 위하여 동일한 온도에서 (i) methane–ethane과 (ii) methane–n-pentane의 이성분 혼합물을 비교한다. 300°C인 두 혼합물에 대하여 Peng–Robinson 상태방정식을 사용하여 계산된 methane의 퓨가시티 계수를 ethane의 6개 몰분율 값에서 압력에 따라 그림 7.3에 도표로 나타내었다. 이러한 계산을 하는 방법은 곧 배울 것이다(예제 7.5 참조). 동일한 온도, 압력 및 methane 몰분율에서 n-pentane 이성분계에서는 methane의 이상 성질으로부터의 벗어남의 정도가 methane이 ethane과 혼합되어 있을 때보다 일반적으로 더 크다. 게다가 두 가지 이성분계 사이의 차이점은 methane 몰분율이 낮은 쪽에서 더욱 두드러지는데, 이 영역에서 methane 분자가 혼합물 내의 다른 성분과 더 많이 상호작용하는 것으로 보인다. 사실, 혼합물의 화학 조성은 성분 i의 퓨가시티 계수를 결정하는 데 주 인자이다.

이어서 혼합물의 증기상에서 한 성분의 퓨가시티와 퓨가시티 계수를 계산하는 방법을 배울 것이다. 순수한 성분들에서와 같이 적합한 기준 상태를 정의하는 것이 중요하다. 충분히 낮은 압력 P_{low}를 선택한다. 그래야 혼합물은 이상기체처럼 거동한다. 다시 퓨가시티를 정의한 방법 때문에 기준 온도는 관심 갖는 계의 온도 T_{sys}이다. 혼합물에 대한 기준 상태를 완전

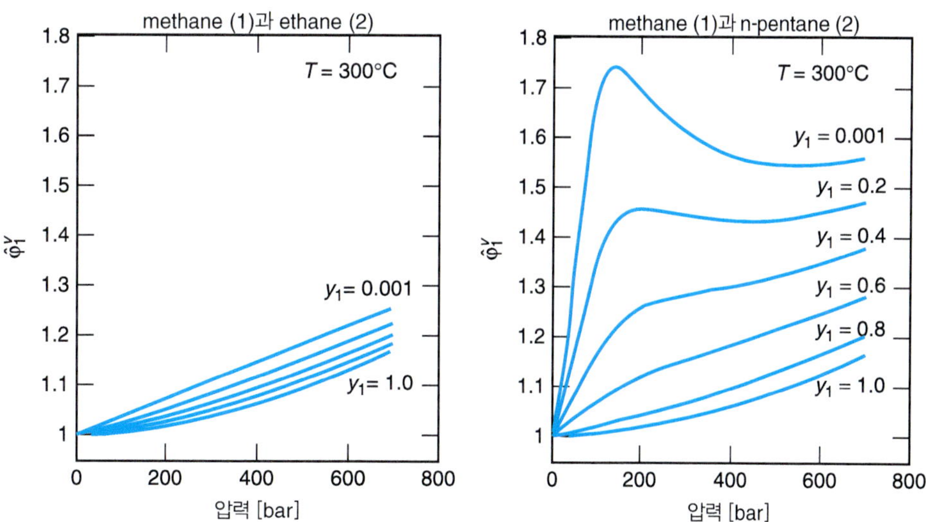

그림 7.3 CH_4와 C_2H_6 이성분 혼합물에서(왼쪽) 그리고 CH_4 와 C_5H_{12} 이성분 혼합물에서(오른쪽) CH_4 몰분율에 따른 CH_4(1)의 퓨가시티 계수. Peng–Robinson 상태방정식으로 계산함.

히 특정하기 위해서는 또한 조성을 특정해야 한다. 계의 조성 $n_{i,sys}$를 특정하는 것이 편리하다. 이러한 조성을 선택한 이유를 곧 알게 된다. 요약하면, 혼합물의 기준 상태는 다음과 같다.

$$P^o = P_{low}$$
$$T^o = T_{sys}$$
$$n_i^o = n_{i,sys} \tag{7.12}$$

정의에 따르면 이러한 기준 상태에 대한 퓨가시티는 기준 상태에서의 분압, $\hat{f}_i^o = p_i^o = y_{i,sys} P_{low}$이 된다.

› 상태방정식을 이용한 증기 혼합물의 퓨가시티 계수 식

혼합물에서 성분 i에 대한 퓨가시티와 퓨가시티 계수를 계산하는 상태방정식을 이용하기 위해서는 혼합물에 대한 PvT 성질 거동을 기술할 필요가 있다. 순수한 성분과 달리 혼합물에 대해서는 명백하게 적용할 수 있는 자료가 거의 없다. 그러므로 우리의 접근법은 4.5절에서 기술한 것과 같은 혼합규칙을 이용하는 것이다. 그러나 혼합규칙에 대한 이론적인 정당성은 제한된다는 것을 기억해라.

식 (7.3)에 기준 상태를 통합하면 다음 식을 얻는다.

$$\mu_i - \mu_i^o = RT \ln\left[\frac{\hat{f}_i^v}{p_i^o}\right]$$

여기에서 기준 상태의 온도는 혼합물의 온도로 한정되고(퓨가시티의 정의에 따라) 기준 상태의 조성을 혼합물의 조성으로 선택하였다. 이 식을 상태방정식과 관계시키기 위하여 열역학적 망(thermodynamic web)을 적용할 필요가 있다. 식 (6.36)에서 주어진 편미분 관계식을 사용하면, 다음 식을 얻는다.

$$\mu_i - \mu_i^o = \int_{P_{low}}^{P} \bar{V}_i dP = RT \ln\left[\frac{\hat{f}_i^v}{y_i P_{low}}\right] \tag{7.13}$$

만약 부피로 정의된 상태방정식이라면 예제 6.12에서와 같이 부분 몰부피를 바로 구할 수 있으며 적분하여 퓨가시티를 구할 수 있다.

많은 상태방정식들은 V가 아니라 P로 정의되어 있어서(4.3절에서 논의된 3차 방정식과 같이), 식 (7.13)에서 두 번째 항을 P의 편미분 항으로 다시 쓰는 것이 편리하다. 부분 몰 성질에 대한 정의로부터 다음 식를 가져오면

$$\bar{V}_i = \left(\frac{\partial V}{\partial n_i}\right)_{T,P,n_{j\neq i}}$$

순환규칙(cyclic rule)에 따라 일정한 온도에서

$$\left(\frac{\partial V}{\partial n_i}\right)_{T,P}\left(\frac{\partial P}{\partial V}\right)_{T,n_i}\left(\frac{\partial n_i}{\partial P}\right)_{T,V} = -1$$

이제 계와 기준 상태에 대하여 동일한 조성을 선택하는 것이 편리한지 이유를 알 수 있다. 이러한 선택에 따라 식 (7.13)의 적분을 일정한 조성 n_i에 대하여 수행한다. T와 n_i 둘 다 항상 일정하기 때문에 순환규칙 식에서 이차 편미분을 전미분으로 대체할 수 있다. 결과적으

로 이 식을 재배열하면 다음 식을 얻는다.

$$\left(\frac{\partial V}{\partial n_i}\right)_{T,P} dP = -\left(\frac{\partial P}{\partial n_i}\right)_{T,V} dV$$

식 (7.13)에 대체하면 다음 식을 얻는다.

$$RT \ln\left[\frac{\hat{f}_i^v}{y_i P_{\text{low}}}\right] = -\int_{\left(\frac{n_T RT}{P_{\text{low}}}\right)}^{V} \left(\frac{\partial P}{\partial n_i}\right)_{T,P,n_{j\neq i}} dV \tag{7.14}$$

식 (7.14)는 P로 정의된 상태방정식이 있을 때 퓨가시티를 계산할 수 있게 해 준다.

식 (7.14)에서 압력으로 정의된(3차 방정식 등) 상태방정식을 편미분하기 위해서는 적절한 혼합규칙이 필요하다. 예를 들면, van der Waals 상태방정식을 다시 살펴보자.

$$P = \frac{RT}{v - b_{\text{mix}}} - \frac{a_{\text{mix}}}{v^2}$$

Van der Waals 상수 a_{mix}와 b_{mix}는 조성에 의존하기 때문에 이들 상수들의 조성에 대한 함수식을 가져올 필요가 있다(제4장에서 혼합규칙에 대한 논의를 상기하라). 불행하게도 이들은 엄밀하게는 분자 이론에서는 얻을 수 없으므로 적절한 혼합규칙에서 가정해야 한다.

최상의 가정은 정성적인 분자에 대한 논리를 수학적 간결함과 통합하는 것이다. 보편적인 선택은 '힘(force)'에 대한 변수 a가 2개의 분자쌍 사이의 인력의 세기(two-body interactions)를 나타낸다고 하는 것이다. 그래서

$$a_{\text{mix}} = \sum\sum y_i y_j a_{ij} \tag{7.15}$$

여기에서

$$a_{ij} = \sqrt{a_{ii}a_{jj}} \tag{7.16}$$

이 해석에서 a_{ii}는 동종 분자 i 사이의 인력을 나타내는 반면에 a_{ij}는 이종 상호작용인 성분 i 분자와 성분 j 분자 간의 상호작용을 나타낸다. 더 광범위한 자료가 적용 가능하다면, 실험적인 최적화 변수 k_{ij}는 더 나은 결과 값(agreement)을 얻기 위하여 종종 사용한다.

$$a_{ij} = \sqrt{a_{ii}a_{jj}}(1 - k_{ij}) \tag{7.17}$$

k_{ij}는 *이원(이성분 간) 상호작용 상수* 항이다. '크기(size)'에 대한 변수는 수학적으로는 평균 분자 부피로 나타내는 것이 가장 편리하다.

$$b_{\text{mix}} = \sum y_i b_i \tag{7.18}$$

분자 직경을 평균한다면 이것은 어떻게 보일까?

예제 7.4에서, van der Waals 상태방정식과 van der Waals 혼합규칙을 사용하여 이성분계 혼합물에서의 퓨가시티와 퓨가시티 계수에 대한 식을 전개한다. 결과를 예제 7.2에서의 결과와 비교해 볼 수 있다. 예제 7.2에서는 순수한 성분에 대한 식을 가져오기 위해서 동일한 상태방정식을 사용하였다.

예제 7.4 **Van der Waals 상태방정식을 이용한 혼합물의 퓨가시티**

성분 a와 b로 조성된 이성분계 기체 혼합물을 고려하라. Van der Waals 상태방정식으로부터 성분 a의 퓨가시티에 대한 식을 구하라. 식 (7.15), (7.16), (7.18)로 주어진 혼합규칙을 이용하라.

풀이 ▸ a와 b의 혼합물에서 성분 a에 대한 식 (7.14)를 쓰면

$$RT\ln\left[\frac{\hat{f}_a^v}{y_a P_{\text{low}}}\right] = -\int_{\left(\frac{n_T RT}{P_{\text{low}}}\right)}^{V}\left(\frac{\partial P}{\partial n_a}\right)_{V,T,n_b}dV \quad \textbf{(E7.4A)}$$

이성분 혼합물에서 van der Waals 상태방정식은 다음과 같이 쓸 수 있다.

$$P = \frac{RT(n_a+n_b)}{V-(n_a b_a + n_b b_b)} - \frac{n_a^2 a_a + 2n_a n_b\sqrt{a_a a_b} + n_b^2 a_b}{V^2} \quad \textbf{(E7.4B)}$$

여기에서 다음과 같은 식을 이용하면

$$a_{\text{mix}} = y_a^2 a_a + 2y_a y_b\sqrt{a_a a_b} + y_b^2 a_b$$

$$b_{\text{mix}} = y_a b_a + y_b b_b$$

$$n_T = n_a + n_b$$

식 (E7.4B)의 편미분을 취하면

$$\left(\frac{\partial P}{\partial n_a}\right)_{T,V,n_b} = \frac{RT}{V-(n_a b_a+n_b b_b)} + \frac{b_a RT(n_a+n_b)}{[V-(n_a b_a+n_b b_b)]^2} - \frac{2(n_a a_a + n_b\sqrt{a_a a_b})}{V^2} \quad \textbf{(E7.4C)}$$

식 (E7.4C)를 식 (E7.4A)에 대입하고 적분하면 다음 식을 얻는다.

$$\ln\left[\frac{\hat{f}_a^v}{y_a P_{\text{low}}}\right] = -\ln\left[\frac{V-n_T b_{\text{mix}}}{\left(\frac{n_T RT}{P_{\text{low}}}\right)-n_T b_{\text{mix}}}\right] + \frac{b_a(n_a+n_b)}{[V-n_T b_{\text{mix}}]} - \frac{b_a(n_a+n_b)}{\left[\left(\frac{n_T RT}{P_{\text{low}}}\right)-n_T b_{\text{mix}}\right]}$$
$$- \frac{2(n_a a_a + n_b\sqrt{a_a a_b})}{RTV} + \frac{2(n_a a_a + n_b\sqrt{a_a a_b})}{RT\left(\frac{n_T RT}{P_{\text{low}}}\right)}$$

그러나 $RT/P_{\text{low}} >> b_{\text{mix}}$이기 때문에 위 식의 두 항에서 분모를 간략화할 수 있다. $\ln(P_{\text{low}})$를 양변에 더하고 간략화한 후 $P_{\text{low}} \to 0$이라고 하면, 다음 식을 얻는다.

$$\ln\left[\frac{\hat{f}_a^v}{y_a}\right] = -\ln\left[\frac{(V-n_T b_{\text{mix}})}{n_T RT}\right] + \frac{b_a(n_a+n_b)}{[V-n_T b_{\text{mix}}]} - \frac{2(n_a a_a + n_b\sqrt{a_a a_b})}{RTV}$$

$\ln(P)$를 양변에서 빼면

$$\boxed{\ln\left[\frac{\hat{f}_a^v}{y_a P}\right] = \ln[\hat{\varphi}_a^v] = -\ln\frac{P(v-b_{\text{mix}})}{RT} + \frac{b_a}{[v-b_{\text{mix}}]} - \frac{2(y_a a_a + y_b\sqrt{a_a a_b})}{RTv}}$$

대체 방법 ▸ 예제 7.2에서와 같이 두 번째 항까지 단순화시킨 van der Waals 상태방정식의 virial 형태를 이용할 수 있다.

$$PV = n_T\left[RT + \left(b_{\text{mix}} - \frac{a_{\text{mix}}}{RT}\right)P + P^2, P^3 \text{로 표시되는 항}\right] \quad \textbf{(E7.4D)}$$

이 식은 어느 정도 압력까지 유효하다는 것을 기억해라. 식 (E7.4D)를 미분하면 다음 식이 된다.

$$\bar{V}_a = \frac{RT}{P} + \left(b_a - \frac{2(n_a a_a + n_b\sqrt{a_a a_b}) - n_T a_{\text{mix}}}{n_T RT}\right) \quad \textbf{(E7.4E)}$$

이제 식 (E7.4E)를 식 (7.13)에 대입하고 적분하면

$$\int_{P_{\text{low}}}^{P}\left[\frac{RT}{P} + \left(b_a - \frac{2(n_a a_a + n_b\sqrt{a_a a_b}) - n_T a_{\text{mix}}}{n_T RT}\right)\right]dP = RT\ln\left[\frac{\hat{f}_a^v}{y_a P_{\text{low}}}\right]$$

$$RT\ln\frac{P}{P_{\text{low}}} + \int_{P_{\text{low}}}^{P}\left(b_a - \frac{2(n_a a_a + n_b\sqrt{a_a a_b}) - n_T a_{\text{mix}}}{n_T RT}\right)dP = RT\ln\left[\frac{\hat{f}_a^v}{y_a P_{\text{low}}}\right]$$

재배열하면

$$\int_{P_{\text{low}}}^{P}\left(b_a - \frac{2(n_a a_a + n_b\sqrt{a_a a_b}) - n_T a_{\text{mix}}}{n_T RT}\right)dP = RT\ln\left[\frac{f_a^v}{y_a P}\right] = RT\ln\varphi_a^v$$

적분하고 재배열하면 다음 식을 얻는다.

$$\hat{\varphi}_a^v = \frac{\hat{f}_a^v}{y_a P} = \exp\left\{\left(b_a - \frac{a_a}{RT}\right)\frac{P}{RT}\right\}\exp\left\{\frac{(\sqrt{a_a} - \sqrt{a_b})^2 y_b^2 P}{(RT)^2}\right\} \quad \textbf{(E7.4F)}$$

예제 7.2로부터 첫 번재 지수 항은 순수한 성분의 퓨가시티 계수와 꼭 들어맞는다. 그래서 식 (E7.4F)는 다음 식이 된다.

$$\boxed{\hat{f}_a^v = y_a f_a^v \exp\left\{\frac{(\sqrt{a_a} - \sqrt{a_b})^2 y_b^2 P}{(RT)^2}\right\}} \quad \textbf{(E7.4G)}$$

다시, van der Waals 상태방정식은 퓨가시티 계수와 분자적 변수 사이의 관계에 대하여 통찰력을 제공한다. 만약 성분 a와 b 사이의 분자 간 힘이 같다면, 식 (E7.4G)에서 남아 있는 지수항은 1이 되고, 우리는 다음 식을 얻는다.

$$\hat{f}_a^v = y_a f_a^v$$

또는,

$$\hat{\varphi}_a^v = \varphi_a^v$$

이러한 근사법을 Lewis 퓨가시티 규칙(Lewis fugacity rule)이라 말하며, 곧 보다 자세히 논의할 것이다.

표 7.1에 세 가지 3차 상태방정식(van der Waals, Redlich–Kwong, Peng–Robinson 상태방정식)에 대하여 순수한 성분 및 혼합물들의 퓨가시티 계수 관련 식들을 요약하였다. 순수한 성분에 대해서는 식 (7.8)을 또는 혼합물에 대해서는 식 (7.14)를 사용하여 이들 식들을 전개할 수 있다(연습 문제 7.16, 7.17, 7.35, 7.36 참조). 상수 a, b 및 α를 제4장에서 논의한 것처럼 임계 온도, 임계 압력 및 Pitzer 이심 인자(Pitzer's acentric factor)로부터 구할 수 있

표 7.1 세 가지 3차 상태방정식에 대한 퓨가시티 계수

Var der Waals 상태방정식	
순수 성분 i	$\ln \varphi_i = \dfrac{b_i}{v_i - b_i} - \ln\left(\dfrac{(v_i - b_i)P}{RT}\right) - \dfrac{2a_i}{RTv_i}$
이성분 혼합물의 성분 1	$\ln \hat{\varphi}_1 = \dfrac{b_1}{v - b} - \ln\left(\dfrac{(v - b)P}{RT}\right) - \dfrac{2(y_1a_1 + y_2a_{12})}{RTv}$
혼합물의 성분 i	$\ln \hat{\varphi}_i = \dfrac{b_i}{v - b} - \ln\left(\dfrac{(v - b)P}{RT}\right) - \dfrac{2\sum_{k=1}^{m} y_k a_{ik}}{RTv}$
Redlich–Kwong 상태방정식	
순수 성분 i	$\ln \varphi_i = z_i - 1 - \ln\left(\dfrac{(v_i - b_i)P}{RT}\right) - \dfrac{a_i}{b_iRT^{1.5}}\ln\left(1 + \dfrac{b_i}{v_i}\right)$
이성분 혼합물의 성분 1	$\ln \hat{\varphi}_1 = \dfrac{b_1}{b}(z - 1) - \ln\left(\dfrac{(v - b)P}{RT}\right) + \dfrac{1}{bRT^{1.5}}\left[\dfrac{ab_1}{b} - 2(y_1a_1 + y_2a_{12})\right]\ln\left(1 + \dfrac{b}{v}\right)$
혼합물의 성분 i	$\ln \hat{\varphi}_1 = \dfrac{b_1}{b}(z - 1) - \ln\left(\dfrac{(v - b)P}{RT}\right) + \dfrac{1}{bRT^{1.5}}\left[\dfrac{ab_1}{b} - 2\sum_{k=1}^{m} y_k a_{ik}\right]\ln\left(1 + \dfrac{b}{v}\right)$
Peng–Robinson 상태방정식	
순수 성분 i	$\ln \varphi_i = z_i - 1 - \ln\left(\dfrac{(v_i - b_i)P}{RT}\right) - \dfrac{(a\alpha)_i}{2\sqrt{2}b_iRT}\ln\left[\dfrac{v_i + (1 + \sqrt{2})b_i}{v_i + (1 - \sqrt{2})b_i}\right]$
이성분 혼합물의 성분 1	$\ln \hat{\varphi}_1 = \dfrac{b_1}{b}(z - 1) - \ln\left(\dfrac{(v - b)P}{RT}\right) + \dfrac{a\alpha}{2\sqrt{2}bRT}\left[\dfrac{b_1}{b} - \dfrac{2}{a\alpha}(y_1(a\alpha)_1 + y_2(a\alpha)_{12})\right]\ln\left[\dfrac{v + (1 + \sqrt{2})b}{v + (1 - \sqrt{2})b}\right]$
혼합물의 성분 i	$\ln \hat{\varphi}_i = \dfrac{b_i}{b}(z - 1) - \ln\left(\dfrac{(v - b)P}{RT}\right) + \dfrac{a\alpha}{2\sqrt{2}bRT}\left[\dfrac{b_i}{b} - \dfrac{2}{a\alpha}\sum_{k=1}^{m} y_k(a\alpha)_{ik}\right]\ln\left[\dfrac{v + (1 + \sqrt{2})b}{v + (1 - \sqrt{2})b}\right]$

다. 혼합물에 대해서는 식 (7.15), (7.18), (7.16) 또는 (7.17)에서 주어지는 혼합규칙을 통상적으로 이용한다. 그러나 다른 것들은 대체 혼합규칙을 가정하였다.

예제 7.5 **Peng–Robinson 상태방정식을 이용한 이성분 혼합물에 대한 퓨가시티 계수 구하기**

그림 7.3의 왼쪽에 나타낸 것처럼 methane과 ethane의 이성분 혼합물에서 methane의 퓨가시티 계수에 관한 그래프를 생성하기 위해서 수행하는 계산을 개략적으로 표현하라. 이 계산을 수행하기 위하여 사용할 수 있는 MATLAB 코드의 대표적인 부분을 보여라. 식 (7.15), (7.17), (7.18) 로 주어지는 혼합규칙을 이용하라.

풀이 ▶ Peng–Robinson 상태방정식, 식 (4.25)에서 시작한다.

$$P = \frac{RT}{v-b} - \frac{a\alpha}{v^2 + 2bv - b^2} \quad \textbf{(E7.5A)}$$

여기에서 순수 성분의 상수들을 임계 온도, 임계 압력 및 Pitzer 이심 인자로부터 알아낼 수 있으며, 다음과 같다.

$$a_i = \frac{0.45724R^2T_{c,i}^2}{P_{c,i}}, \alpha_i = [1 + (0.37464 + 1.54226\omega_i - 0.26992\omega_i^2)(1 - T_{r,i}^{0.5})]^2,$$

그리고

$$b_i = \frac{0.07780RT_{c,i}}{P_{c,i}} \quad \textbf{(E7.5B)}$$

Van der Waals 혼합규칙은 다음과 같다.

$$a\alpha = y_1^2(a\alpha)_1 + 2y_1y_2(a\alpha)_{12} + y_2^2(a\alpha)_2 \ \text{그리고}\ b = y_1b_1 + y_2b_2 \quad \textbf{(E7.5C)}$$

이성분 상호작용 상수를 적용하면 다음과 같이 된다.

$$a\alpha = y_1^2(a\alpha)_1 + 2y_1y_2\sqrt{(a\alpha)_1(a\alpha)_2}(1 - k_{12}) + y_2^2(a\alpha)_2 \quad \textbf{(E7.5D)}$$

마지막으로, 예제 7.4에서와 유사한 방식으로 성분 1의 퓨가시티 계수에 관한 식을 전개하기 위하여 Peng–Robinson 상태방정식을 사용할 수 있다(연습 문제 7.36 참조). 이와 같은 식을 표 7.1에 나타내었다.

$$\ln \hat{\varphi}_1 = \frac{b_1}{b}(z-1) - \ln\left(\frac{(v-b)P}{RT}\right) + \frac{a\alpha}{2\sqrt{2}bRT}\left[\frac{b_1}{b} - \frac{2}{a\alpha}(y_1(a\alpha)_1 + y_2(a\alpha)_{12})\right]\ln\left[\frac{v + (1+\sqrt{2})b}{v + (1-\sqrt{2})b}\right]$$

여기에서 P와 T의 값들이 주어질 때 v와 $z(= Pv/RT)$를 알기 위하여 식 (7.5A)를 이용할 수 있다. 식 (7.5B), (7.5C), (7.5D)를 이용하여 퓨가시티 계수에 관한 수치 값들을 표 A.1(부록 A)에 주어진 상수 값들을 가지고 계산할 수 있다.

이러한 방식에 사용할 수 있는 MATLAB code의 일부분을 여기에 나타내었다.

```
clear all;
format short g;
format compact;
clc;

T = 300+273.15;             % K
R = 8.314;                  % gas constant [=] J/(mol K)

%
% This set is for methane (1) and ethane (2)
%
% Properties
%
Tc = [190.6 305.4];             % K
Pc =[4.6*1e6 4.874*1e6];        % Pa
w = [.008 0.099];               % Pitzer's acentric factor
k = 0.01;                       % binary interaction parameter
```

```
% Reduced temperature and mole fractions
Tr = T./Tc ;
yy = [1 0; .8 .2;.6 .4;.4 .6; .2 .8; 0.001 0.999];
% Parameters of the EOS for the pure components
m = 0.37464 + 1.54226.*w - 0.26992*w.^2;
alfa = (1 + m.*(1 - sqrt(Tr))).^2;
a = 0.45724*(R*Tc).^2./Pc.*alfa;
b = 0.0778*R*Tc./Pc;

% Call the function to calculate the fugacity coefficients of
% the mixture
for mm = 1:6
  y = yy(mm,:);
  for i= i:14000
      PP = i/20;                          % bar
      P = PP * 1e5;                       % Pa
      Pr = P./Pc ;
      [Z,phihat] = phipr(a,b,R,P,T,y,k); % call function prphi
      phi(i,mm) = phihat;
      press(i,mm) = PP;
  end
end
```

```
% This function calculates the compressibility factor and the
% fugacity coefficient of the vapor of species 1 in a binary
% mixture using the Peng_Robinson EOS

function [Z,phihat] = phipr(a,b,R,P,T,y,k)

amix = y(1)^2*a(1) + 2*y(1)*y(2)*(a(1)*a(2))^.5*(1-k)...
       + y(2)^2*a(2);
bmix = sum(b.*y);
A = amix*P./(R*T).^2;
B = bmix*P./(R*T);
B1 = b(1)*P/(R*T);
B2 = b(2)*P/(R*T);

% Compressibility factor
% Z(1) is vapor and Z(2) is liquid

comp = roots([1 -(1-B) (A-3*B.^2-2*B) -(A.*B-B.^2-B.^3)]);
Z(1) = max(comp);
Z(2) = min(comp);

% phihat is fugacity coefficient of the vapor of species 1

phihat = exp(B1/B*(Z(1) - 1) - log(Z(1) - B) + A/(2.828*B)*(B1/B...
2/amix*(y(1)*a(1)+y(2)*(a(1)*a(2))^.5*(1-k))) * log ((Z(1)+...
2.414 * B) / (Z(1) -0.414 * B)));
```

Lewis 퓨가시티 규칙

살펴본 것처럼 퓨가시티 계수(또는 퓨가시티)는 T와 P뿐만 아니라 혼합물에서 모든 다른 성분들의 조성에 영향을 받는다. 그러나 예제 7.4에서 본 것처럼 때때로 혼합물에서 성분 i의 퓨가시티 계수를 이 성분의 순수 퓨가시티 계수로 근사시킬 수 있다.

$$\hat{\varphi}_i^v = \varphi_i^v \quad \text{Lewis 퓨가시티 규칙}$$

이 근사법을 **Lewis 퓨가시티 규칙**(Lewis fugacity rule)이라 말한다. 이 방법은 혼합물 내의 모든 상호작용을 i-i 상호작용과 동일하다고 근사화시키며, 순수한 성분의 퓨가시티 계수는 혼합물 내의 다른 성분에 영향을 받지 않고 T와 P에만 영향을 받기 때문에 계산을 상당히 단순화시킨다(예를 들면 예제 7.2와 7.4를 비교해 보라).

그러므로 혼합물의 퓨가시티 계수를 계산하기 위해서는 엄밀한 세 단계들로부터 선택할 수 있다.

1. 조성에 영향을 받는 퓨가시티 계수와 관련된 모든 문제를 해결할 수 있다. 이 접근법을 적용하기 위해서는 혼합물의 i-j 상호작용을 설명하는 상태방정식 변수에 대한 혼합규칙이 필요하다.

$$\hat{f}_i^v = y_i \hat{\varphi}_i^v P \quad (i\text{-}j \text{ 상호작용}) \tag{7.19}$$

2. 첫 번째 근사법으로 Lewis 퓨가시티 규칙을 이용할 수 있으며, 7.3절에서 논의한 것처럼 순수한 성분에 대한 퓨가시티 계수 값에 기반한다. 이 접근법은 모든 상호작용이 같다고 취급한다(i-i 상호작용). 이 접근법의 장점은 혼합규칙이 필요하지 않다는 것이다. 그래서 수학적으로 훨씬 더 쉽다.

$$\hat{f}_i^v = y_i \varphi_i^v P \quad \text{Lewis 퓨가시티 규칙}(i\text{-}i \text{ 상호작용}) \tag{7.20}$$

3. 두 번째 근사법으로 이상기체 거동을 가정할 수 있다. 이 경우에 분자 간 상호작용이 존재하지 않는다. 그래서 성분 i의 퓨가시티는 단순히 이 성분의 분압과 같다.

$$\hat{f}_i^v = y P \quad \text{이상기체(상호작용 없음)} \tag{7.21}$$

Lewis 퓨가시티 규칙은 또한 다음 식으로 쓸 수 있다.

$$\hat{f}_i^v = y_i f_i^v \quad \text{Lewis 퓨가시티 규칙} \tag{7.22}$$

여기에서 식 (7.5p)를 사용하였다. 이 식은 모든 분자 간 상호작용이 같을 때 혼합물에서 성분 i의 퓨가시티가 순수 성분의 퓨가시티와 선형 관계를 가지며, 이 값은 혼합물에 존재하는 성분 i와 비례적인 크기를 가진다.

Lewis 퓨가시티 규칙은 언제 훌륭한 근사법이 되는가? 성분 a와 b의 이성분 혼합물에 대하여 van der Waals 상태방정식 및 van der Waals 혼합규칙을 사용한 예제 7.4에서 전개한 식을 살펴보자. 성분 a의 퓨가시티는 다음과 같이 주어진다.

$$\hat{f}_a^v = y_a f_a^v \exp\left\{\frac{(\sqrt{a_a} - \sqrt{a_b})^2 y_b^2 P}{(RT)^2}\right\} \tag{E7.4G}$$

식 (E7.4G)를 식 (7.22)와 비교하면 지수 항이 작을 때, Lewis 퓨가시티 규칙이 훌륭한 근사법임을 보여준다. 이러한 조건은 다음이 참인 경우에 유효하다.

1. 압력이 낮거나 온도가 높다. 이 조건은 이상기체에 상응한다.
2. 성분 a가 매우 과량으로 존재한다(y_b가 작다).
3. 성분 a의 화학적 성질이 그 외 모든 다른 성분들의 화학적 성질과 유사하다($a_a \approx a_b$).

앞의 기준들은 일반적으로 참이다. 이들은 van der Waals 상태방정식 또는 이성분 혼합물, 식 (E7.4G)를 유도한 조건에만 국한되지 않는다.[1] 예를 들면, 만약 다시 두 가지 이성분 혼합물[(1) methane−ethane, (2) methane−n-pentane]을 비교하면, 후자는 성분이 화학적으로 유사하지 않기 때문에(n-pentane은 더 크고 훨씬 더 큰 분산 상호작용을 한다) 모든 조성에서 Lewis 퓨가시티 규칙을 따를 것으로 기대되지 않는다. 반면에 methane과 ethane은 보다 유사하다. 그래서 이 혼합물은 합리적으로 Lewis 퓨가시티 근사법으로 나타낼 수 있다고 기대할 수 있으며, 특히 ethane 몰분율이 낮은 부분에서 그러하다. 그림 7.3을 살펴보면 이러한 가설을 입증한다.

이상기체 혼합 시 성질 변화

이상기체는 기체상에 대한 기준 상태를 제공한다. 액체상에 대한 기준 상태 논의를 수립하기 위해서는 6.3절에서 논의한 것처럼 이상기체에 대한 혼합 시 성질 변화를 다시 살펴볼 것이다. 혼합 시 성질 변화는 전체 용액 성질과 혼합물에 존재하는 각 성분의 양만큼 할당된 순수 성분들의 성질 합 사이의 차이로 정의한다.

$$\Delta k_{\text{mix}} = k - \sum y_i k_i = \sum y_i(\bar{K}_i - k_i)$$

이상기체에 대하여 Δv_{mix}, Δh_{mix}, Δs_{mix}, Δg_{mix}를 구할 것이다. 우리는 이 경우를 첨자 'ideal'로 표현할 것이다. 이상기체 근사법에서는 성분들은 아무런 부피도 차지하지 않으므로 분자 간 힘이 없다. 그러므로,

$$\Delta v_{\text{mix}}^{\text{ideal}} = 0 \qquad \text{Amagat 법칙}$$

$$\Delta h_{\text{mix}}^{\text{ideal}} = 0$$

그러나 이상기체 혼합은 독립된 순수 성분들보다 더 많은 배치가 가능하기 때문에(즉, 보다 무질서하다) 혼합 시 양의 엔트로피 변화가 있을 것이다. 이상기체를 혼합 시 엔트로피 변화에 대한 식은 식 (6.25)로 주어진다.

$$\Delta s_{\text{mix}}^{\text{ideal}} = -R\sum y_i \ln y_i \tag{7.23}$$

이성분 혼합물에 대한 이 식의 전개는 예제 6.11을 살펴보라. 혼합 시 Gibbs 에너지를 알아내기 위해서는 이러한 열역학적 성질의 정의를 적용한다. 일정한 온도에서

1. 이러한 분석법은 물리 법칙으로부터 유도한 공학적 모델의 이용 예를 설명해준다. 비록 van der Waals 상태방정식은 정량적인 한계를 가지지만, 이 방정식은 우리에게 Lewis 퓨가시티 규칙을 적용할 때에 가치 있는 개념적인 지침을 제공한다. 비록 혼합물에서 성분의 거동을 정량화하기 위해서는 보다 정확한 상태방정식을 이용해야 하지만, 이러한 분석법은 우리에게 보다 어려운 계산법에 관심을 가질 필요가 있을 때와 그렇게 하지 않아도 될 때를 알려준다.

$$\Delta g_{\text{mix}}^{\text{ideal}} = \Delta h_{\text{mix}}^{\text{ideal}} - T\Delta s_{\text{mix}}^{\text{ideal}} = RT\sum y_i \ln y_i \tag{7.24}$$

그림 7.4는 이상기체 성분 a와 b의 Gibbs 에너지를 보여준다. 곡선 1은 두 기체가 순수한 성분으로 독립적으로 존재할 때 주어진 혼합물 조성에 대한 g 값을 도표화한 반면에, 곡선 2는 혼합물에서의 g 값을 도표화한다. a와 b가 혼합될 때 g가 낮아지는 것은 혼합 시 Gibbs 에너지 Δg_{mix} 때문이다. 혼합물의 Gibbs 에너지는 항상 순수 성분들의 가중 평균보다 더 낮다는 것을 주목하라. 그러므로 두 이상기체들은 만약 혼합시키면 그들의 Gibbs 에너지를 낮출 수 있다. 이것은 혼합 과정이 자발적으로 일어난다는 것을 나타낸다.

다른 방법으로 식 (7.3)에 주어진 것과 같이 퓨가시티의 정의에 기반하여 이상기체 혼합 시 Gibbs 에너지 변화를 계산할 수 있다. 이 식을 성분 i에 적용한다고 고려하자. 여기에서 기준 상태로 혼합물의 T와 P와 동일한 상태의 순수 성분들을 선정한다. 이상기체 혼합물을 가지고 있기 때문에, 혼합물의 퓨가시티는 분압과 같다. 반면에 순수 성분 i의 퓨가시티는 전압과 같다. 퓨가시티의 정의인 식 (7.3)을 적용하면, 다음 식을 얻는다.

$$\mu_i^{\text{ideal}} - g_i = RT\ln\left[\frac{\hat{f}_i}{f_i}\right] = RT\ln\left[\frac{p_i}{P}\right] = RT\ln y_i \tag{7.25}$$

혼합 시 성질 변화에 대한 정의로부터 다음 식을 얻는다.

$$\Delta g_{\text{mix}}^{\text{ideal}} = g - \sum y_i g_i = \sum y_i(\overline{G}_i - g_i) = \sum y_i(\mu_i - g_i) \tag{7.26}$$

식 (7.25)를 식 (7.26)에 대입하면, 다음 식을 얻는다.

$$\Delta g_{\text{mix}}^{\text{ideal}} = RT\sum y_i \ln y_i \tag{7.27}$$

식 (7.27)은 식 (7.24)와 동일하다. 또 다시 우리는 열역학에서 동일한 목적지에 이르는 많은 경로가 있음을 보게 된다.

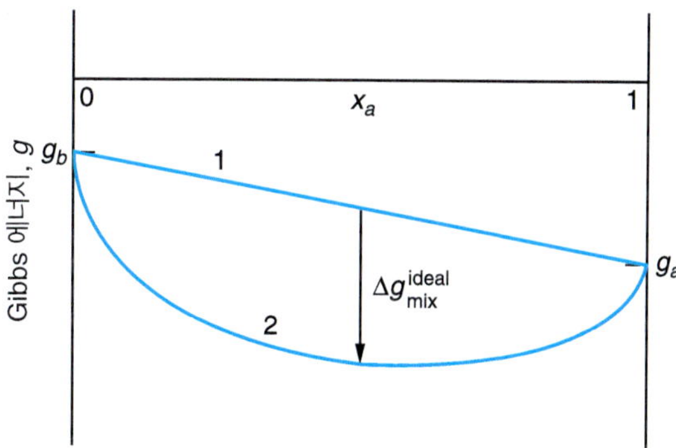

그림 7.4 이상기체 성분 a와 b의 Gibbs 에너지. 곡선 1은 독립적인 두 기체들의 주어진 조성에 대한 g 값을 도식화하는 반면에 곡선 2는 혼합 시의 Gibbs 에너지 때문에 a와 b가 혼합될 때 g가 낮아진 것을 도식화한다.

7.4 액체상에서의 퓨가시티

이 절에서는 액체상에서 퓨가시티를 계산하는 방법을 탐구한다. 이 과정에서 액체상에 대한 적절한 기준 상태인 이상용액을 전개할 것이며, 그 다음에 활동도 계수를 통하여 실제 거동을 보정할 것이다. 그 다음에는 실험 자료를 효율적으로 연관시키는 일종의 경험적 모델을 배울 것이다. 이 절에서 전개하는 방법론은 또한 고체에도 적용할 수 있다. 마지막으로 PvT 상태방정식을 사용하여 액체에서 퓨가시티를 계산하는 대체 방법을 논의한다. 이러한 방법은 7.3절에서 증기상에 대하여 사용한 것과 유사하다.

액체상에 대한 기준 상태

증기상과 마찬가지로 액체상에서 식 (7.3)에서 제공하는 정의를 완성하기 위해서는 상응하는 기준 화학 퍼텐셜 및 기준 퓨가시티를 갖는 적합한 기준 상태를 선택할 필요가 있다. 그 다음에 기준 상과 실제 계 사이의 차이를 조정한다. 그러나 기체에 대해서는 분명한 기준 상태(이상기체)가 있는 반면, 액체상에 대해서는 단일한 적합한 기준 상태가 없다. 기준 상태에 대한 두 가지 일반적인 선택법이 있다. (1) Lewis/Randall 규칙과 (2) Henry의 법칙이다. 기준 상태의 선택은 종종 계에 따라 다르다. 기준 상태에 관한 이들 둘은 응축상에서 자연적으로 이상 상태(이상용액)가 되는 제한적인 경우들이다.

이상용액

실제 액체의 퓨가시티와 비교할 수 있는 액체상에 대한 기준 상태를 정의하고자 한다. 이런 이유로 이상기체가 실제 기체에 대하여 제공한 것과 유사한 어떤 것이 필요하다. 그러나 액체에 대해서는 0의 압력 상태에서 기체에 대해 했던 것과 같이 아무런 분자 간 상호작용이 없는 상태로 외삽할 수는 없다. 정말로 응축상을 가능하게 하는 것이 바로 분자 간 힘이 존재하기 때문이다. 이들 힘이 없다면 엔트로피 측면에서 선호되는 기체상만이 존재할 것이다. 따라서 **이상용액**(ideal solution)을 기준 상태로 선정할 것이다.

이상용액은 몇 가지 방식으로 정의할 수 있다. 거시적 수준에서 모든 혼합규칙이 이상기체에 대한 것과 같을 때 용액은 이상적이다. 앞의 논의와 유사하게 이상용액은 다음의 혼합규칙으로 성질을 나타낸다.

$$\Delta v_{\text{mix}}^{\text{ideal}} = 0$$

$$\Delta h_{\text{mix}}^{\text{ideal}} = 0$$

$$\Delta s_{\text{mix}}^{\text{ideal}} = -R\sum x_i \ln x_i$$

$$\Delta g_{\text{mix}}^{\text{ideal}} = RT\sum x_i \ln x_i$$

이상기체에 대한 식 (7.25)와 유사하게 다음의 관계가 이상용액에 대하여 유지해야 한다.

$$\mu_i^{\text{ideal}} - g_i^{\text{ideal}} = RT \ln x_i = RT \ln\left[\frac{\hat{f}_i^{\text{ideal}}}{f_i^{\text{ideal}}}\right] \tag{7.28}$$

식 (7.28)은 흥미로운 함의를 갖고 있다. 이러한 관계가 유지되기 위해서 이상용액의 퓨가시티는 순수 성분의 퓨가시티에 대한 몰분율과 선형적이어야 한다.

$$\boxed{\hat{f}_i^{\text{ideal}} = x_i f_i^{\text{ideal}}} \quad (7.29)$$

이 식은 Lewis 퓨가시티 규칙[식 (7.22)]과 동일하다. 모든 분자 간 힘이 동일하다면 성분은 Lewis 퓨가시티 규칙을 따른다는 것을 상기하라.

분자 수준에서 분자 간 상호작용이 혼합물의 모든 조성 간에 *동일*할 때를 이상 상태로 정의한다. 그러므로 이상용액을 기준 상태로 사용할 때에는 혼합물에서 모든 성분들이 동일한 정도로 상호작용할 때의 거동과 실제 혼합물에서의 거동을 비교할 것이다. 그러나 f_i^{ideal}를 정의할 수 있는 한 가지 이상의 가능한 상호작용이 있다. 이제 기준 상태로 사용하는 f_i^{ideal}의 두 가지 보편적인 선택법인 Lewis/Randall 규칙과 Henry의 법칙을 살펴보자.

그림 7.5를 고려하자. 여기에서 이성분계에서 성분 a의 액상에서의 퓨가시티는 a의 몰분율의 함수로 도표화되어 있다. 이 곡선은 선형이며 두 가지 위치에서 식 (7.29)를 만족한다. x_a가 1에 근접할 경우와 x_a가 0에 근접할 경우이다. 첫 번째 경우($x_a \rightarrow 1$)에서는 그림에서 보여주는 것과 같이 용액은 거의 대부분이 a이다. 그래서 성분 a는 주위 성분들과 상호작용하기 때문에 다른 성분 a만을 보게 된다. 그러므로 분자 a가 관계하는 한, 모든 분자 간 상호작용이 같기 때문에 이상용액이 된다. 모두 a-a 상호작용들만 있다. 이러한 분자 간 상호작용의 성질은 순수한 성분의 퓨가시티, f_a로 주어진다. 결과적으로 기준 상태에 대한 한 가지 선택법은 성분 a의 순수한 성분 퓨가시티이다. 이것을 **Lewis/Randall 규칙(Lewis/Randall rule)**으로 부른다.

$$f_a^{\text{ideal}} = f_a^o = f_a \quad \text{(Lewis/Randall 규칙)} \quad a\text{-}a \text{ 상호작용} \quad (7.30)$$

이제 a가 b 성분 중에 매우 작게 존재하는 경우를 고려하자. 이 경우는 그림에서 x_a가 0으로 되는 것으로 나타난다. 분자 a에 관심을 가질 때, 용액에는 성분 b만을 보게 된다. 따라서 반복해서 성분 a의 모든 분자 간 상호작용은 같기 때문에 이상용액을 갖는다. 그러나 이 경우에 이상용액의 성질은 a-b 상호작용이다. 이것은 a-b 상호작용에 기반한 기준 상태에 대한 또 다른 선택법을 제공하며, **Henry의 법칙(Henry's law)**이라 부른다.

$$f_a^{\text{ideal}} = f_a^o = \mathcal{H}_a \quad \text{(Henry의 법칙)} \quad a\text{-}b \text{ 상호작용} \quad (7.31)$$

Henry의 법칙의 극단은 상호작용의 특징적인 에너지가 분자 a와 분자 b 사이의 상호작용 에너지인 가상적인 순수한 유체로 개념화할 수 있다. 만약 성분 a를 Lewis/Randall 기준 상태로 정의한다면 이것을 **용매**(solvent)라고 부른다. 반면에 이것을 Henry의 법칙으로 묘사한다면 **용질**(solute)이라 일컫는다. 성분 a와 다른 분자 c의 이성분 혼합물이 있다면 성분 a에 대한 Lewis/Randall 기준 상태는 동일할 것이다. 그러나 Henry의 법칙 기준 상태는 극적으로 다를 수 있다. 전자는 혼합물의 다른 성분과 무관한 반면, 후자는 정의에 따라 혼합물의 다른 성분들의 화학적 성질에 의존한다.

그림 7.5에서 중간 농도 범위에서 액상에서 성분 a의 퓨가시티는 Lewis/Randall 규칙 및 Henry의 법칙에 의해서 주어지는 두 가지 한계 사이에 있다는 것을 볼 수 있다. 중간 농도에서는 분자 a가 a 분자 외의 다른 분자들(Lewis/Randall 규칙의 성질) 및 b 분자들(Henry의 법칙 성질)을 볼 수 있기 때문에 이러한 거동이 예상된다. 따라서 성분 a의 퓨가시티는 a-a 및 a-b 상호작용의 적당한 '평균' 상태일 것이다. a 분자를 많이 볼수록 퓨가시티는 Lewis/Randall 기준 상태에 근접하게 된다. b 분자를 많이 볼수록 퓨가시티는 Henry의 법칙 기준 상태에 근접하게 된다. 상평형에서의 문제들을 풀기 위해서는 이들 극한 상태들 사이의 '평균'에 대한 정량적인 식을 반드시 수립할 필요가 있다. 목표는 주어진 조성에서 액체의 퓨가시티

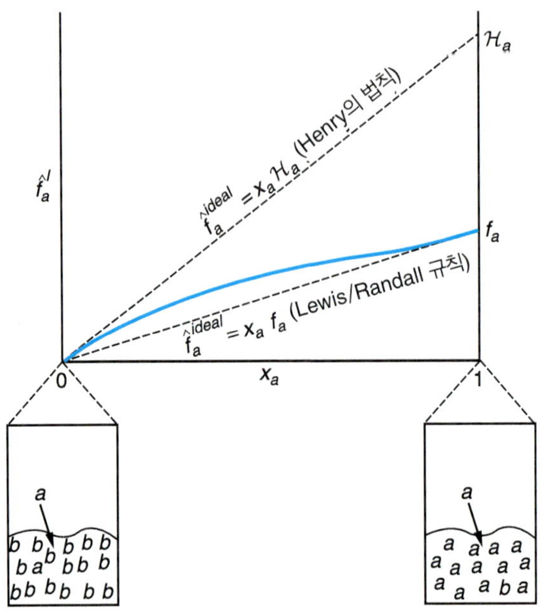

그림 7.5 이성분 액체 혼합물의 퓨가시티. 또한 *a-a* 상호작용(Lewis/Randall 규칙) 및 *a-b* 상호작용(Henry의 법칙)에 기반한 이상용액의 기준 상태를 보여준다.

를 실험적 자료에 기반하여 예측할 수 있는 것이다.

예제 7.6 **퓨가시티와 분자 간 상호작용 세기의 관계**

그림 7.5에 나타낸 이성분 혼합물을 고려하자. 동종 간 상호작용 *a-a* 또는 이종 간 상호작용 *a-b* 중 어느 상호작용이 더 강한가?

풀이 ▶ 평형 상태에서 액체의 퓨가시티는 증기의 퓨가시티와 동일하다.

$$f_a^l = f_a^v$$

이 논의에서는 증기에서 *a*의 퓨가시티는 분압으로 대체될 수 있다는 이상기체의 특수한 경우를 고려할 것이다.

$$f_a^l = p_a$$

그러나 도달하는 결론은 일반적으로 유지된다. 액체 성분 *a*의 퓨가시티가 낮을수록 증기상에서 이 성분의 분압이 낮아진다. 증기상에서 낮은 분압을 갖는다는 것은 이 성분들이 액체에 더 강하게 붙잡여 있다는 것을 의미한다. 그러므로 분자 간 상호작용이 더 강하다. 동종 간 *a-a* 상호작용은 순수 성분의 퓨가시티 f_a로 특징지어지고, 반면에 *a-b* 상호작용은 Henry 상수 $\mathcal{H}_a$로 특징지어진다. 그림 7.5의 경우에 f_a가 $\mathcal{H}_a$보다 작으며, 이것은 *a-a* 상호작용이 더 크다는 것을 의미한다.

만약 퓨가시티를 '벗어나려는 경향'으로 고려한다면, 상호작용이 강할수록 퓨가시티는 작을 것이다. Henry 상수가 더 크기 때문에 *a-b* 상호작용에 기반한 가상적인 이상 성분은 순수 성분 *a*보다 벗어나려는 경향이 더 크다. 따라서 동종 간 상호작용이 이종 간 상호작용보다 더 크다.

활동도 계수, γ_i

그림 7.5를 살펴보면 액상의 퓨가시티[활동도 계수(acrivity coefficient), γ_i]를 표현하기 위한 자연적 무차원 그룹이 드러난다. 활동도 계수는 그림 7.5에서 점선으로 표시되는 이상용액이 혼합물의 조성에서 가지는 퓨가시티에 대비 그림 7.5에서 실선으로 표현되는 실제 혼합물에서의 퓨가시티 값의 비로서 정의한다(기준 상태의 선택에 따라 달라진다). 따라서 다음과 같이 쓸 수 있다.

$$\gamma_i = \frac{\hat{f}_i^l}{\hat{f}_i^{\text{ideal}}} = \frac{\hat{f}_i^l}{x_i f_i^o} \tag{7.32}$$

활동도 계수는 선택한 기준 상태와 관련해서 액체가 얼마나 '활동적인가'하는 것을 우리에게 말해 준다. 활동도 계수의 값은 기준 상태의 특정한 선택에 따라 달라진다. 예를 들면, 그림 7.5에 표현된 이성분계를 고려하자. Lewis/Randall 기준 상태에 대한 활동도 계수는 대부분의 조성 범위에서 1보다 더 크고 순수 성분 a 근처에서 1이 된다. 따라서

$$\gamma_a \geq 1 \quad \text{그림 7.5에서}$$

반면에 그림 7.5에 표현된 Henry의 법칙 기준 상태 1보다 작거나 같다.[2]

$$\gamma_a^{\text{Henry's}} \leq 1 \quad \text{그림 7.5에서}$$

이성분 간 상호작용은 동종 간 상호작용보다 더 큰 다른 계에서는 $\gamma_a \leq 1$이며, $\gamma_a^{\text{Henry's}} \geq 1$을 보게 된다.

Henry의 법칙 기준 상태에 대한 활동도 계수는 x_a가 0이 되는 극한에서 1에 근접하며, Lewis/Randall 기준 상태는 x_a가 1이 되는 극한에서 1에 근접한다. 다음으로 기준 상태의 선택에 대한 다른 조성의 극한 상태에서 활동도 계수에 대한 표현을 고려할 것이다. 성분 a의 몰분율이 1이 되는 극한에서 Henry의 법칙 기준 상태에서의 활동도 계수는 식 (7.32)를 적용하여 다음과 같이 쓸 수 있다.

$$(\gamma_a^{\text{Henry's}})^{\text{pure } a} = \frac{\hat{f}_a^l}{\hat{f}_a^{\text{ideal}}} = \frac{\hat{f}_a^l}{x_a f_a^o} = \frac{f_a}{\mathcal{H}_a}$$

반면에 매우 묽은 극한 상태에서 Lewis/Randall 기준 상태에서의 활동도 계수는 다음과 같이 된다.

$$\gamma_a^{\infty} = \frac{\mathcal{H}_a}{f_a}$$

이들 두 식을 비교하면 다음을 알게 된다.

$$(\gamma_a^{\text{Henry's}})^{\text{pure } a} = \frac{1}{\gamma_a^{\infty}}$$

2. 이 문장에서 Henry의 법칙 기준 상태를 나타내기 위하여 첨자 'Henry's'를 명확하게 사용한다. 활동도 계수가 첨자를 가지지 않을 때, 함축적으로 Lewis/Randall 기준 상태로 가정한다. 비록 어떤 경우에는 이 표현이 Lewis/Randall 기준 상태와 Henry의 법칙 기준 상태 모두에 적용될 수 있지만 말이다.

더구나 활동도 계수의 정의인 식 (7.32)를 적용함으로써 다음을 알게 된다.

$$\hat{f}_a^l = x_a \gamma_a f_a = x_a \gamma_a^{\text{Henry's}} \mathcal{H}_a = x_a \gamma_a^{\text{Henry's}} \gamma_a^\infty f_a$$

이 식을 살펴보면 Henry의 법칙 기준 상태에서의 활동도 계수가 Lewis/Randall 기준 상태에서의 활동도 계수와 다음과 같이 연결될 수 있다는 것을 보여준다.

$$\gamma_a^{\text{Henry's}} = \frac{\gamma_a}{\gamma_a^\infty}$$

식 (7.32)에 의해 표현되는 활동도 계수와 식 (7.5)에서 주어지는 퓨가시티 계수의 유사성에 주목하자.

$$\hat{\varphi}_i^v \equiv \frac{\hat{f}_i^v}{p_{i,\text{sys}}} = \frac{\hat{f}_i^v}{y_i P_{\text{sys}}} \tag{7.5}$$

퓨가시티 계수는 증기상에서의 퓨가시티를 가상적으로 이상기체로 거동한다고 보았을 경우와 비교한 무차원 양으로 볼 수 있는 반면에, 활동도 계수는 액체의 퓨가시티를 선택된 이상용액의 기준 상태에 대한 퓨가시티와 비교한 무차원 양을 나타낸다. 퓨가시티 계수와 같이 활동도 계수는 그 계가 이상적 거동으로부터 얼마나 많이 벗어나 있는가를 알려준다. 기체의 경우 기준 상태는 분자 간 상호작용이 0인 특정 상태를 나타낸다. 반면에 액체의 경우에는 모든 상호작용이 같은 상태를 말한다. 결론적으로 어떤 특정 기준 상태에 대해 퓨가시티를 비교한다는 것은, 즉 실제 액체의 활동도를 동종 간 상호작용 또는 이종 간 상호작용과 비교한다는 것임을 기억하라. **증기**상에 대한 기준 상태인 이상기체는 그 계에서 분자들 사이에 분자 간 퍼텐셜 상호작용이 없는 경우를 나타내기 때문에, 이것은 **압력**이 0으로 되는 극한에서 실현이 된다. 반면에 **액체**상 기준 상태인 이상용액은 모든 분자 간 상호작용이 같을 때 발생한다. 이 조건은 몰분율이 1(Lewis/Randall 규칙)이 되거나 0(Henry의 법칙)이 되는 극한 **조성**에서 달성된다. 그러므로 액체에서는 보통 기준 상태의 압력을 그 계의 압력과 동일하게 선택한다.

액체에서 성분 i의 활동도, a_i는 종종 활동도 계수와 연계하여 사용하여 활동도는 다음과 같이 정의한다.

$$a_i \equiv \frac{\hat{f}_i^l}{f_i^o} \tag{7.33}$$

활동도는 기준 상태에 있는 순수한 성분의 퓨가시티에 대한 액체에 있는 성분 i의 퓨가시티의 비이다. 반면에 활동도 계수는 이상용액으로서 *혼합물*의 퓨가시티에 관하여 정의한다.

$$a_i = x_i \gamma_i \tag{7.34}$$

퓨가시티 계수와의 밀접한 유사성 때문에 상평형에서 용액의 비이상성을 기술하기 위하여 활동도 계수 i를 많이 사용한다. 그러나 제9장에서 화학 반응 평형을 다룰 때에는 활동도를 사용하는 것이 보다 편리하다.

요약하면, 액체(또는 고체) 상에서 성분 i의 기준 상태는 단지 주어진 P, x_i(보통 그 계의) 및 그 계의 온도에서 실제 또는 가상적인 특정한 상태일 뿐이다. 퓨가시티가 몰분율에 선형적으로 비례하는 이상용액이 되도록 기준 상태를 선택한다. 이상용액의 개념은 이상기체와 유사하게 생겨났으나, 약간의 흥미로운 차이점들이 있다. 순수한 기체는 이상기체가 아닐 수 있지만, 순수한 액체는 순수한 액체에서 모든 분자 간 힘이 동일하기 때문에 이상액체가 아닐 수 없다! 덧붙여, 압력의 증가는 이상기체 거동에서 벗어나게 하는 반면, 이상용액에서 벗어남은 비이상적 거동이 낮은 압력에서조차도 혼합물에서 성분의 화학적 차이로부터 일차적으로 발생하기 때문에 조성의 변화에 의해 발생된다.

› 순수한 성분의 퓨가시티 f_i 계산

Lewis/Randall 기준 상태를 정량화하기 위해서는 혼합물의 T와 P에서 순수 성분 i의 퓨가시티, f_i^l 값을 알아내야 한다. 이 상태를 그림 7.6*a*에 나타내었다. 이 양은 열역학적 과정을 신중하게 선택하여 계산할 수 있다. 그림 7.6*b*에 나타낸 상태(성분 i는 혼합물의 T와 순수 성분 i의 상응하는 *포화 압력*, P_i^{sat} 에 있다)에서 출발한다. 그림 7.6에 그려진 상태와 다른 압력들을 적어라. 증기와 액체가 평형에 있기 때문에 이것을 증기상 퓨가시티와 같다고 함으로써 그림 7.6*b*에 나타낸 계에 대한 f_i^l를 결정할 수 있다. 열역학적 망을 사용하여 포화 압력과 계의 압력 사이의 압력에 대해 보정한다.

그림 7.6*b*에 나타낸 평형 상태는 증기와 액체상에서 동일한 순수 성분의 퓨가시티를 요구한다.

$$f_i^v = f_i^l \ (T, P^{\text{sat}} \text{ 에서})$$

증기의 퓨가시티에 대한 식 (7.5p)를 사용하면 다음과 같이 된다.

$$\varphi_i^{\text{sat}} P_i^{\text{sat}} = f_i^l \ (T, P^{\text{sat}} \text{ 에서}) \tag{7.35}$$

여기에서 성분 i의 포화 압력을 적합한 압력으로 사용한다. 그러나 Lewis/Randall 기준 상태(그림 7.6*a*)로 사용된 순수 액체의 퓨가시티는 일반적으로 포화 압력 P_i^{sat}에서가 아니라 그 계의 압력 P에서의 값이다. 그러므로 압력에 대해 보정해야 한다.

한 가지 접근법은 퓨가시티가 압력에 약간의 영향을 받는다고 하고 식 (7.35)에 계의 압력에서 순수 성분 i에 대한 근사식을 부여하는 것이다. 이 근사식은 포화 압력에서 매우 잘 들어맞는다. 만약 이러한 기술이 불편하다면 압력에 대한 보정을 항상 엄격하게 할 수 있다.

기본적인 성질 관계로부터 퓨가시티의 압력 의존성을 제5장에서 배운 방법을 사용하여 다음과 같이 표현할 수 있다(연습 문제 7.48 참조).

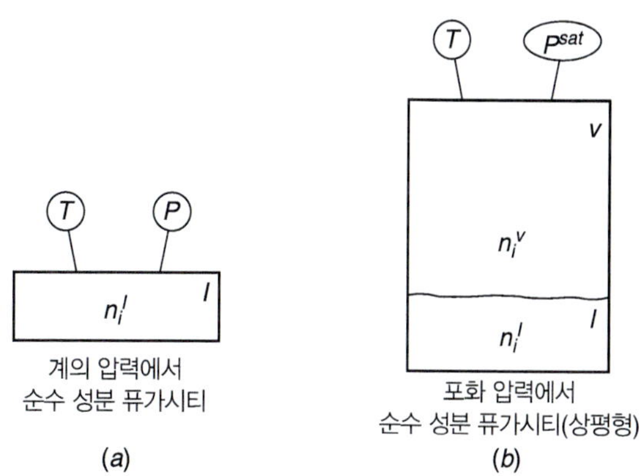

그림 7.6 액체상에서 순수 성분 i의 퓨가시티를 계산할 수 있는 계.

$$\left(\frac{\partial g_i}{\partial P}\right)_T = v_i = RT\left(\frac{\partial(\ln f_i)}{\partial P}\right)_T$$

이 식을 P_i^{sat}에서 P까지 적분하고, 식 (7.35)에 대입하면, 계의 P와 T에서 순수 성분 i의 퓨가시티에 대한 일반식을 얻는다.

$$f_i^l = \varphi_i^{\text{sat}} P_i^{\text{sat}} \exp\left[\int_{P_i^{\text{sat}}}^{P} (v_i^l/(RT))dP\right] \quad T, P\text{에서} \tag{7.36}$$

일반적으로 임의의 T와 P에서 Lewis/Randall 기준 상태에 대한 순수 성분의 퓨가시티를 알아내기 위하여 식 (7.36)을 사용할 수 있다. 식 (7.36)의 우변에 있는 지수항은 *Poynting 보정*(Poynting correction)이라 부른다. 이것은 순수 성분 퓨가시티의 압력 의존성을 고려한다. 이 항은 보통 100 bar 미만의 압력에서는 무시할 만한 수준이다. Poynting 보정에서 적분항의 몰부피는 액체의 몰부피이다. 액체는 종종 비압축성으로 고려되기 때문에 v_i^l가 일정하다고 가정한다. 따라서,

$$f_i^l = \varphi_i^{\text{sat}} P_i^{\text{sat}} \exp\left[\frac{v_i^l}{RT}(P - P_i^{\text{sat}})\right]$$

그림 7.7은 물에 대한 Poynting 보정 값을 25, 100, 200, 300°C에서 압력의 함수로 도표화한 것이다. 이 항은 1000 bar, 25°C 조건에서 물의 퓨가시티를 2배만큼 증가시킨다.

낮은 압력과 낮은 포화 압력에서 이 식은 상당히 간략화된다. 이상기체에서 퓨가시티 계수는 1이며, 퓨가시티의 압력 의존성은 무시할 만한 수준이기 때문에 Poynting 보정이 필요하지 않다. 따라서 식 (7.36)은 다음과 같이 간략화된다.

$$f_i^l = P_i^{\text{sat}} \quad \text{낮은 } P, P_i^{\text{sat}} \tag{7.37}$$

P_i^{sat}에서의 값을 얻기 위해서 Antoine 식(부록 A.1)을 사용할 수 있다. 식 (7.30)에서의 Lewis/Randall 기준 상태 퓨가시티에 대해 보통 식 (7.37)을 사용할 수 있다. 그러나 식 (7.36)에 나타낸 보다 일반화된 식의 특수한 경우라는 것을 인지해야 한다.

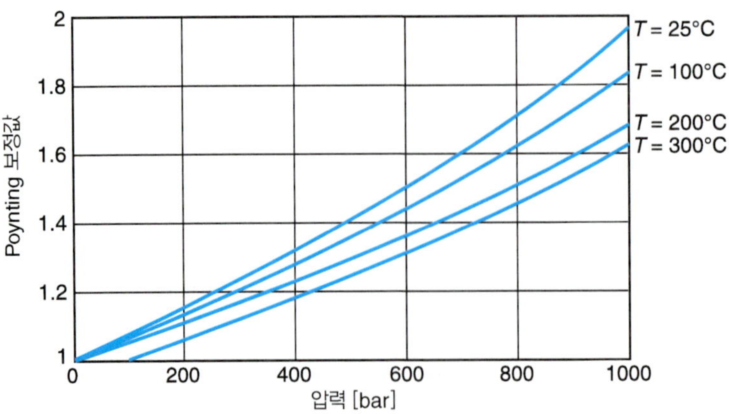

그림 7.7 25, 100, 200, 300°C에서 물에 대한 Poynting 보정값.

압력과 온도에 따른 Henry 상수, $\mathcal{H}_i$의 변화

고압에서 Henry의 법칙 기준 상태를 사용하기 위해서는 순수 성분 퓨가시티에 대해 앞에서 한 것처럼 Henry 상수의 압력 의존성을 보상할 필요가 있다. 덧붙여, Henry 상수는 혼합물에서 이종 성분에 대한 함수이기 때문에 혼합물에서 특정 성분들에 대한 실험값을 얻어야 한다. 문헌에 보고된 값들은 관심 있는 계와 다른 온도에서 얻은 값들일 수 있다. 이 절에서 Henry 상수의 압력과 온도 의존성에 대한 관계를 전개할 것이다.

증기-액체 평형에 대한 식 (6.46)에서 출발하자.

$$-\frac{h_i^v}{T^2}dT + R\frac{dP}{P} + R\frac{dy_i}{y_i} = -\frac{\overline{H}_i^l}{T^2}dT + \frac{\overline{V}_i^l}{T}dP + \frac{1}{T}\left[\frac{\partial \mu_i^l}{\partial x_i}\right]_{T,P}dx_i$$

이 식은 증기상에서 이상기체 거동을 가정한다. Henry의 법칙은 액체상에서 성분 i가 매우 묽게 존재하는 극한 조건, 즉 $x_i \to 0$일 때 타당하다. 이러한 극한 조건에서 식 (7.3)과 (7.29)를 이용하여 화학 퍼텐셜의 편미분을 구할 수 있다.

$$\left[\frac{\partial \mu_i^l}{\partial x_i}\right]_{T,P} = RT\left[\frac{\partial \ln \hat{f}_i^l}{\partial x_i}\right]_{T,P} = RT\left[\left(\frac{\partial \ln x_i}{\partial x_i}\right) + \left(\frac{\partial \ln \mathcal{H}_i}{\partial x_i}\right)\right] = \frac{RT}{x_i}$$

연쇄규칙 팽창(chain rule expansion)에서 두 번째 항은 Henry 상수가 x_i에 무관하기 때문에 0이 된다. 앞 식에 대체하면 다음과 같이 된다.

$$-\frac{h_i^v}{T^2}dT + Rd\ln P + Rd\ln y_i = -\frac{\overline{H}_i^\infty}{T^2}dT + \frac{\overline{V}_i^\infty}{T}dP + Rd\ln x_i$$

이 식에서 Henry의 법칙이 타당한 매우 묽은 극한을 특정하기 위하여 부분 몰 성질을 명시적으로 사용하였다. 재배치하면 다음과 같이 된다.

$$\left(\frac{h_i^v - \overline{H}_i^\infty}{RT^2}\right)dT + \frac{\overline{V}_i^\infty}{RT}dP = d\ln\left(\frac{y_i P}{x_i}\right) = d\ln \mathcal{H}_i \tag{7.38}$$

식 (7.38)을 압력과 온도에 대하여 편미분을 취하면 다음과 같이 된다.

$$\left(\frac{\partial \ln \mathcal{H}_i}{\partial P}\right)_T = \frac{\overline{V}_i^\infty}{RT} \tag{7.39}$$

그리고,

$$\left(\frac{\partial \ln \mathcal{H}_i}{\partial T}\right)_P = \frac{h_i^v - \overline{H}_i^\infty}{RT^2} \tag{7.40}$$

압력과 온도 각각에 대하여 H_i의 문헌 값을 보정하기 위하여 식 (7.39)와 (7.40)을 사용할 수 있다. Henry 상수는 일반적으로 1 bar에서 보고되기 때문에, 식 (7.39)를 적분함으로써 임의의 P에서 압력에 대한 Henry 상수 값들을 얻을 수 있으며, 다음과 같다.

$$\mathcal{H}_i^{\text{at } P} = \mathcal{H}_i^{\text{at 1 bar}} \exp\left\{\int_{1\text{ bar}}^{P} \frac{\overline{V}_i^\infty}{RT}dP\right\} \tag{7.41}$$

성분 i의 부분 몰부피를 적용할 수 없을 때, 순수 성분의 몰부피를 가지고 이를 대략적으로 근사시킬 수 있다.

)) γ_i 사이의 열역학적 관계

이 절에서는 혼합물에 있는 다른 성분들의 활동도 계수들 사이의 관계를 살펴본다. Gibbs-Duhem 식을 사용하여 활동도 계수들이 독립적이 아니라는 것을 보여줄 것이다. 이들의 상호관계는 새로운 형태의 열역학적 성질인 과잉 Gibbs 에너지의 개발을 촉진한다. 마지막으로 실험 자료의 질을 시험하는 방식으로 이 원리들의 응용을 묘사할 것이고 이들이 열역학적으로 일관성이 있는지 여부를 살펴볼 것이다.

› Gibbs-Duhem 식을 이용한 활동도 계수 관계

6.3절에서 혼합물에 있는 다른 성분들의 부분 몰 성질들 사이의 관계를 제공하기 위하여 Gibbs-Duhem 식을 이용하였다. 뿐만 아니라 혼합물에 있는 다른 성분들의 활동도 계수를 관련시키기 위해서 이 식을 이용할 수 있다. 식 (6.19)를 부분 몰 Gibbs 에너지, 즉 화학 퍼텐셜의 항으로 기술하여 시작한다.

$$0 = \sum n_i \mathrm{d}\mu_i \qquad T, P \text{ 일정}$$

이제 이 식을 활동도 계수 항으로 다시 쓰고자 한다. 퓨가시티의 정의로부터 다음 식을 얻는다.

$$\sum n_i \mathrm{d}\mu_i = RT \sum n_i \mathrm{d} \ln \hat{f}_i = 0$$

식 (7.32)를 사용하여 혼합물에서 성분 i의 퓨가시티를 확장하면

$$\sum n_i \mathrm{d} \ln \hat{f}_i = \sum n_i \mathrm{d} \ln \gamma_i + \sum n_i \mathrm{d} \ln x_i + \sum n_i \mathrm{d} \ln f_i^o = 0$$

여기에서는 Lewis/Randall 또는 Henry의 법칙 기준 상태를 f_i^o에 대하여 적용할 수 있다. 사실 때때로 혼합물에서 어떤 성분들은 한 가지 기준 상태를 적용하지만, 다른 성분들은 다른 기준 상태를 적용할 수 있다. 우변의 두 번째 항은 다음과 같이 간소화할 수 있다.

$$\sum n_i \mathrm{d} \ln x_i = \sum n x_i \left(\frac{\mathrm{d}x_i}{x_i} \right) = \sum n \mathrm{d}x_i = n \sum \mathrm{d}x_i = 0$$

여기에서 $\sum x_i = 1$이기 때문에 $\sum \mathrm{d}x_i = 0$ 이다. 상수의 미분은 0이므로 세 번째 항은 떨어져 나간다. 그러므로 이 식은 다음과 같이 간소화된다.

$$\sum x_i \mathrm{d} \ln \gamma_i = 0 \tag{7.42}$$

식 (7.42)는 혼합물에서 활동도 계수가 상호관계가 있다는 것을 나타낸다. 예를 들면, 성분 a와 b의 이성분 혼합물을 고려해 보자. 일정한 T와 P에서 x_a에 대해 미분하면, 식 (7.42)는 다음과 같이 된다.

$$x_a \left(\frac{\partial \ln \gamma_a}{\partial x_a} \right)_{T,P} + x_b \left(\frac{\partial \ln \gamma_b}{\partial x_a} \right)_{T,P} = 0 \tag{7.43}$$

식 (7.43)에 의해 주어진 Gibbs-Duhem 식의 형태는 γ_a가 x_a의 함수라고 했을 때, γ_b(또는

실제로는 γ_b의 기울기)가 제약을 받는다는 것을 의미한다. 예제 7.7은 이 관계를 설명해 준다.

식 (7.43)은 혼합물에서 다른 성분들의 활동도 계수가 상호 관련된다는 것을 말해준다. 그러므로 다음 절에서 활동도 계수에 맞는 모델을 전개할 때에 혼합물에서 다른 성분들의 활동도 계수에 대한 식들이 Gibbs–Duhem 식과 모순이 없는지 확실히 해야 한다. 반면에 이러한 관계는 또한 흥미로운 가능성을 제시한다. 아마도 모든 성분들의 조성에 대한 활동도 계수의 의존성을 한 가지 모델 식으로 통합 정리하고, 그래서 단일 식에서 모든 활동도 계수를 유도할 수 있는 가능성이 있다. 다음 절에서 발견하게 될 것처럼 새로운 열역학적 성질인 과잉 Gibbs 에너지를 통하여 이러한 접근법을 따를 것이다.

예제 7.7

Gibbs–Duhem 식을 응용하여 γ_b를 그래프로 구하기

성분 a와 b로 구성된 이성분계 액체를 고려하자. Lewis/Randall 규칙에 근거한 성분 a의 활동도 계수가 몰분율 a에 대하여 그림 E7.7A에 도식화되어 있다. (**a**) Lewis/Randall 규칙을 b에 대한 기준 상태로 이용하여 (**b**) Henry의 법칙을 b에 대한 기준 상태로 이용하여 동일한 그래프 위에 성분 b에 대한 활동도 계수를 도식화하라.

풀이 ▶ 각 경우에 Gibbs–Duhem 식이 유지되어야 한다. 즉,

$$x_a\left(\frac{\partial \ln \gamma_a}{\partial x_a}\right)_{T,P} + (1 - x_a)\left(\frac{\partial \ln \gamma_b}{\partial x_a}\right)_{T,P} = 0 \qquad \textbf{(E7.7)}$$

모든 몰분율 x_a에서 위에서 $(\partial \ln \gamma_a)/\partial x_a$를 얻기 위하여 곡선의 기울기를 이용할 수 있다. 따라서 이 식은 성분 b의 활동도 계수의 기울기를 규정한다. 만약 한 점에서의 값을 알고 있다면, 위 식을 '그래프에서 적분'할 수 있다.

(**a**) Lewis/Randall 기준 상태에서 성분 b는 $x_b \to 1$일 때, 즉 $x_a \to 0$일 때, 이상적으로 거동한다. 따라서 이 몰분율에서 $\ln \gamma_b = 0$이다. 이것은 그림 E7.7B에 표시한 것처럼 그래프 상에 한 점을 고정한다.

이 점에서 모든 몰분율에서 기울기는 Gibbs–Duhem 식에 의해 주어지기 때문에 성분 b의 활

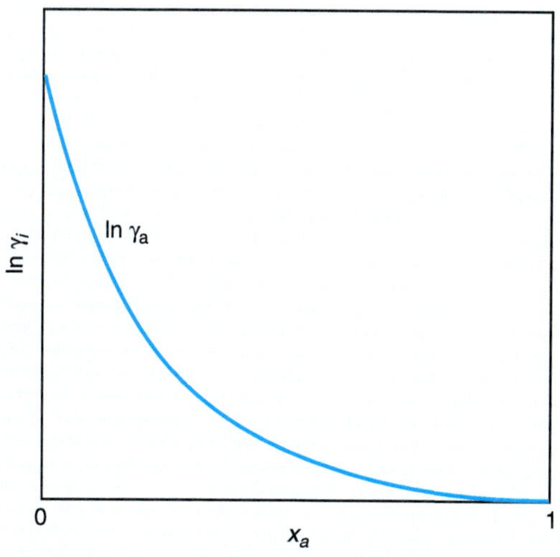

그림 E7.7A 몰분율 a에 대해 도식화한 성분 a의 활동도 계수.

동도 계수에 대한 곡선을 그릴 수 있다. 결과를 그림 E7.7B에 나타내었다. 식 (E7.7)에 대한 해를 x_a = 0.25에 대해 그림으로 설명하였다.

(**b**) Henry의 법칙 기준 상태에서 또한 Gibbs–Duhem 식을 만족해야 한다. 그러므로 ln $\gamma_b^{\text{Henry's}}$에 대한 곡선의 기울기는 Lewis/Randall 기준 상태에 대해 구한 것과 동일하게 유지되며 그림 E7.7B에 도식으로 나타내었다. 그러나 성분 b는 $x_a \to 1$ ($x_b \to 0$)일 때 이상적으로 거동하며, 따라서 이 몰분율에서 ln $\gamma_b^{\text{Henry's}}$ = 0이다. 이것은 그림 E7.7C에 나타낸 것처럼 전체 곡선을 단순히 이동시킨다.

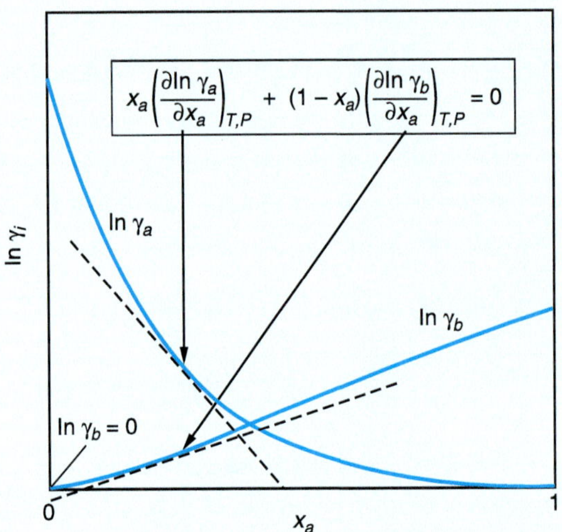

그림 E7.7B 몰분율 a에 대해 도식화한 성분 b의 활동도 계수, Gibbs–Duhem 식에서 구함.

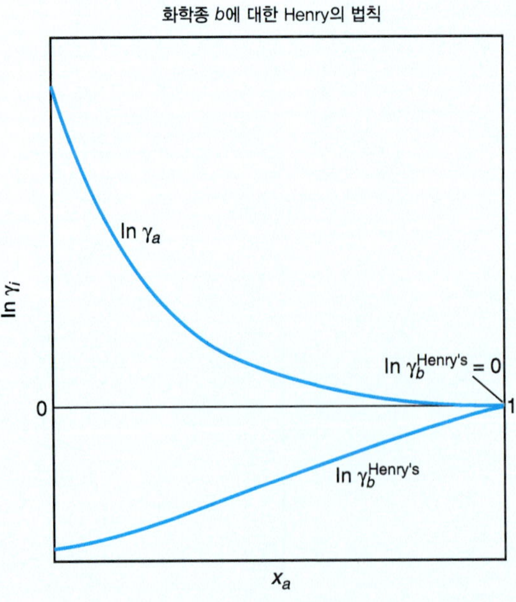

그림 E7.7C a의 몰분율에 대해 도식화한 성분 b의 활동도 계수, Henry 기준 상태를 이용함.

과잉 Gibbs 에너지와 다른 과잉 성질

과잉 Gibbs 에너지(excess Gibbs energy)는 혼합물에 있는 모든 성분들의 활동도 계수를 단일 정량 식으로 얻을 수 있는 바탕을 제공한다. 과잉 성질인 k^E는 임의의 열역학적 성질의 실제 값 k와 동일한 온도, 압력 및 조성에서 이상용액이 가질 것으로 여겨지는 가상적인 값 k^{ideal} 사이의 차로 정의한다.

$$k^E \equiv k(T, P, x_i) - k^{\text{ideal}}(T, P, x_i) \tag{7.44}$$

예를 들면,

$$\begin{bmatrix} v^E = v(T, P, x_i) - v^{\text{ideal}}(T, P, x_i) \\ h^E = h(T, P, x_i) - h^{\text{ideal}}(T, P, x_i) \\ g^E = g(T, P, x_i) - g^{\text{ideal}}(T, P, x_i) \\ \vdots \end{bmatrix}$$

k^{ideal}에 대해 어떤 기준 상태를 이 용액에 적용할지 특정해야 한다. 즉 Lewis/Randall 기준 상태, Henry의 법칙 기준 상태 또는 이상기체 기준 상태를 적용해야 한다. 제5장에서 논의한 이탈 함수들은 과잉 성질들의 특수한 경우이다.

이와 같이 식 (6.15)를 광범위한 과잉 성질에 다음과 같이 적용하여 부분 몰 과잉 성질을 정의할 수 있다.

$$\overline{K}_i^E \equiv \left(\frac{\partial(nk^E)}{\partial n_i}\right)_{T,P,n_{j\neq i}} = \left(\frac{\partial(K - K^{\text{ideal}})}{\partial n_i}\right)_{T,P,n_{j\neq i}} = \overline{K}_i - \overline{K}_i^{\text{ideal}} \tag{7.45}$$

예를 들면,

$$\begin{bmatrix} \overline{V}_i^E = \overline{V}_i - \overline{V}_i^{\text{ideal}} \\ \overline{H}_i^E = \overline{H}_i - \overline{H}_i^{\text{ideal}} \\ \overline{G}_i^E = \overline{G}_i - \overline{G}_i^{\text{ideal}} \\ \vdots \end{bmatrix}$$

순수 성분의 과잉 성질 k_i^E를 정의하는 것이 의미가 있는가?

만약 식 (7.44)의 우변에 $\sum x_i k_i$ 를 더하고 빼다면, 다음과 같이 된다.

$$k^E = \left(k - \sum x_i k_i\right) - \left(k^{\text{ideal}} - \sum x_i k_i\right)$$

또는

$$k^E = \Delta k_{\text{mix}} - \Delta k_{\text{mix}}^{\text{ideal}} \tag{7.46}$$

그러므로 과잉 성질은 또한 혼합의 실제 성질 변화와 혼합의 이상적 성질 변화 사이의 차이다.

이것은 두 종류의 과잉 성질을 제시한다.

- *분류 I.* 분류 I 성질들에 대해서 혼합의 이상적 성질 변화는 0이다.

  $$\Delta k_{\text{mix}}^{\text{ideal}} = 0 \qquad (k = u, h, v)$$

  분류 I 성질들에 대해서 과잉 성질은 혼합의 성질 변화와 동일하다.

$$k^E = \Delta k_{\text{mix}}$$

예를 들면,

$$\begin{bmatrix} v^E = \Delta v_{\text{mix}} \\ h^E = \Delta h_{\text{mix}} \\ \vdots \end{bmatrix}$$

- *분류 II*. 분류 II 성질들에 대해서 혼합의 이상적 성질 변화는 0이 아니다.

$$\Delta k_{\text{mix}}^{\text{ideal}} \neq 0 \ (k = g, s, a)$$

이 경우에 과잉 함수들은 새로운 성질들의 집합을 나타낸다. 이들을 다음과 같이 쓸 수 있다.

$$k^E = \Delta k_{\text{mix}} - \Delta k_{\text{mix}}^{\text{ideal}}$$

예를 들면,

$$\begin{bmatrix} s^E = \Delta s_{\text{mix}} - \Delta s_{\text{mix}}^{\text{ideal}} \\ g^E = \Delta g_{\text{mix}} - \Delta g_{\text{mix}}^{\text{ideal}} \\ \vdots \end{bmatrix}$$

그림 7.4에 묘사한 것과 같이 Gibbs 에너지에 대해서 혼합의 이상적 성질 변화는 0이 아니다. 그러므로 g^E는 분류 II에 속한다. 만약 식 (7.46)을 g^E에 적용하고 식 (7.24)를 대체하면 다음과 같이 된다.

$$g^E = \Delta g_{\text{mix}} - RT \sum x_i \ln x_i \qquad (7.47)$$

부분 몰 과잉 Gibbs 에너지(partial molar excess Gibbs energy)는 식 (7.45)로 주어진다. 이것은 확장하여 다음과 같이 읽을 수 있다.

$$\overline{G}_i^E = \overline{G}_i - \overline{G}_i^{\text{ideal}} = \mu_i - \mu_i^{\text{ideal}} = RT \ln \frac{\hat{f}_i}{\hat{f}_i^{\text{ideal}}}$$

만약 식 (7.32)를 대체한다면, 다음의 중요한 결과를 얻는다.

$$\overline{G}_i^E = RT \ln \gamma_i \qquad (7.48)$$

식 (7.48)은 한 성분의 부분 몰 과잉 Gibbs 에너지와 용액에서 이 성분의 활동도 계수 사이에 직접적인 관계가 있음을 나타낸다. 이 식은 만약 조성의 함수로 혼합물의 과잉 Gibbs 에너지에 대한 수학적 표현을 갖는다면, 혼합물에서 임의의 m 성분에 대한 활동도 계수를 구할 수 있다는 것을 의미한다. 우리가 해야 할 것은 부분 몰 성질 정의를 적용하고, 온도, 압력, 및 모든 다른 성분들의 몰수를 일정하게 고정한 상태에서 주어진 성분의 몰수에 대하여 과잉 Gibbs 에너지의 확장된 형태에 편미분을 하는 것이다. 부분 몰 Gibbs 에너지를 얻었다면, 식 (7.48)은 그 성분에 대한 활동도 계수를 안다고 말해 준다. 그러므로 식 (7.32)를 통해 액체에서의 퓨가시티를 풀 수 있다.

액체상의 퓨가시티를 알아내기 위하여 γ_i 값을 찾아내는 접근법은 과잉 Gibbs 에너지 g^E에 대한 분석적인 식을 찾아내는 것이다. 혼합물에서 각 성분 i에 대한 활동도 계수는 식 (7.48)로 알아낼 수 있다. 이러한 방식으로 모든 성분들에 대한 활동도 계수를 구하기 위해서 g^E에 대한 한 가지 모델만이 필요하다.

실험 측정 결과를 상관시키기 위해 과잉 Gibbs 에너지로 작업할 것이기 때문에, 과잉 Gibbs 에너지와 이의 도함수에 대한 식을 형성하는 열역학적 성질 관계를 적용하는 것이 유용하다. 식 (6.17)을 과잉 Gibbs 에너지에 적용하고 식 (7.48)에서 대체하면 다음과 같이 된다.

$$g^E = \sum x_i \overline{G}_i^E = RT \sum x_i \ln \gamma_i \tag{7.49}$$

❯ 열역학적 일관성 시험

Gibbs–Duhem 식은 항상 참인 혼합물에서 다른 성분들의 부분 몰 성질에 대한 일반적인 관계식을 제공한다. 예를 들면, 다른 성분들의 활동도 계수가 서로 어떻게 연결이 되는지 막 살펴보았다. 이 절에서는 이러한 상호관련성을 실험적 자료의 질을 판단하는 데 사용하는 한 가지 방법을 살펴볼 것이다. 기본 개념은 일련의 자료가 Gibbs–Duhem 식에 따라 부여된 제약조건들에 부합하는지 여부를 알 수 있는 방법을 개발하는 것이다. 자료가 합리적으로 들어맞는다면 이들은 열역학적으로 일관성이 있다고 말한다. 반면에 Gibbs–Duhem 식에 부합되지 않는 자료는 열역학적으로 일관성이 없으며 신뢰성이 없다고 고려해야 한다. 아래의 전개는 성분 a와 b로 구성된 이성분 혼합물에서 활동도 계수 간의 관계에 기반한다. 이것은 이 방법론에 대한 예제를 제공한다. 이와 동일한 형태의 개념을 적용하기 위하여 개발된 여러 가지 다른 방법들이 있다.

식 (7.49)에 따르면 이성분 혼합물에 대한 과잉 Gibbs 에너지는 다음과 같이 쓸 수 있다.

$$g^E = RT(x_a \ln \gamma_a + x_b \ln \gamma_b)$$

일정한 T와 P에서 x_a에 대하여 미분하면 다음과 같이 된다.

$$\frac{dg^E}{dx_a} = RT\left[\ln \gamma_a + x_a \frac{d \ln \gamma_a}{dx_a} - \ln \gamma_b + x_b \frac{d \ln \gamma_b}{dx_a}\right] = RT[\ln \gamma_a - \ln \gamma_b]$$

여기에서 Gibbs–Duhem 식을 사용하여 이 식을 간단히 표현하였다.

$$x_a\left(\frac{\partial \ln \gamma_a}{\partial x_a}\right)_{T,P} + x_b\left(\frac{\partial \ln \gamma_b}{\partial x_a}\right)_{T,P} = 0$$

앞의 식은 다음과 같이 쓸 수도 있다.

$$dg^E = RT \ln\left(\frac{\gamma_a}{\gamma_b}\right) dx_a$$

다음으로 순수 성분 b에서 순수 성분 a 조성에 대하여 적분하면 다음과 같이 된다.

$$\int_{\text{pure } b}^{\text{pure } a} dg^E = \int_{x_a=0}^{x_a=1} RT \ln\left(\frac{\gamma_a}{\gamma_b}\right) dx_a$$

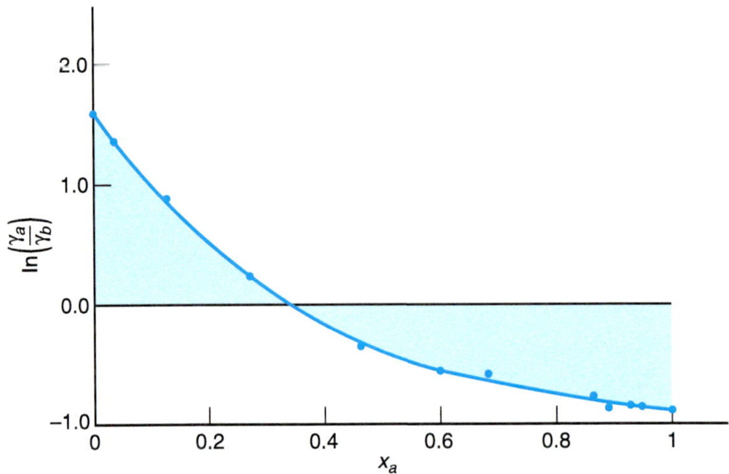

그림 7.8 60°C에서 ethanol(a)과 물(b) 이성분 혼합물의 열역학적 일관성을 위한 면적 시험.

g^E는 상태 함수이기 때문에 좌변에 대한 적분은 단지 적분의 각 극한에서의 값에만 의존한다. 두 성분에 대한 Lewis/Randall 기준 상태를 사용하면 g^E의 값은 순수 성분 a와 순수 성분 b에 대하여 0이다. 적분은 0이 되며 이 식을 다음과 같이 쓸 수 있다.

$$\int_0^1 \ln\left(\frac{\gamma_a}{\gamma_b}\right) dx_a = 0 \tag{7.50}$$

식 (7.50)은 열역학적 일관성을 위해 실험 자료를 조사하는 방법을 제시한다. $\ln(\gamma_a/\gamma_b)$ vs. x_a를 도표화한다면, 곡선 아래의 면적이 0에 가까워야 한다. 그러므로 x축 아래에 있는 면적만큼 대략적으로 x축 위에 면적이 있어야 한다. 이 시험은 종종 *면적 시험*(area test)이라고 부른다. 60°C에서 ethanol과 물의 이성분계에 대한 실험 자료에 대한 면적 시험을 응용한 예는 그림 7.8에 나타내었다. 이 경우에 x축 위아래의 면적은 거의 같으며, 이들 자료는 열역학적으로 일관성이 있다고 결론을 내린다.

식 (7.50)은 일정한 T와 P를 가정하여 유도하였다. 그러나 실제 자료 집합에서는 T 또는 P 어느 하나는 조성이 변함에 따라 바뀐다. 대부분의 등온 자료 집합에서 활동도 계수의 압력 의존성은 고려하는 범위에서 작다. 그래서 식 (7.50)을 열역학적 일관성을 시험하기 위해 바로 적용할 수 있다. 그러나 압력이 일정하게 유지되는 경우들에서 식 (7.50)은 온도에 따른 활동도 계수의 변화를 포함하기 위하여 종종 보정할 필요가 있다. 연습 문제 7.63에서 온도에 따른 활동도 계수의 변화를 고려함으로써 식 (7.50)을 향상시킨 식을 전개하게 될 것이다.

g^E 를 이용한 γ_i 모델

기준 상태를 선정하였다면 액체상에서 퓨가시티는 식 (7.32)를 재배열하여 γ_i를 이용하여 다음과 같이 표현할 수 있다.

$$\hat{f}_i^l = x_i \gamma_i f_i^o \tag{7.51}$$

i-i 상호작용에 기반한 Lewis/Randall 기준 상태는 다음과 같이 주어진다.

$$\hat{f}_i^l = x_i \gamma_i f_i \quad (7.52)$$

반면에 *i-j* 상호작용에 기반한 Henry의 법칙 기준 상태는 다음과 같이 주어진다.

$$\hat{f}_i^l = x_i \gamma_i^{\text{Henry's}} \mathcal{H}_i \quad (7.53)$$

상태 자료의 정확한 식은 응축상에 대해서는 적용할 수 없기 때문에, 실험 자료를 상관관계시키고 확장시키기 위한 대체 방법을 찾는다. 이러한 작업은 보통 다른 형태의 모델(g^E를 이용한 활동도 계수 모델)을 통하여 행하여진다. 액체상에서 비이상성은 대부분 조성에 크게 의존한다. 그러므로 목표는 g^E에 대한 식을 전개하여 활동도 계수의 조성 의존성을 찾아내는 것이다. 활동도 계수의 조성 의존성이 정량화된다면, 식 (7.51)을 주어진 몰분율 i에서 액체상의 퓨가시티를 구하는 데 사용할 수 있다.

› Two-Suffix Margules 식

과잉 Gibbs 에너지를 예측하는 한 가지 접근법은 실험 결과를 g^E에 대한 몰분율에서 분석적 식에 일치하도록 하는 것이다. 이것은 상태방정식의 개념과 유사하다. 과잉 Gibbs 에너지의 모델을 만들고, 각 성분의 활동도 계수의 모델을 독립적으로 만드는 것보다 활동도 계수에 대한 식 (7.48)에 적절한 편미분을 하는 것이 더욱 편리하다. 목표는 제한된 양의 실험 자료가 주어졌을 때 전체 조성 범위에서 g^E(그리고 활동도 계수)에 대한 식을 찾아내는 것이다. 이 절에서는 g^E에 대하여 깊이 생각할 수 있는 가장 단순한 이상성 모델(two-suffix Margules 식)을 살펴볼 것이다. 이 식의 강점과 한계를 살펴본 후에 이것을 다른 형태로 확장할 것이다.

두 성분 모두 Lewis/Randall 기준 상태에 있는 성분 a와 b로 구성된 이성분 용액을 고려하자. 활동도 계수 모델은 다음의 두 조건을 만족해야 한다.

1. $x_a = 1$ 및 $x_b = 1$인 몰분율에서 이상용액이 된다. 그러므로 과잉 Gibbs 에너지는 0이다.

$$g^E = 0 \begin{cases} x_a = 1; x_b = 0 \\ x_b = 1; x_a = 0 \end{cases}$$

2. g^E에 대한 모델은 Gibbs–Duhem 식을 만족한다. 만약 각 성분의 활동도 계수 모델을 독립적으로 만들고자 한다면 이 조건에 따라 훨씬 더 어려울 것이다.

이 두 조건을 만족하는 가장 단순한 비이상성 모델은 무엇일까?

시도해 보자.

$$\boxed{g^E = A x_a x_b} \quad (7.54)$$

상수 A는 주어진 이성분 혼합물에 대한 실험 자료에 적합하다. 이 상수는 온도 또는 압력에 따라 변할 수 있지만, 계의 조성에는 무관하다. 덧붙여, 잠시 후에 볼 것처럼 상수 A가 T와 P에 따라 어떻게 변하는지 보기 위하여 열역학적 망을 적용할 수 있다. 식 (7.54)를 two-suffix Margules 식이라 부른다. 이 식은 위의 조건 1을 분명히 만족한다. 예제 7.8은 이 식이 또한 조건 2를 만족한다는 것을 보여준다.

Lewis/Randall 기준 상태의 경우에 이상성과의 편차는 이종 간 *a-b* 상호작용의 성질으로부터 발생한다(그림 7.5에 대한 논의를 기억하라). 결과적으로 식 (7.54)의 조성 의존성이 van der Waals 에너지 상수에 관한 혼합 항에서와 정확히 같다는 것은 놀랍지 않다.

$$a_{\text{mix}} = x_a^2 a_a + 2x_a x_b \sqrt{a_a a_a} + x_b^2 a_b$$

예제 7.9는 two-suffix Margules 식의 분자적 원천에 대한 더 많은 논의를 제공한다.

g^E에 대한 이 식이 있다면 성분 a와 b에 관한 대응하는 활동도 계수들이 식 (7.48)을 통하여 적절한 부분 몰 과잉 Gibbs 에너지로부터 주어지며 다음과 같이 된다.

$$\overline{G}_a^E = \left(\frac{\partial G^E}{\partial n_a}\right)_{T,P,n_b} = \left(\frac{\partial (n_T g^E)}{\partial n_a}\right)_{T,P,n_b} = A\left[\frac{\partial\left(\dfrac{n_a n_b}{n_a + n_b}\right)}{\partial n_a}\right]_{T,P,n_b}$$

$$= A\left[\frac{n_b}{n_a + n_b} - \frac{n_a n_b}{(n_a + n_b)^2}\right] = a\frac{n_b^2}{(n_a + n_b)^2}$$

그러므로

$$\boxed{\overline{G}_a^E = Ax_b^2 = RT \ln \gamma_a} \tag{7.55}$$

같은 방식으로

$$\boxed{\overline{G}_b^E = Ax_a^2 = RT \ln \gamma_b} \tag{7.56}$$

만약 이성분 혼합물이 있고, two-suffix Margules 상수 A에 대한 값을 안다면 식 (7.55)와 (7.56)의 모든 조성에서 혼합물에 있는 두 성분들의 활동도 계수를 알 수 있다.

예제 7.8 **Two-suffix Margules 식의 열역학적 일관성**

Two-suffix Margules 식이 Gibbs–Duhem 식을 만족한다는 것을 보여라.

풀이 ▶ Gibbs–Duhem 식 (6.19)를 과잉 Gibbs 에너지에 적용하면 다음과 같이 된다.

$$x_a d\overline{G}_a^E + x_b d\overline{G}_b^E = 0 \tag{E7.8A}$$

그러나 식 (7.55)에서

$$\overline{G}_a^E = Ax_b^2$$

따라서

$$d\overline{G}_a^E = 2Ax_b dx_b \tag{E7.8B}$$

같은 방식으로

$$d\overline{G}_b^E = 2Ax_a dx_a \tag{E7.8C}$$

식 (E7.8B), (E7.8C)를 식 (E7.8A)에 삽입하면

$$x_a(2Ax_b dx_b) + x_b(2Ax_a dx_a) = 0$$

그러므로 다음과 같은 이유로 two-suffix Margules 식은 Gibbs–Duhem 식을 만족한다.

$$dx_a = -dx_b$$

예제 7.9 **Two-suffix Margules 식의 분자적 정당화**

Two-suffix Margules 식의 형태에 대해 분자 수준의 설명을 하라.

$$g^E = Ax_ax_b$$

동종 간 상호작용 대비 이종 간 상호작용의 상대적인 크기가 two-suffix Margules 상수 A의 값을 어떻게 결정할 수 있는지 보여라.

풀이 ▶ 이 예제에서 모든 비이상성은 혼합물에 있는 성분들과 순수 성분들 사이의 에너지론적인 차이와 관련이 있다고 가정한다. 즉, 과잉 엔트로피는 0이다. 이러한 가정은 대략 같은 크기의 성분들에 대해 유효하다. 순수 성분으로서의 a와 b와 혼합물에 있는 a와 b 사이의 에너지론적 차이를 고려하자. 그림 E7.9A는 혼합물 및 순수 a와 순수 b에서 가능한 상호작용들을 묘사한다. 순수 a와 b는 각각 a-a 상호작용과 b-b 상호작용만 나타낸다. 혼합물은 이들 동종 간 a-a 및 b-b 상호작용 뿐만 아니라, 이종 간 a-b 상호작용도 포함한다. 사실, 성분 a와 b를 혼합할 때 분자 간 상호작용의 관점에서 이 과정을 바라볼 수 있다. 순수 a 중 얼마간의 a-a 상호작용을 a-b 상호작용으로 대체하는 반면, 순수 b의 얼마간의 b-b 상호작용을 또한 a-b 상호작용으로 대체한다. 순수 성분들에 비교하여 혼합물에서 에너지의 차이, 즉 혼합물의 비이상성을 정량화하기 위하여 혼합물에서의 상호작용의 크기를 순수 성분으로 존재할 때의 크기와 비교한다.

이성분간 상호작용에서 혼합물의 에너지 상호작용을 다음과 같이 쓸 수 있다.

$$\Gamma_{\text{mix}} = x_a^2\Gamma_{aa} + 2x_ax_b\Gamma_{ab} + x_b^2\Gamma_{bb} \tag{E7.9A}$$

혼합물을 순수 성분들과 비교하기 위하여 각 순수 성분들을 혼합물에 존재하는 양에 비례하여 계량하여야 한다.

$$\Gamma_{\text{pure},\,a} = x_a\Gamma_{aa} \quad \text{그리고} \quad \Gamma_{\text{pure},\,b} = x_b\Gamma_{bb} \tag{E7.9B}$$

이제 일정한 압력에서 혼합 시 에너지의 변화는 이들 두 식 사이의 차이이다.

$$\Delta h_{\text{mix}} = N_A\{\Gamma_{\text{mix}} - [\Gamma_{\text{pure},\,a} + \Gamma_{\text{pure},\,b}]\} \tag{E7.9C}$$

차원의 일관성을 위해 식 (E7.9C)에 아보가드로 수를 곱한다.

식 (E7.9A)와 (E7.9B)를 식 (E7.9C)에 대입하면 다음과 같이 된다.

$$\frac{\Delta h_{\text{mix}}}{N_A} = x_a^2\Gamma_{aa} + 2x_ax_b\Gamma_{ab} + x_b^2\Gamma_{bb} - [x_a\Gamma_{aa} + x_b\Gamma_{bb}]$$

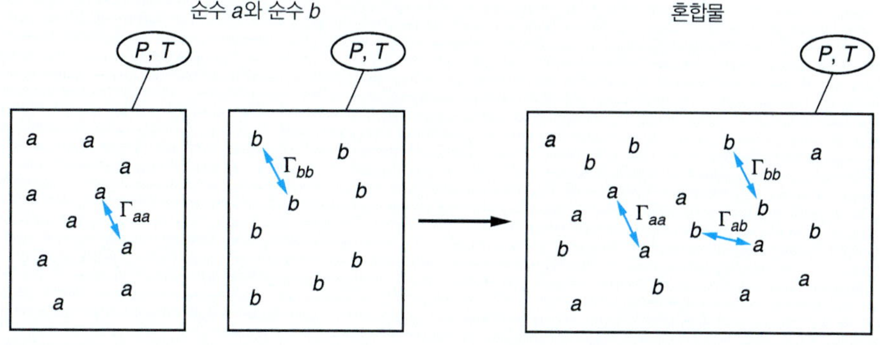

그림 E7.9A 혼합물에서 그리고 순수 성분으로서 성분 a와 b의 분자 간 상호작용.

또는 재배열하면

$$\frac{\Delta h_{\text{mix}}}{N_A} = (x_a^2 - x_a)\Gamma_{aa} + 2x_a x_b \Gamma_{ab} + (x_b^2 - x_b)\Gamma_{bb}$$

이제 우변의 첫 번째 항에서 x_a를 인수 분해하고, x_b를 세 번째 항에서 인수 분해하면

$$\frac{\Delta h_{\text{mix}}}{N_A} = x_a(x_a - 1)\Gamma_{aa} + 2x_a x_b \Gamma_{ab} + x_b(x_b - 1)\Gamma_{bb}$$

몰분율의 합은 1이기 때문에 $(x_a - 1) = -x_b$이고 $(x_b - 1) = -x_a$를 이용하면 다음과 같이 된다.

$$\frac{\Delta h_{\text{mix}}}{N_A} = [2\Gamma_{ab} - (\Gamma_{aa} + \Gamma_{bb})]x_a x_b$$

이상용액에서

$$\Delta h_{\text{mix}} = 0$$

따라서 만약 이상성에서 모든 '과잉'이 에너지 효과로 분배된다면 즉, $g^E = h^E = \Delta h_{\text{max}}$이라면

$$A = N_A[2\Gamma_{ab} - (\Gamma_{aa} + \Gamma_{bb})] \qquad \textbf{(E7.9D)}$$

식 (E7.9D)는 그림 E7.9B에 나타낸 것처럼 혼합물에서 상호작용과 순수 성분의 상호작용 사이의 산술적 차이를 표현한다.

Two-suffix Margules 상수 A의 크기를 이종 간 a-b 상호작용과 동종 간 a-a 및 b-b 상호작용의 평균 사이의 상대적 중요성으로 볼 수 있다. 이 양은 각 성분이 혼합물에 얼마나 많이 존재하는가와는 무관하다. 만약 이종 간 상호작용이 더 강하면 Γ_{ab}는 더 큰 음의 값이 되고, $A < 0$이다. 역으로 이종 간 상호작용이 약하면 $A > 0$이다. *그러므로 이종 간 상호작용을 동종 간 상호작용과 비교하는 방법을 논의할 때 그림 E7.9B에 나타낸 것처럼 두 a-b 상호작용을 a-a와 b-b 상호작용의 합과 반드시 비교한다.*

어떤 이종 간 분자 상호작용은 동종 간 상호작용의 기하 평균과 유사하다. 예를 들면, 구형 대칭 비극성 성분 a와 b를 고려하자. 제4장에서 본 것처럼 London 상호작용은 이 계에서 인력을 나타내고, 다음과 같이 표현된다.

$$\Gamma_{ij} \approx -\frac{3}{2}\frac{\alpha_i \alpha_j}{r^6}\left(\frac{I_i I_j}{I_i + I_j}\right) \qquad \textbf{(4.8)}$$

만약 성분 a와 b에 대한 이온화 퍼텐셜이 대략 같다고 가정하면, 다음과 같이 된다.

$$\Gamma_{aa} \approx -\alpha_a^2 \quad \Gamma_{bb} \approx -\alpha_b^2 \quad \text{그리고} \quad \Gamma_{ab} \approx -\alpha_a \alpha_b \qquad \textbf{(E7.9E)}$$

그러므로

$$\Gamma_{ab} = \sqrt{\Gamma_{aa}\Gamma_{bb}}$$

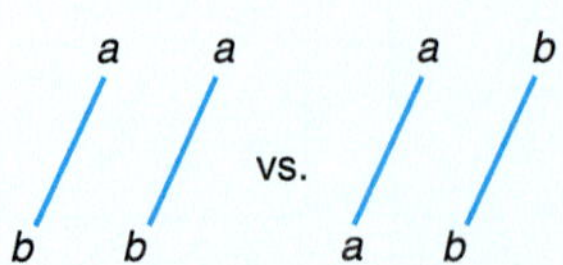

그림 E7.9B Two-suffix Margules 상수 A를 구하는 분자 간 상호작용에서 차이 비교.

식 (E7.9E)를 다시 식 (E7.9D)에 삽입하면

$$A \approx [-2\alpha_a\alpha_b + \alpha_a^2 + \alpha_b^2]$$

또는

$$A \approx (\alpha_a - \alpha_b)^2 \tag{E7.9F}$$

식 (E7.9F)는 만약 분극성(polarizability)이 같다면, 이상용액이 된다는 것을 보여준다. 모든 다른 경우들에서 $A > 0$(구형 대칭 비극성 분자들에 대해)이다! 따라서 동종 간 상호작용이 지배하고(즉, 더 낮은 에너지를 갖고) 활동도 계수(Lewis/Randall 기준 상태에 기반한)가 1보다 더 큰 경우를 자연에서 훨씬 더 많이 찾을 수 있다. 예를 들면, 식 (7.55)와 (7.56)을 보라.

제6장에서 열역학적 과정의 자발성에 관한 판단 기준은 Gibbs 에너지가 최소화되는 과정이라는 것을 수립하였다. 계의 전체 Gibbs 에너지에 대한 Margules 상수 A의 효과를 살펴보는 것은 흥미롭다. 식 (7.47)과 (6.22)를 사용하여 다음과 같은 식을 얻는다.

$$g = \sum x_i g_i + RT\sum x_i \ln x_i + g^E$$

Two-suffix Margules 식으로 묘사되는 이성분 계의 경우 몰 Gibbs 에너지에 관하여 다음과 같은 식을 쓸 수 있다.

$$\underbrace{\boxed{g = x_a g_a + x_b g_b}}_{1} + \underbrace{RT(x_a \ln x_a + x_b \ln x_a)}_{2} + \underbrace{\boxed{Ax_a x_b}}_{3} \tag{7.57}$$

식 (7.57)[또는 식 (7.55)와 (7.56)]에 대한 조사는 벌써 g^E에 관한 모델에서 한 가지 한계를 보여준다. 이 식은 완전 대칭이다. 즉, 만약 이 식에서 a와 b를 서로 바꾸면 아무런 변화도 없다. 따라서 예제 7.7에 나타낸 것과 같이 활동도 계수가 대칭이 아닌 계의 모델을 만들 수 없었다. 비대칭적 활동도 계수 모델은 다음 절에서 제시할 것이다.

그림 7.9는 식 (7.57)의 우변에 연속되는 항들을 성분 a의 몰분율 함수로 도식화한다. 성분 a와 b는 순수 성분의 Gibbs 에너지 g_a와 g_b를 각각 갖는다. 첫 번째 항은 순수 성분의 Gibbs 에너지를 직선으로 연결한다. 두 번째 항인 혼합의 이상용액 Gibbs 에너지는 혼합물의 엔트로피 증가가 Gibbs 에너지를 낮아지도록 하고, 그러므로 자발적인 과정이라는 것을 보여준다. 이 경우가 그림 7.4에 설명되어 있다. 세 번째 항은 용액의 전체 Gibbs 에너지에 대한 비이상성의 효과를 표현한다. 먼저 $A < 0$인 경우를 고려하자. 식 (7.55)는 이것이 Lewis/Randall 기준 상태에 관해 $\gamma_a < 1$인 경우에 상응한다는 것을 보여준다. 즉, 이종 간 상호작용이 동종 간 상호작용보다 더 강한 경우이다. 예제 7.9에서 논의한 것처럼 동종 간 상호작용에 대한 이종 간 상호작용을 비교할 때, 두 개의 a-b 상호작용을 a-a 상호작용과 a-b 상호작용의 합과 비교할 것이다. 그림 7.9에서 묘사하는 것처럼 이것은 g를 훨씬 더 많이 낮춤으로써 용액이 자발적으로 혼합되게 하는 경향을 증가시킨다.

이제 $A > 0$인 경우 또는 동종 간(a-a와 b-b) 상호작용이 이종 간 상호작용보다 더 강한 경우를 고려하자. 이제 반대의 경향들이 존재한다. 혼합은 엔트로피 측면에서 선호되며, 반면에 분리는 에너지 측면에서 선호된다. 다시 말하면, 만약 성분 a와 b가 혼합되면 이들은 무작위성을 증가시킨다. 그러나 만약 이들이 분리 상태로 남아 있으면, 이들은 자신의 에너지를

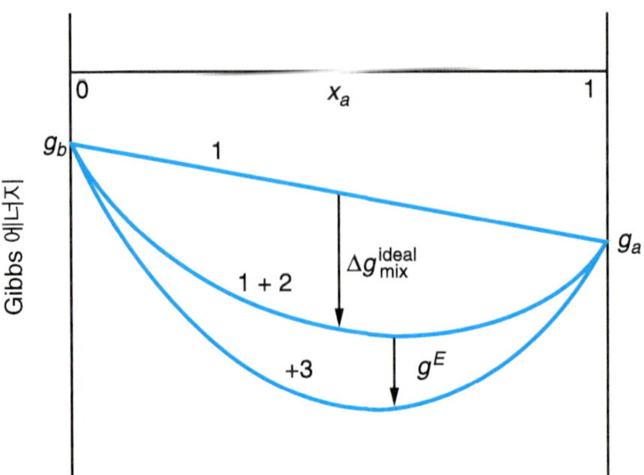

그림 7.9 성분 a의 몰분율에 따라 도식화된 식 (7.57)의 여러 가지 항들. 이 경우에 Margules 상수 A는 0보다 작다.

낮춘다. A의 크기는 어느 효과가 중요한가를 말해 준다. 만약 A가 작다면 에너지 효과가 엔트로피 효과와 비교해서 미미하고 성분 a와 b는 완전히 혼합될 것이다. 이 경우에 g의 곡선은 그림 7.9에서 1 + 2 이상용액의 곡선 약간 위에 있을 것이다.

대안으로 동종 간 상호작용이 이종 간 상호작용보다 훨씬 더 강하고 A의 크기가 큰 경우를 살펴보자. 이 경우에 과잉 Gibbs 에너지는 g에 관한 1 + 2 곡선을 유도할 것이며, 이것은 실제로 그림 7.10에서 묘사하는 것과 같이 최대값을 재빨리 넘어갈 것이다. 그림 7.10a는 그림 7.9와 유사한 도표를 나타내는 반면에, 그림 7.10b는 g 곡선의 결과 부분을 확대한 것으로 최대값을 나타낸다. 계는 자신의 Gibbs 에너지가 낮아지는 상태로 자발적으로 진행한다는 것을 보았다. 혼합물이 두 상으로 나누어짐으로써 자신의 Gibbs 에너지를 낮출 수 있는 조성 범위가 존재한다. 그림 7.10b에서 접선은 Gibbs 에너지에서 최대값 아래에서 최소값 인근의 두 점에서 Gibbs 에너지 곡선에 접하도록 그린다.

이들 두 접점 사이에 있는 조성을 갖는 혼합물은 a가 많은 상인 α, b가 많은 상인 β 두 상으로 구분함으로써 Gibbs 에너지를 낮출 수 있다(그림 7.10b 참조). 이들 조건에서 a와 b는

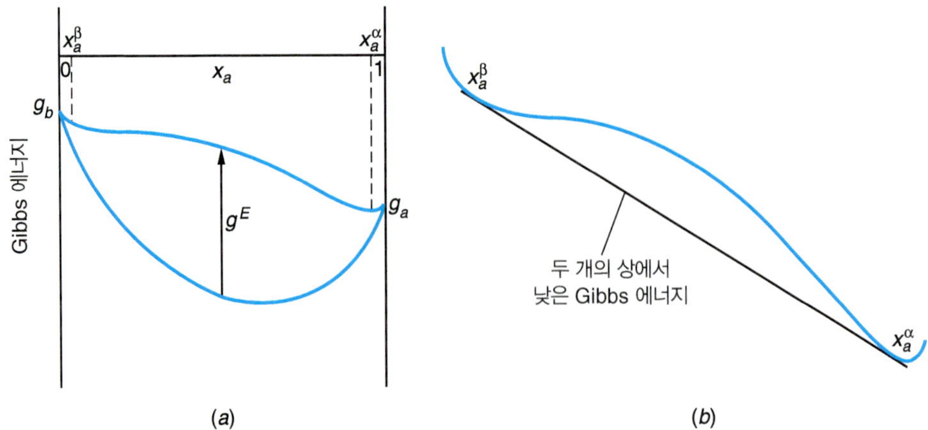

그림 7.10 (a) 성분 a의 몰분율에 대한 Gibbs 에너지 도식. 이 경우에 Margules 상수 A는 0보다 훨씬 더 크다. *주의*: x^α와 x^β 사이의 조성에서 계는 두 상으로 나누어짐으로써 Gibbs 에너지를 최소화시킬 수 있다. (b) Gibbs 에너지 곡선의 확장된 도식.

두 액체상이 더 낮은 Gibbs 에너지에 도달하려는 경향 때문에 단지 부분적으로만 혼합된다(물과 기름처럼). 이 경우에 두 개의 공존하는 액체상 사이에는 액체-액체 평형(LLE)이 이루어진다. 이러한 소위 액체상들의 부분 혼합은 종종 분리 과정에서 이용된다. 반면에 만약 성분 a의 전체 몰분율은 첫 번째 접점보다 작거나 두 번째 접점보다 크다면, 오직 한 가지 상만 존재할 것이다. 부분 혼합의 경우를 살펴보기 위하여 two-suffix Margules 모델을 사용한 반면, 동종 성분의 인력 상호작용이 혼합의 엔트로피 효과보다 우위에 있을 때 일어나는 일반적 현상이다. 액체-액체 평형들을 8.2절에서보다 자세하게 살펴볼 것이다.

예제 7.10 무한 묽은 상태의 활동도 계수로부터 Margules 상수 계산

39.33°C에서 cyclohexane(a)과 dodecane(b)으로 된 이성분 혼합물을 고려하라. 매우 묽은 상태에서 활동도 계수는 다음과 같다고 보고되어 있다.[3]

$$\gamma_a^\infty = 0.88$$

그리고

$$\gamma_b^\infty = 0.86$$

이들 자료를 이용하여 two-suffix Margules 상수 A의 값을 예측하여라.

풀이 ▶ 식 (7.55)에서 다음 식을 얻는다.

$$\ln \gamma_a = \frac{A}{RT} x_b^2 \tag{E7.10A}$$

a의 무한 묽음 상태에서 b의 몰분율은 1이 되고, 식 (E7.10A)는 다음과 같이 된다.

$$\ln \gamma_a^\infty = \frac{A}{RT} = -0.13$$

Margules 상수에 대해 풀면 다음과 같이 된다.

$$A = -332\ [\text{J/mol}] \tag{E7.10B}$$

무한 묽음 상태에서 b의 활동도 계수 값을 알기 위해 동일한 방법론을 적용할 수 있다. 이 경우에

$$\ln \gamma_a^\infty = \frac{A}{RT} = -0.15$$

그리고

$$A = -392\ [\text{J/mol}] \tag{E7.10C}$$

이들 값은 20% 정도 다르다. 그러나 이 크기는 작기 때문에 절대적인 측면에서 이들 값은 꽤 유사하다. 문제들을 풀 때 최적 값은 식 (E7.10B)와 (E7.10C)의 평균값을 취하는 것으로 다음과 같이 된다.

$$A = -362\ [\text{J/mol}]$$

---

3. J. Gmehling, U. Onken, and W. Arlt, *Vapor-Liquid Equilibrium Data Collection*(multiple volumes) (Frankfurt: DECHEMA, 1977–1980).

예제 7.11 **Henry의 법칙 기준 상태에서 Margules 식**

용매 b에 녹아 있는 기체 a의 이성분계를 고려하자. a에 대해서는 Henry의 법칙 기준 상태를 그리고 b에 대해서는 Lewis/Randall 기준 상태를 적용한다. 만약 b에 대한 활동도 계수가 two-suffix Margules 식으로 다음과 같이 주어진다고 할 때

$$RT \ln \gamma_b = Ax_a^2$$

Margules 상수 A의 관점에서 성분 a의 활동도 계수에 대한 식을 구하라.

풀이 ▶ Lewis/Randall 기준 상태를 이용하여 a의 활동도 계수에 대한 식에서 시작한다.

$$RT \ln \gamma_a = Ax_b^2 \quad \textbf{(E7.11A)}$$

게다가 정의에 따라

$$RT \ln \gamma_a = RT \ln \left(\frac{\hat{f}_a}{x_a f_a} \right) \quad \textbf{(E7.11B)}$$

무한 묽음의 극한 상태에서(즉, $x_a \to 0$이고, $x_b \to 1$) a의 퓨가시티는 Henry 상수와 같아야 한다. 만약 식 (E7.11B)와 (E7.11A)의 식에 이 정의를 적용하면, 다음과 같이 된다.

$$\ln(\gamma_a^{\infty}) = \ln\left(\frac{\mathcal{H}_a}{f_a} \right) = \frac{A}{RT} \quad \textbf{(E7.11C)}$$

반면에 Henry의 법칙 기준 상태에 따른 활동도 계수는 다음과 같이 정의한다.

$$RT \ln(\gamma_a^{\text{Henry's}}) = RT \ln\left(\frac{\hat{f}_a}{x_a \mathcal{H}_a} \right) = RT \ln\left(\frac{\hat{f}_a}{x_a f_a} \right) + RT \ln\left(\frac{f_a}{\mathcal{H}_a} \right) \quad \textbf{(E7.11D)}$$

여기에서 식 (E7.11D)의 마지막 등호는 $RT \ln(f_a/\mathcal{H}_a)$를 더하고 빼서 얻는다. 식 (E7.11A)에서 (E7.11C)를 식 (E7.11D)에 대입하면, 다음과 같이 된다.

$$RT \ln(\gamma_a^{\text{Henry's}}) = Ax_b^2 - A = A(x_b^2 - 1)$$

› g^E에 관한 비대칭 모델

이 절에서 실험 자료를 적합하게 맞추고 활동도 계수의 조성 의존성을 정량화하기 위하여 g^E에 적용되는 다른 보편적인 모델들을 논의한다. 제4장에서 상태방정식에 대한 접근법과 유사하게, g^E에 관한 모델들에 대한 논의를 몇 가지 보편적인 예제들로 제한할 것이다. 목적은 이 식들의 다른 형태들에 따른 얼마간의 경험을 얻는 것이다. 그러나 이러한 처리가 종합적이지는 않으며, 많은 다른 모델들이 있다는 것을 인지해야 한다. 그러나 많은 다른 모델들은 여기에 제시된 것들로부터 파생한다.

Two-suffix Margules 식은 하나의 상수 A만을 갖는다. 만약 성분 a와 b를 서로 바꾸면, g^E에 관한 식은 변화 없이 유지된다. 그러므로 성분 a는 성분 b가 동일한 양의 a에서 거동하는 것처럼 정확하게 주어진 b에 비례하여 동일하게 거동한다고 예상된다. 이성분계에서 활동도 계수의 거동에 대한 이러한 표현을 대칭적(symmetric)이라고 말한다. 그림 7.11의 왼쪽에 보여준 계는 대칭적 거동을 나타낸다. γ_b vs. x_a 도표는 γ_a vs. x_a의 거울상이다. 분자 간 상호작용이 형태 및 크기가 비슷한 성분들은 대칭적 거동을 보이며 two-suffix Margules 식으로 잘 묘사할 수 있다. 예를 들면, two-suffix Margules 식은 대략 같은 세기의 London 인력 상

호작용만을 나타내고 대략 같은 크기인 두 성분으로 된 혼합물을 기술하기 위하여 적용할 수 있다.

그림 7.11의 오른쪽에 있는 활동도 계수는 비대칭적 거동을 보여 준다. 만약 이러한 비대칭적 활동도 계수를 설명하기를 원한다면 g^E에 관한 모델에서 하나보다 더 많은 상수를 포함할 필요가 있다. 대칭성을 깨트리는 한 가지 확실한 방법은 모델에 대해 $(x_a - x_b)$에 따르는 항을 추가하는 것이며 다음과 같이 된다.

$$g^E = x_a x_b [A + B(x_a - x_b)] \tag{7.58}$$

식 (7.58)을 살펴보면 만약 성분 a와 b를 상호 바꾼다면 상수 B의 부호가 바뀔 것이라는 것을 보여준다.

식 (7.48)에 의해 기술되는 것과 같이 식 (7.58)의 미분을 통해 대응하는 활동도 계수들을 알아낼 수 있다. 얼마 간의 수학적 처리를 하면, 다음과 같이 된다.

$$RT \ln \gamma_a = (A + 3B)x_b^2 - 4Bx_b^3 \tag{7.59}$$

그리고

$$RT \ln \gamma_b = (A - 3B)x_a^2 + 4Bx_a^3 \tag{7.60}$$

이성분계에 관한 g^E 모델에 사용되는 보편적인 표현들과 이들에 대응하는 활동도 계수들을 표 7.2에 나타내었다. 이들 모델들은 복잡도가 증가하는 순으로 나열되었다. 모델 상수들은 실험 자료를 적합하게 맞추는 과정에서 경험적으로 알게 되었다. Two-suffix Margules 식을 배제하면 이들 식 모두를 비대칭적 활동도 계수 모델을 만드는 데 적용할 수 있다. 사실, 이들 모델 중 어떤 것도 실험적 증기-액체 평형 자료를 예측하는 데 전적으로 다른 것들보다 더 잘 작동하지는 않는다. 한 모델은 한 계에서 더 잘 작동하는 반면, 다른 모델은 두 번째 계에서 더 잘 작동하고, 세 번째 모델은 세 번째 계에서 더 잘 작동하는 식이다. 예를 들면, 증기-기체 평형 자료 3563 쌍에 대한 최적 맞춤 자료가 DECHEMA 자료 집합으로 보고되어

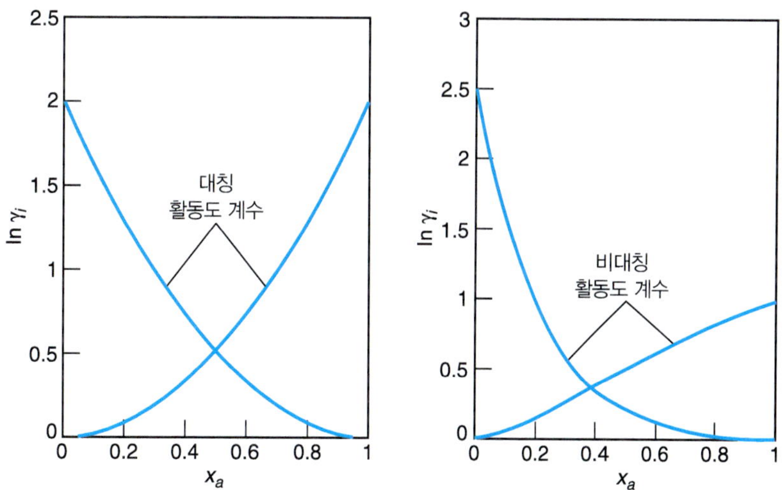

그림 7.11 대칭성(왼쪽)과 비대칭성(오른쪽) 활동도 계수를 나타내는 이성분계의 묘사.

표 7.2 보편적인 이성분계 활동도 계수 모델

모델	g^E	$RT \ln \gamma_a$	$RT \ln \gamma_b$
Two-suffix Margules	$Ax_a x_b$	Ax_b^2	Ax_a^2
Three-suffix Margules	$x_a x_b[A + B(x_a - x_b)]$	$(A + 3B)x_b^2 - 4Bx_b^3$	$(A - 3B)x_a^2 + 4Bx_a^3$
또는	$x_a x_b[\mathrm{A}_{ba} x_a + \mathrm{A}_{ab} x_b]$	$x_b^2[\mathrm{A}_{ab} + 2(\mathrm{A}_{ba} - \mathrm{A}_{ab})x_a]$	$x_a^2[\mathrm{A}_{ba} + 2(\mathrm{A}_{ab} - \mathrm{A}_{ba})x_b]$
Van Laar	$x_a x_b\left(\dfrac{AB}{Ax_a + Bx_b}\right)$	$A\left(\dfrac{Bx_b}{Ax_a + Bx_b}\right)^2$	$B\left(\dfrac{Ax_a}{Ax_a + Bx_b}\right)^2$
Wilson	$-RT\begin{bmatrix} x_a \ln(x_a + \Lambda_{ab}x_b) + \\ x_b \ln(x_b + \Lambda_{ba}x_a) \end{bmatrix}$	$-RT\begin{bmatrix} \ln(x_a + \Lambda_{ab}x_b) + \\ x_b\left(\dfrac{\Lambda_{ba}}{x_b + \Lambda_{ba}x_a} - \dfrac{\Lambda_{ab}}{x_a + \Lambda_{ab}x_b}\right) \end{bmatrix}$	$-RT\begin{bmatrix} \ln(x_a + \Lambda_{ba}x_b) + \\ x_a\left(\dfrac{\Lambda_{ab}}{x_a + \Lambda_{ab}x_b} - \dfrac{\Lambda_{ba}}{x_b + \Lambda_{ba}x_a}\right) \end{bmatrix}$
NRTL*	$RTx_a x_b\left[\dfrac{\tau_{ba}\mathbf{G}_{ba}}{x_a + x_b\mathbf{G}_{ba}} + \dfrac{\tau_{ab}\mathbf{G}_{ab}}{x_b + x_a\mathbf{G}_{ab}}\right]$	$RTx_b^2\left[\dfrac{\tau_{ba}\mathbf{G}_{ba}^2}{(x_a + x_b\mathbf{G}_{ba})^2} + \dfrac{\tau_{ab}\mathbf{G}_{ab}}{(x_b + x_a\mathbf{G}_{ab})^2}\right]$	$RTx_a^2\left[\dfrac{\tau_{ba}\mathbf{G}_{ba}}{(x_a + x_b\mathbf{G}_{ba})^2} + \dfrac{\tau_{ab}\mathbf{G}_{ab}^2}{(x_a + x_b\mathbf{G}_{ab})^2}\right]$

* Nonrandom two-liquid.

있다.[4] 비록 이것이 매우 훌륭한 성공이라는 것을 증명하기는 하였지만, Wilson 식은 이 자료의 30%에 대해서만 최적 맞춤을 보여주었다. 표 7.2에 있는 모든 비대칭적 모델은 이 계들 중 최소 467개에 대해서 최적 맞춤을 제공한다.

이 책에 포함된 소프트웨어 패키지는 다른 자료 집합에 대하여 이들 모델들 간의 성능을 비교할 수 있게 한다. 표 7.3은 DECHEMA 자료 집합에서 보고된 16 이성분계 쌍에 관한 최적 맞춤 수행 결과를 비교한다.[5] 이성분계 중 8 가지 다른 종에서 각각 2개의 사례를 보여준다. 이 계들은 무작위로 선택하였으며, 더 큰 예의 이성분계 자료에 대한 특정 모델의 성능을 표시하기 위하여 결과들을 이용해서는 안 된다. 책의 소프트웨어 결과와 DECHEMA에 의해 보고된 결과들을 모두 나타내었다. 모델을 이용하여 계의 압력에 대한 예측 값들을 측정된 값들과 독립적으로 비교함으로써 모델들을 시험하였다. 주어진 모델의 평균 편차를 'avgDevP'로, 반면에 최대 편차를 'maxDevP'로 나타내었다. 가장 작은 'avgDevP' 값이 나타내는 것처럼, 최적의 성능을 갖는 모델을 책의 소프트웨어와 DECHEMA 소프트웨어 모두에 굵게 나타내었다. 모든 모델이 합리적으로 잘 작동하고 여러 모델들이 다른 계들에 대해서 더 잘 작동한다는 것을 볼 수 있다. 목적 함수(objective function)를 사용한 이들 모델 상수들의 최적화에 대한 더 자세한 논의는 8.1절에 제시한다.

Three-suffix Margules 식은 식 (7.60)에 대한 함수와 동등하다.

$$g^E = x_a x_b [A_{ba} x_a + A_{ab} x_b] \tag{7.61}$$

이 식은 대수학적으로 비대칭 모델 중 가장 단순한 형태이며, 또한 많은 이성분계에 대해 합리적인 예측 결과들을 제공한다. 이 식은 심지어 활동도 계수가 최대값 또는 최소값을 나타내는 계들을 묘사할 수 있다.

Van Laar 식은 또 다른 2-상수 모델이다.

$$g^E = x_a x_b \left(\frac{AB}{Ax_a + Bx_b} \right) \tag{7.62}$$

이 식은 van der Waals 상태방정식을 기반으로 개발된 반면, 이 식의 상수는 경험적으로 실제 잘 맞다. 두 상수 A와 B는 모든 조성 범위에 대하여 모델이 적용되도록 하기 위해서 같은 부호를 가질 필요가 있으며, 극값을 나타낼 수 없다.

Wilson 식은 다음과 같이 주어진다.

$$g^E = -RT[x_a \ln(x_a + \Lambda_{ab} x_b) + x_b \ln(x_b + \Lambda_{ba} x_a)] \tag{7.63}$$

Wilson 식은 알코올류(alcohols)와 알케인류(alkanes)와 같은 극성 및 비극성 성분의 혼합물에 대하여 잘 맞으며, 이 경우들에 추전한다. 이 식은 또한 탄화수소(hydrocarbon) 혼합물들에 대해 잘 맞으며, 다성분계 혼합물로 쉽게 확장된다. 그러나 Wilson 상수 Λ_{ab}와 Λ_{ba}는 양수로 제한되어야 하며, 식 (7.63)은 매우 묽은 용액의 경우에만 적합하다. 덧붙여, Wilson 식은 그림 7.10에 나타낸 거동과 같은 부분 혼합을 나타내는 계를 묘사할 수 없다. Wilson 식은 분자적 기반에서 파생되었다. Wilson 상수 Λ_{ab}와 Λ_{ba}는 분자 상수들과 다음과 같이 연결될 수 있다.

---

4. S. M. Walas, *Phase Equilibria in Chemical Engineering*(Boston: Butterworth, 1985).

5. J. Gmehling et al., *Vapor-Liquid Equilibrium Data*.

표 7.3 실험적 증기–액체 평형*에 대한 표 7.2에 주어진 모델의 상수에 대한 최적 맞춤 결과

이성분계	T	3-Suffix Margules				van Laar				Wilson				NRTL			
		Text Software		DECHEMA		Text Software		DECHEMA		Text Software		DECHEMA		Text Software		DECHEMA	
		avgDevP (Torr)	maxDevP (Torr)	avgDevP (Torr)	maxDevP (Torr)	avgDevP (Torr)	maxDevP (Torr)	avgDevP (Torr)	maxDevP (Torr)	avgDevP (Torr)	maxDevP (Torr)	avgDevP (Torr)	maxDevP (Torr)	avgDevP (Torr)	maxDevP (Torr)	avgDevP (Torr)	maxDevP (Torr)
Aqueous–Organic																	
Ethanol and water	(75°C)	**3.93**	**11.00**	**5.91**	**11.55**	4.61	9.25	7.09	9.78	5.34	8.94	8.08	13.31	4.15	9.83	6.95	9.85
Water and Acetic Acid**	(80°C)	4.79	10.30	3.79	8.11	**4.38**	**11.86**	3.18	9.12	4.70	11.97	2.94	8.36	4.47	11.99	**1.74**	**2.70**
Aliphatic Hydrocarbons (C1–C6)																	
Methylcyclopentane and benzene	(60°C)	2.47	10.17	2.98	10.15	**2.46**	**10.20**	**2.97**	**10.19**	2.48	10.22	2.99	10.19	3.00	10.75	3.01	10.00
Hexane and benzene	(25°C)	0.13	0.39	0.48	1.12	0.07	0.31	0.44	0.98	0.07	0.30	**0.43**	**0.92**	**0.06**	**0.31**	0.43	0.99
Aliphatic Hydrocarbons (C7–C18)																	
Chloroform and heptane	(25°C)	0.37	0.81	**0.41**	**0.82**	0.32	0.72	0.43	0.71	**0.30**	**0.73**	0.44	0.72	0.31	0.72	0.42	0.71
Pyridine and nonane	(97°C)	**1.26**	5.14	**5.33**	**8.14**	1.42	**3.88**	5.67	7.48	1.64	5.10	5.65	8.98	1.63	5.61	5.77	3.98
Alcohols																	
Ethanol and toluene	(60°C)	10.34	46.54	9.95	46.72	**10.32**	**46.42**	**9.93**	**46.64**	12.94	51.03	12.48	51.15	10.32	46.45	10.27	48.03
Ethanol and 3-methylbutanol	(70°C)	4.77	9.85	8.13	13.28	4.77	9.85	8.13	13.28	**4.77**	**9.84**	**8.12**	**13.26**	4.77	9.85	8.30	13.67
Carboxylic Acids, Esters																	
Chlorobenzene and propionic acid**	(40°C)	**0.89**	**1.80**	**0.21**	**0.41**	1.01	2.11	0.27	0.58	1.01	2.11	0.28	0.62	0.92	1.91	0.26	0.54
Methyl acetate and ethyl acetate	(40°C)	**1.03**	**2.45**	**0.44**	**0.91**	1.12	2.58	0.53	1.11	1.14	2.62	0.59	1.17	1.09	2.55	0.51	1.09
Aldehydes, Ethers																	
Pentane and acetone	(25°C)	5.86	16.57	4.46	13.43	5.78	16.30	4.43	13.66	**4.00**	**8.14**	1.69	7.10	4.08	8.57	**1.53**	**5.52**
Heptane and butyl ether	(90°C)	20.95	32.21	**20.04**	**31.68**	20.88	31.50	20.45	31.18	21.80	32.81	20.87	32.43	**20.42**	**30.89**	20.55	32.45
Nitrogen, Sulfur Compounds																	
Diethylamine and triethylamine	(40°C)	3.04	10.84	2.47	7.64	2.40	5.23	2.66	5.03	2.88	10.70	**2.45**	**7.62**	**2.09**	**4.12**	2.45	7.68
Aniline and n-methylaniline	(145°C)	0.18	0.44	0.23	0.45	**0.18**	**0.40**	0.22	0.42	0.18	0.41	0.22	0.41	0.19	0.43	**0.20**	**0.39**
Aromatic Hydrocarbons																	
Hexafluorobenzene and p-xylene	(40°C)	**0.55**	**1.28**	**0.66**	**1.27**	0.63	1.51	0.76	1.51	0.65	1.53	0.78	1.53	0.60	1.39	0.74	1.48
Toluene and chlorobenzene	(70°C)	**0.07**	**0.17**	**0.61**	**1.00**	0.07	0.17	0.51	1.07	0.43	0.65	0.59	1.00	0.07	0.17	0.51	1.07

* 굵게 표시된 값들은 가장 작은 평균 편차를 갖는 쌍을 나타내며 최적 맞춤으로 고려할 수 있다. 각각의 이성분계에 대하여, 최적 맞춤 값들을 이 책의 software와 DECHEMA 자료로 보고된 결과 모두에 나타내었다.

** DECHEMA로 보고한 값들은 기체상 조합을 보정한다. 이러한 보정은 이 책의 software에는 적용하지 않았다.

$$\Lambda_{ab} = \frac{v_b}{v_a}\exp\left(-\frac{\lambda_{ab}}{RT}\right) \tag{7.64}$$

그리고

$$\Lambda_{ba} = \frac{v_a}{v_b}\exp\left(-\frac{\lambda_{ba}}{RT}\right) \tag{7.65}$$

λ_{ab}와 λ_{ba} 항들은 a-a 또는 b-b 상호작용이 각각 a-b 상호작용과 얼마나 다른지를 기술하는 에너지 상수를 나타낸다. 또한 몰부피 비를 통하여 분자의 크기를 고려해야 한다. 상수 λ_{ab}와 λ_{ba}는 상대적으로 온도에 덜 민감하다. 그러므로 다른 온도에서 이 상수들을 알고 있을 때, 어떤 온도에서 Wilson 식의 상수를 알아내기 위하여 식 (7.64)와 (7.65)를 이용할 수 있다.

Nonrandom two-liquid(NRTL) **모델**은 다음과 같이 주어진다.

$$g^E = RTx_ax_b\left[\frac{\tau_{ba}\mathbf{G}_{ba}}{x_a + x_b\mathbf{G}_{ba}} + \frac{\tau_{ab}\mathbf{G}_{ab}}{x_b + x_a\mathbf{G}_{ab}}\right] \tag{7.66}$$

여기에서 $\mathbf{G}_{ab} = \exp(-\alpha\tau_{ab})$ 이고, $\mathbf{G}_{ba} = \exp(-\alpha\tau_{ba})$ 이다. NTRL 식에는 τ_{ab}, τ_{ba} 그리고 α의 세 가지 상수가 있다. 실험 자료에 이들 상수를 최적 맞춤하는 것은 앞에서 논의한 모델들에서보다 더 복잡하다. 그러나 NTRL 식은 부분 혼합과 유기 성분과 물의 혼합을 포함한 이상성에서 큰 편차를 갖는 계들에 대해 이점을 제공한다. Wilson 식과 같이 NTRL 식은 분자적 기반에서 파생되었다. NTRL 식에서 앞의 두 상수, τ_{ab}와 τ_{ba}는 b-b 또는 a-a 상호작용이 각각 a-b 상호작용과 얼마나 다른가를 묘사하는 에너지 상수들을 나타낸다. 마지막 항 α는 혼합물의 *비무작위성*(nonrandomness), 즉 좁은 영역의 질서와 분자 배열과 관련된 엔트로피 상수를 나타낸다.

g^E에 관한 더욱 복잡한 모델들이 분자적 원리에 기반하여 개발되었다. 예를 들면, universal quasi-chemical theory, UNIQUAC는 Wilson 식의 확장 형태이다. 이 식은 과잉 Gibbs 에너지를 두 부분으로 나눈다. 하나는 엔트로피로 인한 조합 부분, 다른 하나는 에너지로 인한 잔여 부분으로 나눈다.

$$g^E = g^E_{\text{combinatorial}} + g^E_{\text{residual}}$$

$g^E_{\text{combinatorial}}$과 g^E_{residual}에 관한 식은 표 7.4에 나타내었다.

$g^E_{\text{combinatorial}}$은 분자의 크기와 모양에 의해 결정되며 부피 상수 r_i와 표면적 상수 q_i의 형태로 순수한 성분 자료만을 필요로 한다. 상수 값들은 결정학상의 측정으로부터 얻을 수 있고, 그래서 부피 분율 Φ_i^*와 면적 분율 θ_i와 각각 관련된다.

두 번째 항은 예제 7.8에서 논의한 접근법에 대한 개념과 유사한 분자 간 힘을 기반으로 한다. 이 항은 표면적 파라미터의 변형된 항 q_i'을 사용한다. 비록 UNIQUAC이 수학적으로 지금까지 논의한 모델들보다 더 복잡하지만, 실험 자료에 대한 최적화를 위해 단지 두 개의 조절 가능한 상수를 갖는다. 이들은 에너지 상수들이다.

$$\tau_{12} = \exp\left(-\frac{a_{12}}{T}\right) \quad \text{그리고} \quad \tau_{21} = \exp\left(-\frac{a_{21}}{T}\right)$$

다시, 식 (7.48)을 적용하여 활동도 계수들을 얻고 적절한 편미분을 하여 $\ln\gamma_1$과 $\ln\gamma_2$를 얻는다. 이 식들은 표 7.4에 나타내었으며, 다시 이들을 조합 부분과 잔여 부분으로 다음과 같이 쓸 수 있다.

$$\ln \gamma_i = \ln \gamma_{i,\text{combinatorial}} + \ln \gamma_{i,\text{residual}}$$

UNIQUAC은 부분 혼합 액체들을 포함한 많은 수의 극성 및 비극성 성분들에 잘 들어맞는다. 덧붙여, 이 식은 두 개의 조절 가능한 상수들만 가지고, 쉽게 다성분 혼합물로 확장할 수 있다.

UNIQUAC 식은 표 7.4에서 분자 상수를 얻기 위해 경험적 자료를 사용하지만, 이 식은 분자 간 상호작용이 분자를 이루는 작용기들 사이의 상호작용으로 분해되는 UNIFAC(universal functional activity coefficient) 모델로 변형되었다. 실험 자료에 기반하여 작용기들에 대한 광범위한 성질 기초 자료가 모아져 있다. 예를 들면 ethanol(C_2H_5OH)의 기여 부분은 세 개의 작용기 CH_3, CH_2, OH로 분해된다. 만약 계에서 분자를 구성하는 모든 작용기들에 대한 자료를 얻을 수 있다면 혼합물에서 특정 분자로부터의 자료 *없이* 활동도 계수를 계산할 수 있다.

표 7.4 UNIQUAC 활동도 계수 모델

	조합 부분	잔여 부분
$\dfrac{g^E}{RT}$	$x_1 \ln \dfrac{\Phi_1^*}{x_1} + x_2 \ln \dfrac{\Phi_2^*}{x_2} + \dfrac{z}{2}\left(x_1 q_1 \ln \dfrac{\theta_1}{\Phi_1^*} + x_2 q_2 \ln \dfrac{\theta_2}{\Phi_2^*}\right)$	$-x_1 q_1' \ln(\theta_1' + \theta_2'\tau_{21}) - x_2 q_2' \ln(\theta_1'\tau_{12} + \theta_2')$
$\ln \gamma_1$	$\ln \dfrac{\Phi_1^*}{x_1} + \dfrac{z}{2} q_1 \ln \dfrac{\theta_1}{\Phi_1^*} + \Phi_2^*\left(l_1 - l_2 \dfrac{r_1}{r_2}\right)$	$-q_1' \ln(\theta_1' + \theta_2'\tau_{21}) + \theta_2' q_1' \left(\dfrac{\tau_{21}}{\theta_1' + \theta_2'\tau_{21}} - \dfrac{\tau_{12}}{\theta_1'\tau_{12} + \theta_2'}\right)$
$\ln \gamma_2$	$\ln \dfrac{\Phi_2^*}{x_2} + \dfrac{z}{2} q_2 \ln \dfrac{\theta_2}{\Phi_2^*} + \Phi_1^*\left(l_2 - l_1 \dfrac{r_2}{r_1}\right)$	$-q_2' \ln(\theta_1'\tau_{12} + \theta_2') + \theta_1' q_2' \left(\dfrac{\tau_{12}}{\theta_1'\tau_{12} + \theta_2'} - \dfrac{\tau_{21}}{\theta_1' + \theta_2'\tau_{21}}\right)$

여기서,

$$\theta_1 = \frac{x_1 q_1}{x_1 q_1 + x_2 q_2} \qquad \theta_2 = \frac{x_2 q_2}{x_1 q_1 + x_2 q_2} \qquad \Phi_1^* = \frac{x_1 r_1}{x_1 r_1 + x_2 r_2} \qquad \Phi_2^* = \frac{x_2 r_2}{x_1 r_1 + x_2 r_2}$$

$$\theta_1' = \frac{x_1 q_1'}{x_1 q_1' + x_2 q_2'} \qquad \theta_2' = \frac{x_2 q_2'}{x_1 q_1' + x_2 q_2'} \qquad z = 10$$

$$l_1 = \frac{z}{2}(r_1 - q_1) - (r_1 - 1) \qquad l_2 = \frac{z}{2}(r_2 - q_2) - (r_2 - 1)$$

예제 7.12 UNIQUAC를 이용한 활동도 계수 계산

UNIQUAC 활동도 계수 모델을 이용하여 50°C, 이성분 혼합물에서 ethanol 몰분율에 대하여 ethanol(1)과 *n*-heptane(2)의 이성분 혼합물의 활동도 계수를 도표로 나타내어라. UNIQUAC 상수들은 다음과 같이 주어진다.

	ethanol	*n*-heptane			
r	2.11	5.17	그리고	$a_{12} =$	−105.23
q	1.97	4.40		$a_{21} =$	1380.3
q'	0.92	4.40			

결과를 다음의 측정 자료와 비교하라.

x_1	0.0514	0.118	0.3022	0.4383	0.5862	0.6646	0.7327	0.772	0.823	0.8788	0.9274	0.9769
γ_1	9.837	5.978	2.650	1.876	1.427	1.283	1.184	1.136	1.091	1.143	1.148	1.045
γ_2	0.985	1.069	1.320	1.629	2.158	2.550	3.161	3.561	4.249	4.184	4.540	6.719

풀이 ▶ 몰분율 범위에 대하여 γ_1과 γ_2를 계산해야 한다. $x_1 = 0.3022$ 값을 이용하여 계산 과정을 설명한다. 표 7.4의 식들에서 다음을 얻는다.

	ethanol	*n*-heptane
$\Phi_i^* = \dfrac{x_i r_i}{x_1 r_1 + x_2 r_2}$	0.150	0.850
$\theta_i = \dfrac{x_i q_i}{x_1 q_1 + x_2 q_2}$	0.162	0.838
$\theta_i' = \dfrac{x_i q_i'}{x_1 q_1' + x_2 q_2'}$	0.083	0.917
l_i	−0.41	−0.32

활동도 계수의 결합 부분에 대해서 다음과 같이 된다.

$$\ln \gamma_{1,combinatorial} = \ln\frac{\Phi_1^*}{x_1} + \frac{z}{2}q_1 \ln\frac{\theta_1}{\Phi_1^*} + \Phi_2^*\left(l_1 - l_2\frac{r_1}{r_2}\right) = -0.17$$

그리고

$$\ln \gamma_{2,combinatorial} = \ln\frac{\Phi_2^*}{x_2} + \frac{z}{2}q_2 \ln\frac{\theta_2}{\Phi_2^*} + \Phi_1^*\left(l_2 - l_1\frac{r_2}{r_1}\right) = -0.0184$$

활동도 계수의 나머지 부분에 대해서 에너지 상수들을 계산하면

$$\tau_{12} = \exp\left(-\frac{a_{12}}{T}\right) = 1.39 \quad \text{그리고} \quad \tau_{21} = \exp\left(-\frac{a_{21}}{T}\right) = 0.014$$

이들 값들로부터 다음과 같이 된다.

$$\ln \gamma_{1,residual} = -q_1' \ln(\theta_1' + \theta_2'\tau_{21}) + \theta_2' q_1'\left(\frac{\tau_{21}}{\theta_1' + \theta_2'\tau_{21}} - \frac{\tau_{12}}{\theta_1'\tau_{12} + \theta_2'}\right) = 1.148$$

그리고

$$\ln \gamma_{2,residual} = -q_2' \ln(\theta_1'\tau_{12} + \theta_2') + \theta_1' q_2' \left(\frac{\tau_{12}}{\theta_1'\tau_{12} + \theta_2'} - \frac{\tau_{21}}{\theta_1' + \theta_2'\tau_{21}} \right) = 0.299$$

조합부와 잔여부를 합하고 지수를 취하면 다음과 같이 된다.

$$\gamma_1 = 2.67 \quad \text{그리고} \quad \gamma_2 = 1.32$$

이들 값들은 실험적으로 측정한 값들 $\gamma_1^{exp} = 2.65$와 $\gamma_2^{exp} = 1.32$와 유사하다.

이러한 방식으로 ethanol의 다른 몰분율들에서 이 계에 대한 활동도 계수를 계산할 수 있다. 결과 자료의 도표를 그림 E7.12에 나타내었다. UNIQUAC 활동도 계수 모델은 자료를 잘 표현한다. 약간의 차이는 ethanol 몰분율이 큰 부분에서 나타나며 수소결합이 계의 거동에 상당히 기여하기 때문이다.

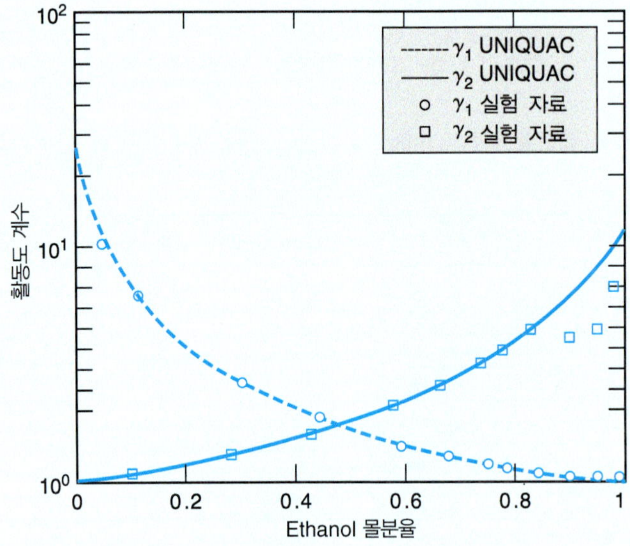

그림 E7.12 Ethanol과 *n*-heptane에 대한 활동도 계수. 선은 UNIQUAC로 구한 값들을 나타낸다. Ethanol(원)과 *n*-heptane(사각형)에 대한 실험 자료도 나타내었다.

› 다성분 계에 대한 g^E 모델

관심 있는 화학적 계에서 보통 두 가지보다 더 많은 성분을 갖는다. 이 절에서는 다성분계에 대하여 앞서 활동도 계수 모델의 확장 형태를 간략하게 살펴볼 것이다. 3성분계에 대하여 two-suffix Margules 식의 확장형에서 출발하자. 과잉 Gibbs 에너지를 다음과 같이 쓴다.

$$g^E = A_{ab}x_a x_b + A_{ac}x_a x_c + A_{bc}x_b x_c \tag{7.67}$$

식 (7.67)은 세 가지 이성분 쌍들(a-b, a-c, b-c)에 대한 이종 간 상호작용을 다른 두 가지와 무관하게 정량화한다. 그러므로 이들 상호작용을 나타내는 상수들을 용액에서 이성분 쌍들에 대한 대응 자료로부터 알 수 있다. 예를 들면, a와 b만으로 된 이성분 용액에 대한 자료로부터 A_{ab}를 알 수 있다.

반복하여 활동도 계수들은 식 (7.48)에 의해 부분 몰 과잉 Gibbs 에너지와 관련된다. 그러므로

$$\overline{G}_a^E = \left[\frac{\partial(n_T g^E)}{\partial n_a}\right]_{T,P,n_b,n_c}$$

$$\overline{G}_a^E = A_{ab}\left[\frac{\partial\left(\frac{n_a n_b}{n_a + n_b + n_c}\right)}{\partial n_a}\right]_{T,P,n_b,n_c} + A_{ac}\left[\frac{\partial\left(\frac{n_a n_c}{n_a + n_b + n_c}\right)}{\partial n_a}\right]_{T,P,n_b,n_c}$$

$$+ A_{bc}\left[\frac{\partial\left(\frac{n_b n_c}{n_a + n_b + n_c}\right)}{\partial n_a}\right]_{T,P,n_b,n_c}$$

이 식은 다음과 같이 간단하게 표현된다.

$$\overline{G}_a^E = A_{ab}(x_b^2 + x_b x_c) + A_{ac}(x_c^2 + x_b x_c) - A_{bc}(x_b x_c)$$

그리고 다음과 같이 다시 쓸 수 있다.

$$\overline{G}_a^E = RT \ln \gamma_a = A_{ab}x_b^2 + A_{ac}x_c^2 + (A_{ab} + A_{ac} - A_{bc})x_b x_c \tag{7.68}$$

같은 방식으로, $\overline{G}_b^E = RT \ln \gamma_b = A_{ab}x_a^2 + A_{bc}x_c^2 + (A_{ab} + A_{bc} - A_{ac})x_a x_c$ **(7.69)**

그리고, $\overline{G}_c^E = RT \ln \gamma_c = A_{ac}x_a^2 + A_{bc}x_b^2 + (A_{ac} + A_{bc} - A_{ab})x_a x_b$ **(7.70)**

만약 이러한 방법을 m개의 성분으로 확장한다면, 과잉 Gibbs 에너지를 다음과 같이 쓸 수 있다.

$$g^E = \sum_i \sum_j \frac{A_{ij}}{2} x_i x_j \tag{7.71}$$

여기에서 $A_{ii} = 0$이고 $A_{ij} = A_{ji}$이다.

Wilson 식은 보통 다성분 혼합물에 대해 사용된다. 이 식은 상대적으로 단순하며 많은 계들을 잘 나타내고, 또한 이성분의 쌍으로 된 자료에만 의존한다. m개 성분의 계에 대하여 과잉 Gibbs 에너지를 다음과 같이 쓴다.

$$g^E = -RT\sum_{k=1}^{m} x_k \ln\left(\sum_{j=1}^{m} x_j \Lambda_{kj}\right) \tag{7.72}$$

여기에서 Wilson 상수 $\Lambda_{jj} = 1$이다. 혼합물에서 성분 i의 활동도 계수는 미분법에서 알 수 있고 표 7.5에 나타내었다.

이성분 계에 관한 이 모델들과 유사한 다른 활동도 계수 모델들 또한 적용 가능하다. 표 7.5는 NRTL 및 UNIQUAC 모델에 관한 식들을 보여준다. 다른 모델들에서는 3성분 a-b-c 상호작용에 관한 자료가 필요할 수 있다.

› g^E의 온도와 압력 의존성

퓨가시티는 동일한 온도에서의 기준 상태로 정의하기 때문에 과잉 Gibbs 에너지를 이용하여 활동도 계수의 온도 의존성을 구하는 것은 종종 유용하다. 과잉 함수들에 대하여 다성분계들

표 7.5 다성분계에 대한 활동도 계수

모델	$\ln \gamma_i$
Wilson	$1 - \ln\left(\sum_{j=1}^{m} x_j \Lambda_{ij}\right) - \sum_{k=1}^{m} \frac{x_k \Lambda_{ki}}{\ln\left(\sum_{j=1}^{m} x_j \Lambda_{kj}\right)}; \Lambda_{jj} = 1$
NRTL	$\frac{\sum_{j=1}^{m} \tau_{ji} x_j \mathbf{G}_{ji}}{\sum_{l=1}^{m} x_l \mathbf{G}_{li}} + \sum_{j=1}^{m} \frac{x_j \mathbf{G}_{ij}}{\sum_{l=1}^{m} x_l \mathbf{G}_{lj}} \left(\tau_{ij} - \frac{\sum_{k=1}^{m} \tau_{kj} x_k \mathbf{G}_{kj}}{\sum_{l=1}^{m} x_l \mathbf{G}_{lj}}\right)$ 여기서, $\ln \mathbf{G}_{ij} = -\alpha_{ij}\tau_{ij};\ \tau_{jj} = 0;\ \mathbf{G}_{jj} = 1$
UNIQUAC	$\ln \frac{\Phi_i^*}{x_i} + \frac{z}{2} q_i \ln \frac{\theta_i}{\Phi_i^*} + l_i + \frac{\Phi_i^*}{x_i} \sum_{j=1}^{m} x_j l_j + q_i' \left[1 - \sum_{j=1}^{m} \theta_j' \tau_{ji} - \sum_{j=1}^{m} \frac{\theta_j' \tau_{ij}}{\sum_{k=1}^{m} \theta_k' \tau_{kj}}\right]$ 여기서, $l_i = \frac{z}{2}(r_i - q_i) - (r_i - 1); \quad \tau_{jk} = \exp\left(-\frac{a_{jk}}{T}\right); \quad \tau_{kk} = 1$ $\Phi_i^* = \frac{x_i r_i}{\sum_{j=1}^{m} x_j r_j}; \quad \theta_i = \frac{x_i q_i}{\sum_{j=1}^{m} x_j q_j};$ 그리고 $\theta_i' = \frac{x_i q_i'}{\sum_{j=1}^{m} x_j q_j'}$

의 기본적인 성질 관계를 쓸 수 있다. 과잉 Gibbs 에너지에 관하여 다음 식을 얻는다.

$$dG^E = V^E dP - S^E dT + \sum \overline{G}_i^E dn_i \tag{7.73}$$

식 (7.73)의 도함수는 다음과 같이 된다.

$$\left(\frac{\partial g^E}{\partial P}\right)_{T,n_i} = v^E = \Delta v_{\text{mix}} \tag{7.74}$$

그리고

$$\left(\frac{\partial g^E/T}{\partial T}\right)_{P,n_i} = \frac{-h^E}{T^2} = \frac{-\Delta h_{\text{mix}}}{T^2} \tag{7.75}$$

식 (7.74)와 (7.75)는 Gibbs 에너지에 관한 식이 실험적으로 취급 가능한 성질들의 항으로 P와 T 각각에 대하여 어떻게 변화하는지를 알게 한다. 그러므로 실험 조건들에 대한 한 가지 집합에서 g^E 최적화 모델을 다른 값의 P와 T로 확장할 수 있다.

혼합의 부피와 엔탈피 변화를 6.3절에서 논의하였다. 식 (7.74)와 (7.75)의 우변에 있는 양들, 혼합의 부피 변화와 혼합의 엔탈피 변화를 실험실에서 각각 측정할 수 있는 방법을 생각해 낼 수 있는가?

이러한 자료를 사용할 수 없을 때, g^E의 온도 의존성에 관한 두 가지 극한 상황을 고려하는 것이 도움이 된다. 과잉 Gibbs 에너지를 다음과 같이 쓸 수 있다.

$$g^E = h^E - Ts^E \tag{7.76}$$

첫 번째 경우에서는 에너지 효과와 관련된 모든 비이상성을 고려한다. 이러한 것을 이 장 전반에 걸쳐서 고려해 왔다. 이 경우에 혼합물의 성분 간 인력이 다르지만, 이들의 크기와 형태는 본질적으로 동일하다. 그러므로 s^E는 무시할 수 있으며 식 (7.76)은 다음과 같이 된다.

$$g^E = h^E = \Delta h_{\text{mix}} \tag{7.77}$$

식 (7.77)을 식 (7.75)에 대입하고 미분하면 다음과 같이 된다.

$$\left(\frac{\partial g^E/T}{\partial T}\right)_{P,n_i} = \frac{-g^E}{T^2} + \frac{1}{T}\left(\frac{\partial g^E}{\partial T}\right)_{P,n_i} = \frac{-g^E}{T^2}$$

그러므로 다음 식과 같아야 한다.

$$\left(\frac{\partial g^E}{\partial T}\right)_{P,n_i} = 0$$

적분하면 다음과 같이 된다.

$$g^E = \text{일정} = RT\sum x_i \ln \gamma_i \tag{7.78}$$

활동도 계수의 합이 온도에 역비례한다는 것을 나타낸다. 이 경우에 **정규용액**(regular solution)이라고 말한다.

다른 극한은 성분의 화학적 성질은 본질적으로 동일하지만 크기와 형태가 다른 경우로 이루어진다. 그러므로 모든 비이상성은 엔트로피 효과와 관련된다. 예를 들면, 이것을 용액에서 고분자에 적용할 수 있다. 이 경우에 h^E를 무시할 수 있으며, 식 (7.76)은 다음과 같이 된다.

$$\frac{g^E}{T} = -s^E$$

그래서

$$\left(\frac{\partial g^E/T}{\partial T}\right)_{P,n_i} = 0$$

그러므로 과잉 Gibbs 에너지는 다음과 같이 쓴다.

$$\frac{g^E}{T} = \text{일정} = R\sum x_i \ln \gamma_i \tag{7.79}$$

활동도 계수의 합이 온도와 무관하다는 것을 알 수 있다. 결과적으로 이러한 거동을 하는 계는 **비온성**(athermal)이라고 부른다. 실제로 용액들은 에너지와 엔트로피 효과 모두로 인해서 편차가 발생하며, 이 경우에 온도 의존성은 위에 언급된 두 가지 경우 사이에 존재한다.

유사한 방식으로, 또한 활동도 계수의 온도와 압력 의존성을 알 수 있다. 식 (7.48)로부터 다음 식을 얻는다.

$$\mu_i - \mu_i^{\text{ideal}} = RT \ln \gamma_i$$

일정한 T와 x에서 P에 대하여 미분하면 다음과 같이 된다.

$$\left(\frac{\partial \ln \gamma_i}{\partial P}\right)_{T,x} = \frac{1}{RT}\left[\left(\frac{\partial \mu_i}{\partial P}\right)_{T,x} - \left(\frac{\partial g_i}{\partial P}\right)_T\right] = \frac{\overline{V}_i - v_i}{RT} \tag{7.80}$$

유사하게, T에 대하여 미분하면 다음과 같이 된다.

$$\left(\frac{\partial \ln \gamma_i}{\partial T}\right)_{P,x} = \frac{1}{RT}\left[\left(\frac{\partial \mu_i}{\partial P}\right)_{P,x} - \left(\frac{\partial g_i}{\partial P}\right)_P\right] - \frac{1}{RT^2}(\overline{G}_I - g_i) = \frac{\overline{S}_i - s_i}{RT} - \frac{\overline{G}_i - g_i}{RT^2}$$

Gibbs 에너지의 정의를 적용하면, 다음과 같이 된다.

$$\left(\frac{\partial \ln \gamma_i}{\partial T}\right)_{P,x} = -\frac{\overline{H}_i - h_i}{RT^2} \tag{7.81}$$

식 (7.80)과 (7.81)의 우변에 있는 값들을 구하기 위해서 6.3절에서 기술한 방법을 사용할 수 있다.

예제 7.13 **온도에 따른 Margules 상수의 변화 계산**

18°C에서 benzene(1)−cyclohexane(2)에 관한 혼합 엔탈피 자료[6]를 다음과 같이 최적화하였다.

$$\Delta h_{\text{mix}} = 3250 x_1 x_2 [\text{J/mol}] \tag{E7.13A}$$

10°C에서 two-suffix Margules 상수 A는 1401[J/mol]이다. 60°C에서 A를 예측하라. 문헌의 값과 비교하라.

풀이 ▶ 식 (7.75)에서

$$\left(\frac{\partial g^E/T}{\partial T}\right)_{P,n_i} = \frac{-h^E}{T^2} = \frac{-\Delta h_{\text{mix}}}{T^2} \tag{7.75}$$

식 (7.75)에 two-suffix Margules 식, $g^E = Ax_1x_2$과 식 (E7.13A)를 이용하면,

$$d\left(\frac{A}{T}\right) = \frac{-3250}{T^2}\text{d}T \tag{E7.13B}$$

혼합의 엔탈피가 온도에 따라 일정하다고 가정하면, 식 (E7.13B)를 적분할 수 있으며 다음과 같이 된다.

$$A_{333} = 333\left[3250\left(\frac{1}{333} - \frac{1}{283}\right) + \frac{A_{283}}{283}\right] = 1072\left[\frac{\text{J}}{\text{mol}}\right]$$

실험 자료에서 직접 구한 A의 값은 다음과 같다(연습 문제 8.52 참조).

$$A = 1143\ [\text{J/mol}]$$

이 두 값들은 약 5% 정도 차이가 있다.

6. E. W. Washburn(ed.), International Critical Tables(Vol. V)(New York: McGraw-Hill, 1929).

액체상에 대한 상태방정식 접근법

7.3절에서 퓨가시티 계수를 수단으로 하여 증기상에서 퓨가시티를 계산하기 위해서 상태방정식의 이용을 살펴보았다. 이러한 접근법은 액체상에서도 이용할 수 있다. 여기에서

$$\hat{f}_i^l = x_i \hat{\varphi}_i^l P \tag{7.82}$$

그리고

$$\mu_i^l - g_i^0 = -\int_{\left(\frac{n_T RT}{P_{low}}\right)}^{V} \left(\frac{\partial P}{\partial n_i}\right)_{T,V,n_{j\neq i}} dV = RT \ln\left[\frac{\hat{f}_i^l}{y_i P_{low}}\right] \tag{7.83}$$

그러나 이의 응용은 증기상에서보다는 액체에서 더 많은 제약을 받는다. 식 (7.83)은 혼합물의 액체 거동을 기술하기 위해서 상태방정식의 정확도에 의존한다. 이러한 거동은 기체보다 훨씬 더 많이 상호작용하는 액체에 관한 혼합규칙에서의 불확실성 때문에 정량화하기 어렵다. 더구나 식 (7.83)에서 상태방정식은 저밀도의 이상기체에서 고밀도의 액체에 이르기까지 전체 적분 범위에 걸쳐서 유효해야 한다. 그러므로 위에서 논의된 활동도 계수 접근법은 일반적으로 응축상에서 선호한다. 그러나 비극성 탄화수소와 같은 '단순한' 분자들에 관해 상태방정식 접근법은 특히 고압에서 액체에 관해 잘 작동한다. 제8장에서 상태방정식 방법을 사용하여 증기-액체 평형을 계산하는 방법을 예제로 볼 것이다.

7.5 고체상에서의 퓨가시티

고체가 이상 고체 기준 상태와 비교하여 얼마나 '활동적인(active)'가 정도로 고체상의 퓨가시티는 액체상과 유사하게 취급할 수 있다

순수한 고체

만약 고체가 순수한 성분으로만 되어 있다면 정의에 따라 고체는 이상적이다(모든 분자 간 힘은 동일하다). 이 경우에 고체의 활동도 계수는 1이다.

$$\Gamma_i^{\text{pure solid}} = 1$$

고체상을 식별하기 위하여 대문자 Γ_i를 사용한다는 것에 주의하라. 고체의 퓨가시티는 순수한 성분의 퓨가시티와 동일하다.

$$\hat{f}_i^s = f_i^s$$

고체 용액

고체 용액(solid solution)은 많은 이들의 독특한 성질 때문에 많은 응용 예들을 발견할 수 있다. 예를 들면, 고온 초전도체(high-temperatrue superconductor)는 $Ba_xY_{1-x}Cu_yO_{4-y}$와 같은 세라믹 산화물로 구현되어지고 있다. 이들 *고체 용액*들은 액체 용액처럼 취급할 수 있다. 즉, 기준 상태를 정의하고 g^E에 대한 모델을 구할 수 있다. 이 경우에

$$\hat{f}_i^s = X_i \Gamma_i f_i^s \tag{7.84}$$

고체 용액에서 한 성분의 퓨가시티를 풀기 위해서는 액체 용액(7.4절)에서와 같은 접근법을 사용할 수 있다.

결정체에서 틈과 공동

완전한 결정체는 모든 격자점(lattice point)에 원자를 갖는 격자(lattice)로 이루어진다. 자연에서 완벽한 결정체는 없다. 원자가 한 격자점에서 비게 되면, 공동(vacancy)이 존재한다고 말한다. 격자점 사이에 더 많은 원자가 있을 때 틈(interstitial)이 생긴다. 가장 낮은 에너지 상태는 완전 결정체 상태이다. 공동과 틈은 더 큰 엔트로피를 생성한다. 다시, 틈과 공동의 농도를 정성적으로 예상하기 위하여 Gibbs 에너지의 개념을 적용할 수 있다. 이 경우에는 틈과 공동의 농도를 결정하기 위해서는 제9장에서 전개된 개념을 사용할 것이다. 이 주제는 9.8절에서 다룰 것이다.

▶ 7.6 요약

이 장에서 우리는 **퓨가시티**(fugacity)를 성분들 사이의 화학 평형에 대한 판단 기준을 기술할 때에 화학 퍼텐셜의 대체 방법으로 소개하였다. 퓨가시티는 공학적 계산에서 더 많이 사용된다. 이것을 다음과 같이 정의한다.

$$\mu_i - \mu_i^o \equiv RT \ln\left[\frac{\hat{f}_i}{\hat{f}_i^o}\right] \tag{7.3}$$

이 정의를 적용할 때에는 잘 정의된 **기준 상태**(°, reference state)가 있어야 한다. 상 α와 β 사이의 화학 평형에 대한 기준은 퓨가시티의 관점에서 다음과 같이 쓸 수 있다.

$$\hat{f}_i^\alpha = \hat{f}_i^\beta \tag{7.6}$$

평형 상태의 각 상에서 성분 i의 조성에 대해 식 (7.6)을 풀기 위해서 증기상과 응축상에서 퓨가시티에 대한 식을 전개하였다. 증기와 응축상 사이에서 퓨가시티에 대한 식의 차이는 전형적으로 기준 상태의 선택에 있다.

증기상(vapor phase)에서 퓨가시티는 보통 **이상기체 기준 상태**(ideal gas reference state)를 이용하여 계산한다. 그러므로 식 (7.3)에서의 정의에 따라 제한되는 것처럼 순수 성분 i의 기준 상태는 그 계의 온도에서 이상기체처럼 거동하는 충분히 낮은 압력 상태이다. 혼합물에 존재하는 성분 i에 대해서 기준 상태가 혼합물의 조성이라고 규정할 수 있다. 퓨가시티를 **퓨가시티 계수**(fugacity coefficient, 계에 이상기체로 존재하는 성분 i의 분압에 대하여 성분 i의 퓨가시티를 비교하는 무차원)항으로 나타낼 수 있다.

$$\hat{\varphi}_i \equiv \frac{\hat{f}_i}{p_{i,\text{sys}}} = \frac{\hat{f}_i}{y_i P_{\text{sys}}} \tag{7.5}$$

퓨가시티 계수 1은 인력과 척력의 균형을 잡고 있는 경우를 나타내며, 보통 이상기체를 나타낸다. $\hat{\varphi}_i < 1$이면, 인력이 이 계의 거동을 주도하는 반면, $\hat{\varphi}_i > 1$인 경우는 척력이 더 크다는 것을 나타낸다. 순수 성분 및 혼합물에 대한 퓨가시티와 퓨가시티 계수는 열역학적 성질표, 상태방정식 또는 일반 상관관계식에서 적합한 실험 자료를 가지고 풀 수 있다. 혼합물의 경우에는 퓨가시티 계수를 계산하는 엄격한 세 가지 단계가 있다.

1. 조성 의존형 퓨가시티 계수와 관련된 모든 문제를 풀 수 있다. 이 접근법은 단지 적용하는 혼합규칙만큼만 정확하다.

   $\hat{f}_i^v = y_i \hat{\varphi}_i^v P$　　매우 엄밀함

2. 첫 번째 근사법으로 **Lewis 퓨가시티 규칙**(Lewis fugacity rule)을 이용할 수 있으며, 7.3절에서 논의한 것처럼 순수 성분에 대한 퓨가시티 계수 값에 기초한다. 이 접근법의 장점은 혼합규칙이 필요하지 않으며 수학적으로 훨씬 더 쉽다는 것이다.

$$\hat{f}_i^v = y_i \hat{\varphi}_i^v P \quad \text{Lewis 퓨가시티 규칙} \qquad \text{첫 번째 근사법}$$

3. 두 번째 근사법으로 **이상기체**(ideal gas) 거동을 가정할 수 있다. 이 경우에는 분자 간 힘들이 존재하지 않는다. 그래서 성분 i의 퓨가시티는 단순히 이 성분의 분압과 같다.

$$\hat{f}_i^v = y_i P \quad \text{이상기체} \qquad \text{두 번째 근사법}$$

액체 또는 고체상에 대해서는 기준 상태로 **이상용액**(ideal solution)을 선택한다. 분자 수준에서는 혼합물의 모든 조성물들 사이의 분자 간 상호작용이 같을 때 용액을 이상적이라고 정의한다. 이러한 이상용액화(idealization)는 혼합물에서의 퓨가시티와 순수 성분의 퓨가시티 사이에 몰분율에서 선형적인 관계를 갖게 한다. 기준 상태에 대해서는 두 가지 보편적인 선택법이 있다. **Lewis/Randall 규칙**(Lewis/Randall rule)의 기준 상태는 성분 i 특유의 순수 성분 간 상호작용에 기인한다. 즉 i-i 상호작용에 기인한다.

$$\hat{f}_i^{\text{ideal}} = \hat{f}_i^o = f_i \tag{7.30}$$

Henry의 법칙 기준 상태는 가상적인 순수 유체로 개념화할 수 있다. 여기에서 특유의 상호작용 에너지는 분자 i와 그 외 분자 j 사이의 상호작용이다. 즉, i-j 상호작용에 기인한다.

$$\hat{f}_i^{\text{ideal}} = \hat{f}_i^o = \mathcal{H}_i \tag{7.31}$$

Lewis/Randall 기준 상태를 정량화하기 위해서는 이 혼합물의 T와 P에서 순수 성분 i의 퓨가시티에 대한 값 f_i^l를 찾아야 한다. **Poynting 보정**(Poynting correction)을 이용하는 식 (7.36)은 순수 성분의 퓨가시티가 압력에 따라 어떻게 변화하는지 보여준다. 유사하게, 식 (7.40)과 (7.41)에서 각각 주어진 것과 같이 Henry 상수가 온도와 압력에 따라 어떻게 변화하는지 결정하기 위해서 열역학적 망을 적용할 수 있다.

주어진 성분의 퓨가시티가 이상용액에서 가지는 값에서 얼마나 많이 벗어났는가를 정량화하기 위하여 **활동도 계수**(activity coefficient)를 사용한다. 활동도 계수는 다음과 같이 정의한다.

$$\gamma_i = \frac{\hat{f}_i^l}{\hat{f}_i^{\text{ideal}}} = \frac{\hat{f}_i^l}{x_i f_i^o} \tag{7.32}$$

활동도 계수는 이종 간 상호작용 대비 동종 간 상호작용의 상대적인 양에서 기인하기 때문에, 활동도 계수 값은 조성의 변화에 따라 변화한다. 이 값은 또한 특정한 기준 상태에 따라 변화한다. 유사하게 성분 i의 **활동도**(activity) a_i는 기준 상태에 있는 순수 성분들의 퓨가시티에 대한 액체상태의 성분 i의 퓨가시티를 비교한다. Gibbs–Duhem 식은 혼합물에서 다른 성분들의 활동도 계수를 연관시킬 수 있게 하며, 이에 따라 **열역학적 일관성**(thermodynamic consistency)을 확인하게 해준다.

과잉 Gibbs 에너지(excess Gibbs energy) g^E는 혼합물에서 모든 성분들의 활동도 계수를 단일의 정량적 조성 관계식으로부터 얻을 수 있는 기초를 제공한다. 과잉 Gibbs 에너지는 Gibbs 에너지이 실제 값과 실제 혼합물과 동일한 온도, 압력 및 소성인 이상용액이 가질 가상적인 값 사이의 차이로 정의한다. 액체 또는 고체상의 퓨가시티를 알기 위해서 γ_i에 대한 값을 찾아내는 접근법은 과잉 Gibbs 에너지 g^E에 대한 분석적 식을 찾아내는 것이다. 그러므로 우리는 경험적으로 이 식에 있는 변수를 실험 자료와 일치시킨다. 혼합물에서 각 성분 i에 대한 활동도 계수는 식 (7.48)에서 보여준 것처럼 부분 몰 과잉 Gibbs 에너지(partial molar excess Gibbs energy)를 계산함으로써 알 수 있다. 이러한 방식으로 모든 성분들에 대하여 활동도 계수를 얻기 위해서 단지 g^E에 대한 *한 가지* 모델만이 필요하다.

Two-suffix Margules 식은 이들 **활동도 계수 모델**(activity coefficient model) 중 가장 단순한 중요 예시이다. 분자 수준에서, two-suffix Margules 상수 A는 이종 간 상호작용의 퍼텐셜 에너지와 동종 간 상호작용의 퍼텐셜 에너지 사이의 차이에 비례한다. 이는 활동도 계수가 **대칭**(symmetric)인 계에만 적용된다. 다른 활동도 계수 모델들을 **three-suffix Margules 식**, **van Laar 식**, **Wilson 식** 및 **NRTL 식**을 포함한 **비대칭**(asymmetric) 계들에 적용할 수 있다. 이성분 혼합물들에 대한 이들 모델들과 이들과 관련된 활동도 계수들에 대한 식들을 표 7.2에 요약하였다. ThermoSolver 소프트웨어는 활동도 계수 모델의 변수들을 실험 자료로부터 얻을 수 있게 해준다. 다성분 혼합물에 대한 활동도 계수를 얻기 위해서 two-suffix Margules 식과 Wilson 식을 응용한 식들을 7.4절에 나타내었다. 또한 액체상과 고체상에 대하여 **상태방정식 접근법**(equation of state approach)을 적용할 수 있다. 이 접근법은 기체상 퓨가시티에 대해 사용한 것과 유사하다.

▶ 7.7 연습 문제

개념 문제

7.1 여러분이 앉아 있는 방에서 방금 뚜껑을 연 물병을 고려하라. 물병에 있는 액체에서 물의 퓨가시티는 증기상에 있는(즉, 방 안의 공기 중 있는) 물의 퓨가시티와 어떻게 비교되는가? 물병에 있는 액체는 실온이라고 가정한다. 설명하라.

7.2 300 K와 30 bar 상태의 성분 1과 2의 기체 혼합물이 완벽하게 Lewis 퓨가시티 규칙을 따른다. 혼합물의 엔탈피는 얼마인가? 다음 답 중의 하나를 선택하고, 이유를 설명하라.
(300 K와 30 bar 상태에서 인력 상호작용이 지배적이라면, $\Delta h_{mix} < 0$ / 300 K와 30 bar 상태에서 인력 상호작용이 지배적이라면, $\Delta h_{mix} > 0$ / $\Delta h_{mix} = 0$ / 더 많은 정보가 주어지지 않는다면 답할 수 없다).

7.3 다음 혼합물들 중 어떤 것에서 성분 1이 Lewis 퓨가시티 규칙으로 더 잘 표현된다고 예상하는가? 설명하라.

혼합물 A: n-pentane(1)과 n-hexane(2)

또는,

혼합물 B: 물(1)과 n-hexane(2)

7.4 Van der Waals 상수들 a와 b에 대한 혼합규칙이 다른 형태를 갖는 이유를 설명하라.

7.5 오전 10시이며 벌써 더워지고 있다. 여러분은 여름에 휴스톤에서 야외 작업을 동의한 것에 의아해 하고 있다. 라디오에는 기상예보관이 "오늘 온도가 95(°F) 그리고 습도가 90%에 달해 또 다른 기록이 될 것입니다."라고 예보하고 있다. 아마도 열 때문이겠지만 얼굴의 땀을 닦을 때 당신은 열역학 교실에 편안히 앉아 있기를 열망할 것이다. 어떤 생각이 드는가? 자신의 땀(물에 중량비로 3.5% NaCl)에 있는 물의 퓨가시티를 뜨거운 휴스턴의 대기 속의 물의 퓨가시티와 어떻게 비교할까? 설명하라.

7.6 Henry의 법칙은 종종 평형 상태 계산에 있어 액체상에 있는 묽은 성분들에 대한 편리한 기준 상태이다.

(a) 물(2)에 acetone (1)이 섞여 있는 용액과 물(2)에 methane(1) 섞여 있는 용액을 고려하자. 어느 용액이 더 큰 Henry 상수 $\mathcal{H}_i$를 갖는가? 설명하라.

(b) 임의의 온도에서 성분 a에 대한 Henry 상수 $\mathcal{H}_a$가 순수 성분 a의 퓨가시티 f_a와 동일한 (a)와 (b)로 된 이성분 혼합물을 고려하자. 활동도 계수 γ_a를 몰분율 x_a의 함수로 도식화하라.

7.7 성분 a와 b로 된 이성분 액체 혼합물을 고려하자. 이 혼합물에 대한 활동도 계수를 two-suffix Margules 식으로 적절히 기술하라.

(a) 만약 $\Delta h_{\text{mix}} = 0$이라면, two-suffix Margules 상수 A에 대해 어떻게 얘기할 수 있는가?

(b) 만약 $\Delta v_{\text{mix}} = 0$이라면, two-suffix Margules 상수 A에 대해 어떻게 얘기할 수 있는가?

7.8 책에서 퓨가시티의 전개가 귀납적이라고 언급하였다. 이것이 무엇을 의미하는지 여러분의 생각을 설명하라.

7.9 두 가지 다른 이성분 혼합물에 대한 자료 집합을 아래 그림에 도식화하였다. 위쪽에 성분 a의 액체상 퓨가시티 계수를 a의 몰분율에 대한 2개의 도표가 있고, 아래쪽에 a와 b의 활동도 계수를 a의 몰분율에 대한 도표들이 있다. a와 b에 대하여 Lewis/Randall 기준 상태를 적용하라. 위쪽의 도표(I과 II) 각각은 그림에서 특정한 도표에 대응한다.

(a) 위쪽의 도표를 아래쪽의 도표와 적절히 짝을 짓고 설명하라.

(b) 아래쪽 도표 모두에서 어는 선이 $\ln \gamma_a$에 대응하는지 식별하고 설명하라.

(c) 아래쪽 도표에 $\ln \gamma_a^{\text{Henry's}}$과 $\ln \gamma_b^{\text{Henry's}}$에 대한 선을 그리고, 방법을 설명하라.

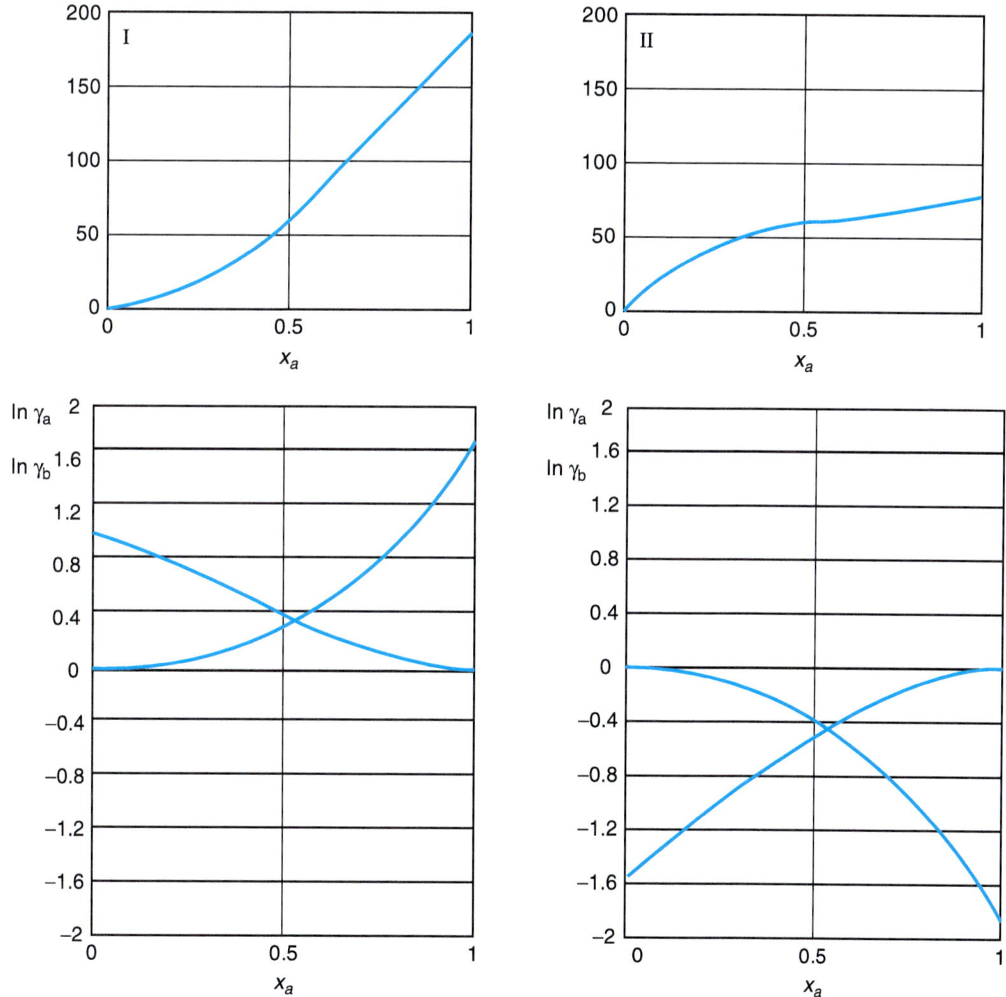

7.10 두 가지 다른 이성분 혼합물에 대한 자료를 아래 그림에 도식화하였다. a-b 상호작용이 (a-a,

b-b) 상호작용들보다 더 강하거나 또는 더 약할지를 각 도표에서 결정하라. 설명하라.

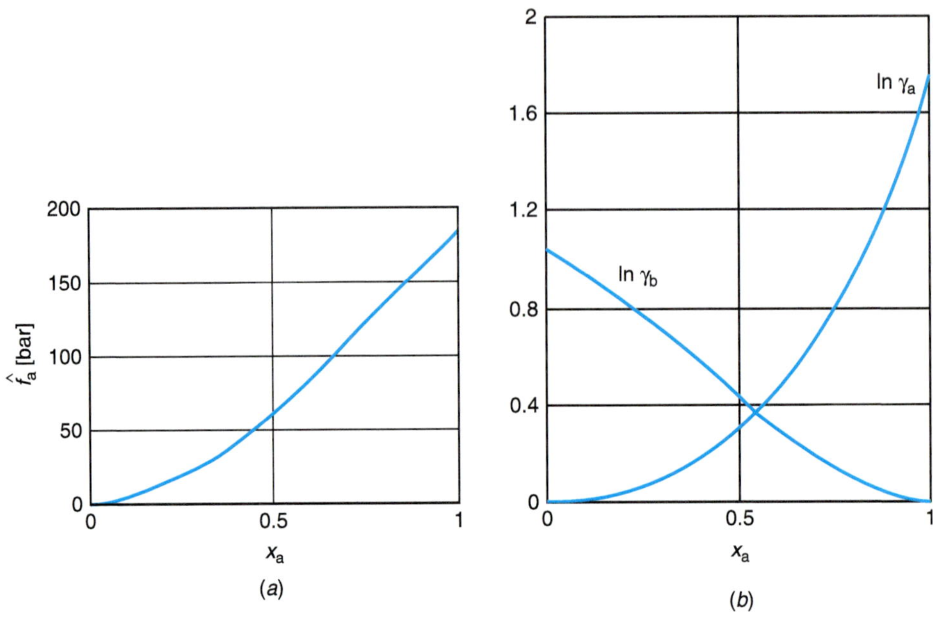

(a) (b)

7.11 액체에서 물의 퓨가시티를 고려하자. 다음의 것들을 $\dfrac{f_i}{P_i^{sat}}$의 가장 작은 값에서 가장 큰 값까지 정렬하라. 계산을 하지 않고 정렬하라.

(a) 70°C, 1 bar(P_i^{sat} = 31.2 kPa)

(b) 70°C, 1.56 MPa(P_i^{sat} = 31.2 kPa)

(c) 200°C, 1.56 MPa(P_i^{sat} = 1.55 MPa)

7.12 피스톤-실린더 결합체에 물과 질소 혼합물이 들어 있다. 이것은 증기-액체 평형 상태에 있다. 무시할 수 있을 정도의 포화 압력을 갖는 세 번째 액체 성분을 이 용기에 추가한다. 압력은 일정하게 유지된다. 증기상에 있는 물의 몰수가 얼마나 변화할까? 액체는 이상용액이라고 가정한다. 풀이에 퓨가시티라는 단어를 사용하여 설명하라.

7.13 한 통의 순수한 물이 20°C, 대기압 상태의 방에 놓여 있다. 물이 방의 공기와 평형 상태에 도달했을 때 증기상에 있는 물의 퓨가시티는 어떠한가? 증기는 이상기체로 거동한다고 가정한다.

계산 문제

7.14 (a) 2 MPa, 500°C 상태에 있는, (b) 50 MPa, 500°C 상태에 있는 수증기의 퓨가시티와 퓨가시티 계수를 계산하라.

7.15 Berthelot 상태방정식을 고려하자.

$$P = \frac{RT}{v - b} - \frac{a}{Tv^2}$$

(a) 순수 성분의 퓨가시티와 퓨가시티 계수에 대한 식을 전개하라.

(b) (a)에서의 결과를 환산 압력, 환산 온도, 환산 부피 항으로 기술하기 위하여 연습 문제 4.29의 결과를 이용하라

7.16 Redlich-Kwong 상태방정식에 기반하여 순수 성분의 퓨가시티와 퓨가시티 계수에 관한 식을 전개하라.

7.17 Peng-Robinson 상태방정식을 바탕으로 순수 성분의 퓨가시티와 퓨가시티 계수에 관한 식을

전개하라.

7.18 647 K과 114 atm에서 물의 퓨가시티를 계산하라. (a) 수증기표를 이용하여, (b) van der Waals 상태방정식을 이용하여, (c) 일반 상관관계식을 이용하여 계산하라. 어느 값이 가장 잘 맞다고 생각하는가?

7.19 500°C와 150 bar에서 다음의 순수 물질들의 퓨가시티와 퓨가시티 계수를 계산하라. (a) CH_4, (b) C_2H_6, (c) NH_3, (d) $(CH_3)_2CO$, (e) C_6H_{12}, (f) CO. 분자적 개념을 바탕으로 이들 수치들의 상대적인 크기에 대해 설명하라.

7.20 30 bar와 300 K에서 순수 기체가 있다. 이 조건들에서 압축인자(z)는 0.9이다. 최선을 다해 퓨가시티와 퓨가시티 계수를 계산하라.

7.21 0에서 50 bar에서 얻은 실험 자료에서 순수 기체의 퓨가시티가 다음과 같이 주어진다.

$$f = P\exp(-CP)$$

여기에서 P는 압력(bar)이고, C는 온도에만 의존하는 상수이다. 0°C 에서 100°C 영역에서 C는 다음과 같이 주어진다.

$$C = -0.065 + \frac{30}{T}$$

여기에서 T는 Kelvin이다.

(a) 0°C에서 100°C까지 유효한 이 기체의 상태방정식을 구하라.

(b) 80°C와 30 bar에서 몰부피(m^3/mole)는 얼마인가?

7.22 300 K와 20 bar에서 순수 황화 수소(hydrogen sulfide)를 포함하는 계를 고려하자. 다음의 상태방정식은 이 조건들에서 H_2S의 PvT 거동을 잘 표현한다.

$$Pv = RT\left[1 + \frac{PT_c}{P_cT}\left(0.083 - \frac{0.422T_c^{1.6}}{T^{1.6}}\right)\right]$$

이 상태방정식을 이용하여 퓨가시티와 퓨가시티 계수를 구하라.

7.23 1920년에 Schrieber는 다음의 상태방정식을 제안하였다.

$$v = \frac{RT}{P} + \frac{kP^2 - c}{T} + b$$

여기에서 k, b, c는 상수들이다. Schrieber 상태방정식을 바탕으로 성분 i의 순수 성분 퓨가시티 계수 ln φ_i^v에 대한 식을 전개하라.

7.24 다음 식은 30°C에서 순수 SF_6의 압력과 몰부피 사이의 관계를 기술한다. 여기에서 P의 단위는 bar이고, v의 단위는 $\left[\frac{\text{cm}^3}{\text{mol}}\right]$이다.

$$P\,[\text{bar}] = \frac{RT}{v} - \frac{6.70 \times 10^6}{v^2} + \frac{4.83 \times 10^8}{v^3}$$

30°C에서 SF_6 증기 10.79 mol을 포함하고 있는 10 L(10,000 cm^3) 용기를 고려하자. 다음에 답하여라.

(a) T와 v_i 항으로 ln $\varphi_{SF_6}^v$에 대한 식을 계산하라.

(b) 이 조건들에서 $f_{SF_6}^v$와 $\varphi_{SF_6}^v$에 대한 수치 값은 얼마인가?

7.25 미지의 순수 기체가 있다. 이것의 부피는 15 bar와 100°C에서 1.86×10^{-3}[m^3/mol]으로, 40 bar와 100°C에서 6.12×10^{-4}[m^3/mol]으로 측정되었다. *최선을 다해서* 50 bar와 100°C에서 이 기체의 퓨가시티와 퓨가시티 계수를 계산하라.

7.26 가능한 정확하게 220 K과 69 bar에서 순수 methane의 퓨가시티를 구하라.

7.27 다음 자료는 24.95°C에서 ethylene에 적용 가능하다. 이 자료로부터 50.5 bar와 24.95°C에서 ethylene의 퓨가시티와 퓨가시티 계수를 예측하라.

P [bar]	v[m³/mol]
1.0	2.45×10^{-2}
5.1	4.78×10^{-3}
10.1	2.32×10^{-3}
15.2	1.50×10^{-3}
20.2	1.08×10^{-3}
25.3	8.34×10^{-4}
30.3	6.66×10^{-4}
35.4	5.44×10^{-4}
40.4	4.52×10^{-4}
45.5	3.78×10^{-4}
50.5	3.17×10^{-4}

7.28 아래에 온도 100°C 에서 압력의 함수로 순수 NH_3의 퓨가시티 계수 $\ln(\varphi_i)$의 자연로그 도표이다. 이 도표에서 최선을 다해 500 bar와 100°C에서 이 성분의 몰부피를 구하라.

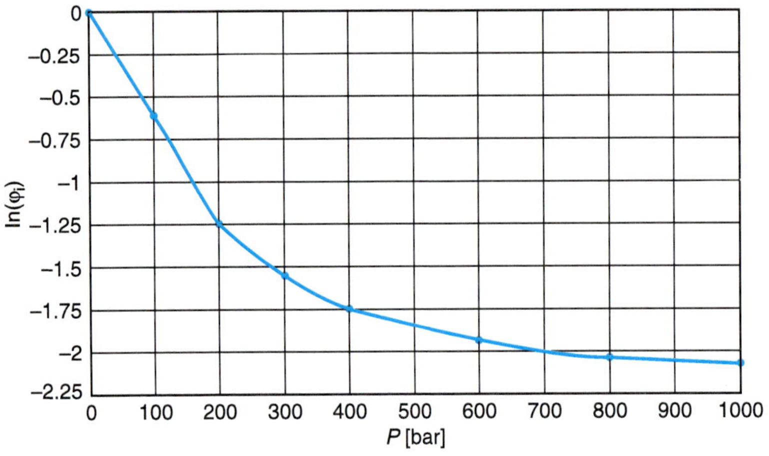

7.29 300 K과 30 bar에서 동일한 몰수의 성분 1과 2를 포함하고 있는 기체 혼합물이 완전하게 Lewis 퓨가시티 규칙을 따른다. 혼합물의 Gibbs 에너지를 계산하라.

7.30 318.9 K과 3.79 bar에서 1 mol n-butane, 2.5 mol isobutane, 4 mol n-pentene, 1 mol n-pentane의 증기 혼합물에서 n-butane의 퓨가시티 $\hat{f}^{v}_{\text{n-butane}}$를 구하여라.

7.31 (a) $T = 190.6$ K, $P = 32.2$ bar에서 순수 methane 증기의 퓨가시티를 계산하라.

(b) Lewis 퓨가시티 규칙을 이용하여 $T = 190.6$ K, $P = 32.2$ bar에서 80 mol% methane과 20 mol% ethane 혼합물에서 methane의 퓨가시티를 계산하라.

7.32 성분 1, 2, 3의 혼합물을 고려하자. 다음의 상태방정식이 증기상에 적용 가능하다.

$$Pv = RT + P^2[A(y_1 - y_2) + B]$$

여기에서

$$\frac{A}{RT} = -9.0 \times 10^{-5}[1/\text{atm}^2], \qquad \frac{B}{RT} = 3.0 \times 10^{-5}[1/\text{atm}^2]$$

그리고 y_1, y_2, y_3는 각각 성분 1, 2, 3의 몰분율이다.

1 mol의 성분 1, 2 mol의 성분 2, 2 mol의 성분 3으로 된 증기 혼합물을 50 atm의 일정한 압력에서 300 K으로 냉각시킨다. 이 조건에서 혼합물 중 일부는 액체상으로 응축된다.

(a) 증기상에서 성분 1의 순수 성분 퓨가시티 계수 φ_1^v와 혼합물에서 성분 1의 퓨가시티 계수 $\hat{\varphi}_1^v$에 대한 식을 계산하라.

(b) 만약 액체상에서 성분 1의 퓨가시티 $\hat{f}_1^l$가 15 atm이라면, 액체상과 평형 상태에 있는 증기 성분 1의 몰분율을 계산하라.

7.33 2 mol propane(1), 3 mol butane(2), 5 mol pentane(3) 혼합물이 30 bar와 200°C에서 담겨 있다. 이 성분들에 대한 van der Waals 상수는 다음과 같다.

화학종	$a[\text{Jm}^3\text{mol}^{-2}]$	$b[\text{m}^3/\text{mol}]$
Propane	0.94	9.06×10^{-5}
Butane	1.45	1.22×10^{-4}
Pentane	1.91	1.45×10^{-4}

다음의 근사법을 이용하여 propane의 퓨가시티와 퓨가시티 계수를 구하라.

(a) Lewis 퓨가시티 규칙

(b) 두 번째 항으로 축약된 van der Waals 상태방정식의 virial 형식

7.34 25°C와 15 bar에서 methane(a), ethane(b), propane(c)의 3성분 계를 고려하라. 이 계는 두 번째 항으로 축약된 virial 상태방정식으로 표현할 수 있다고 가정한다.

$$z = 1 + \frac{B_{\text{mix}}}{v}$$

25°C에서 두 번째 virial 계수[cm^3/mol]들은 다음과 같이 주어진다.

B_{aa}	−42
B_{bb}	−185
B_{cc}	−399
B_{ab}	−93
B_{ac}	−139
B_{bc}	−274

(a) 혼합물에서 methane의 퓨가시티 계수에 대한 식을 전개하라.

(b) 20 mol% methane, 30 mol% ethane, 50 mol% propane으로 된 혼합물에서 methane의 퓨가시티와 퓨가시티 계수를 예측하라.

7.35 Redlich–Kwong 상태방정식을 따르는 성분 1과 2의 이성분 혼합물을 van der Waals 혼합규칙에 따라 고려하라. 성분 1의 퓨가시티 계수가 표 7.1의 '이성분 혼합물에서 성분 1' 행의 식으로 표현된다는 것을 보여라.

7.36 Peng–Robinson 상태방정식을 따르는 성분 1과 2의 이성분 혼합물을 van der Waals 혼합규칙에 따라 고려하라. 성분 1의 퓨가시티 계수가 표 7.1의 '이성분 혼합물에서 성분 1' 행의 식으로 표현된다는 것을 보여라.

7.37 다음을 이용하여 694.2 K과 24.52 bar에서 20 mol% phenol(1)과 80 mol% oxygen(2)으로 된 혼합물에서 phenol의 퓨가시티와 퓨가시티 계수를 계산하라.

(a) 이상기체 법칙

(b) Lewis 퓨가시티 규칙(가능한 정확한 답을 주는 방법을 선택하라)

(c) Redlich–Kwong 상태방정식

(a)~(c)에서의 답을 가장 정확한 것에서 정확도가 가장 낮은 순으로 배열하라.

7.38 219.0 K과 27.72 bar에서 25.0 mol% propylene(1)과 75.0 mol% methane (2) 혼합물에서 계산하고자 한다. *모든 풀이에 대해 다음 상태방정식을 이용하라.*

$$v = \frac{RT}{P}\left[1 + \frac{1}{8}\left(\frac{y_1 P_{r,1}}{T_{r,1}} + \frac{y_2 P_{r,2}}{T_{r,2}}\right)\right]$$

여기에서 다음과 같은 환산 압력과 환산 온도를 이용한다.

$$P_{r,i} = \frac{P}{P_{c,i}} \text{ 과 } T_{r,i} = \frac{T}{T_{c,i}}$$

(a) i. *Lewis 퓨가시티 규칙*을 이용하여 propylene의 퓨가시티와 퓨가시티 계수에 대한 식을 전개하라.
ii. 환산 좌표에서 퓨가시티 계수에 대한 식을 쓰라.
iii. Propylene의 퓨가시티와 퓨가시티 계수 값을 계산하라.
(b) i. *혼합물에 대한 완전 상태방정식* 방법을 이용하여 propylene의 퓨가시티와 퓨가시티 계수에 대한 식을 전개하라.
ii. Propylene의 퓨가시티와 퓨가시티 계수에 대한 값을 계산하라.
(c) (a)와 (b)의 결과들을 비교하라. 결과에 대해 설명하라.

7.39 15°C와 12 bar에서 2 mol의 propane(1)과 3 mol의 nitrogen(2) 증기상 혼합물을 고려하라. propane에 대한 퓨가시티와 퓨가시티 계수를 찾아내고자 한다. 다음과 같이 축약된 virial 상태방정식을 이용하여 아래 질문들에 답하라.

$$\frac{Pv}{RT} = 1 + B'P \qquad \text{여기에서} \qquad B' = y_1^2 B'_{11} + 2y_1 y_2 B'_{12} + y_2^2 B'_{22}$$

그리고 계수 값들은 다음과 같다.

B'_{11}	-1.9×10^{-7}	$[Pa^{-1}]$
B'_{12}	-3.6×10^{-8}	$[Pa^{-1}]$
B'_{22}	-2.0×10^{-9}	$[Pa^{-1}]$

(a) 앞의 상태방정식을 이용하여 이 혼합물에서 성분 1의 퓨가시티와 퓨가시티 계수에 대한 정확한 식을 전개하라.
(b) $\hat{f}_1$과 $\hat{\varphi}_1$에 대한 계산 값들을 구하라.
(c) 이 경우에 대해 Lewis 퓨가시티 규칙을 이용할 수 있는지 여부에 대해 견해를 밝혀라. 이것이 정확한 답을 제공한다고 기대하는가?

7.40 여러분의 감독자가 여러분 책상 옆에 멈추어 섰으며 정신이 없었다. 그녀는 25분 후에 선임 부사장과 회의가 있는데 일부 자료를 잘못 처리하였다. 13.7 mol% *n*-pentane, 32.1 mol % *n*-butane, 21.5 mol % isobutane, 32.7 mol % *n*-hexane의 혼합물에서 192°C와 1.8 MPa에서 *n*-pentane의 퓨가시티를 보고해야 하며, 계산 값을 가능한 한 보정해야 한다. 이 혼합물에서 *n*-pentane의 퓨가시티에 관한 값을 계산해 보라.

7.41 Martine이 제시한 아래와 같은 3차 상태방정식의 변형된 형태를 이용하여 이성분 증기 혼합물 1과 2에서 성분 1의 퓨가시티 계수에 대한 식을 구하라.

$$P = \frac{RT}{v} - \frac{a}{(v+c)^2}$$

다음의 혼합규칙을 이용하라.

$$a = y_1^2 a_1 + 2y_1 y_2 a_{12} + y_2^2 a_2$$

$$c = y_1 c_1 + y_2 c_2$$

식을 가능한 한 많이 간략화하라. 최종 형태에는 T, v, z, y_1, y_2, R, a_1, a_{12}, a, c_1, c만 포함시켜라.

7.42 3차 상태방정식의 다음 형태가 Martin에 의해 제시되었다.

$$P = \frac{RT}{v - b} - \frac{a}{(v + c)^2}$$

다음의 혼합규칙을 이용하여, 1, 2, 3의 3 성분 증기 혼합물에서 성분 1의 퓨가시티 $\hat{f}_1$와 성분 1의 퓨가시티 계수 $\hat{\varphi}_1$에 대한 식을 구하라. 식은 가능한 한 많이 간략화하라.

$$a = y_1^2 a_1 + y_2^2 a_2 + y_3^2 a_3 + 2y_1 y_2 a_{12} + 2y_1 y_3 a_{13} + 2y_2 y_3 a_{23}$$

$$b = y_1 b_1 + y_2 b_2 + y_3 b_3$$

$$c = y_1 c_1 + y_2 c_2 + y_3 c_3$$

7.43 444 K와 70 bar에서 CH_4와 H_2S의 혼합물을 고려하라. Van der Waals 상태방정식과 혼합규칙을 이용하여 methane의 퓨가시티 계수를 methane 몰분율 함수로 도식화하기 위하여 예제 7.4의 결과를 이용하라. 결과를 Peng–Robinson 상태방정식을 이용한 책의 소프트웨어인 ThermoSolver로 얻은 것과 비교하라.

7.44 444 K와 70 bar에서 CH_4와 H_2S의 혼합물을 고려하라. Redlich–Kwong 상태방정식과 van der Waals 혼합규칙을 이용하여 methane의 퓨가시티 계수를 methane 몰분율 함수로 도표화하기 위하여 예제 7.4의 결과를 이용하라. 결과를 Peng–Robinson 상태방정식을 이용한 책의 소프트웨어 ThermoSolver로 얻은 것과 비교하라.

7.45 444 K와 70 bar에서 CH_4와 H_2S의 혼합물을 고려하라. 아래의 각각을 이용하여 동일한 몰수를 갖는 혼합물에서 methane의 퓨가시티 계수를 계산하라.

(a) Van der Waals 상태방정식

(b) Redlich–Kwong 상태방정식

(c) Peng–Robinson 상태방정식

(d) Peng–Robinson 상태방정식을 이용한 ThermoSolver

(a)~(d)에서 얻은 결과들을 비교하라.

7.46 127°C와 80 bar에서 성분 a와 b의 이성분 혼합물을 virial 상태방정식으로 표현하고자 한다. 127°C에서 두 번째 virial 계수들이 아래와 같이 주어진다.

$$B_{aa} = -16[\text{cm}^3/\text{mol}] \quad \text{그리고} \quad B_{bb} = -101[\text{cm}^3/\text{mol}]$$

무한 묽음 상태 즉, $y_a \rightarrow 0$일 때, 퓨가시티 계수의 값이 $\hat{\varphi}_a^\infty = 1.08$로 보고되어 있다. 최선을 다해서 B_{ab}를 예측하라.

7.47 성분 1과 2의 이성분 혼합물을 다음의 상태방정식으로 기술할 수 있다.

$$P = \frac{RT}{v} - \frac{a}{\sqrt{v^3 T}}$$

혼합규칙에 따라

$$a_{\text{mix}} = y_1 a_1 + a_2 y_2$$

순수 성분 계수들은 다음과 같이 주어진다.

$$a_1 = 800[(\text{Jm}^{1.5}\text{K}^{0.5})/\text{mol}^{1.5}] \quad \text{그리고} \quad a_2 = 500[(\text{Jm}^{1.5}\text{K}^{0.5})/\text{mol}^{1.5}]$$

500 K에서 6 L의 부피를 차지하는 1 mol 성분 1과 2 mol 성분 2의 증기 혼합물을 고려하자.

(a) 혼합물의 퓨가시티 계수 $\hat{\varphi}_l$를 구하라.

(b) 대신에 만약 Lewis 퓨가시티 규칙을 이용하여 해를 근사시킨다면 결과가 얼마나 많이 변하는가?

7.48 다음을 증명하라.

$$\left(\frac{\partial g_i}{\partial P}\right)_T = v_i = RT\left(\frac{\partial(\ln f_i)}{\partial P}\right)_T$$

7.49 300°C 와 300 bar에서 물의 퓨가시티를 구하고자 한다. 증기표에서 포화 증기(saturatd steam)와 과열 증기(superheated steam)에 대한 자료만을 이용하여 가능한 정확하게 300°C와 300 bar에서 물의 퓨가시티를 구하라. 적용한 가정을 기술하라.

7.50 다음 압력들에서 260 K에 있는 순수 액체 *n*-butane의 퓨가시티는 무엇인가. (a) 1 bar, (b) 200 bar. 액체 butane의 밀도, 0.579 g/cm^{3}는 압력에 무관하다고 가정한다.

7.51 100 bar와 382 K에서 순수 액체 acetone의 퓨가시티를 구하라. 이 액체의 몰부피는 73.4 cm^3/mol이다. v_i는 압력에 따라 변하지 않는다고 가정한다.

7.52 333 K과 22 bar에서 순수 *액체* propane의 퓨가시티를 계산하라.

7.53 25°C와 500 bar에서 순수 물의 퓨가시티를 구하라. 적용한 가정을 기술하라.

7.54 T = 300 K와 P = 40 kPa에서 a와 b의 이성분 혼합물을 고려하자. 몰분율의 함수로 된 성분 a의 퓨가시티 그래프를 아래에 나타내었다. Henry의 법칙을 성분 a의 기준 상태로, Lewis/Randall 규칙을 성분 b에 대한 기준 상태로 이용한다. 모든 풀이를 보여라.

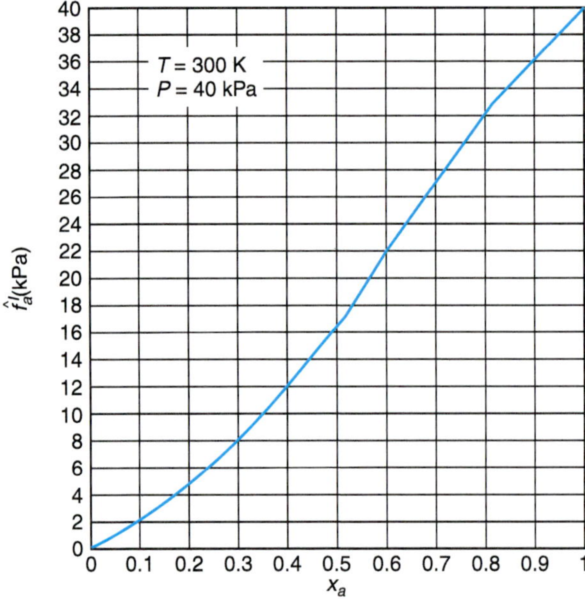

(a) 성분 a에 대한 Henry 상수 $\mathcal{H}_a$는 얼마인가?

(b) x_a = 0.4에서 성분 a에 대한 활동도 계수는 무엇인가? x_a = 0.8에서는 얼마인가? (Henry의 법칙 기준 상태라는 것을 기억하라!). 결과를 나타내어라.

(c) x_a = 0.4에서 성분 b에 대한 활동도 계수가 1보다 큰가 또는 작은가? 설명하라.

(d) a-b 상호작용이 순수 성분들 상호작용보다 더 강한가? 설명하라.

(e) 증기상을 이상 상태로 고려하라. 40% 액체 a와 평형 상태에 있는 a의 증기상 몰분율은 얼마인가?

7.55 아래에 300 K에서 성분 a의 몰분율(x_a)에 대한 성분 a와 b의 이성분 액체 혼합물의 활동도 계수의 자연로그($\ln \gamma_i$) 도표가 있다.

(a) 각 성분들에 대한 기준 상태는 무엇인가? (Lewis–Randall 규칙 또는 Henry의 법칙)

(b) 몰분율 x_a = 0.6에서 Gibbs–Duhem 식을 만족한다는 것을 보여라.

(c) 이 계에서 g^E에 대한 적절한 모델을 찾고 모델 상수 값을 구하여라.

(d) 성분 a와 b를 두 액체상으로 분리하는 것이 가능한가? 설명하라.

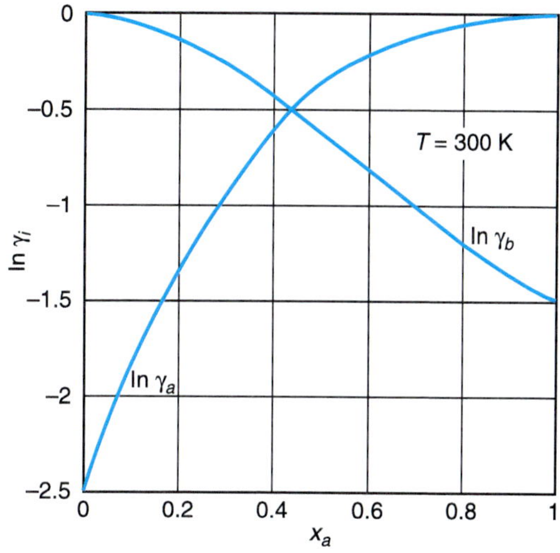

7.56 300 K과 1 bar에서 성분 a와 성분 b의 이성분 혼합물을 고려하자. 300 K에서 순수 a의 증기압은 80 kPa이다. 성분 a의 몰분율에 대한 성분 a의 활동도 계수 도표를 아래에 나타내었다. 이 도표를 바탕으로 다음 질문들에 답하라.

(a) 성분 a에 대한 기준 상태를 특정하고(Lewis–Randall 규칙 또는 Henry의 법칙) 설명하라.

(b) f_a의 값은 얼마인가?

(c) $\mathcal{H}_a$의 값은 얼마인가?

(d) 최선을 다해서 two–suffix Margules 식에서 Margules 상수 A를 찾아내라.

$$g^E = Ax_ax_b$$

(e) 300 K과 1 bar에서 2 mol의 a와 3 mol의 b의 액체 혼합물을 고려하자. 평형 상태에서 증기상에서 a의 몰분율, y_a는 얼마인가?

(f) 위의 혼합물에서 Lewis/Randall 기준 상태를 바탕으로 γ_b를 구하라.

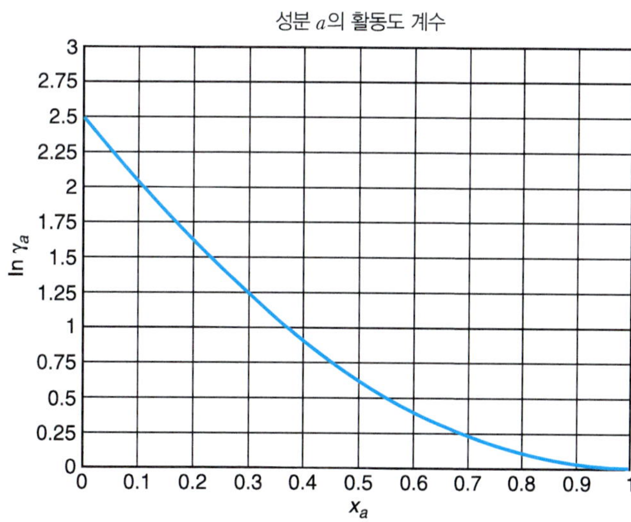

7.57 다음의 도표는 343 K에서 benzene–cyclohexane 혼합물에서 이상기체 상수 g^E/R[K]에 대한 과잉 Gibbs 에너지 값을 보여준다. 다음의 질문들에 답하라.

(a) 343 K, benzene(1)–cyclohexane(2) 혼합물에서 cyclohexane의 활동도 계수를 다음 조건들에서 예측하라. (i) Cyclohexane 몰분율 x_2 = 0.25에서, (ii) cyclohexane 무한 묽음 상태에서.

(b) Benzene에서 cyclohexane에 대한 Henry 상수를 예측하라.

(c) 동종 간 상호작용이 이종 간 상호작용보다 더 강한가 또는 더 약한가? 설명하라.

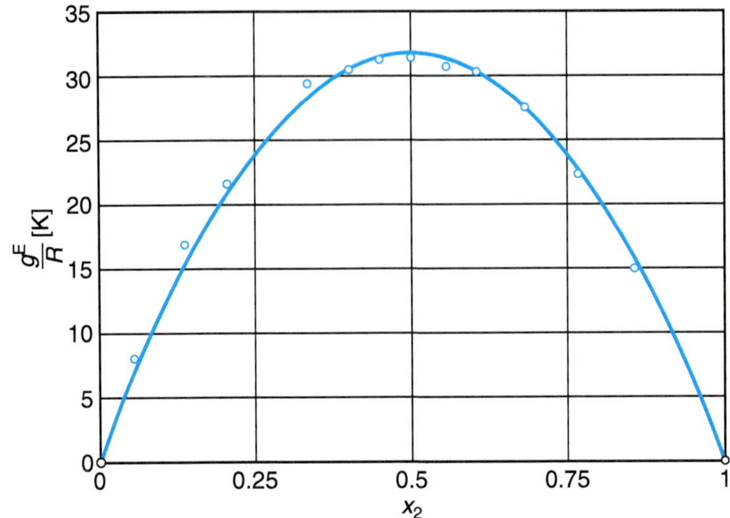

7.58 g^E에 대한 다음 모델들에서 이성분 혼합물에 대한 활동도 계수 식을 유도하라.

(a) three-suffix Margules 식

(b) Van Laar 식

(c) Wilson 식

(d) NRTL 식

7.59 성분 a와 b의 등몰 이성분 혼합물을 고려하자. 무한 묽음 상태에서 활동도 계수는 다음과 같이 주어진다. $\gamma_a^\infty = 2.0$과 $\gamma_b^\infty = 1.5$이다. Three-suffix Margules 식, van Laar 식, Wilson 식을 이용하여 성분 a와 b의 활동도 계수를 계산하라.

7.60 Glycerol(a)과 benzyl ethyl amine(b)은 두 개의 부분적으로 혼합된 액체상을 형성한다. 220°C와 1 atm에서 두 상들의 조성은 $x_a^\alpha = 0.9$ 와 $x_a^\beta = 0.2$로 주어진다.

이 자료로부터 three-suffix Margules 식의 상수들을 예측하라. 평형 상태에서 각 액체상의 퓨가시티들은 동일해야 한다. 즉,

$$\hat{f}_a^{l,\alpha} = \hat{f}_a^{l,\beta} \quad \text{그리고} \quad \hat{f}_b^{l,\alpha} = \hat{f}_b^{l,\beta}$$

7.61 70°C에서 40 mol % 물과 60 mol % ethanol을 갖는 이성분 액체 혼합물에서 액체 물의 퓨가시티를 계산하라. 무한 묽음 상태에서 다음의 활동도 계수 자료를 적용할 수 있다. $\gamma_{H_2O}^\infty = 2.62$ 그리고 $\gamma_{ethanol}^\infty = 7.24$.

7.62 Cline Black은 과잉 Gibbs 에너지에 대한 다음 모델을 제안하였다.

$$g^E = \left[\frac{1}{Ax_a} + \frac{1}{Bx_b}\right]^{-1} + Cx_a x_b (x_a - x_b)^2$$

$\ln \gamma_a$와 $\ln \gamma_b$에 대응하는 식을 전개하라.

7.63 등압 자료에 대해 열역학적 일관성 시험에서 활동도 계수의 온도 변화를 설명하고자 한다. 식 (7.50) 대신에 다음 식을 전개하라.

$$\int_0^1 \ln\left(\frac{\gamma_a}{\gamma_b}\right) dx_a = \int_{T_{x_1=0}}^{T_{x_1=1}} \frac{\Delta h_{mix}}{RT^2} dT = -\int_{(1/T)_{x_1=0}}^{(1/T)_{x_1=1}} \frac{\Delta h_{mix}}{R} d\left(\frac{1}{T}\right)$$

7.64 30°C에서 hexane(a)과 toluene(b)의 혼합물 중 무한 묽음 상태에서 활동도 계수는 $\gamma_a^\infty = 1.27$이고 $\gamma_b^\infty = 1.34$이다. 1 bar에서 다음 조성들에서 혼합물에서 hexane의 퓨가시티를 예측하라. (a) 20% 액체 hexane, (b) 50% 액체 hexane, (c) 90% 액체 hexane.

7.65 25°C와 100 bar에서 물(2)에 있는 40 mol % 1-propanol(1)의 이성분 액체 혼합물을 고려하자. 이 계에서 1-propanol에 대한 Henry 상수를 다음과 같이 예측하였다.

$$\mathcal{H}_1 = 0.61 \text{ bar}$$

순수 액체 1-propanol의 밀도는 0.80 g/cm^{3}이다.

(a) 최선을 다해서 액체 혼합물에서 1-propanol의 퓨가시티, $\hat{f}_1^l$를 구하라.
(b) 동종 간 상호작용이 더 강한가 아니면 이종 간 상호작용이 더 강한가? 설명하라.

7.66 당신의 상사가 당신에게 회사의 상평형 컴퓨터 데이터베이스에 입력하기 위하여 **three-suffix Margules** 식에 대한 상수 A와 B를 구하도록 업무를 배정하였다. 관심 있는 이성분 혼합물은 75°C에서 1-propanol(b)에 있는 benzene(a)이다. 문헌에서는 three-suffix Margules 식에 대한 어떤 값들도 찾을 수 없지만, **van Laar (vL)** 식으로부터 다음 값들은 안다.

$$A_{vL} = 3000\left[\frac{\text{J}}{\text{mol}}\right] \quad \text{그리고} \quad B_{vL} = 5040\left[\frac{\text{J}}{\text{mol}}\right]$$

(a) 이 값들을 이용하여 three-suffix Margules 식 상수 A와 B를 예측하라.
(b) 75°C와 81 kPa에서 30 mol% benzene 혼합물에서 액체 benzene의 퓨가시티, $\hat{f}_a^l$를 계산하라.
(c) 만약 이 액체 혼합물이 증기와 평형 상태에 있다면, 증기에 있는 benzene의 몰분율은 얼마인가?

7.67 30 kPa과 20°C에서 1 mol의 a와 4 mol의 b로 된 액체 혼합물에서 a의 퓨가시티를 구하고자 한다. 이 온도에서 순수 a의 포화 압력은 50 kPa이다. a와 b의 혼합물에 대한 과잉 Gibbs 에너지는 다음 관계식으로 최적화하였다.

$$\frac{g^E}{RT} = (0.25x_a + 0.5x_b)x_a x_b$$

(a) $\hat{f}_a^l$는 얼마인가?
(b) b에서 a의 Henry 상수, $\mathcal{H}_a$를 예측하라.

7.68 UNIQUAC 활동도 계수 모델을 이용하여 61.1°C에서 물(2)에 30 mol% acetone(1)이 있는 이성분 혼합물의 활동도 계수를 계산하라. 이 값들을 실험적으로 측정한 값들, $\gamma_1^{\text{exp}} = 2.30$ 그리고 $\gamma_2^{\text{exp}} = 1.32$와 비교하라. UNIQUAC 상수들은 다음과 같이 알려져 있다.

	Acetone	물		
r	2.57	0.92	그리고	$a_{12} =$ 530.99
q	2.34	1.4		$a_{21} =$ −100.71
q'	2.34	1		

7.69 UNIQUAC 활동도 계수 모델을 이용하여 45°C에서 benzene(2)에 41.5mol% ethanol(1)이 있는 이성분 혼합물의 활동도 계수를 계산하라. UNIQUAC 상수들은 다음과 같이 알려져 있다.

	Ethanol	Benzene		
r	2.11	3.19	그리고	$a_{12} =$ −75.13
q	1.97	2.4		$a_{21} =$ 242.53
q'	0.92	2.4		

이 조건들에서 계의 압력은 309.59 torr이며 증기 속의 ethanol의 몰분율은 0.3842이다. 계산한 활동도

계수를 실험 자료와 비교하라.

7.70 UNIQUAC 활동도 계수 모델을 이용하여 35.17°C에서 chloroform(2)에 20.0 mol% acetone(1)이 있는 이성분 혼합물의 활동도 계수를 계산하라. UNIQUAC 상수들은 다음과 같이 알려져 있다.

	Acetone	Chloroform		
r	2.57	2.7	그리고	$a_{12} = -171.71$
q	2.34	2.34		$a_{21} = 93.93$
q'	2.34	2.34		

이 조건들에서 계의 압력은 261.9 torr이며 증기 속의 acetone의 몰분율은 0.143이다. 계산한 활동도 계수를 실험 자료와 비교하라.

7.71 60°C에서 ethanol(1), 1-propanol(2) 그리고 물(3)의 혼합물에 대한 Wilson 식의 상수들은 다음과 같이 알려져 있다.

$$\Lambda_{12} = 1.216 \; \Lambda_{21} = 0.617$$

$$\Lambda_{13} = 0.203 \; \Lambda_{31} = 0.838$$

$$\Lambda_{23} = 0.048 \; \Lambda_{32} = 0.612$$

60°C와 1 bar에서 30% ethanol, 20% 1-propanol, 50% 물을 포함하고 있는 액체 혼합물에서 ethanol의 퓨가시티를 계산하라.

7.72 Wilson 식을 이용하여 8°C와 1 bar에서 30% ethanol, 20% 1-propanol 50% 물을 포함하고 있는 액체 혼합물에서 ethanol의 퓨가시티를 계산하라. 60°C에서 Wilson 식의 상수들은 연습 문제 7.38에 주어져 있다.

7.73 물(1)과 acetone(2)의 이성분 혼합물에 대한 혼합 엔탈피 자료를 다음 식으로 최적화하였다.[7]

$$\Delta h_{\text{mix}} = x_1 x_2[-447.8 + 3802(x_2 - x_1) - 1200(x_2 - x_1)^2 + 1554(x_2 - x_1)^3]$$

여기에서 Δh_{mix}는 J/mol의 단위를 갖는다. 60°C에서 물과 acetone의 등몰 혼합물에서 물의 활동도 계수는 1.65이다. 100°C 의 물과 acetone 등몰 혼합물에서 물의 활동도 계수를 예측하라. 적용한 가정을 기술하라.

7.74 연습 문제 6.48에서 고체상 cadmium(Cd)과 tin(Sn)의 이성분 혼합물에 대한 혼합열이 다음과 같이 알려져 있다.

$$\Delta h_{\text{mix}} = 13{,}000 X_{\text{Cd}} X_{\text{Sn}} [\text{J/mol}]$$

여기에서 X_{Cd}와 X_{Sn}은 각각 cadmium과 tin의 몰분율이다. 만약 cadmium과 tin이 균일한 용액을 형성한다면, 2 mol의 Cd와 3 mol의 Sn 혼합물에서 cadmium의 활동도 계수를 계산하라.

7.75 책에 있는 ThermoSolver 소프트웨어에서 **Models for g^E-Parameter Fitting** 메뉴로 간다. 다음의 활동도 계수 모델들에 대하여 74.79°C에서 ethanol(a)과 물(b) 계에 대하여 최적의 모델 상수를 구하라.

(a) two-suffix Margules 식
(b) three-suffix Margules 식
(c) Van Laar 식
(d) Wilson 식
(e) NRTL 식

7. J. J. Christenson, R. W. Hanks, and R. M. Izatt, *Handbook of Heats of Mixing*(New York: Wiley, 1982).

Plot Data...버튼을 이용하여 모든 모델들에 대해 x_a에 대한 ln γ를 도표화하라. 어느 모델이 자료를 가장 잘 표현한다고 생각하는가? 이유는 무엇인가? **Statistics**...버튼에 있는 정보가 유용할 수 있다.

7.76 25°C에서 pentane(a)과 acetone(b)에 대하여 연습 문제 7.75를 반복해 보라.

7.77 25°C에서 chloroform(a)과 heptane(b)에 대하여 연습 문제 7.75를 반복해 보라.

7.78 Perflubron(perfluorooctyl bromide)와 물의 액상 에멀젼을 인공 혈액이라고 생각하자. Perflubron 에멀젼은 100 cm^3 용액 당 24 g perflubron을 포함한다. 37°C에서 O_2 분압에 대한 인공 혈액에 용해된 O_2 양에 대한 도표를 아래 그림에 나타내었다. 37°C와 1 atm에서 기체상을 떠나는 순수 O_2의 부피로 혈액에 녹을 수 있는 산소의 부피(mL)를 측정한다. Perflubron의 밀도는 1.93 g/cm^3 이고 화학식은 $C_8F_{17}Br$이다.

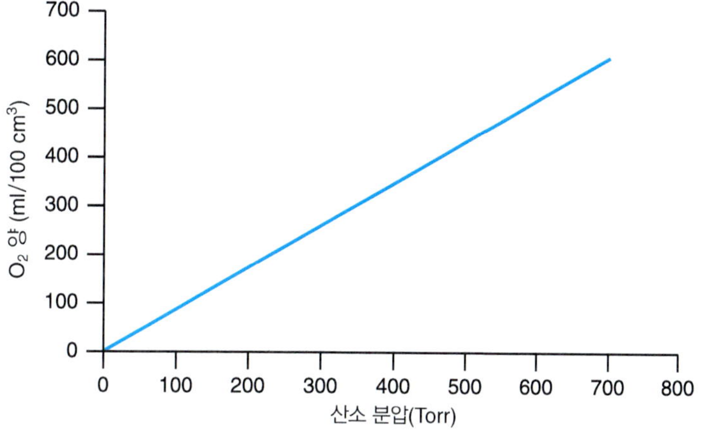

(a) 혈액 대체물로 사용되고 있는 이 에멀젼을 고려하자. 1 L에 용해되어 있는 산소 양을 [mol] 단위로 예측하라. 적용한 가정을 기술하라.

(b) (a)의 결과를 순수 물에서 볼 수 있는 산소 양과 비교하라.

(c) $C_8F_{17}Br$에서 O_2에 대한 Henry 상수 값을 [bar] 단위로 구하라. 적용한 가정을 기술하라.

제 8 장

상평형 III: 응용

Phase Equilibria III: Applications

이제 화학 평형에 대한 기준을 다음과 같이 확립하였다.

$$\hat{f}_i^\alpha = \hat{f}_i^\beta \tag{8.1}$$

그리고 증기와 응축상의 퓨가시티 계산에 대한 실질적인 문제를 검토하였으며, 상평형 문제들을 고려해 보았다.

≫ 학습 목표

제8장에 있는 내용을 숙달하기 위해서는 다음 사항들을 할 수 있어야 한다.

- 퓨가시티 계수와 활동도 계수를 활용하여 증기, 액체, 혹은 고체상의 비이상적 거동을 종합하여 증기-액체 평형(VLE), 액체-액체 평형(LLE), 증기-액체-액체 평형(VLLE), 고체-액체 평형(SLE), 고체-고체 평형(SSE), 그리고 고체-고체-액체 평형(SSLE)의 이성분계의 상선도를 해석한다.
- 이성분(2 성분)으로 구성된 혼합물의 상선도를 제시하고 특정 상태에서 상 혹은 상들을 규명한다. 2상 혹은 3상이 공존하는 영역에서 각 상의 성분과 상대적인 양을 지렛대 법칙을 이용하여 규명한다.
- ThermoSlover를 이용하여 온도가 알려져 있고 압력이 알려져 있지 않거나 혹은 압력이 알려져 있고 온도가 알려져 있지 않은 상태에서 이성분과 여러 가지 성분으로 구성되어 있는 혼합물의 기포점과 이슬점 계산을 수행한다.
- 이상적 거동과 비이상적 거동에서 Henry의 법칙을 이용하여 액체에 대한 기체의 용해도를 계산한다. 압력 혹은 온도에 대한 Henry 상수를 활용한다. LLE, VLLE, SLE, SSE 상평형의 계산을 수행한다. 액체 혼합물 고유의 불안정성으로 인하여 다시 두 개의 상으로 분리될 것인지를 판단한다.
- 이성분 혼합물이 공비물(azeotrope)의 특성을 나타내는 것을 규명한다. 최대 끓음 공비물과 최소 끓음 공비물의 차이를 구별하고 그 거동을 분자 간의 상호작용을 이용하여 설명한다. 공비물 자료를 이용하여 활동도 계수 모델 상수들을 결정한다.
- 다음의 항들을 정의하고 VLE, LLE, 혹은 SSLE의 맥락에서 설명한다. 기포점(bubble point), 이슬점(dew point)과 Raoult의 법칙(Raoult's law), 이절 곡선(바이노달 곡선, binodal curve), 첨점곡선(스피노달 곡선, spinodal curve), 위 및 아래 임계 용해 온도(upper and lower consulate temperature), 공융점(eutectic point), 포정점(peritectic point), 합치 녹는점(congruent melting point), 그리고 비합치 녹는점(incongruent melting point)으로부터의 양의 편차(positive deviation) 및 음의 편차(negative deviation).

- VLE, LLE, SLE에 대해 혼합물을 구성하고 있는 각 상의 Gibbs 에너지와 상선도와의 체계적인 분석을 통해 Gibbs 에너지의 최소화를 이용하여 혼합물의 평형 상태를 결정한다.
- 묽은 용액의 다음과 같은 총괄성을 계산한다. 끓는점 오름, 어는점 내림, 삼투압.
- 이성분계 활동도 계수 모델들의 변수들을 목적함수 혹은 선형회귀 방법을 ThermoSolver에 적용하여 얻어낸다.

8.1 증기-액체 평형(VLE)

화학공학자들이 공통적으로 자주 맞이하게 되는 상평형 문제들은 증기-액체 평형(VLE)에 관한 것이다. 우리는 제7장에서 정의된 관계식을 적용하여 VLE에 대해 일반적인 표현을 할 수 있다. 평형 상태에 있는 성분 i의 증기와 액체에서의 퓨가시티(fugacity, 휘산도)는 같다.

$$\hat{f}_i^v = \hat{f}_i^l$$

퓨가시티 계수(fugacity coefficient)를 이용한 기체상의 비이상도[식 (7.5)]와 활동도 계수(activity coefficient)를 이용한 액체상의 비이상도[식 (7.32)][1]를 정량화하면 다음과 같다.

$$y_i \hat{\varphi}_i^v P = x_i \gamma_i^l f_i^o \tag{8.2}$$

x_i는 액체의 몰분율이며, y_i는 기상에서의 몰분율이다. 적절한 액체 기준 상태(Lewis/Randall 규칙 또는 Henry의 법칙)를 선택하면, 우리는 활동도 계수와 퓨가시티 계수의 성분 의존도를 이용하여 위의 문제를 해결할 수 있다. 식 (8.2)는 각 성분 i에 대한 실제적인 쌍 방정식이다. 식 (8.2)는 전적으로 절대적인 반면(그리고 항상 옳고), 이러한 상수를 계산하는 것이 항상 사소하지는 않다는 것을 알고 있다.

따라서 우리는 특정 조건하에서만 적용이 가능한 식 (8.2)의 제한된 경우를 고려하여 VLE를 알아볼 것이다. 이 식에 대한 가정들이 만들어지게 되면 그 가정들이 적용될 수 있는 특정한 경우들에 대해서만 다음의 분석이 유용하다는 것을 유념해야 한다.

Raoult의 법칙(이상기체와 이상용액)

낮은 압력과 모든 분자 간의 힘들이 대략적으로 모두 같은 경우를 고려해 보자. 이 경우 증기는 이상기체로, 액체는 이상용액으로 생각할 수 있다. Lewis/Randall 기준 상태($f_i^o = f_i$) 하에서 평형에 대한 기준은 다음과 같이 단순화할 수 있다.

$$y_i P = x_i f_i$$

순수한 성분들의 퓨가시티에 대해 식 (7.37)을 적용하면 다음의 관계를 얻을 수 있다.

$$y_i P = x_i P_i^{\text{sat}} \tag{8.3}$$

식 (8.3)은 의심할 여지없이 이전부터 보아왔던 Raoult의 법칙이라는 것을 알 수 있다. 이것은 위에서 언급되었던 특별한 환경(이상기체, 이상용액, Lewis/Randall 기준 상태)에서의 평형에 대한 기준[식 (8.1)]으로부터 직접적으로 도출되었다. 이 방정식은 성분 i의 포화 압력

---

1 다른 방식으로 액체상에 대해 퓨가시티 계수도 역시 사용할 수 있다. 액체에 대한 정확한 상태방정식이 필요한 이 방법은 이 장 후반에 알아볼 것이다.

은 오직 계의 온도에만 의존한다는 것이기 때문에 매우 편리하게 사용될 수 있다. P_i^{sat}와 T 사이의 관계는 일반적으로 Antoine 식으로 적용될 수 있다. 부록 A.1은 몇몇 성분들의 Antoine 식에 대한 상수를 제공하고 있다.

식 (8.3)은 다음과 같이 다른 방식으로 표현할 수 있다.

$$y_i = K_i x_i$$

Raoult의 법칙이 적용되면 위의 식은 아래와 같이 표현될 수 있다.

$$K_i = \frac{P_i^{sat}(\text{오직 } T)}{P}$$

K_i는 성분 i의 K 값(K-value)[2]으로 정의되며 이 경우 계의 온도와 압력에만 의존하게 된다. 식 (8.6)은 많은 K값이 알려져 있는 탄화수소로 구성된 계에서 자주 사용된다. 사실, 이러한 접근 방식은 Raoult의 법칙의 제약 조건들을 넘어서서 확대 적용이 가능하다. 만약 Lewis 퓨가시티(Lewis fugacity) 법칙을 고압에서의 실제기체들의 퓨가시티 보정을 위해 사용하고 Poynting 보정(Poynting correction)을 Lewis/Randall 기준 상태에 대해 적용한다면, 이러한 보정들은 순수한 성분들의 특성에 기반하고 있기 때문에 K는 조성에 무관하게 된다. 따라서 K는 어느 성분에 대해서도 오로지 T와 P에 대한 함수로 표현될 수 있다. 특정 경우에 대해서는 위에서 언급된 이상기체와 이상용액의 가정이 적용되지 않는 실제 기체에 대해서도 K 값은 확대 적용될 수 있다. 이 경우 계의 비이상도는 K에 내재된다. 이제 K는 조성에 의존하며 식 (8.2)에서 표현된 퓨가시티 계수 및 활동도 계수를 통하거나 실험에 의거하는 방식으로만 구할 수 있다.

Raoult의 법칙의 의미를 좀 더 심도있게 알아보기 위해 성분 a와 b로 구성된 이성분 용액을 고려해보자. 각 성분에 대한 평형의 기준을 식 (8.3)을 이용하여 아래와 같이 표현할 수 있다.

$$y_a P = x_a P_a^{sat} \tag{8.4}$$

그리고

$$y_b P = x_b P_b^{sat} \tag{8.5}$$

식 (8.4)와 식 (8.5)를 함께 조합하여 전체 계의 압력에 대한 식을 다음과 같이 얻을 수 있다.

$$y_a P + y_b P = P = x_a P_a^{sat} + (1 - x_a) P_b^{sat} \tag{8.6}$$

식 (8.6)을 식 (8.4)에 적용하면 아래와 같은 식을 얻을 수 있다.

$$y_a = \frac{x_a P_a^{sat}}{x_a P_a^{sat} + (1 - x_a) P_b^{sat}} \tag{8.7}$$

식 (8.6)과 식 (8.7)은 m개의 성분으로 구성된 계로 일반화 시킬 수 있다. 이 경우 부분압들의 총 합은 다음과 같다.

$$P = x_a P_a^{sat} + x_b P_b^{sat} \ldots + x_i P_i^{sat} \ldots + x_m P_m^{sat} = \sum_{i=1}^{m} x_i P_i^{sat} \tag{8.8}$$

그리고 성분 i의 몰분율은 다음과 같이 구할 수 있다.

---

2. 화학 반응 평형에 대한 평형상수와 상평형에 대한 K 값은 비슷한 것이다.

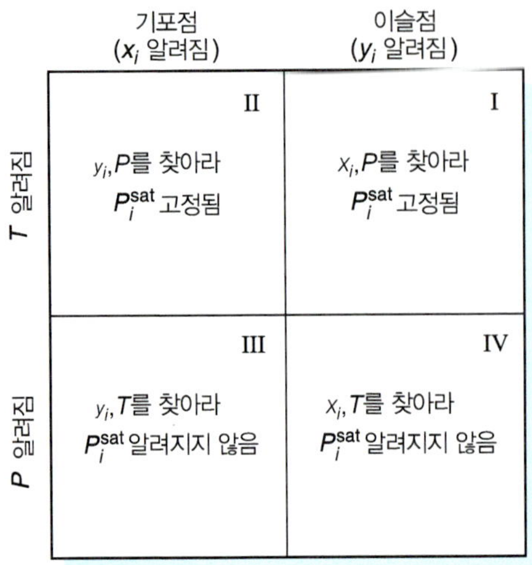

	기포점 (x_i 알려짐)	이슬점 (y_i 알려짐)
T 알려짐	II y_i, P를 찾아라 P_i^{sat} 고정됨	I x_i, P를 찾아라 P_i^{sat} 고정됨
P 알려짐	III y_i, T를 찾아라 P_i^{sat} 알려지지 않음	IV x_i, T를 찾아라 P_i^{sat} 알려지지 않음

그림 8.1 일반적 VLE 계산 격자.

$$y_i = \frac{x_i P_i^{sat}}{\sum_{i=1}^{m} x_i P_i^{sat}} \tag{8.9}$$

식 (8.8)과 식 (8.9)는 증기상은 이상기체이고 액체상은 이상용액이라고 가정하는 다성분 혼합물에 적용이 가능하다.

› 기포점과 이슬점 계산

증기-액체 평형계산에 대한 네 종류의 일반적인 유형은 그림 8.1의 격자에 나타나 있다. 기포점 계산에서는 계의 액체상 몰분율이 제시된 상태에서 증기 몰분율을 구한다. 해는 포화 액체에 에너지가 공급되었을 때 첫 번째로 만들어지는 증기 **기포**의 조성을 의미한다. 반대로 이슬점 계산에서는 증기 몰분율이 주어진 상태에서 액체 몰분율을 구한다. 이 경우는 포화 증기로 부터 첫 번째로 생성되는 **이슬** 방울의 성분에 관한 것이다. 기포점과 이슬점의 계산은 그림 8.1에서 두개의 열에 나타나 있다. 조성을 구하는 것에 추가해서 계의 상태를 규명하기 위해서는 온도 혹은 압력 값이 필요하다. 전자는 그림 8.1의 첫 번째 행, 후자는 두 번째 행에 묘사되어 있다. 따라서 그림 8.1의 격자는 VLE 문제에서 발견되는 독립변수와 종속변수의 네 종류의 전형적인 조합을 나타낸다. 이러한 네 종류의 조합은 예제 8.2, 8.3, 8.5에서 I, II, III, IV의 4분면으로 정의된다. 이러한 계산에 맞닥뜨리게 되면 독립변수와 종속변수들을 적절하게 사용해야 한다. Raoult의 법칙을 따르는 이성분계에 대해서는 T와 P가 주어져야만 증기와 액체 몰분율을 얻을 수 있다(연습 문제 8.22 참조). 그러나 3 성분 혹은 그 이상의 성분으로 구성된 혼합물의 경우 T와 P가 주어지는 것만으로는 문제 해결에 불충분하다(즉, 다수의 가능한 해들이 존재한다).

예제 8.1 **P가 주어졌을 경우 기포점 계산**

1 bar에서 30% n-pentane(1), 30% cyclohexane (2), 20% n-hexane(3), 20% n-heptane (4)의 액체로 구성된 계가 있다. 이 액체가 첫 번째 증기 기포를 만들어 내는 온도를 구하라. 증기의 조성은 무엇인가?

풀이 ▶ 이 문제는 그림 8.1 격자의 III 사분면에 해당된다. 이 계를 구성하고 있는 성분들은 화학적으로 비슷하기 때문에 이상용액이라 가정할 수 있다. 추가로 1 bar에서 이상기체로 가정하는 것이 가능하다. 따라서 각 성분들에 대해 상평형 기준으로 Raoult의 법칙을 사용할 수 있다. 즉,

$$y_i P = x_i P_i^{sat} \tag{E8.1A}$$

부분압의 총합은 계의 압력과 같기 때문에 아래와 같은 식을 얻을 수 있다.

$$P = \sum y_i P = \sum x_i P_i^{sat} = x_1 P_1^{sat} + x_2 P_2^{sat} + x_3 P_3^{sat} + x_4 P_4^{sat} \tag{E8.1B}$$

Antoine 식에 의해 포화 압력은 다음과 같이 얻을 수 있다.

$$\ln P_i^{sat}[\text{bar}] = A_i - \frac{B_i}{T[\text{K}] + C_i} \tag{E8.1C}$$

여기서 상수인 A_i, B_i, C_i는 표 E8.1A에 나타나 있다.

예제 식 (E8.1C)을 식 (E8.1B)에 대입하면 미지의 T를 가지고 있는 식을 얻을 수 있다. 이 식을 Excel 혹은 다른 도식 혹은 수치 기법을 이용한 반복계산법을 이용하여 풀면 다음과 같다.

$$T = 333\,[\text{K}]$$

이 온도에서 각 성분의 포화 압력과 증기상 몰분율은 각각 식 (E8.1C)와 식 (E8.1A)를 이용하여 계산할 수 있다. 각 값들은 표 E8.1B에 주어져 있다.

여기서 *무거운* n-heptane은 증기로 거의 존재하지 않는 반면 상대적으로 상당히 많은 양의 *가벼운* n-pentane은 증기로 존재한다는 것을 알 수 있다. 이 결과는 증류에 의한 분리의 기본 원리이다.

표 E8.1A Antoine 상수

화학종	n-C_5H_{12}	C_6H_{12}	n-C_6H_{14}	n-C_7H_{16}
A_i	9.2131	9.1325	9.2164	9.2535
B_i	2477.07	2766.63	2697.55	2911.32
C_i	−39.94	−50.50	−48.78	−56.51

표 E8.1B T = 333[K]에서 포화 압력과 몰분율

화학종	n-C_5H_{12}	C_6H_{12}	n-C_6H_{14}	n-C_7H_{16}
P^{sat}, 333 [K]	2.13 bar	0.514 bar	0.757 bar	0.218 bar
y_i	0.639	0.154	0.151	0.056

예제 8.2 ***P*가 주어졌을 경우 이슬점 계산**

1 bar에서 30% n-pentane (1), 30% cyclohexane (2), 20% n-hexane (3), 20% n-heptane (4)의 증기로 구성된 계가 있다. 이 증기가 첫 번째 액체 방울을 만들어 내는 온도를 구하라. 액체의 조성은 무엇인가?

풀이 ▶ 이 문제는 이슬점에 관한 것으로 예제 8.1과 비슷하다. 이것은 그림 8.1 격자의 IV 사분면에 해당한다. 각 성분에 대한 Raoult의 법칙은 다음과 같이 나타낼 수 있다.

$$x_i = \frac{y_i P}{P_i^{\text{sat}}} \tag{E8.2A}$$

액체 몰분율의 총 합은 1이므로

$$1 = \sum \frac{y_i P}{P_i^{\text{sat}}} = \frac{y_1 P}{P_1^{\text{sat}}} + \frac{y_2 P}{P_2^{\text{sat}}} + \frac{y_3 P}{P_3^{\text{sat}}} + \frac{y_4 P}{P_4^{\text{sat}}} \tag{E8.2B}$$

Antoine 식에 의한 포화 압력은 아래와 같이 나타낼 수 있다.

$$\ln P_i^{\text{sat}}[\text{bar}] = A_i - \frac{B_i}{T[\text{K}] + C_i} \tag{E8.2C}$$

여기서 상수인 A_i, B_i, C_i는 표 E8.1A에 나타나 있다.

식 (E8.2B)에 식 (E8.2C)를 대입하면 미지의 T를 가지고 있는 식을 얻을 수 있다. 이 온도를 구하면

$$T = 349\ [\text{K}]$$

를 얻을 수 있다. 이 온도에서 각 성분의 포화 압력과 액체상 몰분율은 각각 식 (E8.2C)와 식 (E8.2A)를 이용하여 계산할 수 있다. 각 값들은 표 E8.2에 주어져 있다.

이 경우 *가벼운* n-pentane은 응축이 거의 발생하지 않는 반면 *무거운* n-heptane은 비례적으로 많은 양이 응축됨을 알 수 있으며 이것 역시 증류에 의한 분리를 용이하게 해주는 원리이다.

표 E8.2 T = 349[K]에서 포화 압력과 몰분율

화학종	n-C_5H_{12}	C_6H_{12}	n-C_6H_{14}	n-C_7H_{16}
P^{sat}, 349 [K]	3.296 bar	0.870 bar	1.256 bar	0.494 bar
x_i	0.091	0.345	0.159	0.405

예제 8.3 등온 플래시(isothermal flash) VLE 계산

동일한 양의 n-pentane과 n-hexane으로 구성된 압축 액체 투입 흐름이 그림 E8.3에서 보여주는 것과 같이 F의 흐름 속도를 가지고 플래시 장치로 투입되고 있다. 정상 상태에서 투입 흐름의 33.3%는 기화되고 흐름 속도 V를 갖고 증기 흐름으로 장치에서 유출된다. 나머지는 흐름 속도 L을 갖는 액체로 장치에서 유출된다. 플래시 온도가 20°C이면 요구되는 압력은 얼마인가? 액체와 증기 출구 흐름의 조성은 무엇인가?

풀이 ▶ 성분 a에 대한 질량수지는 다음과 같다.

$$x_{a,\text{feed}} F = y_a V + x_a L \tag{E8.3A}$$

이상기체와 이상용액이라고 가정하면 플래시 장치 안의 평형관계식은 식 (8.3)으로 나타낼 수 있다.

$$y_a P = x_a P_a^{\text{sat}} \tag{E8.3B}$$

식 (8.3A)에 식 (8.3B)를 대입하면

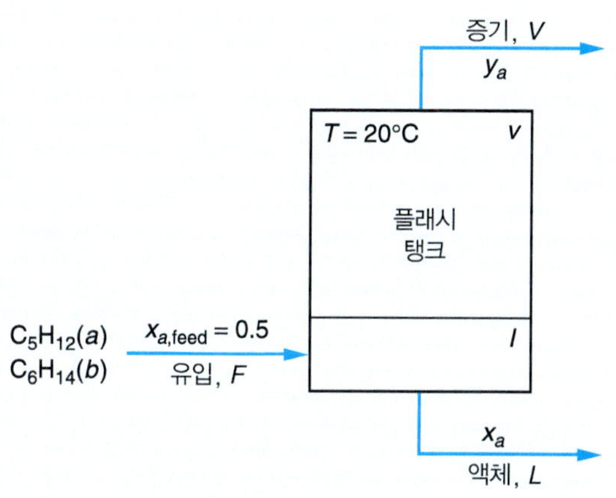

그림 E8.3 n-pentane과 n-hexane 유입 흐름의 플래시 증발.

$$x_{a,\text{feed}}F = \frac{x_a P_a^{\text{sast}}}{P}V + x_a L = x_a\left(\frac{P_a^{\text{sat}}}{P}V + L\right) \tag{E8.3C}$$

x_a에 대해 식을 정리하면

$$x_a = \frac{x_{a,\text{feed}}}{\frac{P_a^{\text{sat}}}{P}\left(\frac{V}{F}\right) + \left(\frac{L}{F}\right)} \tag{E8.3D}$$

비슷한 방법으로 액체에서 성분 b의 몰분율을 구하면

$$x_b = \frac{x_{b,\text{feed}}}{\frac{P_b^{\text{sat}}}{P}\left(\frac{V}{F}\right) + \left(\frac{L}{F}\right)} \tag{E8.3E}$$

몰분율의 총합은 1이기 때문에 식 (E8.3D)와 식 (E8.3E)를 더하게 되면

$$1 = \frac{x_{a,\text{feed}}}{\frac{P_a^{\text{sat}}}{P}\left(\frac{V}{F}\right) + \left(\frac{L}{F}\right)} + \frac{x_{b,\text{feed}}}{\frac{P_b^{\text{sat}}}{P}\left(\frac{V}{F}\right) + \left(\frac{L}{F}\right)} \tag{E8.3F}$$

Antoine 식을 이용하면, 20°C에서 P_a^{sat} =0.56 [bar]와 P_b^{sat} =0.16 [bar]의 값을 얻을 수 있다. 이 값들을 식 (E8.3F)에 대입하면

$$1 = \frac{0.5}{\frac{0.56}{P}\left(\frac{1}{3}\right) + \left(\frac{2}{3}\right)} + \frac{0.5}{\frac{0.16}{P}\left(\frac{1}{3}\right) + \left(\frac{2}{3}\right)} \tag{E8.3G}$$

식 (E8.3G)을 풀면

$$P = 0.32\ [\text{bar}]$$

를 얻을 수 있다. 이와 같은 낮은 압력에서는 이상기체라는 가정이 적절하다. 식 (E8.3D)와 식 (E8.3B)을 이용하면

$$x_a = 0.40$$

$$y_a = 0.70$$

의 값을 얻을 수 있다. 이 예제는 그림 8.1의 격자에 의해 표현되는 것과 예제 8.1과 8.2에서 설명된 바와는 본질적으로 다르다. 이것은 각 성분의 질량수지와 VLE 상평형 문제를 조합한 것이다. 이것은 증류와 같은 분리공정의 설계와 분석의 대표적인 계산이다.

상선도의 해석

그림 8.2a는 Raoult(라울)의 법칙을 따르는 a와 b로 구성된 이성분 혼합물의 Pxy 상선도를 보여주고 있다. 계의 온도가 일정한 상태에서 성분 a의 액체와 기체상의 몰분율이 전체 압력에 대하여 도식되어 있다. 압력선($P-x_a$)에 대한 액체 몰분율은 기포점 곡선이라고 한다. 이것은 일정한 온도에서 높은 압력으로부터 계의 압력을 낮추게 되면 첫 번째 증기 기포가 형성되는 압력이 이 곡선에 표시되기 때문에 붙여진 이름이다. 생성된 기포의 조성은 그림에서 표시된 '연결선(tie-line)'이 Py_a곡선과 교차하는 부분에서 얻을 수 있다. 이와 비슷하게 압력에 대한 증기 몰분율 곡선($P-y_a$)은 과열된 증기혼합물이 등온 압축될 때 액체방울이 첫 번째로 형성되는 것을 나타내기 때문에 이슬점 곡선이라고 부른다.

상선도는 이성분 혼합물의 열역학적 상태를 규명하는 것에 유용하다. 어떤 상 혹은 상들이 존재하고, 2 상이 공존하는 영역에서 액체상과 증기상의 조성 뿐 아니라 상대적인 양들도 알 수 있다. 주어진 압력과 전체 조성에서 그림 8.2a에서 묘사된 상선도를 이용하여 오로지 액체나 증기의 한 가지 상만 존재하는지 혹은 액체상이 증기상과 평형 상태에 있는 두 상이 공존하는 상태인지 알 수 있다. 일반적으로 상대적으로 쉽게 끓는 *가벼운* 성분을 성분 a라고 한다. 높은 압력에서 그림 8.2a의 상부에 표시된 것처럼 과냉각 액체가 존재한다. 반대로 낮은 압력에서 상선도의 하부에 표시된 것과 같이 혼합물은 과열증기 상태로 존재한다. 두 영역 사이는 혼합물이 증기-액체 평형을 이루고 있는 두 상이 공존하는 영역이 관찰된다.

두 상이 공존하는 영역에서 각 상의 조성과 양은 상선도로부터 구할 수 있다. 예를 들면, 그림 8.2a는 전체 조성 z_a와 압력 P_{sys}를 갖는 계를 묘사하고 있다. 이 압력과 전체 조성에서 그림에 표시된 바와 같이 연결선을 그릴 수 있다. 연결선이라는 이름은 액체상과 증기상의 조성을 함께 '이어주다'라는 의미에서 유래한다. 연결선은 액체와 기체의 압력이 같기 때문에 수평선이다. 평형 상태에서 액체 몰분율, x_a^{eq}은 연결선과 왼쪽에 있는 Px_a 곡선과의 교차점으로

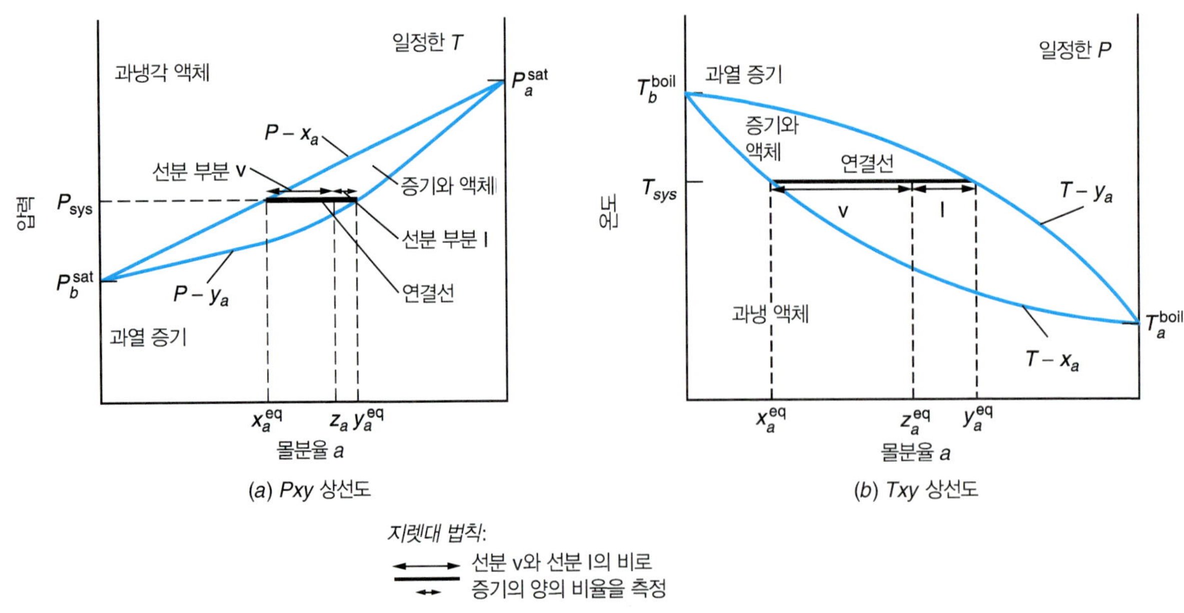

그림 8.2 Raoult의 법칙을 따르는 이성분 혼합물의 상선도. (a) Pxy 상선도, (b) Txy 상선도.

부터 구할 수 있다. 비슷한 방법으로 증기 몰분율, y_a^{eq}은 오른쪽에 있는 Py_a 곡선과의 교차점으로부터 구할 수 있다. 상대적으로 휘발성이 높은 성분 a가 증기상에서 높은 농도를 갖는다. 비슷한 관계가 Txy 상선도에서도 관찰된다.

추가적으로 상선도로부터 액체에 존재하는 전체 몰수 대비 증기에 존재하는 전체 몰수의 비를 구할 수 있다. 상대량을 알기 위해서 액체의 양에 대한 계의 증기의 양의 비율을 나타내는 *지렛대 법칙*(lever rule)을 이용하는데, 이것은 앞의 두 상선도 그림에서 보여주는 바와 같이 투입 조성으로부터 반대 곡선과의 선분 부분의 비율에 의해 주어진다. 지렛대 법칙은 예제 8.4에서 보여주는 바와 같이 전체 성분과 각 성분의 물질수지에 적용하는 도식 결과이다.

그림 8.2*b*는 Txy 상선도를 보여준다. 이 상선도는 그림에 묘사되어 있는 바와 같이 Pxy 상선도와 비슷한 특징을 갖는다. 그러나 이것은 압력이 일정할 때 온도 변화에 따른 이성분 혼합물의 거동을 나타낸다. Txy 상선도의 하부는 과냉각 액체인 반면 Txy 상선도의 상부는 (높은 온도) 과열증기 영역이다. Pxy 상선도와 같이 Txy 상선도는 어떤 상 혹은 상들이 존재하고 두 상이 존재할 때 액체와 증기의 조성과 액체에 있는 총 몰수와 증기에 있는 총 몰수의 비율을 구할 수 있게 해준다.

이성분 혼합물의 상선도를 해석하기 위해 식 (8.6)과 (8.7)을 이용한다. 이는 일정 온도에서 압력의 변화(Pxy 상선도) 혹은 일정 압력에서 온도의 변화(Txy 상선도)를 이용하여 얻을 수 있다. 다음으로 그림 8.2*a*에서 보여주는 바와 같이 Pxy 상선도를 어떻게 해석하는지 알 수 있다. a와 b의 포화 압력에 관한 유용한 자료를 이용하여(Antoine 식 등), 주어진 계의 온도에서 P_a^{sat}와 P_b^{sat}의 값을 계산할 수 있다. 식 (8.6)을 이용하여 액체 몰분율의 전 범위에서의 P를 계산할 수 있다. 식 (8.6)에 의해 나타나는 압력과 액체상의 조성과의 선형관계는 Raoult의 법칙을 따르는 혼합물에 대해 Px_a 선의 직선적인 특징을 나타낸다. 식 (8.7)은 Py_a 곡선에서 제공되는 x_a와 P의 주어진 조합에 대해서 대응되는 증기상 몰분율을 직접적으로 계산할 수 있는 방법을 제시한다.

Txy 이성분 상선도는 비슷한 방식으로 해석할 수 있다. 그러나 이 경우 계산이 좀 더 필요하다. 압력이 일정하고 계의 온도는 액체의 몰분율 변화에 따라 변하기 때문에 P_i^{sat} 역시 변하게 된다. 이때 주어진 T에서 P_a^{sat}와 P_b^{sat}의 값을 계산하기 위해 Antoine 식을 이용할 수 있다. 식 (8.6)과 함께 각 몰분율 x_a에 대한 미지의 T 하나를 갖는다. 그러나 T를 정확하게는 구할 수 없지만 x_a의 각 값에 대한 T를 대략적으로는 구해야만 한다. T가 정해지면 식 (8.7)을 이용하여 y_a 값을 계산할 수 있다. 이러한 방법으로 그림 8.2*b*에서 보여주는 것과 같이 Txy 상선도를 해석할 수 있다.

예제 8.4 **지렛대 법칙의 증명**

적절한 물질수지 식들을 이용하여 그림 8.2에서 표시된 바와 같이 연결선을 따라 각 상에 존재하는 성분들의 상대량을 구할 수 있는 지렛대 법칙을 증명하라.

풀이 ▶ 성분 a의 질량수지는 다음과 같다.

$$z_a n = y_a n^v + x_a n^l \tag{E8.4A}$$

전체 질량수지는

$$n = n^v + n^l \tag{E8.4B}$$

식 (E8.4B)에 z_a를 곱하고 그 결과를 식 (E8.4A)에 적용하면

$$y_a n^v + x_a n^l = z_a n^v + z_a n^l \tag{E8.4C}$$

지렛대 법칙을 얻기 위해 식 (E8.4C)을 재구성하면

$$\frac{n^v}{n^l} = \frac{(z_a - x_a)}{(y_a - z_a)} = \frac{\text{선분 부분 }\mathbf{v}}{\text{선분 부분 }\mathbf{l}} \tag{E8.4D}$$

그 대신에 n^l에 대해 식 (E8.4B)를 풀고 식 (E8.4A)에 대입하면 아래와 같이 얻을 수 있다.

$$\frac{n_v}{n} = \frac{(z_a - x_a)}{(y_a - x_a)} = \frac{\text{선분 부분 }\mathbf{v}}{\text{연결선의 전체 길이}} \tag{E8.4E}$$

식 (E8.4D)와 (E8.4E)를 유도하는 질량수지는 일반적이고 증기와 액체상에 대한 제약이 없다. 따라서 지렛대 법칙은 평형 상태에 있는 어떠한 두 개의 상에서 상대적인 양을 구하는 것에 대해 적용할 수 있다. 한 상에 존재하는 물질의 비율은 전체 성분으로부터 또 다른 상의 성분까지의 연결선의 길이를 선 전체 길이로 나누게 되면 구할 수 있다.

비이상용액

a-a 사이의 상호작용이 *a-b* 사이의 상호작용과 같은 것은 거의 없기 때문에 실제 계에서는 Raoult의 법칙이 거의 적용되지 않는다. 이번 절에서는 이상기체가 될 수 있는 여전히 충분히 낮은 압력에서의 증기상에 대한 실제 이성분계 거동을 다룰 것이다. 동종 간(*a-a*와 *b-b*) 상호작용이 이종 간(*a-b*) 상호작용에 비해 강한 경우($\gamma_i > 1$)뿐 아니라 동종 간 상호작용이 더 약한 경우($\gamma_i < 1$)도 알아 볼 것이다.

만약 액체상이 화학적으로 비슷하지 않은 성분으로 구성되어 있고 Lewis/Randall 기준 상태를 사용하게 되면, 식 (8.2)와 식 (7.37)에 의해 아래 식을 얻을 수 있다.

$$y_i P = x_i \gamma_i P_i^{\text{sat}} \tag{8.10}$$

식 (8.10)은 증기상에 이상기체이고 순수 액체의 퓨가시티가 P_i^{sat}라고 가정한다.이성분계에서 아래 식을 얻을 수 있다.

$$y_a P = x_a \gamma_a P_a^{\text{sat}} \tag{8.11}$$

그리고

$$y_b P = x_b \gamma_b P_b^{\text{sat}} \tag{8.12}$$

식 (8.11)과 식 (8.12)를 더하게 되면

$$y_a P + y_b P = P = x_a \gamma_a P_a^{\text{sat}} + (1 - x_a)\gamma_b P_b^{\text{sat}} \tag{8.13}$$

식 (8.6)에서 보았던 것과 같이 액체 몰분율은 더 이상 압력에 대하여 선형관계가 아니다. 식 (8.13)을 식 (8.11)에 대입하면 아래의 식을 얻을 수 있다.

$$y_a = \frac{x_a \gamma_a P_a^{\text{sat}}}{x_a \gamma_a P_a^{\text{sat}} + (1 - x_a)\gamma_b P_b^{\text{sat}}} \tag{8.14}$$

우선 $\gamma_a > 1$의 경우를 고려하자. 이미 알아본 바와 같이 이 경우는 동종 간 상호작용이 이종 간 상호작용보다 강한 경우를 의미한다. Gibbs–Duhem 식으로부터 이 경우 $\gamma_b > 1$라는 것을 역시 알 수 있다. 식 (8.6)과 식 (8.13)을 비교하면, 주어진 성분 a의 몰분율에 대해 계는 이상 상태보다 큰 압력을 보이게 된다. 그러므로 이 경우를 Raoult의 법칙으로부터의 *양의 편차*(positive deviation)라고 부른다.

분자의 관점에서 이 결과는 이치에 맞다. 주어진 온도에서 액체에 존재하는 분자들은 고정된 운동에너지를 갖는다. 그러나 액체에서의 이종 간 상호작용은 동종 간 상호작용만큼 강하지 않다. 따라서 두 성분이 섞여 있을 때 액체상에서 만큼 활발하게 운동하지 않는다. 그러므로 이상용액의 경우에 비해 많은 분자들이 증기로 배출되고 가해진 압력은 높아진다.

식 (8.13)과 식 (8.14)는 m 성분을 갖는 계로 아래와 같이 일반화가 가능하다.

$$P = x_a\gamma_a P_a^{\text{sat}} + x_b\gamma_b P_b^{\text{sat}} \ldots + x_i\gamma_i P_i^{\text{sat}} \ldots + x_m\gamma_m P_m^{\text{sat}} = \sum_{i=1}^{m} x_i\gamma_i P_i^{\text{sat}} \tag{8.15}$$

그리고

$$y_i = \frac{x_i\gamma_i P_i^{\text{sat}}}{\sum_{i=1}^{m} x_i\gamma_i P_i^{\text{sat}}} \tag{8.16}$$

이 유도식은 이상기체이고 순수 액체의 퓨가시티가 P_i^{sat}이라고 가정한다. 예제 8.6은 이러한 가정들이 더 이상 유용하지 않는 경우를 보여준다. 이 경우 다른 VLE 관계식이 식 (8.2)로부터 유도된다.

예제 8.5 T가 주어졌을 경우 비이상용액의 이슬점 계산

48%의 ethanol(a)이 물(b)에 포함되어 있는 70°C의 이성분 증기 혼합물이 있다. 이 증기가 첫 번째 액체 방울을 생성시키는 압력을 구하라. 이 액체의 조성은 무엇인가? 과잉 Gibbs 에너지는 다음의 상수들을 갖는 three-suffix(3-접미사) Margules 식으로 표현된다.

$$A = 3590\ [\text{J/mol}] \quad \text{그리고} \quad B = -1180\ [\text{J/mol}]$$

풀이 ▶ 이 문제는 그림 8.1 격자의 1 사분면에 관한 것이다. Ethanol과 물은 70°C에서 1 bar보다 낮은 증기압을 나타내기 때문에 증기상은 이상기체라 가정할 수 있다. 식 (8.13)은 아래와 같이 표현 가능하다.

$$P = x_1\gamma_1 P_1^{\text{sat}} + (1 - x_1)\gamma_2 P_2^{\text{sat}} \tag{E8.5A}$$

표 7.2의 관계식을 적용하면 활동도 계수들을 상수 A와 B를 갖는 three-suffix Margules을 이용하여 표현할 수 있다.

$$\ln \gamma_1 = \frac{(A + 3B)}{RT}x_2^2 - \frac{4B}{RT}x_2^3 \tag{E8.5B}$$

유사한 방법으로

$$\ln \gamma_2 = \frac{(A - 3B)}{RT}x_1^2 + \frac{4B}{RT}x_1^3 \tag{E8.5C}$$

식 (E8.5B)와 식 (E8.5C)로 표현된 식을 식 (E8.5A)에 적용하면 다음과 같은 관계식을 얻는다.

$$P = x_1 \exp\left[\frac{(A+3B)}{RT}x_2^2 - \frac{4B}{RT}x_2^3\right]P_1^{sat} + x_2 \exp\left[\frac{(A-3B)}{RT}x_1^2 + \frac{4B}{RT}x_1^3\right]P_2^{sat} \quad \text{(E8.5D)}$$

식 (E8.5D)를 이용하여 식 (E8.14)를 y_1를 P에 대해 정리하면 다음과 같다.

$$y_1 = \frac{x_1 \exp\left[\frac{(A+3B)}{RT}x_2^2 - \frac{4B}{RT}x_2^3\right]P_1^{sat}}{x_1 \exp\left[\frac{(A+3B)}{RT}x_2^2 - \frac{4B}{RT}x_2^3\right]P_1^{sat} + x_2 \exp\left[\frac{(A-3B)}{RT}x_1^2 + \frac{4B}{RT}x_1^3\right]P_1^{sat}} \quad \text{(E8.5E)}$$

부록에서 포화 압력들을 찾을 수 있다. Antoine 식으로부터 $P_1^{sat} = 0.72$ [bar]이고, 수증기 표로부터 $P_2^{sat} = 0.31$ [bar]이다. 액체 몰분율의 총합은 1이기 때문에 식 (E8.5E)는 미지수 x_1에 대해 정리할 수 있다. 이것을 풀면 다음과 같다.

$$x_1 = 0.12$$

이 값을 식 (E8.5D)에 대입하면 다음의 값을 얻을 수 있다.

$$P = 0.55 \text{ [bar]}$$

이 값들을 실험을 통해 얻은 각각의 값인 $x_1 = 0.13$과 $P = 0.57$[bar]와 유사하다.

예제 8.6 ***T*가 주어졌을 경우 비이상기체와 비이상용액의 이슬점 계산**

높은 압력에서 증기와 액체상들은 비이상 상태이다. 알려진 T에서 증기상 몰분율이 a와 b인 2성분 혼합물이 있다. 이 경우 액체상의 조성과 계의 압력을 구할 수 있는 식들과 해법 알고리즘을 유도하라. 이상적 거동으로부터의 편차를 정량화하기 위해서는 van der Waals 상태방정식을 이용하고 비이상용액을 모사하기 위해 three-suffix Margules 식을 이용하라. 각 성분의 임계 특성, 액체 부피, 그리고 Antoine 상수들과 three-suffix Margules 상수들은 이미 주어져 있다고 가정하라.

풀이 ▸ 이 문제는 그림 8.1 격자의 1 사분면과 관한 것이다. 이미 제7장에서 퓨가시티 계수들을 얻는 방법에 대해 배웠기 때문에 여기서는 van der Waals 상태방정식을 이용하여 해를 구한다. 사용할 수 있는 보다 정확한 다른 상태방정식들이 있지만, 기본적인 풀이 방법은 동일하다. 더욱이 2 성분 이상으로 구성된 혼합물에 대해서도 확대 적용이 가능하다. 예를 들면, 다성분 혼합물의 이슬점을 계산하기 위해서 책의 software는 Peng-Robinson 상태방정식을 이용한다.

액체상 몰분율에 관해 식 (8.2)를 풀면 아래와 같다.

$$x_i = \frac{y_i \hat{\varphi}_i P}{\gamma_i \varphi_i^{sat} P_i^{sat} \exp\left[\frac{v_i^l}{RT}(P - P_i^{sat})\right]} \quad \text{(E8.6A)}$$

액체 몰분율의 총합은 1이기 때문에

$$1 = \frac{y_a \hat{\varphi}_a P}{\gamma_a \varphi_a^{sat} P_a^{sat} \exp\left[\frac{v_a^l}{RT}(P - P_a^{sat})\right]} + \frac{y_b \hat{\varphi}_b P}{\gamma_b \varphi_b^{sat} P_b^{sat} \exp\left[\frac{v_b^l}{RT}(P - P_b^{sat})\right]} \quad \text{(E8.6B)}$$

식 (E8.6B)를 압력에 관해 정리하면 아래와 같다.

$$P = \left[\frac{y_a \hat{\varphi}_a}{\gamma_a \varphi_a^{\text{sat}} P_a^{\text{sat}} \exp\left[\frac{v_a^l}{RT}(P - P_a^{\text{sat}}) \right]} + \frac{y_b \hat{\varphi}_b}{\gamma_b \varphi_b^{\text{sat}} P_b^{\text{sat}} \exp\left[\frac{v_b^l}{RT}(P - P_b^{\text{sat}}) \right]} \right]^{-1} \quad \textbf{(E8.6C)}$$

계의 온도 T에서 각 성분의 포화 압력은 Antoine 상수들로부터 얻을 수 있다.

$$\ln P^{\text{sat}} = A - \frac{B}{T + C} \quad \textbf{(E8.6D)}$$

순수 성분들의 퓨가시티들은 표 7.1에서 찾을 수 있다.

$$\ln[\varphi_a^{\text{sat}}] = -\ln\left[\frac{(v_a^{\text{sat}} - b)P_a^{\text{sat}}}{RT} \right] + \frac{b}{(v_a^{\text{sat}} - b)} - \frac{2a}{RTv_a^{\text{sat}}} \quad \textbf{(E8.6E)}$$

그리고

$$\ln[\varphi_b^{\text{sat}}] = -\ln\left[\frac{(v_b^{\text{sat}} - b)P_b^{\text{sat}}}{RT} \right] + \frac{b}{(v_b^{\text{sat}} - b)} - \frac{2a}{RTv_b^{\text{sat}}} \quad \textbf{(E8.6F)}$$

여기서 순수 성분들의 부피인 v_a^{sat}와 v_b^{sat}는 van der Waals 상태방정식을 이용하여 풀 수 있다.

$$P = \frac{RT}{v - b} - \frac{a}{v^2} \quad \textbf{(E8.6G)}$$

임계압력이 주어졌을 경우 van der Waals 상수인 a와 b는 아래와 같다.

$$a = \frac{27}{64} \frac{(RT_c)^2}{P_c} \left[\frac{\text{Jm}^3}{\text{mol}^2} \right] \quad \textbf{(E8.6H)}$$

$$b = \frac{(RT_c)}{8P_c} \left[\frac{\text{m}^3}{\text{mol}} \right] \quad \textbf{(E8.6I)}$$

예제 7.4의 혼합물의 퓨가시티 계수들을 얻을 수 있다(표 7.1).

$$\ln[\hat{\varphi}_a^v] = -\ln\frac{P(v - b_{\text{mix}})}{RT} + \frac{b_a}{[v - b_{\text{mix}}]} - \frac{2(y_a a_a + y_b \sqrt{a_a a_b})}{RTv} \quad \textbf{(E8.6J)}$$

그리고

$$\ln[\hat{\varphi}_b^v] = -\ln\frac{P(v - b_{\text{mix}})}{RT} + \frac{b_b}{[v - b_{\text{mix}}]} - \frac{2(y_b a_b + y_b \sqrt{a_a a_b})}{RTv} \quad \textbf{(E8.6K)}$$

y_a와 y_b를 알고 있기 때문에 a_{mix}와 b_{mix}를 아래와 같이 구할 수 있다.

$$a_{\text{mix}} = y_a^2 a_a + 2y_a y_b \sqrt{a_a a_b} + y_b^2 a_b \quad \textbf{(E8.6L)}$$

그리고

$$a_{\text{mix}} = y_a^2 a_a + 2y_a y_b \sqrt{a_a a_b} + y_b^2 a_b \quad \textbf{(E8.6M)}$$

Van der Waals 상태방정식인 식 (E8.6G)을 이용하여 식 (E8.6J)와 식 (E8.6K)의 혼합물의 몰부피를 구할 수 있다.

활동도 계수에 대한 three-suffix Margules 식을 이용하면 다음을 얻을 수 있다.

$$\gamma_a = \exp\left[\frac{(A + 3B)}{RT} x_b^2 - \frac{4B}{RT} x_b^3 \right] \quad \textbf{(E8.6N)}$$

그리고

$$\gamma_b = \exp\left[\frac{(A - 3B)}{RT} x_a^2 + \frac{4B}{RT} x_a^3 \right] \quad \textbf{(E8.6O)}$$

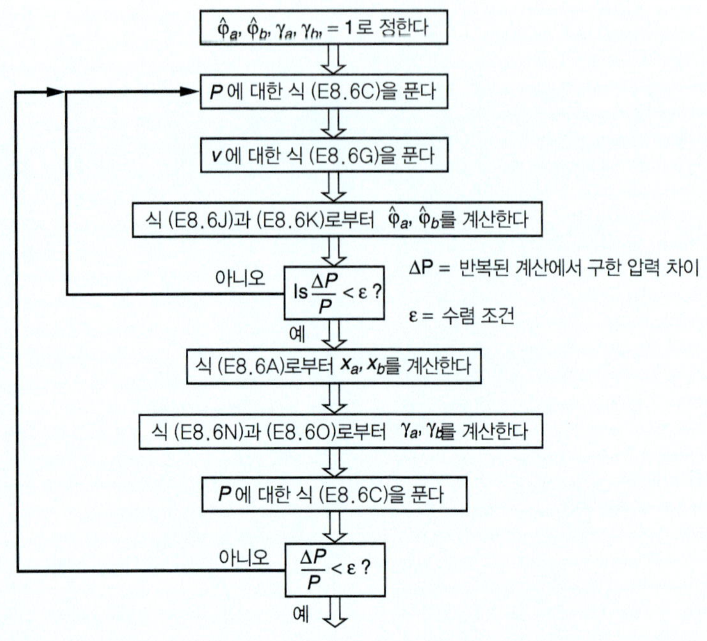

그림 E8.6A 해법 알고리즘의 흐름도.

여기서 우리가 구하고자 하는 3개의 미지수는 P, x_a, x_b이다. 이들은 각각 식 (E8.6C)와 (E8.6A)로 주어진다. 그러나 식 (E8.6J)와 식 (E8.6K)에서 보여주는 바와 같이 퓨가시티 계수들은 이미 알고 있는 P에 의존한다. 유사하게 식 (E8.6N)와 식 (E8.6O)로 주어지는 활동도 계수들은 미지수 x_a와 x_b에 의존한다. 그러므로 반복계산법을 사용해야만 한다. 그림 (E8.6A)는 한 가지 가능한 컴퓨터 알고리즘의 순서도를 보여준다. 우선 퓨가시티 계수들과 활동도 계수들을 1로 고정한다. 그리고 증기는 이상기체로, 액체는 이상용액으로 초기 가정을 한다. 첫 번째로 퓨가시티 계수에 대한 반복계산을 수행한다. 해는 순서 상선도의 내부계산으로 표현된다. 반복계산을 통해 얻은 압력 값들 사이의 차이가 특정한 기준치보다 작아질 때까지 계속적으로 압력[식 (E8.6C)]과 퓨가시티 계수들[식 (E8.6J)과 (E8.6K)]에 대한 풀이를 진행한다. 유사한 방법으로 활동도 계수에 대한 반복계산을 외부계산에서 수행한다. 내부계산에서의 활동도 계수와 외부계산에서의 퓨가시티 계수에 대한 반복계산을 갖는 알고리즘을 얻을 수 있다. P, x_a, x_b 값들을 이용하여 식 (E8.6C)와 (E8.6A)을 만족하는 $\hat{\varphi}_a$, $\hat{\varphi}_b$, γ_a, γ_b 값들을 얻을 수 있을 때 수렴하게 된다.

만약 그림 8.2의 격자 IV과 같이 T를 모르고 P가 주어졌을 경우 풀이 알고리즘은 어떻게 변화되는가?

이전에 Raoult의 법칙에서 설명할 것과 같은 비슷한 방식으로 비이상용액에 대한 Pxy와 Txy 상선도를 해석할 수 있다.

Pxy, *Txy*, *xy* 상선도

동종 간 및 이종 간 상호작용이 다른 경우의 이슬점과 기포점 곡선은 그림 8.2와는 다를 것이

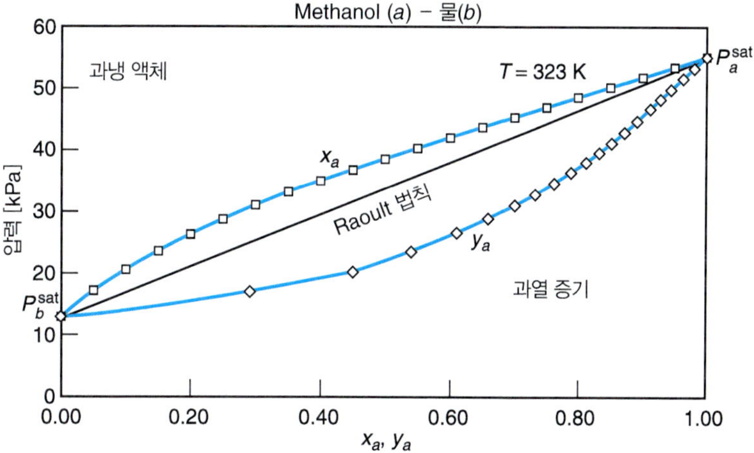

그림 8.3 323 K의 일정 온도에서 methanol(a)과 물(b)로 구성된 이성분 혼합물의 압력에 대한 액체 및 증기 몰분율(Pxy)의 상선도. 이 계는 Raoult의 법칙으로부터 양의 편차를 보여준다. 직선은 Raoult의 법칙이 적용되었을 경우의 액체 몰분율의 값을 나타낸다.

다. 그림 8.3은 이상 상태로부터 양의 편차를 나타내는 323 K에서의 methanol과 물로 구성된 이성분계의 Pxy 상선도의 예를 보여주고 있다. 이러한 상선도는 식 (8.13)과 (8.14)를 이용하여 해석이 가능하다. 이 경우 활동도계수 모델은 다른 값의 x_a에 대해 성분 a와 b의 활동도 계수들을 정량화하기 위해서 필요하다. 이 자료 집합을 표현하기 위해 모델과 변수들을 찾아낼 수 있는가? 그림 8.3의 직선은 Raoult의 법칙의 경우에 액체 몰분율을 나타낸다. 이와는 반대로 실제 상태의 이슬점 곡선은 고압에서 나타난다.

역으로 $\gamma_a < 1$를 갖는 계는 Raoult의 법칙으로부터 *음의 편차*(negative deviation)를 보인다고 말할 수 있다. 이와 상응하여 모든 압력에서의 액체 몰분율은 Raoult의 법칙에 의해 예측되는 값보다 작은 값을 갖는다. 음의 편차는 분자들의 이종 간 상호작용에 의한 인력이 순수 성분의 동종 간 상호작용에 의한 인력에 비해 강하기 작용할 때 발생한다. 그러므로 액체 혼합물의 성분들은 서로 강하게 당기기 때문에 증기상의 작은 수의 분자들과 계의 낮은 압력을 만들어낸다.

다른 두 가지 일반적인 형태의 이성분 상선도를 그림 8.4와 그림 8.5에서 보여주고 있다. 그림 8.4는 물과 methanol로 구성된 계에 대한 Txy 상선도를 해석하기 위해 온도를 액체 및 증기 몰분율에 대해 도식한 것이다. 이 형태의 상선도는 이전에 언급한 Pxy 상선도와 비슷하다. 그러나 이 경우는 T가 일정한 것이 아닌 압력이 1 atm으로 일정한 경우이다. 이러한 도표를 해석할 수 있는가? 해석을 하기 위해 어떤 자료가 필요한가?

Txy 상선도로부터 얻을 수 있는 정보의 종류는 Pxy 상선도로부터 얻을 수 있는 것과 유사하다. 주어진 온도와 조성에서 액상으로만 존재하는지, 증기상으로만 존재하는지 혹은 액상과 증기상이 평형을 이루고 있는 두 개의 상이 공존하고 있는지에 대해 알 수 있다. 이제 증기상은 상선도의 윗부분에 위치하는 반면, 액체상은 상선도의 아래 부분에(즉, 낮은 온도) 위치한다. 2 상이 공존하는 부분에서는 각 상의 조성을 알아낼 수 있고 연결선은 주어진 온도에서 증기와 액체조성을 연결한다. 예를 들면 그림 8.4의 연결선은 358 K와 1 atm에서 액체상의 조성이 $x_a = 0.15$인 methanol이 조성이 $y_a = 0.52$인 증기상과 평형을 이루고 있는 것을 나타낸다. 액체와 증기의 상대량을 구하기 위해 지렛대 법칙을 적용하는 것이 가능하다.

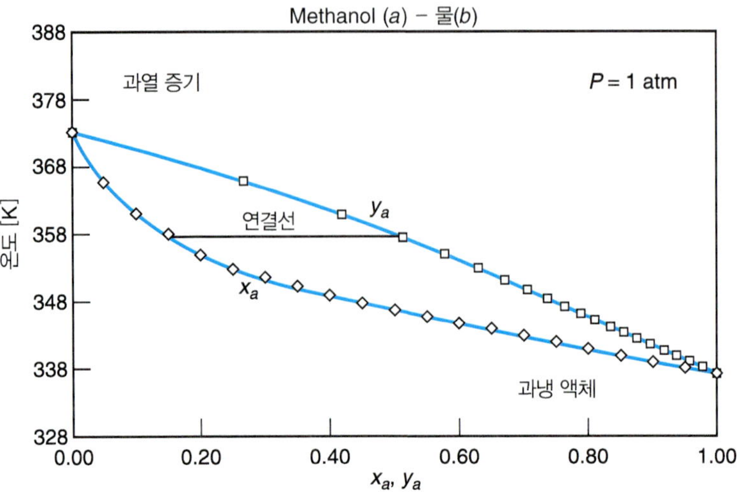

그림 8.4 1 atm의 일정 압력에서 methanol(a)과 물(b)로 구성된 이성분 혼합물의 온도에 대한 액체 및 증기 몰분율(Pxy)의 상선도. 이 계는 Raoult의 법칙으로부터 양의 편차를 보여준다.

1 atm에서 물과 methanol로 구성된 계의 증기 몰분율과 액체 몰분율의 관계를 그림 8.5a에서 보여주고 있다. 소위 xy 상선도라 부르는 이것은 연속적인 증발과 응축 공정을 통해 methanol을 정제하는 분별증류 공정을 쉽게 묘사하고 있다. $x_a = y_a$인 45° 선 역시 이 그림에 나타나 있다. 본질적으로 증류탑은 예제 8.3에서 묘사된 형태의 플래시들의 연속이다. 증류는 실제적으로 일정온도보다는 일정 압력에 더 가깝다. 그림 8.5b와 8.5c는 증류 공정에서 얻을 수 있는 분리를 예측하기 위해 그림 8.5a의 xy 상선도에 적용되는 도식 해법의 두 경우를 보여준다.[3] 이러한 공정을 전체적으로 살펴볼 것이다. 여기서 세부적인 것을 걱정할 필요는 없다. 단위조작 강의에서 보다 자세하게 이러한 해법에 대해 배울 것이다. 여기서는 xy 상선도도 유용성과 VLE가 어떻게 적용되는 것인가에 대한 밑그림을 보여주고 있는 것이다.

그림 8.5b는 모든 과열된 증기가 응축되어 증류탑으로 되돌아가는 전체 환류의 제한된 경우를 보여준다. 비슷하게 바닥의 액체는 증류탑으로부터 빠져나가지 않는다. 전체 환류는 주어진 분리를 달성하기 위해 필요한 평형 단계의 최소수를 의미한다(불행하게도 이러한 제약에서 아무것도 얻을 수 없기 때문에 이것은 단지 이론적인 한계이다). 그림 8.5b의 오른쪽의 3개의 플래시 단계들은 그림에서 나타나는 평형 '단계'에 관한 것이다. 바닥 플래시 판(또는 단)('3'으로 표시)은 물에 존재하는 5% methanol을 포함하는 액체이고 그것이 증발하여 28% methanol이 된다. 그림 8.4로부터 예측할 수 있듯이 이것의 온도는 366 K이다. 이 단계는 왼쪽에 있는 xy 상선도의 '3'으로 표시되어 있는 수직선에 의해 표현된다. 이 methanol-물 증기 혼합물을 탑으로 상승하고 단 2에서 345 K로 응축된다. 응축 과정은 그림 8.5b의 수평선에 의해 표현된다. 온도는 어떻게 얻을 수 있는가? 이제 증발 과정이 반복되어 62%의 methanol이 판에 남게 된다. 마지막으로 또 다른 응축과 증발 순환과정을 통해 345 K에서 86%의 methanol을 포함하고 있는 증기가 세 번째 판에 남게 된다. 따라서 전체 환류라는 한정된 경우에서 단 1에 존재하는 5% methanol로 부터 단 3에 존재하는 86%의 methanol로 정제할 수 있다.

3. 이 접근법은 McCabe와 Thiele에 의해 처음으로 구현되었다.

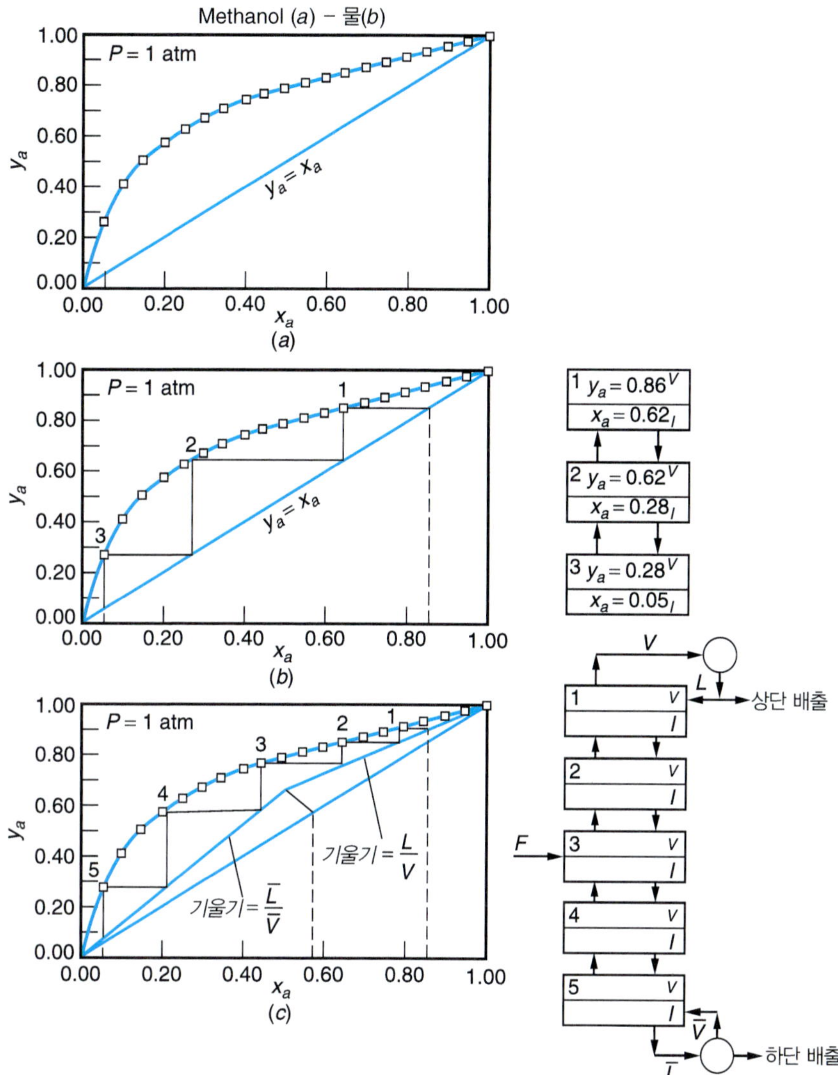

그림 8.5 1 atm의 일정 압력에서 methanol(a)과 물(b)로 구성된 이성분 혼합물의 온도에 대한 액체 및 증기 몰분율(Pxy)의 상선도. (a) 45° 선이 있는 xy 도표는, (b) 전체 환류 공정의 증류 단계들이고, (c) 보여주는 작동선들을 갖는 5단 증류탑의 단계들을 의미한다. 증류의 단계들은 (b)와 (c)의 오른쪽에 있다.

Methanol−물 혼합물의 보다 실질적인 증류는 그림 8.5c에 묘사되어 있다. xy 상선도의 오른쪽에 5개의 단들이 체계적으로 나타나 있다. 이 경우 과량-methanol 증기의 일부는 '상단 배출(tops-out)'로 표시된 상단을 통해 제거되고 과량-물 액체는 '하단 배출 (bottoms out)'로 표시된 하단으로부터 제거된다. 흐름 속도 F로 단 3에 투입이 이루어진다. 이 응축된 증기로부터 생성된 액체의 일부는 흐름속도가 L인 반면, 증기는 흐름속도 V로 단 1에서 배출된다. 남아 있는 액체는 '상단 배출'로 표시된 흐름에서 분리된 생성물로 모아진다. 유사하게 흐름속도 증기로 변환된 일부분은 흐름속도 $\bar{V}$를 갖는 반면 액체는 단 5에서 흐름속도 $\bar{L}$을 가지고 배출된다. 잔류물은 '하단 배출' 흐름으로 모아진다. 이 문제를 해결하려면 플래시에 관한 예제 8.3과 같이 각 단의 액체−증기 상평형 관계식들과 단에 흐르고 있는 액체와 증기의 물질수지를 이용해야 한다. 45°선 위쪽에 위치한 두개의 *조작선*(operating line)을 갖는 물질

수지에 의한 제약조건으로 표현될 수 있음이 밝혀졌다. 조작선들의 기울기는 정제탑의 각 부분에서의 증기의 흐름에 대한 액체의 흐름의 비율로 주어진다. 선제 환류 경우의 45°선에 대해 한 것과 마찬가지로 평형 단계들을 조작선에 대해 확장하게 된다(그림 8.5*b*). 그림 8.5*c*에서의 5개의 단들은 유입된 58% methanol을 86% methanol을 포함하는 가벼운 흐름과 5% methanol을 포함하는 무거운 흐름으로 분리한다.

그림 8.3, 8.4, 8.5는 동종 간 상호작용이 이종 간 상호작용에 비해 약한 계의 *Pxy*, *Txy*, *xy* 상선도를 표현하는 반면 이 상선도들은 이종 간 상호작용이 더 강할 때 역시 해석될 수 있다.

› Gibbs 에너지를 이용한 상선도의 이해

이성분 혼합물의 상거동을 각 상의 Gibbs 에너지에 연관지을 수 있다. 평형 상태는 Gibbs 에너지가 최소가 되는 것으로 정의되는 것을 알고 있다. $g = h - Ts$이기 때문에 h를 낮추거나 s를 증가시킴으로 해서 Gibbs 에너지를 낮출 수 있다. 액체와 증기로 구성된 계에 대해 상거동은 에너지 의존형 액체상과 엔트로피 의존형 증기상 사이의 균형에 의해 결정된다. Gibbs 에너지의 최소화와 그림 8.4에서 보여주는 *Txy*로 표현된 상선도 사이의 관계를 설명할 것이다. 그러나 비슷한 논의는 *Pxy* 상선도에 대해서도 이루어질 수 있다.

그림 8.6의 윗부분은 온도 T_1, T_2, T_3에서의 몰분율에 대한 각각의 증기와 액체상들의 Gibbs 에너지, g_{vapor}와 g_{liquid}에 대한 상선도를 보여주고 있다. 그림의 아랫부분에서는 위에서 정의된 Gibbs 에너지에 해당하는 세 가지 온도들을 이용하여 그림 8.4로부터 재구성된 *Txy* 상선도를 보여준다. 첫 번째로 구성 성분의 끓는점보다 낮은 가장 낮은 온도인 T_1을 고려해 보자. 액체와 기체의 Gibbs 에너지들은 혼합의 Gibbs 에너지로부터 도출되는 조성 대비 최소값을 갖는다. 액체의 Gibbs 에너지는 전체 조성의 영역에서 증기의 Gibbs 에너지보다 작은 값을 갖는다. 따라서 평형 상태에서 계는 에너지 의존적인 액체상에 존재하게 된다. 온도가 상승하게 될수록 엔트로피의 기여도가 점점 중요하게 된다. 가장 높은 온도인 T_3는 두 성분의 끓는점보다 높은 온도이다. 그림의 상단 오른쪽 부분에서 보여주는 바와 같이 이 온도에서 증기의 Gibbs 에너지는 액체의 Gibbs 에너지보다 항상 작다. 그러므로 이성분은 모든 x_a에 대해 증기로 존재한다. 성분 a와 b의 끓는점 사이의 중간 온도인 T_2는 Gibbs 에너지 상선도의 중간 부분에서 나타나 있다. 낮은 값의 x_a에서 에너지 효과가 지배적이고 액체의 Gibbs 에너지는 증기의 Gibbs 에너지보다 작다. 반대로 높은 값의 x_a에서는 증기의 Gibbs 에너지가 더 작다. 결론적으로, 상거동은 세 영역을 보여준다. x_a 값이 작을 경우 평형 상태는 하나의 액체상이다. 비슷하게 x_a가 큰 값에서 평형 상태는 하나의 증기상이다. Gibbs 에너지의 최소값 사이에서 그림 8.6에서 보여주는 바와 같이 접선을 표시할 수 있다. 그림 7.10의 두 액체상에 대한 논의에서 설명한 바와 같은 방식으로 계가 두 상들로 분리가 된다면, 최소값 사이에 있는 몰분율에서의 Gibbs 에너지를 낮추는 것이 가능하다. 이 경우 두 곡선과 인접해 있는 접선에서의 몰분율에 의해 정해진 각 상의 조성으로 증기-액체 평형을 만들게 된다. 에너지와 엔트로피 사이의 평형은 Gibbs 에너지에 의해 정량적으로 표현되며 이 특성의 최소화로부터 상분리가 발생한다는 것을 다시 알 수 있다.

》 공비혼합물

Raoult의 법칙으로부터 편차가 충분하게 클 때 *Px*와 *Py* 곡선들은 극한 값을 나타낸다. 놀랍게도 *Px* 곡선이 최대값을 갖게 되면 *Py* 곡선 역시 최대값을 갖는다. 더욱이 정확하게 같은 조성에서 최대값을 지나게 된다. 비슷한 거동이 최소값에서도 발견된다. **공비혼합물**

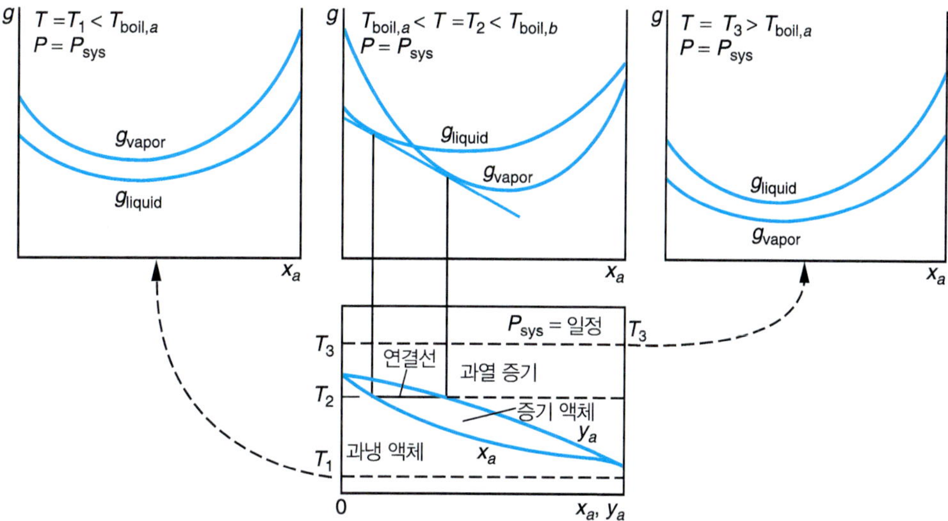

그림 8.6 Gibbs 에너지와 상선도(아래쪽)의 세 가지 다른 등온선에 대한 온도 T_1, T_2, T_3에서의 몰분율(위쪽)의 상선도.

(azeotrope)[4]은 Px와 Py 곡선이 최대값 혹은 최소값을 갖는 상선도에서의 한 점을 표현할 때 사용한다. 공비혼합물에서 액체상에 있는 각 성분의 몰분율은 기체상의 몰분율과 같다.

$$x_i = y_i \qquad \text{공비혼합물에서} \tag{8.17}$$

예제 8.8은 증기와 액체 몰분율이 등온에서 압력의 최대값 혹은 최소값에 대해 항상 같다는 열역학적 관계들을 이용하여 위의 정의를 설명한다. 비슷하게 그 몰분율들은 등압에서 온도의 극한값들이 같아야 한다는 것이다.

예를 들면 chloroform (a)과 *n*-hexane (b)의 이성분 혼합물은 Raoult의 법칙에 대해 큰 양의 편차를 보인다. 그림 8.7*a*는 318 K에서 이러한 이성분계에 대한 상선도이다. Px 곡선은 $x_a = 0.75$에서 최대값을 지난다. Py 곡선은 정확하게 같은 조성에서 최대값을 나타내며 결과적으로 곡선은 만나게 된다. 그러므로 액체와 증기의 몰분율은 이 지점에서 같게 된다. 즉, $x_a = y_a$이다. 이 계를 그림 8.3에서 보여주는 methanol–물로 구성된 계와 비교하는 것이 가능하다. 이러한 두 계는 이상용액의 직선 거동으로부터 양의 편차를 나타낸다. 명확하게, 계의 압력이 가벼운 성분의 포화 압력(P_a^{sat}) 위로 올라가는 양의 편차가 아주 클 때 공비혼합물이 발생한다. Px 곡선은 순수 성분 b에서 포화 압력으로 되돌아가기 위해 최대값을 지나야 한다. 이러한 논의로부터 공비혼합물은 이종 간 상호작용이 동종 간 상호작용과 매우 다를 때 발생한다는 것을 추측할 수 있다. 더욱이 두 성분이 포화 압력이 비슷한 값을 가질 때 공비혼합물이 발생하기 쉬울 것이라는 것을 유추할 수 있다. 다르게 말하면 이상용액을 나타내는 직선이 곧을수록 최대값이 나타나기 용이하다. 결론적으로 공비혼합물은 포화 압력이 크게 차이가 나는 이성분 혼합물에서는 일반적인 것이 아니다.

공비혼합물을 나타내는 이성분계의 또 다른 흥미로운 결과는 특정한 경우의 T와 P에서 상평형 상태의 계의 액체와 증기의 조성을 더 이상 한가지로 한정하지 않는다는 것이다. 예를 들면 59 kPa와 318 K에서 chloroform–*n*-hexane으로 구성된 계는 하나는 $x_a = 0.65$, $y_a =$

4 그리스어로 '변화없는 끓음'의 의미이다.

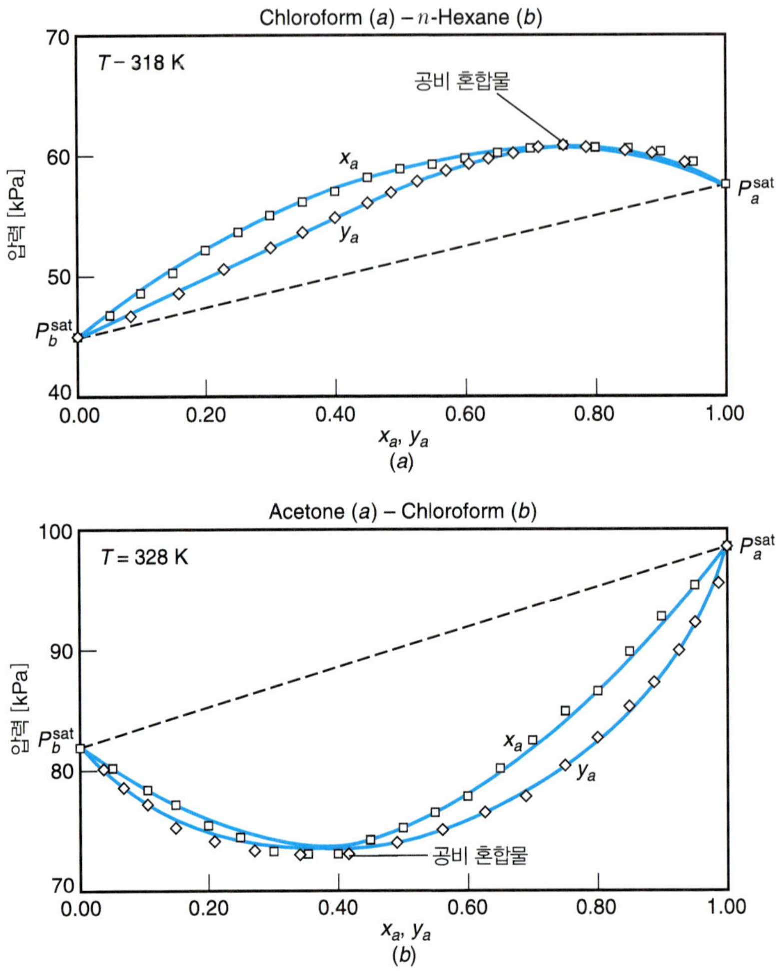

그림 8.7 (*a*) 318 K의 등온에서 chloroform (*a*)–*n*-hexane (*b*) 계와 (*b*) 328 K에서 acetone (*a*)–chloroform (*b*) 계에 대한 평형 상태에서 압력과 액체 및 증기 몰분율(*Pxy*). 이성분계 공비 혼합물을 나타낸다.

0.85를 갖는 공비혼합물의 왼쪽 부분과 또 다른 하나는 $x_a = 0.90$, $y_a = 0.88$을 갖는 공비혼합물의 오른쪽 부분인 두 다른 상태가 있다. 반대로 그림 8.3의 methanol–물로 구성된 계는 어느 *T*와 *P*에 대해서도 액체와 증기 몰분율의 오직 하나의 해만 보여준다. 연습 문제 8.22부터 8.24까지는 주어진 *T*와 *P*에 대해 증기와 액체 몰분율을 구할 수 있는 경우이다.

만약 이종 간 상호작용이 동종 간 상호작용보다 강하다면 정확하게 반대의 거동이 발생한다. 이 경우는 Raoult의 법칙으로부터 *음의 편차*(negative deviation)이다. 극한의 경우 *Px*와 *Py* 곡선들은 정확하게 같은 조성에서 최소값을 보인다. 최소값은 전체 압력이 무거운 성분의 포화 압력 아래로 떨어질 경우 발생한다. 이런 거동은 328 K의 acetone (*a*)–chloroform (*b*)에 대한 그림 8.7*b*에 나타나 있다. 73 kPa의 압력에서 공비혼합물을 볼 수 있다. 공비혼합물에서 액체의 몰분율과 증기의 몰분율은 0.39로 같다. Raoult의 법칙으로부터 양의 편차를 보이는 공비혼합물은(즉, 최대 *P*) 음의 편차를 보이는 것에 비해 보다 일반적이다.

등압의 *Txy* 상선도에서 공비혼합물 거동 역시 볼 수 있다. 이종 간 상호작용이 동종간 상호작용보다 작은 혼합물은 순수한 성분보다 쉽게 끓게 된다. 따라서 압력의 최대값을 보이는 계는(Raoult의 법칙으로부터 양의 편차) 온도의 최소값을 보일 것이다. 압력에 대한 경우와 같이 Ty 곡선의 최소값은 Tx 곡선의 최소값과 동시에 발생하고 정확하게 같은 조성에서 발생한다. 이러한 것을 *최소 끓음 공비혼합물*(minimum boiling azeotrope)이라 부른다. 1 atm의 일정 압력에서의 chloroform(a)−n-hexane(b)에 대한 상선도를 그림 8.8a에서 보여주고 있다. 공비혼합물에서 역시나 액체와 증기는 같은 조성을 갖는다. 이 경우 순수성분의 끓는점에 서로 다가갈수록 공비혼합물에 가까워진다. Chloroform과 n-hexane의 끓는점은 7 K 밖에 차이가 나지 않는다. 비슷하게, 이종 간 상호작용이 더 강한 acetone (a)−chloroform (b)로 구성된 이성분 혼합물은 1 atm에서 그림 8.8b에서 보여주는 것과 같이 *최대 끓음 공비혼합물*(maximum boiling azeotrope)을 나타낸다.

그림 8.8에서 표현한 두 계의 증기와 액체 몰분율 (xy) 상선도를 그림 8.9에 나타나 있다. 그림 8.9a에서 보여주는 chloroform과 n-hexane의 xy 상선도를 생각해보자. Methanol−물(그림 8.5b, c)에 대해 설명한 것과 비슷한 분별증류 공정이 진행될수록 공비혼합물에 의해 한계가 나타난다. 공비혼합물에서 액체, x_a = 0.76는 같은 조성으로 기화된다. 그러므로

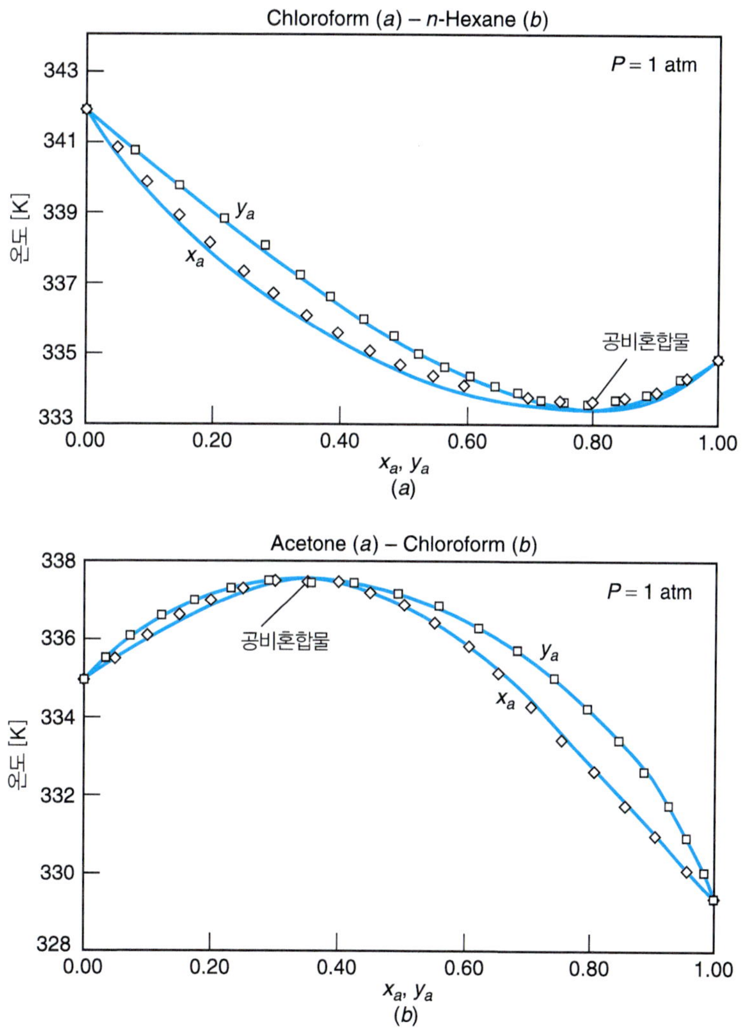

그림 8.8 (a) 1 atm에서 최소 끓음 공비 혼합물을 보이는 chloroform (a)−n-hexane (b) 계와 (b) 최대 끓음 공비 혼합물을 보이는 acetone (a)−chloroform (b) 계에 대한 온도와 액체 및 증기 몰분율(Txy).

공비혼합물은 증류 공정에서 병목 구간을 야기하게 된다. 증기와 액체는 같은 조성을 가지고 있기 때문에 더 이상의 분리는 불가능하다. 비슷하게, 그림 8.9*b*에서 보여주는 acetone–chloroform계는 증류에 의한 정제에 지장을 주는 병목 구간을 나타낸다. 따라서 공비혼합물은 분리 공정에 대한 기술적 도전을 제기한다. P와 T의 큰 변화를 통해 공비혼합물의 이동이 가능하고, 따라서 다른 성분의 첨가를 통해 병목 구간을 해결하거나 공비혼합물을 제거할 수 있다.

공비혼합물은 공정 측면에서 원하지 않는 것인 반면 g^E의 모델에 대한 변수들을 얻는 과정에서 장점이 될 수 있다. *공비혼합물에서* 증기와 액체의 조성을 같기 때문에 a 성분에 대한 평형의 조건, 식 (8.11)은 아래와 같다.

$$P = \gamma_a P_a^{sat} \quad \text{공비혼합물에서} \tag{8.18}$$

포화 압력과 공비혼합물 압력은 실험적으로 유용하기 때문에 식 (8.18)은 공비혼합물 조성에

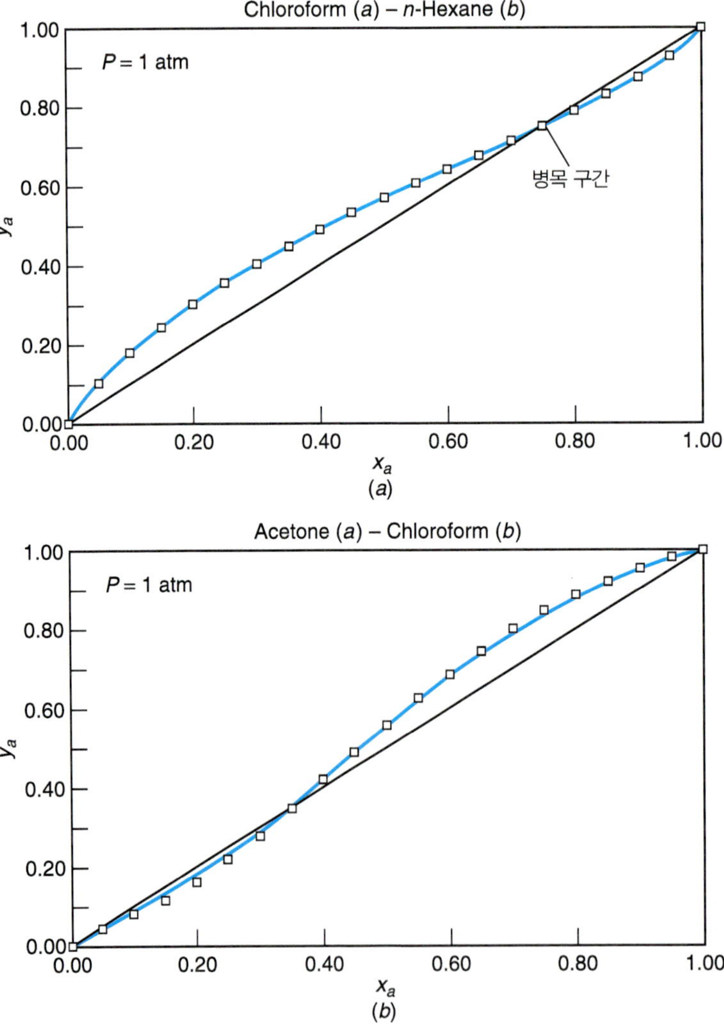

그림 8.9 (*a*) 1 atm에서 chloroform (*a*)–*n*-hexane (*b*) 계와 (*b*) acetone (*a*)–chloroform (*b*) 계에 대한 증기와 액체의 몰분율. 증류 공정에서의 병목 구간이 표시되어 있다.

서 활동도 계수의 간단한 측정을 제공한다. 더욱이 성분 b에 대해 관련된 식을 나타내면, 아래와 같은 식을 얻는다.

$$P = \gamma_b P_b^{sat} \quad \text{공비혼합물에서} \tag{8.19}$$

예제 8.7은 식 (8.18)과 식 (8.19)를 이용하여 two-suffix Margules 식을 보정하는 것을 설명하고 있다. 다음의 식을 얻기 위해 식 (8.18)과 식 (8.19)를 같다고 하면 편리하다.

$$\frac{\gamma_a}{\gamma_b} = \frac{P_b^{sat}}{P_a^{sat}} \tag{8.20}$$

예제 8.7 **활동도 계수 모델 상수의 계산을 위한 공비혼합물 자료의 이용**

50°C에서 1,4-dioxane(a)과 물(b)로 구성된 이성분 혼합물은 0.233 bar의 압력과 $x_a = 0.554$에서 공비혼합물을 나타낸다. Two-suffix Marfules 상수 A의 값을 예측하기 위해 이 자료를 이용하라.

풀이 ▶ 각 성분의 포화 압력을 구하는 것이 필요하다. ThermoSlover의 포화 압력 계산기로부터 $P_a^{sat} = 0.156$ [bar] 그리고 수증기표로부터 $P_b^{sat} = 0.124$ [bar]이다. 식 (8.17)과 (8.18)로부터

$$\gamma_a = \frac{P}{P_a^{sat}} = \frac{0.223}{0.156} = 1.43$$

따라서 식 (7.55)를 이용하면

$$A = \frac{RT \ln \gamma_a}{x_b^2} = 4826 \left[\frac{\text{J}}{\text{mol}}\right]$$

비슷한 방법으로 성분 b에 대해 A를 얻기 위해 공비 혼합물 자료를 이용할 수 있다. 이 경우

$$\gamma_b = \frac{P}{P_b^{sat}} = \frac{0.223}{0.124} = 1.81$$

따라서

$$A = \frac{RT \ln \gamma_b}{x_a^2} = 5174 \left[\frac{\text{J}}{\text{mol}}\right]$$

2개의 유효숫자를 갖는 최고의 예측은 얻은 두 값을 평균함으로써 얻게 된다.

$$A = 5.0 \text{ [kJ/mol]}$$

성분 a에 대한 A 값은 성분 b를 통해 얻은 값과 비슷하기 때문에 이 계는 타당하게 균형적이고 two-suffix Marfules 식을 사용할 수 있다. 다른 방식으로 비균형적인 활동도 계수 모델을 사용할 수 있다. Van Laar 식이 공비혼합물에 대해 일반적으로 사용된다.

예제 8.8 **공비혼합물에서 열역학적 성질의 제약**

공비혼합물에서 증기와 액체상의 조성은 같아야 함을 보여라.

풀이 ▶ 증기-액체 평형 상태에 있는 a와 b의 이성분 혼합물을 생각하자. 식 (6.42)를 적용하면

$$-\frac{\overline{H}_a^v}{T^2}dT + \frac{\overline{V}_a^v}{T}dP + \frac{1}{T}\left[\frac{\partial \mu_a^v}{\partial y_a}\right]_{T,P} dy_a = -\frac{\overline{H}_a^l}{T^2}dT + \frac{\overline{V}_a^l}{T}dP + \frac{1}{T}\left[\frac{\partial \mu_a^l}{\partial x_a}\right]_{T,P} dx_a \quad \textbf{(E8.8A)}$$

$$-\frac{\overline{H}_b^v}{T^2}dT + \frac{\overline{V}_b^v}{T}dP + \frac{1}{T}\left[\frac{\partial \mu_b^v}{\partial y_a}\right]_{T,P} dy_a = -\frac{\overline{H}_b^l}{T^2}dT + \frac{\overline{V}_b^l}{T}dP + \frac{1}{T}\left[\frac{\partial \mu_b^l}{\partial x_a}\right]_{T,P} dx_a \quad \textbf{(E8.8B)}$$

식 (E8.8A)을 변형하면

$$\left(\frac{\partial \mu_a^l}{\partial x_a}\right)_{T,P} dx_a - \left(\frac{\partial \mu_a^v}{\partial y_a}\right)_{T,P} dy_a = \frac{1}{T}(\overline{H}_a^l - \overline{H}_a^v)\, dT - (\overline{V}_a^l - \overline{V}_a^v)\, dP \quad \textbf{(E8.8C)}$$

비슷한 방식으로 성분 b에 대해

$$\left(\frac{\partial \mu_b^l}{\partial x_a}\right)_{T,P} dx_a - \left(\frac{\partial \mu_b^v}{\partial y_a}\right)_{T,P} dy_a = \frac{1}{T}(\overline{H}_b^l - \overline{H}_b^v)\, dT - (\overline{V}_b^l - \overline{V}_b^v)\, dP \quad \textbf{(E8.8D)}$$

Gibbs-Duhem 식을 a와 b의 화학 퍼텐셜에서 다음의 제약 조건으로 사용하면

$$x_a \frac{\partial \mu_a^l}{\partial x_a} + (1 - x_a)\frac{\partial \mu_b^l}{\partial x_a} = 0 \quad \textbf{(E8.8E)}$$

증기에 대해 비슷한 관계식은

$$y_a \frac{\partial \mu_a^v}{\partial y_a} + (1 - y_a)\frac{\partial \mu_b^v}{\partial y_a} = 0 \quad \textbf{(E8.8F)}$$

이제 식 (E8.8C)에 y_a를 곱하고 식 (E8.8D)에 $1 - y_a$를 곱하고 두 식을 더하면 식 (E8.8F)에서 μ_a^v와 μ_b^v를 소거할 수 있다.

마지막으로 식 (E8.8E)를 적용하면

$$\left(\frac{y_a - x_a}{1 - x_a}\right)\frac{\partial \mu_a^l}{\partial x_a} dx_a = \left\{\frac{y_a}{T}(\overline{H}_a^l - \overline{H}_a^v) + \frac{(1 - y_a)}{T}(\overline{H}_b^l - \overline{H}_b^v)\right\} dT$$

$$-\{y_a(\overline{V}_a^l - \overline{V}_a^v) + (1 - y_a)(\overline{V}_b^l - \overline{V}_b^v)\} dP \quad \textbf{(E8.8G)}$$

식 (E8.8G)는 일반적으로 다음의 경우에 성립한다.

$$\left(\frac{\partial T}{\partial x_a}\right)_P = 0$$

혹은

$$\left(\frac{\partial P}{\partial x_a}\right)_T = 0$$

따라서

$$x_a = y_a!!$$

그러므로 계가 등압에서 액체상 몰분율에 대한 온도의 극한 혹은 등온에서 액체상의 몰분율에 대한 압력의 극한을 지날 때 각 상의 몰분율을 같아야 한다. 이 조건이 공비혼합물을 정의한다.

VLE 자료를 이용한 활동도 계수 모델의 최적 맞춤

7.4절에서 g^E에 대한 모델을 이용하여 액체상의 비이상도를 정량화하는 법에 대해 배웠다. 표

7.2는 일반적으로 사용된 모델을 요약해 놓은 것이다. 이런 모델들은 활동도 계수를 조성에 대한 함수로 표현할 수 있게 한다. 이러한 모델들의 유용성은 모델 상수의 값을 정확하게 부여하는 능력에 좌우된다. 예를 들면 two-suffix Margules 식을 효과적으로 사용하기 위해서는 A에 대한 최적의 대표 값이 필수적이다. 제약된 자료에 기반을 둔 모델 상수들의 예측은 가능하지만(예제 7.10와 8.7을 보라), 전체 조성 범위에 대한 VLE 자료 조합은 보다 정확한 예측을 가능하게 한다. 모델 상수 값에 대한 최선의 선택을 위해 우리가 이용할 수 있는 모든 실험 자료를 활용하고자 한다. 이 방법은 실험에 관련한 고유의 오차를 최소화한다. 이러한 목적을 여러 방법을 이용하여 달성할 수 있다.

우선 **목적함수**(objective function)를 이용하여 모델 변수들을 구하는 방법을 알아보자. 이 방법은 일반적이고 어떠한 모델 식에 대해서도 적용이 가능하다. 다음으로 평균 및 선형회귀법을 통해 모델 변수들을 얻기 위해서 특정 모델 식들을 재구성하는 방법을 알아본다. 이 접근법은 우리가 사용하는 모델 식의 특정 형태를 성공적으로 확장시키는 능력에 달려 있다. 이것은 보다 복잡한 모델 식들에게는 적용이 불가능하다.

*목적함수*는 주어진 특성의 계산된 값과 같은 특성의 실험값 사이의 차이에 관한 것이다. 이 차이는 *잔류*(residual)라고 일컫는다. 얻고자 하는 모델 상수들의 조절을 통해 계산된 값의 변화가 가능하다. 모델 상수들의 최선의 선택을 위해 우리는 모든 측정 점 i에 대해 잔류의 편차평방화를 최소화한다.

목적함수를 바탕으로 상수의 몇 가지 선택이 가능하다. 예를 들면 압력에 기반을 둔 *목적함수*, OF_P를 다음과 같이 만들 수 있다.

$$OF_P = \sum (P_{\text{exp}} - P_{\text{calc}})_i^2 \tag{8.21}$$

여기서 P_{exp}는 압력의 실험값이고 P_{calc}는 활동도 계수 모델을 이용하여 계산으로 얻은 값이다. 이 방법에서 모델 변수들을 이용하여 계산된 압력 값을 매 실험요소에서 측정된 압력 값과 비교한다. 식 (8.21)는 값의 제곱으로 인해 모든 수들은 양수이므로, 한 방향으로의 큰 오차들은 다른 방향으로의 큰 오차들을 상쇄하는 것이 불가능하다. 제곱식은 측정된 압력으로부터 편차가 아주 큰 계산된 값의 상대적 중요도 역시 증가시킨다. 식 (8.21)의 *목적함수*에서의 모델 상수들의 값이 최소라는 것을 알 수 있다. *목적함수*의 최소화를 통해 최고로 적합하게 할 수 있는 상수들을 구할 수 있다.

다른 일반적인 *목적함수*는 과잉 Gibbs 에너지의 최소화에 기인한다.

$$OF_{g^E} = \sum (g^E_{\text{exp}} - g^E_{\text{calc}})_i^2 \tag{8.22}$$

혹은 개별적인 활동도 계수에 기인한다. 예를 들면 성분 a와 b로 구성된 이성분 혼합물에 대해서는 다음과 같다.

$$OF_\gamma = \sum \left[\left(\frac{\gamma_a - \gamma_a^{\text{calc}}}{\gamma_a} \right)^2 + \left(\frac{\gamma_b - \gamma_b^{\text{calc}}}{\gamma_b} \right)^2 \right]_i \tag{8.23}$$

표 7.3에 있는 다른 모델 변수들은 OF_γ을 이용하여 계산된다.

예제 8.9와 8.10은 실험적 VLE 자료를 이용한 각각의 two-suffix와 three-suffix Margules 식들의 모델 상수들을 적합하게 맞추기 위한 다른 방법들이다. Two-suffix Margules 상수 A 혹은 three-suffix Margules 상수 A와 B에 대한 최선의 값을 구하기 위한 전체 자료 조합을 사용할 것이다. 모델식이 선형의 형태로 표현될 경우 모델 상수들을 구하기 위해서 최소 자승 선형 회귀법이 적용된다. 예제 8.11에서는 이 방법에 예제 8.9와 8.10에서 사용된 것과 같은 자료를 사용한다. 후자의 방법은 선형의 형태로 표현된 보다 단순화된 활동도 계수 모델들에 한해서 사용된다.

예제 8.9 목적함수를 이용한 최적의 A 계산

10°C의 benzene (1)–cyclohexane (2)로 구성된 이성분계에 대한 액체–증기 평형 자료가 있다. 전체 압력에 대한 액체와 기체 몰분율은 표 E8.9A에 나타나 있다.[5] 이 자료를 이용하여 two-suffix Margules 상수 A의 값을 구하라.

풀이 ▶ 압력이 낮게 때문에 이상기체와 Poynting 보정은 없다고 가정한다. 따라서 식 (8.13)을 이용하여 압력과 benzene의 몰분율의 관계식을 구할 수 있다.

$$P = x_1\gamma_1 P_1^{sat} + (1 - x_1)\gamma_2 P_2^{sat} \tag{E8.9A}$$

Margules 상수 A로 활동도 계수들을 표현하기 위해 two-suffix Margules 식을 이용할 수 있다. 식 (7.55)와 (7.56)을 적용하면

$$\ln \gamma_1 = \frac{A}{RT}(1 - x_1)^2 \tag{7.55}$$

비슷하게

$$\ln \gamma_2 = \frac{A}{RT}x_1^2 \tag{7.56}$$

식 (E8.9A)에서 식 (7.55)와 (7.56)을 빼면

$$P_{calc} = x_1 \exp\left[\frac{A}{RT}(1 - x_1)^2\right]P_1^{sat} + (1 - x_1)\exp\left[\frac{A}{RT}x_1^2\right]P_2^{sat} \tag{E8.9B}$$

식 (E8.9B)에 의해 계산된 값을 모든 실험요소에서의 압력에 대한 값과 비교하는 것이 가능하다. 목적함수(objective function), OF_P를 만들기 위해 전체 자료에 대해 이 차이와 합의 자승을 구한다.

$$OF_P = \sum(P_{exp} - P_{calc})_i^2 \tag{E8.9C}$$

여기서 P_{exp}는 표 E8.9A에서 나타난 압력의 실험값이다. 목적함수 식 (E8.9C)가 최소가 되는 점에서 식 (E8.9B)의 상수 A를 구할 수 있다. 표 E8.9B는 표 E8.9A의 자료에 대한 압력의 편차가 최소가 되는 결과들을 보여준다. 최소값은 다음과 같다.

$$A = 1401 \text{ [J/mol]}$$

표 E8.9C는 결과들을 측정된 증기 몰분율을 비교한 것이다. 계산된 값들은 항상 측정된 값들과 1% 이내의 오차를 나타낸다.

위에서 주어진 값들로 표현된 또 다른 목적함수는 다음과 같다.

$$OF_{g^E} = \sum(g_{exp}^E - g_{calc}^E)_i^2$$

5. J. Gmehling, U. Onken, and W. Arlt, *Vapor–Liquid Equilibrium Data Collection* (multiple volumes) (Frankfurt: DECHEMA, 1977–1980).

표 E8.9A 10°C Benzene (1) –Cyclohexane (2)에 대한 측정된 Px

x_1	y_1	P [Pa]
0	0	6344
0.0610	0.0953	6590
0.2149	0.2710	6980
0.3187	0.3600	7140
0.4320	0.4453	7171
0.5246	0.5106	7216
0.6117	0.5735	7140
0.7265	0.6626	6974
0.8040	0.7312	6845
0.8830	0.8200	6617
0.8999	0.8382	6557
1	1	6073

표 E8.9B 표 E8.9A의 자료에 대한 OF_P의 최소화

x_1	P [Pa]	$\gamma_{1,\text{calc}}$	$\gamma_{2,\text{calc}}$	P_{calc} [Pa]	P^2_{err}
0	6344	1.81	1	6344	0
0.061	6590	1.69	1.00	6595	25
0.2149	6980	1.44	1.03	7001	456
0.3187	7140	1.32	1.06	7141	1
0.432	7171	1.21	1.12	7203	1086
0.5246	7216	1.14	1.18	7195	430
0.6117	7140	1.09	1.25	7139	0
0.7265	6974	1.05	1.37	6986	144
0.804	6845	1.02	1.47	6821	589
0.883	6617	1.01	1.59	6586	984
0.8999	6557	1.01	1.62	6525	1026
1	6073	1	1.81	6073	0
				총 합	4740

표 E8.9C 증기상 조성의 실험값과 two-suffix Margules 식으로 예측된 값과의 비교

y_1	$y_{1,\text{calc}}$	% 차이
0	0	
0.0953	0.0948	0.49%
0.2710	0.2688	0.80%
0.3600	0.3571	0.80%
0.4453	0.4411	0.93%
0.5106	0.5064	0.82%
0.5735	0.5691	0.77%
0.6626	0.6602	0.36%
0.7312	0.7324	−0.16%
0.8200	0.8209	−0.11%
0.8382	0.8426	−0.52%
1	1	

얻어진 값은

$$A = 1399\ [\text{J/mol}]$$

그리고

$$OF_\gamma = \sum\left[\left(\frac{\gamma_1 - \gamma_1^{calc}}{\gamma_1}\right)^2 + \left(\frac{\gamma_2 - \gamma_2^{calc}}{\gamma_2}\right)^2\right]_i$$

얻어진 값은

$$A = 1424\ [\text{J/mol}]$$

A에 대한 세 가지 선택 모두 상대적으로 비슷한 값이 얻어진다.

예제 8.10 **목적함수를 이용한 최적의 A와 B의 계산**

예제 8.9의 계에 대해 three-suffix Margules 상수 A와 B를 계산하라.

풀이 ▶ 예제 8.9에서와 같이 우선 압력에 대해 주어진 아래의 식을 이용한다.

$$P = x_1\gamma_1 P_1^{sat} + (1 - x_1)\gamma_2 P_2^{sat} \quad \textbf{(E8.10A)}$$

그러나 여기서는 Margules 상수 A와 B에 관해 활동도 계수들을 표현하기 위해 three-suffix Margules 식을 이용한다.

$$\ln\gamma_1 = \frac{(A + 3B)}{RT}x_2^2 - \frac{4B}{RT}x_2^3 \quad \textbf{(E8.10B)}$$

비슷하게

$$\ln\gamma_1 = \frac{(A + 3B)}{RT}x_2^2 - \frac{4B}{RT}x_2^3 \quad \textbf{(E8.10C)}$$

식 (E8.10B)와 식 (E8.10C)에 의해 주어진 값을 식 (E8.10A)에 이용하면 다음의 식을 얻는다.

$$P_{calc} = x_1 \exp\left[\frac{(A + 3B)}{RT}x_2^2 - \frac{4B}{RT}x_2^3\right]P_1^{sat} + (1 - x_1)\exp\left[\frac{(A - 3B)}{RT}x_1^2 + \frac{4B}{RT}x_1^3\right]p_2^{sat}$$

압력에 대해 목적함수를 최소화하게 되면, 다음을 얻는다.

$$OF_P = \sum(P_{exp} - P_{calc})^2 = 2509 \quad \textbf{(E8.10D)}$$

이때

$$A = 1397\ [\text{J/mol}] \text{ 그리고 } B = 69\ [\text{J/mol}]$$

A의 값이 B보다 많이 큰 값이기 때문에 계는 단순화된 two-suffix Margules 식으로 적절하게 표현된다.

예제 8.11 **선형회귀법에 의한 two-suffix와 three-suffix Margules 상수들의 재예측**

10°C이 benzene (1)−cyclohexane(2)으로 구성된 이성분계에 대한 액체−증기 평형 자료를 이용하여 two-suffix와 three-suffix Margules 식들의 모델 상수들을 구하라. 전체 압력에 대한 액체의 몰분율은 표 E8.9A에 나타나 있다.

풀이 ▶ 과잉 Gibbs 에너지는 다음과 같이 표현된다.

$$g^E = RT[x_1 \ln \gamma_1 + x_2 \ln \gamma_2] = RT\left[x_1 \ln\left(\frac{y_1 P}{x_1 P_1^{\text{sat}}}\right) + x_2 \ln\left(\frac{y_2 P}{x_2 P_2^{\text{sat}}}\right)\right] \quad \textbf{(E8.11A)}$$

여기서 식 (8.10)의 재구성을 통해 다음을 얻는다.

$$\gamma_i = \frac{y_i P}{x_i P_i^{\text{sat}}}$$

그리고 i를 치환한다. 따라서 모든 실험요소에서의 g^E 값을 구하기 위해 표 8.9A의 실험 자료를 이용할 수 있다.

g^E를 $(x_1 x_2)$로 나누게 되면 two-suffix와 three-suffix Margules 식들을 다르게 표현할 수 있다. Two-suffix Margules 식은 다음과 같이 된다.

$$\frac{g^E}{x_1 x_2} = A \quad \textbf{(E8.11B)}$$

따라서 모든 자료에 대한 g^E/x_1x_2의 평균은 A 값에 대한 최선의 예측이 될 것이다. Three-suffix Margules 식은 다음과 같이 된다.

$$\frac{g^E}{x_1 x_2} = A + B(x_1 - x_2) \quad \textbf{(E8.11C)}$$

$x_1 - x_2$에 대한 g^E/x_1x_2을 도식하면 기울기 B와 y 절편 A를 갖는 직선이 된다. 표 E8.9A의 자료를 그림 E8.11의 형식으로 도식한다.

자료의 평균은 two-suffix Margules 상수에 대한 값을 나타낸다.

$$A = 1409 \text{ [J/mol]}$$

이 값은 예제 8.9의 *목적함수*(objective function)에 의해 얻은 값과 비슷하다. 선형회귀법을 이용하여 최선으로 적합하게 구한 선은 다음과 같다.

$$\frac{g^E}{x_1 x_2} = 1402 + 75.1(x_1 - x_2) \text{[J/mol]} \quad \textbf{(E8.11D)}$$

따라서 다음을 얻는다.

$$A = 1402 \text{ [J/mol]} \quad \text{그리고} \quad A = 1402 \text{ [J/mol]}$$

이 값들은 예제 8.10에서 구한 값들과 비슷하다.

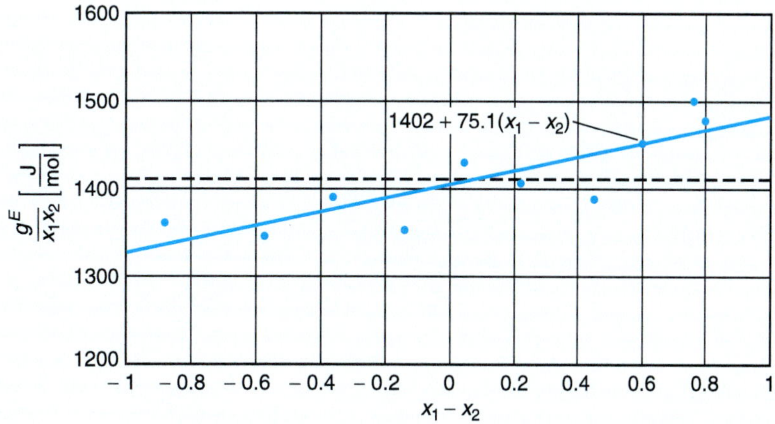

그림 E8.11 10°C의 benzene (1)−cyclohexane (2)의 $x_1 - x_2$에 대한 g^E/x_1x_2의 선형 도식.

액체에 대한 기체의 용해도

VLE 문제들의 또 나른 중요한 부분은 액체에 대한 기체의 용해도이다. 예를 들면, 바닷물에 녹아 있는 기체들은 해양생물들의 생명작용에 결정적 역할을 한다. 해조류는 CO_2를 이용하여 광합성을 하고 O_2를 배출하는 반면, 물고기는 용존산소를 필요로 하고 이산화탄소를 배출한다. 1 bar와 25°C의 계에 대해 물에 녹아 있는 산소의 양을 계산한다고 생각해보자. 순수한 O_2의 임계온도는 154.6 K이며 그 온도에 있는 계에서 초임계 유체의 상태로 존재한다. 따라서 순수한 O_2는 25°C에서 액체로 존재할 수 없다. 결론적으로 액체상의 순수한 산소 퓨가시티의 계산과 Lewis/Randall 기준 상태로의 적용은 어려운 문제이다. 대안으로 O_2의 액체 퓨가시티를 표현하기 위해 Henry의 법칙을 이용할 수 있다. 계의 온도가 성분의 임계온도 이상일 때, 그 성분에 대한 Henry의 법칙 기준 상태를 사용하는 것이 일반적이다.[6] 이 계에서 H_2O는 용매라고 하는 반면, 녹아 있는 산소, O_2는 용질로 간주한다.

25°C의 물에 대한 서로 다른 기체들의 Henry 상수 값이 표 8.1에 주어져 있다. 25°C의 다른 용매에 대한 기체들의 Henry 상수는 표 8.2에 주어져 있다. Henry 상수는 i-j 이종 간 상호작용의 지표이다. 그러므로 그 값은 용질의 종류에 의존할 뿐 아니라 용매에도 의존한다. 예를 들면, 표 8.2에서 C_6H_6의 N_2에 대한 Henry 상수의 크기는 대략적으로 CS_2의 값에 비해 1/3보다 작다. C_6H_6의 분극성이 더 크고, 따라서 London 상호작용(London interaction)이 더 강하기 때문에 이 결과를 예측할 수 있다. 이종 간 상호작용이 더 강할수록 '벗어나려는 경향성'을 낮게 만들기 때문에 Henry 상수는 작아지게 된다.

Henry 상수에 대한 값들은 보통 25°C, 1 bar의 상태로 주어진다. 만약 다른 온도 혹은 압력에 있는 계에 관심이 있다면 $\mathcal{H}_i$ 값을 알아야 한다. Henry 상수의 온도와 압력에 대한 의존성은 7.4절에서 다음과 같이 유도하였다.

표 8.1 25°C 물에 녹아 있는 다양한 기체들의 Henry 상수

기체	$\mathcal{H}_i$ [bar]
Ar	35,987.9
Br_2	74,686.8
H_2	70,381.1
N_2	87,365.0
O_2	44,253.9
H_2S	54,991.8
CO	58,487.0
CO_2	1,651.9
CH_4	41,675.8
C_2H_2	1,342.2
C_2H_4	11,522.0
C_2H_6	30,525.9

출처: Modified from E. W. Washburn (ed.), *International Critical Tables* (Vol. III) (New York: McGraw-Hill, 1928).

6. J. Gmehling, U. Onken, and W. Arlt, *Vapor–Liquid Equilibrium Data Collection* (multiple volumes) (Frankfurt: DECHEMA, 1977–1980).

표 8.2 25°C의 4개의 다른 액체에서의 H_2, N_2, O_2, CO, CO_2의 Henry 상수[bar]

	H_2	N_2	O_2	CO	CO_2
C_6H_6	3,657.4	2,386.6	1,554.9	1,620.6	114.1
CS_2	10,865.9	6,961.9		4,907.3	469.0
CH_3OH	6,425.0	4,293.2	3,179.4	3,106.7	158.3
C_3H_6O	4,373.4	2,288.0	1,478.9	1,502.1	53.1

출처: Modified from E. W. Washburn (ed.), *International Critical Tables* (Vol. III) (New York: McGraw-Hill, 1928).

$$\left(\frac{\partial \ln \mathcal{H}_i}{\partial P}\right)_T = \frac{\overline{V}_i^\infty}{RT} \tag{7.39}$$

그리고

$$\left(\frac{\partial \ln \mathcal{H}_i}{\partial T}\right)_P = \frac{h_i^v - \overline{H}_i^\infty}{RT^2} \tag{7.40}$$

식 (7.39)와 식 (7.40)은 압력과 온도에 대한 $\mathcal{H}_i$이 문헌값을 보정하기 위해 사용할 수 있다. Henry 상수는 일반적으로 온도가 높아지면 증가한다.

식 (7.40)을 정리하면 다음을 얻는다.

$$\left(\frac{\partial \ln \mathcal{H}_i}{\partial (1/T)}\right)_P = \frac{\overline{H}_i^\infty - h_i^v}{R}$$

이 식에서 $\overline{H}_i^\infty - h_i^v$가 일정하면 $1/T$에 대한 $\mathcal{H}_i$의 도식은 직선이라는 것을 예상할 수 있다. 그림 8.10은 온도에 따른 H_2O에 있는 N_2와 O_2의 Henry 상수에 대한 값의 도식이다. 그림 8.10*a*는 온도가 증가함에 따라 Henry 상수가 증가하다가 점차 일정해지는 것을 보여주고 있다. 그림 8.10*b*는 $1/T$에 대한 Henry 상수의 자연로그의 도식을 보여주고 있다. 이 경우 도식이 직선이 아니라는 것은 $\overline{H}_i^\infty - h_i^v$가 온도에 따라 변한다는 것을 의미한다. 이 결과는 물의 수소결합 효과로 설명할 수 있다. 연습 문제 8.49는 benzene에 있는 O_2와 같이 직선인 경우에 대한 것이다.

Henry의 법칙을 이용하여 용질의 평형조성을 구하기 위해서는 액체의 퓨가시티와 증기의 퓨가시티가 동일한 값이라고 전제해야 한다.

$$\hat{f}_i^{\,v} = \hat{f}_i^{\,l}$$

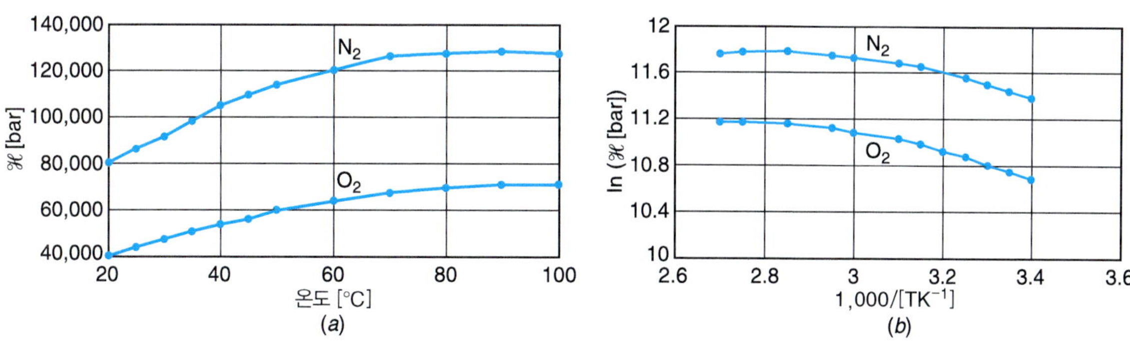

그림 8.10 (*a*) 온도에 대한 물에 녹아 있는 N_2와 O_2의 Henry 상수. (*b*) $1/T$에 대한 Henry 상수의 자연로그.

성분 i에 대해 Henry의 법칙 기준 상태를 적용하면

$$y_i \hat{\varphi}_i^v P = x_i \gamma_i^{\text{Henry's}} \mathcal{H}_i \tag{8.24}$$

식 (8.24)는 일반식이며, 항상 적용이 가능하다. 그러나 때로는 단순화 근사값에 적용이 가능하다.

액체(용매), b에 녹아 있는 기체(용질), a로 구성된 이성분계가 있다. 우선 **이상기체 법칙**(ideal gas law)으로 잘 대변되는 기체 혼합물이라고 가정한다. 액체에 대한 기체 a의 매우 낮은 용해도라는 조건에서 액체는 거의 모두 b로 구성되어 있다. 따라서 Henry의 법칙 제한조건에서 용질 a는 이상적으로 작용한다. 즉, 거동은 a-b 상호작용에 의해 좌우된다. 다른 한편으로 용매 b는 거의 순수한 상태이며 Lewis/Randall 제한조건(모든 b-b 상호작용)에서 이상적이다. 이러한 가정에서 식 (8.29)를 성분 a에 적용하면 다음을 얻는다.

$$y_a P = x_a \mathcal{H}_a$$

b 성분에 대해 다음을 얻는다.

$$y_b P = x_b P_b^{\text{sat}}$$

여기서 성분 b의 순수 성분 퓨가시티는 그것의 포화 압력으로 가정한다.

앞의 두 식을 더해 주면 다음을 얻는다.

$$P = x_a \mathcal{H}_a + x_b P_b^{\text{sat}}$$

그리고 압력에 대하여 치환하면 다음을 각각 얻는다.

$$y_a = \frac{x_a \mathcal{H}_a}{x_a \mathcal{H}_a + x_b P_b^{\text{sat}}}$$

그리고

$$y_b = \frac{x_b P_b^{\text{sat}}}{x_a \mathcal{H}_a + x_b P_b^{\text{sat}}}$$

성분 a가 이상적이라는 조건은 거의 모든 계에 대해 대략 $x_a = 0.03$까지 그리고 어떤 경우에는 그 이상에서도 적합한 가정이다. 이전의 식들과 Raoult의 법칙의 식들과의 유사성을 알 수 있다.

만약 액체에 보다 가벼운 성분이 충분히 존재한다면, 액체상의 퓨가시티를 나타내는 것에 있어 a-a 그리고 a-b 상호작용은 보다 중요해지고, 액체상의 비이상성을 설명해야 한다. 이 경우 다음의 식들을 얻기 위해 식 (8.24)를 이용할 수 있다.

$$P = x_a \gamma_a^{\text{Henry's}} \mathcal{H}_a + x_b \gamma_b P_b^{\text{sat}}$$

$$y_a = \frac{x_a \gamma_a^{\text{Henry's}} \mathcal{H}_a}{x_a \gamma_a^{\text{Henry's}} \mathcal{H}_a + x_b \gamma_b P_b^{\text{sat}}}$$

그리고

$$y_b = \frac{x_b \gamma_b P_b^{\text{sat}}}{x_a \gamma_a^{\text{Henry's}} \mathcal{H}_a + x_b \gamma_b P_b^{\text{sat}}}$$

유사하게, 높은 *압력*(high pressures)과 *이상액체*(ideal liquid)에 대해 증기는 더 이상 이상기체가 아니다. 이 경우 Henry의 법칙은 다음과 같이 표현된다.

$$y_a\hat{\varphi}_aP = x_a\mathcal{H}_a$$

그리고
$$y_b\hat{\varphi}_bP = x_bf_b$$

높은 압력에서 Henry의 법칙의 상수를 구하기 위해서는 P에 대한 $\mathcal{H}$가 필요하다. 식 (7.39)를 적분하면 다음을 얻는다.

$$\mathcal{H}_a^{atP} = \mathcal{H}_a^{\text{at 1 bar}}\exp\left[\int_{1\text{ bar}}^{P}\frac{\overline{V}_a^{\infty}}{RT}dP\right]$$

비슷하게 성분 b의 순수성분 퓨가시티에 대한 값을 구하기 위해 Poynting 보정을 적용한다.

$$f_b^l = \varphi_b^{\text{sat}}P_b^{\text{sat}}\exp\left[\int_{P_b^{\text{sat}}}^{P}\frac{v_b^l}{RT}dP\right]$$

더욱이 대부분의 용질은 증기이기 때문에 다음을 얻기 위해 Lewis 퓨가시티 법칙을 적용할 수 있다.

$$\hat{\varphi}_a = \varphi_a$$

치환하면

$$y_a\varphi_aP = x_a\mathcal{H}_a^{\text{at 1 bar}}\exp\left[\int_{1\text{ bar}}^{P}\frac{\overline{V}_a^{\infty}}{RT}dP\right]$$

그리고

$$y_b\hat{\varphi}_bP = x_b\varphi_b^{\text{sat}}P_b^{\text{sat}}\exp\left[\int_{P_b^{\text{sat}}}^{P}\frac{v_b^l}{RT}dP\right]$$

마지막으로 높은 *압력에서 비이상액체*(nonideal liquids at high pressure)의 경우에 대해 다음을 얻기 위해 이전의 식들에 활동도 계수들을 포함시켜야 한다.

$$y_a\varphi_aP = x_a\gamma_a^{\text{Henry's}}\mathcal{H}_a^{\text{at 1 bar}}\exp\left[\int_{1\text{ bar}}^{P}\frac{\overline{V}_a^{\infty}}{RT}dP\right]$$

그리고
$$y_b\hat{\varphi}_bP = x_b\gamma_b\varphi_b^{\text{sat}}P_b^{\text{sat}}\exp\left[\int_{P_b^{\text{sat}}}^{P}\frac{v_b^l}{RT}dP\right]$$

다성분 혼합물에 대해 이상혼합은 성분 a의 Henry 상수에 대한 다음의 혼합법칙을 따른다.

$$\ln\mathcal{H}_a = \sum_j x_j\ln\mathcal{H}_{a,j} \tag{8.25}$$

여기서 $\mathcal{H}_{a,j}$는 용매 j에 존재하는 용질 a의 Henry 상수이다.

예제 8.12 **물에 녹아 있는 O_2의 계산**

25°C 액체의 물과 평형을 이루고 있는 대기의 공기에 존재하는 O_2의 용해도를 계산하라. 얻어진 값은 몰분율과 몰랄농도로 나타내어라.

풀이 ▶ 공기에 존재하는 산소의 부분압은 대략적으로

$$p_{O_2} = y_{O_2}P = 0.21\ [\text{bar}]$$

표 8.1에 주어진 물에 대한 Henry 상수 값을 이용하면 다음을 얻는다.

$$x_{O_2} = \frac{y_{O_2}P}{H_{O_2}} = \frac{0.21\ [\text{bar}]}{44{,}253.9\ [\text{bar}]} = 4.75 \times 10^{-6}$$

몰랄농도의 단위로 나타낸 산소의 농도는 용액 1 L당 용질(산소)의 몰수로 정의된다. 즉,

$$[O_2] = \frac{n_{O_2}}{V}$$

산소의 몰수와 몰분율과의 관계식을 다음과 같이 구할 수 있다.

$$x_{O_2} = \frac{n_{O_2}}{n_{O_2} + n_{H_2O}} = \frac{n_{O_2}}{n_{H_2O}}$$

여기서 $n_{O_2} \ll n_{H_2O}$이기 때문에 분모를 위와 같이 단순화할 수 있다. 녹아 있는 기체의 양은 매우 적기 때문에 용액의 부피를 순수 성분의 부피로 대체할 수 있다. 몰랄농도에 대해 식을 풀면 다음을 얻는다.

$$[O_2] = x_{O_2}\frac{n_{H_2O}}{V} = x_{O_2}\frac{n_{H_2O}}{V_{H_2O}} = \frac{x_{O_2}}{v_{H_2O}}$$

$$= \left(\frac{4.75 \times 10^{-6}}{0.001}\left[\frac{\text{kg}}{\text{m}^3}\right]\right)\left(\frac{1}{0.018}\left[\frac{\text{mol}}{\text{kg}}\right]\right)\left(0.001\left[\frac{\text{m}^3}{\text{L}}\right]\right) = 2.63 \times 10^{-4}[\text{M}]$$

예제 8.13 **높은 압력에서의 Henry의 법칙 문제**

300 bar, 25°C에서 물에 대한 N_2의 용해도를 구하라.

$\overline{V}^{\infty}_{N_2} = 3.3 \times 10^{-5}\ [\text{m}^3/\text{mol}]$을 이용하라.

풀이 ▶ 용해도는 용액이 이상용액의 상태를 유지할 수 있도록 충분하게 작다고 가정할 것이다. N_2의 몰분율을 구하면 다음과 같다.

$$x_{N_2} = \frac{y_{N_2}\hat{\varphi}_{N_2}P}{\mathcal{H}_{N_2}} \qquad \textbf{(E8.13A)}$$

25°C에서 물의 증기압은 작기 때문에 다음의 가정이 가능하다.

$$y_{N_2} \approx 1$$

Henry 상수를 구하기 위해서는 압력에 대해서 표 8.1의 값이 필요하다. 무한히 희석된 상태에서의 부분 몰부피는 압력에 대해 변하지 않다고 가정할 수 있기 때문에 다음을 얻을 수 있다.

$$\mathcal{H}_{N_2}^{\text{at }P} = \mathcal{H}_{N_2}^{\text{at 1 bar}} \exp\left[\int_{1\text{ bar}}^{P} \frac{\overline{V}_{N_2}^{\infty}}{RT} dP\right] = \mathcal{H}_{N_2}^{\text{at 1 bar}} \exp\left[\frac{\overline{V}_{N_2}^{\infty}}{RT}(P-1)\right] \quad \textbf{(E8.13B)}$$

식 (E8.13B)의 각 변수에 대응되는 숫자를 대입하면 다음을 얻는다.

$$\mathcal{H}_{N_2}^{300\text{ bar}} = (87{,}365\,[\text{bar}]) \exp\left[\frac{(3.3\times10^{-5}\,[\text{m}^3/\text{mol}])(299\times10^5\,[\text{J/m}^3])}{(8.314\,[\text{J/(mol K)}])(298\,[\text{K}])}\right] = 130{,}106\,[\text{bar}] \quad \textbf{(E8.13C)}$$

높은 압력에서 Henry 상수는 대략적으로 50% 증가하게 된다.

마지막으로 퓨가시티 계수를 구하기 위해서는 Lewis 퓨가시티 법칙을 가정하고, 일반화된 상관관계를 적용하고 부록 A.1에 주어진 값들을 이용한다. 환산압력과 환산온도는 다음과 같다.

$$P_r = \frac{P}{P_c} = \frac{300}{33.8} = 8.88 \quad \text{그리고} \quad T_r = \frac{T}{T_c} = \frac{298}{126.2} = 2.36$$

부록 A.1에서 이심인자를 구하면 다음과 같다.

$$\omega = 0.039$$

따라서

$$\log\varphi_{N_2} = \log\varphi^{(0)} + \omega\log\varphi^{(1)} = 0.013 + 0.039(0.210) = 0.021$$

$$\varphi_{N_2} = 1.05 \quad \textbf{(E8.13D)}$$

마지막으로 식 (E8.13C)과 식 (E8.13D)로부터 얻은 값을 이용하면 다음을 얻는다.

$$x_{N_2} = \frac{y_{N_2}\varphi_{N_2}P}{\mathcal{H}_{N_2}} = \frac{1.05\times300}{130{,}106} = 0.00242$$

상태방정식 방법을 이용한 증기-액체 평형 해석법

여기까지 액체상의 비이상성을 표현하기 위해 활동도 계수들과 g^E에 대한 모델들을 이용하였다. 이 절에서는 퓨가시티 계수들을 이용하여 액체와 증기상들을 표현하는 VLE 문제들을 풀기 위한 또 다른 방법을 다루게 될 것이다. 이것을 상태방정식 방법(equation of state method)이라 명명한다.

각 상의 성분 i에 대한 퓨가시티 계수들은 모두 같다는 전제로 시작한다.

$$\hat{f}_i^v = \hat{f}_i^l$$

식 (7.19)를 증기와 액체상에 적용시키면 다음을 얻는다.

$$y_i\hat{\varphi}_i^v \not{P} = x_1\hat{\varphi}_i^l \not{P} \quad \textbf{(8.26)}$$

여기서 식 (8.26)의 양변의 압력은 같기 때문에 상쇄된다.

액체와 증기상의 퓨가시티 계수들은 7.3절에서 언급한 바와 같이 상태방정식을 이용하여 구할 수 있다. 이 방법의 정확도는 액체와 증기상의 PvT 거동을 잘 표현할 수 있는 상태방정식의 선택에 달려 있다. 더욱이 상태방정식은 식 (7.14)의 전체 적분 영역에 유효하여야 한다. 액체상 퓨가시티 계수는 이상기체 기준 상태에 연관되어 계산되기 때문에, 상변화를 통한 입력이 0(혹은 무한히 큰 부피)부터 상변화를 거쳐 계의 부피까지 적분한다. 주어진 제약조건에서 상태방정식 방법은 일반적으로 비극성 분자들을 포함하고 있는 보다 단순한 계에 대해 사용된다.

그림 8.11은 37.78°C의 세 종류의 이성분 혼합물들에 대한 VLE 자료와 이에 상응하는 상태방정식 방법의 예측이다. 선들은 상태방정식 방법을 이용하여 Peng–Robinson 상태방정식으로부터 계산된 액체(점선)와 증기(실선)에 대한 평형 몰분율을 나타낸다. 이 혼합물들에서 다른 성분(propane, *n*-butane, 혹은 *n*-pentane)은 계의 온도보다 높은 임계온도를 가지고 있는 반면, 보다 가벼운 성분인 methane의 임계온도는 계의 온도보다 낮은 190.6 K이다. 결론적으로 높은 methane 몰분율에서 혼합물은 초임계 상태이다. (2상이 공존하는 영역은 methane의 몰분율이 작은 부분에 한정된다.) 예를 들면, methane–propane 혼합물은 0.67의 몰분율 이하에서만 2개의 상이 공존하는 영역을 나타낸다. Methane의 농도가 큰 부분에서는 계는 오직 하나의 균일한 상태, 즉 초임계 상을 나타낸다.

계의 온도가 구성 성분들의 임계온도 중 하나의 온도보다 높을 때는 활동도 계수 방법은 사용하기 어렵게 되며 상태방정식 방법이 사용하기 적합하다. 이러한 보다 가벼운 성분의 존재는, 그림 8.11에서 보여주는 methane–*n*-pentane 계의 압력이 150 bar 이상이 되는 것과 같이, 평형 상태에서 계의 압력 역시 높아지게 된다.

다음의 예제들은 그림 8.11에서 보여주는 바와 같은 VLE 평형 자료를 예측하기 위해 필요한 과정을 보여줄 것이다. 이 예제들은 설명을 위해 van der Waals와 Peng–Robinson 상태방정식들을 이용하지만, 많은 다른 상태방정식이 상태방정식 방법으로 VLE의 계산을 위해 사용되어왔다.

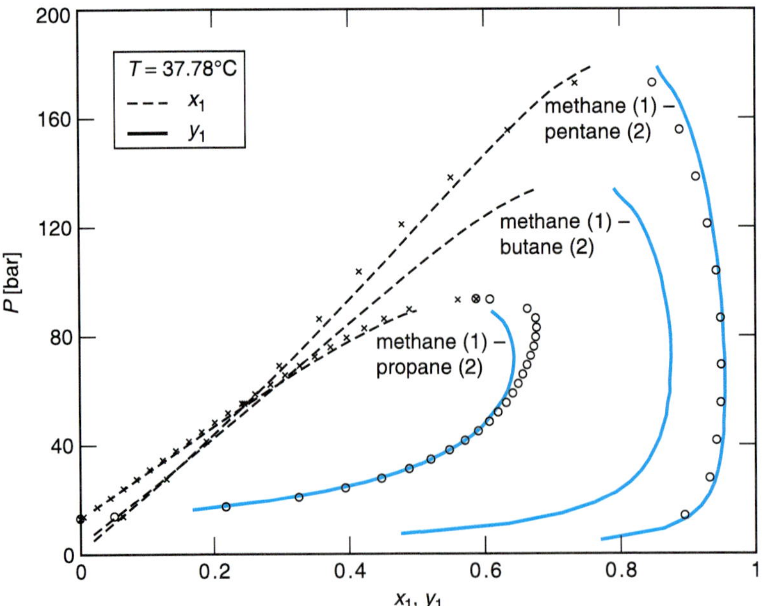

그림 8.11 37.78°C에서 Peng–Robinson 상태방정식으로부터 계산된 CH_4 몰분율에 대한 (1) CH_4와 (2) C_3H_8, C_4H_{10}, 혹은 C_5H_{12}로 구성된 이성분계의 증기 액체 평형. 주어진 계 중 2개에 대한 실험적 자료 역시 보여주고 있다.

예제 8.14 상태방정식을 이용한 순수성분들의 평형

Peng–Robinson 상태방정식을 이용하여 300 K의 순수 (i) propane, (ii) n-butane, (iii) n-pentane의 포화 압력을 계산하라. 증기와 액체상에 대한 퓨가시티 계산을 위해서 퓨가시티 계수들을 이용하라. 얻어진 결과들을 Antoine 식을 이용하여 얻은 P_i^{sat}의 값과 비교하고 그 퍼센트 오차를 구하라.

풀이 ▶ 순수성분에 대해 식 (8.26)는 다음과 같다.

$$\varphi_i^v = \varphi_i^l$$

순수성분 퓨가시티는 7.3절에서 배운 방법으로 계산할 수 있다. Peng–Robinson 상태방정식에 대해 식 (4.25)는 다음으로 주어진다.

$$P = \frac{RT}{v_i - b_i} - \frac{a_i\alpha_i}{v_i^2 + 2b_iv_i - b_i^2} \tag{E8.14A}$$

여기서 순수 성분의 상수들은 임계온도, 임계압력, Pitzer의 이심인자로부터 다음과 같이 얻을 수 있다.

$$a_i = \frac{0.45724R^2T_{c,i}^2}{P_{c,i}},\ \alpha_i = [1 + (0.37464 + 1.54226\omega_i - 0.26992\omega_i^2)(1 - T_{r,i}^{0.5})]^2,$$

$$b_i = \frac{0.07780RT_{c,i}}{P_{c,i}} \tag{E8.14B}$$

부록 A.1로부터 얻은 propane, n-butane, n-pentane에 대한 임계 성질의 값들과 이를 이용하여 계산된 상수 a_i, α_i, b_i 값들이 표 E8.14A에 나타나 있다.

Peng–Robinson 상수들을 얻었기 때문에 식 (E8.14A)로부터 주어진 온도와 압력에서 몰부피, v_i를 계산할 수 있다. 해가 세 개의 실근을 가지고 있을 때, 가장 작은 근은 액체상에 대한 것이고 가장 큰 근은 증기상에 대한 것이다. 이러한 값들은 표 7.1에 있는 식을 이용하여 액체와 증기의 퓨가시티 계수를 구할 때 이용할 수 있다.

$$\ln\varphi_i = z_i - 1 - \ln\left(\frac{(v_i - b_i)P}{RT}\right) - \frac{(a\alpha)_i}{2\sqrt{2}b_iRT}\ln\left[\frac{v_i + (1+\sqrt{2})b_i}{v_i + (1-\sqrt{2})b_i}\right] \tag{E8.14C}$$

주어진 온도에서 포화 압력을 구하기 위해서 액체와 증기 부피에 대해 식 (E8.14A)를 풀고 얻어진 값들을 퓨가시티 계수에 대해 식 (E8.14C)에 적용한다. 이 과정은 반복해를 필요로 하며 포화 압력은 증기와 액체의 퓨가시티가 같을 때의 압력으로 얻게 된다. 300 K의 propane, n-butane, n-pentane에 대해 이 기준을 만족시키는 값들이 표 E8.14B에 나타나 있다.

표 E8.14B에는 Peng–Robinson 식으로부터 얻어진 P_i^{sat}의 값들과 Antoine 식 $\left(\ln P_i^{sat} = A_i - \frac{B_i}{T + C_i}\right)$으로부터 얻어진 실험적 조정 값들의 비교가 나타나 있다. 이 방법을 이

표 E8.14A 임계성질과 Peng–Robinson 상수

화학종	T_c [K]	P_c [bar]	ω	$a_i\left[\frac{\text{Jm}^3}{\text{mol}^2}\right]$	α_i	$b_j\left[\frac{\text{m}^3}{\text{mol}}\right]$
C_3H_8	370	42.44	0.152	1.020	1.124	5.64×10^{-5}
n-C_4H_{10}	425.2	37.9	0.193	1.508	1.223	7.26×10^{-5}
n-C_5H_{12}	469.6	33.74	0.251	2.066	1.321	9.00×10^{-5}

표 E8.14B P_i^{sat}를 구하기 위한 계산 값과 Antoine 식에 대한 비교

화학종	v_i^l, $\left[\frac{m^3}{mol}\right]$	v_i^v $\left[\frac{m^3}{mol}\right]$	φ_i $\varphi_i^v = \varphi_i^l$ 일 때,	P_i^{sat} [bar]	P_i^{sat} Antoine [bar]	오차
C_3H_8	8.68×10^{-5}	2.05×10^{-3}	0.843	9.94	9.90	0.3%
n-C_4H_{10}	9.73×10^{-5}	8.87×10^{-3}	0.931	2.60	2.51	3.9%
n-C_5H_{12}	1.13×10^{-4}	3.29×10^{-2}	0.971	0.735	0.732	0.4%

용하면 0.3%으로부터 4% 범위의 정확도로 포화 압력을 예측할 수 있다는 것을 알 수 있다.

예제 8.15 **Van der Waals 상태방정식을 이용한 VLE 거동의 예측**

상태방정식 방법을 이용하여 37.78°C에서 $x_1 = 0.3$의 액체 몰분율을 갖는 methane(1)과 n-pentane (2)로 구성된 혼합물의 증기상에서의 평형조성과 계의 압력을 구하라. 증기와 액체상에 대한 퓨가시티를 계산하기 위해 van der waasl 상태방정식을 이용하라.

풀이 ▶ 그림 8.1의 격자의 2사분면에 나타나 있는 기포점 계산이 필요하다. 풀이 과정의 순서도는 그림 E8.15A에 나타나 있다. 이 풀이는 van der Waals 상태방정식에 대해 한정되어 있도록 표현되어 있지만, 이 방법은 일반적이고 가운데 상자에서 적절한 치환을 통해 다른 상태방정식의 적용이 가능하다.

압력의 초기 예측과 몰분율을 구하기 위해 Raoult의 법칙을 이용한다. 37.78°C에서의 포화 압력 값들은 처음에는 Antoine 식을 통해 계산된다. Antoine 식 상수들, A_i, B_i, C_i와 포화 압력에 대한 결과 값들은 표 E8.15A에 나타나 있다. 이러한 값들을 통해 다음을 계산할 수 있다.

$$P = \sum x_i P_i^{sat} = 85.9 \text{ bar}$$

$$y_i = \frac{x_i P_i^{sat}}{P} = 0.991$$

이러한 값들을 그림 E8.15A의 가운데 상자에서 보여주는 반복계산 과정에 대입한다. Van der Waals 상태방정식을 이용하기 위해 첫 번째로 임계성질 T_c와 P_c로부터 순수 성분 상수 a_i와 b_i를 계산한다. 결과 값들이 표 E8.15A에 나타나 있다. 이 알려진 상수들을 가지고 액체와 증기 몰분율 조합에 상응하는 상수 값을 얻기 위해 van der Waals 혼합규칙을 이용할 수 있다.

액체 몰분율이 주어져 있기 때문에 전체적으로 액체에 대하여 같은 값들을 이용한다.

$$a^l = x_1^2 a_1 + 2x_1x_2\sqrt{a_1a_2} + x_2^2 a_2 = 1.23\left[\frac{\text{Jm}^3}{\text{mol}^2}\right]$$

$$b^l = x_1b_1 + x_2b_2 = 1.14 \times 10^{-5}\left[\frac{\text{m}^3}{\text{mol}}\right]$$

증기의 첫 번째 반복계산을 하면 다음을 얻는다.

$$a^v = y_1^2 a_1 + 2y_1y_2\sqrt{a_1a_2} + y_2^2 a_2 = 0.238\left[\frac{\text{Jm}^3}{\text{mol}^2}\right]$$

$$b^v = y_1b_1 + y_2b_2 = 4.40 \times 10^{-5}\left[\frac{\text{m}^3}{\text{mol}}\right]$$

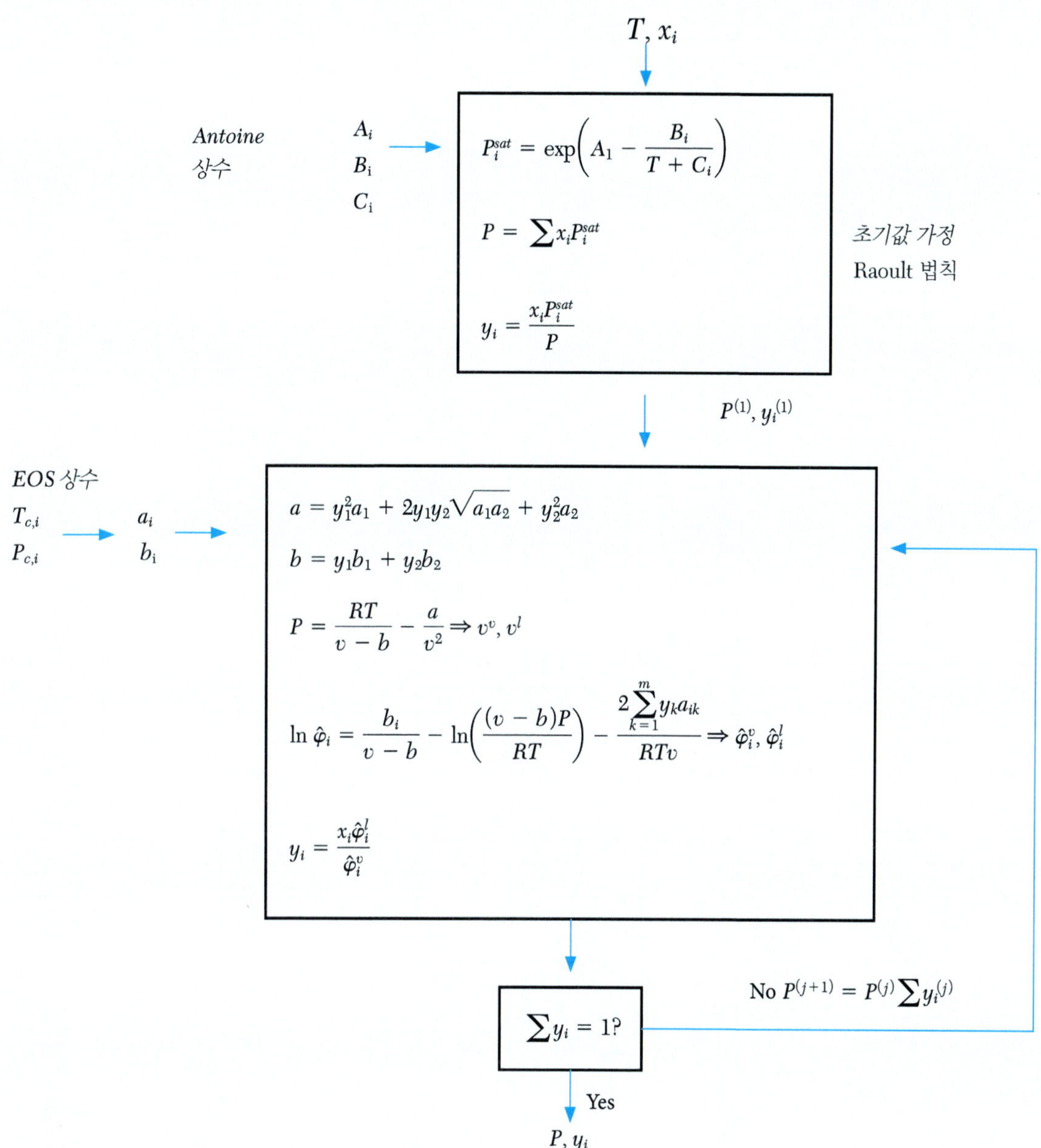

그림 E8.15 Van der Waals 상태방정식을 이용한 기포점 계산 순서도.

표 E8.15A 성분 1과 2에 대한 임계성질과 van der Waals 상수

화학종	x_i	A_i	B_i	C_i	P_i^{sat} Antoine [bar]	$T_{c,i}$ [K]	$P_{c,i}$ [bar]	a_i $\left[\frac{\text{Jm}^3}{\text{mol}^2}\right]$	b_i $\left[\frac{\text{m}^3}{\text{mol}}\right]$
Methane(1)	0.3	8.6041	897.84	−7.16	283.9	190.6	46.0	0.230	4.31×10^{-5}
n-Pentane (2)	0.7	9.2131	2477.1	−39.94	1.08	469.6	33.74	1.91	1.45×10^{-4}

후자의 값들은 표 E8.15B의 두 번째 행($n = 1$)에 나타나 있다.

$T = 37.78°C$이고 $P^{(1)} = 85.9$ bar에서 van der Waals 상태방정식을 이용하여 v의 근들을 구할 수 있다. 액체 부피에 대해서 상수 a^l과 b^l을 사용하고 가장 작은 실근을 취한다.

$$v^l = 1.59 \times 10^{-4}\ \text{m}^3/\text{mol}$$

유사하게 a^v와 b^v를 사용하여 증기부피에 대해 가장 큰 실근을 취한다.

$$v^v = 2.55 \times 10^{-4}\ \text{m}^3/\text{mol}$$

이 값들은 표 E8.15B의 두 번째 행에 나타나 있다.

이 값들을 이용하여 예제 7.4에서 구한 방법이나 그림 E8.15A에 나타나 있는 방법으로 각 상의 각 성분에 대한 퓨가시티 계수들을 구한다.

$$\hat{\varphi}_1^v = \exp\left[\frac{b_1}{v^v - b^v} - \ln\left(\frac{(v^v - b^v)P}{RT}\right) - \frac{2(y_1 a_1 + y_2 a_{12})}{RTv^v}\right] = 0.86$$

$$\hat{\varphi}_2^v = \exp\left[\frac{b_2}{v^v - b^v} - \ln\left(\frac{(v^v - b^v)P}{RT}\right) - \frac{2(y_2 a_2 + y_1 a_{12})}{RTv^v}\right] = 0.37$$

$$\hat{\varphi}_1^l = \exp\left[\frac{b_1}{v^l - b^l} - \ln\left(\frac{(v^l - b^l)P}{RT}\right) - \frac{2(y_1 a_1 + y_2 a_{12})}{RTv^l}\right] = 1.30$$

$$\hat{\varphi}_2^l = \exp\left[\frac{b_2}{v^l - b^l} - \ln\left(\frac{v^l - b^l P}{RT}\right) - \frac{2(y_2 a_2 + y_1 a_{12})}{RTv^l}\right] = 0.10$$

이 값들은 표 E8.15B의 두 번째 행에 나타나 있다.

첫 번째 반복계산을 완성하기 위해 식 (8.26)에 따라 증기 몰분율들을 계산한다.

$$y_1 = \frac{x_1 \hat{\varphi}_1^l}{\hat{\varphi}_1^v} = 0.45 \quad \text{그리고} \quad y_2 = \frac{x_1 \hat{\varphi}_2^l}{\hat{\varphi}_2^v} = 0.18$$

증기 몰분율의 합은 0.634이고 1이 아니기 때문에(허용오차 내에서), 압력 변화에 대해 더 많은 횟수의 반복계산이 필요하다.

$$P^{(2)} = P^{(1)} \sum y_i^{(1)} = 54.5\ \text{bar}$$

새로운 압력 값을 이용하여 이 계산을 반복한다. 6번의 반복계산에 대한 값들이 표 E8.15B에 나타나 있다. 이 마지막 행에서 증기 몰분율의 총합이 대략적으로 1이 되고 값들은 다음과 같다.

$$P = 34.5\ \text{bar},$$

$$y_1 = 0.79.$$

보다 더 높은 정확도를 원한다면 반복계산을 계속해서 진행한다. 때로는 Rault의 법칙에 의해 주어진 첫 번째 예상 값이 지나치게 높게 되고, 초기 액체 몰분율로 수렴하게 된다. 이 경우, $P^{(1)}$에 대해 보다 낮은 값으로 초기 예측 값을 조절해야 한다. 다음 예제에서는 이 값들을 Peng-Robinson 상태방정식을 이용하여 얻은 값들과 비교한다.

표 E8.15B 반복계산을 이용하여 얻은 기포점 값. *n*으로 표시된 열들은 반복계산 횟수를 의미한다

n	a^v $\left[\frac{Jm^3}{mol^2}\right]$	b^v $\left[\frac{m^3}{mol}\right]$	v^v $\left[\frac{m^3}{mol}\right]$	v^l $\left[\frac{m^3}{mol}\right]$	$\hat{\varphi}_1^v$	$\hat{\varphi}_2^v$	$\hat{\varphi}_1^l$	$\hat{\varphi}_2^l$	y_1	y_2	$\sum y_i$	$P^{(k+1)}$ [bar]
1	0.238	4.40 10^{-5}	2.55 10^{-4}	1.59 10^{-4}	0.86	0.37	1.30	0.10	0.45	0.18	0.634	54.5
2	0.241	4.72 10^{-5}	4.38 10^{-4}	1.65 10^{-4}	0.91	0.56	1.78	0.12	0.59	0.15	0.739	40.3
3	0.328	5.48 10^{-5}	5.97 10^{-4}	1.69 10^{-4}	0.93	0.63	2.24	0.15	0.72	0.16	0.887	35.7
4	0.401	6.07 10^{-5}	6.49 10^{-4}	1.70 10^{-4}	0.94	0.61	2.47	0.16	0.79	0.19	0.971	34.7
5	0.433	6.32 10^{-5}	6.43 10^{-4}	1.71 10^{-4}	0.96	0.57	2.53	0.16	0.79	0.20	0.995	34.5
6	0.443	6.40 10^{-5}	6.34 10^{-4}	1.71 10^{-4}	0.96	0.56	2.54	0.16	0.79	0.21	0.999	34.5

예제 8.16 Peng–Robinson 상태방정식을 이용한 VLE 거동의 예측

예제 8.15를 Peng–Robinson 상태방정식을 이용하여 계산하라. 얻어진 값을 측정값인 P = 69.1 bar, $y_1 = 0.95$와 비교하라.

풀이 ▶ 예제 8.15에서 사용한 동일한 방법을 적용할 수 있다. 그러나 이 경우에는 몰부피와 퓨가시티 계수들을 계산하기 위해 보다 더 정확하지만 복잡한 식을 사용한다. 예제 8.15에서 사용한 순서도를 Peng–Robinson 상태방정식에 적용시키기 위해서 가운데 상자의 반복계산을 그림 E8.16에서 보여주는 것과 같이 변화시킨다. 에너지 상수($a\alpha$)에 대한 혼합규칙은 이 예제에서는 0으로 정하지만 예제 8.18에서 보다 자세하게 다룰 이성분(이원) 상호작용 인자인 k_{12}을 포함한다.

Methane(1)과 pentane(2)에 대한 상수들의 값은 아래와 같다.

$$(a\alpha)_1 = 0.199\left[\frac{Jm^3}{mol^2}\right] \text{ 그리고 } (a\alpha)_2 = 2.68\left[\frac{Jm^3}{mol^2}\right],$$

$$b_1 = 2.68 \times 10^{-5}\left[\frac{m^3}{mol}\right], \quad b_2 = 9.00 \times 10^{-5}\left[\frac{m^3}{mol}\right]$$

이 변수들은 이제 몰부피와 퓨가시티 계수들을 계산하기 위해 그림 E8.16에 특정된 혼합규칙을 이용한 Peng–Robinson 상태방정식에 사용된다.

예제 8.15와 비슷한 5번의 반복계산에 대한 값이 표 E8.16에 나타나 있다. 마지막 행에서 기체 몰분율의 합은 대략적으로 1이고 값들은 다음과 같다.

$$P = 62.8 \text{ bar},$$
$$y_1 = 0.95.$$

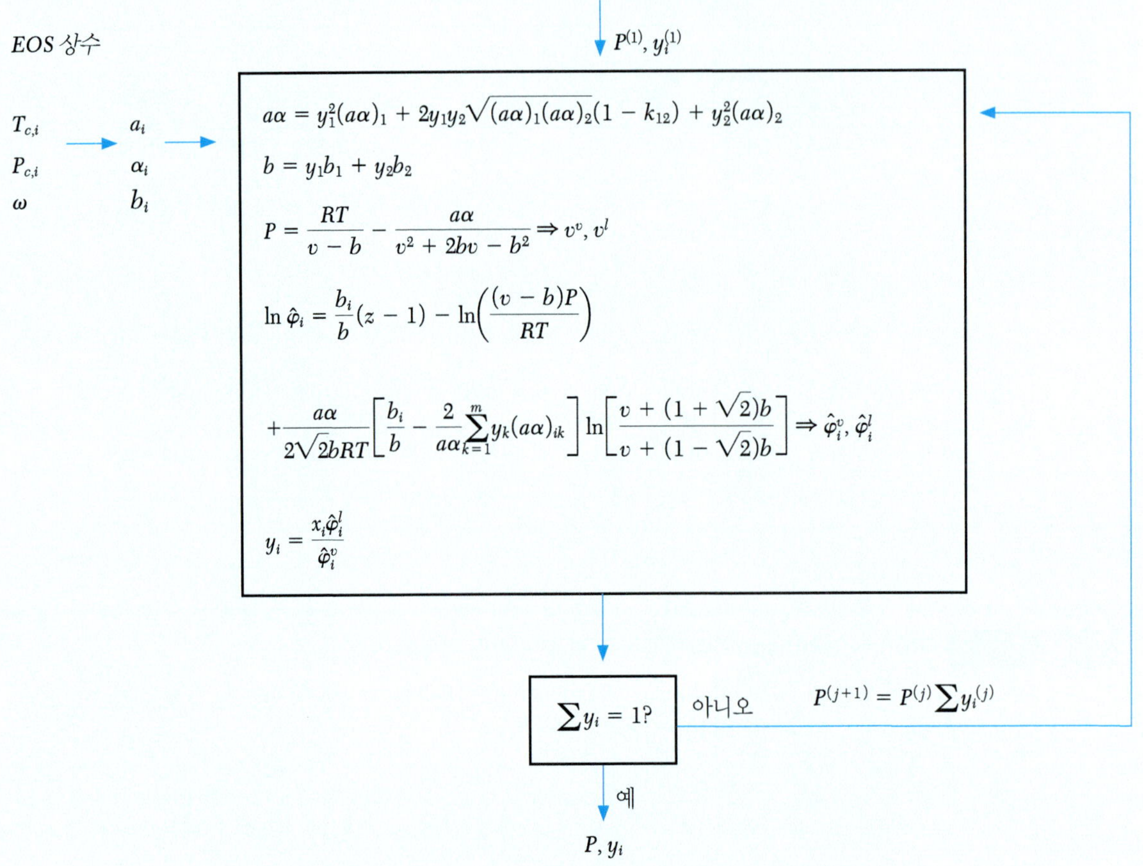

그림 E8.16 기포점 계산을 위한 순서도의 수정된 반복계산 부분.

이 값들은 van der Waals 상태방정식을 이용하여 얻은 값과 확연하게 다르지만 측정된 값과는 비슷하다. Peng–Robinson 상태방정식에 대해 압력의 편차는 보고된 값 대비 9%이며 몰분율은 0.3%이다. 이 예제는 정확한 상태방정식의 중요성을 보여준다. 다음 예제에서는 이 2개의 상태방정식은 액체 몰분율의 전 범위에 대해 비교한다.

표 E8.16 Peng-Robinson 상태방정식을 이용하여 반복계산을 통해 얻은 기포점 값

n	$a\alpha^v$ $\left[\frac{Jm^3}{mol^2}\right]$	b^v $\left[\frac{m^3}{mol}\right]$	v^v $\left[\frac{m^3}{mol}\right]$	v^l $\left[\frac{m^3}{mol}\right]$	$\hat{\varphi}_1^v$	$\hat{\varphi}_2^v$	$\hat{\varphi}_1^l$	$\hat{\varphi}_2^l$	y_1	y_2	$\sum y_i$	$P^{(k+1)}$ [bar]
1	0.208	2.74 10^{-5}	2.58 10^{-4}	9.74 10^{-5}	0.86	0.27	2.21	0.02	0.77	0.05	0.818	85.9
2	0.208	2.71 10^{-5}	3.32 10^{-4}	9.82 10^{-5}	0.88	0.38	2.59	0.02	0.88	0.04	0.920	70.3
3	0.235	2.88 10^{-5}	3.54 10^{-4}	9.85 10^{-5}	0.89	0.37	2.77	0.02	0.94	0.04	0.977	64.6
4	0.247	2.95 10^{-5}	3.55 10^{-4}	9.86 10^{-5}	0.89	0.35	2.83	0.02	0.95	0.04	0.994	63.2
5	0.250	2.97 10^{-5}	3.53 10^{-4}	9.86 10^{-5}	0.90	0.34	2.84	0.02	0.95	0.05	0.998	62.8

예제 8.17 VLE 거동의 예측을 위하여 이용한 van der Waals 상태방정식과 Peng-Robinson 상태방정식의 비교

다음의 자료는 37.78°C에서 methane(1)-n-pentane(2)의 이성분계의 증기-액체 평형에 대한 것이다. Van der Waals와 Peng-Robinson 상태방정식이 이 자료들을 표현하는 것에 대한 유효성을 증기와 액체의 퓨가시티 계수들을 계산하기 위하여 상태방정식 방법을 이용하여 비교하라.

P [bar]	13.82	27.68	41.45	55.26	69.08	86.35	103.62	120.89	138.16	155.43	172.70
y_1	0.8954	0.9322	0.9422	0.9486	0.9494	0.9483	0.9421	0.9296	0.9128	0.889	0.849
x_1	0.0646	0.1293	0.1892	0.2453	0.2965	0.3565	0.4152	0.4782	0.5509	0.635	0.735

풀이 ▶ 37.38°C에서 주어진 액체 몰분율에 대한 압력과 증기상 몰분율을 계산하기 위해 예제 8.15와 8.16에서 이용한 풀이법을 사용한다. 그림 E8.17의 왼쪽 부분에 있는 순서도에서 보여주는 바와 같이 연속된 x_i 값에 대해 반복계산을 수행한다. 이 방법은 알고리즘에 또 다른 순환계산을 추가한 것이다.

이 계산들에 의한 결과들은 그림 E8.17의 오른쪽 부분에 도식되어 있다. Peng-Robinson 상태방정식이 자료를 타당하게 표현하고 있다. 반면에 van der Waals 상태방정식에 의한 결과는 모양을 질적으로 반영하고 있지만 양적인 값들은 적합하지 않다.

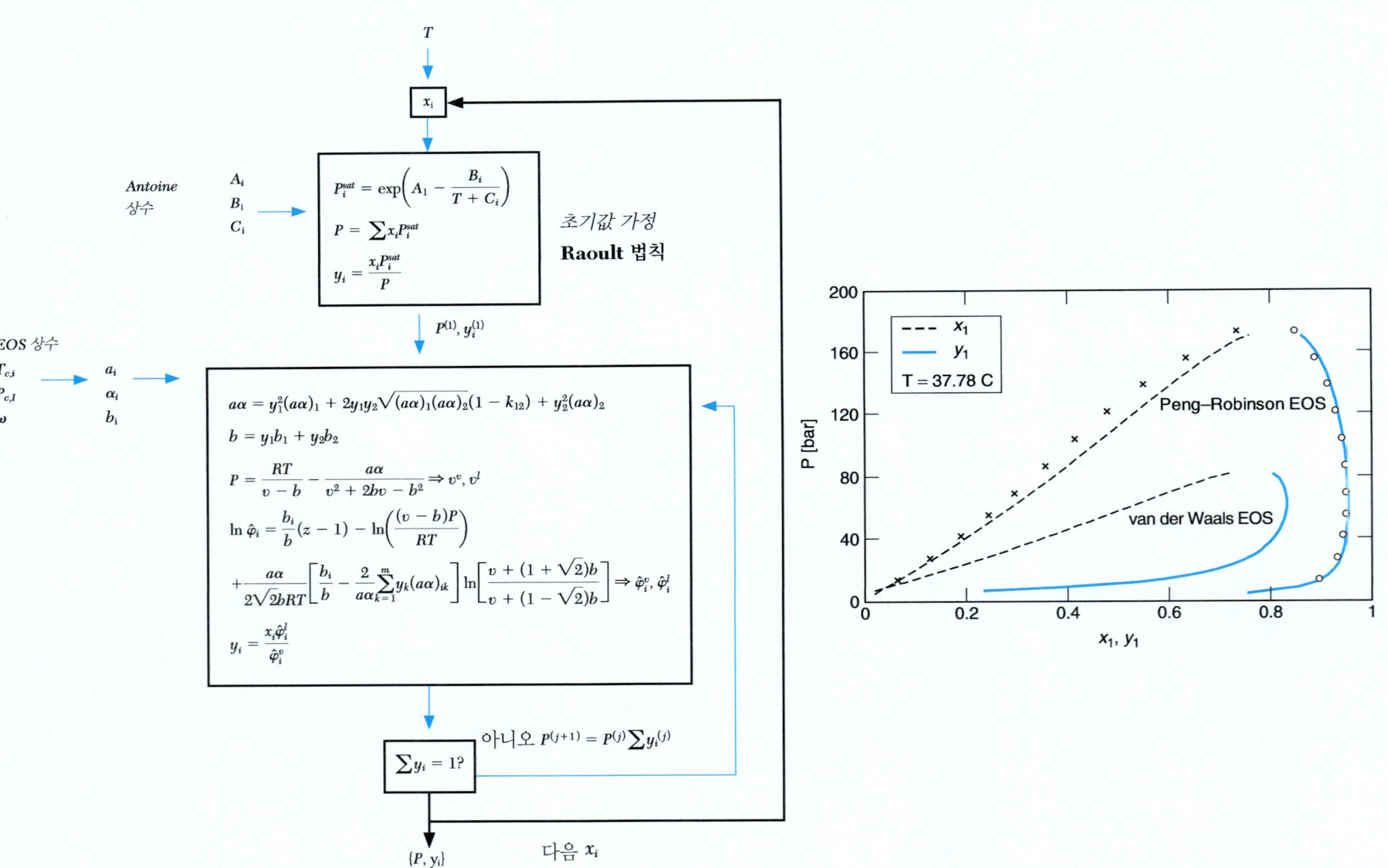

그림 E8.17 다른 액체상 몰분율을 이용하여 기포점 계산에 대한 수정된 순서도(왼쪽). Van der Waals 상태방정식(EOS)과 Peng–Robinson EOS를 이용하여 표현한 결과의 비교. 이 예제에서 주어진 실험적으로 측정된 자료 역시 보여주고 있다(오른쪽).

예제 8.18 Peng-Robinson 상태방정식을 이용한 예측에서 k_{12}의 영향

0.025, 0.05, 0.10의 이성분 상호작용 인자인 k_{12} 값을 이용하여 Peng-Robinson 상태방정식에 대해 예제 8.17을 반복하라.

풀이 ▶ 예제 8.17에서 이용한 계산 방법론을 k_{12}의 다른 값들을 포함시켜 반복한다. 그 결과들이 그림 E8.18에 도식되어 있다. $k_{12} = 0.025$에 대한 곡선들은 자료와 거의 일치한다. 이 값은 Peng-Robinson 상태방정식에 대해 문헌에 보고된 $k_{12} = 0.026$의 결과와 비슷하다.

이 예제는 높은 압력의 '단순'계에 대한 VLE 자료 예측에서 상태방정식 방법 식의 중요성을 보여준다. 하나의 적절한 인자 k_{12}를 이용하여 Peng-Robinson 상태방정식은 실험적 자료를 잘 표현한다. 모든 다른 변수 값들은 순수한 성분의 자료로부터만 얻어진다. 일반적으로 k_{12} 값은 조성과 온도에 대해 무관하다고 여겨진다. 그러나 어떤 자료는 계의 온도에 대한 의존성을 나타낸다.

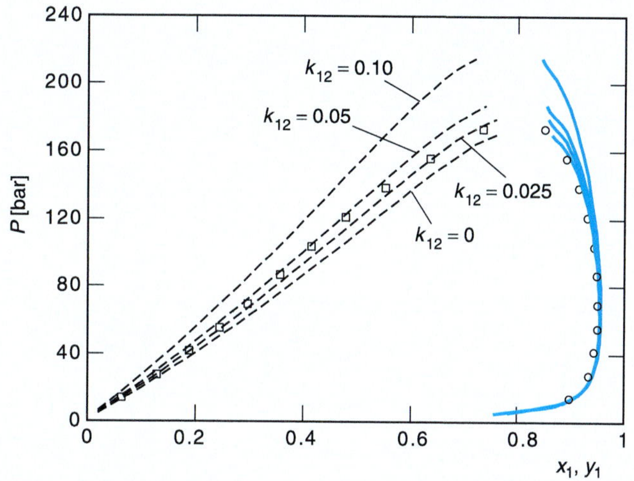

그림 E8.18 Peng-Robinson EOS에서 $(a\alpha)$에 대한 다른 이성분 상호작용 인자들의 비교. 예제 8.17에서 주어진 실험적으로 측정된 자료 역시 보여주고 있다.

▶ 8.2 액체(α)–액체(β) 평형: LLE

제7장에서 동종 간(a-a와 b-b) 상호작용이 이종 간(a-b) 상호작용보다 상당히 강할 때 액체는 두 개의 서로 다른 부분 혼합성 상으로 나뉘게 된다는 것을 알아보았다. 계의 전체 Gibbs 에너지를 낮추기 위해 액체의 상분리가 발생하는 것이다. 이 경우 각각의 성분 i는 두 상들 사이의 평형을 이루려 하는 경향이 있어서 액체-액체 평형(LLE)을 이끌게 된다. 평형조성을 구하기 위해 각 상에 대해 성분 i의 퓨가시티에 대한 식을 만들 수 있다.

LLE의 평형조성을 계산하는 법을 설명하기 위해 성분 a와 b로 구성된 이성분 혼합물을 생각해보자. 각 액체상에 있는 성분 a의 퓨가시티는 같다.

$$\hat{f}_a^{\alpha} = \hat{f}_a^{\beta}$$

식 (7.32)를 Lewis/Randall 기준 상태에 적용하면 다음을 얻는다.

$$x_a^{\alpha}\gamma_a^{\alpha}\cancel{f_a} = x_a^{\beta}\gamma_a^{\beta}\cancel{f_a} \tag{8.27}$$

그리고 성분 b에 대해

$$x_b^\alpha \gamma_b^\alpha = x_b^\beta \gamma_b^\beta \tag{8.28}$$

여기서 액체의 순수성분 퓨가시티는 상쇄된다.

식 (8.27)과 (8.28)을 풀기 위해 g^E에 대한 활동도 계수 모델이 필요하다. Two-suffix Margules 식을 이용하여 이 방법을 설명할 것이지만 같은 풀이 방법은 표 7.2에 있는 어떠한 모델에 대해서도 적용이 가능하다. 만약 성분 a의 활동도 계수에 대하여 식 (7.55)를 식 (8.27)에 대입하면 다음을 얻는다.

$$x_a^\alpha \exp\left[\frac{A}{RT}(x_b^\alpha)^2\right] = x_a^\beta \exp\left[\frac{A}{RT}(x_b^\beta)^2\right] \tag{8.29}$$

유사하게 성분 b에 대해 적용하면 다음을 얻는다.

$$x_b^\alpha \exp\left[\frac{A}{RT}(x_a^\alpha)^2\right] = x_b^\beta \exp\left[\frac{A}{RT}(x_a^\beta)^2\right] \tag{8.30}$$

추가적으로 각 상의 몰분율의 합은 1이 되어야 하기 때문에

$$x_a^\alpha + x_b^\alpha = 1 \tag{8.31}$$

그리고

$$x_a^\beta + x_b^\beta = 1 \tag{8.32}$$

이다.

식 (8.29)부터 (8.32)까지는 4개의 미지수, x_a^α, x_a^β, x_b^α, x_b^β에 대한 해를 얻기 위한 4개의 쌍방정식 조합을 이룬다. 비슷한 풀이법은 7.4절에서 언급된 것과 같이 다른 g^E 모델에 대해 사용할 수 있다. 여기서 활동도 계수에 대한 적절한 표현은 식 (8.27)과 (8.28)에 대입된다.

그림 8.12는 two-suffix Margules 상수 A가 온도에 무관한 경우에 대해 성분 a의 몰분율에 대한 T의 도식을 나타낸다. 이 상선도는 오직 한 액체상이 존재하는 것과 두 상이 공존하는 영역을 보여준다. A는 압력의 영향을 적게 받기 때문에 이 상선도는 보통 일정한 압력 하에서 도식한다.[7] 두 영역으로 나뉘어 있는 **이절 곡선**(binodal curve)은 특정 온도에서 공존하는 액체상들의 조성을 나타낸다. 이 곡선은 식 (8.29)부터 (8.32)까지의 식을 풀면 얻어지게 된다. 예를 들면 온도 T_1에서 '2 상들'로 표기된 영역에서의 전체 조성을 갖는 액체는 a-풍부상, x_a^α와 b-풍부상, x_a^β으로 나뉘게 된다. 여기서도 이 상들의 조성은 이절 곡선이 수평 맺음선과 교차되는 부분으로부터 얻을 수 있고 그 상대량은 지렛대 법칙에 의해 주어진다. 삽도는 그림 7.10b에서 표시된 것과 같이 접선으로 표시된 Gibbs 에너지의 2개의 최소 부분에서 나타나는 상과 상의 조성을 설명한다.

그림 8.12의 주어진 A 값에 대해 온도가 낮아질수록 부분 혼합성을 나타내는 범위는 커지게 된다. 부분 혼합성은 에너지 효과가 엔트로피 효과보다 주를 이룰 때 나타낸다. Gibbs 에너지에서 엔트로피 항은 온도와 곱하게 된다. 즉 $g = h - Ts$이다. 다른 모든 영향은 동일할 때, 보다 낮은 온도에서는 에너지 영향이 엔트로피보다 상대적으로 크고, 동종 간 상호작

7. 이 주장을 열역학적 망과 물리적 토론을 이용하여 증명할 수 있는가?

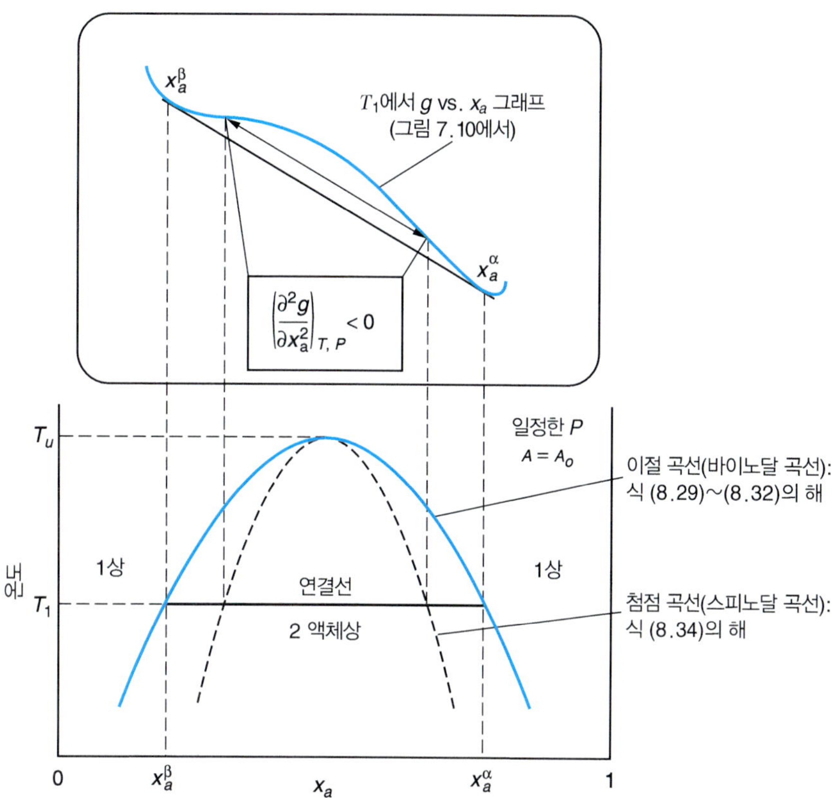

그림 8.12 성분 a의 몰분율에 대한 Gibbs 에너지의 도식. 이 경우 Margules 상수 A는 0보다 대단히 크다. *주의* : x_a^α와 x_a^β 사이의 조성에서 계는 2상으로 분리됨으로써 자유에너지를 최소화한다.

용의 인력 효과는 큰 조성 범위에서 보다 크게 된다. 몰분율이 0.5에 근접할수록 2상을 갖기 용이하며, two-suffix Margules 식이 대칭이 되는 것이 또 다른 지표이다. 어느 조성에서도 액체 혼합물이 더 이상 2상으로 분리되지 않는 온도 이상의 온도를 **위 임계 용해 온도**(upper consulate temperature), T_u라고 한다. 이 역시 그림에 나타나 있다.

하나의 상이 어떤 경우에 다른 액체상들로 자발적으로 나뉘게 되는지 알아보고자 한다. 하나의 액체상의 불안정성에 대한 기준은 전체 용액의 Gibbs 에너지 곡선이 *아래로 오목*(concave down)하게 될 때로 주어진다. 수학적으로 다음과 같이 표현된다.

$$\left(\frac{\partial^2 g}{\partial x_a^2}\right)_{T,P} < 0 \tag{8.33}$$

일반적으로는 g^E에 대한 어느 모델도 사용이 가능하지만, two-suffix Margules 식에 의해 비이상성이 표현될 경우에 대해 알아보자. 식 (7.57)로부터 다음이 얻어진다.

$$g = x_a g_a + x_b g_b + RT(x_a \ln x_a + x_b \ln x_b) + Ax_a x_b \tag{7.57}$$

식 (8.33)에 대해 두 번의 미분과 치환을 통해 다음을 얻는다.

$$\left(\frac{\partial^2 g}{\partial x_a^2}\right)_{T,P} = RT\left(\frac{1}{x_a} + \frac{1}{x_b}\right) - 2A < 0$$

이 식을 단순화하면 다음과 같다.

$$\frac{RT}{x_a x_b} < 2A \tag{8.34}$$

식 (8.34)는 two-suffix Margules 상수 A가 어느 정도의 큰 값을 가질 때 이성분 혼합물이 불안정하여 2개의 성분으로 자발적인 분리가 발생하는 지에 대해 알려준다. 이 식에 대한 해들은 그림 8.12의 점선으로 표현된 **첨점**(spinodal) 곡선으로 나타난다. 첨점 곡선에 의해 나타난 조성들은 이절 곡선에 의해 표시된 평형조성과 다르다. 이 두 곡선들 사이의 조성에서 액체는 준안정 상태이다. 이것은 Gibbs 에너지의 최소 상태가 아닌 반면, 2개의 액체상으로 자발적인 분리가 발생하지 않아도 된다.

이절 곡선과 첨점 곡선은 위 임계 용해온도에서 교차가 되기 때문에 식 (8.34)를 T_u에 대해 풀 수 있다. $x_a x_b$의 최대값은 $x_a = 0.5$에서 얻어진다. 몰분율에 대한 이러한 값들을 이용하면 다음을 얻는다.

$$T_u = \frac{A}{2R}$$

특유의 상선도들 역시 Margules 상수 A의 온도 의존성에 강하게 의존한다. 상수 A는 이종 간 a-b 상호작용의 동종 간 상호작용과의 비교이고, 따라서 본질적으로 액체 혼합물을 구성하고 있는 성분의 화학적 본연의 특성에 연관되어 있다는 것을 상기해 보자. 그림 8.12에서 보여주는 액체–액체 용해도 상선도는 많은 실제 계에 대한 전형적인 것이다. 그러나 다른 계들은 전혀 다른 거동을 나타낸다. 분자 사이의 상호작용의 온도 의존성을 고려하여 이러한 계들의 거동을 얻을 수 있는 방법을 자세하게 살펴보자. 만약 A가 온도에 따라 감소한다면, 용해도 도표는 질적으로 그림 8.12와 비슷하다. 그림 8.13a와 같이 A가 온도에 따라 *증가*하는 경우를 고려해 보자. 균일한 액체가 불안정하게 되는 몰분율 범위가 온도에 따라 커진다는 것을 식 (8.34)를 통해 알 수 있다. 이 거동은 그림 8.13b에서 보여주고 있다. 이 경우 온도는 상분리가 어느 조성에서도 불가능한 온도 이하에서 존재한다. 이 온도를 **아래 임계 용해 온도**(lower consulate temperature)라고 한다.

보다 복잡한 계에 대해서는 그림 8.14와 같은 용해도 거동이 관찰된다. 이와 같은 경우는

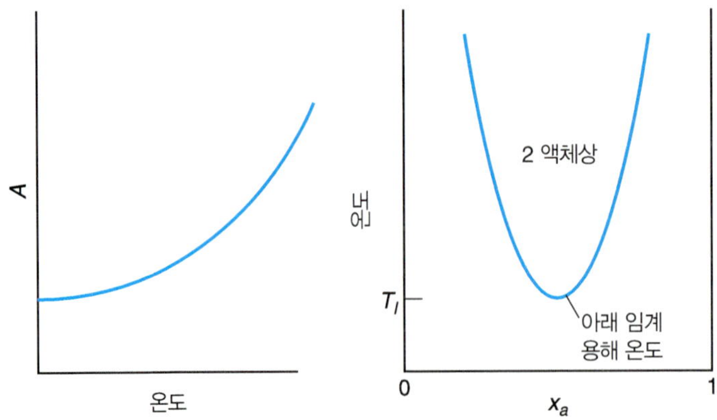

그림 8.13 Two-suffix Margules 식을 이용하여 묘사한 이성분 혼합물에 대한 상 안정성 도표. 이 경우 Margules 상수 A는 온도에 따라 커진다.

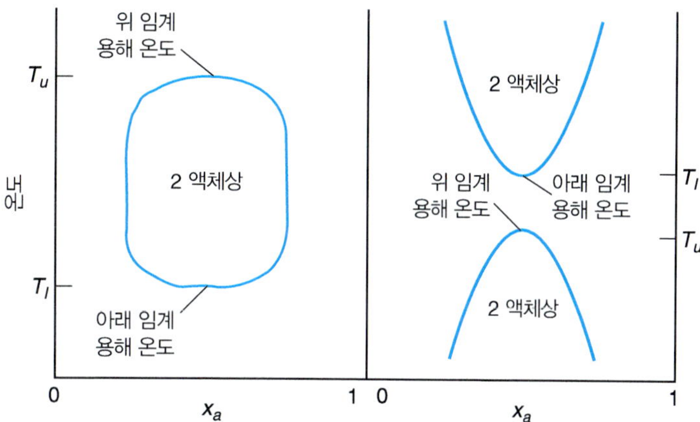

그림 8.14 이성분 혼합물들에 대해 관찰되는 다른 상 안정성 도표들.

위 및 아래 임계 용해온도 모두 관찰된다. 왼쪽의 상선도에서 두 상들은 아래 임계 용해온도와 위 임계 용해온도 사이의 중간 온도 범위에 존재한다. 이와 같은 상선도는 tetrahydrofuran과 물 혹은 glycerol과 benzyl ethyl amine의 혼합물에서 볼 수 있다. Sulfur와 benzene의 이성분 혼합물은 오른쪽 상선도와 같이 위 임계 용해온도가 아래 임계 용해온도보다 낮은 일반적이지 않은 형태를 나타낸다. A의 온도 의존성이 각각의 이러한 특징을 유발한다고 생각할 수 있는가? 이러한 용해도 도표에서의 어떠한 이절 곡선도 온도 증가에 따른 증기상의 형성, 혹은 온도 감소에 따른 고체상의 형성 등과 같은 다른 상전이로부터 해석이 가능하다는 것을 알아야 한다. 이런 경우들의 예를 8.3절과 8.4절에서 다룰 것이다.

예제 8.19 두 액체상 사이의 평형조성

1 bar, 20°C의 diethylamine(a)과 물(b)로 구성된 이성분 혼합물의 두 액체상들의 평형조성을 계산하라. 이 문제는 상선도를 이용한 것과 컴퓨터 프로그램을 이용한 수치해석적인 방법의 2가지 방법으로 풀어라. 이 이성분 계에 대한 three-suffix Margules 상수들은 다음과 같다.

$$A = 6349\ [\text{J/mol}],\ B = -384\ [\text{J/mol}]$$

풀이 ▸ 각 상의 a와 b의 평형 몰분율을 구하기 위해 액체상의 퓨가시티는 액체상의 퓨가시티와 같다고 놓는다. 기준 상태 퓨가시티들은 같기 때문에 다음을 얻는다.

$$x_a^\alpha \gamma_a^\alpha = x_a^\beta \gamma_a^\beta \quad \textbf{(E8.19A)}$$

그리고

$$x_b^\alpha \gamma_b^\alpha = x_b^\beta \gamma_b^\beta \quad \textbf{(E8.19B)}$$

Three-suffix Margules 식, 식 (7.59)와 (7.60)에 대해 활동도 계수의 표현을 치환하고, $x_b^\alpha = 1 - x_a^\alpha$와 $x_b^\beta = 1 - x_a^\beta$를 이용하면 다음을 얻는다.

$$x_a^\alpha \exp\left[\frac{(A+3B)}{RT}(1-x_a^\alpha)^2 - \frac{4B}{RT}(1-x_a^\alpha)^3\right] = x_a^\beta \exp\left[\frac{(A+3B)}{RT}(1-x_a^\beta)^2 - \frac{4B}{RT}(1-x_a^\beta)^3\right] \quad \textbf{(E8.19C)}$$

그리고

$$(1 - x_a^{\alpha}) \exp\left[\frac{(A - 3B)}{RT}(x_a^{\alpha})^2 + \frac{4B}{RT}(x_a^{\alpha})^3\right] = (1 - x_a^{\beta}) \exp\left[\frac{(A - 3B)}{RT}(x_a^{\beta})^2 + \frac{4B}{RT}(x_a^{\beta})^3\right] \quad \textbf{(E8.19D)}$$

상수 A와 B를 알고 있기 때문에 식 (E8.19A)와 식 (E8.19B)는 두 미지수 x_a^{α}, x_a^{β}를 포함하는 두 개의 방정식이다. 그러나 이 식은 비선형 방정식에 대한 해를 구하는 방법에 도움을 주기 때문에 $x_a^{\alpha} = x_a^{\beta}$와 같은 보통의 해를 얻는 것은 아니다. 그림 E8.19A는 x_a에 대한 $x_a\gamma_a$와 $(1 - x_a)\gamma_b$의 양에 대한 도식이다. 해는 식 (E8.19A)와 식 (E8.19B)을 동시에 만족시키는 x_a의 두 조성에서 나타나며 그림에 표시되어 있다. 그림을 자세히 보면 표시된 해는 유일무이하며 다른 x_a의 값에 대해서는 맞지 않는다. 예를 들면, x_a^{β} 값이 증가하면 $x_a\gamma_a$에 대응하는 x_a^{α} 값은 점점 더 커지게 된다. 그러나 $(1 - x_a)\gamma_b$에 대응하는 x_a^{α} 값은 점점 작아지게 된다. 따라서 이 둘은 서로 만날 수 없다. x_a^{β} 값이 보다 작은 부분에서 해는 구할 수 없다는 비슷한 해석이 가능하다.

그림 E8.19A의 그림과 같은 상선도에서 해를 직접적으로 구할 수는 없다. 그러나 해를 더 자세하게 설명하는 것이 가능하다. 그림 E8.19B는 이러한 방법을 보여준다. 그림은 x_a의 값이 0에서 1로 증가할 때 $(1 - x_a)\gamma_b$에 대한 $x_a\gamma_a$의 상선도이다. 그림 E8.19A에서 논의한 것과 마찬가지의 이유로 식 (E8.19A)와 (E8.19B)의 해는 그림 E8.19B에서 보여주는 것과 같이 상선도의 교점에서의 두 조성이다. 이 점에서 x_a의 값들을 결정한다.

상선도를 이용한 방법 혹은 상선도로부터 대략적으로 얻은 적절한 첫 번째 예측값을 적용한 방정식 해법기를 이용해서 해를 직접적으로 구할 수 있다. 각각의 경우에 대해 해는 아래와 같다.

$$x_a^{\alpha} = 0.855, \; x_a^{\beta} = 0.101$$

다른 방법으로 평형 몰분율에 대해 아래의 MATLAB mfile을 이용하여 풀 수 있다.

```
%% Matlab File to solve for LLE using the 3-suffix Margules Equation
% This program solves for liquid mole fractions of a binary mixture
% of a and b it assumes xa,beta < 0.49 and xa,alpha > 0.51

clear all;
format short g;
```

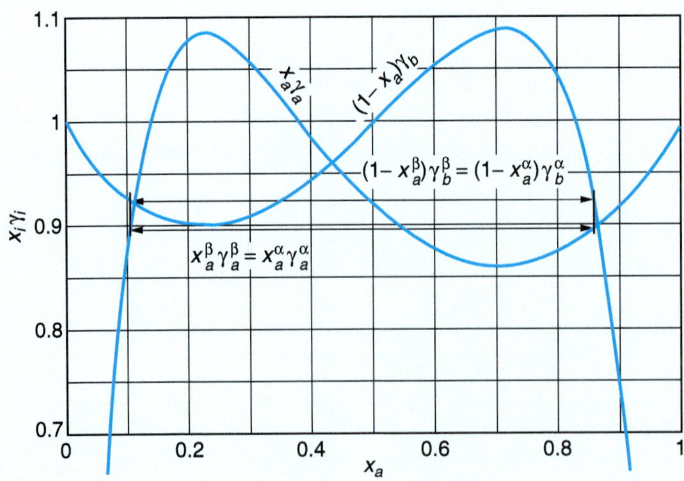

그림 E8.19A 예제 8.19에서의 x_a에 대한 $x_a\gamma_a$와 $(1 - x_a)\gamma_b$의 값.

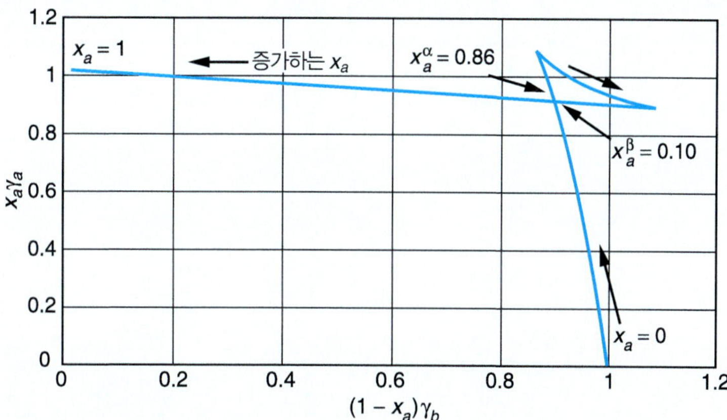

그림 E8.19B 예제 8.19에서 x_a 값이 증가할 때 $(1 - x_a)\gamma_b$에 대한 $x_a\gamma_a$의 값. 해는 곡선의 교차하는 부분에 나타나 있다.

```
format compact;
clc;
n = 4900;              % set step size for recursive solution
lowest1 = 1;

% Input gas constant, Margules parameters, and system temperature
R = 8.314;             % J / (mol K)
A = 6349;              % J/mol
B = -384;              % J/mol
T = 50 +273.15;        % K

% set xaalpha matrix from 0.51 to 1 to resolution of 0.0001
xaalpha = [0.51:0.0001:1];

% Calculate the left hand side (LHS) of the two LLE equations
LHS1 = xaalpha .* exp ((A + 3 * B)/ R/ T .* (1 xaalpha).^2 ...
     − 4 * B / R / T* (1 xaalpha).^3 );
LHS2 = (1 xaalpha) .* exp ((A 3 * B)/ R/ T .* (xaalpha).^2 ...
     + 4 * B / R / T* (xaalpha).^3 );

% Recursive solution solving the RHS of the two LLE equation
for i = 1:n               % sets step size for xabeta
xabeta = i * .0001;
RHS1 = xabeta .* exp ((A + 3 * B)/ R/ T .* (1 xabeta).^2 ...
− 4 * B / R / T* (1 − xabeta).^3 );
RHS2 = (1 − xabeta) .* exp ((A − 3 * B)/ R/ T .* (xabeta).^2 ...
+ 4 * B / R / T* (xabeta).^3 );
[lowest2 index] = min(abs(RHS1 − LHS1) + abs(RHS2 − LHS2));
    if lowest2 < lowest1
       lowest1 = lowest2;
       xans = [xabeta; xaalpha(index)];
    end
  end
```

```
% display the answer
disp(' ')
disp('Calculated mole fractions of species a in LLE')
C1 = sprintf('  xabeta = %0.5g', xans(1));
disp(C1)
C2 = sprintf('  xaalpha = %0.5g', xans(2));
disp(C2)

MATLAB output:
Calculated mole fractions of species a in LLE
  xabeta = 0.1014
  xaalpha = 0.8553
```

예제 8.20 **Gibbs 에너지 최소화를 이용한 예제 8.19의 해**

계의 Gibbs 에너지가 최소가 되는 부분에서 예제 8.19에 대한 상선도로 된 해를 구하라.

풀이 ▶ g에 대한 정의를 이용하여 Gibbs 에너지에 대해 풀 수 있다.

$$g = (x_a g_a + x_b g_b) + RT[x_a \ln x_a + x_b \ln x_b] + g^E \tag{E8.20A}$$

식 (E8.20A)에서 g^E에 대한 three-suffix Margules 표현을 적용하고 재구성하면 다음을 얻는다.

$$g - (x_a g_a + x_b g_b) = RT[x_a \ln x_a + x_b \ln x_b] + x_a x_b[A + B(x_a - x_b)] \tag{E8.20B}$$

그림 E8.20은 x_a에 대한 $g - (x_a g_a + x_b g_b)$의 상선도이다. 2상이 공존하는 영역에서의 평형조성은 최소 지점에서 접선을 표시함으로 해서 구할 수 있다. 조성은 다음과 같다.

$$x_a^\alpha = 0.85\,, \quad x_a^\beta = 0.10$$

이 값들 사이의 어느 x_a 조성도 2상으로 분리가 됨으로써 Gibbs 에너지를 낮추게 된다. 그림 E8.20의 자세한 분석으로 통해 $x_a < 0.10$ 혹은 $x_a > 0.85$에서는 오직 하나의 상만 존재함을 알

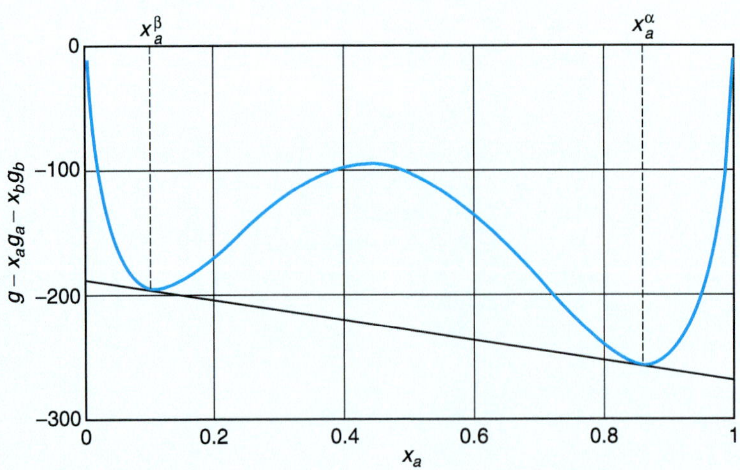

그림 E8.20 예제 8.19의 이성분계에서 x_a에 대한 $g - (x_a g_a + x_b g_b)$의 상선도. 평형조성이 나타나 있다.

수 있다.

예제 8.19에서 각 성분의 퓨가시티는 같다고 전제하고 두 액체상의 평형조성을 구했다. 이 예제에서 전체 계에 대해 Gibbs 에너지의 최소화라는 또 다른 방법으로 같은 해를 구했다. 일반적으로 열역학적 또 다른 방법으로 평형 문제를 풀 수 있다. 예를 들면, 두 풀이 방법으로 여러 반응이 있는 화학 반응 평형에 대한 계산에 공통적으로 사용한다는 것을 알 수 있다(9.7절). 일반적으로 컴퓨터를 사용하기에 최고로 적합한 방법을 사용한다. 예제 8.19 혹은 예제 8.20에서 어느 방법이 사용하기 적당한가?

예제 8.21 **예제 8.19의 불안정성**

예제 8.19의 계가 자발적으로 두개의 상으로 분리가 되는 조성을 구하기 위해 하나의 액체상 고유의 불안정성에 대한 기준을 적용하라.

풀이 ▶ 식 (8.33)에서 주어진 불안정성의 조건은 다음과 같다.

$$\left(\frac{\partial^2 g}{\partial x_a^2}\right)_{T,P} < 0 \tag{8.33}$$

비이상성이 예제 8.19에서 주어진 상수를 포함하고 있는 three-suffix Margules 식으로 표현되는 경우를 고려하자. 식 (E8.20B)에 의해 Gibbs 에너지는 다음과 같이 표현된다.

$$g = x_a g_a + x_b g_b + RT(x_a \ln x_a + x_b \ln x_b) + x_a x_b[A + B(x_a - x_b)] \tag{E8.21A}$$

식 (E8.21A)를 두 번 미분하면 다음을 얻는다.

$$\left(\frac{\partial^2 g}{\partial x_a^2}\right)_{T,P} = RT\left(\frac{1}{x_a} + \frac{1}{x_b}\right) - 2A + 6B(x_b - x_a) < 0 \tag{E8.21B}$$

식 (E8.21B)를 풀면 액체가 불안정하게 되는 부분은 아래와 같다.

$$0.225 < x_a < 0.706$$

이 조성 범위는 예제 8.20의 해보다 좁고, 그림 E8.20의 변곡점으로 나타날 수 있다.

▶ 8.3 증기–액체(α)–액체(β) 평형: VLLE

이 절에서는 하나의 증기상과 두 가지 액체상으로 구성된 평형 상태에 있는 세 가지 상들을 고려한다. 그림 8.15는 증기-액체-액체(VLLE) 평형 상태에 있는 m 성분으로 구성된 계의 포괄적인 상선도를 나타낸다. 이와 같은 거동은 어떻게 유발되는가? a와 b의 이성분 혼합물로 돌아가 보자. VLE와 액체-액체 평형(LLE)에서 모두 공비 혼합물을 갖는 경우를 고려한다. 이것은 이종 간 상호작용에 비해 동종 간 상호작용이 더 큰 부분에서의 최소 끓음 공비혼합물에 관한 내용이다. 그림 8.16a는 공비혼합물과 LLE 반구가 확실하게 분리된 경우의 상선도를 나타낸다. 계의 압력은 감소하지만 위 임계 용해온도에 도달하기 전에 성분들이 휘발성을 갖게 되는 것이 가능하다.

그림 8.16b는 VLE와 LLE가 교차되는 경우를 나타낸다. 세 가지 온도들이 기술되어 있다. 가장 낮은 온도 TLLE에서는 세 가지 다른 형태의 상 거동이 가능하다. 높은 x_a에서는 오

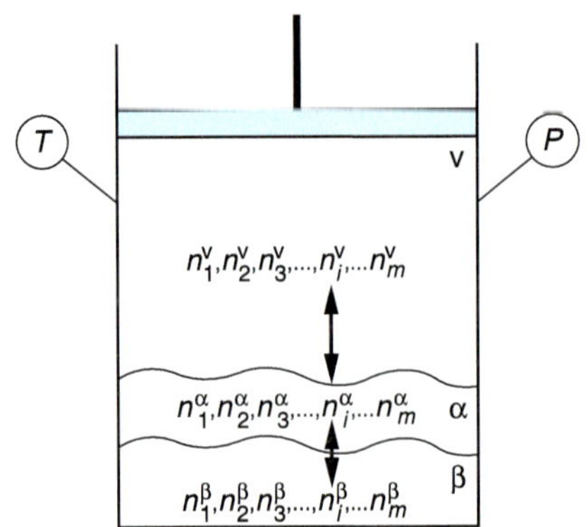

그림 8.15 다성분 계의 VLLE 문제에 대한 도식.

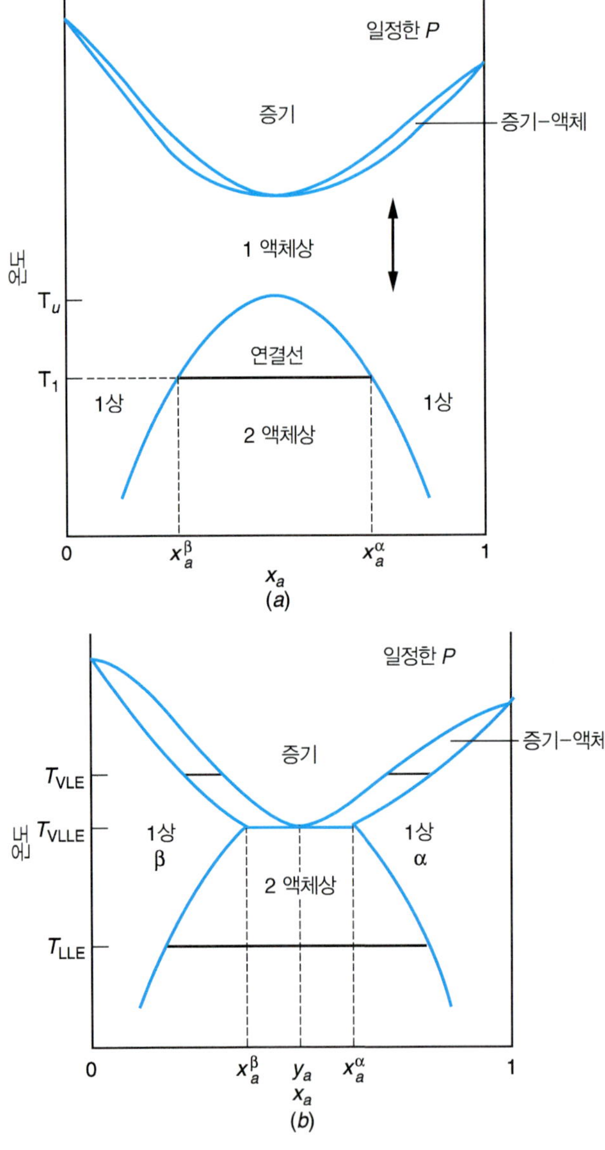

그림 8.16 (*a*) 부분 혼합성과 공비혼합물을 나타내는 상선도. (*b*) VLLE를 나타내는 상선도.

체상은 중간 조성에서 나타난다. 이 조성들은 그림 8.16b의 연결선으로 표시되어 있다. 온도 T_{VLE}에서는 높은 x_a에서는 오직 액체상 α만 존재하는 반면, 작은 x_a에서는 오직 액체상 β만 존재한다. 그러나 x_a의 농도가 증가할수록 오직 증기상만 존재하는 것에 이어 액체 β-증기상이 나타난 후 액체 α-증기상이 나타난다. 두 상이 공존하는 영역에서의 조성은 적절한 연결선에 의해 주어진다. 중간 온도인 T_{VLLE}에서는 높은 x_a에서 오직 액체상 α만 존재하는 반면, 다시 낮은 x_a에서는 액체상 β만 존재한다. 그러나 이러한 한 가지 상만 존재하는 두 영역 사이의 몰분율 x_a에서는 액체상 α와 β가 증기와 함께 공존한다. 상선도의 x축에 설명된 바와 같이 액체상 β는 왼쪽 부분의 조성으로 주어지고, 액체상 α는 오른쪽 부분의 조성으로 주어지며 중간점에 의해 증기상이 주어진다. 따라서 온도 T_{VLLE}에서 중간 조성 영역에서는 이 이성분계는 VLLE를 나타낸다. 증기조성이 두 액체 사이에 있지 않은 보다 복잡한 V_{LLE} 상선도 역시 발견되고 있다. 온도와 조성이 주어진 계에 대해 그림 8.16b에 존재하는 상과 조성을 규명할 수 있는가? Pxy 상선도는 어떤 형태를 갖는지 알아낼 수 있는가?

VLLE의 평형조성을 계산하기 위해 각 성분의 퓨가시티는 같다고 전제한다.

$$\hat{f}_a^v = \hat{f}_a^\alpha = \hat{f}_a^\beta$$

그리고

$$\hat{f}_b^v = \hat{f}_b^\alpha = \hat{b}_b^\beta$$

이 식들을 풀기 위해서는 g^E에 대한 모델이 필요하다. Two-suffix Margules 식을 이용한 풀이 방법을 설명할 것이나 동일한 풀이 방법은 표 7.2의 어느 모델로도 적용이 가능하다.

압력이 낮고 증기상이 이상기체라면 다음을 얻는다.

$$y_a P = x_a^\alpha \exp\left[\frac{A}{RT}(x_b^\alpha)^2\right] P_a^{\text{sat}} = x_a^\beta \exp\left[\frac{A}{RT}(x_b^\beta)^2\right] P_a^{\text{sat}} \tag{8.35}$$

유사하게 성분 b에 대해 다음을 얻는다.

$$y_b P = x_b^\alpha \exp\left[\frac{A}{RT}(x_a^\alpha)^2\right] P_b^{\text{sat}} = x_b^\beta \exp\left[\frac{A}{RT}(x_a^\beta)^2\right] P_b^{\text{sat}} \tag{8.36}$$

추가적으로 각 상의 몰분율의 1이기 때문에 다음을 얻는다.

$$y_a + y_b = 1 \tag{8.37}$$

$$x_a^\alpha + x_b^\alpha = 1 \tag{8.38}$$

그리고

$$x_a^\beta + x_b^\beta = 1 \tag{8.39}$$

8개의 미지수인 y_a, y_b, x_a^α, x_b^α, x_a^β, x_b^β, P, T는 식 (8.35)부터 식 (8.39)까지의 7개의 식과 관련되어 있다. 따라서 이 변수들 중 어느 하나의 구체적인 규명은 다른 7개를 한정하고 계의 상태를 고정시킨다. 이러한 결론은 Gibbs 상 규칙에 의해 또 다시 주어진다[식 (1.12)와 예제 6.17 참조]. 예제 8.15에서 명시된 일반적인 m 성분의 경우에서는, $m-1$개의 변수들이 주어져야 한다.

예제 8.22 VLLE에서의 조성의 계산

이성분 혼합물이 300 K에서 증기-액체-액체 평형을 이루고 있다. 과잉 Gibbs 에너지는 $A = 6235$ [J/mol]을 갖는 two-suffix Margules 식으로 표현된다. 세 가지 상의 조성과 전체 압력을 구하라. 포화 압력은 $P_a^{sat} = 100$ [kPa]와 $P_b^{sat} = 50$ [kPa]이다.

풀이 ▶ 300 K에서 두 액체상의 조성에 대한 문제를 푼다. 예제 8.19 혹은 예제 8.20에서 적용한 방법을 사용할 수 있다. 전자를 사용하면 액체상의 a와 b의 퓨가시티 방정식을 만든다. 식 (E8.19C) 그리고 식 (E8.19D)와 비슷하게 액체상 퓨가시티의 식을 만들고 two-suffix Margules 식을 적용하면 다음을 얻는다.

$$x_a^\alpha \exp\left[\frac{A}{RT}(1 - x_a^\alpha)^2\right] = x_a^\beta \exp\left[\frac{A}{RT}(1 - x_a^\beta)^2\right] \tag{E8.22A}$$

그리고

$$(1 - x_a^\alpha) \exp\left[\frac{A}{RT}(x_a^\alpha)^2\right] = (1 - x_a^\beta) \exp\left[\frac{A}{RT}(x_a^\beta)^2\right] \tag{E8.22B}$$

상수 A을 알고 있기 때문에 식 (E8.22A)와 식 (E8.22B)는 두 미지수 x_a^α, x_a^β를 갖는 방정식을 의미한다. 이것은 비선형 방정식에 대한 해를 구하는 방법에 도움을 주기 때문에 $x_a^\alpha = x_a^\beta$와 같은 보통의 해를 얻는 것은 아니다. 그림 E8.22는 x_a에 대한 $x_a\gamma_a$와 $(1 - x_a)\gamma_b$의 양에 대한 상선도이다. 식 (E8.22A)와 식 (E8.22B)을 동시에 만족시키는 x_a의 두 조성에서 해를 구할 수 있다. 이 경우 그림에서 표시된 바와 같이 두 해인 $x_a\gamma_a$와 $(1 - x_a)\gamma_b$는 같은 값을 갖는다.

그림 E8.22에서 $x_a\ \gamma_a$ 상선도는 $(1 - x_a)\gamma_b$의 거울상임을 알 수 있다. 활동도 계수 모델은 대칭이기 때문에 이 결과는 놀라운 것이 아니다. 이 특성을 식 (E8.21A)와 식 (E8.21B)에 대한 또 다른 해를 구하는 것에 사용할 수 있다. 활동도 계수는 대칭이기 때문에 그림 E8.22의 자세한 분석은 $x_a^\alpha = 1 - x_a^\beta$가 된다는 것을 말하고 있다. 따라서 식 (E8.22A)는 아래와 같이 된다.

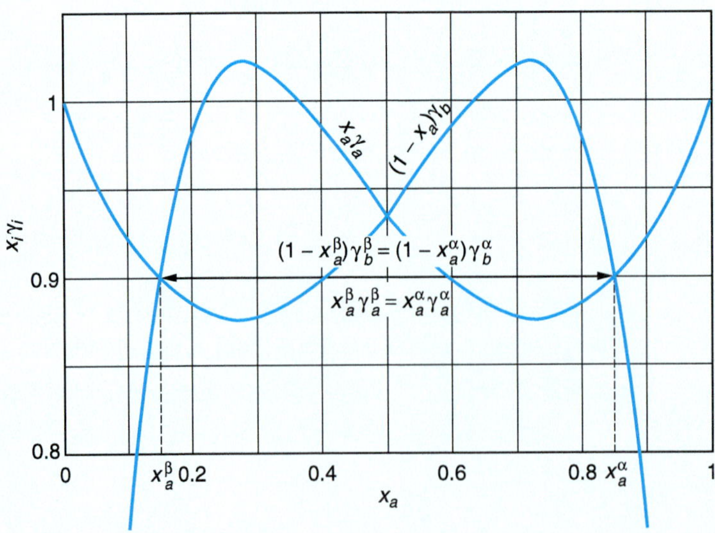

그림 E8.22 예제 8.22에서 x_a에 대한 $x_a\gamma_a$와 $(1 - x_a)\gamma_b$의 값. 그림에서 양쪽 화살표는 서로의 윗부분에 존재하는 두 선을 의미한다.

$$x_a^\alpha \exp\left[\frac{A}{RT}(1-x_a^\alpha)^2\right] = (1-x_a^\alpha)\exp\left[\frac{A}{RT}(x_a^\alpha)^2\right] \quad \textbf{(E8.22C)}$$

식 (E8.22C)를 변형하면 다음과 같다.

$$\ln\left(\frac{x_a^\alpha}{1-x_a^\alpha}\right) = \frac{A}{RT}(2x_a^\alpha - 1) \quad \textbf{(E8.22D)}$$

식 (E8.22C)와 식 (E8.22D)는 오로지 대칭적 two-suffix Margules 식에 대해서만 유효하다.
식 (E8.22D) 혹은 식 (E8.22A)과 식 (E8.22B)를 풀면 다음을 얻는다.

$$x_a^\alpha = 0.855,\ x_a^\beta = 0.145$$

압력을 구하기 위해 식 (8.35)와 식 (8.36)을 더하면 다음을 얻는다.

$$P = x_a^\alpha \exp\left[\frac{A}{RT}(x_b^\alpha)^2\right]P_a^{\text{sat}} + x_b^\alpha \exp\left[\frac{A}{RT}(x_a^\alpha)^2\right]P_b^{\text{sat}} = 135\ [\text{kpa}]$$

마지막으로 식 (8.35)를 풀면 다음을 얻는다.

$$y_a = \frac{x_a^\alpha \exp\left[\frac{A}{RT}(x_b^\alpha)^2\right]P_a^{\text{sat}}}{P} = 0.667$$

▸ 8.4 고체–액체 그리고 고체–고체 평형: SLE와 SSE

다음으로 고체-액체 평형(SLE), 고체-고체 평형(SSE), 그리고 고체-고체-액체 평형(SSLE)의 경우를 다룰 것이다. 액체와 평형에 있는 고체들은 두 가지 형태를 나타낸다. (1) 다른 성분들과 섞이지 않는 순수 고체 그리고 (2) 한 가지 성분 이상을 포함하는 액체 용액과 비슷한 고체 용액이 그것이다. 결정성 고체들은 명확히 규명된 기하학적인 격자 구조 내에 형성된다. 액체 계에서 부분 섞임성(혼합성)은 오로지 분자의 이종 간 상호작용 대비 분자의 동종 간 상호작용의 상대적인 세기에 관계된 반면 고체의 혼합성은 하나의 원자가 다른 성분의 격자구조와 얼마나 잘 맞는가에 전적으로 의존한다. 따라서 완벽한 고체 혼합성은 오로지 성분들이 거의 같은 크기이고 같은 결정 구조이고 비슷한 전기음성도과 원자가를 가지고 있는 경우에만 발생한다. 우선 순수 고체를 다루고 그 후 고체 용액을 다룰 것이다.

순수 고체

우선 액체 혼합물과 평형을 이루고 있는 순수 고체를 고려한다. 그림 8.17은 a와 b로 구성된 이성분계에 대한 두 가지 전형적인 상선도를 보여주고 있다. 두 경우 순수하고 비혼합성인 고체상들과 완벽하게 섞이는 액체상 사이의 평형을 보여준다. 그림 8.17a는 순수한 a 혹은 순수한 b의 고체에서만 안정한 상선도이다. 상선도는 2상이 존재하는 세 영역인 고체 a–고체 b, 고체 b–액체, 그리고 고체 a–액체를 보여준다. 2상이 공존하는 각 영역에서 주어진 온도에서의 평형조성은 이전에 언급된 상선도에서와 비슷한 방법으로 결정된다. 유사하게 각 상에 존재하는 양은 지렛대 법칙에 의해 구할 수 있다. 그림 8.17a와 같이 높은 온도에서 이성분은 하나의 액체상으로 존재한다. 순수한 고체의 어는점은 적은 양의 다른 성분을 혼합물에 추가할수록 낮아진다는 것을 알 수 있다. 그 이유에 대해 간단하게 알아볼 것이다. 따라서 a와 b가

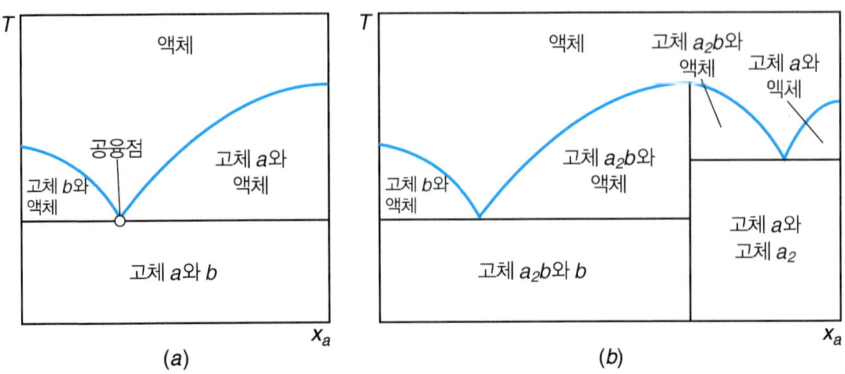

그림 8.17 순수 및 비혼합성 고체의 SLE. (a) a와 b의 이성분 용액, (b) a_2b 형태의 화합물.

혼합되면, 하나의 상을 갖는 액체는 어느 순수 고체의 어는점보다 낮은 온도에서 존재할 수 있다. 오직 액체를 얻을 수 있는 가능한 낮은 온도를 **공융점**(eutectic point)라고 한다. 그림 8.17a에 표시된 공융점은 고체 b–액체 이성분에 대한 액체의 평형선이 고체 a–액체 이성분의 선과 만나는 교점이다. 공융점에서는 8.3절에서의 VLLE 거동과 아주 많이 비슷한, 세 가지 상이 평형 상태(고체 a, 고체 b, 액체)에 존재할 수 있는 SSLE를 갖는다. 이 온도에서 이성분계는 완벽하게 규명되며 따라서 모든 성질들은 정해진다.

그림 8.17b의 상선도는 a_2b 조성을 갖는 고체 화합물의 경우로 구성된다. 이것의 특징은 그림 8.17a의 것과 유사하지만 여기서는 5개의 2상이 공존하는 영역, 즉 고체 a–고체 a_2b, 고체 a_2b–고체 b, 고체 b–액체, 고체 a_2b–액체, 그리고 고체 a–액체가 있다. 추가적으로 SSLE에서 세 가지 상이 존재할 수 있는 2 조성, 즉 고체 a–고체 a_2b–액체와 고체 a_2b–고체 b–액체가 있다. 전자의 세 가지 상이 공존하는 영역은 후자보다 낮은 온도에서 발생한다. 그림 8.17b의 상선도는 처음에는 쉽지 않은 것처럼 보이지만, 사실 그림 8.17a에서 보여주는 것과 같은 단순한 공융 상선도를 함께 붙여놓은 것으로 생각할 수 있다.

사실 많은 이성분 혼합물은 2개 이상의 화합물을 형성하므로 그림 8.17b에서 보여주는 형태의 연속된 연결이 그들의 상선도라 인식된다. 그림 8.18은 copper와 yttrium의 이성분 혼합물의 고체–액체 상선도를 나타낸다. 이 계에는 순수 Cu와 2개의 순수 Y 상(α, β) 이외에 추가적으로 4개의 화합물 상(γ, δ, ϵ, ξ)이 존재한다. 화합물의 화학양론을 규명할 수 있는가? 세가지 상δ, ϵ, ξ은 무한대의 녹는점을 갖고 이러한 화합물을 **합치**(congruent) 녹는점을 갖는다고 한다. 그러나 γ 상은 명확한 녹는점에 이를 때까지는 안정하지 않지만 액체로 해리되며 약 931°C 이상에서는 δ 상 고체가 된다. 이러한 화합물은 **비합치**(incongruent) 녹는점을 갖는다고 하고, 해리되는 상태를 **포정점**(peritectic point)이라고 한다. 보다 복잡한 상 거동은 순수 고체를 포함하는 상선도에서도 역시 나타난다. 예를 들면 액체상이 오직 부분적인 혼합성을 가질 것이다.

열역학적 성질 자료로부터 이 상선도를 해석하는 법을 알아보자. 고체–액체 평형에 있는 성분 i에 대한 기준은 다음과 같다.

$$\hat{f}_i^s = \hat{f}_i^l$$

그러나 고체상이 오직 순수 성분 i만 포함하고 있다면 혼합물에서 고체 성분 i의 퓨가시티는 순수 성분 퓨가시티로 대체할 수 있다. 액체에 대한 Lewis/Randall 기준 상태를 선택하면 다

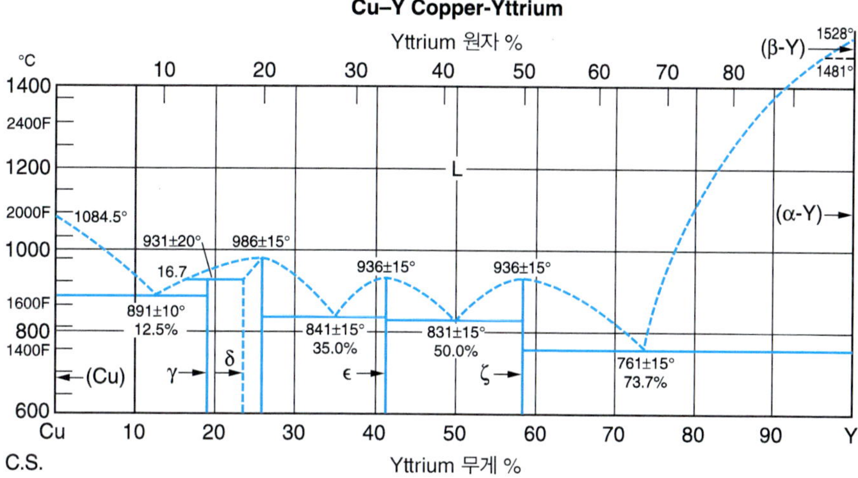

그림 8.18 Cu–Y 이성분계의 상선도. [T. Lyman et al., *Metals Handbook*, *Metalography, Structures, and Phase Diagrams*, 8th ed. (Vol. 8) (Metals Park, OH: American Society for Metals, 1973)에서 발췌] Courtesy of ASM International.

음을 얻는다.

$$f_i^s = x_i \gamma_i f_i^l$$

다음과 같이 재구성할 수 있다.

$$x_i \gamma_i = \frac{f_i^s}{f_i^l} \tag{8.40}$$

그러나 식의 우변을 순수 성분에 대한 퓨가시티의 정의에 대해 관련지으면 다음과 같다.

$$g_i^s - g_i^l = RT \ln \frac{f_i^s}{f_i^l}$$

식의 좌변은 용융 Gibbs 에너지, Δg_{fus}와 같다. 식 (8.40)을 대입하고 정리하면 다음을 얻는다.

$$\ln[x_i \gamma_i] = \frac{\Delta g_{\text{fus}}}{RT} = \frac{\Delta h_{\text{fus}}}{RT} - \frac{\Delta s_{\text{fus}}}{R} \tag{8.41}$$

일반적으로 특정 온도–정상 녹는점, T_m에서의 용융 엔탈피(열)과 엔트로피를 알고 있다. 그러므로 어느 T에서의 용융 엔탈피와 엔트로피를 구하기 위한 열역학적 경로를 설계할 필요가 있다. 그림 8.19는 Δh_{fus}의 계산에 대한 경로를 보여준다. 세 단계를 모두 더하면 다음을 얻는다.

$$\Delta h_{\text{fus},T} = \int_T^{T_m} c_P^l dT + \Delta h_{\text{fus},T_m} + \int_{T_m}^{T} c_P^s dT = \Delta h_{\text{fus},T_m} + \int_{T_m}^{T} \Delta c_P^{sl} dT \tag{8.42}$$

여기서 다음의 정의를 이용하였다.

$$\Delta c_P^{sl} = c_P^s - c_P^l$$

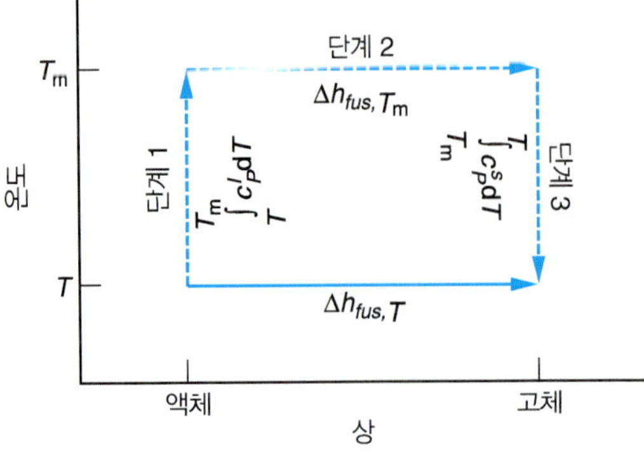

그림 8.19 T_m에서 유효한 자료로부터 T에서의 Δh_{fus}의 계산 경로.

용융 엔트로피는 같은 과정을 통해 구할 수 있다.

$$\Delta s_{\text{fus},T} = \int_T^{T_m} \frac{c_P^l}{T} dT + \Delta s_{\text{fus},T_m} + \int_{T_m}^{T} \frac{c_P^s}{T} dT = \Delta s_{\text{fus},T_m} + \int_{T_m}^{T} \frac{\Delta c_P^{sl}}{T} dT$$

녹는점에서 $\Delta g_{\text{fus}} = 0$이기 때문에 이 식을 다음과 같이 얻을 수 있다.

$$\Delta s_{\text{fus},T} = \frac{\Delta h_{\text{fus},T_m}}{T_m} + \int_{T_m}^{T} \frac{\Delta c_P^{sl}}{T} dT \tag{8.43}$$

마지막으로 식 (8.41)에서 식 (8.42)와 식 (8.43)을 빼면 다음을 얻는다.

$$\ln[x_i\gamma_i] = \frac{\Delta h_{\text{fus},T_m}}{R}\left[\frac{1}{T} - \frac{1}{T_m}\right] - \frac{1}{R}\int_{T_m}^{T} \frac{\Delta c_P^{sl}}{T} dT + \frac{1}{RT}\int_{T_m}^{T} \Delta c_P^{sl} dT \tag{8.44}$$

만약 Δc_P^{sl}이 일정하면 식 (8.44)는 다음과 같이 된다.

$$\ln[x_i\gamma_i] = \frac{\Delta h_{\text{fus},T_m}}{R}\left[\frac{1}{T} - \frac{1}{T_m}\right] + \frac{\Delta c_P^{sl}}{R}\left[1 - \frac{T_m}{T} - \ln\left(\frac{T}{T_m}\right)\right] \tag{8.45}$$

예제 8.23 Cd–Pb 2성분계에 대한 공융점의 예측

Cadmium과 lead로 구성된 2성분 혼합물에 대한 공융점을 구하라. 이 금속들의 고체상들은 완벽한 비혼합성이고 액체는 완벽한 혼합성이라고 가정한다.

다음의 자료는 순수성분에 대해 유효하다.

화학종	T_m [K]	Δh_{fus} [J/mol]	c_P^s (T_m에서) [J/(mol K)]	c_P^l (T_m에서) [J/(mol K)]
Pb	600.1	−4770	29.5	30.7
Cd	594.3	−6192	25.9	29.7

다음의 경우에 대해 계산을 하라.

(a) 액체는 이상용액이다.

(b) 액체 비이상성은 $A = 8{,}200$ J/mol을 갖는 two-suffix Margules 식에 의해 표현될 수 있다. $x_{Pb} = 0.719$, $T = 521$ K에서 실험적으로 구한 용융점과 비교하라.

풀이 ▶ **(a)** 고체는 비혼합성이고 액체 혼합물은 이상용액을 형성한다고 가정하면 식 (8.45)에서 $\gamma_i = 1$이다. 계에서 각 성분에 대한 이 식을 만들 수 있다. Pb에 대해 다음과 같다.

$$\ln[x_{Pb}] = \frac{\Delta h_{fus,T_m,Pb}}{R}\left[\frac{1}{T} - \frac{1}{T_{m,Pb}}\right] + \frac{\Delta c_{P,Cd}^{sl}}{R}\left[1 - \frac{T_{m,Pb}}{T} - \ln\left(\frac{T}{T_{m,Pb}}\right)\right]$$

$$= -573.7\left[\frac{1}{T} - \frac{1}{600.1}\right] - 0.14\left[1 - \frac{600.1}{T} - \ln\left(\frac{T}{600.1}\right)\right] \qquad \textbf{(E8.23A)}$$

유사하게 Cd에 대해 다음을 얻는다.

$$\ln[x_{Cd}] = \frac{\Delta h_{fus,T_m,Cd}}{R}\left[\frac{1}{T} - \frac{1}{T_{m,Cd}}\right] + \frac{\Delta c_{P,Cd}^{sl}}{R}\left[1 - \frac{T_{m,Cd}}{T} - \ln\left(\frac{T}{T_{m,Cd}}\right)\right]$$

$$= -744.8\left[\frac{1}{T} - \frac{1}{594.3}\right] - 0.46\left[1 - \frac{594.3}{T} - \ln\left(\frac{T}{594.3}\right)\right] \qquad \textbf{(E8.23B)}$$

식 (E8.23A)와 식 (E8.23B)에서 *Pb*의 몰분율을 순수 *Pb*로부터 감소시키거나 *Cd*의 몰분율을 순수 *Cd*로부터 감소시킴으로써 다른 몰분율에서 *T*에 대한 각각의 이 두 식을 풀 수 있다.

곡선에서 교점이 생기게 되면 공융점을 구한 것이다. 예를 들면 표 E8.23의 두 번째와 세 번째 열은 이 계산의 대표 값을 보여준다. 식 (E8.23A)와 식 (E8.23B)로부터 온도의 최고값을 오로지 유지한다. 그림 E8.23*a* 도표는 이러한 계산의 결과이다.

이 자료로부터 공융점에서 다음을 얻는다.

$$x_{Pb} = 0.549,\ T = 373.9 \text{ K}$$

이 값들은 문제에서 제시한 실험값과 상당한 차이가 있다.

표 E8.23 다른 Pb 몰분율에 대한 평형온도의 단순 계산

	T (부분 a)		*T* (부분 b)	
x_{Pb}	식(E8.22A)	식(E8.22B)	식(E8.22C)	식(E8.22D)
0.1	548.8		555.9	
0.2	506.6		532.2	
0.3	466.8		519.2	
0.4	428.8		513.2	
0.5	391.9		510.8	
0.55	373.5		509.8	
0.6		395.3	508.3	
0.65		417.2	505.7	
0.7		439.9		505.9
0.8		488.3		521.0
0.9		541.4		550.5

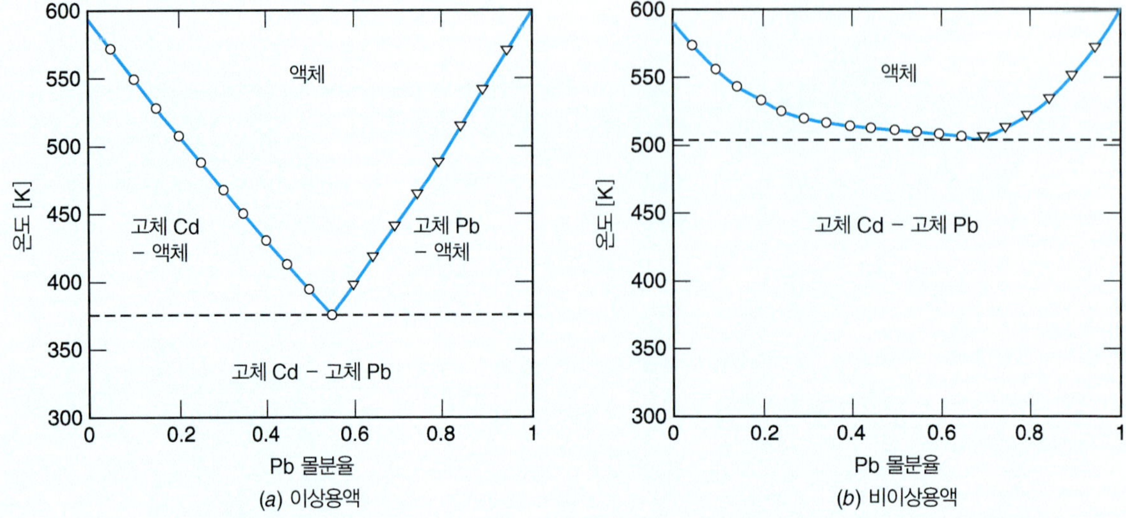

그림 E8.23 (*a*) 이상용액과 (*b*) 비이상용액의 가정하의 Cd–Pb 이성분계에 대한 SLE 상거동.

(b) 식 (8.45)는 다음과 같이 얻을 수 있다.

$$RT\ln[x_i] + RT\ln[\gamma_i] = \Delta h_{fus,T_m}\left[1 - \frac{T}{T_m}\right] + \Delta c_P^{sl}\left[T - T_m - T\ln\left(\frac{T}{T_m}\right)\right]$$

*Pb*에 대해 다음을 얻는다.

$$RT\ln[x_{Pb}] + A(1 - x_{Pb})^2 = \Delta h_{fus,T_m,Pb}\left[1 - \frac{T}{T_{m,Pb}}\right] + \Delta c_{P,Pb}^{sl}\left[T - T_{m,Pb} - T\ln\left(\frac{T}{T_{m,Pb}}\right)\right] \quad \textbf{(E8.23C)}$$

유사하게 *Cd*에 대해 다음을 얻는다.

$$RT\ln[x_{Cd}] + A(1 - x_{Cd})^2 = \Delta h_{fus,T_m,Cd}\left[1 - \frac{T}{T_{m,Cd}}\right] + \Delta c_{P,Cd}^{sl}\left[T - T_{m,Cd} - T\ln\left(\frac{T}{T_{m,Cd}}\right)\right] \quad \textbf{(E8.23D)}$$

오른쪽 2개의 열과 그림 E8.23*b*은 이러한 계산의 결과를 나타낸다. 이 자료로부터 공융점에서 다음을 얻는다.

$$x_{Pb} = 0.675,\ T = 503.8\ \text{K}$$

공융점 조성과 온도에 대한 결과 값은 실험적으로 측정된 값($x_{Pb} = 0.719$, $T = 521$ K)과 6%와 3%의 차이를 나타낸다. 비혼합성 고체의 가정이 *Cd* 내의 *Pb*에 대해 유효하지만 *Cd*는 실질적으로 *Pb*에 조금(6%) 녹는다. 이러한 고체 혼합물에 대한 설명하는 법을 다음에 배울 것이다.

공융점이 액체상 활동도 계수가 포함되었을 때 크게 증가한다는 것을 알 수 있다. 이 결과는 분자의 관점에서 이해할 수 있다. Two-suffix Margules 상수 *A*의 큰 양의 값은 동종 간 상호작용이 이종 간 상호작용에 비해 월등히 크다는 것을 의미한다. 따라서 실제 액체는 에너지 관점에서 이상용액에 비해 불안정하고 이에 따른 평형 온도는 고체에 녹는점보다 높아질 것이다.

고체 용액

액체에 대한 방법과 비슷하게, 함께 섞는 것으로 고체에 대해서도 용액을 만드는 것이 가능하다. 성분 b가 추가된 원래 순수한 a 고체를 생각해 보자. 성분 b의 추가에도 같은 결정구조를 유지하고 있으면 고체 용액을 형성한다. 고체 용액 형성에는 두 가지 방법이 있다. **치환형**(substitutional) 고체 용액에서는 성분 b가 성분 a가 위치했던 격자 자리를 차지한다. 결정이 기본 구조를 바꾸지 않고 b를 수용하는 한, 고체 용액은 형성될 것이다. 반면에 성분 b가 a가 있는 격자 사이의 틈새 공간을 차지하게 되면 **틈새형**(interstitial) 고체 용액이 형성된다. 이러한 공간들은 결정구조에 속해 있는 부분이 아니다. 이 경우 b는 a에 아주 조금 녹을 것이다.

그림 8.20는 액체와 이성분 고체 용액의 상선도의 두 예시이다. 그림 8.20a는 a와 b가 전 부분에서 혼합성을 가지고 있는 고체 용액의 상 거동을 나타낸다. 이것은 그림 8.4에서 보여주는 VLE에 대한 거동의 형태와 비슷하다. 완전한 혼합성의 용액을 형성하는 고체는 그림 8.8에서 보여주는 거동와 비슷한 공비물 거동을 보인다. Molybdenum과 tungsten은 그림 8.20a에서 묘사된 상거동의 형태를 보인다. 성분들이 비슷한 크기(2.72 Å와 2.73 Å의 최근린 거리)를 가지고 있고, 화학적으로 비슷하고(두 성분 모두 주기율표의 VIb족), 그리고 둘 다 체심입방 결정 격자를 가지고 있기 때문에 고체 용액은 전 영역에서 섞일 수 있다. 일반적으로 이성분 쌍은 완전한 혼합성을 갖기 위해 이러한 특징을 가져야만 한다. 그러나 이러한 특징을 가지고 있는 이성분 쌍은 상대적으로 드물다. 그러므로 대부분의 고체 용액은 오직 부분 혼합성을 갖는다. 그림 8.20b는 각 고체가 서로에 대해 부분 혼합성이 있는 이성분 혼합물에 대한 상선도를 나타낸다. 이 거동은 그림 8.16b의 고체-액체 용액에 대한 것과 비슷하다. 그림 8.17a에서 순수 고체에 대해서 발견되는 상들 이외에 추가적으로 부분 혼합성 고체 a와 부분 혼합성 고체 b에 대한 하나의 상 영역을 볼 수 있다. 그러나 오직 한정된 양의 b만 a에 녹을 것이고 오직 한정된 양의 a만 b에 녹을 것이다. Aluminum과 silicon은 그림 8.20b에서 보여주는 것과 비슷한 거동을 나타낸다.

고체 용액의 경우에 대해서는 고체의 조성 X_i와 고체에서의 활동도 계수 i를 알아야만 한다. 이 경우 고체에 있는 성분 i의 퓨가시티를 용액에 있는 것의 퓨가시티에 대해 식을 만들면 다음과 같다.

$$X_i\Gamma_i f_i^s = x_i\gamma_i f_i^l$$

식을 정리하면 다음을 얻는다.

$$\frac{x_i\gamma_i}{X_i\Gamma_i} = \frac{f_i^s}{f_i^l}$$

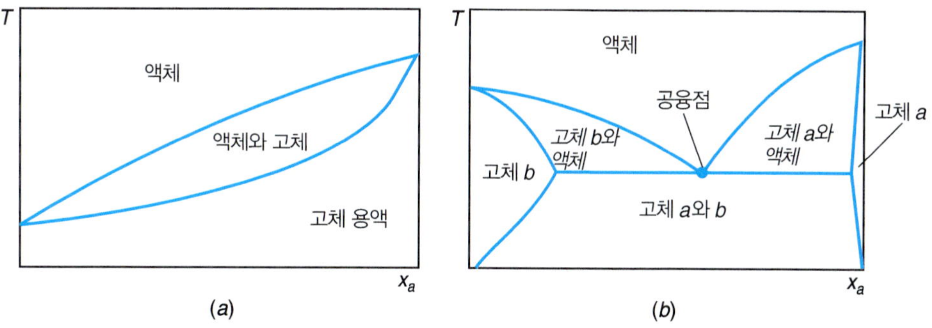

그림 8.20 고체 용액에서의 SLE. (a) 모든 영역에서 혼합성 고체 용액, (b) 부분 혼합성 고체 용액.

순수 성분에 대해 위에서와 같은 방법을 이용하여 오른쪽 부분을 정리하면 다음을 얻는다.

$$\ln\left[\frac{x_i\gamma_i}{X_i\Gamma_i}\right] = \frac{\Delta h_{\text{fus},T_m}}{R}\left[\frac{1}{T} - \frac{1}{T_m}\right] - \frac{1}{R}\int_{T_m}^{T}\frac{\Delta c_P^{sl}}{T}dT + \frac{1}{RT}\int_{T_m}^{T}\Delta c_P^{sl}dT \quad \textbf{(8.46)}$$

Δc_p가 일정하면 식 (8.46)은 다음과 같이 된다.

$$\ln\left[\frac{x_i\gamma_i}{X_i\Gamma_i}\right] = \frac{\Delta h_{\text{fus},T_m}}{R}\left[\frac{1}{T} - \frac{1}{T_m}\right] + \frac{\Delta c_P^{sl}}{R}\left[1 - \frac{T_m}{T} - \ln\left(\frac{T}{T_m}\right)\right] \quad \textbf{(8.47)}$$

이러한 이성분 혼합물의 상거동을 각 상의 Gibbs 에너지와 관련지을 수 있다. 그림 8.21은 고체상 Gibbs 에너지, g_{solid}의 완전 혼합성 고체 용액(그림 8.21*a*) 및 부분 혼합성 고체 용액(그림 8.21*b*)의 각각의 액체상 Gibbs 에너지, g_{liquid}의 도표이다. 이에 상응하는 상거동은 Gibbs 에너지 도표 아래쪽에 나타나 있다. 그림 8.21*a*의 Gibbs 에너지 곡선은 두 순수 고체의 용융점 사이의 온도 T_1에 상응하는 것이다. 작은 x_a 값에서 에너지 효과가 우세하고 고체의 Gibbs 에너지는 액체의 Gibbs 에너지보다 작다. 반대로 큰 x_a 값에서는 액체의 Gibbs 에너지가 더 작다. 이에 대한 상거동은 세 가지 영역에서 나타난다. 성분 *a*의 비율이 작을 때, 고체는 보다 작은 Gibbs 에너지를 갖고 평형을 이루기 쉽다. 성분 *a*의 비율이 클 때, 액체로 존재하기 쉽다. Gibbs 에너지의 최소값들 사이에서는 그림 8.21a에서 보는 바와 같이 접선을 이용할 수 있다. 그림 7.10에서의 두 액체상 혹은 그림 8.6에서의 증기-액체 평형에 관해 설명한 바와 같은 방식으로 계가 두 개의 상으로 분리될 때, 최소값들 사이에서의 몰분율에서의 Gibbs 에너지는 낮아질 수 있다. 이 경우 접선이 두 곡선을 접하는 부분에서의 몰분율에 의해 정해진 각 상의 조성을 이용하여 고체-액체 평형을 얻는다.

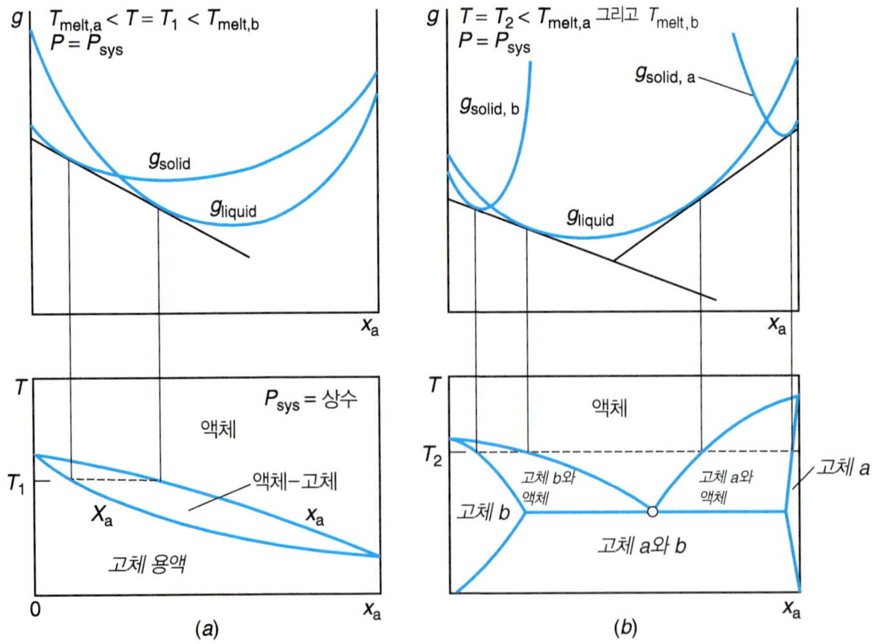

그림 8.21 고체 용액에서의 SLE. 고체와 액체상의 Gibbs 에너지는 윗부분에 나타나 있다. 상선도는 아래 부분에 있다. (*a*) 모든 영역에서 혼합성 고체 용액, (*b*) 부분 혼합성 고체 용액.

그림 8.21*b*는 고체가 오직 부분 혼합성일 때의 경우를 나타낸다. 이 경우 각 고체상의 Gibbs 에너지는 하나의 격자가 더 이상 다른 성분을 포함하지 못할 때 급격하게 커진다. 순수 성분의 어느 용융점보다도 낮은 온도에 상응하는 온도 T_2에 대한 Gibbs 에너지 상선도를 나타낸다. 이 경우 두 접선은 세 개의 상응하는 Gibbs 에너지의 최소값 사이에서 그려질 수 있다. 접선이 접하는 두 곡선 사이의 조성에서 Gibbs 에너지는 두 상이 형성으로 인하여 최소화된다. 이에 상응하는 상이 상선도 아래 부분에 나타나 있다.

8.5 총괄성

이 절에서는 약간의 용질이 추가되었을 때 순수 용액의 성질에 미치는 영향에 대해 알아본다. 혼합물이 이상용액을 형성하였을 때, 이로한 성질들의 변화는 오로지 용질의 양에만 의존하고 용질의 화학적 성질에는 의존하지 않는다. **총괄성**(colligative property)라고 하는 이러한 성질은 끓는점 오름, 어는점 내림, 삼투압을 포함한다.

끓는점 오름과 어는점 내림

계의 압력이 정해지면 순수(pure) 성분 a의 끓는 온도는 고정된다는 것을 이미 알고 있다. 예를 들면 1 atm의 압력에서 순수 성분이 끓는 온도인 성분의 정상 끓는점은 잘 알려져 있다. 이러한 계의 상태는 그림 8.22의 왼쪽 부분의 계 I에 체계적으로 나타나 있다. 그림 8.22의 오른쪽 부분에 있는 계 II에서 나타난 바와 같이 대부분이 용매 a인 액체상에 있는 본질적으로 비휘발성인 용질 b의 존재를 고려해 보자. 계 II는 계 I과 같은 압력에 있다. 계 II에 있는 a가 끓기 위해서는 항상 계 I보다 높은 온도가 필요하다는 것을 알 수 있다. 이 현상을 **끓는점 오름**(boiling-point elevation)이라고 한다. 유사하게 적은 양의 용질 b가 액체 용액에 추가된다면, 고체 a는 순수용액의 어는점보다 낮은 온도에서 얼게 된다. 용질의 추가가 **어는점 내림**(freezing-point depression)을 만들어 낸 것이다.

우선 이상용액 거동의 관점에서 이 현상을 질적으로 설명할 것이다. 그 후 비이상 및 이상용액에 대한 이 현상의 정량화를 위해 상평형의 원리를 적용할 것이다. 끓는점이 오르는 이유를 이해하기 위해 앞에서 언급한 상평형의 원리를 적용할 수 있다. 순수 a를 가지고 있는 계 I을 같은 압력에 있지만 액체에 아주 적은 농도의 b를 가지고 있는 계 II와 비교한다.

계 I에서 계의 압력은 정의에 의해 포화 압력이며 다음과 같다.

$$(P_a^{\text{sat}})^{\text{I}} = P \tag{8.48}$$

다음으로 계 II에 있는 성분 a에 대한 평형 기준에 대해 알아볼 것이다. 낮은 압력과 용질의 농도가 충분히 낮다면, Raoult의 법칙을 적용한다.

$$y_a P = x_a (P_a^{\text{sat}})^{\text{II}}$$

그러나 용질은 휘발성이 아니기 때문에 증기에서 a의 몰분율은 대략적으로 1이다. 따라서 다음과 같다.

$$(P_a^{\text{sat}})^{\text{II}} = \frac{P}{x_a} \tag{8.49}$$

식 (8.48)과 (8.49)를 비교하면 $x_a < 1$이기 때문에 $(P_a^{\text{sat}})^{\text{II}} > (P_a^{\text{sat}})^{\text{I}}$라 결론지을 수 있다. 계 II에서 a의 포화 압력은 계 I보다 높기 때문에 끓는점 역시 높아져야 한다.

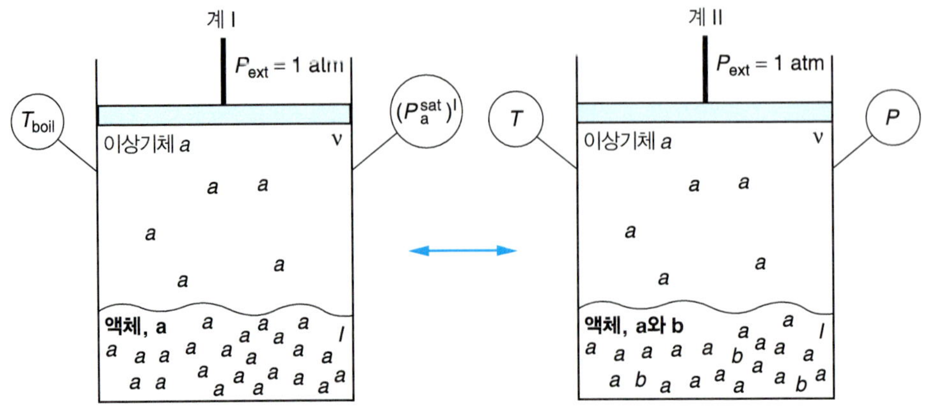

그림 8.22 순수성분 a(왼쪽)과 비휘발성 용질 b가 존재하는 성분 a(오른쪽)의 끓는점 모식도.

다른 방식으로 화학 퍼텐셜의 관점에서 성분 a의 총괄성을 설명할 수 있다. 액체와 증기 혹은 액체와 고체가 평형에 있는 상태는 각 상의 화학 퍼텐셜이 같을 때 주어진다. 순수 성분의 화학 퍼텐셜은 몰당 Gibbs 에너지와 동일하다. 우선 b가 묽은 상태이고 이상용액이라고 가정한다. 이 가정을 곧 확대할 것이다.

Gibbs 에너지는 한 상의 에너지 측면에서의 안정성과 다른 상의 증가된 무질서도 사이의 균형을 정량화한다는 것을 알고 있다. 이 두 가지 효과를 순수 용액과 아주 적은 양의 용질이 첨가된 묽은 이상용액에 대해 비교할 수 있다. 분자 간 상호작용은 모두 같기 때문에 묽은 용액의 에너지 측면의 상호작용은 순수 액체와 동일하고 에너지는 끓는점에서의 액체와 증기 혹은 어는점에서의 액체와 고체 사이의 균형에 영향을 주지 않는다. 반면에 용질의 존재는 보다 많은 배열을 만들 수 있기 때문에 묽은 액체의 엔트로피는 순수 용액의 엔트로피보다 크다. 엔트로피는 T가 커질수록 점점 더 중요해진다. 증기와 묽은 액체 사이의 엔트로피 차이는 증기와 순수 액체의 차이에 비해 작기 때문에, 에너지 측면에서 묽은 액체 용액과 균형을 맞추기 보다는 엔트로피 측면에서 균형을 맞추어 증기상에 대해 높은 온도를 갖고, a의 끓는점은 높아진다. 유사하게, 고체의 에너지의 안정성이 높은 관점에서 묽은 용액의 증가된 엔트로피의 균형은 낮은 온도에서 발생하고 어는점은 낮아진다.

순수 성분 a가 혼합물에 있는 a로 움직이는 현상을 성분 b의 첨가가 액체에 있는 a의 화학 퍼텐셜에 미치는 영향을 살펴보는 방법을 이용하여 양적으로 알아볼 수 있다. 퓨가시티의 정의를 적용하여 혼합물에 있는 a의 화학 퍼텐셜과 순수 액체 a의 화학 퍼텐셜의 차이는 다음과 같이 표현할 수 있다.

$$\mu_a - g_a = RT \ln \frac{\hat{f}_a^{\text{ideal}}}{f_a} = RT \ln x_a \tag{8.50}$$

여기서 식 (7.29)의 이상용액 정의가 사용된다. 몰분율의 로그를 취하면 항상 음수이기 때문에 식 (8.50)은 묽은 용액에 있는 a의 화학 퍼텐셜은 항상 순수 성분 몰당 Gibbs 에너지보다 작다는 것을 의미한다.

그림 8.23은 고체, 액체, 그리고 증기상에 있는 성분 a의 화학 퍼텐셜의 상선도를 나타낸다. 순수 a와 묽은 용액의 a는 액체에 대해 보여주는 반면, 고체와 증기상의 화학 퍼텐셜은 순수 성분 a로 나타낸다. 식 (8.50)에 의해 나타난 바와 같이 묽은 용액에 있는 a의 화학 퍼텐셜은 순수 액체에 있을 때보다 작다. 상평형은 그림에서 표시된 바와 같이 두 상에서의 화학 퍼

텐셜을 나타내는 선이 교차할 때 발생한다. 순수 성분 a의 어는(녹는)점과 끓는점은 각각 T_m과 T_b로 표시되어 있다. 용액에 있는 a의 화학 퍼텐셜의 이동은 낮은 어는점과 높은 끓는점을 만들어낸다는 것을 알 수 있다. 그러므로 순수 성분 값 대비 용액에 있는 액체 a의 화학 퍼텐셜의 작아짐은 총괄성(어는점 내림과 끓는점 오름)을 일으킬 수 있다는 것을 볼 수 있다.

액체에 용질이 첨가되었을 때 순수 성분 i의 끓는점이 높아지는 것의 일반적인 정량화를 한다. 만약 증기상이 오직 순수 성분 i만 포함하고 있다면, 순수 성분 퓨가시티의 관점에서 증기의 퓨가시티를 표현할 수 있다. 액체에 대한 Lewis/Randall 기준 상태를 선택하면 다음을 얻는다.

$$f_i^v = x_i \gamma_i f_i^l \tag{8.51}$$

식 (8.51)은 이전 단락에서의 순수 성분 고체에 대한 것과 유사하다. 따라서 고체에 대해서 식 (8.45)에 적용했던 것과 유사하게 다음을 얻는다.

$$\ln[x_i \gamma_i] = \frac{\Delta h_{\text{vap},\,T_b}}{R}\left[\frac{1}{T} - \frac{1}{T_b}\right] + \frac{\Delta c_P^{vl}}{R}\left[1 - \frac{T_b}{T} - \ln\left(\frac{T}{T_b}\right)\right] \tag{8.52}$$

여기서 $\Delta c_P^{vl} = c_P^v - c_P^l$는 일정하다고 가정한다.

식 (8.52)의 일반적인 결과를 그림 8.22에 보여주는 계에 적용하자. 용질 b가 액체를 이상용액으로 고려할 만큼 충분히 묽고 끓는점 오름이 작다고 가정하면, 식 (8.52)는 다음과 같이 된다.

$$\ln(x_a) = \ln(1 - x_b) = \frac{\Delta h_{\text{vap}}}{R}\left[\frac{1}{T} - \frac{1}{T_b}\right]$$

b의 몰분율은 작기 때문에 $\ln(1 - x_B) \approx -x_b$라 할 수 있다. 이를 이용하여 끓는점 오름은 다음으로 주어진다.

$$T - T_b \approx \frac{RT_b^2}{\Delta h_{\text{vap}}} x_b \tag{8.53}$$

식 (8.53)으로 표현된 끓는점 오름은 오로지 a의 성질에 의존한다. 존재하는 b의 양에만 의존하고 b의 화학적 성질에는 무관하다.

반면에 액체가 이상적이지 않도록 충분한 b가 있다면 용액에 있는 성분 a의 활동도를 고려해야한다. 이런 경우 식 (8.52)는 다음과 같이 근사화할 수 있다.

$$T - T_b \approx \frac{RT_b^2}{\Delta h_{\text{vap}}} \gamma_a x_b \tag{8.54}$$

식 (8.54)를 정리하면 다음을 얻는다.

$$\gamma_a = \frac{\Delta T \Delta h_{\text{vap}}}{RT_b^2 x_b} \tag{8.55}$$

여기서 $\Delta T = T - T_b$이다. 식 (8.55)는 활동도 계수 모델 상수를 구하는 것에 사용할 수 있다. 증발 엔탈피는 쉽게 사용할 수 있기 때문에 얻어진 끓는점 오름 값을 이용하여 용질의 활동도 계수를 계산하는 것에 식 (8.55)를 사용할 수 있다. 이 후, 이 값을 g^E에 대한 모델의 상수 계산에 사용할 수 있다.

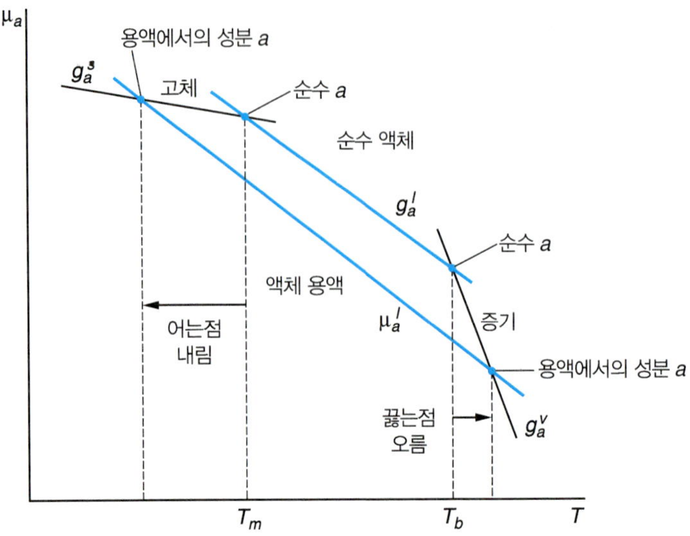

그림 8.23 온도 함수에 대한 순수 상태와 액체 용액에서의 성분 a의 화학 퍼텐셜 상선도. 액체의 Gibbs 에너지가 고체와 증기와 교차하는 지점에서의 차이는 각각 어는점 내림과 끓는점 오름을 만들어낸다.

비슷한 분석은 **어는점 내림**(freezing-point depression)으로의 적용이 가능하다. 이상용액이 녹는점으로 부터 많이 떨어져 있는 온도에 있지 않다면, 식 (8.45)는 다음과 같이 근사 표현할 수 있다.

$$\ln[x_a] = \frac{\Delta h_{\text{fus},T_m}}{R}\left[\frac{1}{T} - \frac{1}{T_m}\right] \quad (8.56)$$

다시, 작은 양의 b에 대해 $\ln(1 - x_b) \approx -x_b$으로 할 수 있다. 따라서 식 (8.56)은 주어진 b의 몰분율에 대해 a의 어는점 내림을 구할 수 있도록 다음과 같이 표현할 수 있다.

$$T - T_m = \frac{RT_m^2}{\Delta h_{\text{fus},T_m}} x_b \quad (8.57)$$

다시, 비이상용액이 되도록 충분한 용질이 존재한다면, 실험적으로 측정된 양의 관점에서 a의 활동도 계수에 대해 식 (8.45)를 풀 수 있다.

$$\gamma_a = \frac{\Delta T \Delta h_{\text{fus},T_m}}{RT_m^2 x_b} \quad (8.58)$$

여기서 $\Delta T = T - T_m$이다. a에 대한 활동도 계수를 구하기 위해 식 (8.58)을 사용할 수 있다. 이 정보는 g^E에 대한 모델의 상수를 조절할 수 있도록 해준다.

예제 8.24 **바닷물의 끓는점 오름의 결정**

바닷물은 몇 도에서 끓는가? 바닷물의 NaCl 농도는 무게비로 3.5%이다.

풀이 ▶ 소금의 몰분율은 다음과 같다.

$$x_{salt} = \frac{\frac{w_{salt}}{MW_{salt}}}{\frac{w_{salt}}{MW_{salt}} + \frac{w_{water}}{MW_{water}}} = 0.011$$

NaCl이 sodium과 chloride 이온으로 완전해리가 된다고 가정하면, 다음을 얻는다.

$$x_b = 2x_{salt} = 0.022$$

끓는점 오름을 계산하기 위해 식 (8.53)을 이용할 수 있다.

$$T - T_b \approx \frac{RT_b^2}{\Delta h^{vap}} x_b = \frac{8.314[\text{J/(mol K)}](373.15[\text{K}])^2}{2257[\text{J/g}]18[\text{g/mol}]} \times 0.022 = 0.63\ [\text{K}]$$

따라서 바닷물이 끓는 온도는 100.63°C이다.

삼투압

삼투압(osmotic pressure)은 총괄성의 세 번째 일반적인 형태이다. 삼투는 순수 용매가 반투과성 막을 통하여 용액으로 이동하는 것이다. 막은 용매의 투과만 발생하고 용질의 투과는 억제한다. 그림 8.24는 삼투압을 계산하기 위한 평형 상태를 나타낸다. 한쪽 부분에는 용매 a와 용질 b로 구성된 묽은 액체 용액이 있는 반면, 다른 한쪽 부분에 순수 용매 a를 포함하고 있다. 이 두 부분은 a는 통과할 수 있지만 b는 통과하지 못하는 반투과성 막으로 나뉘어 있다. 오른쪽 부분의 묽은 액체 용액과 왼쪽 부분의 순수 성분 a의 압력의 차이는 삼투압으로 주어진다. 오른쪽의 압력이 $(P + \Pi)$보다 작다면, 용매 a는 순수 a가 있는 왼쪽 부분으로부터 자발적으로 흘러 들어갈 것이다. 반대로 $(P + \Pi)$보다 큰 압력이 적용된다면, 용매 a는 순수 a가 있는 부분으로 이동하게 될 것이다. 후자의 경우는 역삼투에 의한 분리의 원리이다.

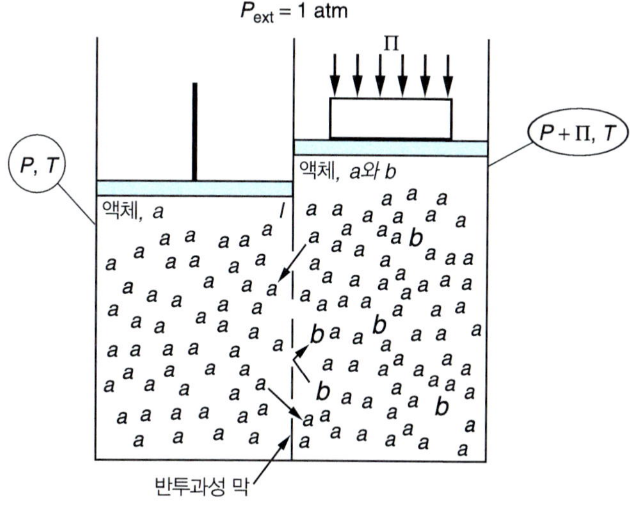

그림 8.24 평형에서의 삼투압 모식도. 오른쪽의 묽은 액체 용액과 왼쪽의 순수 성분 a의 압력 차이는 삼투압으로 주어진다.

삼투압을 계산하기 위해 왼쪽의 순수 성분의 화학 퍼텐셜을 오른쪽의 성분 a의 화학 퍼텐셜과 같다고 설정한다.

$$g_a^{T,P} = \mu_a^{T,P+\Pi}$$

위첨자는 각각의 온도와 압력을 의미한다. 퓨가시티의 정의를 적용하면 $P + \Pi$에서 화학 퍼텐셜은 다음과 같이 얻을 수 있다.

$$\mu_a^{T,P+\Pi} = g_a^{T,P+\Pi} + RT\ln\frac{\hat{f}_a}{f_a} = g_a^{T,P+\Pi} + RT\ln x_a\gamma_a$$

치환하고 정리하면 다음을 얻는다.

$$g_a^{T,P+\Pi} - g_a^{T,P} = -RT\ln x_a\gamma_a$$

열역학적 망을 일정 온도 T에서 P부터 $P + \Pi$까지 Gibbs 에너지의 차이를 구하는 것에 적용할 수 있다.

$$\int_{g_a^{T,P}}^{g_a^{T,P+\Pi}} dg = \int_P^{P+\Pi} v_a dP$$

치환하면 다음을 얻는다.

$$\int_P^{P+\Pi} v_a dP = -RT\ln x_a\gamma_a$$

액체가 비압축성이라고 가정하면 다음을 얻는다.

$$\frac{v_a\Pi}{RT} = -\ln x_a\gamma_a \tag{8.59}$$

식 (8.59)는 용매의 활동도 계수는 삼투압 측정으로부터 얻어질 수 있다는 것을 설명한다.

성분 b가 충분히 묽은 경우에 혼합물은 이상용액을 형성한다.

$\ln(1 - x_b) \approx -x_b$을 적용하면 다음을 얻는다.

$$\Pi = \frac{x_b RT}{v_a} \tag{8.60}$$

물은 투과하지만 거대 분자는 투과하지 못하는 막은 쉽게 찾아볼 수 있다. 삼투압은 용액의 거대분자의 평균 분자량, MW_b을 구하기 위해 삼투압을 측정할 수 있다. 이 경우 식 (8.60)의 몰분율은 다음과 같이 질량 농도 C_i에 기초한 식으로 얻을 수 있다.

$$x_b = \left[\frac{\dfrac{C_b}{MW_b}}{\dfrac{C_a}{MW_a} + \dfrac{C_b}{MW_b}}\right] \approx \left[\frac{\dfrac{C_b}{MW_b}}{\dfrac{C_a}{MW_a}}\right] \tag{8.61}$$

여기서 용매의 몰수는 용질의 몰수보다 대단히 크다고 가정한다. 식 (8.61)을 식 (8.60)에 대입하면 다음을 얻는다.

$$MW_b = \frac{RTC_b}{\Pi} \qquad (8.62)$$

예제 8.24는 용액의 단백질 분자량을 구하는 것에 식 (8.62)를 적용하는 방법을 설명한다.

예제 8.25 **삼투압을 이용한 단백질 분자량 측정**

단백질의 분자량을 구하기 위해 *유산균*(lactic dehydrogenace)의 삼투압을 측정하는 것이 적절하다. 이 목적을 이루기 위한 실험이 그림 E8.24에 체계적으로 나타나 있다. 1.93 g의 단백질을 녹여 25°C의 수용액 520 cm^3을 제조하면 묽은 용액의 높이는 순수 용매보다 0.71 cm가 높다. 삼투압과 분자량을 구하라.

풀이 ▶ 삼투압은 기압식에 의해 다음으로 주어진다.

$$\Pi = \rho g h = 10^3[\text{kg/m}^3]9.8[\text{m/s}^2]0.0071[\text{m}] = 70[\text{Pa}]$$

여기서 밀도는 물의 액체밀도로 근사 표현되었다. 단백질의 농도는 다음으로 주어진다.

$$C_b = \frac{m_b}{V} = 3.71\ [\text{kg/m}^3]$$

식 (8.62)로부터 다음을 얻는다.

$$MW_b = \frac{RTC_b}{\Pi} = \frac{8.314\ [\text{J/(mol K)}]298\ [\text{K}]3.71\ [\text{kg/m}^3]}{70\ [\text{Pa}]}$$

$$= 132\ [\text{kg/mol}] = 13{,}200\ [\text{g/mol}]$$

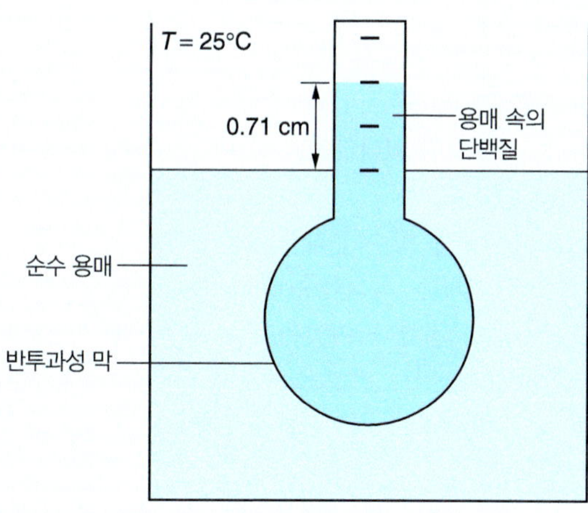

그림 E8.25 용액에 있는 단백질의 삼투압 측정.

▶ 8.6 요약

제7장에서 증기, 액체, 고체상에 있는 성분의 퓨가시티를 계산하는 법을 알아보았다. 이 장에서는 이러한 개념들을 증기-액체 평형(VLE), 액체-액체 평형(LLE), 증기-액체-액체 평형(VLLE), 고체-액체 평형(SLE), 고체-고체 평형(SSE), 그리고 고체-고체-액체 평형

(SSLE)를 포함하는 실질적인 상평형 문제를 다루는 것에 적용하였다.

증기-액체 평형(VLE)(vapor-liquid equilibrium)에 대해 다음과 같은 일반적인 표현식을 사용할 수 있다.

$$y_i \hat{\varphi}_i^v P = x_i \gamma_i^l f_i^o \tag{8.2}$$

VLE 계산의 가장 간단한 형식은 증기는 이상기체로, 액체는 이상용액으로 다루는 **Raoult의 법칙**(Raoult's law)으로 주어진다. Lewis/Randall 기준 상태로 사용되는 순수성분 퓨가시티는 P_i^{sat}으로 주어진다. 포화 압력은 보통 주어진 T에서 Antoine 식으로부터 얻는다. **기포점**(bubble-point) 계산으로 에너지가 포화 액체로 공급되었을 때 첫 번째로 형성된 증기 기포의 조성을 구한다. 반대로 **이슬점**(dew-point) 계산에서 액체 몰분율은 주어진 증기 몰분율로 구한다. 이 경우는 포화 증기로부터 형성된 첫 번째 이슬 방울의 조성에 관한 것이다.

혼합물의 각 상에 있는 성분들의 퓨가시티 계산을 통하여 **상선도**(phase diagram)를 해석할 수 있다. 2개의 상에 대한 상선도는 일정한 T에서 몰분율에 대한 P, 일정한 P에서 몰분율에 대한 T, 혹은 액체에서의 몰분율에 대한 증기에서의 몰분율에 대하여 묘사된다. 상선도는 어느 상 혹은 상들이 주어진 열역학적인 상태에서 존재하고, 2개의 상이나 3개의 상의 공존하는 영역에서 상대량 뿐 아니라 상의 조성을 구하는 것에 사용될 수 있다.

액체상에서 분자 간 상호작용이 중요해지면, 활동도 계수를 이용하여 비이상성을 수정할 수 있다. 동종 간(혹은 유사) 상호작용이 이종 간(혹은 상이) 상호작용보다 강할 경우(즉, $\gamma_i > 1$) Raoult의 법칙으로부터 압력의 **양의 편차**(positive deviation)를 볼 수 있다. 반대로 동종간 상호작용이 약하게 되면(즉, $\gamma_i < 1$) **음의 편차**(negative deviation)을 나타낸다. Raoult의 법칙으로부터 편차가 충분히 크면, Px와 Py 곡선은 극한을 나타낼 수 있다. 더욱이 정확하게 같은 조성에서 극한값을 지나게 된다. Px와 Py 곡선 혹은 Tx와 Ty 곡선이 극한값을 지나는 상선도 내의 지점을 **공비혼합물**(azeotrope)이라고 한다. 공비혼합물에서 액체상의 각 성분의 몰분율은 증기상의 몰분율과 같다. 공비혼합물은 두 성분의 포화 압력이 비슷한 값을 가질 때 발생하기 쉽다. 압력에 대한 최대값을 갖는 계는 역시 온도에 대한 최소값을 갖게 되며 이것은 **최소 끓음 공비혼합물**(minimum-boiling azeotrope)이라고 한다. 반대로 압력에 대한 최소값을 갖는 것은 온도에 대한 최대값을 갖고 이것은 **최대 끓음 공비혼합물**(maximum-boiling azeotrope)이라고 한다.

VLE 자료는 활동도 계수 모델 상수의 최적 값을 구하는 것에 사용될 수 있다. 어느 모델이나 적용이 가능한 일반적이 방법은 **목적함수**(objective function)를 통하는 것이다. 목적함수는 모든 측정된 자료 조합을 고려한다. 이것은 주어진 특성의 계산값과 같은 특성의 실험값과의 차이에 관한 것으로 구할 수 있다. 모델 상수는 목적함수가 최소화될 때 구한다. 다른 방식으로 two-suffix와 three-suffix Margules 식들은 평균과 선형회귀를 통한 모델 상수를 구하는 것에 사용될 수 있다.

액체에 녹아 있는 VLE에 대한 기준 상태로 **Henry의 법칙**(Henry's law)을 사용한다. Henry 상수는 이종 간 i-j 상호작용을 나타낸다. 그러므로 그 값은 용질뿐 아니라 용매가 무엇인가에 의존한다. Henry 상수는 측정된 자료를 통해 얻는 것이 필요하다. 만일 상당히 다른 온도 혹은 압력에 있는 계에 관심이 있다면 $\mathcal{H}_i$ 값을 정리해야만 한다.

다른 방식으로는 퓨가시티 계수들을 이용한 액체와 증기상의 비이상성 묘사를 통해 VLE 문제를 풀 수 있다. 퓨가시티 계수들은 적절한 혼합규칙을 갖는 적합한 상태방정식을 적분하여 구할 수 있기 때문에 이것을 상태방정식 방법이라고 한다. 상태방정식 방법은 비극성 분자들을 포함하는 보다 단순한 계에 유효하다. 계의 온도가 성분의 임계온도 중 어느 하나의 임계온도보다 높을 때, 활동도 계수 방법을 사용하는 것은 어렵고 상태방정식 방법이 더 적절하다. 이러한 가벼운 성분의 존재는 역시 자연적으로 평형에서 높은 계의 압력을 만들어낸다.

동종 간 상호작용이 이종 간 상호작용보다 상당히 크다면, 액체는 두개의 다른 부분 혼합성을 갖는 상들로 분리되는 것이 가능하다. 계의 전제 Gibbs 에너지를 낮추기 위해 분리상을 형성한다. 이 경우, 각 성분 i는 두 상들 사이에 평형을 이루려고 하여 **액체-액체 평형**(LLE)(liquid-liquid equilibrium)을 만들게 된다. 평형 조성을 구하기 위해 각 상에 대한 성분 i의 퓨가시티의 식을 만든다.

$$x_i^\alpha \gamma_i^\alpha = x_i^\beta \gamma_i^\beta \tag{8.27}$$

이러한 계에 대한 상선도에서 2개의 상이 공존하는 영역은 오직 하나의 상이 존재하는 영역과 **이절 곡선**(binodal curve)에 의해 분리된다. 액체 혼합물이 더 이상 두개의 상으로 분리되지 않는 최대 혹은 최소의 온도를 각각 **위 임계 용해** (upper consulate) 혹은 **아래 임계 용해 온도**(lower consulate temperature)라고 한다. 상선도에서 **첨점곡선**(spinodal curve)은 영역과 구분된다. 유사하게, 증기상과 평형 상태에 있는 두 액체상들로 구성된 계는 **증기-액체-액체 평형**(vapor-liquid-liquid equilibrium, VLLE)을 생기게 한다.

고체-액체 평형(solid-liquid equilibrium, SLE), **고체-고체 평형**(solid-solid equilibrium, SSE), 그리고 **고체-고체-액체 평형**(solid-solid-liquid equilibrium, SSLE)과 같이 고체상이 포함된 평형은 두가지 형태를 갖는다. (1) 다른 성분과 섞이지 않는 **순수 고체**(pure solid)와 (2) 액체 용액과 같이 한 성분 이상을 포함하는 **고체 용액**(solid solution). 만일 고체상이 순수 성분으로 존재한다면, 액체와의 상평형에 대한 조건은 다음과 같다.

$$f_i^s = x_i \gamma_i f_i^l$$

고체 용액의 경우에 대해서는 다음과 같다.

$$X_i \Gamma_i f_i^s = x_i \gamma_i j$$

여기서 X_i는 고체의 조성이고, Γ_i는 고체의 활동도 계수이다. 딱딱한 결정 격자 내의 고체의 혼합성은 오로지 성분이 거의 같은 크기이고, 같은 결정구조이며, 그리고 비슷한 전기음성도와 원자가를 가지고 있을 때 발생한다.

액체 혼합물은 그것을 구성하고 있는 순수 성분보다 낮은 온도에서 언다. 액체로 존재할 수 있는 가능한 가장 낮은 온도를 **공융점**(eutectic point)이라고 한다. $a_x b_y$의 화학식을 가지고 있는 고체 화합물의 존재는 상선도의 복잡성을 증가시킨다. 잘 규명된 녹는점까지 안정하지 않은 화합물을 **비합치**(incongruent) 녹는점을 갖는다고 하는 반면 일정한 녹는점을 갖는 화합물을 **합치**(congruent)라고 한다. 후자에 대해 해리가 발생하는 상태를 **포정점**(peritectic point)이라고 한다.

세 가지 총괄성(colligative properties)(끓는점 오름, 어는점 내림, 삼투압)은 순수 액체에 적은 양의 용질이 첨가되었을 때 발생한다. 혼합물이 이상용액을 형성하면 이러한 특성들에서의 변화는 오로지 존재하는 용질의 양에만 의존하고 용질의 화학적 특성에는 의존하지 않는다. 순수 성분에 대한 용액에 있는 액체 a의 화학 퍼텐셜의 감소는 **끓는점 오름**(boiling point elevation) 그리고 **어는점 내림**(freezing point depression)을 이끌어낸다. **삼투압**(osmotic pressure)은 순수 용매가 반투과성 막을 통해 용액으로 움직이는 것을 막기 위해 혼합물에 필요한 추가적인 압력의 크기로 주어진다. 이러한 세 가지 총괄성에 대한 표현은 상평형의 원리를 적용하게 되어 얻어지게 되었다.

8.7 연습 문제

개념 문제

8.1 Toluene과 cyclohexane으로 구성된 증기상 혼합물로부터 toluene을 분리해야 한다. Toluene의 끓는점이 더 높기 때문에 온도를 toluene과 cyclohexane의 끓는점 사이의 값으로 낮추기만 하면 된다고 동료가 제안하였다. 이 방법을 통해서 cyclohexane의 응축 없이 모든 toluene을 응축시키는 것이 가능하다. 이 계획은 효과가 있을 것인가? 설명하라.

8.2 피스톤-실린더 장치가 증기-액체 평형을 이루고 있는 성분 1과 2를 포함하고 있다. 이상용액과 이상기체 거동으로 가정한다. 성분 1의 조성은 액체에서는 $x_1 = 0.50$이고 증기에서는 $y_1 = 0.25$이다. 기술자가 피스톤에 추를 올려 놓아 일정온도에서 계를 압축시키는 실험을 수행하였다. 2개의 상들은 최종 압력을 유지한다. 기술자는 몰분율을 측정할 때 액체와 기체 **모두** 감소한다는 주장을 하였다. 이것은 가능한가? 설명하라.

8.3 피스톤-실린더 장치가 평형 상태에 있는 액체의 물과 수증기로 구성된 순수 혼합물을 포함하고 있다. 무시할 정도의 증기압을 가지고 있는 두 번째 성분이 일정한 온도에서 액체에 혼합된다. 평형을 유지하기 위해 계는 어떤 반응을 나타낼 것인지 설명하라.

8.4 단단한 용기에 평형 상태에 있는 액체의 물과 수증기로 구성된 순수 혼합물이 포함되어 있다. 무시할 정도의 증기압을 가지고 있는 두 번째 성분이 일정한 온도에서 액체에 혼합된다. 평형을 유지하기 위해 계는 어떤 반응을 나타낼 것인지 설명하라.

8.5 액체 물과 공기의 두 개의 상(액체-증기) 혼합물이 닫힌 용기에 포함되어 있다. 계의 온도는 100°C이다. 증기에 있는 물의 몰분율은 0.333이다. 계의 압력을 예측하라. 이 때 사용한 가정들을 설명하라.

8.6 다음의 이성분 혼합물 각각에 대해 동종 간 상호작용이 이종 간 상호작용에 비해 더 강하거나, 더 약하거나, 혹은 같을 때에 대해 묘사하라. 그 **이유를 설명하라**.

(a) x_a에 대한 활동도 상수(Lewis/Randall)

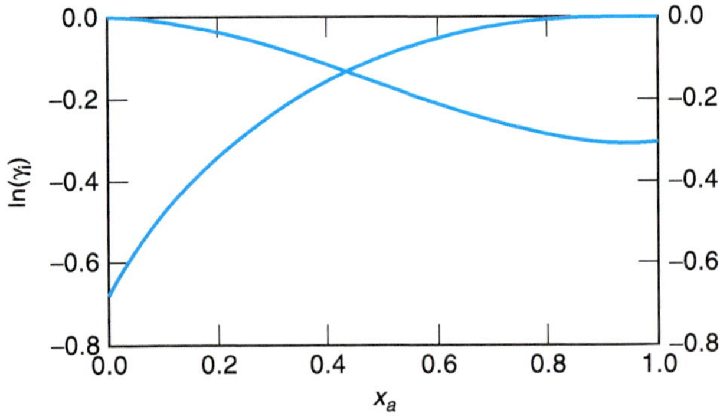

(b) Pxy 상선도

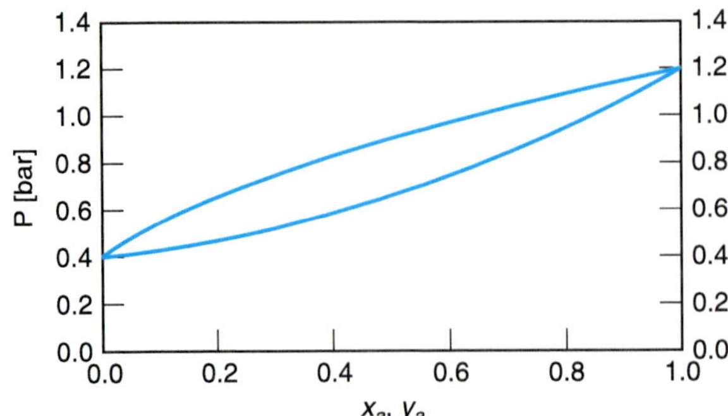

(c) *Txy* 상선도

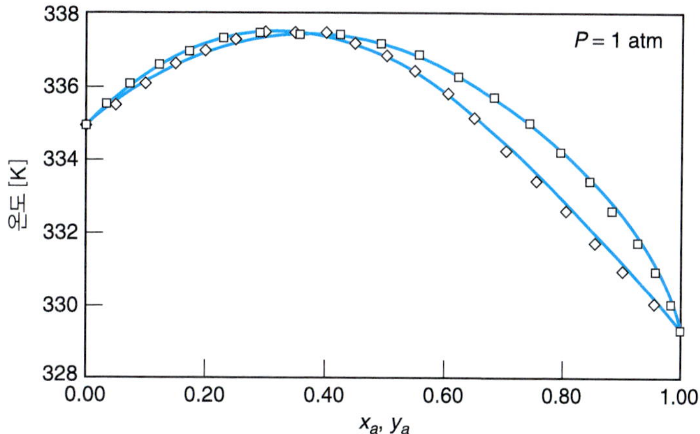

8.7 다음에서 나열한 성분들에 대해 다음의 각각의 문제들에 대해 적당한 이성분 혼합물(두 성분의 집합)을 선택하라.

Acetone	Chloroform	Ethane
Ethanol	Methane	

선택한 답에 대해 설명하라.

(a) 1 bar에 있는 액체-증기 평형을 고려하라.

(i) 이상 상태 대비 어느 이성분 혼합물이 가장 큰 양의 편차를 보일 것인가?

(ii) 이상 상태 대비 어느 이성분 혼합물이 가장 큰 음의 편차를 보일 것인가?

(b) Lewis 퓨가시티 규칙에 가장 잘 따르는 이성분 혼합물은 어느 것인가?

(c) 어느 이성분 혼합물의 두 번째 virial 교차 계수, B_{12}가 순수 성분의 두 번째 virial 교차 계수 B_{11}과 B_{22} 중 어느 것보다 음의 값을 갖기 쉬운가?

(d) 어느 이성분 혼합물이 두 번째 virial 교차 계수로 $B_{12} = \sqrt{B_{11}B_{22}}$를 갖기 쉬운가?

8.8 두 개의 계(계 I와 II)에 대해 몰분율 a에 대한 액체상과 증기상의 Gibbs 에너지가 다음과 같다. 이 상선도들은 일정한 온도와 압력하이다. 각각의 상선도들의 거동은 어느 형태와 관련되는가?

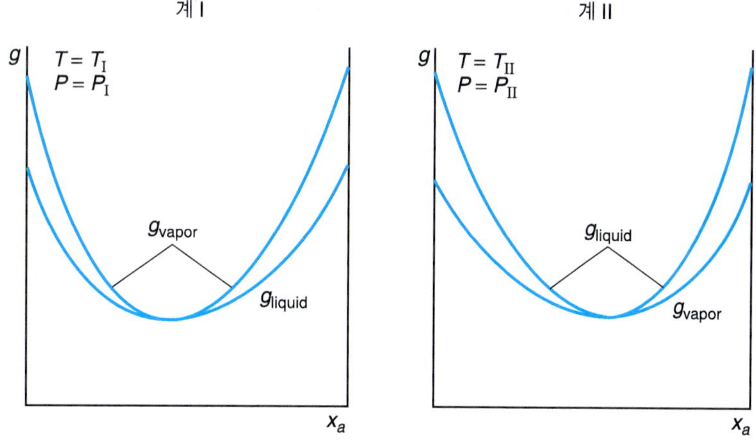

8.9 다음의 서술이 참인지 거짓인지 말하라. 답에 대한 설명을 하라.

(a) 성분 a와 b로 구성된 이성분 액체 혼합물이 있다. 두 성분은 각각의 성분이 액체로 존재하는 모든 온도에서 완전 혼합성을 가지고 있다. 이 결과는 이종 간 상호작용이 동종 간 상호작용보다 강하다는 것을

의미한다.

(b) 성분 a와 b로 구성된 이성분 액체 혼합물이 있다. 전제 온도 범위에서 두 성분은 두 개의 뚜렷한 액체상으로 분리된다. 이 결과는 이종 간 상호작용이 동종 간 상호작용보다 약하다는 것을 의미한다.

8.10 겨울에 소금은 도로의 운행 효율성을 높이기 위한 결빙 방지제로 사용된다. 아래의 상선도를 이용하여 이 공정이 어떻게 작동하는지 설명하라. 상선도의 일부분만 제시되어 있다는 것을 유념하라. 얼마나 많은 소금을 추가해야 하는가? 이 방법은 어느 온도에 대해 유효한가?

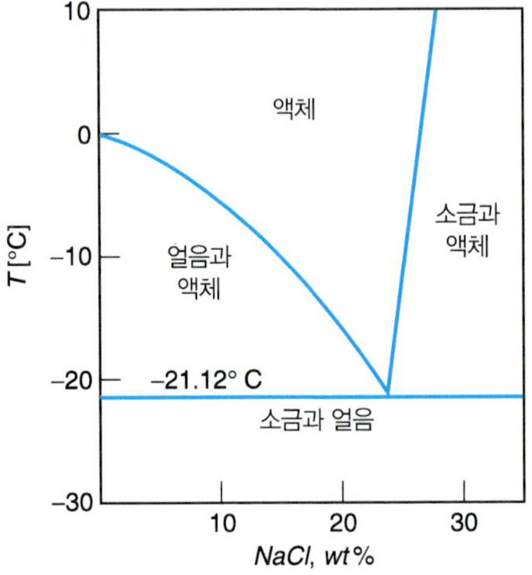

8.11 고체 a와 b로 구성된 이성분 혼합물이 3개의 뚜렷한 고체상, α, β, γ을 형성한다고 알려져 있다. 두 계에 대해 몰분율 a에 Gibbs 에너지 상선도가 아래에 보여주고 있다. 각각의 상선도는 동일한 온도와 압력하이다. 각 계에 대해 전체 몰분율 a에 대한 조성과 존재하는 상을 묘사하고 설명하라.

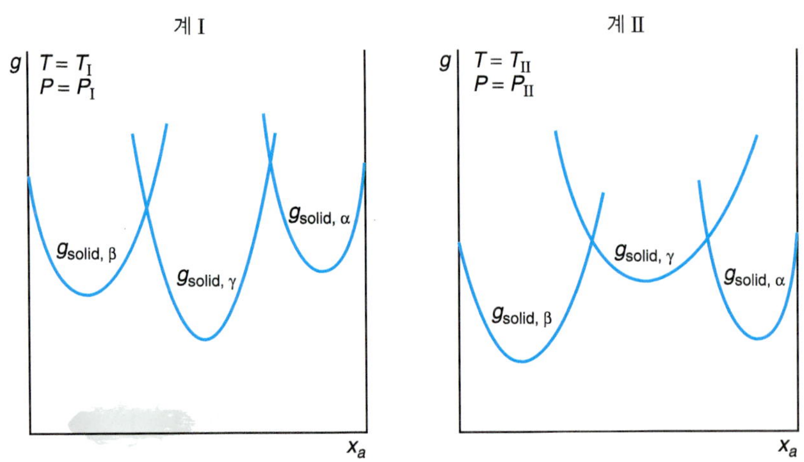

8.12 다음의 물질을 끓는점이 높은 것으로부터 낮은 순서로 나열하고 그 이유를 설명하라.
순수 H_2O, 0.05 M NaCl, 0.05 M $MgCl_2$, 0.05 M glucose ($C_6H_{12}O_6$).

8.13 다음의 물질을 어는점이 높은 것으로부터 낮은 순서로 나열하고 그 이유를 설명하라.
순수 H_2O, 0.05 M NaCl, 0.05 M $MgCl_2$, 0.05 M glucose ($C_6H_{12}O_6$).

8.14 두 부분 A와 B로 구성된 유연한 용기가 반투과성 막으로 분리되어 있다. 막은 물을 통과시키지만 용질 분자는 통과시키지 않는다. 다음의 각각의 초기 농도에 대해 A 부분의 크기가 (커진다/동일해진다/작아진다) 중 선택하고 그 이유를 설명하라.

계	구성 성분 A	구성 성분 B
I	0.1 M glucose ($C_6H_{12}O_6$)	0.1 M sucrose ($C_{12}H_{22}O_{11}$)
II	0.05 M glucose ($C_6H_{12}O_6$)	0.1 M glucose ($C_6H_{12}O_6$)
III	0.1 M glucose ($C_6H_{12}O_6$)	0.05 M NaCl
IV	0.1 M glucose ($C_6H_{12}O_6$)	0.05 M $MgCl_2$

8.15 Para-xylene(*p*-xylene)은 polyester 섬유의 제조공정에서 중요한 중간체 화합물이다. 이것은 대량으로 생산된다(대략 10^9 kg/year). 다음의 그림에서 보여주는 것과 같이 60% *m*-xylene, 14% *p*-xylene, 9% *o*-xylene, 17% ethylbenzene으로 구성된 혼합 흐름이 있다. Polyester를 생산하기 위해서는 순수한 *p*-xylene이 필요하다.

이것을 얻기 위한 좋은 방법은 무엇이라고 생각하는가? 몇 가지 물리적 성질 자료가 다음의 표에 제시되어 있다.

	o-xylene	*m*-xylene	*p*-xylene	Ethylbenzene
끓는점(BP), K	417.3	412.6	411.8	409.8
어는점, K	248.1	225.4	286.6	178.4
BP에서 Δh_{vap}	347	343	340	339

계산 문제

8.16 1 bar에 있는 cyclohexane과 *n*-hexane으로 구성된 이성분 혼합물에 대한 *Txy* 상선도를 해석하라. 액체는 이상용액을 이루고 있다고 가정하라.

8.17 1 bar에 있는 1 mol의 *n*-pentane과 2 mol의 *n*-hexane으로 구성된 증기 혼합물이 액체를 형성하지 않는 가장 낮은 온도는 몇 도인가? 액체는 이상용액을 이루고 있다고 가정하라.

8.18 250 K에서 다음의 조성을 가지고 있는 액체 혼합물과 평형을 이루고 있는 증기의 조성은 무엇인가? 압력은 얼마인가? 이상거동으로 가정하라.

화학종	몰분율
Propylene	0.1
Propane	0.25
n-Butane	0.2
Isobutane	0.35
n-Pentane	0.1

8.19 40% cyclohexane, 20% benzene, 25% toluene, 15% n-heptane으로 구성된 액체 혼합물이 증기와 1 bar에서 평형을 이루고 있다. 온도와 증기 조성을 구하라.

8.20 동일한 양의 n-butane과 isobutane의 혼합물을 포함하고 있는 압축된 액체 투입 흐름이 흐름속도 F로 플래시로 흐르고 있다. 정상 상태에서 투입 흐름의 40%는 기화되고 흐름속도 V로 증기흐름으로 드럼에서 흘러나간다. 나머지는 흐름속도 L의 액체로 흘러나간다. 플래시의 압력이 1 bar이면 요구되는 온도는 몇 도인가? 빠져 나가는 흐름의 액체와 증기의 조성은 무엇인가?

8.21 40% n-butane, 30% n-pentane, 30% n-hexane으로 구성된 투입흐름이 플래시로 흐르고 있다. 플래시의 온도는 290 K이고 압력은 0.6 bar이다. 투입 흐름속도에 대한 배출 흐름속도의 비는 얼마인가? 배출흐름의 조성은 무엇인가?

8.22 0°C와 0.5 bar에 있는 butane (a)과 n-hexane (b)의 액체와 증기의 조성을 계산하라. 액체는 이상 용액으로 가정하라.

8.23 16°C와 0.333 bar에 있는 n-pentane (a)과 benzene (b)의 액체와 증기의 조성을 계산하라. 과잉 Gibbs 에너지는 A = 1816[J/mol]을 갖는 two-suffix Margules 식으로 표현된다.

8.24 4.5°C와 8.77 bar에 있는 isobutane (a)과 hydrogen sulfide (b)로 구성된 이성분 혼합물의 액체와 증기조성을 계산하라. 과잉 Gibbs 에너지는 다음과 같은 상수를 갖는 three-suffix Margules 식으로 표현된다.

$$A = 1918[\text{J/mol}],\ B = -1074\ [\text{J/mol}]$$

(a) 증기는 이상기체로 가정한다.

(b) Lewis 퓨가시티 규칙을 이용하여 증기상의 비이상성을 보완하라.

8.25 60°C에서 ethanol (1)과 ethyl acetate (2)는 0.64 bar의 압력과 $x_1 = 0.4$에서 공비혼합물을 나타낸다.

(a) g^E에 대한 모델로 two-suffix Margules 식을 사용한다. 이 자료를 통해 Margules 상수 A를 최대한 *정확하게* 구하라.

(b) 60°C에서 조성 $x_1 = 0.8$의 액체와 평형을 이루고 있는 증기의 조성은 무엇인가?

8.26 증기-액체 평형(VLE)을 이루고 있는 n-propanol과 물로 구성된 이성분 혼합물이 있다. n-propanol을 성분 1 그리고 물을 성분 2로 하자. 100°C에 있는 이 계에 대한 활동도 계수 도표는 다음과 같다. 두 성분에 대해 Lewis/Randall 기준 상태를 선택한다. 액체에 있는 n-propanol의 몰분율 x_1은 0.2이고 온도는 100°C이다. n-propanol의 포화 압력은 100°C에서 1.12 bar이다.

(a) n-propanol에 대한 활동도 계수, 성분 1에 대응하는 곡선과 물에 대한 활동도 계수, 성분 2에 대응하는 곡선을 표시하고 설명하라.

(b) 동종 간 혹은 이종 간 상호작용 중 어느 것이 강한지 선택하고 설명하라.

(c) 계의 전체 압력을 구하라.

(d) 증기상에 있는 n-propanol의 몰분율을 구하라.

(e) 물에 있는 n-propanol의 Henry 상수 $\mathcal{H}_1$의 값을 예측하라.

(f) 이 계는 공비혼합물을 나타내는지 설명하라.

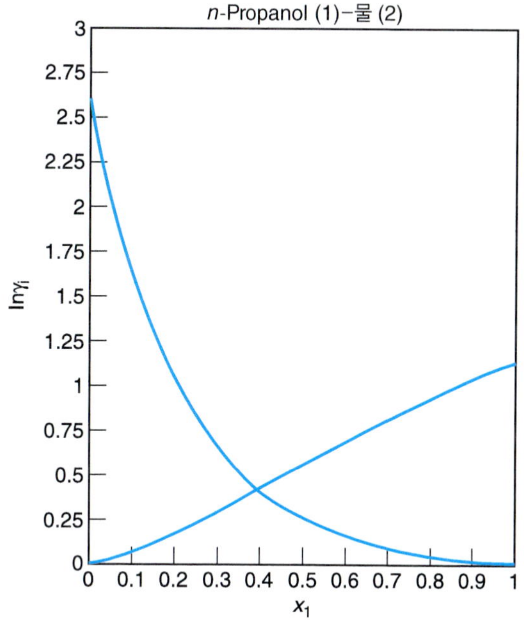

8.27 동일한 양의 benzene(1)과 *m*-xylene(2)의 액체상이 260°C에서 증기와 함께 공존한다. 이 온도에서 포화 압력은 $P_1^{sat} = 35.2$ [bar]와 $P_2^{sat} = 11.9$ [bar]이다. Van der Waals 상태방정식을 이용하여 증기의 평형조성과 압력을 계산하라. 액체는 이상용액으로 가정한다.

8.28 예제 8.6은 알려진 T에서 비이상용액과 비이상기체로 구성된 이성분 혼합물에 대한 이슬점을 계산하는 방법을 보여준다. 이 문제는 그림 8.2의 I 사분면에 대응되는 것이다. 액체상 몰분율과 T가 알려져 있는(II 사분면) 기포점에 대해 비슷한 풀이법을 만들어라. 예제 8.6과 같이 증기 비이상성에 대해서는 van der Waals 상태방정식을, 액체에 대해서는 three-suffix Margules식을 이용하라. 각 성분에 대한 임계 성질, 액체 부피, Antoine 상수는 이미 알려져 있으며 three-suffix Margules 상수들은 이미 주어져 있다고 가정하라.

8.29 1-propanol (a)과 물(b)로 구성된 이성분 혼합물이 25°C에서 증기−액체 평형을 이루고 있다. 몰분율 $x_a = 0.2$의 액체에 대해 다음의 질문에 답하라. Three-suffix Margules 상수는 다음과 같다.

$$A = 4640\left[\frac{\text{J}}{\text{mol}}\right],\ B = -1700\left[\frac{\text{J}}{\text{mol}}\right]$$

(a) 이종 간 상호작용보다 동종 간 상호작용이 더 강한가 혹은 더 약한가? 설명하라.

(b) 계의 압력을 계산하라.

(c) 증기에 있는 성분 a의 몰분율을 계산하라.

8.30 액체 몰분율 $x_1 = 0.6$과 74.5 kPa의 압력에서 증기−액체 평형 상태에 있는 물(1)과 benzene (2)로 구성된 이성분 혼합물이 있다. 액체상의 비이상성은 $A/(RT) = 2.74$를 갖는 two-suffix Margules 식으로 표현될 수 있다. 온도와 증기상 a의 몰분율을 계산하라.

8.31 20°C와 0.073 bar에서 cyclohexane (1)과 toluene (2)으로 구성된 이성분 혼합물이 증기−액체 평형을 이루고 있다. Cyclohexane의 액체 몰분율은 $x_1 = 0.471$로 측정되었다. 액체상의 비이상성은 two-suffix Margules 식으로 표현될 수 있다. 다음의 질문에 답하라.

(a) 이 측정된 값으로부터 two-suffix Margules 상수 A를 구하라.

(b) 이종 간 상호작용보다 동종 간 상호작용이 더 강한가 혹은 더 약한가? 설명하라.

(c) 이 모델을 기반으로 toluene에 있는 cyclohexane과 cyclohexane에 있는 toluene에 대한 Henry 상수를 구하라.

(d) 증기상의 조성은 무엇인가?

(e) 20°C와 0.073 bar에서 7 mol의 cyclohexane과 3 mol의 toluene이 함께 혼합되어 있다면, 형성된 액체의 전체 몰수는 얼마인가?

8.32 1-propanol(a)과 물(b)로 구성된 혼합물이 있다. 25°C에서 three-suffix Margules 식 상수는 다음과 같다.

$$A = 4640\left[\frac{\text{J}}{\text{mol}}\right], \quad B = -1700\left[\frac{\text{J}}{\text{mol}}\right]$$

이 이성분 혼합물은 25°C에서 공비혼합물을 형성하는가? 만약 그렇다면 공비혼합물을 형성하는 압력은 얼마인가?

8.33 25°C의 ethanol (1)−benzene (2) 계가 있다. 이 혼합물은 몰분율 $x_1 = 0.28$과 122.3 torr의 압력에서 공비혼합물을 나타낸다. Van Laar 식에 대한 상수 값을 구하라. 25°C에서 $y_1 = 0.75$의 증기와 평형을 이루고 있는 액체 조성과 압력을 예측하라.

8.34 25°C와 90 bar에서 증기−액체 평형을 이루고 있는 성분 1과 2의 혼합물이 있다. 다음의 상태 방정식은 증기상에 대해 유효하다.

$$Pv = RT + P^2[Ay_1y_2 + B]$$

여기서

$$\frac{A}{RT} = -2.0 \times 10^{-4}\,[1/\text{bar}^2], \qquad \frac{B}{RT} = 8.0 \times 10^{-5}\,[1/\text{bar}^2]$$

그리고 y_1과 y_2는 각각 성분 1과 2의 몰분율이다. 성분 2는 액체성에서 묽은 상태이고 25°C에서 다음의 값을 갖는 *Henry의 법칙*으로 표현할 수 있다.

$$\mathcal{H}_2 = 7000 \text{ bar}$$

그리고 $$\ln \gamma_2^{\text{Henry's}} = -7(1 - x_1^2)$$

(a) 5 mol의 성분 1과 10 mol의 성분 2로 구성된 증기 혼합물이 있다. 다음을 계산하라. v, V, v_2, $\overline{V}_2$.
(b) 순수 성분 퓨가시티 계수, φ_2^v와 증기상에 있는 성분 2의 혼합물 퓨가시티 계수, $\hat{\varphi}_2^v$에 대한 식을 구하라.
(c) 액체에서 이종 간 상호작용보다 동종 간 상호작용이 더 강한가 혹은 더 약한가? 설명하라.
(d) (b)에서의 증기와 평형 상태에 있는 액체에 존재하는 성분 2의 몰분율을 구하라.
(e) 가능한 정확하게 25°C의 순수 성분 2의 포화 압력을 예측하라. *이 때 사용한 가정을 서술하라.*

8.35 55°C에서 methanol (a)과 ethyl acetate (b)의 혼합물은 공비 혼합물을 나타낸다. 포화 압력은 각각 68.8과 46.6 kPa이다. 액체상 비이상성은 변수 A = 2900 J/mol을 갖는 two-suffix Margules 식으로 표현될 수 있다. 공비혼합물의 조성과 압력은 무엇인가? 이 혼합물을 최대−끓음 공비혼합물 혹은 최소−끓음 공비혼합물을 형성하는가? 설명하라.

8.36 70°C와 0.734 bar에서 증기−액체 평형 상태에 있는 benzene (1)과 특정 유기 분자(2)의 혼합물이 있다. 특정 유기 분자와 benzene은 완전한 혼합 액체상을 형성하지만 특정 유기 분자는 무시할 만한 증기압을 가지고 있다. 이 계에 대해 무한히 낮은 농도에서 활동도 계수는 $\gamma_2^\infty = 99.7$으로 알려져 있다. 가능한 정확하게 계의 압력이 P_1^{sat}와 같을 때 액체에 있는 특정 유기 분자의 평형 몰분율을 구하라.

8.37 Toluene (1)과 polystyrene (2)의 혼합물이 진공의 닫힌 용기에 담겨져 있다. 용기는 액체 용액이 순수 Toluene 증기와 평형을 이루고 있는 20.57 bar와 301°C에 놓여 있다. Polystyrene은 크기 때문에 증기상에는 존재하지 않는다고 가정할 수 있다. 액체에 존재하는 toluene의 몰분율을 계산하라. Poynting 보정은 무시할 수 있다. 다음의 도표는 polystyrene에 있는 toluene의 활동도 계수를 나타낸다.

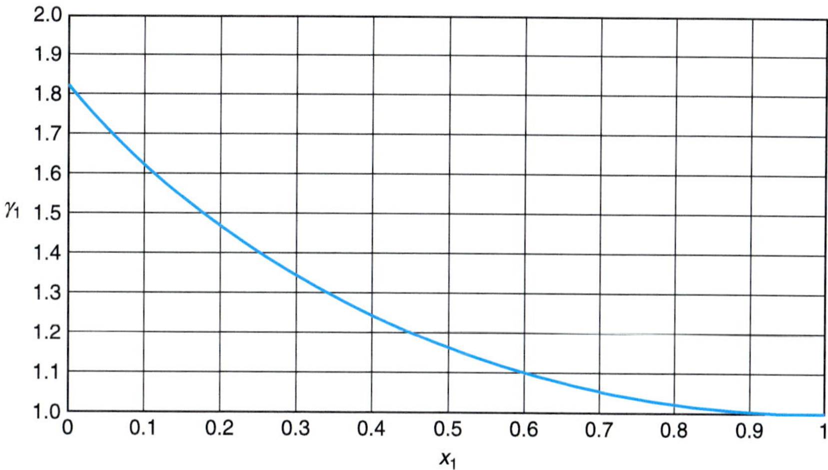

8.38 다음의 자료는 40°C에 있는 성분 1과 2로 구성된 이성분 혼합물에 대한 것이다. 무한히 낮은 농도에서의 활동도 계수는 다음과 같다.

$$\ln \gamma_1^{\infty} = 0.75\,,\ \ln \gamma_2^{\infty} = 0.75$$

순수 성분에 대한 포화 압력은 다음과 같다.

$$P_1^{sat} = 80\,[\text{kPa}],\ \ P_2^{sat} = 60\,[\text{kPa}]$$

다음 질문에 답하라.

(a) 4 mol의 성분 1과 6 mol의 성분 2가 닫힌 용기에 있고 40°C에서 증기-액체 평형에 도달하였다. 액체 몰분율은 $x_1 = 0.32$로 측정되었다. 계의 압력은 얼마인가? 기체상 몰분율은 얼마인가? 계에 존재하는 액체의 총 몰수는 얼마인가?

(b) 40°C에서 이 계는 공비혼합물을 형성하는가? 만약 그렇다면 압력과 조성은 무엇인가? 만약 그렇지 않다면 그 이유를 설명하라.

(c) 이종 간 상호작용보다 동종 간 상호작용이 더 강한가 혹은 더 약한가? 설명하라.

(d) 혼합 엔탈피를 예측하라. 이 때 사용한 가정을 서술하라.

8.39 성분 a와 b로 구성된 이성분 혼합물이 25°C와 0.50 bar의 액체상에 1 mol의 a와 3 mol의 b를 포함하고 있다. 액체 혼합물의 과잉 Gibbs 에너지는 A = 4,010 [J/mol], B = 2,501 [J/mol]을 갖는 van Laar 식으로 표현될 수 있다. a의 포화 압력은 P_a^{sat} = 75 kPa이다.

(a) 이 혼합물이 이 조건에서 증기와 평형을 이루고 있다면 성분 a의 증기상 몰분율은 얼마인가?

(b) 성분 b의 포화 압력을 구하라.

(c) 성분 a에 대한 Henry 상수 값을 계산하라.

8.40 다음의 도표는 300 K에서 성분 1과 2로 구성된 이성분 혼합물의 Pxy 상선도를 나타낸다. 다음을 답하라.

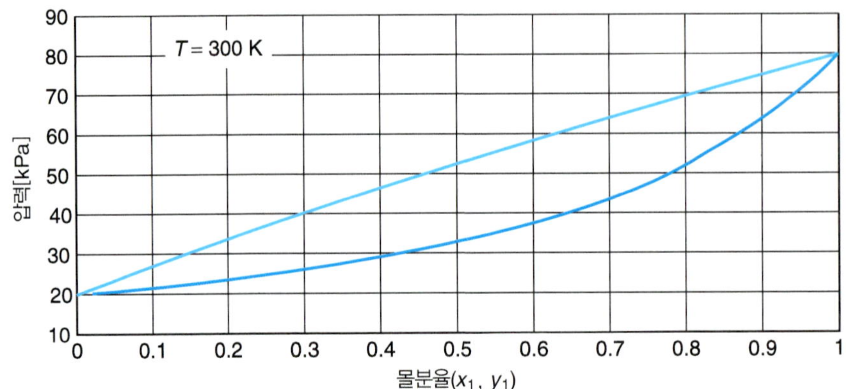

(a) 2 mol의 성분 1과 1 mol의 성분 2로 구성된 혼합물이 20 kPa에 존재한다. 이 상태가 위의 그림의 도표의 어느 위치에 존재하는지 'A'로 표시하라. 어떤 상 혹은 상들이 존재하는가? 존재하는 각 상의 조성은 무엇인가?

(b) 등온압축 과정을 통해 1 mol의 액체 전부가 2 mol의 증기와 평형을 이루게 되었다. 이 상태가 위의 도표의 어느 위치에 존재하는지 'B'로 표시하라. 존재하는 각 상의 조성은 무엇인가?

8.41 90°C에서 *n*-propanol(a)과 물(b)로 구성된 이성분 혼합물이 A = 7,850 [J/mol], B = 3,410 [J/mol]을 갖는 van Laar 식을 따른다.

(a) 90°C의 60 mol% *n*-propanol를 갖는 액체가 증기와 평형을 이루고 있다. 액체에 있는 물의 퓨가시티를 계산하라.

(b) 증기에 존재하는 물의 부분압을 구하라.

(c) 물에 대한 Henry 상수 값을 계산하라.

8.42 293 K에 있는 성분 1과 2로 구성된 이성분 혼합물에 대한 증기–액체 상선도가 다음의 그림으로 보여주고 있다. 다음 질문에 답하라.

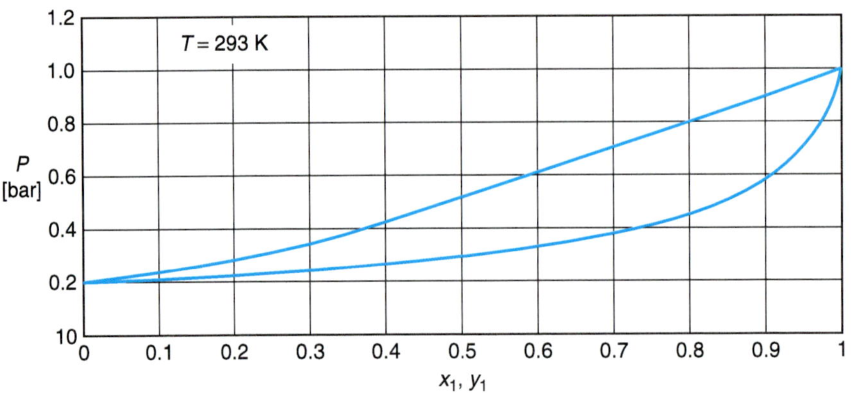

(a) 293 K에서 P_1^{sat}의 값은 얼마인가?

(b) 0.4 bar와 293 K에 있는 0.2 mol의 성분 1과 0.8 mol의 성분 2로 구성된 혼합물이 있다.

(i) 존재하는 상 혹은 상들은 무엇인가?

(ii) 각 상의 조성은 무엇인가?

(iii) 각 상의 몰수는 얼마인가?

(c) 0.4 bar와 293 K에 있는 1.2 mol의 성분 1과 0.8 mol의 성분 2로 구성된 혼합물이 있다.

(i) 존재하는 상 혹은 상들은 무엇인가?

(ii) 각 상의 조성은 무엇인가?

(iii) 각 상의 몰수는 얼마인가?

(d) Two-suffix Margules 상수 A 값을 예측하라.
(e) 다음의 정상 상태 플래시 작동이 있다.

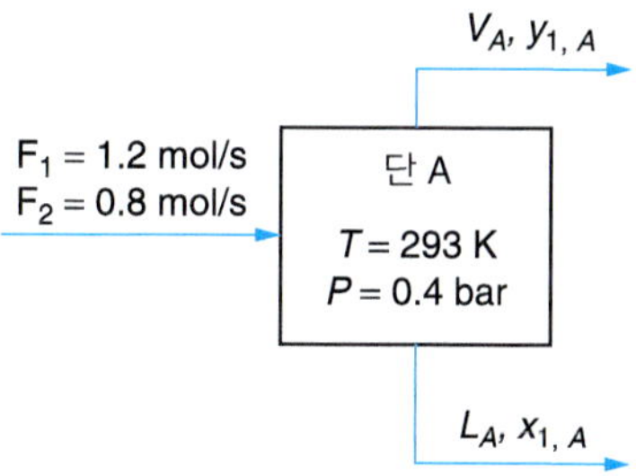

배출 액체 흐름의 흐름속도 L_A와 조성 x_A와 배출 증기의 흐름속도 V_A와 조성 y_A에 대한 값은 무엇인가?

(f) 다음의 2단 정상 상태 플래시 작동이 있다. 배출 액체와 증기의 흐름속도와 조성의 값은 무엇인가?

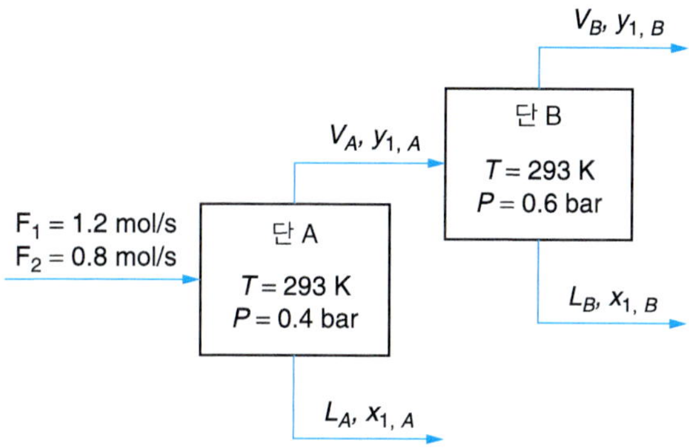

8.43 공기 중의 수증기로 구성된 이성분계(방안의 공기와 같은)가 상온과 상압의 초기 상태에 놓여 있다. 물의 응축 없이 기체를 100 bar로 압축한 뒤 −10°C로 냉각하였다. 공기 중에 존재할 수 있는 물의 몰분율 최대값을 계산하라. 증기상에 대해 virial 상태방정식을 사용하라. −10°C에서 두 번째 virial 계수는 다음과 같다.

$$B_{11} = -1500\left[\frac{\text{cm}^3}{\text{mol}}\right],\ B_{12} = -70\left[\frac{\text{cm}^3}{\text{mol}}\right],\ B_{22} = -20\left[\frac{\text{cm}^3}{\text{mol}}\right]$$

여기서

$$B_{mix} = y_1^2 B_{11} + 2y_1 y_2 B_{12} + y_2^2 B_{22}$$

8.44 300 K에 있는 성분 '1'과 '2'의 이성분 혼합물의 Pxy 상선도는 다음 그림과 같다.
다음 질문에 답하라.

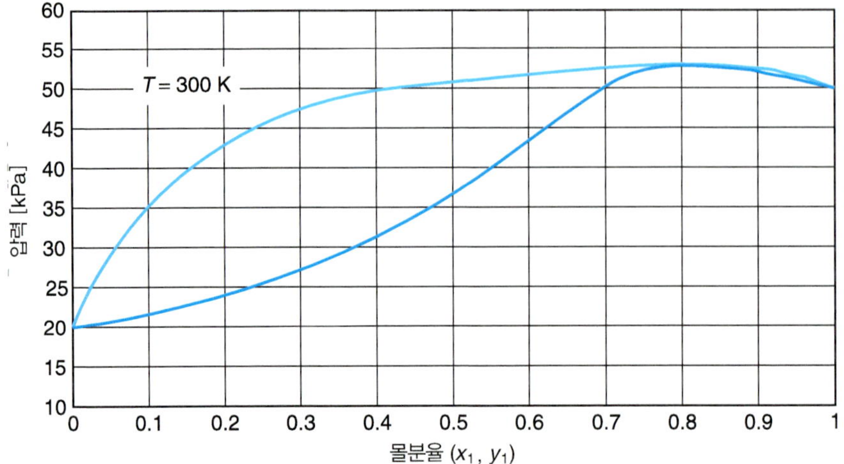

(a) 상선도에서 단일상 증기 영역, 단일상 액체 영역, 그리고 2상 공존 영역을 표시하라.
(b) 상선도에서 공비혼합물을 표시하라. 공비혼합물의 조성은 무엇인가?
(c) 이종 간 상호작용보다 동종 간 상호작용이 더 강한가 혹은 더 약한가? 설명하라.
(d) Two-suffix Margules 식의 상수 A 값을 예측하라.
(e) 성분 1의 순도를 증가시키기 위해 다음의 방법이 제안되었다. 투입흐름은 0.4 mol/s의 성분 1(F_1)과 1.6 mol/s의 성분 2(F_2)로 구성되어 있다. B 단계에서 배출되는 증기의 전체 흐름속도, V_B(mol/s)와 B 단계에서 배출되는 성분 1의 몰분율($y_{1,B}$)를 구하라.

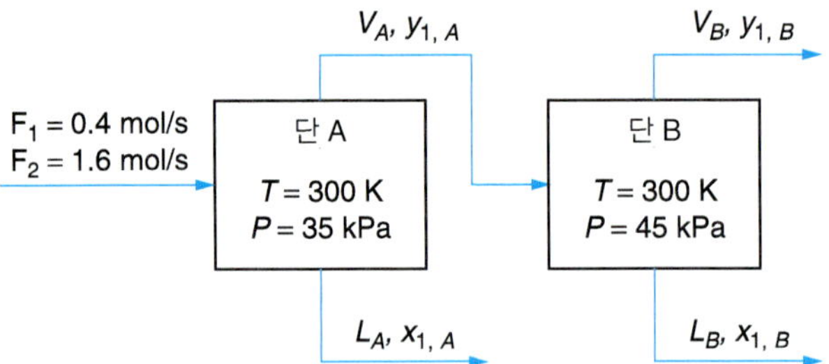

8.45 성분 1(용질)–2(용매)로 구성된 20°C의 이성분 혼합물의 용질에 대한 Henry 상수와 활동도 계수에 대한 표현식은 이미 알려져 있다.

$$\mathcal{H}_1 = 0.5[\text{Pa}]$$

그리고

$$\ln \gamma_1^{\text{Henry's}} = 30.5\,(1 - x_2^2)$$

(a) 이 활동도 계수에 대한 식은 Henry의 법칙 한계와 동일한가? 이종 간 상호작용보다 동종 간 상호작용이 더 강한가 혹은 더 약한가? 설명하라.
(b) 성분 2의 활동도 계수에 대한 표현식을 구하라. 성분 2에 대한 Lewis/Randall 기준 상태를 이용하라.
(c) 압력 P에서 증기–액체 평형을 이루고 있는 성분 1-2로 구성된 계가 있다. P는 이상기체 거동을 보일 정도로 충분이 낮다. 각 성분의 증기 몰분율을 액체 몰분율로 나눈 식을 P, x_2, P_2^{sat}, $\mathcal{H}_1$만을 이용하여 유도하라. (b)에서와 같은 기준 상태를 이용하라.
(d) 20°C에서 공비혼합물이 가능한가? 가능하다면 공비혼합물의 압력과 조성을 구하라. $P_2^{\text{sat}} = 0.02$ [bar]이다.

8.46 1 bar와 25°C의 methanol에 대한 산소의 용해도는 얼마인가? 25°C와 100 bar의 methanol에

대한 산소의 용해도는 얼마인가? $\overline{V}_{O_2}^{\infty} = 4.5 \times 10^{-5}$[m^3/mol]이다.

8.47 343.15 K와 1 bar에서 증기-액체 평형을 이루고 있는 이산화탄소와 물로 구성된 이성분 혼합물이 있다. 액체에 대한 CO_2의 용해도는 $x_{CO_2} = 0.000255$로 측정되었다. 343.15 K의 CO_2에 대한 Henry 상수는 얼마인가? *이때 사용한 가정을 정의하고 서술하라.*

8.48 다음의 자료는 19.4°C의 H_2O에 대한 N_2의 Henry 상수에 대한 것이다. 이 자료로부터 $\overline{V}_{N_2}^{\infty}$을 예측하라.

P_{N_2}[bar]	$\mathcal{H}_{N_2}$[bar]
1.33	83,391
1.99	83,780
2.66	84,230
3.32	84,627
3.99	85,028
4.65	85,491
5.32	85,959
5.98	86,492
6.64	87,031
7.31	87,639
7.97	88,316
8.64	89,004
9.30	89,703
9.97	90,478
10.63	91,333

출처: E. W. Washburn (ed.), *International Critical Tables* (Vol. III) (New York: McGraw-Hill, 1928).

8.49 다음의 자료는 benzene에 대한 O_2의 Henry 상수에 대한 것이다. 이 자료로부터 $\overline{H}_{O_2}^{\infty} - h_{O_2}^{v}$을 예측하라.

T(°C)	$\mathcal{H}$ [bar]
14	20.0
18	23.6
22	28.3
26	33.1
30	38.7
35	46.5
40	55.7
45	65.1

출처: Modified from E. W. Washburn (ed.), *International Critical Tables* (Vol. III) (New York: McGraw-Hill, 1928).

8.50 예제 8.9의 목적함수 $OF_{g^E} = \sum (g^E - g^E_{calc})^2_i$를 이용하여 A = 1399 [J/mol]을 구할 수 있다는 것을 보여주는 컴퓨터 표 계산법을 만들거나 프로그램을 작성하라. OF_{g^E}에 대해 어떤 값을 구하였는가?

8.51 예제 8.9의 목적함수 $OF_{\gamma} = \sum [((\gamma_1 - \gamma_1^{calc})/\gamma_1)^2 + ((\gamma_2 - \gamma_2^{calc})/\gamma_2)^2]_i$를 이용하여 A = 1424 [J/mol]을 구할 수 있다는 것을 보여주는 컴퓨터 표 계산법을 만들거나 프로그램을 작성하라. OF_{γ}에 대해 어떤 값을 구하였는가?

8.52 60°C의 benzene (1)-cyclohexane (2)으로 구성된 이성분계에 대한 액체-증기 평형에 관한 자료를 수집하였다. 전체 압력에 대한 액체와 증기의 몰분율이 아래 표에 주어져 있다.

x_1	y_1	P [Pa]
0	0	51,857
0.0672	0.0912	53,431
0.2261	0.267	55,939
0.3201	0.3526	56,741
0.432	0.448	57,527
0.5203	0.5203	57,633
0.6029	0.5895	57,432
0.7095	0.677	56,989
0.7952	0.7563	56,095
0.8752	0.8386	54,934
0.8932	0.86	54,629
1	1	52,190

출처 : J. Gmehling, U. Onken, and W. Arlt, *Vapor–Liquid Equilibrium Data Collection* (multiple volumes) (Frankfurt: DECHEMA, 1977–1980).

이 자료로부터 two-suffix Margules 상수 A 값을 구하라. 이 때 구한 값을 예제 7.13에서 얻어진 값과 비교하라. 어느 값이 보다 정확하다고 생각되는가?

8.53 40°C의 methanol (1)–물(2)로 구성된 이성분계에 대한 액체–증기 평형에 관한 자료를 수집하였다. 전체 압력에 대한 액체와 증기의 몰분율이 아래 표에 주어져 있다. 다음을 수행하여 자료를 최대한 적합하게 하는 three-suffix Margules 상수 A와 B를 구할 수 있는 컴퓨터 표 계산법을 만들거나 프로그램을 작성하라.

x_1	y_1	P [Pa]
0	0	7,295
0.05	0.275	9,562
0.1	0.436	11,695
0.15	0.543	13,682
0.2	0.618	15,536
0.25	0.675	17,256
0.3	0.720	18,883
0.35	0.756	20,390
0.4	0.786	21,817
0.45	0.811	23,150
0.5	0.833	24,404
0.55	0.853	25,604
0.6	0.871	26,751
0.65	0.888	27,845
0.7	0.903	28,898
0.75	0.918	29,925
0.8	0.933	30,938
0.85	0.949	31,939
0.9	0.964	32,952
0.95	0.981	33,979
1	1	35,032

출처 : J. Gmehling, U. Onken, and W. Arlt, *Vapor–Liquid Equilibrium Data Collection* (multiple volumes) (Frankfurt: DECHEMA, 1977–1980).

(a) 목적함수 $OF_P = \sum (P_{\exp} - P_{\text{calc}})_i^2$의 최소화

(b) 목적함수 $OF_{g^E} = \sum (g^E_{\exp} - g^E_{\text{calc}})_i^2$의 최소화

(c) 목적함수 $OF_\gamma = \sum \left[\left(\frac{\gamma_1 - \gamma_1^{\text{calc}}}{\gamma_1} \right)^2 + \left(\frac{\gamma_2 - \gamma_2^{\text{calc}}}{\gamma_2} \right) \right]_i^2$의 최소화

(d) 예제 8.11의 방법에서 사용한 선형 회귀법의 적용

(a)~(c)에서 얻은 결과를 ThermoSlover를 이용하여 얻은 결과와 비교하라.

8.54 연습 문제 8.53에서 주어진 40°C의 methanol(1)–물(2)로 구성된 이성분계에 대한 액체–증기 평형 자료를 영역시험법을 사용하여 열역학적 일관성을 평가하라.

8.55 다음의 증기–액체 평형 자료는 35.17°C의 chloroform(2)에 있는 acetone(1)으로 구성된 이성분 혼합물에 대한 것이다. 이 자료의 열역학적 일관성을 평가하라.

x_1	y_1	P [Pa]
0	0	39,086
0.0821	0.05	37,273
0.1953	0.146	35,019
0.2003	0.143	34,926
0.3365	0.317	33,232
0.4182	0.437	33,125
0.4917	0.544	33,726
0.595	0.682	35,593
0.709	0.806	38,100
0.8182	0.897	41,073
0.8768	0.897	42,634
0.938	0.938	42,687
0.972	0.972	44,287
1	1	45,941

출처: J. C. Chu, S. L. Wang, S. L. Levy, and R. Paul, textitVapor–Liquid Equilibrium Data (J. W. Edwards, 1956).

8.56 다음의 증기–액체 평형 자료는 1atm의 물(2)에 있는 acetone (1)으로 구성된 이성분 혼합물에 대한 것이다. 이 자료의 열역학적 일관성을 평가하라.

x_1	y_1	T [°C]
0	0	100.00
0.015	0.325	89.60
0.036	0.564	79.40
0.074	0.734	68.30
0.175	0.8	63.70
0.259	0.831	61.10
0.377	0.84	60.50
0.505	0.849	59.90
0.671	0.868	59.00
0.804	0.902	58.10
0.899	0.938	57.40

출처: J. Gmehling, U. Onken, and W. Arlt, *Vapor–Liquid Equilibrium Data Collection* (multiple volumes) (Frankfurt: DECHEMA, 1977–1980).

8.57 benzene (1)–isooctane (2) 계가 다음의 g^E에 대한 모델에 적합하기는 기대한다.

$$g^E = x_1 x_2 (A + B(x_1 - x_2))$$

관심있는 계의 온도는 200°C이다. 문헌조사를 통해 이 온도에서의 증기–액체 평형 자료를 다음과 같이 발견하였다.

T	P	x_1	y_1
200°C	11.6 bar	0.25	0.37

순수 성분에 대해 Antoine 상수는 다음과 같다.

$$\ln P^{\text{sat}} = A - B/(T + C)$$

여기서 P^{sat}의 단위는 torr(1/760atm)이고 T의 단위는 K이며 액체 밀도, 두 번째 virial 계수는 다음과 같다.

	Antoine 상수			ρ^l	B_{ii}
순수성분 자료	A	B	C	[g/cm³]	[cm³/mol]
Benzene (C_6H_6)	15.90	2788.51	−52.36	0.874	−490.0
Isooctane (C_8H_{18})	15.685	2896.3	−52.41	0.688	−833.8

(a) 오직 위의 자료를 이용하여 가능한 정확하게 상수 A와 B(J/mol)를 구하라. 이때 사용한 가정을 논의하라.

(b) Benzene과 isooctane은 두 개의 부분 혼합성 액체상으로 나뉘는 것이 가능한가? 설명하라. 만약 그렇다면 부분 혼합성을 확인하기 위해 보아야 할 온도 범위는 얼마인가?

8.58 Peng–Robinson 상태방정식을 이용하여 400 K의 순수 n-pentane의 포화 압력을 증기와 액체상에 대한 퓨가시티를 구하기 위하여 퓨가시티 계수를 이용하여 계산하라. 얻어진 결과를 Antoine 식을 통해 얻어진 P_i^{sat} 값과 비교하고 퍼센트 오차를 구하라.

8.59 Peng–Robinson 상태방정식을 이용하여 0°C의 순수 propane의 포화 압력을 증기와 액체상에 대한 퓨가시티를 구하기 위하여 퓨가시티 계수를 이용하여 계산하라. 얻어진 결과를 Antoine 식을 통해 얻어진 P_i^{sat} 값과 비교하고 퍼센트 오차를 구하라.

8.60 Peng–Robinson 상태방정식을 이용하여 400 K의 순수 benzene의 포화 압력을 증기와 액체상에 대한 퓨가시티를 구하기 위하여 퓨가시티 계수를 이용하여 계산하라. 얻어진 결과를 Antoine 식을 통해 얻어진 P_i^{sat} 값과 비교하고 퍼센트 오차를 구하라.

8.61 상태방정식 방법의 식을 이용하여 60°C에서 $x_1 = 0.2$의 액체 몰분율을 갖는 methane(1)과 n-pentane(2)의 혼합물의 계 압력과 증기상의 평형조성을 구하라. 증기와 액체상에 대한 퓨가시티를 구하기 위해 van der Waals 상태방정식을 이용하라. $|\Sigma y_i - 1| < 0.001$까지 반복 계산하라.

8.62 연습 문제 8.61을 Peng–Robinson 상태방정식을 이용하여 풀어라. 0.026의 이성분 상호작용 인자 값을 이용하라.

8.63 상태방정식 방법의 식을 이용하여 100°C에서 $x_1 = 0.3$의 액체 몰분율을 갖는 carbon dioxide (1)과 benzene (2)의 혼합물의 계 압력과 증기의 평형조성을 구하라. 증기와 액체상에 대한 퓨가시티를 구하기 위해 van der Waals 상태방정식을 이용하라. 액체 몰분율로 수렴하기 위해 압력에 대한 초기 예측 값을 Raoult의 법칙(예, 10^6 Pa)보다 작게 하여 시작하는 것이 용이하다. $|\Sigma y_i - 1| < 0.001$까지 반복계산하라.

8.64 연습 문제 8.63을 Peng–Robinson 상태방정식을 이용하여 풀어라. 0.077의 이성분 상호작용 인자 값을 이용하라.

8.65 상태방정식 방법의 식을 이용하여 100°C의 carbon dioxide (1)와 benzene (2)의 이성분 혼합물에 대한 Pxy 상선도를 해석하라. 증기와 액체상의 퓨가시티를 구하기 위해 van der Waals 상태방정식을 이용하라. 액체 몰분율로 수렴하기 위해 압력에 대한 초기 예측 값을 Raoult의 법칙(예, 10^6 Pa)보다 작게 하여 시작하는 것이 용이하다.

8.66 연습 문제 8.65를 Peng–Robinson 상태방정식을 이용하여 풀어라. 다음의 이성분 상호작용 인자 값을 이용하라.

(a) 0

(b) 0.077

8.67 상태방정식 방법의 식을 이용하여 25°C의 carbon dioxide (1)와 benzene (2)의 이성분 혼합물에 대한 Pxy 상선도를 해석하라. 증기와 액체상의 퓨가시티를 구하기 위해 van der Waals 상태방정식을 이용하라. 액체 몰분율로 수렴하기 위해 압력에 대한 초기 예측 값을 Raoult의 법칙(예, 10^6 Pa)보다 작게 하여 시작하는 것이 용이하다.

8.68 연습 문제 8.67를 Peng–Robinson 상태방정식을 이용하여 풀어라. 다음의 이성분 상호작용 인

자 값을 이용하라.

(a) 0

(b) 0.077

8.69 300 K와 1 bar에서 성분 a와 b로 구성된 이성분 혼합물은 두 개의 부분 혼합 액체상을 형성한다. 무한히 낮은 농도에서 활동도 계수는 다음과 같다. $\gamma_a^\infty = 8$, $\gamma_b^\infty = 15$. Three-suffix Margules 식을 이용하여 평형 상태에 있는 두개의 액체상의 조성을 구하라.

8.70 Hexane (1)과 acetone (2)으로 구성된 이성분 액체 혼합물이 있다. 15°C와 300 bar에서 이 혼합물은 두 개의 부분 혼합 액체상을 형성한다. 상 β는 $x_1^\beta = 0.8$일 때 전체 몰수가 10인 반면, 상 α는 $x_1^\alpha = 0.2$일 때 전체 몰수가 20이다. 다음의 자료는 15°C에 관한 것이다.

화학종 i	MW [g/mol]	v_i^l [cm³/mol]	P_i^{sat} [kPa]
Hexane	86	130.5	12.7
Acetone	58	73.4	19.5

(a) 가지고 있는 모든 정보가 표시된 계의 모식도를 그려라. 윗부분은 어느 상이 있는지를 포함하여 가능한 한 *정확하게* 그려라.

(b) 동종 간 상호작용이 이종 간 상호작용보다 더 강한가 혹은 더 약한가? 설명하라.

(c) f_1의 값을 계산하라.

(d) 이 계를 설명하기 위해 two-suffix Margules 식을 사용한다. 위의 자료를 바탕으로 two-suffix Margules 상수 A에 대한 값을 구하라.

(e) 위의 계가 오직 하나의 상을 갖게 만드는 완전 혼합성을 만들기 위해 필요한 온도를 예측하라. *이때 사용한 중요한 가정을 서술하라.*

(f) 15°C와 300 bar에서 $\mathcal{H}_1$의 값을 예측하라.

8.71 25°C와 1 bar에서 $CHCl_3(a)$와 $H_2O(b)$의 액체-액체 혼합물에 대한 다음의 조성이 주어져 있다. $x_a^\alpha = 0.987$, $x_a^\beta = 0.0013$. 이 자료를 이용하여 이성분 혼합물에 대한 three-suffix Margules 식 상수 A와 B를 예측하라.

8.72 Wilson 식은 이성분 상수 Λ_{ab}와 Λ_{ba}가 양의 값을 가져야 한다. 이 활동도 계수 모델은 부분 혼합성 액체의 불안정성을 설명하는 것에 대해 적용이 불가능함을 증명하라.

8.73 1 bar와 50°C에서 tetrahydrofuran (a)과 물(b)은 두 개의 액체상으로 분리된다. 각 액체상의 조성을 구하라. 이 이성분계에 대해 다음의 three-suffix Margules 상수가 알려져 있다.

$$A = 7395 \text{ [J/mol]}, \; B = -1380 \text{ [J/mol]}$$

8.74 1 bar와 50°C에서 tetrahydrofuran (a)과 물(b)은 두 개의 액체상으로 분리된다. 계 고유의 불안정성으로 두 개의 상으로 자발적으로 분리가 되는 조성 범위를 구하라. 이 이성분계에 대해 다음의 three-suffix Margules 상수가 알려져 있다.

$$A = 7395 \text{ [J/mol]}, \; B = -1380 \text{ [J/mol]}$$

8.75 64°C와 10 bar에서 furfural (b)와 평형 상태에 있는 isobutane (a)의 액체-액체 혼합물에서의 isobutane의 몰분율이 다음과 같이 측정되었다.

$$x_a^\beta = 0.113, \; x_a^\alpha = 0.928$$

(a) 이 계에 대한 적당한 g^E 모델을 구하고 모델의 상수에 대한 수치 값을 구하라.

(b) 동종 간 상호작용이 이종 간 상호작용보다 더 강한가 혹은 더 약한가? 설명하라.

(c) 이 조건하에서 상에 있는 isobutane의 퓨가시티, $\hat{f}_a^\beta$는 얼마인가?

8.76 성분 a와 b의 이성분 혼합물이 25°C에서 액체-액체 평형을 이루고 있다. 이 혼합물은 A = 7,300 [J/mol]을 갖는 two-suffix Margules 식으로 표현이 가능하다. A는 온도에 따라 변하지 않는다고

가정한다.

(a) 각 액체상의 조성을 구하라.

(b) 전제 조성이 2 mol의 A와 3 mol의 B로 구성된 혼합물이 있다. 이 혼합물이 안정하여 두 개의 상으로 분리되지 않는 최소 온도는 몇 도인가?

8.77 성분 a와 b의 이성분 혼합물이 25°C에서 액체-액체 평형을 이루고 있다. 액체의 조성은 $x_a^\alpha = 0.92$와 $x_a^\beta = 0.08$이고 a와 b의 포화 압력은 $P_a^{sat} = 75$ kPa와 $P_b^{sat} = 25$ kPa이다. 전체 압력과 기체상 몰분율을 구하라.

8.78 물(a)과 1-butanol(b)의 이성분 혼합물이 25°C에서 액체-액체-증기 평형을 이루고 있다. 무한히 낮은 농도에서 활동도 계수는 $\gamma_a^\infty = 7.02$와 $\gamma_b^\infty = 72.37$로 주어져 있다. VLLE가 발생했을 때 3개의 상의 조성과 계의 압력을 구하라. 25°C에서 1-butanol의 포화 압력은 875 Pa이다.

8.79 Ethanol (1)과 n-hexane (2)이 75°C에서 평형을 이루고 있다. 2개의 액체상과 1개의 증기상이 존재한다(VLLE). 액체상의 조성은 다음과 같다.

$$x_1^\alpha = 0.9098\ ,\ x_1^\beta = 0.0902$$

75°C에서 포화 압력은 다음과 같다.

$$P_1^{sat} = 0.888 \text{ bar}\ ,\ P_2^{sat} = 1.223 \text{ bar}$$

(a) 이 계에 대하여 two-suffix Margules 표현식 ($g^E = Ax_1x_2$)은 적절한 모델인가?

(b) 상수 A를 계산하라.

(c) 계의 전제 압력은 얼마인가? 이때 사용한 가정을 정의하고 서술하라.

(d) 증기상의 조성은 무엇인가?

8.80 *Para*-xylene(p-xylene)은 polyester 섬유의 원료 물질로 사용된다. 매년 수억 파운드가 생산된다. 이것은 원유의 개질을 통해 생산된다. 따라서 p-xylene은 반드시 분리되어야 한다. 이 문제에서 p-xylene이 그것의 이성질체인 *ortho*-xylene과 *meta*-xylene부터 분리되는 공정의 마지막 과정을 다룬다. 모든 이성질체는 비슷한 물리적 특성을 가지고 있다. 순수 xylene의 잠열과 끓는점과 어는점이 아래에 나타나 있다.

	Δh_{vap} [J/mol]	T_b [K]	Δh_{fus} [J/mol]	T_m [K]
Ortho-xylene	36,838	417.3	−13,608	248.1
Meta-xylene	36,413	412.6	−11,577	225.4
Para-xylene	36,094	411.8	−17,125	286.6

(a) 주어진 자료를 이용하여 p-xylene을 분리하기 위해 xylene 액체 혼합물로부터 p-xylene의 결정화가 증류보다 더 효율적인 이유는 무엇인지 설명하라.

(b) 1 mol의 *ortho*-, 2 mol의 *meta*-, 1 mol의 *para*-xylene이 포함된 액체 투입이 있다. 액체는 이상용액이며 계산 시 Δc_P^{sl}은 무시한다고 가정할 수 있다. 더욱이 각 성분은 완벽한 비혼합성 고체상으로 가정한다.

(i) 액체에 존재하는 몰분율에서 각 이성질체의 첫 번째 고체가 형성되는 온도를 예측하라.

(ii) 액체에 있는 p-xylene의 반이 결정화되는 온도를 예측하라. 이 온도에서 다른 이성질체 중 어느 것이라도 고체를 형성하는가?

(iii) 오직 p-xylene만 결정화되는 계의 최소 온도는 몇 도인가?

(c) 대신, (b)의 액체는 140°C에서 기화된다. 이 온도에서 이성질체의 포화 압력은 다음과 같다.

	P^{sat} [kPa]
Ortho-xylene	89.7
Meta-xylene	103.5
Para-xylene	105.5

(i) (b)의 액체와 평형을 이루고 있는 증기의 조성은 무엇인가?

(ii) (i)에서 계산된 증기가 연속적으로 응축과 증발이 발생하는 연속 증류가 있다. 전체 환류에서 *p*-xylene 순도가 90%에 도달하기 위해서 필요한 단의 수는 몇 개인가?

8.81 매우 차가운 맥주를 좋아하는 친구가 있다. 맥주가 얼어서 큰 덩어리를 형성하지 않으면서 가능한 맥주를 차갑게 만들기 위해서는 냉장고의 온도를 몇 도로 설정해야 하는가? 맥주는 물에 있는 4 mass%의 ethanol이라고 가정한다. 물에 대해 $\Delta h_{\text{fus}} = -6.01$ [kJ/mol]이다.

8.82 Bismuth (a)와 cadmium (b)은 144°C와 $x_a = 0.45$에서 공융점을 형성한다. 이들은 고체상에서 완전한 비혼합성을 나타낸다. Bismuth와 cadmium의 녹는점은 각각 271°C와 321°C이다. 이 원소들의 용융 엔탈피는 각각 −10.46 kJ/mol과 −6.1 kJ/mol이다. 이 자료를 바탕으로 g^E에 대한 적절한 모델의 변수를 예측하라.

8.83 액체 a와 액체 b로 구성된 이성분 혼합물에 대한 과잉 Gibbs 에너지는 다음과 같다.

$$g^E = 6000x_a x_b(1 - 0.0005T) \text{ [J/mol]}$$

여기서 T의 단위는 [K]이다. 이 성분들의 고체는 완전한 비혼합성이다. 용융 엔탈피와 녹는점은 다음과 같다.

화학종 a:	$\Delta h_{\text{fus}} = -12$[kJ/mol]	$T_m = 1000$ [K]
화학종 b:	$\Delta h_{\text{fus}} = -10$[kJ/mol]	$T_m = 800$ [K]

공융점에서의 온도와 조성을 구하라. 고체와 액체상 사이의 열용량 변화는 무시할 수 있다.

8.84 Antimony와 lead는 251°C와 11.2 *wt*% antimony에서 공융점을 형성한다. Lead의 용융 엔탈피와 녹는점은 다음과 같다.

$$\Delta h_{\text{fus}} = -5.1 \text{ [kJ/mol]} \quad T_m = 327.5 \text{ [°C]}$$

가능한 정확하게 공융점에서 lead가 상대적으로 더 많은 고체 용액의 조성을 구하라. 이때 사용한 가정을 서술하라.

8.85 Silver(Ag)와 copper(Cu)의 이성분 혼합물의 고체–액체 평형에 대한 상선도는 아래와 같다. 다음의 질문에 답하라. 아래의 축은 무게%이고 위의 축은 mol%이다.

(a) 이성분 혼합물이 완전하게 액체상으로 존재하는 최소 온도는 몇 도인가? 조성은 무엇인가?

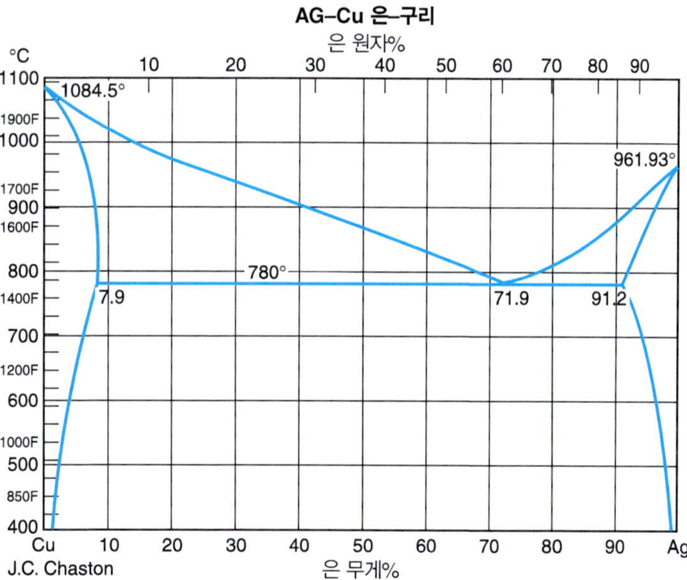

[*출처*: T Lyman et al., *Metals Handbook, Metalography, Structures, and Phase Diagrams*, 8th ed. (Vol. 8) (Metals Park, OH: American Society for Metals, 1973).] Courtesy of ASM International.

(b) 고체 silver 상에 존재할 수 있는 최대 copper는 얼마인가? 이것은 몇 도에서 발생하는가?

(c) 1 mol의 Ag와 4 mol의 Cu의 액체 혼합물이 800°C에 있다. 평형에서 어떤 상이 존재하며 그것의 조성은 무엇인가? 각 상에는 몇 mol이 존재하는가?

8.86 1 atm에서 ammonia (1)−물(2)의 이성분 혼합물에 대한 상선도가 다음의 그림에서 보여주고 있다. 다음의 질문에 답하라. **상선도로부터 얻은 정보는 가능할 때마다 표시하라.**

(a) 오직 액체만 존재할 수 있는 가장 낮은 온도는 몇 도인가? 조성은 무엇인가?

(b) 오직 액체만 존재할 수 있는 가장 높은 온도는 몇 도인가? 조성은 무엇인가?

(c) 193.15 K에서 1 mol의 NH_3와 4 mol의 물의 혼합물이 있다. 어느 상으로 존재하는가? 조성은 무엇인가? 각 상에 존재하는 몰수는 얼마인가?

(d) 80°C에서 증기와 평형을 이루고 있는 액체에 존재하는 NH_3의 활동도 계수는 얼마인가? Lewis/Randall 기준 상태를 이용하라.

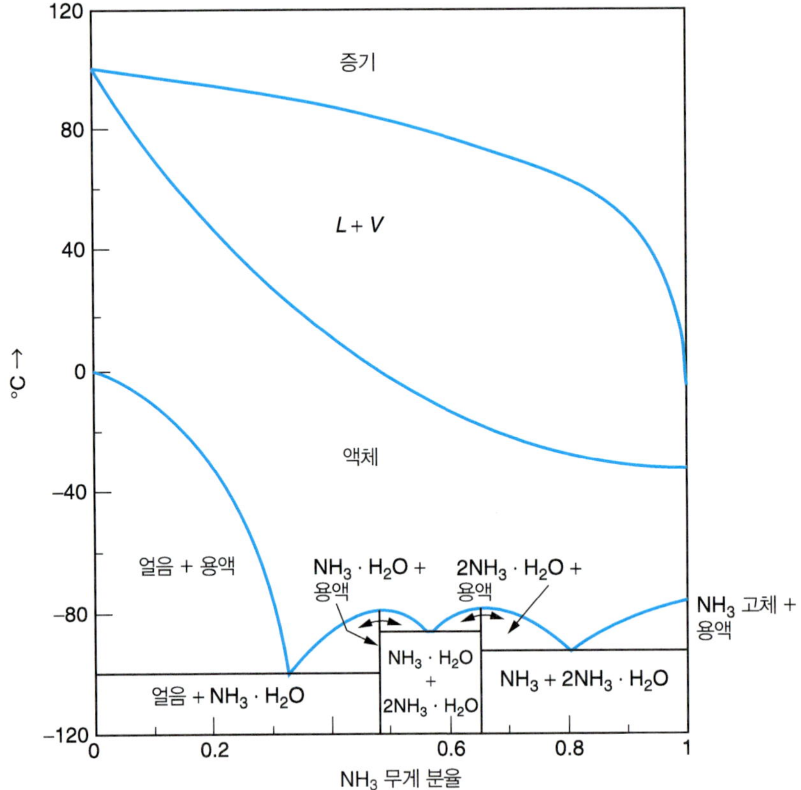

8.87 단열이 잘 되어 있는 용기에 1.0 kg 얼음과 1.0 kg의 액체 물이 0°C에서 평형을 이루고 있다. 0°C에서 액체 ethanol이 이 계에 첨가되었다. 평형 상태에서 계의 최종 상태는 무엇인가? 이성분 혼합물에 대한 상선도는 다음의 그림으로 보여주고 있다. 물에 대한 용융 엔탈피는 6.01 kJ/mol이고 ethanol에 대한 것은 5.02 kJ/mol이다. 물(1)과 ethanol (2) 사이의 혼합 엔탈피는 다음과 같이 주어져 있다.

$$\frac{\Delta h_{mix}}{R} = x_1x_2[-190.0 + 214.7(x_2 - x_1) - 419.4(x_2 - x_1)^2$$

$$+ 383.3(x_2 - x_1)^3 - 235.4(x_2 - x_1)^4]\,[\mathrm{K}]$$

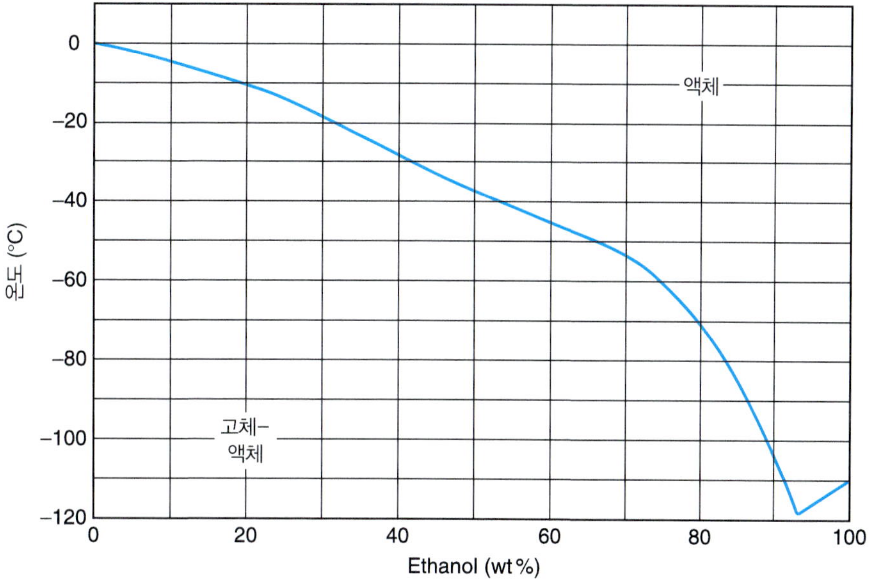

8.88 다음의 고체–액체 평형 자료는 C와 준안정 상태의 γ—Fe의 이성분 혼합물에 대한 것이다. 이 자료를 이용하여 γ—Fe의 녹는점과 용융엔탈피를 예측하라.

T[°C]	X_c	x_c
1148	0.1000	0.2092
1154	0.0900	0.2072
1200	0.0877	0.1906
1250	0.0718	0.1689
1300	0.0613	0.1450
1350	0.0475	0.1179
1400	0.0333	0.0891
1450	0.0196	0.0570
1495	0.0079	0.0248

출처: T. Lyman et al., *Metal Handbook, Metalography, Structures, and Phase Diagrams*, 8th ed. (Vol. 8) (Metals Park, OH: American Society for Metals, 1973).

8.89 1 bar에서 urea(CH_4N_2O)를 1 kg의 acetone에 첨가하면 끓는점이 0.24 K 증가한다. Acetone의 정상 끓는점은 329.2 K이다. 이 자료를 이용하여 acetone의 증발 엔탈피를 예측하라.

8.90 Ethylene glycol, $C_2H_6O_2$은 겨울에 자동차 방열기 내에 있는 물의 결빙을 방지하는 부동액으로 사용된다. −10°C에서 결빙을 방지하기 위해 필요한 부동액의 부피비율을 예측하라. 물에 대해 $\Delta h_{fus} = -6.01$ [kJ/mol]이다.

8.91 역삼투압을 통하여 바다물의 담수화를 위해 요구되는 최소 압력은 얼마인가?

8.92 25°C와 1 bar에서 물 500 g에 0.5 g의 sucrose($C_{12}H_{22}O_{11}$)가 녹아 있는 용액의 삼투압을 구하라.

8.93 ThermoSolver를 이용하여 연습 문제 8.55와 8.56에 나타나 있는 자료에 대한 활동도 계수 모델 상수를 구하라.

8.94 ThermoSolver를 이용하여 1 bar와 20 bar의 압력에서 0.2 몰분율의 n-hexane, 0.25 몰분율의 cyclohexane, 0.25 몰분율의 benzene, 0.3 몰분율의 toluene의 증기 혼합물의 조성과 이슬점을 다음을 이용하여 구하라. (a) Raoult의 법칙, (b) 이상기체를 유지한 상태에서 액체상의 비이상성, (c) 구할 수 있는 최선의 값. 1 bar에서 (a)~(c)의 경우를 비교하면 어떠한가? 20 bar에서는 어떠한가?

8.95 ThermoSolver를 이용하여 1 bar와 20 bar의 압력에서 0.2 몰분율의 n-hexane, 0.25 몰분율의 cyclohexane, 0.25 몰분율의 benzene, 0.3 몰분율의 toluene의 액체 혼합물의 조성과 기포점을 다음을

이용하여 구하라. (a) Raoult의 법칙, (b) 이상기체를 유지한 상태에서 액체상의 비이상성, (c) 구할 수 있는 최선의 값. 1 bar에서 (a)~(c)의 경우를 비교하면 어떠한가? 20 bar에서는 어떠한가?

8.96 ThermoSolver를 이용하여 40°C와 200°C의 온도에서 0.25 몰분율의 methanol, 0.35 몰분율의 acetone, 0.4 몰분율의 *n*-hexane의 증기 혼합물의 조성과 이슬점을 다음을 이용하여 구하라. (a) Raoult의 법칙, (b) 이상기체를 유지한 상태에서 액체상의 비이상성, (c) 구할 수 있는 최선의 값. 40°C에서 (a)~(c)의 경우를 비교하면 어떠한가? 200°C에서는 어떠한가?

8.97 ThermoSolver를 이용하여 40°C와 200°C의 온도에서 0.25 몰분율의 methanol, 0.35 몰분율의 acetone, 0.4 몰분율의 *n*-hexane의 증기 혼합물의 조성과 이슬점을 다음을 이용하여 구하라. (a) Raoult의 법칙, (b) 이상기체를 유지한 상태에서 액체상의 비이상성, (c) 구할 수 있는 최선의 값. 40°C에서 (a)~(c)의 경우를 비교하면 어떠한가? 200°C에서는 어떠한가?

제 9 장

화학 반응 평형

Chemical Reaction Equilibria

학습 목표

제9장에 있는 내용을 숙달하기 위해서는 다음 사항들을 할 수 있어야 한다.

- 반응양론, 온도, 압력이 주어진 단일 및 다중 화학반응계에서의 평형조성을 결정한다.
- 화학공정 및 생물공정에서 화학 반응을 고려함에 있어서 열역학 대 반응속도론의 역할에 대하여 서술한다.
- 완전하거나 또는 불완전한 반응물과 생성물 조합으로부터 화학반응식을 작성하고, 반응진척도와 화학양론 계수를 정의한다.
- 어떤 온도에서든 열화학적 자료를 이용하여 화학 반응에서의 평형상수를 결정한다.
- 결정된 화학양론과 초기 반응물 조성으로 이상계 및 비이상계의 기상, 액상, 불균일 반응에서의 반응진척도를 매개로 한 평형상수를 설명한다.
- 계에 주어진 성분들과 Gibbs의 상 법칙을 이용하여 계를 고정시키기 위해 필요한 독립적인 반응의 수를 규정한다. 적절한 반응을 설정하고 평형상수식을 이용하여 풀거나 또는 Gibbs 에너지를 최소화하는 방법으로 평형 조성을 계산한다.
- 전기화학 계에서의 비-Pv 일의 역할을 설명한다. 전기화학 전지에서 양극과 음극 및 전해질의 역할에 대하여 정의한다. 전기화학 전지의 주어진 약기법에서의 산화와 환원반응을 확인한다. 환원반응의 표준 반쪽전지 퍼텐셜(E^o) 자료를 이용하여 반응의 표준 퍼텐셜(E^o_{rxn})을 계산한다. Nernst 식을 이용하여 반응식과 반응물의 농도가 주어졌을 때 전기화학 전지에서 퍼텐셜을 결정한다.
- 다음의 결함들에 대해 정의하고 원자결함인지 전자결함인지를 구별한다. *빈 결함, 틈새 결함, 치환 결함, 위치가 잘못된 원자들, 전자, 정공, 도핑제.*
- 적절한 명명법을 사용하여 결정격자에서 결함의 부호를 작성한다. 고체에서의 결함에 대한 화학 수지식을 쓰고 결함집중 항으로써 평형상수 식을 작성하기 위해 화학 반응 평형의 원리를 적용한다. 진성반도체에서의 전자결함 형성 과정에 대해 설명한다.
- 적절한 결함의 화학 반응 조합에 의한 도핑 공정을 묘사한다. 고체에서의 결함 농도에 대해 기체의 부분압력의 영향을 설명하기 위한 Brouwer 도표를 작성한다.

9.1 열역학과 반응속도론

화학 반응을 분석하는 것은 화학공학 종사자들에게는 매우 중요하다. 분자를 구성하기 위한 원소들 사이의 화학적 결합의 배열에는 무수한 방법이 있다. 화학 반응들에 대해 평형분석을 하는 목표는 주어진 온도와 압력 및 성분 조성에서 어떠한 생성물이 어느 정도 생성되는지를 알아보기 위함이다. 그러나 화학 반응 평형은 얼마나 빨리 반응이 일어나는 지를 알려주지는 못한다. 이에 대한 답을 얻으려면 반응속도론을 알아야 한다. 반응속도론이나 반응기구에 대한 특별한 지식이 없어도 주어진 반응에 대한 평형의 정도를 계산할 수 있다. 이러한 분석은 반응이 얼마나 진행될 수 있는지를 알려준다. 따라서 열역학적으로 주어진 반응이 특정한 정도까지 진행이 되지 않는다는 것을 안다면, 더 이상의 반응을 고려할 필요가 없다. 반면에, 열역학적으로 반응이 더 진행될 수 있다는 것을 안다면, 그 반응을 적절한 시간에 도달시킬 수 있는지를 고려할 필요가 있다.

열역학을 이용하여 평형에 이르기까지 반응이 얼마나 진행되는지 계산하는 것을 배우기 전에, 화학 반응을 분석할 때 열역학과 반응속도론의 차이점에 대해 탐구하는 것이 유익하다. 각자의 역할을 알아보기 위해 그림 9.1*a*에서 나타난 것과 같이 hydrogen bromide 이온(브로민화 수소)와 butadiene (부타디엔)의 반응을 알아보자. 이러한 화학종은 처음에 음전하로 하전된 bromide 이온(브로민화 이온)과 함께 그림에서 (22)로 명시된 양전하로 하전된 중간 상태의 carbonium 이온(카보늄 이온)을 형성한다. Bromide 이온(Br^-)은 carbonium 이온의 두 위치 중 하나에 결합되어, 각각 (20), (21)로 표시된 3-bromo-1-butene이나 1-bromo 2-butene을 형성한다. 이 단계에서 각 화학종은 주어진 반응 경로대로 진행되어 생성물을 형

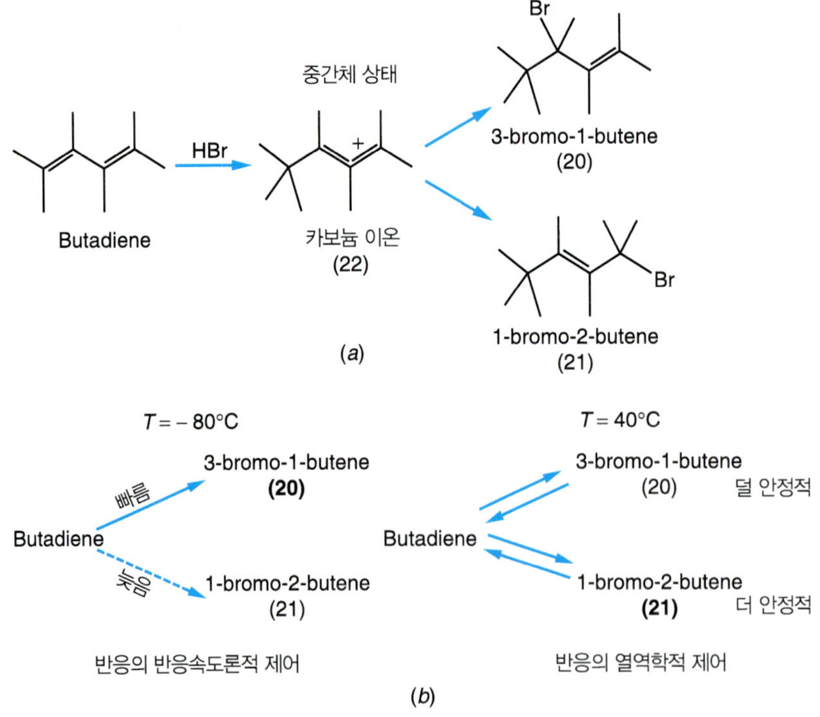

그림 9.1 (*a*) Butadiene에 hydrogen bromide를 첨가하는 반응 경로. (*b*) Butadiene에 hydrogen bromide를 첨가함에 있어서의 반응속도와 열역학적 제어.

성하기 위해 필요한 '활성화 에너지'를 극복해야 한다. 각 생성물의 상대적인 양은 반응 온도에 달려 있다. 온도가 −80°C일 때, 반응 생성물은 80%의 (20)과 20%의 (21)로 구성된다. 그러나 40°C에서는 20%의 (20)과 80%의 (21)을 얻게 된다. 이 생성물 분포도의 차이를 어떻게 설명할 수 있을까?

그림 9.2에는 반응 경로에 따라 중간 상태로부터 각 생성물까지의 분자의 퍼텐셜 에너지를 나타내었다. 두 개의 에너지와 관련된 양인 활성화 에너지 E_A와 반응 엔탈피 Δh_{rxn}이 설명되었다. 활성화 에너지는 분자들이 재배열되고 주어진 각 반응 경로에서 생성물을 형성하는데 요구되는 에너지의 양을 나타낸다. 그림 9.2로부터 (20)으로 이어지는 반응이 낮은 E_A 값을 갖고 적은 에너지를 필요로 하는 것을 볼 수 있다. 반면에, (21)의 퍼텐셜 에너지는 (20)보다 작고, (21)을 야기하는 반응의 반응 엔탈피는 양적으로 더 크다. 이러한 차이점이 그림 9.1*b*에 요약된 관찰을 추구하게 한다.

오직 활성화 에너지보다 큰 에너지를 가진 분자들만이 주어진 생성물을 형성할 수 있는 충분한 에너지를 갖게 된다. 분자는 에너지 분포를 갖고, 이것은 온도에 의존한다는 제1장의 내용을 상기해 보자. 전형적으로 활성화 에너지는 생성물을 형성할 수 있는 에너지 분포의 위쪽 끝에 있는 분자의 것보다는 충분히 크다. 그러므로 반응이 발생하는 속도는 매우 빠르게 움직이는 분자의 수에 비례하고, 그 숫자는 온도와 함께 극적으로 증가한다. 수학적으로 반응속도는 보통 Arrhenius 식에서처럼 온도의 지수함수에 의해 결정된다. 낮은 온도에서(−80°C), 반응은 **반응속도론적으로 제어**된다고 한다. (20)으로 이끄는 반응은 활성화 에너지가 낮고 보다 많은 분자가 필요한 에너지를 갖고 있기 때문에 더 빠르게 발생한다. 따라서, 비록 (20)이 궁극적으로 (21)보다 불안정하다 하더라도 결국 더 많은 (20)이 생성된다. 반응속도론적 제어는 그림 9.1*b*의 왼쪽 부분에 나타내었다. 이 경우 반응은 반응속도에 의해 제한되며, 이 장에서 다룰 열역학적인 평형 분석은 적용되지 않았다.

반면에 그림 9.2는 생성물 (21)이 (20)보다 낮은 에너지 상태를 가지며 더욱 안정하다는 것을 보여준다. 온도가 증가함에 따라, 반응속도는 반응계가 두 가지 반응 경로에 따라 가능한 모든 상태에 필요한 충분한 에너지를 갖게끔 빨라질 것이다. 달리 말하면, (21)을 얻는 경로에 따른 큰 활성화 에너지는 이 생성물을 얻는 반응에만 국한되지 않는다. 따라서 계에서 가능한 모든 상태가 나타날 수 있고, 최종 반응 생성물 분포는 Gibbs 에너지가 최소가 될 때의 것이다. 우리는 이제 에너지 측면에서 유리한 생성물을 더 얻게 된다(9.2절에서 더 논의하겠지만, 엔트로피의 효과로 덜 안정한 몇몇 생성물도 여전히 얻게 된다). 이 영역이 바로 그림

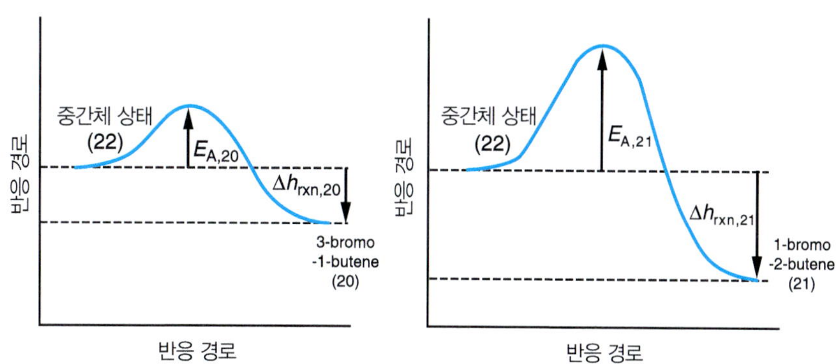

그림 9.2 Carbonium 이온의 중간체 상태(22)로부터 다른 반응 생성물까지의 반응 경로에 따른 퍼텐셜 에너지 변화. 왼쪽 그림의 생성물(20)은 적은 양의 E_A와 Δh_{rxn}을 갖는다. 생성물(21)을 얻는 경로는 오른쪽 그림과 같다.

9.1b의 오른쪽에 나타낸 것과 같은 **열역학적인 제어**이다.

그림 9.1b에는 상기한 두 경우를 구별하기 위해 사용할 부호를 나타내었다. 반응속도론적 제어에 대해서는 반응이 변화율 한계 때문에 반응이 한쪽 방향으로만 진행되는 것을 나타내는 한 방향 화살표(→)를 사용할 것이다. 열역학적인 제어에 대해서는 양방향 화살표인 (⇄)를 사용할 것이다. 이것은 모든 가능한 결합구조를 갖는 반응 시료와 과정에서 가장 유리한 상태(최저의 Gibbs 에너지)로의 진행을 나타낸다. 반응률과 반응속도의 결정에는 특정 정보가 요구되며, 반응기구의 수량화가 필요하다. 이러한 측정은 계에 특화되고, 자료를 찾기가 쉽지 않다. 반면에 열역학적으로 제한된 반응의 평형분석은 경로에 무관한 성질에만 좌우된다. 따라서 반응속도론적 자료보다 열화학적 자료를 찾기가 훨씬 더 수월하다.

이와 같은 고찰은 이 장이 반응계에 대한 열역학적 분석을 포함하는 내용을 제공하고 있음을 의미한다. *이 장에서 수행한 계산들은 생성물의 형성 속도에 대한 설명이 아니며, 단지 반응이 열역학적으로 제어될 때 평형 상태에서만 유효하다.* 우리가 추구하고자하는 근본적 질문은 "화학적으로 반응하는 계에서 온도, 압력, 조성이 **평형전환(율)**(equilibrium conversion)에 어떤 영향을 끼치는가?"이다. 이러한 분석은 화학 반응의 **속도**(rate)에 대해서는 어느 것도 알려주지 못한다. 그러나 그것은 우리에게 얼마나 반응이 진척될 수 있는가에 대해 말해준다. 상평형에서와 같이 화학 반응 평형을 연구하기 위해서 Gibbs 에너지를 사용할 것이다. G의 사용을 설명하기 위해서, 먼저 특정 반응(9.2절)을 고려할 것이다. 그리고 나서 단일 반응(9.3~9.5절)과 다중반응(9.7~9.8절)에 관해 일반적 정형화를 설명할 것이다.

▸ 9.2 화학 반응과 Gibbs 에너지

이 절에서 Gibbs 에너지의 최소화같은 원리가 어떻게 상평형 문제의 해결과 동시에 화학 평형에도 적용되는지를 설명하기 위해 특정 예를 고려할 것이다. 앞에서 보았던 것처럼 Gibbs 에너지는 계의 에너지를 줄이는 것과 계의 엔트로피를 극대화하는 것 사이의 균형을 나타낸다.

다음의 낮은 압력에서의 **이상**기체 반응을 생각해 보자.

$$H_2 + Cl_2 \rightleftarrows 2HCl \tag{9.1}$$

먼저, 화학 반응의 **에너지론**(energetics)을 고려하자. 반응에 관여한 세 가지 다른 물질의 결합 해리 에너지(결합세기), D_{i-j}를 찾아봄으로써 생성물 대 반응물의 상대적 에너지를 결정할 수 있다. 결합세기 값은 다음과 같다.

$$D_{H-H} = 4.5 \text{ eV}, \quad D_{Cl-Cl} = 2.5 \text{ eV}, \quad D_{H-Cl} = 4.5 \text{ eV}$$

이러한 결합에너지의 조사로부터 HCl의 두 분자가 식 (9.1) 반응을 통해 생성될 때, 분자들의 에너지는 2 eV만큼 작아짐을 보여 준다. 그러므로 HCl은 에너지 관점에서 유리하다(더 안정적). 이것이 반응의 완결됨을 의미하는가? 이전에 보았듯이 엔트로피가 중요한 역할을 한다. 이 경우에 만약 반응물 모두를 생성물로 얻게 된다면 순수한 HCl을 갖게 될 것이다. 그러나 반응물이 어느 정도 남아 있다면 생성물은 세 가지 물질의 혼합물이 되며, 세 물질은 하나의 순수한 물질보다는 더 많은 배치 형태로 정렬된다. 따라서 **엔트로피 측면에서** 미 반응된 H_2나 Cl_2를 어느 정도 가지고 있는 것이 더욱 선호된다. 어떻게 이 두 가지 상반된 형태가 균형을 유지할 수 있겠는가? 다시 Gibbs 에너지로 돌아가 보자.

어떻게 Gibbs 에너지를 계산하느냐를 설명하기 이전에 **반응의 정도**에 대한 개념을 소개할 필요가 있다. 이 개념은 계의 초기 조성을 지정하면 반응이 평형에 도달할 때(혹은 어느정도라도 도달하면) 가능한 계의 조성이 반응 (9.1)에 의해 제한된다는 사실에 기반하고 있다. 설명을 위해, 전압 1 bar에서 초기에 1 mol의 H_2 (물질 1) 그리고 1 mol의 Cl_2 (물질 2)로 구성된 계를 생각해보자. 이 물질들은 화학양론적으로 반응하여 HCl (물질 3)을 생성한다.

각 물질의 양은 반응 (9.1)에 의해서 결정된다. 아무리 많은 양의 물질 1이 반응한다고 해도 항상 같은 양의 물질 2가 소모된다. 그러므로

$$n_2 = n_1$$

유사하게, 생성되는 물질 3의 양 역시 단순히 반응한 물질 1의 양에 의해 결정된다. 1 mol의 반응물질 1로 시작했기 때문에 다음과 같이 남은 물질 1의 양으로부터 생성된 물질 3의 양을 수학적으로 연결시킬 수 있다.

$$n_3 = 2(1 - n_1)$$

위의 두 식의 검토를 통해 반응이 어느 정도 진행되었는지를 안다면 세 가지 물질의 조성을 계산 할 수 있음을 알 수 있다. 임의로 물질 2와 물질 3의 양을 물질 1로 제한하는 것보다는 세 물질의 조성을 반응이 얼마나 진행되었느냐 또는 *반응진척도*(extent of reaction) ξ의 측면에서 고려하는 것이 훨씬 쉽다. 우리는 반응진척도를 이용하여 한계 반응물과 같은 한 물질을 지정하고, 이것과 연관하여 다른 물질을 취급한다. 예를 들어, 얼마나 많은 양의 H_2가 반응되었는지를 이용하여 ξ를 정의할 수 있다. 이 반응의 진행 정도는 반응된 Cl_2의 양도 알려준다. 각 1 mol의 반응물로 시작했기 때문에, 반응 개시 후의 각 반응물의 몰수는 다음의 식에서 주어진 $\xi_{(9.1)}$의 반응 정도에 의해 계산된다.[1]

$$n_1 = 1 - \xi_{(9.1)}$$

그리고

$$n_2 = 1 - \xi_{(9.1)}$$

그렇다면 ξ의 단위는 무엇인가? 유사하게, 생성된 HCl의 양도 반응의 정도와 연관시켜 계산할 수 있다.

$$n_3 = 2\xi_{(9.1)}$$

이 경우에 가능한 반응 정도의 범위는 $\xi = 0$ mol (미반응 상태)에서부터 $\xi = 1$ mol (반응의 완결)이다.

이제부터 위에서 설명한 모든 가능한 반응 정도에 대해 초기 상태인 계의 전체 Gibbs 에너지를 계산하고자 한다. 그러면 어떤 반응 정도에서 Gibbs 에너지가 최소가 되는지를 결정할 수 있다. 이 최소의 Gibbs 에너지 값은 평형 전환을 나타낸다.

전체 Gibbs 에너지는 식 (6.17)에 의해 규정된 것과 같이 부분 몰 Gibbs 에너지의 적절한 조화로부터 구해진다.

$$G = \sum n_i\overline{G}_i = \sum n_i\mu_i = n_1\mu_1 + n_2\mu_2 + n_3\mu_3 \tag{9.2}$$

여기서 부분 몰 Gibbs 에너지를 화학 퍼텐셜로 바꿀 수 있다. 이상기체에서 각 물질의 화학 퍼텐셜은 식 (7.2)로 주어진다.

1. ξ에 대한 식은 식 (9.1)에서의 특정한 화학양론 반응에서만 적용되기 때문에 아래첨자로 표기하였다. 보다 일반적인 논의는 9.3절에서 수행한다.

$$\mu_i = g_i^o + RT \ln \frac{p_i}{1 \text{ bar}} \tag{9.3}$$

여기서 기준 상태는 반응 온도와 부분 압력 1 bar(p_1이 bar의 단위로)에서 순수한 물질의 이상기체 상태이다. 이 기준 상태를 표준 상태라고 부른다. 또한 표준 상태의 압력이 명시되었기 때문에 g_i^o는 온도만의 함수임을 주지할 필요가 있다.

식 (9.2)에 식 (9.3)을 대입하면

$$G = n_1 g_1^o + n_2 g_2^o + n_3 g_3^o + RT(n_1 + n_2 + n_3) \ln P$$
$$+ RT[n_1 \ln y_1 + n_2 \ln y_2 + n_3 \ln y_3]$$

마지막 항은 혼합에 따른 계의 Gibbs 에너지 감소, $\Delta g_{\text{mix}}^{\text{ideal}}$와 일치한다. 이 항은 이상기체의 G의 결정에 엔트로피가 미치는 영향을 정량화한 것이다. 만약 각 물질의 조성을 반응의 정도로 대체한다면 다음을 얻는다.

항 1

$$G = \boxed{(1-\xi)(g_1^o + g_2^o) + \xi g_3^o} + 2RT \ln P + RT[(1-\xi) \ln y_1$$
$$+ (1-\xi) \ln y_2 + \xi \ln y_3] \tag{9.4}$$

그림 9.3은 ξ의 함수로서 식 (9.4)에 규정된 이 화학 반응의 Gibbs 에너지를 나타낸 것이다. 순수 성분의 기여에 기인되는 구성요소는 식 (9.4)와 그림에 '항 1'로 분류하여 나타내었다. 계의 Gibbs 에너지를 구하기 위해서는 그림에서와 같이 항 1에 혼합 시의 Gibbs 에너지를 추가하여야 한다. 생성물인 물질 3은 반응물인 물질 1과 2보다 낮은 Gibbs 에너지를 갖는다. 그러나 평형 전환의 결과는 물질 3의 순수한 형태가 아니며, Gibbs 에너지가 최소일 때의 조성을 의미한다(표시된 바와 같이). 이 결과는 식 (9.4)의 혼합 시의 엔트로피 항으로부터 나온다. 다시 말해 엔트로피와 에너지 사이의 교환을 갖는다.

만약 위에서의 예와 같이 오직 물질 1과 2만으로 반응한다면, 가장 낮은 Gibbs 에너지

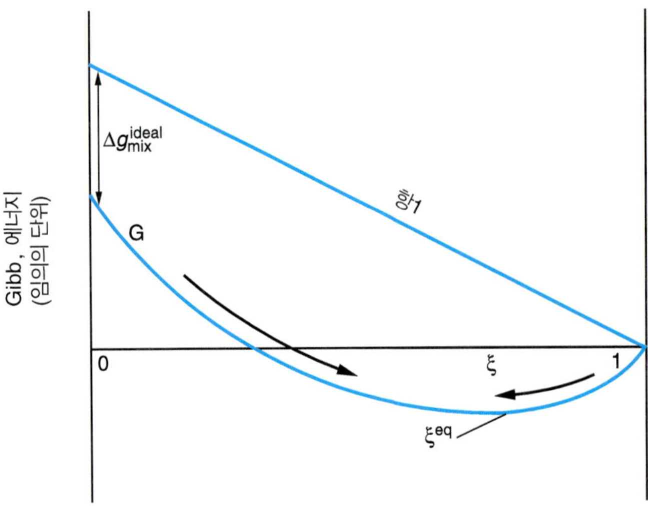

그림 9.3 물질 1, 2, 3의 반응계에서의 Gibbs 에너지의 최소화.

에 이를 때까지 반응은 오른쪽 방향을 따라갈 것이다. 이 점이 평형 전환을 나타낸다. 역으로, 물질 3만으로 계가 출발한다면, 실제 높은 에너지 상태로 감에 따라 Gibbs 에너지를 최소화 할 것이다. 이는 그림 9.3에서 나타난 왼쪽 방향으로의 화살표로부터 알 수 있다(이것으로 반응이 어떻게 '정방향'과 '역방향'으로 진행될지를 알 수 있다). 이 에너지의 증가는 더 큰 엔트로피의 증가에 의해 보상된다. 엔트로피의 증가가 에너지의 상쇄보다 더 큰 경우, 물질 1과 2가 생성될 것이다. 몇 관점에서 에너지학은 보다 더 중요해질 것이다. 이러한 관점에서 보자면 Gibbs 에너지는 최소이고, 다시 평형 전환을 맞게 된다. 우리가 어디서 출발하는 지는 중요하지 않다! 주어진 동일한 T, P와 성분비에서는 언제나 같은 평형조성에서 반응이 끝나게 된다.

이러한 분석은 화학적 반응 계에 평형분석을 적용시키는 일반성에 대해 보여준다. 평형에서는 계의 모든 배열이 충분히 나타내지기 때문에(그림 9.1*b*에서의 butadiene의 반응과 같이), 평형 상태에서 그 계가 어떻게 끝날지를 예측하는 데는 반응 초기 조성이나 반응기구를 알 필요는 없다. 우리는 단순히 현존하는 각 요소의 양이나 계의 온도 및 압력을 명확히 하면 된다.

9.3 단일 반응 평형

지금까지 반응계(butadiene)에서 반응속도 대 열역학의 효과를 설명하기 위해서 특정 예를 들어 조사하였고 열역학 성질값인 Gibbs 에너지로써 어떻게 에너지와 엔트로피(HCl) 사이의 교환을 정량화하여 평형 조성을 계산하는지를 알아보았다. 지금 일반적인 접근 방법을 전개하여 어떠한 관심계에 대해서도 화학 반응 평형을 분석할 수 있게 하고자 한다.

식 (9.1)에서 고려한 H_2와 Cl_2로부터 HCl이 생성되는 반응은 다음과 같이 쓸 수 있다.

$$A_1 + A_2 \rightleftarrows 2A_3$$

A_i는 화학 반응 성분 i를 나타낸다, 즉

$$A_1 = H_2, \quad A_2 = Cl_2, \quad A_3 = HCl$$

일반화를 위해 **화학양론 계수**(stoichiometric coefficient)인 ν_i를 도입할 수 있다. 화학양론 계수는 우리에게 주어진 특정 반응에서 반응하거나 생성되는 물질의 비율에 대해 알려준다. 관례상 화학양론 계수는 생성물은 양의 값, 반응물은 음의 값, 그리고 불활성 물질은 0이다. 즉,

$$\nu_{\text{반응물}} < 0, \qquad \nu_{\text{생성물}} > 0, \qquad \nu_{\text{불활성 물질}} = 0$$

따라서 식 (9.1)에서는

$$\nu_1 = -1, \quad \nu_2 = -1, \quad \nu_3 = 2$$

우리는 이제 어떤 가능한 반응에 대해서도 이런 방법을 일반화하고자 한다. 이것은 복잡한 화학 평형 분석을 컴퓨터로 해결하는 데 있어 특히 유용하게 사용된다. 위의 예에서 개발된 수식체계를 사용함으로써 어떠한 화학 반응에 대한 화학양론도 다음과 같이 나타낼 수 있다.

$$\sum \nu_i A_i \tag{9.5}$$

식 (9.5)에서 물질 A_i와 화학양론 계수 ν_i를 정의함으로써 주어진 화학 반응이 완전히 명시된다. 더욱이 반응하는 물질의 생성과 소비는 독립적이지 않다. 식 (9.5)에 의해 각각의 반응 성

분이 어떻게 변할지가 제한된다.

이 점을 보기 위해서 물질 1에서 물질 2로의 몰수의 변화 비를 고려한다. 이것은 각 화학양론계수의 비율에 따라 정의된다.

$$\frac{(\text{몰의 변화})_1}{(\text{몰의 변화})_2} = \frac{dn_1}{dn_2} = \frac{\nu_1}{\nu_2}$$

또는 재정리하면

$$\frac{dn_1}{\nu_1} = \frac{dn_2}{\nu_2}$$

유사하게, 물질 1과 물질 3 사이에서는

$$\frac{dn_1}{dn_3} = \frac{\nu_1}{\nu_3} \quad \text{또는} \quad \frac{dn_1}{\nu_1} = \frac{dn_3}{\nu_3}$$

모든 반응물질의 변화는 식 (9.5)에 정의된 특정 반응의 화학양론에 의해 결정된다.

HCl의 예에서 보았듯이 우리는 다음과 같이 *반응진척도* ξ[2]을 정의할 수 있다.

$$\frac{dn_1}{\nu_1} = \frac{dn_2}{\nu_2} = \frac{dn_3}{\nu_3} \equiv d\xi \tag{9.6}$$

초기 상태에서 ξ는 0이다. 반응진척도는 몰 단위를 가지며, 주어진 반응이 얼마나 진행되었는지를 나타내는 척도이다. 이것은 모든 구성 성분 물질들이 반응 시에 어떻게 변화되었는가를 나타내주는 하나의 변수이기 때문에 유용하며, 수치적으로 0과 1 사이로 한정되지 않는다. 만약 반응이 반응 화학양론적으로 예상했던 것보다 역방향으로 진행된다면 반응진척도는 음의 값이 될 수 있다.

물질 i에 대해서 식 (9.6)을 다시 쓸 수 있다.

$$dn_i = \nu_i d\xi \tag{9.7}$$

ξ의 정의에 의해 규정된 초기 조건에서 적분을 하면 다음을 얻는다.

$$n_i = n_i^o + \nu_i \xi \tag{9.8}$$

여기서 n_i^o는 물질 i의 초기 농도이다. 주어진 한 상에서 존재하는 모든 물질을 합하면 그 상에서의 총 몰수를 얻을 수 있다. 예를 들어 기체상에서는

$$n^v = \sum_{\text{vapor}} n_i = n^o + \nu\xi \tag{9.9}$$

여기서 $$n^o = \sum_{\text{vapor}} n_i^o \quad \text{그리고} \quad \nu = \sum_{\text{vapor}} \nu_i$$

또한 기체상에서 각 물질의 몰분율은 다음과 같다.

$$y_i = \frac{n_i}{n^v} = \frac{n_i^o + \nu_i \xi}{n^o + \nu\xi} \tag{9.10}$$

2. ξ는 반응좌표라고도 한다.

식 (9.8)과 식 (9.10)으로 ξ에 기반한 반응계의 조성과 기상 몰분율을 계산할 수 있다. 후자의 예로서 그림 9.3에 예시된 반응을 고려하자. 이 경우에 $n^o = 2$이고, $\nu = 0$이다. 그러므로

$$y_{H_2} = \frac{1-\xi}{2}, \qquad y_{Cl_2} = \frac{1-\xi}{2}, \qquad y_{HCl} = \xi$$

식 (9.9)와 식 (9.10)의 유사 방정식이 존재하는 임의의 액체 또는 고체상에 대해 쓰여질 수 있다. 예를 들어, 액상에서의 몰분율은 다음과 같이 주어진다.

$$x_i = \frac{n_i}{n^l} = \frac{n_i^o + \nu_i \xi}{n^o + \nu \xi} \tag{9.11}$$

식 (9.10)과 식 (9.11)을 불균일 반응에 적용하는 데 있어서 같은 상에서는 물질의 총 몰수로만 나누는 것을 기억하는 것이 중요하다.

예제 9.1 **연료 전지 연료원의 반응진척도**

연료 전지는 매력적인 대체 에너지원이며, 작동을 위해 수소 연료의 공급이 필요하다. Methanol의 직접 변환에 기초하여 수소를 얻는 연료전지를 생각해보자.

$$H_2O(g) + CH_3OH(g) \rightleftarrows CO_2(g) + 3H_2(g)$$

반응은 methanol의 두 배로 공급되는 물과 함께 60°C, 저압에서 수행된다. 평형 반응진척도는 $\xi = 0.87$이다. 공급 원료의 methanol 몰당 몇 mol의 수소가 생성되는가? 수소의 몰분율을 얼마인가?

풀이 ▸ 1 mol의 methanol을 기준으로 초기 조성은 다음과 같이 쓸 수 있다.

$$n^o_{CH_3OH} = 1 \quad \text{그리고} \quad n^o_{H_2O} = 2$$

생성물의 몰수는 0이다. 식 (9.8)과 (9.9)에 이 값들을 넣으면

$$\begin{aligned}
n_{CH_3OH} &= n^o_{CH_3OH} + \nu_{CH_3OH}\xi = 1 - \xi \\
n_{H_2O} &= n^o_{H_2O} + \nu_{H_2O}\xi = 2 - \xi \\
n_{CO_2} &= n^o_{CO_2} + \nu_{CO_2}\xi = \xi \\
n_{H_2} &= n^o_{H_2} + \nu_{H_2}\xi = 3\xi \\
\hline
n^v &= n^o + \nu\xi = 3 + 2\xi
\end{aligned}$$

총 몰수인 n^v는 각 물질의 값을 더하여 얻을 수 있다는 것에 유의하자. 수소의 몰수를 계산하면

$$n_{H_2} = 3\xi = 2.61 \text{ mol}$$

그리고 몰분율은

$$y_{H_2} = \frac{n_{H_2}}{n^v} = \frac{3\xi}{3 + 2\xi} = 0.55$$

화학 평형에 대한 기준으로 지금까지 전개된 일반적인 형식을 적용할 수 있다. 일정한 온도와 압력 하에서 평형을 위한 조건은 Gibbs 에너지가 최소가 되는 것이다. Gibbs 에너지의 변화는 식 (6.16)에 주어졌다.

$$dG = \sum \mu_i dn_i = \sum \mu_i \nu_i d\xi$$

여기서 dn_i를 위해 식 (9.7)을 이용한다. 이 계는 Gibbs 에너지가 최소가 되는 반응진척도에서 화학 평형에 도달하게 된다. 이 기준을 적용하면 다음을 얻는다.

$$\frac{dG}{d\xi} = 0 = \sum \mu_i \nu_i \tag{9.12}$$

이것은 그림 9.3에서 Gibbs 에너지의 최소치에서 표시되는 평형전환에 대한 수학적 상응관계식이다.

식 (9.12)를 풀기 위해서 화학 퍼텐셜에 대한 식이 필요하다. 상평형에서 이미 다루었듯이 화학 퍼텐셜은 퓨가시티에 연결시킬 수 있으며, 이런 수식을 쓰기 위해서는 잘 정의된 기준 상태가 필요하다. 표준 상태라고 불리는 특별한 일반적 기준 상태는 1 bar(또는 필요에 따라 1 atm)의 압력과 반응 온도에서의 순수한 물질로서 정의된다. 기준 상태의 압력으로 1 atm과 1 bar를 자유롭게 교환하여 사용할 것이다. Gibbs 에너지는 압력에 따른 변화가 작기 때문에, 모든 실제 목적에 있어서 그 값은 이 두 압력에서 동일하다.

표준 상태를 사용하여 화학 퍼텐셜은 다음과 같이 쓰여진다.

$$\mu_i = g_i^o + RT \ln \frac{\hat{f}_i}{f_i^o} \tag{9.13}$$

여기서 순수 성분의 몰당 Gibbs 에너지(g_i^o)는 온도만의 함수이다. 이제 곧 경험하겠지만, 기준 상태로서 표준 상태를 사용함으로 수많은 배열의 열화학 자료표를 이용할 수 있게 된다. 식 (9.12)에 식 (9.13)을 대입하면

$$0 = \sum \left[g_i^o + RT \ln \frac{\hat{f}_i}{f_i^o} \right] \nu_i$$

다시 정리하면

$$\boxed{\ln \prod \left(\frac{\hat{f}_i}{f_i^o} \right)^{\nu_i} = -\frac{\sum \nu_i g_i^o}{RT} \equiv -\frac{\Delta g_{rxn}^o}{RT}} \tag{9.14}$$

여기서 생성물의 대수 값이 대수의 합과 같다는 수학적 동일성을 사용하였다. 또한 새로운 용어, $\Delta g_{rxn}^o = \sum \nu_i g_i^o$를 정의하였는데, 이것은 반응의 Gibbs 에너지이며, 반응 물질의 화학양론 계수에 비례하는 순수 성분의 Gibbs 에너지에 기반한다. 주어진 반응의 화학양론에서 이 항은 온도만의 함수이다.

식 (9.14)를 살펴보면, 직관적으로 화학 반응 평형 문제를 두 부분으로 분류하였음을 볼 수 있다. 하나는 식의 좌변으로 표시되는 항이고 나머지는 식의 우변에 해당하는 항이다. 좌변 항을 풀기 위해서는 위에서 유도된 반응진척도 식이 필요하다. 원료 조성과 반응 압력 등의 공정 변수들이 ξ의 값에 영향을 미치는 부분이다. 화학 반응 평형 계산에서의 이에 대한 세부 항을 9.5절에서 다룰 것이다. 한편, 우변의 해는 단순히 Δg_{rxn}^o의 값을 결정하는 데에 달려 있다. 방금 전에 보았듯이 Δg_{rxn}^o는 계의 온도에만 의존한다. *따라서, 한 번 반응 화학양론이 정의되면, 반응 온도가 식 (9.14)의 우변을 풀기 위해 정해져야 할 유일한 변수가 된다.*

식 (9.14)의 우변 항 결정을 위해서는 반응 온도 T만 필요하기 때문에, 이것의 이름을 평형상수 K라고 하고, 다음과 같이 정의한다.

$$\ln K \equiv -\frac{\Delta g^o_{\text{rxn}}}{RT} \tag{9.15}$$

여기서 자연대수는 식 (9.14)의 좌변 항을 간단히 표현하기 위해 사용되었다. 평형상수는 주어진 온도에서 단지 '상수'일 뿐이므로,

$$K = f(\text{오직 } T)$$

이제 화학 반응 평형에 대한 척도를 다음과 같이 요약할 수 있다.

$$\boxed{\prod\left(\frac{\hat{f}_i}{f_i^o}\right)^{\nu_i} \equiv K} \tag{9.16}$$

9.4절에서는 구입 가능한 열화학 자료로부터 임의의 온도에서 K를 구하는 방법을 배우고, 9.5절에서 좌변 항을 어떻게 반응진척도와 연관시키는지를 알아볼 것이다.

▶ 9.4 열화학적 자료로부터 *K* 값의 계산

K 값을 구하기 위해 반응 Gibbs 에너지를 계산할 수 있게 해주는 열역학적 자료(Δg_i, Δh_i, 혹은 이러한 순수 성분 물성들의 치환)를 이용한다. 그 다음 식 (9.15)에 의해 K 값을 구할 수 있다. 우선, 298 K에서의 Δg^o_{rxn}로부터 K 값을 산출하는 방법을 살펴본다. 그 다음에 임의의 온도에서의 Δg^o_{rxn}를 결정하는 방법을 조사할 것이다. 부록 F에 열역학 성질 자료를 찾기 위한 일반적 정보처를 제시하였다.

생성 Gibbs 에너지로부터 *K* 값 계산

평형상수를 계산하는 데 있어서 입수 가능한 가장 일반적인 열역학 자료는 (표준)생성 Gibbs 에너지, Δg_f^o 이다. 이들에 대해 부록 A.3은 25°C, 1 bar에서 몇 개의 대표적 값을 보여준다. 생성 Gibbs 에너지는 2.6절에서 소개된 바와 같이 생성 엔탈피와 유사하게 정의된다. 이것은 대상 화학종이 자연계에서 발견되는 순수한 형태의 원소 구성물로부터 생성될 때의 Gibbs 에너지와 동일하다. 즉,

$$\text{원소} \overset{\Delta g_f}{\rightleftarrows} \text{화학종 } i$$

자연계에서 발견되는 순수 원소의 생성 Gibbs 에너지는 0과 같다.

가용한 생성 Gibbs 에너지로부터 바로 반응 Gibbs 에너지를 계산할 수 있다. 298 K에서의 이러한 반응 Gibbs 에너지의 계산 경로가 그림 9.4에 나와 있다. 점선의 (계산) 경로에서 반응물은 우선 자연계에서 발견되는 상태로의 구성 원소들로 분해된다. 이 경로 부분은 Δg_1으로 주어진다. 그런 후에 구성 원소들로부터 생성물을 생성하는 반응이 일어나며 이때의 Gibbs 에너지는 Δg_2로 주어진다. 반응물의 양론 계수는 음수이고, 위의 생성 Gibbs 에너지의 정의와 일치하는 Δg_1의 부호를 결정한다. 두 경로를 수식으로 나타내면

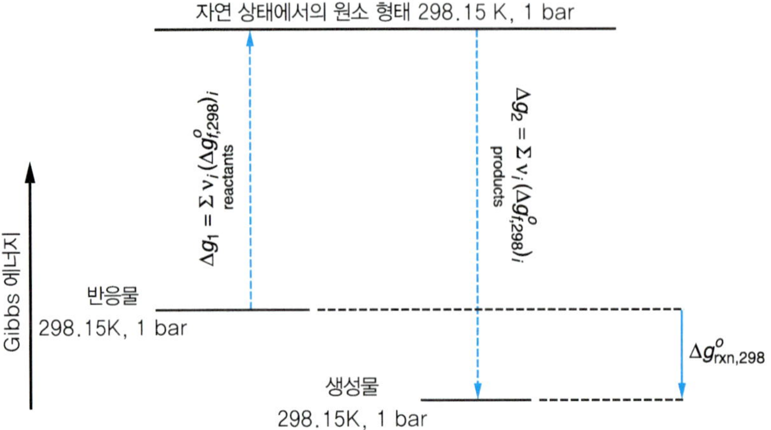

그림 9.4 표준 생성 Gibbs 에너지 $(\Delta g^o_f)_i$로부터 Δg^o의 계산 경로.

$$\Delta g^o_{rxn,298} = \Delta g_1 + \Delta g_2 = \sum_{reactants} \nu_i (\Delta g^o_{f,298})_i + \sum_{products} \nu_i (\Delta g^o_{f,298})_i = \sum \nu_i (\Delta g^o_{f,298})_i$$

그러므로 관련 화학 반응에서 생성 Gibbs 에너지를 모든 성분에 대하여 알 수 있다면, 반응 Gibbs 에너지는 각 성분의 양론 계수에 의해 그들의 Δg_f에 비례하여 결정할 수 있다. 요약하면,

$$\Delta g^o_{rxn} = \sum \nu_i g^o_i = \sum \nu_i (\Delta g^o_f)_i \tag{9.17}$$

예제 9.2 **298 K에서의 K 값 계산**

예제 9.1의 반응에 대하여 298 K에서의 평형상수를 계산하라.

$$H_2O(g) + CH_3OH(g) \rightleftarrows CO_2(g) + 3H_2(g)$$

풀이 ▶ 평형상수는 생성 Gibbs 에너지로부터 구할 수 있다. 이 경우에 식 (9.17)은 다음과 같이 된다.

$$\Delta g^o_{rxn,298} = \sum \nu_i (\Delta g^o_{f,298})_i = (\Delta g^o_{f,298})_{CO_2} + 3(\Delta g^o_{f,298})_{H_2} - (\Delta g^o_{f,298})_{H_2O} - (\Delta g^o_{f,298})_{CH_3OH}$$

부록 A.3의 값으로부터

$$\Delta g^o_{rxn,298} = (-394.36) + 3(0) - (-228.57) - (-161.96) = -3.83\ [\text{kJ/mol}]$$

물은 이 상태에서 기체로 존재하지 않지만 가상의 기체 상태를 사용하였다. 하나의 예로, 예제 9.1에 묘사된 반응의 K 값을 구하는 것이 실질적인 응용의 첫 번째 단계가 될 수 있다. 다음 단계로는 K의 온도 의존성을 설명하거나(다음 절), 물이 낮은 압력 상태에서 기체로 존재하는, 60°C에서의 평형상수를 찾는 것이 될 것이다. 적절한 값(SI 단위로)을 식 (9.15)에 대입하면 다음과 같다.

$$K_{298} = \exp\left(-\frac{\Delta g^o_{298}}{RT}\right) = \exp\left(-\frac{-3{,}830}{(8.314)(298.15)}\right) = 4.69$$

K의 온도 의존성

분석하고자 하는 대부분의 반응들은 25°C가 아닌 다른 온도에서 일어난다. 만약 생성 Gibbs 에너지(또는 다른 동등한 자료)를 그 반응 온도에서 얻을 수 있다면, 평형상수는 식 (9.15)로부터 직접 계산될 수 있다. 그러나 반응 Gibbs 에너지를 계산하기 위한 자료 값들은 종종 우리가 관심있는 온도(일반적으로 25°C)가 아닌 다른 온도에서 얻게된다. K의 온도 의존성을 결정함으로써, 한 세트의 Gibbs 에너지 자료로부터 임의의 온도에서 임의의 반응에 대한 평형상수 값을 계산할 수 있다.

K의 온도 의존성을 계산하기 위해서 다시 한 번 필요한 성질 간의 관계를 제공해 주는 열역학적 망의 이점을 이용하자. $\mathrm{d}\ln K/\mathrm{d}T$ 값을 구하고자 한다. 하지만 식 (9.15)에 의해

$$\frac{\mathrm{d}\ln K}{\mathrm{d}T} = -\frac{\mathrm{d}(\Delta g^o_{\mathrm{rxn}}/RT)}{\mathrm{d}T}$$

곱의 규칙을 적용하면, 다음을 얻는다.

$$\frac{\mathrm{d}\ln K}{\mathrm{d}T} = \frac{\Delta g^o_{\mathrm{rxn}}}{RT^2} - \frac{1}{RT}\frac{\mathrm{d}\Delta g^o_{\mathrm{rxn}}}{\mathrm{d}T} = \frac{\Delta g^o_{\mathrm{rxn}}}{RT^2} + \frac{\Delta s^o_{\mathrm{rxn}}}{RT}$$

일정 압력 조건이기 때문에, 식 (5.14)로부터 주어진 열역학 성질 관계식, $(\partial\Delta g^o_{\mathrm{rxn}}/\partial T)_P = -\Delta s^o_{\mathrm{rxn}}$이 사용되었다. 정의로부터

$$\Delta g^o_{\mathrm{rxn}} = \Delta h^o_{\mathrm{rxn}} - T\Delta s^o_{\mathrm{rxn}}$$

따라서

$$\frac{\mathrm{d}\ln K}{\mathrm{d}T} = \frac{\Delta h^o_{\mathrm{rxn}}}{RT^2} \tag{9.18}$$

여기서 반응 엔탈피, $\Delta h^o_{\mathrm{rxn}}$은 식 (2.35)로부터 다음과 같이 정의된다.

$$\Delta h^o_{\mathrm{rxn}} = \sum \nu_i h^o_i = \sum \nu_i (\Delta h^o_f)_i \tag{9.19}$$

식 (9.18)을 보면, RT^2이 항상 0보다 크기 때문에, 발열반응($\Delta h^o_{\mathrm{rxn}} < 0$)에서 평형상수는 온도가 증가하면 감소하게 된다. 반면에 흡열반응($\Delta h^o_{\mathrm{rxn}} > 0$)에서, 평형상수는 온도가 증가함에 따라 증가한다.

$\Delta h^o_{\mathrm{rxn}}$ = 상수

적은 온도 범위에서나 대략적인 계산에서 우리는 $\Delta h^o_{\mathrm{rxn}}$을 온도에 무관한 항으로 가정할 수 있다. 만약 (9.18)에서 변수를 분리하면

$$\mathrm{d}\ln K = \left(\frac{\Delta h^o_{\mathrm{rxn}}}{R}\right)\frac{\mathrm{d}T}{T^2}$$

적분하면

$$\ln\frac{K_2}{K_1} = -\frac{\Delta h^o_{\mathrm{rxn}}}{R}\left(\frac{1}{T_2} - \frac{1}{T_1}\right) \tag{9.20}$$

만약 298 K에서 K 값을 알고 있다면, 식 (9.20)은 다음과 같이 된다.

$$\ln\frac{K_T}{K_{298}} = -\frac{\Delta h^o_{\mathrm{rxn}}}{R}\left(\frac{1}{T} - \frac{1}{298}\right) \tag{9.21}$$

예제 9.3 **K_{298}를 이용한 60°C에서의 K 계산**

예제 9.1의 반응에 대해 60°C에서 평형상수를 계산하라.

$$H_2O(g) + CH_3OH(g) \rightleftarrows CO_2(g) + 3H_2(g)$$

풀이 ▸ 예제 9.2로부터

$$K_{298} = 4.69$$

생성 엔탈피로부터 반응 엔탈피 값을 찾을 수 있다.

$$\Delta h^o_{rxn} = \sum \nu_i \left(\Delta h^o_f\right)_i = \left(\Delta h^o_f\right)_{CO_2} + 3\left(\Delta h^o_f\right)_{H_2} - \left(\Delta h^o_f\right)_{H_2O} - \left(\Delta h^o_f\right)_{CH_3OH}$$

부록 A.3의 값들을 이용하면

$$\Delta h^o_{rxn,298} = (-393.51) + 3(0) - (-241.82) - (-200.66) = 48.97 \text{ [kJ/mol]}$$

식 (9.21)에 이 값을 넣으면

$$\ln\frac{K_{333}}{4.69} = -\frac{48{,}970}{8.314}\left(\frac{1}{333} - \frac{1}{298}\right) = 2.08$$

평형상수 값을 구하면

$$K_{333} = 37.44$$

이 반응의 평형상수 값은 온도가 25°C에서 60°C로 증가함에 따라 자리 수 하나가 더 증가한다.

› $\Delta h^o_{rxn} = \Delta h^o_{rxn}(T)$

일반적으로 반응의 엔탈피는 온도의 함수이다. 즉, $\Delta h^o_{rxn} = \Delta h^o_{rxn}(T)$. 그림 9.5는 온도 의존성을 이용한 계산 경로를 보여준다. 이 경로는 가용한 $\Delta h^o_{rxn,298}$ 자료와 각 반응 물질 i의 열용량 자료, $c_{p,i}$를 기반으로 구성되었다. 단계 1에서 우리는 계의 온도 T에서 298.15 K까지 반응물을 냉각하거나 가열한다. 단계 2에서는 298.15 K에서 화학 반응에 의해 반응물로부터 생성물을 얻는다.

마지막으로, 단계 3에서 생성물을 온도 T의 상태로 돌려놓는다.

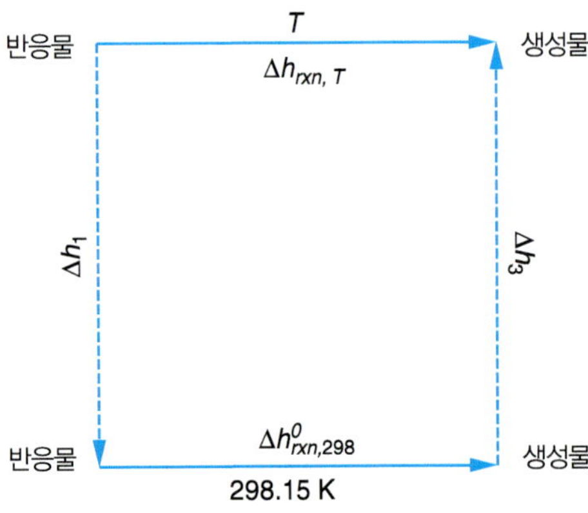

$$\Delta h_{rxn,T} = \Delta h_1 + \Delta h^0_{rxn,298} + \Delta h_3$$

$$\Delta h_1 = -\int_{T\ reactants}^{298} R\sum \nu_i \left(A_i + B_iT + C_iT^2 + D_iT^{-2} + E_iT^3\right)dT$$

$$\Delta h_3 = \int_{298\ products}^{T} R\sum \nu_i \left(A_i + B_iT + C_iT^2 + D_iT^{-2} + E_iT^3\right)dT$$

그림 9.5 $\Delta h^o_{rxn}(T)$를 결정하는 계산 경로.

일반적으로 열용량은 다음과 같은 형태의 식으로 나타낼 수 있다.

$$\frac{(c_P)_i}{R} = A_i + B_iT + C_iT^2 + D_iT^{-2} + E_iT^3$$

임의의 온도 T에서의 반응 엔탈피는 그림 9.5의 경로에 따라 얻을 수 있다.

$$\Delta h^o_{\text{rxn},T} = \Delta h^o_{\text{rxn},298} + \int_{298}^{T}\left(R\sum_i \nu_i\left(A_i + B_iT + C_iT^2 + \frac{D_i}{T^2} + E_iT^3\right)\right)\text{d}T \quad \textbf{(9.22)}$$

여기서 298 K에서의 반응 엔탈피, $\Delta h^o_{\text{rxn},298}$는 표준 생성 엔탈피 표로부터 계산될 수 있다(예로, 부록 A.3을 보라). 식 (9.22)를 적분하면 다음과 같다.

$$\Delta h^o_{\text{rxn},T} = \Delta h^o_{\text{rxn},298} + R\left[\Delta A(T - 298) + \frac{\Delta B}{2}(T^2 - 298^2) + \frac{\Delta C}{3}(T^3 - 298^3)\right.$$
$$\left. - \Delta D\left(\frac{1}{T} - \frac{1}{298}\right) + \frac{\Delta E}{4}(T^4 - 298^4)\right] \quad \textbf{(9.23)}$$

여기서, $\Delta A = \sum_i \nu_i A_i, \quad \Delta B = \sum_i \nu_i B_i, \quad \Delta C = \sum_i \nu_i C_i,$

$\Delta D = \sum_i \nu_i D_i,$ 그리고 $\Delta E = \sum_i \nu_i E_i,$

식 (9.23)을 식 (9.18)에 대입하면 다음과 같다.

$$\frac{\text{dln}K}{\text{d}T} = \left[\frac{\Delta h^o_{\text{rxn},298}}{R} + \Delta A(T - 298) + \frac{\Delta B}{2}(T^2 - 298^2) + \frac{\Delta C}{3}(T^3 - 298^3)\right.$$
$$\left. - \Delta D\left(\frac{1}{T} - \frac{1}{298}\right) + \frac{\Delta E}{4}(T^4 - 298^4)\right] \Big/ T^2$$

적분하면 다음을 얻는다.

$$\ln\left(\frac{K_T}{K_{298}}\right) = \left\{\begin{aligned} &\left[-\frac{\Delta h^o_{\text{rxn},298}}{R} + \Delta A(298) + \frac{\Delta B}{2}(298^2) + \frac{\Delta C}{3}(298^3)\right. \\ &\left. -\frac{\Delta D}{298} + \frac{\Delta E}{4}(298^4)\right]\left(\frac{1}{T} - \frac{1}{298}\right) \\ &+\Delta A \ln\left(\frac{T}{298}\right) + \frac{\Delta B}{2}(T - 298) + \frac{\Delta C}{6}(T^2 - 298^2) \\ &+\frac{\Delta D}{2}\left(\frac{1}{T^2} - \frac{1}{298^2}\right) + \frac{\Delta E}{12}(T^3 - 298^3) \end{aligned}\right\} \quad \textbf{(9.24)}$$

여기서 298 K의 평형상수, K_{298}은 표준생성 Gibbs 에너지 표로부터 계산할 수 있다(예로, 부록 A.3을 보라). 데이터베이스에 있는 물질들의 반응에 대해서 식 (9.24)를 푸는 데 ThermoSolver를 사용할 수 있다.

예제 9.4 **K_T의 계산**

다음과 같이 methanol(CH_4O)의 기상 열분해 반응에 의해 formaldehyde(폼알데하이드)(CH_2O)를 생산하고자 한다.

$$CH_4O(g) \rightleftarrows CH_2O(g) + H_2(g)$$

(a) 실온에서 평형상수는 얼마인가? 생성물의 상당한 수율을 기대할 수 있겠는가?

(b) 600°C 1 bar에서의 반응을 고려하자. 평형상수 값은 얼마인가?

(i) Δh^o_{rxn} = 상수로 가정한다면 ?

(ii) $\Delta h^o_{\text{rxn}} = \Delta h^o_{\text{rxn}}(T)$를 사용한다면 ?

풀이 ▶ 먼저 우리는 적절한 열화학적 자료를 확보해야 한다. 부록 A.2와 A.3에서의 자료가 표 E9.4에 요약되어 있다.

(a) 25°C에서의 평형상수는 반응 Gibbs 에너지로부터 계산될 수 있다.

표 E9.4로부터

$$\Delta g^o_{\text{rxn},298} = \sum \nu_i(\Delta g^o_{f,298})_i = (\Delta g^o_{f,298})_{CH_2O} + (\Delta g^o_{f,298})_{H_2} - (\Delta g^o_{f,298})_{CH_4O}$$

$$= 52.0 \text{ [kJ/mol]}$$

따라서, $$K_{298} = \exp\left(-\frac{\Delta g^o_{\text{rxn},298}}{RT}\right) = \exp\left(-\frac{52{,}000}{(8.314)(298.15)}\right) = 7.64 \times 10^{-10}$$

이 값은 예제 9.2에서의 값보다 11 자리 수나 작다. 평형상수는 어느 생성물이 생성되는 정도를 나타내기 때문에, 이 결과는 298 K에서 매우 적은 formaldehyde가 생성될 것이라는 것을 말해준다. 이 예는 평형상수가 넓은 범위의 값들을 가질 수 있음을 보여준다. Methanol이 1 기압 298 K에서는 액상으로 존재하고, 600°C에서는 기체로 존재하기 때문에 여기서는 가상의 기상 상태를 사용하였다.

(b) (i) 600°C에서 K 값을 계산하기 위해 반응 엔탈피가 필요하다. 표 E9.4의 열화학적 자료로부터는 298 K에서 반응 엔탈피 값을 얻을 수 있다.

$$\Delta h^o_{\text{rxn},298} = \sum \nu_i(\Delta h^o_{f,298})_i = (\Delta h^o_{f,298})_{CH_2O} + (\Delta h^o_{f,298})_{H_2} - (\Delta h^o_{f,298})_{CH_4O} = 84.7 \text{ [kJ/mol]}$$

반응이 흡열이기 때문에 K는 T와 함께 증가한다. 식 (9.21)에 적용하면

$$\ln\frac{k_{873}}{7.64 \times 10^{-10}} = -\frac{84{,}700}{8.314}\left(\frac{1}{873} - \frac{1}{298}\right) = 22.5$$

표 E9.4 **부록 A.2와 A.3으로부터의 열화학적 자료 요약**

	CH_4O	CH_2O	H_2
$(\Delta g^o_{f,298})_i$ [kJ/mol]	−162.0	−110.0	0
$(\Delta h^o_{f,298})_i$ [kJ/mol]	−200.7	−116.0	0
ν_i	−1	1	1
A_i	2.211	2.264	3.249
B_i	1.222×10^{-2}	7.022×10^{-3}	0.422×10^{-3}
C_i	-3.450×10^{-6}	-1.877×10^{-6}	—
D_i	—	—	0.083×10^{5}

평형상수에 대해 풀면

$$K_{873} = 4.63$$

이 결과는 600°C에서 주목할 만한 양의 생성물을 얻는다는 것을 나타낸다.

(ii) 온도에 따른 반응 엔탈피의 변화를 설명하기 위해서는 열용량 자료를 사용하여야 한다. 표 9.4로부터 다음을 얻는다.

$$\Delta A = \sum_i \nu_i A_i = 3.302$$

$$\Delta B = \sum_i \nu_i B_i = -4.776 \times 10^{-3}$$

$$\Delta C = \sum_i \nu_i C_i = 1.57 \times 10^{-6}$$

$$\Delta D = \sum_i \nu_i D_i = 0.083 \times 10^{5}$$

이 값들을 식 (9.24)에 대입하면

$$\ln\left(\frac{K_{873}}{7.64 \times 10^{-10}}\right) = \left\{\begin{aligned} &\left[-\frac{84{,}700}{8.314} + (3.302)(298) - \frac{4.776 \times 10^{-3}}{2}(298^2) \right. \\ &\left. + \frac{1.57 \times 10^{-6}}{3}(298^3) - \frac{0.083 \times 10^5}{298}\right]\left(\frac{1}{873} - \frac{1}{298}\right) \\ &+ 3.302 \ln\left(\frac{873}{298}\right) - \frac{4.776 \times 10^{-3}}{2}(873 - 298) \\ &+ \frac{1.57 \times 10^{-6}}{6}(873^2 - 298^2) + \frac{0.083 \times 10^5}{2}\left(\frac{1}{873^2} - \frac{1}{298^2}\right) \end{aligned}\right\}$$

오른쪽 항을 계산하면

$$\ln\left(\frac{K_{873}}{7.64 \times 10^{-10}}\right) = 23.2$$

이것의 결과는

$$K_{873} = 8.67$$

일정한 열용량 값으로 가정할 때, 평형상수는 이 값의 약 반 정도이다.

▸ 9.5 평형상수와 반응물질 농도와의 관계

방금 어느 반응 온도에서든 평형상수를 계산하는 법을 배웠다. 식 (9.16)을 살펴보면 평형상수가 반응물과 생성물의 퓨가시티와도 관련이 있다는 것을 보여준다. 이제 배웠던 평형상수가 퓨가시티와 표준 상태에 연관되어 있다는 것을 직접 반응진척도에 적용시키고자 한다. 예제 9.1에서 보았듯이 ξ 값을 알면 조성과 몰분율을 계산하는 것은 간단하다. 우리는 이미 기상과 응축상의 퓨가시티를 계산하는 법에 대해 조사했었기 때문에, 이러한 목표를 달성하기 위한 수식체계를 가지고 있다. 먼저 기상의 반응을 고려할 것이다.

기상 반응에서의 평형상수

기상에 대한 기준 상태는 기체가 이상기체처럼 거동하는 충분히 낮은 압력 상태임을 상기하

자. 화학 반응 계산에서 우리는 일반적으로 표준 상태 압력을 1 bar(1 기압)로 선택한다. 대부분의 기체에서 1 bar 상태와 이상기체의 가정이 유효하다면 분자 간 상호작용은 무시할만 하다. 그러나 만약 기체가 이 압력에서 이상적이지 않다면, 이상기체가 될 수 있는 충분히 낮은 압력으로 간 다음, 이상기체라는 가정 하에 1 bar 상태를 보간한다. 이 경우에 표준 상태는 1 bar의 가상적 이상기체를 나타내며, 이 때 실제 기체에서의 분자 간 상호작용에 대해서는 고려할 필요가 없다. 어느 경우에나 표준 퓨가시티는

$$f_i^o = 1 \text{ bar}$$

이런 선택 하에서 식 (9.16)은 다음과 같이 된다.

$$K = \prod \left(\hat{f}_i[\text{bar}] \right)^{\nu_i} = \prod (y_i \hat{\varphi}_i P[\text{bar}])^{\nu_i} \tag{9.25}$$

식 (9.25)에서의 압력은 기준 상태 퓨가시티가 bar의 단위를 가지므로 bar로 표기되었다. 이런 관점에서 이들 단위는 절대적이다.

7.3절에서와 같이 퓨가시티 계수를 푸는 데 3가지 수준의 엄격한 적용이 있음을 상기하자.

(a) $\hat{\varphi}_i = \hat{\varphi}_i$
이것은 엄격한 풀이로서 퓨가시티 계수는 혼합물 모든 성분의 농도에 의존하게 된다.

(b) $\hat{\varphi}_i = \varphi_i$ 첫 번째 근사법(Lewis 퓨가시티 규칙)
이 경우에 혼합물에서 성분 i의 퓨가시티 계수는 순수 성분의 퓨가시티 계수에 근사하다고 보며, 따라서 농도에 무관하다.

(c) $\hat{\varphi}_i = 1$ 두 번째 근사법(이상기체)

(a)의 경우는 퓨가시티 계수 계산을 위해 평형 조성을 반드시 알아야 하기 때문에 반복 계산이 요구된다. 그러나 우리는 평형 조성을 계산하기 위해서 퓨가시티 계수를 필요로 한다. 보통 이 엄격한 단계로는 화학 반응 평형에 도달하기 어려우므로, (b)의 경우 ($\hat{\varphi}_i = \varphi_i$)를 사용한다. (b)의 경우에 식 (9.25)는 다음과 같이 쓸 수 있다.

$$K = \prod (y_i)^{\nu_i} \prod (\varphi_i)^{\nu_i} P^{\nu} \tag{9.26}$$

*이상기체*에서[(c)의 경우], 식 (9.26)은 더 간단하게 할 수 있다.

$$K = \prod (y_i)^{\nu_i} P^{\nu} \quad (\text{이상기체}) \tag{9.27}$$

예제 9.5 **반응기 조건이 반응진척도에 미치는 효과**

다음의 일반적 기상 반응을 고려하자.

$$aA(g) + bB(g) \rightleftarrows cC(g) + dD(g) \tag{E9.5A}$$

등압 반응기가 비활성 성분, I를 포함하고 있다. 다음의 반응 조건들이 반응 생성물의 수율에 미치는 영향을 설명하라. **(a)** 온도, **(b)** 압력, **(c)** 비활성 성분의 첨가, **(d)** 원료 내의 추가적(비화학양론적) 반응물.

풀이 ▶ 반응기 안의 총 몰수는

$$n_T^v = n_A + n_B + n_C + n_D + n_1$$

식 (9.26)은 다음과 같이 쓰여진다.

$$K = \frac{\left(\frac{n_C}{n_T^v}\right)^c \left(\frac{n_D}{n_T^v}\right)^d}{\left(\frac{n_A}{n_T^v}\right)^a \left(\frac{n_B}{n_T^v}\right)^b}\left[\prod (\varphi_i)^{\nu_i}\right] P^{\nu}$$

다시 배열하면

$$\frac{K(n_T^v)^{\nu}}{[\Pi(\varphi_i)^{\nu_i}]P^{\nu}} = \frac{(n_C)^c(n_D)^d}{(n_A)^a(n_B)^b} \tag{E9.5B}$$

이제 반응기의 조건 변화가 어떻게 이 기상 반응의 평형 전환에 영향을 미치는지 고려할 준비가 되었다.

(a) 온도의 변화는 가장 뚜렷하게 K에 영향을 미친다(그리고 φ_i에는 적은 영향). 식 (E9.5B)를 다음과 같이 재배열할 수 있다.

$$\frac{K}{[\Pi(\varphi_i)^{\nu_i}]} = \left[\frac{P^{\nu}}{(n_T^v)^{\nu}}\right]\frac{(n_C)^c(n_D)^d}{(n_A)^a(n_B)^b} \tag{E9.5C}$$

여기서 식 (E9.5C)의 좌변 항을 온도에 종속적인 항으로 하였다. 9.4절에서 언급했듯이 발열 반응에서는 온도가 증가함에 따라 K는 감소한다. 그러므로 우변 항 역시 감소해야 한다. 식 (9.5A)에서의 평형은 왼쪽으로 이동하고, n_C와 n_D가 감소하는 반면에 n_A와 n_B는 증가할 것이다. 따라서 평형전환과 잠재적인 생성물 수율은 감소할 것이다. 역으로, 흡열 반응에서의 평형전환은 온도가 증가함에 따라 증가할 것이다.

(b) 압력은 P^{ν}항에 의해 주로 영향을 받는다(그리고 φ_i에는 적은 영향) K는 압력에는 무관하다. 식 (E9.5B)를 재배열하면

$$\frac{1}{P^{\nu}[\Pi(\varphi_i)^{\nu_i}]} = \left[\frac{1}{K(n_T^v)^{\nu}}\right]\frac{(n_C)^c(n_D)^d}{(n_A)^a(n_B)^b}$$

따라서 압력 효과는 주로 ν의 부호에 달려 있다. 만약 생성물의 몰수가 반응물의 몰수보다 크다면 ν는 양의 값이다. 이때는 (a) 경우에서 논의된 것과 유사하게 압력의 증가는 평형 전환을 감소시킨다. 반대로, 반응물이 생성물보다 더 많다면 압력이 증가함에 따라 평형 전환도 증가할 것이다. 이것이 바로 일반화학에서 배웠던 르 샤틀리에의 원리(Le Chatelier's principle)이다. 만약 생성물의 몰수가 반응물의 몰수와 같다면, 압력은 단지 φ_i를 통해 미약한 영향만을 미칠 것이다.

(c) 비활성 물질의 첨가는 ν의 부호에 종속적인 n_T^v 에 영향을 미칠 것이다. 식 (E9.5B)을 재배열하면,

$$(n_T^v)^{\nu} = \left[\frac{P^{\nu}[(\Pi\varphi_i)^{\nu_i}]}{K}\right]\frac{(n_C)^c(n_D)^d}{(n_A)^a(n_B)^b}$$

만약 생성물의 몰수가 반응물의 몰수보다 많다면($\nu > 0$), 비활성 물질의 증가는 평형 전환을 증가시킬 것이다. 반대로, 만약 반응물의 몰수가 생성물의 몰수보다 많다면 비활성 물질의 첨가는 전환율을 감소시킨다. 만약 반응물의 몰수와 생성물의 몰수가 같다면, 비활성 물질의 첨가는 아

무런 영향도 미치지 못할 것이다.

이 영향은 분자 수준에서 이해될 수 있다. 만약 생성물의 몰수가 반응물의 몰수보다 많은 반응을 고려할 때($\nu > 0$), 반응이 정방향보다 역방향으로 진행되기 위해서는 더 많은 개별 성분들이 충돌하여야 한다(서로 짝을 찾아). 비활성 물질의 첨가는 이 때 정반응보다 역반응을 더 어렵게 하는데, 이는 비활성 물질이 많은 수의 생성물 화학종들이 서로를 찾기 어렵게 만들기 때문이다. 그러므로 비활성 물질이 없는 경우와 비교해서 정반응이 역반응보다 더 많이 일어나게 될 것이며, 결과로 평형 전환은 커지게 된다.

(d) 원료에 과량의 반응물이 있다면, 식 (E9.5B)를 만족하기 위해 우변항의 분모는 더 많은 전환을 요구한다. 그러므로 원료에 첨가된 반응물은 다른 (제한) 반응물의 전환을 증가시킬 것이다.

예제 9.6 **Δh^o_{rxn} = 상수일 때 기상의 반응진척도 계산**

아래와 같이 ethane의 일분자 분해에 의한 ethylene의 생성을 고려해 보자.

$$C_2H_6 \rightleftarrows C_2H_4 + H_2$$

1000°C의 온도와 1 bar의 압력에서 계의 평형조성은 어떻게 되겠는가? Δh^o_{rxn} = 상수로 가정한다.

풀이 ▸ 부록 A.3으로부터 표 E9.6을 만들 수 있다. 표 E9.6의 마지막 열은 각 성분 값에 화학양론 계수를 곱한 것을 모두 더하여 반응의 엔탈피와 Gibbs 에너지로 나타낸 것이다. 원료에는 오직 ethane만이 존재한다. 따라서 $n^o_{C_2H_6} = 1$이다. 식 (9.8)과 (9.10)에 따라 반응진척도의 항으로 각각 몰수와 몰분율을 나타낼 수 있다.

$$n_{C_2H_6} = 1 - \xi \qquad y_{C_2H_6} = \frac{n_{C_2H_6}}{n^v} = \frac{1-\xi}{1+\xi}$$

$$n_{C_2H_4} = \xi \qquad y_{C_2H_4} = \frac{n_{C_2H_4}}{n^v} = \frac{\xi}{1+\xi}$$

$$n_{H_2} = \xi \qquad y_{H_2} = \frac{n_{H_2}}{n^v} = \frac{\xi}{1+\xi}$$

$$n^v = 1 + \xi$$

기상의 전체 몰수, n^v를 구하기 위해 단순히 각 화학종의 몰수를 더하였다. 다른 방법으로, 식 (9.9)를 사용할 수도 있다.

낮은 압력이기 때문에, 이상기체라고 가정할 수 있다. 그러므로 평형상수는 식 (9.27)을 이용하여 쓸 수 있다.

$$K = \prod (y_i)^{\nu_i} P^{\nu} = \frac{y_{C_2H_4} y_{H_2}}{y_{C_2H_6}} P$$

여기서 $\nu = (-1 + 1 + 1) = 1$. K를 반응진척도의 항으로 나타내면

$$K = \frac{\xi^2}{(1-\xi)(1+\xi)} P = \frac{\xi^2}{(1-\xi^2)} P$$

표 E9.6 부록 A.3으로부터 열화학적 자료의 요약

화학종	ν_i	Δh^o_f	Δg^o_f
C_2H_6	−1	−84.68 kJ/mol	−32.84 kJ/mol
C_2H_4	1	52.26	68.15
H_2	1	0	0
$\sum \nu_i()_i$	1	136.94	100.99

재배열하면,

$$\xi = \sqrt{\frac{K}{K+P}} \tag{E9.6}$$

식 (E9.6)은 P와 T 항으로(K를 통해) 반응진척도를 나타낸 것이다. 식 (E9.6)을 수치로 나타내려면 K는 표 E9.6의 열화학적 자료로부터 결정되어야 한다. 먼저, K를 25°C에서 계산하면

$$K_{298} = \exp\left(-\frac{\Delta g^o_{\text{rxn}}}{RT}\right) = \exp\left(-\frac{100{,}990}{[8.314][298.2]}\right) = 2.04 \times 10^{-18}$$

만약에 Δh^o_{rxn}가 일정하다고 가정하면, 식 (9.21)을 사용하여 T에 대한 수정을 할 수 있다.

$$\ln\frac{K_{1273}}{K_{298}} = -\frac{\Delta h^o_{\text{rxn}}}{R}\left(\frac{1}{T} - \frac{1}{298}\right) = -\frac{136{,}940}{8.314}\left(\frac{1}{1273} - \frac{1}{298}\right) = 42.33$$

평형상수를 풀면

$$K_{1273} = 4.95$$

이 값을 식 (E9.6)에 적용하면 다음 값을 얻는다.

$$\xi = 0.91$$

또는 몰수로 표현하면

$$n_{C_2H_6} = 0.09, \quad n_{C_2H_4} = 0.91, \quad n_{H_2} = 0.91$$

이 조건들에서 ethane 원료의 91%를 ethylene으로 전환시키는 것이 가능함을 볼 수 있다.

예제 9.7 **1 bar에서 암모니아의 생산**

질소와 수소가 화학양론적으로 구성된 원료의 촉매 반응으로부터 암모니아를 생산한다. 반응온도는 500°C이고 반응 압력은 1 bar이다.

$$N_2 + 3H_2 \rightleftarrows 2NH_3$$

최대 가능 전환율은 얼마인가?
(a) Δh^o = 상수일 때
(b) $\Delta h^o = \Delta h^o(T)$일 때
반응은 이상기체 상태에서 진행하는 것으로 생각할 수 있다.

풀이 ▶ 부록 A.2와 A.3으로부터 우리는 표 E9.7을 작성할 수 있다. 표 E9.7의 마지막 열은 표시된 각 양에 대해서 각 성분 값에 화학양론 계수를 곱한 것의 합을 나타낸 것이다. 원료는 화학양론적

표 E9.7 부록 A.2와 A.3으로부터 열화학적 자료의 요약

화학종	ν_i	Δh^o_f	Δg^o_f	A_i	B_i	D_i
NH_3	2	−46.11 kJ/mol	−16.45 kJ/mol	3.578	3.020×10^{-3}	-0.186×10^5
N_2	−1	0	0	3.280	0.593×10^{-3}	0.040×10^5
H_2	−3	0	0	3.249	0.422×10^{-3}	0.083×10^5
$\sum \nu_i()_i$	−2	−92.22	−32.90	−5.871	4.180×10^{-3}	-0.661×10^5

으로 맞기 때문에 수소의 몰수는 질소 몰수의 3배이다. 따라서 초기 몰분율은 다음과 같이 쓸 수 있다.

$$n^o_{H_2} = 3,\ n^o_{N_2} = 1$$

식 (9.8)과 식 (9.10)에 따라 반응진척도의 항으로 각각 몰수와 몰분율을 나타낼 수 있다.

$$\begin{aligned} n_{N_2} &= 1 - 1\xi \\ n_{H_2} &= 3 - 3\xi \\ n_{NH_3} &= 2\xi \\ \hline n &= 4 - 2\xi \end{aligned} \qquad \begin{aligned} y_{N_2} &= \frac{n_{N_2}}{n} = \frac{1-\xi}{4-2\xi} \\ y_{H_2} &= \frac{n_{H_2}}{n} = \frac{3-3\xi}{4-2\xi} \\ y_{NH_3} &= \frac{n_{NH_3}}{n} = \frac{2\xi}{4-2\xi} \end{aligned}$$

낮은 압력이기 때문에 이상기체의 거동으로 가정할 수 있으며, 평형상수는 다음과 같이 쓸 수 있다.

$$K = \Pi(y_i)^{\nu_i}\Pi(\varphi_i)^{\nu_i}P^{\nu} = \frac{y^2_{NH_3}}{y_{N_2}\,y^3_{H_2}}P^{-2}$$

또는 반응진척도의 항으로

$$K = \frac{\left(\dfrac{2\xi}{4-2\xi}\right)^2}{\left(\dfrac{1-\xi}{4-2\xi}\right)\left(\dfrac{3-3\xi}{4-2\xi}\right)^3}P^{-2} = \frac{(2\xi)^2(4-2\xi)^2}{(1-\xi)(3-3\xi)^3}P^{-2} \tag{E9.7}$$

평형상수는 일반적 방법으로 계산될 수 있다. 먼저, 25°C에서의 K를 계산하기 위해서 반응 Gibbs 에너지를 사용한다.

$$K_{298} = \exp\left(-\frac{\Delta g^o_{rxn}}{RT}\right) = \exp\left(-\frac{-32{,}900}{[8.314][298.2]}\right) = 5.81 \times 10^5$$

(a) Δh^o_{rxn} = 상수에 대해 식 (9.21)을 다시 사용한다.

$$\ln\frac{K_T}{K_{298}} = \frac{\Delta h^o_{rxn}}{R}\left(\frac{1}{T} - \frac{1}{298}\right) = \frac{92{,}220}{8.314}\left(\frac{1}{773} - \frac{1}{298}\right) = -22.88$$

해를 구하면

$$K_T = 6.754 \times 10^{-5}$$

이것을 식 (E9.7)에 P = 1 bar와 함께 대입하고, 반응진척도에 대해 풀면 다음과 같다.

$$\xi = 0.005$$

(b) $\Delta h^o_{rxn} = \Delta h^o_{rxn}(T)$에 대해 식 (9.24)를 사용할 수 있다.

$$\ln\left(\frac{K_T}{K_{298}}\right) = \left\{\begin{aligned} &\left[-\frac{\Delta h^o_{rxn,298}}{R} + \Delta A(298) + \frac{\Delta B}{2}(298^2) + \frac{\Delta C}{3}(298^3)\right. \\ &\left.-\frac{\Delta D}{298}\right]\left(\frac{1}{T} - \frac{1}{298}\right) \\ &+\Delta A\ln\left(\frac{T}{298}\right) + \frac{\Delta B}{2}(T-298) + \frac{\Delta C}{6}(T^2 - 298^2) \\ &+\frac{\Delta D}{2}\left(\frac{1}{T^2} - \frac{1}{298^2}\right) \end{aligned}\right\} = -24.37$$

해를 구하면

$$K_T = 1.51 \times 10^{-5}$$

이것을 식 (E9.7)에 $P = 1$ bar와 함께 대입하고, 반응진척도에 대해 풀면 다음과 같다.

$$\xi = 0.003$$

요약하면, 이런 조건 하에서 주목할 만한 양의 NH_3 생산을 기대할 수 없다.

예제 9.8 **암모니아 생산에서 전환율 증가를 위한 전략**

예제 9.7과 같이 질소와 수소를 화학양론적으로 공급하는 촉매 반응으로부터의 암모니아 생산을 고려하자. 우리가 보았듯이 반응 온도가 500°C이고 반응 압력이 1 bar일 때, 전환율은 매우 낮다. 전환율을 증가시키기 위해 반응 조건을 변화시키고 싶다. T와 P중에 무엇을 변화시킬 것인가? 어떻게 변화시킬 것인가?

풀이 ▶ 이 반응은 발열 반응이다($\Delta h^o_{rxn} < 0$). 식 (9.18)로부터 추론할 수 있듯이 더 낮은 온도가 더 높은 평형 전환을 야기한다. 하지만 온도의 감소는 반응의 속도 또한 감소시키며, 이것이 주요한 산업적 관심사가 된다. 예제의 경우 반응이 너무 느리게 진행되어 전환율을 증가시키기 위해 T를 감소시킬 수 없다. 만일 다음으로 P를 고려한다면 초기의 영향은 식 (E9.58)에서 보다시피 ν에 의해 결정된다. ν가 음수이기 때문에 압력의 증가는 전환율을 증가시킬 것이다. 예제 9.9는 압력이 300 bar로 증가했을 때 얻어지는 평형 전환율에 대해 알아볼 것이다.

예제 9.9 **300 bar에서 암모니아의 생산**

예제 9.7과 같이 질소와 수소를 화학양론적으로 공급하는 촉매 반응으로부터의 암모니아 생산을 고려하자. 반응 온도는 다시 500°C로 생각한다. 이제 반응기의 압력은 300 bar로 증가되었다(예제 9.8에서 논의했듯이). 이 때 가능한 최대 전환은 얼마인가?

(a) 기체를 이상기체라고 가정.

(b) 기상의 비이상성을 설명하기 위해 van der Waal 상태방정식과 Lewis 퓨가시티 규칙을 사용.

풀이 ▶ **(a)** 이상기체라고 간주하면, 식 (E9.7)은 여전히 유효하다. 300 bar의 압력에서

$$K_T = \frac{\left(\dfrac{2\xi}{4-2\xi}\right)^2}{\left(\dfrac{1-\xi}{4-2\xi}\right)\left(\dfrac{3-3\xi}{4-2\xi}\right)^3}P^{-2} = \frac{(2\xi)^2(4-2\xi)^2}{(1-\xi)(3-3\xi)^3}P^{-2}$$

여기서 $K_T = 1.51 \times 10^{-5}$ 그리고 $P = 300$ bar이다.

반응진척도를 계산하면 다음과 같다.

$$\xi = 0.37$$

높은 압력에서 전환은 급격하게 증가하였다.

(b) 300 bar에서 기체는 이상기체가 아니다. 비이상적인 거동을 고려하기 위해서 식 (9.26)을

사용할 수 있다. 퓨가시티 계수의 근사치를 구하기 위해서 이 식에 Lewis 퓨가시티 규칙을 사용함을 상기하자.

$$K = \prod (y_i)^{\nu_i} \prod (\varphi_i)^{\nu_i} P^{\nu} = \frac{y_{NH_3}^2 \varphi_{NH_3}^2}{y_{N_2} \varphi_{N_2} y_{H_2}^3 \varphi_{H_2}^3} P^{-2}$$

몰분율을 예제 9.6에서 결정된 ξ의 식으로 대체하면, 다음을 얻는다.

$$K = \frac{(2\xi)^2 \varphi_{NH_3}^2 (4 - 2\xi)^2}{(1 - \xi)\varphi_{N_2}(3 - 3\xi)^3 \varphi_{H_2}^3} P^{-2} \tag{E9.9}$$

표 E9.9에 정답을 요약하였다. 답을 구하는 알고리즘은 다음과 같다.

1. P_c, T_c를 검색한다(부록 A.1로부터).

2. 대응상태로부터 van der Waals 상수 a와 b를 계산한다.

$$a = \frac{27}{64}\frac{(RT_c)^2}{P_c} \qquad b = \frac{(RT_c)}{8P_c}$$

3. Van der Waals 상태방정식으로부터 v_i를 계산한다.

$$P = \frac{RT}{v_i - b} - \frac{a}{v_1^2}$$

실제로 더 현대적이고 정확한 상태방정식을 사용할 수 있다. 하지만 이 예제에서는 제7장에서 전개된 내용과의 일치를 위해 van der Waals 상태방정식이 사용되었다.

4. 예제 7.2에 얻어진 결과로부터 φ_i을 계산한다.

$$\ln\left[\frac{f_i^v}{P}\right] = \ln[\varphi_i^v] = -\ln\left[\frac{(v_i - b)P}{RT}\right] + \frac{b}{(v_i - b)} - \frac{2a}{RTv_i}$$

이제, 값들을 식 (E9.9)에 대입하고 풀면

$$\xi = 0.33$$

비이상적 거동을 고려함으로써 결과는 10% 정도 교정되었다. 하지만 전환율은 예제 9.7과 비교할 때 여전히 의미있는 차이를 보인다.

표 E9.9 퓨가시티 계수 계산의 요약

화학종	T_c [K]	P_c [atm]	a [Jm³/mol²]	b [m³/mol]	v_i [m³/mol]	φ_i
NH_3	405.5	111.3	0.43	3.75×10^{-5}	2.37×10^{-4}	1.10
N_2	126.2	33.5	0.14	3.88×10^{-5}	2.38×10^{-4}	1.11
H_2	33.3	12.80	0.02	2.65×10^{-5}	1.92×10^{-4}	0.88

액상(또는 고상)반응에서의 평형상수

식 (9.16)을 액상에 적용하는 첫 번째 단계는 기준 상태를 선정하는 것이다. 관련 자료로부터 K를 계산할 때 자료는 1 기압(1 bar)하에서의 값이므로, 자연히 이 압력이 기준 압력이 됨을 상기하자. Lewis/Randall 기준 상태에서 식 (9.12)는 다음과 같이 된다.

$$K = \prod\left(\frac{x_i\gamma_i f_i}{f_i^o}\right)^{\nu_i}$$

여기서 f_i는 반응 압력이며, f_i^o는 1 bar이다.

이들 압력 간의 큰 차이 때문에 반드시 제7장에서 설명된 Poynting 보정인자를 사용해야 한다. *만약 퓨가시티의 압력 의존도가 중요하지 않다면, 평형상수와 조성 간의 관계는 다음 식과 같이 된다.*

$$K = \prod(x_i\gamma_i)^{\nu_i} \tag{9.28}$$

여기서 활동도 계수와 조성을 관련지을 때 g^E 모델을 사용할 수 있다.

이상용액인 경우 다음과 같다.

$$K = \prod(x_i)^{\nu_i} \qquad (\text{이상용액}) \tag{9.29}$$

예제 9.10 **298 K에서 반응의 이성질화의 정도.**

298 K에서 methylcyclopentane($CH_3C_5H_9$)에서 cyclohexane(C_6H_{12})으로의 이성질화 반응을 생각해 보자. 평형 전환은 얼마인가? 생성 Gibbs 에너지는 다음과 같다.

$$(\Delta g_f^o)_{CH_3C_5H_9} = 31.72\ [\text{kJ/mol}] \quad \text{그리고} \quad (\Delta g_f^o)_{C_6H_{12}} = 26.89\ [\text{kJ/mol}]$$

풀이 ▸ 이성질화 반응은 다음과 같이 쓸 수 있다.

$$CH_3C_5H_9(l) \rightleftarrows C_6H_{12}(l)$$

반응 Gibbs 에너지는 다음과 같이 주어진다.

$$\Delta g_{rxn}^o = (26.89 - 31.72) = -4.83\ [\text{kJ/mol}]$$

평형상수에 대해서 풀면

$$K = \exp\left(-\frac{\Delta g_{rxn}^o}{RT}\right) = \exp\left(-\frac{-4{,}830}{(8.314)(298)}\right) = 7.03 \tag{E9.10A}$$

식 (9.29)로부터 다음과 같이 쓸 수 있다.

$$K = \frac{x_{C_6H_{12}}}{x_{CH_3C_5H_9}}$$

또는 반응진척도의 항으로

$$K = \frac{\xi}{1-\xi} \tag{E9.10B}$$

식 (E9.10A)와 (E9.10B)를 같게 놓고 풀면 다음과 같다.

$$\xi = 0.875$$

평형에서 87.5%의 액상이 cyclohexane으로 존재한다.

비균일 반응에서의 평형상수

만약 증기와 응축상이 둘 다 존재한다면, 기상과 액상 물질에 대해 전에 했었던 것처럼 간단하게 다룰 수 있다. *하지만 수식을 다루는 데 있어서 몰분율은 계 전체에 대한 몰분율이 아닌 주어진 상에서의 몰분율이라는 것을 항상 기억해야 한다.*

예제 9.11 **$CaCO_3$의 비균일 해리**

$CaCO_3$은 다음 반응에 따라 해리될 수 있다.

$$CaCO_3(s) \rightleftarrows CaO(s) + CO_2(g) \tag{E9.11}$$

온도 1000 K, 진공 상태에서 닫힌계에 있는 순수한 $CaCO_3$을 생각하자. 계의 평형 압력은 얼마인가? 두 고체상은 완전한 비혼합성이라고 가정하라. 1000 K에서 다음의 생성 Gibbs 에너지가 보고되었다.

화학종	$(\Delta g^o_{f,1000})_i$
$CaCO_3$	−951.25
CaO	−531.09
CO_2	−395.81

풀이 ▸ 식 (9.16)에 주어진 평형상수의 정의를 적용하면

$$K = \frac{\left(\dfrac{\hat{f}_{CaO}}{f^o_{CaO}}\right)\left(\dfrac{\hat{f}_{CO_2}}{1 \text{ bar}}\right)}{\left(\dfrac{\hat{f}_{CaCO_3}}{f^o_{CaCO_3}}\right)}$$

각 세 가지 순수상을 별개로 취급해야만 한다. 만약 평형에서 이상기체로 간주할 수 있게끔 압력이 충분히 낮다고 가정하면, 평형상수는 다음과 같이 다시 쓸 수 있다.

$$K = \frac{\left(\dfrac{f_{CaO}}{f_{CaO}}\right)\left(\dfrac{y_{CO_2}P}{1 \text{ bar}}\right)}{\left(\dfrac{f_{CaCO_3}}{f_{CaCO_3}}\right)} = p_{CO_2}$$

낮거나 적절한 압력에서 Lewis/Randall 기준 퓨가시티는 순수한 고체 퓨가시티와 같기 때문에 순수한 고체 성분에서 이 항은 1로 된다. 매우 높은 압력에서는 표준 상태가 1 bar로 정의되기 때문에, Poynting 보정을 고려해야 할 것이다. 따라서 평형상수는 CO_2의 분압과 동일하게 된다.

K를 주어진 열화학적 자료로부터 계산하면 다음과 같다.

$$K = \exp\left(-\frac{\Delta g^o_{rxn}}{RT}\right) = \exp\left[-\frac{(-531.09 - 395.81 + 951.25)(1000)}{(8.314)(1000)}\right] = 0.053$$

그러므로 1000 K에서 $CaCO_3$은 다음 압력에 도달할 때까지 해리될 것이다.

$$p_{CO_2} = K = 0.053 \text{ bar}$$

또는 $CaCO_3$이 다 소진될 때까지 해리된다. 이상기체로의 가정은 이 압력에서 타당하였음에 유의하자. 우리는 이 분석으로부터 다음을 추론할 수 있다. 만약 우리가 고체 CaO와 1000 K에서

분압이 0.053 bar보다 큰 CO_2로 구성된 계로 시작하였다면, 반응(E9.11)은 역방향으로 진행될 것이고, CO_2의 분압이 0.053 bar에 도달할 때까지 CO_2는 소비될 것이다.

예제 9.12 액상 benzene을 생성하기 위한 기상 acetylene의 반응

당신은 방금 acetylene 실린더 하나를 주문하였다. 그러나 실린더가 운송되는 동안 반응하여 benzene을 생성하지 않을까 걱정이 된다. Benzene을 생성하는 acetylene의 반응을 고려해 보자.

$$3C_2H_2(g) \rightleftarrows C_6H_6(l)$$

계산을 위해서 초기 압력을 1 bar로, 그리고 온도는 298 K로 설정한다. 평형전환율은 얼마인가? 이 계에서 최종 압력은 얼마가 될 것인가?

풀이 ▶ 첫째로, 평형상수를 결정하기 위해 열역학적 자료를 사용해야 한다.

부록 A.3에서 생성 Gibbs 에너지를 찾아보면, 결과는

$$\Delta g^o_{rxn} = (\Delta g^o_f)_{C_6H_6} - 3(\Delta g^o_f)_{C_2H_2} = (124.3 - 3 \times 209.2) = -503.3\ [\text{kJ/mol}]$$

평형상수에 대해서 풀면

$$K = \exp\left(-\frac{\Delta g^o_{rxn}}{RT}\right) = \exp\left(-\frac{-503{,}300}{(8.314)(298)}\right) = 1.7 \times 10^{88}$$

이상기체와 액체상으로 가정하면, 식 (9.16)은 다음과 같이 된다.

$$K = \frac{x_{C_6H_6}}{(y_{C_2H_2}P)^3} \tag{E9.12}$$

첫 번째 근사치로서 acetylene의 응축이 없고, benzene의 휘발도 없다고 가정한다. 따라서

$$x_{C_6H_6} = 1 \quad \text{그리고} \quad y_{C_2H_2} = 1$$

식 (9.12)는 다음과 같이 된다.

$$K = \frac{1}{P^3}$$

압력에 대해 풀면

$$P = 3.9 \times 10^{-30}\ \text{bar}$$

이 압력은 근본적으로 acetylene의 완전한 전환과 연결된다.

그러나 이 압력은 benzene이 298 K에서의 증기압에 영향을 미치기 때문에, 계의 최종 압력을 나타내는 것은 아니다. Benzene의 증기압은 Antonie 식에 의해서 결정될 수 있다. 표 A.1의 Antoine 상수를 참고하여 다음을 얻는다.

$$\ln(P[\text{bar}]) = A - \frac{B}{T[K] + C} = 9.2806 - \frac{2788.51}{298 - 52.36}$$

또는

$$P = 0.12\ \text{bar}$$

그러므로 평형에서 실린더는 0.12 bar의 압력에서 거의 완전히 benzene만 존재하게 된다. 그러나 실제로는 여전히 acetylene을 운반할 수 있다. 열역학적으로는 benzene의 생성을 선호하게 되나 이 반응은 반응속도에 의해 제한되며, 촉매의 존재 없이는 두드러지게 진행되지 않을 것이다.

9.6 전기화학 계의 평형

지금까지 화학 평형 분석에서는 등압계에서 경계가 바뀌는 것으로부터의 Pv일을 제외하고는 일이 없다고 가정하였다. 이 절에서 전기화학 계를 고려할 것이고, 여기에서 일이 전기적 퍼텐셜을 두 개의 전극에 적용함으로 도입될 수 있다.

이 경우에 비-Pv 일, W^*를 포함해 식 (6.3)을 다시 써야 한다.

$$\delta W^* \geq (dG)_{T,P} \tag{6.3*}$$

식 (6.3*)은 전기화학 계에의 두 가지 일반적 응용을 제시한다. 자발적으로 진행되는 반응은 음의 Gibbs 에너지 변화를 갖는다. 식 (6.3*)은 W^*가 음의 값이고, 유용한 전기적 일을 발생시킬 수 있음을 보여준다. 이 원리는 연료전지와 배터리를 디자인하는 기초가 된다. 반면에, 적정량의 전기적 일의 투입은 Gibbs 에너지에서 양의 변화값을 가지며, 자발적으로는 일어나지 않는 반응을 야기할 수 있다. 이러한 양상은 원하는 금속을 표면에서 성장시키는 전기도금 작업이나 전기 분해에 의해 금속이나 다른 화학 물질을 제조하는 데 유리하게 이용된다. 다른 중요한 전기화학계로는 부식 공정 및 전기화학 기반의 센서를 포함한다.

유용한 일을 얻기 위해 자발적인 반응을 이용하는 전기화학 전지는 **갈바니 전지**(galvanic cell)이다. 반대로 스스로 발생하지 않는 반응을 유도하기 위해 전기적 일을 필요로 하는 전지를 **전해전지**(electrolytic cell)라고 한다. 주어진 전기화학 전지로부터 얼마나 많은 양의 일을 얻을 수 있는지 또는 반대로, 원하는 생성물을 얻기 위해 필요한 최소의 일을 알기 위해서 열역학을 적용할 수 있다.

전기화학 전지

전기화학적 공정이 전기화학 전지에서 발생한다. 그림 9.6은 기판 상에 구리가 성장하는 전기화학 공정을 보여준다. 이 공정은 전기화학 계에서 볼 수 있는 많은 일반적인 구성 요소를 보여준다. 전기화학 전지는 전해질 용액에 2개의 전극을 포함하고 있다. 표시된 두 전극의 각각에서 일어나는 반응은 반쪽 전지 반응이라고 한다.

환원 반쪽 반응(reduction half-reaction)은 음극에서 발생하며, 전자가 반응 물질에 전달된다. 그림 9.6에서 우리는 구리 이온의 환원으로 고체 구리를 얻는다.

$$Cu^{2+}(l) + 2e^- \rightleftarrows Cu(s)$$

양극에서의 **산화 반쪽 반응**(oxidation half-reaction)에서 반응 물질은 전자를 잃는다. 그림 9.6에서 양극은 쉽게 반응하지 않는 Pt와 같은 귀금속이다. 대신 물의 산화는 산화 반쪽 반응으로써 다음과 같이 일어난다.

$$H_2O(l) \rightleftarrows \frac{1}{2}O_2(g) + 2H^+(l) + 2e^-$$

이 반응은 양극에서 기포로 발생되는 산소 기체가 생성되는 것으로 분명해진다.

전기화학 전지의 총괄 반응은 두 반쪽 반응을 더함으로써 얻어진다. 반쪽 반응은 반드시 균형이 맞아야 하며, 따라서 전자의 생성 순량은 없다. 부가적으로 수용성 전해질에서의 반쪽 반응의 균형에 있어서 산성 용액에서 적정량의 물이나 H^+, 또는 염기 용액에서의 OH^-가 반응물과 생성물 사이의 O나 H의 화학양론적 양의 변화를 설명하는 데 사용될 수 있다.

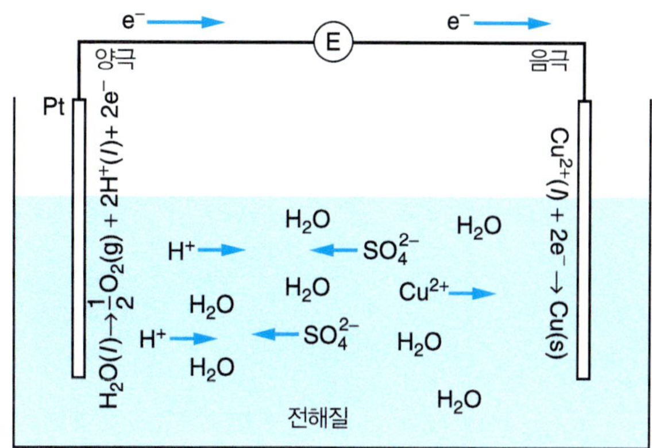

그림 9.6 전기화학 공정의 개략도.

그림 9.6에 묘사된 총괄 반응은 산화 및 환원 반쪽 반응을 더하여 얻어진다.

$$H_2O(l) + Cu^{2+}(l) \rightleftarrows \frac{1}{2}O_2(g) + 2H^+(l) + Cu(s)$$

이 전해 전지에서는 반응이 진행되기 위해서 전기적 일을 필요로 한다.

전기화학 전지의 총괄 반응은 결코 전자를 포함하지 않는다. 위의 예에서는 물의 산화로 생성된 전자는 외부 회로를 통해 흘러 음극으로 가서 구리 이온의 환원에 소비된다. 외부 회로를 완성하기 위해서 전하는 용액을 통해 흐를 수 있어야 한다. 전하는 이온의 전달에 의해 운반된다. 이동 전하 운반체를 갖는 매체를 **전해질**(electrolyte)이라 한다. 전해질은 일반적으로 액체이지만 하전된 종을 지속적으로 전달할 수 있다면 계는 고체 전해질도 포함할 수 있다.

그림 9.6에서 사용되는 전해질은 황산구리(Cu_2SO_4)와 황산(H_2SO_4)으로부터 만들어진다. 이들 화학종들은 물에서 해리되어 양으로 하전된 구리와 수소 이온 및 음으로 하전된 황산 이온을 형성한다. 보통 낮은 농도의 다른 첨가물들은 도금된 구리의 성질을 조절하거나 변화시키는 데 사용된다. 양이온은 음극을 향해 흐르는 반면에 음이온은 양극을 향해 흘러 전기 회로를 완성시킨다. 고체 구리의 성장에 따라 구리 이온은 전해질에서 감소되는 반면 양극 반응에 의하여 수소 이온 농도는 높아진다. 양이온 중 하나인 수소 이온은 다른 이온들보다 매우 빠르게 전해질 용액을 통해 이동한다. 따라서 수소 이온은 초기에 그 할당량보다 더 많은 전류를 이동시킨다. 그림 9.6을 조사하면 시간이 지남에 따라 수소 이온의 흐름을 지연시키고, 음이온인 SO_4^{2-}의 흐름을 증가시키는 전위가 정리될 때까지 전하의 순 분리가 일어남을 보여준다. 정상 상태에서는 우리가 사용하여야 할 전위와 대조되는 순 전위가 수립된다. 전하 분리로 인하여 추가되는 이 전위를 액간 접촉(전위)라 한다.

그림 9.6은 두 전극이 공통의 전해액에 침지된 전기화학 전지의 가장 간단한 구성을 보여준다. 전기화학 전지는 종종 양극과 음극에서 다른 전해질 성분을 갖는다. 예를 들어, 아연이 양극에서 산화되어 Zn^{2+}의 용액이 되는 구리의 또 다른 전기 도금 공정을 생각해보자. 그림 9.7이 이 공정의 개략도이다. 이 시스템이 갈바니 전지이다. 즉, 구리의 성장은 전기적 일의 유입 없이 자발적으로 발생한다. 이 경우에 *염다리*(salt bridge)를 통해 상호 작용하는 2개의 전해질 구획을 갖는 것이 바람직하다. 염다리는 그림 9.7에 표시되어 있다. 염다리는 하나의 전해질 용액에서 다른 전해질 용액으로 순전하의 전송은 허용하지만, 바람직하지 않은 전해질의 혼합을 허용하지는 않는다. 염다리는 단순한 다공성 디스크 또는 KCl과 같은 강전해

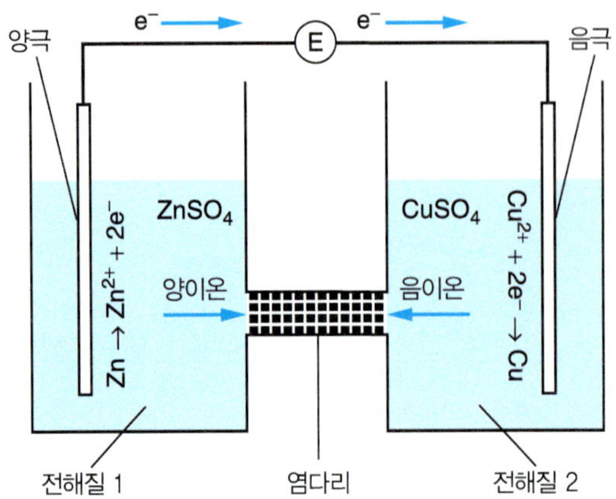

그림 9.7 염다리를 갖는 전기화학 전지의 개략도.

질로 포화된 겔 등이 가능하다. K^+과 Cl^- 이온의 이동도가 거의 같기 때문에 염다리는 액간 접촉전위를 최소화해 준다.

간단한 표기법

검토하고자 하는 모든 전기화학 전지에 대해 개략도를 그리고 것을 피하기 위해 전기화학 전지의 묘사를 위한 간단한 표기(약기)법이 개발되었다. 반드시 양극에서 시작하며, 전해질을 통해 음극으로 가고 화학기호법으로 활성 종을 나타낸다. 상변화는 수직 바 즉, 상 1|상 2와 같이 나타낸다. 상이 염다리 또는 다른 유사한 기구로 분리될 때는 상 1||상 2와 같이 이중 바를 사용한다.

그러므로 그림 9.6에 묘사된 계에 대한 간단한 표기는

$$\mathrm{Pt}|\mathrm{O_2}(g)|\mathrm{H_2SO_4}(l),\ \mathrm{CuSO_4}(l)|\mathrm{Cu}(s)$$

그림 9.7의 구리 전기도금 공정은 다음과 같이 쓴다.

$$\mathrm{Zn}(s)|\mathrm{ZnSO_4}(l)||\mathrm{CuSO_4}(l)|\mathrm{Cu}(s)$$

종종 활성 종의 농도를 함께 명시하기도 한다.

전기화학 반응 평형

이제 평행 상태에서 이들 계에 필요한 최소의 전기적 일 또는 얻을 수 있는 최대의 일을 결정하는 데 열역학 원리를 적용해 보고자 한다. 전기적 일의 미분은 다음과 같이 양극과 음극 사이의 전기 전위차, E와 전하 이동량의 미분, $\mathrm{d}Q$에 연관시킬 수 있다.

$$\delta W^* = -E\mathrm{d}Q \tag{9.30}$$

식 (9.30)에서 선택된 부호 규약에 의해 음극이 양극에 대하여 양의 전위를 가질 때 계는 유용한 일을 생산할 수 있고, 반면에 음의 전위는 공정이 진행되기 위해 일이 필요하다는 것을 나타낸다.

외부 회로에서 전하를 운반하는 전자는 산화 반쪽 반응의 결과이며, 따라서 전하 이동량의 미분은 다음과 같이 반응의 진척도에 연관된다.

$$\{\text{전하 이동}\} = \left\{\frac{\text{해리된 e}^- \text{ 몰}}{\text{반응종의 몰}}\right\}\left\{\frac{\text{전하}}{\text{e}^- \text{ 몰}}\right\}\{\text{반응진척도}\} \tag{9.31}$$

$$dQ = zFd\xi$$

z는 반응을 하는 화학종의 몰당 해리된 전자의 몰수이고, F는 Faraday 상수, 96,485 C/(mol e^{-1})이며, 전자 1 mol의 전하를 나타낸다. 식 (9.31)을 식 (9.30)에 대입하면 다음과 같다.

$$\delta W^* = -zFE\delta\xi$$

*가역*반응에서 우리는 식 (6.3*)의 동등성을 사용하여 다음을 얻는다.

$$-zFEd\xi = dG = \sum \mu_i \nu_i d\xi$$

식 (9.12)와 (9.13)을 적용시키면

$$-zFE = \sum \mu_i \nu_i = \sum\left(g_i^o + RT\ln\frac{\hat{f}_i}{f_i^o}\right)\nu_i$$

9.5절에서 하였던 것처럼 기체에서는 퓨가시티 계수 식을 적용시키고, 액체에는 활동도 계수 식을 적용시킬 수 있다. 계에서 고체의 활동도를 1이라 하면, 이 식은 다음과 같이 된다.

$$-zFE = \Delta g_{rxn}^o + RT\ln\left[\prod_{\text{vapors}}(y_i\hat{\varphi}_i P)^{\nu_i}\prod_{\text{liquids}}(x_i\gamma_i)^{\nu_i}\right] \tag{9.32}$$

고체 용액 계에 대해서는 식 (9.32)에 고체의 항도 필요할 것이다. 퓨가시티 계수 식에서 기체의 표준 상태 퓨가시티로 1 bar를 사용하였음을 상기하자. 따라서 식에서 모든 압력의 단위는 bar이다. 전기화학 전지는 일반적으로 이상기체 조건하에서 조작되므로, $\hat{\varphi}_i = 1$로 가정할 것이다. 고압 공정에 대한 식의 수정 전개에서 퓨가시티 계수의 수정 역시 포함되어야 한다. 추가적으로 묽은 용액에서 용매의 활동도(γx)는 거의 1이다.

전해질에서 액체의 표준 상태를 정의할 필요가 있다. 관례상 용액의 조성에 몰분율 대신 농도를 사용한다. 이때 성분 i의 조성, c_i는 몰랄농도, m (1 kg의 용매당 성분 i 몰수)의 단위를 갖는다. 게다가 용액의 이온에 대해 Henry의 법칙 표준 상태를 규정하여야 한다. 이들은 순수한 성분으로 존재하지 못하기 때문에, Lewis/Randall 기준 상태를 사용할 수 없다. 따라서 Henry의 법칙의 관점에 따라 1-m의 이상용액을 표준 상태로 정한다. 만약 성분 i가 이 농도에서 이상적이지 않다면, Henry의 법칙을 적용할 수 있는 충분히 낮은 농도로 회귀한 다음, 외삽하여 1-m 조성의 가상적 이상용액으로 간다. 전해질 용액의 1-m 표준 상태는 기체에 대한 1 bar의 그것과 유사하다. 그러므로 사용되는 모든 농도는 m 단위로 표현되어야 한다.

이 경우 실제 용액의 비이상성을 나타내기 위해 몰랄농도 기반의 Henry의 법칙 활동도 계수 γ_i^m을 정의할 수 있다. 다른 표현으로 만약 액체의 한 성분이 용매 kg 당 1 mol의 조성을 갖고, 그 상호작용이 이상용액과 일치한다면 $c_i\gamma_i^m = 1$이다. 그러나 다른 농도에서는 c_i는 다른 값을 갖고, 실제 용액의 γ_i^m 역시 1이 아니다. 몰랄농도 기반의 표준 상태를 사용하면, 식 (9.32)는 다음과 같이 된다.

$$-zFE = \Delta g_{rxn}^o - RT\ln\left[\prod_{\text{vapors}}(p_i)^{\nu_i}\prod_{\text{liquids}}(c_i\gamma_i^m)^{\nu_i}\right] \tag{9.33}$$

만약 식 (9.33)을 zF로 나누어 주면, 다음을 얻는다.

$$E = E^o_{rxn} - \frac{RT}{zF}\ln\left[\prod_{vapors}(p_i)^{\nu_i}\prod_{liquids}(c_i\gamma_i^m)^{\nu_i}\right] \tag{9.34}$$

여기서 반응의 표준 전위는 다음과 같이 정의된다.

$$E^o_{rxn} = -\frac{\Delta g^o_{rxn}}{zF} \tag{9.35}$$

식 (9.34)는 **Nernst 식**으로 알려져 있다. Nernst 식의 적용에 있어서 이 장 전체에서 압력단위로 bar를 사용한 것처럼 농도의 단위는 m으로 나타내는 것을 기억하자. 이 조건은 선택했던 표준 상태로부터 기인된 결과이다. *표준 전위의 중요한 특징은 반쪽 전지 반응에서 사용된 전자의 수에 의존되지 않는다는 것이다.* 식 (9.35)를 조사하면, 전자의 수를 2배로 할 때 z와 Δg^o_{rxn}도 2배가 되어 E^o_{rxn}은 변하지 않고 그대로임을 알 수 있다.

열화학적 자료: 반쪽 전지 전위

평형상수와 같이 E^o_{rxn}도 열화학적 자료로부터 얻어진다. 전기화학 전지의 총괄 반응이 두 개의 반쪽 반응으로 구성되기 때문에, 반쪽 반응 항에 대해 열화학적 자료의 표를 만들 수 있다. 그 다음 적절한 산화 환원 반쪽 반응을 단순히 서로 더함으로써 전체 전기화학 전지의 E^o_{rxn}을 계산할 수 있다.

고립된 반쪽 전지 반응은 그 자체로는 일어날 수 없으므로, 기준 전지를 완성하기 위해서 기준 반쪽 전지 반응을 선택할 필요가 있다. 전기화학 반쪽 반응의 열화학적 자료는 흔히 환원 반응의 표준 반쪽 전지 전위, E^o로 기재되어 있다. 대표적인 값들이 표 9.1에 나열되어 있다. 하지만 이것들은 입수 가능한 값들의 광범위한 세트 중 일부일 뿐이다. 이 전위는 전위가 0으로 정의된 수소-수소 이온 산화 반응을 기준으로 측정된다.

$$H_2(g) \rightleftarrows 2H^+(l) + 2e^- \qquad E^o = 0.000000\ \text{V}$$

환원 반쪽 반응과 수소 산화 반쪽 반응의 반응물과 생산물 종은 그들의 표준 상태로 명시한다. 기체의 표준 상태는 1 bar 하에 있는 이상기체이고, 액체는 Henry의 법칙이 적용될 수 있는 1 m의 이상용액, 고체는 활동도가 1인 순수한 고체임을 상기하자. 약기법의 관점에서 우리는 표준수소전극(S.H.E)을 사용하여 모든 환원 반쪽 반응의 표준 전위를 측정할 수 있다.

$$\text{Pt}|H_2(g, 1\ \text{bar})|H^+(l, 1\text{M})||\ldots$$

표 9.1로부터 산화 반응의 값 또한 얻을 수 있다. 산화 반응의 반쪽 전지 전위는 단순히 기재된 환원 반쪽 반응의 음의 값이 된다. 반쪽 반응 전위와 수소 환원 반응 기준은 이 장의 다른 절에서 생성 Gibbs 에너지와 분자의 원소 형태를 사용함과 유사하다.

표 9.1의 반쪽 전지 반응을 비교하는 것은 유익하다. 전기화학 전지를 구성하기 위해서는 하나의 환원 반쪽 반응과 하나의 산화 반쪽 반응을 사용한다. 환원 반응의 E^o 값은 표 9.1에서 직접 얻을 수 있으며, 반면에 산화 반응에 대한 값은 기재된 값의 음의 값이다.

계에 존재하는 모든 화학종이 표준 상태에 있는 경우를 고려해보자. 식 (9.35)를 살펴보면 $E^o_{rxn} > 0$이면, 반응이 자발적으로 일어난다는 것을 보여준다. 표 9.1의 반쪽 반응은 숫자 값의 크기 순으로 표기됐기 때문에, 만약 주어진 반쪽 반응을 환원 반응으로 선택하면 아래쪽에 나열된 산화 반쪽 반응은 양의 E^o_{rxn} 값을 갖고 산화 환원 쌍은 자발적으로 발생하게 된다. 역으로 그보다 위쪽에 기재된 반응은 산화시키기 위해 전기적 일의 입력을 필요로 하게 된다.

예를 들어서, 구리를 형성하는 구리 이온의 환원을 다시 고려해보자. $Cu^{2+} + 2e^- \rightarrow Cu$. 표준 환원 전위는 +0.342 V로 기재되어 있다. 이 반쪽 반응의 아래쪽에 기재된 반쪽 반응에서 환원된 형태의 어떠한 화학종이라도 표준 상태 조건에서 자발적으로 산화하게 된다. 예를 들어, 아연 금속의 산화를 고려해보자. $Zn \rightarrow Zn^{2+} + 2e^-$. 산화 전위는 표 9.1에 기재된 환원 전위의 음의 값으로 +0.762 V이다. 따라서 전체 전지는 +1.104 V 값을 갖고, 산화 환원 쌍은 자발적으로 일어난다. 이 결과가 그림 9.7에 묘사된 전기화학 전지의 기본이 된다. 만약 어느 화학종이 표준 상태에 있지 않으면 숫자 값이 변한다. 유사하게, Pb, Fe, Al, ... 은 산화하여 구리의 환원과 쌍을 이룬다. 역으로 $Cu^{2+} + 2e^- \rightarrow Cu$ 위의 어느 화학종의 환원된 형태도 자발적으로 산화되지는 않는다.

예를 들어, 은 양극을 가지고 있다면, 표준 산화 전위는 −0.800 V이다. 이 값을 구리의 환원 반쪽 반응에 더하면 −0.458 V를 얻는다. 따라서 Ag^+를 얻기 위해서 최소한 0.458 V의

표 9.1 298 K에서의 표준 반쪽 전지 전위

환원 반쪽 반응	E^o
$F_2 + 2e^- \longrightarrow 2F^-$	+2.866
$Au^+ + e^- \longrightarrow Au$	+1.692
$PbO_2 + 4H^+ + 2e^- \longrightarrow Pb^{2+} + 2H_2O$	+1.455
$Cl_2 + 2e^- \longrightarrow 2Cl^-$	+1.358
$O_2 + 4H^+ + 4e^- \longrightarrow H_2O$	+1.229
$Pt^{2+} + 2e^- \longrightarrow Pt$	+1.18
$Ag^+ + e^- \longrightarrow Ag$	+0.800
$Cu^+ + e^- \longrightarrow Cu$	+0.521
$O_2 + 2H_2O + 4e^- \longrightarrow 4OH^-$	+0.401
$Cu^{2+} + 2e^- \longrightarrow Cu$	+0.342
$AgCl + e^- \longrightarrow Ag + Cl^-$	+0.222
$Cu^{2+} + e^- \longrightarrow Cu^+$	+0.153
$\mathbf{2H^+ + 2e^- \longrightarrow H_2}$	**0.000**
$Pb^{2+} + 2e^- \longrightarrow Pb$	−0.126
$Fe^{2+} + 2e^- \longrightarrow Fe$	−0.447
$Zn^{2+} + 2e^- \longrightarrow Zn$	−0.762
$2H_2O + 2e^- \longrightarrow H_2 + 2OH^-$	−0.828
$Al^{3+} + 3e^- \longrightarrow Al$	−1.662
$Na^+ + e^- \longrightarrow Na$	−2.71
$Li^+ + e^- \longrightarrow Li$	−3.040

출처: D.R. Lide (ed.), CRC Handbook of Chemistry and Physics, 83rd ed. (Boca Raton, FL: CRC Press, 2002–2003)

전위가 적용되어야 한다. 표 9.1의 상부에 있는 반쪽 반응일수록 환원된 형태로 있으려고 하는 경향이 커진다. 역으로 아래쪽에 있을수록 쉽게 산화가 되려고 한다. 따라서 표 9.1을 훑어보면 어떤 산화 환원 반응이 자발적으로 일어나서 유효한 일을 공급하고, 어떤 반응이 반응을 위해 일의 유입이 필요한지를 알 수 있다.

예제 9.13 **E^o로부터 K의 계산**

구리의 불균등화 역반응은 고체 구리의 식각에 사용된다.

$$Cu + Cu^{2+}(l) \rightleftarrows 2Cu^{+}(l) \tag{E.9.13}$$

불균등화 반응의 평형상수를 계산하라. 반응은 자발적으로 일어나겠는가?

풀이 ▸ 반응(E9.13)의 표준전위는 다음과 같이 표 9.1의 2개의 반쪽전지 반응을 더해서 얻어진다.

$$Cu^{2+}(l) + e^- \rightarrow Cu^+(l) \qquad E^o = 0.153\ \text{V}$$
$$Cu \rightarrow Cu^+(l) + e^- \qquad E^o = -0.521\ \text{V}$$

반쪽전지의 표준전위 합은 다음과 같다.

$$E^o_{rxn} = 0.153 - 0.521 = -0.368\ \text{V}$$

식 (9.35)를 적용하면

$$\Delta g^o_{rxn} = -zFE^o_{rxn} = \left(-1\left[\frac{\text{mol e}^-}{\text{mol Cu}^{2+}}\right]\right) \times \left(96,485\left[\frac{C}{\text{mol e}^-}\right]\right)$$
$$\times\ (-0.37\ [\text{V}]) = 35.6\ [\text{kJ/mol}]$$

평형상수의 정의를 사용하면 다음을 얻는다.

$$K = \exp\left(-\frac{\Delta g^o_{rxn}}{RT}\right) = 5.7 \times 10^{-7}$$

평형상수는 작고, 식각은 자발적으로 진행되지 않을 것이다. 하지만 만약 전기 전위의 적용을 통한 일을 도입한다면, 구리를 식각할 수 있다. 사실, 이 공정은 인쇄회로기판(PCB) 제조에서 구리면을 식각하는 데 사용된다.

예제 9.14 **구리도금에 필요한 전극 전위의 계산**

그림 9.6에 나타난 공정으로부터 구리도금을 고려해 보자. 구리의 성장을 위한 최소 전극전위를 계산하여라. 수용액의 조성은 다음과 같다. 0.07 m $CuSO_4$, pH = 1. 이상용액이라고 가정하라.

풀이 ▸ $Cu^{2+}(l) + 2e^- \longrightarrow Cu(s) \quad E^o = 0.34\ \text{V}$

산화 반쪽반응의 값을 얻기 위하여 표 9.1 값의 음수를 취한다.

$$H_2O(l) \longrightarrow \frac{1}{2}O_2(g) + 2H^+(l) + 2e^- \qquad E^o = -1.23\ \text{V}$$

여기서 사용한 주안점은 표준 전지 전위는 반응에서의 전자의 수와 무관하다는 것이다. 환원 반쪽반응과 산화 반쪽반응을 더하면 다음과 같다.

$$H_2O(l) + Cu^{2+}(l) \rightleftarrows \frac{1}{2}O_2(g) + 2H^+(l) + Cu(s) \qquad \Delta E^o_{rxn} = 0.34 - 1.23 = -0.89\text{ V}$$

식 (9.34)를 이 계에 적용하면

$$E = E^o_{rxn} - \frac{RT}{zF}\ln\left[\prod_{vapors}(p_i)^{\nu_i}\prod_{liquids}(c_i\gamma_i^m)^{\nu_i}\right] = E^o_{rxn} - \frac{RT}{zF}\ln\left[\frac{P_{O_2}^{1/2}c_{H^+}^2}{c_{Cu^{2+}}}\right] \qquad \textbf{(E9.14)}$$

만약 1 bar의 분압하에서 산소가 기포로 발생된다면, 식 (E9.14)는 다음과 같이 된다.

$$E = E^o_{rxn} - \frac{2.303RT}{zF}\log c_{H^+}^2 + \frac{RT}{zF}\ln[c_{Cu^{2+}}]$$

pH는 pH $= -\log(c_{H^+})$로 정의되므로, 다음을 얻는다.

$$E = E^o_{rxn} - \frac{2.303RT}{zF}2\text{pH} + \frac{RT}{zF}\ln[c_{Cu^{2+}}] = -0.90\text{ V}$$

그러므로 용액으로 부터 전기도금 고체로 구리를 얻기 위해서는 0.90 V 이상의 전위를 가해주어야만 한다.

전기화학계에서 활동도 계수

이 절에서는 지금까지 배워왔던 열역학 원리들이 전기화학계에도 적용될 수 있음을 보여줄 것이다. 하지만 통상 식 (9.28)을 풀기 위해서 용액 내 화학종들의 활동도 계수를 결정해야만 한다. 전해질 용액에서의 활동도 계수의 계산은 이미 다뤘던 비전해질 용액에서의 경우와는 상당히 다르다. 용액 내 하전된 종은 어떤 다른 상호작용보다 강한 이온 상호작용을 가진다. Van der Waals 상호작용이 $(1/r^6)$에 따라 변하는 것과 대조적으로 이온 상호작용은 묽은 용액에서도 $(1/r)$에 따라 변하였던 제4장의 내용을 상기하자.

게다가 전기 중성의 조건은 용액 내 이온의 상대적 농도에 대한 또 다른 제한이 된다. 용액에서 양이온의 활동도 계수(γ_+)와 음이온의 활동도 계수(γ_-)를 따로 측정하는 것은 불가능한데, 용액에서 양이온–음이온 쌍으로 함께 짝지어 존재하기 때문이다. 따라서 두 이온의 평균 활동도 계수($\gamma_\pm$)를 사용한다.

예를 들어, NaCl 또는 다른 “1-1” 전해질의 경우

$$\gamma_\pm = \sqrt{\gamma_+\gamma_-}$$

일반적인 경우는

$$X_aY_b \rightleftarrows aX^{z+} + bY^{z-}$$

다음을 얻는다.

$$\gamma_\pm = (\gamma_+^a\gamma_-^b)^{1/(a+b)}$$

여기서 z_+는 양이온의 원자가이고 z_-는 음이온의 원자가이다. 전해질 용액의 평균 활동도 계수는 일반적으로 실험을 통해서 얻어지나 희석 용액에서의 이온에 대해서는 추정을 통해서 얻을 수도 있다.

매우 묽은 용액에서의 비이상성은 쿨롱의 정전기적 상호작용을 고려함으로써 추정할 수 있다. 용액에서 어느 주어진 이온에 대해서 반대로 하전된 이온의 존재가 에너지적으로 더 선호되며, 같은 전하를 갖는 이온의 출현은 달갑지 않다. 따라서 평균적으로 용액 내 이온은 주위에 같이 하전된 이온보다는 반대로 하전된 이온을 더 많이 갖게 된다.[3]

이러한 주장을 정리해 보면, Debye와 Huckel은 무한희석 용액의 비이상성을 설명하는 다음 식을 내놓았다.[4]

$$\ln \gamma_{\pm} = -A|z_+z_-|\sqrt{I} \tag{9.36}$$

상수 A는 이론상 여러 항의 그룹이며 상대 유전율과 온도에 의존하는 용매의 상수로 고려될 수 있다. 이온세기, I는 다음과 같이 주어진다.

$$I = \frac{1}{2}\sum z_i^2 c_i \tag{9.37}$$

여기서 합은 모든 이온들의 합을 나타낸다. 25°C 물에서 $A = 1.17$, 이 때 A를 무차원 군으로 하기 위해서 I에는 1 m의 표준 상태 농도를 적용한다.

실제 계에서는 0.01 m 이상의 농도에서도 식 (9.36)으로부터 편차가 생기기 시작한다. 이 때문에 Debye–Huckel 이론은 보다 넓은 농도 범위에서 수용되기 위해 수정되었다. 그 중 하나의 표현식이 조절 가능한 실험적 상수 B를 추가하였다.

$$\ln \gamma_{\pm} = -\frac{A|z_+z_-|\sqrt{I}}{1 + B\sqrt{I}} \tag{9.38}$$

25°C의 물에 대해 $B = 0.33$이다. 식 (9.38)은 실험적으로 0.1 m 농도 근처에까지 일치하였다.

또 다른 접근으로 활동도 계수 모델을 통해 용매의 비이상성을 묘사하고, Gibbs–Duhem 식으로 이온의 활동도를 결정하는 방법이 있다. 자세한 사항은 다른 책을 참고하라.[5]

예제 9.15 **측정된 전지전위로부터의 활동도 계수의 결정**

다음 전지의 전지전위가 25°C에서 1.03 V로 측정되었다.

$$Zn|ZnCl_2(l,0.5\ m)|AgCl(s)|Ag(s)$$

활동도 계수, γ_z를 계산하라.

풀이 ▶ 표 9.1에 반쪽 전지의 표준 전위와 반쪽 반응이 다음과 같이 쓰여 있다.

$$2AgCl(s) + 2e^- \rightarrow 2Ag(s) + 2Cl^-(l) \qquad E^o = 0.762\ V$$

$$Zn \rightarrow Zn^{2+}(l) + 2e^- \qquad E^o = 0.222\ V$$

3. 제4장에서 쌍극자 모멘트를 갖는 화학종들이 순 인력을 갖는 이유를 보기 위해 같은 논의를 하였다.

4. See J. O. Bockris and A. K. N. Reddy, *Modern Electrochemistry* (Vol. 1) (New York: Plenum Press, 1970).

5. J. M. Prausnitz, R. N. Lichtenthaler, and E. Gomes de Azeuedo, *Molecular Thermodynamics of Fluid-Phase Equilibria*, 3rd ed. (Upper Saddle River, NJ: Prentice-Hall, 1999).

반쪽 전지들의 표준전위의 합은 다음과 같다.

$$E^o_{rxn} = 0.762\text{ V} + 0.222 = 0.984\text{ V}$$

이 계에 식 (9.28)을 적용하고 고체의 활동도를 1로 하면 다음을 얻는다.

$$E = E^o_{rxn} - \frac{RT}{zF}\ln\left[\prod_{vapors}(p_i)^{\nu_i}\prod_{liquids}(c_i\gamma_i^m)^{\nu_i}\right] = E^o_{rxn} - \frac{RT}{zF}\ln\left[\gamma^m_{Zn^{2+}}c_{Zn^{2+}}(\gamma^m_{Cl^-}c_{Cl^-})^2\right] \quad \textbf{(E9.15)}$$

$c_{Zn^{2+}} = c_{ZnCl_2}$ 그리고 $c^2_{Cl^-} = 4c^2_{ZnCl_2}$이므로 우리는 평균 활동도 계수항으로 식 (E9.15)를 다음과 같이 쓸 수 있다.

$$E = E^o_{rxn} - \frac{RT}{zF}\ln[\gamma^3_{\pm}4c^3_{ZnCl_2}]$$

이 식을 풀면

$$\gamma_{\pm} = \frac{\sqrt[3]{\exp\left[-\frac{zF(E - E^o_{rxn})}{RT}\right]}}{4^{(1/3)}c_{ZnCl_2}} = 0.381$$

▸ 9.7 다중 반응

》 *R* 반응에 대한 반응진척도와 평형상수

화학적으로 반응하는 계를 다루는 데 있어 우리는 종종 여러 가지 가능한 반응 경로를 갖는 경우(그림 9.1이 이런 경우를 보여줌)에 직면하게 된다. 이는 간단히 그동안 다루었던 화학 반응평형을 하나 이상의 반응에 확장시키는 것이다. 다중 반응평형의 문제를 다루기 위해서 우리는 반드시 계를 나타내주는 R개의 *독립적* 화학 반응을 설정해야 한다. 만약 주어진 모든 반응 중 어느 하나라도 다른 어떤 반응과의 선형조합 관계를 구성하지 못한다면, 고려되는 모든 반응들은 서로 독립적이라 간주된다.

다중 반응이 고려될 때 각각의 반응은 그에 상응하는 반응진척도 ξ_k를 가진다. 따라서 우리는 반드시 k개의 개별 화학 반응에 대해 각 성분 i의 화학양론적 트랙을 유지해야 한다. 반응 (9.5)는 각각의 분리된 반응(1, 2, ... k ... R)으로 나타낼 수 있다. 따라서 이제 각각의 k 반응들에 대해 성분 i의 합을 구해야 한다. 수학적으로 이것은 다음과 같이 이중 합을 이용하여 이룰 수 있다.

$$\sum_{k=1}^{R}\sum_{i=1}^{m}\nu_{ki}A_i \quad \textbf{(9.39)}$$

유사하게, 식 (9.7)은 반드시 각 k 반응진척도에 대해 나타내야 한다. 다시 말해 수학적으로 모든 R 반응들의 합을 필요로 한다.

$$dn_i = \sum_{k=1}^{R}\nu_{ki}d\xi_k \quad \textbf{(9.40)}$$

식 (9.40)을 적분하면, 다음 식을 얻는다.

$$n_i = n_i^o + \sum_{k=1}^{R} \nu_{ki}\xi_k \quad (9.41)$$

모든 성분 i에 대해 합하면, 예를 들어 기상에서

$$n^v = n^o + \sum_{k=1}^{R} \nu_k\xi_k \quad (9.42)$$

여기서 n^v와 n^o는 9.3절과 유사하게 정의된다. 결국, 식 (9.41)을 식 (9.42)로 나누면

$$y_i = \frac{n_i}{n^v} = \frac{n_i^o + \sum_{k=1}^{R} \nu_{ki}\xi_k}{n^o + \sum_{k=1}^{R} \nu_k\xi_k} \quad (9.43)$$

계의 평형조성을 알기 위해서는 모든 R 반응에 대해 평형상수 K_k를 결정해야 한다. 각 평형 상수는 9.4절 및 9.5절에서 논의된 바와 같이 적절한 열화학적 자료를 이용하여 독립적으로 구할 수 있다. 그리고 각 반응에 대해 식 (9.16)을 적용할 수 있다. 이 결과로, k-연결 비선형 대수방정식 조합을 얻을 수 있으며, 그리고 나서 반응진척도 ξ_k에 대해 구한다. 모든 반응 진척도가 얻어지면, 평형 조성은 식 (9.41) 또는 (9.43)을 통해 계산할 수 있다. 이런 문제를 어떻게 해결할 것인가에 대한 설명으로, 그림 9.1로 논의된 반응에 기초한 예제를 들어보자.

예제 9.16 **그림 9.1의 화학 반응의 설명**

그림 9.1에 묘사된 바와 같이 butadiene 1 mol에 HBr 1 mol을 넣는 경우를 고려하자. 주어진 T와 P에서 평형인 계의 조성을 구하기 위해 필요한 식을 전개하라.

풀이 ▸ 우선 2개의 독립적인 반응을 규정해야 한다. 선택할 수 있는 하나의 가능한 반응의 집합으로 그림 9.1에 기재된 반응은 다음과 같다.

$$C_4H_6 + HBr \rightleftarrows 1-BrC_4H_7 \quad \text{반응 1} \quad \textbf{(E9.16A)}$$

$$C_4H_6 + HBr \rightleftarrows 3-BrC_4H_7 \quad \text{반응 1} \quad \textbf{(E9.16B)}$$

식 (9.41)로부터 식 (9.43)까지에 따라 다음을 얻는다.

$$n_{C_4H_6} = 1 - \xi_1 - \xi_2 \qquad y_{C_4H_6} = (1 - \xi_1 - \xi_2)/(2 - \xi_1 - \xi_2)$$

$$n_{HBr} = 1 - \xi_1 - \xi_2 \qquad y_{HBr} = (1 - \xi_1 - \xi_2)/(2 - \xi_1 - \xi_2)$$

$$n_{1-BrC_4H_7} = \xi_1 \qquad y_{1-BrC_4H_7} = \xi_1/(2 - \xi_1 - \xi_2)$$

$$n_{3-BrC_4H_7} = \xi_2 \qquad y_{3-BrC_4H_7} = \xi_2/(2 - \xi_1 - \xi_2)$$

$$n^v = 2 - \xi_1 - \xi_2$$

그러면 2개의 평형상수는 다음과 같다.

$$K_1 = \frac{y_{1-BrC_4H_7}}{y_{C_4H_6}y_{HBr}P} = \frac{\xi_1(2 - \xi_1 - \xi_2)}{(1 - \xi_1 - \xi_2)^2 P} \quad \textbf{(E9.16C)}$$

$$K_2 = \frac{y_{3-BrC_4H_7}}{y_{C_4H_6}y_{HBr}P} = \frac{\xi_2(2 - \xi_1 - \xi_2)}{(1 - \xi_1 - \xi_2)^2 P} \quad \textbf{(E9.16D)}$$

각 평형상수는 9.4절에서 설명한 바와 같이 적절한 열화학적 자료를 사용하여 구할 수 있다. K_1과 K_2 값을 얻으면, 식 (E9.16C)과 식 (E9.16D)를 이용하여 미지의 두 ξ_1과 ξ_2를 구할 수 있다. 그런 후 존재하는 화학종의 몰수와 몰분율을 간단히 구할 수 있다.

화학적 반응계에서 Gibbs의 상 규칙과 독립적 반응

전체 Gibbs 에너지를 최소화하는 방향으로 결합이 재배열되어 계 내 성분들이 화학 반응을 하고 평형 상태에 도달하는 화학반응계가 있다고 하자. 반응하는 주 화학종과 상을 확인할 수는 있지만, 반응의 메커니즘은 알 수 없다. 사실, 이러한 분자 재배열을 설명하는 여러 동시 반응들이 있을 수 있다. 우리는 "반응들을 설명하기 위해 어떤 식을 사용해야 하는가?" 그리고 "충분히 반응한 것을 어떻게 알 수 있겠는가?"와 같은 화학 반응 평형 문제를 어떻게 설정할 것인지에 대한 질문에 관심을 둘 수 있다.

이것은 열역학적 계산이 가능한 한 알 수 있으며 실제 계에서 일어나는 실제 반응을 선택할 필요는 없다. 우리가 생각할 수 있는 일련의 독립적인 반응을 자유롭게 선택할 수 있다. 여러 번 보았듯이 가상 경로를 사용하여 편리하게 열역학적 성질들을 계산할 수 있다. 화학 반응 평형 계산은 열역학적 성질(Gibbs 에너지)을 바탕으로 하기 때문에, 이것이 사용된 특정 반응 경로에 의존하지 않는다는 것은 놀랍지 않다.

어떤 반응을 다른 반응과의 선형조합 관계로 쓸 수 없다면 일련의 화학 반응은 독립적이다. 반응계에서 평형 계산이나 에너지 수지는 독립적인 반응의 조합에 대해 행해져야 한다. 추가적으로 반응에서 존재하는 화학종에 대해 가능한 최대치의 선형 독립적 화학 반응을 고려하는 한 어느 조합의 반응을 고려하느냐 하는 것은 중요하지 않다.

규정해야 할 독립적 화학 반응의 수는 반응계에서의 Gibbs의 상 규칙을 이용하여 구할 수 있다. 반응계의 상 규칙은 계에서의 총 변수의 수를 계산함으로 얻어지며, 같은 수의 독립적 식이 있음을 확실히 해야 한다. 이것은 예제 6.17에서 비 반응계의 변수를 계산했던 것과 유사한 방식으로 성취된다.

자세한 계산 과정을 생략하고 단순히 결과만을 나타내보자. 독립적 화학 반응의 수, R이 계를 명시하는 데 필요하며, 다음과 같다.

$$R = m - \mathfrak{F} + 2 - \pi - s \tag{9.44}$$

여기서

m = 화학종의 수
$\mathfrak{F}$ = 자유도, 즉 규정된 시강 성질의 수
π = 계에서 상의 수
s = 화학양론적 제한 조건

식 (9.44)는 존재하는 m 화학 성분 중에서 명시해야 할 독립적 반응의 수 R에 대해 알려준다. 화학양론적 제한조건, s는 원소 비는 같게 유지되어야 하므로 입구 조건만으로 결정된다. 생각해 낸 반응들이 독립적인 한 다중 평형 문제의 풀이는 계의 평형 조성을 주게 된다. 만약 다른 반응식들을 선택하더라도 그들이 독립적이고 식 (9.44)로 주어진 숫자가 같다면 평형조성에 대해서 같은 결과를 얻게 된다.

독립적 반응식의 수는 화학양론 행렬 계수, ν_{ki}를 이용하여 찾을 수도 있다. 선형 대수

에서 행렬계수는 행렬의 일차 독립 행의 수에 의해 정의된다. 이것은 부분 추축연산(partial pivoting)을 사용한 가우스 소거법이나 또는 단순히 MATLAB에서 rank(...) 함수를 사용하여 구할 수 있다. 이 계수가 결정되면 계 내의 모든 화학종을 포함하는 독립적 반응의 수를 명시할 필요가 있다. 단순 계인 경우, 이들은 종종 면밀한 조사에 의해 결정될 수 있다. 다른 방법으로 화학양론적 행렬을 대각화하여 행렬연산을 수행할 수 있다. 예를 들어, 행렬 계수 3의 6개의 종으로 구성된 행렬의 연산은 다음과 같이 나타낸다.

$$\nu_{ki} = \begin{bmatrix} -1 & 0 & 1 & 0 & -2 & 1 \\ 0 & -2 & 0 & 0 & 2 & 1 \\ 0 & 0 & -2 & 2 & 4 & 1 \\ 0 & 0 & 0 & 0 & 0 & 0 \\ 0 & 0 & 0 & 0 & 0 & 0 \end{bmatrix}$$

이 행렬은 $(-1,\ -2,\ -2)$의 대각선을 따라서 전체적으로 0의 값을 가지는 행을 얻을 때까지 진행된다는 것을 주목하라. 예제 9.20은 이 방법을 통해 다중 반응 조합에서 독립적 반응의 수를 찾는 경우를 설명하고 있다.

예제 9.17 **그림 9.1의 반응에 대한 Gibbs 상 규칙의 응용**

T, P와 반응물의 초기 농도가 주어질 때, 그림 9.1에서 보여지는 butadiene 계의 평형 조성을 계산하기 위해 필요한 독립적 반응 수의 결정에 상 규칙을 응용하여라.

풀이 ▶ 식 (9.44)의 우변 항의 모든 수를 결정할 필요가 있다. 존재하는 성분은 다음과 같다.

$$C_4H_6, HBr, 1-BrC_4H_7, 3-BrC_4H_7$$

그러므로 $m = 4$이다. 이 반응이 기체상에서 일어나기 때문에 $\pi = 1$이다. T와 P 두 개의 명시된 자유도를 갖는다. 입구의 비율, $n^o_{C_4H_6}/n^o_{HBr}$은 화학양적 제한 조건에 해당한다. 만약 우리가 생성물, $1-BrC_4H_7$과 $3-BrC_4H_7$이 얼마나 형성되는지를 안다면, 남아 있는 반응물의 수는 결정이 된다. 식 (9.44)로부터

$$R = m - \Im + 2 - \pi - s = 4 - 2 + 2 - 1 - 1 = 2$$

따라서 두 개의 독립적인 반응식을 규정해야 한다.

예제 9.18 **예제 9.16의 대안 식**

예제 9.16은 butadiene 계의 화학 반응 평형을 계산하기 위하여 두 개의 독립적 반응식을 규정할 필요가 있다고 제안한다. 예제 9.16에 사용된 식에 대한 대안 식을 제시하라. 이 반응들에 대해 이 문제를 어떻게 해결할지를 보여라.

풀이 ▶ 이제 다음과 같이 반응 2를 위한 이성질화 반응을 선택하자.

$$C_4H_6 + HBr \rightleftarrows 1-BrC_4H_7 \quad \text{반응 1} \qquad \textbf{(E9.18A)}$$

$$1-BrC_4H_7 \rightleftarrows 1-BrC_4H_7 \quad \text{반응 2} \qquad \textbf{(E9.18B)}$$

반응 1과 반응 2 또한 독립적이기 때문에 그림 9.1에 나타난 계의 조성을 구하기 위해 이들을

사용할 수 있다. 이 경우에 다음 식을 얻는다.

$$n_{C_4H_6} = 1 - \xi_1 \qquad y_{C_4H_6} = (1 - \xi_1)/(2 - \xi_1)$$

$$n_{HBr} = 1 - \xi_1 \qquad y_{HBr} = (1 - \xi_1)/(2 - \xi_1)$$

$$n_{1-BrC_4H_7} = \xi_1 - \xi_2 \qquad y_{1-BrC_4H_7} = (\xi_1 - \xi_2)/(2 - \xi_1)$$

$$n_{3-BrC_4H_7} = \xi_2 \qquad y_{3-BrC_4H_7} = \xi_2/(2 - \xi_1)$$

$$n^v = 2 - \xi_1$$

평형상수는 평형조성을 사용하여 나타낼 수 있다.

$$K_1 = \frac{y_{1-BrC_4H_7}}{y_{C_4H_6}y_{HBr}P} = \frac{(\xi_1 - \xi_2)(2 - \xi_1)}{(1 - \xi_1)^2 P} \tag{E9.18C}$$

$$K_2 = \frac{y_{3-BrC_4H_7}}{y_{1-BrC_4H_7}} = \frac{\xi_2}{(\xi_1 - \xi_2)} \tag{E9.18D}$$

각각의 평형상수는 9.4절에서 다뤘던 것처럼 적절한 열화학 자료를 사용하여 알아낼 수 있다. 각각의 평형상수를 알아내면, 식 (9.18C)과 식 (9.18D)로 미지의 ξ_1과 ξ_2를 풀 수 있다. K_2에 의해 주어진 특정 값은 식 (9.16D)에 의해 주어지는 값과 다를 것임에 주목하자. 따라서 ξ_2 값 역시 다를 것이다. 그러나 계산되는 조성은 예제 9.16에서의 값과 동일하게 나타날 것이다. 이 결과가 바로 화학 반응 평형의 마술이다. *우리가 어떠한 독립적 반응 조합을 선택하던지, 평형조성은 항상 같게 계산된다.*

예제 9.19 **Methane의 크래킹**

수소 기체를 만들기 위해 methane의 수증기 개질 반응이 사용된다. 일산화탄소와 이산화탄소는 부산물로서 관찰된다. 물과 methane의 비율이 4:1이고, 압력이 1 bar일 때, 600~1100 K의 온도 범위에서 얻을 수 있는 평형조성을 계산하여라.

풀이 ▶ 먼저 규정해야 하는 독립적 반응의 수를 결정하기 위해 상 규칙을 적용해야 한다. 각각의 계산을 위해 다섯 개의 화학종, 한 개의 상, 특정 온도와 압력 및 명시된 입구의 원료 비를 갖고 있다. 따라서 이 계의 요소는 화학양론적 제한 조건을 형성한다. 즉, 그 비율은 원료 내 비율과 동일하다. O:H 원소의 비율은 1:3으로 제한되어 있고, 이와 비슷하게 C:H의 비율은 1:12로 제한되어 있다. 그러므로 우리는 두 개의 추가적인 화학양론 제한 조건, s를 가진다. 독립적인 반응의 수는 따라서 다음과 같다.

$$R = m - \Im + 2 - \pi - s = 5 - 2 + 2 - 1 - 2 = 2$$

두 개의 독립적인 반응 조합으로, 다음 식을 선택할 수 있다.

$$CH_4 + H_2O \rightleftarrows CO + 3H_2 \quad \text{반응 1} \tag{E9.19A}$$

$$CH_4 + 2H_2O \rightleftarrows CO_2 + 4H_2 \quad \text{반응 2} \tag{E9.19B}$$

다른 반응 조합으로 이 문제를 풀 수 있는가?

식 (9.41)~(9.43)에 따라 다음 식을 얻는다.

$$n_{CH_4} = 1 - \xi_1 - \xi_2 \qquad y_{CH_4} = \frac{1 - \xi_1 - \xi_2}{5 + 2\xi_1 + 2\xi_2}$$

$$n_{H_2O} = 4 - \xi_1 - 2\xi_2 \qquad y_{H_2O} = \frac{4 - \xi_1 - 2\xi_2}{5 + 2\xi_1 - 2\xi_2}$$

$$n_{H_2} = 3\xi_1 + 4\xi_2 \qquad y_{H_2} = \frac{3\xi_1 + 4\xi_2}{5 + 2\xi_1 + 2\xi_2}$$

$$n_{CO} = \xi_1 \qquad y_{CO} = \frac{\xi_1}{5 + 2\xi_1 + 2\xi_2}$$

$$n_{CO_2} = \xi_2 \qquad y_{CO_2} = \frac{\xi_2}{5 + 2\xi_1 + 2\xi_2}$$

$$n^v = 5 + 2\xi_1 + 2\xi_2$$

1 bar에서 평형상수는 이상기체의 조건으로 가정해서 다음과 같이 쓸 수 있다.

$$K_1 = \frac{y_{CO}y_{H_2}^3}{y_{CH_4}y_{H_2O}}P^2 = \frac{(\xi_1)(3\xi_1 + 4\xi_2)^3}{(5 + 2\xi_1 + 2\xi_2)^2(1 - \xi_1 - \xi_2)(4 - \xi_1 - 2\xi_2)}p^2 \quad \textbf{(E9.19C)}$$

$$K_2 = \frac{y_{CO_2}y_{H_2}^4}{y_{CH_4}y_{H_2O}^2}P^2 = \frac{(\xi_2)(3\xi_1 + 4\xi_2)^4}{(5 + 2\xi_1 + 2\xi_2)^2(1 - \xi_1 - \xi_2)(4 - \xi_1 - 2\xi_2)^2}p^2 \quad \textbf{(E9.19D)}$$

높은 온도에서의 평형상수를 계산하기 위해 우리는 적절한 열화학 자료를 필요로 한다. 부록 A.2와 A.3에서 이용 가능한 반응의 Gibbs 에너지와 엔탈피 및 열용량 자료들이 표 E9.19A에 요약되어 있다. 이 자료들로부터 식 (9.24)를 사용하여 다른 온도에서의 K_1과 K_2를 계산할 수 있다. 이 풀이는 스프레드시트 위에 편리하게 나타내었다.

표 E9.19B는 다른 온도에서 얻어진 값들을 보여준다. 일단 평형상수가 구해지면 식 (E9.19C)와 (E9.19D)로 ξ_1, ξ_2를 동시에 푼다. 다음, 몰분율은 위에 있는 식을 이용해 간단히 계산된다. 표 E9.19B는 각기 다른 온도에서의 반응진척도의 결과와 각 성분의 몰분율을 나타낸다. 반응진척도 vs. 온도 그리고 몰분율 vs. 온도가 그림 E9.19에 도시되었다. 이러한 분석으로부터 어떤 온도를 추구할 것인가? 다른 의문점은 무엇인가?

표 E9.19A 부록 A.2와 A.3로부터 열화학 자료의 요약

	CH_4	H_2	H_2O	CO	CO_2	반응 1	반응 1
Δg_f	$-50.72 \left[\frac{KJ}{mol}\right]$	0	−228.57	−137.17	−394.36	142.12	113.50
Δh_f	$-74.81 \left[\frac{KJ}{mol}\right]$	0	−241.82	−110.53	−393.51	206.10	164.94
ν_1	−1	3	−1	1	0		
ν_2	−1	4	−2	0	1		
A_i	1.702	3.249	3.47	3.376	5.457	7.951	9.811
B_i	9.08×10^{-3}	4.22×10^{-4}	1.45×10^{-3}	5.57×10^{-4}	1.05×10^{-3}	-8.708×10^{-3}	-9.243×10^{-3}
C_i	-2.16×10^{-6}	0	0	0	0	2.16×10^{-6}	2.16×10^{-6}
D_i	0	8.30×10^3	1.21×10^4	-3.10×10^3	-1.16×10^5	9.70×10^3	-1.067×10^5

표 E9.19B 예제 9.19의 풀이 요약

T	K_1	K_2	ξ_1	ξ_2	y_{CH_4}	y_{H_2}	y_{H_2O}	y_{CO}	y_{CO_2}
600	4.91×10^{-7}	1.40×10^{-5}	0.000	0.113	0.170	0.087	0.722	0.000	0.022
650	1.42×10^{-5}	2.24×10^{-4}	0.003	0.191	0.150	0.144	0.671	0.000	0.036
700	2.59×10^{-4}	2.47×10^{-3}	0.011	0.294	0.124	0.215	0.606	0.002	0.052
750	3.24×10^{-3}	2.02×10^{-2}	0.037	0.410	0.094	0.297	0.534	0.006	0.070
800	3.00×10^{2}	1.29×10^{-1}	0.099	0.515	0.062	0.378	0.461	0.016	0.083
850	2.15×10^{-1}	6.70×10^{-1}	0.207	0.579	0.033	0.447	0.401	0.032	0.088
900	1.25	2.93	0.332	0.584	0.012	0.488	0.366	0.049	0.085
950	6.07	1.11×10^{1}	0.424	0.551	0.004	0.500	0.356	0.061	0.079
1000	2.52×10^{1}	3.70×10^{1}	0.485	0.509	0.001	0.499	0.358	0.069	0.073
1050	9.20×10^{1}	1.11×10^{2}	0.540	0.458	0.000	0.493	0.364	0.077	0.065
1100	2.99×10^{2}	3.02×10^{2}	0.541	0.458	0.000	0.494	0.363	0.077	0.065
1150	8.78×10^{2}	7.57×10^{2}	0.541	0.458	0.000	0.494	0.363	0.077	0.065

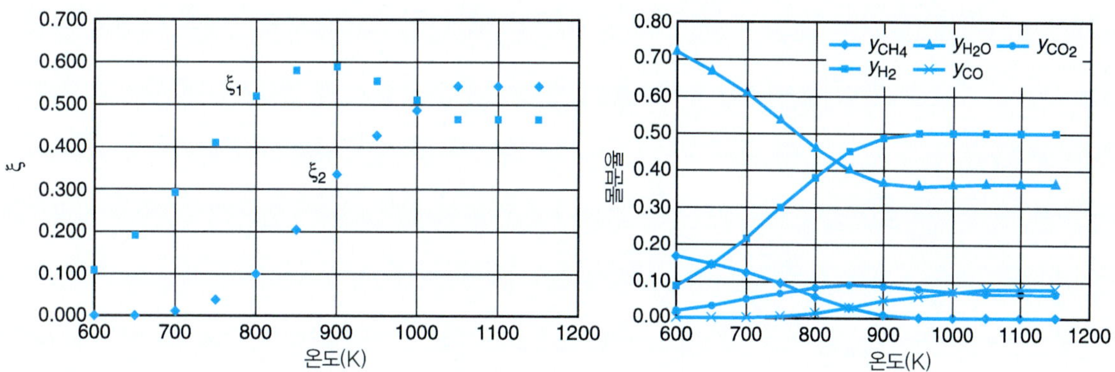

그림 E9.19 Methane의 수증기 개질 반응 평형에서의 반응진척도 vs. 온도 그리고 몰분율 vs. 온도.

예제 9.20 **반응을 추가한 예제 2.16의 고려**

예제 2.16에서 우리는 두 개의 화학 반응에서 방출하는 열을 계산했다. 3번째 반응이 가능한 것을 고려하여 이 문제를 다시 풀어라.

$$CO + \frac{1}{2}O_2 \rightleftarrows 1 - CO_2 \tag{1}$$

$$C + \frac{1}{2}O_2 \rightleftarrows CO \tag{2}$$

$$C + O_2 \rightleftarrows CO \tag{3}$$

풀이 ▸ 독립적 반응의 수(독립적 화학양론적 관계)를 먼저 결정해야 한다. 그리고 일련의 독립적 반응 조합을 선택해야 한다. 다음과 같이 화학양론적 행렬을 구성할 수 있다.

$$\nu_{ki} = \begin{bmatrix} 0 & -\frac{1}{2} & -1 & 1 \\ -1 & -\frac{1}{2} & 1 & 0 \\ -1 & -1 & 0 & 1 \end{bmatrix}$$

(열: C, O_2, CO, CO_2)

행렬 ν_{ij}의 계수에 의해 주어지는 독립적 반응의 수는, MATLAB을 사용하면 2인 것을 알 수 있다. 반응식을 조사하면, 반응(3)은 단순히 반응(1)과 반응(3)을 더해 얻어짐을 알 수 있다. 따라서 첫 두 반응들이 화학적으로 반응하는 계를 명시한다.

대각 행렬을 만들어 행렬 연산을 함으로 이러한 결과를 얻을 수 있음을 본다. 1행과 2행을 교환함으로 시작할 수 있다.

$$\nu_{ki} = \begin{bmatrix} -1 & -\frac{1}{2} & 1 & 0 \\ 0 & -\frac{1}{2} & -1 & 1 \\ -1 & -1 & 0 & 1 \end{bmatrix}$$

이제 3행에서 1행을 뺄 수 있다.

$$\nu_{ki} = \begin{bmatrix} -1 & -\frac{1}{2} & 1 & 0 \\ 0 & -\frac{1}{2} & -1 & 1 \\ 0 & -\frac{1}{2} & -1 & 1 \end{bmatrix}$$

3행에서 2행을 빼면 다음과 같다.

$$\nu_{ki} = \begin{bmatrix} -1 & -\frac{1}{2} & 1 & 0 \\ 0 & -\frac{1}{2} & -1 & 1 \\ 0 & 0 & 0 & 0 \end{bmatrix}$$

3행이 0이기 때문에 3행을 제거하면 다음이 남는다.

$$\nu_{ki} = \begin{bmatrix} -1 & -\frac{1}{2} & 1 & 0 \\ 0 & -\frac{1}{2} & -1 & 1 \end{bmatrix}$$

이것이 반응 (2)와 (1)의 화학양론적 행렬이다. 따라서 이 반응들을 독립적 반응으로 선택할 수 있다.

예제 2.16에서 이 반응의 조합으로부터 Q가 계산되었으므로, 이것이 계를 완전하게 나타내는 것을 알 수 있고, 부가적인 반응 (3)을 고려해도 같은 값을 얻을 것이다. 다른 방법으로, 만약 독립적 반응의 조합으로 반응 (2)와 반응 (3)을 선택하여도 같은 값의 Q가 얻어짐을 알 수 있다. 유사하게, 다중 반응계의 평형조성을 계산할 때도 존재하는 성분에 대한 가능한 최대 수의 선형 독립적 화학 반응을 고려하는 한 어떠한 반응의 조합을 선택해도 결과는 같다.

예제 9.21 **Chlorosilane으로부터 실리콘 박막의 성장**

단결정, 혹은 *에피텍시얼*(epitaxial), 실리콘 박막들이 직접회로를 제조하는 데 필요하다. 이러한 막들은 고온에서 수소의 존재하에 chlorosilane 원료 기체의 화학 반응에 의해 성장된다. 1300 K, 1 bar에서 에피텍시얼 규소의 성장을 고려해 보자. 수소와 염화규소의 비가 1:1에서 150:1까지 희석될 때, 원료 기체로 각각 사염화규소($SiCl_4$)와 삼염화규소($SiCl_3H$)가 평형에서 얼마나 많은 Si를 생산하는지 비교하라. 평형에서 다음 성분들이 있다고 가정하라. Si, $SiCl_2$, $SiCl_3H$, $SiCl_2H_2$, $SiClH_3$, SiH_4, H_2, HCl.

다음 자료가 이용 가능하다.

1300 K에서의 생성 Gibbs 에너지(kJ/mol)

화학종	$SiCl_2$	$SiCl_4$	$SiCl_3H$	$SiCl_2H_2$	$SiClH_3$	SiH_4	HCl
$(\Delta g^o_{f,1300})_i$	−216.012	−492.536	−356.537	−199.368	−28.482	151.897	−102.644

풀이 ▸ 먼저 몇 개의 독립적 반응이 필요한지 알기 위해 상 규칙을 적용한다. 실리콘은 기체 또는 고체상에 존재할 수 있기 때문에, 기체상에서의 화학양론은 원료비에 제한되지 않는다. 반면에 Cl:H 비율은 일정하게 유지되어야 한다. 그러므로 $s = 1$을 얻고 다음과 같이 쓸 수 있다.

$$R = m - \Im + 2 - \pi - s = 9 - 2 + 2 - 2 - 1 = 6$$

여섯 개의 독립적 반응들은 다음과 같이 구성된다(물론 다른 선택도 가능하다).

$$SiCl_4 + H_2 \rightleftarrows SiCl_2 + 2HCl \qquad \text{반응 1}$$
$$SiCl_4 + H_2 \rightleftarrows SiCl_3H + HCl \qquad \text{반응 2}$$
$$SiCl_3H + H_2 \rightleftarrows SiCl_2H_2 + HCl \qquad \text{반응 3}$$
$$SiCl_2H_2 + H_2 \rightleftarrows SiClH_3 + HCl \qquad \text{반응 4}$$
$$SiClH_3 + H_2 \rightleftarrows SiH_4 + HCl \qquad \text{반응 5}$$
$$SiCl_4 + 2H_2 \rightleftarrows Si(s) + 4HCl \qquad \text{반응 6}$$

그 다음 각 성분의 조성을 위 여섯 개 반응들의 진척도의 항으로 다음과 같이 쓸 수 있다.

$$n_{SiCl_4} = n^o_{SiCl_4} - \xi_1 - \xi_2 - \xi_6$$
$$n_{SiCl_2} = \xi_1$$
$$n_{SiCl_3H} = n^o_{SiCl_3H} + \xi_2 - \xi_3$$
$$n_{SiCl_2H_2} = \xi_3 - \xi_4$$
$$n_{SiClH_3} = \xi_4 - \xi_5$$
$$n_{SiH_4} = \xi_5$$
$$n_{H_2} = n^o_{H_2} - \xi_1 - \xi_2 - \xi_3 - \xi_4 - \xi_5 - 2\xi_6$$
$$n_{HCl} = 2\xi_1 + \xi_2 + \xi_3 + \xi_4 + \xi_5 + 4\xi_6$$
$$n^{v,o} = n^o_{SiCl_4} + n^o_{SiCl_3H} + n^o_{H_2} + \xi_1 + \xi_6$$
$$n_{Si} = \xi_6$$

6개의 평형상수는 이상기체 거동으로 가정하여 다음과 같이 쓸 수 있다.

$$K_1 = \frac{y_{SiCl_2}y^2_{HCl}}{y_{SiCl_4}y_{H_2}}P$$
$$= \frac{(\xi_1)(2\xi_1 + \xi_2 + \xi_3 + \xi_4 + \xi_5 + 4\xi_6)^2}{(n^o_{SiCl_4} - \xi_1 - \xi_2 - \xi_6)(n^o_{H_2} - \xi_1 - \xi_2 - \xi_3 - \xi_4 - \xi_5 - 2\xi_6)(n^o_{SiCl_4} + n^o_{SiCl_3H} + n^o_{H_2} + \xi_1 + \xi_6)}P$$

$$K_2 = \frac{y_{SiCl_3H}y_{HCl}}{y_{SiCl_4}y_{H_2}} = \frac{(n^o_{SiCl_3H} + \xi_2 - \xi_3)(2\xi_1 + \xi_2 + \xi_3 + \xi_4 + \xi_5 + 4\xi_6)}{(n^o_{SiCl_4} - \xi_1 - \xi_2 - \xi_6)(n^o_{H_2} - \xi_1 - \xi_2 - \xi_3 - \xi_4 - \xi_5 - 2\xi_6)}$$

$$K_3 = \frac{y_{SiCl_2H_2}y_{HCl}}{y_{SiCl_3H}y_{H_2}} = \frac{(\xi_3 - \xi_4)(2\xi_1 + \xi_2 + \xi_3 + \xi_4 + \xi_5 + 4\xi_6)}{(n^o_{SiCl_3H} + \xi_2 - \xi_3)(n^o_{H_2} - \xi_1 - \xi_2 - \xi_3 - \xi_4 - \xi_5 - 2\xi_6)}$$

$$K_4 = \frac{y_{SiClH_3}y_{HCl}}{y_{SiCl_2H_2}y_{H_2}} = \frac{(\xi_4 - \xi_5)(2\xi_1 + \xi_2 + \xi_3\xi_4 + \xi_5 + 4\xi_6)}{(\xi_3 - \xi_4)(n^o_{H_2} - \xi_1 - \xi_2 - \xi_3 - \xi_4 - \xi_5 - 2\xi_6)}$$

$$K_5 = \frac{y_{SiH_4}y_{HCl}}{y_{SiClH_3}y_{H_2}} = \frac{(\xi_5)(2\xi_1 + \xi_2 + \xi_3 + \xi_4 + \xi_5 + 4\xi_6)}{(\xi_4 - \xi_5)(n^o_{H_2} - \xi_1 - \xi_2 - \xi_3 - \xi_4 - \xi_5 - 2\xi_6)}$$

$$K_6 = \frac{\left(\frac{\hat{f}_{Si}}{f^o_{Si}}\right)y^4_{HCl}}{y_{SiCl_4}y^2_{H_2}}$$

$$= \frac{(1)(2\xi_1 + \xi_2 + \xi_3 + \xi_4 + \xi_5 + 4\xi_6)^4}{(n^o_{SiCl_4} - \xi_1 - \xi_2 - \xi_6)(n^o_{H_2} - \xi_1 - \xi_2 - \xi_3 - \xi_4 - \xi_5 - 2\xi_6)^2(n^o_{SiCl_4} + n^o_{SiCl_3H} + n^o_{H_2} + \xi_1 + \xi_6)}P$$

Gibbs 에너지 값으로부터 우리는 6개의 평형상수를 계산할 수 있다. 그리고 나서 미지의 6개의 반응진척도를 풀기 위해 평형상수와 맞춰보아야 한다. 원료비 H_2:$SiCl_4$가 1:1일 때 스프레드시트의 풀이집으로부터 택한 하나의 해답 예는 다음과 같다.

T [K]	1300
P [bar]	1
$n^o_{H_2}$	1
$n^o_{SiCl_4}$	1
$n^o_{SiCl_3H}$	0

	$(\Delta g^o_{f,1300})_i$	n_i	y_i
H_2	0	0.8214	0.406
$SiCl_2$	−216.012	0.0763	3.77×10^{-2}
$SiCl_4$	−492.536	0.7770	3.84×10^{-1}
$SiCl_3H$	−356.537	0.1912	9.44×10^{-2}
$SiCl_2H_2$	−199.368	0.0066	3.28×10^{-3}
$SiClH_3$	−28.482	0.0001	3.20×10^{-5}
SiH_4	151.897	0.0000	1.30×10^{-7}
HCl	−102.644	0.1525	7.53×10^{-2}
Total		2.0251	
Si		−0.0512	

	K_i	ξ_i	$K_{i,calc}$	$K_i - K_{i,calc}$
반응 1	1.37×10^{-3}	0.0763	1.37×10^{-3}	1.71×10^{-8}
반응 2	4.57×10^{-2}	0.1979	4.57×10^{-2}	1.02×10^{-8}
반응 3	6.44×10^{-3}	0.0067	6.44×10^{-3}	6.74×10^{-10}
반응 4	1.81×10^{-3}	0.0001	1.81×10^{-3}	1.19×10^{-10}
반응 5	7.52×10^{-4}	0.0000	7.52×10^{-4}	-2.15×10^{-11}
반응 6	5.09×10^{-4}	−0.0512	5.09×10^{-4}	2.84×10^{-10}

두 가지 방법으로 평형상수 K_i를 계산하여 답을 얻을 수 있다. (1) Gibbs 에너지 자료(K_i 표시된)로부터 (2) 반응진척도($K_{i,calc}$ 표시된)로부터이다. 진척도는 $K_i - K_{i,calc}$으로 정의되는 수렴 기준 내에 따라 두 값이 일치할 때까지 변하게 된다. 위 경우 반응 6의 반응진척도는 음의 값이며, 고체 Si가 기판으로부터 제거되거나 또는 식각되는 것을 나타낸다. 이런 이유로 열역학은 이

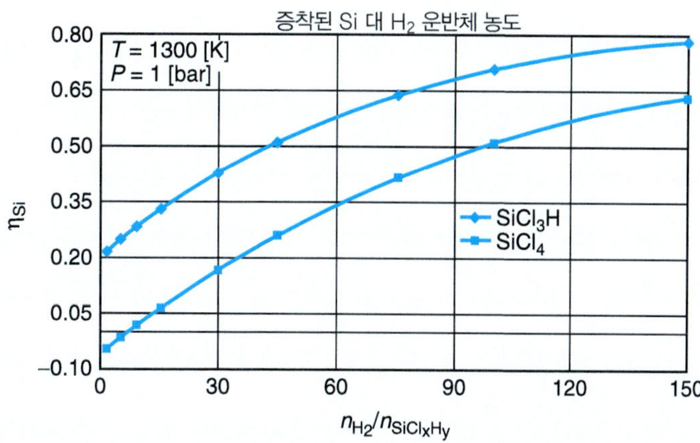

그림 E9.21 1300 K 1 bar에서 H_2의 희석량에 따른 사염화규소($SiCl_4$)와 삼염화규소($SiCl_3$)의 증착 효율.

러한 조건 아래에서 Si를 증착시키는 방법이 없다는 것을 말해 준다. 평형증착효율(equilibrium deposition efficiency)을 η로 정의하면

$$\eta = \frac{\text{증착된 Si의 양}}{\text{원료 기체에서의 Si의 양}}$$

위의 경우에 실제로 효율은 −0.0512이며, 따라서 Si는 식각된다. 사례의 완전한 결과가 그림 E9.21에 도시되었다.

Gibbs 에너지 최소화에 의한 다중 반응 평형의 해법

이 절에서 다중 반응을 포함하는 화학 반응 평형 문제를 해결하기 위해서 연결된 비선형 대수방정식의 대안 조합을 전개할 것이다. 제8장에서 먼저 퓨가시티를 같게 하고(예제 8.19) 그 다음 Gibbs 에너지를 최소화함으로써(예제 8.20) LLE 문제를 해결하는 법을 보았다. 기본적으로 이것을 다중 반응 평형에서도 적용할 수 있다. 이미 독립적인 반응의 조합으로 써서 어떻게 이 식들을 푸는지 보았다. 다음으로 각각의 반응진척도를 나타내는 R개의 식 조합을 풀기 위해 그와 유사하게 단일반응에 **평형상수 식**을 사용하였다. 이제 같은 답을 얻을 수 있는 다른 해법을 배울 것이다. 계의 **총 Gibbs 에너지를 최소화**하는 것을 통해서 평형 조성을 계산할 것이다. 이러한 접근은 복잡한 계에서의 반응에 대해 풀기 위한 컴퓨터 알고리즘을 개발하는 데 유용하다.

먼저 식 계수 행열, β_{ij}를 제안하고자 한다. 이 행렬은 계의 성분 i에 j 원소, b_j와 연결한다. 두 양을 다음과 같이 관련시킬 수 있다.

$$\sum_{i=1}^{m} n_i \beta_{ij} = b_j \tag{9.45}$$

모든 m 성분, n_i는 계에 존재함, 즉 CH_4, H_2O, H_2, CO, CO_2

모든 l 원소, b_i는 계에 존재함, 즉 C, H, O

여기서 이 계의 모든 m 성분에 대해 더한다. 계의 Gibbs 에너지는 다음과 같이 쓴다.

$$G = \sum_{i=1}^{m} \mu_i n_i$$

다음으로 라그랑지 곱수(Lagrangian multipliers) λ_j를 도입하여 새로운 함수 G'을 다음과 같이 정의한다.

$$G' = \sum_{i=1}^{m} \mu_i n_i + \sum_{j=1}^{l} \lambda_j \left(\sum_{i=1}^{m} n_i \beta_{ij} - b_j \right)$$

식 (9.45)를 보면 더한 항은 0이 됨을 알 수 있다. 그러므로 G'을 최소화하는 것으로 문제를 재구성할 수 있다.

이 함수가 최소가 될 때의 조성을 찾기 위해 n_i에 대한 도함수를 0으로 한다.

$$\left(\frac{\partial G'}{\partial n_i} \right)_{T,P,n_{j \neq 1}} = 0 = \mu_i + \sum_{j=1}^{l} \lambda_j \beta_{ij}$$

이전에 했듯이 화학 퍼텐셜에 상에 적합한 표현식을 넣을 수 있다. 예를 들어 이상기체에 대해 다음과 같은 식을 얻는다.

$$g_i^o + RT \ln y_i P + \sum_{j=1}^{l} \lambda_j \beta_{ij} = 0 \tag{9.46}$$

식 (9.46)의 성분 i의 표준 상태 Gibbs 에너지에 생성 Gibbs 에너지를 대체할 수 있다. 계의 모든 성분에 대하여 하나의 식으로 나타낼 수 있으므로, 생성 Gibbs 에너지의 순수 성분 Gibbs 에너지 부분은 결국 서로 상쇄되어 다음과 같이 된다.

$$\Delta g_i^f + RT \ln y_i P + \sum_{j=1}^{l} \lambda_j \beta_{ij} = 0 \tag{9.47}$$

식 (9.45)와 (9.47)은 미지의 y_i와 λ_j를 풀기 위한 $m + l$ 식의 조합을 나타낸다. 예제 9.22는 예제 9.19에서 다루었던 문제를 Gibbs 에너지의 최소화를 통해 어떻게 해결하는지를 보여준다. 식 (9.47)과 유사한 식이 화학 퍼텐셜의 적절한 형태를 사용해서 실제 기체, 액체, 그리고 고체에 대해 개발될 수 있다.

예제 9.22 **Methane의 크래킹 재고**

Gibbs 에너지의 최소화를 이용하여 예제 9.19를 다시 풀어 보아라. 800 K에서의 결과 값을 비교하라. 800 K에서의 생성 Gibbs 에너지는 다음과 같다.

화학종	CH_4	H_2O	CO	CO_2
$(\Delta g^o_{f,800})_i$ in [kJ/mol]	−2.105	−203.477	−182.257	−395.418

풀이 ▸ 먼저 계수 행렬을 작성하고 H_2O:CH_4의 입구 비가 4:1인 벡터 $\boldsymbol{b}$를 만들어야 한다. 계수 행렬식에서 우리는 행에 성분을 열에 원소를 써 넣는다.

$$\begin{array}{c} \\ CH_4 \\ H_2O \\ H_2 \\ CO \\ CO_2 \end{array}\begin{array}{c} \begin{array}{ccc} C & H & O \end{array} \\ \begin{bmatrix} 1 & 4 & 0 \\ 0 & 2 & 1 \\ 0 & 2 & 0 \\ 1 & 0 & 1 \\ 1 & 0 & 2 \end{bmatrix} \end{array} \quad \text{그리고} \quad \begin{array}{l} b_C = 1 \\ b_H = 12 \\ b_O = 4 \end{array}$$

또는 행렬 형태로

$$\beta = \begin{bmatrix} 1 & 4 & 0 \\ 0 & 2 & 1 \\ 0 & 2 & 0 \\ 1 & 0 & 1 \\ 1 & 0 & 2 \end{bmatrix} \quad \text{그리고} \quad b = \begin{bmatrix} 1 \\ 12 \\ 4 \end{bmatrix}$$

식 (9.45)는 다음을 준다.

$$[n_{CH_4}\ n_{H_2O}\ n_{H_2}\ n_{CO}\ n_{CO_2}]\begin{bmatrix} 1 & 4 & 0 \\ 0 & 2 & 1 \\ 0 & 2 & 0 \\ 1 & 0 & 1 \\ 1 & 0 & 2 \end{bmatrix} = [1\ 12\ 4]$$

이것은 세 쌍의 방정식으로 다음과 같이 쓸 수 있다.

$$n_{CH_4} + n_{CO} + n_{CO_2} = 1 \tag{E9.22A}$$

$$4n_{CH_4} + 2n_{H_2O} + 2n_{H_2} = 12 \tag{E9.22B}$$

$$n_{H_2O} + n_{CO} + 2n_{CO_2} = 4 \tag{E9.22C}$$

식 (9.47)은 $N = 5$ 성분에서 각각 다음과 같이 쓸 수 있다.

$$\Delta g^o_{f,CH_4} + RT\ln\frac{n_{CH_4}}{n_T} + \lambda_C + 4\lambda_H = 0 \tag{E9.22D}$$

$$\Delta g^o_{f,H_2O} + RT\ln\frac{n_{H_2O}}{n_T} + 2\lambda_H + \lambda_O = 0 \tag{E9.22E}$$

$$\Delta g^o_{f,H_2} + RT\ln\frac{n_{H_2}}{n_T} + 2\lambda_H = 0 \tag{E9.22F}$$

$$\Delta g^o_{f,CO} + RT\ln\frac{n_{CO}}{n_T} + \lambda_C + \lambda_O = 0 \tag{E9.22G}$$

$$\Delta g^o_{f,CO_2} + RT\ln\frac{n_{CO_2}}{n_T} + \lambda_C + 2\lambda_O = 0 \tag{E9.22H}$$

여기서, $n_T = n_{CH_4} + n_{H_2O} + n_{H_2} + n_{CO} + n_{CO_2}$

식 (E9.22A)와 (E9.22H)는 여덟 개의 미지수로 여덟 쌍 식의 조합을 형성한다. 이 식의 조합을 풀면 다음을 준다.[6]

6. 이 식의 조합은 책의 소프트웨어인 ThermoSolver를 이용하여 수정된 Newton–Raphson 근 풀이 도구로 풀었다. 자세한 사항은 ThermoSolver 문서를 참고하라.

λ_C/RT	λ_O/RT	λ_H/RT	n_{CH_4}	n_{H_2O}	n_{H_2}	n_{CO}	n_{CO_2}
1.15	0.49	30.39	0.39	2.87	0.099	0.52	2.36

λ_j/RT 를 적당한 자리수의 값을 얻기 위해 수치해에서 λ_j/RT를 사용했었고 그 결과 비선형 수치 해법 알고리즘이 적절했다.

9.8 결정성 고체에서 점 결함의 반응 평형

결정성 물질의 구조는 격자에 의해 정의된다. 결정격자는 모든 격자점에 원자 반복단위의 잘 정의된 기하학적 구조로 구성되어 있다. 이상결정의 완벽한 질서에 대한 어떠한 붕괴도 **결함**(defect)으로 정의된다. 평형에서 결함의 농도가 매우 작을지라도(보통 1 ppm보다 작다), 그것은 결함의 농도와 본질에 따라 조절되는 여러 중요한 고체 물질의 성질로 나타난다. 예를 들면, 고체 물질들의 전도도, 확산도 및 발광 등이 이러한 결함들에 의해 극적으로 변형될 수 있다.

이번 절에서는 단일 원자 자리에서 발생되는 **점 결함**(point defect)을 살펴본다.[7] 계의 상태를 변화시킴으로써 평형에서 결정 속 결함 농도를 설명하기 위해 이 장의 원리를 적용한다. 결함의 농도를 조절할 수 있는 능력은 그러한 결함과 관련된 결정의 성질을 조절할 수 있게 해 준다. 여기에서는 간단한 개요만 소개한다. 이러한 주제에 대한 보다 심도있는 논의가 다른 몇몇 책에서 다루어졌다.[8]

원자 결함

두 개의 주요한 점 결함이 있다. 원자 결함과 전자 결함이다. 원자 결함은 원자가 결정격자 내 그들의 정상 위치로부터 결손됨으로 인해 발생한다.

그림 9.8은 원자 점 결함의 몇몇 일반적 형태를 갖는 결정격자의 2차원 묘사이다. **빈 격자점(빈결함)**은 보통 원자로 점유되어 있어야 할 격자 위치에 원자가 없는 경우에 발생한다. **침입형**(틈새, interstitial)은 원자가 결정 속 분명한 격자 위치가 아닌 격자 위치 사이에 자리할 때 일어난다. 그림 9.8은 두 가지 유형의 침입형 결함을 보여준다. **자기침입형**(self-interstitial)은 같은 종류의 원자를 포함하여 주인 결정(host crystal)을 만드는 반면, **불순물 침입형**(impurity interstitial)은 다른 원자로 구성된다. **치환형 불순물**(substitutional impurity)은 보통 주인 원자가 있어야 할 격자 위치를 다른 원자가 차지할 때 일어난다. AB와 같은 고체 화합물에서 A 성분이 B 위치를 차지하거나, 혹은 그 반대의 경우와 같이 **잘못 배치된** 원자들을 가질 수 있다.

먼저, 결정 내 서로 다른 유형의 점 결함 명명법을 소개하고자 한다. 그 다음에 고체에서 일어나는 공정의 화학 수지 식을 작성할 것이다. 우리가 배웠던 열역학의 원리는 평형에서

7. 전위나 결정입계와 같은 높은 차수 결함은 열역학적으로 불안정하며, 그들의 거동은 동역학에서 다루어져야 한다.

8. W van Gool, *Principles of Defect Chemistry in Crystalline Solids*, (New York: Academic Press, 1966); F. A. Kroeger, *The Chemistry of Imperfect Crystals* (Vol. 2), (New York: North Holland, 1973); R. A. Swalin, *Thermodynamics of Solids*, (New York: Wiley, (1972). For a ChE example, see, T. J. Anderson, "Examples of Chemical Engineering Principles Applied to the Growth of Semiconductors," in S. L. Sandler and B. A. Finlayson (eds) *Chemical Engineering Education in a Changing Environment*. (New York: United Engineering Trustees, 1988), p. 311.

어떤 결함이 존재하는지와 그들의 농도를 어떻게 정량화하는지를 이해하는 데 응용될 수 있다.

이러한 수지 식을 작성하는 데 다음의 물리적 원리가 적용되어야 한다.

1. 식은 격자 위치의 항으로서 균형이 맞아야 한다.
2. 화합물에서 위치의 비율은 고정된 채로 있어야 한다. 예를 들어, 결정 *AB*에서 우리는 부가적으로 *B* 부분의 추가 없이 추가로 *A* 부분을 만들 수 없고 AB_2에서 *A* 위치 하나 당 2개의 *B* 위치를 만들어야 한다.
3. 중성 결정을 다룬다. 따라서 전하를 띠는 화학 종을 다룰 때, 우리는 전하를 보존해야 한다. 양으로 하전된 종의 생성은 부수적으로 음 전하의 생성과 같이 수반되어야 한다. 이런 상태를 **전기적 중성**(electroneutrality)이라 한다.

› 결함 명명법

점 결함을 표시하기 위해 다음의 기호를 사용한다. 침입형 결함은 *i*, 빈 결함은 *V*이다. 예를 들면, 아연의 자기 침입형은 다음과 같이 지정될 수 있다.

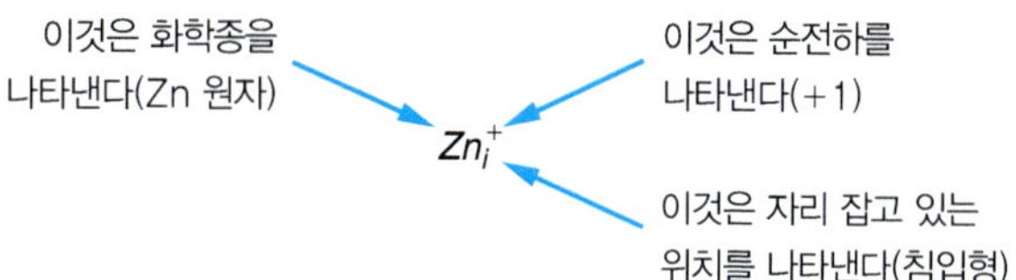

이 기호에서는 세 가지의 정보가 묘사되어 있다. 가운데에는 해당 성분을 나타낸다(아연). 아래첨자는 그 성분이 자리한 결정 위치를 나타낸다(침입형). 반면에 위첨자는 유효 전하(+1)를 나타낸다. 유효 전하는 완전격자 내의 위치의 전하에 비례한다. 예를 들어 NaCl의 결정을

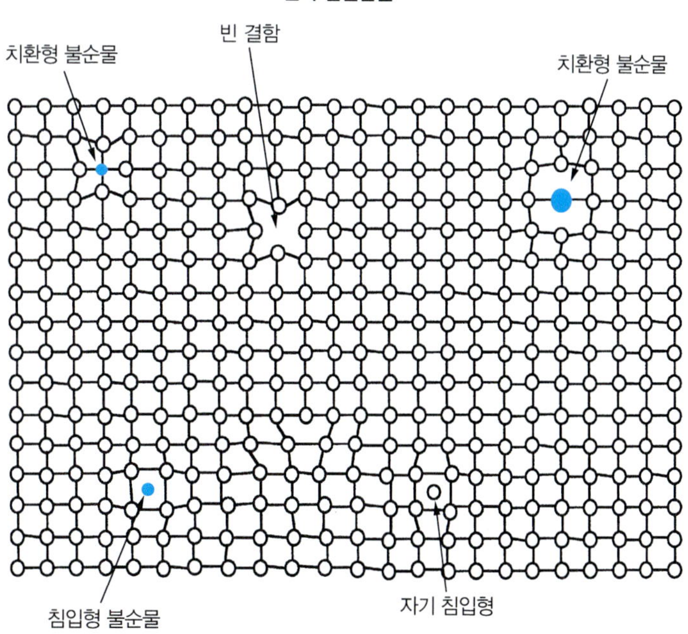

그림 9.8 단원자 결정격자의 원자 점결함.

생각해 보자. Na는 보통 격자 내에서 이온 결합을 형성하기 위해 Cl에 원자가 전자를 넘겨준다. 그러나 만약 Ca 원자가 Na 위치에 치환형 불순물로서 존재하면, 둘 다 원자가 전자를 잃을 수 있다. 이것의 유효 전하는 보통 그곳에 위치하는 Na에 비례하여 +1이 된다. 이러한 불순물은 Ca^{+}_{Na}와 같이 표기된다.[9]

몇 개 더 연습해 본다. 다음의 기호들이 나타내는 것은 무엇인가?

$$Al^{+}_{Zn} \qquad V_{Zn} \qquad V_{As} \qquad V^{+}_{As}$$

Al^{+}_{Zn}은 유효 전하가 +1인 Zn 자리에 Al 치환형 불순물을 나타낸다. 그 다음 세 개는 각각 중성의 Zn, V(비소) 빈 결합과 유효 전하가 +1인 V의 빈 결합이다.

이 표기법을 사용함으로써 결정격자 내 결함을 포함한 공정을 묘사할 수 있다. 예를 들면, 침입형 결함을 위해 그 격자 위치를 떠난 Zn 원자는 다음의 반응식으로 묘사될 수 있다.[10]

$$Zn_{Zn} \rightleftarrows Zn_i + V_{Zn}$$

› 결함에 대한 평형상수

이 공정에 대한 반응진척도는 엔탈피와 엔트로피 사이의 교환으로 결정된다. 완전한 격자가 에너지 측면에서 선호된다. 이 빈결함–침입형결함 쌍을 형성하기 위해서 그 격자 위치에서의 아연 원자의 결합에너지를 극복해야 한다. 그러나 결정이 완전히 정돈된 격자에 존재할 때, 모든 원자는 있어야 할 위치에 존재한다. 이는 단 한 가지의 배열만을 가질 수 있다. 따라서 그 엔트로피는 낮다. 빈결함–침입형결함 쌍은 계의 배열 수를 극적으로 증가시킨다. 대략 10^{23}개 가까이의 격자 위치의 어느 것이라도 빈 결함이 될 수 있다. 정확하게 어느 것이라고는 말할 수 없다. 유사하게, 침입형 Zn 원자에 대해서도 여러 배열 형태가 있다. 따라서 이러한 결함이 도입됨으로 인해 엔트로피가 증가한다.[11] 이 두 효과 간의 교환은 Gibbs 에너지를 통해 정량화될 수 있다. 평형 상태에서 결정들은 계의 Gibbs 에너지가 최소화되는 열역학적으로 이미 규정된 결함의 농도를 보여준다. 온도를 증가시키면 엔트로피의 효과가 엔탈피에 비해 상대적으로 더 중요해지며 결함의 농도는 증가한다.

평형상수 식으로써 결함의 농도를 정량화할 수 있다. 평형상수는 이전의 반응에 대해 다음과 같이 나타내진다.

$$K = \frac{\left(\dfrac{\hat{f}_{Zn_i}}{f^o_{Zn_i}}\right)\left(\dfrac{\hat{f}_{V_{Zn}}}{f^o_{V_{Zn}}}\right)}{\left(\dfrac{\hat{f}_{Zn}}{f^o_{Zn}}\right)}$$

9. 널리 쓰이는 명명법으로 Kroger와 Vink가 제안한 법은 유효 음전하와 유효 양전하의 각 단위로 사용한다. 그들은 유효 전하와 실제 전하를 구별하기 위해 분리된 명명법을 선택하였다. 이 책에서는 결함평형과 연관된 어떠한 전하도 유효전하를 의미한다.

10. 이 공정에는 역시 하전된 유형이 있다. 예를들어 Zn 침입형은 +1 전하를 갖고 떠나고, 빈자리에는 −1 전하를 남겨둔다. $Zn_{Zn} \rightleftarrows Zn^{+}_{i} + V^{-}_{Zn}$

11. 결정 내 위치가 잘 정의되어 있으므로, 엔트로피의 증가에 대한 정량식을 나타낼 때 통계역학을 이용할 수 있다. 이것은 예제 6.11에 주어진 혼합 엔트로피와 유사한 식으로 된다.

결함들이 매우 희박하며 Lewis/Randall 규칙의 한계 내에서 정의되지 않기 때문에, 이들에 대해서 Henry 기준 상태를 선택한다. 즉, $f^o_{Zn} = \mathcal{H}_{Zn}$ 그리고 $f^o_{V_{Zn}} = \mathcal{H}_{V_{Zn}}$이다. 이 상태는 모든 *a-b* 상호작용을 통해 특성화되는 가상의 순수한 원소들이다. 이들 성질은 그들의 무한희석 상태에서의 것이다. 따라서 반응에서의 이들 Gibbs 에너지의 항으로 무한희석 상태에서의 부분 몰 Gibbs 에너지를 사용한다.

결함에 대해 Henry의 법칙을 사용하면,

$$K = \frac{(\gamma_{Zn_i}^{\text{Henry's}} x_{Zn_i})(\gamma_{V_{Zn}}^{\text{Henry's}} x_{V_{Zn}})}{\left(\dfrac{\hat{f}_{Zn}}{f_{Zn}}\right)}$$

만약 결함의 농도가 희박하게 되면 Henry의 법칙 활동도 계수는 1이 된다. 추가적으로, 주인 결정은 순수한 성분일 때의 퓨가시티와 거의 같은 퓨가시티 값을 가지므로, 분모가 1로 수렴된다. 따라서 위 식은 다음과 같이 단순화된다.

$$K = x_{Zn_i} x_{V_{Zn}}$$

그들의 화학양론적 비율로부터 명확히 벗어나는 화합물들에서는 높은 결함 농도가 관찰되며 활동도 계수가 반드시 포함되어야 한다.

결정의 원자번호 밀도가 잘 정의되어 있기 때문에 보통 결함 농도의 항으로 평형상수를 나타낸다.

$$K_c = [Zn_i][V_{Zn}]$$

여기서 $[Zn_i]$와 $[V_{Zn}]$은 $[\#/m^3]$ 단위를 갖는 Zn의 침입형 결함 및 빈 결함의 수밀도이며, K_c는 농도 단위의 평형상수로 다음과 같이 된다.

$$K_c = KN^2$$

여기서 N은 주인 결정의 수밀도이다.

고려해야 할 또 다른 많은 의도적 결함 공정이 있다. 표면으로의 Zn 원자의 확산에 따른 빈 결함이 형성되고, 뒤이어 증기상으로 증발되는 계를 가졌다 하자. 이 공정은 다음 반응으로 나타내어진다.

$$Zn_{Zn} \rightleftarrows Zn(g) + V_{Zn}$$

이상기체라 가정한다면, 이에 대응하는 평형상수를 다음과 같이 쓸 수 있다.

$$K_c = p_{Zn}[V_{Zn}]$$

다시 한 번, 결정에서의 Zn의 활동도는 1로 가정되었다.

전자 결함

원자의 점 결함과 함께 **반도체**(semiconductor) 물질들은 전자의 점 결함도 가질 수 있다. 이러한 결함들은 결정격자로 돌아다니는 이동 전하 운반체를 제공한다. 그들은 많은 유용한 응용 기반을 제공한다. 사실, 전체 마이크로 전자산업은 이들 물질에서 전자 결함을 조절할 수 있기에 가능하다.

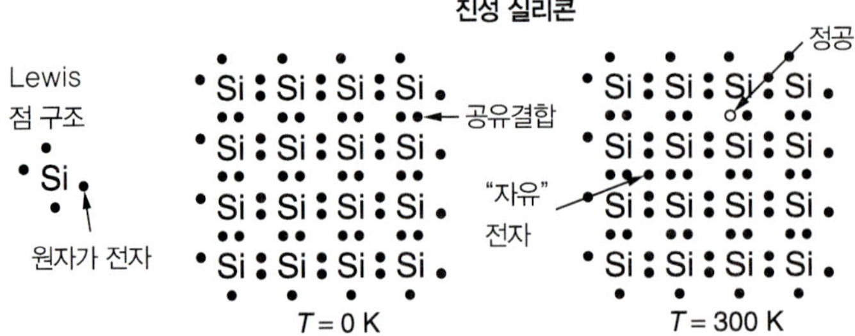

그림 9.9 0 K와 300 K에서의 순수 Si의 Lewis 점 구조. 0 K에서 Si는 절연되어 있다. 이동전자와 정공이 300 K에서 만들어진다. 이러한 Si격자 내 전자의 점 결함이 반도체 소재를 만든다.

예를 들어, 가장 일반적인 반도체인 실리콘을 생각해 보자. 그림 9.9는 Lewis 점(Lewis dot) 구조를 이용한 두 순수 실리콘 격자 그림을 보여준다. 각각의 실리콘 원자는 4개의 원자가전자를 가지며, 따라서 그 이웃하는 Si 원자들과 4면체의 결합을 한다. 이 반복되는 구조는 규소 격자를 형성한다. 이러한 결정구조는 다이아몬드와 동일하다. 가운데에 있는 그림은 절대 0도에서 완벽한 Si 격자를 보여준다. 이 경우에 모든 전자들은 실리콘 원자들의 주어진 쌍 사이에서 공유결합을 한다. 0 K에서 실리콘은 이동 전하 운반체를 갖지 않는다. 이는 절연되어 있다.

오른쪽 그림은 300 K에서의 순수한 실리콘을 보여준다. 한정된 온도에서 고체의 원자들은 진동한다. 진동 에너지는 Boltzmann 분포에 따라 다르게 된다. 소수의 원자 쌍은 전자들이 그들의 공유결합으로부터 자유로이 흔들리거나 결정격자 사이를 자유로이 움직일 수 있는 충분한 에너지와 함께 진동한다. 이 공정은 이동 음전하 운반체인 자유전자들을 만든다. 자유전자는 300 K에서 순수 Si의 그림에 보여진다. 게다가 그림에서 보여지듯이 음으로 하전된 전자를 잃게 되면 양으로 하전된 **정공**(hole)을 뒤에 남기게 되며, 정공 또한 이동하는 것으로 나타났다. 이웃하는 원자가 전자는 정공과 자리를 교환하거나 터널을 뚫을 수 있다. 이러한 방법으로 정공은 하나의 결합에서 다음 결합으로 이동한다. 이제, 이 새로운 위치에서 또 다른 이웃하는 전자가 터널을 뚫으며, 정공이 다시 한번 이동하게 할 수 있다. 이 공정은 계속해서 반복될 수 있고 격자 사이로 정공들의 이동을 야기한다.

물론, 자유전자가 정공으로 들어간다면 이는 채워질 수 있다. 이러한 공정을 재결합이라고 부른다. 동일한 수의 정공과 전자들을 갖는 순수한 실리콘을 **진성**(intrinsic) 반도체라 한다.

› 진성 반도체

전자의 결합과 관련된 공정을 기술하기 위해 화학 반응을 다시 이용할 수 있다. 예를 들어, 순수 실리콘으로부터 전자–정공 쌍의 생성은 다음과 같이 쓰여진다.

$$0 \rightleftarrows h^{+} + e^{-} \tag{9.48}$$

이 식에서 기호 'e'는 자유전자, 'h'는 정공을 나타낸다. 식 (9.48)의 좌항 0이라는 값은 이상적인 완전히 정열된 상태로 존재하는 결정체로 지정한다.

앞 절에서 기술한 것처럼 유사한 전개 방법을 사용하면, 식 (9.48)에서의 평형상수는 다음과 같이 쓸 수 있음을 보여준다.

$$K_c = pn = N^2 \exp\left(-\frac{\Delta g^o_{rxn}}{RT}\right) \tag{9.49}$$

반도체 물리학에서 전통적으로 사용하듯이 정공의 농도는 'p'로, 전자는 'n'으로 주어진다. 즉, $n = [e^-]$와 $p = [h^+]$이다. 전하의 보존(법칙)은 다음을 요구한다.

$$P = n = n_i$$

여기서 n_i는 진성 캐리어(운반체) 농도이다. 따라서 식 (9.49)는 다음과 같이 된다.

$$K_c = n_i^2$$

$$n_i = N\exp\left(-\frac{\Delta g^o_{\text{rxn}}}{2RT}\right) \tag{9.50}$$

식 (9.50)은 주어진 반도체 소재에서 진성 반도체의 평형 운반체 농도는 단지 온도에만 의존한다는 것을 나타낸다. 4개 반도체(Si, Ge, GaAs, InP)에 대한 4개 온도에서의 n_i 값을 표 9.2에 나타내었다. 이 값들의 범위는 5300 (250 K에서 GaAs)에서부터 1.9×10^{16}(500 K에서 Ge)까지로 10의 13승배를 넘는다. 이러한 농도의 관점에서 Si의 수 밀도는 약 5×10^{22}[#/m^3] 정도이다. 그러므로 비록 표 9.2의 가장 큰 값이라 하더라도 1 ppm보다도 적은 운반체의 농도를 나타낸다. 어느 주어진 소재에 대해서도 T가 커지면 엔트로피가 점점 중요해지고 반응 (9.48)은 오른쪽으로 움직인다. 따라서 결함 농도가 증가한다. 주기율표의 아래로 내려갈수록 원자가 전자를 잡고 있는 에너지가 작으며, 높은 운반체 농도를 확인할 수 있다. 표 9.2의 자료로부터 Si, Ge, GaAs, InP의 Δg^o_{rxn}를 결정할 수 있는가?

› 도핑

전기 장치를 만드는 반도체들의 능력은 **도핑**(doping)이라고 불리는 공정을 통해서 우리가 양전하와 음전하의 이동 운반체들의 수를 제어하는 능력에 달려 있다. 우리는 결정 격자에 특별한 치환형 불순물들을 도입함으로써 반도체들을 도프한다. 이러한 원자 결함은 전자와 정공의 농도에 영향을 미친다.

예를 들어서 그림 9.10에서 보이듯이 실리콘 격자에 P(인) 원자를 넣은 경우를 생각해 보자. 도판트(dopant) P는 5개의 원자가 전자를 갖고 이들 중 4개의 전자만이 이웃한 실리콘 원자와 결합할 수 있다. 여분의 전자는 격자 사이를 자유롭게 돌아다닐 수 있으며 이동 전하 운반체가 된다. 그러므로 Si 격자 위치에 넣는 모든 P에 대해 음전하 이동 운반체를 넣는 것이 된다. 한번 전자가 떠나버리면 P는 양성자가 더 많아지게 되고 양전하를 띠게 된다.

화학식의 조합을 통해 이 과정을 다시 나타낼 수 있다. 우선, 이전에 Zn에 대해서 논했던 것과 비슷한 방식으로 실리콘의 빈 결합이 생기는 것을 생각해 보자.

표 9.2 선택된 반도체에서 진성 운반체 농도, n_i[#/m^3]

	T [K]			
화학종	250	300	400	500
Si	5.0×10^7	1.0×10^{10}	3.5×10^{12}	1.7×10^{14}
Ge	7.9×10^{11}	2.08×10^{13}	1.4×10^{15}	1.9×10^{16}
GaAs	5.3×10^3	2.8×10^6	8.1×10^9	1.1×10^{12}
InP		1.6×10^7		

출처: From http://jas2.eng.buffalo.edu.

그림 9.10 도프된 Si의 Lewis 점 구조. n-Si를 형성하는 인 치환형 불순물. 반면에 붕소는 p-Si를 형성한다.

$$\mathrm{Si_{Si}} \rightleftarrows \mathrm{Si}_i + V_{\mathrm{Si}}$$

그 후에 P 원자는 다음과 같이 격자에 편입될 수 있다.

$$\mathrm{P}(g) + V_{\mathrm{Si}} \rightleftarrows \mathrm{P_{Si}^{+}} + \mathrm{e}^-$$

전자정공쌍은 여전히 반응 (9.48)를 통해 생성된다. 그러므로

$$0 \rightleftarrows h^+ + \mathrm{e}^-$$

게다가 결정 내의 전하들은 균형이 맞아야 한다. 전기적 중성 조건은 음성종과 양성종의 총 수가 같다고 놓는 것으로 나타낼 수 있다.

$$n = [\mathrm{P_{Si}}^+] + p$$

두 제한된 경우를 볼 수 있다. 큰 도판트 농도의 극한, $[\mathrm{P_{Si}^+}] >> p$에서 전자의 수는 도판트의 수와 대략적으로 같다.

$$n \approx [\mathrm{P_{Si}^+}]$$

따라서 도판트 농도를 조절함으로써 자유전자의 수 밀도를 바로 조절할 수가 있다. 게다가 식 (9.49)와 (9.50)의 평형관계 식은 여전히 다음과 같다.

$$p = \frac{K_c}{n} = \frac{n_i^2}{[\mathrm{P_{Si}}^+]} \tag{9.51}$$

식 (9.51)은 온도 T에서 주어진 반도체에 대해 자유전자 수가 증가할수록 정공의 수는 비례하여 감소하므로 결과적으로 생성물은 같은 상태로 된다는 것을 보여준다. 따라서, 도입되는 P 도판트의 양이 반도체에서 전자와 전공의 양 모두를 조절하게 된다. 높은 농도의 운반체를 **다수운반체**(major carrier)라고 부르며, 반대로 낮은 농도의 운반체를 **소수운반체**(minority carrier)라고 한다. 실리콘을 P로 도프할 때 전자가 다수운반체이므로, 이 소재를 ***n*형** 반도체라고 한다. 소수나 다수운반체의 수 밀도는 도판트의 양에 의해 조절될 때를 **외인성**(extrinsic) 반도체라고 한다. 작은 도판트 농도의 극한, $[\mathrm{P_{Si}^+}] << p$에서는 반도체에서 전자 결함의 치환형 불순물에 의한 영향이 없으므로, 진성 반도체와 유사하게 행동한다.

방금, 격자에서 치환되는 원자보다 하나 더 많은 원자가 전자를 갖는 도판트의 첨가가 추가의 자유전자로 이어진다는 것을 보았다. 유사하게 하나 적은 원자가 전자를 갖는 도판트의 첨가는 정공의 생성을 야기한다. 이러한 경우는 그림 9.10의 오른쪽 그림에서 볼 수 있다. 이

경우에 우리는 B(붕소)를 다음과 같이 내장시킬 수 있다.

$$B(g) + \mathrm{V_{Si}} \rightleftarrows B_{Si}^{-} + h^{+}$$

유사하게, 전기 중성은 다음을 요구한다.

$$p = [\mathrm{B_{Si}^{-}}] + n$$

그리고 극한 $[\mathrm{B_{Si}^{-}}] >> n$에서 다음 식을 얻는다.

$$p \approx [\mathrm{B_{Si}^{-}}]$$

이러한 소재는 이제 정공이 다수 운반체이므로 **p형** 반도체라 한다. 전자들은 소수 운반체이며 다음과 같이 쓸 수 있다.

$$n = \frac{K_3}{p} = \frac{n_i^2}{[\mathrm{B_{Si}^{-}}]} \quad \text{(9.52)}$$

적절한 도판트의 선택에 따라 다수의 양전하나 음전하 운반체를 갖는 반도체를 만들 수 있으며, 도판트 양을 조절함으로써 특정 운반체 농도를 목표로 할 수 있다. 이런 능력이 이들 소재를 사용하는 공학 기기들의 기초가 된다.

결함농도에 대한 기체의 부분압 효과

고체 성질들 간의 관계나 그들이 가공되는 기체 환경을 이해하는 데 결함의 평형식과 평형 관계들을 사용할 수 있다. 이 절에서는 화합물 반도체 AB를 포함하는 기체 결함 평형의 두 가지 예를 살펴볼 것이다. 부격자 A 또는 부격자 B에서의 결함을 생각할 수 있다. 그러나 화학양론적으로 정의되듯이 A 위치와 B 위치의 비는 일정하게 유지되어야 한다.

화합물 내에 존재하는 두 종류의 일반적 형태의 원자 결함 쌍이 있다. 빈 결함–침입형 결함쌍은 **Frenkel** 결함이라 한다. 만약 이것이 부격자 B에 형성되었다면 다음과 같이 쓸 수 있다.

$$B_B \rightleftarrows B_i + V_B \quad \text{(9.53)}$$

Frenkel 결함은 부격자 A에서도 일어날 수 있다. 대신에 빈 결함–빈 결함 원자결함 쌍의 형성에 따른 결과는 **쇼트키**(Schottky) 결함이며, 다음과 같다.

$$0 \rightleftarrows V_A + V_B \quad \text{(9.54)}$$

예제 9.23 Zn의 산화에 인한 ZnO의 성장 메커니즘[12]

ZnO는 상호침입하는 Zn과 O 부격자를 갖는 육방정계의 결정 구조를 형성하는 II–VI 반도체이다. Zn의 산화에 의한 ZnO의 성장을 생각해보자. 390°C에서 1%의 Al을 포함하는 Zn으로부터의 ZnO 막은 순수 Zn이 사용될 때보다 두 자릿수가 더 느리게 성장했다. 반면에 0.4%의 Li

12. R. A. Swalin, *Thermodynamics of Solids*. (New York: Wiley, 1972)에서 나온 자료로부터 발췌.

를 포함한 Zn으로부터의 성장 속도는 두 자릿수가 더 컸다. 위의 자료로부터 ZnO에서의 결함 평형을 설명하는 모델을 만들고, 위 자료를 기반으로 성장 메카니즘을 제시하라.

풀이 ▸ 우리는 산소 대기하의 로에 금속 Zn을 넣음으로써 ZnO 막을 성장시킬 것이다. 총괄 반응은 다음과 같다.

$$\text{Zn}(s) + \frac{1}{2}\text{O}_2(g) \rightleftarrows \text{ZnO}(s)$$

약간의 ZnO 생성물이 성장하고 난 뒤에 그림 E9.23에 도식적으로 나타낸 것처럼, 두 반응물질은 고체 생성물에 의해 물리적으로 서로 분리된다. 반응이 진행되기 위해서는 ZnO 막을 통해 O 포함종이나 Zn 포함종(또는 둘다)이 확산되어야만 한다는 것은 분명하다. 우리는 성장 메커니즘을 알고 싶어 한다. 결함평형이 어떻게 고체 Zn이 산소 기체 존재하에 산화되는지를 이해하는 데 어떤 도움을 주는지 볼 것이다. 다음 분석에서는 홑 이온화된 Zn과 산소의 침입형으로 가정한다. 하지만 쌍이온화되거나 또는 중성의 침입형들이 존재해도 논점에는 영향을 미치지 않는다.

수지식과 상응하는 평형상수식을 작성함으로써 ZnO 막에서의 산소와 Zn 침입형 결함의 설명을 시작할 것이다. 산소는 해리되어 표면에서 흡수되고 다음과 같이 침입형에 포함된다.

$$\text{O}_2(g) \rightleftarrows 2\text{O}_i \qquad K_1 = \frac{[\text{O}_i]^2}{p_{\text{O}_2}} \tag{E9.23A}$$

산소 침입형은 주위 결합으로부터 전자를 잡아서 이온화될 수 있고, 정공을 남겨둔다.

$$\text{O}_i \rightleftarrows \text{O}_i^- + h^+ \qquad K_2 = \frac{[\text{O}_i^-]p}{[\text{O}_i]} \tag{E9.23B}$$

고체 계면에서는 Zn이 침입형(틈새)으로 들어가게 된다.

$$\text{Zn}(s) \rightleftarrows \text{Zn}_i^+ + \text{e}^- \qquad K_3 = [\text{Zn}_i^+]n \tag{E9.23C}$$

반도체에서 전자 전하 운반체의 생성과 소비 사이의 수지식을 다시 세운다.

$$0 \rightleftarrows \text{e}^- + h^+ \qquad K_4 = pn \tag{E9.23D}$$

Al과 Li은 ZnO 격자에서 도판트 역할을 한다. 도판트는 Zn 위치에 내재된다. Al이 여분의 원자가 전자를 가지므로, 이것은 다음과 같이 n형의 ZnO를 형성하게 된다.

$$\text{Al} + \text{V}_{\text{Zn}} \rightleftarrows \text{Al}_{\text{Zn}}^+ + \text{e}^- \qquad K_5 = \frac{[\text{Al}_{\text{Zn}}^+]n}{[\text{Al}][\text{V}_{\text{Zn}}]} \tag{E9.23E}$$

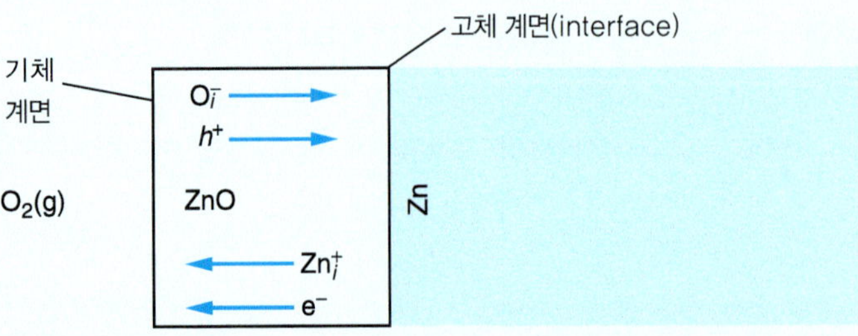

그림 E9.23 Zn의 산화에 의한 ZnO 막의 성장.

반면에 Li은 하나의 원자가 전자만을 갖기 때문에 p형 ZnO를 형성한다.

$$\mathrm{Li} + \mathrm{V_{Zn}} \rightleftarrows \mathrm{Li_{Zn}^-} + h^+ \qquad K_6 = \frac{[\mathrm{Li_{Zn}^-}]p}{[\mathrm{Li}][\mathrm{V_{Zn}}]} \tag{E9.23F}$$

문제에서 언급된 대로 Al의 존재가 ZnO 막의 성장 속도를 *감소*시키는 것을 알았다. 식 (E9.23E)는 Al의 존재가 전자의 농도를 증가시키는 것을 보여준다. 따라서 정공의 농도는 비례해서 감소해야만 한다[식 (E9.23.D)]. 식 (E9.23B)와 식 (E9.23A)를 결합해서 다음 식을 얻을 수 있다.

$$[\mathrm{O}_i^-] = \frac{\sqrt{K_1 p_{\mathrm{O_2}}} K_2}{p} \tag{E9.23G}$$

따라서 일정한 온도와 산소 압력에서 정공 농도의 감소는 $[\mathrm{O}_i^-]$의 증가로 인식된다. 산소 침입형 농도가 *증가*할 때 성장 속도는 감소한다는 것을 추론할 수 있다. 유사하게, 반응 (E9.23C)은 전자 농도가 증가함에 따라 Zn이 침입형 농도가 *감소*한다는 것을 보여준다. 따라서 Zn의 침입형 농도가 감소하면 성장 속도는 *감소*한다.

반면에 Li의 존재는 성장 속도를 증가시킨다. 식 (E9.23F)는 Li의 존재가 정공의 농도를 증가시키고, 전자의 농도는 감소시키는 것을 보여준다. 식 (E9.23C)로부터 $[\mathrm{Zn}_i^+]$가 증가한다고 결론지었다. Zn의 침입형 농도가 증가하면 성장 속도도 증가한다는 것으로 추론하였다. 부가해서 식 (E9.23G)는 산소의 침입형 농도가 감소한다는 것을 보여준다. 성장 속도는 Zn의 결함 농도에 비례하게 되고, 산소의 침입형 농도에는 반비례하므로, ZnO 막을 가로지르는 Zn의 수송이 산화반응이 진행되는 메커니즘이라고 결론지었다.

예제 9.24 **Brouwer 도표의 제작**

AB의 화합물 반도체를 생각해 보자. B종은 휘발성이며 기상에서 이합체인 B_2로 존재한다. B_2의 넓은 분압 범위에서 결함의 농도가 어떻게 변화되는지를 설명하라. 이 분석에서는 오직 B의 원자결함만을 고려하고, 그들은 중성이거나 정공 이온화된 것으로 가정한다.

풀이 ▶ 이것은 넓은 범위의 거동에 대해서 결함 농도를 살피는 데 유용하다. 이 예제에서 Brouwer 도표 방식을 개발할 것이다.

우리는 화합물 반도체 AB를 고려한다. 음이온 B(즉, O, S, P, As)는 다음과 같이 Frenkel 결함을 형성한다.

$$B_B \rightleftarrows B_i + V_B \qquad K_1 = [B_i][V_B] \tag{E9.24A}$$

빈 격자 위치는 아래의 반응식에 의해 이온화될 것이다.

$$V_B \rightleftarrows V_B^+ + \mathrm{e}^- \qquad K_2 \frac{[V_B^+]n}{[V_B]} \tag{E9.24B}$$

유사하게, 침입형은 전자를 얻음으로써 전하를 띠게 된다. 이 과정에서 정공이 생긴다.

$$B_i \rightleftarrows B_i^- + h^+ \qquad K_3 = \frac{[B_i^-]p}{[B_i]} \tag{E9.24C}$$

B의 기상증착은 다음과 같이 쓸 수 있다.

$$B_2(g) \rightleftarrows 2B_i \qquad K_4 = \frac{[B_i]^2}{p_{B_2}} \tag{E9.24D}$$

전자는 언제나 그들의 화학결합으로부터 자유로워질 수 있다.

$$0 \rightleftarrows e^- + h^+ \qquad K_5 = pn \tag{E9.24E}$$

식 (E9.24C)를 식 (E9.24D)에 대입하고 정리하면

$$[B_i^-] = \frac{K_3\sqrt{K_4 p_{B_2}}}{p} \tag{E9.24F}$$

식 (E9.24A), (E9.24B), (E9.24D)를 통해 다음을 얻을 수 있다.

$$[V_B^+] = \frac{K_1K_2}{n\sqrt{K_4 p_{B_2}}} \tag{E9.24G}$$

그리고 식 (E9.24E)는 다음을 준다.

$$p = \frac{K_5}{n} \tag{E9.24H}$$

전기적 중성에 의해 다음 식을 얻는다.

$$n + [B_i^-] = [V_B^+] + p \tag{E9.24I}$$

식 (E9.24F)와 식 (E9.24G)가 보여주듯이 원자결함 $[B_i^-]$와 $[V_B^+]$는 계에서의 B_2의 부분압에 의존된다. 3가지 영역을 생각해 보기로 한다.

*영역 1*에서는 낮은 압력 p_{B_2}를 갖는다. 첫 번째 분야에서는 낮은 p_{B_2}를 가지고 있다고 생각한다. 식 (E9.24G)를 보면 B의 빈 결함 농도가 큰 것을 보여주며, 반면에 식 (E9.24F)는 침입형 결함 농도가 작음을 말해준다. 또한 물리적 논증을 통해 결과를 추론할 수도 있다. 그러므로 영역 1에 대해서 우리는 $[V_B^+] >> p$과 $n >> [B_i^-]$를 얻고, 식 (E9.24)를 $n \cong [V_B^+]$로 단순화할 수 있다. 이런 극한에서 결함의 농도는 식 (E9.24F)부터 식 (E9.24H)까지의 식을 통해 계산할 수 있다. 전하 결함의 결과는 표 E9.24에서 '낮은 p_{B_2}'라고 표시된 열에서 볼 수 있다. 이러한 결과들로부터 우리는 또한 중성원자결함에 대한 문제를 해결할 수 있다.

*영역 3*에서는 높은 p_{B_2}를 갖는다. 식 (E9.24F)를 조사하면 B의 침입형 결함의 농도가 큰 것을 보여주고, 반면에 식 (E9.24G)는 빈 결함의 농도가 작음을 말해준다. 그러므로 영역 3에서 우리는 $[B_i^-] >> n$과 $p >> [V_B^+]$로 할 수 있고, 식 (E9.24)는 $n \cong [V_B^+]$로 $p \cong [B_i^-]$로 간단히 할 수 있다. 이러한 극한에서 결함의 농도는 식 (E9.24F)에서부터 식 (E9.24H)까지의 식을 통해 계산할 수 있다. 결과는 표 E9.24의 '높은 p_{B_2}'라고 표시된 열에서 보여준다.

*영역 2*에서는 중간 정도의 p_{B_2}를 갖는다. 전자결함 농도가 원자결함 농도보다 크다고 가정한다(비록 어떠한 계에서는 반대의 경우가 발견될 수 있다 해도 말이다. 연습 문제 9.72를 보라). 따라서 $n > [B_i^-]$, $p > [V_B^+]$를 얻고, 식 (E9.24)는 $n \cong p$로 간단히 할 수 있다. 역시, 해답들은 표 E9.24에 나타나 있다.

표 E9.24에 있는 각각의 전하결함 유형은 B_2의 부분압에 대한 의존성이 잘 정리되어 있다. 몇 자리수의 크기에 대한 결함 농도의 거동을 보기 위한 편리한 방법으로 결함 농도 vs. 부분압의 양대수(log-log) 도표가 있다. 그림 E9.24는 음이온 Frenkel 결함에 대하여 표 E9.24에 확립된 관계의 Brouwer 도표를 보여준다. 위에서 분석된 세 가지 영역도 나타나 있다. 각 영역의

표 E9.24 세 영역의 p_{B_2}에 대한 결함농도

영역 1: 낮은 p_{B_2}	영역 2: 중간 p_{B_2}	영역 3: 높은 p_{B_2}
$n \cong [V_B^+]$	$n \cong p$	$p \cong [B_i^-]$
$[V_B^+] = \sqrt{\frac{K_1K_2}{K_4^{1/4}}}p_{B_2}^{-1/4}$	$[V_B^+] = \frac{K_1K_2}{\sqrt{K_4K_5}}p_{B_2}^{-1/2}$	$[V_B^+] = \frac{K_1K_2\sqrt{K_3}}{K_5K_4^{1/4}}p_{B_2}^{-1/4}$
$[B_i^-] = \frac{\sqrt{K_1K_2K_3K_4^{1/4}}}{K_5}p_{B_2}^{1/4}$	$[B_i^-] = K_3\sqrt{\frac{K_4}{K_5}}p_{B_2}^{1/2}$	$[B_i^-] = \sqrt{K_3K_4^{1/4}}p_{B_2}^{1/4}$
$p = \frac{K_5K_4^{1/4}}{\sqrt{K_1K_2}}p_{B_2}^{1/4}$	$p = \sqrt{K_5}$	$n = \frac{K_5}{\sqrt{K_3K_4^{1/4}}}p_{B_2}^{-1/4}$

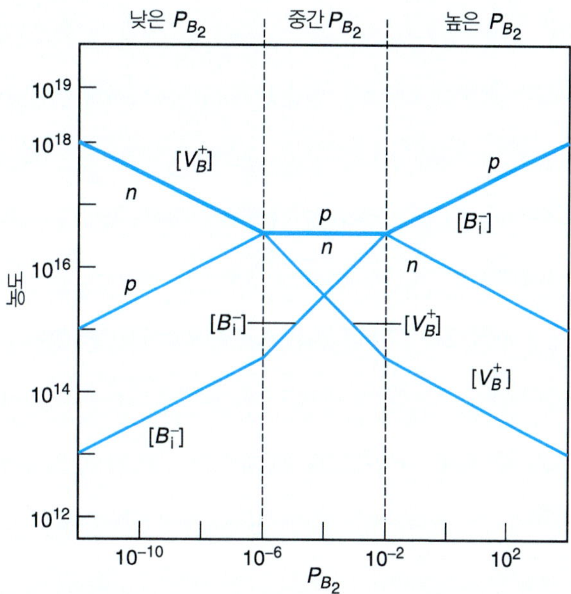

그림 E9.24 예제 9.24의 Brouwer 도표.

극한 거동도 존재한다. 실제로 영역 간에는 부드러운 전이가 일어날 것이다. 이 양 대수 도표 위 선들의 기울기는 부분압의 힘에 따른다. 예를 들어, 영역 1에서 $[V_B^+]$, $[B_i^-]$와 p의 기울기는 각각 −1/4, 1/4와 1/4이다. B_2의 부분압이 증가함에 따라 반도체의 성질도 변화한다. AB 반도체는 n형(영역 1)에서 진성(영역 2)으로, 그리고 p형(영역 3)으로 진행된다. 따라서 B_2의 부분압으로 도핑을 제어할 수 있다.

▸ 9.9 요약

이 장에서 단일 화학 반응을 하는 계나 또는 초기 조성과 T, P가 명시된 반응의 조합으로 부터 평형 조성을 계산하는 방법을 학습하였다. 우리의 분석은 계가 평형 상태에 도달하였을 때, Gibbs 에너지는 최소가 된다는 원리에 기반한다. 화학 반응에서 결정된 화학양론에 대해, Gibbs 에너지의 최소화는 **평형상수**(equilibrium constant) K에 대한 다음 식을 도출해 준다.

$$K \equiv \prod \left(\frac{\hat{f}_i}{f_i^o} \right)^{\nu_i} \tag{9.16}$$

평형상수 값은 오로지 열역학적 자료를 통해 결정할 수 있다. 추가적으로 식 (9.16)의 우측항인 퓨가시티의 산물은 단일 미지변수인 반응진척도, ξ로 연관지을 수 있다. 따라서 식 (9.16)은 ξ을 통해 풀 수 있다. 그리고 나서 평형 계에서의 성분 조성을 간단하게 구할 수 있다. **열역학**(thermodynamics)은 주어진 반응의 가능한 진행 정도를 알려 준다. 그러나 **반응속도론**(kinetics) 또한 그 역할을 한다. 어떠한 반응이 열역학적으로 선호된다 하더라도 반응속도가 매우 느리다면 반응은 두드러지게 진행되지 않는다. 이 장에서는 반응속도론에 관해서는 다루지 않았다.

화학 반응의 평형분석 첫 단계는 반응의 화학양론을 결정하고, 계의 모든 화학종에 대한 **화학양론 계수**(stoichiometric coefficient) ν_i를 구하는 것이다. 양론 계수는 특정한 반응에서 주어진 화학종이 생성되거나 반응하는 비율을 알려준다. 생성물은 양의 부호를 가지며, 반응물은 음의 부호를 갖고, 비활성물질의 값은 0이다. 주어진 반응 화학양론과 함께 평형상수가 결정된다. 평형상수는 반응의 Gibbs 에너지와 연관되어 있으며, 생성 Gibbs 에너지를 통해 계산할 수 있다. 주어진 화학반응양론에 대해 평형상수는 오직 온도만의 함수로 나타내진다. 즉, $K = f$(오직 T). 만약 한 가지 온도(예, 298 K)에서 평형상수를 안다면, 온도에 따른 평형상수의 변화를 결정해주는 열역학적 망을 통해 다른 온도에서의 평형상수 값을 구할 수 있다. 제한된 온도변화에서 반응 엔탈피가 일정하다고 가정한 [식 (9.21)] 근사적 해법이 사용가능하다. 식 (9.24)는 보다 일반적인 식으로 반응 엔탈피의 온도 의존성을 나타낸다.

이제 식 (9.16)에 나타낸 퓨가시티의 산물로부터 평형 조성을 계산할 수 있다. 먼저 모든 화학종의 몰분율을 단일 변수인 반응진척도의 항으로 작성한다. 반응진척도는 반응이 얼마나 진행되었는지를 나타내는 척도이다. 이는 반응 화학양론에 의해 반응물과 생성물의 상대적인 조성에 연결시킬 수 있다. 예를 들어, 주어진 초기 조성에서 기상의 성분 i의 몰분율은 다음과 같이 주어진다.

$$y_i = \frac{n_i}{n^v} = \frac{n_i^0 + \nu_i \xi}{n^o + \nu \xi} \tag{9.10}$$

식 (9.16)에서의 오른쪽 항인 각 성분의 퓨가시티 비는 제7장에서 개발된 개념을 적용하여 작성할 수 있다. 기상에서 기준 상태는 기체가 이상기체로 거동할 수 있는 충분히 낮은 압력과 퓨가시티, $f_i^o = 1$ bar인 상태로 선택할 수 있다. 만약 **기상 성분**(gas-phase species)만이 존재한다면, Lewis 퓨가시티 근사치를 이용하여, 식 (9.16)은 다음과 같이 된다.

$$K = \prod (y_i)^{\nu_i} \prod (\varphi_i)^{\nu_i} P^{\nu} \tag{9.26}$$

*이상기체*에서 식 (9.26)은 더욱 간단히 할 수 있다.

$$K = \prod (y_i)^{\nu_i} P^{\nu} \quad \text{(이상기체)} \tag{9.27}$$

이와 유사하게, 액상(그리고 고상)의 몰분율은 반응진척도의 항으로 나타낼 수 있다. 순수성분 퓨가시티의 압력 의존성이 중요하지 않은 경우 **액상 화학종**(liquid-phase species)만을 포함하는 반응은 다음과 같이 간단하게 표현된다.

$$K = \prod (x_i \gamma_i)^{\nu_i} \tag{9.28}$$

이상용액의 경우에는 다음과 같다.

$$K = \prod (x_i)^{\nu_i} \text{ (이상용액)} \tag{9.29}$$

한 가지 이상의 상이 존재하는 **불균일 반응**(heterogeneous reaction)에서는 기상의 퓨가시티는 식 (9.26)이나 식 (9.27)에서와 같이, 그리고 액상은 식 (9.28) 과 식 (9.29)에서와 같이 간단히 처리하였다. 만약 순수한 고체가 존재할 때, 활동도는 1로 사용한다. 그 외에는 액체와 유사한 식을 사용한다. 불균일계의 문제를 해결할 때, 몰분율을 반응진척도와 함께하는 항에 넣을 때, 주어진 상의 전체 몰수만을 사용하여야 함을 기억해야 한다.

전기화학계(electrochemical system)는 두 전극 사이의 전기 전위를 적용하여 비-Pv 일을 활용한다. 한편, 자발적으로 진행되는 반응은 배터리와 연료전지와 같이 유효한 전기적 일을 발생하는 데 사용될 수 있다. 반면에, 적당한 양의 전기적 일을 주입하면 전기도금이나 전기분해와 같은 비자발적인 반응을 이끌어 낼 수 있다. 전기화학 공정은 전해질 용액 내의 두 개의 전극을 포함하는 전기화학 셀에서 발생한다. 산화 반쪽 반응은 양극에서 발생하고, 상응하는 환원 반쪽 반응은 음극에서 발생한다. 산화반응에서 생성된 전자는 외부 회로를 통해 음극에 공급된다. 평형조성은 식 (9.34)의 **Nernst 식**으로 적용된 전위와 연관시킬 수 있다. 전기화학 반쪽 반응의 열화학 자료는 보통 수소-수소 이온 환원 반응과 관련하여 산화 반응의 반쪽전지 전위, E^o로 퍼텐셜로 발표된다. 용액 내의 하전된 화학종은 강한 이온 상호작용을 가지며, 이는 용액 내에서 묽은 용액에서조차도 다른 용액 내 상호작용과 확연히 다른 모습을 보인다. 그러므로, 용액 내 이온의 활동도 계수의 취급은 비전해질 용액과는 다른 방법으로 접근하여야 한다. 전해질 용액의 평균 활동도 계수는 실험을 통해 얻어지나 묽은 용액의 이온에 대해서는 예측될 수도 있다.

화학적으로 반응하는 계에서는 다양한 반응이 있는 경우와 종종 접하게 된다. 우리는 화학반응 평형에 대한 개발 내용을 하나 이상의 다중반응에도 간단히 확대할 수 있다. 다중반응 평형 문제를 다루기 위해서는 계를 정의하기 위해 필요한 서로 다른 *독립적* 화학 반응 수의 결정을 위해 **Gibbs의 상 규칙**(Gibbs phase rule)을 사용하여야 한다. 각 반응은 그 자체의 상응하는 반응진척도, ξ_k로 할당 받는다. 따라서, K의 독립된 화학 반응 각각에 대해 각 화학종 i의 화학양론을 계속 파악하고 있어야 한다. 이 방법이 **평형상수 식**(equilibrium constant formulation)으로 일컬어진다. 다른 방법으로 계수 행렬식, β_{ij}을 이용하여 계의 **총 Gibbs 에너지의 최소화**를 통해 평형조성을 구할 수 있다. 이러한 접근은 복합 계의 반응을 풀기 위한 컴퓨터 알고리즘의 개발에 유용하고, ThermoSolver에 의해 사용된다.

단일 원자의 위치에서 발생하는 **점결함**(point defect)을 이 장의 화학 반응 평형의 원리를 적용하여 검토할 수 있다. 원자의 점결함은 **빈결함**(vacancy), **침입형(결함)**(interstitial), **치환형 불순물**(substitutional impurity)과 잘못 위치된 원자를 포함한다. 전자 점결함은 이동성 전자와 정공을 포함한다. 이러한 접근으로부터 반도체의 운반체 농도를 연구하고, 평형에서의 결함농도에 대한 기체의 부분압 효과를 알 수 있다. Brouwer 도표는 여러 자릿수의 큰 결함농도에 대한 기체의 부분압 효과를 알 수 있는 매우 유용한 도구이다.

9.10 연습 문제

개념 문제

9.1 기체 성분 A와 B가 반응하여 고체 C를 형성하는 다음 반응을 고려하라.

$$A(g) + B(g) \rightleftarrows C(s) + D(g)$$

이 반응은 500 K, 4 bar에서 다음과 같은 성분의 양이 존재하는 평형 상태에 도달한다. 0.25 mol A, 0.25 mol B, 0.5 mol C, 0.5 mol D. 500 K에서 평형상수는 얼마인가? 이상기체로 가정하라.

9.2 여러분의 상사가 화학 반응을 통한 제품생성 계획을 수립하라고 하였다. 열역학적 분석을 통하여 여러분은 $\Delta g^o_{rxn} > 0$이라고 결정하였다. 여러분의 동료는 반응의 Gibbs 에너지가 0보다 크기 때문에, 반응생성물은 자발적으로 형성되지 않는다고 말하고, 심지어 여러분이 이 반응을 생각조차 하지 않았다고 주장한다. 여러분의 생각은 어떠한가?

9.3 다음의 반응을 고려하자.

$$2A(g) + B(g) \rightleftarrows 2C(g)$$

298 K에서 이 반응의 Gibbs 에너지는 $\Delta g^o_{rxn,298} = -1{,}000$ J/mol 이며, 주어진 온도에서 평형상수는 $K_T = 16$으로 보고되었다. 이제 다음과 같은 반응을 고려하자.

$$A(g) + \frac{1}{2}B(g) \rightleftarrows C(g)$$

이 반응의 $\Delta g^o_{rxn,298}$과 K_T의 값은 얼마인가?

9.4 주어진 온도, 압력과 초기 조성에서 다음 반응의 C의 평형 몰분율은 0.75이다.

$$2A(g) + B(g) \rightleftarrows 2C(g)$$

반응식이 다음과 같다면 이 몰분율 값은 얼마가 될까?

$$A(g) + \frac{1}{2}B(g) \rightleftarrows C(g)$$

9.5 300 K, 1 bar에서 다음 반응의 평형상수가 10으로 보고되었다.

$$A(g) + B(g) \rightleftarrows C(g)$$

300 K, 10 bar에서는 평형상수가 얼마일까? 이상기체의 거동으로 가정할 수 있다.

9.6 Propane을 형성하는 propylene의 기상 수소화 반응을 고려하라.

$$C_3H_6(g) + H_2(g) \rightleftarrows C_3H_8(g)$$

평형 전환율을 올리기 위해 다음이 도움이 될 것인가?

(a) 압력을 높인다.

(b) 온도를 높인다.

(c) 불활성 물질을 첨가한다.

이를 설명하라.

9.7 여러분의 동료는 온도가 증가함에 따라 1-butene의 기상 수소화반응으로부터 *n*-butane의 전환율이 증가한다고 보고했다.

$$C_4H_8(g) + H_2(g) \rightleftarrows C_4H_{10}(g)$$

이것은 가능한가? 설명하여라.

9.8 Ethylene으로부터 ethanol을 생산하는 산업 공정을 발전시키기 위해 여러분은 다음 조건들 중 어느 것을 사용할 것인가? 설명하라.

$$C_2H_4 + H_2O \rightleftarrows C_2H_5OH$$

(a) 25°C, 1 bar

(b) 250°C, 1 bar

(c) 25°C, 150 bar

(d) 250°C, 150 bar

9.9 다음 반응의 평형상수식을 작성하라.

$$A(g) + B(l) \rightleftarrows C(s)$$

9.10 다음 액상반응을 고려하자.

$$2A \rightleftarrows B \rightleftarrows C$$

500 K의 등온으로 운전되고 있는 일정부피의 회분식 반응기에서 A, B, C의 농도[mol/L]가 다음 도표로 도시되어 있다. 500 K에서 K_1과 K_2를 결정하라.

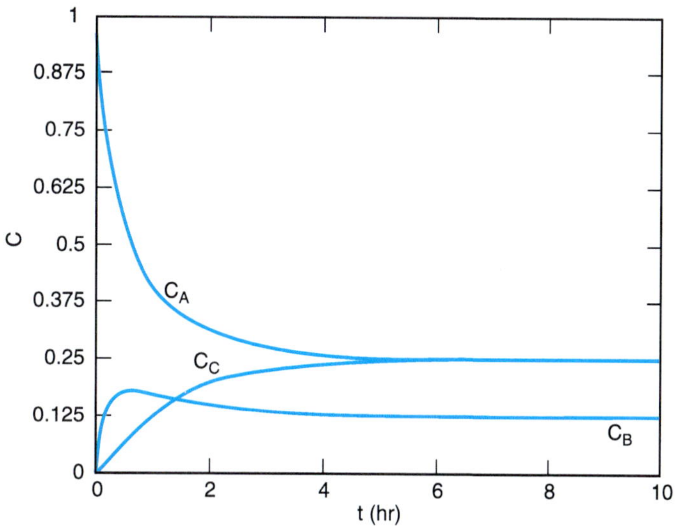

9.11 표 9.1에서 수산화 이온을 형성하는 물의 환원반응에 대한 표준 반쪽 전지 전위가 −0.828 V로 보고되었다. 만일 반응을 다음과 같이 쓴다면

$$H_2O + e^- \rightarrow \frac{1}{2}H_2 + OH^-$$

반쪽 전지 전위를 얼마로 사용해야 하는가?

9.12 Na 이온 농도가 1 m이고 Al, Pt 전극이 전기적으로 연결된 전기화학 전지를 고려하라. Al은 자발적으로 용액에 용해되는가?

9.13 다음 수용액에서 용질의 활동도 계수가 큰 것에서 작은 것 순으로 나열하라. 0.1 m NaCl, 0.1 m $CaCl_2$. 이유를 설명하라.

9.14 Ag 전극과 염다리로 분리되는 서로 다른 농도의 $AgNO_3$ 용액을 포함하는 전해질을 갖는 전기화학 전지가 있다. 두 전지 격실의 $AgNO_3$ 농도가 1 m과 0.1 m일 때 전압은 0.06 V로 측정되었다. 만약 두 격실의 $AgNO_3$ 농도가 1 m과 0.01 m이면 전압은 얼마인가?

9.15 갈륨 비소(GaAs)는 운반체의 이송 속도가 중요한 것(레이저, 고주파 검출기)에 자주 사용되는 III−V 반도체이다.

(a) GaAs p형 반도체를 만들기 위해 도판트로 사용될 수 있는 원자를 제안하라.

(b) GaAs n형 반도체를 만들기 위한 도판트로 사용될 수 있는 원자를 제안하라.

9.16 하나는 Si로 다른 하나는 Ge로 만들어진 두 개의 반도체를 고려하자. 두 반도체는 실온에서 10^{15}개의 인 원자로 도프되었다.

(a) 어느 반도체가 더 많은 수의 자유전자를 가졌는가?

(b) 어느 반도체가 더 많은 수의 정공을 가졌는가?

또 다시, 각각 Si와 Ge로 만들어진 두 반도체들을 고려하자. 두 반도체는 실온에서 10^7개의 인 원자로 도프되었다.

(c) 어느 반도체가 더 많은 수의 자유전자를 가졌는가?

(d) 어느 반도체가 더 많은 수의 정공을 가졌는가?

계산 문제

9.17 25°C, 1 atm에서 액상의 물로부터의 액상의 과산화수소(H_2O_2)를 제조하는 반응의 Gibbs 에너지가 116.8 KJ/mol로 측정되었다. 이 값으로부터 $(\Delta g^o_{f,298})_{H_2O_2}$를 구하라.

9.18 초기 1 mol의 순수한 I_2로 구성된 계가 1300 K, 1 bar로 유지되며 다음의 해리 반응이 일어난다고 생각하자.

$$I_2(g) \rightleftarrows 2I(g)$$

1원자의 아이오딘에 대해서

$$\Delta h^o_{f,1300} = 77.5\ [\text{kJ/mol}]$$

$$\Delta s^o_{f,1300} = 53.4\ [\text{J/mol K}]$$

ΔH, $T\Delta S$와 ΔG를 반응진척도의 함수로 도시하라. 평형전환은 얼마인가?

9.19 1000 K에서 NH_3의 생성 Gibbs 에너지를 계산하라. 이 온도에서 각 원소의 생성 Gibbs 에너지는 여전히 0임을 기억하자.

9.20 다음과 같이 1-butene에서 butane을 생성하는 수소화반응을 고려하자.

$$C_4H_8 + H_2 \rightleftarrows C_4H_{10}$$

원료공급비는 10 mol H_2 : 1 mol C_4H_8이다. 반응기 온도와 압력은 각각 1000 K와 5 bar로 생각한다. 평형에서의 butane:1-butene의 비를 계산하라. 이상기체로 거동하고 반응에서 Δh^o_{rxn}은 일정하다고 가정한다.

9.21 황산 제조의 한 가지 단계는 이산화황(SO_2)에서 삼산화황(SO_3)으로의 산화이다. 산화는 1 bar와 공기를 산소원으로 사용하여 100 mol%의 과잉 산소 하에서 진행된다. 최적의 SO_3 수율을 위해 반응기는 700°C로 일정하게 유지되는 것이 바람직하다. Δh^o_{rxn}는 온도에 무관하다고 가정한다.

(a) 위 공정 조건에서의 평형상수는 얼마인가?

(b) 만일 평형이 반응기 내에서 이루어진다면, 출구 흐름 조성은 얼마인가?

(c) 등온 공정으로 유지되기 위하여 반응기에 얼마의 열이 공급되거나 또는 제거되어야 하는가?

(d) 반응진척도에 대해서 압력의 증가가 초래하는 영향은 무엇인가?

(e) 평형상수에 대해서 압력의 증가가 초래하는 영향은 무엇인가?

(f) 공정상의 관점에서 압력의 증가는 정당화될 수 있는가? 설명하라.

9.22 온도에 따른 Δh^o_{rxn}의 변화를 설명할 수 있는 연습 문제 9.21에서의 평형상수를 계산하여라.

9.23 Benzene, C_6H_6의 기상 수소화 반응에 의한 cyclohexane, C_6H_{12}의 산업생산을 고려하자. 이 공정은 다음과 같이 두 개의 연결된 반응기에서 수행된다고 가정하자. 첫 번째 반응기는 5 bar, 340°C에서, 두 번째 반응기는 5 bar, 265°C에서 진행된다. 수소 기체와 benzene의 원료 공급비는 10 : 1이다. Cyclohexane의 공급은 없다. 모든 성분은 기체상이며, 이상기체로 거동하고 Δh^o_{rxn}는 온도에 무관하다고 가정한다.

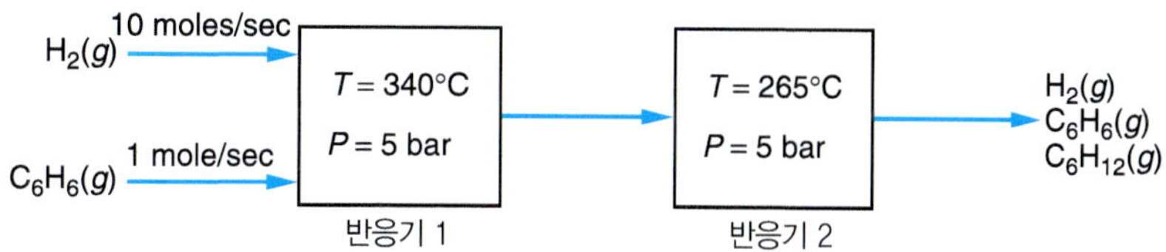

(a) 두 번째 반응기의 출구에서 평형조성은 얼마인가?
(b) 첫 번째 반응기의 목적 즉, 왜 하나가 아닌 두 개의 반응기를 사용하는가?
(c) 5 bar 대신 1 bar의 압력을 사용한다면 더 많은 생산물을 얻을 수 있는가? 설명하라.
(d) C_6H_{12}의 수율을 높이기 위해 불활성 물질로 원료를 희석하는 것을 추천하겠는가? 설명하라.

9.24 당신은 $SiCl_4$와 H_2로부터 고체 실리콘의 성장을 담당하는 공정 엔지니어이다. 성장 공정은 다음 화학적 반응으로 설명된다.

$$SiCl_4(g) + 2H_2(g) \rightleftarrows Si(s) + 4HCl(g)$$

반응기 압력은 100 Pa이다.
(a) 경제적으로는 적어도 75%의 $SiCl_4$의 이용이 필요하다. 즉, 공급되는 $SiCl_4$의 75%가 Si(s)가 되어야 한다. 1 mol의 $SiCl_4$: 2 mol의 H_2의 화학양론적 원료를 고려해 보자. 이 목표를 달성하기 위한 반응기의 가능한 최소 온도는 얼마인가. 도입한 모든 가정에 대하여 언급하라.
(b) 당신의 감독관이 (a)에서의 계산된 온도가 너무 높다고 말한다. 그녀는 반응기의 온도를 최소화하기 위한 두 가지 가능한 전략을 제시하였다. 75%의 이용률을 달성하기 위한 반응기의 최소 온도에 대해 다음 각 공정의 변화가 미치는 효과를 나타내고, 그 이유를 설명하여라.
(i) 반응기 압력을 낮춘다.
(ii) 원료 공급비를 1 mol의 $SiCl_4$: 100 mol의 H_2로 희석한다.

9.25 Ethylene(C_2H_4)과 염소(Cl_2) 기체로부터 1,1-dichloroethane($C_2H_4Cl_2$)의 생산을 고려해보자. 이 기상 반응은 폴리염화비닐(PVC) 제조의 첫 단계이다. 반응물의 공급비는 2 mol Cl_2 기체 : 1 mol ethylene이다. Δh^o_{rxn}은 온도에 대해 변하지 않는다고 가정하자.
(a) 1 bar의 압력에서 90%의 전환을 달성할 수 있는 최대 온도를 계산하여라.
(b) 30 bar로의 압력 증가를 생각하자. (a)에서 계산된 온도에서의 전환은 얼마인가? Virial이 생략된 van der Waals 상태방정식의 형태를 사용하고 Lewis 퓨가시티 규칙을 적용할 수 있다고 가정하자. 다음의 van der Waals 상수를 적용할 수 있다.

화학종	a[J/m³ mol⁻²]	b[m³/mol]
1,1-Dichloroethane	1.71	1.09×10^{-4}
Chlorine	0.61	5.18×10^{-5}
Ethylene	0.46	5.81×10^{-5}

9.26 아래 반응으로부터 다음 표의 SO_2 부분압력이 관찰되었다.[13]

$$CaS(s) + 3CaSO_4(s) \rightleftarrows 4CaO(s) + 4SO_2(g)$$

T[°C]	900	960	1000	1040	1080	1120
p_{SO_2} [bar]	5.33×10^{-3}	0.0253	0.0547	0.110	0.206	0.317

이들 자료로부터 $\Delta h^o_{rxn,298}$과 $\Delta g^o_{rxn,298}$을 계산하라. 각 고체는 별개의 상을 구성하며, 그들은 상호 불용이라고 가정할 수 있다.

13. Ralph A. Wenner, *Thermochemical Calculations* (New York: McGraw-Hill, 1941).

9.27 연료전지가 수소로부터 전기를 생산한다. 연료전지의 수명은 얼마나 순수한 수소를 생산하는지에 달려있다. Methane(천연가스)은 종종 수소를 얻는 원료로 사용된다. Methane(CH_4)이 고체 탄소(C)로 해리됨에 따른 수소(H_2)의 생산을 고려하자. 이 과정은 다음 화학 반응에 의해 설명된다.

$$CH_4(g) \rightleftarrows C(s) + 2H_2(g)$$

온도는 1000 K이고 온도는 1000 Pa이다. Δh^o_{rxn}은 온도에 대해 변하지 않는다고 가정하자.

(a) 298 K에서의 평형상수는 얼마인가?

(b) 1000 K에서의 평형상수는 얼마인가?

(c) 원료 중 CH_4의 몰당 생산되는 H_2의 최대량은 얼마인가?

(d) 왜 이 반응은 298 K 대신 1000 K에서 실행되나?

(e) 왜 이 반응은 1 bar 대신 1000 Pa에서 실행되나?

9.28 0.1 atm에서 평형 상태에 있는 액상과 기상을 포함하는 용기가 있다. 기상은 100 mol의 A 성분과 200 mol의 B 성분을 포함한다. 액상에서 성분들의 총 몰수는 500 mol이다. A 성분의 포화 압력은 0.1 atm이고 B 성분은 0.5 atm이다. *기상과 액상 모두 이상적으로 거동한다!*

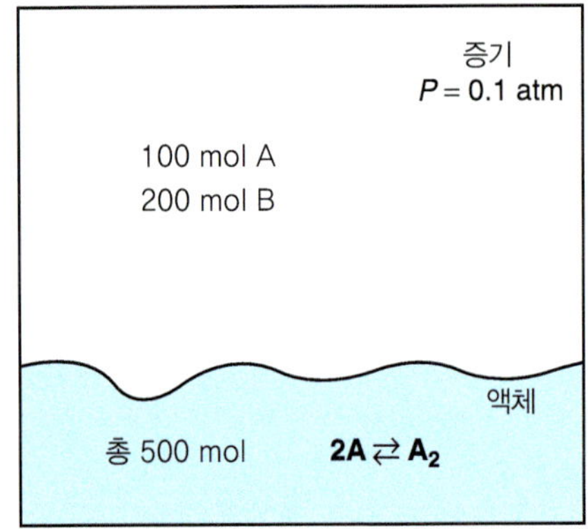

액상에서 성분 A는 이량화(dimerize)되고 A_2는 *완전 비휘발성*이다.

(a) 이합체화 반응에서의 평형상수을 계산하라

(b) 액상에서 A, B, A_2의 몰수를 계산하라.

(c) 동료가 액상에서 이량화 반응이 발생하지 않도록 유지시킨다. 그는 액상은 비이상적으로의 거동한다고 믿는다. 만약 성분 A가 그의 생각처럼 오직 단량체(A_2가 아닌 A)라면, 액상에서 성분 A는 얼마나 존재하는가? [액상에서의 A의 총 몰수는 (b)에서와 같다.]

(d) (c)에서 주어진 동료의 모델로 자료를 합치시키려면 필요한 γ_B의 값은 얼마인가?

(e) 이상적인 기-액 계에 단지 회합 반응을 도입해서 나타나는 상평형의 비이상성을 설명할 수 있는가? 이상성으로 부터 음의 편차($\gamma_B < 1$)를 설명하는 데 회합반응을 이용할 수 있는가?

9.29 500°C, 1 bar하의 촉매 반응기에서 methane의 증기분해에 의해 수소 기체를 생산하는 반응은 다음과 같다.

$$CH_4 + 2H_2O \rightleftarrows CO_2 + 4H_2$$

(a) Methane의 몰당 수증기 5 mol이 반응기로 공급된다면 평형에서 수소 몇 mol이 생산되는가?

(b) 만약 이 조건 하에서 반응기를 만들어 조업한다면, (a)에서 계산된 것보다 낮은 전환율(적은 수소량)을 얻게 되는가? 더 높은 전환율을 갖을 수 있는가? 설명하라.

(c) 평형 전환율을 증가시키기 위해 압력을 증가시키는 것이 의미가 있는가? 설명하라.

9.30 산업 굴뚝으로부터 H_2S와 SO_2를 제거하는 임무를 부여받았다. 다음 반응이 두 성분을 동시에 처분하기 위해 제안되었다.

$$2H_2S(g) + SO_2(g) \rightleftarrows 3S(s) + 2H_2O(g)$$

500°C에서 이 반응을 고려하자. H_2S와 SO_2를 위한 PvT 자료는 다음 상태방정식에 잘 맞는다.

$$z = \frac{Pv}{RT} = 1 + B'P$$

순수한 H_2S와 SO_2의 B' 값은 각각 -2.2×10^{-9}과 -4.4×10^{-9} $[\text{Pa}^{-1}]$이다. H_2O에 대한 열역학 성질은 수증기표(steam table)을 이용하라. 단순화하기 위해 온도에 따른 반응 엔탈피 변화식으로 다음 식을 사용할 수 있다.

$$\Delta h^o_{\text{rxn}} = \Delta h^o_{\text{rxn},298}[1 + C(T - 298)]$$

$C = 9 \times 10^{-5}$ $[K^{-1}]$이고 T의 단위는 K이다.

(a) 500°C에서 압력의 함수로, H_2S와 SO_2의 순수성분의 퓨가시티 계수 식을 나타내어라. 압력 P가 식의 오직 하나의 변수이어야 하며, φ에 대해 명확히 나타내어라.

(b) 500°C 에서 평형상수를 계산하라.

(c) 이 반응 구도가 타당한지 보기 위해 입구 흐름이 오직 75% H_2S와 25% SO_2만으로 구성되어 들어가는 고압의 실험실 반응기가 설치되었다. 10 MPa일 때, 평형 전환율, ξ는 얼마인가? 혼합물의 퓨가시티 계수는 그들의 순수성분 퓨가시티 계수로부터 근사값을 구할 수 있다.

(d) 만약 (c)에서 계산된 값보다 더 높은 전환을 바란다면, 당신은 P를 증가시킬 것인가 또는 감소시킬 것인가? 설명하라.

(e) 500°C에서 $\xi = 0.95$를 얻기 위해 필요한 대략적인 압력을 추산하라.

(f) 더 높은 전환율을 갖는 또 다른 방법은 T를 변화시키는 것이다. T를 증가시킬 것인가 감소시킬 것인가? 설명하라. 실제 반응기에서는 왜 T보다 P를 변경하는 것이 더 나은가?

(g) 위 반응에 관여하지 않는 다른 많은 성분들이 있다. 불활성 물질의 첨가가 (d)의 계산 값보다 더 높은 전환율을 야기할 것인가? 설명하라.

9.31 H_2 1 mol/s, CO_2 mol/s, CO_2 1 mol/s로 구성된 혼합기체가 1.5 bar의 로에 공급된다. 출구 흐름은 입구 흐름의 성분에 추가해서 화학 반응을 통하여 형성된 H_2O 증기 0.40 mol/s가 들어 있는 것으로 측정되었다. 물을 생성하는 반응이 평형에 도달하였다고 가정하고, 가열로의 온도를 추산하라. Δh_{rxn}은 일정하고, 화학 반응에서 다른 성분의 생성은 없다고 가정할 수 있다.

9.32 다음 화학양론적 반응을 통해 고체 성분 A가 기체 B와 반응하여 기체 C를 형성한다.

$$A(s) + B(g) \rightleftarrows 2C(g)$$

500 K에서 반응의 평형상수는 $K = 4$이다. 계는 3 bar의 일정한 압력 하에서 초기에 1 mol의 B와 많은 양의 고체 A를 갖는다. 이상기체의 거동으로 가정할 수 있다.

(a) 만약 반응이 평형에 도달한다면, 생성되는 C의 몰수는 얼마인가?

(b) 같은 온도에서 압력을 변화시킴으로써 평형 전환을 증가시킬 수 있는가? 만약 그렇다면 P를 높여야 하는가 내려야 하는가? 설명하라.

9.33 25°C에서 기–액 평형에 있는 1-propanol(a)과 물(b)의 혼합물을 고려하자. (a)의 액상 몰분율은 $x_a = 0.2$이다. Three-suffix Margules 식의 상수는 다음과 같다.

$$A = 4640\left[\frac{\text{J}}{\text{mol}}\right] \quad \text{그리고} \quad B = -1700\left[\frac{\text{J}}{\text{mol}}\right]$$

추가적으로, propylene (c)는 기상에서 화학 반응에 의해 형성될 수 있다. 계산을 간단히 하기 위해 액상에는 propylene이 없다고 가정한다(즉, $x_c = 0$).

(a) 기상에서 일어나는 화학 반응을 작성하고, 평형상수 값을 계산하라.

(b) 기상에서 반응이 평형으로 갈 때, 계의 압력을 계산하라. 상평형과 화학 반응 평형 모두를 설명할 필

요가 있다.
(c) 기상에서의 a, b, c의 몰분율을 계산하라.
9.34 연료전지에서 H_2 기체가 기체원으로 필요하다. 이 때 n-pentane(C_5H_{12})과 수증기(H_2O)의 기상 반응을 통해 H_2를 생산하고자 한다. 생산되는 부산물로는 일산화탄소(CO)만 고려한다. 원료의 몰비는 압력 0.5 bar에서 1 mol의 C_5H_{12}당 H_2O 10 mol이다. 원료 n-pentane의 98%가 수소로 전환됨이 바람직하다(즉, 반응기에 들어가는 1 mol의 C_5H_{12}당 0.02 mol의 C_5H_{12}가 남아야 함).
(a) C_5H_{12}가 98% 전환되도록 반응기를 가동할 때의 *최소* 온도를 계산하라. Δh^o_{rxn}는 일정하다고 가정한다.
(b) (a)를 보다 더 정확하게 계산하고자 할 때 어떤 열역학적 성질 자료가 더 필요하겠는가? 필요로 하는 성질 자료 값을 정리하라. (계산은 생략함.)
(c) 왜 감소된 압력에서 이 반응기를 가동하고자 하는지 설명하라.
(d) 반응기에 존재하는 여러 화학 성분들로부터 연료 전지에 공급할 H_2를 분리하기 위해 이용할 공정의 개략도를 그려라.
9.35 태양 전지의 제조의 과정 중 한 단계는 기체 원료에서의 고체 실리콘 성장이다. 공급 원료로 고려되는 순수한 chlorosilane은 다음과 같은 반응을 한다.

$$SiH_3Cl(g) \rightleftarrows Si(s) + HCl(g) + H_2(g)$$

이 공정은 500°C, 100 Pa에서 일어난다고 하자. 다음 물음에 답하여라.
(a) 반응기에 유입되는 $SiClH_3$ 1 몰당 생산되는 Si의 최대량은 얼마인가? Δh^o_{rxn}는 일정하다고 가정한다.
(b) Δh^o_{rxn}가 일정하다는 가정이 없을 때, 답을 계산하기 위해 어떤 자료가 필요한가? 그것이 계산을 어떻게 변화시키는가?
(c) (a)와 (b)의 답을 고려할 때, Δh^o_{rxn}가 일정하다는 가정은 합리적인가? 주어진 시간과 자료에서는 답을 다시 계산할 필요가 있는가?
9.36 1000 K, 0.5 bar에서 H_2와 CO 기체를 생산하기 위해 순수한 H_2O가 고체 탄소의 다공성층을 흐르고 있다. 다음 물음에 답하여라. Δh^o_{rxn}는 일정하다고 가정하라.
(a) 평형에서 수증기 1 몰당 수소는 얼마나 생산되는가?
(b) 반응기로 들어가는 수증기의 유량이 2 mol/s일 때, 계를 1000 K로 유지하기 위해서는 얼마의 열이 공급 혹은 제거되어야 하겠는가?
9.37 고체 티타늄(Ti)은 다음 반응과 같이 titanium tetrachloride 기체와 용융된 마그네슘(Mg) 액체의 반응에 의해 얻을 수 있다.

$$TiCl_4(g) + 2Mg(l) \rightleftarrows 2MgCl_2(l) + Ti(s)$$

일정한 압력과 1000 K에서 마그네슘 액체의 40%가 반응하도록 하고자 한다. 1000 K에서 생성 Gibbs 에너지 자료는 다음과 같다.

	$TiCl_4$	$MgCl_2$
$\Delta g^0_{f,1000}$ [kJ/mol]	−642	−293

(a) 반응기에 배치된 마그네슘 1 kg당 티타늄은 몇 kg 생성되겠는가?
(b) 필요한 적절한 압력을 계산하라. 이상기체와 이상용액의 거동으로 가정할 수 있다.
(c) (b)의 답보다 더 정확하게 압력을 계산할 수 있는 방법을 설명하라. 어떤 자료가 필요하겠는가?
9.38 다음과 같이 355 K, 1 bar에서 acetylene과 물로부터 ethanol을 생산하는 반응을 고려하자.

$$C_2H_4(g) + H_2O(g) \rightleftarrows C_2H_5OH(g)$$

(a) 등몰의 반응물 혼합물이 원료로 이용될 때, 평형전환율을 계산하라.
(b) 만약 원료 비 H_2O : C_2H_4가 10 : 1로 바뀌면, acetylene 1 mol의 원료당 ethanol의 수율은 증가하

는가? 서술하라.

(c) 수율을 늘리는 다른 방법은 압력을 10 bar로 증가시키는 것이다. 이 방법을 실행할 때 계에 어떤 변화가 일어날지를 설명하라.

9.39 298 K, 1 bar에서 propylene oxide(C_3H_6O)와 acetone(C_3H_6O) 사이 이성질화 반응의 평형 조성을 계산하라. 이 조건에서 이들은 혼합 액체를 형성하며, $A = -650$ J/mol인 two-suffix Margules 식으로 나타낼 수 있다.

9.40 1 bar의 압력에서 다음 이성질체들을 포함하는 기체혼합물의 평형조성을 추산하라. 1-butene (1), *cis*-butene (2), *trans*-butene (3)

(a) 298 K일 때

(b) 1000 K일 때

9.41 500 K, 1 bar에서 다음의 이성질체들의 평형조성을 결정하라. Ethyl methyl ether (1), *n*-propyl alcohol (2), isopropyl alcohol (3). 이 온도에서 생성 Gibbs 에너지 값은 다음과 같다.

$$(\Delta g^o_{f,500})_1 = -47.3, \quad (\Delta g^o_{f,500})_2 = -95.4, \quad (\Delta g^o_{f,500})_3 = -103.2 \text{ [kJ/mol]}$$

(a) 평형상수 접근법를 이용하라.

(b) Gibbs 에너지의 최소화 방법을 이용하라.

9.42 어떤 반응에 대하여 다음과 같은 평형 자료를 얻었다.

$$A(g) + 2B(g) \rightleftarrows 2C(g)$$

A, B의 화학양론적 원료 공급에 대해 200°C, 1 bar에서 반응기 내부 화학종의 25%가 생성물 C였다. 300°C, 1 bar에서는 53.9%가 C였다.

(a) 1 mol의 A와 2 mol의 B가 250°C, 2 bar에서 반응한다. 위에 주어진 자료를 이용해 평형 농도를 추산하라. 사용한 가정을 모두 나타내어라.

(b) 공정 엔지니어로서 C의 생산을 최대화하고자 한다. 다음 전략에 따른 영향에 대해 가능한 한 자세히 논하여라.

(i) 온도의 증가

(ii) 압력의 증가

(iii) 원료 흐름에 불활성 물질 추가

9.43 수소 기체 전화 반응은 다음과 같다.

$$H_2O(g) + CO(g) \rightleftarrows H_2(g) + CO_2(g)$$

원료는 같은 양의 CO와 H_2를 포함한다. 물은 화학양론적 요구량보다 500% 과잉으로 존재한다. 1000 K, 1 bar에서 평형조성을 계산하라.

9.44 이원자 산소가 일원자 산소로 되는 분자해리를 생각해보자.

$$O_2 \rightleftarrows 2O$$

1 bar에서 10%의 O를 얻기 위한 최소 온도는 얼마인가? 요구되는 최소 온도를 낮추려면 압력을 어떻게 변화시켜야 하는가?

9.45 1100~3000 K의 온도범위에서 1 bar의 공기로부터의 NO의 평형조성을 결정하라. NO 몰분율 vs. 온도를 도시하라. 반응에서 Δh^o_{rxn}는 일정하다고 가정한다.

9.46 3000 K, 1 bar에서 공기로부터 NO_2의 평형조성을 결정하라. 또, 500 bar에서 반복하라.

9.47 3000 K와 500 bar에서 공기로부터 NO와 NO_2의 생성을 고려하자.

(a) 다음의 독립적 반응의 조합으로부터 평형 전환 및 조성을 결정하라.

$$N_2 + O_2 \rightleftarrows 2NO$$

$$\frac{1}{2}N_2 + O_2 \rightleftarrows NO_2$$

(b) 다음의 독립적 반응의 조합으로부터 평형 전환 및 조성을 결정하라.

$$N_2 + O_2 \rightleftarrows 2NO$$

$$NO + \frac{1}{2}O_2 \rightleftarrows NO_2$$

(c) (a)와 (b)에서 얻어진 답을 비교하라.

9.48 25°C, 1 bar에서 1 mol의 nitrogen tetroxide(사산화질소)의 분해로 인한 평형조성을 다음 각 경우에 대해 계산하라.

$$N_2O_4(g) \rightleftarrows 2NO_2(g)$$

(a) 초기 상태가 순수한 N_2O_4로 구성

(b) 초기 상태가 1 mol의 비활성물질과 1 mol의 N_2O_4로 구성

9.49 다음 반응을 고려하자.

$$Ti(s) + 2Cl_2(g) \rightleftarrows TiCl_4(g)$$

이 반응에 대한 반응 Gibbs 에너지는 다음과 같이 보고되었다(T는 [K]).

$$\Delta g^o_{rxn} = -757{,}000 - 7.5T\log T + 145T \text{ [J/mol]}$$

이 반응의 $\Delta h^o_{rxn,298}$를 추산하여라.

9.50 800 K일 때 다음의 독립적 반응 조합을 이용하여 예제 9.19의 다중 화학 반응 평형 문제를 풀어라.

$$CH_4 + H_2O \rightleftarrows CO + 3H_2 \qquad \text{반응 1}$$

$$CO + H_2O \rightleftarrows CO_2 + H_2 \qquad \text{반응 2}$$

9.51 Hydrogen cyanide(시안화수소)는 acethylene과 질소의 반응에 의해 제조될 수 있다.

$$C_2H_2 + N_2 \rightleftarrows 2HCN$$

800 K, 1 bar에서 평형 조성을 계산하라.

9.52 다음의 구리와 그 산화물 간의 평형을 고려하자.

$$4Cu(s) + O_2(g) \rightleftarrows 2Cu_2O(s)$$

Cu_2O의 생성 Gibbs 에너지는 다음과 같이 주어진다.

$$\Delta g^o_f = -1.70' \times 10^5 - 7.12T\ln T + 124T$$

300~1300 K의 온도 범위에서 어느 영역에서 Cu가 안정하고, 또 어느 영역에서 Cu_2O가 안정한지를 보여주는 p_{O_2} vs. T의 상선도를 도시하라.

9.53 다음과 같이 고체 Cr을 생성하는 $CrCl_2$와 H_2의 반응을 고려하자.

$$CrCl_2(s) + H_2(g) \rightleftarrows Cr(s) + 2HCl(g)$$

T = 632°C에서 $K = 1.98 \times 10^{-5}$, T = 806°C에서 $K = 1.12 \times 10^{-3}$이다. 다음 물음에 답하여라.

(a) 이들 자료로부터의 반응 엔탈피를 추산하라.

(b) 반응진척도를 증가시키기 위한 시도로 반응 온도를 1000°C, 1 bar로 상승시켰다. 평형에서 원료 H_2

의 각 1 몰당 얼마의 Cr이 생성되나?

(c) 또한 압력을 변화시킴으로써 반응진척도를 증가시키기를 원한다. 압력을 증가시킬 것인가 감소시킬 것인가? 설명하라.

9.54 CO_2와 H_2가 역시 생성물로 생성될 경우, 연습 문제 9.38 (a)를 반복하라.

9.55 1000 K에서 C_9H_{20} 이성체들의 생성 Gibbs 에너지가 다음 값(kcal/mol)으로 보고되었다.[14] 이때, 우리는 평형조성을 1000 K와 1 atm에서 계산하고자 한다.

	성분	Δg^f	농도 순위 (1 = 가장높음, 6 = 가장 낮음)
C_9H_{20}	Nonane	162.15	
C_9H_{20}	4-Methyloctane	161.90	
C_9H_{20}	4-Ethylheptane	164.22	
C_9H_{20}	2,2,3 Trimethylhexane	168.13	
C_9H_{20}	3,3-Diethylpentane	171.79	
C_9H_{20}	2,2,3,4 Tetramethylpentane	175.62	

(a) 조사를 통해 우리는 가장 중요하게 고려할 성분이 무엇인지 추정할 수 있다. 표에 이들 기상 성분을 가장 높은 농도에서 가장 낮은 농도 순으로 기입하라.

(b) 가장 높은 농도의 세 가지 성분만을 고려해서 혼합물의 평형조성을 몰분율로 계산하여라.

9.56 다음 *n*-pentane의 두 열분해 반응이 병렬 반응(parallel)으로 일어난다.

$$C_5H_{12}(g) \rightleftarrows C_3H_6(g) + C_2H_6(g) \qquad \text{(I)}$$

$$C_5H_{12}(g) \rightleftarrows trans\ C_4H_8(g) + CH_4(g) \qquad \text{(II)}$$

180°C, 0.5 bar에서 이 두 반응이 계 내 성분들의 평형조성에 기여하게 된다. 반응 I에서, 초기 *n*-pentane 기체 각 1.0 mol의 원료에 대해 평형에서 0.10 mol의 propylene(C_3H_6)이 생성된다. *n*-pentane 공급원료 몰당 평형에서 생성되는 *trans*-2-butene의 양을 계산하라. 각 반응의 Δh^o_{rxn}는 온도에 무관하다고 가정한다.

9.57 여러분은 대기에서 acethylene(C_2H_2) 토치를 사용하는 공정의 책임자이다. 감독관이 방금 연락하여, 이 공정이 HCN을 발생시키며 안전하지 않다고 말한다. 다음 물음에 답하여라.

(a) 감독관은 다음 사항에 기반하여 HCN의 평형 몰분율을 계산하였다고 말했다.

(i) *HCN을 생산하기 위한 단일 반응*만을 고려.

(ii) C_2H_2의 연소를 위한 500%의 과잉 공기(그러나 연소 반응은 고려치 않음).

(iii) 1000°C의 토치 온도.

(iv) 반응 엔탈피는 일정함.

HCN만을 생성하는 반응을 고려하여(즉, 연소반응을 무시) 감독관의 계산을 다시 하여라. 생성되는 HCN의 몰분율은 얼마인가?

(b) 심사숙고 후에 H_2O와 CO_2를 생성하는 C_2H_2의 연소반응인 두 번째 반응을 고려할 필요가 있다고 결정내렸다. 이 반응을 포함하여 HCN의 평형농도를 계산하라. (a)의 ii, iii, iv의 조건을 이용한다.

9.58 600 K에서 수소(H_2)와 이산화탄소(CO_2)를 생성하기 위한 *n*-pentane(C_5H_{12})과 수증기(H_2O)의 반응을 고려해 보자. 0.5 bar, 600 K에서 공급 몰비로 1 mol의 C_5H_{12}와 10 mol의 H_2O를 고려하자. Δh^o_{rxn} = 상수라고 가정한다.

(a) 평형조성은 얼마인가?

(b) H_2와 CO_2 이외에도 CO가 생성된다고 고려하여, (a)를 반복계산하라. (a)의 값과 비교하여 보자.

---

14. Stull, D. R. *The Chemical Thermodynamics of Organic Compounds*.

9.59 Δh_{rxn}이 온도에 따라 변화한다고 생각하고 연습 문제 9.58을 다시 풀어라.

9.60 기체 성분 A와 B가 반응하여 원하는 고체 C를 생성하고, 부산물로 기상의 D와 F 및 고상의 E를 생성한다. 이 반응은 다음 세 가지의 반응으로 나타낸다.

$$\text{반응 1: } A(g) + B(g) \rightleftarrows C(s) + D(g)$$

$$\text{반응 2: } C(s) + 2B(g) \rightleftarrows E(s)$$

$$\text{반응 3: } A(g) + D(g) \rightleftarrows 2F(g)$$

온도 500 K, 압력 50 kPa에서 투입되는 원료비는 1 mol A 대 3 mol의 B이고, 평형 반응진척도는

$$\xi_1 = 0.6, \xi_2 = 0.2, \ \xi_3 = 0.1 \text{ mol}$$

(a) 평형상수 K_1, K_2, K_3의 값을 구하라.
(b) E(s)보다 상대적으로 C(s)의 수율을 높이기 위해서 계의 압력을 어떻게 변화시킬 것인가? 설명하라.

9.61 수소 기체는 촉망받는 대체에너지 자원이다. 1000 K, 50 kPa에서 활성탄 층을 통해 수증기를 통과시켜 H_2를 생성하고자 한다. 다음 반응을 고려하자.

$$C(s) + H_2O(g) \rightleftarrows H_2(g) + CO(g)$$

(a) 평형에서 주입되는 H_2O 몰당 얼마나 많은 H_2가 생성되겠는가? 탄소의 양은 과량으로 존재하고 Δh^o_{rxn}는 일정하다고 가정한다.
(b) 이 반응이 왜 대기압 대신 50 kPa에서 진행되는지 설명하여라.
(c) (a)를 풀 때, Δh^o_{rxn}는 일정하다고 가정하였다. 이러한 가정은 타당하지 않다는 가장 중요한 이유는 무엇이라고 생각하는가?
(d) (a)에서와 같은 자세한 계산을 다시 하지 않고, 아래 반응의 K와 y_{H_2}의 값을 구하여라.

$$2C(s) + 2H_2O(g) \rightleftarrows 2H_2(g) + 2CO(g)$$

(e) 당신은 수증기가 활성 탄소층을 지나며 CO_2 또한 생성된다고 믿는다. 이 두 번째 반응을 고려하였을 때, 투입되는 H_2O의 몰당 생성되는 H_2의 양은 얼마인가?

9.62 다음의 전기화학 전지의 전극 전위는 무엇인가?

$$Zn(s)|ZnSO_4(l, 0.5\,m)||CuSO_4(l, 0.1\,m)|Cu(s)?$$

총괄 반응은 어떻게 되나? 반응은 자발적인가? 만약 전지가 평형에 도달할 때까지 반응이 진행된다면, $ZnSO_4$와 $CuSO_4$의 농도는 얼마인가? 전지의 각 실은 같은 크기를 갖는다.

9.63 다음의 전기화학 전지를 고려하여 보자.

$$Pt(s)|H_2(g)|(H^+(l, ?\,m)||Pb^{2+}(l, 1\,m)|Pb(s)$$

다음 물음에 답하여라.
(a) 전지의 개략도를 그려라.
(b) 산화, 환원의 반쪽반응을 작성하라.
(c) 전지의 전위가 $E = 0.244$ V와 $E = 0.717$ V일 때의 전해질의 pH 농도를 구하여라.
(d) 전기화학 전지가 어떻게 pH 센서로 사용될 수 있을지 설명하여라.

9.64 콘크리트 내 철의 부식은 약기법으로 다음과 같이 나타낼 수 있다.

$$Fe(s)|Fe^{2+}(l, 0.1\,m)|O_2(g)|Fe(s)$$

산소는 대기에서 공급되고, pH는 12이다. 전극 전위를 계산하라. 부식 과정은 자발적으로 일어나는가?

9.65 NaCl의 전기분해는 NaOH, Cl_2와 H_2를 생산하는 데 사용된다. 다음 물음에 답하여라.

(a) 총괄 반응과 각 반쪽전지 반응을 나타내어라.
(b) 과정을 약기법으로 작성하여라.
(c) 반응의 표준 전위를 결정하여라.

9.66 제1구리, 제2구리 이온과 고체 구리 간의 반응에 대해 표 9.1에 제시된 표준 반쪽전지 전위를 입증하라. $Cu^{2+} + e^- \rightarrow Cu^+$, $Cu^{2+} + 2\,e^- \longrightarrow Cu$, $Cu^+ + e^- \longrightarrow Cu$은 일관성이 있다.

9.67 수소 기반 연료전지는 확실한 대체 연료자원으로 주목받고 있다. 이것은 한쪽 실에는 산소 기체가 공급되고 다른 한쪽에는 수소가 공급되는 갈바니 전지를 사용한다. 산소 기체의 환원과 수소 기체의 산화로 전력을 생산한다. 음극 실은 산소의 부분압이 0.21 bar이고, 양극 실은 수소의 부분압이 0.4 bar인 연료전지를 고려하자. 상온에서 반응하는 H_2 몰당 최대로 생산할 수 있는 일은 얼마인가? 650°C에서 연료전지를 작동하였을 때의 값은 얼마인가? Δh^o_{rxn}는 일정하다고 가정한다.

9.68 전기도금은 집적회로 공정에서 구리배선을 침착시키기 위해서 사용된다. 이 경우에 용해된 구리의 양극은 반응을 위한 제2구리 이온(Cu^{2+})을 제공한다. 즉, 고체 구리-제2구리 이온의 반응은 양극에서는 제2구리 이온의 생성과 음극에서는 막의 성장에 사용된다. 다음 전지에서 구리의 성장을 달성하기 위해 필요한 최소 전극 전위를 계산하여라.

$$Cu(s)|CuSO_4(l, 0.1\,m)||CuSO_4(l, 0.01\,m)|Cu(s)$$

다음을 가정 한다.
(a) 이상용액이다.
(b) 식 (9.38)로 구리의 활동도 계수를 나타낸다.

9.69 다음 전지의 전지 전위가 25°C에서 0.4586 V로 측정되었다.

$$Pt|H_2(g)|HCl(l, 0.0122\,m)|AgCl(s)|Ag(s)$$

수소 기체의 퓨가시티는 1 bar로 가정한다. 이 용액에서 HCl의 활동도 계수, $\gamma_{\pm}$를 구하여라.

9.70 ZnO 반도체가 Cl_2 기체에 노출되었다. 산소 위치에 Cl이 붙는 것과 연관된 화학 반응을 자유전자의 생성과 함께 작성하라. 이렇게 제안되어진 반응의 평형상수 관계식을 작성하라.

9.71 다음의 결함공정으로 묘사되는 화합물 반도체 AB를 고려해 보자.

$$0 \rightleftarrows V_A^- + V_B^+$$

$$B_2(g) \rightleftarrows 2B_B + 2V_A^- + 2h^+$$

$$2B_B \rightleftarrows B_2(g) + 2V_B^+ + 2e^-$$

$$0 \rightleftarrows h^+ + e^-$$

낮은 p_{B_2}, 중간 p_{B_2} 그리고 높은 p_{B_2}영역을 포함하는 Brouwer 도표를 도시하라. 중간 p_{B_2}의 영역에서 전자 결함의 농도가 정공 농도보다 크다고 가정한다. 언제 고유 상태의 물질이 되는가? 언제 n형인가? 그렇다면 언제 p형인가?

9.72 예제 9.23에서는 중간 영역에서 전기적 결함의 농도가 원자 결함보다 크다고 가정했다. 원자 결함의 농도가 전자 결함의 것보다 큰 경우의 영역을 Brouwer 도표로 도시하라.

9.73 예제 9.22에서 Zn의 산화에 의한 ZnO의 성장을 다뤘다. 이들 막의 전도도는 자유 전자의 농도에 비례한다. 산화가 진행될 시에 ZnO의 전도도와 산소의 부분압력 사이의 관계를 구해라. 산소의 부분압력이 10 배만큼 증가할 때 전도도의 변화는 얼마인가?

9.74 대부분의 점 결함이 copper(Cu) 공백인 Cu_2O의 결정을 고려하자. 이 결정은 1 atm하의 공기 중에 존재한다. 일정한 온도에서 압력을 3 torr로 줄인다. 화학 평형 상태로 가정하고 대기압 하에 대한 감압에서의 copper 공백(vacancy)의 비율을 계산하라. 산소의 공백이나 다른 조직에 대해서는 고려할 필요가 없다. 화합물질에서는 격자 위치의 비율은 고정되어 있다는 것을 기억하자.

9.75 규소(Si)가 10^{15} cm^{-3} B(boron) 원자로 균등하게 도프되어 있다.

(a) 27°C에서 캐리어(운송체) 농도는 얼마인가?

(b) 100°C에서 캐리어 농도는 얼마인가?

(c) 만약 ($10^{16}/cm^3$)의 인 원자들이 추가되었다면, 27°C에서 평형 전자와 정공 농도는 대략 얼마인가?

9.76 구리(Cu)는 규소(Si)의 연결체로 촉망받고 있다. 그러나 구리의 불순물은 규소에 있어 바람직하지 않다. 두 가지 대표적인 구리 불순물로는 Cu_i^+와 Cu_{Si}^{3-}가 있다. 25°C에서 고유한 규소에 포함된 구리의 결함 농도는 다음과 같다.

$$Cu_i^+ = 10^6\ cm^{-3} \quad \text{그리고} \quad Cu_{Si}^{3-} = 10^2\ cm^{-3}$$

지도교수가 인(P)으로 규소를 도프한다면 전체 구리의 농도를 줄일 수 있을 것이라고 제안했다. 이 때 각 형태의 구리 불순물 위에 인이 도핑된 효과를 조사하기 위해 각 물질의 결합을 위한 결합 평형 식을 작성하라. 전체 구리의 농도를 최소화하기 위한 인의 양은 얼마인가. 고유한 규소 함량당 구리는 얼마나 줄어들 것인가? 규소의 공백 농도는 불순물의 농도 변화에 영향을 받지 않는다고 가정하라.

9.77 B_2H_6 기체와 함께 규소 결정이 가열로에 장착되어 있다. 결함 평형의 개념을 사용해 도핑 농도에 대한 가열로 내부의 B_2H_6 압력의 효과를 이해하고자 한다. 다음의 반응을 생각해 보자.

$$B_2H_6(g) \rightleftarrows 2B(a) + 3H_2(g) \qquad (1)$$

$$B(a) + V_{si} \rightleftarrows B_{si}^- + h^+ \qquad (2)$$

$$0 \rightleftarrows h^+ e^- \qquad (3)$$

B(a)는 규소 표면에 흡착된 붕소(B)이다.

(a) 위 세 가지 반응에 대한 평형상수 식을 작성하라.

(b) 위 반응식에 나타난 물질을 바탕으로 전하 중성 조건(전기적 중성도)을 쓰라.

(c) 일정한 온도의 가열로를 고려하자. 이 경우에 규소 공백 농도는 일정하다. 낮은 B_2H_6 부분압과 높은 B_2H_6 부분압의 두 영역이 가능하다. log[p]와 log[n] vs. log$p_{B_2H_6}$를 정성적으로 도시하고, 각 영역을 표시하라.

9.78 ThermoSolver를 사용해서 butane의 연소와 2000 K, 50 bar에서 화학양론적인 공기의 양으로부터 평형조성을 계산하라. 반응 생성물로 H_2O, H_2, CO, CO_2, NO, NO_2가 가능하다. 2500 K, 50 bar에서 이 과정을 반복하라.

부록 A

물리적 성질 자료

Physical Property Data

A.1 임계 상수, 이심 인자, Antoine 상수:[1]

$$\text{Antoine 식의 형식:}\ \ln(P^{sat}[\text{bar}]) = A - \frac{B}{T[K] + C}$$

표 A.1.1 유기 화합물

화학식	화합물명	$MW_{[g/mol]}$	T_c [K]	P_c [bar]	ω	A	B	C	T_{min}	T_{mix}
CH_2O	Formaldehyde	30.026	408	65.86	0.253	9.8573	2204.13	−30.15	185	271
CH_4	Methane	16.042	190.6	46.00	0.008	8.6041	897.84	−7.16	93	120
CH_4O	Methanol	32.042	512.6	80.96	0.559	11.9673	3626.55	−34.29	257	364
C_2H_4	Acetylene	26.038	308.3	61.40	0.184	9.7279	1637.14	−19.77	194	202
C_2H_3N	Acetonitrile	41.052	548	48.33	0.321	9.6672	2945.47	−49.15	260	390
C_2H_4	Ethylene	28.053	282.4	50.36	0.085	8.9166	1347.01	−18.15	120	182
C_2H_4O	Acetaldehyde	44.053	461	55.73	0.303	9.6279	2465.15	−37.15	210	320
C_2H_4O	Ethylene oxide	44.053	469	71.94	0.200	10.1198	2567.61	−29.01	300	310
$C_2H_4O_2$	Acetic acid	60.052	594.4	57.86	0.454	10.1878	3405.57	−56.34	290	430
C_2H_6	Ethane	30.069	305.4	48.74	0.099	9.0435	1511.42	−17.16	130	199
C_2H_6O	Ethanol	46.068	516.2	63.83	0.635	12.2917	3803.98	−41.68	270	369
C_3H_6	Propylene	42.080	365.0	46.20	0.148	9.0825	1807.53	−26.15	160	240
C_3H_6O	Acetone	58.079	508.1	47.01	0.309	10.0311	2940.46	−35.93	241	350
C_3H_8	Propane	44.096	370.0	42.44	0.152	9.1058	1872.46	−25.16	164	249
C_3H_8O	1-Propanol	60.095	536.7	51.68	0.624	10.9237	3166.38	−80.15	285	400
C_4H_6	1,3-Butadiene	54.090	425	43.27	0.195	9.1525	2142.66	−34.30	215	290
C_4H_8	*cis*-2-Butene	56.106	435.6	42.05	0.202	9.1969	2210.71	−36.15	200	305
C_4H_8	*trans*-2-Butene	56.106	428.6	41.04	0.214	9.1975	2212.32	−33.15	200	300
$C_4H_8O_2$	Ethyl acetate	88.105	523.2	38.30	0.363	9.5314	2790.50	−57.15	260	385
C_4H_{10}	*n*-Butane	58.122	425.2	37.90	0.193	9.0580	2154.90	−34.42	195	290
C_4H_{10}	Isobutane	58.122	408.1	36.48	0.176	8.9179	2032.76	−33.15	187	280
$C_4H_{10}O$	*n*-Butanol	74.122	562.9	44.18	0.590	10.5958	3137.02	−94.43	288	404
C_5H_{10}	1-Pentene	70.133	464.7	40.53	0.245	9.1444	2405.96	−39.63	220	325
C_5H_{12}	*n*-Pentane	72.149	469.6	33.74	0.251	9.2131	2477.07	−39.94	220	330
C_6H_6	Benzene	78.112	562.1	48.94	0.212	9.2806	2788.51	−52.36	280	377
C_6H_6O	Phenol	94.111	694.2	61.30	0.440	9.8077	3490.89	−98.59	345	481
C_6H_7N	Aniline	93.127	699	53.09	0.382	10.0546	3857.52	−73.15	340	500
C_6H_{12}	Cyclohexane	84.159	553.4	40.73	0.213	9.1325	2766.63	−50.50	280	380
C_6H_{12}	1-Hexene	84.159	504.0	31.71	0.285	9.1887	2654.81	−47.30	240	360
C_6H_{14}	*n*-Hexane	86.175	507.4	29.69	0.296	9.2164	2697.55	−48.78	245	370

(계속)

1. For a more complete set of compounds, consult ThermoSolver, the text software.

표 A.1.1 유기 화합물

화학식	화합물명	$MW_{[g/mol]}$	T_c [K]	P_c [bar]	ω	A	B	C	T_{min}	T_{max}
C_7H_8	Toluene	92.138	591.7	41.14	0.257	9.3935	3096.52	−53.67	280	410
C_7H_{14}	1-Heptene	98.186	537.2	28.37	0.358	9.2692	2895.51	−53.97	265	400
C_7H_{16}	*n*-Heptane	100.202	540.2	27.36	0.351	9.2535	2911.32	−56.51	270	400
C_8H_8	Styrene	104.149	647.0	39.92	0.257	9.3991	3328.57	−63.72	305	460
C_8H_{10}	*o*-Xylene	106.165	630.2	37.29	0.314	9.4954	3395.57	−59.46	305	445
C_8H_{10}	*m*-Xylene	106.165	617.0	35.46	0.331	9.5188	3366.99	−58.04	300	440
C_8H_{10}	*p*-Xylene	106.165	616.2	35.16	0.324	9.4761	3346.65	−57.84	300	440
C_8H_{10}	Ethylbenzene	106.165	617.1	36.07	0.301	9.3993	3279.47	−59.95	300	450
C_8H_{16}	1-Octene	112.213	566.6	26.24	0.386	9.3428	3116.52	−60.39	288	420
C_8H_{18}	*n*-Octane	114.229	568.8	24.82	0.394	9.3224	3120.29	−63.63	292	425
C_9H_{20}	*n*-Nonane	128.255	594.6	23.10	0.444	9.3469	3291.45	−71.33	312	452
$C_{10}H_8$	Naphthalene	128.171	748.4	40.53	0.302	9.5224	3992.01	−71.29	360	545
$C_{10}H_{22}$	*n*-Decane	142.282	617.6	21.08	0.490	9.3912	3456.80	−78.67	330	476

표 A.1.2 무기 화합물

화학식	화합물명	$MW_{[g/mol]}$	T_c [K]	P_c [bar]	ω	A	B	C	T_{min}	T_{max}
Ar	Argon	39.948	150.8	48.74	−0.004	8.6128	700.51	−5.84	81	94
BCl_3	Boron trichloride	117.169	451.95	38.71	0.148	9.0985	2242.71	−38.99	182	286
B_2H_6	Diborane	27.670	289.80	40.50	0.138	8.7074	1377.84	−22.18	118	181
Br_2	Bromine	159.808	584	103.35	0.132	9.2239	2582.32	−51.56	259	354
CCl_3F	Trichlorofluoromethane	137.367	471.2	44.08	0.188	9.2314	2401.61	−36.3	240	300
CF_4	Carbon tetrafluoride	88.004	227.6	37.39	0.191	9.4341	1244.55	−13.06	93	148
C_2F_6	Hexafluoroethane	138.012	292.8	30.42	0.255	9.1646	1559.11	−24.51	180	195
$CHCl_3$	Chloroform	119.377	536.4	54.72	0.216	9.3530	2696.79	−46.16	260	370
CO	Carbon monoxide	28.010	132.9	34.96	0.049	7.7484	530.22	−13.15	63	108
CO_2	Carbon dioxide	44.010	304.2	73.76	0.225	15.9696	3103.39	−0.16	154	204
CS_2	Carbon disulfide	76.143	552	79.03	0.115	9.3642	2690.85	−31.62	228	342
Cl_2	Chlorine	70.905	417	77.01	0.073	9.3408	1978.32	−27.01	172	264
F_2	Fluorine	37.997	144.3	52.18	0.048	9.0498	714.10	−6.00	59	91
H_2	Hydrogen	2.016	33.2	12.97	−0.22	7.0131	164.90	3.19	14	25
HBr	Hydrogen bromide	80.912	363.2	85.52	0.063	7.8485	1242.53	−47.86	184	221
HCN	Hydrogen cyanide	27.025	456.8	53.90	0.407	9.8936	2585.80	−37.15	234	330
HCl	Hydrogen chloride	36.461	324.6	83.09	0.12	9.8838	1714.25	−14.45	137	200
H_2O	Water	18.015	647.3	220.48	0.344	11.6834	3816.44	−46.13	284	441
H_2S	Hydrogen sulfide	34.082	373.2	89.37	0.100	9.4838	1768.69	−26.06	190	230
NH_3	Ammonia	17.031	405.6	112.77	0.250	10.3279	2132.50	−32.98	179	261
He	Helium-4	4.003	5.19	2.27	−0.387	5.6312	33.7329	1.79	3.7	4.3
HF	Hydrogen fluoride	20.006	461	64.85	0.372	11.0756	3404.49	15.06	206	313
Kr	Krypton	83.800	209.4	55.02	−0.002	8.6475	958.75	−8.71	113	129
N_2	Nitrogen	28.013	126.2	33.84	0.039	8.3340	588.72	−6.60	54	90
NF_3	Nitrogen trifluoride	71.002	234	45.29	0.132	8.9905	1155.69	−15.37	103	155
N_2O	Nitrous oxide	44.013	309.6	72.45	0.160	9.5069	1506.49	−25.99	144	200
NO	Nitric oxide	30.006	180	64.85	0.607	13.5112	1572.52	−4.88	95	140
NO_2	Nitrogen dioxide	46.006	431.4	101.33	0.86	13.9122	4141.29	3.65	230	320
Ne	Neon	20.180	44.4	27.56	0.00	7.3897	180.47	−2.61	24	29
O_2	Oxygen	31.999	154.6	50.46	0.021	8.7873	734.55	−6.45	63	100
PH_3	Phosphene	33.998	324.45	65.35	0.042	9.2700	1617.91	−11.07	144	186
SF_6	Sulfur hexafluoride	146.056	318.7	37.59	0.286	12.7583	2524.78	−11.16	159	220
SO_2	Sulfur dioxide	64.065	430.8	78.83	0.251	10.1478	2302.35	−35.97	195	280

표 A.1.2 무기 화합물

화학식	화합물명	$MW_{[g/mol]}$	T_c [K]	P_c [bar]	ω	A	B	C	T_{min}	T_{max}
SO_3	Sulfur trioxide	80.064	491.0	82.07	0.41	14.2201	3995.70	−36.66	290	332
$SiCl_3H$	Trichlorosilane	135.452	479.0	41.7	0.203	9.7079	2694.02	−27.00	275	305
$SiCl_4$	Silicon tetrachloride	169.896	507.0	37.49	0.264	9.1817	2634.16	−43.15	238	364
SiF_4	Silicon tetrafluoride	104.079	259.09	37.15	0.456	16.3709	2810.45	−6.88	129	128
SiH_4	Silane	32.117	269.69	48.43	0.089	9.7222	1620.99	5.35	94	162
WF_6	Tungsten hexafluoride	297.830	444.0	43.40	0.231	10.4899	2351.42	−64.70	202	290

출처: Mostly from R. C. Reid, J. M. Prausnitz, and T. K. Sherwood. *The Properties of Gases and Liquids*, 3rd ed. (New York: McGraw-Hill, 1977). Also from: CRC Handbook of Chemistry and Physics (Boca Raiton, FL CRC Press, (various) years); P. J. Linstrom and W. G. Mallard, Eds., **NIST Chemistry WebBook, NIST Standard Reference Database Number 69,** June 2005, National Institute of Standards and Technology, Gaithersburg MD, 20899 (http://webbook.nist.gov/chemistry/fluid).; C. L. Yaws, *Handbook of Vapor Pressure* (vol. 4) (Houston: Gulf Publishing, 1995).

A.2 열용량 자료

$$\frac{c_p}{R} = A + BT + CT^2 + DT^{-2} + ET^3 \text{ with } T \text{ in [K]}$$

표 A.2.1 이상기체의 열용량: 유기 화합물

화학식	화합물명	A	$B \times 10^3$	$C \times 10^6$	$D \times 10^{-5}$	$E \times 10^9$	T_{min}	T_{max}	출처
CH_2O	Formaldehyde	2.264	7.022	−1.877			298	1500	1
CH_4	Methane	1.702	9.081	−2.164			298	1500	1
CH_4O	Methanol	2.211	12.216	−3.45			298	1500	1
C_2H_2	Acetylene	6.132	1.952		−1.299		298	1500	1
C_2H_4	Ethylene	1.424	14.394	−4.392			298	1500	1
C_2H_4O	Acetaldehyde	1.693	17.978	−6.158			298	1000	1
C_2H_4O	Ethylene oxide	−0.385	23.463	−9.296			298	1000	1
C_2H_6	Ethane	1.131	19.225	−5.561			298	1500	1
C_2H_6O	Ethanol	3.518	20.001	−6.002			298	1500	1
C_3H_6	Propylene	1.637	22.706	−6.915			298	1500	1
C_3H_8	Propane	1.213	28.785	−8.824			298	1500	1
C_4H_6	1.3-Butadiene	2.734	26.786	−8.882			298	1500	1
C_4H_8	1-Butene	1.967	31.63	−9.873			298	1500	1
C_4H_{10}	*n*-Butane	1.935	36.915	−11.402			298	1500	1
C_4H_{10}	Isobutane	1.677	37.853	−11.945			298	1500	1
C_5H_{10}	1-Pentene	2.691	39.753	−12.447			298	1500	1
C_5H_{12}	*n*-Pentane	2.464	45.351	−14.111			298	1500	1
C_6H_6	Benzene	−0.206	39.064	−13.301			298	1500	1
C_6H_{12}	Cyclohexane	−3.876	63.249	−20.928			298	1500	1
C_6H_{12}	1-Hexene	3.220	48.189	−15.157			298	1500	1
C_6H_{14}	*n*-Hexane	3.025	53.722	−16.791			298	1500	1
C_7H_8	Toluene	0.290	47.052	−15.716			298	1500	1
C_7H_{14}	1-Heptene	3.768	56.588	−17.847			298	1500	1
C_7H_{16}	*n*-Heptane	3.570	62.127	−19.468			298	1500	1
C_8H_8	Styrene	2.050	50.192	−16.662			298	1500	1
C_8H_{10}	Ethylbenzene	1.124	55.38	−18.476			298	1500	1
C_8H_{16}	1-Octene	4.324	64.96	−20.521			298	1500	1
C_8H_{18}	*n*-Octane	8.163	70.567	−22.208			298	1500	1

출처:

1. J. M. Smith, H. C. Van Ness, and M. M. Abbott, *Introduction to Chemical Engineering Thermodynamics*, 5th ed. (New York: McGraw-Hill, 1996).
2. P. J. Linstrom and W. G. Mallard, Eds., **NIST Chemistry WebBook, NIST Standard Reference Database Number 69,** June 2005, National Institute of Standards and Technology, Gaithersburg MD, 20899 (http://webbook.nist.gov/chemistry/fluid).

표 A.2.2 이상기체의 열용량: 무기 화합물

화학식	화합물명	A	$B \times 10^3$	$C \times 10^6$	$D \times 10^{-5}$	$E \times 10^9$	T_{min}	T_{max}	출처
	Air	3.355	0.575		−0.016		298	2000	1
BCl_3	Boron trichloride	4.245	16.539	−18.969	−0.176	8.031	298	700	2
		9.882	0.078	−0.018	−3.374	0.001	700	6000	2
B_2H_6	Diborane	−1.494	32.188	−18.314	0.361	3.988	298	1200	2
		19.440	1.351	−0.262	−44.224	0.018	1200	6000	2
Br_2	Bromine	4.493	0.056		−0.154		298	3000	1
CF_4	Carbon tetrafluoride	1.921	25.299	−22.789	−0.261	7.482	298	1000	2
		12.776	0.129	−0.027	−10.032	0.002	1000	6000	2
CO	Carbon monoxide	3.376	0.557		−0.031		298	2500	1
CO_2	Carbon dioxide	5.457	1.045		−1.157		298	2000	1
CS_2	Carbon disulfide	6.311	0.805		−0.906		298	1800	1
C_2F_6	Hexafluoroethane	8.389	27.106	−20.948	−1.751	5.671	298	1400	2
		21.284	0.123	−0.023	−13.447	0.001	1400	6000	2
Cl_2	Chlorine	4.442	0.089		−0.344		298	3000	1
H_2	Hydrogen	3.249	0.422		0.083		298	3000	1
HBr	Hydrogen bromide	3.815	−1.648	2.809	−0.035	−1.084	298	1100	2
		3.956	0.339	−0.057	−3.819	0.004	1100	6000	2
HCN	Hydrogen cyanide	4.736	1.359		−0.725		298	2500	1
HCl	Hydrogen chloride	3.156	0.623		0.151		298	2000	1
HF	Hydrogen fluoride	3.622	−0.390	0.345	−0.030	0.055	298	1000	2
		2.955	0.829	−0.150	−0.282	0.010	1000	6000	2
H_2O	Water	3.470	1.45		0.121		298	2000	1
H_2S	Hydrogen sulfide	3.931	1.49		−0.232		298	2300	1
N_2	Nitrogen	3.280	0.593		0.04		298	2000	1
NH_3	Ammonia	3.5778	3.02		−0.186		298	1800	1
N_2O	Nitrous oxide	5.328	1.24		−0.928		298	2000	1
NO	Nitric oxide	3.387	0.629		0.014		298	2000	1
NO_2	Nitrogen dioxide	4.982	1.195		−0.792		298	2000	1
N_2O_4	Dinitrogen tetroxide	11.660	2.257		−2.787		298	2000	1
O_2	Oxygen	3.639	0.506		−0.227		298	2000	1
PH_3	Phosphene	1.431	10.160	−4.576	0.348	0.685	298	1200	2
SF_6	Sulfur hexafluoride	7.085	30.736	−30.343	−1.935	10.676	298	1000	2
		18.901	0.058	−0.012	−9.959	0.001	1000	6000	2
SO_2	Sulfur dioxide	5.699	0.801		−1.015		298	2000	1
SO_3	Sulfur trioxide	8.06	1.056		−2.028		298	2000	1
$SiCl_4$	Tetrachlorosilane	12.700	0.255	−0.069	−1.744	0.006	298	6000	2
$SiClH_3$	Chlorosilane	2.977	14.807	−9.231	−0.432	2.242	298	1100	2
		11.954	0.572	−0.114	−17.303	0.008	1100	6000	2
$SiCl_2H_2$	Dichlorosilane	6.026	10.145	−6.014	−0.959	1.328	298	1500	2
		12.603	0.195	−0.035	−15.277	0.002	1500	6000	2
$SiCl_3H$	Trichlorosilane	7.732	10.262	−8.671	−0.908	2.818	298	1000	2
		12.552	0.253	−0.052	−7.179	0.004	1000	6000	2
SiF_4	Silicon tetrafluoride	5.170	19.158	−18.179	−0.514	6.207	298	1000	2
		12.903	0.057	−0.012	−6.482	0.001	1000	6000	2
SiH_4	Silane	0.729	16.835	−9.368	0.163	1.953	298	1300	2
		12.010	0.511	−0.097	−24.525	0.006	1300	6000	2
WF_6	Tungsten hexafluoride	18.137	0.730	−0.197	−3.690	0.017	1000	6000	2

출처:

1. J. M. Smith, H. C. Van Ness, and M. M. Abbott, *Introduction to Chemical Engineering Thermodynamics*, 5th ed. (New York: McGraw- Hill, 1996).
2. P. J. Linstrom and W. G. Mallard, Eds., **NIST Chemistry WebBook, NIST Standard Reference Database Number 69,** June 2005, National Institute of Standards and Technology, Gaithersburg MD, 20899 (http://webbook.nist.gov/chemistry/fluid).

표 A.2.3 액체와 고체의 열용량

화학식	화합물명	상	A	$B \times 10^3$	$D \times 10^{-5}$	출처
CH_4O	Methanol	L, $\bar{c}_P$	9.815			2
C_2H_6O	Ethanol	L, $\bar{c}_P$	13.592			2
C_3H_6O	Acetone	L	11.184	13.375		2
C_5H_{12}	Pentane	L	18.691	5.254		3
C_6H_6	Benzene	L	16.310	0.000		2
C_6H_{14}	Hexane	L	23.695			2
Al	Aluminum	L	3.819			1
Al	Aluminum	S	2.486	1.490		1
Al_2O_3	Aluminum oxide	S	23.154			4
C	Graphite	S	2.063	0.514	−1.057	1
C	Diamond	S	0.782			4
Cu	Copper	L	3.950			4
Cu	Copper	S	2.723			1
Cu_2O	Cuprous oxide	S, alpha	7.498			1
CuO	Cupric oxide	S	4.666			1
Fe	Iron	S, alpha	2.104	2.979		1
Fe_3O_4	Iron oxide	S	11.012	24.260		1
GaAs	Gallium arsenide	S	5.438	0.730		1
Ni	Nickel	S	1.508	4.308	0.297	1
Si	Silicon	L	3.272			4
Si	Silicon	S	2.879	0.297	−0.498	1
SiO_2	Silicon dioxide	S	5.647	4.127	−1.359	1
$SiCl_3H$	Trichlorosilane	L, $\bar{c}_P$	15.678			2
$SiCl_4$	Tetrachlorosilane	L, $\bar{c}_P$	16.117			2
H_2O	Water	L, $\bar{c}_P$	9.069			2
H_2O	Water (ice)	S, $\bar{c}_P$	4.196			5
H_2SO_4	Sulfuric acid	L	16.731	1.875		3
HNO_3	Nitric acid	L, $\bar{c}_P$	13.315			2
NH_3	Ammonia	L	6.880	9.682		2

출처:

1. O. Kubaschewski and C. B. Alcock, *Metallurgical Thermochemistry*, 5th ed. (New York: Peramon Press, 1979).
2. Milan Zabransky et al., *Heat Capacity of Liquids* (Washington, DC: American Chemical Society; Woodbury, NY: National Bureau of Standards, 1996).
3. Richard M. Felder and Ronald W. Rousseau, *Elementary Principles of Chemical Processes*, 3rd ed. (New York: Wiley, 2000).
4. M. W. Chase et al., *JANAF Themochemical Tables*, 4th ed. (Washington, DC: American Chemical Society; National Bureau of Standards, 1998).
5. K. Ranjevic, *Handbook of Thermodynamic Tables and Charts* (New York: McGraw-Hill, 1976).

A.3 298 K, 1 bar에서의 생성 엔탈피와 Gibbs 에너지

표 A.3.1 유기 화합물

화학식	화합물명	상	$\Delta h^o_{f,298}$ [kJ/mol]	$\Delta g^o_{f,298}$ [kJ/mol]	출처
CH_2O	Formaldehyde	G	−115.97	−109.99	1
CH_4	Methane	G	−74.81	−50.72	1
CH_4O	Methanol	L	−238.73	−166.34	1
CH_4O	Methanol	G	−200.66	−161.96	1
C_2H_2	Acetylene	G	226.88	209.24	1
C_2H_3N	Acetonitrile	L	53.17	98.93	1
C_2H_3N	Acetonitrile	G	87.92	105.67	1
C_2H_4	Ethylene	G	52.26	68.15	1

(계속)

표 A.3.1 유기 화합물

화학식	화합물명	상	$\Delta h^o_{f,298}$ [kJ/mol]	$\Delta g^o_{f,298}$ [kJ/mol]	출처
$C_2H_4Cl_2$	1,1-Dichloroethane	L	−160.86	−76.20	1
$C_2H_4Cl_2$	1,1-Dichloroethane	G	−130.00	−73.14	1
C_2H_4O	Acetaldehyde	G	−166.47	−133.39	1
C_2H_4O	Ethylene oxide	L	−77.46	−11.43	1
C_2H_4O	Ethylene oxide	G	−52.67	−13.10	1
$C_2H_4O_2$	Acetic acid	L	−484.41	−389.62	1
$C_2H_4O_2$	Acetic acid	G	−435.13	−376.94	1
C_2H_6	Ethane	G	−84.68	−32.84	1
C_2H_6O	Ethanol	L	−277.17	−174.25	1
C_2H_6O	Ethanol	G	−234.96	−168.39	1
C_3H_6	Propylene	G	20.43	62.76	1
C_3H_6O	Acetone	L	−248.28	−155.50	1
C_2H_6O	Acetone	G	−217.71	−153.15	1
C_3H_6O	Propylene oxide	L	−120.75	−26.75	1
C_3H_6O	Propylene oxide	G	−92.82	−25.79	1
C_3H_8	Propane	G	−103.85	−23.49	1
C_3H_8O	1-Propanol	L	−304.76	−170.78	1
C_3H_8O	1-Propanol	G	−257.70	−163.08	1
C_4H_6	1,3-Butadiene	L	85.41	149.68	1
C_4H_6	1,3-Butadiene	G	110.24	150.77	1
C_4H_8	1-Butene	G	−0.13	71.34	1
C_4H_8	*cis*-2-Butene	G	−6.99	65.90	1
C_4H_8	*trans*-2-Butene	G	−11.18	63.01	1
$C_4H_8O_2$	Ethyl acetate	L	−479.35	−332.93	1
$C_4H_8O_2$	Ethyl acetate	G	−443.21	−327.62	1
C_4H_{10}	*n*-Butane	L	−147.75	−15.07	1
C_4H_{10}	*n*-Butane	G	−126.23	−17.17	1
C_4H_{10}	Isobutane	L	−158.55	−21.98	1
C_4H_{10}	Isobutane	G	−134.61	−20.89	1
$C_4H_{10}O$	*n*-Butanol	L	−326.03	−161.19	1
$C_4H_{10}O$	*n*-Butanol	G	−274.61	−150.77	1
C_5H_{10}	1-Pentene	L	−46.72	78.25	1
C_5H_{10}	1-Pentene	G	−20.93	79.17	1
C_5H_{12}	*n*-Pentane	L	−173.33	−9.46	1
C_5H_{12}	*n*-Pentane	G	−146.54	−8.37	1
C_6H_6	Benzene	L	49.07	124.34	1
C_6H_6	Benzene	G	82.98	129.75	1
C_6H_6O	Phenol	S	−165.13	−50.45	1
C_6H_6O	Phenol	G	−96.42	−32.91	1
C_6H_7N	Aniline	L	31.11	149.18	1
C_6H_7N	Aniline	G	86.92	166.80	1
C_6H_{12}	Cyclohexane	L	−156.34	26.89	1
C_6H_{12}	Cyclohexane	G	−123.22	31.78	1
C_6H_{12}	1-Hexene	L	−72.43	83.44	1
C_6H_{12}	1-Hexene	G	−41.70	87.50	1
C_6H_{14}	*n*-Hexane	L	−198.96	−4.35	1
C_6H_{14}	*n*-Hexane	G	−167.30	−0.25	1
C_7H_8	Toluene	L	12.02	113.84	1
C_7H_8	Toluene	G	50.03	122.09	1
C_7H_{14}	1-Heptene	L	−98.01	88.84	1
C_7H_{14}	1-Heptene	G	−62.34	95.88	1
C_7H_{16}	*n*-Heptane	L	−224.54	1.00	1

표 A.3.1 유기 화합물

화학식	화합물명	상	$\Delta h^o_{f,298}$ [kJ/mol]	$\Delta g^o_{f,298}$ [kJ/mol]	출처
C_7H_{16}	*n*-Heptane	G	−187.90	8.00	1
C_8H_{10}	*o*-Xylene	L	−24.45	110.53	1
C_8H_{10}	*o*-Xylene	G	19.01	122.17	1
C_8H_{10}	*m*-Xylene	L	−25.41	107.73	1
C_8H_{10}	*m*-Xylene	G	17.25	118.95	1
C_8H_{10}	*p*-Xylene	L	−24.45	110.03	1
C_8H_{10}	*p*-Xylene	G	17.96	121.21	1
C_8H_{10}	Ethylbenzene	L	−12.48	119.78	1
C_8H_{10}	Ethylbenzene	G	29.81	130.67	1
C_8H_{16}	1-Octene	L	−123.59	94.16	1
C_8H_{16}	1-Octene	G	−82.98	104.29	1
C_8H_{18}	*n*-Octane	L	−250.12	6.49	1
C_8H_{18}	*n*-Octane	G	−208.59	16.41	1
C_9H_{20}	*n*-Nonane	L	−275.66	11.76	1
C_9H_{20}	*n*-Nonane	G	−229.19	24.83	1
$C_{10}H_8$	Naphthalene	S	78.13	201.18	1
$C_{10}H_8$	Naphthalene	G	151.06	223.74	1
$C_{10}H_{22}$	*n*-Decane	L	−301.24	17.25	1
$C_{10}H_{22}$	*n*-Decane	G	−249.83	33.24	1

출처:

1. Daniel R. Stull, Edgar F. Westrum, and Gerard C. Sinke, *The Chemical Thermodynamics of Organic Compounds*, (New York: Wiley, 1969).

표 A.3.2 무기 화합물

화학식	화합물명	상	$\Delta h^o_{f,298}$ [kJ/mol]	$\Delta g^o_{f,298}$ [kJ/mol]	출처
BCl_3	Boron trichloride	G	−402.96	−387.96	2
B_2H_6	Diborane	G	35.61	86.77	2
BN	Boron nitride	S	−254.387	−228.501	2
B_2O_3	Boron oxide	S	−1271.94	−1192.8	2
CCl_3F	Trichlorofluoromethane	G	−284.70	−245.51	1
CF_4	Carbon tetrafluoride	G	−975.52	−889.03	1
C_2F_6	Hexafluoroethane	G	−1343.06	−1257.3	2
$CHCl_3$	Chloroform	L	−132.30	−71.89	1
$CHCl_3$	Chloroform	G	−101.32	−68.58	1
CHN	Hydrogen cyanide	G	130.63	120.20	1
CO	Carbon monoxide	G	−110.53	−137.17	2
CO_2	Carbon dioxide	G	−393.51	−394.36	2
CS_2	Carbon disulfide	G	116.94	66.82	2
CaS	Calcium sulfide	S	−473.2	−468.178	2
$CaSO_4$	Calcium sulfate	S	−1434.11	−1321.68	2
CaO	Calcium oxide	S	−635.09	−603.51	2
CuCl	Copper chloride	S	−155.65	−138.66	2
CuO	Copper monoxide	S	−156.06	−128.29	2
Cu_2O	Dicopper oxide	S	−170.71	−147.88	2
CuS	Copper sulfide	S	−53.1	−53.47	2
$CuSO_4$	Copper sulfate	S	−771.36	−662.08	2
Fe_3C	Triiron carbide	S	25.104	20.029	2

(계속)

표 A.3.2 무기 화합물

화학식	화합물명	상	$\Delta h^o_{f,298}$ [kJ/mol]	$\Delta g^o_{f,298}$ [kJ/mol]	출처
Fe_2O_3	Hematite	S	−824.25	−742.29	2
Fe_2O_4	Magnetite	S	−1118.38	−1015.23	2
HBr	Hydrogen bromide	G	−36.38	−53.45	2
HCl	Hydrogen chloride	G	−92.312	−95.29	2
HF	Hydrogen fluoride	G	−272.55	−274.65	2
HNO_3	Nitric acid	G	−134.31	−73.96	2
H_2O	Water	L	−285.83	−237.14	2
H_2O	Water	G	−241.82	−228.57	2
H_2S	Hydrogen sulfide	G	−20.5	−33.33	2
H_2SO_4	Sulfuric acid	L	−813.99	−689.89	2
H_2SO_4	Sulfuric acid	G	−735.13	−653.37	2
NH_3	Ammonia	G	−46.11	−16.45	2
N_2O	Nitrous oxide	G	82.05	104.17	2
NO	Nitric oxide	G	90.29	86.6	2
NO_2	Nitrogen dioxide	G	33.1	51.26	2
N_2O_4	Dinitrogen tetraoxide	L	−19.564	97.51	2
N_2O_4	Dinitrogen tetraoxide	G	9.079	97.79	2
NaCl	Sodium chloride	S	−411.12	−384.02	2
NaF	Sodium fluoride	S	−573.48	−545.08	2
NaOH	Sodium hydroxide	S	−425.93	−379.73	2
NaOH	Sodium hydroxide	G	−197.49	−200.19	2
O	Oxygen	G	249.17	231.74	2
PH_3	Phosphene	G	5.57	13.59	2
TaN	Tantalum nitride	S	−252.3	−226.58	2
TiC	Titanium carbide	S	−184.5	−180.84	2
TiN	Titanium nitride	S	−337.86	−309.16	2
SiC	Silicon carbide	S	−73.22	−70.85	2
$SiCl_2$	Dichlorosilylene	G	−168.61	−180.36	2
$SiCl_4$	Silicon tetrachloride	G	−662.75	−622.76	2
SiF_4	Silicon tetrafluoride	G	−1614.94	−1572.7	2
$SiCl_3H$	Trichlorosilane	G	−496.22	−464.9	3
$SiCl_2H_2$	Dichlorosilane	G	−320.49	−294.9	3
SiH_3Cl	Chlorosilane	G	−141.838	−119.29	3
SiH_4	Silane	G	34.31	56.82	2
Si_3N_4	Silicon nitride	S	−744.75	−647.34	2
SiO_2	Silicon dioxide, trigonal	S	−910.86	−856.44	2
SiO_2	Silicon dioxide, hexagonal	S	−906.34	−757.11	2
SiO_2	Silicon dioxide, cristobalite	S	−902.53	−716.46	2
SiO_2	Silicon dioxide	L	−935.34	−551.67	2
SF_6	Sulfur hexafluoride	G	−1220.47	−1116.5	2
SO_2	Sulfur dioxide	G	−296.813	−300.1	2
SO_3	Sulfur trioxide	G	−395.77	−371.02	2
WF_6	Tungsten hexafluoride	G	−1721.72	−1632.29	2
ZnO	Zinc oxide	S	−350.46	−320.48	2
ZnS	Zinc sulfide, wurtzite	S	−191.84	−190.14	2
ZnS	Zinc sulfide, sphalerite	S	−205.18	−200.4	2
$ZnSO_4$	Zinc sulfate	S	−982.8	−871.45	2

출처:
1. Daniel R. Stull, Edgar F. Westrum, and Gerard C. Sinke, *The Chemical Thermodynamics of Organic Compounds* (New York: Wiley, 1969).
2. Ihsan Barin, *Thermochemical Data of Pure Substances*, 3rd ed. (vol. I and II) (New York: VCH, 1995).
3. M. W. Chase et al., *JANAF Thermochemical Tables*, 3rd ed. (Washington, DC: American Chemical Society; (New York: National Bureau of Standards, 1986).

부록 B

수증기표

Steam Tables

- 표 B.1: 포화수: 온도표 [654쪽]
- 표 B.2: 포화수: 압력표 [656쪽]
- 표 B.3: 포화수: 고체-증기 [658쪽]
- 표 B.4: 과열 수증기 [660쪽]
- 표 B.5: 과냉 액체 상태의 물 [665쪽]

수증기표에서 사용된 기호

T	온도	°C
P	압력	kPa 또는 MPa
$\hat{v}$	비체적	m^3/kg
$\hat{u}$	비내부 에너지	kJ/kg
$\hat{h}$	비엔탈피	kJ/kg
$\hat{s}$	비엔트로피	kJ/kg K

아래첨자

l	증기와 평형에 있는 액체
s	증기와 평형에 있는 고체
v	액체 또는 고체와 평형에 있는 증기
lv	증발에 의한 변화
sv	승화에 의한 변화

출처: New York: Wiley J. H. Keenan, F. G. Keys, P. G. Hill, and J. G. Moore, Steam Tables (1969), as used by G. J. Van Wylen, R. E. Sonntag, and C. Borgnakke, *Fundamentals of Classical Thermodynamics*, 4th ed., (New York: Wiley, 1994).

표 B.1 포화수: 온도표

T °C	P kPa, MPa	$\hat{v}_l$ m^3/kg	$\hat{v}_v$ m^3/kg	$\hat{u}_l$ kJ/kg	$\Delta\hat{u}_{lv}$ kJ/kg	$\hat{u}_v$ kJ/kg	$\hat{h}_l$ kJ/kg	$\Delta\hat{h}_{lv}$ kJ/kg	$\hat{h}_v$ kJ/kg	$\hat{s}_l$ kJ/kg K	$\Delta\hat{s}_{lv}$ kJ/kg K	$\hat{s}_v$ kJ/kg K
0.01	0.6113 kPa	0.001000	206.132	0.00	2375.3	2375.3	0.00	2501.3	2501.3	0.0000	9.1562	9.1562
5	0.8721	0.001000	147.118	20.97	2361.3	2382.2	20.98	2489.6	2510.5	0.0761	8.9496	9.0257
10	1.2276	0.001000	106.377	41.99	2347.2	2389.2	41.99	2477.7	2519.7	0.1510	8.7498	8.9007
15	1.7051	0.001001	77.925	62.98	2333.1	2396.0	62.98	2465.9	2528.9	0.2245	8.5569	8.7813
20	2.3385	0.001002	57.790	83.94	2319.0	2402.9	83.94	2454.1	2538.1	0.2966	8.3706	8.6671
25	3.1691	0.001003	43.359	104.86	2304.9	2409.8	104.87	2442.3	2547.2	0.3673	8.1905	8.5579
30	4.2461	0.001004	32.893	125.77	2290.8	2416.6	125.77	2430.5	2556.2	0.4369	8.0164	8.4533
35	5.6280	0.001006	25.216	146.65	2276.7	2423.4	146.66	2418.6	2565.3	0.5052	7.8478	8.3530
40	7.3837	0.001008	19.523	167.53	2262.6	2430.1	167.54	2406.7	2574.3	0.5724	7.6845	8.2569
45	9.5934	0.001010	15.258	188.41	2248.4	2436.8	188.42	2394.8	2583.2	0.6386	7.5261	8.1647
50	12.350	0.001012	12.032	209.30	2234.2	2443.5	209.31	2382.7	2592.1	0.7037	7.3725	8.0762
55	15.758	0.001015	9.568	230.19	2219.9	2450.1	230.20	2370.7	2600.9	0.7679	7.2234	7.9912
60	19.941	0.001017	7.671	251.09	2205.5	2456.6	251.11	2358.5	2609.6	0.8311	7.0784	7.9095
65	25.033	0.001020	6.197	272.00	2191.1	2463.1	272.03	2346.2	2618.2	0.8934	6.9375	7.8309
70	31.188	0.001023	5.042	292.93	2176.6	2469.5	292.96	2333.8	2626.8	0.9548	6.8004	7.7552
75	38.578	0.001026	4.131	313.87	2162.0	2475.9	313.91	2321.4	2635.3	1.0154	6.6670	7.6824
80	47.390	0.001029	3.407	334.84	2147.4	2482.2	334.88	2308.8	2643.7	1.0752	6.5369	7.6121
85	57.834	0.001032	2.828	355.82	2132.6	2488.4	355.88	2296.0	2651.9	1.1342	6.4102	7.5444
90	70.139	0.001036	2.361	376.82	2117.7	2494.5	376.90	2283.2	2660.1	1.1924	6.2866	7.4790
95	84.554	0.001040	1.982	397.86	2102.7	2500.6	397.94	2270.2	2668.1	1.2500	6.1659	7.4158
100	0.10135 MPa	0.001044	1.6729	418.91	2087.6	2506.5	419.02	2257.0	2676.0	1.3068	6.0480	7.3548
105	0.12082	0.001047	1.4194	440.00	2072.3	2512.3	440.13	2243.7	2683.8	1.3629	5.9328	7.2958
110	0.14328	0.001052	1.2102	461.12	2057.0	2518.1	461.27	2230.2	2691.5	1.4184	5.8202	7.2386
115	0.16906	0.001056	1.0366	482.28	2041.4	2523.7	482.46	2216.5	2699.0	1.4733	5.7100	7.1832
120	0.19853	0.001060	0.8919	503.48	2025.8	2529.2	503.69	2202.6	2706.3	1.5275	5.6020	7.1295
125	0.2321	0.001065	0.77059	524.72	2009.9	2534.6	524.96	2188.5	2713.5	1.5812	5.4962	7.0774
130	0.2701	0.001070	0.66850	546.00	1993.9	2539.9	546.29	2174.2	2720.5	1.6343	5.3925	7.0269
135	0.3130	0.001075	0.58217	567.34	1977.7	2545.0	567.67	2159.6	2727.3	1.6869	5.2907	6.9777
140	0.3613	0.001080	0.50885	588.72	1961.3	2550.0	589.11	2144.8	2733.9	1.7390	5.1908	6.9298
145	0.4154	0.001085	0.44632	610.16	1944.7	2554.9	610.61	2129.6	2740.3	1.7906	5.0926	6.8832
150	0.4759	0.001090	0.39278	631.66	1927.9	2559.5	632.18	2114.3	2746.4	1.8417	4.9960	6.8378
155	0.5431	0.001096	0.34676	653.23	1910.8	2564.0	653.82	2098.6	2752.4	1.8924	4.9010	6.7934
160	0.6178	0.001102	0.30706	674.85	1893.5	2568.4	675.53	2082.6	2758.1	1.9426	4.8075	6.7501
165	0.7005	0.001108	0.27269	696.55	1876.0	2572.5	697.32	2066.2	2763.5	1.9924	4.7153	6.7078
170	0.7917	0.001114	0.24283	718.31	1858.1	2576.5	719.20	2049.5	2768.7	2.0418	4.6244	6.6663

175	0.8920	0.001121	0.21680	740.16	1840.0	2580.2	741.16	2032.4	2773.6	2.0909	4.5347	6.6256
180	1.0022	0.001127	0.19405	762.08	1821.6	2583.7	763.21	2015.0	2778.2	2.1395	4.4461	6.5857
185	1.1227	0.001134	0.17409	784.08	1802.9	2587.0	785.36	1997.1	2782.4	2.1878	4.3586	6.5464
190	1.2544	0.001141	0.15654	806.17	1783.8	2590.0	807.61	1978.8	2786.4	2.2358	4.2720	6.5078
195	1.3978	0.001149	0.14105	828.36	1764.4	2592.8	829.96	1960.0	2790.0	2.2835	4.1863	6.4697
200	1.5538	0.001156	0.12736	850.64	1744.7	2595.3	852.43	1940.7	2793.2	2.3308	4.1014	6.4322
205	1.7230	0.001164	0.11521	873.02	1724.5	2597.5	875.03	1921.0	2796.0	2.3779	4.0172	6.3951
210	1.9063	0.001173	0.10441	895.51	1703.9	2599.4	897.75	1900.7	2798.5	2.4247	3.9337	6.3584
215	2.1042	0.001181	0.09479	918.12	1682.9	2601.1	920.61	1879.9	2800.5	2.4713	3.8507	6.3221
220	2.3178	0.001190	0.08619	940.85	1661.5	2602.3	943.61	1858.5	2802.1	2.5177	3.7683	6.2860
225	2.5477	0.001199	0.07849	963.72	1639.6	2603.3	966.77	1836.5	2803.3	2.5639	3.6863	6.2502
230	2.7949	0.001209	0.07158	986.72	1617.2	2603.9	990.10	1813.8	2803.9	2.6099	3.6047	6.2146
235	3.0601	0.001219	0.06536	1009.88	1594.2	2604.1	1013.61	1790.5	2804.1	2.6557	3.5233	6.1791
240	3.3442	0.001229	0.05976	1033.19	1570.8	2603.9	1037.31	1766.5	2803.8	2.7015	3.4422	6.1436
245	3.6482	0.001240	0.05470	1056.69	1546.7	2603.4	1061.21	1741.7	2802.9	2.7471	3.3612	6.1083
250	3.9730	0.001251	0.05013	1080.37	1522.0	2602.4	1085.34	1716.2	2801.5	2.7927	3.2802	6.0729
255	4.3195	0.001263	0.04598	1104.26	1496.7	2600.9	1109.72	1689.8	2799.5	2.8382	3.1992	6.0374
260	4.6886	0.001276	0.04220	1128.37	1470.6	2599.0	1134.35	1662.5	2796.9	2.8837	3.1181	6.0018
265	5.0813	0.001289	0.03877	1152.72	1443.9	2596.6	1159.27	1634.3	2793.6	2.9293	3.0368	5.9661
270	5.4987	0.001302	0.03564	1177.33	1416.3	2593.7	1184.49	1605.2	2789.7	2.9750	2.9551	5.9301
275	5.9418	0.001317	0.03279	1202.23	1387.9	2590.2	1210.05	1574.9	2785.0	3.0208	2.8730	5.8937
280	6.4117	0.001332	0.03017	1227.43	1358.7	2586.1	1235.97	1543.6	2779.5	3.0667	2.7903	5.8570
285	6.9094	0.001348	0.02777	1252.98	1328.4	2581.4	1262.29	1511.0	2773.3	3.1129	2.7069	5.8198
290	7.4360	0.001366	0.02557	1278.89	1297.1	2576.0	1289.04	1477.1	2766.1	3.1593	2.6227	5.7821
295	7.9928	0.001384	0.02354	1305.21	1264.7	2569.9	1316.27	1441.8	2758.0	3.2061	2.5375	5.7436
300	8.5810	0.001404	0.02167	1331.97	1231.0	2563.0	1344.01	1404.9	2748.9	3.2533	2.4511	5.7044
305	9.2018	0.001425	0.01995	1359.22	1195.9	2555.2	1372.33	1366.4	2738.7	3.3009	2.3633	5.6642
310	9.8566	0.001447	0.01835	1387.03	1159.4	2546.4	1401.29	1326.0	2727.3	3.3492	2.2737	5.6229
315	10.547	0.001472	0.01687	1415.44	1121.1	2536.6	1430.97	1283.5	2714.4	3.3981	2.1821	5.5803
320	11.274	0.001499	0.01549	1444.55	1080.9	2525.5	1461.45	1238.6	2700.1	3.4479	2.0882	5.5361
330	12.845	0.001561	0.012996	1505.24	993.7	2498.9	1525.29	1140.6	2665.8	3.5506	1.8909	5.4416
340	14.586	0.001638	0.010797	1570.26	894.3	2464.5	1594.15	1027.9	2622.0	3.6593	1.6763	5.3356
350	16.514	0.001740	0.008813	1641.81	776.6	2418.4	1670.54	893.4	2563.9	3.7776	1.4336	5.2111
360	18.651	0.001892	0.006945	1725.19	626.3	2351.5	1760.48	720.5	2481.0	3.9146	1.1379	5.0525
370	21.028	0.002213	0.004926	1843.84	384.7	2228.5	1890.37	441.8	2332.1	4.1104	0.6868	4.7972
374.14	22.089	0.003155	0.003155	2029.58	0	2029.6	2099.26	0	2099.3	4.4297	0	4.4297

표 B.2 포화수: 압력표

P kPa, MPa	T °C	$\hat{v}_l$ m³/kg	$\hat{v}_v$ m³/kg	$\hat{u}_l$ kJ/kg	$\Delta\hat{u}_{lv}$ kJ/kg	$\hat{u}_v$ kJ/kg	$\hat{h}_l$ kJ/kg	$\Delta\hat{h}_{lv}$ kJ/kg	$\hat{h}_v$ kJ/kg	$\hat{s}_l$ kJ/kg K	$\Delta\hat{s}_{lv}$ kJ/kg K	$\hat{s}_v$ kJ/kg K
0.6113 kPa	0.01	0.001000	206.132	0	2375.3	2375.3	0.00	2501.3	2501.3	0	9.1562	9.1562
1.0	6.98	0.001000	129.208	29.29	2355.7	2385.0	29.29	2484.9	2514.2	0.1059	8.8697	8.9756
1.5	13.03	0.001001	87.980	54.70	2338.6	2393.3	54.70	2470.6	2525.3	0.1956	8.6322	8.8278
2.0	17.50	0.001001	67.004	73.47	2326.0	2399.5	73.47	2460.0	2533.5	0.2607	8.4629	8.7236
2.5	21.08	0.001002	54.254	88.47	2315.9	2404.4	88.47	2451.6	2540.0	0.3120	8.3311	8.6431
3.0	24.08	0.001003	45.665	101.03	2307.5	2408.5	101.03	2444.5	2545.5	0.3545	8.2231	8.5775
4.0	28.96	0.001004	34.800	121.44	2293.7	2415.2	121.44	2432.9	2554.4	0.4226	8.0520	8.4746
5.0	32.88	0.001005	28.193	137.79	2282.7	2420.5	137.79	2423.7	2561.4	0.4763	7.9187	8.3950
7.5	40.29	0.001008	19.238	168.76	2261.7	2430.5	168.77	2406.0	2574.8	0.5763	7.6751	8.2514
10.0	45.81	0.001010	14.674	191.79	2246.1	2437.9	191.81	2392.8	2584.6	0.6492	7.5010	8.1501
15.0	53.97	0.001014	10.022	225.90	2222.8	2448.7	225.91	2373.1	2599.1	0.7548	7.2536	8.0084
20.0	60.06	0.001017	7.649	251.35	2205.4	2456.7	251.38	2358.3	2609.7	0.8319	7.0766	7.9085
25.0	64.97	0.001020	6.204	271.88	2191.2	2463.1	271.90	2346.3	2618.2	0.8930	6.9383	7.8313
30.0	69.10	0.001022	5.229	289.18	2179.2	2468.4	289.21	2336.1	2625.3	0.9439	6.8247	7.7686
40.0	75.87	0.001026	3.993	317.51	2159.5	2477.0	317.55	2319.2	2636.7	1.0258	6.6441	7.6700
50.0	81.33	0.001030	3.240	340.42	2143.4	2483.8	340.47	2305.4	2645.9	1.0910	6.5029	7.5939
75.0	91.77	0.001037	2.217	384.29	2112.4	2496.7	384.36	2278.6	2663.0	1.2129	6.2434	7.4563
0.100 MPa	99.62	0.001043	1.694	417.33	2088.7	2506.1	417.44	2258.0	2675.5	1.3025	6.0568	7.3593
0.125	105.99	0.001048	1.3749	444.16	2069.3	2513.5	444.30	2241.1	2685.3	1.3739	5.9104	7.2843
0.150	111.37	0.001053	1.1593	466.92	2052.7	2519.6	467.08	2226.5	2693.5	1.4335	5.7897	7.2232
0.175	116.06	0.001057	1.0036	486.78	2038.1	2524.9	486.97	2213.6	2700.5	1.4848	5.6868	7.1717
0.200	120.23	0.001061	0.8857	504.47	2025.0	2529.5	504.68	2202.0	2706.6	1.5300	5.5970	7.1271
0.225	124.00	0.001064	0.7933	520.45	2013.1	2533.6	520.69	2191.3	2712.0	1.5705	5.5173	7.0878
0.250	127.43	0.001067	0.7187	535.08	2002.1	2537.2	535.34	2181.5	2716.9	1.6072	5.4455	7.0526
0.275	130.60	0.001070	0.6573	548.57	1992.0	2540.5	548.87	2172.4	2721.3	1.6407	5.3801	7.0208
0.300	133.55	0.001073	0.6058	561.13	1982.4	2543.6	561.45	2163.9	2725.3	1.6717	5.3201	6.9918
0.325	136.30	0.001076	0.562	572.88	1973.5	2546.3	573.23	2155.8	2729.0	1.7005	5.2646	6.9651
0.350	138.88	0.001079	0.5243	583.93	1965	2548.9	584.31	2148.1	2732.4	1.7274	5.2130	6.9404
0.375	141.32	0.001081	0.4914	594.38	1956.9	2551.3	594.79	2140.8	2735.6	1.7527	5.1647	6.9174
0.40	143.63	0.001084	0.4625	604.29	1949.3	2553.6	604.73	2133.8	2738.5	1.7766	5.1193	6.8958
0.45	147.93	0.001088	0.4140	622.75	1934.9	2557.6	623.24	2120.7	2743.9	1.8206	5.0359	6.8565
0.50	151.86	0.001093	0.3749	639.66	1921.6	2561.2	640.21	2108.5	2748.7	1.8606	4.9606	6.8212
0.55	155.48	0.001097	0.3427	655.30	1909.2	2564.5	655.91	2097.0	2752.9	1.8972	4.8920	6.7892
0.60	158.85	0.001101	0.3157	669.88	1897.5	2567.4	670.54	2086.3	2756.8	1.9311	4.8289	6.7600
0.65	162.01	0.001104	0.2927	683.55	1886.5	2570.1	684.26	2076.0	2760.3	1.9627	4.7704	6.7330
0.70	164.97	0.001108	0.2729	696.43	1876.1	2572.5	697.20	2066.3	2763.5	1.9922	4.7158	6.7080

0.75	167.77	0.001111	0.2556	708.62	1866.1	2574.7	709.45	2057.0	2766.4	2.0199	4.6647	6.6846
0.80	170.43	0.001115	0.2404	720.20	1856.6	2576.8	721.10	2048.0	2769.1	2.0461	4.6166	6.6627
0.85	172.96	0.001118	0.2270	731.25	1847.4	2578.7	732.20	2039.4	2771.6	2.0709	4.5711	6.6421
0.90	175.38	0.001121	0.2150	741.81	1838.7	2580.5	742.82	2031.1	2773.9	2.0946	4.5280	6.6225
0.95	177.69	0.001124	0.2042	751.94	1830.2	2582.1	753.00	2023.1	2776.1	2.1171	4.4869	6.6040
1.00	179.91	0.001127	0.19444	761.67	1822.0	2583.6	762.79	2015.3	2778.1	2.1386	4.4478	6.5864
1.10	184.09	0.001133	0.17753	780.08	1806.3	2586.4	781.32	2000.4	2781.7	2.1791	4.3744	6.5535
1.20	187.99	0.001139	0.16333	797.27	1791.6	2588.8	798.64	1986.2	2784.8	2.2165	4.3067	6.5233
1.30	191.64	0.001144	0.15125	813.42	1777.5	2590.9	814.91	1972.7	2787.6	2.2514	4.2438	6.4953
1.40	195.07	0.001149	0.14084	828.68	1764.1	2592.8	830.29	1959.7	2790.0	2.2842	4.1850	6.4692
1.50	198.32	0.001154	0.13177	843.14	1751.3	2594.5	844.87	1947.3	2792.1	2.3150	4.1298	6.4448
1.75	205.76	0.001166	0.11349	876.44	1721.4	2597.8	878.48	1918.0	2796.4	2.3851	4.0044	6.3895
2.00	212.42	0.001177	0.09963	906.42	1693.8	2600.3	908.77	1890.7	2799.5	2.4473	3.8935	6.3408
2.25	218.45	0.001187	0.08875	933.81	1668.2	2602.0	936.48	1865.2	2801.7	2.5034	3.7938	6.2971
2.50	223.99	0.001197	0.07998	959.09	1644.0	2603.1	962.09	1841.0	2803.1	2.5546	3.7028	6.2574
2.75	229.12	0.001207	0.07275	982.65	1621.2	2603.8	985.97	1817.9	2803.9	2.6018	3.6190	6.2208
3.00	233.90	0.001216	0.06668	1004.76	1599.3	2604.1	1008.41	1795.7	2804.1	2.6456	3.5412	6.1869
3.25	238.38	0.001226	0.06152	1025.62	1578.4	2604.0	1029.60	1774.4	2804.0	2.6866	3.4685	6.1551
3.5	242.60	0.001235	0.05707	1045.41	1558.3	2603.7	1049.73	1753.7	2803.4	2.7252	3.4000	6.1252
4.0	250.40	0.001252	0.049778	1082.28	1520.0	2602.3	1087.29	1714.1	2801.4	2.7963	3.2737	6.0700
5.0	263.99	0.001286	0.039441	1147.78	1449.3	2597.1	1154.21	1640.1	2794.3	2.9201	3.0532	5.9733
6.0	275.64	0.001319	0.032440	1205.41	1384.3	2589.7	1213.32	1571.0	2784.3	3.0266	2.8625	5.8891
7.0	285.88	0.001351	0.027370	1257.51	1323.0	2580.5	1266.97	1505.1	2772.1	3.1210	2.6922	5.8132
8.0	295.06	0.001384	0.023518	1305.54	1264.3	2569.8	1316.61	1441.3	2757.9	3.2067	2.5365	5.7431
9.0	303.40	0.001418	0.020484	1350.47	1207.3	2557.8	1363.23	1378.9	2742.1	3.2857	2.3915	5.6771
10.0	311.06	0.001452	0.018026	1393.00	1151.4	2544.4	1407.53	1317.1	2724.7	3.3595	2.2545	5.6140
11.0	318.15	0.001489	0.015987	1433.68	1096.1	2529.7	1450.05	1255.5	2705.6	3.4294	2.1233	5.5527
12.0	324.75	0.001527	0.014263	1472.92	1040.8	2513.7	1491.24	1193.6	2684.8	3.4961	1.9962	5.4923
13.0	330.93	0.001567	0.012780	1511.09	9850.0	2496.1	1531.46	1130.8	2662.2	3.5604	1.8718	5.4323
14.0	336.75	0.001611	0.011485	1548.53	928.2	2476.8	1571.08	1066.5	2637.5	3.6231	1.7485	5.3716
15.0	342.24	0.001658	0.010338	1585.58	869.8	2455.4	1610.45	1000.0	2610.5	3.6847	1.6250	5.3097
16.0	347.43	0.001711	0.009306	1622.63	809.1	2431.7	1650.00	930.6	2580.6	3.7460	1.4995	5.2454
17.0	352.37	0.001770	0.008365	1660.16	744.8	2405.0	1690.25	856.9	2547.2	3.8078	1.3698	5.1776
18.0	357.06	0.001840	0.007490	1698.86	675.4	2374.3	1731.97	777.1	2509.1	3.8713	1.2330	5.1044
19.0	361.54	0.001924	0.006657	1739.87	598.2	2338.1	1776.43	688.1	2464.5	3.9387	1.0841	5.0227
20.0	365.81	0.002035	0.005834	1785.47	507.6	2293.1	1826.18	583.6	2409.7	4.0137	0.9132	4.9269

표 B.3 포화수: 고체–증기

T °C	P kPa	$\hat{v}_s(\times 10^3)$ m³/kg	$\hat{v}_v$ m³/kg	$\hat{u}_s$ kJ/kg	$\Delta\hat{u}_{sv}$ kJ/kg	$\hat{u}_v$ kJ/kg	$\hat{h}_s$ kJ/kg	$\Delta\hat{h}_{sv}$ kJ/kg	$\hat{h}_v$ kJ/kg	$\hat{s}_s$ kJ/kg K	$\Delta\hat{s}_{sv}$ kJ/kg K	$\hat{s}_v$ kJ/kg K
0.01	0.6113	1.0908	206.153	−333.40	2708.7	2375.3	−333.40	2834.7	2501.3	−1.2210	10.3772	9.1562
0	0.6108	1.0908	206.315	−333.42	2708.7	2375.3	−333.42	2834.8	2501.3	−1.2211	10.3776	9.1565
−2	0.5177	1.0905	241.663	−337.61	2710.2	2372.5	−337.61	2835.3	2497.6	−1.2369	10.4562	9.2193
−4	0.4376	1.0901	283.799	−341.78	2711.5	2369.8	−341.78	2835.7	2494.0	−1.2526	10.5358	9.2832
−6	0.3689	1.0898	334.139	−345.91	2712.9	2367.0	−345.91	2836.2	2490.3	−1.2683	10.6165	9.3482
−8	0.3102	1.0894	394.414	−350.02	2714.2	2364.2	−350.02	2836.6	2486.6	−1.2839	10.6982	9.4143
−10	0.2601	1.0891	466.757	−354.09	2715.5	2361.4	−354.09	2837.0	2482.9	−1.2995	10.7809	9.4815
−12	0.2176	1.0888	553.803	−358.14	2716.8	2358.7	−358.14	2837.3	2479.2	−1.3150	10.8648	9.5498
−14	0.1815	1.0884	658.824	−362.16	2718.0	2355.9	−362.16	2837.6	2475.5	−1.3306	10.9498	9.6192
−16	0.1510	1.0881	785.907	−366.14	2719.2	2353.1	−366.14	2837.9	2471.8	−1.3461	11.0359	9.6898
−18	0.12521	1.0878	940.183	−370.10	2720.4	2350.3	−370.10	2838.2	2468.1	−1.3617	11.1233	9.7616
−20	0.10355	1.0874	1128.113	−374.03	2721.6	2347.5	−374.03	2838.4	2464.3	−1.3772	11.2120	9.8348
−22	0.08535	1.0871	1357.864	−377.93	2722.7	2344.7	−377.93	2838.6	2460.6	−1.3928	11.3020	9.9093
−24	0.07012	1.0868	1639.753	−381.80	2723.7	2342.0	−381.80	2838.7	2456.9	−1.4083	11.3935	9.9852
−26	0.05741	1.0864	1986.776	−385.64	2724.8	2339.2	−385.64	2838.9	2453.2	−1.4239	11.4864	10.0625
−28	0.04684	1.0861	2415.201	−389.45	2725.8	2336.4	−389.45	2839.0	2449.5	−1.4394	11.5808	10.1413
−30	0.03810	1.0858	2945.228	−393.23	2726.8	2333.6	−393.23	2839.0	2445.8	−1.4550	11.6765	10.2215
−32	0.03090	1.0854	3601.823	−396.98	2727.8	2330.8	−396.98	2839.1	2442.1	−1.4705	11.7733	10.3028
−34	0.02499	1.0851	4416.253	−400.71	2728.7	2328.0	−400.71	2839.1	2438.4	−1.4860	11.8713	10.3853
−36	0.02016	1.0848	5430.116	−404.40	2729.6	2325.2	−404.40	2839.1	2434.7	−1.5014	11.9704	10.4690
−38	0.01618	1.0844	6707.022	−408.06	2730.5	2322.4	−408.06	2839.0	2431.0	−1.5168	12.0714	10.5546
−40	0.01286	1.0841	8366.396	−411.70	2731.3	2319.6	−411.70	2838.9	2427.2	−1.5321	12.1768	10.6447

표 B.4 **과열 수증기**

$P = 10$ kPa

T °C	$\hat{v}$ m³/kg	$\hat{u}$ kJ/kg	$\hat{h}$ kJ/kg	$\hat{s}$ kJ/kg K
sat	14.674	2437.9	2584.6	8.1501
50	14.869	2443.9	2592.6	8.1749
100	17.196	2515.5	2687.5	8.4479
150	19.513	2587.9	2783.0	8.6881
200	21.825	2661.3	2879.5	8.9037
250	24.136	2736.0	2977.3	9.1002
300	26.445	2812.1	3076.5	9.2812
400	31.063	2968.9	3279.5	9.6076
500	35.679	3132.3	3489.0	9.8977
600	40.295	3302.5	3705.4	10.1608
700	44.911	3479.6	3928.7	10.4028
800	49.526	3663.8	4159.1	10.6281
900	54.141	3855.0	4396.4	10.8395
1000	58.757	4053.0	4640.6	11.0392
1100	63.372	4257.5	4891.2	11.2287
1200	67.987	4467.9	5147.8	11.4090
1300	72.603	4683.7	5409.7	11.5810

$P = 50$ kPa

T °C	$\hat{v}$ m³/kg	$\hat{u}$ kJ/kg	$\hat{h}$ kJ/kg	$\hat{s}$ kJ/kg K
sat	3.240	2483.8	2645.9	7.5939
100	3.418	2511.6	2682.5	7.6947
150	3.889	2585.6	2780.1	7.9400
200	4.356	2659.8	2877.6	8.1579
250	4.821	2735.0	2976.0	8.3555
300	5.284	2811.3	3075.5	8.5372
400	6.209	2968.4	3278.9	8.8641
500	7.134	3131.9	3488.6	9.1545
600	8.058	3302.2	3705.1	9.4177
700	8.981	3479.5	3928.5	9.6599
800	9.904	3663.7	4158.9	9.8852
900	10.828	3854.9	4396.3	10.0967
1000	11.751	4052.9	4640.5	10.2964
1100	12.674	4257.4	4891.1	10.4858
1200	13.597	4467.8	5147.7	10.6662
1300	14.521	4683.6	5409.6	10.8382

$P = 100$ kPa

T °C	$\hat{v}$ m³/kg	$\hat{u}$ kJ/kg	$\hat{h}$ kJ/kg	$\hat{s}$ kJ/kg K
sat	1.6940	2506.1	2675.5	7.3593
100	1.6958	2506.6	2676.2	7.3614
150	1.9364	2582.7	2776.4	7.6133
200	2.1723	2658.0	2875.3	7.8342
250	2.4060	2733.7	2974.3	8.0332
300	2.6388	2810.4	3074.3	8.2157
400	3.1026	2967.8	3278.1	8.5434
500	3.5655	3131.5	3488.1	8.8341
600	4.0278	3301.9	3704.7	9.0975
700	4.4899	3479.2	3928.2	9.3398
800	4.9517	3663.5	4158.7	9.5652
900	5.4135	3854.8	4396.1	9.7767
1000	5.8753	4052.8	4640.3	9.9764
1100	6.3370	4257.3	4890.9	10.1658
1200	6.7986	4467.7	5147.6	10.3462
1300	7.2603	4683.5	5409.5	10.5182

$P = 200$ kPa

T °C	$\hat{v}$ m³/kg	$\hat{u}$ kJ/kg	$\hat{h}$ kJ/kg	$\hat{s}$ kJ/kg K
sat	0.88573	2529.5	2706.6	7.1271
150	0.95964	2576.9	2768.8	7.2795
200	1.08034	2654.4	2870.5	7.5066
250	1.19880	2731.2	2971.0	7.7085
300	1.31616	2808.6	3071.8	7.8926
400	1.54930	2966.7	3276.5	8.2217
500	1.78139	3130.7	3487.0	8.5132
600	2.01297	3301.4	3704.0	8.7769
700	2.24426	3478.8	3927.7	9.0194
800	2.47539	3663.2	4158.3	9.2450
900	2.70643	3854.5	4395.8	9.4565
1000	2.93740	4052.5	4640.0	9.6563
1100	3.16834	4257.0	4890.7	9.8458
1200	3.39927	4467.5	5147.3	10.0262
1300	3.63018	4683.2	5409.3	10.1982

$P = 300$ kPa

T °C	$\hat{v}$ m³/kg	$\hat{u}$ kJ/kg	$\hat{h}$ kJ/kg	$\hat{s}$ kJ/kg K
sat	0.60582	2543.6	2725.3	6.9918
150	0.63388	2570.8	2761.0	7.0778
200	0.71629	2650.7	2865.5	7.3115
250	0.79636	2728.7	2967.6	7.5165
300	0.87529	2806.7	3069.3	7.7022
400	1.03151	2965.5	3275.0	8.0329
500	1.18669	3130.0	3486.0	8.3250
600	1.34136	3300.8	3703.2	8.5892
700	1.49573	3478.4	3927.1	8.8319
800	1.64994	3662.9	4157.8	9.0575
900	1.80406	3854.2	4395.4	9.2691
1000	1.95812	4052.3	4639.7	9.4689
1100	2.11214	4256.8	4890.4	9.6585
1200	2.26614	4467.2	5147.1	9.8389
1300	2.42013	4683.0	5409.0	10.0109

$P = 400$ kPa

T °C	$\hat{v}$ m³/kg	$\hat{u}$ kJ/kg	$\hat{h}$ kJ/kg	$\hat{s}$ kJ/kg K
sat	0.46246	2553.6	2738.5	6.8958
150	0.47084	2564.5	2752.8	6.9299
200	0.53422	2646.8	2860.5	7.1706
250	0.59512	2726.1	2964.2	7.3788
300	0.65484	2804.8	3066.7	7.5661
400	0.77262	2964.4	3273.4	7.8984
500	0.88934	3129.2	3484.9	8.1912
600	1.00555	3300.2	3702.4	8.4557
700	1.12147	3477.9	3926.5	8.6987
800	1.23722	3662.5	4157.4	8.9244
900	1.35288	3853.9	4395.1	9.1361
1000	1.46847	4052.0	4639.4	9.3360
1100	1.58404	4256.5	4890.1	9.5255
1200	1.69958	4467.0	5146.8	9.7059
1300	1.81511	4682.8	5408.8	9.8780

(계속)

표 B.4 과열 수증기

P = 500 kPa

T °C	$\hat{v}$ m³/kg	$\hat{u}$ kJ/kg	$\hat{h}$ kJ/kg	$\hat{s}$ kJ/kg K
sat	0.37489	2561.2	2748.7	6.8212
200	0.42492	2642.9	2855.4	7.0592
250	0.47436	2723.5	2960.7	7.2708
300	0.52256	2802.9	3064.2	7.4598
350	0.57012	2882.6	3167.6	7.6328
400	0.61728	2963.2	3271.8	7.7937
500	0.71093	3128.4	3483.8	8.0872
600	0.80406	3299.6	3701.7	8.3521
700	0.89691	3477.5	3926.0	8.5952
800	0.98959	3662.2	4157.0	8.8211
900	1.08217	3853.6	4394.7	9.0329
1000	1.17469	4051.8	4639.1	9.2328
1100	1.26718	4256.3	4889.9	9.4224
1200	1.35964	4466.8	5146.6	9.6028
1300	1.45210	4682.5	5408.6	9.7749

P = 600 kPa

T °C	$\hat{v}$ m³/kg	$\hat{u}$ kJ/kg	$\hat{h}$ kJ/kg	$\hat{s}$ kJ/kg K
sat	0.31567	2567.4	2756.8	6.7600
200	0.35202	2638.9	2850.1	6.9665
250	0.39383	2720.9	2957.2	7.1816
300	0.43437	2801.0	3061.6	7.3723
350	0.47424	2881.1	3165.7	7.5463
400	0.51372	2962.0	3270.2	7.7078
500	0.59199	3127.6	3482.7	8.0020
600	0.66974	3299.1	3700.9	8.2673
700	0.74720	3477.1	3925.4	8.5107
800	0.82450	3661.8	4156.5	8.7367
900	0.90169	3853.3	4394.4	8.9485
1000	0.97883	4051.5	4638.8	9.1484
1100	1.05594	4256.1	4889.6	9.3381
1200	1.13302	4466.5	5146.3	9.5185
1300	1.21009	4682.3	5408.3	9.6906

P = 800 kPa

T °C	$\hat{v}$ m³/kg	$\hat{u}$ kJ/kg	$\hat{h}$ kJ/kg	$\hat{s}$ kJ/kg K
sat	0.24043	2576.8	2769.1	6.6627
200	0.26080	2630.6	2839.2	6.8158
250	0.29314	2715.5	2950.0	7.0384
300	0.32411	2797.1	3056.4	7.2327
350	0.35439	2878.2	3161.7	7.4088
400	0.38426	2959.7	3267.1	7.5715
500	0.44331	3125.9	3480.6	7.8672
600	0.50184	3297.9	3699.4	8.1332
700	0.56007	3476.2	3924.3	8.3770
800	0.61813	3661.1	4155.7	8.6033
900	0.67610	3852.8	4393.6	8.8153
1000	0.73401	4051.0	4638.2	9.0153
1100	0.79188	4255.6	4889.1	9.2049
1200	0.84974	4466.1	5145.8	9.3854
1300	0.90758	4681.8	5407.9	9.5575

P = 1 Mpa

T °C	$\hat{v}$ m³/kg	$\hat{u}$ kJ/kg	$\hat{h}$ kJ/kg	$\hat{s}$ kJ/kg K
sat	0.19444	2583.6	2778.1	6.5864
200	0.20596	2621.9	2827.9	6.6939
250	0.23268	2709.9	2942.6	6.9246
300	0.25794	2793.2	3051.2	7.1228
350	0.28247	2875.2	3157.7	7.3010
400	0.30659	2957.3	3263.9	7.4650
500	0.35411	3124.3	3478.4	7.7621
600	0.40109	3296.8	3697.9	8.0289
700	0.44779	3475.4	3923.1	8.2731
800	0.49432	3660.5	4154.8	8.4996
900	0.54075	3852.2	4392.9	8.7118
1000	0.58712	4050.5	4637.6	8.9119
1100	0.63345	4255.1	4888.5	9.1016
1200	0.67977	4465.6	5145.4	9.2821
1300	0.72608	4681.3	5407.4	9.4542

P = 1.2 Mpa

T °C	$\hat{v}$ m³/kg	$\hat{u}$ kJ/kg	$\hat{h}$ kJ/kg	$\hat{s}$ kJ/kg K
sat	0.16333	2588.8	2784.8	6.5233
200	0.16930	2612.7	2815.9	6.5898
250	0.19235	2704.2	2935.0	6.8293
300	0.21382	2789.2	3045.8	7.0316
350	0.23452	2872.2	3153.6	7.2120
400	0.25480	2954.9	3260.7	7.3773
500	0.29463	3122.7	3476.3	7.6758
600	0.33393	3295.6	3696.3	7.9434
700	0.37294	3474.5	3922.0	8.1881
800	0.41177	3659.8	4153.9	8.4149
900	0.45051	3851.6	4392.2	8.6272
1000	0.48919	4050.0	4637.0	8.8274
1100	0.52783	4254.6	4888.0	9.0171
1200	0.56646	4465.1	5144.9	9.1977
1300	0.60507	4680.9	5406.9	9.3698

P = 1.4 Mpa

T °C	$\hat{v}$ m³/kg	$\hat{u}$ kJ/kg	$\hat{h}$ kJ/kg	$\hat{s}$ kJ/kg K
sat	0.14084	2592.8	2790.0	6.4692
200	0.14302	2603.1	2803.3	6.4975
250	0.16350	2698.3	2927.2	6.7467
300	0.18228	2785.2	3040.4	6.9533
350	0.20026	2869.1	3149.5	7.1359
400	0.21780	2952.5	3257.4	7.3025
500	0.25215	3121.1	3474.1	7.6026
600	0.28596	3294.4	3694.8	7.8710
700	0.31947	3473.6	3920.9	8.1160
800	0.35281	3659.1	4153.0	8.3431
900	0.38606	3851.0	4391.5	8.5555
1000	0.41924	4049.5	4636.4	8.7558
1100	0.45239	4254.1	4887.5	8.9456
1200	0.48552	4464.6	5144.4	9.1262
1300	0.51864	4680.4	5406.5	9.2983

P = 1.6 Mpa

T °C	$\hat{v}$ m³/kg	$\hat{u}$ kJ/kg	$\hat{h}$ kJ/kg	$\hat{s}$ kJ/kg K
sat	0.12380	2595.9	2794.0	6.4217
225	0.13287	2644.6	2857.2	6.5518
250	0.14184	2692.3	2919.2	6.6732
300	0.15862	2781.0	3034.8	6.8844
350	0.17456	2866.0	3145.4	7.0693
400	0.19005	2950.1	3254.2	7.2373
500	0.22029	3119.5	3471.9	7.5389
600	0.24998	3293.3	3693.2	7.8080
700	0.27937	3472.7	3919.7	8.0535
800	0.30859	3658.4	4152.1	8.2808
900	0.33772	3850.5	4390.8	8.4934
1000	0.36678	4049.0	4635.8	8.6938
1100	0.39581	4253.7	4887.0	8.8837
1200	0.42482	4464.2	5143.9	9.0642
1300	0.45382	4679.9	5406.0	9.2364

P = 1.8 Mpa

T °C	$\hat{v}$ m³/kg	$\hat{u}$ kJ/kg	$\hat{h}$ kJ/kg	$\hat{s}$ kJ/kg K
sat	0.11042	2598.4	2797.1	6.3793
225	0.11673	2636.6	2846.7	6.4807
250	0.12497	2686.0	2911.0	6.6066
300	0.14021	2776.8	3029.2	6.8226
350	0.15457	2862.9	3141.2	7.0099
400	0.16847	2947.7	3250.9	7.1793
500	0.19550	3117.8	3469.7	7.4824
600	0.22199	3292.1	3691.7	7.7523
700	0.24818	3471.9	3918.6	7.9983
800	0.27420	3657.7	4151.3	8.2258
900	0.30012	3849.9	4390.1	8.4386
1000	0.32598	4048.4	4635.2	8.6390
1100	0.35180	4253.2	4886.4	8.8290
1200	0.37761	4463.7	5143.4	9.0096
1300	0.40340	4679.4	5405.6	9.1817

P = 2 Mpa

T °C	$\hat{v}$ m³/kg	$\hat{u}$ kJ/kg	$\hat{h}$ kJ/kg	$\hat{s}$ kJ/kg K
sat	0.09963	2600.3	2799.5	6.3408
225	0.10377	2628.3	2835.8	6.4146
250	0.11144	2679.6	2902.5	6.5452
300	0.12547	2772.6	3023.5	6.7663
350	0.13857	2859.8	3137.0	6.9562
400	0.15120	2945.2	3247.6	7.1270
500	0.17568	3116.2	3467.6	7.4316
600	0.19960	3290.9	3690.1	7.7023
700	0.22323	3471.0	3917.5	7.9487
800	0.24668	3657.0	4150.4	8.1766
900	0.27004	3849.3	4389.4	8.3895
1000	0.29333	4047.9	4634.6	8.5900
1100	0.31659	4252.7	4885.9	8.7800
1200	0.33984	4463.2	5142.9	8.9606
1300	0.36306	4679.0	5405.1	9.1328

P = 2.5 Mpa

T °C	$\hat{v}$ m³/kg	$\hat{u}$ kJ/kg	$\hat{h}$ kJ/kg	$\hat{s}$ kJ/kg K
sat	0.07998	2603.1	2803.1	6.2574
225	0.08027	2605.6	2806.3	6.2638
250	0.08700	2662.5	2880.1	6.4084
300	0.09890	2761.6	3008.8	6.6437
350	0.10976	2851.8	3126.2	6.8402
400	0.12010	2939.0	3239.3	7.0147
450	0.13014	3025.4	3350.8	7.1745
500	0.13998	3112.1	3462.0	7.3233
600	0.15930	3288.0	3686.2	7.5960
700	0.17832	3468.8	3914.6	7.8435
800	0.19716	3655.3	4148.2	8.0720
900	0.21590	3847.9	4387.6	8.2853
1000	0.23458	4046.7	4633.1	8.4860
1100	0.25322	4251.5	4884.6	8.6761
1200	0.27185	4462.1	5141.7	8.8569
1300	0.29046	4677.8	5404.0	9.0291

P = 3 Mpa

T °C	$\hat{v}$ m³/kg	$\hat{u}$ kJ/kg	$\hat{h}$ kJ/kg	$\hat{s}$ kJ/kg K
sat	0.06668	2604.1	2804.1	6.1869
250	0.07058	2644.0	2855.8	6.2871
300	0.08114	2750.0	2993.5	6.5389
350	0.09053	2843.7	3115.3	6.7427
400	0.09936	2932.7	3230.8	6.9211
450	0.10787	3020.4	3344.0	7.0833
500	0.11619	3107.9	3456.5	7.2337
600	0.13243	3285.0	3682.3	7.5084
700	0.14838	3466.6	3911.7	7.7571
800	0.16414	3653.6	4146.0	7.9862
900	0.17980	3846.5	4385.9	8.1999
1000	0.19541	4045.4	4631.6	8.4009
1100	0.21098	4250.3	4883.3	8.5911
1200	0.22652	4460.9	5140.5	8.7719
1300	0.24206	4676.6	5402.8	8.9442

P = 3.5 Mpa

T °C	$\hat{v}$ m³/kg	$\hat{u}$ kJ/kg	$\hat{h}$ kJ/kg	$\hat{s}$ kJ/kg K
sat	0.05707	2603.7	2803.4	6.1252
250	0.05873	2623.7	2829.2	6.1748
300	0.06842	2738.0	2977.5	6.4460
350	0.07678	2835.3	3104.0	6.6578
400	0.08453	2926.4	3222.2	6.8404
450	0.09196	3015.3	3337.2	7.0051
500	0.09918	3103.7	3450.9	7.1571
600	0.11324	3282.1	3678.4	7.4338
700	0.12699	3464.4	3908.8	7.6837
800	0.14056	3651.8	4143.8	7.9135
900	0.15402	3845.0	4384.1	8.1275
1000	0.16743	4044.1	4630.1	8.3288
1100	0.18080	4249.1	4881.9	8.5191
1200	0.19415	4459.8	5139.3	8.7000
1300	0.20749	4675.5	5401.7	8.8723

(계속)

표 B.4 과열 수증기

P = 4 Mpa

T °C	$\hat{v}$ m^3/kg	$\hat{u}$ kJ/kg	$\hat{h}$ kJ/kg	$\hat{s}$ kJ/kg K
sat	0.04978	2602.3	2801.4	6.0700
275	0.05457	2667.9	2886.2	6.2284
300	0.05884	2725.3	2960.7	6.3614
350	0.06645	2826.6	3092.4	6.5820
400	0.07341	2919.9	3213.5	6.7689
450	0.08003	3010.1	3330.2	6.9362
500	0.08643	3099.5	3445.2	7.0900
600	0.09885	3279.1	3674.4	7.3688
700	0.11095	3462.1	3905.9	7.6198
800	0.12287	3650.1	4141.6	7.8502
900	0.13469	3843.6	4382.3	8.0647
1000	0.14645	4042.9	4628.7	8.2661
1100	0.15817	4248.0	4880.6	8.4566
1200	0.16987	4458.6	5138.1	8.6376
1300	0.18156	4674.3	5400.5	8.8099

P = 4.5 Mpa

T °C	$\hat{v}$ m^3/kg	$\hat{u}$ kJ/kg	$\hat{h}$ kJ/kg	$\hat{s}$ kJ/kg K
sat	0.04406	2600.0	2798.3	6.0198
275	0.04730	2650.3	2863.1	6.1401
300	0.05135	2712.0	2943.1	6.2827
350	0.05840	2817.8	3080.6	6.5130
400	0.06475	2913.3	3204.7	6.7046
450	0.07074	3004.9	3323.2	6.8745
500	0.07651	3095.2	3439.5	7.0300
600	0.08765	3276.0	3670.5	7.3109
700	0.09847	3459.9	3903.0	7.5631
800	0.10911	3648.4	4139.4	7.7942
900	0.11965	3842.1	4380.6	8.0091
1000	0.13013	4041.6	4627.2	8.2108
1100	0.14056	4246.8	4879.3	8.4014
1200	0.15098	4457.4	5136.9	8.5824
1300	0.16139	4673.1	5399.4	8.7548

P = 5 Mpa

T °C	$\hat{v}$ m^3/kg	$\hat{u}$ kJ/kg	$\hat{h}$ kJ/kg	$\hat{s}$ kJ/kg K
sat	0.03944	2597.1	2794.3	5.9733
275	0.04141	2631.2	2838.3	6.0543
300	0.04532	2697.9	2924.5	6.2083
350	0.05194	2808.7	3068.4	6.4492
400	0.05781	2906.6	3195.6	6.6458
450	0.06330	2999.6	3316.1	6.8185
500	0.06857	3090.9	3433.8	6.9758
600	0.07869	3273.0	3666.5	7.2588
700	0.08849	3457.7	3900.1	7.5122
800	0.09811	3646.6	4137.2	7.7440
900	0.10762	3840.7	4378.8	7.9593
1000	0.11707	4040.3	4625.7	8.1612
1100	0.12648	4245.6	4878.0	8.3519
1200	0.13587	4456.3	5135.7	8.5330
1300	0.14526	4672.0	5398.2	8.7055

P = 6 MPa

T °C	$\hat{v}$ m^3/kg	$\hat{u}$ kJ/kg	$\hat{h}$ kJ/kg	$\hat{s}$ kJ/kg K
sat	0.03244	2589.7	2784.3	5.8891
300	0.03616	2667.2	2884.2	6.0673
350	0.04223	2789.6	3043.0	6.3334
400	0.04739	2892.8	3177.2	6.5407
450	0.05214	2988.9	3301.8	6.7192
500	0.05665	3082.2	3422.1	6.8802
550	0.06101	3174.6	3540.6	7.0287
600	0.06525	3266.9	3658.4	7.1676
700	0.07352	3453.2	3894.3	7.4234
800	0.08160	3643.1	4132.7	7.6566
900	0.08958	3837.8	4375.3	7.8727
1000	0.09749	4037.8	4622.7	8.0751
1100	0.10536	4243.3	4875.4	8.2661
1200	0.11321	4454.0	5133.3	8.4473
1300	0.12106	4669.6	5396.0	8.6199

P = 7 MPa

T °C	$\hat{v}$ m^3/kg	$\hat{u}$ kJ/kg	$\hat{h}$ kJ/kg	$\hat{s}$ kJ/kg K
sat	0.02737	2580.5	2772.1	5.8132
300	0.02947	2632.1	2838.4	5.9304
350	0.03524	2769.3	3016.0	6.2282
400	0.03993	2878.6	3158.1	6.4477
450	0.04416	2077.9	3287.0	6.6326
500	0.04814	3073.3	3410.3	6.7974
550	0.05195	3167.2	3530.9	6.9486
600	0.05565	3260.7	3650.3	7.0894
700	0.06283	3448.6	3888.4	7.3476
800	0.06981	3639.6	4128.3	7.5822
900	0.07669	3835.0	4371.8	7.7991
1000	0.08350	4035.3	4619.8	8.0020
1100	0.09027	4240.9	4872.8	8.1933
1200	0.09703	4451.7	5130.9	8.3747
1300	0.10377	4667.3	5393.7	8.5472

P = 8 MPa

T °C	$\hat{v}$ m^3/kg	$\hat{u}$ kJ/kg	$\hat{h}$ kJ/kg	$\hat{s}$ kJ/kg K
sat	0.02352	2569.8	2757.9	5.7431
300	0.02426	2590.9	2785.0	5.7905
350	0.02995	2747.7	2987.3	6.1300
400	0.03432	2863.8	3138.3	6.3633
450	0.03817	2966.7	3272.0	6.5550
500	0.04175	3064.3	3398.3	6.7239
550	0.04516	3159.8	3521.0	6.8778
600	0.04845	3254.4	3642.0	7.0205
700	0.05481	3444.0	3882.5	7.2812
800	0.06097	3636.1	4123.8	7.5173
900	0.06702	3832.1	4368.3	7.7350
1000	0.07301	4032.8	4616.9	7.9384
1100	0.07896	4238.6	4870.3	8.1299
1200	0.08489	4449.4	5128.5	8.3115
1300	0.09080	4665.0	5391.5	8.4842

P = 9 Mpa

T °C	$\hat{v}$ m³/kg	$\hat{u}$ kJ/kg	$\hat{h}$ kJ/kg	$\hat{s}$ kJ/kg K
sat	0.02048	2557.8	2742.1	5.6771
325	0.02327	2646.5	2855.9	5.8711
350	0.02580	2724.4	2956.5	6.0361
400	0.02993	2848.4	3117.8	6.2853
450	0.03350	2955.1	3256.6	6.4843
500	0.03677	3055.1	3386.1	6.6575
550	0.03987	3152.2	3511.0	6.8141
600	0.04285	3248.1	3633.7	6.9588
650	0.04574	3343.7	3755.3	7.0943
700	0.04857	3439.4	3876.5	7.2221
800	0.05409	3632.5	4119.4	7.4597
900	0.05950	3829.2	4364.7	7.6782
1000	0.06485	4030.3	4613.9	7.8821
1100	0.07016	4236.3	4867.7	8.0739
1200	0.07544	4447.2	5126.2	8.2556
1300	0.08072	4662.7	5389.2	8.4283

P = 10 Mpa

T °C	$\hat{v}$ m³/kg	$\hat{u}$ kJ/kg	$\hat{h}$ kJ/kg	$\hat{s}$ kJ/kg K
sat	0.01803	2544.4	2724.7	5.6140
325	0.01986	2610.4	2809.0	5.7568
350	0.02242	2699.2	2923.4	5.9442
400	0.02641	2832.4	3096.5	6.2119
450	0.02975	2943.3	3240.8	6.4189
500	0.03279	3045.8	3373.6	6.5965
550	0.03564	3144.5	3500.9	6.7561
600	0.03837	3241.7	3625.3	6.9028
650	0.04101	3338.2	3748.3	7.0397
700	0.04358	3434.7	3870.5	7.1687
800	0.04859	3629.0	4114.9	7.4077
900	0.05349	3826.3	4361.2	7.6272
1000	0.05832	4027.8	4611.0	7.8315
1100	0.06312	4234.0	4865.1	8.0236
1200	0.06789	4444.9	5123.8	8.2054
1300	0.07265	4660.4	5387.0	8.3783

P = 12.5 Mpa

T °C	$\hat{v}$ m³/kg	$\hat{u}$ kJ/kg	$\hat{h}$ kJ/kg	$\hat{s}$ kJ/kg K
sat	0.01350	2505.1	2673.8	5.4623
350	0.01613	2624.6	2826.2	5.7117
400	0.02000	2789.3	3039.3	6.0416
450	0.02299	2912.4	3199.8	6.2718
500	0.02560	3021.7	3341.7	6.4617
550	0.02801	3124.9	3475.1	6.6289
600	0.03029	3225.4	3604.0	6.7810
650	0.03248	3324.4	3730.4	6.9218
700	0.03460	3422.9	3855.4	7.0536
800	0.03869	3620.0	4103.7	7.2965
900	0.04267	3819.1	4352.5	7.5181
1000	0.04658	4021.6	4603.8	7.7237
1100	0.05045	4228.2	4858.8	7.9165
1200	0.05430	4439.3	5118.0	8.0987
1300	0.05813	4654.8	5381.4	8.2717

P = 15 Mpa

T °C	$\hat{v}$ m³/kg	$\hat{u}$ kJ/kg	$\hat{h}$ kJ/kg	$\hat{s}$ kJ/kg K
sat	.010338	2455.4	2610.5	5.3097
350	.011470	2520.4	2692.4	5.4420
400	.015649	2740.7	2975.4	5.8810
450	.018446	2879.5	3156.2	6.1403
500	.020800	2996.5	3308.5	6.3442
550	.022927	3104.7	3448.6	6.5198
600	.024911	3208.6	3582.3	6.6775
650	.026797	3310.4	3712.3	6.8223
700	.028612	3410.9	3840.1	6.9572
800	.032096	3611.0	4092.4	7.2040
900	.035457	3811.9	4343.8	7.4279
1000	.038748	4015.4	4596.6	7.6347
1100	.042001	4222.6	4852.6	7.8282
1200	.045233	4433.8	5112.3	8.0108
1300	.048455	4649.1	5375.9	8.1839

P = 17.5 Mpa

T °C	$\hat{v}$ m³/kg	$\hat{u}$ kJ/kg	$\hat{h}$ kJ/kg	$\hat{s}$ kJ/kg K
sat	.0079204	2390.2	2528.8	5.1418
400	.0124477	2685.0	2902.8	5.7212
450	.0151740	2844.2	3109.7	6.0182
500	.0173585	2970.3	3274.0	6.2382
550	.0192877	3083.8	3421.4	6.4229
600	.0210640	3191.5	3560.1	6.5866
650	.0227372	3296.0	3693.9	6.7356
700	.0243365	3398.8	3824.7	6.8736
800	.0273849	3601.9	4081.1	7.1245
900	.0303071	3804.7	4335.1	7.3507
1000	.0331580	4009.3	4589.5	7.5588
1100	.0359695	4216.9	4846.4	7.7530
1200	.0387605	4428.3	5106.6	7.9359
1300	.0415417	4643.5	5370.5	8.1093

P = 20 Mpa

T °C	$\hat{v}$ m³/kg	$\hat{u}$ kJ/kg	$\hat{h}$ kJ/kg	$\hat{s}$ kJ/kg K
sat	.0058342	2293.1	2409.7	4.9269
400	.0099423	2619.2	2818.1	5.5539
450	.0126953	2806.2	3060.1	5.9016
500	.0147683	2942.8	3238.2	6.1400
550	.0165553	3062.3	3393.5	6.3347
600	.0181781	3174.0	3537.6	6.5048
650	.0196929	3281.5	3675.3	6.6582
700	.0211311	3386.5	3809.1	6.7993
800	.0238532	3592.7	4069.8	7.0544
900	.0264463	3797.4	4326.4	7.2830
1000	.0289666	4003.1	4582.5	7.4925
1100	.0314471	4211.3	4840.2	7.6874
1200	.0339071	4422.8	5101.0	7.8706
1300	.0363574	4638.0	5365.1	8.0441

(계속)

표 B.4 과열 수증기

P = 25 MPa

T °C	$\hat{v}$ m³/kg	$\hat{u}$ kJ/kg	$\hat{h}$ kJ/kg	$\hat{s}$ kJ/kg K
375	.001973	1798.6	1847.9	4.0319
400	.006004	2430.1	2580.2	5.1418
450	.009162	2720.7	2949.7	5.6743
500	.011124	2884.3	3162.4	5.9592
550	.012724	3017.5	3335.6	6.1764
600	.014138	3137.9	3491.4	6.3602
650	.015433	3251.6	3637.5	6.5229
700	.016647	3361.4	3777.6	6.6707
800	.018913	3574.3	4047.1	6.9345
900	.021045	3783.0	4309.1	7.1679
1000	.023102	3990.9	4568.5	7.3801
1100	.025119	4200.2	4828.2	7.5765
1200	.027115	4412.0	5089.9	7.7604
1300	.029101	4626.9	5354.4	7.9342

P = 30 MPa

T °C	$\hat{v}$ m³/kg	$\hat{u}$ kJ/kg	$\hat{h}$ kJ/kg	$\hat{s}$ kJ/kg K
375	.001789	1737.8	1791.4	3.9303
400	.002790	2067.3	2151.0	4.4728
450	.006735	2619.3	2821.4	5.4423
500	.008679	2820.7	3081.0	5.7904
550	.010168	2970.3	3275.4	6.0342
600	.011446	3100.5	3443.9	6.2330
650	.012596	3221.0	3598.9	6.4057
700	.013661	3335.8	3745.7	6.5606
800	.015623	3555.6	4024.3	6.8332
900	.017448	3768.5	4291.9	7.0717
1000	.019196	3978.8	4554.7	7.2867
1100	.020903	4189.2	4816.3	7.4845
1200	.022589	4401.3	5079.0	7.6691
1300	.024266	4616.0	5344.0	7.8432

P = 35 MPa

T °C	$\hat{v}$ m³/kg	$\hat{u}$ kJ/kg	$\hat{h}$ kJ/kg	$\hat{s}$ kJ/kg K
375	.001700	1702.9	1762.4	3.8721
400	.002100	1914.0	1987.5	4.2124
450	.004962	2498.7	2672.4	5.1962
500	.006927	2751.9	2994.3	5.6281
550	.008345	2920.9	3213.0	5.9025
600	.009527	3062.0	3395.5	6.1178
650	.010575	3189.8	3559.9	6.3010
700	.011533	3309.9	3713.5	6.4631
800	.013278	3536.8	4001.5	6.7450
900	.014883	3754.0	4274.9	6.9886
1000	.016410	3966.7	4541.1	7.2063
1100	.017895	4178.3	4804.6	7.4056
1200	.019360	4390.7	5068.4	7.5910
1300	.020815	4605.1	5333.6	7.7652

P = 40 MPa

T °C	$\hat{v}$ m³/kg	$\hat{u}$ kJ/kg	$\hat{h}$ kJ/kg	$\hat{s}$ kJ/kg K
375	.0016406	1677.1	1742.7	3.8289
400	.0019017	1854.5	1930.8	4.1134
450	.0036931	2365.1	2512.8	4.9459
500	.0056225	2678.4	2903.3	5.4699
600	.0080943	3022.6	3346.4	6.0113
700	.0099415	3283.6	3681.3	6.3750
800	.0115228	3517.9	3978.8	6.6662
900	.0129626	3739.4	4257.9	6.9150
1000	.0143238	3954.6	4527.6	7.1356
1100	.0156426	4167.4	4793.1	7.3364
1200	.0169403	4380.1	5057.7	7.5224
1300	.0182292	4594.3	5323.5	7.6969

P = 50 MPa

T °C	$\hat{v}$ m³/kg	$\hat{u}$ kJ/kg	$\hat{h}$ kJ/kg	$\hat{s}$ kJ/kg K
375	.0015593	1638.6	1716.5	3.7638
400	.0017309	1788.0	1874.6	4.0030
450	.0024862	2159.6	2283.9	4.5883
500	.0038924	2525.5	2720.1	5.1725
600	.0061123	2942.0	3247.6	5.8177
700	.0077274	3230.5	3616.9	6.2189
800	.0090761	3479.8	3933.6	6.5290
900	.0102831	3710.3	4224.4	6.7882
1000	.0114113	3930.5	4501.1	7.0146
1100	.0124966	4145.7	4770.6	7.2183
1200	.0135606	4359.1	5037.2	7.4058
1300	.0146159	4572.8	5303.6	7.5807

P = 60 MPa

T °C	$\hat{v}$ m³/kg	$\hat{u}$ kJ/kg	$\hat{h}$ kJ/kg	$\hat{s}$ kJ/kg K
375	.0015027	1609.3	1699.5	3.7140
400	.0016335	1745.3	1843.4	3.9317
450	.0020850	2053.9	2179.0	4.4119
500	.0029557	2390.5	2567.9	4.9320
600	.0048345	2861.1	3151.2	5.6451
700	.0062719	3177.3	3553.6	6.0824
800	.0074588	3441.6	3889.1	6.4110
900	.0085083	3681.0	4191.5	6.6805
1000	.0094800	3906.4	4475.2	6.9126
1100	.0104091	4124.1	4748.6	7.1194
1200	.0113167	4338.2	5017.2	7.3082
1300	.0122155	4551.4	5284.3	7.4837

표 B.5 과냉 액체 상태의 물

$P = 5$ MPa

T °C	$\hat{v}$ m³/kg	$\hat{u}$ kJ/kg	$\hat{h}$ kJ/kg	$\hat{s}$ kJ/kg K
0	.0009977	0.03	5.02	0.0001
20	.0009995	83.64	88.64	0.2955
40	.0010056	166.93	171.95	0.5705
60	.0010149	250.21	255.28	0.8284
80	.0010268	333.69	338.83	1.0719
100	.0010410	417.50	422.71	1.3030
120	.0010576	501.79	507.07	1.5232
140	.0010768	586.74	592.13	1.7342
160	.0010988	672.61	678.10	1.9374
180	.0011240	759.62	765.24	2.1341
200	.0011530	848.08	853.85	2.3254
220	.0011866	938.43	944.36	2.5128
240	.0012264	1031.34	1037.47	2.6978
260	.0012748	1127.92	1134.30	2.8829

$P = 10$ MPa

T °C	$\hat{v}$ m³/kg	$\hat{u}$ kJ/kg	$\hat{h}$ kJ/kg	$\hat{s}$ kJ/kg K
0	.0009952	0.10	10.05	0.0003
20	.0009972	83.35	93.32	0.2945
40	.0010034	166.33	176.36	0.5685
60	.0010127	249.34	259.47	0.8258
80	.0010245	332.56	342.81	1.0687
100	.0010385	416.09	426.48	1.2992
120	.0010549	500.07	510.61	1.5188
140	.0010737	584.67	595.40	1.7291
160	.0010953	670.11	681.07	1.9316
180	.0011199	756.63	767.83	2.1274
200	.0011480	844.49	855.97	2.3178
220	.0011805	934.07	945.88	2.5038
240	.0012187	1025.94	1038.13	2.6872
260	.0012645	1121.03	1133.68	2.8698
280	.0013216	1220.90	1234.11	3.0547
300	.0013972	1328.34	1342.31	3.2468

$P = 15$ MPa

T °C	$\hat{v}$ m³/kg	$\hat{u}$ kJ/kg	$\hat{h}$ kJ/kg	$\hat{s}$ kJ/kg K
0	.0009928	0.15	15.04	0.0004
20	.0009950	83.05	97.97	0.2934
40	.0010013	165.73	180.75	0.5665
60	.0010105	248.49	263.65	0.8231
80	.0010222	331.46	346.79	1.0655
100	.0010361	414.72	430.26	1.2954
120	.0010522	498.39	514.17	1.5144
140	.0010707	582.64	598.70	1.7241
160	.0010918	667.69	684.07	1.9259
180	.0011159	753.74	770.48	2.1209
200	.0011433	841.04	858.18	2.3103
220	.0011748	929.89	947.52	2.4952
240	.0012114	1020.82	1038.99	2.6770
260	.0012550	1114.59	1133.41	2.8575
280	.0013084	1212.47	1232.09	3.0392
300	.0013770	1316.58	1337.23	3.2259
320	.0014724	1431.05	1453.13	3.4246
340	.0016311	1567.42	1591.88	3.6545

$P = 20$ MPa

T °C	$\hat{v}$ m³/kg	$\hat{u}$ kJ/kg	$\hat{h}$ kJ/kg	$\hat{s}$ kJ/kg K
0	.0009904	0.20	20.00	0.0004
20	.0009928	82.75	102.61	0.2922
40	.0009992	165.15	185.14	0.5646
60	.0010084	247.66	267.82	0.8205
80	.0010199	330.38	350.78	1.0623
100	.0010337	413.37	434.04	1.2917
120	.0010496	496.75	517.74	1.5101
140	.0010678	580.67	602.03	1.7192
160	.0010885	665.34	687.11	1.9203
180	.0011120	750.94	773.18	2.1146
200	.0011387	837.70	860.47	2.3031
220	.0011693	925.89	949.27	2.4869
240	.0012046	1015.94	1040.04	2.6673
260	.0012462	1108.53	1133.45	2.8459
280	.0012965	1204.69	1230.62	3.0248
300	.0013596	1306.10	1333.29	3.2071
320	.0014437	1415.66	1444.53	3.3978
340	.0015683	1539.64	1571.01	3.6074
360	.0018226	1702.78	1739.23	3.8770

$P = 30$ MPa

T °C	$\hat{v}$ m³/kg	$\hat{u}$ kJ/kg	$\hat{h}$ kJ/kg	$\hat{s}$ kJ/kg K
0	.0009856	0.25	29.82	0.0001
20	.0009886	82.16	111.82	0.2898
40	.0009951	164.01	193.87	0.5606
60	.0010042	246.03	276.16	0.8153
80	.0010156	328.28	358.75	1.0561
100	.0010290	410.76	441.63	1.2844
120	.0010445	493.58	524.91	1.5017
140	.0010621	576.86	608.73	1.7097
160	.0010821	660.81	693.27	1.9095
180	.0011047	745.57	778.71	2.1024
200	.0011302	831.34	865.24	2.2892
220	.0011590	918.32	953.09	2.4710
240	.0011920	1006.84	1042.60	2.6489
260	.0012303	1097.38	1134.29	2.8242
280	.0012755	1190.69	1228.96	2.9985
300	.0013304	1287.89	1327.80	3.1740
320	.0013997	1390.64	1432.63	3.3538
340	.0014919	1501.71	1546.47	3.5425
360	.0016265	1626.57	1675.36	3.7492
380	.0018691	1781.35	1837.43	4.0010

$P = 50$ MPa

T °C	$\hat{v}$ m³/kg	$\hat{u}$ kJ/kg	$\hat{h}$ kJ/kg	$\hat{s}$ kJ/kg K
0	.0009766	0.20	49.03	−0.0014
20	.0009804	80.98	130.00	0.2847
40	.0009872	161.84	211.20	0.5526
60	.0009962	242.96	292.77	0.8051
80	.0010073	324.32	374.68	1.0439
100	.0010201	405.86	456.87	1.2703
120	.0010348	487.63	539.37	1.4857
140	.0010515	569.76	622.33	1.6915
160	.0010703	652.39	705.91	1.8890
180	.0010912	735.68	790.24	2.0793
200	.0011146	819.73	875.46	2.2634
220	.0011408	904.67	961.71	2.4419
240	.0011702	990.69	1049.20	2.6158
260	.0012034	1078.06	1138.23	2.7860
280	.0012415	1167.19	1229.26	2.9536
300	.0012860	1258.66	1322.95	3.1200
320	.0013388	1353.23	1420.17	3.2867
340	.0014032	1451.91	1522.07	3.4556
360	.0014838	1555.97	1630.16	3.6290
380	.0015883	1667.13	1746.54	3.8100

부록 C

Lee–Kesler 일반 상관관계표[1]

Lee–Kesler Generalized Correlation Tables

표 C.1 $z^{(0)}$의 값

T_r	P_r 0.01	0.025	0.05	0.075	0.1	0.25	0.5	0.6	0.7	0.8	0.9	1	1.1
0.3	0.0029	0.0072	0.0145	0.0217	0.0290	0.0724	0.1447	0.1737	0.2026	0.2315	0.2604	0.2892	0.3181
0.35	0.0026	0.0065	0.0130	0.0196	0.0261	0.0652	0.1303	0.1564	0.1824	0.2084	0.2344	0.2604	0.2863
0.4	0.0024	0.0060	0.0119	0.0179	0.0239	0.0596	0.1191	0.1429	0.1667	0.1904	0.2142	0.2379	0.2616
0.45	0.0022	0.0055	0.0110	0.0166	0.0221	0.0552	0.1102	0.1322	0.1542	0.1762	0.1981	0.2200	0.2420
0.5	0.0021	0.0052	0.0103	0.0155	0.0207	0.0516	0.1031	0.1236	0.1441	0.1647	0.1851	0.2056	0.2261
0.55	0.9804	0.0049	0.0098	0.0146	0.0195	0.0487	0.0972	0.1166	0.1360	0.1553	0.1746	0.1939	0.2131
0.6	0.9849	0.9614	0.0093	0.0139	0.0186	0.0463	0.0925	0.1109	0.1293	0.1476	0.1660	0.1842	0.2025
0.65	0.9881	0.9697	0.9377	0.0134	0.0178	0.0445	0.0887	0.1063	0.1239	0.1415	0.1590	0.1765	0.1939
0.7	0.9904	0.9757	0.9504	0.9238	0.8958	0.0430	0.0857	0.1027	0.1197	0.1366	0.1535	0.1703	0.1871
0.75	0.9922	0.9802	0.9598	0.9386	0.9165	0.0420	0.0836	0.1001	0.1166	0.1330	0.1493	0.1656	0.1819
0.8	0.9935	0.9837	0.9669	0.9497	0.9319	0.8093	0.0823	0.0985	0.1147	0.1307	0.1467	0.1626	0.1784
0.85	0.9946	0.9864	0.9725	0.9582	0.9436	0.8465	0.0823	0.0983	0.1143	0.1301	0.1458	0.1614	0.1769
0.9	0.9954	0.9885	0.9768	0.9649	0.9528	0.8739	0.7019	0.1006	0.1164	0.1321	0.1476	0.1630	0.1783
0.93	0.9959	0.9896	0.9790	0.9683	0.9573	0.8871	0.7420	0.6635	0.1204	0.1359	0.1512	0.1664	0.1814
0.95	0.9961	0.9902	0.9803	0.9703	0.9600	0.8948	0.7637	0.6967	0.6107	0.1410	0.1557	0.1705	0.1852
0.97	0.9963	0.9908	0.9815	0.9721	0.9625	0.9018	0.7825	0.7240	0.6538	0.5580	0.1648	0.1779	0.1916
0.98	0.9965	0.9911	0.9821	0.9730	0.9637	0.9051	0.7910	0.7360	0.6714	0.5887	0.1748	0.1844	0.1966
0.99	0.9966	0.9914	0.9826	0.9738	0.9648	0.9082	0.7990	0.7471	0.6873	0.6138	0.5070	0.1959	0.2041
1	0.9967	0.9916	0.9832	0.9746	0.9659	0.9112	0.8065	0.7574	0.7017	0.6353	0.5477	0.2918	0.2167
1.01	0.9968	0.9919	0.9837	0.9754	0.9669	0.9141	0.8136	0.7671	0.7149	0.6542	0.5785	0.4648	0.2486
1.02	0.9969	0.9921	0.9842	0.9761	0.9679	0.9168	0.8204	0.7761	0.7271	0.6710	0.6038	0.5146	0.3597
1.03	0.9969	0.9924	0.9846	0.9768	0.9689	0.9194	0.8267	0.7846	0.7383	0.6863	0.6256	0.5501	0.4439
1.05	0.9971	0.9928	0.9855	0.9781	0.9707	0.9243	0.8385	0.8002	0.7586	0.7130	0.6618	0.6026	0.5312
1.1	0.9975	0.9937	0.9874	0.9811	0.9747	0.9350	0.8634	0.8323	0.7996	0.7649	0.7278	0.6880	0.6449
1.15	0.9978	0.9945	0.9891	0.9835	0.9780	0.9438	0.8833	0.8576	0.8309	0.8032	0.7744	0.7443	0.7129
1.2	0.9981	0.9952	0.9904	0.9856	0.9808	0.9511	0.8994	0.8779	0.8557	0.8330	0.8097	0.7858	0.7613
1.3	0.9985	0.9963	0.9926	0.9889	0.9852	0.9626	0.9240	0.9083	0.8924	0.8764	0.8602	0.8438	0.8275
1.4	0.9988	0.9971	0.9942	0.9913	0.9884	0.9710	0.9416	0.9298	0.9180	0.9062	0.8945	0.8827	0.8710
1.5	0.9991	0.9977	0.9954	0.9932	0.9909	0.9772	0.9546	0.9456	0.9367	0.9278	0.9190	0.9103	0.9018
1.6	0.9993	0.9982	0.9964	0.9946	0.9928	0.9820	0.9644	0.9575	0.9507	0.9439	0.9373	0.9308	0.9243
1.7	0.9994	0.9986	0.9971	0.9957	0.9943	0.9858	0.9721	0.9667	0.9614	0.9563	0.9512	0.9463	0.9414
1.8	0.9995	0.9989	0.9977	0.9966	0.9955	0.9888	0.9780	0.9739	0.9698	0.9659	0.9620	0.9583	0.9546
1.9	0.9996	0.9991	0.9982	0.9973	0.9964	0.9912	0.9828	0.9796	0.9765	0.9735	0.9706	0.9678	0.9650
2	0.9997	0.9993	0.9986	0.9979	0.9972	0.9931	0.9866	0.9842	0.9819	0.9796	0.9774	0.9754	0.9734
2.25	0.9999	0.9996	0.9993	0.9989	0.9986	0.9965	0.9935	0.9924	0.9913	0.9904	0.9895	0.9887	0.9879
2.5	0.9999	0.9999	0.9997	0.9996	0.9994	0.9987	0.9977	0.9975	0.9972	0.9971	0.9970	0.9969	0.9969
2.75	1.0000	1.0000	1.0000	1.0000	1.0000	1.0001	1.0005	1.0008	1.0011	1.0014	1.0018	1.0022	1.0027
3	1.0000	1.0001	1.0002	1.0003	1.0004	1.0011	1.0024	1.0030	1.0036	1.0043	1.0050	1.0057	1.0065
3.5	1.0001	1.0002	1.0004	1.0006	1.0008	1.0022	1.0045	1.0055	1.0065	1.0075	1.0086	1.0097	1.0108
4	1.0001	1.0003	1.0005	1.0008	1.0010	1.0027	1.0055	1.0066	1.0078	1.0090	1.0102	1.0115	1.0127
5	1.0001	1.0003	1.0006	1.0009	1.0012	1.0030	1.0060	1.0073	1.0085	1.0098	1.0111	1.0124	1.0137

1. 책의 소프트웨어에 의해 계산됨.

표 C.1 $z^{(0)}$의 값

T_r	P_r 1.2	1.3	1.4	1.5	1.75	2	2.5	3	4	5	7.5	10
0.3	0.3470	0.3758	0.4047	0.4335	0.5055	0.5775	0.7213	0.8648	1.1512	1.4366	2.1463	2.8507
0.35	0.3123	0.3382	0.3642	0.3901	0.4549	0.5195	0.6487	0.7775	1.0344	1.2902	1.9251	2.5539
0.4	0.2853	0.3090	0.3327	0.3563	0.4154	0.4744	0.5921	0.7095	0.9433	1.1758	1.7519	2.3211
0.45	0.2638	0.2857	0.3076	0.3294	0.3840	0.4384	0.5470	0.6551	0.8704	1.0841	1.6128	2.1338
0.5	0.2465	0.2669	0.2873	0.3077	0.3585	0.4092	0.5103	0.6110	0.8110	1.0094	1.4989	1.9801
0.55	0.2323	0.2515	0.2707	0.2899	0.3377	0.3853	0.4803	0.5747	0.7620	0.9475	1.4042	1.8520
0.6	0.2207	0.2390	0.2571	0.2753	0.3206	0.3657	0.4554	0.5446	0.7213	0.8959	1.3247	1.7440
0.65	0.2113	0.2287	0.2461	0.2634	0.3065	0.3495	0.4349	0.5197	0.6872	0.8526	1.2573	1.6519
0.7	0.2038	0.2205	0.2372	0.2538	0.2952	0.3364	0.4181	0.4991	0.6588	0.8161	1.1999	1.5729
0.75	0.1981	0.2142	0.2303	0.2464	0.2863	0.3260	0.4046	0.4823	0.6352	0.7854	1.1508	1.5047
0.8	0.1942	0.2099	0.2255	0.2411	0.2798	0.3182	0.3942	0.4690	0.6160	0.7598	1.1087	1.4456
0.85	0.1924	0.2077	0.2230	0.2382	0.2759	0.3132	0.3868	0.4591	0.6007	0.7388	1.0727	1.3943
0.9	0.1935	0.2085	0.2235	0.2383	0.2751	0.3114	0.3828	0.4527	0.5892	0.7220	1.0421	1.3496
0.93	0.1963	0.2112	0.2259	0.2405	0.2766	0.3122	0.3822	0.4507	0.5841	0.7138	1.0261	1.3257
0.95	0.1998	0.2144	0.2288	0.2432	0.2787	0.3138	0.3827	0.4501	0.5815	0.7092	1.0164	1.3108
0.97	0.2055	0.2195	0.2334	0.2474	0.2821	0.3164	0.3841	0.4504	0.5796	0.7052	1.0073	1.2968
0.98	0.2097	0.2231	0.2366	0.2503	0.2843	0.3182	0.3851	0.4508	0.5789	0.7035	1.0030	1.2901
0.99	0.2154	0.2278	0.2407	0.2538	0.2871	0.3204	0.3864	0.4514	0.5784	0.7018	0.9989	1.2835
1	0.2237	0.2342	0.2459	0.2583	0.2904	0.3229	0.3880	0.4522	0.5780	0.7004	0.9949	1.2772
1.01	0.2370	0.2432	0.2529	0.2640	0.2944	0.3260	0.3899	0.4533	0.5778	0.6991	0.9912	1.2710
1.02	0.2629	0.2568	0.2624	0.2715	0.2993	0.3297	0.3921	0.4547	0.5778	0.6980	0.9875	1.2650
1.03	0.3168	0.2793	0.2760	0.2813	0.3053	0.3340	0.3948	0.4563	0.5780	0.6970	0.9841	1.2592
1.05	0.4437	0.3630	0.3246	0.3131	0.3219	0.3452	0.4014	0.4604	0.5790	0.6956	0.9776	1.2481
1.1	0.5984	0.5492	0.5003	0.4580	0.4026	0.3953	0.4277	0.4770	0.5851	0.6950	0.9639	1.2232
1.15	0.6803	0.6468	0.6129	0.5798	0.5116	0.4760	0.4718	0.5042	0.5972	0.6987	0.9538	1.2021
1.2	0.7363	0.7110	0.6856	0.6605	0.6029	0.5605	0.5295	0.5425	0.6155	0.7069	0.9471	1.1844
1.3	0.8111	0.7947	0.7784	0.7624	0.7243	0.6908	0.6467	0.6344	0.6681	0.7358	0.9427	1.1580
1.4	0.8595	0.8480	0.8367	0.8256	0.7992	0.7753	0.7387	0.7202	0.7299	0.7761	0.9486	1.1419
1.5	0.8933	0.8850	0.8768	0.8689	0.8499	0.8328	0.8052	0.7887	0.7884	0.8200	0.9619	1.1339
1.6	0.9180	0.9119	0.9059	0.9000	0.8863	0.8738	0.8537	0.8410	0.8386	0.8617	0.9795	1.1320
1.7	0.9367	0.9321	0.9277	0.9234	0.9133	0.9043	0.8899	0.8809	0.8798	0.8984	0.9986	1.1343
1.8	0.9511	0.9477	0.9444	0.9413	0.9339	0.9275	0.9176	0.9118	0.9129	0.9297	1.0174	1.1391
1.9	0.9624	0.9599	0.9575	0.9552	0.9500	0.9456	0.9391	0.9359	0.9396	0.9557	1.0348	1.1452
2	0.9715	0.9697	0.9680	0.9664	0.9628	0.9599	0.9561	0.9550	0.9611	0.9772	1.0503	1.1516
2.25	0.9873	0.9867	0.9861	0.9857	0.9849	0.9846	0.9854	0.9880	0.9986	1.0157	1.0805	1.1661
2.5	0.9970	0.9971	0.9973	0.9976	0.9984	0.9996	1.0031	1.0080	1.0215	1.0395	1.1003	1.1763
2.75	1.0033	1.0038	1.0045	1.0051	1.0070	1.0092	1.0143	1.0205	1.0357	1.0543	1.1125	1.1823
3	1.0074	1.0082	1.0091	1.0101	1.0126	1.0153	1.0215	1.0284	1.0446	1.0635	1.1196	1.1848
3.5	1.0120	1.0131	1.0143	1.0156	1.0187	1.0221	1.0292	1.0368	1.0537	1.0723	1.1249	1.1834
4	1.0140	1.0153	1.0166	1.0179	1.0214	1.0249	1.0323	1.0401	1.0567	1.0747	1.1239	1.1773
5	1.0150	1.0163	1.0176	1.0190	1.0224	1.0259	1.0331	1.0405	1.0559	1.0722	1.1153	1.1611

표 C.2 $Z^{(1)}$의 값

T_r	P_r 0.01	0.025	0.05	0.075	0.1	0.25	0.5	0.6	0.7	0.8	0.9	1	1.1
0.3	−0.0008	−0.0020	−0.0040	−0.0061	−0.0081	−0.0202	−0.0403	−0.0484	−0.0564	−0.0645	−0.0725	−0.0806	−0.0886
0.35	−0.0009	−0.0023	−0.0046	−0.0069	−0.0093	−0.0231	−0.0462	−0.0554	−0.0646	−0.0738	−0.0830	−0.0921	−0.1013
0.4	−0.0010	−0.0024	−0.0048	−0.0071	−0.0095	−0.0238	−0.0475	−0.0570	−0.0664	−0.0758	−0.0852	−0.0946	−0.1040
0.45	−0.0009	−0.0023	−0.0047	−0.0070	−0.0094	−0.0234	−0.0467	−0.0560	−0.0652	−0.0745	−0.0837	−0.0929	−0.1021
0.5	−0.0009	−0.0023	−0.0045	−0.0068	−0.0090	−0.0226	−0.0450	−0.0539	−0.0628	−0.0716	−0.0805	−0.0893	−0.0981
0.55	−0.0314	−0.0022	−0.0043	−0.0065	−0.0086	−0.0215	−0.0428	−0.0513	−0.0598	−0.0682	−0.0766	−0.0849	−0.0932
0.6	−0.0205	−0.0543	−0.0041	−0.0062	−0.0082	−0.0204	−0.0406	−0.0487	−0.0566	−0.0646	−0.0725	−0.0803	−0.0882
0.65	−0.0137	−0.0357	−0.0772	−0.0059	−0.0078	−0.0194	−0.0385	−0.0461	−0.0536	−0.0611	−0.0685	−0.0759	−0.0833
0.7	−0.0093	−0.0240	−0.0507	−0.0809	−0.1161	−0.0185	−0.0366	−0.0438	−0.0509	−0.0579	−0.0649	−0.0718	−0.0787
0.75	−0.0064	−0.0163	−0.0339	−0.0531	−0.0744	−0.0178	−0.0350	−0.0417	−0.0484	−0.0550	−0.0616	−0.0681	−0.0745
0.8	−0.0044	−0.0111	−0.0228	−0.0353	−0.0487	−0.1650	−0.0337	−0.0401	−0.0464	−0.0526	−0.0588	−0.0648	−0.0708
0.85	−0.0029	−0.0075	−0.0152	−0.0234	−0.0319	−0.0963	−0.0331	−0.0391	−0.0451	−0.0509	−0.0566	−0.0622	−0.0677
0.9	−0.0019	−0.0049	−0.0099	−0.0151	−0.0205	−0.0577	−0.1777	−0.0396	−0.0451	−0.0503	−0.0554	−0.0604	−0.0653
0.93	−0.0015	−0.0037	−0.0075	−0.0114	−0.0154	−0.0420	−0.1088	−0.1662	−0.0469	−0.0514	−0.0558	−0.0602	−0.0645
0.95	−0.0012	−0.0031	−0.0062	−0.0093	−0.0126	−0.0336	−0.0805	−0.1110	−0.1747	−0.0540	−0.0572	−0.0607	−0.0642
0.97	−0.0010	−0.0025	−0.0050	−0.0075	−0.0101	−0.0264	−0.0594	−0.0770	−0.1023	−0.1647	−0.0616	−0.0623	−0.0643
0.98	−0.0009	−0.0022	−0.0044	−0.0067	−0.0090	−0.0233	−0.0507	−0.0641	−0.0812	−0.1100	−0.0690	−0.0641	−0.0644
0.99	−0.0008	−0.0020	−0.0039	−0.0059	−0.0079	−0.0203	−0.0429	−0.0531	−0.0646	−0.0796	−0.1143	−0.0680	−0.0641
1	−0.0007	−0.0017	−0.0034	−0.0052	−0.0069	−0.0176	−0.0360	−0.0435	−0.0511	−0.0588	−0.0665	−0.0789	−0.0607
1.01	−0.0006	−0.0015	−0.0030	−0.0045	−0.0060	−0.0151	−0.0297	−0.0351	−0.0398	−0.0429	−0.0421	−0.0223	0.0082
1.02	−0.0005	−0.0013	−0.0026	−0.0039	−0.0051	−0.0127	−0.0241	−0.0277	−0.0301	−0.0303	−0.0256	−0.0062	0.0895
1.03	−0.0004	−0.0011	−0.0022	−0.0033	−0.0043	−0.0105	−0.0190	−0.0211	−0.0217	−0.0198	−0.0130	0.0053	0.0588
1.05	−0.0003	−0.0007	−0.0015	−0.0022	−0.0029	−0.0066	−0.0100	−0.0097	−0.0078	−0.0032	0.0056	0.0220	0.0528
1.1	0.0000	0.0000	0.0000	0.0001	0.0001	0.0012	0.0066	0.0106	0.0161	0.0236	0.0338	0.0476	0.0659
1.15	0.0002	0.0005	0.0011	0.0017	0.0023	0.0068	0.0177	0.0237	0.0309	0.0396	0.0500	0.0625	0.0772
1.2	0.0004	0.0009	0.0019	0.0029	0.0040	0.0108	0.0254	0.0326	0.0407	0.0499	0.0603	0.0719	0.0848
1.3	0.0006	0.0015	0.0030	0.0045	0.0061	0.0159	0.0345	0.0429	0.0518	0.0612	0.0713	0.0819	0.0931
1.4	0.0007	0.0018	0.0036	0.0054	0.0072	0.0185	0.0390	0.0477	0.0567	0.0661	0.0757	0.0857	0.0959
1.5	0.0008	0.0019	0.0039	0.0058	0.0078	0.0198	0.0409	0.0497	0.0586	0.0677	0.0770	0.0864	0.0959
1.6	0.0008	0.0020	0.0040	0.0060	0.0080	0.0204	0.0415	0.0501	0.0589	0.0677	0.0766	0.0855	0.0945
1.7	0.0008	0.0020	0.0040	0.0061	0.0081	0.0204	0.0413	0.0497	0.0582	0.0667	0.0752	0.0838	0.0923
1.8	0.0008	0.0020	0.0040	0.0060	0.0081	0.0202	0.0406	0.0488	0.0570	0.0652	0.0734	0.0816	0.0897
1.9	0.0008	0.0020	0.0040	0.0059	0.0079	0.0199	0.0397	0.0477	0.0556	0.0635	0.0714	0.0792	0.0870
2	0.0008	0.0019	0.0039	0.0058	0.0078	0.0194	0.0387	0.0464	0.0541	0.0617	0.0692	0.0767	0.0842
2.25	0.0007	0.0018	0.0036	0.0055	0.0073	0.0181	0.0360	0.0431	0.0501	0.0570	0.0640	0.0708	0.0776
2.5	0.0007	0.0017	0.0034	0.0051	0.0068	0.0168	0.0334	0.0399	0.0464	0.0528	0.0591	0.0654	0.0716
2.75	0.0006	0.0016	0.0032	0.0047	0.0063	0.0156	0.0310	0.0370	0.0430	0.0490	0.0548	0.0607	0.0664
3	0.0006	0.0015	0.0029	0.0044	0.0059	0.0146	0.0289	0.0345	0.0401	0.0456	0.0511	0.0565	0.0619
3.5	0.0005	0.0013	0.0026	0.0039	0.0052	0.0128	0.0254	0.0303	0.0352	0.0401	0.0449	0.0497	0.0544
4	0.0005	0.0012	0.0023	0.0034	0.0046	0.0114	0.0226	0.0270	0.0314	0.0357	0.0400	0.0443	0.0485
5	0.0004	0.0009	0.0019	0.0028	0.0038	0.0094	0.0186	0.0222	0.0258	0.0294	0.0329	0.0365	0.0400

T_r	P_r 1.2	1.3	1.4	1.5	1.75	2	2.5	3	4	5	7.5	10
0.3	−0.0966	−0.1047	−0.1127	−0.1207	−0.1408	−0.1608	−0.2008	−0.2407	−0.3203	−0.3996	−0.5965	−0.7915
0.35	−0.1105	−0.1196	−0.1287	−0.1379	−0.1607	−0.1834	−0.2287	−0.2738	−0.3634	−0.4523	−0.6713	−0.8863
0.4	−0.1134	−0.1228	−0.1321	−0.1414	−0.1647	−0.1879	−0.2341	−0.2799	−0.3707	−0.4603	−0.6799	−0.8936
0.45	−0.1113	−0.1204	−0.1296	−0.1387	−0.1614	−0.1840	−0.2289	−0.2734	−0.3612	−0.4475	−0.6577	−0.8606
0.5	−0.1069	−0.1156	−0.1243	−0.1330	−0.1547	−0.1762	−0.2189	−0.2611	−0.3440	−0.4253	−0.6216	−0.8099
0.55	−0.1015	−0.1098	−0.1180	−0.1263	−0.1467	−0.1669	−0.2070	−0.2465	−0.3238	−0.3991	−0.5800	−0.7521
0.6	−0.0960	−0.1037	−0.1115	−0.1192	−0.1383	−0.1572	−0.1945	−0.2312	−0.3026	−0.3718	−0.5369	−0.6929
0.65	−0.0906	−0.0978	−0.1051	−0.1123	−0.1301	−0.1476	−0.1822	−0.2160	−0.2816	−0.3447	−0.4943	−0.6346
0.7	−0.0855	−0.0923	−0.0990	−0.1057	−0.1222	−0.1385	−0.1703	−0.2013	−0.2611	−0.3184	−0.4531	−0.5785
0.75	−0.0808	−0.0871	−0.0934	−0.0996	−0.1149	−0.1298	−0.1590	−0.1872	−0.2414	−0.2929	−0.4134	−0.5250
0.8	−0.0767	−0.0825	−0.0883	−0.0940	−0.1080	−0.1217	−0.1481	−0.1736	−0.2222	−0.2682	−0.3752	−0.4740
0.85	−0.0731	−0.0784	−0.0837	−0.0888	−0.1015	−0.1138	−0.1375	−0.1602	−0.2032	−0.2439	−0.3383	−0.4254
0.9	−0.0701	−0.0748	−0.0795	−0.0840	−0.0951	−0.1059	−0.1265	−0.1463	−0.1839	−0.2195	−0.3022	−0.3788
0.93	−0.0687	−0.0729	−0.0770	−0.0810	−0.0910	−0.1007	−0.1194	−0.1374	−0.1718	−0.2045	−0.2808	−0.3516
0.95	−0.0678	−0.0715	−0.0751	−0.0788	−0.0878	−0.0967	−0.1141	−0.1310	−0.1634	−0.1943	−0.2666	−0.3339
0.97	−0.0669	−0.0698	−0.0728	−0.0759	−0.0840	−0.0921	−0.1082	−0.1240	−0.1545	−0.1837	−0.2524	−0.3163
0.98	−0.0661	−0.0685	−0.0712	−0.0740	−0.0816	−0.0893	−0.1049	−0.1202	−0.1499	−0.1783	−0.2452	−0.3075
0.99	−0.0646	−0.0665	−0.0688	−0.0715	−0.0787	−0.0861	−0.1013	−0.1162	−0.1451	−0.1728	−0.2381	−0.2989
1	−0.0609	−0.0628	−0.0652	−0.0678	−0.0750	−0.0824	−0.0972	−0.1118	−0.1401	−0.1672	−0.2309	−0.2902
1.01	−0.0473	−0.0545	−0.0586	−0.0621	−0.0702	−0.0778	−0.0927	−0.1072	−0.1349	−0.1615	−0.2237	−0.2816
1.02	0.0227	−0.0310	−0.0452	−0.0524	−0.0635	−0.0722	−0.0876	−0.1021	−0.1295	−0.1556	−0.2165	−0.2731
1.03	0.1159	0.0318	−0.0152	−0.0343	−0.0540	−0.0649	−0.0818	−0.0966	−0.1239	−0.1495	−0.2092	−0.2646
1.05	0.1059	0.1357	0.0951	0.0451	−0.0195	−0.0432	−0.0671	−0.0838	−0.1118	−0.1370	−0.1946	−0.2476
1.1	0.0897	0.1185	0.1468	0.1630	0.1300	0.0698	−0.0033	−0.0373	−0.0751	−0.1021	−0.1572	−0.2056
1.15	0.0943	0.1137	0.1345	0.1548	0.1835	0.1667	0.0906	0.0332	−0.0272	−0.0611	−0.1185	−0.1642
1.2	0.0991	0.1146	0.1310	0.1477	0.1840	0.1990	0.1651	0.1095	0.0304	−0.0141	−0.0782	−0.1231
1.3	0.1048	0.1169	0.1294	0.1420	0.1729	0.1991	0.2223	0.2079	0.1435	0.0875	0.0053	−0.0423
1.4	0.1063	0.1169	0.1276	0.1383	0.1648	0.1894	0.2259	0.2397	0.2171	0.1737	0.0870	0.0350
1.5	0.1055	0.1152	0.1248	0.1345	0.1582	0.1806	0.2186	0.2433	0.2525	0.2309	0.1584	0.1058
1.6	0.1035	0.1124	0.1214	0.1303	0.1521	0.1729	0.2098	0.2381	0.2654	0.2631	0.2147	0.1673
1.7	0.1008	0.1092	0.1176	0.1259	0.1463	0.1658	0.2013	0.2305	0.2672	0.2788	0.2556	0.2179
1.8	0.0978	0.1058	0.1137	0.1216	0.1408	0.1593	0.1932	0.2224	0.2639	0.2846	0.2834	0.2576
1.9	0.0947	0.1023	0.1099	0.1173	0.1356	0.1532	0.1858	0.2144	0.2582	0.2848	0.3013	0.2876
2	0.0916	0.0989	0.1061	0.1133	0.1307	0.1476	0.1789	0.2069	0.2517	0.2820	0.3120	0.3096
2.25	0.0843	0.0909	0.0975	0.1039	0.1198	0.1350	0.1638	0.1901	0.2346	0.2691	0.3198	0.3392
2.5	0.0778	0.0839	0.0899	0.0958	0.1104	0.1245	0.1511	0.1757	0.2189	0.2542	0.3146	0.3475
2.75	0.0721	0.0778	0.0833	0.0888	0.1023	0.1154	0.1403	0.1635	0.2049	0.2399	0.3045	0.3454
3	0.0672	0.0724	0.0776	0.0828	0.0954	0.1076	0.1310	0.1529	0.1925	0.2268	0.2930	0.3385
3.5	0.0591	0.0637	0.0683	0.0728	0.0840	0.0949	0.1158	0.1356	0.1719	0.2042	0.2700	0.3194
4	0.0527	0.0569	0.0610	0.0651	0.0751	0.0849	0.1038	0.1219	0.1554	0.1857	0.2493	0.2994
5	0.0434	0.0469	0.0503	0.0537	0.0621	0.0703	0.0863	0.1016	0.1306	0.1573	0.2155	0.2637

표 C.3 $\left[\dfrac{h_{T_r,P_r} - h_{T_r,P_r}^{\text{ideal gas}}}{RT_c}\right]^{(0)}$ 의 값

T_r	P_r 0.01	0.025	0.05	0.075	0.1	0.25	0.5	0.6	0.7	0.8	0.9	1	1.1
0.3	−6.046	−6.045	−6.043	−6.042	−6.040	−6.031	−6.017	−6.011	−6.005	−5.999	−5.993	−5.987	−5.981
0.35	−5.907	−5.906	−5.904	−5.903	−5.901	−5.892	−5.876	−5.870	−5.864	−5.858	−5.852	−5.845	−5.839
0.4	−5.763	−5.762	−5.761	−5.759	−5.757	−5.748	−5.732	−5.726	−5.719	−5.713	−5.707	−5.700	−5.694
0.45	−5.615	−5.614	−5.612	−5.611	−5.609	−5.600	−5.583	−5.577	−5.571	−5.564	−5.558	−5.551	−5.545
0.5	−5.465	−5.464	−5.462	−5.461	−5.459	−5.450	−5.434	−5.427	−5.421	−5.414	−5.408	−5.401	−5.395
0.55	−0.032	−5.314	−5.312	−5.311	−5.309	−5.300	−5.284	−5.277	−5.271	−5.265	−5.258	−5.252	−5.245
0.6	−0.027	−0.068	−5.162	−5.161	−5.159	−5.150	−5.135	−5.129	−5.122	−5.116	−5.110	−5.104	−5.098
0.65	−0.023	−0.058	−0.118	−5.009	−5.008	−5.000	−4.985	−4.980	−4.974	−4.968	−4.962	−4.956	−4.951
0.7	−0.020	−0.050	−0.101	−0.156	−0.213	−4.846	−4.834	−4.828	−4.823	−4.818	−4.813	−4.808	−4.802
0.75	−0.017	−0.043	−0.088	−0.135	−0.183	−4.685	−4.676	−4.672	−4.668	−4.664	−4.659	−4.655	−4.651
0.8	−0.015	−0.038	−0.078	−0.118	−0.160	−0.451	−4.505	−4.504	−4.501	−4.499	−4.496	−4.494	−4.491
0.85	−0.014	−0.034	−0.069	−0.105	−0.141	−0.387	−4.311	−4.313	−4.315	−4.316	−4.316	−4.316	−4.316
0.9	−0.012	−0.031	−0.062	−0.094	−0.126	−0.339	−0.813	−4.074	−4.085	−4.094	−4.101	−4.108	−4.113
0.93	−0.011	−0.029	−0.058	−0.088	−0.118	−0.315	−0.729	−0.960	−3.898	−3.920	−3.938	−3.953	−3.965
0.95	−0.011	−0.028	−0.056	−0.084	−0.113	−0.300	−0.684	−0.885	−1.150	−3.763	−3.798	−3.825	−3.847
0.97	−0.011	−0.027	−0.054	−0.081	−0.109	−0.287	−0.645	−0.824	−1.044	−1.356	−3.599	−3.658	−3.700
0.98	−0.010	−0.026	−0.053	−0.079	−0.107	−0.281	−0.627	−0.797	−1.002	−1.273	−3.434	−3.544	−3.607
0.99	−0.010	−0.026	−0.052	−0.078	−0.105	−0.275	−0.610	−0.773	−0.964	−1.206	−1.579	−3.376	−3.491
1	−0.010	−0.025	−0.051	−0.076	−0.103	−0.269	−0.594	−0.750	−0.930	−1.151	−1.455	−2.574	−3.326
1.01	−0.010	−0.025	−0.050	−0.075	−0.101	−0.264	−0.579	−0.728	−0.899	−1.102	−1.366	−1.796	−3.014
1.02	−0.010	−0.024	−0.049	−0.074	−0.099	−0.258	−0.565	−0.708	−0.870	−1.060	−1.295	−1.627	−2.318
1.03	−0.009	−0.024	−0.048	−0.072	−0.097	−0.253	−0.551	−0.689	−0.844	−1.022	−1.235	−1.515	−1.953
1.05	−0.009	−0.023	−0.046	−0.070	−0.094	−0.243	−0.525	−0.654	−0.796	−0.955	−1.138	−1.359	−1.642
1.1	−0.008	−0.021	−0.042	−0.064	−0.086	−0.221	−0.471	−0.581	−0.699	−0.827	−0.966	−1.120	−1.292
1.15	−0.008	−0.019	−0.039	−0.059	−0.079	−0.202	−0.426	−0.523	−0.625	−0.732	−0.846	−0.968	−1.098
1.2	−0.007	−0.018	−0.036	−0.054	−0.073	−0.186	−0.388	−0.474	−0.564	−0.657	−0.755	−0.857	−0.964
1.3	−0.006	−0.016	−0.031	−0.047	−0.063	−0.159	−0.328	−0.399	−0.471	−0.545	−0.620	−0.698	−0.778
1.4	−0.005	−0.014	−0.027	−0.041	−0.055	−0.138	−0.282	−0.341	−0.402	−0.463	−0.525	−0.588	−0.652
1.5	−0.005	−0.012	−0.024	−0.036	−0.048	−0.121	−0.246	−0.297	−0.348	−0.400	−0.452	−0.505	−0.558
1.6	−0.004	−0.011	−0.021	−0.032	−0.043	−0.107	−0.216	−0.261	−0.305	−0.350	−0.395	−0.440	−0.485
1.7	−0.004	−0.010	−0.019	−0.029	−0.038	−0.096	−0.192	−0.231	−0.270	−0.309	−0.348	−0.387	−0.427
1.8	−0.003	−0.009	−0.017	−0.026	−0.034	−0.086	−0.172	−0.206	−0.240	−0.275	−0.309	−0.344	−0.378
1.9	−0.003	−0.008	−0.015	−0.023	−0.031	−0.077	−0.154	−0.185	−0.216	−0.246	−0.277	−0.307	−0.338
2	−0.003	−0.007	−0.014	−0.021	−0.028	−0.070	−0.139	−0.167	−0.194	−0.222	−0.249	−0.276	−0.303
2.25	−0.002	−0.006	−0.011	−0.017	−0.022	−0.055	−0.109	−0.130	−0.152	−0.173	−0.194	−0.215	−0.236
2.5	−0.002	−0.004	−0.009	−0.013	−0.018	−0.044	−0.087	−0.104	−0.121	−0.137	−0.154	−0.170	−0.187
2.75	−0.001	−0.004	−0.007	−0.011	−0.014	−0.035	−0.070	−0.083	−0.097	−0.110	−0.123	−0.136	−0.149
3	−0.001	−0.003	−0.006	−0.009	−0.011	−0.028	−0.056	−0.067	−0.078	−0.088	−0.099	−0.109	−0.119
3.5	−0.001	−0.002	−0.004	−0.006	−0.007	−0.018	−0.036	−0.043	−0.049	−0.056	−0.063	−0.069	−0.075
4	0.000	−0.001	−0.002	−0.003	−0.005	−0.011	−0.022	−0.026	−0.030	−0.033	−0.037	−0.041	−0.044
5	0.000	0.000	0.000	−0.001	−0.001	−0.002	−0.003	−0.003	−0.004	−0.004	−0.004	−0.004	−0.004

T_r	P_r 1.2	1.3	1.4	1.5	1.75	2	2.5	3	4	5	7.5	10
0.3	−5.975	−5.969	−5.963	−5.957	−5.942	−5.927	−5.898	−5.868	−5.808	−5.748	−5.598	−5.446
0.35	−5.833	−5.827	−5.821	−5.814	−5.799	−5.783	−5.752	−5.721	−5.658	−5.595	−5.437	−5.278
0.4	−5.687	−5.681	−5.675	−5.668	−5.652	−5.636	−5.604	−5.572	−5.507	−5.442	−5.278	−5.113
0.45	−5.538	−5.532	−5.525	−5.519	−5.502	−5.486	−5.453	−5.420	−5.354	−5.288	−5.120	−4.950
0.5	−5.388	−5.382	−5.375	−5.369	−5.352	−5.336	−5.303	−5.270	−5.203	−5.135	−4.964	−4.791
0.55	−5.239	−5.233	−5.226	−5.220	−5.203	−5.187	−5.154	−5.121	−5.054	−4.986	−4.814	−4.638
0.6	−5.091	−5.085	−5.079	−5.073	−5.057	−5.041	−5.008	−4.976	−4.909	−4.842	−4.669	−4.492
0.65	−4.945	−4.939	−4.933	−4.927	−4.911	−4.896	−4.865	−4.833	−4.769	−4.702	−4.531	−4.353
0.7	−4.797	−4.792	−4.786	−4.781	−4.767	−4.752	−4.723	−4.693	−4.631	−4.566	−4.397	−4.221
0.75	−4.646	−4.641	−4.637	−4.632	−4.620	−4.607	−4.581	−4.554	−4.495	−4.434	−4.269	−4.095
0.8	−4.488	−4.485	−4.481	−4.478	−4.469	−4.459	−4.437	−4.413	−4.361	−4.303	−4.145	−3.974
0.85	−4.316	−4.315	−4.314	−4.312	−4.308	−4.302	−4.287	−4.269	−4.225	−4.173	−4.024	−3.857
0.9	−4.118	−4.121	−4.125	−4.127	−4.131	−4.132	−4.129	−4.119	−4.086	−4.043	−3.905	−3.744
0.93	−3.976	−3.985	−3.993	−4.000	−4.012	−4.020	−4.026	−4.024	−4.001	−3.963	−3.834	−3.678
0.95	−3.865	−3.880	−3.893	−3.904	−3.925	−3.939	−3.955	−3.958	−3.943	−3.910	−3.788	−3.634
0.97	−3.732	−3.758	−3.779	−3.796	−3.830	−3.853	−3.879	−3.890	−3.883	−3.856	−3.741	−3.591
0.98	−3.652	−3.686	−3.714	−3.736	−3.778	−3.806	−3.840	−3.854	−3.853	−3.829	−3.717	−3.569
0.99	−3.558	−3.605	−3.641	−3.670	−3.723	−3.758	−3.799	−3.818	−3.823	−3.801	−3.694	−3.548
1	−3.441	−3.510	−3.560	−3.598	−3.664	−3.706	−3.757	−3.782	−3.792	−3.774	−3.670	−3.526
1.01	−3.283	−3.395	−3.465	−3.516	−3.600	−3.652	−3.713	−3.744	−3.760	−3.746	−3.647	−3.505
1.02	−3.039	−3.246	−3.352	−3.422	−3.530	−3.595	−3.668	−3.705	−3.729	−3.718	−3.624	−3.484
1.03	−2.657	−3.043	−3.213	−3.313	−3.454	−3.534	−3.621	−3.665	−3.696	−3.690	−3.600	−3.462
1.05	−2.034	−2.497	−2.831	−3.030	−3.277	−3.398	−3.521	−3.583	−3.630	−3.632	−3.553	−3.420
1.1	−1.487	−1.709	−1.955	−2.203	−2.686	−2.965	−3.231	−3.353	−3.456	−3.484	−3.435	−3.315
1.15	−1.239	−1.389	−1.550	−1.719	−2.139	−2.479	−2.888	−3.091	−3.268	−3.329	−3.315	−3.211
1.2	−1.076	−1.193	−1.315	−1.443	−1.770	−2.079	−2.537	−2.807	−3.065	−3.166	−3.194	−3.107
1.3	−0.860	−0.943	−1.029	−1.116	−1.338	−1.560	−1.964	−2.274	−2.645	−2.825	−2.947	−2.899
1.4	−0.716	−0.782	−0.848	−0.915	−1.084	−1.253	−1.576	−1.857	−2.255	−2.486	−2.696	−2.692
1.5	−0.611	−0.665	−0.719	−0.774	−0.910	−1.046	−1.309	−1.549	−1.926	−2.175	−2.449	−2.486
1.6	−0.531	−0.576	−0.622	−0.667	−0.781	−0.894	−1.114	−1.318	−1.659	−1.904	−2.213	−2.285
1.7	−0.466	−0.505	−0.544	−0.583	−0.681	−0.777	−0.964	−1.139	−1.441	−1.672	−1.994	−2.091
1.8	−0.413	−0.447	−0.481	−0.515	−0.600	−0.683	−0.844	−0.996	−1.264	−1.476	−1.794	−1.908
1.9	−0.368	−0.398	−0.429	−0.458	−0.533	−0.606	−0.747	−0.880	−1.117	−1.309	−1.614	−1.736
2	−0.330	−0.357	−0.384	−0.411	−0.476	−0.541	−0.665	−0.782	−0.993	−1.167	−1.453	−1.577
2.25	−0.257	−0.277	−0.297	−0.318	−0.367	−0.416	−0.509	−0.597	−0.755	−0.889	−1.120	−1.232
2.5	−0.203	−0.219	−0.234	−0.250	−0.289	−0.326	−0.398	−0.465	−0.585	−0.687	−0.866	−0.954
2.75	−0.162	−0.174	−0.187	−0.199	−0.229	−0.258	−0.314	−0.365	−0.457	−0.534	−0.667	−0.729
3	−0.129	−0.139	−0.149	−0.159	−0.182	−0.205	−0.248	−0.288	−0.357	−0.415	−0.509	−0.545
3.5	−0.081	−0.087	−0.093	−0.099	−0.113	−0.127	−0.152	−0.174	−0.211	−0.239	−0.272	−0.264
4	−0.048	−0.051	−0.054	−0.058	−0.065	−0.072	−0.085	−0.095	−0.109	−0.116	−0.105	−0.061
5	−0.004	−0.004	−0.004	−0.003	−0.002	−0.001	0.003	0.009	0.024	0.045	0.117	0.213

표 C.4 $\left[\dfrac{h_{T_r,P_r} - h_{T_r,P_r}^{\text{ideal gas}}}{RT_c}\right]^{(1)}$ 의 값

T_r	P_r 0.01	0.025	0.05	0.075	0.1	0.25	0.5	0.6	0.7	0.8	0.9	1	1.1
0.3	−11.101	−11.101	−11.100	−11.099	−11.098	−11.093	−11.084	−11.081	−11.078	−11.074	−11.071	−11.067	−11.064
0.35	−10.652	−10.652	−10.651	−10.651	−10.651	−10.648	−10.645	−10.643	−10.642	−10.640	−10.639	−10.637	−10.636
0.4	−10.120	−10.120	−10.120	−10.120	−10.120	−10.120	−10.120	−10.120	−10.120	−10.120	−10.120	−10.120	−10.120
0.45	−9.513	−9.514	−9.514	−9.514	−9.514	−9.516	−9.519	−9.520	−9.521	−9.522	−9.523	−9.525	−9.526
0.5	−8.867	−8.867	−8.868	−8.868	−8.869	−8.872	−8.877	−8.879	−8.881	−8.883	−8.885	−8.887	−8.889
0.55	−0.080	−8.212	−8.213	−8.213	−8.214	−8.218	−8.224	−8.227	−8.230	−8.232	−8.235	−8.238	−8.241
0.6	−0.059	−0.155	−7.568	−7.569	−7.570	−7.574	−7.582	−7.585	−7.588	−7.592	−7.595	−7.598	−7.601
0.65	−0.045	−0.116	−0.247	−6.948	−6.949	−6.954	−6.962	−6.966	−6.969	−6.973	−6.976	−6.980	−6.984
0.7	−0.034	−0.088	−0.185	−0.292	−0.415	−6.361	−6.370	−6.373	−6.377	−6.381	−6.385	−6.388	−6.392
0.75	−0.027	−0.068	−0.142	−0.220	−0.306	−5.798	−5.806	−5.809	−5.813	−5.816	−5.820	−5.824	−5.828
0.8	−0.021	−0.054	−0.110	−0.170	−0.234	−0.753	−5.268	−5.271	−5.274	−5.277	−5.281	−5.285	−5.288
0.85	−0.017	−0.043	−0.087	−0.134	−0.182	−0.534	−4.753	−4.754	−4.756	−4.758	−4.760	−4.763	−4.767
0.9	−0.014	−0.034	−0.070	−0.106	−0.144	−0.400	−1.133	−4.254	−4.250	−4.248	−4.248	−4.249	−4.251
0.93	−0.012	−0.030	−0.061	−0.093	−0.126	−0.341	−0.855	−1.236	−3.952	−3.941	−3.936	−3.934	−3.934
0.95	−0.011	−0.028	−0.056	−0.085	−0.115	−0.309	−0.736	−0.994	−1.448	−3.737	−3.720	−3.713	−3.711
0.97	−0.010	−0.026	−0.052	−0.078	−0.105	−0.280	−0.643	−0.837	−1.100	−1.616	−3.496	−3.471	−3.465
0.98	−0.010	−0.025	−0.050	−0.075	−0.101	−0.267	−0.603	−0.776	−0.994	−1.324	−3.397	−3.332	−3.322
0.99	−0.009	−0.024	−0.048	−0.072	−0.097	−0.254	−0.568	−0.722	−0.908	−1.154	−1.618	−3.164	−3.150
1	−0.009	−0.023	−0.046	−0.069	−0.093	−0.243	−0.535	−0.675	−0.836	−1.034	−1.307	−2.382	−2.888
1.01	−0.009	−0.022	−0.044	−0.066	−0.089	−0.232	−0.505	−0.632	−0.775	−0.940	−1.138	−1.375	−1.866
1.02	−0.008	−0.021	−0.042	−0.063	−0.085	−0.221	−0.478	−0.594	−0.721	−0.863	−1.020	−1.180	−1.078
1.03	−0.008	−0.020	−0.040	−0.061	−0.082	−0.211	−0.452	−0.559	−0.674	−0.797	−0.928	−1.052	−1.080
1.05	−0.007	−0.019	−0.037	−0.056	−0.075	−0.193	−0.406	−0.498	−0.593	−0.691	−0.789	−0.877	−0.928
1.1	−0.006	−0.015	−0.030	−0.046	−0.061	−0.155	−0.316	−0.381	−0.445	−0.507	−0.566	−0.617	−0.655
1.15	−0.005	−0.012	−0.025	−0.037	−0.050	−0.124	−0.248	−0.296	−0.342	−0.385	−0.425	−0.459	−0.486
1.2	−0.004	−0.010	−0.020	−0.030	−0.040	−0.100	−0.196	−0.232	−0.266	−0.297	−0.325	−0.349	−0.368
1.3	−0.003	−0.007	−0.013	−0.020	−0.026	−0.064	−0.122	−0.142	−0.161	−0.177	−0.191	−0.203	−0.212
1.4	−0.002	−0.004	−0.008	−0.012	−0.016	−0.039	−0.072	−0.083	−0.093	−0.100	−0.107	−0.111	−0.114
1.5	−0.001	−0.002	−0.005	−0.007	−0.009	−0.022	−0.038	−0.042	−0.046	−0.048	−0.049	−0.049	−0.048
1.6	0.000	−0.001	−0.002	−0.003	−0.004	−0.009	−0.013	−0.013	−0.012	−0.011	−0.008	−0.005	−0.001
1.7	0.000	0.000	0.000	0.000	0.000	0.001	0.006	0.009	0.012	0.017	0.021	0.027	0.033
1.8	0.000	0.001	0.001	0.002	0.003	0.008	0.019	0.025	0.031	0.037	0.044	0.051	0.059
1.9	0.001	0.001	0.003	0.004	0.005	0.014	0.030	0.037	0.045	0.053	0.061	0.070	0.079
2	0.001	0.002	0.004	0.005	0.007	0.018	0.039	0.047	0.056	0.065	0.075	0.085	0.094
2.25	0.001	0.003	0.005	0.008	0.010	0.026	0.053	0.064	0.075	0.087	0.098	0.110	0.121
2.5	0.001	0.003	0.006	0.009	0.012	0.031	0.062	0.075	0.087	0.100	0.112	0.125	0.138
2.75	0.001	0.003	0.007	0.010	0.014	0.034	0.068	0.081	0.095	0.108	0.122	0.135	0.149
3	0.001	0.004	0.007	0.011	0.014	0.036	0.072	0.086	0.100	0.114	0.128	0.142	0.156
3.5	0.002	0.004	0.008	0.012	0.016	0.039	0.077	0.092	0.107	0.122	0.137	0.152	0.167
4	0.002	0.004	0.008	0.012	0.016	0.04	0.08	0.096	0.112	0.127	0.143	0.158	0.173
5	0.002	0.004	0.009	0.013	0.017	0.042	0.084	0.101	0.117	0.133	0.15	0.166	0.182

T_r	P_r 1.2	1.3	1.4	1.5	1.75	2	2.5	3	4	5	7.5	10
0.3	−11.061	−11.057	−11.054	−11.051	−11.042	−11.034	−11.017	−11.001	−10.968	−10.936	−10.857	−10.782
0.35	−10.634	−10.633	−10.632	−10.630	−10.627	−10.623	−10.616	−10.610	−10.597	−10.584	−10.555	−10.529
0.4	−10.120	−10.120	−10.120	−10.120	−10.120	−10.121	−10.121	−10.122	−10.124	−10.127	−10.137	−10.150
0.45	−9.527	−9.528	−9.529	−9.531	−9.534	−9.537	−9.544	−9.550	−9.564	−9.579	−9.619	−9.663
0.5	−8.891	−8.893	−8.895	−8.897	−8.903	−8.908	−8.919	−8.931	−8.954	−8.979	−9.043	−9.111
0.55	−8.243	−8.246	−8.249	−8.252	−8.259	−8.266	−8.281	−8.296	−8.327	−8.359	−8.444	−8.531
0.6	−7.605	−7.608	−7.611	−7.615	−7.623	−7.632	−7.650	−7.668	−7.705	−7.744	−7.845	−7.950
0.65	−6.987	−6.991	−6.995	−6.999	−7.008	−7.018	−7.038	−7.059	−7.102	−7.147	−7.263	−7.383
0.7	−6.396	−6.400	−6.404	−6.408	−6.419	−6.430	−6.452	−6.475	−6.523	−6.573	−6.703	−6.837
0.75	−5.832	−5.836	−5.841	−5.845	−5.856	−5.868	−5.892	−5.918	−5.971	−6.027	−6.170	−6.317
0.8	−5.292	−5.297	−5.301	−5.306	−5.317	−5.330	−5.356	−5.384	−5.444	−5.506	−5.664	−5.824
0.85	−4.771	−4.775	−4.779	−4.784	−4.796	−4.810	−4.840	−4.871	−4.939	−5.008	−5.184	−5.358
0.9	−4.255	−4.258	−4.263	−4.268	−4.282	−4.298	−4.333	−4.371	−4.450	−4.530	−4.727	−4.916
0.93	−3.937	−3.940	−3.945	−3.951	−3.968	−3.987	−4.029	−4.073	−4.163	−4.251	−4.463	−4.662
0.95	−3.713	−3.717	−3.723	−3.730	−3.750	−3.773	−3.822	−3.873	−3.972	−4.068	−4.291	−4.498
0.97	−3.467	−3.473	−3.482	−3.492	−3.521	−3.551	−3.611	−3.670	−3.782	−3.886	−4.122	−4.336
0.98	−3.327	−3.337	−3.349	−3.363	−3.399	−3.434	−3.503	−3.568	−3.686	−3.795	−4.039	−4.257
0.99	−3.164	−3.183	−3.203	−3.222	−3.270	−3.313	−3.392	−3.464	−3.591	−3.705	−3.956	−4.178
1	−2.952	−2.997	−3.033	−3.065	−3.131	−3.186	−3.279	−3.358	−3.495	−3.615	−3.874	−4.100
1.01	−2.595	−2.743	−2.824	−2.880	−2.979	−3.051	−3.162	−3.251	−3.399	−3.525	−3.792	−4.023
1.02	−1.723	−2.326	−2.537	−2.650	−2.809	−2.906	−3.041	−3.142	−3.303	−3.435	−3.711	−3.947
1.03	−0.978	−1.630	−2.108	−2.345	−2.612	−2.748	−2.915	−3.031	−3.206	−3.346	−3.631	−3.871
1.05	−0.878	−0.835	−1.113	−1.496	−2.110	−2.381	−2.645	−2.800	−3.010	−3.167	−3.473	−3.722
1.1	−0.673	−0.662	−0.631	−0.617	−0.854	−1.261	−1.853	−2.167	−2.507	−2.720	−3.086	−3.362
1.15	−0.503	−0.509	−0.502	−0.487	−0.474	−0.604	−1.083	−1.497	−1.990	−2.275	−2.713	−3.019
1.2	−0.381	−0.388	−0.388	−0.381	−0.353	−0.361	−0.591	−0.934	−1.489	−1.840	−2.355	−2.692
1.3	−0.218	−0.221	−0.221	−0.218	−0.200	−0.178	−0.182	−0.300	−0.693	−1.066	−1.691	−2.086
1.4	−0.115	−0.115	−0.112	−0.108	−0.092	−0.070	−0.034	−0.044	−0.228	−0.504	−1.117	−1.547
1.5	−0.046	−0.042	−0.038	−0.032	−0.014	0.008	0.052	0.078	0.023	−0.142	−0.654	−1.080
1.6	0.004	0.009	0.016	0.023	0.043	0.065	0.113	0.151	0.163	0.082	−0.299	−0.689
1.7	0.040	0.047	0.055	0.063	0.085	0.109	0.158	0.202	0.248	0.223	−0.036	−0.369
1.8	0.067	0.076	0.084	0.094	0.117	0.143	0.194	0.241	0.306	0.317	0.157	−0.112
1.9	0.088	0.098	0.107	0.117	0.143	0.169	0.221	0.271	0.347	0.381	0.299	0.092
2	0.105	0.115	0.125	0.136	0.163	0.190	0.244	0.295	0.379	0.428	0.406	0.255
2.25	0.133	0.145	0.156	0.168	0.197	0.227	0.284	0.338	0.433	0.505	0.578	0.534
2.5	0.150	0.163	0.176	0.188	0.219	0.250	0.310	0.367	0.469	0.552	0.678	0.704
2.75	0.162	0.175	0.189	0.202	0.234	0.266	0.328	0.387	0.494	0.585	0.744	0.817
3	0.170	0.184	0.198	0.211	0.245	0.278	0.342	0.403	0.514	0.611	0.793	0.899
3.5	0.181	0.196	0.210	0.224	0.260	0.294	0.361	0.425	0.544	0.650	0.864	1.015
4	0.188	0.203	0.218	0.233	0.27	0.306	0.375	0.442	0.567	0.68	0.917	1.097
5	0.198	0.214	0.229	0.245	0.283	0.321	0.395	0.466	0.601	0.726	0.997	1.219

표 C.5 $\left[\dfrac{S_{T_r,P_r} - S_{T_r,P_r}^{\text{ideal gas}}}{R}\right]^{(0)}$의 값

T_r \ P_r	0.01	0.025	0.05	0.075	0.1	0.25	0.5	0.6	0.7	0.8	0.9	1	1.1
0.3	−11.613	−10.699	−10.008	−9.605	−9.319	−8.417	−7.747	−7.574	−7.429	−7.304	−7.196	−7.099	−7.013
0.35	−11.185	−10.270	−9.579	−9.176	−8.890	−7.986	−7.314	−7.140	−6.995	−6.869	−6.760	−6.663	−6.576
0.4	−10.802	−9.887	−9.196	−8.792	−8.506	−7.602	−6.929	−6.755	−6.608	−6.483	−6.373	−6.275	−6.188
0.45	−10.453	−9.538	−8.847	−8.443	−8.158	−7.253	−6.579	−6.405	−6.258	−6.132	−6.022	−5.924	−5.837
0.5	−10.137	−9.222	−8.531	−8.127	−7.842	−6.937	−6.263	−6.089	−5.942	−5.816	−5.706	−5.608	−5.520
0.55	−0.038	−8.936	−8.245	−7.841	−7.555	−6.651	−5.978	−5.803	−5.657	−5.531	−5.421	−5.324	−5.236
0.6	−0.029	−0.075	−7.983	−7.580	−7.294	−6.391	−5.719	−5.544	−5.399	−5.273	−5.163	−5.066	−4.979
0.65	−0.023	−0.059	−0.122	−7.338	−7.052	−6.150	−5.479	−5.306	−5.161	−5.036	−4.927	−4.830	−4.743
0.7	−0.018	−0.047	−0.096	−0.149	−0.206	−5.922	−5.254	−5.082	−4.938	−4.814	−4.706	−4.610	−4.524
0.75	−0.015	−0.038	−0.078	−0.120	−0.164	−5.700	−5.036	−4.866	−4.723	−4.600	−4.494	−4.399	−4.314
0.8	−0.013	−0.032	−0.064	−0.098	−0.134	−0.390	−4.817	−4.649	−4.508	−4.388	−4.283	−4.191	−4.108
0.85	−0.011	−0.027	−0.054	−0.082	−0.111	−0.312	−4.581	−4.418	−4.282	−4.166	−4.065	−3.976	−3.897
0.9	−0.009	−0.023	−0.046	−0.069	−0.094	−0.257	−0.648	−4.145	−4.019	−3.912	−3.820	−3.738	−3.665
0.93	−0.008	−0.021	−0.042	−0.063	−0.085	−0.231	−0.556	−0.750	−3.815	−3.723	−3.641	−3.569	−3.503
0.95	−0.008	−0.019	−0.039	−0.059	−0.080	−0.215	−0.508	−0.671	−0.897	−3.556	−3.493	−3.433	−3.378
0.97	−0.007	−0.018	−0.037	−0.056	−0.075	−0.202	−0.467	−0.607	−0.787	−1.056	−3.286	−3.259	−3.224
0.98	−0.007	−0.018	−0.036	−0.054	−0.073	−0.195	−0.449	−0.580	−0.743	−0.971	−3.116	−3.142	−3.129
0.99	−0.007	−0.017	−0.035	−0.053	−0.071	−0.189	−0.432	−0.555	−0.705	−0.903	−1.228	−2.972	−3.011
1	−0.007	−0.017	−0.034	−0.051	−0.069	−0.183	−0.416	−0.532	−0.671	−0.847	−1.104	−2.167	−2.846
1.01	−0.007	−0.016	−0.033	−0.050	−0.067	−0.178	−0.401	−0.510	−0.640	−0.799	−1.015	−1.391	−2.535
1.02	−0.006	−0.016	−0.032	−0.049	−0.065	−0.172	−0.386	−0.491	−0.611	−0.757	−0.945	−1.225	−1.850
1.03	−0.006	−0.015	−0.031	−0.047	−0.063	−0.167	−0.373	−0.472	−0.586	−0.720	−0.887	−1.116	−1.493
1.05	−0.006	−0.015	−0.030	−0.045	−0.060	−0.158	−0.349	−0.439	−0.540	−0.656	−0.794	−0.965	−1.194
1.1	−0.005	−0.013	−0.026	−0.039	−0.053	−0.138	−0.298	−0.371	−0.450	−0.537	−0.633	−0.742	−0.867
1.15	−0.005	−0.011	−0.023	−0.035	−0.047	−0.121	−0.258	−0.319	−0.383	−0.452	−0.527	−0.607	−0.695
1.2	−0.004	−0.010	−0.021	−0.031	−0.042	−0.107	−0.226	−0.277	−0.331	−0.389	−0.449	−0.512	−0.580
1.3	−0.003	−0.008	−0.017	−0.025	−0.033	−0.086	−0.178	−0.217	−0.257	−0.298	−0.341	−0.385	−0.431
1.4	−0.003	−0.007	−0.014	−0.021	−0.027	−0.070	−0.144	−0.174	−0.205	−0.237	−0.270	−0.303	−0.337
1.5	−0.002	−0.006	−0.011	−0.017	−0.023	−0.058	−0.118	−0.143	−0.168	−0.194	−0.220	−0.246	−0.272
1.6	−0.002	−0.005	−0.010	−0.015	−0.019	−0.049	−0.099	−0.120	−0.141	−0.162	−0.183	−0.204	−0.225
1.7	−0.002	−0.004	−0.008	−0.012	−0.017	−0.042	−0.085	−0.102	−0.119	−0.137	−0.154	−0.172	−0.190
1.8	−0.001	−0.004	−0.007	−0.011	−0.014	−0.036	−0.073	−0.088	−0.102	−0.117	−0.132	−0.147	−0.162
1.9	−0.001	−0.003	−0.006	−0.009	−0.013	−0.032	−0.063	−0.076	−0.089	−0.102	−0.115	−0.127	−0.140
2	−0.001	−0.003	−0.006	−0.008	−0.011	−0.028	−0.056	−0.067	−0.078	−0.089	−0.100	−0.111	−0.123
2.25	−0.001	−0.002	−0.004	−0.006	−0.008	−0.021	−0.041	−0.050	−0.058	−0.066	−0.074	−0.083	−0.091
2.5	−0.001	−0.002	−0.003	−0.005	−0.006	−0.016	−0.032	−0.038	−0.045	−0.051	−0.057	−0.064	−0.070
2.75	−0.001	−0.001	−0.003	−0.004	−0.005	−0.013	−0.026	−0.031	−0.036	−0.041	−0.046	−0.050	−0.055
3	0.000	−0.001	−0.002	−0.003	−0.004	−0.010	−0.021	−0.025	−0.029	−0.033	−0.037	−0.041	−0.045
3.5	0.000	−0.001	−0.001	−0.002	−0.003	−0.007	−0.015	−0.017	−0.020	−0.023	−0.026	−0.029	−0.031
4	0.000	−0.001	−0.001	−0.002	−0.002	−0.005	−0.011	−0.013	−0.015	−0.017	−0.019	−0.021	−0.023
5	0.000	0.000	−0.001	−0.001	−0.001	−0.003	−0.007	−0.008	−0.009	−0.010	−0.012	−0.013	−0.014

T_r	P_r 1.2	1.3	1.4	1.5	1.75	2	2.5	3	4	5	7.5	10
0.3	−6.935	−6.864	−6.799	−6.740	−6.608	−6.497	−6.319	−6.182	−5.983	−5.847	−5.657	−5.578
0.35	−6.497	−6.426	−6.360	−6.299	−6.165	−6.052	−5.870	−5.728	−5.521	−5.376	−5.163	−5.060
0.4	−6.109	−6.036	−5.970	−5.909	−5.774	−5.660	−5.475	−5.330	−5.117	−4.967	−4.738	−4.619
0.45	−5.757	−5.685	−5.618	−5.557	−5.421	−5.306	−5.120	−4.974	−4.757	−4.603	−4.364	−4.234
0.5	−5.441	−5.368	−5.302	−5.240	−5.105	−4.989	−4.802	−4.656	−4.438	−4.282	−4.036	−3.899
0.55	−5.157	−5.084	−5.018	−4.956	−4.821	−4.706	−4.519	−4.373	−4.154	−3.998	−3.750	−3.607
0.6	−4.900	−4.828	−4.762	−4.700	−4.566	−4.451	−4.266	−4.120	−3.902	−3.747	−3.498	−3.353
0.65	−4.665	−4.593	−4.527	−4.467	−4.333	−4.220	−4.036	−3.892	−3.677	−3.523	−3.276	−3.131
0.7	−4.446	−4.375	−4.310	−4.250	−4.118	−4.007	−3.826	−3.684	−3.473	−3.322	−3.079	−2.935
0.75	−4.238	−4.168	−4.104	−4.046	−3.916	−3.807	−3.630	−3.491	−3.286	−3.138	−2.902	−2.761
0.8	−4.034	−3.966	−3.904	−3.846	−3.721	−3.615	−3.444	−3.310	−3.112	−2.970	−2.741	−2.605
0.85	−3.825	−3.760	−3.701	−3.646	−3.526	−3.425	−3.262	−3.135	−2.947	−2.812	−2.594	−2.463
0.9	−3.599	−3.539	−3.484	−3.434	−3.324	−3.231	−3.081	−2.963	−2.789	−2.663	−2.458	−2.334
0.93	−3.444	−3.390	−3.341	−3.295	−3.194	−3.108	−2.969	−2.860	−2.696	−2.577	−2.381	−2.262
0.95	−3.326	−3.279	−3.235	−3.193	−3.102	−3.023	−2.893	−2.790	−2.634	−2.520	−2.331	−2.215
0.97	−3.188	−3.151	−3.115	−3.081	−3.002	−2.932	−2.814	−2.719	−2.572	−2.463	−2.283	−2.170
0.98	−3.106	−3.078	−3.049	−3.019	−2.949	−2.884	−2.774	−2.682	−2.541	−2.436	−2.259	−2.148
0.99	−3.010	−2.995	−2.975	−2.953	−2.893	−2.835	−2.732	−2.646	−2.510	−2.408	−2.235	−2.126
1	−2.893	−2.900	−2.893	−2.879	−2.834	−2.784	−2.690	−2.609	−2.479	−2.380	−2.211	−2.105
1.01	−2.736	−2.785	−2.799	−2.798	−2.770	−2.730	−2.647	−2.571	−2.448	−2.352	−2.188	−2.083
1.02	−2.495	−2.639	−2.688	−2.706	−2.702	−2.673	−2.602	−2.533	−2.416	−2.325	−2.165	−2.062
1.03	−2.122	−2.441	−2.552	−2.599	−2.628	−2.614	−2.556	−2.494	−2.385	−2.297	−2.142	−2.042
1.05	−1.523	−1.915	−2.185	−2.328	−2.457	−2.483	−2.461	−2.415	−2.322	−2.242	−2.097	−2.001
1.1	−1.012	−1.180	−1.368	−1.557	−1.908	−2.081	−2.191	−2.202	−2.159	−2.104	−1.987	−1.903
1.15	−0.790	−0.894	−1.007	−1.126	−1.421	−1.649	−1.885	−1.968	−1.992	−1.966	−1.881	−1.810
1.2	−0.651	−0.727	−0.807	−0.890	−1.106	−1.308	−1.587	−1.727	−1.820	−1.827	−1.777	−1.722
1.3	−0.478	−0.527	−0.576	−0.628	−0.759	−0.891	−1.127	−1.299	−1.484	−1.554	−1.580	−1.556
1.4	−0.372	−0.407	−0.442	−0.478	−0.570	−0.663	−0.839	−0.990	−1.194	−1.303	−1.394	−1.402
1.5	−0.299	−0.326	−0.353	−0.381	−0.450	−0.520	−0.654	−0.777	−0.967	−1.088	−1.223	−1.260
1.6	−0.247	−0.268	−0.290	−0.312	−0.367	−0.421	−0.528	−0.628	−0.794	−0.913	−1.071	−1.130
1.7	−0.208	−0.225	−0.243	−0.261	−0.306	−0.350	−0.437	−0.519	−0.662	−0.773	−0.938	−1.013
1.8	−0.177	−0.192	−0.207	−0.222	−0.259	−0.296	−0.369	−0.438	−0.561	−0.661	−0.824	−0.908
1.9	−0.153	−0.166	−0.179	−0.191	−0.223	−0.255	−0.316	−0.375	−0.481	−0.570	−0.726	−0.815
2	−0.134	−0.145	−0.156	−0.167	−0.194	−0.221	−0.274	−0.325	−0.417	−0.497	−0.644	−0.733
2.25	−0.099	−0.107	−0.115	−0.123	−0.143	−0.162	−0.200	−0.237	−0.305	−0.366	−0.486	−0.570
2.5	−0.076	−0.082	−0.088	−0.094	−0.109	−0.124	−0.153	−0.181	−0.233	−0.281	−0.379	−0.453
2.75	−0.060	−0.065	−0.070	−0.075	−0.087	−0.098	−0.121	−0.143	−0.184	−0.222	−0.303	−0.367
3	−0.049	−0.053	−0.057	−0.061	−0.070	−0.080	−0.098	−0.116	−0.150	−0.181	−0.248	−0.303
3.5	−0.034	−0.037	−0.040	−0.042	−0.049	−0.056	−0.068	−0.081	−0.104	−0.126	−0.175	−0.216
4	−0.025	−0.027	−0.029	−0.031	−0.036	−0.041	−0.050	−0.059	−0.077	−0.093	−0.130	−0.162
5	−0.015	−0.017	−0.018	−0.019	−0.022	−0.025	−0.031	−0.036	−0.047	−0.057	−0.080	−0.100

표 C.6 $\left[\dfrac{s_{T_r,P_r} - s_{T_r,P_r}^{\text{ideal gas}}}{R}\right]^{(0)}$ 의 값

T_r	P_r 0.01	0.025	0.05	0.075	0.1	0.25	0.5	0.6	0.7	0.8	0.9	1	1.1
0.3	−16.790	−16.787	−16.783	−16.778	−16.773	−16.744	−16.695	−16.675	−16.656	−16.637	−16.617	−16.598	−16.578
0.35	−15.408	−15.406	−15.402	−15.399	−15.395	−15.375	−15.341	−15.328	−15.314	−15.301	−15.288	−15.274	−15.261
0.4	−13.989	−13.987	−13.985	−13.983	−13.980	−13.966	−13.942	−13.932	−13.923	−13.914	−13.904	−13.895	−13.885
0.45	−12.562	−12.561	−12.559	−12.557	−12.556	−12.545	−12.528	−12.521	−12.514	−12.508	−12.501	−12.494	−12.488
0.5	−11.201	−11.200	−11.198	−11.197	−11.196	−11.188	−11.176	−11.171	−11.166	−11.161	−11.156	−11.151	−11.146
0.55	−0.115	−9.950	−9.949	−9.948	−9.947	−9.941	−9.932	−9.928	−9.924	−9.921	−9.917	−9.914	−9.910
0.6	−0.078	−0.207	−8.828	−8.827	−8.827	−8.822	−8.814	−8.811	−8.808	−8.806	−8.803	−8.800	−8.798
0.65	−0.055	−0.143	−0.309	−7.833	−7.832	−7.828	−7.822	−7.819	−7.817	−7.815	−7.812	−7.810	−7.808
0.7	−0.040	−0.102	−0.216	−0.343	−0.491	−6.949	−6.943	−6.941	−6.939	−6.937	−6.935	−6.933	−6.932
0.75	−0.029	−0.075	−0.156	−0.244	−0.340	−6.172	−6.165	−6.162	−6.160	−6.158	−6.156	−6.155	−6.153
0.8	−0.022	−0.056	−0.116	−0.179	−0.246	−0.812	−5.471	−5.467	−5.465	−5.462	−5.460	−5.458	−5.456
0.85	−0.017	−0.043	−0.088	−0.135	−0.183	−0.545	−4.846	−4.841	−4.836	−4.832	−4.829	−4.826	−4.824
0.9	−0.013	−0.033	−0.068	−0.103	−0.140	−0.392	−1.137	−4.269	−4.258	−4.250	−4.243	−4.238	−4.235
0.93	−0.011	−0.029	−0.058	−0.089	−0.120	−0.328	−0.834	−1.219	−3.933	−3.914	−3.902	−3.893	−3.888
0.95	−0.010	−0.026	−0.053	−0.081	−0.109	−0.293	−0.706	−0.961	−1.418	−3.697	−3.672	−3.658	−3.650
0.97	−0.010	−0.024	−0.048	−0.073	−0.099	−0.263	−0.609	−0.797	−1.055	−1.570	−3.438	−3.406	−3.394
0.98	−0.009	−0.023	−0.046	−0.070	−0.094	−0.250	−0.569	−0.734	−0.946	−1.270	−3.337	−3.264	−3.248
0.99	−0.009	−0.022	−0.044	−0.067	−0.090	−0.237	−0.533	−0.680	−0.859	−1.098	−1.556	−3.093	−3.073
1	−0.008	−0.021	−0.042	−0.064	−0.086	−0.225	−0.500	−0.632	−0.787	−0.977	−1.242	−2.311	−2.810
1.01	−0.008	−0.020	−0.040	−0.061	−0.082	−0.214	−0.470	−0.590	−0.726	−0.883	−1.074	−1.306	−1.795
1.02	−0.008	−0.019	−0.039	−0.058	−0.078	−0.204	−0.443	−0.552	−0.673	−0.807	−0.958	−1.113	−1.015
1.03	−0.007	−0.018	−0.037	−0.056	−0.075	−0.194	−0.418	−0.518	−0.627	−0.744	−0.868	−0.989	−1.017
1.05	−0.007	−0.017	−0.034	−0.051	−0.069	−0.177	−0.374	−0.460	−0.549	−0.642	−0.735	−0.820	−0.872
1.1	−0.005	−0.014	−0.028	−0.041	−0.055	−0.141	−0.289	−0.350	−0.411	−0.470	−0.527	−0.577	−0.617
1.15	−0.005	−0.011	−0.023	−0.034	−0.045	−0.114	−0.229	−0.275	−0.319	−0.361	−0.401	−0.437	−0.467
1.2	−0.004	−0.009	−0.019	−0.028	−0.037	−0.094	−0.185	−0.220	−0.254	−0.286	−0.316	−0.343	−0.366
1.3	−0.003	−0.007	−0.013	−0.020	−0.026	−0.065	−0.125	−0.148	−0.170	−0.190	−0.209	−0.226	−0.241
1.4	−0.002	−0.005	−0.010	−0.014	−0.019	−0.046	−0.089	−0.104	−0.119	−0.133	−0.146	−0.158	−0.168
1.5	−0.001	−0.004	−0.007	−0.011	−0.014	−0.034	−0.065	−0.076	−0.087	−0.097	−0.106	−0.115	−0.123
1.6	−0.001	−0.003	−0.005	−0.008	−0.011	−0.026	−0.049	−0.057	−0.065	−0.073	−0.080	−0.086	−0.092
1.7	−0.001	−0.002	−0.004	−0.006	−0.008	−0.020	−0.038	−0.044	−0.050	−0.056	−0.061	−0.067	−0.071
1.8	0.001	−0.002	−0.003	−0.005	−0.006	−0.016	−0.030	−0.035	−0.040	−0.044	−0.049	−0.053	−0.057
1.9	0.001	−0.001	−0.003	−0.004	−0.005	−0.013	−0.024	−0.028	−0.032	−0.036	−0.039	−0.043	−0.046
2	0.000	−0.001	−0.002	−0.003	−0.004	−0.010	−0.019	−0.023	−0.026	−0.029	−0.032	−0.035	−0.038
2.25	0.000	−0.001	−0.001	−0.002	−0.003	−0.007	−0.013	−0.015	−0.017	−0.019	−0.021	−0.023	−0.025
2.5	0.000	0.000	−0.001	−0.001	−0.002	−0.005	−0.009	−0.010	−0.012	−0.014	−0.015	−0.017	−0.018
2.75	0.000	0.000	−0.001	−0.001	−0.001	−0.003	−0.007	−0.008	−0.009	−0.010	−0.012	−0.013	−0.014
3	0.000	0.000	−0.001	−0.001	−0.001	−0.003	−0.005	−0.006	−0.007	−0.008	−0.009	−0.010	−0.011
3.5	0.000	0.000	0.000	−0.001	−0.001	−0.002	−0.004	−0.004	−0.005	−0.006	−0.007	−0.007	−0.008
4	0.000	0.000	0.000	0.000	−0.001	−0.001	−0.003	−0.003	−0.004	−0.005	−0.005	−0.006	−0.006
5	0.000	0.000	0.000	0.000	0.000	−0.001	−0.002	−0.002	−0.003	−0.003	−0.004	−0.004	−0.004

T_r	P_r 1.2	1.3	1.4	1.5	1.75	2	2.5	3	4	5	7.5	10
0.3	−16.559	−16.540	−16.521	−16.501	−16.453	−16.405	−16.310	−16.214	−16.025	−15.838	−15.377	−14.927
0.35	−15.248	−15.234	−15.221	−15.208	−15.175	−15.142	−15.077	−15.012	−14.884	−14.757	−14.450	−14.154
0.4	−13.876	−13.867	−13.858	−13.848	−13.825	−13.803	−13.757	−13.713	−13.626	−13.540	−13.337	−13.144
0.45	−12.481	−12.475	−12.468	−12.461	−12.445	−12.429	−12.398	−12.367	−12.308	−12.251	−12.119	−11.998
0.5	−11.142	−11.137	−11.132	−11.128	−11.116	−11.105	−11.083	−11.063	−11.023	−10.986	−10.905	−10.836
0.55	−9.907	−9.903	−9.900	−9.897	−9.889	−9.881	−9.866	−9.853	−9.828	−9.806	−9.763	−9.732
0.6	−8.795	−8.793	−8.790	−8.788	−8.783	−8.777	−8.768	−8.759	−8.746	−8.735	−8.721	−8.720
0.65	−7.807	−7.805	−7.803	−7.801	−7.798	−7.794	−7.789	−7.784	−7.779	−7.778	−7.788	−7.811
0.7	−6.930	−6.929	−6.928	−6.926	−6.924	−6.922	−6.919	−6.919	−6.921	−6.928	−6.959	−7.002
0.75	−6.152	−6.151	−6.150	−6.149	−6.147	−6.146	−6.147	−6.149	−6.159	−6.174	−6.224	−6.285
0.8	−5.455	−5.454	−5.453	−5.452	−5.452	−5.452	−5.455	−5.461	−5.478	−5.501	−5.570	−5.648
0.85	−4.822	−4.821	−4.820	−4.820	−4.820	−4.822	−4.828	−4.839	−4.866	−4.898	−4.988	−5.083
0.9	−4.232	−4.231	−4.230	−4.230	−4.232	−4.236	−4.250	−4.267	−4.307	−4.351	−4.465	−4.578
0.93	−3.885	−3.883	−3.883	−3.883	−3.888	−3.896	−3.917	−3.941	−3.993	−4.046	−4.177	−4.300
0.95	−3.647	−3.646	−3.646	−3.648	−3.657	−3.669	−3.697	−3.728	−3.790	−3.851	−3.994	−4.125
0.97	−3.391	−3.392	−3.396	−3.401	−3.418	−3.437	−3.477	−3.517	−3.592	−3.661	−3.818	−3.957
0.98	−3.247	−3.252	−3.259	−3.268	−3.293	−3.318	−3.366	−3.412	−3.494	−3.569	−3.732	−3.875
0.99	−3.082	−3.096	−3.111	−3.126	−3.162	−3.195	−3.254	−3.306	−3.397	−3.477	−3.648	−3.795
1	−2.868	−2.908	−2.940	−2.967	−3.022	−3.067	−3.140	−3.200	−3.301	−3.387	−3.565	−3.717
1.01	−2.513	−2.657	−2.732	−2.784	−2.871	−2.933	−3.024	−3.094	−3.206	−3.297	−3.484	−3.640
1.02	−1.655	−2.246	−2.450	−2.557	−2.703	−2.790	−2.904	−2.986	−3.110	−3.209	−3.405	−3.565
1.03	−0.927	−1.567	−2.031	−2.259	−2.512	−2.636	−2.781	−2.878	−3.016	−3.121	−3.326	−3.492
1.05	−0.831	−0.800	−1.073	−1.443	−2.030	−2.283	−2.522	−2.655	−2.827	−2.949	−3.174	−3.348
1.1	−0.640	−0.639	−0.620	−0.618	−0.857	−1.241	−1.786	−2.067	−2.360	−2.534	−2.814	−3.013
1.15	−0.489	−0.502	−0.506	−0.502	−0.518	−0.654	−1.100	−1.471	−1.900	−2.138	−2.483	−2.708
1.2	−0.385	−0.399	−0.408	−0.412	−0.415	−0.447	−0.680	−0.991	−1.473	−1.767	−2.178	−2.430
1.3	−0.254	−0.265	−0.275	−0.282	−0.292	−0.300	−0.351	−0.481	−0.835	−1.147	−1.646	−1.944
1.4	−0.178	−0.186	−0.194	−0.200	−0.212	−0.220	−0.240	−0.290	−0.488	−0.730	−1.220	−1.544
1.5	−0.130	−0.136	−0.142	−0.147	−0.158	−0.166	−0.181	−0.206	−0.315	−0.479	−0.900	−1.222
1.6	−0.098	−0.103	−0.108	−0.112	−0.121	−0.129	−0.142	−0.159	−0.224	−0.334	−0.671	−0.969
1.7	−0.076	−0.080	−0.084	−0.087	−0.095	−0.102	−0.114	−0.127	−0.173	−0.248	−0.511	−0.775
1.8	−0.060	−0.064	−0.067	−0.070	−0.077	−0.083	−0.094	−0.105	−0.140	−0.195	−0.401	−0.628
1.9	−0.049	−0.052	−0.054	−0.057	−0.063	−0.069	−0.079	−0.089	−0.117	−0.160	−0.323	−0.518
2	−0.040	−0.043	−0.045	−0.048	−0.053	−0.058	−0.067	−0.077	−0.101	−0.136	−0.269	−0.434
2.25	−0.027	−0.029	−0.031	−0.032	−0.036	−0.040	−0.048	−0.056	−0.075	−0.100	−0.187	−0.302
2.5	−0.020	−0.021	−0.022	−0.024	−0.027	−0.031	−0.037	−0.044	−0.060	−0.080	−0.145	−0.230
2.75	−0.015	−0.016	−0.017	−0.019	−0.021	−0.024	−0.030	−0.037	−0.050	−0.067	−0.120	−0.187
3	−0.012	−0.013	−0.014	−0.015	−0.018	−0.020	−0.026	−0.031	−0.044	−0.058	−0.103	−0.158
3.5	−0.009	−0.010	−0.010	−0.011	−0.013	−0.015	−0.019	−0.024	−0.034	−0.046	−0.081	−0.122
4	−0.007	−0.008	−0.008	−0.009	−0.010	−0.012	−0.016	−0.020	−0.028	−0.038	−0.066	−0.100
5	−0.005	−0.005	−0.006	−0.006	−0.007	−0.009	−0.011	−0.014	−0.020	−0.028	−0.048	−0.073

표 C.7 $[\varphi^{(0)}]$의 값

T_r	P_r 0.01	0.025	0.05	0.075	0.1	0.25	0.5	0.6	0.7	0.8	0.9	1	1.1
0.3	−3.708	−4.104	−4.402	−4.575	−4.697	−5.076	−5.346	−5.412	−5.467	−5.512	−5.551	−5.584	−5.613
0.35	−2.472	−2.868	−3.166	−3.339	−3.461	−3.842	−4.115	−4.183	−4.239	−4.285	−4.325	−4.359	−4.390
0.4	−1.566	−1.962	−2.261	−2.434	−2.557	−2.939	−3.214	−3.283	−3.340	−3.387	−3.428	−3.464	−3.495
0.45	−0.879	−1.276	−1.574	−1.748	−1.871	−2.254	−2.531	−2.601	−2.658	−2.707	−2.748	−2.784	−2.816
0.5	−0.344	−0.741	−1.040	−1.214	−1.336	−1.721	−1.999	−2.070	−2.128	−2.177	−2.219	−2.256	−2.288
0.55	−0.008	−0.315	−0.614	−0.788	−0.911	−1.296	−1.576	−1.647	−1.705	−1.755	−1.798	−1.835	−1.868
0.6	−0.007	−0.016	−0.269	−0.443	−0.566	−0.952	−1.233	−1.304	−1.363	−1.413	−1.456	−1.494	−1.527
0.65	−0.005	−0.013	−0.026	−0.160	−0.283	−0.670	−0.951	−1.023	−1.082	−1.132	−1.176	−1.214	−1.248
0.7	−0.004	−0.010	−0.021	−0.032	−0.043	−0.435	−0.717	−0.789	−0.848	−0.899	−0.942	−0.981	−1.015
0.75	−0.003	−0.009	−0.017	−0.026	−0.035	−0.237	−0.520	−0.592	−0.652	−0.703	−0.746	−0.785	−0.819
0.8	−0.003	−0.007	−0.014	−0.021	−0.029	−0.076	−0.354	−0.426	−0.486	−0.537	−0.581	−0.619	−0.654
0.85	−0.002	−0.006	−0.012	−0.018	−0.024	−0.062	−0.213	−0.285	−0.345	−0.396	−0.440	−0.479	−0.513
0.9	−0.002	−0.005	−0.010	−0.015	−0.020	−0.052	−0.111	−0.166	−0.225	−0.276	−0.320	−0.359	−0.393
0.93	−0.002	−0.005	−0.009	−0.014	−0.018	−0.047	−0.099	−0.122	−0.163	−0.214	−0.258	−0.296	−0.330
0.95	−0.002	−0.004	−0.008	−0.013	−0.017	−0.044	−0.092	−0.113	−0.136	−0.176	−0.220	−0.258	−0.292
0.97	−0.002	−0.004	−0.008	−0.012	−0.016	−0.041	−0.086	−0.105	−0.126	−0.148	−0.185	−0.223	−0.256
0.98	−0.002	−0.004	−0.008	−0.012	−0.016	−0.040	−0.083	−0.101	−0.121	−0.142	−0.168	−0.206	−0.240
0.99	−0.001	−0.004	−0.007	−0.011	−0.015	−0.038	−0.080	−0.098	−0.117	−0.137	−0.159	−0.191	−0.224
1	−0.001	−0.004	−0.007	−0.011	−0.015	−0.037	−0.077	−0.095	−0.113	−0.132	−0.152	−0.176	−0.209
1.01	−0.001	−0.004	−0.007	−0.011	−0.014	−0.036	−0.075	−0.091	−0.109	−0.127	−0.146	−0.168	−0.195
1.02	−0.001	−0.003	−0.007	−0.010	−0.014	−0.035	−0.073	−0.088	−0.105	−0.122	−0.141	−0.161	−0.184
1.03	−0.001	−0.003	−0.007	−0.010	−0.013	−0.034	−0.070	−0.086	−0.101	−0.118	−0.136	−0.154	−0.175
1.05	−0.001	−0.003	−0.006	−0.009	−0.013	−0.032	−0.066	−0.080	−0.095	−0.110	−0.126	−0.143	−0.161
1.1	−0.001	−0.003	−0.005	−0.008	−0.011	−0.028	−0.057	−0.069	−0.081	−0.093	−0.106	−0.120	−0.133
1.15	−0.001	−0.002	−0.005	−0.007	−0.009	−0.024	−0.049	−0.059	−0.069	−0.080	−0.091	−0.102	−0.113
1.2	−0.001	−0.002	−0.004	−0.006	−0.008	−0.021	−0.042	−0.051	−0.060	−0.069	−0.078	−0.088	−0.097
1.3	−0.001	−0.002	−0.003	−0.005	−0.006	−0.016	−0.033	−0.039	−0.046	−0.052	−0.059	−0.066	−0.073
1.4	−0.001	−0.001	−0.003	−0.004	−0.005	−0.013	−0.025	−0.030	−0.035	−0.040	−0.046	−0.051	−0.056
1.5	0.000	−0.001	−0.002	−0.003	−0.004	−0.010	−0.020	−0.024	−0.028	−0.032	−0.035	−0.039	−0.043
1.6	0.000	−0.001	−0.002	−0.002	−0.003	−0.008	−0.016	−0.019	−0.022	−0.025	−0.028	−0.031	−0.034
1.7	0.000	−0.001	−0.001	−0.002	−0.002	−0.006	−0.012	−0.015	−0.017	−0.020	−0.022	−0.024	−0.027
1.8	0.000	0.000	−0.001	−0.001	−0.002	−0.005	−0.010	−0.012	−0.014	−0.015	−0.017	−0.019	−0.021
1.9	0.000	0.000	−0.001	−0.001	−0.002	−0.004	−0.008	−0.009	−0.011	−0.012	−0.014	−0.015	−0.016
2	0.000	0.000	−0.001	−0.001	−0.001	−0.003	−0.006	−0.007	−0.008	−0.009	−0.011	−0.012	−0.013
2.25	0.000	0.000	0.000	0.000	−0.001	−0.002	−0.003	−0.004	−0.004	−0.005	−0.005	−0.006	−0.006
2.5	0.000	0.000	0.000	0.000	0.000	−0.001	−0.001	−0.001	−0.002	−0.002	−0.002	−0.002	−0.002
2.75	0.000	0.000	0.000	0.000	0.000	0.000	0.000	0.000	0.000	0.000	0.000	0.000	0.001
3	0.000	0.000	0.000	0.000	0.000	0.000	0.001	0.001	0.001	0.002	0.002	0.002	0.002
3.5	0.000	0.000	0.000	0.000	0.000	0.001	0.002	0.002	0.003	0.003	0.003	0.004	0.004
4	0.000	0.000	0.000	0.000	0.000	0.001	0.002	0.003	0.003	0.004	0.004	0.005	0.005
5	0.000	0.000	0.000	0.000	0.001	0.001	0.003	0.003	0.004	0.004	0.005	0.005	0.006

표 C.7 [$\varphi^{(0)}$]의 값

T_r	P_r 1.2	1.3	1.4	1.5	1.75	2	2.5	3	4	5	7.5	10
0.3	−5.638	−5.660	−5.680	−5.697	−5.733	−5.759	−5.793	−5.810	−5.810	−5.782	−5.647	−5.462
0.35	−4.416	−4.440	−4.460	−4.479	−4.518	−4.548	−4.588	−4.611	−4.623	−4.608	−4.505	−4.352
0.4	−3.522	−3.546	−3.568	−3.588	−3.629	−3.661	−3.707	−3.735	−3.757	−3.752	−3.673	−3.545
0.45	−2.845	−2.870	−2.892	−2.913	−2.956	−2.990	−3.039	−3.071	−3.101	−3.104	−3.046	−2.938
0.5	−2.317	−2.343	−2.366	−2.387	−2.432	−2.468	−2.520	−2.555	−2.592	−2.601	−2.559	−2.468
0.55	−1.897	−1.924	−1.947	−1.969	−2.015	−2.052	−2.107	−2.145	−2.187	−2.201	−2.173	−2.095
0.6	−1.557	−1.584	−1.608	−1.630	−1.677	−1.715	−1.773	−1.812	−1.859	−1.878	−1.861	−1.795
0.65	−1.278	−1.305	−1.329	−1.352	−1.400	−1.439	−1.498	−1.539	−1.589	−1.612	−1.604	−1.549
0.7	−1.045	−1.073	−1.097	−1.120	−1.169	−1.208	−1.269	−1.312	−1.365	−1.391	−1.391	−1.344
0.75	−0.850	−0.877	−0.902	−0.925	−0.974	−1.015	−1.076	−1.121	−1.176	−1.204	−1.212	−1.172
0.8	−0.684	−0.712	−0.737	−0.760	−0.810	−0.851	−0.913	−0.958	−1.016	−1.046	−1.060	−1.026
0.85	−0.544	−0.572	−0.597	−0.620	−0.670	−0.711	−0.774	−0.820	−0.879	−0.911	−0.929	−0.901
0.9	−0.424	−0.452	−0.477	−0.500	−0.550	−0.591	−0.654	−0.700	−0.761	−0.794	−0.817	−0.793
0.93	−0.361	−0.389	−0.414	−0.437	−0.486	−0.527	−0.591	−0.637	−0.698	−0.732	−0.756	−0.735
0.95	−0.322	−0.350	−0.375	−0.398	−0.447	−0.488	−0.552	−0.598	−0.659	−0.693	−0.719	−0.699
0.97	−0.287	−0.314	−0.339	−0.362	−0.411	−0.452	−0.515	−0.561	−0.622	−0.657	−0.683	−0.665
0.98	−0.270	−0.297	−0.322	−0.344	−0.393	−0.434	−0.497	−0.543	−0.604	−0.639	−0.666	−0.649
0.99	−0.254	−0.281	−0.305	−0.328	−0.377	−0.417	−0.480	−0.526	−0.587	−0.622	−0.650	−0.633
1	−0.238	−0.265	−0.289	−0.312	−0.360	−0.401	−0.463	−0.509	−0.570	−0.605	−0.634	−0.617
1.01	−0.224	−0.250	−0.274	−0.297	−0.345	−0.385	−0.447	−0.493	−0.554	−0.589	−0.618	−0.602
1.02	−0.210	−0.236	−0.260	−0.282	−0.330	−0.370	−0.432	−0.477	−0.538	−0.573	−0.603	−0.588
1.03	−0.199	−0.223	−0.246	−0.268	−0.315	−0.355	−0.417	−0.462	−0.523	−0.558	−0.588	−0.573
1.05	−0.180	−0.201	−0.222	−0.242	−0.288	−0.327	−0.388	−0.433	−0.493	−0.529	−0.559	−0.546
1.1	−0.148	−0.163	−0.178	−0.193	−0.232	−0.267	−0.324	−0.368	−0.427	−0.462	−0.493	−0.482
1.15	−0.125	−0.136	−0.148	−0.160	−0.191	−0.220	−0.272	−0.312	−0.369	−0.403	−0.435	−0.426
1.2	−0.106	−0.116	−0.126	−0.135	−0.160	−0.184	−0.229	−0.266	−0.319	−0.352	−0.384	−0.377
1.3	−0.080	−0.086	−0.093	−0.100	−0.117	−0.134	−0.167	−0.195	−0.239	−0.269	−0.299	−0.293
1.4	−0.061	−0.066	−0.071	−0.076	−0.089	−0.101	−0.125	−0.146	−0.181	−0.205	−0.231	−0.226
1.5	−0.047	−0.051	−0.055	−0.059	−0.068	−0.077	−0.095	−0.111	−0.138	−0.157	−0.178	−0.173
1.6	−0.037	−0.040	−0.043	−0.046	−0.053	−0.060	−0.073	−0.085	−0.105	−0.120	−0.136	−0.129
1.7	−0.029	−0.031	−0.033	−0.036	−0.041	−0.046	−0.056	−0.065	−0.081	−0.092	−0.102	−0.094
1.8	−0.023	−0.024	−0.026	−0.028	−0.032	−0.036	−0.044	−0.050	−0.061	−0.069	−0.075	−0.066
1.9	−0.018	−0.019	−0.020	−0.022	−0.025	−0.028	−0.033	−0.038	−0.046	−0.052	−0.054	−0.043
2	−0.014	−0.015	−0.016	−0.017	−0.019	−0.021	−0.025	−0.029	−0.034	−0.037	−0.036	−0.024
2.25	−0.007	−0.007	−0.008	−0.008	−0.009	−0.010	−0.011	−0.012	−0.013	−0.013	−0.005	0.010
2.5	−0.002	−0.002	−0.002	−0.002	−0.003	−0.003	−0.003	−0.002	0.000	0.003	0.014	0.031
2.75	0.001	0.001	0.001	0.001	0.001	0.002	0.003	0.004	0.008	0.012	0.026	0.044
3	0.003	0.003	0.003	0.003	0.004	0.005	0.007	0.009	0.013	0.018	0.034	0.053
3.5	0.005	0.005	0.006	0.006	0.007	0.008	0.011	0.013	0.019	0.025	0.042	0.061
4	0.006	0.006	0.007	0.007	0.009	0.010	0.013	0.016	0.022	0.028	0.045	0.064
5	0.006	0.007	0.007	0.008	0.009	0.011	0.014	0.016	0.022	0.029	0.045	0.062

표 C.8 $[\varphi^{(1)}]^*$의 값

T_r	P_r 0.01	0.025	0.05	0.075	0.1	0.25	0.5	0.6	0.7	0.8	0.9	1	1.1
0.3	−8.779	−8.779	−8.780	−8.781	−8.782	−8.787	−8.796	−8.799	−8.803	−8.806	−8.810	−8.813	−8.817
0.35	−6.526	−6.527	−6.528	−6.529	−6.530	−6.536	−6.546	−6.550	−6.554	−6.558	−6.562	−6.566	−6.570
0.4	−4.912	−4.913	−4.914	−4.915	−4.916	−4.922	−4.932	−4.936	−4.941	−4.945	−4.949	−4.953	−4.957
0.45	−3.726	−3.726	−3.727	−3.728	−3.729	−3.736	−3.746	−3.750	−3.754	−3.758	−3.762	−3.766	−3.770
0.5	−2.838	−2.838	−2.839	−2.840	−2.841	−2.847	−2.857	−2.861	−2.865	−2.868	−2.872	−2.876	−2.880
0.55	−0.013	−2.163	−2.164	−2.165	−2.166	−2.171	−2.181	−2.184	−2.188	−2.192	−2.196	−2.199	−2.203
0.6	−0.009	−0.023	−1.644	−1.645	−1.646	−1.651	−1.660	−1.664	−1.667	−1.671	−1.674	−1.678	−1.681
0.65	−0.006	−0.015	−0.031	−1.241	−1.241	−1.247	−1.255	−1.258	−1.262	−1.265	−1.268	−1.272	−1.275
0.7	−0.004	−0.010	−0.021	−0.032	−0.044	−0.929	−0.937	−0.940	−0.943	−0.946	−0.949	−0.952	−0.955
0.75	−0.003	−0.007	−0.014	−0.022	−0.030	−0.677	−0.685	−0.688	−0.691	−0.694	−0.697	−0.700	−0.703
0.8	−0.002	−0.005	−0.010	−0.015	−0.020	−0.056	−0.484	−0.487	−0.490	−0.493	−0.496	−0.498	−0.501
0.85	−0.001	−0.003	−0.006	−0.010	−0.013	−0.036	−0.324	−0.327	−0.330	−0.332	−0.335	−0.338	−0.341
0.9	−0.001	−0.002	−0.004	−0.006	−0.009	−0.023	−0.053	−0.199	−0.202	−0.204	−0.207	−0.210	−0.212
0.93	−0.001	−0.002	−0.003	−0.005	−0.007	−0.017	−0.037	−0.048	−0.138	−0.141	−0.143	−0.146	−0.149
0.95	−0.001	−0.001	−0.003	−0.004	−0.005	−0.014	−0.030	−0.037	−0.046	−0.103	−0.106	−0.108	−0.111
0.97	0.000	−0.001	−0.002	−0.003	−0.004	−0.011	−0.023	−0.029	−0.034	−0.042	−0.072	−0.075	−0.077
0.98	0.000	−0.001	−0.002	−0.003	−0.004	−0.010	−0.020	−0.025	−0.030	−0.035	−0.056	−0.059	−0.062
0.99	0.000	−0.001	−0.002	−0.003	−0.003	−0.009	−0.018	−0.021	−0.025	−0.030	−0.034	−0.044	−0.047
1	0.000	−0.001	−0.001	−0.002	−0.003	−0.008	−0.015	−0.018	−0.022	−0.025	−0.028	−0.031	−0.034
1.01	0.000	−0.001	−0.001	−0.002	−0.003	−0.007	−0.013	−0.016	−0.018	−0.021	−0.023	−0.024	−0.023
1.02	0.000	−0.001	−0.001	−0.002	−0.002	−0.006	−0.011	−0.013	−0.015	−0.017	−0.018	−0.019	−0.018
1.03	0.000	0.000	−0.001	−0.001	−0.002	−0.005	−0.009	−0.011	−0.012	−0.013	−0.014	−0.014	−0.013
1.05	0.000	0.000	−0.001	−0.001	−0.001	−0.003	−0.006	−0.006	−0.007	−0.007	−0.007	−0.007	−0.005
1.1	0.000	0.000	0.000	0.000	0.000	0.000	0.001	0.002	0.003	0.004	0.005	0.007	0.009
1.15	0.000	0.000	0.000	0.001	0.001	0.003	0.006	0.008	0.009	0.011	0.014	0.016	0.019
1.2	0.000	0.000	0.001	0.001	0.002	0.004	0.009	0.012	0.014	0.017	0.020	0.023	0.026
1.3	0.000	0.001	0.001	0.002	0.003	0.007	0.014	0.017	0.020	0.023	0.027	0.030	0.034
1.4	0.000	0.001	0.002	0.002	0.003	0.008	0.016	0.020	0.023	0.027	0.030	0.034	0.038
1.5	0.000	0.001	0.002	0.003	0.003	0.008	0.017	0.021	0.024	0.028	0.032	0.036	0.039
1.6	0.000	0.001	0.002	0.003	0.003	0.009	0.018	0.021	0.025	0.029	0.032	0.036	0.040
1.7	0.000	0.001	0.002	0.003	0.004	0.009	0.018	0.021	0.025	0.029	0.032	0.036	0.039
1.8	0.000	0.001	0.002	0.003	0.003	0.009	0.018	0.021	0.025	0.028	0.032	0.035	0.039
1.9	0.000	0.001	0.002	0.003	0.003	0.009	0.017	0.021	0.024	0.028	0.031	0.034	0.038
2	0.000	0.001	0.002	0.003	0.003	0.008	0.017	0.020	0.024	0.027	0.030	0.034	0.037
2.25	0.000	0.001	0.002	0.002	0.003	0.008	0.016	0.019	0.022	0.025	0.028	0.031	0.034
2.5	0.000	0.001	0.001	0.002	0.003	0.007	0.015	0.018	0.020	0.023	0.026	0.029	0.032
2.75	0.000	0.001	0.001	0.002	0.003	0.007	0.014	0.016	0.019	0.022	0.024	0.027	0.030
3	0.000	0.001	0.001	0.002	0.003	0.006	0.013	0.015	0.018	0.020	0.023	0.025	0.028
3.5	0.000	0.001	0.001	0.002	0.002	0.006	0.011	0.013	0.016	0.018	0.020	0.022	0.024
4	0.000	0.001	0.001	0.001	0.002	0.005	0.010	0.012	0.014	0.016	0.018	0.020	0.022
5	0.000	0.000	0.001	0.001	0.002	0.004	0.008	0.010	0.011	0.013	0.015	0.016	0.018

*Many of these values have a different last decimal place from those published by Lee–Kesler.

표 C.8 $[\varphi^{(1)}]^*$의 값

T_r	P_r 1.2	1.3	1.4	1.5	1.75	2	2.5	3	4	5	7.5	10
0.3	−8.820	−8.824	−8.827	−8.831	−8.840	−8.848	−8.866	−8.883	−8.918	−8.953	−9.039	−9.126
0.35	−6.574	−6.578	−6.582	−6.586	−6.596	−6.606	−6.625	−6.645	−6.685	−6.724	−6.822	−6.919
0.4	−4.961	−4.965	−4.969	−4.973	−4.984	−4.994	−5.014	−5.034	−5.075	−5.115	−5.214	−5.312
0.45	−3.774	−3.778	−3.782	−3.786	−3.796	−3.806	−3.826	−3.846	−3.885	−3.924	−4.020	−4.115
0.5	−2.884	−2.888	−2.892	−2.896	−2.905	−2.915	−2.934	−2.953	−2.990	−3.027	−3.119	−3.208
0.55	−2.207	−2.210	−2.214	−2.218	−2.227	−2.236	−2.254	−2.272	−2.307	−2.342	−2.427	−2.510
0.6	−1.685	−1.688	−1.692	−1.695	−1.704	−1.712	−1.729	−1.746	−1.779	−1.812	−1.891	−1.967
0.65	−1.278	−1.281	−1.285	−1.288	−1.296	−1.304	−1.320	−1.336	−1.367	−1.397	−1.470	−1.540
0.7	−0.959	−0.962	−0.965	−0.968	−0.975	−0.983	−0.998	−1.013	−1.041	−1.069	−1.137	−1.201
0.75	−0.705	−0.708	−0.711	−0.714	−0.721	−0.728	−0.742	−0.756	−0.783	−0.809	−0.870	−0.929
0.8	−0.504	−0.507	−0.510	−0.512	−0.519	−0.526	−0.539	−0.551	−0.576	−0.600	−0.656	−0.709
0.85	−0.343	−0.346	−0.348	−0.351	−0.357	−0.364	−0.376	−0.388	−0.410	−0.432	−0.483	−0.530
0.9	−0.215	−0.217	−0.220	−0.222	−0.228	−0.234	−0.245	−0.256	−0.277	−0.296	−0.342	−0.384
0.93	−0.151	−0.154	−0.156	−0.158	−0.164	−0.170	−0.180	−0.191	−0.210	−0.228	−0.270	−0.310
0.95	−0.114	−0.116	−0.118	−0.121	−0.126	−0.132	−0.142	−0.151	−0.170	−0.187	−0.227	−0.265
0.97	−0.080	−0.082	−0.084	−0.087	−0.092	−0.097	−0.107	−0.116	−0.133	−0.150	−0.188	−0.223
0.98	−0.064	−0.067	−0.069	−0.071	−0.076	−0.081	−0.090	−0.099	−0.116	−0.132	−0.169	−0.203
0.99	−0.050	−0.052	−0.054	−0.056	−0.061	−0.066	−0.075	−0.084	−0.100	−0.115	−0.151	−0.184
1	−0.036	−0.038	−0.040	−0.042	−0.047	−0.052	−0.060	−0.069	−0.084	−0.099	−0.134	−0.166
1.01	−0.024	−0.026	−0.028	−0.030	−0.034	−0.038	−0.047	−0.054	−0.069	−0.084	−0.117	−0.149
1.02	−0.015	−0.015	−0.016	−0.018	−0.022	−0.026	−0.033	−0.041	−0.055	−0.069	−0.102	−0.132
1.03	−0.010	−0.007	−0.007	−0.008	−0.011	−0.014	−0.021	−0.028	−0.042	−0.055	−0.086	−0.116
1.05	−0.002	0.002	0.006	0.008	0.009	0.007	0.001	−0.005	−0.017	−0.029	−0.058	−0.085
1.1	0.012	0.016	0.020	0.025	0.035	0.041	0.044	0.042	0.035	0.026	0.004	−0.019
1.15	0.022	0.026	0.030	0.034	0.046	0.056	0.069	0.074	0.074	0.069	0.054	0.036
1.2	0.029	0.033	0.037	0.041	0.052	0.064	0.082	0.093	0.101	0.102	0.093	0.081
1.3	0.038	0.041	0.045	0.049	0.060	0.071	0.091	0.109	0.131	0.142	0.150	0.148
1.4	0.041	0.045	0.049	0.053	0.063	0.074	0.094	0.112	0.141	0.161	0.183	0.191
1.5	0.043	0.047	0.051	0.055	0.064	0.074	0.094	0.112	0.143	0.167	0.202	0.218
1.6	0.043	0.047	0.051	0.055	0.064	0.074	0.092	0.110	0.142	0.167	0.210	0.234
1.7	0.043	0.047	0.050	0.054	0.063	0.072	0.090	0.107	0.138	0.165	0.213	0.242
1.8	0.042	0.046	0.049	0.053	0.062	0.070	0.087	0.104	0.134	0.161	0.212	0.246
1.9	0.041	0.045	0.048	0.052	0.060	0.068	0.085	0.101	0.130	0.157	0.209	0.246
2	0.040	0.044	0.047	0.050	0.058	0.066	0.082	0.097	0.126	0.152	0.205	0.244
2.25	0.037	0.040	0.043	0.046	0.054	0.061	0.076	0.090	0.116	0.141	0.193	0.234
2.5	0.035	0.037	0.040	0.043	0.050	0.057	0.070	0.083	0.108	0.130	0.181	0.222
2.75	0.032	0.035	0.037	0.040	0.046	0.053	0.065	0.077	0.100	0.121	0.169	0.210
3	0.030	0.032	0.035	0.037	0.043	0.049	0.061	0.072	0.093	0.114	0.159	0.199
3.5	0.026	0.028	0.031	0.033	0.038	0.043	0.053	0.063	0.082	0.101	0.142	0.179
4	0.023	0.025	0.027	0.029	0.034	0.038	0.048	0.057	0.074	0.090	0.128	0.163
5	0.019	0.021	0.022	0.024	0.028	0.032	0.039	0.047	0.061	0.075	0.108	0.138

부록 D

단위계

Unit System

가장 일반적으로 사용하는 단위계는 SI라고 불리는 국제 단위계(SI, Systeme Internationale)이다. SI 단위계는 *m*, *s*, *kg*, *kgmol*, *K*, *amp*, *cd* 총 7개의 *기본 차원*(primary dimension)을 사용한다. 이들은 표 D.1.을 참조하자. 이러한 기본 차원들은 각각 측정될 수 있는 값으로 정의되어 있다. 예를 들면, 길이의 단위인 미터는 ^{86}Kr의 스펙트럼 방출의 1,650,763.73번의 파장의 길이로 정의된 것이다. 또한, 측정된 값을 바탕으로 한 1차원 단위들로써, *2차원 단위*들이 파생되어 나오는데, 이들을 'SI 단위(SI unit)'라 명명한다. 앞으로 우리가 엔지니어로서 보게 될 여러 단위계들이 있다. 표 D.1은 이러한 일반적인 열역학적 변수의 단위들을 SI, CGS, 영어 단위 등의 3개의 단위계로 표시한 것이다.

표 D.1 열역학에 일반적으로 사용되는 변수와 그 단위

변수	SI 단위	SI 단위 차원	CGS 단위	영어 단위
길이	meter [m]	M	centimeter [cm]	foot [ft]
시간	second [s]	S	second [s]	second [s]
질량	kilogram [kg]	kg	gram [g]	pound mass [lb_m] or slug [sl]
몰	kgmole	kgmol	gmole	lb mole
온도				
절대	Kelvin [K]	K	Kelvin [K]	Rankine [°R]
상대	Celsius [°C]		Celsius [°C]	Fahrenheit [°F]
힘	newton [N]	kgm/s^2	dyne [dyne]	pound force [lb_F]
에너지	joule	kgm^2/s^2	erg	foot pound [ft lb_F] or British Thermal Unit [BTU]
압력	pascal [Pa]	kg/ms^2	$dyne/cm^2$	pound force per square inch [PSI]
동력	watt [W]	kgm^2/s^3	erg/s	ft lb_f /s BTU/s
농도		$kgmol/m^3$	$gmol/cm^3$	$lbmol/ft^3$
밀도		kg/m^3	g/cm^3	lb/ft^3

대부분의 경우 SI 단위계와 CGS 단위계의 단위는 상호 변환하기 쉽다. 예를 들면, 뉴턴 제2법칙에서 나오는 '힘(F)'의 경우, 두 단위계에서 공통적으로 무게(m)과 가속도(a)의 곱으로서 구할 수 있다.

$$F = ma \quad \text{SI 또는 CGS 단위} \tag{D.1}$$

표 D.1에서 힘의 기본적인 단위는 SI 단위계에서 1 [N] = 1 [kg m/s^2]으로서 정의됨을 알 수 있다. CGS 단위계에서도 유사하게, 1 [dyne] = 1 [g cm/s^2]로 정의된다. 그러나 전자기적인 단위에서 두 단위계의 상호 변환은 쉽지 않다. 자연에서의 물리 법칙은 그 형태를 바꿀 수 있다. 예를 들자면, 제4장에서 소개된 Coulomb의 법칙은 어떤 단위계를 사용하는가에 따라 그 형식이 다르다. SI 단위계에서는 우리는 식 (D.2)를 사용하지만,

$$F_{12} = \frac{Q_1 Q_2}{4\pi\varepsilon_0 r^2} \quad \text{SI 단위} \tag{D.2}$$

CGS 단위계에서는 더 단순한 형태를 띈다.

$$F_{12} = \frac{Q_1 Q_2}{r^2} \quad \text{CGS 단위} \tag{D.3}$$

분자를 끌어당기는 힘은 주로 전기적 상호작용에 의해 발생한다. 여기서 전자기적 측정치를 이용할 때 SI, CGS 단위계 사이에 나타나는 차이에 대해 탐구해 보도록 하자. 이러한 차이는 이 단위들이 어떻게 정의되어 있는지, 그리고 위의 기본 식들이 어떠한 차이를 이끌어 내는지에 그 바탕을 둔다. 이러한 차이들을 이해하고 이를 전제로 사용함으로써 전자기적 특징을 가진 포함하는 값을 계산할 때에 발생할 실수를 줄일 수 있다. 우리는 CGS 단위가 도입된 전기학과 자기학의 단위와는 구분이 되게 *Gaussian*으로서의 CGS 단위 체계를 명시하고자 한다.

전자기학적으로 Gaussian 단위계는 SI 단위계보다 더 간단하고 교육하기 좋다. 그러므로 다른 장에서는 SI 단위계를 사용함과 달리 제4장에서는 전기적 특징과 열역학적 특성을 관련지어 생각할 때 Gaussian 단위계를 이용할 것이다.

자연계에서 기본적인 힘으로 전기 그리고 자기력 2가지가 있다. 전기력은 식 (D.4)에 쓰여진 Coulomb의 법칙을 바탕으로 한다.

$$F_{12} = k_E \frac{Q_1 Q_2}{r_2} \tag{D.4}$$

k_E는 비례상수이다. 이와 유사하게 전류를 통하는 2개의 와이어 I_1, I_2 사이의 단위 길이 당 자기력 f는 식 (D.5)로 알 수 있다.

$$f_{12} = 2k_M \frac{I_1 I_2}{r} \tag{D.5}$$

k_M은 비례 상수이다. 두 비례상수 k_M 그리고 k_E로서 계의 단위가 결정된다. 예를 들면, 위의 식 (D.4)와 (D.5)에서 두 비례상수는 각각의 식의 우변 항에서 힘의 단위로서 전하 혹은 전류의 단위와 관련되어 있다. 나아가 두 비례상수의 비는 값이 고정되어 있고, 이는 물리법칙에 따른다.

$$\frac{k_E}{k_M} = c^2 \tag{D.6}$$

여기서 c는 빛의 속도이다. SI, CGS(Gaussian) 단위계는 공통적으로 힘과 거리의 단위에 대해 잘 정의되어 있다. 나아가, 우리는 전류의 단위를 매 초당 전하의 단위로 사용할 수 있고, 그 역 또한 그러하다. 그러므로 이제 우리에게는 식 (D.4)~(D.6)에서 명시해야 할 하나의 변수만이 남았다. SI, CGS 두 단위계 변환이 어려운 이유는 각각의 방정식을 설명하기 위하여 사용하는 변수가 다르기 때문이다. *CGS 단위계에서* k_E*는 1차원 혹은 무차원수이다.* 식 (D.4)를 확인해 보면 전하의 단위가 다음과 같이 정의됨을 알 수 있다.

$$\text{CGS 단위계에서의 단위} = \sqrt{\text{dyne}}\ \text{cm} = \text{g}^{1/2}\ \text{cm}^{3/2}/\text{s} \equiv \text{esu}$$

이제 전하의 단위를 [esu][1]로써 정의한다. 이는 CGS 단위계의 주 단위와 직접적으로 관계되어 있다. 이제 식 (D.4)는 다음과 같이 줄일 수 있다.

$$F_{12} = \frac{Q_1 Q_2}{r^2} \quad \text{CGS 단위} \tag{D.7}$$

식 (D.7)은 식 (4.8)과 동일하다. CGS 단위계에서 전류의 단위는 1 esu/s이다. 식 (D.6)을 사용하면, 전류를 통하는 2개의 와이어 I_1, I_2 사이의 단위 길이 당 자기력 f는 다음과 같이 나타난다.

$$f_{12} = \frac{2I_1 I_2}{C^2 r} \quad \text{CGS 단위} \tag{D.8}$$

반면에 식 (D.4)에서 (D.6)까지 남아있었던 하나의 변수를 명시하기 위하여 SI 단위계에서는 전류의 새로운 단위인 암페어[A]를 사용한다. 암페어가 정의됨에 따라 식 (D.5)의 비례상수는 다음과 같이 쓸 수 있다.

$$k_M = 10^{-7}\,[\text{N/A}^2] \equiv \frac{\mu_0}{4\pi} \quad \text{SI 단위} \tag{D.9}$$

식 (D.9)는 상수 k_M이 자유공간에서의 투과도(permeability of free space)인 μ_0을 포함하는 것을 보인다. SI 단위계에서의 전하의 단위는 1 [As]이고, 이는 쿨롱 [C]로써 정의된다. 식 (D.6)을 이용하면, 식 (D.4)의 비례상수는 다음과 같이 바꿀 수 있다.

$$k_E = c^2(10^{-7}\,[\text{N/A}^2]) \equiv \frac{1}{4\pi\varepsilon_0} \quad \text{SI 단위} \tag{D.10}$$

식 (D.10)은 자유공간의 유전율, ε_0[2]을 포함한다. 그러므로 SI 단위계에서 식 (D.4)는 다음과 같이 표현할 수 있다.

$$F_{12} = \frac{Q_1 Q_2}{4\pi\varepsilon_0 r^2} \quad \text{SI 단위} \tag{D.11}$$

반면에 전류를 통하는 2개의 와이어 I_1, I_2 사이의 단위 길이 당 자기력 f는 다음과 같다.

$$f_{12} = \frac{2\mu_0 I_1 I_2}{4\pi r} \quad \text{SI 단위} \tag{D.12}$$

1. 이 단위는 종종 'statcoulomb'이라고 불린다.
2. 자유 공간에서 투과도와 유린율 용어는 '에테르(ether)'라고 불리는 물질을 포함하는 공간을 과학자들이 발견한 데서 기인한다.

표 D.2 CGS(Gaussian) 단위계와 SI 단위계의 변환

양		CGS (Gaussian) 단위	SI 단위	환산 인자: SI = CGS × 인자
전하	Q	$\sqrt{\text{dyne}}\,\text{cm} = \text{g}^{1/2}\,\text{cm}^{3/2}/\text{s} \equiv$ **esu**	C	3.34×10^{-10}
전류	I	$\sqrt{\text{dyne}}\,\text{cm/s} = \text{g}^{1/2}\,\text{cm}^{3/2}/\text{s}^2 = \text{esu/s}$	A = C/s	3.34×10^{-10}
전력	$\dot{W}$	$\text{erg/s} = \text{dyne cm/s} = \text{gcm}^2/\text{s}^3$	J/s = W	1.00×10^{-7}
전기장	E	$\sqrt{\text{dyne}}$	V = J/C	300
저항	R	s/cm	Ω = V/J	8.99×10^{11}
쌍극자 모멘트	μ^*	$\text{g}^{1/2}\,\text{cm}^{5/2}/\text{s} = \text{esu cm}$	Cm	3.34×10^{-12}
분극성	α	cm^3	$\text{C}^2\text{m}^2/\text{J}$	1.11×10^{-16}
자기장	B	$\sqrt{\text{dyne}}/\text{cm} \equiv$ **gauss**	Tesla	1.00×10^{-4}

*일반적으로 사용하는 쌍극자 모멘트의 단위는 Debye [D]를 사용한다. 1 [D] = 10^{-18} [esu cm].

예제 D.1은 Coulomb 퍼텐셜 에너지의 계산 과정을 각각의 단위계로 설명하고, 두 단위계가 정말로 일치한다는 것을 보여주는 예시이다.

자유 공간에서 CGS 단위계에서 SI 단위계로 변환하는 간단한 방법은 $\varepsilon_0 \rightarrow 1/(4\pi)$ 그리고 $\mu_0 \rightarrow 4\pi/c^2$으로 치환하는 것이다. 유전체, 혹은 자성체에서의 상호 변환은 쉽지 않다. 더 자세히 알고 싶다면, 전자기 논문을 보도록 하자.[3] 우리가 사용할 충분할 만큼의 두 단위계 사이의 상호 변환 전환계수는 표 D.2에 요약되어 있다. CGS 단위계의 기본 단위인 cm, g, s로 이루어져 있는 표 D.2를 보면, 표에 나타난 모든 값들이 Gaussian 단위를 쓰는 것이 더 편리하다는 사실을 알 수 있다.

예제 D.1 **Gaussian과 SI 단위계를 이용한 정전기 계산**

홑이온화된 음이온과 홑이온화된 양이온이 1 nm 떨어져 있다. 두 이온 사이의 퍼텐셜 에너지를 SI 단위계 또 CGS (Gaussian) 단위계를 이용하여 계산하여라.

풀이 ▶ SI 단위계에서 홑이온화된 이온의 전하량은 약 1.60×10^{-19}[C]이다. 자유 공간의 유전율의 값은 $\varepsilon_0 = 8.85 \times 10^{-12}[\text{C}^2/\text{Jm}]$이다. 그러므로 식 (D.11)에 따라

$$\Gamma_{12} = \frac{Q_1 Q_2}{4\pi\varepsilon_0 r} = \frac{(1.60 \times 10^{-19}\,[\text{C}])(1.60 \times 10^{-19}\,[\text{C}])}{(4\pi)(8.85 \times 10^{-12}\,[\text{C}^2/(\text{Jm})])(10^{-9}\,[\text{m}])} = -2.30 \times 10^{-19}\,[\text{J}] \quad \textbf{(ED.1)}$$

CGS 단위계에서의 홑이온화된 이온의 전하량은 표 D.2에서 찾을 수 있다.

$$(1.60 \times 10^{-19}\,[\text{C}])\left(\frac{[\text{esu}]}{3.34 \times 10^{-10}\,[\text{C}]}\right) = 4.80 \times 10^{-10}\,[\text{esu}]$$

그러므로 식 (D.7)은 다음과 같다.

$$\Gamma_{12} = \frac{Q_1 Q_2}{r} = \frac{(-4.80 \times 10^{-10}\,[\text{esu}])(4.80 \times 10^{-10}\,[\text{esu}])}{10^{-7}\,[\text{cm}]} = -2.30 \times 10^{-12}\,[\text{erg}] \quad \textbf{(ED.2)}$$

1 [erg] = 1 g cm^2/g^2 = 1×10^{-7} [J]이므로, 식 (ED.1)과 (ED.2)는 같다.

3. John D. Jackson, *Classical Electrodynamics*, 3rd ed., New York: Wiley (1999).

부록 E

ThermoSolver 프로그램

ThermoSolver Software

E.1 프로그램 설명

프로그램 설치

요구사항: 윈도우즈 시스템

특이사항

- 300개 이상의 화합물들의 열역학적 성질이 제공된다.
- 어떤 종류의 데이터베이스에는 포화 압력 계산기가 제공된다.
- Peng-Robinson 그리고 Lee-Kesler 방정식에 대한 계산이 제공된다.
- 순수 물질 혹은 혼합물에 대한 퓨가시티 계수를 계산할 수 있다.
- 등압 혹은 등온 기체-액체에 평형에 대한 Gibbs 에너지를 모델링할 수 있다.
- 포점(bubble point)과 이슬점 계산이 제공된다.
- 평형상수 (k_T) 계산기가 제공된다.
- 일반적인 화학 반응 평형 계산기가 제공된다.
- 계산 과정에 대한 식들을 볼 수 있다.

설치는 한 번에 진행된다. 소프트웨어는 http://www.wiley.com/college/koretsky에서 쉽게 다운로드받을 수 있다. 만약, 설치 과정이 자동으로 시작되지 않는다면, **Setup.exe** 파일을 더블클릭한다. 설치 과정이 시작되면, 스크린에 표시되는 설명을 따르면 된다. 소프트웨어가 설치되었다면, 프로그램의 세부사항을 설명한 프로그램 설명 문서를 확인하는 것을 추천한다. 문서는 이 프로그램의 수많은 기능에 대한 스크린샷과 설명을 포함한다.

프로그램 사용

시작, **프로그램**, **ThermoSolver**을 클릭하고, ThermoSolver 프로그램의 아이콘을 다시 클릭한다. 그러면 열역학 메뉴가 뜨며, 여기서 8개의 프로그램을 선택하여 사용할 수 있다.

물질 데이터베이스

여기에 300종 이상의 물질에 대한 열역학적 성질이 있다. 창 위에 위치한 드롭다운 리스트에서 종류를 선택할 수 있다. 항목은 축소된 화학식으로 분류되어 있는데, 'ethanol'은 C_2H_6O로써 찾을 수 있다. *종류를 빠르게 선택하기 위해서는 드롭다운 리스트 옆에 위치한 스크롤바를 사용하라.*

Species Database는 소프트웨어에 사용되는 모든 열역학적 자료를 제공한다. 그러므로

ThermoSolver에서 사용할 수 없는 종류가 있다면, 2가지 이유가 있다. 계산에 요구되는 항목이 모두 채워지지 않았거나, 이 종류가 데이터베이스에 입력되지 않은 경우이다. Edits 버튼을 눌러서 데이터베이스를 만들 수 있다. Species Database가 닫힐 때, 저장된 사항을 바꿀 것인지 확인할 것이다.

종류가 선택되었을 때, 열역학적 성질이 보여진다. 항목을 보기 위해서는 **General Properties, Energy Properties**, 혹은 **Heat Capacity** 이 3가지 탭 중 한 가지를 선택해라. 만약 항목이 비어있다면, 선택한 종류에는 제공되지 않는 것이다.

General Properties 탭에서 선택한 대수(logarithm)와 단위에 따라 Antoine 상수들을 볼 수 있다. Antoine 방정식의 기본 형태를 이용하기 위해서는 윈도우즈 창 아래에 위치한 **Antoine Eqn** 버튼을 클릭하라. 임계온도, 임계압력, 이심인자 역시 나타난다.

Heat Capacity 탭에서는 일반적인 열용량 상수 방정식에 의해 구해진 열용량 상수를 알 수 있다. 일반적인 열용량 상수 방정식을 확인하고 싶다면, 아래의 **CP/R Eqn** 버튼을 클릭하라. c_p/R은 무차원수이고, 온도의 단위는 K이다.

› 포화 압력 계산기

이 프로그램은 주어진 온도에서의 포화 압력 혹은 주어진 압력에서의 포화 압력을 계산하기 위하여 Antoine 방정식을 사용한다. 종류를 선택하고, 압력이나 온도 중 한 가지를 입력한 후 unspecified variable 항목 옆에 있는 **Solve** 버튼을 클릭하라.

› 상태방정식 Solver

Equation of State Solver는 Peng-Robinson이나 Lee-Kesler 방정식 중 하나를 이용하는데, 이는 P, v, T 세 가지 측정값 중 2가지를 사용하여, 남은 한 측정값을 구해낸다. 예를 들어, 한 종류의 화합물에 대해 압력과 온도가 주어졌을 때, 몰부피를 구해낼 수 있다. 이 프로그램을 사용하기 위해서는, 첫 번째로 화합물의 종류를 선택하고, 다음 P, v, T 중 2가지 값을 입력하고, 세 번째 항목 옆에 있는 **Solve** 버튼을 클릭하라.

예제 E.1 ***v*를 찾기 위한 상태방정식 Solver의 사용**

0°C 1 atm에서의 헬륨의 몰부피를 계산하라.

풀이 ▸ 종류를 선택하는 드롭다운 리스트에서 스크롤을 내려서 **He–Helium-4**를 찾는다. 다음, 압력을 '1'로 입력하고, **atm** 단위를 선택한다. 온도를 '273.15K'로 입력한다. 몰부피 단위에서 **L/mol**을 선택하고 몰부피 항목 옆에 위치한 **Solve** 버튼을 클릭한다. 결과는 22.4201 L/mol로 나온다. 이는 STP에서의 이상기체의 부피를 22.4 L/mol로 가정하고 푼 것이기 때문에 예측 값이다.

› 출발 함수

이 프로그램은 엔탈피와 엔트로피의 출발함수를 계산하기 위하여 독립 성질들이 알려진 순물질을 이용한다. 당신은 T와 P을 $h_{T,P} - h_{T,P}^{\text{ideal gas}}$ 그리고 $s_{T,P} - s_{T,P}^{\text{ideal gas}}$이라 주어진 독립적인 특성으로, T와 v를 $h_{T,v} - h_{T,v}^{\text{ideal gas}}$ 그리고 $s_{T,v} - s_{T,v}^{\text{ideal gas}}$라 주어진 독립적인 특성으로써 선택할 수 있다. 만약 당신이 초기 상태(1)과 최종 상태(2)를 명시한다면, 두 상태 사이의 출발함수의 차이가 제공될 수 있다. 계산을 수행하기 위해서는 Lee-Keslar 방정식과 Peng-Robinson 방정식 중 한 가지를 선택해야 한다.

› 퓨가시티 계수 Solver

Fugacity Coefficient Solver는 퓨가시티 계수를 구하기 위하여 Peng-Robinson 혹은 Lee-Kesler 중 한 가지를 이용한다. Fugacity Coefficient Solver의 메인 화면에서 **Add** 버튼을 누름으로써 하나 혹은 그 이상의 종류를 선택할 수 있다. 프로그램은 여러분이 몰 수량을 입력하고, 드롭다운 리스트에서 종류를 선택하도록 안내해 줄 것이다. 전체 시스템이 나타날 때까지 계속해서 종류를 입력해라. 이제 Fugacity Coefficient Solver 창 아래에 온도와 압력을 선택하라. 창의 오른쪽에 현재 계에 대한 퓨가시티 계수가 표시될 것이다. 요약된 표에 있는 몰 값이 곧바로 바뀔 수도 있다.

만약, Peng-Robinson 옵션이 적용되었다면, Peng-Robinson 상태방정식은 순물질 퓨가시티 계수(φ_i)와 혼합물 퓨가시티 계수($\hat{\varphi}_i$)를 계산할 것이다. Lee-Kesler 상태방정식은 단지 순수 퓨가시티 계수만 계산할 수 있다.

› 모델식의 상수 구하기

이 소프트웨어 프로그램은 two-suffix Margules, three-suffix Margules, van Laar, Wilson, 그리고 NRTL models를 이용함으로써 상수를 계산한다. 먼저, T 혹은 P를 Data의 상수로 고정시키기 위하여 선택한다. 다음 창에서 실험적 Data가 왼쪽에 나열되고, 활동도 계수 모델과 상수가 오른쪽에 나열된다. 실험적 Data 드롭다운 리스트 항목에서 저장된 파일을 선택할 수 있다. 새로운 Data Set를 만들기 위해서는 **New** 버튼을 클릭하고, 표에 Data를 입력한다. Data는 복사할 수 있고, Microsoft Excel로 복사할 수 있다. 적당한 단위를 선택하고 일정한 압력 혹은 온도를 창 아래에 입력한다. 입력한 Data Set를 저장하고 싶다면, **Save** 버튼을 선택한다. 저장된 Data Set는 프로그램의 모든 나중 세션에서 이용이 가능하다. 내장되어 있는 Data Set는 읽기만 가능하고 저장할 수 없다.

예제 E.2 **ThermoSolver을 이용한 예제 8.9의 풀이**

예제 8.9의 benzene (a)와 cyclohexane (b)로 이루어진 이성분계의 활동도 계수를 two-suffix Margules 식을 이용하여 보여라.

풀이 ▸ 등온 자료를 이용하기 위하여 **Isothermal** 버튼을 누른다. 주 이성분 혼합물 VLE 계수 계산 창이 다음에 나타날 것이다. 창 왼쪽 상단에 위치한 드롭다운 리스트로부터 **Benzene (a)**과 **Cyclohexane (b)**를 선택한다. 압력 x_a 그리고 y_a 자료는 데이터 그리드에 불러올 것이다. **Solve** 버튼을 클릭한다. 계수 A는 최적의 two-suffix Margules 상수의 목적 함수 압력인 1400.75 J/mol로 나타난다. 이 데이터에 맞는 그래프를 그리기 위해서 **Plot Data** 버튼을 클릭한다. 다음, 축의 특성으로 **Pressure vs Xa**를 선택하고, **OK** 버튼을 클릭한다.

› 기포점/이슬점 계산

이 프로그램은 여러 가지 퓨가시티와 반응계수 조정을 이용하여 기포점과 이슬점 계산을 수행한다. 적절한 기포점 또는 이슬점 계산이 수행되면 그 결과가 메인 화면에 나타난다.

Add 버튼을 사용하여 혼합물에 물질을 추가하라. 창 아래에 원하는 퓨가시티와 반응 계수 조정을 선택하라. 다중성분 Wilson 모델이 사용되면, Wilson 상수 프레임에서 **Edit**을 선택하여 입력되어야 한다. 모든 준비가 완료되면, **Solve Unknowns**를 선택하여 기포점 또는 이슬점을 계산하라. **More Information**을 선택하여 평형 상태에서의 수정계수 값들을 확인할 수 있다.

예제 E.3 **이슬점 계산**

1 bar 조건에서 30% *n*-pentane (1), 30% cyclohexane (2), 20% *n*-hexane (3), 20% *n*-heptane (4)의 기체로 이루어진 계가 있다. 기체가 처음으로 액체로 변화할 때의 온도와 액체 구성을 결정하라.

풀이 ▸ 이 계는 기체 구성과 압력을 알고 있기 때문에 quadrant IV에 해당한다. **Add**를 누르고 **C_5H_{12}–*n*-pentane**을 선택하고 기체 몰분율 '0.3'을 입력한다. 다음으로, **Add**를 누르고 **C_6H_{12}–cyclohexane**을 선택하고 몰분율 '0.3'을 입력한다. 몰분율 0.2의 **C_6H_{14}–*n*-hexane**을 추가하고, 마지막으로, 몰분율 0.2의 **C_7H_{16}–*n*-heptane**을 추가한다. 압력에 '1 bar'를 입력하고 **Solve Unknowns**를 클릭한다. 액체 몰분율과 평형 온도가 나타날 것이다. 이슬점 온도는 75.7°C, 액체 구성은

화학종	*n*-pentane	cyclohexane	*n*-hexane	*n*-heptane
x_i	0.10	0.35	0.16	0.40

› 평형상수 (K_T) 계산식

Chemical Reaction Equilibria을 ThermoSolver 주 메뉴에서 선택하고, **Equilibrium Constant Calculation**(평형상수식)을 선택하라. 평형상수식은 9.4절에서와 같이 주어진 온도에서 평형상수 *K*를 푼다. 반응식의 반응물과 생성물은 창의 반응물 쪽이나 생성물 쪽의 추가 버튼을 선택하여 더해질 수 있다. *각 물질이 추가될 때 그것들의 화학양론 계수를 확인하라.*

반응물과 생성물이 모두 추가되면, 정확한 화학반응식이 창의 아래에 표시되어야 하고, 반응식의 상태는 'Balanced'로 나와야 한다. 그렇지 않다면 반응물이나 생성물을 선택하고, 화공양론 계수를 수정하기 위해 **Edit**를 선택한다. 화학양론 계수에 분수가 사용될 수 있다. 마지막으로, 온도를 입력하면 그에 맞는 평형상수가 표시될 것이다.

› 반응평형 계산

ThermoSolver 주 메뉴에서 **Chemical Reaction Equilibria**(화학 반응 평형)을 선택하라. 그리고 **Reaction Equilibria Calculations**(반응평형 계산)을 선택하라. 반응평형 프로그램은 9.6절에 나온 생성 Gibbs 에너지 최소법을 사용하여 반응계의 평형 상태에서의 구성을 알아낸다. 이 소프트웨어는 기체와 고체에 한하여 사용할 수 있다.

반응에 하나 또는 그 이상의 물질을 추가하기 위하여 **Add** 버튼을 눌러라. **Add** dialog에서 특정 온도에서의 생성 Gibbs 에너지 계산이 필요하다. 데이터베이스에서 물질들이 선택되면, 생성 Gibbs 에너지가 자동으로 계산될 것이다. 물질들이 손으로 입력된다면, 그것의 생성 Gibbs 에너지는 반응이 일어나는 온도가 된다. 처음에 존재하는 몰수를 입력하고, **Add**를 눌러서 반응에서의 물질들을 추가하라.

Main window에서 반응에서의 온도와 압력이 조정되고, 기체상 조정이 선택된다. 모든 것이 준비가 되면 **Calculate EQ**를 눌러라. 평형계산식의 결과가 팝업창에 나타날 것이다.

E.2 Lee–Kesler상태방정식[1] 대응 상태

아래에 Lee–Kesler 상태방정식의 솔루션 알고리즘이 나와 있다. 환산온도와 환산압력을 선택하라.

$$P_r = \frac{P}{P_c} \quad \text{그리고} \quad T_r = \frac{T}{T_c}$$

v^*에 대해 풀면

$$z = \frac{Pv}{RT} = \frac{P_r v^*}{T_r} = 1 + \frac{B}{v^*} + \frac{C}{(v^*)^2} + \frac{D}{(v^*)^5} + \frac{c_4}{T_r^3 (v^*)^2}\left(\beta + \frac{\gamma}{(v^*)^2}\right)\exp\left(-\frac{\gamma}{(v^*)^2}\right)$$

여기에서 $v^* = \dfrac{P_c v}{RT_c}$

$$B = b_1 - \frac{b_2}{T_r} - \frac{b_3}{T_r^2} - \frac{b_4}{T_r^3}, \quad C = c_1 - \frac{c_2}{T_r} + \frac{c_3}{T_r^3}, \quad D = d_1 + \frac{d_2}{T_r}$$

간략하게: $z = z^{(0)}$

보정: $z^{(1)} = \dfrac{z^{(c)} - z^{(0)}}{0.3978}$

출발 함수:

$$\frac{h_{T_r,P_r} - h_{T_r,P_r}^{\text{ideal gas}}}{RT_c} = T_r\left\{z - 1 - \frac{1}{T_r v^*}\left(b_2 + \frac{2b_3}{T_r} + \frac{3b_4}{T_r^2}\right) - \frac{1}{2T_r(v^*)^2}\left(c_2 - \frac{3c_3}{T_r^2}\right) + \frac{d_2}{5T_r(v^*)^5} + \frac{3c_4}{2T_r^3\gamma} \times \left[\beta + 1 - \left(\beta + 1 + \frac{\gamma}{(v^*)^2}\right)\exp\left(-\frac{\gamma}{(v^*)^2}\right)\right]\right\}$$

$$\frac{s_{T_r,P_r} - s_{T_r,P_r}^{\text{ideal gas}}}{R} = \ln\frac{z}{P[\text{atm}]} - \frac{1}{v^*}\left(b_1 + \frac{b_3}{T_r^2} + \frac{2b_4}{T_r^3}\right) - \frac{1}{2(v^*)^2}\left(c_1 - \frac{2c_3}{T_r^2}\right) - \frac{d_1}{5(v^*)^5} + \frac{c_4}{T_r^3\gamma} \times \left[\beta + 1 - \left(\beta + 1 + \frac{\gamma}{(v^*)^2}\right)\exp\left(-\frac{\gamma}{(v^*)^2}\right)\right]$$

1. 출처: B. I. Lee and M. G. Kesler, *AIChE Journal*, **21**, 510 (1975).

퓨가시티 계수:

$$\ln \varphi = z - 1 - \ln z + \frac{B}{v^*} + \frac{C}{2(v^*)^2} + \frac{D}{5(V^*)^5} + \frac{c_4}{2T_r^3\gamma}$$

$$\times \left[\beta + 1 - \left(\beta + 1 + \frac{\gamma}{(v^*)^2}\right)\exp\left(-\frac{\gamma}{(v^*)^2}\right)\right]$$

	간단하게(0)	보정(c)
b_1	0.1181193	0.2026579
b_2	0.265728	0.331511
b_3	0.154790	0.027655
b_4	0.030323	0.203488
c_1	0.0236744	0.0313385
c_2	0.0186984	0.0503618
c_3	0	0.06901
c_4	0.042724	0.041577
d_1	1.55488×10^{-5}	4.8736×10^{-5}
d_2	6.23689×10^{-5}	7.40336×10^{-6}
β	0.65392	1.226
γ	0.060167	0.03754

부록 F

참고 문헌

References

F.1 열역학 자료의 출처

일반

J. H. Keenan, F. G. Keys, P. G. Hill, and J. G. Moore, *Steam Tables* (New York: Wiley, 1969).

David R. Lide (ed.), *CRC Handbook of Chemistry and Physics*, 92nd ed. (Boca Raton, FL: CRC Press, 2011–2012).

P. J. Linstrom and W. G. Mallard, Eds., **NIST Chemistry WebBook, NIST Standard Reference Database Number 69**, June 2005, National Institute of Standards and Technology, Gaithersburg MD, 20899 (http://webbook.nist.gov/chemistry/fl uid).

Taylor Lyman et al., *Metals Handbook, Metalography, Structures, and Phase Diagrams*, 8th ed. (Vol. 8) (Metals Park, OH: American Society for Metals, 1973).

R. H. Perry, D. W. Green, and J. O. Maloney (eds.), *Perry's Chemical Engineers' Handbook*, 8th ed., (New York: McGraw–Hill, 2008).

Robert C. Reid, John M. Prausnitz, and Thomas K. Sherwood, *The Properties of Gases and Liquids*, 5th ed. (New York: McGraw–Hill, 2001).

Frederick D. Rossini et al., *Selected Values of Physical and Thermodynamic Properties of Hydrocarbons and Related Compounds* (American Petroleum Institute Research Project 44) (Pittsburgh Carnegie Press, 1953).

R. W. Rowley et al., *Physical and Thermodynamic Properties of Pure Chemicals: Evaluated Process Design Data* (Vol. 1–5) (Philadelphia: Taylor and Francis, 1989–2003).

Edward W. Washburn (ed.), *International Critical Tables* (Vol. III and V) (New York: McGraw-Hill, 1928, 1929).

Milan Zabransky et al., *Heat Capacity of Liquids* (Washington, DC: American Chemical Society; (Woodbury, NY: National Bureau of Standards, 1996).

Journal of Physical and Chemical Reference Data (New York, American Chemical Society).

혼합 엔탈피

James J. Christenson, Richard W. Hanks, and Reed M. Izatt, *Handbook of Heats of Mixing* (New York: Wiley, 1982).

Frederick D. Rossini et al., *Selected Values of Chemical Thermodynamic Properties* (circular of the National Bureau of Standards 500), Washington, DC: United States Printing Office (1952).

상평형

Ju Chin Chu, Shu Lung Wang, Sherman L. Levy, and Rejendra Paul, *Vapor–Liquid Equilibrium Data* (Ann Arbor: MI J. W. Edwards, 1956).

J. H. Dymond and E. B. Smith, *The Virial Coefficients of Pure Gases and Mixtures* (Oxford: Clarendon Press, 1980).

J. Grehling, U. Onken, and W. Alrt, *Vapor–Liquid Equilibrium Data Collection* (Multiple volumes) (Frankfort: DECHEMA; 1977 – 1980).

Shuzo Ohe, *Vapor–Liquid Equilibrium Data* (New York: Elsevier, 1989).

Stanley M. Walas, *Phase Equilibria in Chemical Engineering* (Boston: Butterworth, 1985).

Jaime Wisniak, *Phase Diagrams: A literature source book* (New York: Elsevier, 1981).

Jaime Wisniak and Mordechay Herskowitz, *Solubility of Gases and Solids: A Literature Source Book* (New York: Elsevier, 1984).

Jaime Wisniak and Abraham Tamir, *Liquid–Liquid Equilibrium and Extraction: A Literature Source Book* (New York: Elsevier, 1981).

반응 열화학

Ihsan Barin, *Thermochemical Data of Pure Substances*, 3rd ed. (Vol. I and II) (New York: VCH, 1995).

M. W. Chase et al., *JANAF Thermochemical Tables*, 3rd ed. (Washington, DC: American Chemical Society; Woodbury, NY: National Bureau of Standards, 1986).

J. D. Cox, D. D. Wagman, and V .A. Medvedev, *CODATA Key Values for Thermodynamics*, (New York: Hemisphere Publishing Corp.,1989).

O. Knacke, O. Kubaschewski, and K. Hesselmann (eds.), *Thermochemical Properties of Inorganic Substances*, 2nd ed. (Vol. I and II) (Düsseldorf): 2nd Ed. (Springer-Verlag, 1991).

Daniel R. Stull, Edgar F. Westrum, and Gerard C. Sinke, *The Chemical Thermodynamics of Organic Compounds* (New York: Wiley, 1969).

Richard A. Robie and Bruce S. Hemingway, *Thermodynamic Properties of Minerals and Related Substances at 298.15 K and 1 Bar (10^5 Pascals) Pressure and Higher Temperatures* (US Geological Survey Bulletin 2131) (Washington, DC: United States Government Printing Office, 1995).

F.2 책과 문헌

입문

Richard P. Feynman, Robert B. Leighton, and Mathew Sands, *The Feynman Lectures on Physics*, (Menlo Park, CA: Addison-Wesley, 1963).

Olaf A. Hougen and Kennith M. Wilson, *Chemical Process Principles, Part One, Material and Energy Balances and Part Two, Thermodynamics* (New York: Wiley, 1943, 1947).

Octave Levenspiel, *Understanding Engineering Thermodynamics* (Upper Saddle River, NJ: Prentice-Hall, 1996).

Michael J. Moran and Howard M. Shapiro, *Fundamentals of Engineering Thermodynamics*, 7th ed. (New York: Wiley, 2010).

George C. Pimentel and Richard D. Spratley, *Understanding Chemical Thermodynamics* (San Francisco: Holden-Day, 1969).

Richard E. Sonntag, Claus Borgnakke and Gordon J. Van Wylen, *Fundamentals of Classical Thermodynamics*, 7th ed. (New York: Wiley, 2008).

중급

J. Richard Elliot and Carl T. Lira, *Introductory Chemical Engineering Thermodynamics* Upper Saddle River, NJ: Prentice-Hall, 1999).

B. G. Kyle, *Chemical and Process Thermodynamics*, 3rd ed. (Upper Saddle River, NJ: Prentice-Hall, 1999).

C. H. P. Lupis, *Chemical Thermodynamics of Materials* (New York: North-Holland, 1983).

Frederick D. Rossini, *Chemical Thermodynamics* (New York: Wiley, 1950).

Stanley I. Sandler, *Chemical and Engineering Thermodynamics*, 4th ed. (New York: Wiley, 2006).

R. A. Swalin, *Thermodynamics of Solids* (New York: Wiley, 1972).

J. M. Smith, H. C. Van Ness, and M. M. Abbott, *Introduction to Chemical Engineering Thermodynamics*, 7th ed. (New York: McGraw-Hill, 2004).

고급

Kennith J. Denbigh, *The Principles of Chemical Equilibrium*, 3rd ed. (New York: Cambridge University Press, 1971).

Joseph O. Hirshfelder, Charles F. Curtiss, and R. Byron Bird, *Molecular Theory of Gases and Liquids* (New York: Wiley, 1954).

Kenneth S. Pitzer, *Thermodynamics*, 3rd ed. (New York: McGraw-Hill, 1995).

John M. Prausnitz, Ruediger N. Lichtenthaler, and Edmundo Gomes de Azevedo, *Molecular Thermodynamics of Fluid-Phase Equilibria*, 3rd ed. (Upper Saddle River, NJ: Prentice-Hall, 1999).

Jefferson W. Tester and Michael Modell, *Thermodynamics and its Applications*, 3rd ed., (Upper Saddle River, NJ: Prentice-Hall, 1997).

Hendrick. C. Van Ness and Michael M. Abbot, *Classical Thermodynamics of Nonelectrolyte Solutions* (New York: McGraw-Hill, 1982).

결함 평형

F. A. Kroeger, *The Chemistry of Imperfect Crystals* (Vol. 2) (New York: North Holland Publishing Company, 1973).

W. Van Gool, *Principles of Defect Chemistry in Crystalline Solids* (New York: Academic Press, 1966).

찾아보기

Index

ㄱ

가상의 경로(hypothetical path) • 278
가역 과정(reversible process) • 63
가역적 단열 팽창(reversible adiabatic expansion) • 149
가역적인 등온 팽창(reversible isothermal expansion) • 106
가역 팽창(reversible expansion)
갈바니 전지(galvanic cell) • 596
강체구 모델 • 234
경계(boundary) • 52
경로 함수(path function) • 22
계(system) • 52
고립계(isolated system) • 19
고온 초전도체(high-temperatrue superconductor) • 457
고체 용액(Solid solutions) • 457, 537
공비혼합물(Azeoptope) • 492
공융점(eutectic point) • 532
공존선(coexistence line) • 337
과냉 액체(subcooled liquid) 38
과열 증기(superheated vapor) • 39
과잉 Gibbs 에너지(excess Gibbs energy) • 433
구동력(driving force) • 60
규칙(rule) • 221
균형 잡힌 화학 반응(balanced chemical reaction) • 96
기계적 평형(mechanical equilibrium) • 31
기본성질 관계식(fundamental property relation) • 280
기상 반응 • 585
기포점(bubble point) • 478
끓는점 오름(boiling-point elevation) • 539

ㄴ

내부 에너지(internal energy) • 52, 223
냉동 사이클(refrigeration cycle) • 119
냉변성 온도(cold-denaturation temperature) • 334
노즐(nozzle) • 110

ㄷ

다성분계 상평형 • 376
다수운반체(major carrier) • 624
다중 반응 • 605
단열 팽창(adiabatic expansion) • 107
단열 과정(adiabatic process) • 21
단열적(adiabatic) • 60
단열 화염 온도(adiabatic flame temperature) • 102
단일 반응 평형 • 575
닫힌계(closed system) • 19
대류(convection) • 60
대상 부피(control volume) • 19
대상 표면(control surface) • 19
대응상태 원리(principles of corresponding state) • 237
도판트(dopant) • 623
도핑(doping) • 623
등면적 규칙(equal-area rule) • 244
등압 과정(isobaric process) • 21
등엔탈피 과정(isenthalpic process) • 116, 308
등엔트로피(isentropic) • 148
등온 가열(isothermal heating) • 62
등온 과정(isothermal process) • 21
등온압축률(isothermal-compressibility) • 287
등온 플래시(isothermal flash) • 480
등적 과정(isochoric process) • 21

ㄹ

라그랑지 곱수(Lagrangian multiplier) • 616

ㅁ

목적함수(objective function) • 499
물질 수지 • 75
물질 수지식(mass balance) • 75
미분 수지식 • 72

ㅂ

반응 Gibbs 에너지 • 590
반응속도론(reaction kinetics) • 570
반응양론 계수 • 96

반응 엔탈피(enthalpy of reaction) • 85, 95
반응진척도(extent of reaction) • 104, 577
반쪽 전지 전위 • 600
발열(exothermic) • 96
베르누이 방정식(Bernoulli equation) • 174, 175
병진 운동(translational motion) • 54
보간(interpolate) • 44
보정 압력(corrected pressure) • 401
복사(radiation) • 60
부분 몰 Gibbs 에너지 • 375
부분 몰 과잉 Gibbs 에너지 (partial molar excess Gibbs energy) • 434
부분 몰 성질(partial molar property) • 345
분극성(polarizability) • 228, 231
분산력(dispersion/London forces) • 231
분자 간 에너지(intermolecular energy) • 54
분자 내 에너지(intramolecular energy) • 54
분자 에너지 • 54, 223
불순물 침입형(impurity interstitial) • 618
불완전 미분(inexact differential) • 72
비가역 과정(irreversible process) • 64
비가역 단열 압축 • 150
비가역성(irreversibility) • 280
비가역적 단열 팽창 • 149
비엔트로피(specific entropy) • 163
비온성(athermal) • 455
비이상기체(nonideal gas) • 106
비이상용액(nonideal liquid) • 484
비정상 상태(unsteady-state) • 78
비정상 상태 에너지 수지 • 78
비합치 녹는점(incongruent melting point) • 532
빈 격자점(빈결함) • 618

ㅅ

산화 반쪽 반응(oxidation half-reaction) • 596
삼중선(triple line) • 37
삼중점(triple point) • 36
삼투압(osmotic pressure) • 543
상거동 • 492
상경계(phase boundary) • 22
상선도(상평형도, phase diagram) • 37
상태 가정(state postulate) • 33
상태방정식(equation of state, EOS) • 29, 222
상태방정식 방법(equation of state method) • 509
상태 함수(state function) • 22
상평형(phase equilibrium) • 22, 32
생성 Gibbs 에너지 • 579
생성 엔탈피(enthalpy of formation) • 97
선형 보간법(linear interpolation) • 116
선형회귀법 • 499
성능 계수(coefficient of performance, COP) • 119
성질(property) • 19
세기 성질(intensive property) • 20
소수운반체(minority carrier) • 624
쇼트키 결함(Schottky defect) • 625
수소결합 • 240
수증기표(steam table) • 42
순수 고체 • 531
순환관계식 • 282
순환규칙(cyclic rule) • 282
승화(sublimation) • 55
승화 엔탈피(enthalpy of sublimation) • 91
쌍극자 모멘트 • 228

ㅇ

아래 임계 용해 온도(lower consulate temperature) • 522
압축기 • 112
압축인자(compressibility factor) • 301
압축인자 표 • 257
액상(또는 고상) 반응 • 592
액체(α)−액체(β) 평형 • 519
액체−액체 평형(LLE) • 443
액화 • 310
어는점 내림(freezing-point depression) • 539
에너지 전달(transfer of energy) • 57
엑서지(exergy) • 186
엑스탈피(exthalpy) • 191
엔탈피(enthalpy) • 77
엔탈피 출발함수(enthalpy departure function) • 299
역전선(inversion line) • 308
역학적 방향성 • 142
역학적 에너지 수지 • 174
연결선(tie line) • 42, 482
연쇄규칙(chain rule) • 281
열(heat) • 57
열린계(open system) • 19, 52
열변성 온도(heat-denaturation temperature) • 334
열역학적 망 • 283
열역학적 사이클(thermodynamic cycle) • 117
열역학 제2법칙 • 153
열용량 • 82
열 저장고(thermal reservoir) • 106
열적 방향성 • 142
열적 평형(thermal equilibrium) • 31
열질량(thermal mass) • 102
열팽창 계수 • 287
주위(surrounding) • 52
용매(solvent) • 423
용매화 • 240
용액 엔탈피 • 362
용융(melting) • 55
용융 엔탈피 • 91
용질(solute) • 423
용해도 • 504
운동 에너지(kinetic energy) • 52
원자가 전자(valence electron) • 55
원자 결합 • 618
위 임계 용해 온도(upper consulate temperature) • 521

위치 에너지(potential enegery) • 52
유도력(induction forces) • 230
이상기체 관계식 • 29
이상용액(ideal solution) • 422
이성분 상호작용 인자 • 519
이슬점(dew point) • 478
이온 고체(ionic solid) • 226
이온화된 기체(ionized gas) • 226
이온화 에너지 • 228
이절 곡선(binodal curve) • 520
이중 선형 보간(double interpolation) • 44
인력(attractive forces) • 225
일(work) • 57
일반화된 압축률 도표(generalized compressibility chart) • 300
일정부피 열용량, c_v • 82
일정압력 열용량, c_p • 85
임계 등온선 • 41
임계점(critical point) • 41

ㅈ

자기침입형(selfinterstitial) 618
잠열(latent heat) • 54
전기 쌍극자(electric dipole) • 226
전기화학 • 596
전기화학 전지 • 596
전도(conduction) • 60
전미분(exact differential) • 72
전자 결함 • 618
전체 엔트로피의 변화(entropy change of the universe) • 147
전해질(electrolyte) • 226
점 결함(point defect) • 618
접선-절편 방법 방법(tangent-intercept method) • 372
정공(hole) • 622
정규 용액(regular solution) • 365, 455
정상 끓는점(normal boiling point) • 38, 92
정상 상태(steady state) • 31, 77
정상 상태 에너지 수지 • 77
정전기 힘(electrostatic force) • 225
제외 부피(excluded volume) • 243
조름 소자(throttling device) • 115
조작선(operating line) • 491
증기압(vapor pressure) • 39
증기-압축 냉동 사이클 • 182
증기-액체(α)-액체(β) 평형 • 527
증발(evaporation) • 55
증발 엔탈피(enthalpy of vaporization) • 91
진동 운동(vibrational motion) • 55
진성 반도체 • 622
질(quality) • 35

ㅊ

척력(repulsive force) 308
첨점(spinodal) 곡선 • 522
초임계 유체(supercritical fluid) 41
총괄성(colligative property) • 539
총 용액의 성질 • 352
축일(shaft work) • 76
출발함수(departure function) • 299
치환형 불순물(substitutional impurity) • 618

ㅋ

크기 성질(extensive property) • 20

ㅌ

터빈 • 111

ㅍ

퍼텐셜 함수(potential function) • 234
평균 열용량(mean heat capacity) • 86
평형(equilibrium) • 31
평형전환(율)(equilibrium conversion) • 572
포논(phonon) • 55
포정점(peritectic point) • 532
포화 압력(saturation pressure) • 33, 39
포화 액체(saturated liquid) • 38
포화 온도(saturation temperature) • 38
포화 증기(saturated vapor) • 38
폴리트로픽 과정(polytropic process) • 110
폴리트로픽(다방향성, polytropic) • 110
표준 생성 엔탈피 • 98
퓨가시티(fugacity) • 400
퓨가시티 계수(fugacity coefficient) • 402
플라즈마(plasmas) • 226

ㅎ

합치(congruent) • 532
현열(sensible heat) • 54
평형상수(equilibrium constant, K) • 579
혼합규칙(mixing rule) • 260
혼합 엔탈피 • 354
혼합 엔트로피 • 364
화학 반응 평형(chemical reaction equilibrium) • 32
화학양론 계수(stoichiometric coefficient) • 575
화학적 방향성 • 142
화학적 평형(chemical equilibrium) • 31
화학적 평형에 대한 판단 기준 • 331
확산기(diffuser) • 110
환산압력(reduced pressure) • 238
환산온도(reduced temperature) • 238
환산좌표(reduced coordinate) • 301
환원 반쪽 반응(reduction half-reaction) • 596
활동도 계수(acrivity coefficient) • 425
회전 운동(rotational motion) • 55
회합(association) • 240
효율(efficiency) • 70
효율 인자(efficiency factor) • 70

흐름율(flow rate) • 112
흐름 일(flow work) • 75
흡열(endothermic) • 96
힘 수지식(force balance) • 64

A

Amagat 법칙 • 420
Antoine 상수 • 340
Antoine 식 • 340

B

Beattie–Bridgeman 상태방정식 (Beattie–Bridgeman equation of state) • 252
Benedict-Webb–Rubin 상태방정식 (Benedict–Webb–Rubin equation of state) • 252
Boyle 온도(Boyle temperature) • 308
Brouwer 도표 • 627

C

Carnot 기관(Carnot engine) • 118
Carnot 동력 사이클의 효율 • 152
Carnot 사이클(Carnot cycle) • 117
Clapeyron(클라페이론) 식 • 337
Clausius–Clapeyron 식 • 339
Coulombic 척력 • 235

F

Faraday 상수 • 599

G

Gibbs–Duhem 식 • 350
Gibbs 상 규칙(Gibbs phase rule) • 34
Gibbs 에너지(Gibbs Engery) • 329

H

Henry의 법칙(Henry's law) 423

J

Joule–Thomson 계수(Joule–Thomson coefficient) • 308
Joule–Thomson 팽창(Joule–Thomson expansion) • 307

K

K 값(*K*-value) • 477

L

Lee–Kesler 상태방정식 • 257
Lennard–Jones 퍼텐셜 • 235
Lewis/Randall 규칙 • 423
Lewis 퓨가시티 규칙(Lewis fugacity rule) • 419
Linde(린데) 과정(Linde process) • 311

M

Maxwell 관계식(Maxwell relation) • 281

N

Nernst 식 • 600
Nonrandom two-liquid(NRTL) 모델 • 449

P

Peng–Robinson 상태방정식 • 249
Pitzer 이심인자 • 238
Poynting 보정(Poynting correction) • 428
Pxy 상선도 • 489

R

Rankine(랜킨) 사이클 • 177
Raoult(라울)의 법칙 • 241, 476
Redlich–Kwong 상태방정식 • 249

S

Soave–Redlich–Kwong 상태방정식 • 249
Sutherland 모델 • 234

T

Three-suffix Margules 식 • 447
Two-Suffix Margules 식 • 437
Txy 상선도 • 489

U

UNIFAC(universal functional activity coefficient) 모델 • 450

V

van der Waals 상태방정식 • 243
van der Waals 상호인력 • 239
van der Waals 힘 • 232, 239
van Laar 식 • 447
virial (비리얼) 상태방정식 • 251

W

Wilson 식 • 447

기타

2차 virial 계수 • 262
3차 상태방정식 • 249

▶ 옮긴이 소개

- 경기대학교 차상호
- 단국대학교 홍인권
- 대구가톨릭대학교 임한권
- 부산대학교 박현, 최영선
- 조선대학교 신현재
- 충남대학교 박소진
- 한국산업기술대학교 조영상
- 한국교통대학교 홍연기

(가나다 순)

코레츠키의 제2판

화공열역학

Engineering and chemical ***Thermodynamics*** | 2nd Edition

| 발행일 2017년 3월 1일 2판 1쇄
2026년 2월 25일 2판 4쇄

| 지은이 Milo D. Koretsky

| 옮긴이 최영선 외 8인

| 발행인 박 종 성

| 발행처 

| 주 소 (우) 07202 서울시 영등포구 양평로 30길 14
세종앤까뮤스퀘어 1106호

| 전 화 02-332-6171

| 팩 스 02-332-6185

| 등 록 2005.10.20. 제2022-000100호

| ISBN 978-89-92603-94-2 93430 값 42,000원

코레츠키의
제2판
화공열역학
Engineering and chemical Thermodynamics 2nd Edition

코레츠키의
제2판
화공열역학
Engineering and chemical Thermodynamics 2nd Edition

Periodic Table of the Elements

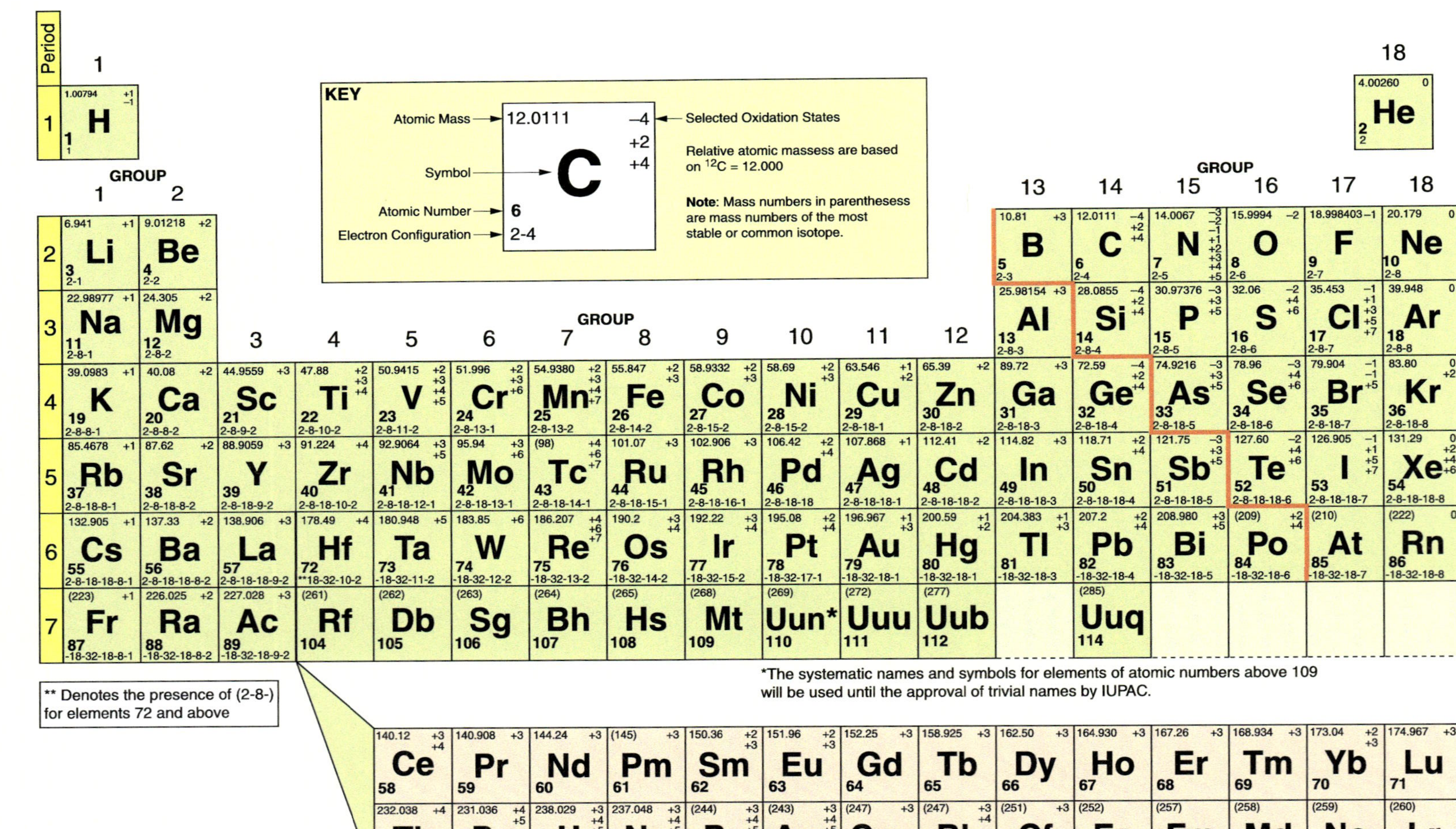

KEY

Atomic Mass → 12.0111	−4 +2 +4 ← Selected Oxidation States
Symbol → **C**	
Atomic Number → 6	
Electron Configuration → 2-4	

Relative atomic massess are based on $^{12}C = 12.000$

Note: Mass numbers in parenthesess are mass numbers of the most stable or common isotope.

Period	1	2	3	4	5	6	7	8	9	10	11	12	13	14	15	16	17	18
1	1.00794 +1 −1 **H** 1 1																	4.00260 0 **He** 2 2
2	6.941 +1 **Li** 3 2-1	9.01218 +2 **Be** 4 2-2											10.81 +3 **B** 5 2-3	12.0111 −4 +2 +4 **C** 6 2-4	14.0067 −3 −2 −1 +1 +2 +3 +4 +5 **N** 7 2-5	15.9994 −2 **O** 8 2-6	18.998403 −1 **F** 9 2-7	20.179 0 **Ne** 10 2-8
3	22.98977 +1 **Na** 11 2-8-1	24.305 +2 **Mg** 12 2-8-2											25.98154 +3 **Al** 13 2-8-3	28.0855 −4 +2 +4 **Si** 14 2-8-4	30.97376 −3 +3 +5 **P** 15 2-8-5	32.06 −2 +4 +6 **S** 16 2-8-6	35.453 −1 +1 +3 +5 +7 **Cl** 17 2-8-7	39.948 0 **Ar** 18 2-8-8
4	39.0983 +1 **K** 19 2-8-8-1	40.08 +2 **Ca** 20 2-8-8-2	44.9559 +3 **Sc** 21 2-8-9-2	47.88 +2 +3 +4 **Ti** 22 2-8-10-2	50.9415 +2 +3 +4 +5 **V** 23 2-8-11-2	51.996 +2 +3 +6 **Cr** 24 2-8-13-1	54.9380 +2 +3 +4 +7 **Mn** 25 2-8-13-2	55.847 +2 +3 **Fe** 26 2-8-14-2	58.9332 +2 +3 **Co** 27 2-8-15-2	58.69 +2 +3 **Ni** 28 2-8-15-2	63.546 +1 +2 **Cu** 29 2-8-18-1	65.39 +2 **Zn** 30 2-8-18-2	69.72 +3 **Ga** 31 2-8-18-3	72.59 −4 +2 +4 **Ge** 32 2-8-18-4	74.9216 −3 +3 +5 **As** 33 2-8-18-5	78.96 −2 +4 +6 **Se** 34 2-8-18-6	79.904 −1 +1 +5 **Br** 35 2-8-18-7	83.80 0 +2 **Kr** 36 2-8-18-8
5	85.4678 +1 **Rb** 37 2-8-18-8-1	87.62 +2 **Sr** 38 2-8-18-8-2	88.9059 +3 **Y** 39 2-8-18-9-2	91.224 +4 **Zr** 40 2-8-18-10-2	92.9064 +3 +5 **Nb** 41 2-8-18-12-1	95.94 +3 +6 **Mo** 42 2-8-18-13-1	(98) +4 +6 +7 **Tc** 43 2-8-18-14-1	101.07 +3 **Ru** 44 2-8-18-15-1	102.906 +3 **Rh** 45 2-8-18-16-1	106.42 +2 +4 **Pd** 46 2-8-18-18	107.868 +1 **Ag** 47 2-8-18-18-1	112.41 +2 **Cd** 48 2-8-18-18-2	114.82 +3 **In** 49 2-8-18-18-3	118.71 +2 +4 **Sn** 50 2-8-18-18-4	121.75 −3 +3 +5 **Sb** 51 2-8-18-18-5	127.60 −2 +4 +6 **Te** 52 2-8-18-18-6	126.905 −1 +1 +5 +7 **I** 53 2-8-18-18-7	131.29 0 +2 +4 +6 **Xe** 54 2-8-18-18-8
6	132.905 +1 **Cs** 55 2-8-18-18-8-1	137.33 +2 **Ba** 56 2-8-18-18-8-2	138.906 +3 **La** 57 2-8-18-18-9-2	178.49 +4 **Hf** 72 **18-32-10-2	180.948 +5 **Ta** 73 -18-32-11-2	183.85 +6 **W** 74 -18-32-12-2	186.207 +4 +6 +7 **Re** 75 -18-32-13-2	190.2 +3 +4 **Os** 76 -18-32-14-2	192.22 +3 +4 **Ir** 77 -18-32-15-2	195.08 +2 +4 **Pt** 78 -18-32-17-1	196.967 +1 +3 **Au** 79 -18-32-18-1	200.59 +1 +2 **Hg** 80 -18-32-18-1	204.383 +1 +3 **Tl** 81 -18-32-18-3	207.2 +2 +4 **Pb** 82 -18-32-18-4	208.980 +3 +5 **Bi** 83 -18-32-18-5	(209) +2 +4 **Po** 84 -18-32-18-6	(210) **At** 85 -18-32-18-7	(222) 0 **Rn** 86 -18-32-18-8
7	(223) +1 **Fr** 87 -18-32-18-8-1	226.025 +2 **Ra** 88 -18-32-18-8-2	227.028 +3 **Ac** 89 -18-32-18-9-2	(261) **Rf** 104	(262) **Db** 105	(263) **Sg** 106	(264) **Bh** 107	(265) **Hs** 108	(268) **Mt** 109	(269) **Uun*** 110	(272) **Uuu** 111	(277) **Uub** 112		(285) **Uuq** 114				

** Denotes the presence of (2-8-) for elements 72 and above

*The systematic names and symbols for elements of atomic numbers above 109 will be used until the approval of trivial names by IUPAC.

140.12 +3 +4 **Ce** 58	140.908 +3 **Pr** 59	144.24 +3 **Nd** 60	(145) +3 **Pm** 61	150.36 +2 +3 **Sm** 62	151.96 +2 +3 **Eu** 63	152.25 +3 **Gd** 64	158.925 +3 **Tb** 65	162.50 +3 **Dy** 66	164.930 +3 **Ho** 67	167.26 +3 **Er** 68	168.934 +3 **Tm** 69	173.04 +2 +3 **Yb** 70	174.967 +3 **Lu** 71
232.038 +4 **Th** 90	231.036 +4 +5 **Pa** 91	238.029 +3 +4 +5 +6 **U** 92	237.048 +3 +4 +5 +6 **Np** 93	(244) +3 +4 +5 +6 **Pu** 94	(243) +3 +4 +5 +6 **Am** 95	(247) +3 **Cm** 96	(247) +3 +4 **Bk** 97	(251) +3 **Cf** 98	(252) **Es** 99	(257) **Fm** 100	(258) **Md** 101	(259) **No** 102	(260) **Lr** 103

Reference Tables for Physical Setting/Chemistry

코레츠키의 제2판

화공열역학

Engineering and chemical ***Thermodynamics*** 2nd Edition